U0904512

中 国 国 家 标 准 汇 编

2017年修订-54

中国标准出版社　编

中国标准出版社

北　京

图书在版编目(CIP)数据

中国国家标准汇编:2017年修订.54/中国标准出版社编.—北京:中国标准出版社,2019.5

ISBN 978-7-5066-9329-5

Ⅰ.①中… Ⅱ.①中… Ⅲ.①国家标准-汇编-中国-2017 Ⅳ.①T-652.1

中国版本图书馆CIP数据核字(2019)第126904号

中国标准出版社出版发行
北京市朝阳区和平里西街甲2号(100029)
北京市西城区三里河北街16号(100045)

网址 www.spc.net.cn
总编室:(010)68533533 发行中心:(010)51780238
读者服务部:(010)68523946

中国标准出版社秦皇岛印刷厂印刷
各地新华书店经销

*

开本 880×1230 1/16 印张 39.5 字数 1 224 千字
2019年5月第一版 2019年5月第一次印刷

*

定价 220.00 元

出 版 说 明

《中国国家标准汇编》是一部大型综合性国家标准全集。自1983年起，每年按国家标准顺序号分册汇编出版，分为“制定”卷和“修订”卷两种形式。

“制定”卷收入上一年度我国发布的、新制定的国家标准，视篇幅分成若干分册，封面和书脊上注明“20××年制定”字样及分册号，分册号一直连续。各分册中的标准是按照标准编号顺序连续排列的，如有标准顺序号缺号的，除特殊情况注明外，暂为空号。

“修订”卷收入上一年度我国发布的、被修订的国家标准，视篇幅分成若干分册，但与“制定”卷分册号无关联，仅在封面和书脊上注明“20××年修订-1，-2，-3，……”字样。“修订”卷各分册中的标准，仍按标准编号顺序排列(但不连续)；如有遗漏的，均在当年最后一分册中补齐。需提请读者注意的是，个别非顺延前年度标准编号的新制定国家标准没有收入在“制定”卷中，而是收入在“修订”卷中。

读者购买每年出版的《中国国家标准汇编》“制定”卷和“修订”卷则可收齐由我社出版的上一年度制定和修订的全部国家标准。

2017年我国制修订国家标准共3 811项。本分册为《中国国家标准汇编》“2017年修订-54”，收入新制修订的国家标准8项。

中国标准出版社

2019年3月

目　　录

ICS 75.140
E 33

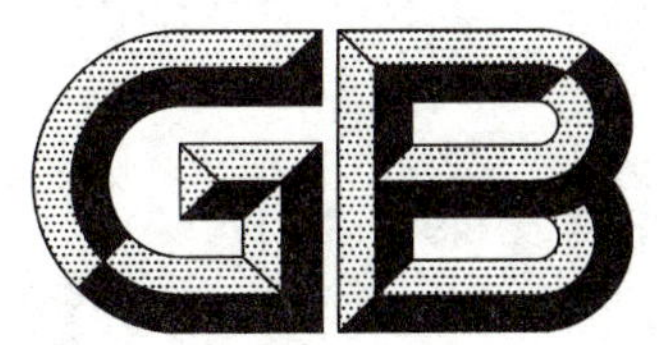

中华人民共和国国家标准

GB/T 29497—2017
代替 GB/T 29497—2013

高沸点芳烃溶剂

High-flash aromatic hydrocarbon solvents

2017-09-29 发布　　　　2018-04-01 实施

中华人民共和国国家质量监督检验检疫总局
中国国家标准化管理委员会　发布

前　言

本标准按照 GB/T 1.1—2009 给出的规则起草。

本标准代替 GB/T 29497—2013《高沸点芳烃溶剂》。

本标准与 GB/T 29497—2013 相比，主要技术变化如下：

——增加了 SA-1800、SA-2000 二个系列产品。

本标准由全国石油产品和润滑剂标准化技术委员会（SAC/TC 280）提出并归口。

本标准起草单位：苏州久泰集团有限公司、中海石油炼化有限责任公司惠州炼化分公司、江苏华伦化工有限公司、常熟联邦化工股份有限公司、溧阳市诚兴化工有限公司、吴江市万事达环保溶剂有限公司、浙江森太化工股份有限公司。

本标准主要起草人：冯佰荣、马剑峰、刘保民、魏然波、吴义彪、王长青、苏仁球、唐师法、谈明初、孙士清。

本标准所代替标准的历次版本发布情况为：

——GB/T 29497—2013。

高沸点芳烃溶剂

警告——如果不遵守适当的防范措施，本标准所属产品在生产、贮运和使用等过程中可能存在危险。本标准无意对与本产品有关的所有安全问题提出建议。使用者有责任采取适当的安全和健康措施，并保证符合国家有关法规规定的条件。

1 范围

本标准规定了炼油重整装置副产物碳九及其以上重芳烃馏分切割生产的高沸点芳烃溶剂的产品分类、要求和试验方法、检验规则、标志、包装、运输和贮存、安全。

本标准适用于作涂料的稀释剂、生产农药乳化剂、PVC 增塑剂和橡胶填充剂等化工产品原料的高沸点芳烃溶剂。

2 规范性引用文件

下列文件对于本文件的应用是必不可少的。凡是注日期的引用文件，仅注日期的版本适用于本文件。凡是不注日期的引用文件，其最新版本(包括所有的修改单)适用于本文件。

GB 190 危险货物包装标志

GB/T 261 闪点的测定 宾斯基-马丁闭口杯法

GB/T 262 石油产品和烃类溶剂苯胺点和混合苯胺点测定法

GB/T 1884 原油和液体石油产品密度实验室测定法(密度计法)

GB/T 1885 石油计量表

GB/T 3143 液体化学品颜色测定法(Hazen 单位——铂-钴比色法)

GB/T 4756 石油液体手工取样法

GB/T 6536 石油产品常压蒸馏特性测定法

GB/T 11132 液体石油产品烃类的测定 荧光指示剂吸收法

GB/T 11138 工业芳烃铜片腐蚀试验法

GB 13690 化学品分类和危险性公示 通则

GB/T 16483 化学品安全技术说明书 内容和项目顺序

GB 30000.7—2013 化学品分类和标签规范 第 7 部分：易燃液体

SH 0164 石油产品的包装、贮运及交货验收规则

SH/T 0604 原油和石油产品密度测定法(U 形振动管法)

3 产品分类

高沸点芳烃溶剂分为 SA-1000、SA-1500、SA-1800、SA-2000 四类。

4 要求和试验方法

高沸点芳烃溶剂技术要求和试验方法见表 1。

表 1 技术要求和试验方法

项目		质量指标				试验方法
		SA-1000	SA-1500	SA-1800	SA-2000	
外观		透明液体、无悬浮物和可见水				目测
芳烃含量(体积分数)/%	不小于	95	95	95	95	GB/T 11132
馏程 初馏点 50%回收温度/℃ 干点/℃	 不低于 不高于	 149 报告 180	 177 报告 215	 200 报告 270	 215 报告 290	GB/T 6536
闪点(闭口)/℃	不低于	38	61	80	90	GB/T 261
密度(20 ℃)/(g/cm³)		0.861～0.878	0.877～0.907	0.930～0.970	0.950～0.990	GB/T 1884[a] GB/T 1885
色度(铂-钴色号)/号	不大于	10	10	60	100	GB/T 3143
铜片腐蚀(100 ℃,0.5 h)		通过	通过	通过	通过	GB/T 11138
混合苯胺点/℃	不高于	18	18	18	18	GB/T 262

[a] 测定方法也包括 SH/T 0604,结果有争议时以 GB/T 1884 和 GB/T 1885 为仲裁方法。

5 检验规则

5.1 检验分类和检验项目

本产品检验为出厂检验。

出厂批次检验包括:芳烃含量、馏程、闪点、密度、外观及色度。

出厂周期检验包括:在原材料和生产工艺不变的条件下,铜片腐蚀和混合苯胺点每季度测定一次。

5.2 组批

按产品贮罐组批。

5.3 取样

按 GB/T 4756 规定进行,每次取 2 L 作为检验和留样用。

5.4 判定规则

出厂检验结果全部符合表 1 中技术要求时,则判定该批产品为合格。

5.5 复检规则

如果检验结果中有不符合表 1 中技术要求时,按 GB/T 4756 的规定重新抽取双倍量样品对不合格项目进行复检,复检结果如仍有不符合要求,则判定该批产品为不合格。

6 标志、包装、运输和贮存

根据 GB 13690，高沸点芳烃溶剂属于易燃液体，产品的包装、标志、运输、贮存及交货验收按 SH 0164、GB 13690 和 GB 190 进行。

7 安全

7.1 高沸点芳烃溶剂属于易燃液体，其涉及的安全问题应符合相关法律、法规和标准的规定。其危险性说明和防范性说明见 GB 30000.7—2013 中附录 D。

7.2 有关高沸点芳烃溶剂涉及安全方面的内容应包括在该产品的“化学品安全技术说明书”(Material Safety Data Sheet)中。生产商或供应商应提供其产品符合 GB/T 16483 规定的化学品安全技术说明书。

ICS 25.040
N 10

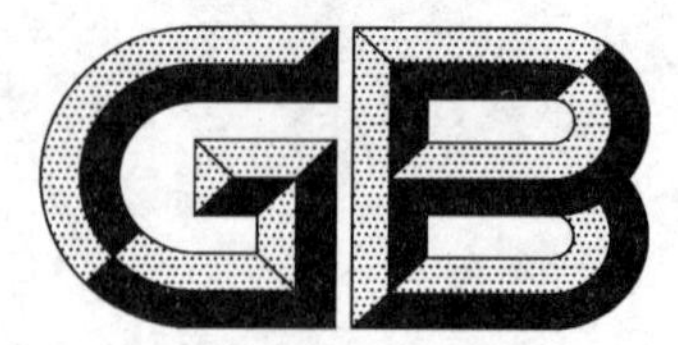

中华人民共和国国家标准

GB/T 29618.1—2017/IEC 62453-1:2016
代替 GB/T 29618.1—2013

现场设备工具(FDT)接口规范 第1部分:概述和导则

Field device tool(FDT) interface specification—Part 1:Overview and guidance

(IEC 62453-1:2016,IDT)

2017-07-31 发布　　　　2018-02-01 实施

中华人民共和国国家质量监督检验检疫总局
6 中国国家标准化管理委员会　发布

前　言

GB/T 29618《现场设备工具(FDT)接口规范》暂分为以下几个部分:

——第1部分:概述和导则;

——第2部分:概念和详细描述;

——第301部分:通信行规集成　FF现场总线规范;

——第302部分:通信行规集成　通用工业协议;

——第306部分:通信行规集成　INTERBUS现场总线规范;

——第309部分:通信行规集成　可寻址远程传感器高速通道;

——第315部分:通信行规集成　MODBUS现场总线规范;

——第41部分:对象模型行规集成　通用对象模型;

——第42部分:对象模型行规集成　通用语言基础结构;

——第515部分:通用对象模型的通信实现　MODBUS现场总线规范;

——第51-10部分:通用对象模型的通信实现　FF现场总线规范;

——第51-20部分:通用对象模型的通信实现　通用工业协议;

——第51-60部分:通用对象模型的通信实现　INTERBUS现场总线规范;

——第51-90部分:通用对象模型的通信实现　IEC 61784 CPF 9;

——第51-150部分:通用对象模型的通信实现　IEC 61784 CPF 15;

——第52-10部分:通用语言基础结构的通信实现　FF现场总线规范;

——第52-20部分:通用语言基础结构的通信实现　通用工业协议;

——第52-31部分:通用语言基础结构的通信实现　IEC 61784 CP3/1和CP3/2;

——第52-32部分:通用语言基础结构的通信实现　IEC 61784 CP3/4,CP3/5和CP3/6;

——第52-90部分:通用语言基础结构的通信实现　IEC 61784 CPF 9;

——第52-150部分:通用语言基础结构的通信实现　IEC 61784 CPF 15;

——第61部分:通用对象模型的设备类型管理器样式指南;

——第62部分:现场设备工具(FDT)通用语言基础结构样式指南。

本部分为GB/T 29618的第1部分。

本部分按照GB/T 1.1—2009给出的规则起草。

本部分代替GB/T 29618.1—2013《现场设备工具(FDT)接口规范　第1部分:概述和导则》,本部分与GB/T 29618.1—2013相比除编辑性修改外,主要技术变化如下:

——增加了术语“通用DTM”(见3.1.26)、“解释DTM”(见3.1.31);

——增加了“DTM可以作为特定DTM或者通用DTM。特定DTM是为一个或一系列特定设备开发的。通用DTM支持遵循一种设备行规或集成了设备描述(例如DD或FDI设备包)的设备”(见4.3.3,2013年版的4.3.3);

——增加了“第42部分:对象模型行规集成　通用语言基础结构;”“第62部分:现场设备工具(FDT)通用语言基础结构样式指南”(见5.1);

——更改了表示方法(见5.1,2013年版的5.1);

——增加了“对象模型集成行规——公共语言基础架构(CLI)”(见5.4.3);

——增加了IEC 62769现场设备集成(FDI)的概念和综述。现场设备描述基于EDDL器件封装(IEC 61804-4和61804-4)和可选的程序化图形用户界面(兼容IEC 62453-42)。器件的封装中集成了一个客户端-服务器架构。提供了一种可选的,可以使用 OPC UA(IEC 62541)服务器的接口的信息模型(见表 1,2013 年版的表 1)。

本部分使用翻译法等同采用 IEC 62453-1:2016《现场设备工具(FDT)接口规范　第 1 部分:概述和导则》。

与本部分中规范性引用的国际文件有一致性对应关系的我国文件如下:

——GB/T 16657.2—2008　工业通信网络　现场总线规范　第 2 部分:物理层规范和服务定义(IEC 61158-2:2007,IDT);

——GB/T 20540.1—2006　测量和控制数字数据通信　工业控制系统用现场总线　类型 3:PROFIBUS 规范　第 1 部分:概述和导则(IEC 61158-1 Type 3:2003,MOD);

——GB/T 20540.2—2006　测量和控制数字数据通信　工业控制系统用现场总线　类型 3:PROFIBUS 规范　第 2 部分:物理层规范和服务定义(IEC 61158-2 Type 3:2003,MOD);

——GB/T 20540.3—2006　测量和控制数字数据通信　工业控制系统用现场总线　类型 3:PROFIBUS 规范　第 3 部分:数据链路层服务定义(IEC 61158-3 Type 3:2003,MOD);

——GB/T 20540.4—2006　测量和控制数字数据通信　工业控制系统用现场总线　类型 3:PROFIBUS 规范　第 4 部分:数据链路层协议规范(IEC 61158-4 Type 3:2003,MOD);

——GB/T 20540.5—2006　测量和控制数字数据通信　工业控制系统用现场总线　类型 3:PROFIBUS 规范　第 5 部分:应用层服务定义(IEC 61158-5 Type 3:2003,MOD);

——GB/T 20540.6—2006　测量和控制数字数据通信　工业控制系统用现场总线　类型 3:PROFIBUS 规范　第 6 部分:应用层协议规范(IEC 61158-6 Type 3:2003,MOD);

——GB/Z 20541.1—2006　测量和控制数字数据通信　工业控制系统用现场总线　类型 10:PROFINET 规范　第 1 部分:应用层服务定义(IEC 61158-5 TYPE 10:2003,MOD);

——GB/Z 20541.2—2006　测量和控制数字数据通信　工业控制系统用现场总线　类型 10:PROFINET 规范　第 2 部分:应用层协议规范(IEC 61158-6 TYPE 10:2003,MOD);

——GB/T 20830—2015　基于 PROFIBUS DP 和 PROFINET IO 的功能安全通信行规——PROFIsafe(IEC 61784-3-3:2010,IDT);

——GB/T 25105.1—2014　工业通信网络　现场总线规范　类型 10:PROFINET IO 规范　第 1 部分:应用层服务定义(IEC 61158-5-10:2010,MOD);

——GB/T 25105.2—2014　工业通信网络　现场总线规范　类型 10:PROFINET IO 规范　第 2 部分:应用层协议规范(IEC 61158-6-10:2010,MOD);

——GB/T 25105.3—2014　工业通信网络　现场总线规范　类型 10:PROFINET IO 规范　第 3 部分:PROFINET IO 通信行规(IEC 61784-2:2010,MOD);

——GB/Z 26157.1—2010　测量和控制数字数据通信　工业控制系统用现场总线　类型 2:ControlNet 和 EtherNet/IP 规范　第 1 部分:一般描述(IEC 61158:2003 TYPE 2,MOD);

——GB/Z 26157.2—2010　测量和控制数字数据通信　工业控制系统用现场总线　类型 2:ControlNet 和 EtherNet/IP 规范　第 2 部分:物理层和介质(IEC 61158-2:2003 TYPE 2,MOD);

——GB/Z 26157.3—2010　测量和控制数字数据通信　工业控制系统用现场总线　类型 2:ControlNet 和 EtherNet/IP 规范　第 3 部分:数据链路层(IEC 61158:2003 TYPE 2,MOD);

——GB/Z 26157.4—2010　测量和控制数字数据通信　工业控制系统用现场总线　类型 2:ControlNet 和 EtherNet/IP 规范　第 4 部分:网络层及传输层(IEC 61158:2003 TYPE 2,MOD);

——GB/Z 26157.5—2010　测量和控制数字数据通信　工业控制系统用现场总线　类型 2:ControlNet 和 EtherNet/IP 规范　第 5 部分:数据管理(IEC 61158:2003 TYPE 2,MOD);

——GB/Z 26157.6—2010　测量和控制数字数据通信　工业控制系统用现场总线　类型 2:ControlNet 和 EtherNet/IP 规范　第 6 部分:对象模型(IEC 61158:2003 TYPE 2,MOD);

——GB/Z 26157.7—2010 测量和控制数字数据通信 工业控制系统用现场总线 类型 2:ControlNet 和 EtherNet/IP 规范 第 7 部分:设备行规(IEC 61158:2003 TYPE 2,MOD);
——GB/Z 26157.8—2010 测量和控制数字数据通信 工业控制系统用现场总线 类型 2:ControlNet 和 EtherNet/IP 规范 第 8 部分:电子数据表(IEC 61158:2003 TYPE 2,MOD);
——GB/Z 26157.9—2010 测量和控制数字数据通信 工业控制系统用现场总线 类型 2:ControlNet 和 EtherNet/IP 规范 第 9 部分:站管理(IEC 61158:2003 TYPE 2,MOD);
——GB/Z 26157.10—2010 测量和控制数字数据通信 工业控制系统用现场总线 类型 2:ControlNet 和 EtherNet/IP 规范 第 10 部分:对象库(IEC 61158:2003 TYPE 2,MOD);
——GB/T 29910.3—2013 工业通信网络 现场总线规范 类型 20:HART 规范 第 3 部分:应用层服务定义(IEC 61158-5-20:2010,IDT);
——GB/T 29910.4—2013 工业通信网络 现场总线规范 类型 20:HART 规范 第 4 部分:应用层协议规范(IEC 61158-6-20:2010,IDT);
——GB/Z 29619.1—2013 测量和控制数字数据通信 工业控制系统用现场总线 类型 8:INTERBUS 规范 第 1 部分:概述(IEC 61158:2003,MOD);
——GB/Z 29619.2—2013 测量和控制数字数据通信 工业控制系统用现场总线 类型 8:INTERBUS 规范 第 2 部分:物理层规范和服务定义(IEC 61158:2003,MOD);
——GB/Z 29619.3—2013 测量和控制数字数据通信 工业控制系统用现场总线 类型 8:INTERBUS 规范 第 3 部分:数据链路服务定义(IEC 61158:2003,MOD);
——GB/Z 29619.4—2013 测量和控制数字数据通信 工业控制系统用现场总线 类型 8:INTERBUS 规范 第 4 部分:数据链路协议规范(IEC 61158:2003,MOD);
——GB/Z 29619.5—2013 测量和控制数字数据通信 工业控制系统用现场总线 类型 8:INTERBUS 规范 第 5 部分:应用层服务的定义(IEC 61158:2003,MOD);
——GB/Z 29619.6—2013 测量和控制数字数据通信 工业控制系统用现场总线 类型 8:INTERBUS 规范 第 6 部分:应用层协议规范(IEC 61158:2003,MOD);

根据 GB/T 1.1—2009 对 IEC 62453-1:2016 做了下列编辑性修改:

——删除了 IEC 62453-1:2016 中 5.4.3 的"IEC/TR 62453-42 is informative and therefore a TR."。

本部分由中国机械工业联合会提出。

本部分由全国工业过程测量控制和自动化标准化技术委员会(SAC/TC 124)归口。

本部分起草单位:西南大学、机械工业仪器仪表综合技术经济研究所、上海自动化仪表有限公司、重庆川仪自动化股份有限公司、罗克韦尔自动化(中国)有限公司、浙江大学智能系统与控制研究所、赫优讯(上海)自动化系统贸易有限公司、施耐德电气(中国)有限公司、苏州美名软件有限公司。

本部分主要起草人:刘枫、张渝、王春喜、汪烁、王德吉、张庆军、田英明、华镕、冯冬芹、李京、王勇、吕亚军、杜佳琳、杨阳。

本部分所代替标准的历次版本发布情况为:

——GB/T 29618.1—2013。

引　言

企业自动化需要两种主要的数据流:从企业层到现场设备的包括信号和组态数据的“垂直”数据流;运行在相同或不同通信技术上的现场设备之间的“水平”通信。

随着控制系统的现场总线集成,需要实现许多其他任务。除了现场总线和设备特定的软件工具外,还需要能将这些工具集成到更高层次的、系统范围的、用于规划或工程的工具。特别在大型、异构控制系统中,例:典型的流程工业领域,为易于所有各方(人员)方便使用,对工程接口的无歧义定义是非常重要的。

从系统生命周期和整个工厂自动化的角度来看,如果必须使用多种不同制造商的特定工具,那么这些工具中的数据通常会成为不可见的数据孤岛。

为了确保工厂范围的控制与自动化技术的一致性管理,完全把现场总线、设备和子系统无缝集成为覆盖整个自动化生命周期的大范围的自动化任务的一部分是必要的。

GB/T 29618 系列标准为 FDT(现场设备工具)组件的开发者提供了接口规范。FDT 组件支持在客户端/服务器体系结构下的功能控制和数据访问。标准接口有助于多个制造商开发服务器和客户端并支持互操作。

设备或模块特定的软件组件称为 DTM(设备类型管理器)。DTM 由制造商提供,具有相应的设备类型或软件实体类型。每一 DTM 可以通过已定义的 FDT 接口集成到工程工具中。这种集成方法是对所有现场总线开放的,因此支持将不同的设备和软件模块集成到异构的控制系统中。

GB/T 29618 系列标准的通用应用接口支持应用开发者、系统集成者、现场设备和网络组件制造商的利益,还简化采购、降低系统费用并帮助管理生命周期。在控制系统的操作、工程和维护上可获得显著的节省。

GB/T 29618 系列标准的目标是支持:

- 用于所有自动化领域中(例如,过程自动化、工厂自动化和类似的监控应用)异构现场总线环境、多制造商设备、功能块和模块化子系统的生命周期管理的通用工厂级工具;
- 在包括现场总线、设备、功能块和模块化子系统的控制系统内进行完整、一致的数据交换;
- 将不同自动化设备、功能块和模块化子系统组件简易有效地集成到控制系统的生命周期管理工具中,该集成与制造商无关。

FDT 概念支持监控应用的设计和集成,但不为其他工程任务,例如“电子配线设计”“机械设计”提供解决方案。工厂管理的内容如“维护规划”“优化控制”“数据存档”不属于 FDT 规范。将来的 FDT 版本可能会包括其中的一些方面。

现场设备工具(FDT)接口规范 第1部分:概述和导则

1 范围

GB/T 29618的本部分规定了GB/T 29618系列的概述和导则,包括:

——说明了GB/T 29618系列的结构和内容(见第5章);

——提供了通用于GB/T 29618系列多个其他部分的一些说明;

——描述了与GB/T 29618系列的其他部分的关系。

本部分适用于GB/T 29618系列的其他部分。

2 规范性引用文件

下列文件对于本文件的应用是必不可少的。凡是注日期的引用文件,仅注日期的版本适用于本文件。凡是不注日期的引用文件,其最新版本(包括所有的修改单)适用于本文件。

IEC 61158(所有部分) 测量和控制中的数字数据通信 工业控制系统现场总线(Fieldbus for use in industrial control systems)

IEC 61784(所有部分) 工业通信网络——行规(Industrial communication networks—Profiles)

3 术语和定义、符号和缩略语、约定

3.1 术语和定义

下列术语和定义适用于本文件。

3.1.1

参与者 actor

用例的用户与用例相交互时所扮演的一组一致的角色。

[ISO/IEC 19501:2005,定义4.11.2.1]

注:参与者与每一用例通信时,只具有一种角色。

3.1.2

地址 address

通信协议特定的访问标识。

3.1.3

应用程序 application

解决工业过程测量和控制中的问题的特定软件功能单元。

注:一个应用程序可分布在多个资源中,并且可与其他应用通信。

3.1.4

业务对象 business object

表示某种实体的对象,具有特定的状态和行为(例如,DTM、BTM和通道)。

注:业务对象术语最初被定义为设计模式3层结构的一部分,业务对象是业务层的一部分。

3.1.5

块类型管理器　block type manager;BTM

一种特殊的DTM,用于管理和操作设备内部模块的软件组件。

3.1.6

通信　communication

在DTM和设备之间或两个设备之间某种现场总线协议特定的数据传送。

3.1.7

通信通道　communication channel

一种通道对象,表示与现场设备通信的访问点。

3.1.8

组态　configuration

通过设置工厂现场设备的参数和总线拓扑结构所创建的系统配置信息。

3.1.9

配置　configure

(见3.1.38"参数化")

设置工厂设备实例数据的参数和设备之间的逻辑关系,以建立工厂现场总线系统拓扑结构(离线)。

3.1.10

连接　connection

与所选设备进行通信所建立的数据路径。

3.1.11

数据　data

参数值的集合。

3.1.12

数据类型　data type

一组值的集合,以及这些值允许的一组操作。

[ISO 2382系列]

3.1.13

DCS制造商/系统制造商　DCS manufacturer/system manufacturer

分布式控制系统制造商。

3.1.14

设备　device

(见3.1.22"现场设备")

a) 工业自动化系统中可联网的独立物理实体,具有在特定环境中执行规定功能的能力,并由其接口分隔开。

[IEC 61499-1:2012,定义3.29]

b) 在自动化系统中实现控制、驱动和/或传感功能的实体,具有到其他此类实体的接口。

3.1.15

设备制造商　device manufacturer

现场总线设备的制造商。

3.1.16

设备类型　device type

基于如制造商、现场总线协议、设备类型标识、设备分类、版本信息或其他信息的抽象特性的设备特征。

注:根据用于定义的特性集,这些特征的范围可能是变化多样的,并且对于每个DTM是制造商特定的。

3.1.17

分布式系统　distributed system

建立在网络之上的软件系统。

注：这种分布式系统的实现是制造商特定的(例如:DTM 和 Presentation 在不同的 PC 上运行,或 DTM 在不同 PC 上的多用户系统中运行)。

3.1.18

文档　documentation

人可读的、关于设备实例的信息。

注：可以是数据库中的电子信息。

3.1.19

设备类型管理器　Device Type Manager;DTM

a) 包含设备特定应用软件的软件组件;

b) 表示“类型管理器(Type Manager)”的通用类。

注：保留了“Device”中的“D”是因为它是市场上熟知的缩写。

3.1.20

DTM 设备类型　DTM device type

某种硬件设备类型的描述。

注：一个 DTM 当中可以定义一种或多种 DTM 设备类型,表明可使用该 DTM 对一种或多种硬件设备进行配置诊断等操作。

3.1.21

实体　entity

特定的事物,如:人、地点、过程、对象、概念、关联或事件。

[IEC 61499-1:2012,定义 3.31]

3.1.22

现场设备　field device

(见 3.1.14“设备”)

3.1.23

框架应用程序　Frame Application

DTM 的运行环境,可以是控制工程工具,独立运行工具或网页。

3.1.24

FDT 模型　FDT model

一种描述 DTM 和框架应用程序之间相互关系和行为的模型。

3.1.25

功能　function

实体的特定目的或其特有活动。

[IEC 61499-1:2012,定义 3.44]

3.1.26

通用 DTM　generic DTM

解释设备类型或域特定的设备描述,并提供 FDT 接口的 DTM。

3.1.27

硬件　hardware

相对于程序、规程、规则和相关文档的物理装置。

[IEC 61499-1:2012,定义 3.49]

3.1.28

实现 implementation

使系统的硬件和软件成为可操作的开发阶段。

[IEC 61499-1:2012,定义 3.51]

3.1.29

实例化 instantiation

特定类型的实例的创建。

[IEC 61499-1:2012,定义 3.57]

3.1.30

接口 interface

由两个功能单元共享的边界,由适当的功能特性、信号特性或其他特性来定义。

[IEC 60050-351:2013,定义 351-42-25]

3.1.31

解释 DTM Interpreter DTM

解释设备描述的通用 DTM。

3.1.32

映射 mapping

定义与其他集合的量或值有对应关系的值的集合。

[IEC 61499-1:2012,定义 3.66]

3.1.33

多用户环境 multi-user environment

允许多个用户进行操作的环境。

3.1.34

网络 network

通过一组给定的通信设备相互连接的所有通信元件,这些通信元件包括媒体、连接器、中继器、路由器、网关和相关节点。

[IEC 61158-1:2014,定义 3.1.5]

注:在 GB/T 29618 系列的本部分范围内,网络是指一个或多个具有不同协议的互连的现场总线系统。

3.1.35

嵌套通信 nested communication

通过级联的通信通道建立起来的通信。

3.1.36

操作 operation

明确定义的动作,当将其用于已知实体的任何允许的组合时,将产生一个新的实体。

[IEC 61499-1:2012,定义 3.73]

3.1.37

参数 parameter

将一个常量值赋予一个特定应用的变量,并且该变量可代表该应用。

[IEC 61499-1:2012,定义 3.75]

3.1.38

参数化 parameterize

(见 3.1.9“配置”)

在设备、块或对象中设置参数。

3.1.39

持久数据 persistent data

存储的数据,其在关闭、重启和维护活动中仍会保留。

3.1.40

过程通道 process channel

一种通道对象,表示通过现场总线传输的过程值(I/O 值)及其参数(例如,数据类型、量程等)。

3.1.41

服务 service

资源的功能性能力,可以用服务原语序列来模型化。

[IEC 61499-1:2012,定义 3.87]

3.1.42

会话 session

包含一次或多次数据交换的信息传递。通常这种信息传递是面向连接的,并且需要保证数据的安全性和完整性。

3.1.43

同步 synchronization

根据使用环境的数据同步。

注:例如,同步可发生在 DTM 和设备之间,或发生在引用同一实例数据的若干 DTM 实例之间。

3.1.44

系统 system

在已定义的环境中被视为一个整体的相关元素的集合,并与其环境相分离。

[IEC 60050-351:2013,定义 351-42-08]

注 1:这类元素可能是物质对象、概念和相关结果(例如:组织形式、数学方法和编程语言)。

注 2:系统被视为通过一个虚拟面与环境和其他外部系统相分离。该虚拟面可以切断系统与环境和其他外部系统的联系。

3.1.45

临时数据 transient data

在配置或参数化过程中还未存储的暂时数据。

3.1.46

类型 type

规定所有该类型实例所共享的公共属性的软件元素。

[IEC 61499-1:2012,定义 3.99]

3.1.47

变量 variable

在不同时刻可具有不同值,在某一时刻只具有一个值的软件实体。

[IEC 61499-1:2012,定义 3.102]

注 1:变量的值通常限于某种数据类型。

注 2:变量可分为输入变量、输出变量和内部变量。

3.1.48

用例 use case

系统(或其他实体)可以执行的、与系统的参与者进行交互的动作序列的规范,包括其变型。

[IEC TR 62390:2015,定义 3.1.26]

3.2 符号和缩略语

下列符号和缩略语适用于本文件。

BTM　Block Type Manager　块类型管理器
CLI　Common Language Infrastructure　公共语言基础
COM　Component Object Model　组件对象模型
CP　Communication profile　通信行规
CPF　Communication profile family　通信行规簇
DCS　Distributed control system　分布式控制系统
DD　Device description　设备描述
DTM　Device Type Manager　设备类型管理器
ERP　Enterprise resource planning　企业资源规划
FA　Frame Application　框架应用程序
FB　Function block　功能块
FDT　Field device tool　现场设备工具
GUI　Graphical user interface　图形用户界面
ID　Identifier　标识符
IDL　Interface definition language　接口定义语言
I/O　Input/output　输入/输出
IT　Information technology　信息技术
MES　Manufacturing execution systems　制造执行系统
OEM　Original equipment manufacturer　原始设备制造商
OLE　Object Linking and Embedding　对象链接及嵌入
OPC　Open connectivity via open standards　使用开放标准的开放性连接(原始定义:用于过程控制的 OLE)
PC　Personal computer　个人计算机
PLC　Programmable logic controller　可编程逻辑控制器
SCADA　Supervisory,control and data acquisition　监视、控制和数据采集
UML　Unified modeling language　统一建模语言
UUID　Universal unique identifier　全球唯一标识
XML　Extensible markup language　可扩展标识语言

3.3 约定

本部分中使用的 UML 符号的约定参见附录 A。

4 现场设备工具(FDT)概述

4.1 概要

在工业自动化中,一个控制系统经常包含许多通过通信网络传输的数字信号和模拟输入/输出信号。大量不同制造商提供的现场设备必须通过直接连接或 I/O 复用单元接入到网络中。许多应用使用了超过 100 个来自各个制造商的不同现场设备类型。

为了支持设计的任务,每个设备都有特定的组态和参数化功能。当为设备配置现场总线耦合器和总线通信时,必须考虑设备特定的属性和设置,控制系统必须知道设备的存在状态及其功能。在控制系

统的规划时，需要有效地集成设备输入输出信号和功能块服务。

由于缺少通用的接口标准，控制系统项目中繁杂的设备类型和庞大的设备提供商数目使得组态任务变得困难和费时。操作人员必须掌握不同的工具，并且数据还必须在这些工具间交换(见图 1)。只有通过大量高强度高成本的系统测试才能确保数据、文档和系统组态的一致性。

控制系统中负责服务和诊断任务的中央控制室既不能完全覆盖现场设备的所有功能，也不能确保设备或模块特定的工具能够集成到其他系统软件工具中。一般情况下，设备特定的工具只能直接连接到特定的现场总线或现场设备本身。

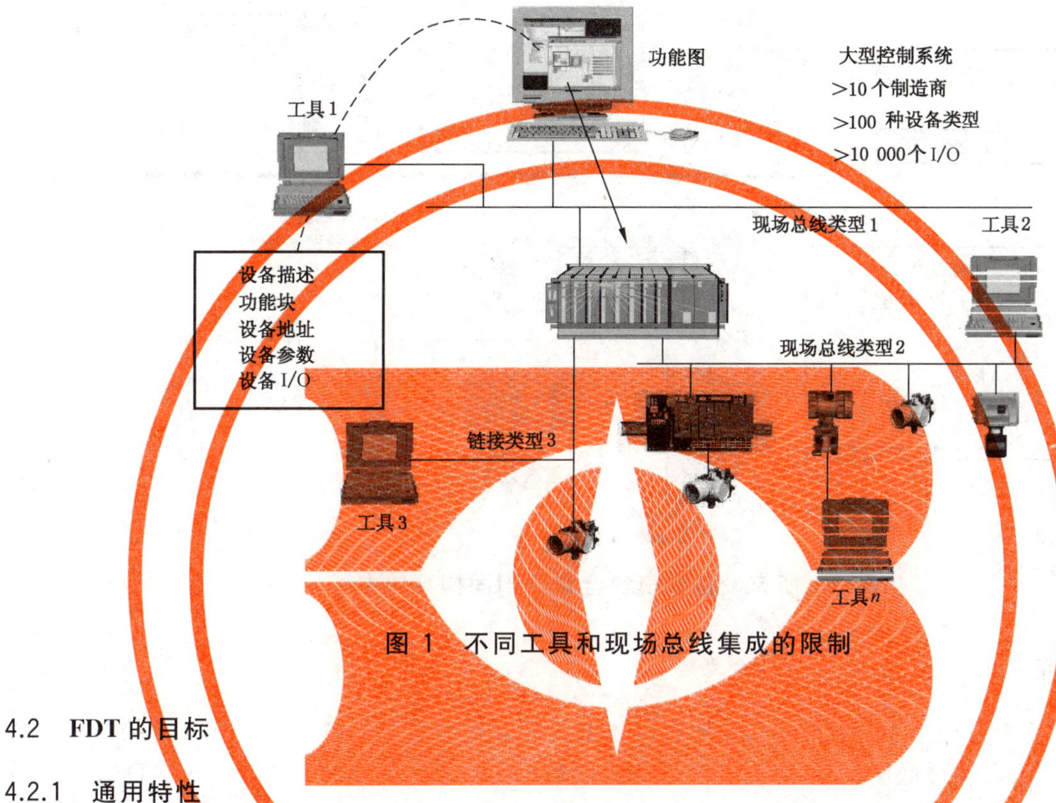

图 1 不同工具和现场总线集成的限制

4.2 FDT 的目标

4.2.1 通用特性

将现场设备或模块完全集成到自动化系统中，需要一条从工程师站或操作员站出发，经过系统和现场总线，到达单个现场设备的通信路径。

FDT 支持：

- 通过直接访问所有的现场设备实现系统规划、设备诊断和服务的集中式管理；
- 自动化系统及其现场总线和设备的集成的、一致的组态和文档；
- 自动化系统和现场设备的通用数据的组织；
- 集中数据管理和数据安全；
- 不同设备和模块类型到自动化系统的简单、快速的集成。

现场设备到自动化技术工程系统的集成，不仅限于基本的组态、服务和诊断功能，而且还可以使用设备本身提供的高级功能。

4.2.2 对设备和模块制造商的价值

FDT 技术允许单个设备和模块属性的集成，包括不同设备和模块类型的特定特征和特殊特性。制造商提供的规划和服务工具，可以作为设备或模块特定的软件组件集成到工程系统中。制造商可以定义组态、服务和诊断功能，也可以设计设备和模块在自动化系统工程环境中的界面。

以一个标准化的软件组件来支持设备在任何自动化系统中的组态、服务和诊断功能，可以降低制造商的成本。以前由于未制定标准,必须开发和维护多个设备和模块类型,而FDT可以消除这些工程特定的或控制系统特定的频繁修改。

4.2.3 对系统制造商和集成商的价值

控制系统制造商和集成商只需一次性实现定义的接口,就能集成所有的现场总线设备和模块(见图2)。这消除了制造商特定的和/或设备特定的实现及其维护。

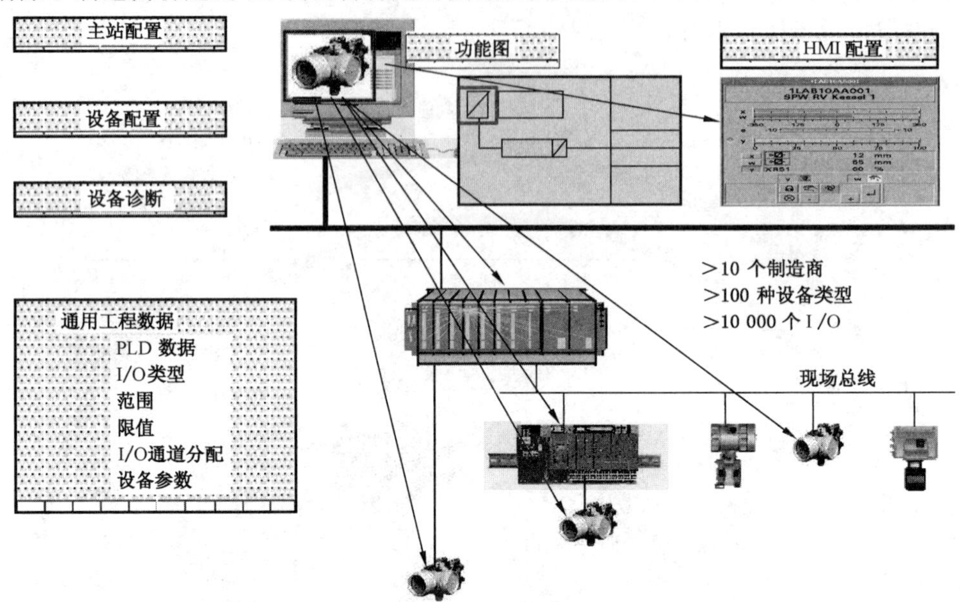

图2 所有设备和模块全集成到同构系统中

4.2.4 其他应用

尽管FDT主要设计用于控制设备功能和存取数据以配置控制系统的各部分,但FDT接口也可用于应用的多个地方。在最低层次上,设备或模块的原始数据可以通过FDT接口进入SCADA、DCS或PLC来配置总线主站。在较高层次上,框架应用程序可以通过DTM启动设备特定的诊断应用。FDT的体系结构和设计使得创建和集成可扩展的DTM成为可能。DTM的功能完全取决于设备本身的能力,而不受系统工程工具的限制。

4.3 FDT模型

4.3.1 概述

FDT可方便实现设备特定的软件组件、现场总线接口特定的软件组件和主机系统之间的交互(见图3)。

- 设备特定的软件组件被称为设备类型管理器(DTM);
- 现场总线接口特定的软件组件被称为通信通道;
- 主机系统被称为框架应用程序。

框架应用程序提供DTM的运行环境。典型情况下,框架应用程序由使用DTM的客户应用、用于设备数据永久存储的数据库和到现场设备的通信通道组成。客户应用是关注于特定方面的单个应用程序,如组态、观察、通道分配和使用DTM提供的服务。

DTM封装了设备特定的软件应用和协议特定的定义。因此,通过集成相应的DTM,框架应用程序就能够处理任何类型的设备,而无需了解设备或现场总线特定的知识。

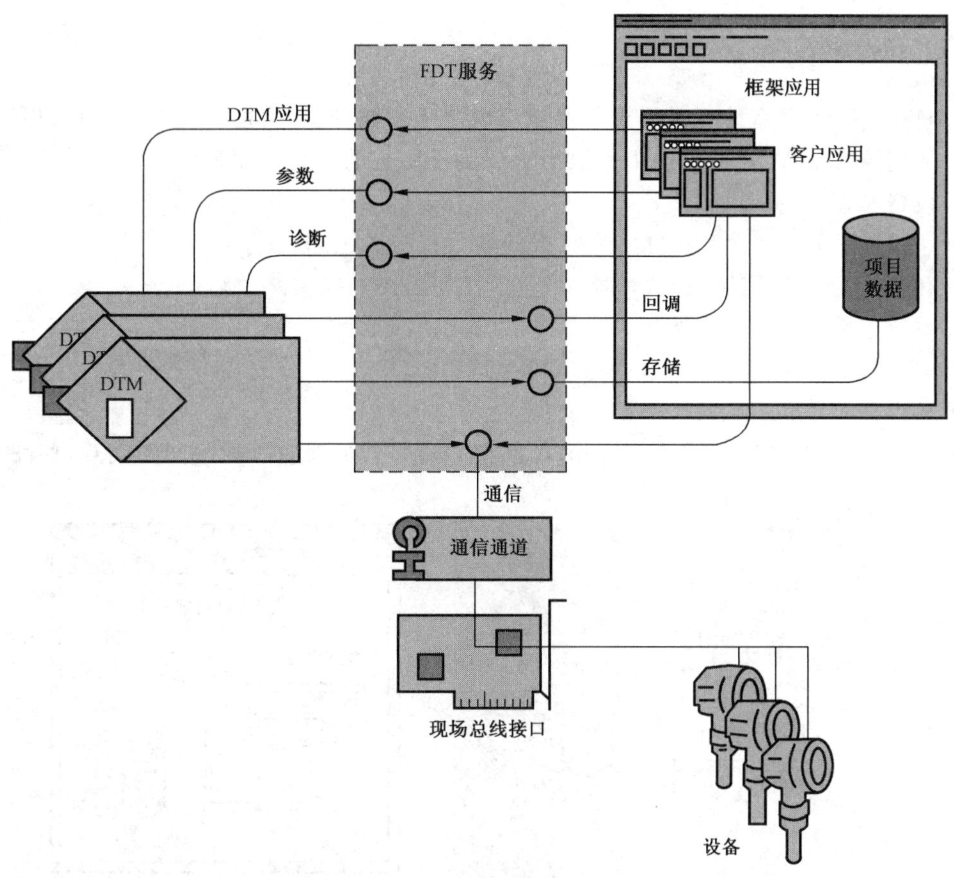

图 3 通用的体系结构和组件

设备和模块特定的软件组件具有几种类型，以覆盖自动化系统中经常使用的产品的集成。例如，DTM 对象可以表示常规的测量和控制设备。一些特定的 DTM 可以表示：

- 在网络中可以移动的、也可以由不同模块整合的软件实体或功能块，也称为块 DTM(BTM)对象；
- 模块化设备的组合，例如插到板上的 I/O 站(提供 I/O 和控制的组合功能)，也称为模块 DTM 对象。

通信通道表示到现场总线或点对点通信的入口点。它提供独立于现场总线协议接口的服务。一般来说，协议特定的服务映射到通道提供的服务上。框架应用程序或 DTM 可使用这些服务来与已连接的设备进行数据交换，或初始化某个功能(例如，标识请求、设备复位、广播等)。

FDT 定义了每个组件必须提供的服务以及这些组件之间交换的数据。服务以独立于现场总线的方式定义，但一些服务要交换现场总线特定的数据。与制造商无关的现场总线的内容和数据格式在 GB/T 29618.3xy 中定义。GB/T 29618.3xy 定义了 FDT 中协议行规的集成。FDT 也允许制造商定义自己的内容和数据格式，例如，制造商特定的现场总线或点对点的通信。

FDT 概念的主要特性有：

- 框架应用程序代表了主机工具，DTM 通过它与控制系统、维护和工程应用进行交互；
- DTM 是主要的概念，可以用于简单设备，也可以用于模块化设备和软件组件(功能块)；
- 提供了嵌套通信来满足连接智能现场设备的异构和分层网络的需求。这使得标准中存在不同种类的通信部分；
- 通过图形化界面为用户提供对智能现场设备及其 DTM 的功能的交互式访问。这些内容被称为表示对象。

4.3.2 框架应用程序

框架应用程序为FDT系统提供了运行环境。取决于不同的用途，框架应用程序可以具有不同的界面(例如独立的配置和工程系统)。以下一般需求适用于所有的框架应用程序：

- 无需设备和模块特定的知识；
- 管理所有的DTM实例和存储实例数据的能力；
- 管理和创建DTM通信和连接的能力(包括任何必要的报文路由)；
- 确保系统范围内的一致性配置；
- 允许多用户和服务器/客户机的操作(可选)；
- 管理数据的版本和一致性。

FDT规范方便了设备特定对象(即，表示对象和DTM)与框架应用程序间的交互，如图4所示。

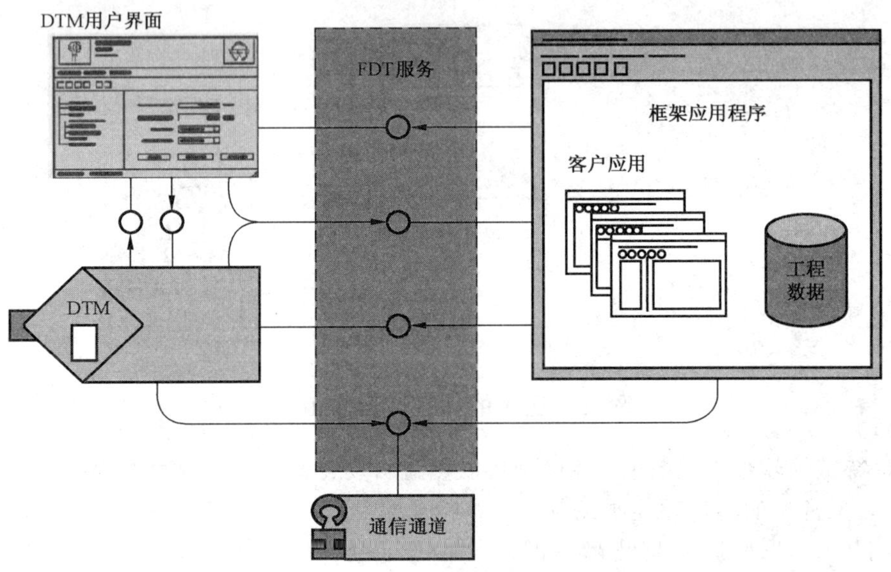

图4 FDT软件体系结构

框架应用程序提供设备特定对象的运行环境。典型情况下，框架应用程序包含了使用DTM的客户应用、永久存储设备数据的数据库和到现场设备的通信链接。

客户应用是关注于特定方面的单个应用程序，如组态、观察、通道分配，并使用DTM作为服务器所提供的功能。

注：GB/T 29618系列标准区分对象(框架应用程序和DTM)间的交互规范和实现这些对象的实现技术。它只规定了期望对象提供给客户应用程序使用的行为。

4.3.3 设备类型管理器

DTM对象由设备制造商随设备一起提供。DTM的特性如下：

- 通常不是一个独立的工具；
- 具有本规范定义的图形用户界面；
- 设备的所有规则都已知；
- 包含所有用户的对话框；
- 用户界面(多语言的，包括帮助系统)；
- 参数的有效性检查(也取决于其他设备特定的参数)；
- 自动生成相关参数；

- 为所需复杂的校准和启动程序定义了处理顺序;
- 读写现场设备的参数;
- 用户化的设备诊断功能;
- 为建立通信提供类型特定的数据;
- 提供设备/实例特定的数据,例如用于功能规划中;
- 设备或实例特定的文档;
- 与任何其他设备不直接连接;
- 不包含关于工程环境的信息;
- 支持一种或多种设备类型。

每个设备制造商按照所支持设备的功能性要求,为DTM选择功能的个数和范围。一个DTM至少覆盖一种现场设备。然而,DTM也可覆盖设备族(例如,压力变送器)或制造商的整个产品范围。通过工程工具的界面来处理通信(通过控制系统的不同总线系统)和数据管理。

DTM可以作为特定DTM或者通用DTM。特定DTM是为一个或一系列特定设备开发的。通用DTM支持遵循一种设备行规或集成了设备描述(例如DD或FDI设备包)的设备。

在整个系统规划或工厂管理的框架内,DTM通常必须集成到合适的工程工具中。基于数据一致性的考虑,不推荐独立工具和系统工程工具并行访问同一设备。但在特殊情况下,可能要实现并行的独立操作,例如当从独立工具移植到DTM时。

DTM作为工程工具或任何其他应用的组件被安装,它管理设备示例并提供通信机制,以及通过设备特定任务来支持该组件。本部分的后续内容将这些应用归类为"框架应用程序"。

4.3.4 通信通道概念

GB/T 29618系列标准规定了FDT对象及其接口,这些接口支持框架应用程序与被称为DTM的设备或模块特定应用之间的交互。框架应用程序可以是工程师站工具、操作员站工具或独立工具。FDT采用了客户机/服务器的架构,DTM作为服务器,提供设备信息和功能,框架应用程序则作为客户机访问信息并调用相关的功能。

DTM可被连接到单个框架应用程序,或连接到基于一个或多个制造商提供的不同组件的分布式框架应用程序。框架应用程序可以管理和集成一个或多个制造商提供的多种DTM(如图5所示)。

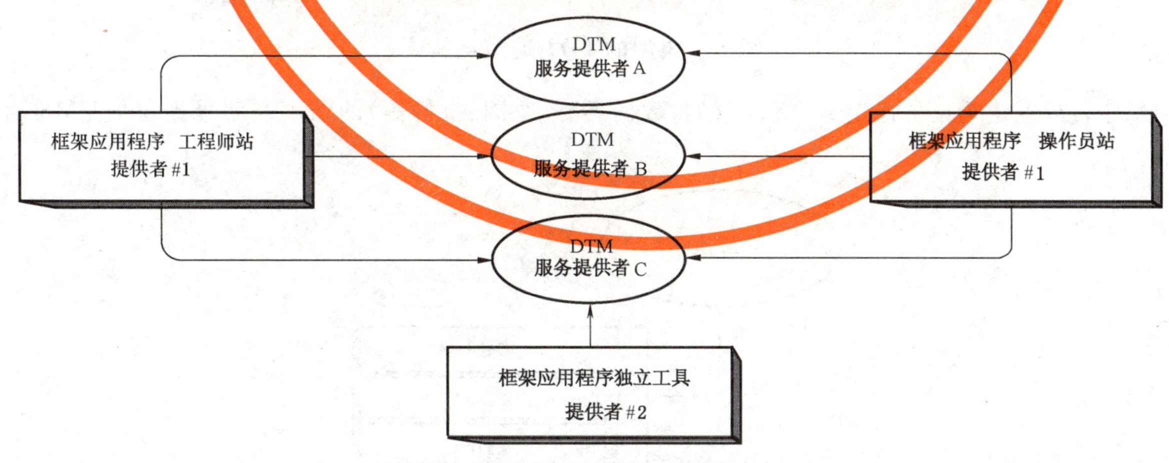

图5 通用FDT客户机/服务器关系

在高的抽象层次上,DTM由服务器对象和通道对象组成。从外部应用的角度来看,这个模型提供了硬件设备的一个视图。服务器对象表示设备或模块的一组可访问的功能集。

通道对象按功能分为通信通道和过程通道两种。

通信通道对象提供对现场总线的访问，与通信技术相关。

过程通道提供关于设备或模块的I/O值的信息(例如，访问、单位、范围和标签)。这些信息为客户应用提供正确的参数关系可视化是必需的。

DTM使用通信通道来传输数据(即，DTM是通信通道的客户端)。如果设备直接连接到现场总线，则FDT对象的层次结构在图6的右侧部分给出。框架应用程序或通信DTM通过通信通道与设备直接进行通信。如果设备位于异构的通信层次当中(图6的左侧部分)，则该层次是由图6左侧的FDT对象来表示。每个现场总线由一个通信通道表示，DTM并不识别下层的通信层次。依照此模型，DTM维护设备的功能性，所用的通信通道对象支持下层现场总线通信。

DTM为I/O参数的语义信息提供了过程通道(即，DTM为信息服务器)。DTM使用过程通道将语义信息提供给应用。

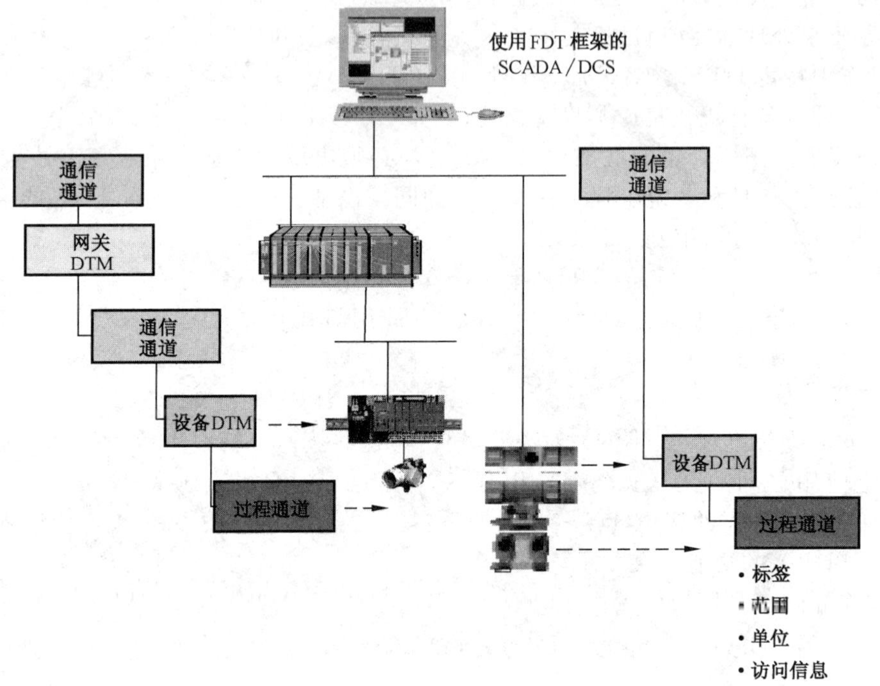

图6　典型的FDT通道结构

每个过程通道为设备特定I/O值(例如，数据类型、范围、报警等)的访问和解释提供信息，如图7所示。

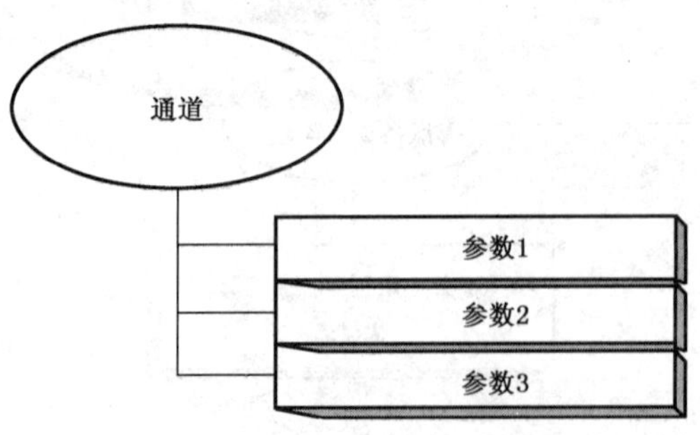

图7　通道/参数的关系

这些I/O值相关参数为框架应用程序提供了集成设备I/O值所需的全部信息。一般而言，传送描述I/O值相关参数的过程通道并不是数据源，只是数据源的表示。这些参数只是简单地指定了数据的地址，而不是地址所指向的实际数据源。

4.3.5 表示对象

表示对象为DTM、BTM和通信通道提供可选的图形用户界面。表示对象可被集成到框架应用程序的GUI中,也可以是在框架应用程序的GUI之外运行的对象(例如,独立可执行的对象)。

5 现场设备工具(FDT)接口规范系列标准及相关文件的结构

5.1 结构概述

除了本概述以外,FDT接口规范具有如图8所示的几部分。

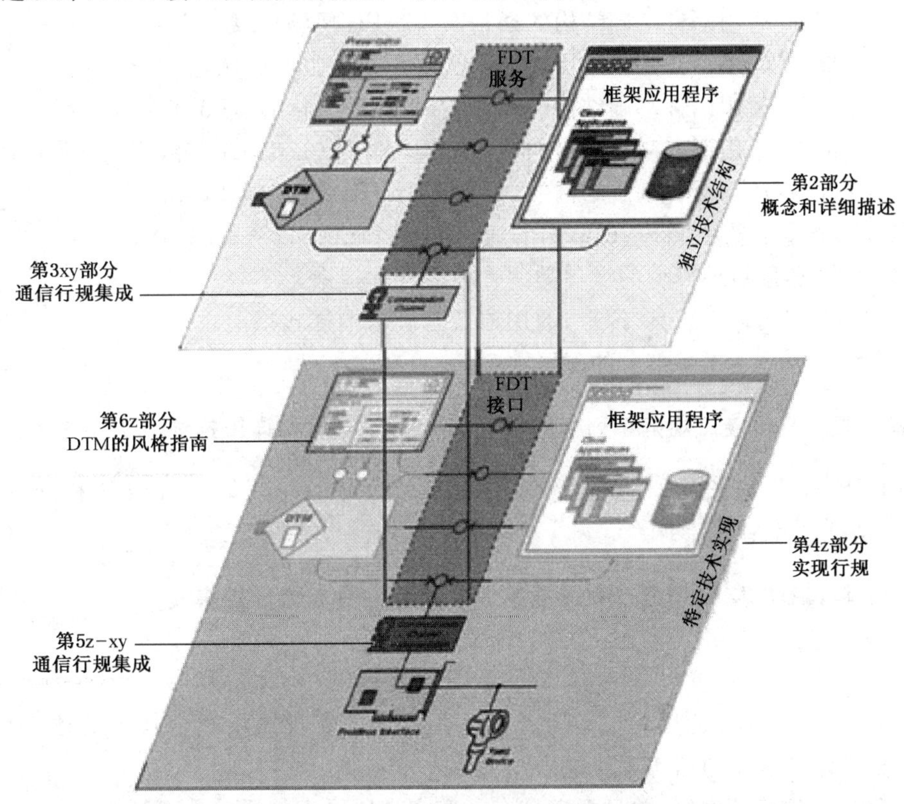

图8 GB/T 29618系列的结构

FDT接口规范描述了设备特定对象(DTM和表示对象)、客户应用程序(在框架应用程序中)和FDT通道(通信功能)之间的接口。接口是基于服务的,这些服务具有客户机服务器交互所需的命令和信息。

现场设备工具(FDT)接口规范系列采用的结构将对象、客户应用和通道服务规范与其到特定实现技术的映射分离。本部分的附录B给出了实现策略。

现场设备工具(FDT)接口规范系列各部分的使用如下:

——第1部分:概述和导则;

——第2部分:概念和详细描述;

——第301部分:通信行规集成　FF现场总线规范;

——第302部分:通信行规集成　通用工业协议;

——第303-1部分:通信行规集成　PROFIBUS现场总线规范;

——第303-2部分:通信行规集成　PROFINET输入输出接口规范;

——第306部分:通信行规集成　INTERBUS现场总线规范;

——第 309 部分:通信行规集成　可寻址远程传感器高速通道;
——第 315 部分:通信行规集成　MODBUS 现场总线规范;
——第 41 部分:对象模型行规集成　通用对象模型;
——第 42 部分:对象模型行规集成　通用语言基础结构;
——第 51-10 部分:通用对象模型的通信实现　FF 现场总线规范;
——第 51-20 部分:通用对象模型的通信实现　通用工业协议;
——第 51-60 部分:通用对象模型的通信实现　INTERBUS 现场总线规范;
——第 51-90 部分:通用对象模型的通信实现　IEC 61784 CPF 9;
——第 51-150 部分:通用对象模型的通信实现　IEC 61784 CPF 15;
——第 52-10 部分:通用语言基础结构的通信实现　FF 现场总线规范;
——第 52-20 部分:通用语言基础结构的通信实现　通用工业协议;
——第 52-31 部分:通用语言基础结构的通信实现　IEC 61784 CP3/1 和 CP3/2;
——第 52-32 部分:通用语言基础结构的通信实现　IEC 61784 CP3/4,CP3/5 和 CP3/6;
——第 52-90 部分:通用语言基础结构的通信实现　IEC 61784 CPF 9;
——第 52-150 部分:通用语言基础结构的通信实现　IEC 61784 CPF 15;
——第 61 部分:通用对象模型的设备类型管理器样式指南;
——第 62 部分:现场设备工具(FDT)通用语言基础结构样式指南。

第 5 章的剩余部分描述了各部分的主要内容。

5.2　现场设备工具(FDT)接口规范系列标准第 2 部分——概念和详细描述

第 2 部分是 FDT 接口规范。它包括所有对象、对象行为、对象接口服务和交互的抽象规范。GB/T 29618.2 是推荐性国家标准。

5.3　现场设备工具(FDT)接口规范系列标准第 3xy 部分——通信行规集成

5.3.1　概述

第 3xy 部分规定了 FDT 应用的通信服务。这些特征的实现需要适合技术的适当行规。第 5z-xy 部分的相关部分规定了这些通信实现行规。

第 3xy 部分具有规范性内容,并且至少具有一个实现所要求的通信技术行规。

注:最初的规范包括几个通信技术行规,本部分的将来版本中可增加其他行规。

5.3.2　通信行规集成 FF 现场总线规范

GB/T 29618.301 提供了将基金会现场总线(FOUNDATION)[1] 技术集成到 FDT 接口规范(GB/T 29618.301)的信息。

5.3.3　通信行规集成　通用工业协议

GB/T 29618.302 提供了将 CIP[2] 技术集成到 FDT 接口规范(GB/T 29618.302)的信息。

---

1)　FOUNDATION®现场总线是现场总线基金会(非赢利组织)的商标名。本信息的给出是为了方便本标准的用户,但不表示 IEC 对以 FOUNDATION 命名产品的认可。如果可以得到相同的结果。可以使用等同的产品。

2)　CIP 是 Open DeviceNet Vendor Association,Inc(ODVA)的商标名。本信息的给出是为了方便本标准的用户,但不表示 IEC 对此商标持有人或其任何产品的认可。符合本行规并不要求使用 CIPTM 商标名。使用 CIPTM 商标名需要得到 ODVA 的允许。

5.3.4 通信行规集成 PROFIBUS 现场总线规范

IEC 62453-303-1 提供了将 PROFIBUS[3] 技术集成到 FDT 接口规范(IEC 62453-303-1)的信息。

5.3.5 通信行规集成 PROFINET 输入输出接口规范

IEC 62453-303-2 提供了将 PROFINET[4] 技术集成到 FDT 接口规范(IEC 62453-303-2)的信息。

5.3.6 通信行规集成 INTERBUS 现场总线规范

GB/T 29618.306 提供了将 INTERBUS[5] 技术集成到 FDT 接口规范(GB/T 29618.306)的信息。

5.3.7 通信行规集成 HART 现场总线规范

GB/T 29618.309 提供了将 HART[6] 技术集成到 FDT 接口规范(GB/T 29618.309)的信息。

5.3.8 通信行规集成 MODBUS 现场总线规范

GB/T 29618.315 提供了将 Modbus[7] 技术集成到 FDT 接口规范(GB/T 29618.315)的信息。

5.4 现场设备工具(FDT)接口规范系列标准第 41 部分——对象模型集成行规

5.4.1 概述

GB/T 29618.2 为 FDT 应用规定了对象行为需求和客户机/服务器功能。实现这些特性需要适当技术的合适行规。GB/T 29618.41 的各部分规定了这些对象实现行规。

第 4z 部分具有资料性内容,对 GB/T 29618.2 的附加内容做了解释。为实现基于特定技术的 FDT,这些附加内容是必要的。每个第 4z 部分都定义了一个特定技术,第 41 部分规定了通用对象模型技术的实现行规。

注:最初的规范包括一个对象模型行规,GB/T 29618 的将来版本中可增加其他行规。

5.4.2 对象模型集成行规——通用对象模型

GB/T 29618.41 包含了由实现技术的相关接口(如 COM)提供的服务的所有细节。

---

3) PROFIBUS 标志是 PROFIBUS 国际(PI)组织注册的商标名。PI 是支持 PROFIBUS 现场总线的非赢利贸易组织。本信息的给出是为了方便本标准的用户,但不表示 IEC 对此商标持有人或其任何产品的认可。符合本行规并不要求使用 PROFIBUS 商标名。使用 PROFIBUS 商标名需要得到商标持有人的允许。

4) PROFINET 标志是 PROFIBUS 国际(PI)组织注册的商标名。PI 是支持 PROFIBUS 现场总线的非赢利贸易组织。本信息的给出是为了方便本标准的用户,但不表示 IEC 对此商标持有人或其任何产品的认可。符合本行规并不要求使用 PROFIBUS 商标名。使用 PROFIBUS 商标名需要得到商标持有人的允许。

5) INTERBUS 是 Phoenix Contact GmbH & Co. KG.,的商标名,该商标名使用的控制授予非赢利组织 INTERBUS Club(http://www.interbusclub.com/)。本信息的给出是为了方便本标准的用户,但不表示 IEC 对此商标持有人或其任何产品的认可。符合本行规并不要求使用 INTERBUS 商标名。INTERBUS 商标名的使用需要得到 INTERBUS Club 的允许。

6) HART®是 HART 通信基金会提供的商标名。本信息的给出是为了方便本标准的用户,但不表示 IEC 对以 FOUNDATION 命名产品的认可。如果可以得到相同的结果,可以使用等同的产品。

7) Modbus 是 Schneider Automation Inc.的商标。该商标在美国注册。本信息的给出是为了方便本标准的用户,但不表示 IEC 对此商标持有人或其任何产品的认可。符合本行规并不要求使用 Modbus 商标。使用 Modbus 商标需要得到 Schneider Automation Inc.的许可。

5.4.3 对象模型集成行规——公共语言基础架构(CLI)

GB/T 29618.42 包含了服务的所有细节,这些服务由基于 CLI 接口的实现技术来提供。

5.5 现场设备工具(FDT)接口规范系列标准第 51-xy/52-xy 部分——通信行规实现

5.5.1 概述

IEC TR 62453-51-xy 和 IEC TR 62453-52-xy 为 FDT 应用规定了通信服务的实现语法。这些通信实现行规是基于 IEC 62453-3xy 各部分规定的通信服务。

IEC TR 62453-51-xy 部分提供了基于 IEC 62453-41 的实现语法。

IEC TR 62453-52-xy 部分提供了基于 IEC 62453-42 的实现语法。

IEC TR 62453-51-xy 和 IEC TR 62453-52-xy 具有资料性内容。在实现工作中要求至少实现一个通信技术行规。

注:最初的规范包括几个通信技术行规,本部分的将来版本中可增加其他行规。

5.5.2 通用对象模型的通信实现 FF 现场总线规范

IEC TR 62453-51-10 和 IEC TR 62453-52-10 提供了将 FOUNDATION 现场总线[8] 技术集成到 FDT 接口规范(用于 COM 集成的 IEC TR 62453-51-10 和用于 CLI 集成的 IEC TR 62453-52-10)的语法。

5.5.3 通用对象模型的通信实现 通用工业协议

IEC TR 62453-51-20 和 IEC TR 62453-52-20 提供了将 CIP[9] 技术集成到 FDT 接口规范(用于 COM 集成的 IEC TR 62453-51-20 和用于 CLI 集成的 IEC TR 62453-52-20)的语法。

5.5.4 通用对象模型的通信实现 PROFIBUS 现场总线规范

IEC TR 62453-51-32 和 IEC TR 62453-52-32 提供了将 PROFIBUS[10] 技术集成到 FDT 接口规范(用于 COM 集成的 IEC TR 62453-51-31 和用于 CLI 集成的 IEC TR 62453-52-31)的语法。

5.5.5 通用对象模型的通信实现 PROFINET 输入输出接口规范

IEC TR 62453-51-32 和 IEC TR 62453-52-32 提供了将 PROFINET[11] 技术集成到 FDT 接口规范(用于 COM 集成的 IEC TR 62453-51-32 和用于 CLI 集成的 IEC TR 62453-52-32)的语法。

---

8) FOUNDATION®现场总线是现场总线基金会(非赢利组织)的商标名。给出本信息是为了方便本标准的用户,命名的产品并没有得到 CENELEC 的认可。可以使用等价的产品,只要可以得到相同的结果。

9) CIP 是 Open DeviceNet Vendor Association,Inc 的商标名。给出本信息是为了方便本标准的用户,并没有得到 IEC 的商标持有人和其任何产品的认可。与本标准相符并不要求使用 CIP 商标名。使用 CIP 商标名需要得到的 Open DeviceNet Vendor Association,Inc 允许。

10) PROFIBUS 标志是 PROFIBUS 国际(PI)注册的商标名。PI 是支持 PROFIBUS 现场总线的一个非赢利贸易组织。给出本信息是为了方便本标准的用户,并没有得到 CENELEC 的商标持有人和其任何产品的认可。符合本行规并不要求使用 PROFIBUS 商标名。使用 PROFIBUS 商标名需要得到商标持有人的允许。

11) PROFINET 标志是 PROFIBUS 国际(PI)注册的商标名。PI 是支持 PROFIBUS 现场总线的一个非赢利贸易组织。给出本信息是为了方便本标准的用户,并没有得到 CENELEC 的商标持有人和其任何产品的认可。符合本行规并不要求使用 PROFIBUS 商标名。使用 PROFIBUS 商标名需要得到商标持有人的允许。

5.5.6 通用对象模型的通信实现 INTERBUS 现场总线规范

IEC TR 62453-51-60 提供了将 INTERBUS[12] 技术集成到 FDT 接口规范(用于 COM 集成的 IEC TR 62453-506)的语法。

5.5.7 通用对象模型的通信实现 HART 现场总线规范

IEC TR 62453-51-90 和 IEC TR 62453-52-90 提供了将 HART[13] 技术集成到 FDT 接口规范(用于 COM 集成的 IEC TR 62453-51-90 和用于 CLI 集成的 IEC TR 62453-52-90)的语法。

5.5.8 通用对象模型的通信实现 MODBUS 现场总线规范

IEC TR 62453-51-150 和 IEC TR 62453-52-150 提供了将 Modbus[14] 技术集成到 FDT 接口规范(用于 COM 集成的 IEC TR 62453-51-150 和用于 CLI 集成的 IEC TR 62453-52-150)的语法。

5.6 现场设备工具(FDT)接口规范系列标准第 6x 部分——DTM 风格指南

5.6.1 概述

除了在 GB/T 29618.2 和 GB/T 29618.41 中提供技术规范外,本系列标准还提供了支持 DTM 一致的外观和感受的指南。

IEC TR 62453-6x 部分具有资料性内容,对 GB/T 29618 的附加内容做了解释。为实现基于特定技术的一致的外观和感觉,这些附加内容是是必要的。每个第 6x 部分都定义了一个对特定技术的支持,第 61 部分规定了通用对象模型技术的风格指南。

5.6.2 通用对象模型的设备类型管理器(DTM)的风格指南

IEC TR 62453-61 包含了基于某一特定实现技术的 GUI 设计的所有细节。IEC TR 62453-61 是推荐性国家标准。

6 现场设备工具(FDT)接口规范系列标准和其他标准化工作的关系

一般情况下,现场设备和模块作为组件集成到工业自动化系统中以执行所要求的应用。工业自动化系统的结构可被表示为由通信系统连接的多个层次集,如图 9 所示。

通信系统(例如,现场总线)把现场设备连接到下一层的控制器,典型的控制器有可编程逻辑控制器(PLC)、分散式控制系统(DCS)或制造执行系统(MES)。因为工程工具和调试工具既能访问现场设备又能访问控制器,所以这些工具也位于控制器层中。

在较大的自动化系统中,可以通过通信系统(例如,以太网)连接下一层。这一层包括复杂的可视化系统(HMI)、中心工程工具和 SCADA 主机系统。现场设备(具有或不具有如上所述的控制器)的多个

12) INTERBUS 是 Phoenix Contact GmbH & Co. KG.的商标名,商标名的控制授予给非赢利组织 INTERBUS Club(http://www.interbusclub.com/)。给出本信息是为了方便该国际标准的用户,并没有得到 IEC 的商标持有人或其任何产品的认可。符合本行规并不要求使用 INTERBUS 商标名。INTERBUS 商标名的使用需要得到 INTERBUS Club 的允许。

13) HART®是 HART 通信基金会提供的商标名。给出本信息是为了方便本文档的用户,命名的产品并没有得到 IEC 的认可。可以使用等价的产品,如果可以得到相同的结果。

14) Modbus 是 Schneider Automation Inc.的商标。该商标在美国注册。给出本信息是为了方便该国际标准的用户,并没有得到 IEC 的商标持有人和其任何产品的认可。符合本行规并不要求使用 Modbus 商标。使用 Modbus 商标需要得到 Schneider Automation Inc.的许可。

分组既可以互相连接,也可以通过通信网络(例如,现场总线)连接到更高层次的系统上。

还可以提供其他层次,以支持制造执行系统(MES)、企业资源规划系统(ERP)和其他基于信息技术(IT)的系统通过局域网和控制器间接地访问现场设备,或通过路由器直接地访问现场设备。

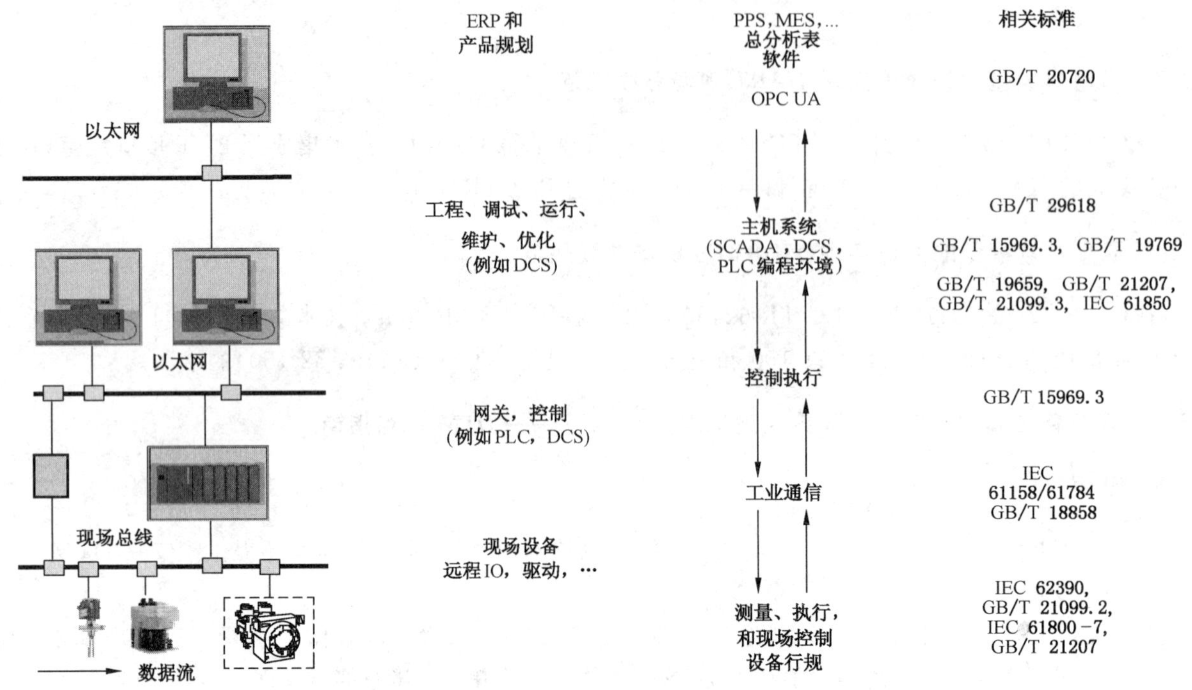

图 9　在自动化分层结构中与 GB/T 29618 相关的标准

有大量现场设备到自动化系统通信和集成相关的标准。图 9 示出了这些标准的层次结构,这些层次通常实现标准所规定的功能或元素。

设备行规通常按照参数列表、功能块或对象在现场设备中实现(GB/T 21207.1、IEC 61800-7 系列、GB/T 21099.2 和 IEC/TR 62390)。IEC 61158、IEC 61784-1/IEC 61784-2 和 GB/T 18858 系列包含了工业通信标准。GB/T 15969 系列包含了可编程控制器的编程语言。GB/T 19659、GB/T 21099.3、IEC 61519-1 和 IEC 61850 系列包含了表示现场设备的描述语言。GB/T 15969 系列和 GB/T 19769 系列的元素可用于运行、调试和维护站中更高功能的设计和编程。

GB/T 29618 系列标准提供了不同主机应用的通用接口,这些主机应用需要与现场设备及其相关控制功能进行交互。

更高层次的应用(例如,MES 和 ERP)在 IEC 62264 中描述。

表 1 给出了以上提及标准的概要。

表 1　相关标准的概要

标准	相关性的描述
GB/T 15969.3	此标准描述了文本化编程语言,如结构化文本(Structured Text)和指令表(Instruction List),以及图形化编程语言,如梯形图、功能块图。所有语言都与 PLC 的通用软件模型和变量、任务等通用元素一起使用
IEC 61158	IEC 61158 是多种基于现场总线和以太网的工业通信规范的集合。这些通信系统代表了工业通信技术的当前水平
GB/T 19769 系列	用于工业测量和控制系统的功能块。使用事件驱动结构的通用功能块模型

表 1（续）

标准	相关性的描述
IEC 61784-1/ IEC 61784-2	IEC 61784-1/IEC 61784-2 描述了基于 IEC 61158 规范的现场总线通信行规
IEC 61800-7	IEC 61800-7-*n* 是电气驱动系统的通用接口和行规。第 7-1 部分是关于电气驱动的通用接口定义，第 7-2 部分规定了多个电气驱动行规，第 7-3 部分规定了第 7-1 部分和第 7-2 部分的行规和接口的映射，以实现与 IEC 61158 等网络通信技术共同工作
GB/T 21099.2	此标准通过设备模型来定义 FB，这些设备模型定义了 GB/T 21099.2 兼容设备的组件及用于测量、执行和处理的 FB 规范。这包括基本特性的一般规则，以支持控制同时避免定义阻碍创新和不同工业领域规范的细节。GB/T 21099 的此部分提供了概念性的功能块规范，可以由工业组织映射到特定的通信系统及其相关定义中
GB/T 21099.3	此部分规定了电子设备描述语言（EDDL）技术，这使得可通过使用工程生命周期的工具实现真正产品细节的集成。EDDL 填补了 GB/T 21099.2 的概念性功能块规范和产品实现之间的空隙。它是描述自动化系统组件属性的一种通用语言。EDDL 能描述： • 设备参数及其相互依赖关系； • 设备功能，例如，仿真模式、校准； • 图形化表示，例如，菜单； • 与控制设备的交互； • 增强的用户接口； • 图形系统； • 永久数据存储
IEC 61850 系列	IEC 61850 系列"变电站的通信和系统"是变电站自动化的信息模型和信息交换的全球性标准。IEC 61850 系列已成为电力系统信息建模的基本标准，设备之间信息交换的基本标准，以及应用于整个电能供应链中的系统和设备配置的基本标准。变电站产生的和使用的信息被模型化为逻辑节点、数据对象和数据属性
GB/T 21207	GB/T 21207"低压开关设备和控制设备 入网工业设备描述的基本原则"定义了互连的工业设备的通用表示框架，包括了行规文档模板。它主要集中于上述的设备种类。这种表示法遵循 IEC/TR 62390"通用自动化设备行规导则"给出的原则，也参考了 GB/T 19659
GB/T 18858 系列	为了在工业自动化应用中使用，"低压开关设备和控制设备 控制器-设备接口（CDI）"规定了低压开关装置、控制排档和控制器（例如，可编程控制器、个人计算机）之间的通信接口。第 1 部分规定了 CDI 的通用需求，其后部分通过使用第 1 部分定义的通用文档结构，规定了几种 CDI 技术
IEC/TR 62390	此技术报告为工业现场总线设备和控制设备的设备行规的开发提供了导则，与其复杂性无关。此导则专注于设备的功能方面。它是由标准化产品委员会、现场总线协会和产品制造商所使用的推荐大纲，以为互联设备的开发提供行规。此导则的某些方面也可用于独立的设备。此导则旨在提供通用的和更一般的方式来发布设备信息和行为
IEC 62769	该标准描述了现场设备集成（FDI）的概念和概述。现场设备用设备包来表示。该设备包基于 EDDL（GB/T 21099.3 和 GB/T 21099.4）和可选的已有的图形用户界面（兼容 GB/T 29618.42）。设备包被集成在客户端-服务器结构中。该服务器提供了一种信息模型，在接口上可以选用 OPC UA（IEC 62541）

表 1（续）

标准	相关性的描述
GB/T 16720.1	制造报文规范(MMS)。MMS 规定了控制和监视智能电子设备所需要的报文结构。它是 OSI 参考模型第 7 层的一种规范
GB/T 19659	GB/T 19659“开放系统应用集成框架”的第 1 部分定义了描述集成模型、应用互操作行规及其组件行规(过程行规、信息交换行规和资源行规)的一般元素和规则。其他部分定义了描述基于特定现场总线技术的通信网络行规和通信相关方面的设备行规的技术特定元素和规则。此标准规定了一种设备模型,该设备模型支持 XML 架构,以生成 XML 设备描述文件
ISO/IEC 19501	“信息技术——开放式分布处理——统一建模语言(UML)”。UML 提供了规范对象及其关联和行为的方式。UML 经常在国际标准中使用

这些标准相互之间有多种关系,如图 10 和表 1 所示。图 10 中的实线表示规范性引用,虚线表示资料性引用(包含在本标准的参考文献中)。这些标准分为三组:

- 工业通信;
- 测量、执行、现场控制和设备行规;
- 设备描述。

连接线表明哪种工业通信标准支持哪种现场设备标准。IEC 62390 具有连接现场设备相关标准和各种设备描述规范的功能。

如图 10 所示,GB/T 29618 系列标准能在 DTM 中使用现场设备功能、设备描述和控制器相关的其他标准。同样地,它能使用 IEC 61784-1/IEC 61784-2 的所有通信行规族。

ISO/IEC 19501:2005(即 UML)提供了抽象的描述模型和语言,用于形式化描述 GB/T 29618 系列标准的规范内容,如表 1 所示。

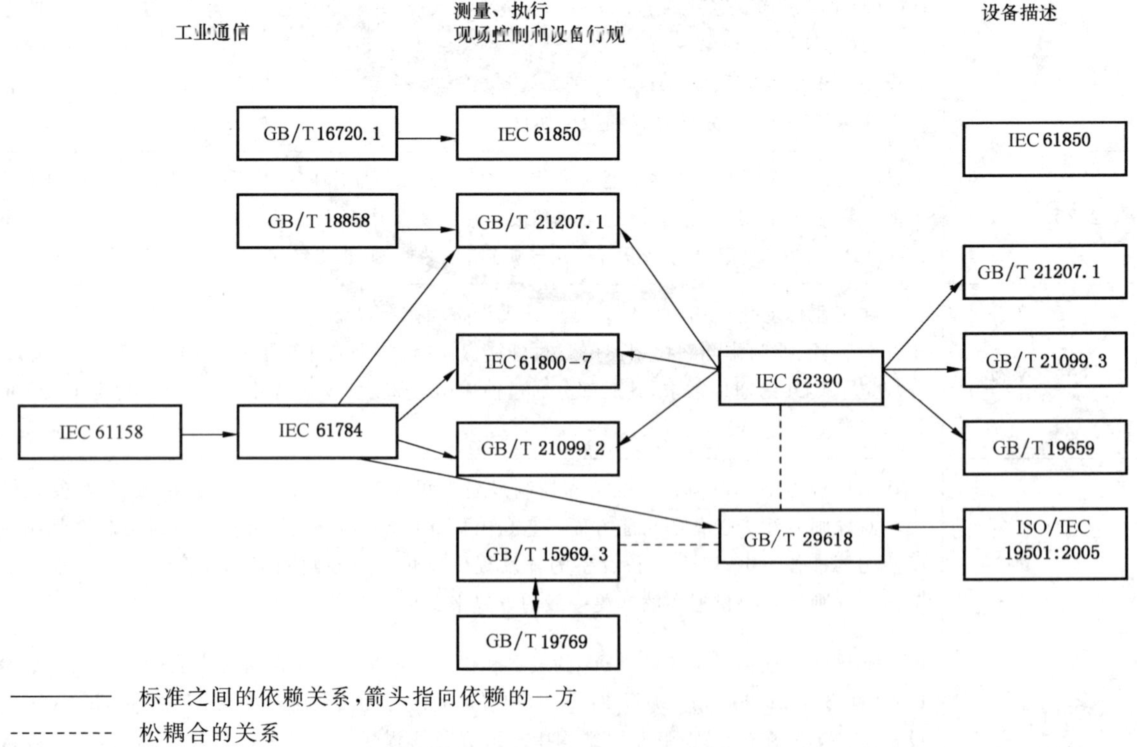

图 10　按用途分组的与 GB/T 29618 相关的标准

7 到 DTM 的移植

工业系统使用了许多不同的现场设备和模块，包括从简单的 I/O 传感器到复杂、模块化的远程 I/O 和驱动器。这些设备和模块按复杂性可分为四组：

a) 仅循环通信的简单设备，例如光栅；

b) 具有固定硬件和软件的可调设备，例如压力变送器；

c) 具有模块化硬件但固定软件块的可调设备，例如远程 I/O；

d) 具有模块化硬件和可编程软件块的可调设备，例如复杂的伺服驱动。

这些不同的设备带有不同种类的功能描述(设备描述)，或甚至带有设备自己的组态工具。这取决于设备提供的功能。FDT 允许将所有这些设备通过 DTM 以统一的方式集成到框架应用程序中。例如，通过现有的设备描述技术(包含设备能力信息的文件)就能充分描述 a)组和 b)组的简单设备。可以开发“通用 DTM”来解释这些设备描述，并使其内含的信息和功能对于系统和用户是可用的。一旦开发出某种设备或模块描述的通用 DTM，则支持该描述的所有模块都可以使用相同的 DTM 进行集成。

c)组和 d)组的设备可能已具有独立的工具。FDT 提供了接口和特性来使这些工具带有 FDT 接口，并使用已有的独立工具来创建 DTM。通过外部工具而具备的 DTM 可以使用这种方式来移植到 FDT，并保护已有的投资。这种移植的最终目标是提供集成 GUI 的 DTM。

每个制造商可自由地为已有的或新的设备和模块选择以下选项，见图 11：

- 保留基于现有描述的通用解决方法；
- 提供作为独立工具而进行维护的 DTM；
- 创建特定的 DTM 来完全地描述所有可用特性和处理设备或模块的方法。

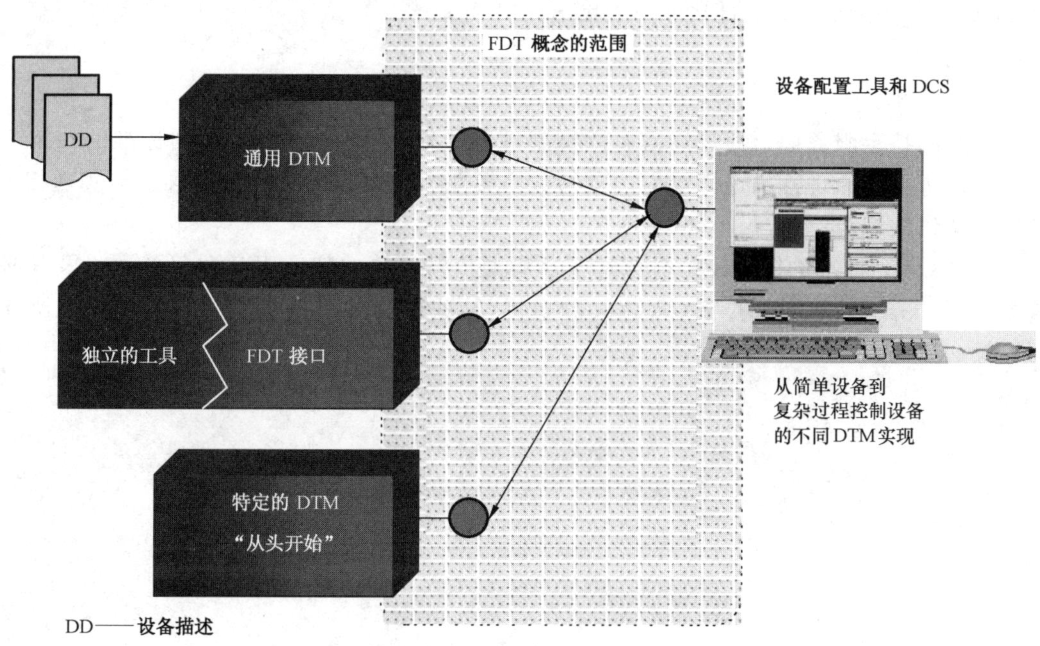

图 11 DTM 的实现

8 现场设备工具(FDT)接口规范系列标准简介

8.1 体系结构

GB/T 29618 系列标准的第 2 部分以抽象方式描述了 FDT 的功能和所选择的体系结构。这些描述包括：

- 主要的概念性元素；
- 元素之间的关系(例如,聚合或泛化)；
- 元素之间的交互；
- 所有 FDT 元素的服务和服务原语的描述,及其必备的和可选的参数。参数为结构化的数据类型。

GB/T 29618 系列标准的第 41 部分描述了服务的每个实现技术相关的细节。这意味着,为 FDT 规定了详细的服务原语语法和接口定义。

8.2 动态行为

GB/T 29618 系列标准的第 2 部分描述了 FDT 系统的动态行为,通过序列图给出了使用抽象报文名称的交互。

GB/T 29618 系列标准的第 41 部分使用 FDT IDL 中定义的语法来描述这些交互的细节。

GB/T 29618 系列标准的第 2 部分以状态机的形式,描述了 DTM 的动态行为以及数据的管理。第 2 部分使用状态机来描述 DTM 行为的抽象方面。第 41 部分通过将服务语法映射到接口的方式,描述了状态和转换的细节。

GB/T 29618 系列标准的第 41 部分描述了附加的实现特定的动态行为。

8.3 结构化数据类型

服务原语的参数为结构化的数据类型。GB/T 29618 系列标准的第 2 部分将其描述为抽象的数据类型。第 41 部分使用 XML 架构对其进行了描述。

8.4 现场总线通信

通信行规族的特定服务原语通过通信通道机制进行传输。GB/T 29618 系列标准的在第 2 部分对该通信通道机制进行了原理性描述并给出抽象参数。第 41 部分和第 42 部分包含了与实现相关的通信通道服务原语的语法规范。

GB/T 29618 系列标准的第 3xy 部分描述了所有通信行规族的特定服务和服务原语及其必备的和可选的参数。第 5z-xy 部分包含了与实现相关的架构,这些架构对于传输相关第 3xy 部分所描述的通信服务原语是必要的。

附 录 A
（资料性附录）
UML 表示法

A.1 概述

注释(Note)

注释包括人们阅读 UML 框图(或模型)的信息。注释提供了附加内容来帮助解释图中未明示的细节(见图 A.1)。

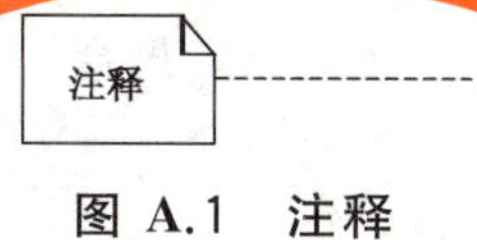

图 A.1 注释

A.2 类图

类图是 UML 规范方法中的一种。GB/T 29618 的类图中使用的 UML 元素解释如下。

类(Class)

类是对具有相同属性、操作、方法、关系和语义的一组对象的描述(见图 A.2)。

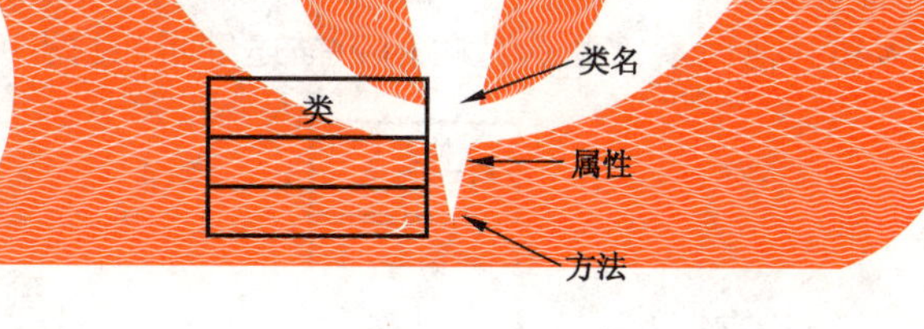

图 A.2 类

抽象类(Abstract class)

抽象类是不能被直接实例化的一种类,仅用于规范目的。如果一个类不具有实例,则属于抽象类。一个抽象类仅能用于继承。抽象类由一个斜体的类名表示。

关联(Association)

关联是两个或多个类之间的语义关系,规定了其类实例之间的连接(见图 A.3)。

图 A.3 关联

复合(Composition)

复合是对称关联的一种形式,规定了合成体(整体)类和附属体(部分)类之间的整体-部分关系。这种关系中,移除整体也就移除了部分(见图 A.4)。

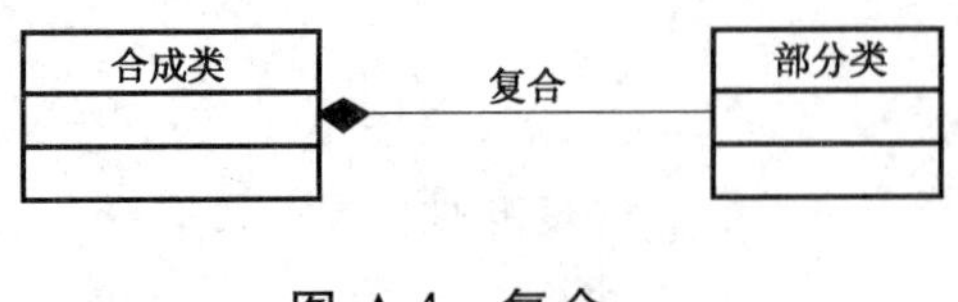

图 A.4 复合

聚合(Aggregation)

聚合是非对称关联的一种形式,规定了聚合体(整体)类和附属体(部分)类之间的整体-部分关系(见图 A.5)。

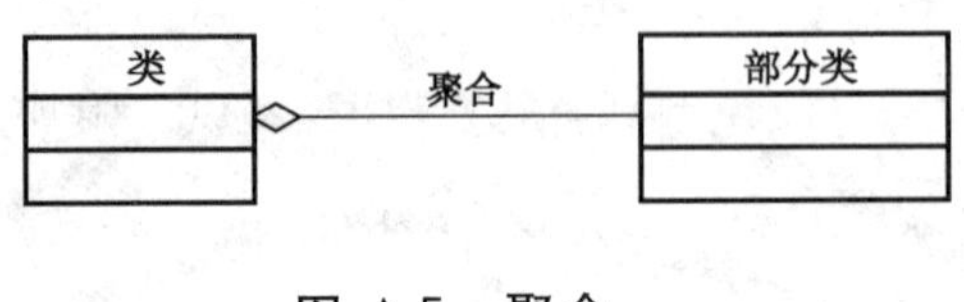

图 A.5 聚合

依赖(Dependency)

依赖是关联的一种形式,规定了两个类之间的依赖关系。用箭头来表明非对称性依赖(见图 A.6)。

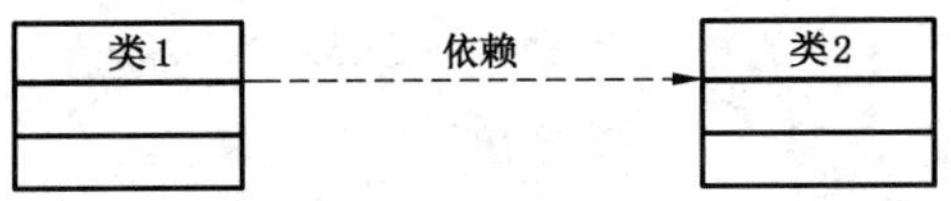

图 A.6 依赖

泛化(Generlization)

泛化是一般元素和特殊元素之间的分类学关系。这与第一个元素是完全一致的但增加了一些附加信息。泛化用于类、包、用例和其他元素。此构造也用于描述继承(见图 A.7)。

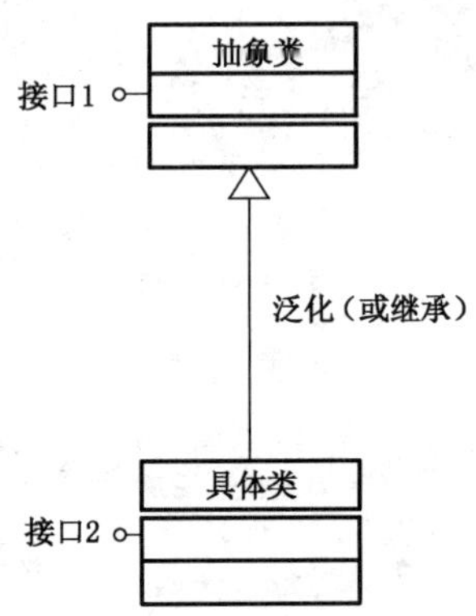

图 A.7 抽象类、泛化和接口

接口(Interface)

接口是方便封装和重用一组方法(方法签名)和常量的机制。接口可以是仅包含方法签名的抽象类,也可同时包含常量。不规定方法的基本实现。本质上,接口是实现方法和常量的标准化封装的保证。接口可由抽象类继承,也可由具体类继承和实现。在图 A.7 中,具体类实现了接口 1(由抽象类继承)和接口 2。

多重性(Multiplicity)

多重性规范被表示为一个由逗号分隔的整数序列所组成的文本字符串(见图 A.8)。每个间隔表示一个整数范围(可能是有限的),格式为:下界..上界,其中上界和下界为整数值,规定了从下界到上界包含的闭合的整数范围。另外,星号(*)可以用作上界,表示无限的上界。

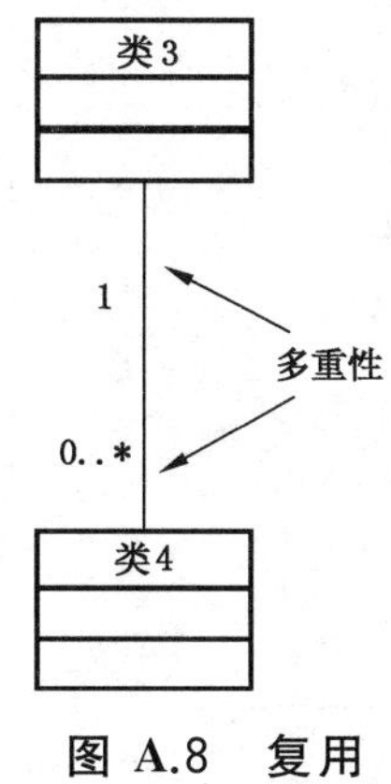

图 A.8 复用

A.3 状态图

状态图是表示状态机的图。在状态机图中,状态和各种不同的顶点(虚状态)通过适当的状态和虚状态符号表示,转换由连接它们的带方向的弧线表示(见图 A.9)。

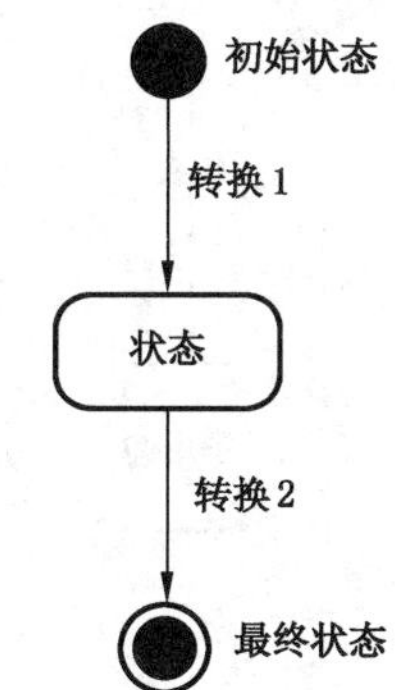

图 A.9 UML 状态图的元素

状态用圆角矩形表示。可选地,它可具有附加的名称标签。

初始状态(虚状态)用小的实心圆表示。

最终状态用小的带实心圆的圆圈(类似牛眼)表示。

复合(超级)状态用包含两个小椭圆的圆角矩形表示。该状态由一组子状态组成,这些子状态由转换按序连接而成。

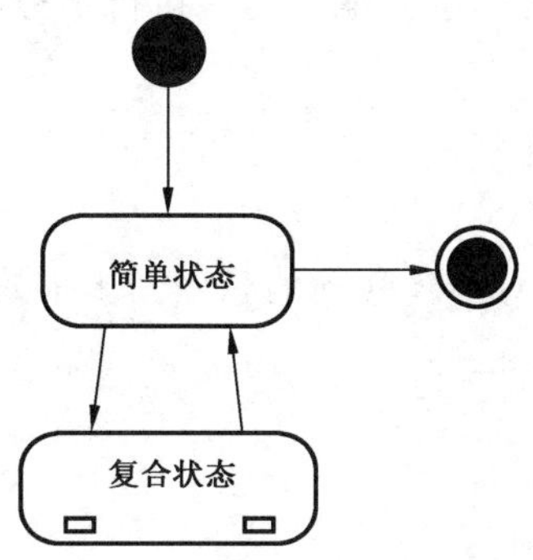

图 A.10 UML 状态图示例

A.4 用例图

用例图是规定系统要求的用法的一种类图。它包含参与者、用例及其联系。图 A.11 给出了本部分使用的 UML 语法。

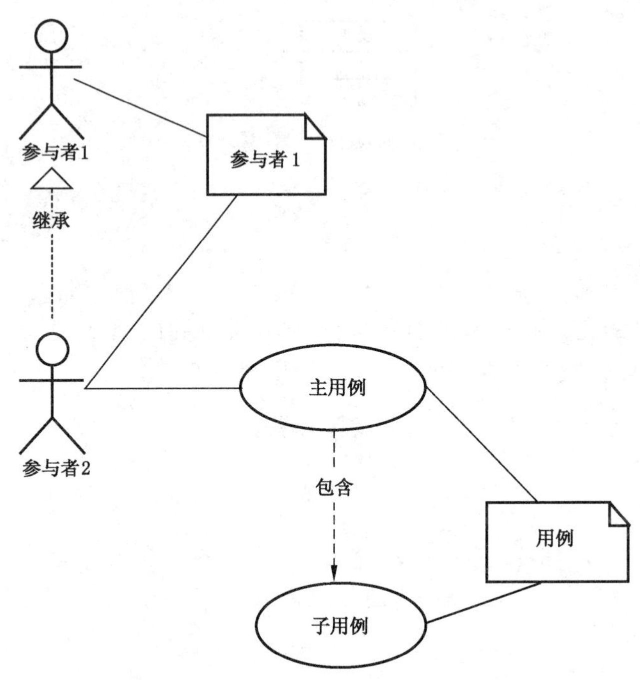

图 A.11 UML 用例的语法

参与者用一个人形图表示。它可以代表一个人或一个与指定系统交互的外部其他系统。

用例通过描述参与者和系统之间的交互来描述功能需求。如果复杂交互由多个简单交互组成，则这通过“包含(include)”关系来表示。

“继承(inheritance)”关系由指向父节点(即，更一般的元素)的带三角的虚线表示。本部分使用了参与者之间的继承，来描述一个参与者继承其他参与者执行某种用例的许可。

A.5 序列图

序列图是通过关注在生命线上的对象之间的消息序列来描述交互的一种图。

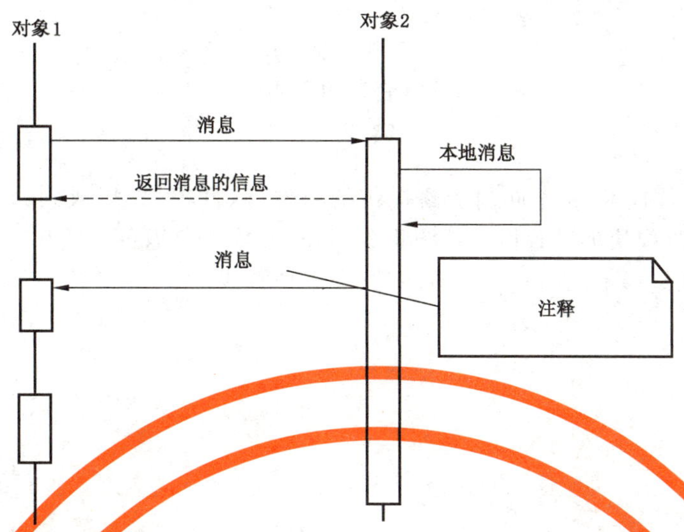

图 A.12 UML 序列图

对象实例通过垂直线表示。

消息用箭头表示。在本部分中,实心箭头用于描述通用的事件发生,与该消息的同步或异步处理无关。

消息序列从图的顶部开始。

附 录 B
（资料性附录）
实 现 策 略

FDT技术基于组件技术，将不同制造商提供的组件（软件模块）集成到完整的系统中。基于FDT的软件提供者负责软件模块的一致性。系统集成商和/或技术组织负责提供一个丰富的集成框架和测试程序，或认证过程来确保不同的模块能被高效、安全地集成。

参 考 文 献

[1] IEC 60050(all parts) International Electrotechnical Vocabulary

注:参见 IEC Multilingual Dictionary—Electricity,Electronics and Telecommunications(可从 http://domino.iec.ch/iev 获取 CD-ROM)

[2] ISO/IEC 7498(all parts) Information processing systems—Open Systems Interconnection—Basic Reference Model

[3] ISO 2382(all parts) Information technology—Vocabulary

[4] ISO/AFNOR Dictionary of Computer Science

[5] IEC 61131(all parts) Programmable controllers

[6] IEC 61499(all parts) Function blocks

[7] IEC 61800-7(all parts) Adjustable speed electrical power drive systems—Part 7-X:Generic interface and use of profiles for power drive systems

[8] IEC 61850(all parts) Communication networks and systems in substations

[9] IEC 61915-1 Low-voltage switchgear and controlgear—Device profiles for networked industrial devices—Part 1:General rules for the development of device profiles

[10] IEC 62026(all parts) Low-voltage switchgear and controlgear—Controller-device interfaces(CDIs)

[11] IEC/TR 62390 Common automation device—Profile guideline

[12] ISO 9506-1 Industrial automation systems—Manufacturing Message Specification—Part 1:Service definition

[13] IEC 61804-2 Function blocks(FB) for process control—Part 2:Specification of FB concept

[14] IEC 61804-3 Function blocks(FB) for process control—Part 3:Electronic Device Description Language(EDDL)

[15] ISO 15745(all parts) Industrial automation systems and integration—Open systems application integration framework

[16] IEC 62453(all parts) Field Device Tool(FDT) interface specification

ICS 25.040
N 10

中华人民共和国国家标准

GB/T 29618.2—2017/IEC 62453-2:2016
代替 GB/T 29618.2—2013

现场设备工具(FDT)接口规范 第2部分:概念和详细描述

Field device tool(FDT) interface specification—
Part 2:Concepts and detailed description

(IEC 62453-2:2016,IDT)

2017-07-31 发布 2018-02-01 实施

中华人民共和国国家质量监督检验检疫总局
中国国家标准化管理委员会 发布

前　言

GB/T 29618《现场设备工具(FDT)接口规范》暂分为以下几个部分：

——第1部分：概述和导则；

——第2部分：概念和详细描述；

——第301部分：通信行规集成　FF现场总线规范；

——第302部分：通信行规集成　通用工业协议；

——第306部分：通信行规集成　INTERBUS现场总线规范；

——第309部分：通信行规集成　可寻址远程传感器高速通道；

——第315部分：通信行规集成　MODBUS现场总线规范；

——第41部分：对象模型行规集成　通用对象模型；

——第42部分：对象模型行规集成　通用语言基础结构；

——第515部分：通用对象模型的通信实现　MODBUS现场总线规范

——第51-10部分：通用对象模型的通信实现　FF现场总线规范；

——第51-20部分：通用对象模型的通信实现　通用工业协议；

——第51-60部分：通用对象模型的通信实现　INTERBUS现场总线规范；

——第51-90部分：通用对象模型的通信实现　IEC 61784 CPF 9；

——第51-150部分：通用对象模型的通信实现 IEC 61784 CPF 15；

——第52-10部分：通用语言基础结构的通信实现　FF现场总线规范；

——第52-20部分：通用语言基础结构的通信实现　通用工业协议；

——第52-31部分：通用语言基础结构的通信实现　IEC 61784 CP3/1和CP3/2；

——第52-32部分：通用语言基础结构的通信实现　IEC 61784 CP3/4、CP3/5和CP3/6；

——第52-90部分：通用语言基础结构的通信实现　EC 61784 CPF 9；

——第52-150部分：通用语言基础结构的通信实现　IEC 61784 CPF 15；

——第61部分：通用对象模型的设备类型管理器样式指南；

——第62部分：现场设备工具(FDT)通用语言基础结构样式指南。

本部分为GB/T 29618的第2部分。

本部分按照GB/T 1.1—2009给出的规则起草。

本部分代替GB/T 29618.2—2013《现场设备工具(FDT)接口规范　第2部分：概念和详细描述》，本部分与GB/T 29618.2—2013相比除编辑性修改外，主要技术变化如下：

——对范围作了相应调整(见第1章，2013版的第1章)；

——对规范性引用文件作了相应调整(见第2章，2013版的第2章)；

——增加了术语“子DTM”(见3.1.1)；

——增加了术语“父DTM”(见3.1.4)；

——增加了约定“UML的使用”(见3.3.1)；

——删除了表1中BTM项的内容，对表示、通道项作了相应调整(见表1，2013版的表1)；

——增加了框架应用程序开头的概述(见4.2.2.1)；

——增加了系统通信(见4.2.2.2)；

——增加了DTM商业逻辑概述(见4.2.3.1)；

——增加了DTM种类和开头的概述、通信DTM(COMM-DTM)、设备DTM、网关DTM、复合设

备 DTM、模块 DTM、块类型管理器(BTM);

——增加了 DTM 函数、命令函数和静态函数(见 4.2.3.3);

——增加了识别及具体内容(见 4.5);

——增加了系统和 FDT 拓扑(见 4.6);

——增加了 FDT 通信(见 4.7);

——增加了图 7、图 8、图 9、图 10(见 4.2.3.2)、图 12、图 13、图 14(见 4.2.4)、图 20、图 21(见 4.8)、图 22(见 4.9)、图 23、图 24(见 4.11)、图 26、图 27、图 28、图 29、图 30、图 31(见 5.3);

——删除了 PLC 工具支持文档一章开头的 PLC 概述、PLC 运行时过程图像的修改(见 2013 版的 6.4);

——删除了 ReadDataFromDevice 服务中的部分内容(见 2013 版的 7.2.12.4);

——删除了过程图像验证相关的 FA 服务(见 2013 版的 7.7.7)。

本部分使用翻译法等同采用 IEC 62453-2:2016《现场设备工具(FDT)接口规范 第 2 部分:概念和详细描述》(英文版)。

与本部分中规范性引用的国际文件有一致性对应关系的我国文件如下:

——GB/T 15969.1—2007 可编程序控制器 第 1 部分:通用信息(IEC 61131-1:2003,IDT);

——GB/T 15969.2—2008 可编程序控制器 第 2 部分:设备要求和测试(IEC 61131-2:2007,IDT);

——GB/T 15969.3—2005 可编程序控制器 第 3 部分:编程语言(IEC 61131-3:2002,IDT);

——GB/T 15969.4—2007 可编程序控制器 第 4 部分:用户导则(IEC 61131-4:2004,IDT);

——GB/T 15969.5—2002 可编程序控制器 第 5 部分:通信(idt IEC 61131-5:2000);

——GB/T 15969.6—2015 可编程序控制器 第 6 部分:功能安全(IEC 61131-6:2012,IDT);

——GB/T 15969.7—2008 可编程序控制器 第 7 部分:模糊控制编程(IEC 61131-7:2000,IDT);

——GB/T 15969.8—2007 可编程序控制器 第 8 部分:编程语言的应用和实现导则(IEC/TR 61131-8:2003,IDT);

——GB/T 29618.301—2015 现场设备工具(FDT)接口规范 第 301 部分:通信行规集成 FF 现场总线规范(IEC 62453-301:2009,IDT);

——GB/T 29618.302—2013 现场设备工具(FDT)接口规范 第 302 部分:通信行规集成 通用工业协议(IEC 62453-302:2009,IDT);

——GB/T 29618.306—2017 现场设备工具(FDT)接口规范 第 306 部分:通信行规集成 INTERBUS现场总线规范(IEC 62453-306 Ed.1.0:2009,IDT);

——GB/T 29618.309—2013 现场设备工具(FDT)接口规范 第 309 部分:通信行规集成 可寻址远程传感器高速通道(IEC 62453-309:2009,IDT);

——GB/T 29618.315—2013 现场设备工具(FDT)接口规范 第 315 部分:通信行规集成 MODBUS 现场总线规范(IEC 62453-315:2009,IDT)。

本部分由中国机械工业联合会提出。

本部分由全国工业过程测量和控制标准化技术委员会(SAC/TC 124)归口。

本部分起草单位:西南大学、机械工业仪器仪表综合技术经济研究所、重庆川仪自动化股份有限公司、上海自动化仪表有限公司、罗克韦尔自动化(中国)有限公司、浙江大学智能系统与控制研究所、苏州美名软件有限公司、赫优讯(上海)自动化系统贸易有限公司、施耐德电气(中国)有限公司。

本部分主要起草人:张渝、刘枫、王春喜、汪烁、王德吉、田英明、张庆军、华镕、冯冬芹、吕亚军、李京、王勇、杜佳琳、潘东波。

本部分所代替标准的历次版本发布情况为:

——GB/T 29618.2—2013。

引　言

本部分为FDT(现场设备工具)组件的开发者提供接口规范,FDT组件用于客户端/服务器结构中的功能控制和数据访问。本部分是开发标准接口过程中的分析和设计的结果。这些标准接口易于多个制造商开发可无缝互操作的服务器和客户端。

将现场设备集成到控制系统中,需要执行一些其他任务。除了需要现场总线特定工具和设备特定工具外,还需将这些工具集成到更高层次系统范围内的规划或工程工具中。特别是,为了在大规模异构的控制系统中(典型地在过程工业领域)使用,明确定义易于使用的相关工程接口是非常重要的。

按照本部分创建的设备特定的软件组件称为设备类型管理器(DTM)。它通过本部分定义的FDT服务,将所有设备特定的数据、功能和业务规则都集成到系统中。

FDT/DTM方法对所有类型的现场总线都是开放的,允许将各种设备集成到异构系统中。

图1给出了GB/T 29618.2在GB/T 29618系列标准结构中的位置。

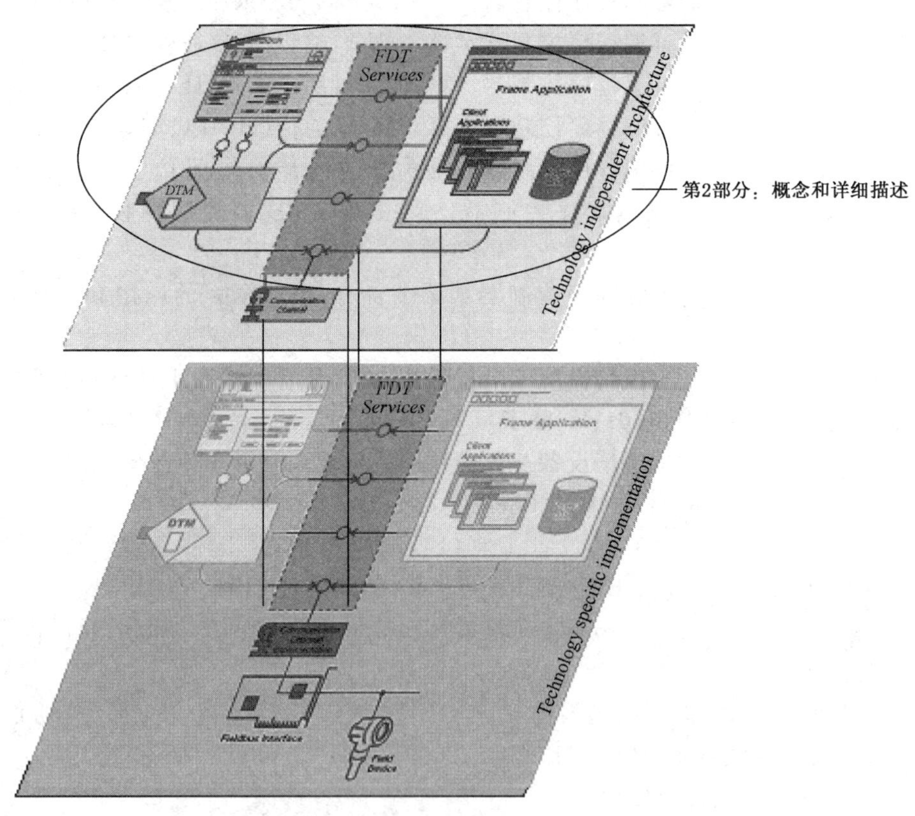

图1　GB/T 29618系列中的第2部分

现场设备工具(FDT)接口规范 第2部分:概念和详细描述

1 范围

GB/T 29618 的本部分解释了现场设备工具概念的通用原则。本部分的原则适用于各种工业应用中,例如:工程系统、组态程序、监视和诊断应用等。

本部分规定了通用对象、通用对象行为和通用对象之间的交互,它们是 FDT 的基础。

2 规范性引用文件

下列文件对于本文件的应用是必不可少的。凡是注日期的引用文件,仅注日期的版本适用于本文件。凡是不注日期的引用文件,其最新版本(包括所有的修改单)适用于本文件。

GB/T 29618.1—2017 现场设备工具(FDT)接口规范 第1部分:概述和导则(IEC 62453-1:2016,IDT)

IEC 61131(所有部分) 可编程序控制器(Programmable controllers)

IEC/TR 62390:2005 通用自动化设备 行规导则(Common automation device—Profile guideline)

IEC 62453-3xy(所有部分) 现场设备工具(FDT)接口规范 第3xy部分:通信行规集成(Field Device Tool (FDT) interface specification—Part 3xy:Communication profile integration)

3 术语和定义、符号和缩略语、约定

3.1 术语和定义

GB/T 29618.1 界定的以及下列术语和定义适用于本文件。

3.1.1

子 DTM child DTM

FDT 工程中的 DTM 实例,可通过它与父 DTM 的关系来归类。

注:任何使用 FDT 通信的 DTM 都可以被归类为子 DTM(即设备 DTM、网关 DTM、模块 DTM 和 BTM)。

3.1.2

FDT 版本 FDT version

相关技术特定组织定义的实现版本。

注:FDT 版本在 IEC/TR 62453-41 或者 IEC/TR 62453-42 中规定。

3.1.3

整体式 DTM monlithic DTM

整体式 DTM 代表包含其所有模块的整个设备。

注:本部分中也包含表示设备模块的其他概念,例如模块 DTM(Module DTM)和 BTM。

3.1.4

父 DTM parent DTM

FDT 工程中的 DTM 实例,可通过它与子 DTM 的关系来归类。

注:任何提供 FDT 通信的 DTM 都可以被归类为父 DTM(例如通信 DTM、网关 DTM、复合设备 DTM)。

3.2 符号和缩略语

GB/T 29618.1 界定的以及下列符号和缩略语适用于本文件。

DD　　Device description 设备描述

OODMS　Object Oriented Database Management System 面向对象的数据库管理系统

RDBMS　Relational Database Management System 关系数据库管理系统

3.3 约定

3.3.1 UML 的使用

本部分使用 UML 的约定定义在 GB/T 29618.1 中。

3.3.2 状态可用性声明

状态可用性声明使用[_]和[X]来声明一个服务在某一特定状态下是否是可用的。表示的含义如下：

[_]"〈状态名称〉"　在这种状态下的服务是不可用的；

[X]"〈状态名称〉"　在这种状态下的服务是可用的。

3.3.3 数据类型名称和对数据类型的引用

A.1 中解释了对数据类型命名和引用的约定。

4 基本原理

4.1 概述

第 4 章介绍 FDT 模型，并包含现场设备集成需求方面的内容。

4.2 抽象 FDT 模型

4.2.1 FDT 模型总览

图 2 给出了 FDT 定义的对象以及它们之间相互关系的总览。

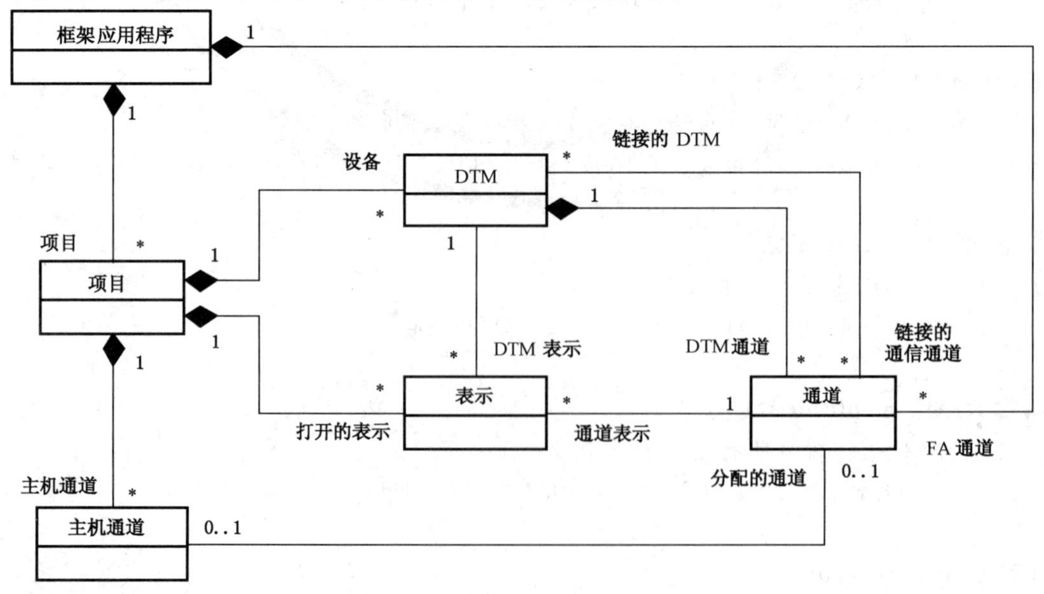

图 2　抽象 FDT 模型

表 1 包含所有对象的简要描述。随后章节将提供对象和相关服务的详细描述。

FDT 对象可全部在一个平台上执行，或者在分布式系统中执行。

为了数据交换以及对象之间的交互，使用附录 A 中定义的数据类型。这些数据类型的具体实现在 GB/T 29618.41 文档中定义。这些文档描述了到特定实现技术的映射。

表 1 FDT 对象描述

对象	描 述
框架应用程序 Frame Application	框架应用程序是一种表示环境的逻辑对象，例如：工程系统或独立的工具(见 4.2.2)。它控制项目中 DTM 实例的生命周期。 一个框架应用程序可处理几个项目
项目 Project	项目属于框架应用程序。 项目是一种描述设备实例管理的逻辑对象。它在框架应用程序中控制设备实例的生命周期和数据集。 项目只是框架应用程序的内部对象，因此 FDT 未定义任何项目的服务
主机通道 Host Channel	主机通道属于框架应用程序。 主机通道是一种表示主机系统一部分功能的逻辑对象，例如 DCS 或 PLC。 当需要设备 I/O 数据处理的附加信息时，主机通道是必需。例如：如果 DTM 或 BTM 数据引用了多个 I/O 值。 例如：一个八位位组常用于表示 8 个数字 I/O 点的状态值。在这些应用中，主机通道对象提供通道数据内容和各个过程 I/O 点之间的关联。 为了使周期 I/O 数据在一个框架应用程序中可用，设备的 I/O 功能块和过程值之间应具有关联。I/O 功能块的输入和输出用主机通道表示，过程值用通道表示。主机通道和通道之间的关联被称为通道分配。 主机通道只是框架应用程序的内部对象，所以 FDT 未定义任何主机通道的服务
DTM	DTM 是一种包含设备特定应用软件的软件组件。它封装了所有设备特定的数据、功能和业务规则。 DTM 一般不能单独运行。它需要框架应用程序(见 4.2.2)作为运行环境。 典型地，DTM 由设备制造商开发，并随设备一起提供。DTM 的软件设计决定了 DTM 是适用于一种特定的设备类型，还是适用于一组不同的设备类型或一个设备类型族。 安装在现场的每个设备由一个 DTM 对象来表示。因此，需要一个或几个 DTM 对象来处理不同的设备。DTM 被安装在系统中，这样通过为新的设备安装新的 DTM，可动态地扩展系统。 一个 DTM 可表示不同类型的设备，例如：现场设备、通信设备或网关设备(见 4.2.3)
表示 Presentation	表示对象(见 4.2.3.3)代表(可视的)用户界面。 表示对象属于 DTM、BTM 或通道
通道 Channel	通道对象有三种行为方式：作为通信通道、作为过程通道，以及前述两种通道的组合(见 4.2.4)

表 2 解释了图 2 中给出的各种关联。

表 2 FDT 对象间关联的说明

关联	描述
分配的通道 assigned channel	为了使周期 I/O 数据在框架应用程序中可用，设备的 I/O 功能块和过程值之间须具有关联。I/O 功能块由主机通道表示，过程值由通道表示。框架应用程序（项目）负责处理这种关联。 用例： ——通道分配 服务： 信息服务 ——DTM 服务：GetChannels ——通道服务：ReadChannelInformation 管理服务 ——通道服务：WriteChannelInformation 依赖服务 ——用于通道管理的专用 DTM 服务
通道表示 channel presentation	表示对象的实例通过该关系与它们的通道对象（DTM 业务对象）的实例相关联。 用例： ——带有 DTM 特定 GUI 的所有通道用例 服务： 信息服务（见 7.3） ——通道服务：GetChannelFuntions ——通道服务：GetGuiInformation 依赖服务： ——框架服务：OpenPresentationRequest ——框架服务：ClosePresentationRequest
设备 device	项目通过关联设备拥有 DTM 实例的列表。 项目的释放会导致所有关联 DTM 实例的释放。一个 DTM 实例不能存在于多个项目中。 用例： ——系统生成 ——系统规划 服务： 信息服务 ——框架服务：GetChildNodes 管理服务 ——与子拓扑管理相关的服务，见 7.6.2 ——ValidateAddChild ——ChildAdded ——ValidateRemoveChild ——ChildRemoved ——与拓扑管理相关的 FA 服务
DTM 通道 DTM channel	DTM 可具有一个通道列表，这些通道通过 DTM 通道相关联。通道是 DTM 的一部分。 服务： 信息服务 ——框架服务：GetChannels 管理服务 ——没有服务来管理该关联，通道实例的生命周期由 DTM 控制

表 2（续）

关联	描　　述
DTM 表示 DTM presentation	表示对象的实例通过该关系与它们的 DTM 实例相关联。 用例： ——具有 DTM 特定 GUI 的所有 DTM 用例 服务： ——打开表示对象 ——关闭表示对象
FA 通道 FA channel	框架应用程序(项目)可具有一个通信通道的列表。没有服务来管理该关联。 见 4.2.2
主机通道 host channel	FA 将 DTM 的过程通道映射到项目的内部 IO 管理
链接的通信通道 linked communication channel	通过该关联给出 DTM 的拓扑结构。在拓扑树中，DTM 对象是通道的子节点。该关联给出了设备到通道的连接。 框架应用程序(项目)负责处理该关联。 服务： ——可通过 GetParentNodes 来探测所链接的通道 ——SetLinkedCommunicationChannel ——ReleaseLinkedCommunicationChannel
链接的 DTM linked DTM	通过该关联给出现场设备的拓扑。在拓扑树中，通道对象是设备的父节点。该关联给出了通道到设备的连接。 框架应用程序(项目)负责处理该关联。 服务： ——可以通过 GetChildNodes 检测所链接的 DTM ——SetLinkedCommunicationChannel ——ReleaseLinkedCommunicationChannel
打开的表示 opened presentation	打开的表示对象通过该关联链接到项目。 框架应用程序(项目)负责管理该关联
项目 project	一个框架应用程序可以创建和管理多个项目，这些项目通过“project”关联来连接。 框架应用程序(项目)负责处理该关联

4.2.2　框架应用程序(FA)

4.2.2.1　概述

通过结合相应的 DTM，框架应用程序能够处理任何类型的设备，无需特定设备或现场总线的具体知识。根据使用框架应用程序的目的可以提供不同的外观和功能(例如：独立配置或一个 DCS 工程系统)。通常情况下，框架应用程序(包括客户端应用程序)将重点放在具体方面，比如配置、观察、I/O 规划、并利用 DTM 提供的服务。

框架应用程序是 DTM 的运行环境。它提供 7.7 中描述的服务。寄宿的 DTM 可以使用这些服务。

4.2.2.2 系统通信

如果框架应用程序具有内置的通信功能，则它能提供通信通道(见 4.2.4.3)，这些通信通道提供访问现场总线的服务。在这种情况下，它具有对通信的完全控制，并能够执行低级操作，例如监视或过滤。不具有内置通信功能的框架应用程序则使用通信 DTM(见 4.2.3.2.2)。图 3 给出了框架应用程序和通信通道对象之间的关系。

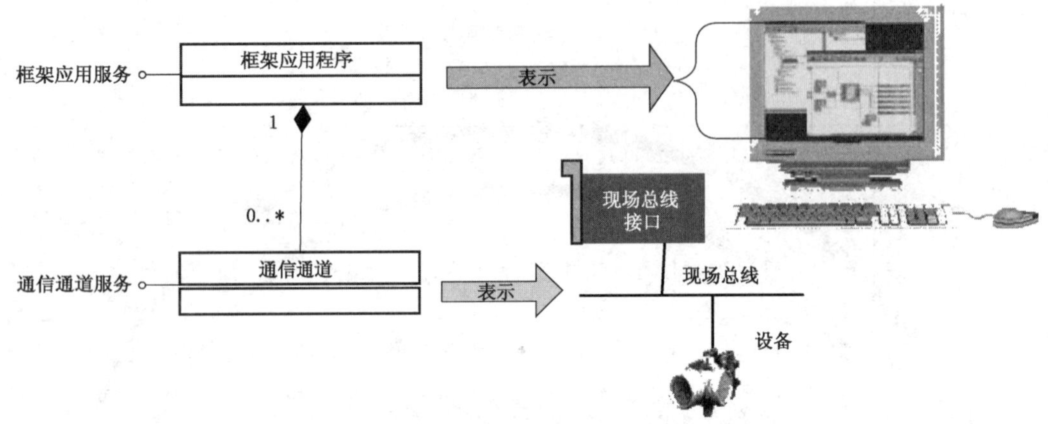

图 3 集成通信通道的框架应用程序

框架应用程序的通道对象表示从 FDT 特定通信到框架应用程序特定通信的网关。在框架应用程序一侧，通信通道可以是 PC I/O 板或带有处理单元和专用总线系统的工程化拓扑。

4.2.3 设备类型管理器(DTM)

4.2.3.1 DTM 商业逻辑概述

DTM 商业逻辑封装特定设备的功能和协议的具体定义。因此，框架应用程序通过结合相应的 DTM，能够处理任何类型的设备，无需特定设备或现场总线的具体知识。

DTM 提供 7.2 中描述的服务(见图 4)。从框架应用程序角度看，所有管理相关和任务相关的与设备功能的交互都可通过这些服务获得。

图 4 设备类型管理器(DTM)

DTM 可以表示带有数据类型 net:DtmDeviceInstanceTopology 的设备结构。该信息可通过 GetActiveTypeInfo 服务(见 7.2.3.4)来获得。设备的结构可以通过数据类型为 net:Module 的列表来描述。每一模块可具有多个属性，包括组态数据、过程通道和通信通道。

DTM 使用数据类型 fdt:DtmDeviceTypes 来公开所支持设备类型的列表(见 4.8.1)。

4.2.3.2 DTM 种类

4.2.3.2.1 概述

DTM 代表了测量和控制装置、模块、网关或模块以及通信接口。代表这些设备的 DTM 的区别仅在于所提供的数据、功能和用户界面的可用性。不同的 DTM 类别反映物理实体,由 DTM 表示。定义的 DTM 类别无法描述所有现有的物理设备规则,但旨在为常见设备的类型提供一个总的方案。

4.2.3.2.2 通信 DTM(COMM-DTM)

通信 DTM 是一种特殊类型的 DTM,它含有用于特定通信硬件的应用软件。例如,它可支持波特率、起始位和停止位等组态设置。

通信 DTM 应提供通信通道(见 4.2.4.3),这些通信通道提供访问现场总线的服务(见图 5)。通道数量取决于通信 DTM 的配置(例如:比如重新配置过程中,可能出现 DTM 暂时不提供通道)。

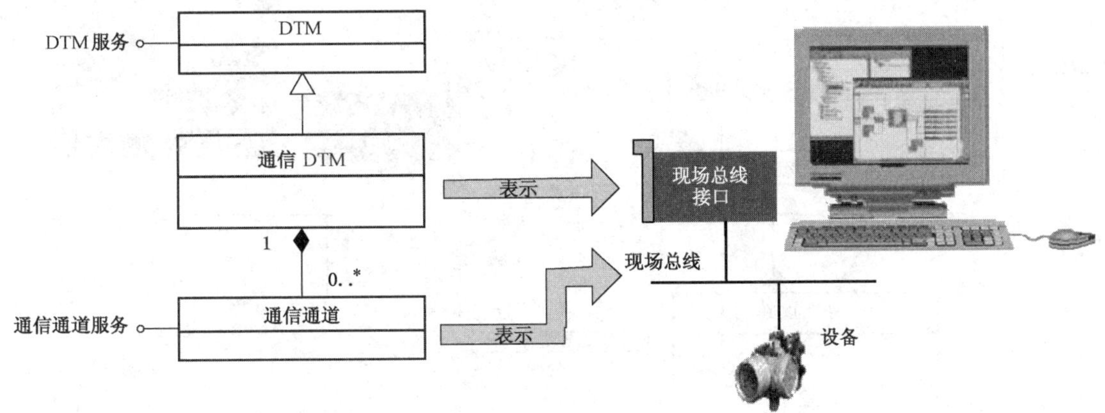

图 5 通信 DTM

与由框架应用程序(4.2.2)提供通道相比,由 DTM 提供通信通道的好处在于:这些通信通道可集成到框架应用程序中,这样就能扩展系统可访问的协议的数量。这两种提供通信通道的方式可在框架应用程序中共存。

4.2.3.2.3 设备 DTM

设备 DTM 含有用于"常规"现场设备(例如,压力变送器或阀)的应用软件。这种 DTM 支持设备的配置和参数化等功能,如图 6 所示。

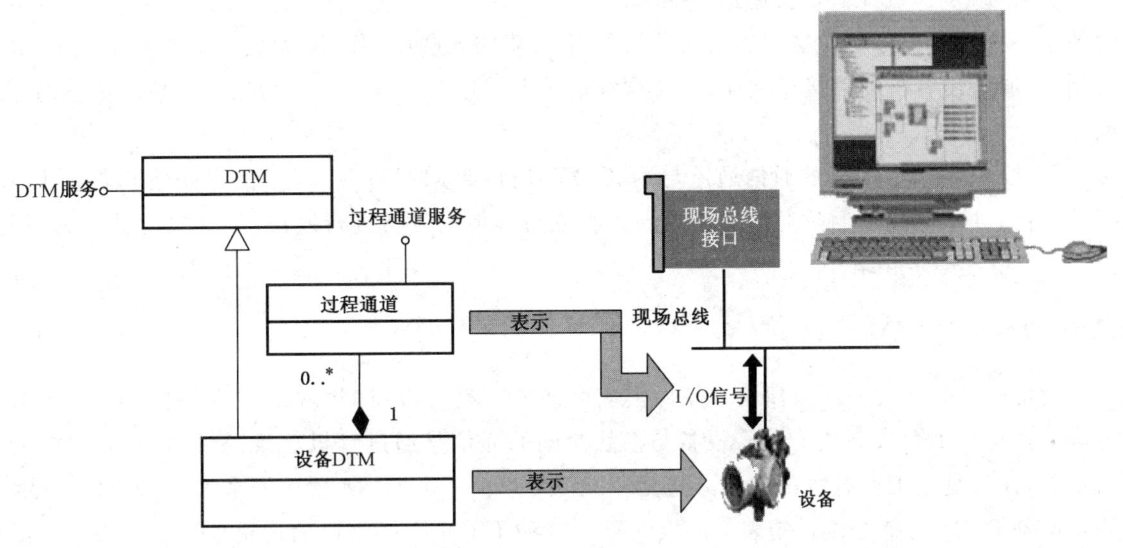

图 6 设备 DTM

如果要求设备的I/O信号或过程值对于主机系统是可访问的,则设备DTM应提供过程通道对象(见4.2.4.2)。

4.2.3.2.4 网关 DTM

网关DTM是一种特殊类型的DTM,它含有用于链接现场总线的设备的应用软件(见图7)。

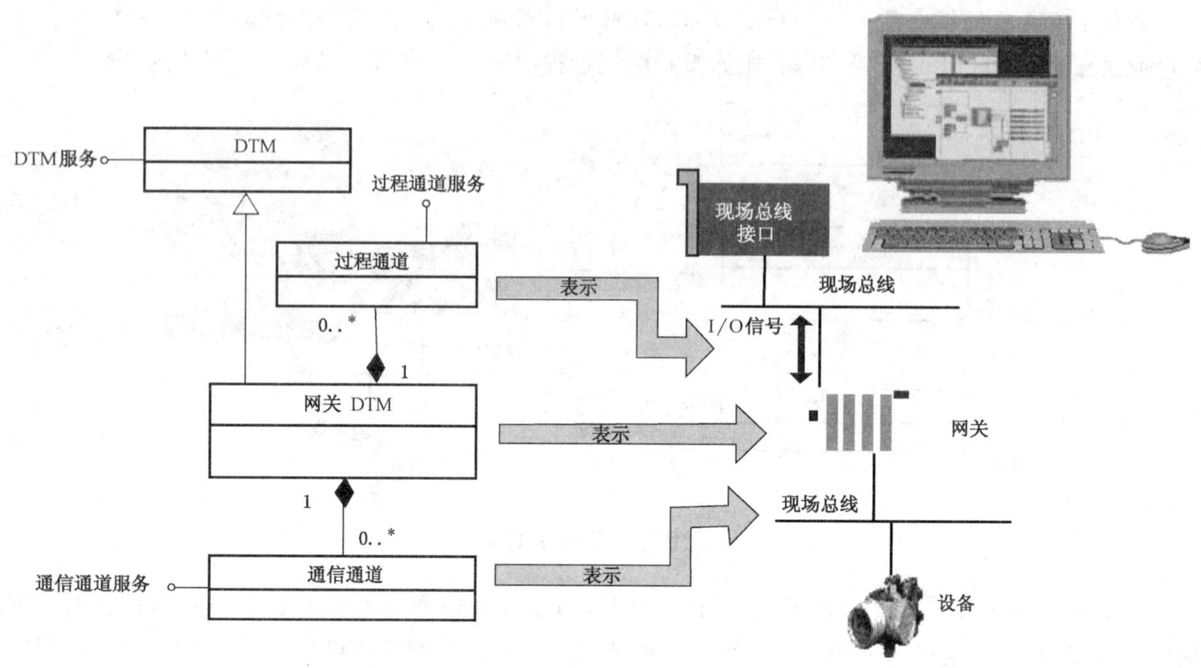

图7 网关DTM

这种DTM可被视为通信DTM和设备DTM的组合。如果要求网关的I/O信号或过程值对于主机系统是可访问的,则该DTM应提供通信通道(见4.2.4.3)来实现对所链接的现场总线的访问,并为该DTM所连接的现场总线提供过程通道(见4.2.4.2)。

网关设备提供的信号与设备的通信接口可能存在某种关联(例如:网关提供的I/O信号是由通信设备得到,而通信设备与通信接口相连)。在这种情况下。这种关联被表示为处理通道和通信通道之间的关系。

子DTM通过网关DTM的通信通道与网关DTM连接。框架应用程序负责创建和管理DTM设备之间的链接。DTM设备通过通信通道提供的服务与其他的设备进行通信,这种概念被称为"嵌套通信",并在4.7中进一步介绍。

4.2.3.2.5 复合设备 DTM

一些设备被细分为模块和子模块。硬件模块可插入到复合设备(模块设备)的物理槽上,例如I/O模块可插入到远程I/O设备中。复合设备与模块之间的通信是通过背板总线提供,背板总线的功能由制造商定义,并且是基于私有协议的定义。复合设备可以由一个DTM层次图来表示,如图8所示。

复合设备DTM是整个设备的表示的根元素。这种DTM应提供通信通道(见4.2.4.3),以提供访问连接不同模块和子模块的背板总线的服务。用一个通道来表示整个背板总线,还是用多个通道来表示插入模块的各个槽,这取决于DTM软件的设计。

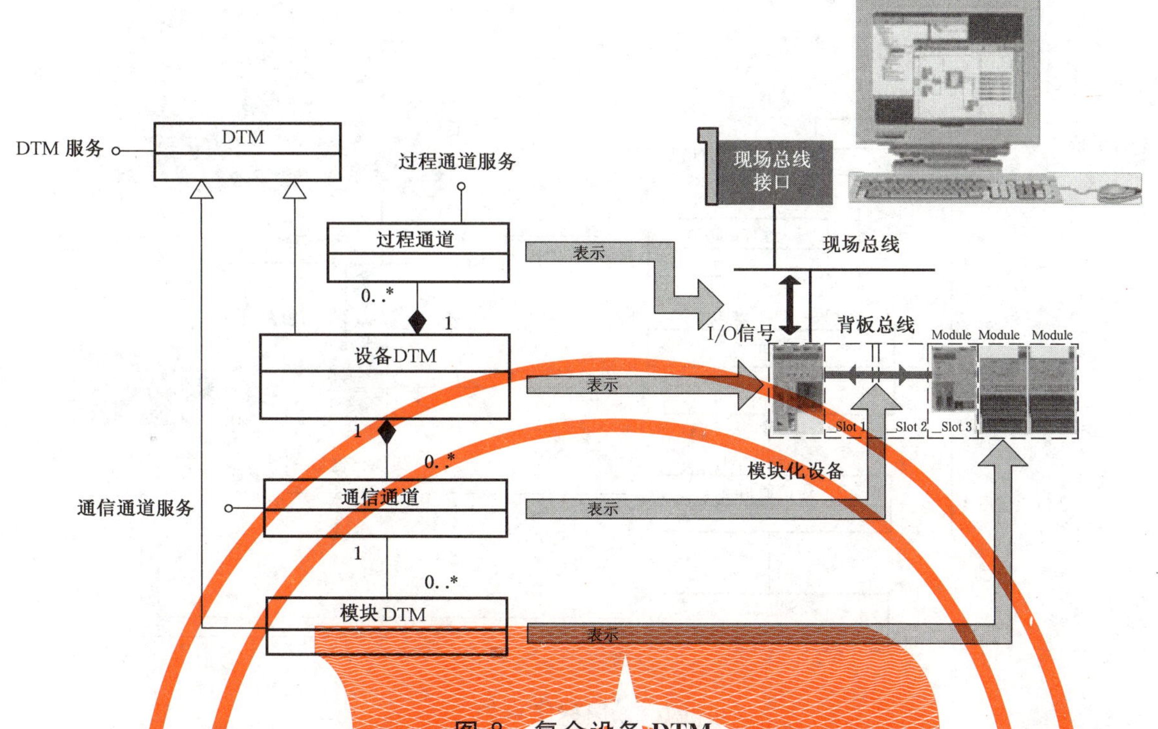

图 8 复合设备 DTM

如果复合装置提供过程数据,那么复合设备 DTM 应提供过程通道(见 4.2.4.2)。如果复合设备将处理的数据时在设备模块中生成,那么由模块 DTM 提供的过程通道中生成复合设备 DTM 提供的过程通道。

4.2.3.2.6 模块 DTM

模块 DTM 是一种特殊类型的 DTM,它包含用于设备硬件或软件模块的应用软件(见图 9)。

一些设备被细分为模块和子模块。模块既可以是硬件模块也可以是软件模块。硬件模块插入到设备的物理槽上,例如 I/O 模块可插入到远程 I/O 设备中。这种模块化设备可由几个 DTM 表示,如图 9 所示。

模块由模块 DTM 来表示。复合设备 DTM 和模块 DTM 由模块化设备供应商一起提供和交付。复合设备 DTM 和相关的模块 DTM(及各自的 Dtm Types)是由背板总线协议特定的协议驱动程序定义的。

模块 DTM 通过复合设备的通信通道连接到复合设备 DTM,框架应用程序负责创建和管理 DTM 设备之间的链接。模块 DTM 能够通过通信通道提供的服务与该模块进行通信。这种概念称为“嵌套通信”,详细描述见 4.7。

如果设备模块提供处理数据,那么将相应模块的 DTM 应提供工艺频道。

如果设备模块表示的模块提供下属通信(例如:在一个模块化网关),则模块 DTM 本身应该提供自身的通信通道。

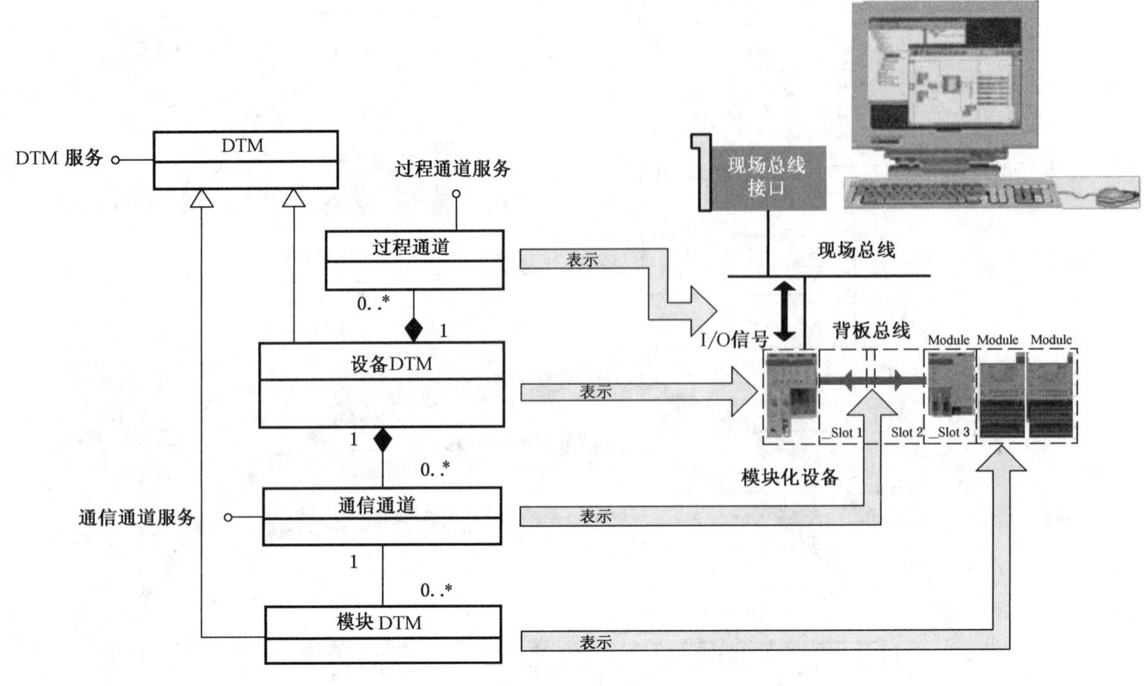

图 9 模块化设备

4.2.3.2.7 块类型管理器(BTM)

BTM 是一种特殊类型的 DTM,它包含用于设备内部可访问对象(例如,功能块和资源块)的应用软件(见图 10)。

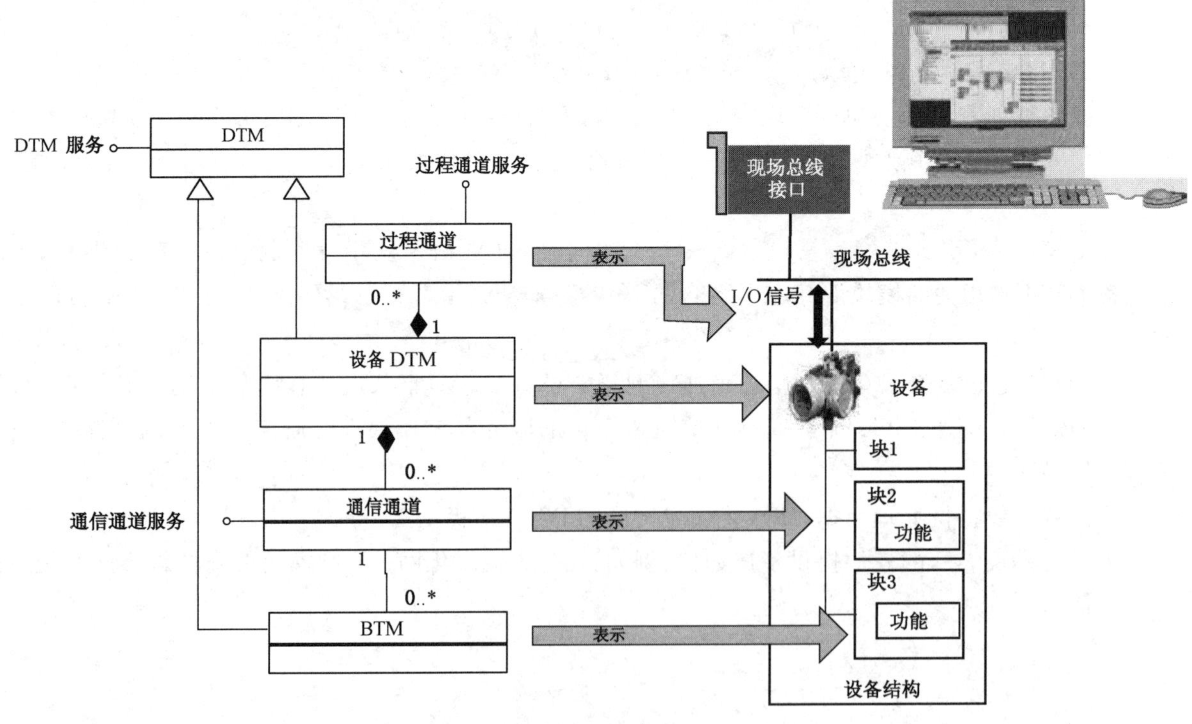

图 10 块类型管理器(BTM)

设备DTM或网关DTM是整个设备表示的根元素。这种DTM应提供通信通道(见4.2.4.3),以提供访问设备中块信息的服务。

设备可以承载标准块、供应商特定模块和特殊设备模块。块由BTM表示。软件块比设备软件模块(见4.2.3.2.6)更灵活,例如,标准化块可以在设备之间移动(例如:标准块甚至可以在不同类型设备之间移动)。设备DTM和设备特定块的BTM通常由设备供应商一起提供和交付。标准化块的BTM可单独提供,并与支持独立块的设备DTM一起使用。

BTM通过设备DTM的通信通道连接到设备DTM,表明各个独立块BTM置于物理设备中。BTM可通过通信通道提供的服务与其自身块进行交互。通信信道是指设备内部通信,主要用于管理BTM和模块之间的链接。通信信道的协议决定了与DTM链接的BTM的种类(标准协议针对标准模块,特殊协议针对特殊模块),当然也有额外的验证规则应用于通信信道。应用程序框架负责创建和管理设备DTM与BTM之间的链接。

BTM的概念独立于现场总线协议。然而,协议可能要求将设备结构模型化为块。因此,是否使用及如何使用BTM概念来模型化设备结构在描述FDT中协议行规集成的IEC 62453-3xy中定义。

如果设备模块提供处理数据,那么将相应模块的DTM应提供工艺频道。

4.2.3.3 DTM函数

4.2.3.3.1 表示对象

每一设备特定对象(DTM、BTM和通信通道)可与支持7.3中定义的服务的表示对象打包在一起,见图11。

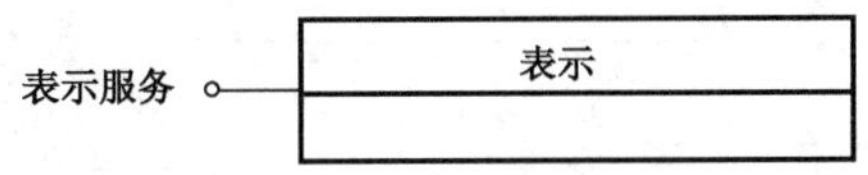

图11 表示对象

这些表示对象是为业务对象提供图形化用户界面的实现特定的对象。

表示对象可以是一种集成到框架应用程序的GUI中的对象,也可以是一种运行于框架应用程序的GUI之外的对象(例如,单独的可执行程序)。

4.2.3.3.2 命令函数

命令函数用于执行DTM没有用户界面的动作(指令)。类似这样的函数由InvokeFunction(见7.2.5.2)执行。

命令函数的一个举例:复位装置。

4.2.3.3.3 静态函数

当不执行DTM时,允许处理某个设备的信息,这个概念就是DTM的静态功能。

对于工厂的监测和观察通常需要从许多设备中获取数据。在这种情况下,为了启动和管理这些DTM,需要付出较大努力。另一方面,从设备中读取数据的效率降低。有时,为了计算得到正确信息,从设备中读取的数据需要经过处理或者与外部信息结合。

这种应用于框架应用程序中的例子就是“现场总线”,例如:这种框架应用程序知道如何处理装置及如何从设备中读取数据。这就是为什么静态函数的概念中没有提供任何处理设备的方法。框架应用程序,即独立总线必须DTM去实现这些实例。静态函数就是为了这些实例而构建的。

静态函数是DTM包的一部分,DTM根据静态函数提供信息,但是每个DTM独立执行静态函数。静态函数是无状态函数,例如:静态函数不能管理静态信息或通过静态函数不能影响设备状态。静态函数不能访问 DTM 的数据。为了处理从一台设备或多台设备传出的数据,可能需要执行多次静态函数。

注 1:利用静态函数提供对象执行静态函数。这个对象可以被实例化一次或多次。在一个静态函数提供对象上,静态函数的执行可以并行启动多次。

DTM 提供静态函数是为了支持定义好的实例,这些实例由 FDT 协议项目组和配置文件工作组定义。

注 2:并不期望静态函数为框架应用程序提供特定功能,而配置文件工作组要定义可以用于多个应用中的标准函数(例如:一个工作组定义用来支持 MES 函数的文件,或定义用来支持预测维护的 DTM 文件)。

静态函数举例:

- GetDeviceStatus

提供当前设备在 FDT 格式下状态(见 Fdt.Dtm.DeviceStatus)

- GetProcessValue

提供当前设备在标准化格式下的处理量(输入或输出)

- GetOperationTime

提供当前设备在标准化格式下的运行时间

4.2.4 通道对象

4.2.4.1 通道概述

有三种不同类型的通道:通信通道、过程通道和两者的组合,如图 12 所示。

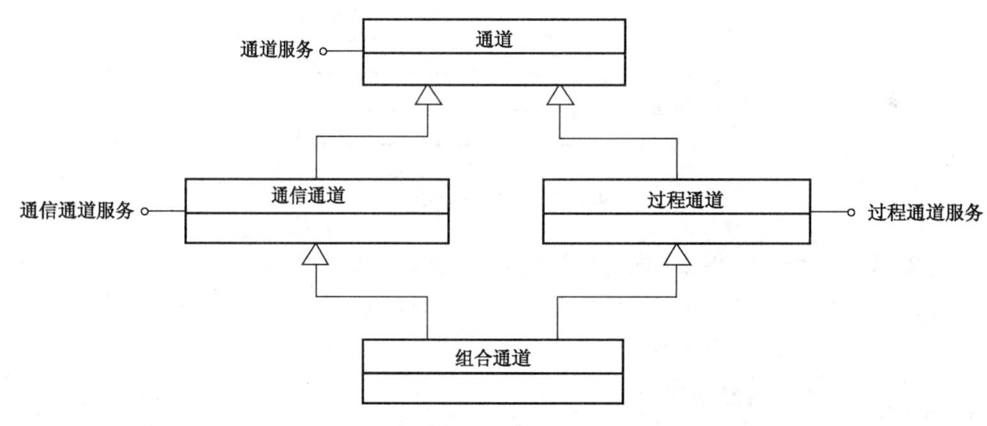

图 12 通道对象

4.2.4.2 过程通道

由设备提供的输入和输出信号在控制系统的功能规划中创建和集成。如果设备提供 I/O 信号,则其相关联的 DTM 应提供该设备 I/O 信号的信息。该信息包括寻址、信号和数据类型,并通过过程通道进行传递。该信息不包含当前 I/O 信号值。

过程通道支持 7.5 中定义的服务。这些服务提供对 I/O 信号信息(例如,寻址、信号和数据类型等)的访问,但不提供对当前 I/O 信号值的访问。

过程通道提供的 I/O 信号信息是协议特定的。过程通道应提供哪些信息在描述 FDT 中协议行规集成的 IEC 62453-3xy 文档中定义。

I/O 信号的数量和类型可取决于设备组态。因此,过程通道的数量和所提供的信息也可取决于用户对设备的组态。框架应用程序能够通过 WriteChannelData 服务(见 7.5.2)来设置 ProtectedByChannelAssignent 参数,以通知 DTM 禁止进一步的更改,这是因为通道已集成到控制系统的功能规划中(HostChannel 已被分配)。在这种情况下,DTM 不应接受与该通道有关的任何更改。

4.2.4.3 通信通道

通信信道可访问现场总线，是有依赖性的通信技术。通信通道表示现场总线、制造商特定的背板总线，或点到点连接的入口点。它甚至可以表示设备内块的逻辑通信。通信通道属于框架应用程序(见4.2.2)或DTM(见4.2.3)。

通信通道提供与通信硬件和总线协议无关的服务。一般来说，协议特定服务一对一地映射到通道提供的服务。界面提供如下方法：

- 扫描可用设备的现场总线
- 连接装置
- 发送消息
- 断开装置

这些服务以特殊协议通信扩展而来的论点作为依据，遵循IEC 62453-3xy(见图13)。

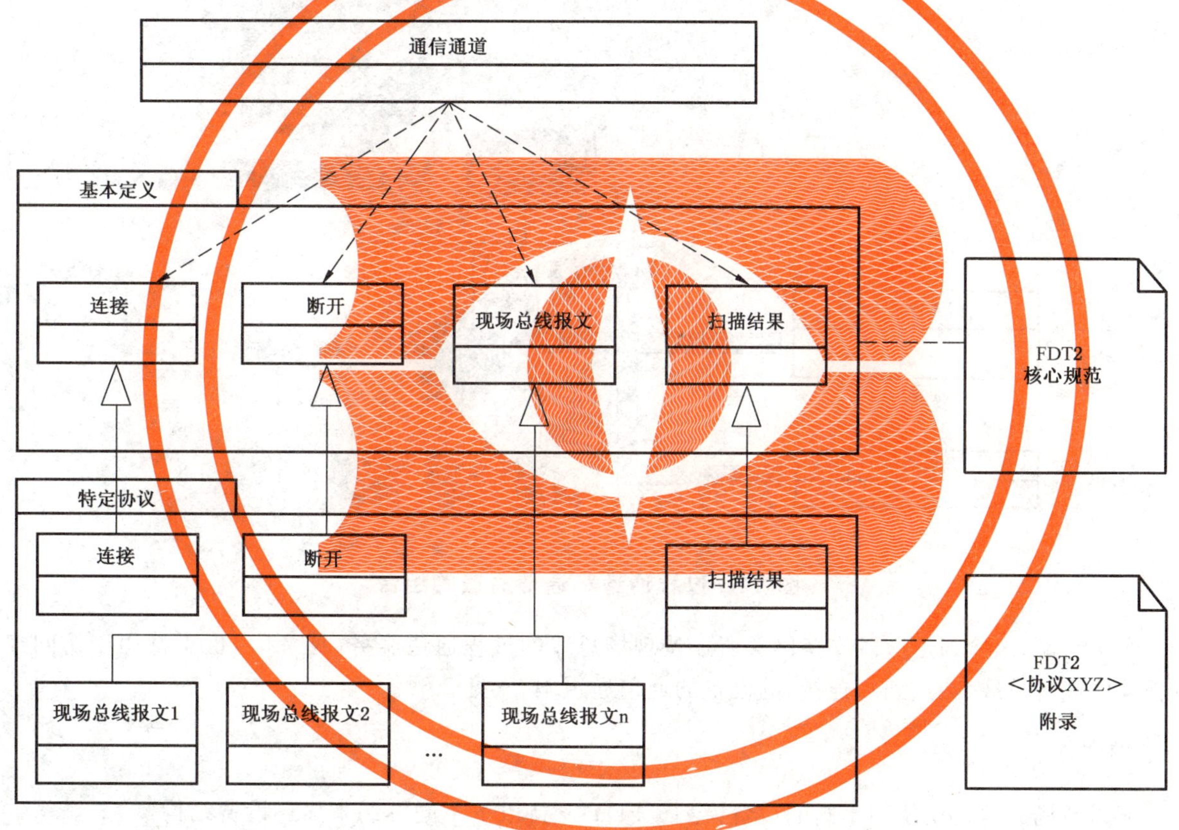

图13 通信通道

FDT允许制造商定义专有总线协议的支持，但不作为标准的一部分；例如，制造商特定现场总线或者点对点的通信。

框架应用程序利用由通信通道提供的服务、框架应用程序或DTM可以使用这些服务来与所连接的设备交换数据，或启动某个功能(例如，标识请求、设备复位、广播等)。4.7中进一步描述了一般通信的概念。

通信通道应该能够处理到同一设备的几个连接，也就是说，通信通道能够支持多种DTM与不同设备的连接，即多个不同的DTM与同一个设备创建连接。根据支持协议，有可能出现一个DTM对一个设备建立了多个连接。通信信道要保证以对等连接的方式建立到某个设备的链接。通信通道应提供的服务在7.6中定义。它纯粹的通信相关服务(见7.6.1)只定义了与所连接设备交互的框架。服务应传递或返回的数据(参数)在描述 FDT 中协议行规集成的 IEC 62453-3xy 文档中定义。

对于制造商特定的协议(例如,背板总线或点到点),纯粹的通信相关服务(见 7.6.1)可由制造商特定服务替代。根据这种方法,只有由该制造商提供的 DTM 能相互通信,因此应定义一个制造商特定的总线类别(见 4.3)。对于制造商无关的现场总线协议,应提供 FDT 中描述协议行规集成的 IEC 62453-3xy 文档,并应使用标准的通信服务。

4.2.4.4 过程通道和通信通道的组合

典型地,过程通道和通信通道的组合属于网关 DTM(见 4.2.3.2.4)。它表示通过网关设备所连接的现场总线可见的 I/O 信号。该 I/O 信号对应于所链接的现场总线上的循环通信。同时,这种通道表示到所链接现场总线(点到点连接)的入口点,如图 14 所示。

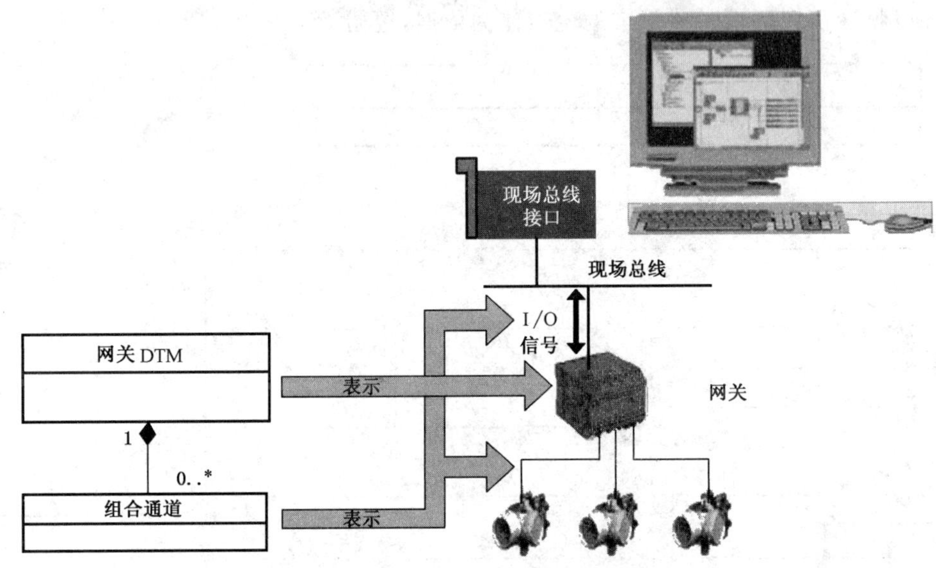

图 14 过程通道和通信通道的组合

换句话说,组合通道应既支持网关所连接现场总线的过程通道服务(见 7.5),也支持用于访问连接到所链接现场总线(或点到点连接)的设备的通信通道服务(见 7.6)。

4.3 模块性

不同现场总线协议使用不同的设备模型。FDT 支持以下不同方法来描述设备结构:

——DtmDeviceInstanceTopology

——模块 DTM

——BTM

4.4 总线类别

DTM 公开所封装的协议特定定义的相关信息。通过 GetTypeInformation 服务(见 7.2.3.1)返回的信息包含所谓的总线类别。该总线类别是一个现场总线协议(或点到点通信)的全球唯一标识符。

FDT 概念区分支持的总线类别和要求的总线类别:

——支持的总线类别是指 DTM 提供协议特定的通信服务(对应的通信通道)来访问现场总线;

——要求的总线类别是指 DTM 要求协议特定的通信服务来与其设备交换数据。

4.5 识别

4.5.1 DTM 实例识别

4.5.1.1 系统标签

FDT 框架应用程序为每一个 DTM 实例分配唯一的标示符，这种独特的标示符被称为“系统标签”，DTM 采用系统标签：

- 在 FDT 拓扑中导航
- 在 FDT 拓扑中管理子 DTM(如地址设置)

4.5.1.2 系统图形用户界面标签

DtmSystemGuiLabel 是人可读的标示符，用于识别 DTM 实例，并将相关的 DTM 图形用户界面显示给用户。框架应用程序和 DTM 用 DtmSystemGuiLabel 识别 DTM 实例中的对话框和窗口。

对于一些通信协议，tmSystemGuiLabel 可以反应设备的标识符(例如：设备标签)。

4.5.1.3 硬件识别

DTM 支持 HardwareInformation 服务(见 7.2.3.3)以允许在线读取所连接设备的设备信息(见图 15)。

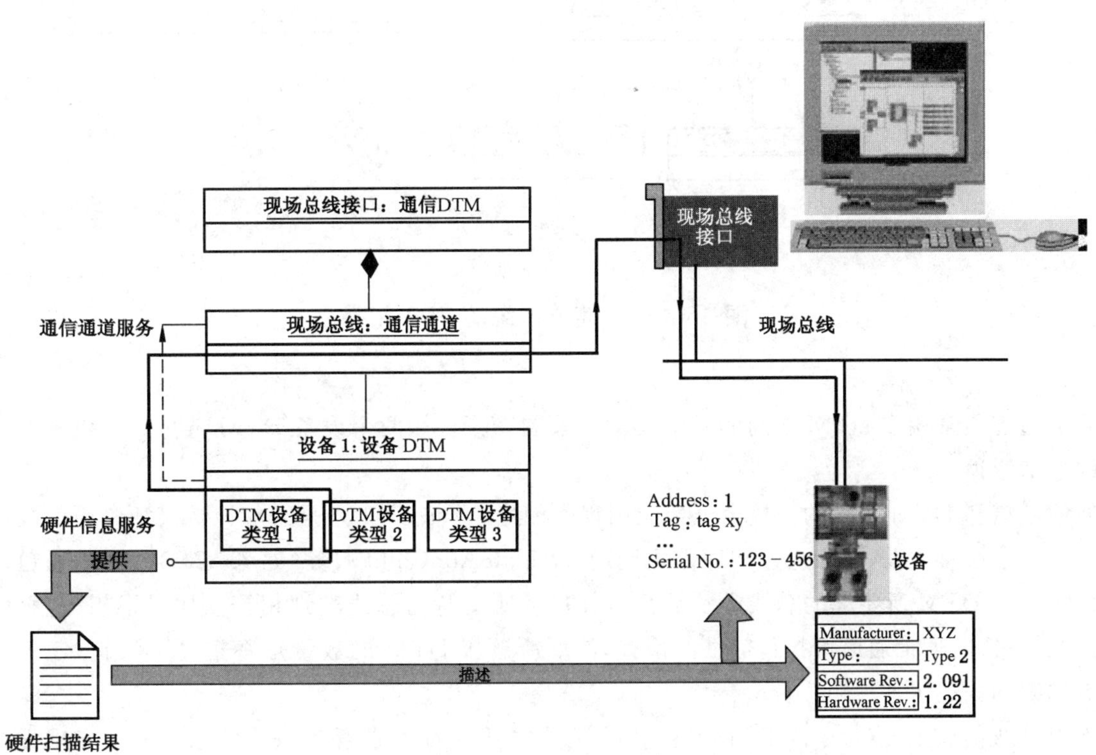

图 15 连接设备的识别

该服务返回设备类型相关的信息(如制造商、类型、硬件和嵌入软件的版本)以及设备实例相关的信息(如现场总线地址、位号和序列号)。与 GetIdentificationInformation 返回的信息相似，该信息也是现场总线特定的。因此，具体格式和到协议无关格式的转换也在描述 FDT 中协议行规集成的 IEC 62453-3xy 文档中定义。

4.6 系统和 FDT 拓扑

框架应用程序负责管理系统的拓扑结构。这意味着,框架应用程序应该在规划中组织访问设备的路由。DTM 应不必管理关于系统拓扑的任何信息。

系统拓扑管理是框架应用程序特定的。有些框架应用程序可能要求用户交互,其他的可能支持自动操作,如拓扑导入或现场总线扫描(见 6.2)。

DTM 公开所有要求的信息,例如名称、制造商、支持的设备类型的版本和相应的标识属性。这些信息使得框架应用程序(和用户)能够为设备选择适合的 DTM(见 7.2.3)。

框架应用程序根据系统拓扑结构来初始化并链接 DTM。DTM 的链接被称为 FDT 拓扑。图 16 给出了具有一个现场总线和两个连接设备的简单系统的 FDT 拓扑。

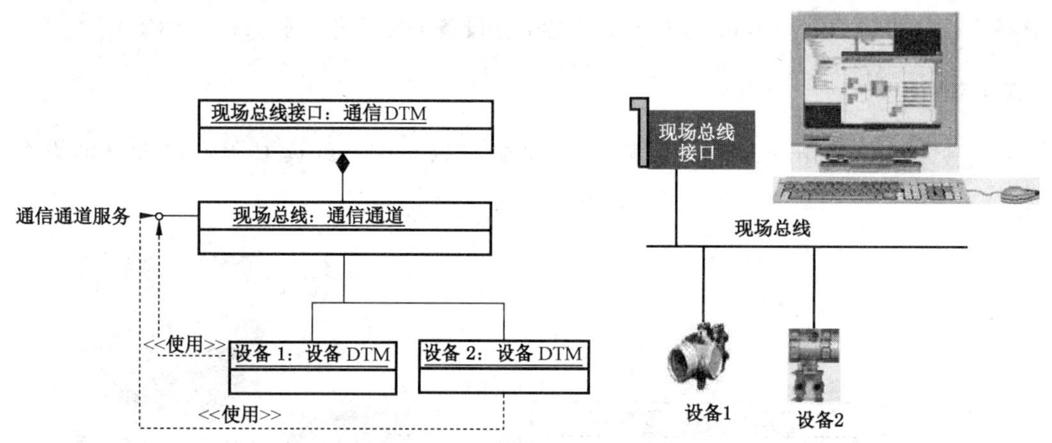

图 16 一个简单系统的 FDT 拓扑

通信通道通常用作 DTM 之间的链接元素。如图 16 所示,两个设备 DTM 链接到提供对现场总线访问的通信通道。

通信通道和 DTM 之间的链接由框架应用程序创建。然而,DTM 是否应该链接须由通信通道最终决定。在创建链接之前,框架应用程序需要调用 ValidateAddChild 服务(见 7.6.2.1)。通信通道应至少检查被链接的 DTM 所要求的总线类别是否与其自身所支持的总线类别相符。如果不相符,则应该链接被拒绝。另外,通信通道可执行额外的检查,例如所链接 DTM 的数量是否超过了限制。8.1 中的序列图更详细的描述了这种顺序。

不论是通信通道(或对应的 DTM)还是所链接的 DTM 都不必管理拓扑信息。框架应用程序支持通过 GetParentNodes 服务(7.7.3.5)和 GetChildNodes 服务来请求拓扑信息(7.7.3.6)。

对于具有网关、模块化设备和带块设备的更复杂系统,其 FDT 拓扑管理采用相同方式。

从根部开始,所有 DTM 都按照物理系统的拓扑结构通过通信通道进行链接。

由多个 DTM(例如,图 17 中的模块化设备和设备 1 的 DTM)表示的设备的根元素 DTM 可支持 FDT 子拓扑的自动创建,FDT 子拓扑对应于整个设备结构。框架应用程序支持 CreateChild(见 7.7.3.2)、DeleteChild(见 7.7.3.3)和 MoveChild(7.7.3.4)服务,以使得 DTM 能够更改 FDT 拓扑。

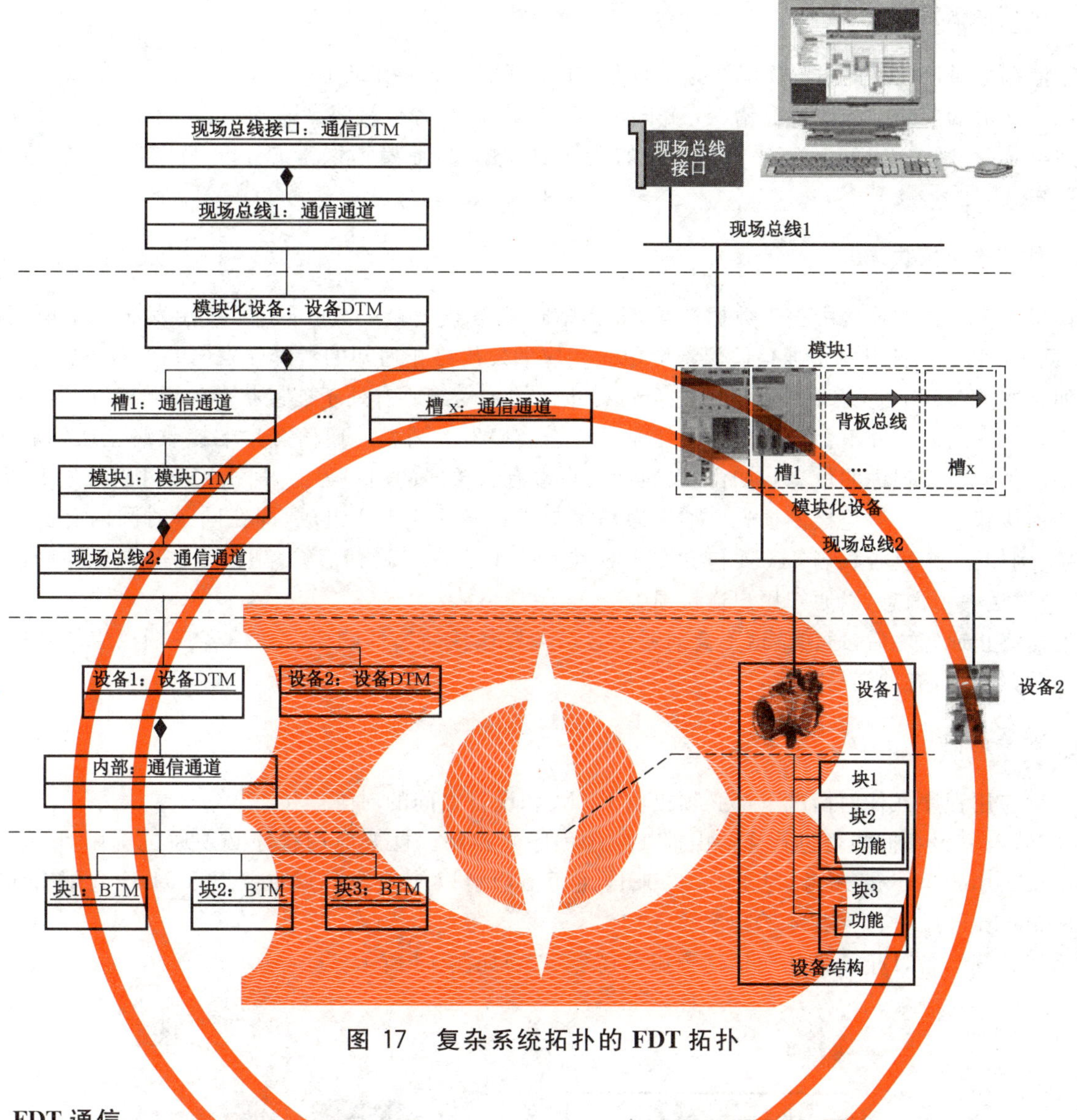

图 17　复杂系统拓扑的 FDT 拓扑

4.7　FDT 通信

4.7.1　概述

FDT 的通信是将通信要求从通信消费者传递给通信服务提供商，这一系列过程由通信信道传递和接收的通信请求是基于异步服务(见 8.3)。

为了提交通信要求，通信消费者首先要建立一个与物理设备的连接，通信通道允许活动连接的管理。

4.7.2　处理通信请求

通信信道接收一个或多个从通信消费者传递来的交易请求，并执行这些要求。一般情况下，通信通道希望在提交请求时就处理这些请求。将交易请求的结果传送回通信通道的客户端。

通信请求与通信响应之间的关系由一个 ID 管理，这是具体的实现。例如：每一个交易请求都能被一个 ID 识别，相同的 ID 会提供给交易响应。

4.7.3 处理通信错误

通信端会对接收到的每一个结果进行评估,用来识别可能存在的通信错误。

如果通信端接收到的请求有错误,且来源于客户端,那么客户端将会通知用户。在一个有嵌套通信的应用场景中,网关 DTM 不需要将请求中的错误通知用户,原始错误来源于子 DTM。子 DTM 负责通知用户。

4.7.4 处理连接损失

如果一个设备的连接中丢失数据严重,通信信道应终止连接,并向通信客户端发送一个取消的通知。(见 7.6.1.5)。针对每个通信协议都会定义相应的发出终止通知的特殊触发(如:设备不响应)。

如果网关 DTM 接收到终止通知,它会将终止通知传送给所有处于连接状态的通信客户端。

终止通知的源头并不会向用户提供任何关于连接损失的消息。通信客户端接收终止通知后,会向用户提供关于连接损失的信息。如:如果通信客户端有开放式的用户界面,那么用户可以通过更新用户接口的连接状态去了解连接的损失。如果通信客户端由多个 DTM 组成,即在同一时间内有多个开放式连接(例如:一个复合设备 DTM 包含多个模块 DTM)。那么通信客户端应避免提供多种用户的信息,但要发送一个消息,以通知用户连接损失。

发送终止通知之后,通信信道不会向通信客户端发送任何通信响应。通信客户端也应该在接收终止通知后,忽略所有的交易响应。

4.7.5 对等通信

框架应用程序在任何情况下都必须提供 DTM 和设备之间的对等连接。

DTM 与其设备间能否进行通信由框架应用程序来控制。框架应用程序必须通过调用 SetLinkedCommunicationChannel 服务(见 7.2.4.2)来传递通信通道以使用该 DTM,并以 TRUE 调用 EnabledCommunication 服务(见 7.2.4.3)以允许通信。

为了访问设备,DTM 使用通信通道服务(见 7.6.1)如图 18 所示。

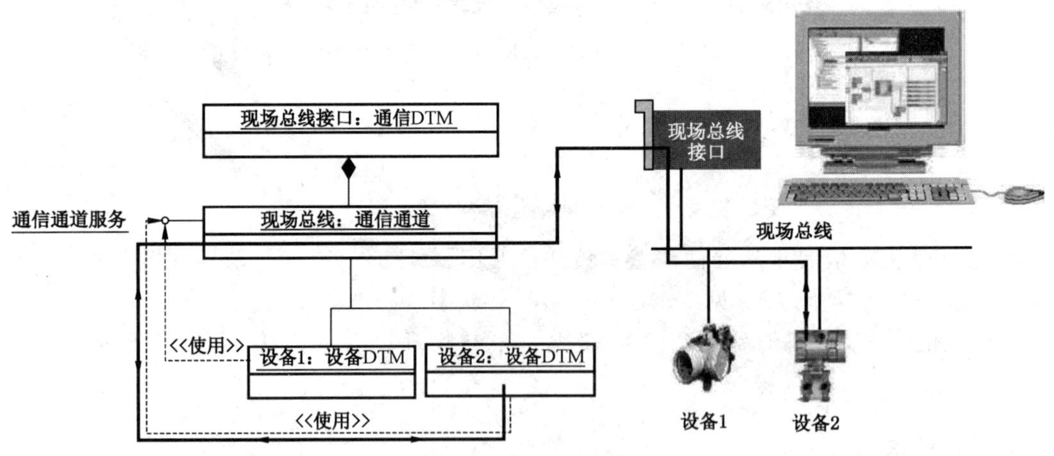

图 18 对等通信

DTM 必须调用通信通道服务 Connect(见 7.6.1.2)来建立到设备的通信链接。链接建立后,DTM 可以通过调用服务 Transaction(见 7.6.1.6)来与其对应的设备进行通信。8.3.2 中的图更详细地描述了这种顺序。

当与设备连接时,DTM 不必知道关于底层系统类别的任何信息。意味着,DTM 要根据需要去创建连接,如果没有作用,连接会被终止(例如:完成联机功能)。

4.7.6 嵌套通信

DTM 不需要了解系统任何的拓扑结构就可以连接相应的物理设备因此，同一 DTM 能够与连在不同现场总线接口的设备进行通信。如果设备连接到子系统（例如，连接到远程 I/O 某一通道上的设备），则使用嵌套通信（见图 19）。

从根部开始，框架应用程序应将所链接的通信通道传递给所有 DTM，以使这些 DTM 能够与其设备进行通信。与对等通信相似，所有 DTM 简单地使用通信通道服务来与其设备进行通信而不必知道嵌套通信（例如，图 20 中设备 2 的 DTM）。8.3.3 中的图更详细地描述了这种顺序。

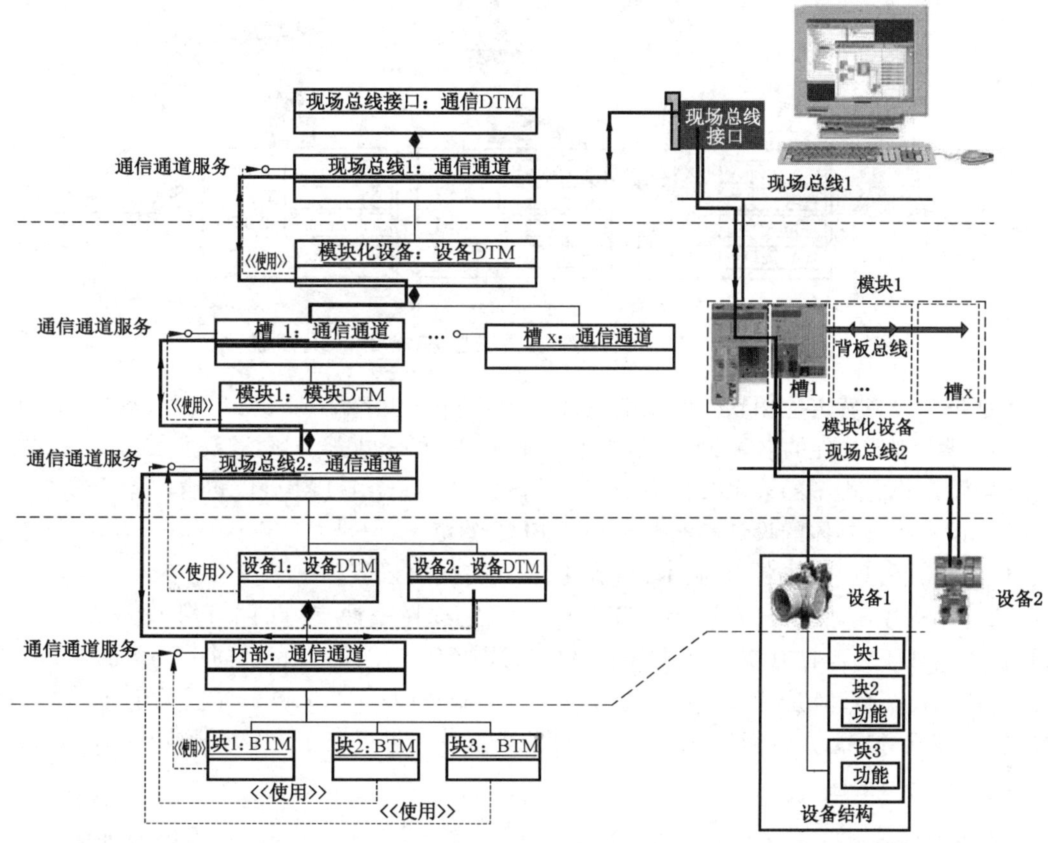

图 19 嵌套通信

FDT 中的通信遵循以下概念：

——每一通信通道封装来自其下层所链接 DTM 的通信报文，不必知道其内容；

——通信通道下层所链接的 DTM 不知道关于系统拓扑的任何信息；

——DTM 应只支持其自身的通信协议；

——通过任何系统拓扑的通信/路由是可能的，没有限制。

4.8 DTM、DTM 设备类型和硬件标识信息

4.8.1 DTM 和 DTM 设备类型

DTM 支持两种服务来请求关于自身的信息和所支持设备类型的信息（见图 20）。通常，框架应用程序使用这种信息来创建库，在创建 FDT 拓扑过程中选择 DTM，或进行简单的验证。

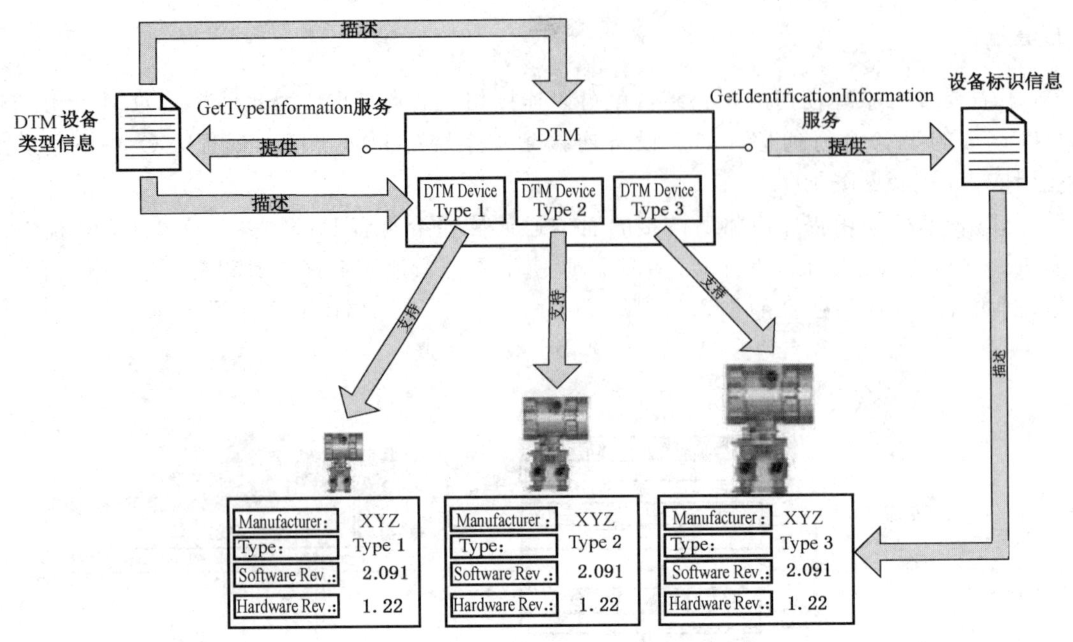

图 20 **DTM、DTM 设备类型和设备标识信息**

DTM 是包含设备特定应用软件的软件组件。GetTypeInformation(见 7.2.3.1)服务返回关于这种软件的通用信息,例如软件的名称、版本和制造商、FDT 版本(也见 4.13),以及所支持设备类型的列表。

DTM 中特定设备类型的表示被称为 DTM 设备类型。一个 DTM 可以包含一个或多个 DTM 设备类型。DTM 设备类型具体的设计和实现超出了 FDT 的范围,但是 GetTypeInformation 服务也返回关于这些软件的相关信息,例如名称、版本、制造商、所支持的协议等。

当框架应用程序添加一个 DTM 到 FDT 拓扑时,它选择一种支持的 DTM 设备类型(见 7.2.4.1,Initialize 服务)。DTM 应在其实例化数据中保持该选择不变,以便当表示同一设备的 DTM 在下次初始化时恢复该信息。DTM 应通过 GetActiveTypeInfo 服务(见 7.2.3.4)来提供关于所选的 DTM 设备类型的信息。该服务应总是返回当前的 DTM 设备类型。如果更新了 DTM,则新的 DTM 应返回更新了的 DTM 设备类型信息。

4.8.2 支持的硬件标识

由 DTM 设备类型处理的物理设备类型的有关信息可由 GetIdentificationInformation 服务(见 7.2.3.2)返回。例如,设备的制造商、类型、硬件和嵌入的软件版本。DTM 甚至可以为一些特定设备标识元素返回通配符,以表示 DTM 设备类型可用于与通配符相匹配的所有设备。例如,用于硬件版本的字符星号“*”表示 DTM 设备类型支持所有的硬件版本。

GetIdentificationInformation 服务返回的信息是现场总线特定的,因此在描述 FDT 中协议行规集成的 IEC 62453-3xy 文档中定义。然而,FDT 定义了将信息转换为协议无关格式的方法,以允许没有协议特定信息的框架应用程序使用它。这种转换是实现技术相关的,因此在描述映射到特定实现技术的 GB/T 29618.4z 文档中定义。

4.8.3 所连接硬件的标识

此外,DTM 支持 HardwareInformation 服务(见 7.2.3.3)以允许在线读取所连接设备的设备信息,见图 21。

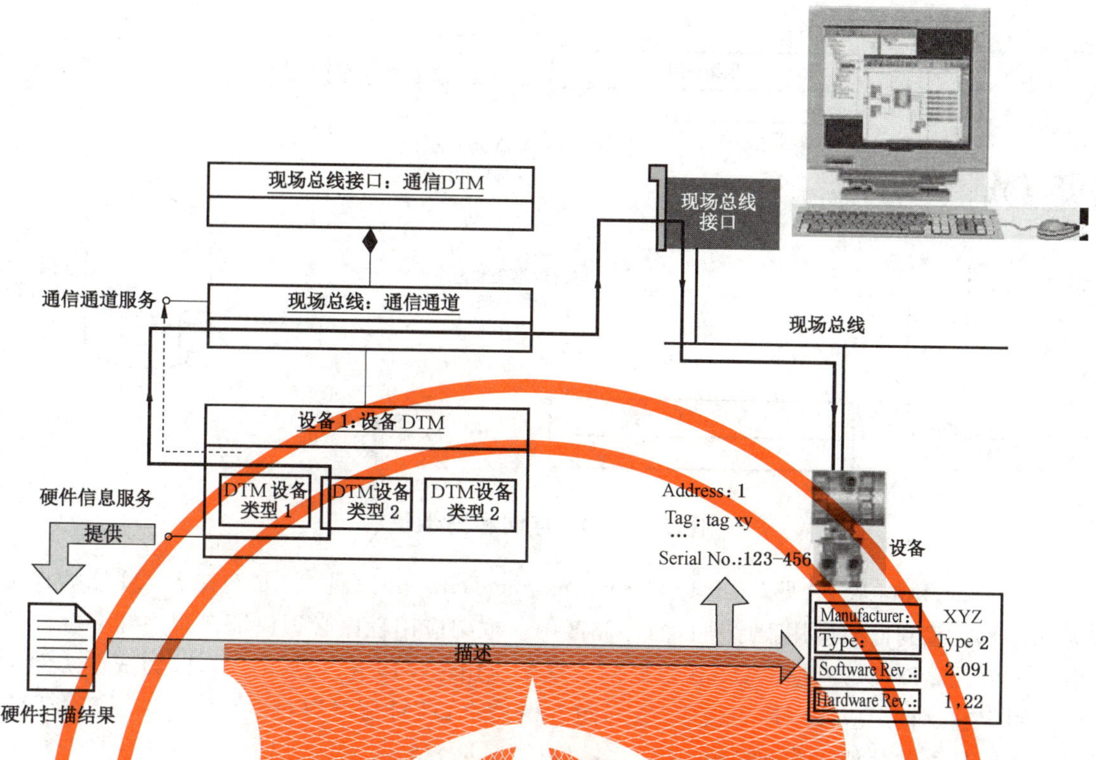

图 21　已连接硬件的标识

该服务返回设备类型相关的信息(如制造商、类型、硬件和嵌入软件的版本)以及设备实例相关的信息(如现场总线地址、位号和序列号)。与 GetIdentificationInformation(见 7.2.3.2)返回的信息相似,该信息也是现场总线特定的。因此,具体格式和到协议无关格式的转换也在描述 FDT 中协议行规集成的 IEC 62453-3xy 文档中定义。见 6.2.4 和 6.2.5 中的示例。

4.9　DTM 数据永久存储和同步

基本上,有三种 DTM 相关的数据:

——实例相关数据(称为“实例数据”)。实例相关数据属于 DTM 本身。由 DTM 决定存储哪些数据,但 DTM 必须保证通过装载这些数据能够表示已存储的设备实例;

——非实例相关数据。非实例相关数据属于某个项目,或者是全局的或 DTM 设备类型特定的;

——批量数据。DTM 特定的数据,例如,历史数据、临时数据。

所有类型的数据格式是 DTM 特定的,但 DTM 应给出一个全球惟一标识符来指定存储实例数据所使用的格式。另外,DTM 应提供其能够装载的兼容数据格式的一个列表。这些格式标识符包含在 GetTypeInformation(见 7.2.3.1)返回的 DTM 设备类型信息中。在 DTM 软件升级(见 8.9)后,框架应用程序可以使用这种格式标识符来找到正确的 DTM。

FDT 中定义了两种类型的 DTM 数据永久存储机制。DTM 应使用框架应用程序项目的存储区,或使用专用的 DTM 存储区,见图 22。

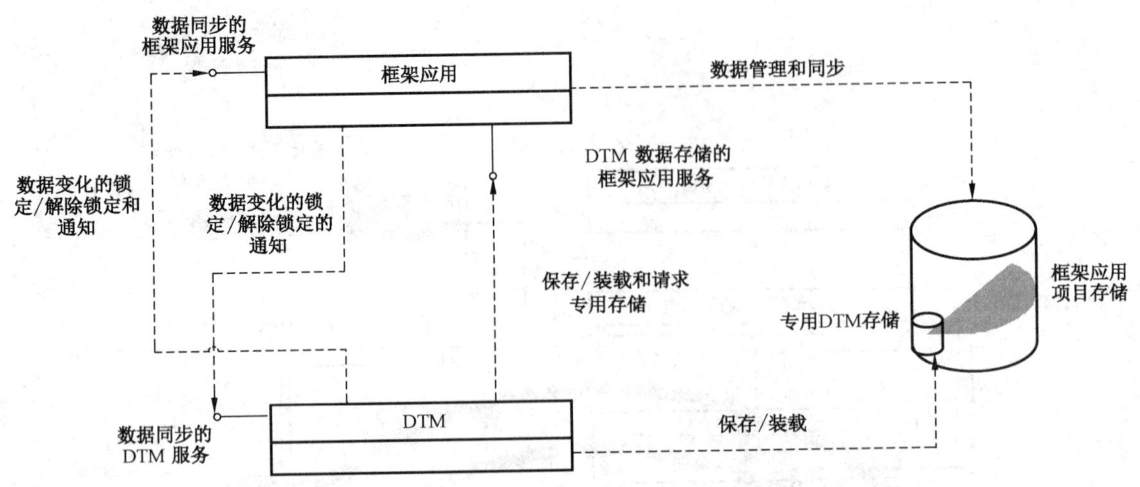

图 22 **FDT 存储和同步机制**

LoadInstanceData 服务(见 7.7.5.1)和 SaveInstanceData 服务(见 7.7.5.2)使 DTM 能够将实例相关的数据保存和装载到框架应用程序项目的存储区中。框架应用程序必须保证多用户和多客户端数据访问的数据一致性。DTM 应使用"DTM 数据同步框架应用程序服务"(见 7.7.6),以尝试在实例相关的数据更改前锁定它。框架应用程序应使用"数据同步相关的 DTM 服务"(见 7.2.13),以通知 DTM 相关事件,例如:数据是否被其他 DTM 实例锁定。多用户情况见 8.5。

GetPrivateDtmStorageInformantion 服务(见 7.7.5.3)返回专用 DTM 存储区的相关信息。专用 DTM 存储区由 DTM 直接访问,而无须使用框架应用程序提供的其他服务。专用 DTM 存储区允许 DTM 保存实例相关的、非实例相关的和批量数据。DTM 本身必须保证多用户和多客户端数据访问的数据一致性。框架应用程序负责为专用 DTM 存储区创建备份策略。

如果专用 DTM 存储区不可用,则 DTM 应能工作而不受任何不良影响。应该确保由 SaveInstanceData(见 7.7.5.1)和 LoadInstanceData(见 7.7.5.2)服务管理的实例数据不受影响

专用 DTM 存储机制是与实现技术相关的,因此在规定到特定技术映射的 GB/T 29618.4z 文档中定义。

4.10 DTM 设备参数访问

DTM 支持对存储在 DTM 实例数据中的设备参数的读写服务(见 7.2.8),也支持对所连接设备的直接读写服务(见 7.2.10)。

可获得哪些设备参数取决于 DTM,并与设备类型和现场总线类型有关。设备参数提供了语义信息(见表 A.4 的 SemanticId)。例如,通过使用这些信息,框架应用程序能够获得关于单个参数或数据结构的含义和用法的信息。标识符的定义是协议特定的,因此在描述 FDT 中协议行规集成的 IEC 62453-3xy 规范中定义。

4.11 DTM 状态机

4.11.1 DTM 状态

图 23 定义了 DTM 的不同状态。

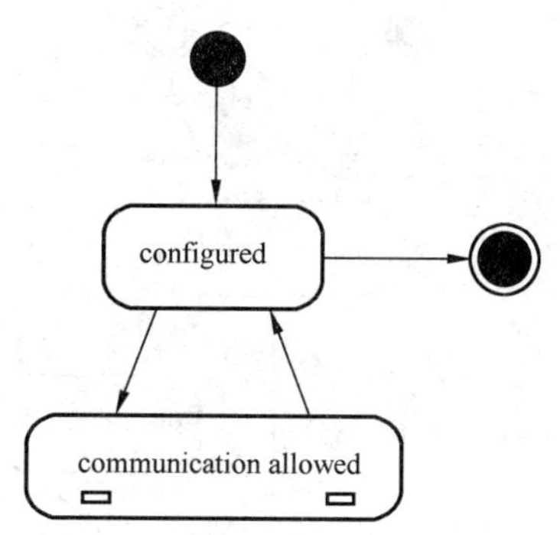

图 23 DTM 状态机

状态机包含两种状态:"configured"和"communicationAllowed"。在某状态下可获得哪些 DTM 服务在服务描述中定义,见第 7 章。

所有的状态转换由框架应用程序通过调用对应的 DTM 服务来触发。如果服务返回 fdt:serviceSucceeded = TRUE,则状态转换成功。如果返回 fdt:serviceSucceeded = FALSE,则拒绝状态转换,且 DTM 保持它的前一个状态。在哪些情况下允许 DTM 拒绝状态转换在服务描述中定义。

状态转换:初始状态—"configured"状态

应该调用 Initialize 服务(见 7.2.4.1)以使 DTM 从初始状态进入到"configured"状态。

状态转换:"configured"状态—"communicationAllowed"状态

应该以 TRUE 为参数值调用 EnableCommunication 服务(见 7.2.4.3),以使 DTM 从"configured"状态进入到"communicationAllowed"状态。这种调用的先决条件是,框架应用程序已通过调用 SetLinkedCommunicationChannel 服务(见 7.2.4.2)来将通信的基础结构通知给 DTM。

只有在该状态下,才允许 DTM 通过调用其链接的通信通道的 Connect 服务(见 7.6.1.2)来建立到其设备的通信链接。该状态的子状态在通信状态机里描述(见 4.11.2)。

状态转换:"communicationAllowed"状态—"configured"状态

应该以 FALSE 为参数值调用 EnableCommunication 服务,以使 DTM 从"communicationAllowed"状态进入"configured"状态。

状态转换:"configured"状态—最终状态

应该调用 Terminate 服务(见 7.2.4.6),以使 DTM 从"configured"状态进入其最终状态。

表 3 给出了这些转换的总览。

表 3 DTM 状态转换

开始状态	结束状态	触发	条件
初始状态	configured	Initialize	
configured	communicationAllowed	EnableCommunication(TRUE)	DTM 可用的通信基础结构
communicationAllowed	configured	EnableCommunication(FALSE)	
configured	最终状态	Terminate	

4.11.2 "communicationAllowed"子状态

该状态机描述了 DTM 状态"communicationAllowed"中的子状态(见图 24)。

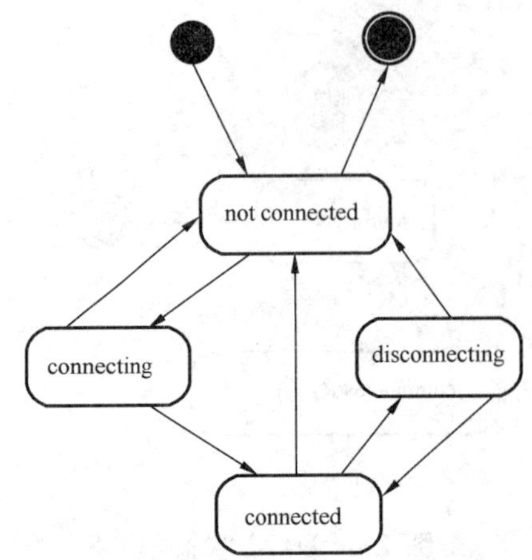

图 24　允许通信的子状态

表 4 提供了 DTM“communicationAllowed”子状态转换的描述。

表 4　DTM“communicationAllowed”的子状态转换

开始状态	结束状态	触发	条件	动作
notConnected	connecting	DTM Online 服务的触发		Connect 请求
connecting	notConnected		连接不能建立	
connecting	connected	Connect 响应		
connected	notConnected	连接被通信终止		
connected	disconnecting	DTM 的 Online 服务结束		Disconnect 服务
disconnected	connected		连接不能终止	
disconnected	disconnected	DisConnect 响应		

4.12　基本操作阶段

4.12.1　角色和访问权限

当框架应用程序启动 DTM 后，将用户角色传递给 DTM，DTM 应该按照角色限制对参数的访问。功能的可用性和用户界面的界面也可调整。

例如：

- 观察者不能访问校准功能；
- 观察者不应该修改参数。

见 5.2。

4.12.2　操作阶段

如果框架应用程序向 DTM 请求可用的功能，它传递操作阶段，DTM 使用操作阶段可改变功能的可用性和用户界面的界面。

共有 5 个操作阶段：

- 工程化(Engineering)

  对现场进行规划和配置，

不能在线访问；

- 调试(Commissioning,Workshop)

  安装现场基础设施和设备，

  扫描网络以验证规划的网络，

  将项目数据下载到现场，

  设备的编程、诊断，

  参数调整；

- 运行(Runtime)

  现场已完成调试并且开始运行，

  对组态和参数化数据受限的访问，

  扫描以验证网络，

  替换有缺陷的设备，

  读取过程值和诊断信息；

- 服务(Service)

  该操作阶段用于服务工具框架应用程序，

  扫描以创建拓扑，

  扫描以验证网络，

  所有服务相关的操作，

  对设备无限制的访问；

- 不支持(Not supported)

  应用不支持以上定义的操作阶段，

  如果框架应用程序传递"not supported"，则 DTM 应提供所有的功能。

  表 5 描述了在不同框架应用程序类型中操作阶段的使用。

表 5 操作阶段

系统框架应用程序	服务工具框架应用程序	其他框架应用程序
Engineering	Service	notSupported
Commissioning		
Runtime		

例如，DTM 允许维护执行者在调试阶段进行完全在线参数化，但在运行阶段，它不允许在线参数化或只允许对某些参数进行在线参数化。

4.13 FDT 版本互操作性

4.13.1 版本互操作性概述

FDT 是基于组件的概念，会不断增强为改进的新版本。相反，控制系统环境典型地可运行 10～15 年。如果必须替换控制系统中的硬件和软件组件，则可能出现设计为不同 FDT 版本的组件的混合使用。

这引出了一个问题，即不同 FDT 版本的组件如何协同工作。

本条主要处理关于 FDT 版本互操作性的两个主题：

1) 持续性

新版本的 FDT 组件(框架应用程序和 DTM)应该能够装载老版本的实例数据。

2) 组件互操作性

不同 FDT 版本的组件应该能正确地互操作。新 FDT 版本的 DTM 应能在老版本框架应用程序中运行,反之亦然。即使设备 DTM 和通信 DTM 的 FDT 版本不同,也应能进行通信。这些组件的交互是技术相关的,因此在 GB/T 29618.4z 文档中详细定义。

对将来的 FDT 增强版本的一个限制条件是要确保不同 FDT 版本的最大兼容性。这使得原先为不同 FDT 版本设计的 FDT 组件能获得最大的互操作性。

在 GB/T 29618.4z 文档中,FDT 关心两个不同层次上的版本互操作性。

1) 规范层次

FDT 规范的目标是不同规范的完全兼容性。适当设计的 FDT 组件无需额外的实现就可以获得兼容性。

2) 实现层次

在 GB/T 29618.4z 文档中,FDT 版本由主、次、发布和构建版本号组成,例如:1.2.0.3 中 1 为主版本号,2 为次版本号,0 为发布版本号,3 为构建版本号。关于主版本号,兼容性的定义稍有不同:

- GB/T 29618.4z 规范确保具有相同 FDT 主版本号的 FDT 组件之间的兼容性;
- 具有不同 FDT 次版本号、发布版本号和构建版本号的 FDT 组件之间的兼容性,可以通过额外的代码途径来获得。FDT 提供所需的信息和机制来支持该层次上的完全兼容性。如果新的功能添加到 FDT 规范中,则根据其适度的重要性来增加次版本号或发布版本号。如果规范或类型库中存在必要的错误修复,则增加构建版本号。

4.13.2 DTM 和设备版本号

为新的 FDT 主版本提供新的 DTM 时,强烈推荐使用新的注册信息(见 7.2.2)。如果 DTM 的注册信息发生改变,则 FDT GB/T 29618.4z 将提供升级到新版本的机制。

在设备类别中,新的 DTM 版本能够提供与旧 DTM 版本设备相同的列表或子集。这种情况下,FDT 框架应用程序将处理 DTM 的两个版本,就像其他 DTM 能够将同一现场设备处理为两个不同的 DTM 一样。

没有使用新注册信息的高 FDT 版本的 DTM,应该至少支持该 DTM 早期版本所支持的所有 DTM 设备类型。

4.13.3 永久性

如果框架应用程序的版本发生改变,或者 DTM 的版本发生改变,永久性(已存储项目的装载)可能成为问题。

即使 DTM 版本已经改变,框架应用程序应该能够装载旧的实例数据,并为 DTM 提供未更改的实例数据。只要 DTM 的注册信息没有改变,DTM 应该能够装载旧的实例数据。如果 DTM 的注册信息已经改变,FDT 将提供 GB/T 29618.4z 文档中定义的与技术相关的机制来升级为新的 DTM。通过这种方式,有可能将 DTM 已有的旧的实例数据装载到另一个 DTM 对象中。新的 DTM 负责对实例数据的相应转换。

新的 DTM 应该提供它能够装载的 DTM 实例数据相关的信息(数据集的兼容性)。它应该支持旧

DTM的所有DTM设备类型。如果框架应用程序识别出新的DTM,它可以通知用户(例如,"一个新的可兼容的DTM已经安装,你想使用新的版本替换旧的版本吗?")。如果得到用户确认,则新的DTM将被实例化以取代旧的DTM,并装载和转换旧的实例数据。

4.13.4 嵌套通信

4.13.4.1 嵌套通信概述

因为按照FDT的拓扑,DTM可串接在一起,它们需要正确地通信。因为所涉及的DTM可能支持不同的FDT版本,应该考虑以下的限制。

4.13.4.2 信息交换

通过通信服务交换的信息可包含与版本相关的参数。

因此,DTM应该只按照其父组件的FDT版本来使用通信服务参数。父组件的版本信息应该在Connect服务(见7.6.1.2)的响应信息中提供。然后,DTM应该只使用与该FDT版本兼容的通信参数。

4.13.4.3 通信通道升级

如果通信通道升级为更高的次版本,则它应该支持旧的FDT次版本。这是因为其已有的一些子对象可能不支持更高次版本的接口。

4.13.4.4 版本兼容性

在嵌套通信中,网关DTM返回的版本号取决于其父组件的功能。

如果网关DTM的版本号比父组件的版本号高,则网关DTM:

- 应该返回与父组件相同的版本号,并按照该版本号提供功能;或
- 在可能的情况下,应提供更高的功能。网关DTM应保证所有要求的功能由其父组件提供。

5 FDT会话模型和用例

5.1 会话模型概述

本条描述了在设计FDT规范时所考虑的用例。框架应用程序可只支持这些用例的子集,也可支持未在本条中定义的其他用例。

图25给出了主要的用例。

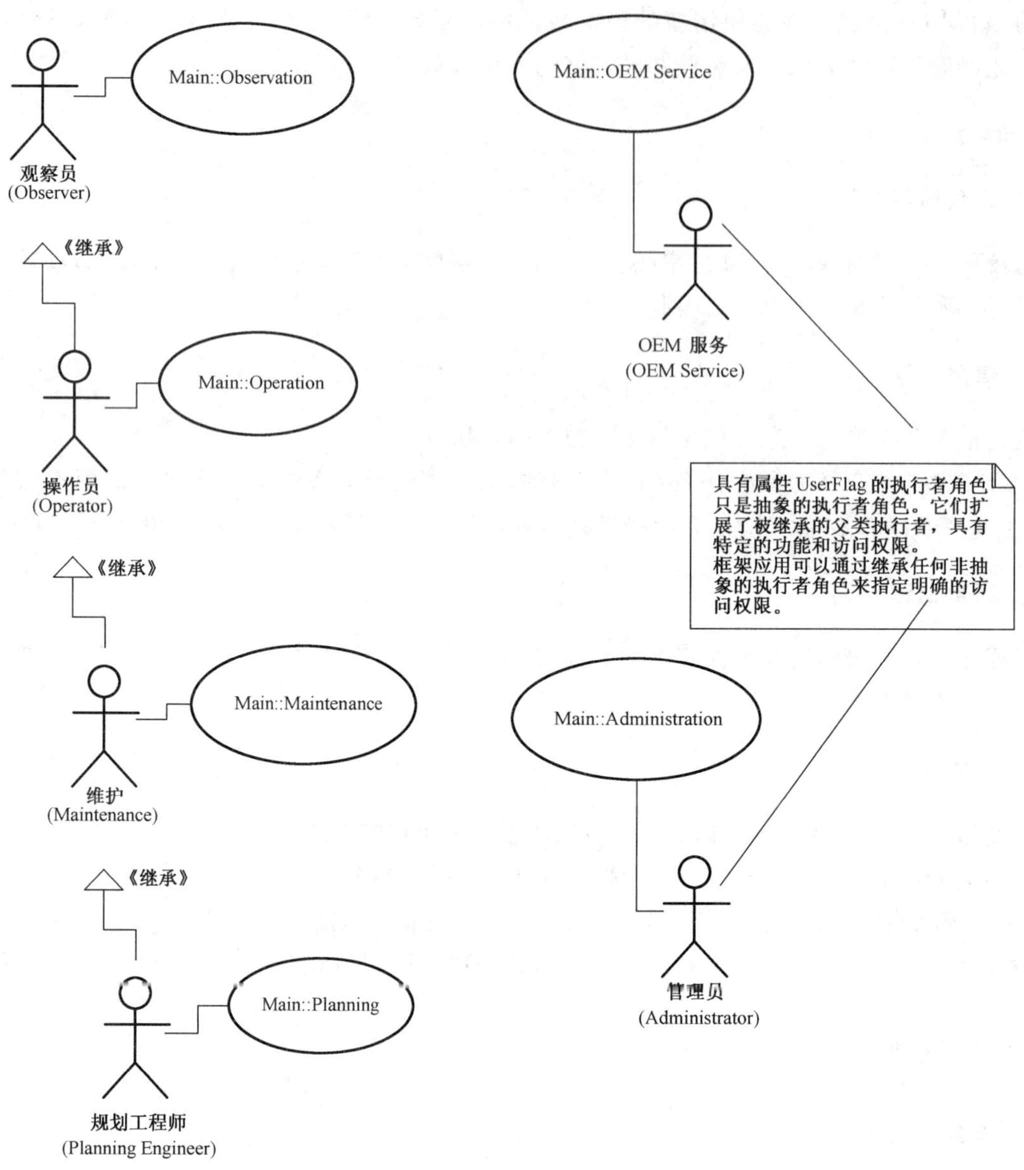

图 25 主要的用例图

以下几条中定义了用例的细节,包括文字描述和一些必要场景。

5.2 执行者

上述用例图中的执行者类型以层次化的方式构造。

"维护(Maintenance)"执行者继承"操作员(Operator)"执行者。"规划工程师(Planning Engineer)"执行者继承"维护"执行者的用例。"管理员"和"OEM 服务(OEM Service)"都可以通过其他用例扩展继承的执行者。传递给更高层次执行者的用例可以通过扩展的方式来匹配其目的。

表 6 给出了这些执行者角色的简要描述。

表 6 执行者

执行者名称	观察员
简要描述	该执行者代表仅观察当前过程的人员
继承	无
用户级别	FDTUserInformation.userLevel = observer
访问验证	作为“观察员”执行者的访问可没有密码
用例	无
执行者名称	**操作员**
简要描述	该执行者代表必须观察和管理当前过程的人员。因此,“操作员”可检查设备当前的状态、修改设定值并且检查设备是否工作正常。 因此,用于该执行者角色的用例应能使用户执行完整的诊断、观看实际状态和参数集,以及当前的过程变量
继承	观察员
用户级别	FDTUserInformation.userLevel = operator
访问验证	作为“操作员”的访问需要密码
用例	用户登录,在线查看,审计追踪,归档,生成报告,资产管理
执行者名称	**维护**
简要描述	“维护”人员应该有可能执行所有必要的维护操作,包括设备替换、示教、校准、调节…… 因此,该人员可以下载验证过的参数集、在线或离线修改参数的子集、执行设备特定的在线操作,并且在这些处理过后,有可能会上传完整的参数集
继承	操作员
用户级别	FDTUserInformation.userLevel = maintenance
访问验证	作为“维护”执行者的访问需要密码
用例	仿真,在线操作,修复,离线操作,批量数据处理,用户登录*,在线查看*,审计追踪*,归档*,生成报告*,资产管理* (* 继承的用例)
执行者名称	**规划工程师**
简要描述	“规划工程师”执行者代表类似于工厂工程师、专家或任何具有完全权限的人。 这种人员可以访问框架应用程序的全部功能,并能无限制地使用 DTM 的功能。只有 OEM 特定的操作是被锁定的
继承	维护
用户级别	FDTUserInformation.userLevel = planningEngineer
访问验证	作为“规划工程师”执行者的访问需要密码
用例	DTM 实例处理 仿真*,在线操作*,修复*,离线操作*,批量数据处理*,用户登录*,在线查看*,审计追踪*,归档*,生成报告*,资产管理* (* 继承的用例)
执行者名称	**管理员(抽象的执行者)**
简要描述	“管理员”执行者代表在工程化环境中必须执行管理操作的人员。 负责添加或移除软件组件

表 6（续）

执行者名称	管理员(抽象的执行者)
继承	取决于框架应用程序
用户标志 *	FDTUserInformation.administrator = TRUE
访问验证	作为“管理员”执行者的访问要求密码
用例	集成 所有继承的用例
执行者名称	**OEM 服务(抽象的执行者)**
简要描述	“OEM 服务”执行者可以执行 DTM 特定功能的完整集合。 “OEM 服务”执行者可以访问 OEM 特定的操作，例如内部计数器复位和替换固件。 “OEM 服务”只有继承的用例，但是所继承的用例(特别是“在线操作”用例)可有重大的扩展
继承	取决于框架应用程序
用户标志 *	FDTUserInformation.oemService = TRUE
访问验证	“OEM 服务”的访问验证应该具有两个安全级别： 1) 框架应用程序密码：允许访问框架应用程序的功能； 2) 设备特定的密码：允许访问设备的 OEM 操作。 设备特定密码的确认由 DTM 甚至设备本身负责
用例	仅继承的用例
* “用户标志(UserFlag)”可以和任何“用户级别(UserLevel)”结合，以指定“管理员”或“OEM 服务”执行者的继承执行者角色。	

5.3 用例

5.3.1 用例概述

以下条以表的形式描述用例图的所有用例。为了减少信息，在所包括的用例的所有属性中，那些与相关主用例的属性相同的属性不再显示。

5.3.2 观察

图 26 观察用例

只有“观察”用例可以由“观察员”(见图 26)执行者执行。“观察员”执行者代表具有最低访问级别的人员。没有与该人员相关联的用例。

5.3.3 操作

“操作员”(见图 27)执行者可以使用操作用例。

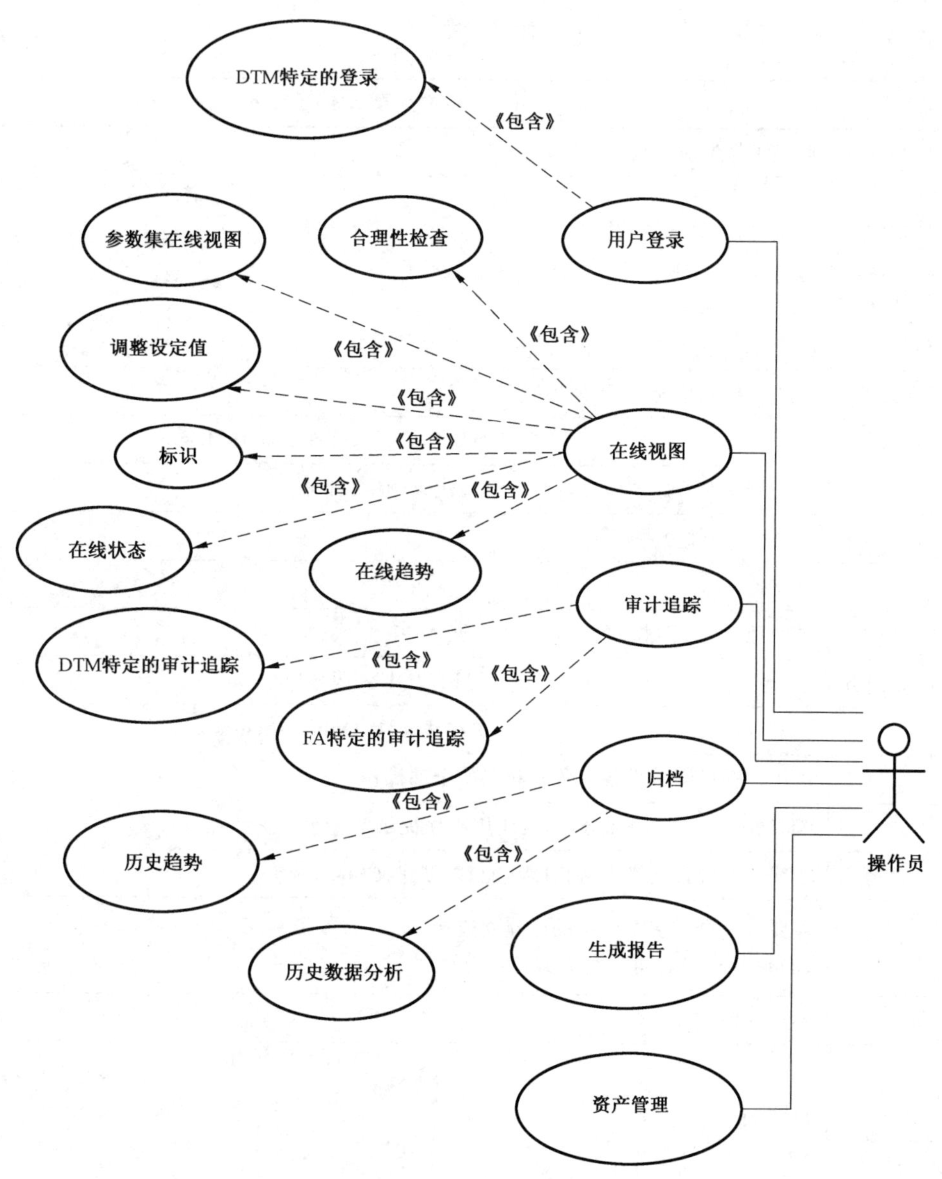

图 27　操作用例

表 7 提供了操作用例的描述。

表 7　操作用例

用例	用户登录(User Login)
简要描述	特定执行者类型的人员登录到框架应用程序。如果验证失败，则该人员只能作为“观察员”执行者
GUI	框架应用程序的一部分
打印	不支持
设备连接	未建立

表 7（续）

<table>
<tr><th colspan="2">用例</th><th>用户登录(User Login)</th></tr>
<tr><td rowspan="4">用户级别</td><td>观察员</td><td>取决于框架应用程序</td></tr>
<tr><td>操作员</td><td rowspan="4">可访问</td></tr>
<tr><td>维护</td></tr>
<tr><td>规划工程师</td></tr>
<tr><td rowspan="2">用户标志</td><td>管理员</td></tr>
<tr><td>OEM 服务</td><td>可通过扩展功能(见下面)访问</td></tr>
<tr><th colspan="2">包括的用例</th><th>DTM 特定的登录(DTM-Specific Login)</th></tr>
<tr><td colspan="2">简要描述</td><td>访问制造商特定的信息，例如，产品代码、修改日志</td></tr>
<tr><td colspan="2">GUI</td><td>DTM 的一部分</td></tr>
<tr><td colspan="2">打印</td><td>不支持</td></tr>
<tr><td colspan="2">设备连接</td><td>典型地，需要已建立的连接</td></tr>
<tr><td>用户标识</td><td>OEM 服务</td><td>只有“OEM 服务”可访问</td></tr>
<tr><th colspan="2">用例</th><th>在线查看(Online View)</th></tr>
<tr><td colspan="2">简要描述</td><td>该用例提供浏览设备参数和状态的全部操作</td></tr>
<tr><td colspan="2">GUI</td><td>GUI 是 DTM 的一部分，框架应用程序提供对一组设备的在线查看</td></tr>
<tr><td colspan="2">打印</td><td>在线查看应该始终支持打印功能，以创建文档</td></tr>
<tr><td colspan="2">设备连接</td><td>需要到一个或多个设备的已建立连接
(调整 SetValue 可能会影响设备数据)</td></tr>
<tr><td rowspan="4">用户级别</td><td>观察员</td><td>不可访问</td></tr>
<tr><td>操作员</td><td rowspan="3">可访问</td></tr>
<tr><td>维护</td></tr>
<tr><td>规划工程师</td></tr>
<tr><td colspan="2">用户标志</td><td>无变化</td></tr>
<tr><th colspan="2">包括的用例</th><th>参数集在线查看(Parameter Set Online View)</th></tr>
<tr><td colspan="2">简要描述</td><td>允许执行者从设备装载参数以进行浏览和文档化(打印)。
(DTM applicationId:fdtObserve)</td></tr>
<tr><th colspan="2">包括的用例</th><th>调整 SetValue(Adjust SetValue)</th></tr>
<tr><td colspan="2">简要描述</td><td>允许执行者调整设备(例如，定位器，控制器)的 SetValue。
(DTM applicationId:fdtAdjustSetValue)</td></tr>
<tr><th colspan="2">包括的用例</th><th>在线状态(Online Status)</th></tr>
<tr><td colspan="2">简要描述</td><td>用于查看和分析当前设备状态的用例。
(DTM applicationId:fdtDiagnosis)</td></tr>
<tr><th colspan="2">包括的用例</th><th>在线趋势(Online Trend)</th></tr>
<tr><td colspan="2">简要描述</td><td>用于产生和观察动态在线值趋势的用例</td></tr>
</table>

表 7（续）

<table>
<tr><th colspan="2">包括的用例</th><th>合理性检查(Plausibility Check)</th></tr>
<tr><td colspan="2">简要描述</td><td>每次修改了设备参数或组态数据后,将自动执行合理性检查。只要合理性检查失败,就不能将数据写入到设备中</td></tr>
<tr><th colspan="2">包括的用例</th><th>标识(Identify)</th></tr>
<tr><td colspan="2">简要描述</td><td>显示设备实例信息的标识,例如,地址、位号、现场总线版本号、DD 版本号,固件等。这些信息是与协议相关的,可包括设备类型特定的信息,也可提供进一步的信息:文档的引用、给设备实例添加注释的区域。参见协议特定的 FDT-JIG-Annex 规范的设备标识章节。
(DTM applicationId:fdtIdentify)</td></tr>
<tr><th colspan="2">包括的用例</th><th>审计追踪(Audit Trail)</th></tr>
<tr><td colspan="2">简要描述</td><td>允许执行者查看和删除审计追踪数据的用例</td></tr>
<tr><td colspan="2">GUI</td><td>支持审计追踪的组件必须提供适当的 GUI</td></tr>
<tr><td colspan="2">打印</td><td>打印文档是审计追踪所需要的,因此必须支持打印</td></tr>
<tr><td colspan="2">设备连接</td><td>不必连接</td></tr>
<tr><td rowspan="4">用户级别</td><td>观察员</td><td>不可访问</td></tr>
<tr><td>操作员</td><td rowspan="2">只能查看</td></tr>
<tr><td>维护</td></tr>
<tr><td>规划工程师</td><td>浏览、导出和删除</td></tr>
<tr><td colspan="2">用户标志</td><td>无变化</td></tr>
<tr><th colspan="2">包括的用例</th><th>DTM 特定的审计追踪(DTM-Specific Audit Trail)</th></tr>
<tr><td colspan="2">简要描述</td><td>每个 DTM 可支持对自身的审计追踪。
(DTM applicationId:fdtAuditTrail)</td></tr>
<tr><th colspan="2">包括的用例</th><th>框架应用程序特定的审计追踪(FA-Specific Audit Trail)</th></tr>
<tr><td colspan="2">简要描述</td><td>框架应用程序可以使用内部数据和通过审计追踪服务从 DTM 导出的 DTM 属性,实现系统全局的审计追踪</td></tr>
<tr><th colspan="2">包括的用例</th><th>归档(Archive)</th></tr>
<tr><td colspan="2">简要描述</td><td>“归档”用例描述为了查看和数据分析而对框架应用程序归档的访问</td></tr>
<tr><td colspan="2">GUI</td><td>支持归档功能的组件必须提供适当的 GUI</td></tr>
<tr><td colspan="2">打印</td><td>每个归档组件也都应该支持打印</td></tr>
<tr><td colspan="2">设备连接</td><td>不必要</td></tr>
<tr><td rowspan="4">用户级别</td><td>观察员</td><td>不可访问</td></tr>
<tr><td>操作员</td><td rowspan="2">只能查看</td></tr>
<tr><td>维护</td></tr>
<tr><td>规划工程师</td><td>浏览、导出和删除</td></tr>
<tr><td colspan="2">用户标志</td><td>无变化</td></tr>
</table>

表 7（续）

<table>
<tr><th colspan="2">包括的用例</th><th>历史趋势(Historical Trend)</th></tr>
<tr><td colspan="2">简要描述</td><td>存档操作可以支持历史数据的可视化(例如,趋势)</td></tr>
<tr><th colspan="2">包括的用例</th><th>历史数据分析(Historic Data Analysis)</th></tr>
<tr><td colspan="2">简要描述</td><td>一些框架应用程序和 DTM 可支持扩展的操作来分析历史数据</td></tr>
<tr><th colspan="2">包括的用例</th><th>报告生成(Report Generation)</th></tr>
<tr><td colspan="2">简要描述</td><td>用例的打印功能通常可以从其 GUI 启动。
除了打印 GUI 的实际视图之外,一些框架应用程序可以实现可配置的归档机制,以允许执行者生成报告。该报告可通过组合几个用例或几个设备的打印文档来产生。
例如,可以为一个设备生成包含“在线查看”“审计追踪”和“在线操作”的打印输出的报告,或生成包含 HART 多路器及其客户端的组态的报告</td></tr>
<tr><td colspan="2">GUI</td><td>框架应用程序</td></tr>
<tr><td colspan="2">打印</td><td>结合一个或多个 DTM 的框架应用程序</td></tr>
<tr><td colspan="2">设备连接</td><td>取决于报告的类型</td></tr>
<tr><td colspan="2">用户级别,用户标志</td><td>打印的信息可取决于用户等级和用户标志</td></tr>
<tr><th colspan="2">包括的用例</th><th>资产管理(Asset Management)</th></tr>
<tr><td colspan="2">简要描述</td><td>框架应用程序提供了资产管理机制</td></tr>
<tr><td colspan="2">GUI</td><td>支持资产管理功能的组件必须提供适当的 GUI。
(DTM applicationId:fdtAssetManagement)</td></tr>
<tr><td colspan="2">打印</td><td>支持该用例的框架应用程序应该提供打印功能</td></tr>
<tr><td colspan="2">设备连接</td><td>不必要</td></tr>
<tr><td rowspan="4">用户级别</td><td>观察员</td><td>不可访问</td></tr>
<tr><td>操作员</td><td rowspan="2">只能查看</td></tr>
<tr><td>维护</td></tr>
<tr><td>规划工程师</td><td>浏览、导出和删除</td></tr>
<tr><td colspan="2">用户标志</td><td>无变化</td></tr>
</table>

5.3.4 维护

“维护工程师”执行者可以使用维护用例,见图 28。

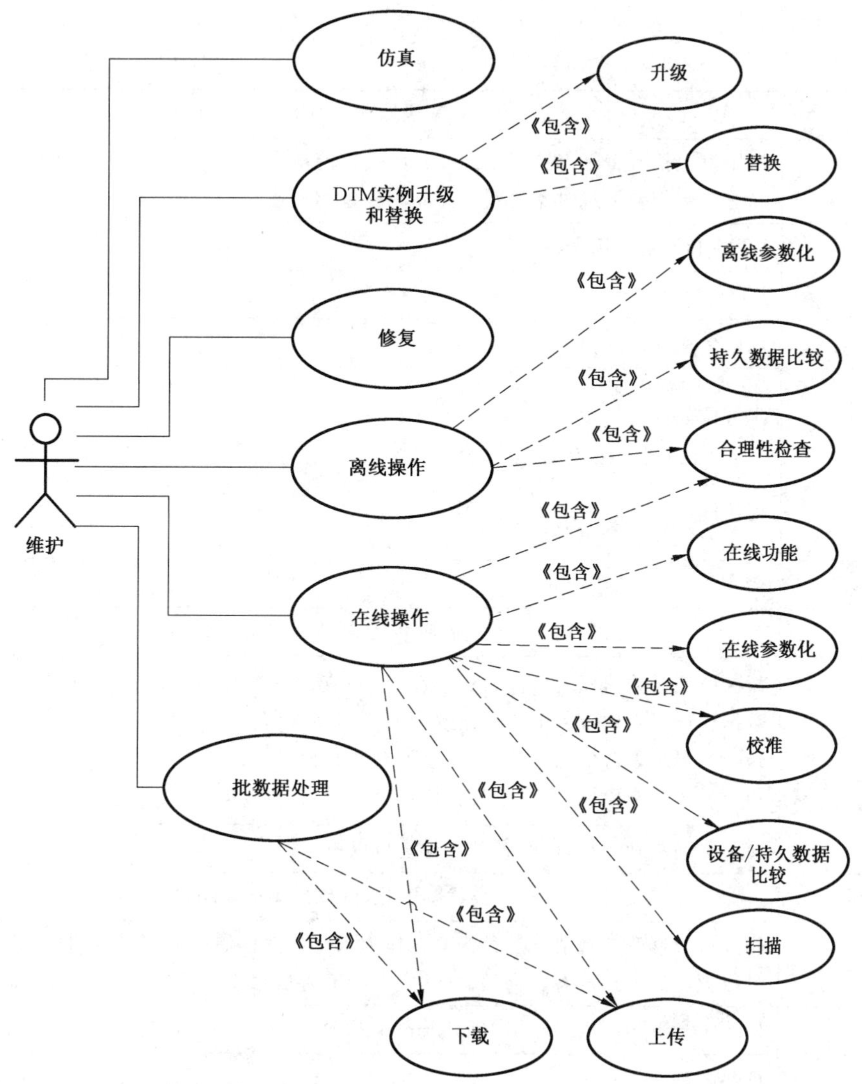

图 28 维护用例

表 8 描述维护用例。

表 8 维护用例

<table>
<tr><th colspan="2">用例</th><th>仿真(Simulation)</th></tr>
<tr><td colspan="2">简要描述</td><td>该用例仿真设备的行为。
因此,允许该执行者执行设备参数的临时改变,如强制设备设置一个固定的电流模拟输出</td></tr>
<tr><td colspan="2">GUI</td><td>DTM 特定的</td></tr>
<tr><td colspan="2">打印</td><td>DTM 特定的</td></tr>
<tr><td colspan="2">设备连接</td><td>应该具有已建立的连接</td></tr>
<tr><td rowspan="4">用户级别</td><td>观察员</td><td rowspan="2">不可访问</td></tr>
<tr><td>操作员</td></tr>
<tr><td>维护</td><td rowspan="2">可访问</td></tr>
<tr><td>规划工程师</td></tr>
<tr><td colspan="2">用户标志</td><td>无变化</td></tr>
</table>

表 8（续）

<table>
<tr><th colspan="2">用例</th><th>离线操作(Offline Operation)</th></tr>
<tr><td colspan="2">简要描述</td><td>该用例包括所有不需要建立到设备的连接的操作。
只有在上传和下载时需要暂时建立到设备的连接</td></tr>
<tr><td colspan="2">GUI</td><td>DTM 和框架应用程序</td></tr>
<tr><td colspan="2">打印</td><td>DTM</td></tr>
<tr><td colspan="2">设备连接</td><td>取决于所包括的用例</td></tr>
<tr><td rowspan="4">用户级别</td><td>观察员</td><td rowspan="2">不可访问</td></tr>
<tr><td>操作员</td></tr>
<tr><td>维护</td><td rowspan="2">可访问</td></tr>
<tr><td>规划工程师</td></tr>
<tr><td colspan="2">用户标志</td><td>无变化</td></tr>
<tr><th colspan="2">包括的用例</th><th>合理性检查(Plausibility Check)</th></tr>
<tr><td colspan="2">简要描述</td><td>每次改变参数值以后,自动执行合理性检查。只要合理性检查失败,就不能将数据保存到数据库或写入到设备中。根据规则或应用环境,有两个选项：
1) 当显示警告信息以后,可保存不一致的数据;
2) 出于安全原因,当显示警告信息以后,禁止写数据</td></tr>
<tr><td colspan="2">用户</td><td>对于更高级别的执行者,合理性检查可以更宽松</td></tr>
<tr><th colspan="2">包括的用例</th><th>离线参数化(Offline Parameterization)</th></tr>
<tr><td colspan="2">简要描述</td><td>用户可以修改参数值。这种修改在作为永久数据存储以后,只影响框架应用程序数据库中的数据。数据在没有被存储以前,应该标记为临时数据</td></tr>
<tr><td colspan="2">GUI</td><td>DTM(applicationId.fdtOfflineParameterize)</td></tr>
<tr><td colspan="2">打印</td><td>DTM</td></tr>
<tr><td colspan="2">设备连接</td><td>不必连接</td></tr>
<tr><th colspan="2">包含的用例</th><th>永久数据的比较(Persistent Data Comparison)</th></tr>
<tr><td colspan="2">简要描述</td><td>允许用户将离线的参数集与其他实例的参数集、设备默认或项目默认的参数集作比较。
数据集是可编辑的,并且数据可以从一个数据集传递到另一个数据集</td></tr>
<tr><td colspan="2">GUI</td><td>DTM(applicationID:fdtOfflineCompare)</td></tr>
<tr><td colspan="2">打印</td><td>可以由 DTM 支持</td></tr>
<tr><td colspan="2">设备连接</td><td>不必要</td></tr>
<tr><th colspan="2">用例</th><th>修复(Repair)</th></tr>
<tr><td colspan="2">简要描述</td><td>该用例代表修复或更换设备时应该执行的操作。
例如:当设备重新安装时,框架应用程序支持临时性设备删除,当设备重新安装后会自动下载参数</td></tr>
<tr><td rowspan="4">用户级别</td><td>观察员</td><td rowspan="2">不可访问</td></tr>
<tr><td>操作员</td></tr>
<tr><td>维护</td><td rowspan="2">可访问</td></tr>
<tr><td>规划工程师</td></tr>
</table>

表 8(续)

用例		修复(Repair)
用户标志	管理员	无变化
	OEM 服务	可通过扩展的功能(见下面)进行访问
用例		DTM 实例升级和替换(DTM Instance Upgrade and Replacement)
简要描述		该用例代表升级或替换 DTM 时应该执行的操作。当新的 DTM 与先前的 DTM 不同时,使用升级或替换。 新 DTM 的数据格式可以与先前 DTM 的数据格式兼容(升级),也可以不兼容(替换)
用户级别	观察员	不可访问
	操作员	
	维护	可访问
	规划工程师	
用户标志	管理员	无变化
	OEM 服务	无变化
包含的用例		替换(Replacement)
简要描述		该用例代表在数据集格式不兼容情况下,替换 DTM 所应该执行的操作
包含的用例		升级(Upgrade)
简要描述		该用例代表在数据集格式兼容情况下,升级 DTM 所应该执行的操作
用例		在线操作(Online Operation)
简要描述		该用例包括所有与设备直接交互的操作
GUI		DTM 特定的
打印		DTM 特定的
设备连接		连接的或断开连接的
用户	操作员	不可访问
用户级别	观察员	不可访问
	操作员	
	维护	可访问
	规划工程师	除 OEM 特定参数外,都可以访问
用户标志	管理员	无变化
	OEM 服务	可扩展的功能(见下面)进行访问
包括的用例		在线功能(Online Functions)
简要描述		“在线功能”用例提供与设备直接通信的所有过程。该用例既可以包括简单的过程(例如,复位),也可以包括具有多个场景的更复杂的过程(例如,校准或示教)
包括的用例		在线参数化(Online Parameteration)
简要描述		该用例启动后,从设备中读出所有的参数,并在 GUI 中呈现给用户。在 GUI 中,用户可以修改参数,这取决于用户等级。如果修改的参数处于已验证状态,则设备将立即升级。 (DTM applicationId:fdtOnlineParameterize)

表 8（续）

包括的用例	设备数据和永久数据比较(Device-/Persistent Data Comparison)
简要描述	该用例让用户可以比较永久数据和设备数据。用户可以编辑数据并且可以在两个数据源之间复制数据。 (DTM applicationId:fdtOnlineCompare)
包括的用例	校准(Calibration)
简要描述	该用例调用校准程序以调节输入(例如,压力变送器)或电流的输出。 (DTM applicationId:fdtCalibration)
包括的用例	合理性检查(Plausibility Check)
简要描述	每次改变设备参数或组态数据后,自动执行合理性检查。只要合理性检查失败,就不能将数据写入到设备中
用户级别、用户标志	对于更高级别的执行者,合理性检查可以更宽容
包括的用例	上传(Upload)
简要描述	从设备中读取整个参数集到框架应用程序的数据库中。 由“OEM 服务”执行者启动的上传可以上传额外的 OEM 参数
GUI	如果框架应用程序支持一组设备的上传和下载,则框架应用程序可提供 GUI 以更好地控制上传过程
打印	不支持
设备连接	需要临时连接
包括的用例	下载(Download)
简要描述	与上传类似,但是方向相反
GUI	如果框架应用程序支持一组设备的上传和下载,则框架应用程序可提供 GUI 以更好地控制下载过程
打印	不支持
设备连接	需要临时的连接
包括的用例	扫描(Scan)
简要描述	从通道对象中获得可用设备的列表。通道对象由 DTM 或由框架应用程序提供
GUI	框架应用程序可提供 GUI 来表示设备列表
打印	不支持
设备连接	需要临时的连接(通道应该能够在线访问)
用例	批量数据处理(Bulk Data Handling)
简要描述	该用例表示一次处理(例如,上传和下载、参数调节或报告生成)一组设备的可能性。该用例在系统级处理批量数据
GUI	框架应用程序
打印	不支持
设备连接	需要连接

表 8（续）

用例		批量数据处理(Bulk Data Handling)
用户级别	观察员	不可访问
	操作员	
	维护	可访问
	规划工程师	
用户标志		无变化
包括的用例		上传(Upload)
简要描述		从一组设备读取全部参数到框架应用程序的数据库中
包括的用例		下载(Download)
简要描述		与上传相似,但方向相反

5.3.5 规划

规划用例用于“规划工程师”执行者，见图 29。

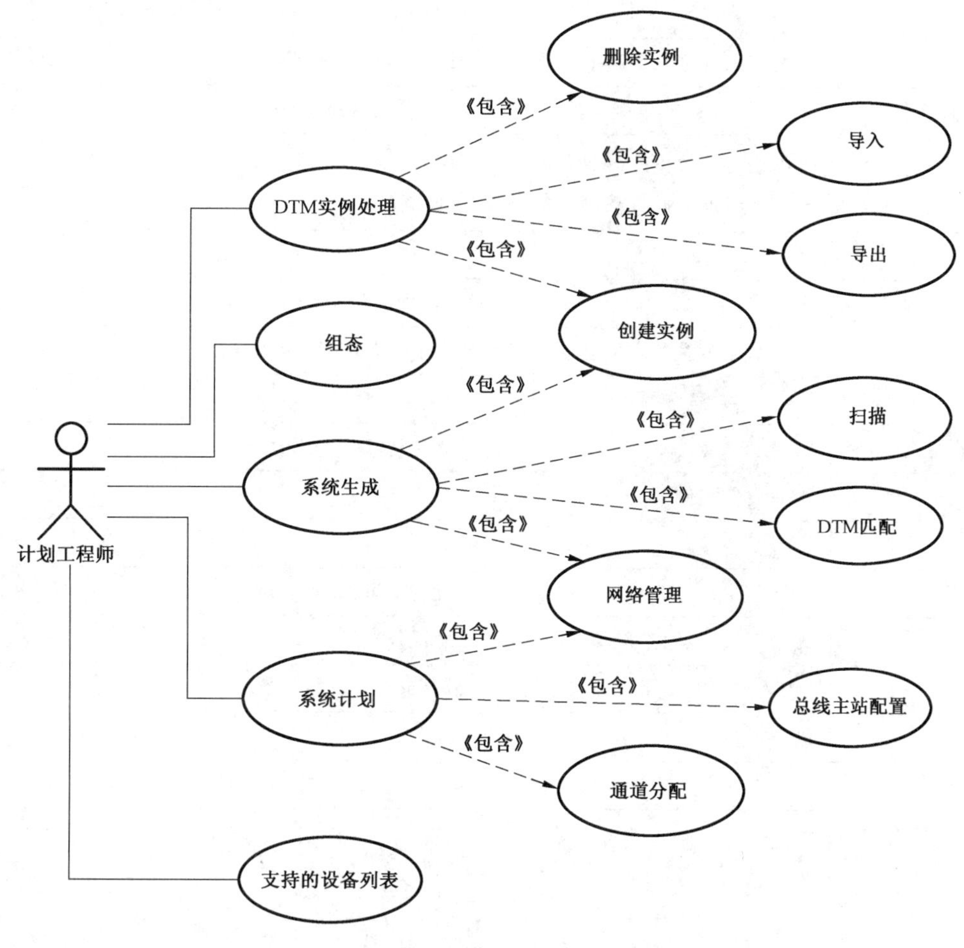

图 29 规划用例

表 9 提供了规划用例的描述。

表 9 规划用例

<table>
<tr><th colspan="2">用例</th><th>DTM 实例处理(DTM Instance Handling)</th></tr>
<tr><td colspan="2">简要描述</td><td>通过该用例,“规划工程师”执行者可以处理(例如,实例化、导入、导出、删除)框架应用程序中的设备实例</td></tr>
<tr><td colspan="2">GUI</td><td>框架应用程序和 DTM</td></tr>
<tr><td colspan="2">打印</td><td>不支持</td></tr>
<tr><td colspan="2">设备连接</td><td>不需要</td></tr>
<tr><td rowspan="4">用户级别</td><td>观察员</td><td rowspan="3">不可访问</td></tr>
<tr><td>操作员</td></tr>
<tr><td>维护</td></tr>
<tr><td>规划工程师</td><td>可访问</td></tr>
<tr><td colspan="2">用户标志</td><td>无变化</td></tr>
<tr><td colspan="2">包括的用例</td><td>创建实例(Create Instance)</td></tr>
<tr><td colspan="2">简要描述</td><td>在该用例中,可以创建新的设备实例并将其放置到项目中。
在创建新设备实例后,应实例化设备的参数集。该操作由 DTM 执行</td></tr>
<tr><td colspan="2">GUI</td><td>框架应用程序和 DTM(如果它支持设备的默认选择)</td></tr>
<tr><td colspan="2">包括的用例</td><td>导入(Import)</td></tr>
<tr><td colspan="2">简要描述</td><td>可以通过从数据库(例如,模板数据库)中导入数据来实例化参数集,或通过从已经实例化并经过验证的设备复制参数集来实例化参数集</td></tr>
<tr><td colspan="2">GUI</td><td>FA</td></tr>
<tr><td colspan="2">包括的用例</td><td>导出(Export)</td></tr>
<tr><td colspan="2">简要描述</td><td>为了从一个设备实例复制数据到另一个设备实例,可以导出设备实例的数据</td></tr>
<tr><td colspan="2">GUI</td><td>FA</td></tr>
<tr><td colspan="2">包括的用例</td><td>删除实例(Delete Instance)</td></tr>
<tr><td colspan="2">简要描述</td><td>删除设备实例</td></tr>
<tr><td colspan="2">GUI</td><td>FA</td></tr>
<tr><td colspan="2">用例</td><td>组态(Configuration)</td></tr>
<tr><td colspan="2">简要描述</td><td>该用例使“规划工程师”执行者能够配置复杂的设备</td></tr>
<tr><td colspan="2">GUI</td><td>DTM(DTM applicationId:fdtConfiguration)</td></tr>
<tr><td colspan="2">打印</td><td>可以支持</td></tr>
<tr><td colspan="2">设备连接</td><td>不应有建立的连接</td></tr>
<tr><td rowspan="4">用户级别</td><td>观察员</td><td rowspan="3">不可访问</td></tr>
<tr><td>操作员</td></tr>
<tr><td>维护</td></tr>
<tr><td>规划工程师</td><td>可访问</td></tr>
<tr><td colspan="2">用户标志</td><td>无变化</td></tr>
</table>

表 9（续）

用例		系统生成(System Generation)
简要描述		该用例根据扫描结果为拓扑的创建执行所有必要的操作
GUI		框架应用程序和 DTM
打印		框架应用程序和 DTM
设备连接		必要
用户级别	观察员	不可访问
	操作员	
	维护	
	规划工程师	可访问
用户标志		无变化
包括的用例		**扫描(Scan)**
简要描述		使用通道对象的 Scan 服务来获取可用设备的列表。通道对象可由 DTM 或框架应用程序提供
GUI		框架应用程序可以提供 GUI 来表示设备列表
打印		不支持
设备连接		需要临时的连接(当前通道应该已经打开在线访问)
包括的用例		**网络管理(Network Management)**
简要描述		用于网络管理的用例。例如,地址设置作为通信 DTM 的一个功能。(DTM applicationId;fdtNetworkManagement)
包括的用例		**DTM 匹配(DTM Matching)**
简要描述		该用例用于找出与扫描用例中获取的信息最匹配的 DTM
包括的用例		**创建实例(Create Instance)**
简要描述		在该用例中,可以创建新的设备实例并将其放置到项目中。 创建新的设备实例后,应实例化设备的参数集。该操作由 DTM 执行
GUI		框架应用程序和 DTM(如果它支持设备默认选择)
用例		**系统规划(System Planning)**
简要描述		该用例执行用于编辑拓扑信息的所有必要操作
GUI		框架应用程序和 DTM
打印		框架应用程序和 DTM
设备连接		没有必要
用户级别	观察员	不可访问
	操作员	
	维护	
	规划工程师	可访问
用户标志		无变化

表 9（续）

包含的用例		网络管理(Network Management)
简要描述		用于网络管理的用例。例如,地址设置作为通信 DTM 的一个功能。 (DTM applicationId:fdtNetworkManagement)
包含的用例		**总线主站组态(Bus Master Configuration)**
简要描述		用于组态总线主站 DTM 的用例
包含的用例		**通道分配(Channel Assignment)**
简要描述		用于编辑 FDT 通道分配的用例
用例		**支持的设备列表(List of Supported Device)**
简要描述		在该用例中,可以浏览和编辑项目中支持的所有设备的列表。 “规划工程师”执行者可以从这个列表中选择某个设备来创建一个新的设备实例。 具有“管理员”执行者标志集的执行者可以修改这个列表
GUI		框架应用程序
打印		不支持
设备连接		没有连接
用户级别	观察员	不可访问
	操作员	
	维护	
	规划工程师	只允许浏览
用户标志	管理员	可以编辑
	OEM 服务	无变化

5.3.6 OEM 服务

“OEM 服务”用例可以为“OEM 服务”执行者(见图 30)提供对其他执行者角色的用例的扩展访问。

图 30 OEM 服务

5.3.7 管理

具有额外管理者权限的用户可以使用管理用例,见图 31。

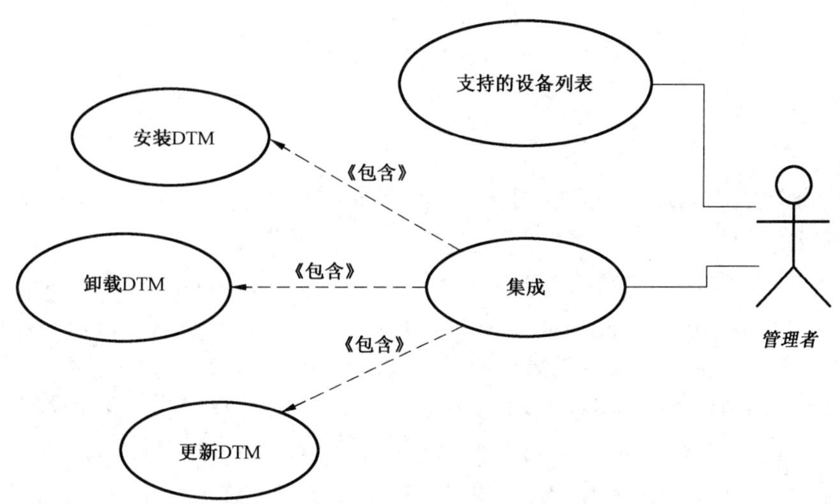

图 31 管理者用例

表 10 提供了对管理者用例的描述。

表 10 管理者用例

<table>
<tr><th colspan="2">用例</th><th>集成(Integration)</th></tr>
<tr><td colspan="2">简要描述</td><td>该用例允许执行者安装、卸载或更新新的 DTM。安装和卸载不由框架应用程序控制</td></tr>
<tr><td colspan="2">GUI</td><td>框架应用程序可以支持 DTM 的管理</td></tr>
<tr><td colspan="2">打印</td><td>不支持</td></tr>
<tr><td colspan="2">设备连接</td><td>不应有建立的连接</td></tr>
<tr><td rowspan="5">用户</td><td>操作员</td><td rowspan="3">不可访问</td></tr>
<tr><td>维护</td></tr>
<tr><td>规划工程师</td></tr>
<tr><td>管理员</td><td>可访问</td></tr>
<tr><td>OEM 服务</td><td>不可访问</td></tr>
<tr><th colspan="2">包含的用例</th><th>安装(Install)</th></tr>
<tr><td colspan="2">简要描述</td><td>新 DTM 的安装</td></tr>
<tr><td colspan="2">GUI</td><td>由 DTM 负责</td></tr>
<tr><th colspan="2">包含的用例</th><th>卸载(Deinstall)</th></tr>
<tr><td colspan="2">简要描述</td><td>DTM 的卸载</td></tr>
<tr><td colspan="2">GUI</td><td>由 DTM 负责</td></tr>
<tr><th colspan="2">包含的用例</th><th>更新 DTM(Update DTM)</th></tr>
<tr><td colspan="2">简要描述</td><td>DTM 安装的更新/修改</td></tr>
<tr><td colspan="2">GUI</td><td>由 DTM 负责</td></tr>
</table>

6 一般概念

6.1 地址管理

现场总线系统通常使用地址概念来区别不同的已连接的设备。因此，为了建立到相关设备的在线连接，DTM 通常需要该设备的地址信息(见 7.6.1.2“Connect 服务”)。

连接到使用地址概念的总线系统的设备 DTM 必须提供 NetworkManagementInfo 服务(见 7.2.11)。这些服务允许 DTM 对设备的地址信息进行读写。寻址方式是现场总线特定的，因此，传递到服务的具体信息由 FDT 中描述协议行规集成的 IEC 62453-3xy 文件定义。

提供通信通道(DTM 或框架应用程序)的组件总是负责已连接 DTM 的地址设定。如下图(图 32)所示：提供通信通道的 DTM，应该支持一个表示(Presentation)对象使用户能够设定地址(ApplicationID＝fdtNetworkManagement，见表 A.4)。

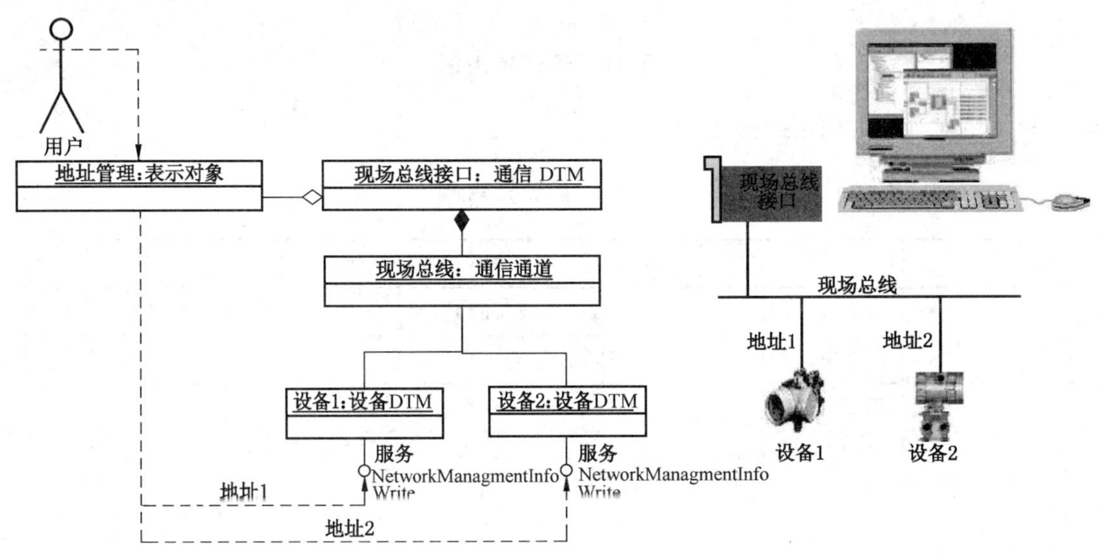

图 32 通过 DTM 表示对象进行地址设定

此外，通信通道本身支持服务 SetChildrenAddresses(见 7.6.2.5)，使框架应用程序可以启动地址设定。8.2 的序列图更加详细地描述了不同的地址设定情况。

如果通信通道由框架应用程序提供，则地址管理如何实现不在此标准的范围内。

6.2 扫描和 DTM 分配

6.2.1 扫描简介

许多现场总线协议(或点对点通信)定义了扫描服务，支持请求包含已连接设备信息的活动列表。在后面条款中描述的信息和服务，允许框架应用程序在不了解协议特定定义的情况下，生成或验证 FDT 拓扑结构。

6.2.2 扫描

扫描由通信通道服务 Scan(见 7.6.4)支持。

对于由现场总线协议(见图 33)定义的方法可以确定的所有已连接设备，此服务返回这些设备的设备类型和实例相关信息。如：设备制造商、类型、硬件和嵌入软件的版本或现场总线地址、位号和序列号。此信息是现场总线特定的。具体的格式以及到协议无关的格式(框架应用程序无需了解现场总线特定知识就可使用)的转换,由 FDT 中描述协议行规集成的 IEC 62453-3xy 文件定义。

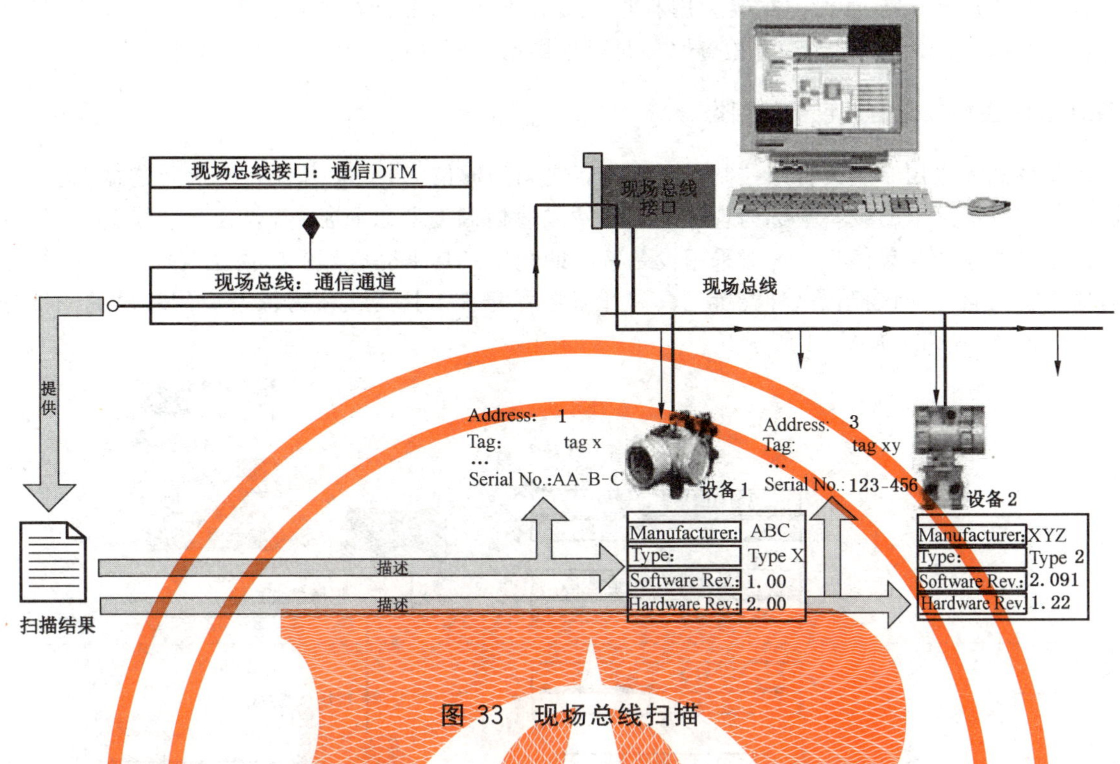

图 33 现场总线扫描

6.2.3 DTM 分配

通过与已知 DTM 服务 GetIdentificationInformation(见 7.2.3.2)返回的设备类型标识信息比较,框架应用程序可以使用扫描(见 7.6.4)返回的信息来寻找合适的 DTM,添加到 FDT 拓扑结构中。

此外,通过与 DTM 返回的设备类型标识信息比较,框架应用程序也可以利用扫描结果信息来验证现有的 FDT 拓扑结构中的 DTM 是否合适。

框架应用程序基于内部规则完成比较。扫描信息中的每个元素都能与 DTM 设备标识信息比较。

6.2.4 制造商特定的设备标识

有时,设备不能由现场总线协议定义的方法唯一标识。例如,一个制造商的几个不同设备类型采用相同的类型 ID。在这种情况下,一次扫描中框架应用程序可能为设备找到几个不同的 DTM 设备类型或者甚至是看似合适的 DTM。然而,这样一个设备可以通过设备制造商定义的方法标识。

FDT 使制造商能实现 DTM 中具体设备标识信息,并且框架应用程序以独立于制造商和协议的方式利用它。

用于此设备的 DTM 应该将制造商特定的身份标识属性添加到 GetIdentificationInformation(见 7.2.3.2)返回的设备标识信息中。如果现在框架应用程序尝试寻找一个合适的 DTM,那么只能找到匹配的设备标识,但是仅由设备制造商已知的其他元素信息不包含在扫描结果中。在这种情形下,框架应用程序应该寻找 DTMSupportLevel 设为“identSupport”(见表 A.10)的 DTM 设备类型,并临时地将其添加到 FDT 拓扑结构中,通过 HardwareInformation 服务(见 7.2.3.3)来请求设备的额外信息。那么 DTM 将应用制造商特定的设备标识方法,返回 HardwareInformation 服务调用获得的额外的设备标识元素,使框架应用程序将原有的临时“identSupport”DTM 替换为合适的 DTM 和 DTM 设备类型。

6.2.5 通信硬件扫描

FDT 也定义了扫描作为 FDT 拓扑结构根元素的通信硬件的方法,来访问系统拓扑结构的顶层现场总线或点对点连接。

此机制基于反复试验原理。框架应用程序只是实例化每个已注册的或预选的通信 DTM,调用 HardwareInformation(见 7.2.3.3)并检查服务是否返回已找到的通信硬件信息或错误信息。

6.3 现场总线主站或通信调度器的组态

许多现场总线采用专用设备来控制不同参与者之间的通信,如主站-从站或令牌传递概念。

控制现场总线通信的设备被称为现场总线主站或通信调度器。通常,需要为这些设备配置连接到现场总线设备的总线参数信息。一般采用设备特定的配置工具来完成配置。描述现场总线主站或通信调度器的 FDT 组件,应该提供这种配置工具。那意味着配置工具要么作为框架应用程序的一部分,要么作为 DTM 的一部分,如图 34 所示。

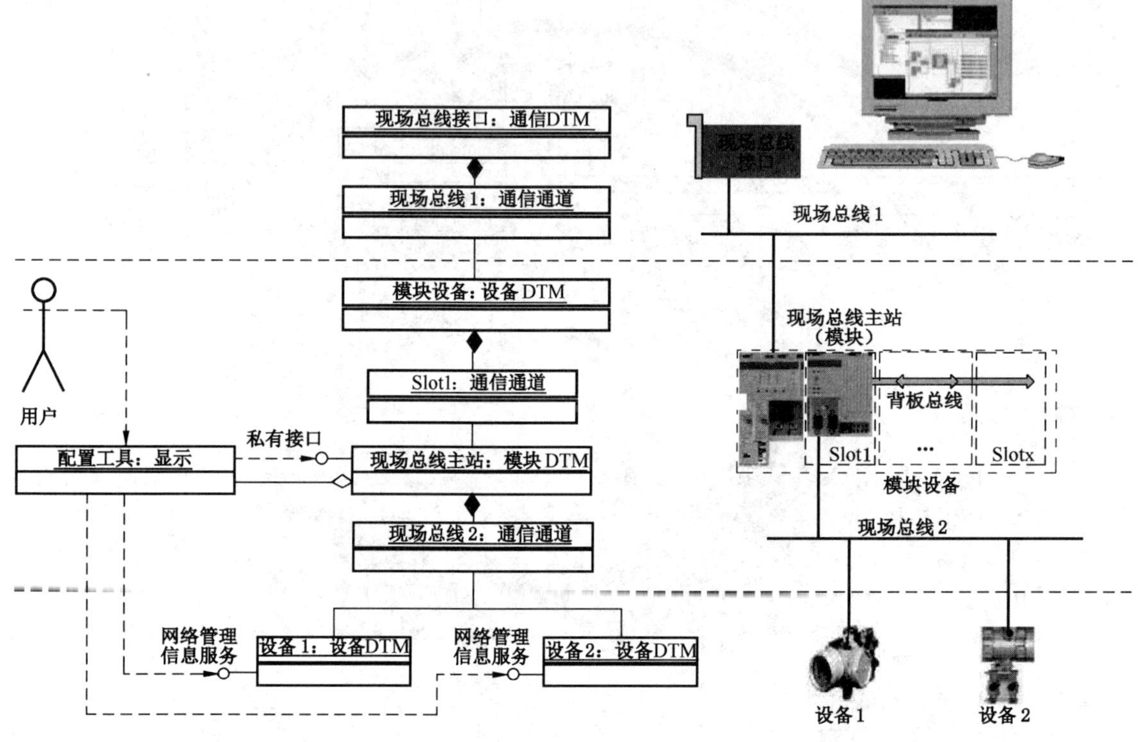

图 34 现场总线主站配置工具作为 DTM 的一部分

组态工具可以通过现场总线参与者相应的 DTM 的 NetworkManagementInfo 服务(见 7.2.11),读写各自的总线参数信息。主站或通信调度器总线参数信息可以通过组态工具和相应 DTM 之间定义的专用方法访问。

在组态工具设定了所有总线参数信息以后,通过标准的 FDT 通信操作,每个 DTM 负责将信息写入各自设备,如:通过 WriteDataToDevice 服务(见 7.2.12.3)请求下载。

可以通过 NetworkManagementInfo 服务读写的具体总线参数信息,由 FDT 中描述协议行规集成的 IEC 62453-3xy 文件定义。此外,在 IEC 62453-3xy 文件(描述协议)中更加详细地描述了通用的总线配置。

6.4 PLC 工具支持

6.4.1 PLC 概述

在典型的 PLC 系统中,现场总线主控硬件定期地让 I/O 信号与其连接设备通信,并在一个共享内存区域把此通信信号提供给 PLC。该内存区域称为过程图像(见图 35,已简化以只显示输入数据)。单个 I/O 信号通过 PLC 应用程序和图像的一个偏移量来处理,同时,过程图像的整体布局是由现场总线主控配置软件来控制的,该软件可以是 DTM。

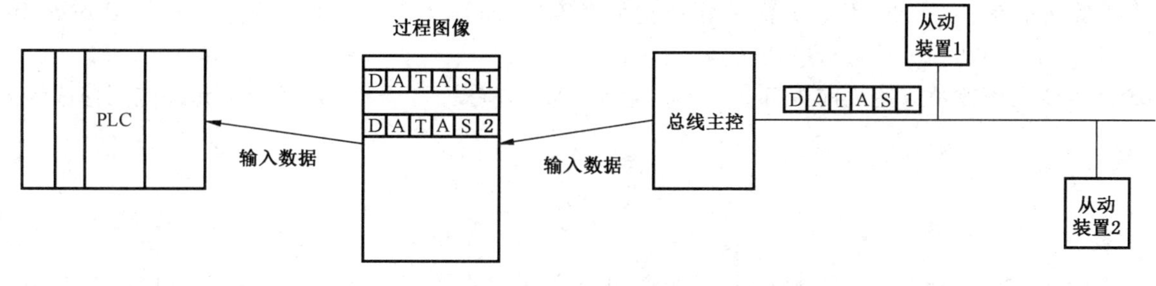

图 35 过程图像

代表总线主控的 DTM 需要提供服务来配置过程图像。这些服务能够使 PLC 工具框架应用从现场总线主控 DTM(见图 36)那里请求过程图像的信息。这个信息是用于 PLC 程序的参数值与在过程图像中 I/O 信号之间的映射。

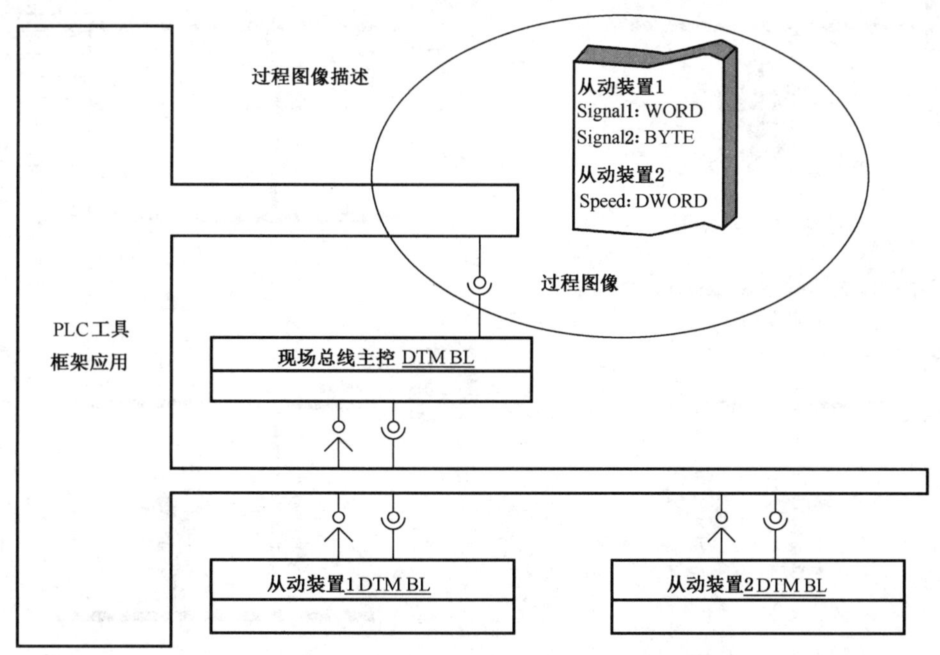

图 36 通过过程图像传输的布局信息

基本的过程图像代表就是中性的现场总线。它允许 PLC 工具框架应用实现参数值分配而不管现场总线底层系统。除此之外,现场总线特定的 I/O 信号信息(见 6.4.2)也是包含在过程图像信息之中的。这些信息是由现场总线主控 DTM 通过子 DTM 的 ProcessData 服务(见 4.2.4.2)从代表连接服务的子 DTM 那里收集来的。

6.4.2 PLC 运行时过程图像的修改

在一些自动化系统中,在 PLC 运行时(执行控制时)需要申请修改过程图像的布局。此服务允许验证在 PLC 运行时能否申请一种潜在的修改,因为设备过程不能被停止。

实时支持这种修改的 PLC 工具框架应用需要判断能否在不停止 PLC 的情况下修改过程图像的布局。也就是说,当用户在做会导致子 DTM 网络信息(见 7.2.11)改变的配置修改时,这个修改需要在它被应用在各自领域的设备上之前进行验证。如果这种修改在当前时刻不可能,就会让 PLC 工具框架应用拒绝要求停止 PLC 的改变。

如果 PLC 需要被停止，只有现场总线主控 DTM 和 PLC 工具框架应用本身才能做此验证。因此，子 DTM 需要通过调用它的父 DTM 的 NetworkInfoValidation 服务来支持修改验证。然后现场总线主控 DTM 就能重新决定结果过程图像，并验证它是否能够通过 PLC 工具框架应用实现的 ProcessImageValidation 服务(见 7.7.7)进行应用。

验证需要在修改被应用之前进行。只有在验证成功的前提下，子 DTM 才能被允许应用修改。

6.5 从站冗余

6.5.1 冗余概述

在系统中，为了提高系统可靠性，对系统关键组件的重复称为冗余，通常用于备份或故障安全。图 37 所示为自动化工业中最常见的冗余场景。

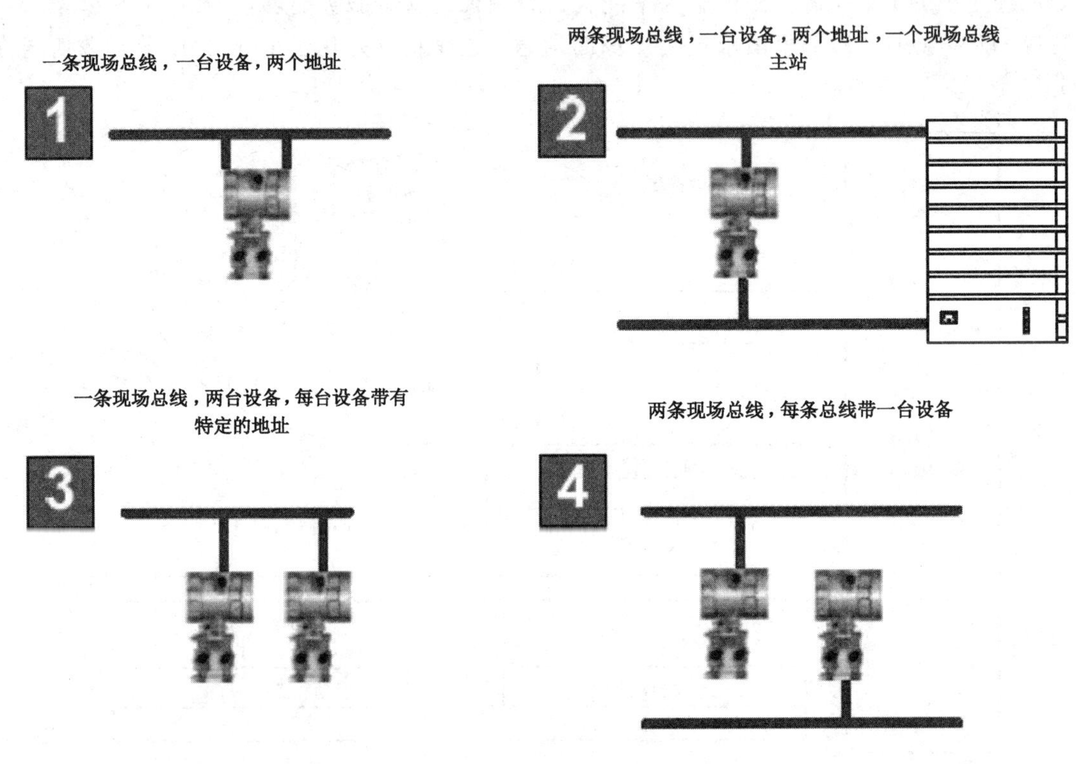

图 37 冗余情形

根据下列任一场景，FDT 中从站冗余的范围是一个 DTM 配置一个已连接的设备：

- 场景 1：一个现场总线采用两个不同的地址；
- 场景 2：由一个总线主站控制的两个不同的现场总线。

独立的冗余设备(场景 3 和 4)不能在 FDT 中处理，这些场景需要额外的框架应用程序功能，例如数据同步。

在场景 1 和场景 2 中，冗余现场总线应该由冗余识别的父组件(如通信 DTM)管理，此父组件特定用于适当的冗余现场总线技术。此父组件也应该可以同时处理用于冗余现场设备的 DTM 和用于非冗余现场设备的 DTM。

6.5.2 框架应用程序冗余支持

在不需要特定冗余支持或知识的情况下，任意 FDT 框架应用程序可以使用能够处理从站冗余的

DTM。FDT 框架应用程序可以有选择地支持 OnAddedRedundantChild(见 7.7.4.1)和 OnRemovedRedundantChild 服务(见 7.7.4.2),来获取通报,并且可以在拓扑结构视图中显示冗余的从站,例如一台现场设备与两条不同的线连接或在拓扑结构视图中采用特定设备图标。

在不考虑冗余的框架应用程序中,不能在拓扑结构视图中区分描述冗余从站的 DTM。但是 DTM 和父组件显示了额外的信息,如附加的现场总线地址。然而在这个框架应用程序中,DTM 提供了关于现场总线冗余的全部功能。

由于采用一个 DTM 实例描述一个冗余从站,不需要考虑针对于数据集同步或多用户的附加功能。

6.5.3 用于冗余现场总线的父组件

用于冗余从站的现场总线通信,由现场总线和冗余技术特定的父组件进行处理,如特定的通信 DTM。所有用于连接冗余从站的现场总线,应该由一个这样的父组件的实例处理。如在场景 2 中,采用父组件的一个适当通信通道,来描述每条现场总线。因此,在不了解现场总线结构物理冗余的情况下,框架应用程序可以使用这样的父组件。

在调用 ValidateAddChild 服务(见 7.6.2.3)和 ChildAdded 服务(见 7.6.2.2)期间,父组件能够检查 DTM 实例 NetworkManagementInfoRead 服务(见 7.2.11.1)返回的信息,检查出被添加的设备 DTM 是否可以处理冗余。在这种情况下,可以使用父组件中特定地址选择对话。此地址选择是现场总线和冗余特定的。由父组件决定是自动还是在用户交互以后处理冗余。

如果框架应用程序支持冗余,父组件必须通过 OnRemovedRedundantChild(见 7.7.4.2)把冗余 DTM 的信息通知给框架应用程序。

父组件应该能处理所有可能到冗余设备的通信路径。调用 NetworkManagementInfoWrite 服务(见 7.2.11.2),能提供完整的冗余地址信息给处理冗余设备的 DTM 实例。此 DTM 可以使用这个信息来显示所有可用的通信路径。在 Connect 服务(见 7.6.1.2)期间,DTM 将完整的地址信息提供给父组件。那么父组件能选择当前活动的通信路径。可以在父组件中改变通信路径,而不需要和设备 DTM 进行交互。

父组件也能处理描述非冗余现场设备的 DTM。在这种情况下,处理 DTM 时不使用 FDT 中冗余的特定数据定义。

6.5.4 设备 DTM 的冗余支持

能够处理冗余设备的 DTM 在 NetworkManagementInfoRead 服务(见 7.2.11.1)中提供了额外信息。

在调用 ChildAdded 服务(见 7.6.2.2)之后,父组件将冗余地址的完整信息给设备 DTM。然后,设备 DTM 可以检测相应的从站是否可以作为一个冗余从站。完整的地址信息可以在 Connect(见 7.6.1.2)中被设备 DTM 使用,同时也可用于诊断及状态信息。通常在设备 DTM 中附加的冗余处理是必须的。

处理冗余设备的 DTM,应该检查通过调用 NetworkManagementInfoWrite(见 7.2.11.2)提供的所有地址。如果设备 DTM 不能处理这些地址,例如因为只能使用厂家特定的偏移量,则应产生一个错误信息,并且将负响应返回给调用的父组件。在这种情况下,父组件能检测那些不能用于冗余现场总线的设备 DTM。设备 DTM 应该将所有冗余信息保存到实例数据中。

描述冗余从站的 DTM,能够用作不支持冗余的父组件的子组件。在这种情况下,设备 DTM 不应该使用 FDT 中附加的冗余功能、GUI 或冗余的特定数据定义。

6.5.5 扫描和冗余从站

现场总线扫描为冗余从站的每个地址提供一个入口,不能检测出冗余从站。

在场景 1 中,冗余地址到实例的映射只能用于 DTM 本身。在场景 2 中,该映射只能基于项目知识来完成。典型的是,在冗余系统中不执行扫描。

7 FDT 服务规范

7.1 服务规范概述

本章规定了为 FDT 对象定义的服务。服务定义是抽象的描述,并且不描述规范实现。抽象描述和由服务衍生的实际实现之间的映射,在技术特定的实现部分进行定义。

用于每个对象的服务被组织成服务集。每个服务集定义了一组相关的服务。服务集的结构是规范中使用的逻辑分组,可能不会在实现中应用。

每个服务都要被归档,内容包含:

- 服务摘要;
- 请求和响应值列表;
- 服务描述;
- 状态可用性描述。

服务摘要给出了简要的概述。

在请求和响应值列表中,描述了用于服务的参数。对每个参数(见附录 A,参数数据类型的描述),定义了参数对于服务调用(请求)或作为返回值(响应)是必备的("M")、可选的("O")或不必要的("-")。

服务的描述定义了服务的行为和用法。

状态可用性描述定义了每个服务在"configured(已配置)"或"communicationAllowed(通信允许)"状态下是否可用。

本部分没有规定已定义服务的实现是可选的还是必备的。技术特定的实现部分对此作了规定。每个技术特定的部分提供一个描述服务实际实现的附录(如:服务到接口方法的映射)。

注:用于未被实现服务的通知机制也可能是技术特定的。对于一些技术,如果服务器不提供特定的接口,未被实现的服务也可能由客户端识别。对于其他技术,未被实现的服务可能由特殊的服务响应识别。

服务是否以同步或异步的模式执行取决于实现技术。"同步"意味着在整个服务执行期间,服务调用者都被阻塞。"异步"意味着调用者能继续其他操作直到服务运行结束。所用的服务执行模式在 GB/T 29618.4z 文件中定义,此文件描述了到特定实现技术的映射。两种执行模式可以混合用于服务的执行。另外,可定义对活动服务执行的取消。

7.2 DTM 服务

7.2.1 通用服务

7.2.1.1 PrivateDialogEnabled 服务

框架应用程序采用此服务来通知 DTM,是否允许它打开一个私有的对话窗口。该服务的参数见表 11。

表 11 PrivateDialogEnabled 服务的参数

	请求	响应
Enabled(布尔量)	M	—

在运行期间,这个特殊条件由框架应用程序设定。例如,在以下情况下,是有必要的:

- 正在运行的用户动作不应该被打断；
- 不允许动态打开的窗口获取焦点或隐藏其他窗口，或者
- 在不同于 GUI 的主机上执行 DTM。

将 Enabled 设定为 FALSE，意味着 DTM 不应该打开任何除了已经由 FA 服务（如：OpenPresentationRequest 服务和 UserDialog 服务）打开的 GUI。如果在这种情况下发生任何错误，DTM 仍然能通过 OnErrorMessage 服务（见 7.7.2.1）向框架应用程序发送通知。

如果 DTM 需要一个用户动作，并因此必须打开一个用户对话框，那么它应该调用框架应用程序的 UserDialog 服务（见 7.7.8.3）。如果没有 GUI 可以显示，这个请求的默认行为不打开对话框，并且将默认返回值提供给 DTM。因此这取决于框架应用程序是否允许打开对话框，延迟请求直到当前用户动作结束，或者通过发送默认响应来拒绝请求。

如果因不允许私有对话框导致特定功能不能执行，DTM 应通过 UserDialog 服务通知用户。

私有对话实例：

- 信息框（也就是标准信息框）；
- 文件或打印机选项对话（也就是由操作系统提供）；
- （默认的）web 浏览器；
- （默认的）邮件客户端；
- 帮助文档视图；
- 手册阅读器；
- 启动屏幕；
- 外部单机应用程序；
- 任何其他窗口。

如果在框架应用程序的控制下打开对话，它们被定义为非私有对话。

例如：

- 通过服务 UserDialog 打开的对话；
- 通过服务 OpenPresentationRequest 打开的 DTM GUI；
- 通过服务 OpenPresentation 启动的应用；
- 框架应用程序为了提供一个从 GetFunctions 接收到响应的〈Document（文档）〉入口，而打开的窗口。

此服务在以下状态下可用：

[X]“configured（已配置）”；

[X]“communicationAllowed（通信允许）”。

7.2.1.2 SetLanguage 服务

在初始化阶段，对于所有表示对象和用户或错误信息所用的语言，框架应用程序采用此服务来通知 DTM。该服务的参数见表 12。

表 12 SetLanguage 服务的参数

	请求	响应
LanguageID	M	—

在 DTM 初始化时，框架应用程序设定了语言，因此同一实例的所有表示对象具有相同的语言。同时，事件服务信息如 OnErrorMessage 服务（见 7.7.2.1）和通过 GetTypeInformation 服务（见 7.2.3.1）或 GetDocumentation 返回的人类可读内容，都将采用请求的语言。如果 DTM 不支持请求语言，它将使用当前的语言（如果它已经被初始化）或第一次初始化时设置当前语言为默认语言。

DTM 所支持的语言被列在 GetTypeInformation 服务(见 7.2.3.1)返回的信息中。一个 DTM 实例总是采用一种语言进行初始化。在显示表示对象时,是否可以改变表示对象的当前语言取决于 DTM。数值、货币、时间和数据的输出格式应该基于操作系统的区域性选项。

此服务在以下状态下可用:

[X]"configured(已配置)";

[X]"communicationAllowed(通信允许)"。

7.2.1.3 SetSystemGuiLabel 服务

框架应用程序调用此服务,来设定 DTM 实例在框架应用程序当中唯一的人类可读标识。该服务的参数见表 13。

表 13 SetSystemGuiLabel 服务的参数

	请求	响应
windowTitle	M	—

框架应用程序调用此服务来设定系统标签,如用于信息框或者表示对象,此信息框或表示对象是 DTM 的一部分,并且没有嵌入在框架应用程序用户界面中。框架应用程序将为框架应用程序中的 DTM 实例,设定唯一的人类可读标识,这保证设备和 DTM 信息框等之间唯一的标识。DTM 应该将系统标签用于各种各样的窗口,这些窗口由 DTM 本身打开。DTM 可以扩展这个带特定信息的标题。框架应用程序必须尽可能早地调用此服务。只要没有调用此服务,DTM 就必须使用设备位号作为默认的人类可读字符。

DTM 将不会储存人类可读标识。当调用此服务时,更新所有打开窗口的标签是强制性的。

此服务在以下状态下可用:

[X]"configured(已配置)";

[X]"communicationAllowed(通信允许)"。

7.2.2 安装相关的 DTM 服务

每个可在框架应用程序中集成的 DTM,都将会在系统中注册。除了注册之外,DTM 应该给出 DTM 是代表设备、模块还是块的信息。

DTM 被安装、卸载或修改[如:支持新设备类型或更新 DTM(修复 bug)]时,它应该通知系统。

通过采用这个信息,框架应用程序可以建立一个带有系统上所有可用的 DTM 的数据库。详细的实现取决于所使用的技术,并在 GB/T 29618.4z 文件中描述。

7.2.3 DTM/设备信息相关的 DTM 服务

7.2.3.1 GetTypeInformation 服务

返回通用的 DTM 类型信息,如名称、版本、厂家和所支持的 DTM 设备类型。该服务用于 DTM 的参数见表 14。

表 14 GetTypeInformation 服务(用于 DTM)的参数

	请求	响应
fdt:VersionInformation	—	M
fdt:Version	—	M
fdt:DtmDeviceTypes	—	M

此服务提供对 DTM 特定信息的访问。一旦实例化 DTM,这些数据就有效。DTM 不需要任何实例特定的数据来提供此信息。

通常框架应用程序采用此信息来创建库,选择 DTM 或用于简单的验证。

如果在 BTM 中调用此服务,那么采用下列服务请求和响应参数。该服务用于 BTM 的参数见表 15。

表 15 GetTypeInformation 服务(用于 BTM)的参数

	请求	响应
fdt:VersionInformation	—	M
fdt:Version	—	M
fdt:BtmBlockTypes	—	M

此服务在以下状态下可用:

[X]"configured(已配置)";

[X]"communicationAllowed(通信允许)"。

7.2.3.2 GetIdentificationInformation 服务

请求特定 DTM 设备类型和协议的设备标识信息。该服务用于 DTM 的参数见表 16。

表 16 GetIdentificationInformation 服务(用于 DTM)的参数

	请求	响应
fdt:BtmBlockType	M	—
fdt:ProtocolId	M	—
fieldbus:DeviceTypeIdentifications Or devIdent:DeviceTypeIdentificationList	—	M

此服务返回所请求的设备或模块类型的设备标识信息。这个响应也可能包含协议特定的信息。

如果在通信 DTM 中调用服务,那么响应包含 devIdent:DeviceTypeIdentificationList。

如果在 BTM 中调用此服务,那么采用下列服务请求和响应参数。该服务用于 BTM 的参数见表 17。

表 17 GetIdentificationInformation 服务(用于 BTM)的参数

	请求	响应
fdt:DtmDeviceTypes	M	—
fdt:ProtocolId	M	—
fieldbus:DeviceTypeIdentifications	—	M

此服务在以下状态下可用:

[X]"configured(已配置)";

[X]"communicationAllowed(通信允许)"。

7.2.3.3 HardwareInformation 服务

请求扫描硬件的可用性和对应的标识信息。该服务用于 DTM 的参数见表 18。

表 18 HardwareInformation 服务(用于 DTM)的参数

	请求	响应
ScanIdentificationList	—	M
ScanIdentificationList 要么可能是 ident:ScanIdentificationList 要么可能是 fieldbus:ScanIdentifications。		

框架应用程序执行此功能来检查相应的硬件是否响应,并请求标识信息。

此服务在以下状态下可用:

[_] “configured(已配置)”;

[X] “communicationAllowed(通信允许)”。

7.2.3.4 GetActiveTypeInfo 服务

DTM 应该提供所选 DTM 设备类型信息。该服务用于 DTM 的参数见表 19。

表 19 GetActiveTypeInfo 服务的参数

	请求	响应
fdt:DtmDeviceType	—	M
net:DtmDeviceInstanceTopology	—	O

此服务应该总是返回当前的 DTM 设备类型。那意味着一旦 DTM 进行更新,那么返回被修改的 DTM 设备类型(如:更高的软件版本),而不是在 Initialize 服务(见 7.2.4.1)调用期间给定的 DTM 设备类型。

可选的,此服务返回相应的设备的内部结构信息。返回的信息是协议特定的和设备特定的。

如果在 BTM 中调用此服务,那么采用下列服务请求和响应参数。该服务用于 BTM 的参数见表 20。

表 20 GetActiveTypeInfo 服务(用于 BTM)的参数

	请求	响应
btm:BtmBlockType		M-

此服务在以下状态下可用:

[X] “configured(已配置)”;

[X] “communicationAllowed(通信允许)”。

7.2.4 DTM 状态机相关的 DTM 服务

7.2.4.1 Initialize 服务

为了使 DTM 进入工作状态,此服务初始化 DTM。该服务用于 DTM 的参数见表 21。

表 21 **Initialize 服务(用于 DTM)的参数**

	请求	响应
fdt:DtmDeviceType	M	—
user:FDTUserInformation	M	—
fdt:FrameVersion	O	—
fdt:SystemTag	M	—
fdt:FrameObjectReference	M	—
fdt:serviceSucceeded	—	M

DTM 收到的信息,对于设备类型来说,它是将描述的信息,对于用户来说,它是将要访问 DTM 的信息,对于运行环境来说,它是 DTM 的标识和框架应用程序的参考。

通常,期望 DTM 根据当前用户的角色来调整所提供的功能。

也期望 DTM 根据运行环境(根据 FrameVersion)的 FDT 功能来调整自己的行为。

如果在 BTM 中调用此服务,那么采用下列的服务请求和响应参数。该服务用于 BTM 的参数见表 22。

表 22 **Initialize 服务(用于 BTM)的参数**

	请求	响应
btm:BtmBlockType	M	—
user:FDTUserInformation	M	—
fdt:FrameVersion	O	—
fdt:SystemTag	M	—
fdt:FrameObjectReference	M	—
fdt:serviceSucceeded	—	M

此服务在以下状态下可用:

[X] "Initial State(初始状态)";

[_] "configured(已配置)";

[_] "communicationAllowed(通信允许)"。

调用此服务致使状态转变为"configured(已配置)"状态。

7.2.4.2 SetLinkedCommunicationChannel 服务

此服务把 FDT 拓扑中已连接的通信通道通知给 DTM,此通道应该用来与其设备通信。该服务的参数见表 23。

表 23 **SetLinkedCommunicationChannel 服务的参数**

	请求	响应
fdt:CommunicationObjectReference	M	—
fdt:serviceSucceeded	—	M

通信通道由框架应用程序设定:DTM 通过调用 GetSupportedProtocols 服务(见 7.6.1.1)可以检查所支持的通信协议,通过调用 ReadChannelData 服务(见 7.5.1)可以检查 GatewayBusCategory 信息。通常,框架应用程序负责在通信通道和 DTM(见 4.3)之间建立一个有效的链接,但是如果 DTM 支持多种协议,并需要找出将使用哪种协议时,有必要进行此检查操作。

此服务在以下状态下可用:

[X] "configured(已配置)";

[_] "communicationAllowed(通信允许)"。

7.2.4.3 EnableCommunication 服务

此服务允许或许可 DTM 与其设备通信。该服务的参数见表 24。

表 24 EnableCommunication 服务的参数

	请求	响应
Boolean(布尔量)	M	—
fdt:serviceSucceeded	—	M

框架应用程序以"TRUE"参数调用此服务,将 DTM 从"configured(已配置)"状态更改为"communicationAllowed(通信允许)"状态。然后,允许 DTM 通过调用通信通道 Connect 服务(见 7.6.1.2),建立一个到设备的通信链接。

框架应用程序以"FALSE"参数调用此服务,将 DTM 从"communicationAllowed(通信允许)"状态更改回"configured(已配置)"状态。如果 DTM 接受了调用(fdt:ServiceSucceeded = TRUE),所有已建立的通信链接将会被关闭[见 Disconnect 服务(7.6.1.3)或 AbortRequest 服务(7.6.1.4)]。如果通信服务的调用是激活的,并且不能被终止,允许 DTM 拒绝调用(fdtServiceSucceeded = FALSE)。

此服务在以下状态下可用:

[X] "configured(已配置)";

[X] "communicationAllowed(通信允许)"。

7.2.4.4 ReleaseLinkedCommunicationChannel 服务

此服务通知 DTM,释放由 SetLinkedCommunicationChannel 服务(见 7.2.4.2)设定的通信通道。该服务的参数见表 25。

表 25 ReleaseLinkedCommunicationChannel 服务的参数

	请求	响应
fdt:serviceSucceeded	—	M

此服务在以下状态下可用:

[X] "configured(已配置)";

[_] "communicationAllowed(通信允许)"。

7.2.4.5 ClearInstanceData 服务

此服务用来通知 DTM,必须清除日志文件或协议等。实例数据将被框架应用程序删除。该服务的参数见表 26。

表 26 ClearInstanceData 服务的参数

	请求	响应
fdt:serviceSucceeded	—	M

此服务用来通知 DTM,必须清除如私有存储(见 4.9)中的日志文件或协议。在此服务调用后,实例数据将被框架应用程序删除。框架应用程序负责确保删除的前提。那意味着框架应用程序将确保,所有已启动的与此实例数据相关的 DTM 实例已被终止。

此服务在以下状态下可用:

[X] "configured(已配置)";

[_] "communicationAllowed(通信允许)"。

7.2.4.6 Terminate 服务

此服务通知 DTM,必须释放到其他组件的引用。DTM 将被框架应用程序终止。该服务的参数见表 27。

表 27 Terminate 服务的参数

	请求	响应
fdt:serviceSucceeded	—	M

DTM 必须将到其他组件的所有引用释放,并且必须终止所有待执行的或正在运行的功能。它也应该关闭所有用户界面。由 DTM 决定临时数据是否会被储存。

此服务在以下状态下可用:

[X] "configured(已配置)";

[_] "communicationAllowed(通信允许)"。

7.2.5 功能相关的 DTM 服务

7.2.5.1 GetFunctions 服务

返回 DTM 支持的标准(由 ApplicationId 定义)或者附加的功能(由 FunctionId 定义)信息。该服务的参数见表 28。

表 28 GetFunctions 服务的参数

	请求	响应
fdt:OperationPhase	M	—
func:Functions	—	M

此服务提供 DTM 功能信息,来使框架应用程序(例如)创建 DTM 特定菜单。一旦实例化 DTM,数据就有效,但是信息有可能改变,取决于特定实例。

对于功能的任何变化(如:数值、状态、标签等),DTM 将会通过调用 OnFunctionChanged 服务(见 7.7.2.4)通知框架应用程序。

使用用户界面执行功能的信息将会由服务 GetGuiInformation(见 7.2.5.3)请求,不使用用户界面的功能调用将会由 InvokeFunction 服务(见 7.2.5.2)启动。

服务额外提供了对DTM文档的访问,这可由框架应用程序或特殊阅读器程序显示。

期望DTM根据当前用户的角色调整所提供的功能列表。只要DTM没有获取有效的用户信息,它应该表现为,具有最低权限的用户(“观测者”)正在使用该DTM。

带相关模块ID的功能(所谓的模块功能),可能不会在DTM节点的标准菜单中直接显示。它们可能在与DTM模块相关的子菜单中出现,或在DTM模块节点菜单中出现。为了确保用户能调用模块功能,框架应用程序将提供一个在DTM节点菜单中的子菜单“模块”,或提供用于DTM模块的合适菜单,或通过其他方法提供这些功能。

DTM必须确保所有可访问的模块功能(激活的或未隐藏的)是有效的。那意味着框架应用程序并不负责GetActiveTypeInfo服务(见7.2.3.4)返回的现有模块列表和给定模块ID之间的匹配。

在设定的行为模式下,DTM禁用一组功能(功能数据类型),同时会禁用位于此组功能下的所有子功能(功能数据类型)。如果DTM没有禁用子功能,框架应用程序仍然能够使用子功能。

如果框架应用程序不支持上述的操作行为模式(“notSupported”),DTM将提供所有基于当前状态和当前用户角色的功能。

如果DTM想要限制已打开的用户界面的数量,它将禁用相应的功能。如果用户界面关闭,DTM必须重新激活功能。

此服务在以下状态下可用:

[X]“configured(已配置)”;

[X]“communicationAllowed(通信允许)”。

7.2.5.2 InvokeFunctions 服务

启动无用户界面的DTM功能。该服务的参数见表29。

表 29 InvokeFunctions 服务的参数

	请求	响应
func:FDTFunctionCallList	M	—

此服务执行无用户界面的DTM功能。DTM支持的功能信息由GetFunctions服务(见7.2.5.1)返回。

此服务在以下状态下可用:

[X]“configured(已配置)”;

[X]“communicationAllowed(通信允许)”。

7.2.5.3 GetGuiInformation 服务

此服务提供如何启动DTM用户界面的信息。该服务的参数见表30。

表 30 GetGuiInformation 服务的参数

	请求	响应
func:FDTFunctionCall	M	—
func:GUIInformation	—	M

它返回用于激活框架应用程序来实例化用户界面的信息。根据所返回的信息,表示对象可能是一类允许集成到框架应用程序GUI中(见7.7.8.1)的对象,或者可能是一个在框架应用程序GUI外部运

行(见 7.2.5.4)的对象。

这些对象之间的集成和交互作用是技术上相互依赖的,并且在 GB/T 29618.4z 文件中定义。

此服务在以下状态下可用:

[X]“configured(已配置)”;

[X]“communicationAllowed(通信允许)”。

7.2.5.4 OpenPresentation 服务

它请求 DTM 打开一个用户界面,用于一个特定的功能调用。该服务的参数见表 31。

表 31 OpenPresentation 服务的参数

	请求	响应
fdt:invokeID	M	
func:FDTFunctionCall	M	
fdt:windowTitle	M	
fdt:DisplayContext	O	
fdt:serviceSucceeded	—	M

FDTFunctionCall 请求打开关联的表示对象。通常,由框架应用程序决定已传递的 FDTFunctionCall,由 DTM 决定描述种类。

此服务应总是把用户界面放至前台,或者至少给出一个错误消息。已经启动的表示对象,由 InvokeID 识别,应被推至前台。已经启动的带新 InvokeID 的表示对象的请求应被 DTM 拒绝。

InvokeID 被框架应用程序用于 ClosePresentation 服务(见 7.2.5.5)请求内部的联合。此外,它允许框架应用程序处理打开的用户界面列表。

此服务在以下状态下可用:

[X]“configured(已配置)”;

[X]“communicationAllowed(通信允许)”。

7.2.5.5 ClosePresentation 服务

请求 DTM 关闭 InvokeID 标识的用户界面。该服务的参数见表 32。

表 32 ClosePresentation 服务的参数

	请求	响应
fdt:invokeID	M	
fdt:serviceSucceeded	—	M

DTM 只检查是否能关闭用户界面。在可以的情况下,它返回成功,并会启动用户界面的关闭程序。在关闭期间,如果必要的话,它必须为实例数据解锁,并且释放设备在线连接。DTM 自身不被终止。

在错误的情况下,DTM 将会通过调用 OnErrorMessage 服务(见 7.7.2.1)来提供更多细节。

InvokeID 被框架应用程序用于关联适当的 OpenPresentation 服务(见 7.2.5.4)请求。

此服务在以下状态下可用:

[X]“configured(已配置)”;

[X]“communicationAllowed(通信允许)”。

7.2.6 通道对象相关的 DTM 服务——GetChannels 服务

该服务返回 DTM 的通道对象。该服务的参数见表 33。

表 33 GetChannels 服务的参数

	请求	响应
ChannelObjectReferenceList	—	M

此服务返回 DTM 的通道。对于简单的设备,通道对象仅提供通道分配信息。

此服务在以下状态下可用:

[X]"configured(已配置)";

[X]"communicationAllowed(通信允许)"。

7.2.7 文档相关的 DTM 服务——GetDocumentation 服务

该服务提供用于特定 DTM 功能的 DTM 特定文档。该服务的参数见表 34。

表 34 GetDocumentation 服务的参数

	请求	响应
func:FDTFunctionCall	M	—
doc:Documentation	—	M

此服务应返回能被直接用于归档目的的信息。所返回的信息内容由已传递的功能调用 ID 定义,此功能调用 ID 由 GetFunctions 服务(见 7.2.5.1)提供。只支持带 Printable 属性的功能。框架应用程序应把返回的信息转换为用户可读格式的信息。

此服务在以下状态下可用:

[X]"configured(已配置)";

[X]"communicationAllowed(通信允许)"。

7.2.8 用来访问实例数据的 DTM 服务

7.2.8.1 概述

这些服务激活框架应用程序来访问设备参数。DTM 提供实例数据在当前内存中的描述。哪些参数有效,取决于具体的 DTM、设备类型和现场总线类型。

7.2.8.2 InstanceDataInformation 服务

返回设备特定参数的信息。该服务的参数见表 35。

表 35 InstanceDataInformation 服务的参数

	请求	响应
fdt:DatasetState	—	M
fdt:StorageState	—	M
param:DtmItemInfoList	—	M
fdt:ModifiedInDevice	—	M

此服务提供设备特定参数和状态的信息。信息可能包含配置参数相关的信息以及资产管理相关的数据,或者对于没有公共数据的设备来说,可能是空的。所提供数据的内容也可能取决于当前设备的配置和用户的角色。

如果参数列表或状态改变,DTM 可能会提供几个响应。

此服务提供 DTM 的临时数据。那意味着,如果 DTM 是激活的或者有一个打开的用户界面等,所提供的参数可以与实际储存的实例数据不同。已接收数据的状态已分类。

所提供的参数也可能用于通道对象[由 ReadChannelData 服务(见 7.5.1)提供]。信息"SemanticId"(见表 A.4)能识别这些项的关系。

此服务在以下状态下可用:

[X]"configured(已配置)";

[X]"communicationAllowed(通信允许)"。

7.2.8.3 InstanceDataRead 服务

此服务提供对 DTM 实例数据的读访问。该服务的参数见表 36。

表 36 InstanceDataRead 服务的参数

	请求	响应
param:ItemId list	M	—
param:DtmItem list	—	M

通过此服务,框架应用程序可以请求来自 DTM 实例数据的数据。

此服务在以下状态下可用:

[X]"configured(已配置)";

[X]"communicationAllowed(通信允许)"。

7.2.8.4 InstanceDataWrite 服务

此服务提供对 DTM 实例数据的写访问。该服务的参数见表 37。

表 37 InstanceDataWrite 服务的参数

	请求	响应
param:DtmItem list	M	M

通过此服务,框架应用程序请求 DTM 将特定数据写入实例数据中。此外,为了保持实例数据的一致性,DTM 必须应用业务规则。

响应包含由请求指定的,并被成功写入数据的设备数据(可能与预计写入的数值不同,例如设备中的取整操作)。

此服务在以下状态下可用:

[X]"configured(已配置)";

[X]"communicationAllowed(通信允许)"。

7.2.9 用于评价实例数据的 DTM 服务

7.2.9.1 Verify 服务

通过 DTM 的内部业务规则验证完整的实例数据。该服务的参数见表 38。

表 38 Verify 服务的参数

	请求	响应
fdt:serviceSucceeded	—	M

框架应用程序调用此服务,通常是为了确保一致的数据集,例如:在永久加载之后或上线之前。

此服务在以下状态下可用:

[X]"configured(已配置)";

[X]"communicationAllowed(通信允许)"。

7.2.9.2 CompareDataValueSets 服务

支持相同 DatasetId 的外部 DTM 实例数据与实例数据本身进行比较。该服务的参数见表 39。

表 39 CompareDataValueSets 服务的参数

	请求	响应
fdt:SystemTag	M	—
fdt:serviceSucceeded	—	M

用于组态、参数化和标识的参数值和结构与对比(comparison)相关。数据的运行时相关参数(如:运行时间)与对比(comparison)无关。

此服务在以下状态下可用:

[X]"configured(已配置)";

[X]"communicationAllowed(通信允许)"。

7.2.10 用于访问设备数据的 DTM 服务

7.2.10.1 概述

这些服务提供框架应用程序在线访问设备的特定参数。DTM 将同时为多个异步请求做好准备。将以接收到的顺序处理请求。

此服务不会修改实例数据。

7.2.10.2 DeviceDataInformation 服务

此服务提供一个有效的设备特定参数和过程值的列表。该服务的参数见表 40。

表 40 DeviceDataInformation 服务的参数

	请求	响应
param:DtmItemInfo list	—	M

提供一个可用的设备特定参数和过程值的列表。在 DTM 中,此列表可能包含与配置参数、过程值以及资产管理相关数据相关的项目,如,阀门动作次数。在 DTM"configured(已配置)"状态下,已返回的项列表是基于当前实例数据的,当前实例数据可能与设备配置数据不同。在这种情况下,DeviceDataRead(见 7.2.10.3)和 DeviceDataWrite 服务(见 7.2.10.4)可能失败。

此服务提供一个可从 DTM 中读出或者写入 DTM 的项列表,通过 DeviceDataRead 服务能将这些项读出,通过 DeviceDataWrite 服务能将这些项写入 DTM 中。这些数据的源是设备本身。

此表中所提供的项也可以用于通道的 ReadChannelData 服务(见 7.5.1)或者 DTM 的 InstanceDataInformation 服务(见 7.2.8)。通过“SemanticId”(见表 A.4)能识别相关项。

这些信息可能依赖于设备的当前配置。如果参数列表或参数状态改变,DTM 可能提供多个响应。

此服务在以下状态下可用:

[X] “configured(已配置)”;

[X] “communicationAllowed(通信允许)”。

7.2.10.3 DeviceDataRead 服务

此服务提供对设备数据的读访问。该服务的参数见表 41。

表 41 DeviceDataRead 服务的参数

	请求	响应
param:ItemId list	M	—
param:DtmItem list	—	M

此服务激活框架应用程序来请求设备数据。错误信息应通过相关响应提交给框架应用程序。

服务的执行不应改变实例数据中的数据。

DTM 应总是接受此请求。如果不能处理这个请求,失败的原因将会作为响应的一部分。

DTM 一次能处理多个请求。

此服务在以下状态下可用:

[_] “configured(已配置)”;

[X] “communicationAllowed(通信允许)”。

7.2.10.4 DeviceDataWrite 服务

此服务提供对设备数据的写访问。该服务的参数见表 42。

表 42 DeviceDataWrite 服务的参数

	请求	响应
param:DtmItem list	M	M

此服务激活框架应用程序来请求 DTM,根据设备特定规则,将特定数据写入设备。错误信息应被相关响应提交给框架应用程序。

此服务的执行不应改变实例数据中的数据。

DTM 必须检查,能否通过请求锁定来操作实例数据中的标记“ModifiedInDevice”(见表 A.4)。如果锁定请求失败,DTM 也必须拒绝 DeviceDataWrite 调用,并应提供一个合适的响应。

DTM 应总是接受请求。如果不能处理这个请求,DTM 应把失败的原因作为响应的一部分,异步地提供给请求者。

DTM 一次能处理多个请求。

作为 DtmItem 列表的响应,包含了已成功写入数据的设备数据(可能与预计的写入值不同,例如设备中的取整操作)。

此服务在以下状态下可用:

[_]“configured(已配置)”;

[X]“communicationAllowed(通信允许)”。

7.2.11 网络管理信息相关的 DTM 服务

7.2.11.1 NetworkManagementInfoRead 服务

此服务提供对网络管理信息的读访问。该服务的参数见表 43。

表 43 NetworkManagementInfoRead 服务的参数

	请求	响应
net:NetworkInfo	—	M

此服务提供对网络管理信息的读访问。所返回的信息是协议特定的。例如,它包含设备总线地址,位号和更多总线特定的组态设定。

在 6.1 中,更加详细地描述了此服务的用法。

此服务在以下状态下可用:

[X]“configured(已配置)”;

[X]“communicationAllowed(通信允许)”。

7.2.11.2 NetworkManagementInfoWrite 服务

此服务提供对网络管理信息的写访问。该服务的参数见表 44。

表 44 NetworkManagementInfoWrite 服务的参数

	请求	响应
net:NetworkInfo	M	—

此服务提供对网络管理信息的写访问,网络管理信息能被 NetworkManagementInfoRead 服务(见 7.2.11.1)读取。

6.1 更加详细的描述了此服务的用法。

此服务在以下状态下可用:

[X]“configured(已配置)”;

[X]“communicationAllowed(通信允许)”。

7.2.12 在线操作相关的 DTM 服务

7.2.12.1 DeviceStatus 服务

此服务提供设备状态的信息。该服务的参数见表 45。

表 45 DeviceStatus 服务(用于 DTM)的参数

	请求	响应
status:DTMDeviceStatus	—	M

DTM 应加载设备的当前状态。取决于不同的现场总线协议,DTM 可能额外上载 DTM 当前的诊

断信息。根据此信息,DTM 应提供人可读格式的状态。此功能不应打开一个用户界面来允许完整网络的检查。

BTM 应返回相关块的状态。

此服务在以下状态下可用:

[_]“configured(已配置)”;

[X]“communicationAllowed(通信允许)”。

7.2.12.2 **CompareDataValueSetWithDeviceData 服务**

此服务将 DTM 实例数据和设备数据进行比较。该服务的参数见表 46。

表 46 CompareDataValueSetWithDeviceData 服务(用于 DTM)的参数

	请求	响应
onlineComp:DTMOnlineCompare	—	M

此服务用于批处理,并且应无需用户界面工作。它把实例数据和从设备上载的设备数据进行比较。如果 DTM 能从设备上载数据,那么它应比较数据,并返回数据是否相等。否则,响应应包含通信错误信息。

如果 DTM 没有可比较的在线数据,那么它应返回“noComparableData”作为“StatusFlag”的值。

比较应仅包含配置、参数化和设备标识重要的数据,不比较运行相关的数据(如:运行时间)。

此服务在以下状态下可用:

[_]“configured(已配置)”;

[X]“communicationAllowed(通信允许)”。

7.2.12.3 **WriteDataToDevice 服务**

此服务请求将在线数据写入设备。该服务的参数见表 47。

表 47 WriteDataToDevice 服务(用于 DTM)的参数

	请求	响应
fdt:serviceSucceeded	—	M

此服务由框架应用程序发起。对于所有支持在线数据的 DTM,此服务是必备的。此服务用来将设备试运行所需的所有参数从 DTM 实例数据写入到设备中。

在出错的情况下,DTM 应通过 OnErrorMessage 服务(见 7.7.2.1),通知框架应用程序。

此服务在以下状态下可用:

[_]“configured(已配置)”;

[X]“communicationAllowed(通信允许)”。

7.2.12.4 **ReadDataFromDevice 服务**

此服务请求从设备读取在线数据。该服务的参数见表 48。

表 48 ReadDataFromDevice 服务(用于 DTM)的参数

	请求	响应
fdt:serviceSucceeded	—	M

此服务由框架应用程序发起。对于所有支持在线数据的 DTM,此服务是必备的。此服务用来将设备试运行所需的所有参数从设备读取到 DTM 实例数据中。

在出错的情况下,DTM 应通过 OnErrorMessage 服务(见 7.7.2.1),通知框架应用程序。

此服务在以下状态下可用:

[_] "configured(已配置)";

[X] "communicationAllowed(通信允许)"。

7.2.13 数据同步相关的 DTM 服务

7.2.13.1 OnLockInstanceData 服务

在多用户环境中,有必要通知 DTM,它对实例数据的当前访问权限,特别是在其他 DTM 已获取对实例数据的写访问权时。见 8.5。该服务的参数见表 49。

表 49 OnLockInstanceData 服务的参数

	请求	响应
fdt:SystemTag	M	—
user:UserName	M	—

如果其他 DTM 通过 LockInstanceData 服务(见 7.7.6.1)已经锁定了实例数据,框架应用程序必须向所有引用相同实例数据的 DTM 实例发送 OnLockInstanceData。

接收此通知时,DTM 应不允许任何操作来修改实例相关数据,例如在一个打开的用户界面情况下,禁用输入域。

此服务在以下状态下可用:

[X] "configured(已配置)";

[X] "communicationAllowed(通信允许)"。

7.2.13.2 OnUnlockInstanceData 服务

在多用户环境中,有必要通知 DTM,它对实例数据的当前访问模式,特别是其他 DTM 获取对实例相关数据的读/写访问权时。该服务的参数见表 50。

表 50 OnUnlockInstanceData 服务的参数

	请求	响应
fdt:SystemTag	M	—
user:UserName	M	—
ServiceSucceeded	—	M

如果 DTM 通过 UnlockInstanceData 服务(见 7.7.6.2)解除了实例数据的锁定,框架应用程序必须通过 OnUnlockInstanceData 服务,向所有引用相同实例数据的 DTM 发送信息。当接收此通知时,支持数据同步的 DTM 返回正响应值,并应允许实例数据的修改。不支持数据同步的 DTM 将返回负响应值,并应不允许任何数据的修改,见 8.5。

此服务在以下状态下可用:

[X] "configured(已配置)";

[X]"communicationAllowed(通信允许)"。

7.2.13.3 OnInstanceDataChanged 服务

在多用户环境中,有必要将数据更改通知给 DTM。该服务的参数见表 51。

表 51 OnInstanceDataChanged 服务的参数

	请求	响应
fdt:SystemTag	M	—
Information	M	—

如果 DTM 已经修改并储存数据,它必须调用带有已被修改数据的 FA 的 InstanceDataChanged 服务(见 7.7.6.3)。框架应用程序将把此信息传送到所有其他引用相同实例数据的 DTM,并通过调用此 DTM 的 OnInstanceDataChanged 服务支持同步锁定。

此服务在以下状态下可用:

[X]"configured(已配置)";

[X]"communicationAllowed(通信允许)"。

7.2.13.4 OnChildInstanceDataChanged 服务

在 FDT 拓扑结构中,有必要将已修改的数据通知父 DTM。该服务的参数见表 52。

表 52 OnInstanceChildDataChanged 服务的参数

	请求	响应
fdt:SystemTag	M	—

如果 DTM 已经修改任何数据,必须调用带有实例特定变化信息的 FA 的 InstanceDataChanged 服务(见 7.7.6.3)。框架应用程序将通过调用 OnInstanceDataChanged 服务(见 7.2.13.3),向所有引用相同实例数据的 DTM 传送此文档。

考虑到关联的父 DTM[一级父节点、二级父节点(见 GetParentNodes 服务,7.7.3.5)],框架应用程序将执行下列动作:在多用户环境下,框架应用程序将通过 DTM 的 OnChildInstanceDataChanged 服务(见 7.2.13.4)向关联的父 DTM 发送通知,此通知仅仅被发送到一个父 DTM,此父 DTM 拥有对相关实例数据的锁定。

如果当前没有父 DTM 被启动,框架应用程序应启动父 DTM。

此服务在以下状态下可用:

[X]"configured(已配置)";

[X]"communicationAllowed(通信允许)"。

7.2.14 导入和导出相关的 DTM 服务

7.2.14.1 Export 服务

此服务允许创建完整的 DTM 永久数据导出映像。该服务的参数见表 53。

表 53 Export 服务的参数

	请求	响应
fdt:StorageObject	—	M

此服务允许创建完整的DTM永久数据导出映像，不管数据是储存在框架应用程序项目存储中，还是储存在私有的DTM存储中(见4.9)。此服务返回的数据应包含DTM实例相关数据和实例无关数据。

此服务在以下状态下可用：

[X]“configured(已配置)”；

[_]“communicationAllowed(通信允许)”。

7.2.14.2 Import 服务

此服务能将先前由Export服务(见7.2.14.1)导出的数据导入回DTM中。该服务的参数见表54。

表54 Import服务的参数

	请求	响应
fdt:StorageObject	M	—

此服务能将先前由Export服务(见7.2.14.1)导出的数据导入回DTM中。

此服务在以下状态下可用：

[X]“configured(已配置)”；

[_]“communicationAllowed(通信允许)”。

7.3 表示对象服务

框架应用程序、表示对象及DTM之间的交互和状态控制是技术相关的，在GB/T 29618.4z文件中定义。

7.4 通道对象服务

7.4.1 通道对象服务简介

此条定义基本的通道服务，这些服务是过程通道和通信通道共用的。

7.4.2 ReadChannelInformation 服务

此服务返回通用的(协议无关的)通道信息。该服务的参数见表55。

表55 ReadChannelInformation服务的参数

	请求	响应
fdt:Tag		M
fdt:ChannelPath		M
fdt:ChannelId		M
fdt:FrameApplicationTag		O

此服务在以下状态下可用：

[X]“configured(已配置)”；

[X]“communicationAllowed(通信允许)”。

7.4.3 WriteChannelInformation 服务

此服务写入通用的(协议无关的)通道信息。该服务的参数见表56。

表 56 WriteChannelInformation 服务的参数

	请求	响应
fdt:ProtectedByChannelAssignment	M	—
fdt:FrameApplicationTag	O	—
fdt:serviceSucceeded		M

此服务在以下状态下可用：

[X] “configured(已配置)”；

[X] “communicationAllowed(通信允许)”。

7.5 过程通道对象服务——IO 相关信息的服务

7.5.1 ReadChannelData 服务

此服务返回与现场总线相关的通道参数信息。该服务的参数见表 57。

表 57 ReadChannelData 服务的参数

	请求	响应
fdt:ProtocolId	M	
fieldbus:ChannelData		M

此服务返回带有通道特定参数的描述。现场总线通过参数 ProtocolId 来选择。

ReadChannelData 服务调用者使用的 protocolId 来源于 DtmDeviceInstanceTopology 信息中的 NetworkInfo 成员。DtmDeviceInstanceTopology 信息通过 GetActiveTypeInfo 服务获得。

返回参数特用于通道分配。

此服务在以下状态下可用：

[X] “configured(已配置)”；

[X] “communicationAllowed(通信允许)”。

7.5.2 WriteChannelData 服务

此服务设定通道特定参数的变化。该服务的参数见表 58。

表 58 WriteChannelData 服务的参数

	请求	响应
fdt:ProtocolId	M	
fieldbus:ChannelData	M	
fdt:serviceSucceeded		M

根据现场总线特定描述，此服务接收通道特定参数。现场总线由参数 ProtocolId 来定义。

如果通道接受所有改变的完整信息，服务返回；否则通道拒绝所有传送来的改变。在这种情况下，通道通过 OnErrorMessage 服务(见 7.7.2.1)将错误的详细信息通知给框架应用程序。

此服务处理 DTM 临时数据。这意味着新数据不会被隐式存储。

此服务在以下状态下可用：

[X] “configured(已配置)”；

[X] “communicationAllowed(通信允许)”。

7.6 通信通道对象服务

7.6.1 通信相关的服务

7.6.1.1 GetSupportedProtocols 服务

此服务返回通信通道所支持的协议信息。该服务的参数见表 59。

表 59 GetSupportedProtocols 服务的参数

	请求	响应
fdt:BusCategoryList	—	M

此服务返回现场总线协议 UUID。所支持的协议可能是静态的，或者取决于设备组态。如果在运行期间一条通道支持多个协议，这条通道必须并行支持所有协议。

如果有 DTM 与通道连接，不允许此服务改变所支持的协议，因为改变可能造成无效的拓扑结构(见 4.3)。支持何种协议可能取决于拓扑结构的规划。因此只有在没有已连接 DTM 的情况下，允许配置通信通道来支持不同的协议。

此服务在以下状态下可用：

[_] “configured(已配置)”；

[X] “communicationAllowed(通信允许)”。

7.6.1.2 Connect 服务

此服务建立一条到设备的新通信链接。该服务的参数见表 60。

表 60 Connect 服务的参数

	请求	响应
fdt:CommunicationClientObjectReference	M	—
fdt:SystemTag	O	—
fdt:BusCategory	M	—
fieldbus:ConnectRequest	M	—
fieldbus:ConnectResponse	—	M
fdt:CommunicationReferenceID	—	M

此服务获取带有现场总线特定通信参数的信息。将被使用的现场总线协议由参数 BusCategory 标识。

此请求包含附加的现场总线协议特定信息，用于通信通道建立连接。例如，重复计数或前导计数等信息。此类信息是否适用取决于环境。

此外，此请求包含现场总线信息和协议特定信息，这些信息用于寻址连接到特定现场总线上的设备。

在连接请求中的 SystemTag(见表 A.4)是通信客户端的 SystemTag。用于通过调用 GetDtm 服务

(见 7.7.3.7)来访问 DTM。如果没有提供 SystemTag,那么通信客户端不是 DTM(可能是框架应用程序或者其他组件)。

此服务在以下状态下可用:

[_]“configured(已配置)”;

[X]“communicationAllowed(通信允许)”。

7.6.1.3 Disconnect 服务

此服务释放到设备的通信链接。对于一台设备的多个连接来说,链接由 Connect 服务(见 7.6.1.2)返回的通信引用来标识。该服务的参数见表 61。

表 61 Disconnect 服务的参数

	请求	响应
fdt:CommunicationReferenceID	M	—
fieldbus:DisConnectRequest	M	—
fieldbus:DisConnectResponse	—	M

通过此服务,服务调用者从通信通道接收连接是否被释放的信息。

此服务释放所有挂起的响应数据,并且至少释放 Connect 服务(见 7.6.1.2)传递的 CommunicationClientObjectReference。

此服务在以下状态下可用:

[_]“configured(已配置)”;

[X]“communicationAllowed(通信允许)”。

7.6.1.4 AbortRequest 服务

此服务中止到设备的通信链接而无需任何响应。该服务的参数见表 62。

表 62 AbortRequest 服务的参数

	请求	响应
fdt:CommunicationReferenceID	M	—

此服务终止所有挂起的请求,并不等待结果直接返回。连接的终止不会被证实。

此服务在以下状态下可用:

[_]“configured(已配置)”;

[X]“communicationAllowed(通信允许)”。

7.6.1.5 AbortIndication 通知服务

此服务提供连接(由 CommunicationReferenceID 标识)已经被中止的通知。该服务的参数见表 63。

表 63 AbortIndication 服务的参数

	请求	响应
fdt:CommunicationReferenceID		M

此服务把连接中止的通知返回给所连接的通信组件或 DTM。此连接上所有挂起的请求也都被终止。

连接的终止不会被证实。

可以通过调用服务终止连接,或者“自动”终止连接(如:被底层通信架构自动通知的设备消失)。

此服务在以下状态下可用:

[_]“configured(已配置)”;

[X]“communicationAllowed(通信允许)”。

7.6.1.6 Transaction 服务

此服务执行数据结构与通信客户端特定设备的交换。该服务的参数见表 64。

表 64 Transaction 服务的参数

	请求	响应
fdt:CommunicationReferenceID	M	—
fieldbus:TransactionRequest	M	—
fieldbus:TransactionResponse	—	M

对于协议特定的通信请求,服务返回协议特定的通信响应。

通信通道开发者不应该期望,设备在同一时间只有一个挂起的请求。例如,几个客户端(如:框架应用程序和设备 DTM)正在尝试对同一台设备索取信息。

即使底层现场总线协议仅允许在同一时间向一台或多台设备发送一个请求,通信通道应能处理许多请求。

在协议没有规定的情况下,通信通道按接收到的顺序处理请求,否则按协议特定的顺序处理请求。

设备 DTM 开发者应该考虑,已采用的通信架构会导致通信延迟。因此,设备 DTM 宜限定通信请求的数量。

另外,由于可能有很多原因会导致事务请求被拒绝,设备 DTM 应能够处理被拒绝的请求。

此服务在以下状态下可用:

[_]“configured(已配置)”;

[X]“communicationAllowed(通信允许)”。

7.6.1.7 SequenceDefine 服务

SequenceDefine 服务定义通信事务的序列,并为通信事务的执行做好准备。当请求 SequenceStart 服务时,将完成通信事务。该服务的参数见表 65。

表 65 SequenceDefine 服务的参数

	请求	响应
fdt:CommunicationReferenceID	M	
fieldbus:SequenceDefine	M	—
fdt:serviceSucceeded		M

DTM 中只定义一个序列,所有先前序列请求的事务都被终止。

通信通道必须保存已定义的序列,直到请求 SequenceStart 服务。

此服务在以下状态下可用：

[_]“configured(已配置)”；

[X]“communicationAllowed(通信允许)”。

7.6.1.8 SequenceStart 服务

SequenceStart 服务完成 SequenceDefine 服务(见 7.6.1.7)定义的通信事务序列的执行。该服务的参数见表 66。

表 66 SequenceStart 服务的参数

	请求	响应
fdt:CommunicationReferenceID	M	
fdt:serviceSucceeded		M

通信事务的序列按定义的事务顺序且不间断地完成，直到执行完最后一个事务服务。每完成一个事务，通信通道通知客户端该事务的结果。

此服务在以下状态下可用：

[_]“configured(已配置)”；

[X]“communicationAllowed(通信允许)”。

7.6.2 子拓扑结构管理相关的服务

7.6.2.1 ValidateAddChild 服务

此服务验证由 SystemTag 指定的 DTM 能否被添加到子拓扑结构中(见 4.3)。该服务的参数见表 67。

表 67 ValidateAddChild 服务的参数

	请求	响应
fdt:SystemTag	M	—
fdt:serviceSucceeded	—	M

通道验证链接。如果链接有效，将返回成功。

如果 DTM 需要子节点的更多信息，能通过使用 SystemTag 作为参数调用 GetDtm 服务(见 7.7.3.7)来访问 DTM。

此服务在以下状态下可用：

[X]“configured(已配置)”；

[X]“communicationAllowed(通信允许)”。

7.6.2.2 ChildAdded 服务

通知通道一个新 DTM 被添加到子拓扑结构中。该服务的参数见表 68。

表 68 ChilaAdded 服务的参数

	请求	响应
fdt:SystemTag	M	—

此服务通知通道一个由 SystemTag 指定的新 DTM 已被添加到子拓扑结构中。

如果通道需要更多关于子 DTM 的信息，可以通过使用 SystemTag 作为参数调用 GetDtm（见7.7.3.7）来访问 DTM。

此服务只用于通知拓扑结构改变。在重新加载的情况下，如项目相关数据的重新加载，不应调用此服务。

此服务在以下状态下可用：

[X]“configured（已配置）”；

[X]“communicationAllowed（通信允许）”。

7.6.2.3 ValidateRemoveChild 服务

此服务验证一个由 SystemTag 指定的子 DTM 能否从子拓扑结构中移除。该服务的参数见表 69。

表 69 ValidateRemoveChild 服务的参数

	请求	响应
fdt:SystemTag	M	—
fdt:serviceSucceeded	—	M

通道必须验证 DTM 能否从拓扑结构中移除。

如果 DTM 需要更多关于子 DTM 的信息，可以通过使用 SystemTag 作为参数调用 GetDtm（见 7.7.3.7）来访问 DTM。

此校验应该包含对活动连接的检查，如果通过此通道的连接是活动的，返回故障。

此服务在以下状态下可用：

[X]“configured（已配置）”；

[X]“communicationAllowed（通信允许）”。

7.6.2.4 ChildRemoved 服务

通过此服务，通知通道已连接的 DTM 从子拓扑结中移除。该服务的参数见表 70。

表 70 ChildRemoved 服务的参数

	请求	响应
fdt:SystemTag	M	—

通知通道一个已连接的 DTM，由 SystemTag 指定，已经从子拓扑结构中移除。

如果需要更多关于子 DTM 的信息，可以通过传递已接收的 SystemTag 的服务 GetDtm（见 7.7.3.7）访问 DTM。

此服务只被用于通知拓扑结构改变。在如项目相关数据卸载（destruction）的情况下，不应调用此服务。

此服务在以下状态下可用：

[X]“configured（已配置）”；

[X]“communicationAllowed（通信允许）”。

7.6.2.5 SetChildrenAddresses 服务

此服务请求为特定的设备列表进行总线地址设定，并返回包含成功信息的设备列表（见 6.1）。该服务的参数见表71。

表71　SetChildrenAddresses 服务的参数

	请求	响应
devList DeviceList	M	—
devList DeviceList	—	M

请求为一台设备或设备列表进行总线地址设定。此请求可能指定,被调用的通信通道应打开一个用户界面,用于用户请求设定设备地址。为了获得一个合格的响应,错误信息将包含在所返回的信息中。

作为执行此服务的一部分,可以调用 OpenPresentationRequest 服务(7.7.8.1)来请求用户选择的地址。

DTM 上的总线地址通过 NetworkManagementInfoWrite 服务(见 7.2.11.2)设定。DTM 不应采用此信息来执行设定现场设备地址的通信事务。

此服务在以下状态下可用:

[X]“configured(已配置)”;

[X]“communicationAllowed(通信允许)”。

7.6.3　GUI 和功能相关的服务

7.6.3.1　GetChannelFunctions 服务

此服务返回 DTM 通道对象功能的信息。该服务的参数见表72。

表72　GetChannelFunctions 服务的参数

	请求	响应
fdt:OperationPhase	M	—
func:Functions	—	M

此服务提供通道功能信息。

通道应通过调用 OnFunctionChanged 服务(见 7.7.2.4),把任何功能改变(例如:数量、状态、标签等)通知给框架应用程序。

可以提供几个响应。通常此信息被框架应用程序用来创建菜单。

此服务在以下状态下可用:

[X]“configured(已配置)”;

[X]“communicationAllowed(通信允许)”。

7.6.3.2　GetGuiInformation 服务

此服务提供启动一个通道的用户界面相关信息。该服务的参数见表73。

表73　GetGuiInformation 服务的参数

	请求	响应
func:FDTFunctionCall	M	—
func:GUIInformation	—	M

返回允许框架应用程序实例化用户界面的信息。通道应只支持允许集成到框架应用程序 GUI 中的表示对象。

这些对象之间的集成和交互是技术相关的,并且在 GB/T 29618.4z 文件中定义。

此服务在以下状态下可用:

[X]"configured(已配置)";

[X]"communicationAllowed(通信允许)"。

7.6.4 Scan 服务

该服务执行对子拓扑结构(见 6.2.2)的扫描。该服务的参数见表 74。

表 74 Scan 服务的参数

	请求	响应
devList:BusAddressRange	O	—
fieldbus:ScanIdentifications	—	M

返回包含现场总线相关信息列表的信息,用于标识已连接的设备。可选的 BusAddressRange 可以将扫描的范围限定为设备特定的地址和范围。

此服务在以下状态下可用:

[_]"configured(已配置)";

[X]"communicationAllowed(通信允许)"。

7.7 框架应用程序服务

7.7.1 通用状态的可用性

所有框架应用程序服务在以下 DTM 状态下可用:

[X]"configured(已配置)";

[X]"communicationAllowed(通信允许)"。

7.7.2 通用事件相关的 FA 服务

7.7.2.1 OnErrorMessage 服务

对于 DTM 在服务调用期间的错误,框架应用程序采用此服务接收通知。该服务的参数见表 75。

表 75 OnErrorMessage 服务的参数

	请求	响应
fdt:SystemTag	M	—
fdt:ErrorMessage	M	—

如果 DTM 工作于无用户界面状态,此服务是必须的。如果 DTM 工作于无用户界面状态,将不允许在对话窗口中显示错误信息。

由框架应用程序来处理信息。在错误或警告的情况下,人可读的字符可以在框架应用程序对话框中显示。

为了向用户提供有用信息(如关于错误的信息),在服务调用失败和不采用 UserDialog 服务(见

7.7.8.3)的情况下,推荐使用此服务。

7.7.2.2 OnProgress 服务

通过此服务,框架应用程序接收 DTM 关于服务调用处理的进度通知。该服务的参数见表 76。

表 76 OnProgress 服务的参数

	请求	响应
fdt:SystemTag	M	—
fdt:ProgressInformation	M	—

在活动的服务调用期间,需要花费更长时间,DTM 使用此服务来通知框架应用程序,至少是通知用户正在进行的活动。如果 DTM 不能决定实际进程,改变可能有用,例如改变标题。

由框架应用程序决定如何处理信息。

7.7.2.3 OnOnlineStatusChanged 服务

通过此服务,框架应用程序接收 DTM 关于通信链接状态的通知。该服务的参数见表 77。

表 77 OnOnlineStatusChanged 服务的参数

	请求	响应
fdt:SystemTag	M	—
fdt:OnlineStatus(previous)	M	—
fdt:OnlineStatus(current)	M	
fdt:CommunicationError	O	

DTM 应通过此服务来通知框架应用程序通信链接状态的改变。DTM 应指定最新的以及先前的在线状态,如果通信错误触发了状态改变,也包括额外的错误信息。

7.7.2.4 OnFunctionsChanged 服务

通过此服务,框架应用程序接收 DTM 关于自身当前可用附加功能已发生改变的信息通知。该服务的参数见表 78。

表 78 OnFunctionsChanged 服务的参数

	请求	响应
fdt:ChannelPath	O	—
fdt:SystemTag	M	—

DTM 应采用此服务来通知框架应用程序,更新涉及扩展功能的菜单或功能调用。框架应用程序通过 GetFunctions 服务(见 7.2.5.1),获取当前可用的 DTM 功能。

如果提供了参数 ChannelPath,相应通道的功能已经发生改变。在这种情况下,框架应用程序通过 GetChannelFunctions 服务(见 7.6.3.1),获取当前可用的 DTM 功能。

7.7.3 拓扑结构管理相关的 FA 服务

7.7.3.1 GetDtmInfoList 服务

此服务返回 DTM 相关信息列表。该服务的参数见表 79。

表 79 GetDtmInfoList 服务的参数

	请求	响应
dtmInfo:DTMInfo list	—	M
dtmInfo:BTMInfo list		M

返回 DTM 相关信息列表。此信息允许 DTM 通过使用 CreatChild 服务(见 7.7.3.2)将其他 DTM 添加到 FDT 拓扑结构中。

由框架应用程序决定列表中的哪些 DTM 信息被返回。例如:即使安装了 PROFIBUS DTM,此列表也可能只包含 HART DTM 信息。

7.7.3.2 CreatChild 服务

此服务允许 DTM 将其他 DTM 添加到 FDT 拓扑结构中。该服务用于 DTM 的参数见表 80。

表 80 CreatChild(DTM)服务的参数

	请求	响应
fdt:DtmDeviceType	M	—
fdt:ChannelObjectReference	M	—
fdt:SystemTag	—	M

此服务允许 DTM 将 DTM 设备类型标识的其他 DTM 添加到 ChannelObjectReference 标识的子结构中。

框架应用程序实例化此 DTM。此服务返回 DTM 的 SystemTag,如果操作失败,不应返回 SystemTag。框架应用程序必须执行 8.1.2 中序列图描述的行为。

如果调用此服务来添加 BTM,请求中使用如下表(表 81)定义的 BTM 模块类型。该服务用于 BTM 的参数见表 81。

表 81 CreatChild(BTM)服务的参数

	请求	响应
btm:BtmBlockType	M	—
fdt:ChannelObjectReference	M	—
fdt:SystemTag	—	M

7.7.3.3 DeleteChild 服务

此服务允许 DTM 从 FDT 拓扑结构中移除另一个 DTM。该服务的参数见表 82。

表 82 **DeleteChild 服务的参数**

	请求	响应
fdt:SystemTag	M	—
fdt:ChannelObjectReference	M	—
fdt:serviceSucceeded	—	M

此服务允许 DTM 将 SystemTag 指定的另一个 DTM 从 ChannelObjectReference 标识的子拓扑结构中移除。

框架应用程序必须在移除了 DTM 的通信通道上调用 ValidateRemoveChild 服务(见 7.6.2.3)。如果这是拓扑结构中的最后引用,框架应用程序必须删除实例数据。框架应用程序也必须调用相对于行为的 ClearInstanceData 服务(见 7.2.4.5)。如果存在一个子拓扑结构,操作应失败。

7.7.3.4 **MoveChild 服务**

此服务允许 DTM 移动 FDT 拓扑结构中另一个 DTM。该服务的参数见表 83。

表 83 **MoveChild 服务的参数**

	请求	响应
fdt:SystemTag	M	—
fdt:SystemTag	M	
fdt:ChannelObjectReference	M	—
fdt:serviceSucceeded	—	M

此服务允许 DTM 将 SystemTag 指定的另一个 DTM 移动到目标 DTM 的 SystemTag 和 ChannelObjectReference 标识的其他子拓扑结构中。

框架应用程序必须调用为 CreateChild(见 7.7.3.2)和 DeleteChild 服务(见 7.7.3.3)定义的 ValidateAddChild 和 ValidateRemoveChild 服务。

7.7.3.5 **GetParentNodes 服务**

此服务允许 DTM 请求在 FDT 拓扑结构中直接上层 DTM 列表。该服务的参数见表 84。

表 84 **GetParentNodes 服务的参数**

	请求	响应
fdt:SystemTag	M	—
fdt:SystemTag List	—	M
fdt:SystemTag		M

将要创建的 DTM 列表由请求中的 SystemTag 标识。此服务返回在 FDT 拓扑结构中所有上层 DTM 的 SystemTag 列表,以及用来标识主父 DTM 的单个 SystemTag。

7.7.3.6 **GetChildNodes 服务**

此服务允许 DTM 请求在 FDT 拓扑结构中直接下层 DTM 列表。该服务的参数见表 85。

表 85 **GetChildNodes 服务的参数**

	请求	响应
fdt:SystemTag	M	—
fdt:ChannelObjectReference	M	—
fdt:SystemTag List	—	M

将要创建的 DTM 列表和通信通道列表由 SystemTag 和 ChannelObjectReference 标识。此服务返回在 FDT 拓扑结构中所有下层 DTM 的 SystemTag 列表。

7.7.3.7 GetDtm 服务

服务允许 DTM 请求 SystemTag 标识的另一个 DTM 的引用。该服务的参数见表 86。

表 86 **GetDtm 服务的参数**

	请求	响应
fdt:SystemTag	M	—
fdt:DtmObjectReference	—	M

此服务允许 DTM 请求由 SystemTag 标识的另一个 DTM 的引用。框架应用程序实例中的附加调用应返回一致的 DTM ObjectReference。

已经请求引用的 DTM 必须调用 ReleaseDtm 服务(见 7.7.3.8)来释放此引用。框架应用程序必须执行某种引用计数,这是处理同一 DTM 实例的多个引用所必须的。

7.7.3.8 ReleaseDtm 服务

此服务应该用来释放由 GetDtm 服务(见 7.7.3.7)请求的相关 DTM 的引用。该服务的参数见表 87。

表 87 **ReleaseDtm 服务的参数**

	请求	响应
fdt:SystemTag	M	—
fdt:serviceSucceeded	—	M

此服务应用来释放由 SystemTag 标识的相关 DTM 的引用,该 DTM 由 GetDtm 服务(见 7.7.3.7)请求获取。

7.7.4 冗余相关的 FA 服务

7.7.4.1 OnAddedRedundantChild 服务

如果处理冗余设备的其他 DTM 被添加到拓扑结构中,父 DTM 应把此信息发送给框架应用程序。然后框架应用程序能在一个附加的冗余通信通道上显示此实例。该服务的参数见表 88。

表 88 **OnAddedRedundantChild 服务的参数**

	请求	响应
fdt:SystemTag	M	—
fdt:ChannelObjectReference	M	—
fdt:serviceSucceeded	—	M

父 DTM 已经将 SystemTag 标识的 DTM 添加到 ChannelObjectReference 标识的通信通道中,此 DTM 处理冗余从站。框架应用程序不应在此通道上调用 ValidateAddChild(见 7.6.2.1)和 ChildAdded(见 7.6.2.2)服务。

7.7.4.2 **OnRemoveRedundantChild 服务**

如果从拓扑结构中移除处理冗余设备的其他 DTM,父 DTM 应把这个信息发送给框架应用程序。框架应用程序能在附加的冗余通信通道中隐藏该实例。该服务的参数见表 89。

表 89 **OnRemoveRedundantChild 服务的参数**

	请求	响应
fdt:SystemTag	M	—
fdt:ChannelObjectReference	M	—
fdt:serviceSucceeded	—	M

父 DTM 将 SystemTag 标识的 DTM 从 ChannelObjectReference 标识的通信通道中移除,此 DTM 处理冗余从站。框架应用程序不应在此通道上调用 ValidateRemoveChild(见 7.6.2.3)和 OnRemoveChild(见 7.6.2.4)服务。

7.7.5 **DTM 数据存储相关的 FA 服务**

7.7.5.1 **SaveInstanceData 服务**

此服务允许 DTM 将实例数据保存到框架应用程序管理的项目存储中(见 4.9)。该服务的参数见表 90。

表 90 **SaveInstanceData 服务的参数**

	请求	响应
fdt:StorageObject	M	—
fdt:serviceSucceeded	—	M

此服务允许 DTM 将实例数据保存到框架应用程序管理的项目存储中。由框架应用程序决定在请求中传递的数据是立即储存在项目存储中,还是缓存在内存中直到其他事件发生(如:显式的用户请求)。

调用此服务的 DTM 应保持实例数据的锁定(见 serviceLockInstanceData 服务,7.7.6.1),否则服务调用失败(返回 fdtServiceSucceeded=FALSE)。

7.7.5.2 LoadInstanceData 服务

此服务允许 DTM 从框架应用程序(见 4.9)管理的项目存储中加载实例数据。该服务的参数见表 91。

表 91 LoadInstanceData 服务的参数

	请求	响应
fdt:StorageObject	—	M

调用此服务的 DTM 获取与 SaveInstanceData 服务(见 7.7.5.1)存储的数据完全相同的数据。

7.7.5.3 GetPrivateDtmStorageInformation 服务

此服务允许 DTM 请求框架应用程序(见 4.9)私有数据存储的信息。该服务的参数见表 92。

表 92 GetPrivateDtmStorageInformation 服务的参数

	请求	响应
InstanceRelatedStorageInfo	—	M
ProjectRelatedStorageInfo	—	M

响应参数 InstanceRelatedStorageInfo 包括允许 DTM 访问属于调用实例的存储信息。响应参数 ProjectRelatedStorageInfo 包括允许 DTM 访问项目中此 DTM 类型的所有实例共享的存储信息。私有的 DTM 储存机制是技术实现相关的,因此在 GB/T 29618.4z 文件中定义,此文件定义了到特定技术的映射。

如果框架应用程序不能提供对私有 DTM 数据存储的访问,那么没有信息返回。在这种情况下,DTM 应能不受影响地工作。应确保对 SaveInstanceData(见 7.7.5.1)和 LoadInstanceData(见 7.7.5.2)管理的实例数据不受影响。

如果调用 ClearInstanceData 服务(见 7.2.4.5),DTM 应清除实例相关存储。如果 DTM 持有任何项目相关存储和实例相关存储之间的引用,那么 DTM 也应在项目相关存储中清除这些引用。

7.7.6 DTM 数据同步相关的 FA 服务

7.7.6.1 LockInstanceData 服务

此服务允许 DTM 请求对实例数据的独占性写访问。该服务的参数见表 93。

表 93 LockInstanceData 服务的参数

	请求	响应
fdt:serviceSucceeded	—	M

在多用户环境中,框架应用程序验证请求,并准予访问。在单用户系统中,总是准予独占性访问。仅当准予通过此服务访问时,DTM 应对实例相关数据作修改。见 8.5。

仅当需要修改数据时,DTM 应请求锁定实例数据。当允许下列情况时,DTM 应拥有独占性写访问权:

- 通过表示对象配置实例数据；
- 通过 ReadDataFormDevice 服务(见 7.2.12.4)保持设备和实例数据之间的数据同步；
- 通过 DeviceDataWrite 服务(见 7.2.10.4)修改设备数据，或通过参数化 GUI 更新设备(ModifiedInDevice)中已修改的信息数据。

如果没有准予写访问，DTM 不应对实例数据作修改，并应通过通知 OnErrorMessage 服务(见 7.7.2.1)通知用户。

7.7.6.2 UnlockInstanceData 服务

此服务允许 DTM 通知框架应用程序，它需要解锁实例数据的写访问。该服务的参数见表 94。

表 94 UnlockInstanceData 服务的参数

	请求	响应
fdt:serviceSucceeded	—	M

当实例数据不再处于被修改状态时，DTM 应立即保存此数据，并调用此服务。在多用户环境中，框架应用程序应通过 InstanceDataChanged 服务(见 7.7.6.3)将已改变的数据，通知给其他具有相同实例数据引用的 DTM 实例。

如果服务响应不成功，DTM 应通过通知 OnErrorMessage 服务(见 7.7.2.1)通知用户，清除系统数据库。在单用户系统中，服务响应总是成功的。

7.7.6.3 InstanceDataChanged 服务

此服务允许 DTM 将数据改变的信息通知给框架应用程序。该服务的参数见表 95。

表 95 OnInstanceDataChanged 服务的参数

	请求	响应
Information	M	—

如果 DTM 已经改变并保存数据，必须调用这个带有已改变数据信息的服务。框架应用程序应通过调用 DTM 的 OnInstanceDataChanged 服务(见 7.2.13.3)，将此信息传递给所有具有相同实例数据引用的 DTM 实例。

7.7.7 过程图像验证相关的 FA 服务——ValidateProcessImage 服务

该服务允许 DTM 验证在 PLC 运行时过程图像是否能被修改。该服务的参数见表 96。

表 96 ValidateProcessImage 服务的参数

	请求	响应
ProcessImageInfo	M	—

在一些自动化系统中，在 PLC 运行时需要申请过程图像修改。此服务允许验证在 PLC 运行时能否申请一种潜在的修改。

7.7.8 表示相关的 FA 服务

7.7.8.1 OpenPresentationRequest 服务

此服务允许 DTM 或通道请求框架应用程序用户界面中的表示对象。该服务的参数见表 97。此服务允许 DTM 或通道打开一个框架应用程序用户界面中的表示对象，由 FDTFunctionCall 标识。框架应用程序将使用 DTM 的 GetGuiInformation 服务(见 7.2.5.3)或通道的 GetGuiInformation 服务(见 7.6.3.2)来获取更多关于表示对象的信息。

表 97 OpenPresentationRequest 服务的参数

	请求	响应
func:FDTFunctionCall	M	—
ui:RunAsModal	O	
fdt:ChannelPath	O	
fdt:invokeID	—	M
fdt:ServiceSucceeded	—	M

如果参数 RunAsModal 设定为 TRUE,此服务表现形式为:框架应用程序至少必须确保调用 DTM 的所有表示对象是禁用的,这样不可能再有用户输入。

如果已提供参数 ChannelPath,那么相应通道的表示对象应被打开。

此服务返回 InvokeID,此 InvokeID 可用来通过调用 ClosePresentationRequest 服务来关闭已打开的表示对象。

7.7.8.2 ClosePresentationRequest 服务

此服务允许 DTM 或通道关闭一个已打开的表示对象。该服务的参数见表 98。

表 98 ClosePresentationRequest 服务的参数

	请求	响应
fdt:invokeID	M	
fdt:ServiceSucceeded	—	M

此服务允许 DTM 或通道关闭一个已打开的表示对象。传递的参数 InvokeID 标识表示对象,该表示对象由 OpenPresentationRequest 服务(见 7.7.8.1)打开。

7.7.8.3 UserDialog 服务

此服务允许 DTM 打开框架应用程序用户界面中的用户信息。该服务的参数见表 99。

表 99 UserDialog 服务的参数

	请求	响应
ui:UserMessage	M	—
ui:UserMessage	—	M

DTM 应将此服务用于标准的用户信息,如错误信息或通知信息。尤其当 DTM 不允许打开一个私有的用户对话框时(见 PrivatDialogEnabled 服务,7.2.1.1)。

此服务返回用户动作的选择或者信息的特定默认应答。由框架应用程序决定是显示用户信息,或是发送默认应答。

在分布式系统的情况下,框架应用程序应确保在相同的工作区域显示 DTM 的用户对话框和用户界面。

7.7.9 审计追踪相关的 FA 服务——RecordAuditTrailEvent 服务

所有 DTM 应使用此服务,将审计追踪信息发送到框架应用程序。由框架应用程序自己来实现 audit-trail-application,audit-trail-application 记录设备特定信息并提供用户界面。该服务的参数见表 100。

表 100 RecordAuditTrailEvent 服务的参数

	请求	响应
fdt:SystemTag	M	—
audittrail:LogEntry	M	—
audittrail:TransactionInfo	O	—

DTM 发出的数据改变通知由框架应用程序审计追踪工具记录。

LogEntry 的内容取决于 DTM。审计追踪工具的执行是框架应用程序特定的。

当参数 audittrail:TransactionInfo 值为 startTransaction 时,应被用来请求用于下列行为(如:组态或仿真)的审计追踪。此服务的所有调用将被记录下来,直到把参数 audittrail:TransactionInfo 值设为 endTransaction 时,再次调用此服务,关闭记录。

当记录已经被关闭,框架应用程序可以将它用于自身特定的审计追踪功能,如添加注释等。

8 FDT 动态行为

8.1 生成 FDT 拓扑

8.1.1 由框架应用程序触发生成 FDT 拓扑

框架应用程序负责生成和管理拓扑。图 38 的序列给出了框架应用程序是如何管理 DTM 和通信通道之间的链接的。

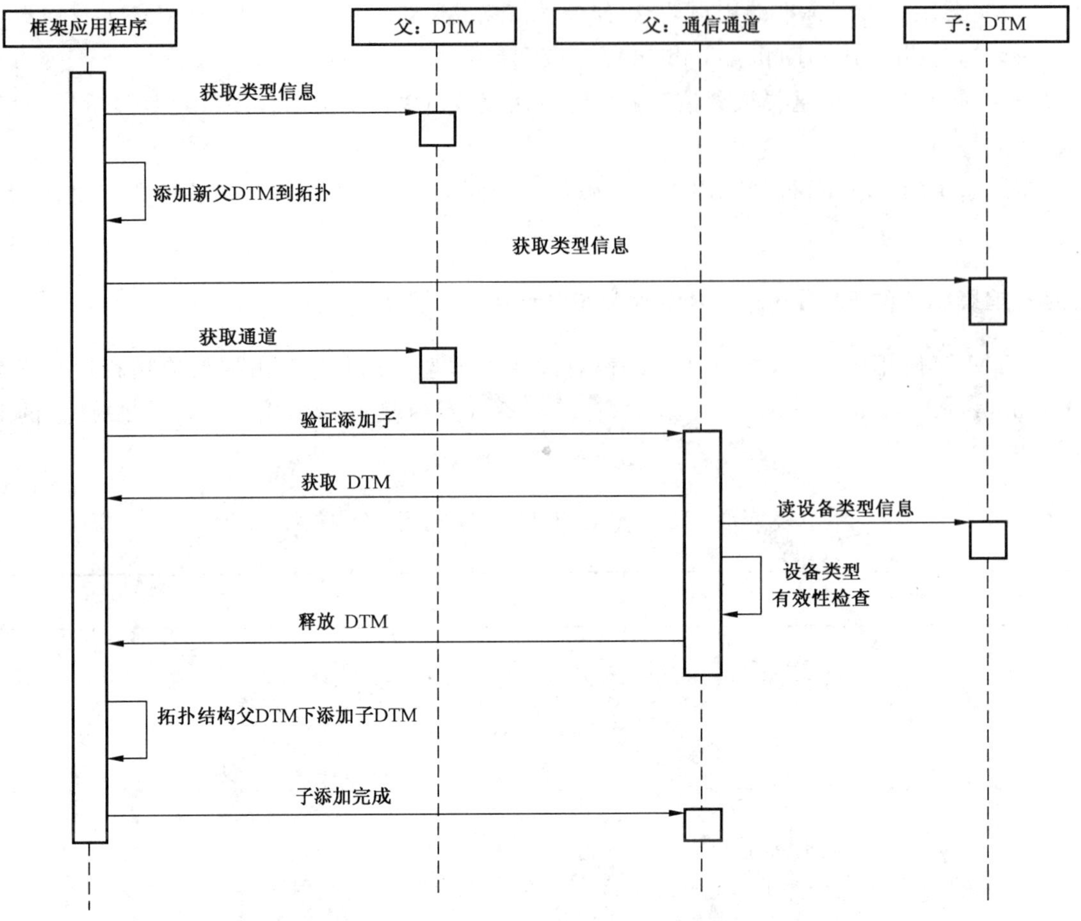

图 38　框架应用触发生成 FDT 拓扑

8.1.2　由 DTM 触发生成 FDT 拓扑

图 39 给出了 DTM 触发产生 FDT 拓扑的序列。

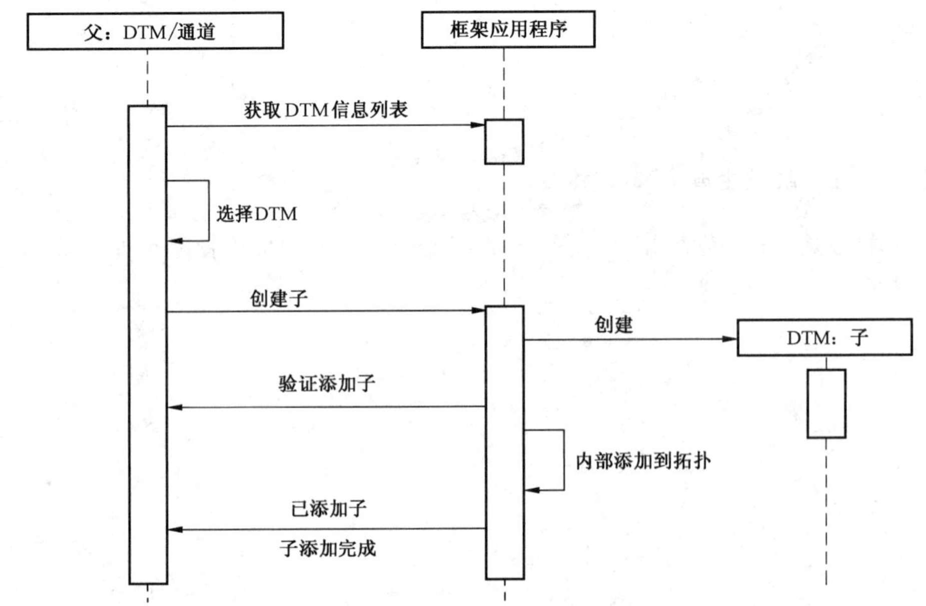

图 39　DTM 触发生成 FDT 拓扑

8.2 地址设置

8.2.1 地址设置介绍

8.2 描述不同的地址设置情况(也可见 6.1)。

8.2.2 通过用户界面设置或修改设备地址

这种情况下,框架应用程序需要 DTM 的一组特定子设备的地址。例如,这种序列(见图 40)起始于新的设备添加到拓扑中。框架应用程序可以使用同类序列对同一 DTM 进行手动修改地址。

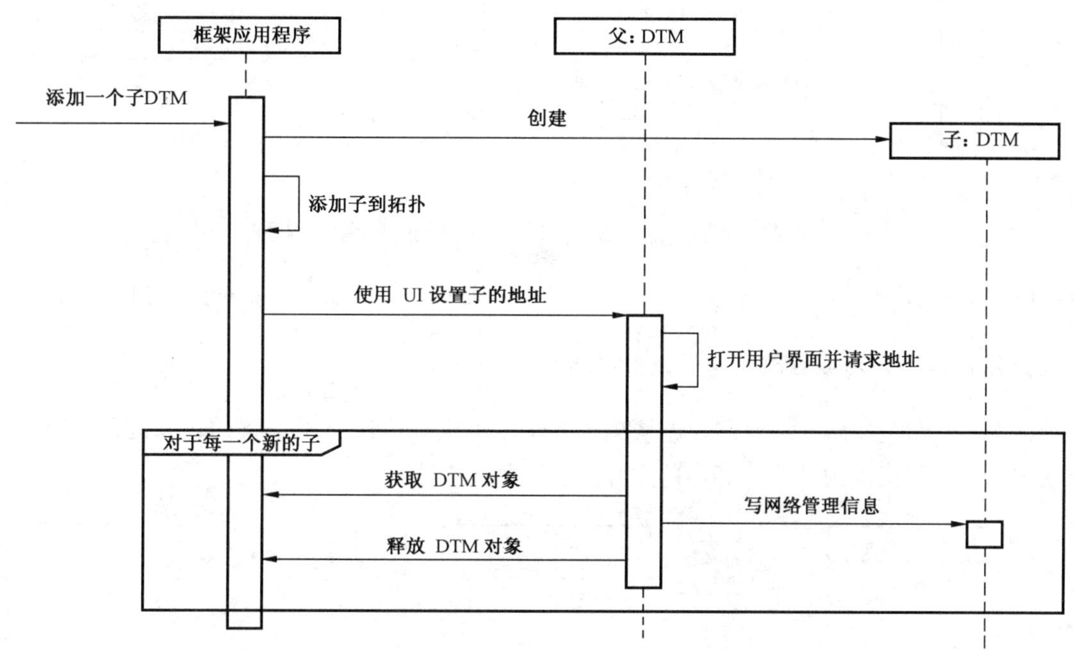

图 40 设置或修改设备地址——使用用户界面

8.2.3 不通过用户界面设置或修改设备地址

这种情况下,框架应用程序请求设置 DTM 设备地址,例如在扫描或导入操作以后,见图 41。

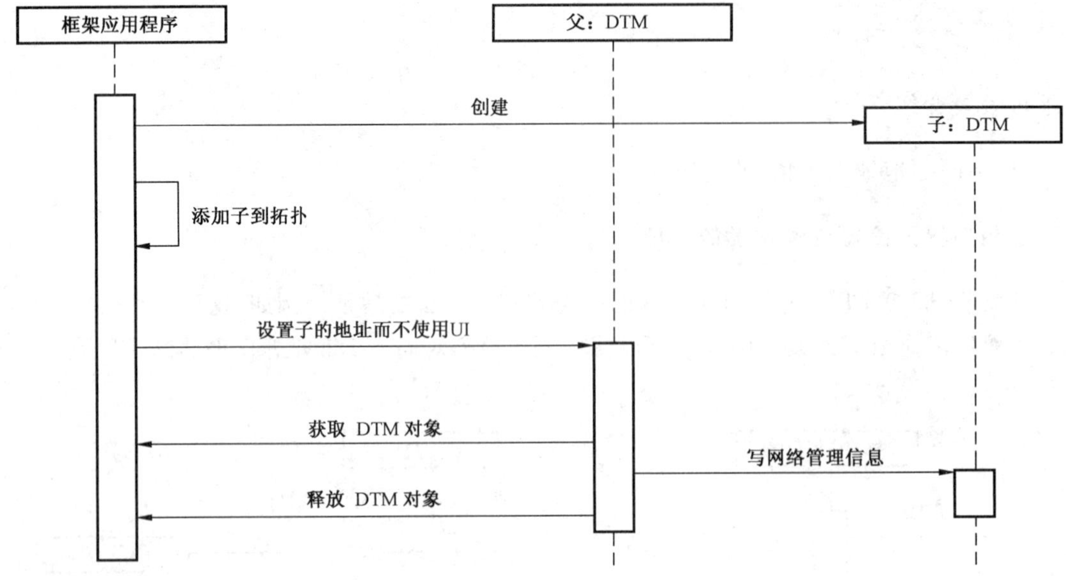

图 41 设置或修改设备地址——没有用户界面

框架应用程序通过 NetworkManagementInfoWrite 服务(见 7.2.11.2)提交地址列表给父 DTM。

8.2.4 通过用户界面显示或修改所有子设备的地址

这种情况下(见图 42),框架应用程序请求 DTM 显示或修改所有子设备的设备地址。例如用户在通信或网关 DTM 的范围内选择了相应的菜单,则启动该序列。

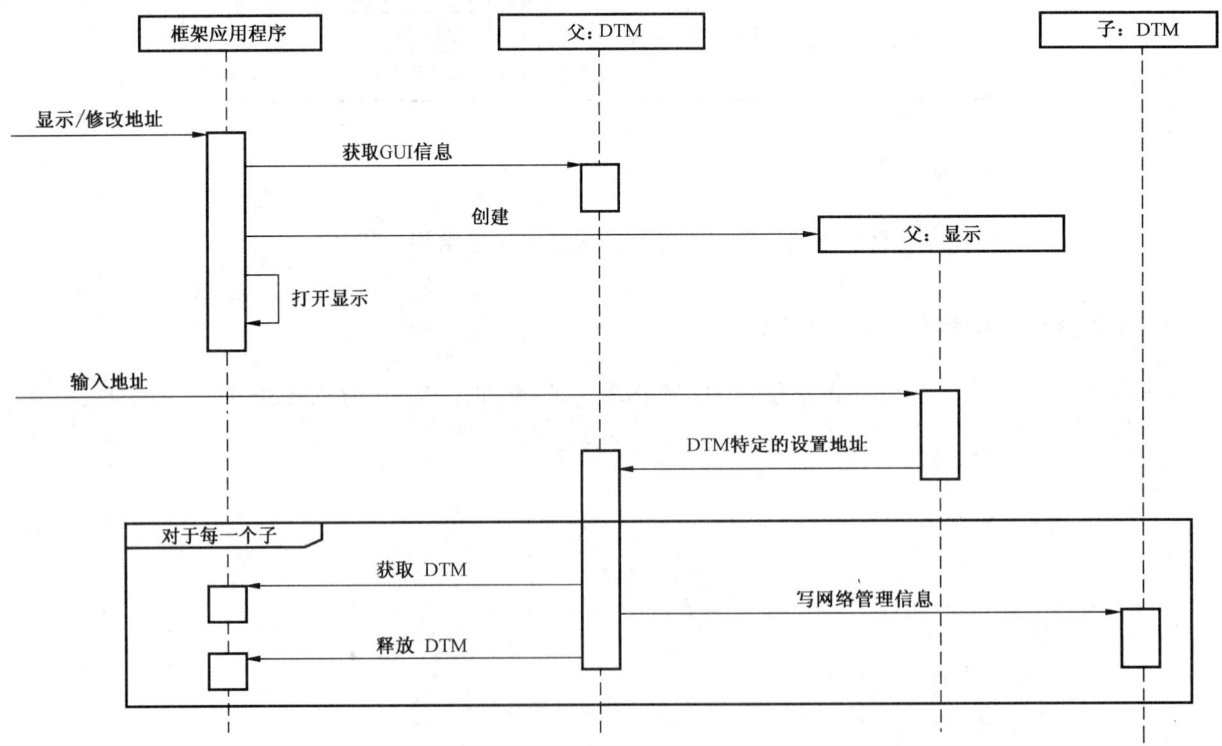

图 42 界面显示或修改所有子设备的地址——使用用户界面

8.3 通信

8.3.1 通信概述

8.3 描述 DTM 与其设备的不同通信情况。

8.3.2 对等通信

图 43 的序列图给出了使用链接通信通道提供服务的 DTM 的对等通信。

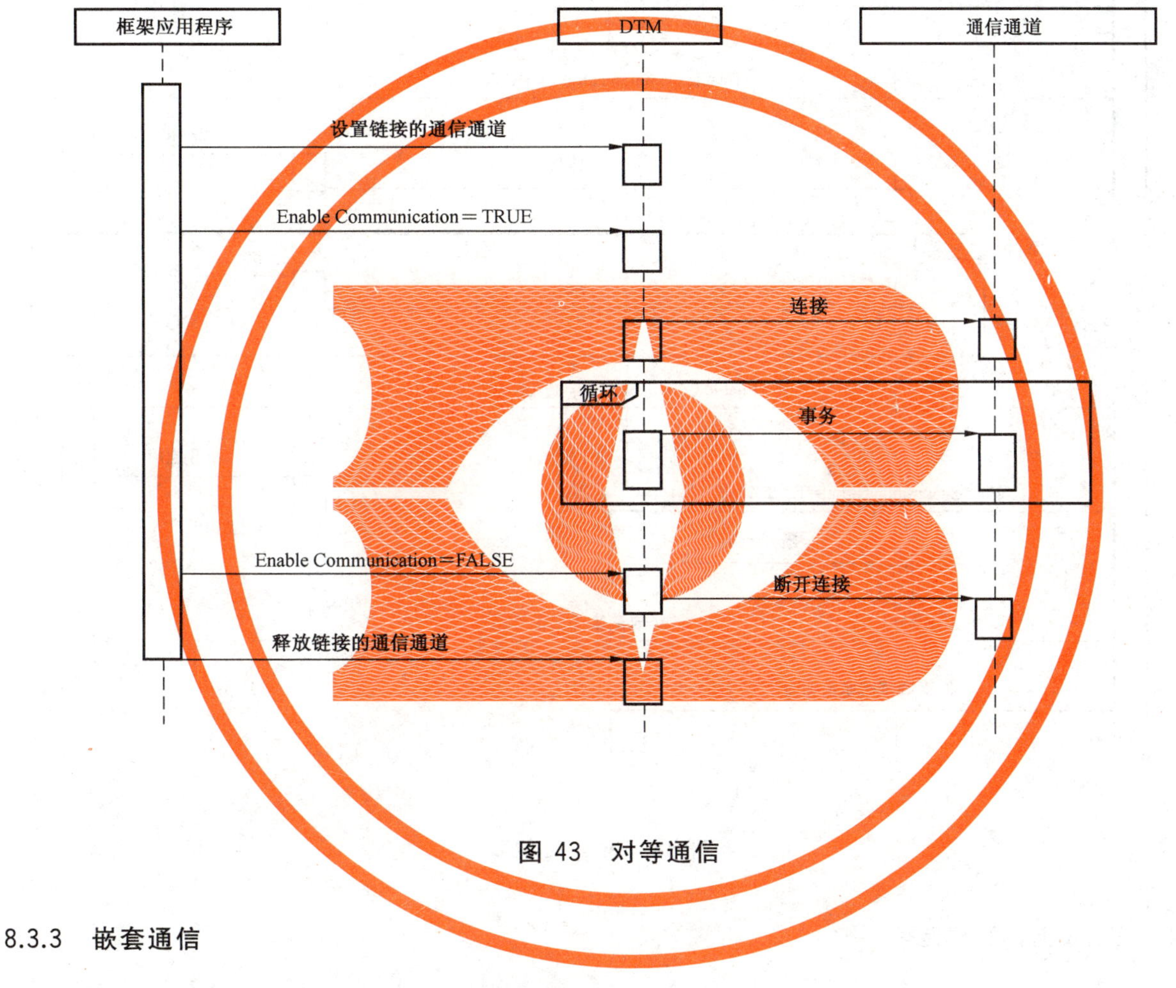

图 43 对等通信

8.3.3 嵌套通信

图 44 的序列图给出了通过网关和框架应用程序提供的通信通道的 DTM 通信。

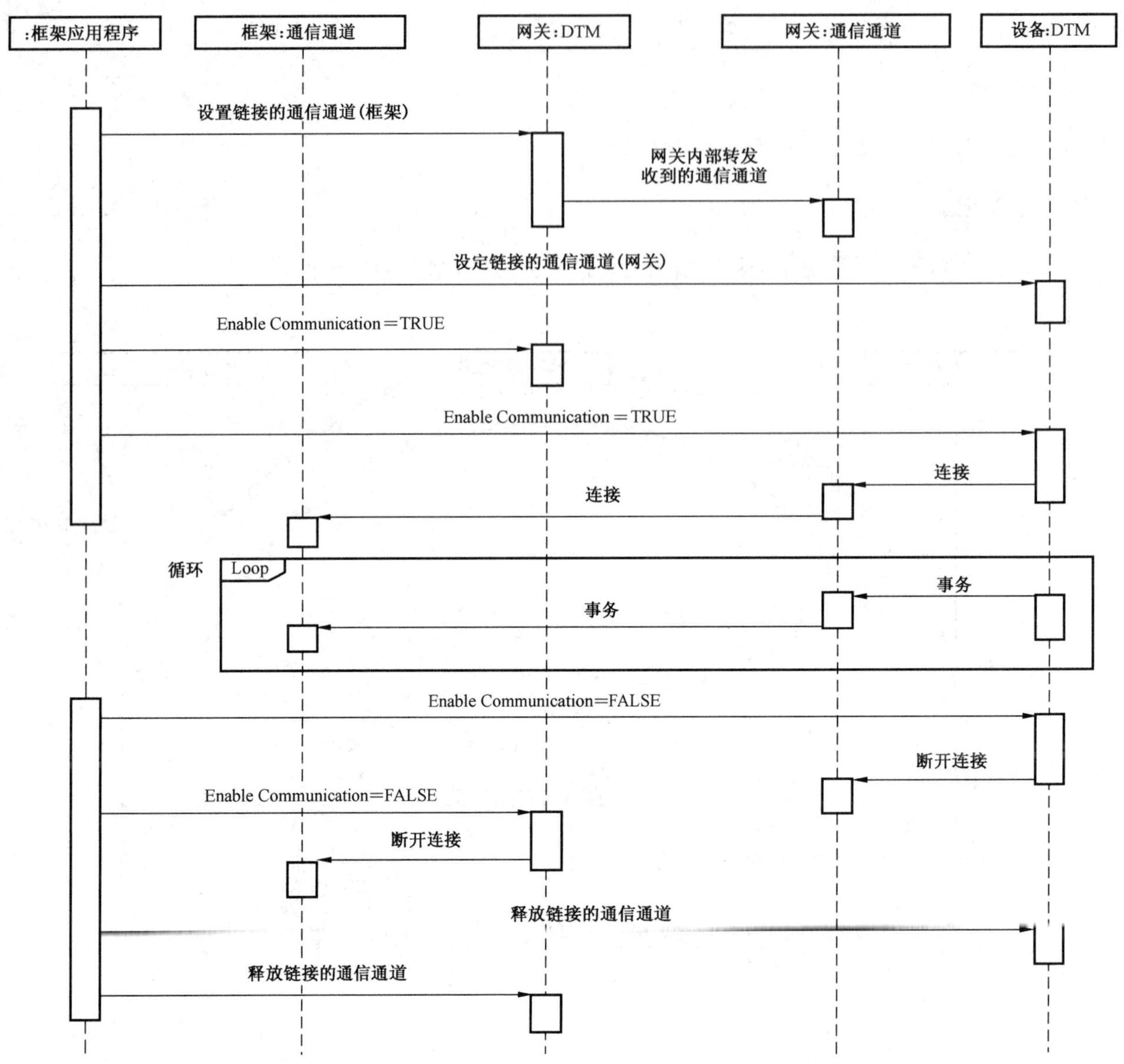

图 44 嵌套通信

8.3.4 设备发起的数据传输

一些协议支持由设备发起的而不是由DTM发起的数据传输服务。为了支持这种服务,在FDT中定义以下的一般行为。

- 这种服务的架构(过滤器,服务队列)由DTM的协议特定的事务请求来发起。这种服务可以确认,也可以不确认,这取决于协议;
- 设备发起的数据传输通过多个事务响应来传递给单个的发起事务请求;
- 这些服务的架构由DTM的协议特定的事务请求终止。

设备发起的数据传输需要由通信架构管理。这就是有必要清晰地标识发起和终止这种行为类型请求的原因。

发起或终止设备发起的数据传输的事务服务(见7.6.1.6)是传输协议特定的。终止该数据传输的事务要包括所有必需的信息(如有必要,可以引用启动该数据传输的事务服务)。

如果DTM启动了设备上的设备发起的初始化数据传输(见图45),它也应该终止该服务。在DTM离线之前(见7.6.1.3的Disconnect断开连接服务或7.6.1.4的AbortRequest服务),必须进行终止。如果由AbortIndication(见7.6.1.5)通知终止了连接,该服务将自动终止。

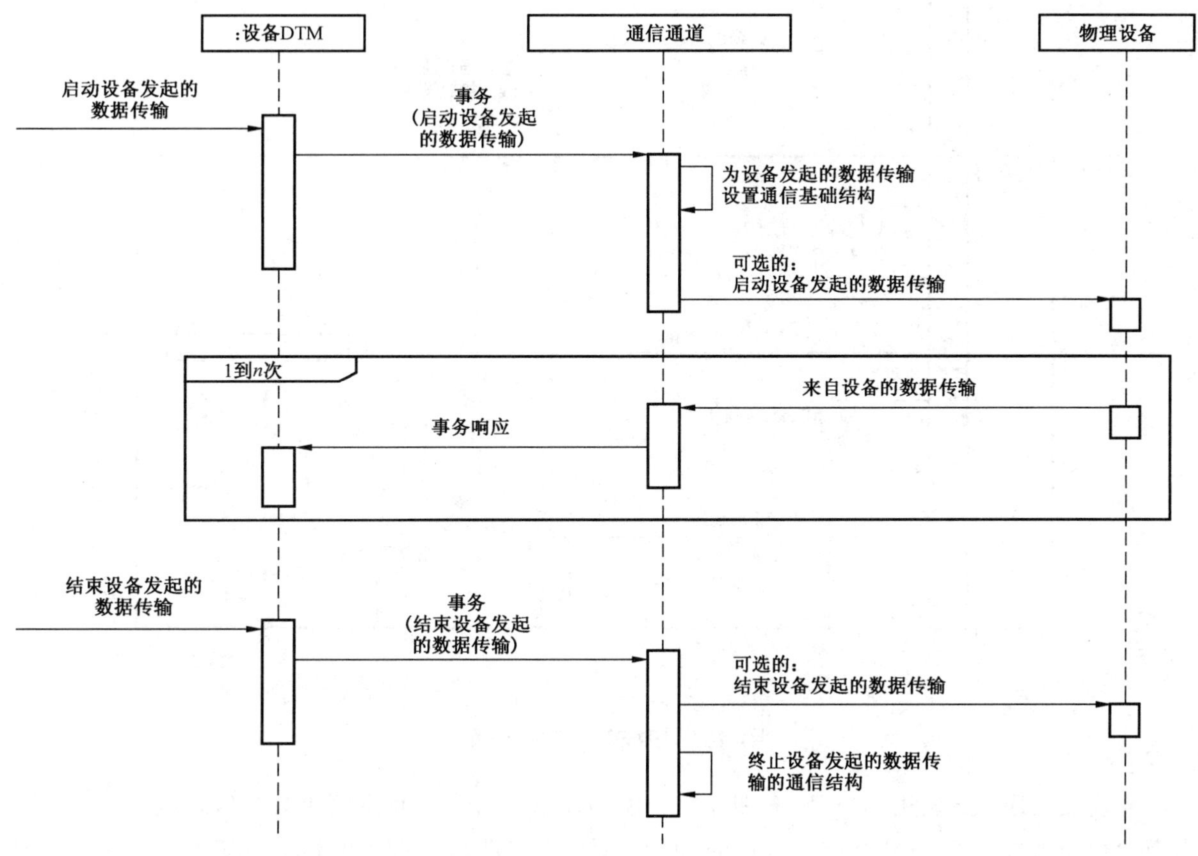

图45 设备发起的数据传输

这种服务的支持是协议特定的和设备特定的。如果通信通道不能支持这类型服务,它应该返回它不能支持这种功能的错误指示。

具体的协议特定的事务定义在FDT的描述协议行规集成的IEC 62453-3xy规范中。

8.4 扫描和DTM分配

图46的序列给出了框架应用程序如何根据Scan服务(见7.6.4)返回的信息来生成FDT子拓扑。

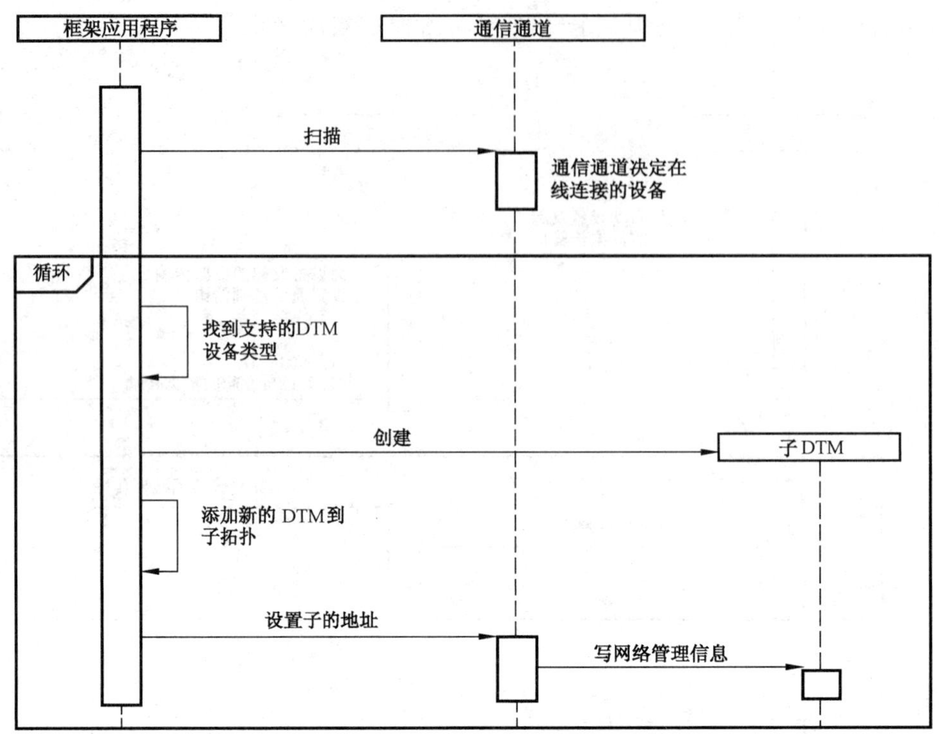

图 46 扫描和 DTM 分配

框架应用程序通过调用 Scan 服务(见 7.6.4)能够请求设备类型和实例相关的信息,使用这种信息来找到可以添加到 FDT 子拓扑中的合适的 DTM(见 6.2.3DTM 分配),并最后设定 DTM 的地址(见 6.1 地址管理)以允许它与其设备进行通信。

8.5 多用户环境

8.5.1 概述

为了节省时间,例如大型安装项目的试运行时间,经常将系统设计为多用户访问的形式。其目的是,允许多个用户并行地工作并保证数据一致性,同时防止无意的数据修改,例如在并行工作时对相关的数据进行组态。图 47 给出了多用户系统的总览。

处理设备中修改(比如设备的本地操作)的机制在 8.7.4 中描述。

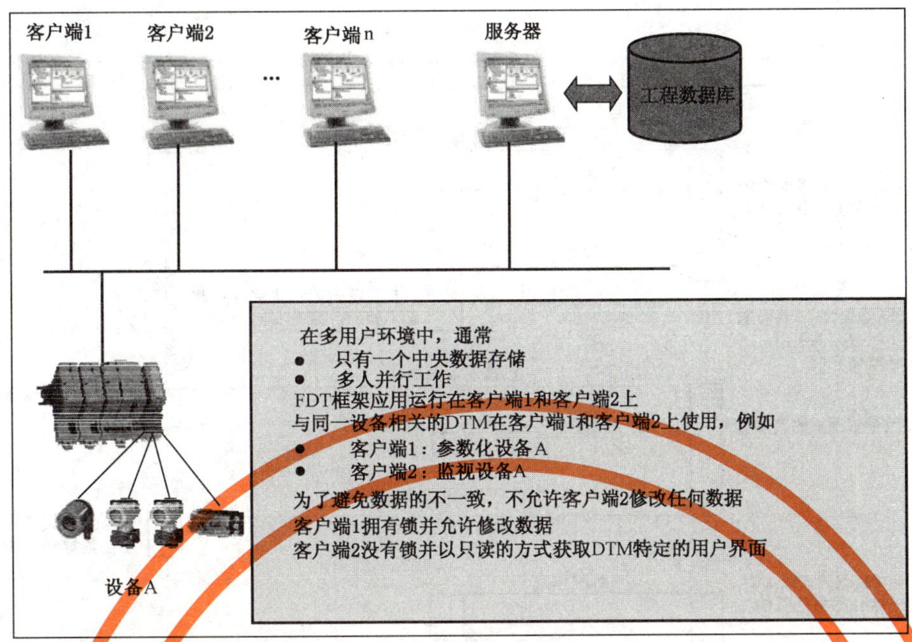

注：此图显示了一个框架应用程序管理多用户(例如,一个框架应用程序的多个实例运行于共用一个数据库的多个客户端上),多用户的多框架应用程序不在这个范围之内。

图 47 多用户系统

在多用户环境中,超过多于一个 DTM 去访问实例数据是很常见的。为了同步这些由不同工作区的多个用户启动的 DTM,FDT 提供了一种锁定机制。这种事件机制的目标是使得只有一个 DTM 拥有对实例相关数据的读/写访问权限,其他的 DTM 只能读访问。

在数据集的所有修改的过程中,应对已存储数据集的访问进行管理。这些修改包括通过 DTM 的 GUI 的修改和通过 DTM 的 InstanceData 服务的修改。

为了防止对设备的多个 DTM 访问,应该只有在实例数据集已被锁定时,才提供对设备的在线写访问。这意味着,只有执行修改设备数据的服务(例如在线参数化 GUI 和 WriteDataToDevice 服务),才锁定数据集,但仅读设备数据时(例如监视),不用锁定。

因此,只有在必要时或在修改数据期间,DTM 才锁定它的数据。在框架应用程序保存了实例数据,并且不再有进一步的修改之后,DTM 应该立即解除对实例数据的锁定,以允许多用户环境中的其他 DTM 实例并发访问该设备数据。

在打开修改数据的 GUI 之前,DTM 应该尝试锁定其实例数据。如果锁定成功了,则允许对实例数据的修改,例如参数化、同步。如果不允许锁定,DTM 则不允许对其实例数据的任何修改。

当不再需要修改数据时(例如,关闭了所有写访问的 GUI、同步已经完成),DTM 应该请求保存其实例数据,并且在保存之后解除锁定。

不允许 DTM 不必要地拥有对其实例数据的写访问。否则,DTM 就不适合用于多用户环境中。例如,DTM 不应该在初始化后立即锁定其实例数据,并且直到终止时才解除锁定。

8.5.2 DTM 同步的和非同步的锁定机制

DTM 应该总是支持某种锁定机制。有两种锁定机制可选:同步的和非同步的机制。通过 OnUnlockInstanceData 服务(见 7.2.13.2)的响应来通知框架应用程序所支持的机制类型。

图 48 的序列图给出了支持同步锁定机制的 DTM 的通常的事件流。

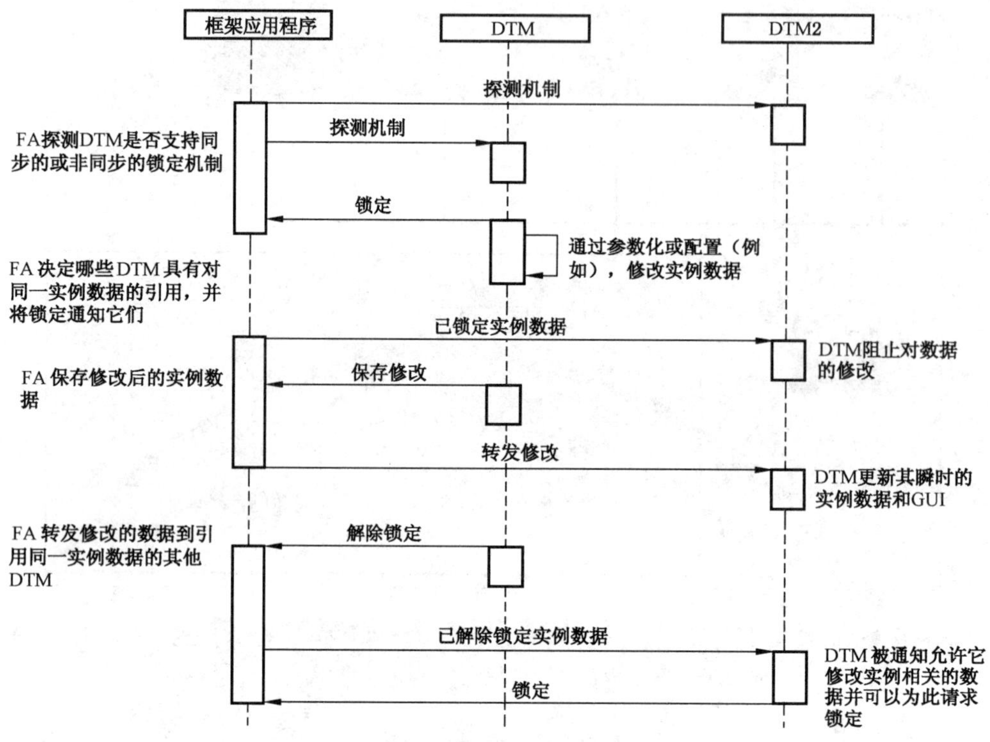

图 48 通常的同步锁定机制

图 49 的序列图给出了支持非同步锁定机制的 DTM 的通常的事件流。

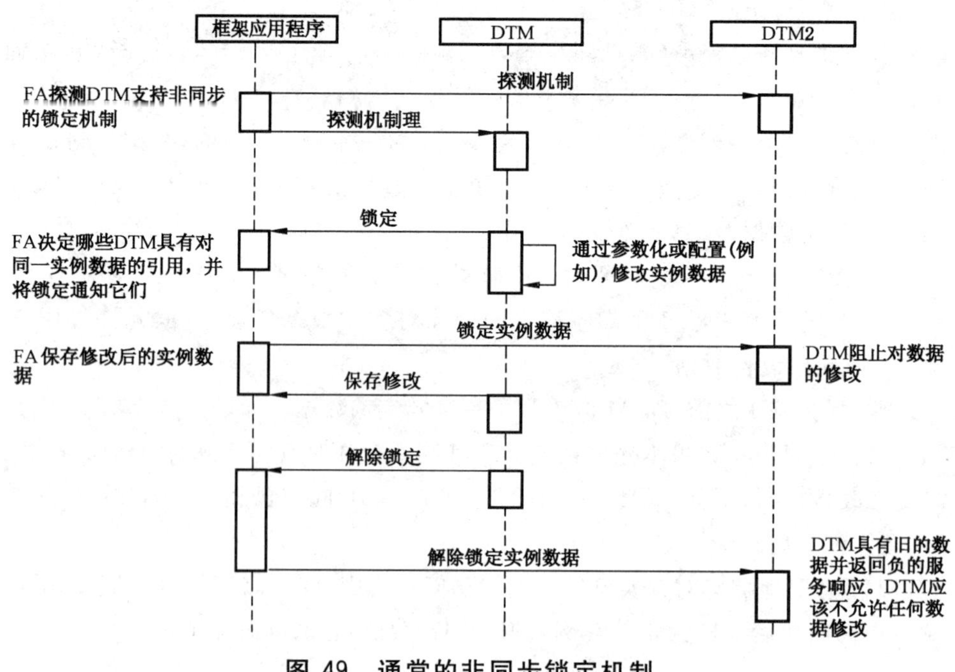

图 49 通常的非同步锁定机制

图 50 的序列图给出了支持同步锁定机制的 DTM 的参数化场景方案。

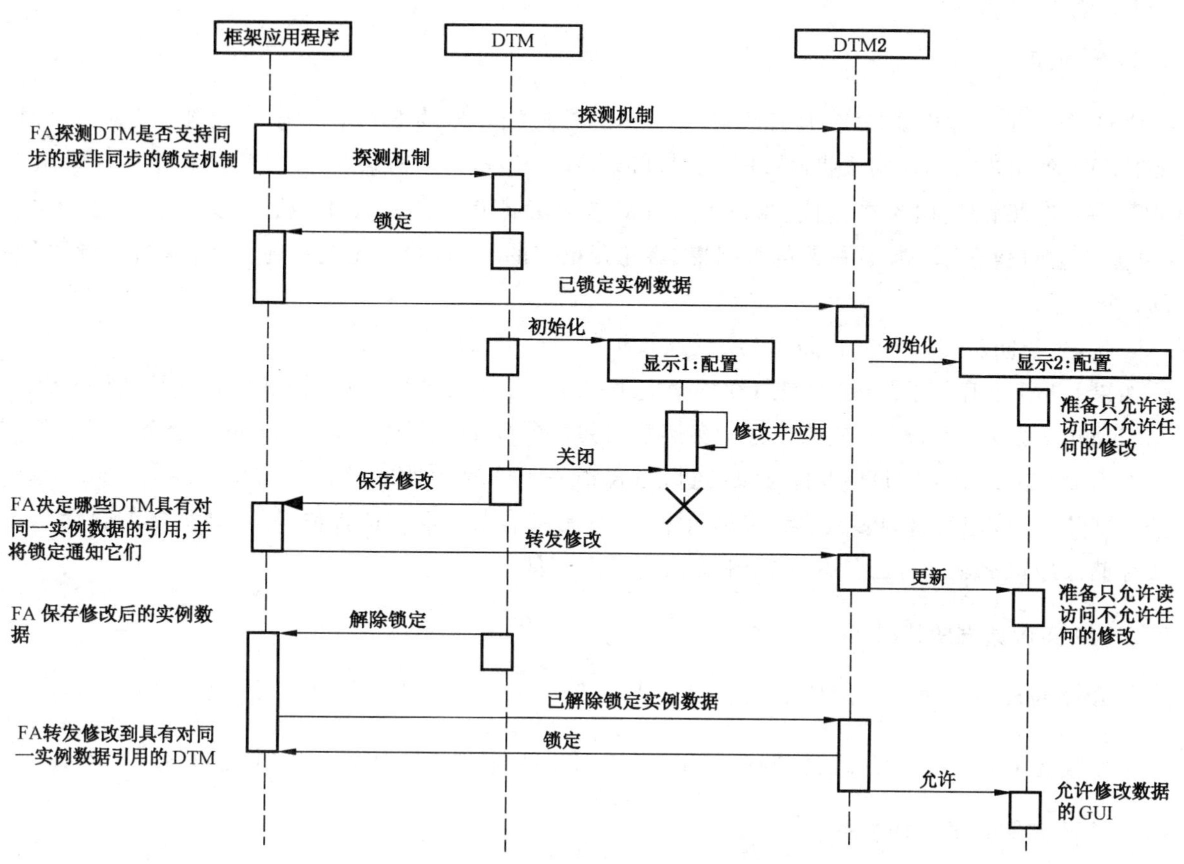

图 50 同步锁定机制情况下的参数化

8.5.3 其他规则

其他的规则有:

- 在打开包含可修改参数的表示对象之前,DTM 应该尝试锁定数据集。如果锁定成功,可使所有的用户输入区有效。如果不成功,应该禁止用户输入区。在锁定数据集的情况下,关闭所有的表示对象以后,DTM 应该请求保存数据集,并在框架应用程序已保存数据集以后(框架应用程序已调用了存储服务之后)解除锁定。如果表示对象不包含可修改的参数,例如像监视一样的应用,则不应该锁定数据集;
- 从设备装载数据之前,DTM 应该也尝试锁定数据集。从设备装载数据以后,DTM 应该请求 FA 存储其数据并在 FA 存储之后解除数据集的锁定。如果数据集不能被锁定,DTM 应该使用错误消息通知用户。这种情况下,将不执行该动作;
- 为了支持多用户环境,应该使锁定时间尽量的短。这意味着,例如,如果 DTM 在实例化之后锁定了其数据集,并且只有在被终止时才解除数据集的锁定,这种 DTM 是不适合在多用户环境中使用的。只有有必要并且只在修改数据期间,DTM 才锁定其数据集。在实例数据已被框架应用程序存储并且不再进一步地修改之后,DTM 应该立即解除其数据集的锁定。这允许在多用户环境中其他 DTM 实例并发地访问设备数据;
- 当 DTM 收到关于解除数据集锁定的通知时,若允许修改数据集的表示对象是激活的,并且如果当前用户的访问权限允许修改实例数据集,则 DTM 应该询问用户是否需要写访问。当用户需要写访问时,DTM 必须锁定数据集。只有 DTM 获得了锁定,DTM 才使能输入控件。

8.6 变更通知

FDT 定义了通知机制来将相同设备数据集的修改通知其他的 DTM 实例，并且刷新这些 DTM(同步 DTM)。如果没有实现同步机制(非同步 DTM)，在一台 PC 上修改了 DTM 的数据集可能会阻塞不同 PC 上的其他用户，因为在其他 PC 上的 DTM 需要关闭以重载修改的数据。关闭在其他 PC 上的 DTM 并从项目数据库中加载修改的数据集，将花费更多的时间，并且比使用通知机制进行更新需要更多的计算资源。

因此，对于同步 DTM，推荐 DTM 实现通知机制(见 8.5.2)。

如果 DTM 已存储了修改的数据(在框架应用程序调用了存储服务以后)，DTM 应该调用 InstanceDataChanged 服务。DTM 不应该在存储实例数据集之前调用 InstanceDataChanged 服务。

如果 DTM 支持同步 DTM 的通知机制，当收到关于修改参数的事件时(OnInstanceDataChanged 服务)，DTM 应该应用新的参数值到实例数据中，而无需请求锁定。这种情况下，数据集的存储状态为永久存储。应该更新所有已打开 GUI 中的所有输入控件。

8.7 DTM 实例数据的状态机

8.7.1 实例数据集介绍

本条描述 DTM 关于修改的实例数据和永久的实例数据的不同状态。4.9 描述了永久性机制。

8.7.2 修改实例数据的状态机

这种状态机(见图 51)反映了实例数据与修改相关的可能状态。

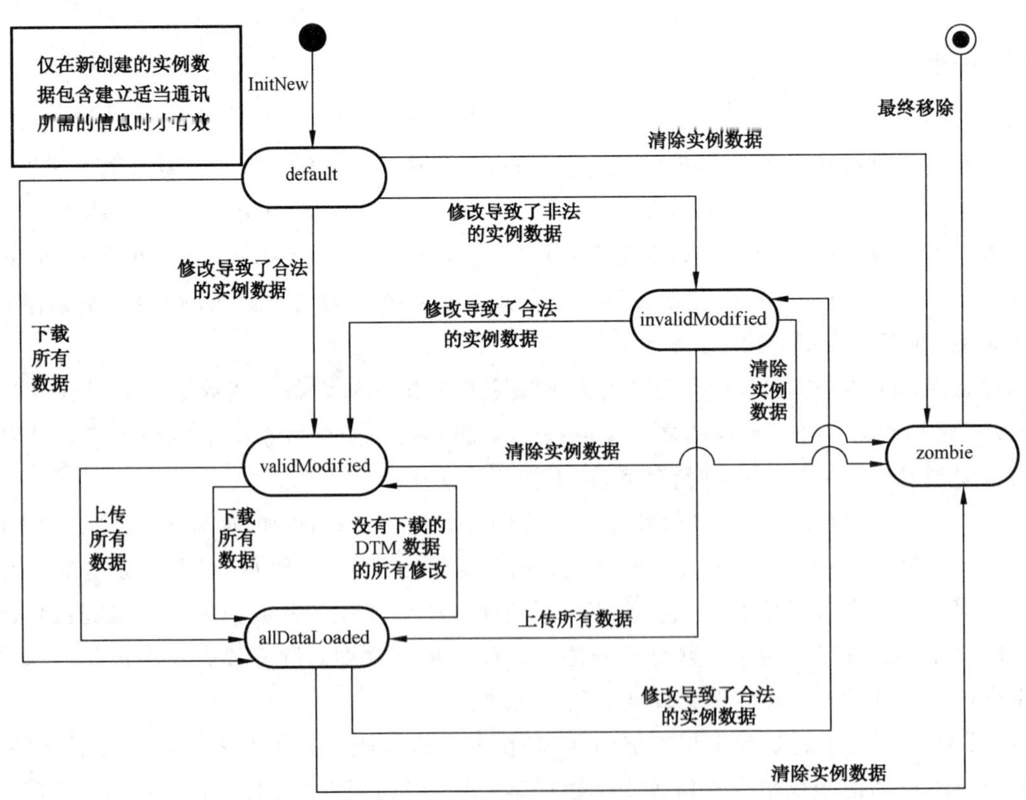

图 51　实例数据的修改状态机

表 101 解释了修改状态机的状态。

表 101 实例数据的修改状态机

状态	含 义
Default	实例数据的内容为默认的数据。该状态通常出现于创建新的实例数据之后
validModified	修改了实例集。数据处于一致性的状态
invalidModified	修改了实例集。数据没有处于一致性的状态
allDataLoaded	数据从相关设备中装载,或装载到相关设备中。 注:该状态并不意味着,设备中的数据与相关实例的数据相同。因为用户可能使用 FDT 之外的工具,FDT 不能保证这种状态
zombie	准备删除该实例数据,不允许访问这些数据

数据集状态可以用于验证哪一个设备是与其 DTM 同步的,哪一设备需要重新装载。例如 allDataLoaded 表示设备是与 DTM 同步的,应该不用再次装载。只有数据真正被修改了,才修改该状态。如果请求了锁定或者某个表示对象是激活的,但没有修改数据集,则不应该修改该状态,因为重新装载一个设备是个耗时的动作。

8.7.3 永久性状态机

图 52 的状态机反映了关于数据永久存储的实例数据的可能状态。

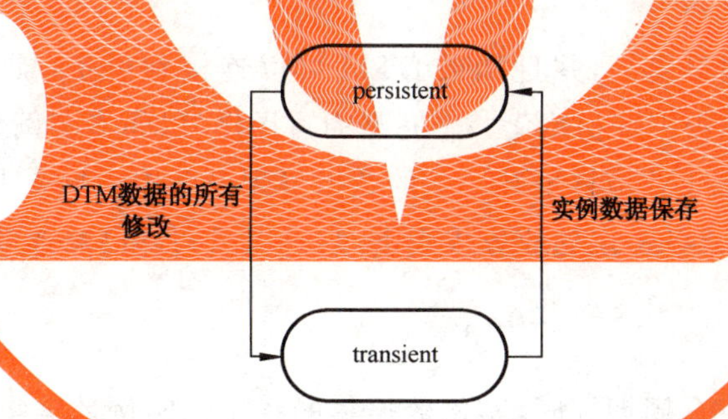

图 52 实例数据的永久性状态机

表 102 解释了永久性状态机的状态。

表 102 实例数据的永久性状态机

状态	含 义
persistent	实例相关数据的内容是永久的。该状态通常出现于使用框架应用程序的永久性 SaveInstanceData 服务(见 7.7.5.1)保存了数据之后
transient	实例数据被修改,这些修改还没有被永久地保存。DTM 中所有修改的数据都是临时的,并且没有与其他 DTM 实例或框架应用程序同步

至少在以下条件之一发生时,DTM 应该请求存储其实例数据。

- 如果终止了最后一个可以修改参数值的表示对象;

- 从设备读取参数以后,或将参数写入设备以后(ReadDataFromDevice 或 WriteDataToDevice 服务);
- 参数值被其他组件修改以后(InstanceDataWrite),并且没有激活的可以修改参数值的表示对象。

8.7.4 设备数据集的修改

8.7.4.1 概述

保持设备数据集和 DTM 实例数据集的同步是有用的。在在线模式下,DTM 应该询问用户是否要同步 DTM 与其设备的数据。这种行为是具备 applicationId 的 fdtOfflineParameterize 和 fdtOnlineParameterize 的表示对象所必备的。

必备标签〈fdt:modifiedInDevice〉用来表示此同步状态。

8.7.4.2 fdtOnlineParameterize 表示对象

当用户关闭了 DTM 用户界面之后,DTM 应该询问用户是否应该同步实例数据集和当前的设备组态。这将覆盖实例数据集中已存在的参数修改(状态不等于 allDataLoaded,见 8.7.3)。这种情况下,DTM 应该在以上提及的消息中包含这种信息。

如果用户确认要进行同步,DTM 应该装载完整的设备数据集到实例数据集中。如果 DTM 可以保证设备数据和实例数据集的一致性,在考虑设备特定的业务规则下,它可以只上载修改了的设备参数。

8.7.4.3 fdtOfflineParameterize 表示对象

如果用户关闭了 DTM 用户界面,并且如果 DTM 可以连接到设备(即,DTM 处于允许通信状态中),则 DTM 应该询问用户是否应该初始化一个完整的写操作,以同步实例数据集和当前的设备组态。

如果用户确认进行下载,DTM 应该下载完整的数据集到设备中。如果 DTM 可以保证设备数据和实例数据集的一致性,在考虑设备特定的业务规则下,它可以只写入已修改的参数。

8.7.5 存储生命周期

表 103 描述了在 DTM 生命周期期间,实例数据集的状态。实例数据集的状态由 dataSetState(见图 51)和 storageState(见图 52)来定义。

表 103 DTM 生命周期的示例

场　景	存储状态	数据集状态	可否在设备中被修改	备　注
DTM 初始化	transient	Default	False	
DTM 初始化后,正在存储数据	persistent	Default	False	
读取设备数据失败之后	persistent	Default	False	状态没有改变,因为读取不成功,数据集没有变化
读取设备数据成功之后	transient	allDataLoaded	False	

表 103（续）

场　　景	存储状态	数据集状态	可否在设备中被修改	备　　注
从设备读取和存储数据集之后	persistent	allDataLoaded	False	
通过(例如)GUI 在线参数化,修改设备数据之后	transient 因为〈modifiedInDevice〉标签已改变	validModified	True	设备接收了新的数据,所以,为了同步数据集,从设备读取数据是必要的
存储数据集之后	persistent	validModified	True	
从设备读取数据之后	transient 因为 dataSetState 已改变	allDataLoaded	False	
修改了实例数据集之后	transient	如果修改符合设备的业务逻辑:validModified 否则:invalidModified	False	
存储了数据集之后	persistent	validModified	False	
DTM 释放之后	-/-	-/-		
使用永久数据启动 DTM 之后	persistent	validModified	False	

8.8 处理冗余从站的父组件

处理冗余现场总线的父组件,例如通信 DTM,在 ChildAdded 服务执行中,通过检查子 DTM NetworkManagementInfoRead 服务返回的信息,能够检测到可以处理冗余从站的设备 DTM。通信 DTM 选择冗余的通信路径(自动地选择或通过对话框选择),并通过调用 NetworkManagementInfoWrite 设置冗余信息到设备 DTM。

在调用通信通道的 Connect 服务中,DTM 提供这种冗余信息。对于每一个这种已打开的连接,通信通道能够使用其中一条可用的路径,而无需进一步与设备 DTM 进行交互。

框架应用程序实现的与冗余相关的服务(见 7.7.4)能够管理关于冗余 DTM 的拓扑信息。在这种框架应用程序中,拓扑视图可以显示出这种冗余信息。另一方面,通信 DTM 和冗余从站的设备 DTM 可以用于不支持冗余的框架应用程序中,因为所有的冗余功能由通信通道和其子 DTM 处理。

图 53 给出了管理冗余拓扑的相关序列。

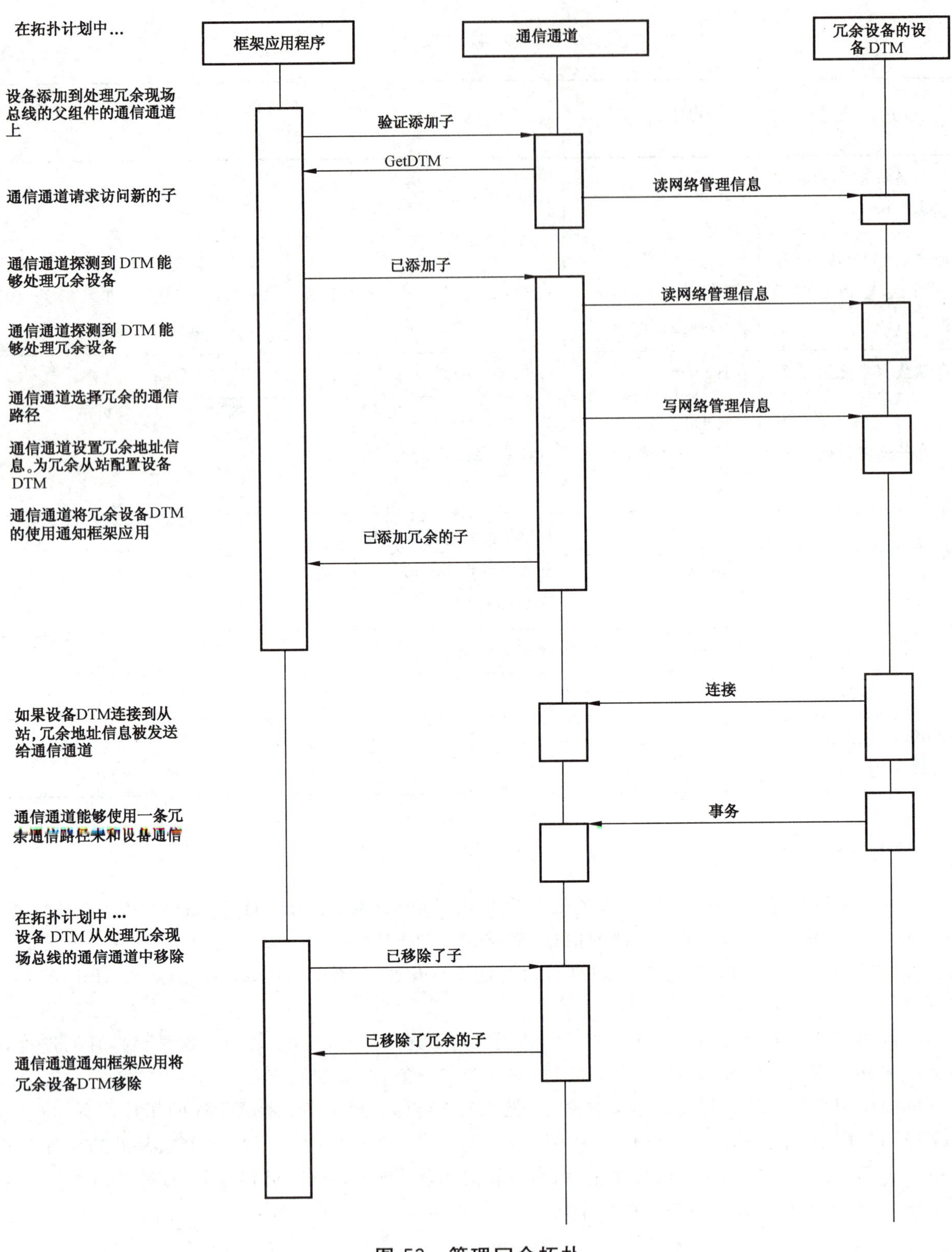

图53 管理冗余拓扑

8.9 DTM 升级

8.9.1 一般规则

在更新期间需要解决的第一步是验证保存的数据是否可以与新的DTM相关联。

每一DTM应该公开指定其数据集格式的一个统一标识符(dataSetId)。DTM可以提供它可以装载的兼容的数据集格式的列表。这些dataSetId作为GetTypeInformation服务的一部分返回。

如果DTM的ClassIdentifier没有改变,版本更新的处理取决于DTM。当在这种情况下装载数据,框架应用程序可能不会考虑所支持的数据集格式的列表。当装载数据后,DTM应该进行附加的数据兼容性的检查。

8.9.2 保存将要升级的DTM的数据

第一步是要存储将要更新的DTM的信息。

框架应用程序需要存储以下DTM的附加信息:

- DTM的ClassIdentifier
- 被存储数据格式的dataSetId
- 存储的类型
- 设备的附加信息

这些信息与存储的数据相关,稍后框架应用程序可以使用这种信息来标识和管理数据集。

图54提供了序列图。

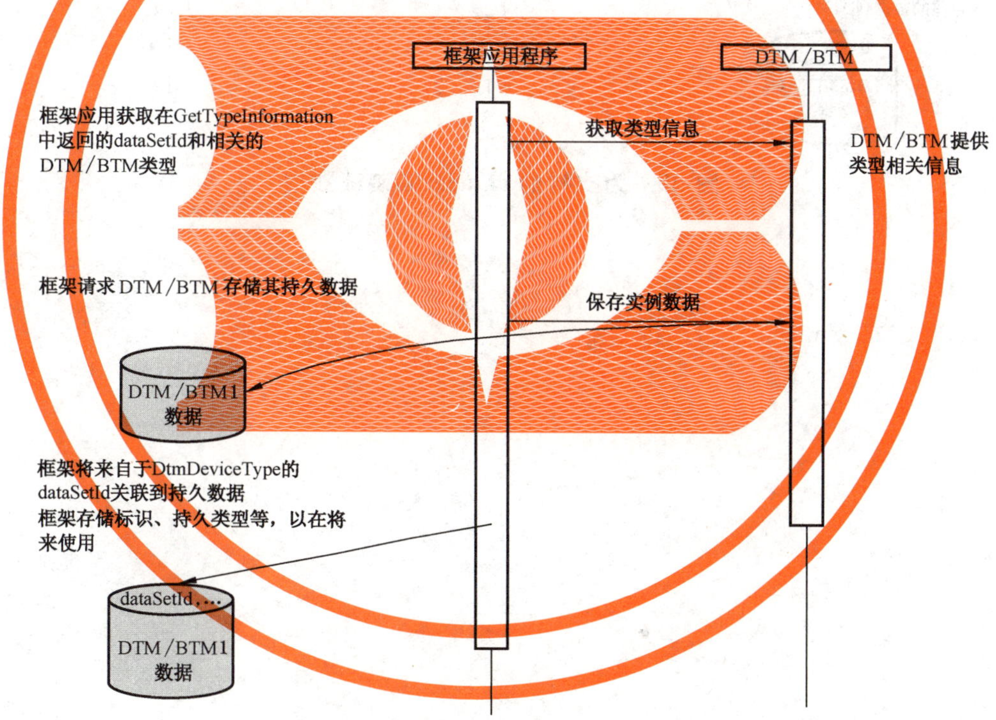

图54 关联数据到dataSetId

8.9.3 装载数据到升级后的DTM

因为存储的数据与存储的信息相关,稍后框架应用程序可以用它来选择一个可以处理存储数据的不同的DTM。

图55给出了序列图。

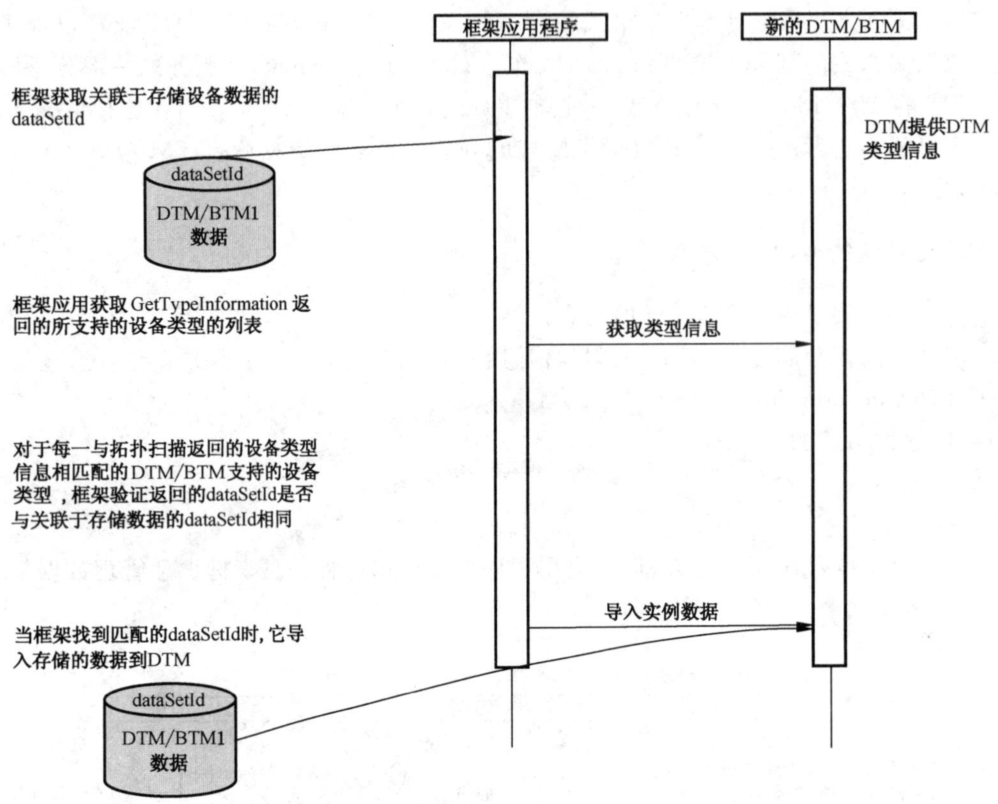

图 55　为支持的 **dataSetId** 装载数据

附 录 A
(规范性附录)
FDT数据类型定义

A.1 概述

本附录定义了FDT使用的所有数据类型。数据类型按照功能进行分组。逻辑上适合在一起的数据类型列在一张表中。对于每一个组定义了一个对应的命名空间。命名空间由一个前缀标识定义。当引用一个自身命名空间范围之外的数据类型时,需要在数据类型引用之前加上前缀。

数据类型的名称可由不同的单词构成,并且以"Camel Case"的方式书写,这种方式中大写的字母表示一个新单词的开始。简单数据类型的名称以一个小写字母开始。结构化数据类型的名称以一个大写的字母开始。

例如:

定义在命名空间"fdt"中的简单的数据类型"address":……………………………………………fdt:address

定义在命名空间"fdt"中的简单的数据类型"semanticId":…………………………………………fdt:semanticId

定义在命名空间"fdt"中的结构化数据类型"SemanticInformation":……fdt:SemanticInformation

对于每一数据类型都定义了基本的数据类型和描述。

定义在本附录数据类型表的"数据类型"列和"描述"列中数据类型的名称和语义是规范性的。数据类型表提供的"定义"列中含有资料性的内容。

对于结构化的数据类型,"定义"列由"基本数据类型""用法"和"多重性"组成。"基本数据类型"描述了数据类型的结构以及子元素的数据类型。

"用法"描述了子元素是如何在结构化数据类型中使用的。

用法的可能的值有:

O——可选的(不一定提供该数据元素);

M——必备的(应该提供该数据元素);

C——条件的(是否提供该数据元素,取决于某一条件,该条件应该在右边的列中描述);

S——选择的(该元素与其他的元素互斥,这可能发生在某一"choice of"结构中,或相反。如果存在不是"choice of"的条件,则应该在"描述"列中给出条件的描述。

"多重性"定义了子元素在结构化数据类型中的出现频率。使用的语法由UML符号定义。多数时候,给定的信息和用法信息相关(例如,可选的元素可能具有[0..1]的多重性,必备的元素可能具有[1..1]的多重性)。但是,有的情况下,多重性可能提供其他的信息(例如,在条件的和选择的用法情况下)。

A.2 基本数据类型

GB/T 29618定义的数据类型是基于GB/T 15969系列标准定义的数据类型之上的。表A.1定义了附加的基本数据类型。

表 A.1 基本数据类型

数据类型	描 述
ClassIdentifier	特定实现类的技术特定的标识符
LanguageID	用户界面本地化的唯一标识符。该 ID 是标准的国际化的数字简写(例如,标准德语:0x0407;美国英语:0x0409)
ObjectReference	对象实例的技术特定的引用
UUID	全球唯一标识符
URI	用于标识或命名某一资源的精简字符串。URL 和 URN 术语是 URI 的上下文相关的某一方面,很少需要区分它们。 URI 的例子有: URI 语法本质上是 URI 模式名称,如"http"、"ftp"、"mailto"、"urn"、"file"等,后接一个冒号,然后是模式特定的部分

A.3 一般数据类型

命名空间:fdt

本条定义的简单数据类型(见表 A.2)和结构化数据类型(见表 A.4)是服务特定数据类型定义的基础,或用作服务的参数。

表 A.2 简单的一般数据类型

数据类型	定 义	描 述
address	STRING	参数寻址信息。对于每种通信协议,该参数值的格式在相应部分中描述。 本协议部分提供了地址属性的导则。大部分协议都规定 DTM 应该将寻址信息提供给框架应用程序
alarmType	enumeration(highHighAlarm| highAlarm | lowLowAlarm | lowAlarm)	报警类型的标识符,给出了高、低报警的关系和高高、低低报警的关系
applicationDomain	STRING	应用域,应用于所提供的 semanticId。 可以是协议特定的标识符或者 FDT 定义的不同的应用程序域
applicationId	enumeration(fdtAdjustSetValue | fdtAssetManagement | fdtAuditTrail | fdtConfiguration | fdtDiagnosis | fdtForce| fdtManagement | fdtObserve | fdtOfflineCompare | fdtOfflineParameterize| fdtOnlineCompare| fdtOnlineParameterize| fdtIdentify | fdtCalibration | fdtMainOperation| fdtNetworkManagement)	当前应用程序上下文的标识符

表 A.2（续）

数据类型	定　　义	描　　述
binData	ARRAY OF USINT	包含二进制数据的变量
bitLength	UDINT	以位计算的二进制变量的长度
bitPosition	UDINT	一个位在枚举中的位置(0 为起始位置)
boolValue	BOOL	配置的静态布尔数据的变量,如报警值
build	INT	FDT 规范的生成版本号部分,DTM 的实现基于此。例如,对于 FDT 规范 1.2.1.0,该值应设为 0
busAddress	STRING	
busRedundancy	UDINT	冗余的现场总线接口的数量
byteArray	ARRAY OF USINT	用于传输二进制数据的数据类型
byteLength	UDINT	描述数据类型的字节数量,例如字符串
channelId	STRING	通道标识符
channelMode	enumeration(communication | moduleSlot | processValue)	通道类型信息枚举
channelPath	STRING	返回标识设备中通道的路径。该字符串不应该为空。它一直以设备实例的 systemTag 开始,然后是通道标识符。DTM 必须保证设备实例的路径是唯一的。通道路径是处理系统结构的基本信息。 〈systemTag〉/〈id〉 另外,channelPath 包含根据 GetParameter 获取的信息中寻找通道的信息,因此,在整体式 DTM 情况下,至少包含通道属于设备还是属于模块的信息。 在通信通道情况下,具有生成 channelPath 的一些特殊规则。 如何产生通信通道(也作为从子设备的过程通道接收数据的过程通道)的 channelPath,取决于通道的功能。 如果通道是被动的,即它从子设备接收数据,并对其自身的[ReadChannelData]信息不加修改地提供这种数据,channelPath 应该通过自身设备实例的系统标签和通道标识符、子设备的系统标签和编排的通道的标识符来生成。 〈systemTag〉/〈id〉//〈systemTag〉/〈id〉 如果通道是主动的,即它从子设备接收数据,处理数据并在自身的[ReadChannelData]信息中提供结果。channelPath 应该通过其设备实例的系统标签和通道标识符来生成。 〈systemTag〉/〈id〉 这种方式允许对具有网关功能的设备的内部通道分配进行导航
classificationDomainId	enumeration(powerDistribution | motionControl | measurement | operatorInterface | modulesAndControllers)	按照 IEC/TR 62390:2005 附录 G 的设备分类的域分组。见表 A.3

表 A.2（续）

数据类型	定　义	描　述
classificationId	enumeration(flow |level |pressure |temperature | valve |positioner | actuator |nc_rc |encoder |speedDrive | hmi |analogInput |analogOutput |digitalInput |digitalOutput |electrochemicalAnalyser |dtmSpecific|universal |analyser|remoteIO |analogCombinedIO |digitalCombinedIO |recorder |controller |angle | limitSwitch |converter|motor| |switchboard|circuitBreaker |powerMonitoring |distributionPanel |contactor |protectionStarter |softStarter |drive |axisControl |motor ControlCenter |controlValve |electrical | density |quality |speedOrRotaryFrequency |radiation |weightMass |distance OrPositionPresence|pushButton|joystick | keypad |pilotLight|stackLight |display |combined ButtonsAndLights | operator Station |generalInput |general Output |combinedInputOutput |relay | timer | scanner|programmableController)	按照通道或设备的首要功能分类的唯一标识符。"classificationId"应该从表:"根据 IEC/TR 62390:2005 附录 G 的设备分类"中选择,并使用对应的"classificationDomainId"属性。如果在表中不存在适合的分类,它应该从"FDT 分类标识符表"中选择,并不含"classificationDomainId"属性。见表 A.3
communicationError	enumeration(abort |busy |invalid CommunicationReference|noConnection|noParallelServices|noPendingRequest|unknownError|timeout | dtmSpecific |notSupportedFeature |sequenceTime Expired)	通信期间发生的现场总线协议无关的错误。特别是嵌套通信期间发生的错误。现场总线特定的通信错误在本部分的现场总线特定的部分定义。 通信组件,例如通信 DTM,检测到的通信错误应该在返回到子组件的数据中进行处理。 设备返回的错误(作为现场总线事务的结果)应该由协议特定的读响应或写响应元素返回,通常使用现场总线特定的状态和错误。 通信 DTM 检测到的所有错误应该映射到 fdt:communicationError 的一个枚举值(例如,abort busy invalidCommunicationReference noConnection noParallelServices noPendingRequest unknownError timeout dtmSpecific notSupportedFeature),并且返回 fdt:CommunciationError 元素给子 DTM。 对于 DTM 发送到父组件的事务请求,它应该能够处理以上两类错误响应

表 A.2（续）

数据类型	定　　义	描　　述
communicationReferenceID	UUID	到设备的通信链接的标识符。该标识符由通信组件在连接期间分配。 随后的所有通信调用必须使用这个通信引用
communicationType	enumeration(supported | required)	表明协议支持的类型： "supported":DTM 在通道上可以提供的总线协议。 "required":DTM 期望的父 DTM 的总线协议。 **注**：实际支持的总线协议取决于 DTM 的组态。这种数据类型给出了可能支持的协议，而不是实际可用的协议
dataSetID	UUID	数据集版本号的唯一标识符
dataSetState	enumeration(default | validModified | invalidModified | allDataLoaded)	与修改相关的实例数据集的状态(参见 4.9)
dataType	enumeration(byte | float | double | int | unsigned | enumerator | bitEnumerator | index | ascii | packedAscii | password | bitString | hexString | date | time | dateAndTime | duration | binary | structured | dtmSpecific)	所传输变量的数据类型的标识符
dataTypeDescriptor	STRING	数据类型的描述
date	DATE	元素中的日期变量
description	STRING	对支持的和当前的数据集格式的人可读的描述，在部分支持的情况下，可以用来为用户提供附加的信息
descriptor	STRING	某一元素上下文中的人可读的描述
deviceGraphicState	enumeration(device | diagnosis | oem)	DeviceIcon 和 DeviceBitmap 元素使用的可能的设备状态列表。可能的状态有： ● device:设备的符号表示 ● diagnostic:如果在线诊断可用，设备的符号表示 ● oem:在特殊操作模式下(例如，OEM 服务)，设备的符号表示 框架应用程序应该按照协议特定规则显示正确的图片
deviceTypeId	UDINT	现场总线规范的命名空间中的设备类型的唯一标识符
deviceTypeInformation	STRING	设备提供的附加的设备类型信息。例如，PROFIBUS 设备必须为本属性提供 GSD 信息作为人可读的字符串。 该信息应该基于使用 DTM SetLanguage 服务所设置的当前区域。 注:GSD 信息可以通过 InstanceDataInformation 和 GetTypeInformation 服务来访问

表 A.2（续）

数据类型	定　义	描　述
deviceTypeInformationPath	URI	包含"deviceTypeInformation"属性提供的信息的文件所在路径。 推荐使用这个属性提供设备类型的协议特定的描述。在协议特定的文档中(IEC 62453-3xy)规定该属性的使用
deviceTypeVariant	STRING	制造商特定设备类型变体定义字符串
deviceTypeVariantInfo	STRING	包含了制造商特定设备类型变体定义的附加信息
display	STRING	为任务(如，文档)提供的人可读的显示字符串
displayFormat	STRING	display 属性的显示格式描述(例如，浮点值的"%3.2f")
documentClassification	enumeration(help | technical Documentation | ordering Information| miscellaneous)	指定文档的主题
documentLanguageId	UDINT	文档所用语言的标识符。language-id 定义为 Windows 本地标识符(LCID)
dtmDevTypeID	UUID	dtmDevTypeID 是设备类型相关软件的 DTM 特定唯一标识符。 对于相同的设备类型，该值保持不变，即使 DtmDeviceType 元素的标识信息有所更新。 dtmDevTypeID 的值可能是 DTM 更新的结果。 dtmDevTypeID 的值应该总是与先前的 DTM 版本的相同设备相关(例如，提供向后兼容性)
dtmDevTypeIDVersion	UDINT	dtmDevTypeID 的版本号。它也用于标明与 DtmDeviceType 相关的信息已改变了。框架应用程序可以使用这种信息，例如，更新 DTM 库中 DTM 的相关信息。 示例： 当 DTM 是基于 DD 的，DD 的更新会引起 dtmDevTypeIDVersion 的改变，而不会改变 dtmDevTypeID
errorCode	ARRAY OF USINT	现场总线规范相关的状态信息
errorMessage	STRING	人可读的错误信息
filePath	URI	文件(例如，文档、可执行文件)的路径
frameApplicationTag	STRING	用于标识和导航的框架应用程序特定标签。DTM 应该在通道特定的用户界面上显示该标签
functionId	DINT	DTM 提供的功能标识符
help	STRING	文档的人可读帮助字符串
id	STRING	元素的唯一标识符。该标识符在对元素直接访问的集合中使用。该 id 应该在设备实例的命名空间中是唯一的
idref	STRING	表示由"id"属性指定的元素的引用。该标识符在对元素直接访问的集合中使用

表 A.2（续）

数据类型	定　　义	描　　述
index	UDINT	枚举中的索引
invokeId	UUID	如果一个服务提供者并行处理多个上下文，表示服务调用的上下文标识符。该标识符用于引用前边的上下文调用
label	STRING	文档的人可读的标签
languageId	UDINT	支持的语言或者 DTM 应该交互的语言的标识符。 见 DTM 服务 Setlanguage
levelOfSupport	enumeration(full | partial)	提供关于对所支持的数据集版本的支持程度的表示。 full：完全支持该数据集 partial：数据集中的一些信息不能在升级过程中使用。附加的信息应该在“description”属性中提供。可以用于警告用户一些值可能会丢失
major	INT	DTM 实现所基于的 FDT 规范版本的主版本部分。例如，FDT 规范 1.2.1.0 的主版本应该是 1
manufacturerId	UDINT	现场总线规范的命名空间中制造商的唯一标识符
minor	INT	DTM 实现所基于的 FDT 规范版本的次版本部分。例如，FDT 规范 1.2.1.0 的次版本应该是 2
modifiedInDevice	BOOL	提供关于实例数据集当前状态更多信息的标志。 TURE 表示一个参数在设备上已经改变了，但在实例数据集中没有改变(例如，参看 Online parameterization 用例、访问设备数据的 DTM 服务)。只有在设备数据发生改变的情况下，才设置“modifiedInDevice”标志。 在成功上载或下载完整的数据集的情况下，应该重置“modifiedInDevice”标志(设置为 FALSE)。 设备中的数据也可以通过 FDT 之外的工具直接进行修改。这种情况下，不应该设置“modifiedInDevice”标志。 数据集应该在应用启动前锁定，这有可能需要修改“modifiedInDevice”标志(“modifiedInDevice”标志是实例数据集的一部分，如果数据集没有被锁定，则不能修改它)
name	STRING	元素上下文中人可读的名称
number	INT	数字变量，如浮点数、整数或其他数字数据类型
onlineStatus	enumeration (communicationSet | goingOnline | goingOffline | online)	描述“允许通信”子状态的 DTM 的在线状态信息
operationPhase	enumeration(notSupported | engineering | commissioning | runtime | service)	当前操作阶段的信息
orderCode	STRING	设备变体的订购代码
parameters	STRING	如果文件的属性为可执行文件，则包含要传递给应用程序的参数

表 A.2（续）

数据类型	定　义	描　述
path	URI	设备图标的路径
percent	USINT	0..100%的进度状态
physicalLayer	UUID	描述现场总线物理层的 CATID
physicalLayerName	STRING	物理层的人可读的描述
protectedByChannelAssignment	BOOL	定义通道是否由框架应用程序设置为只读。如果存在通道分配，则设置为 TRUE
protocolId	UUID	协议的标识。这种数据类型的标准值在协议特定文档(IEC 62453-3xy)中定义
protocolIdName	STRING	与 protocolId 关联的协议的人可读名称。这种数据类型的标准值在协议特定文档(IEC 62453-3xy)中定义
readAccess	BOOL	指定此值是否可以从设备读取
reference	STRING	结构变量的引用
release	INT	DTM 实现所基于的 FDT 规范版本的发布部分。对于 FDT 规范 1.2.1.0，它应该为 1
semanticId	STRING	元素的语义标识符。该标识符应该至少在元素上下文中是唯一的。例如，通过使用这种属性，框架应用程序能够获得关于单个数据结构的含义和用法信息。标识符的定义是协议特定的，并在协议特定的附录中有详细描述。 另外，为了覆盖网络信息，定义了以下协议无关的 semanticId： -fdt::DeviceAddress -fdt:busMasterConfigurationPart 具有这些 semanticIds 之一的参数应该与 NetworkManagementInfoRead(见 7.2.11.1)服务提供的对应信息(例如:总线地址)是同一个参数
serviceSucceeded	BOOL	TRUE 表示服务成功，FALSE 表示服务失败
showProgress	BOOL	如果应该显示进度则设置为 TRUE，否则在框架应用程序中不会显示进度并应该关闭打开的进度条
signalType	enumeration(input |output)	指定信号为输入或输出
staticValue	INT	配置的静态数据的变量，例如报警值
statusFlag	enumeration(ok | warning | error |invalid)	设备或模块当前状态的标识符
storageState	enumeration(persistent | transient)	永久存储状态相关的实例数据集的状态(见 4.9)
string	STRING	元素中的字符串变量
subDeviceType	STRING	设备类型 id 命名空间中设备类型的制造商特定的唯一标识符。该参数应该在初始化期间通过初始化服务传递给 DTM，以对所请求的子类型提供预配置的建议。例如，同一变送器可以预配置为对液位或流量的测量

表 A.2（续）

数据类型	定义	描述
substituteType	enumeration(lastValue | lastValidValue | upperRange | lowerRange)	替代值的类型
systemTag	STRING	框架应用程序中 DTM 的唯一标识符
tag	STRING	设备、模块或通道的唯一标识符
time	DATE_AND_TIME	元素中的时间变量
url	URI	包含到 Web 文档的 URL
vendor	STRING	组件厂商人可读的描述
version	STRING	组件版本的人可读的描述，如"1.0"
windowTitle	STRING	框架应用程序需要的窗口标题
writeAccess	BOOL	规定值是否可以写入到设备中

表 A.3 定义了设备类型分类的值的范围。

表 A.3　classificationId 枚举值的定义

域		子域
classificationDomainId	**IEC 域组名**	**classificationId**
General FDT	〈none〉	valve
		actuator
		nc_rc
		encoder
		speedDrive
		hmi
		analogInput
		analogOuput
		digitalInput
		digitalOutput
		electrochemicalAnalyser
		dtmSpecific
		universal
		analyser
		remoteIO
		analogCombinedIO
		digitalCombinedIO
		recorder

表 A.3 （续）

域		子域
classificationDomainId	**IEC 域组名**	**classificationId**
		controller
		angle
		limitSwitch
		converter
		motor
powerDistribution	Power distribution(配电)	switchboard
		circuitBreaker
		powerMonitoring
		distributionPanel
motionControl	Motion control(运动控制)	contactor
		protectionStarter
		softStarter
		drive
		axisControl
		motorControlCenter
		motorMonitoring
		positioner
		controlValve
measurement	Detection,measurement(探测,测量)	electrical
		density
		flow
		level
		quality
		pressure
		speedOrRotaryFrequency
		radiation
		temperature
		weightMass
		distanceOrPositionOrPresence
operatorInterface	Dialogue/operator interfaces(对话/操作接口)	pushButton
		joystick
		keypad
		pilotLight

表 A.3 (续)

域		子域
classificationDomainId	**IEC 域组名**	**classificationId**
		stackLight
		display
		combinedButtonsAndLights
		operatorStation
modulesAndControllers	Logic/universal I/O modules and controllers(逻辑/通用输入输出模块和控制器)	generalInput
		generalOuput
		combinedInputOuput
		relay
		timer
		scanner
		programmableController

表 A.4 一般的结构化数据类型

设备类型	定义			描述
	基本数据类型	用法	多重性	
Alarm	STRUCT			报警的描述
	alarmType	M	[1..1]	
	Unit	O	[0..1]	
	choice of	O	[0..1]	
	StaticValue	S	[1..1]	
	NumberData	S	[1..1]	
	AlarmEnumerationEntries	S	[1..1]	
	ChannelReferences	S	[1..1]	
AlarmEnumerationEntries	STRUCT			报警枚举条目的集合
	AlarmEnumerationEntry	M	[1..*]	
AlarmEnumerationEntry	STRUCT			报警枚举条目
	bitPosition	M	[1..1]	
	name	M	[1..1]	
	boolValue	M	[1..1]	
	descriptor	O	[0..1]	
Alarms	STRUCT			报警的集合
	Alarm	M	[1..*]	

表 A.4(续)

设备类型	定　　义			描　　述
ApplicationId	STRUCT			编码为枚举值的 FDT 全局应用程序标识符
	applicationId	M	[1..1]	
FDTApplicationIds	STRUCT			应用程序标识符的集合
	ApplicationId	O	[0..*]	
BinaryVariable	STRUCT			包含二进制数据的元素
	binData	M	[1..1]	
BitEnumeratorEntries	STRUCT			EnumerationEntry 的集合
	EnumeratorEntry	M	[1..*]	
BitEnumeratorVariable	STRUCT			当前的 EnumeratorEntry 和可能的 EnumeratorEntry 的集合
	BitVariable	M	[1..1]	
	BitEnumeratorEntries	O	[0..1]	
BitVariable	STRUCT			枚举中选中的元素
	EnumeratorEntry	O	[0..*]	
BoolValue	STRUCT			配置的布尔数据的变量
	boolValue	O	[0..1]	
BusCategories	STRUCT			BusCategory 的集合
	BusCategory	M	[1..*]	
BusCategory	STRUCT			现场总线的描述
	protocolId	M	[1..1]	
	protocolIdName	O	[0..1]	
	CommunicationTypeEntry	O	[0..*]	
	PhysicalLayer	O	[0..*]	
BusRedundancy	STRUCT			冗余现场总线接口的数据
	busRedundancy	M	[1..1]	
ChannelInformation	STRUCT			FDT 通道的类型信息。此元素用于 InstanceDataInformation 服务返回的文档中
	BusCategories	M	[1..1]	BusCategories 元素应该包含此通道支持的现场总线协议
	ChannelModes	M	[1..1]	
ChannelMode	STRUCT			通道的类型信息元素
	channelMode	M	[1..1]	
ChannelModes	STRUCT			ChannelMode 元素的列表
	ChannelMode	M	[1..*]	
ChannelObjectReference	ObjectReference			通道对象的引用

表 A.4（续）

设备类型	定　义			描　述
ChannelReference	STRUCT			标识符所标识的对象的引用
	idref	M	[1..1]	
	ChannelInformation	O	[0..1]	
ChannelReferences	STRUCT			ChannelObjectReferences 的集合
	ChannelReference	M	[1..*]	
ChannelType	STRUCT			通道组件的描述
	VersionInformation	M	[1..1]	
	BusCategory	O	[0..1]	
ClassificationId	STRUCT			分类标识符。见下表
	classificationId	M	[1..1]	
ClassificationIds	STRUCT			ClassificationId 元素的集合。见下表
	classificationDomainId	O	[0..1]	
	ClassificationId	M	[1..*]	
CommunicationClientObjectReference	ObjectReference			通信客户端对象的引用
CommunicationData	STRUCT			用于转换二进制通信数据的变量
	byteArray	M	[1..1]	
CommunicationError	STRUCT			在嵌套通信期间发生的现场总线协议无关的错误描述
	communicationError	M	[1..1]	协议无关的错误
	tag	M	[1..1]	通信通道的设备标签
	errorCode	O	[0..1]	现场总线特定的错误编码
	descriptor	O	[0..1]	错误描述
CommunicationObjectReference	Technology specific ObjectReference			通信对象的引用。这种数据类型取决于使用的实现技术（见 GB/T 29618.4z）
CommunicationTypeEntry	STRUCT			通信类型的枚举元素
	communicationType	M	[1..1]	
CurrentDatasetFormat	STRUCT			用于存储数据的数据集的当前版本
	dataSetID	M	[1..1]	
	description	O	[0..1]	
DataSetFormats	STRUCT			DTM 支持并且使用的永久数据的数据格式
	CurrentDatasetFormat	M	[1..1]	
	SupportedDatasetFormat	O	[0..*]	

表 A.4（续）

设备类型	定　义			描　述
Deadband	STRUCT			Deadband 是触发(例如)新的趋势值的值变化数量
	number	M	[1..1]	
DeviceBitmap	STRUCT			设备的位图,格式为 70 * 40 像素(宽 * 高)、16 色
	deviceGraphicState	M	[1..1]	
	path	M	[1..1]	
DeviceIcon	STRUCT			设备的图标
	deviceGraphicState	O	[0..1]	
	path	M	[1..1]	
DeviceTypeVariant	STRUCT			包含制造商特定的设备类型变体的信息。 设备类型变体是物理设备的一个属性,对软件没有影响(例如,法兰材料、防爆证书……)。但是,一些框架应用程序会将这种信息用于归档
	deviceTypeVariant	M	[1..1]	
	deviceTypeVariantInfo	O	[0..1]	
	orderCode	O	[0..1]	
DeviceTypeVariants	STRUCT			DeviceVariant 元素的集合。 DeviceVariant 元素应该只在 DTM 信息数据上下文中使用
	DeviceTypeVariant	M	[1..*]	
Display	STRUCT			显示变量
	string	M	[1..1]	
DisplayContext	Technology specific display context			显示的上下文信息。这种数据类型取决于所使用的实现技术(见 GB/T 29618.4z)
DocumentExe	STRUCT			定义用于显示 DTM 文档的可执行文件
	file	M	[1..1]	
	parameters	O	[0..1]	
DocumentFile	STRUCT			定义文件文档
	filePath	M	[1..1]	
DocumentUrl	STRUCT			定义 Web 中某一文档的 URL 实现提示: 文件、URL 和可执行文档可以使用 ShellExecute()方法来实现
	url	M	[1..1]	
DtmDeviceType	STRUCT			设备类型的描述
	readAccess	O	[0..1]	
	writeAccess	O	[0..1]	
	manufacturerId	O	[0..1]	
	deviceTypeId	O	[0..1]	

表 A.4（续）

设备类型	定　　义			描　　述
DtmDeviceType	subDeviceType	O	[0..1]	设备类型的描述
	deviceTypeInformation	O	[0..1]	
	deviceTypeInformationPath	O	[0..1]	
	classificationId	O	[0..1]	
	dtmDevTypeID	M	[1..1]	
	dtmDevTypeIDVersion	M	[1..1]	
	VersionInformation	M	[1..1]	
	SupportedLanguages	M	[1..1]	
	BusCategories	O	[0..1]	
	DeviceIcon	O	[0..*]	
	DtmDocuments	O	[0..1]	
	DeviceBitmap	O	[0..*]	
	ClassificationIds	O	[0..1]	
	DataSetFormats	O	[0..1]	
	choice of	O	[0..1]	
	DeviceTypeVariants	S	[1..1]	
	DeviceTypeVariant	S	[1..1]	
DtmDeviceTypes	STRUCT			设备类型的集合
	DtmDeviceType	M	[1..*]	
DtmDocument	STRUCT			定义由 DTM 提供，由框架应用程序显示的文档
	label	M	[1..1]	
	help	O	[0..1]	
	documentClassification	M	[1..1]	
	documentLanguageId	O	[0..1]	
	choice of	M	[1..1]	
	DocumentFile	S	[0..1]	
	DocumentUrl	S	[0..1]	
	DocumentExe	S	[0..1]	
DtmDocuments	STRUCT			DTM 文档的列表。该标签允许 DTM 发布文档
	collection of	M	[1..1]	
	DtmDocument		[1..*]	
DtmObjectReference	ObjectReference			DTM 的引用
DtmVariable	STRUCT			带有名称，值，范围等的变量描述

表 A.4（续）

设备类型	定　义			描　述
DtmVariable	SemanticInformation	M	[1.. *]	DTM 应该为 DTM 实例支持的所有现场总线协议提供 SemanticInformation 元素
	name	M	[1..1]	
	descriptor	O	[0..1]	
	Value	M	[1..1]	
	Unit	O	[0..1]	
	Ranges	O	[0..1]	
	statusFlag	O	[0..1]	
	StatusInformation	O	[0..1]	
DtmVariableReference	STRUCT			DTM 变量的引用
	reference	M	[1..1]	
DtmVariables	STRUCT			DTM 变量的集合
	SemanticInformation	O	[0.. *]	
	name	M	[1..1]	
	descriptor	O	[0..1]	
	collection of	M	[1..1]	
	DtmVariables		[0.. *]	
	DtmVariable		[0.. *]	
EnumeratorEntries	STRUCT			枚举元素的集合
	EnumeratorEntry	M	[1.. *]	
EnumeratorEntry	STRUCT			枚举的元素
	index	M	[1..1]	
	name	M	[1..1]	
	descriptor	O	[0..1]	
EnumeratorVariable	STRUCT			当前的 EnumeratorEntry 和可能的 EnumeratorEntry 的集合
	Variable	M	[1..1]	
	EnumeratorEntries	O	[0..1]	
FDTVersion	STRUCT			定义规定版本信息的元素。DTM 在这个版本上进行实现
	major	M	[1..1]	
	minor	M	[1..1]	
	release	M	[1..1]	
	build	M	[1..1]	
FrameObjectReference	ObjectReference			对框架应用程序的引用
FrameVersion	STRUCT			描述框架应用程序的版本
	FDTVersion	M	[1..1]	

表 A.4（续）

设备类型	定　　义			描　　述
LanguageId	STRUCT			包含了 languageId(见 languageId)
	languageId	M	[1..1]	
LowerRange	STRUCT			定义下限元素
	choice of	O	[0..1]	
	NumberData	S	[1..1]	
	StringData	S	[1..1]	
	TimeData	S	[1..1]	
	ChannelReference	S	[1..1]	
LowerRawValue	STRUCT			反映传输的真实值(例如通过 PROFIBUS)的数字项。该值映射到相关的范围(LowerRangeValue)。 例如,如果 PROFIBUS 设备映射 10～100 mbar 到 1024～4096 的整数值。LowerRawValue 为 1024,UpperRawValue 为 4096
	number	M	[1..1]	
NumberData	STRUCT			数字变量,例如浮点数、整型或其他数值数据类型
	number	M	[1..1]	
PhysicalLayer	STRUCT			现场总线(如 PROFIBUS PA)的物理层的唯一标识符
	physicalLayer	M	[1..1]	
	physicalLayerName	O	[0..1]	
PresentationObjectReference	ObjectReference			表示对象的引用
ProgressInformation	STRUCT			进度信息
	description			运行进度的描述
	percent			
	showProgress			
Range	STRUCT			描述过程变量的有效范围
	LowerRange	M	[1..1]	
	UpperRange	M	[1..1]	
	Unit	O	[0..1]	
	LowerRawValue	O	[0..1]	
	UpperRawValue	O	[0..1]	
Ranges	STRUCT			范围的集合
	readAccess	O	[0..1]	
	writeAccess	O	[0..1]	
	Range	M	[1..*]	

表 A.4（续）

设备类型	定　义			描　述
SemanticInformation	STRUCT			该元素提供数据对象的语义信息。对于每一对象，至少应该提供一个带有 FDT 定义的协议特定 semanticId 的 SemanticInformation 元素。DTM 应该对于 DTM 实例支持的所有现场总线协议提供 SemanticInformation 元素
	applicationDomain	M	[1..1]	
	semanticId	M	[1..1]	
	address	O	[0..1]	
StaticValue	STRUCT			配置静态数据（例如报警值）的变量
	staticValue	M	[1..1]	
StatusInformation	STRUCT			设备或模块的当前状态信息
	readAccess	O	[0..1]	
	writeAccess	O	[0..1]	
	EnumeratorEntry	M	[1..*]	
StringData	STRUCT			字符串变量
	string	M	[1..1]	
StorageObject	ObjectReference			用于数据存储和加载服务的技术特定的对象
StructuredElement	STRUCT			作为显示值的变量，或引用某一带有数据长度信息的变量
	bitLength	M	[1..1]	
	choice of	M	[1..1]	
	Display	S	[1..1]	
	DtmVariableReference	S	[1..1]	
StructuredElements	STRUCT			结构化元素的集合
	StructuredElement	M	[1..*]	
StructuredVariable	STRUCT			描述二进制的值及其结构信息
	BinaryVariable	M	[1..1]	
	StructuredElements	M	[1..1]	
	dataTypeDescriptor	O	[0..1]	
SubstituteType	STRUCT			替换值的类型
	substituteType	M	[1..1]	
SubstituteValue	STRUCT			描述与受干扰通道值的行为相结合使用的替换值
	choice of	M	[1..1]	
	SubstituteType	S	[1..1]	
	Variant	S	[1..1]	

表 A.4（续）

设备类型	定　　义			描　　述
SupportedDatasetFormat	STRUCT			可以被 DTM 更新的支持的数据集的列表
	dataSetID	M	[1..1]	
	levelOfSupport	O	[0..1]	
	description	O	[0..1]	
SupportedLanguages	STRUCT			语言标识符的集合
	LanguageId	M	[1..*]	
TimeData	STRUCT			时间日期值的元素
	time	M	[1..1]	
Unit	STRUCT			当前的单位以及过程变量可能单位的集合
	readAccess	O	[0..1]	
	writeAccess	O	[0..1]	
	choice of	O	[0..1]	
	EnumeratorVariable	S	[1..1]	
	ChannelReference	S	[1..1]	
UpperRange	STRUCT			上限元素的定义
	choice of	O	[0..1]	
	NumberData	S	[1..1]	
	StringData	S	[1..1]	
	TimeData	S	[1..1]	
	ChannelReference	S	[1..1]	
UpperRawValue	STRUCT			反映传输的真实值（例如通过 PROFIBUS）的数值项。该值映射到相关的范围（UpperRangeValue）。 例如，如果 PROFIBUS 设备映射 10～100 mbar 到 1024～4096 的整数值，则 UpperRawValue 为 4096，UpperRange 为 4096
	number	M	[1..1]	
Value	STRUCT			包含了变量本身或变量的显示字符串
	readAccess	O	[0..1]	
	writeAccess	O	[0..1]	
	choice of	M	[1..1]	
	Display	S	[1..1]	
	Variant	S	[1..1]	
Variable	STRUCT			选择枚举的元素
	EnumeratorEntry	M	[1..1]	

表 A.4（续）

设备类型	定　　义			描　　述
Variant	STRUCT			具有数据类型和显示格式的变量
	dataType	M	[1..1]	
	byteLength	O	[0..1]	
	displayFormat	O	[0..1]	
	choice of	M	[1..1]	
	StringData	S	[1..1]	
	NumberData	S	[1..1]	
	TimeData	S	[1..1]	
	EnumeratorVariable	S	[1..1]	
	BitEnumeratorVariable	S	[1..1]	
	BinaryVariable	S	[1..1]	
	StructuredVariable	S	[1..1]	
VersionInformation	STRUCT			使用的组件版本的描述。 例如 ● DTM 的版本（如果在 DtmInfo 中使用） ● 物理设备的版本（如果在 DtmDeviceType）中使用
	readAccess	O	[0..1]	
	writeAccess	O	[0..1]	
	name	M	[1..1]	
	vendor	O	[0..1]	
	version	O	[0..1]	
	date	O	[0..1]	
	descriptor	O	[0..1]	

A.4　用户信息数据类型

命名空间：user

本条定义的简单数据类型（见表 A.5）和结构化数据类型（见表 A.6）是定义服务特定的数据类型的基础或用作服务参数。

表 A.5　简单用户信息数据类型

数据类型	定　　义	描　　述
administrator	BOOL	描述用户是否具有管理权限的标记（默认为"FALSE"）
loginLocation	STRING	描述用户登录的位置
loginTime	DATE_AND_TIME	上次登录的时间
oemService	BOOL	描述用户是否具有 OEM 服务权限的标记（默认为"FALSE"）
projectName	STRING	框架应用程序命名空间中项目的唯一标识符
sessionDescription	STRING	用户会话的描述（可由用户给出）

表 A.5（续）

数据类型	定　　义	描　　述
userLevel	enumeration(observer ∣ operator ∣maintenance ∣ planningEngineer)	指定用户权限的用户级别
userName	STRING	当前用户的名称

表 A.6　结构化的用户信息数据类型

数据类型	定　　义			描　　述
	基本的数据类型	用法	多重性	
FDTUserInformation	STRUCT			用户角色的描述，包括权限、当前的会话等信息
	projectName	M	[1..1]	
	userName	M	[1..1]	
	userLevel	M	[1..1]	
	oemService	O	[0..1]	
	administrator	O	[0..1]	
	loginTime	O	[0..1]	
	loginLocation	O	[0..1]	
	sessionDescription	O	[0..1]	

A.5　DTM 信息数据类型

命名空间：dtminfo

本条定义的数据类型（见表 A.7）是定义服务特定的数据类型的基础或用作服务参数。

表 A.7　结构化的 DTM 信息数据类型

数据类型	定　　义			描　　述
	基本的数据类型	用法	多重性	
DtmInfo	STRUCT			描述 DTM 本身
	fdt:FDTVersion	M	[1..1]	
	fdt:VersionInformation	M	[1..1]	
	fdt:DtmDeviceTypes	M	[1..*]	

A.6　BTM 数据类型

命名空间：btm

本条定义的简单数据类型（见表 A.8）和结构化数据类型（见表 A.9）用作定义服务特定的数据类型

的基础或用作服务参数。

表 A.8　简单 BTM 数据类型

数据类型	定　义	描　述
blockCategory	UUID	块类型(如模拟输入块、资源块)的唯一标识符
blockCategoryName	STRING	人可读的块类型的名称
blockTag	STRING	块的唯一标识符
index	UDINT	整数值,提供从块开始处或结构开始处的偏移
label	STRING	可读的名称。如果存在可选属性“label”,则属性“name”包含语言无关的标识符
profile	UINT	现场总线基金会分配的号码,唯一地标识了块所使用的行规
profileRevision	UINT	行规的版本号,块定义在它的基础上
slot	UDINT	提供参数编组号码的整数。在 Profibus 中,它可以提供槽号(如果设备支持槽)。在基金会现场总线中,如果该仪表支持多于一个的应用 VFD,它可以提供应用 VFD 号码
usage	enumeration(contained | input | output | eventSource | eventSink)	指示该对象是否能被其他功能块(I)设置,是否提供值给其他功能块(O),是否只是给其他设备提供通信支持(C)。类型为 Visible String,1 个八位位组

表 A.9　结构化的 BTM 数据类型

数据类型	定　义			描　述
	基本的数据类型	用法	多重性	
BlockIcon	STRUCT			块的图标
	fdt:path	M	[1..1]	
BlockTypeCategory	STRUCT			块的类型
	blockCategory	M	[1..1]	
	blockCategoryName	O	[0..1]	
BtmBlockType	STRUCT			块类型的描述
	fdt:readAccess	O	[0..1]	
	fdt:writeAccess	O	[0..1]	
	fdt:manufacturerId	O	[0..1]	
	profile	O	[0..1]	
	profileRevision	O	[0..1]	
	fdt:VersionInformation	M	[1..1]	
	fdt:SupportedLanguages	O	[0..1]	
	BlockTypeCategory	O	[0..1]	
	fdt:BusCategories	M	[1..1]	
	BlockIcon	O	[0..1]	

表 A.9（续）

数据类型	定义			描述
	基本的数据类型	用法	多重性	
BtmVariable	STRUCT			带有 name,index,value,range 等的块变量描述
	fdt:name	M	[1..1]	
	label	M	[1..1]	
	index	M	[1..1]	
	slot	O	[0..1]	
	fdt:descriptor	O	[0..1]	
	usage	M	[1..1]	
	fdt:Value	M	[1..1]	
	fdt:Unit	O	[0..1]	
	fdt:Ranges	O	[0..1]	
	fdt:statusFlag	O	[0..1]	
	fdt:StatusInformation	O	[0..1]	
BtmVariables	STRUCT			BTM 变量的集合
	fdt:name	M	[1..1]	
	label	M	[1..1]	
	index	M	[1..1]	
	collection of	M	[1..1]	
	BtmVariables		[0..*]	
	BtmVariable		[0..*]	

A.7 设备和扫描的标识数据类型

命名空间:ident

本条定义的数据类型(见表 A.10 和表 A.11)是定义服务特定的数据类型的基础或用作服务参数。

表 A.10 简单的设备标识数据类型

数据类型	定义	描述
configuredState	enumeration(configuredAndPhysically Available |configuredAndNotPhysically Available |availableButNotConfigured | notApplicable)	该属性只用于具有主站组态的协议,如 Profibus。对于所有其他的协议,使用“notApplicable”。 该属性定义连接到该总线地址的扫描到的模块是否处于已配置的状态。框架应用程序可选择地使用该属性来显示信息给用户。 以下的值在枚举中是合法的: ● configuredAndPhysicallyAvailable ● configuredAndNotPhysicallyAvailable ● availableButNotConfigured ● notApplicable

表 A.10（续）

数据类型	定义	描述
idDTMSupportLevel	enumeration(genericSupport | profileSupport | blockspecificProfileSupport | specificSupport | identSupport)	定义 DTMDeviceType 对物理设备的支持级别。框架应用程序使用该属性来将 DTM 支持的级别显示给用户。用户可以使用这种信息来作出分配的决定。 genericSupport:DTMDeviceType 用于相应现场总线协议的所有种类的物理设备 profileSupport:DTMDeviceType 用于现场总线协议某一行规的物理设备 blockspecificProfileSupport: DTMDeviceType 用于包含在物理设备类型中的块(例如,Profibus 中的压力变送块) specificSupport:DTMDeviceType 是为物理设备类型而开发的 identSupport:DTMDeviceType 能够以制造商特定的方式标识物理设备,以提出更好的 DTMDeviceType
match	STRING	该属性包含正则表达式字符串,应该与扫描结果提供的属性相匹配
name	STRING	包含单一标识信息的名称
nomatch	STRING	该属性包含正则表达式字符串,不应该与扫描结果提供的属性相匹配
protocolSpecificName	STRING	现场总线协议特定的名称。该属性提供到现场总线规范的引用
resultState	enumeration(provisional | final | error)	标志 XML 文档为 ScanResponse()提供的 provisional 结果。DTM 将发送其他 provisional 的 XML(resultState="provisional"),并且在扫描结束时,发送一个结果文档(resultState="final")。如果发生了错误,通过设置结果的 resultState=error 来指示
value	STRING	该属性包含正则表达式字符串,应该与扫描结果提供的属性相匹配

表 A.11 结构化的设备标识数据类型

数据类型	定义			描述
	基本的数据类型	用法	多重性	
DeviceTypeIdentification	STRUCT			包含物理设备类型或组的设备类型的所有标识元素
	idDTMSupportLevel	M	[1..1]	
	IdBusProtocol	M	[1..1]	
	IdBusProtocolVersion	M	[1..1]	
	IdManufacturer	M	[1..1]	
	IdTypeID	M	[1..1]	
	IdSoftwareRevision	M	[1..1]	
	IdHardwareRevision	M	[1..1]	
	IdValues	O	[0..1]	

表 A.11（续）

<table>
<tr><th rowspan="2">数据类型</th><th colspan="3">定　义</th><th rowspan="2">描　述</th></tr>
<tr><th>基本的数据类型</th><th>用法</th><th>多重性</th></tr>
<tr><td rowspan="2">DeviceIdentification-List</td><td>STRUCT</td><td></td><td></td><td rowspan="2">物理设备的几种设备类型的标识列表。
DeviceTypeIdentifications 元素不应该在 GetIdentificationInformation 返回的数据环境中使用。该元素应该只在包含几个设备类型的标识信息（即，Scan、HardwareInformation 服务）的数据环境中使用</td></tr>
<tr><td>DeviceIdentification</td><td>M</td><td>[1..*]</td></tr>
<tr><td rowspan="3">IdAddress</td><td>STRUCT</td><td></td><td></td><td rowspan="3">包含设备或块地址的现场总线地址。该信息只存在于扫描响应中。它不能用于进行匹配</td></tr>
<tr><td>ident:value</td><td>M</td><td>[1..1]</td></tr>
<tr><td>ident:protocolSpecificName</td><td>M</td><td>[1..1]</td></tr>
<tr><td rowspan="4">IdBusProtocol</td><td>STRUCT</td><td></td><td></td><td rowspan="3">提供协议变量，例如，Profibus PA</td></tr>
<tr><td>value</td><td>O</td><td>[0..1]</td></tr>
<tr><td>protocolSpecificName</td><td>M</td><td>[1..1]</td></tr>
<tr><td>RegExpr</td><td>O</td><td>[0..*]</td><td>Scan 服务的响应中不存在该元素</td></tr>
<tr><td rowspan="4">IdBusProtocolVer-sion</td><td>STRUCT</td><td></td><td></td><td rowspan="3">包含协议的版本，例如，HART 的 5 或 6，Profibus PA 的 3.0</td></tr>
<tr><td>value</td><td>O</td><td>[0..1]</td></tr>
<tr><td>protocolSpecificName</td><td>M</td><td>[1..1]</td></tr>
<tr><td>RegExpr</td><td>O</td><td>[0..*]</td><td>Scan 服务的响应中不存在该元素</td></tr>
<tr><td rowspan="3">IdDeviceTag</td><td>STRUCT</td><td></td><td></td><td rowspan="3">包含扫描的设备或块实例的标签。该属性只存在于扫描结果中，并只用于给出信息。它不能用于进行匹配</td></tr>
<tr><td>value</td><td>O</td><td>[0..1]</td></tr>
<tr><td>protocolSpecificName</td><td>M</td><td>[1..1]</td></tr>
<tr><td rowspan="4">IdManufacturer</td><td>STRUCT</td><td></td><td></td><td rowspan="3">标识设备或块的制造商</td></tr>
<tr><td>value</td><td>O</td><td>[0..1]</td></tr>
<tr><td>protocolSpecificName</td><td>M</td><td>[1..1]</td></tr>
<tr><td>RegExpr</td><td>O</td><td>[0..*]</td><td>Scan 服务的响应中不存在该元素</td></tr>
<tr><td rowspan="3">IdSerialNumber</td><td>STRUCT</td><td></td><td></td><td rowspan="3">包含扫描的设备或块的序列号。该属性只存在于扫描的在线过程中，并只用于给出信息。它不能用于进行匹配。
注 1：制造商和设备类型的序列号可以是唯一的。
注 2：为了显示全球统一的设备标识，框架应用程序必须对 IdManufacturer，IdTypeID 和 IdSerialNumber 进行组合</td></tr>
<tr><td>value</td><td>O</td><td>[0..1]</td></tr>
<tr><td>protocolSpecificName</td><td>M</td><td>[1..1]</td></tr>
</table>

表 A.11(续)

数据类型	定义			描述
	基本的数据类型	用法	多重性	
IdTypeID	STRUCT			标识设备或块类型
	value	O	[0..1]	
	protocolSpecificName	M	[1..1]	
	RegExpr	O	[0..*]	Scan 服务的响应中不存在该元素
IdSoftwareRevision	STRUCT			包含设备或块的软件版本
	value	O	[0..1]	
	protocolSpecificName	M	[1..1]	
	RegExpr	O	[0..*]	Scan 服务的响应中不存在该元素
IdHardwareRevision	STRUCT			包含设备或块的硬件版本
	value	O	[0..1]	
	protocolSpecificName	M	[1..1]	
	RegExpr	O	[0..*]	Scan 服务的响应中不存在该元素
IdDTMSupportLevel	STRUCT			该元素只用于 DTMDeviceTypeIdentSchema,不用于 DTMScanIdentSchema。它不能用于进行匹配。它可以被框架应用程序显示,以便用户作出分配决定
	value	O	[0..1]	
	protocolSpecificName	M	[1..1]	
	RegExpr	O	[0..*]	Scan 服务的响应中不存在该元素
IdValue	STRUCT			包含标识参数的配对的名称和值,但没有框架应用程序的语义信息
	name	M	[1..1]	
	value	O	[0..1]	
	protocolSpecificName	M	[1..1]	
	RegExpr	O	[0..*]	Scan 服务的响应中不存在该元素
IdValues	STRUCT			标识元素的列表,这些元素没有由以上列出的 Idxxx 元素特别地定义。这些标识元素没有进一步的协议无关的语义信息
	IdValue	O	[0..*]	
RegExpr	STRUCT			包含类型匹配或不匹配的一个或多个的正则表达式属性(参见正则表达式规范)
	match	O	[0..1]	
	nomatch	O	[0..1]	
ScanIdentification	STRUCT			包含单个的扫描到的设备或块的所有标识元素。包含定义明确的语义和 IdValues
	configuredState	O	[0..1]	
	fdt:CommunicationError	O	[0..1]	
	IdBusProtocol	M	[1..1]	
	IdBusProtocolVersion	M	[1..1]	

表 A.11(续)

数据类型	定义			描述
	基本的数据类型	用法	多重性	
ScanIdentification	IdAddress	M	[1..1]	包含单个的扫描到的设备或块的所有标识元素。包含定义明确的语义和 IdValues
	IdManufacturer	M	[1..1]	
	IdTypeID	M	[1..1]	
	IdSoftwareRevision	M	[1..1]	
	IdHardwareRevision	M	[1..1]	
	IdDeviceTag	M	[1..1]	
	IdSerialNumber	M	[1..1]	
	IdValues	O	[0..1]	
ScanIdentification-List	STRUCT			多个扫描到的物理设备或块的标识列表
	fdt:protocolId	M	[1..1]	
	resultState	M	[1..1]	
	ScanIdentification	O	[0..*]	

A.8 功能数据类型

命名空间:func

本条定义的简单数据类型(见表 A.12)和结构化数据类型(见表 A.13)是定义服务特定的数据类型的基础或用作服务参数。

表 A.12 简单功能数据类型

数据类型	定义	描述
checked	BOOL	菜单项目的状态
defaultFunctionId	DINT	包含用于打开默认表示对象或打开某个默认功能的功能 ID
enabled	BOOL	菜单项目的状态
hasGUI	BOOL	指出 DTM 是否为扩展的功能提供用户界面
help	STRING	功能的人可读的帮助
hidden	BOOL	菜单项目的状态
label	STRING	功能的人可读的标签
mime-type	STRING	DTM 提供的文档的 Mime-type
moduleId	UDINT	设备实例命名空间中模块的唯一标识符。应该使用定义在 DTMParameter 文档中的相同的 id
path	URI	为了某一功能必须嵌入的对象(例如,位图或其他图形化元素)的路径
printable	BOOL	指出 DTM 是否为某一功能支持可打印的文档(通过 Get-Documentation 服务来访问)

表 A.12（续）

数据类型	定义	描　述
printableStandardFunction	BOOL	指出此标准功能是否是可打印的
programName	STRING	指出文档浏览程序的名称
resizable	BOOL	指出用户界面是否可以调整大小
resizableStandardFunction	BOOL	指出某一标准功能的 GUI 是否可以调整大小
separator	BOOL	特殊的菜单项目
toggle	BOOL	菜单项目的状态，指出该菜单项目是否是有效的

表 A.13　结构化的功能数据类型

数据类型	定　义			描　述
	基本的数据类型	用法	多重性	
Document	STRUCT			如果用户选择了此项目，则定义了由 DTM 提供并由框架应用程序显示的文档
	label	M	[1..1]	
	help	M	[1..1]	
	path	M	[1..1]	
	choice of	M	[1..1]	
	MimeType	S	[1..1]	
	OpenWith	S	[1..*]	
	Icon	O	[0..1]	
FDTFunctionCall	STRUCT			指定了特定功能调用的元素的定义。包含 fdt:FunctionID
	fdt:functionId	M	[1..1]	
	fdt:ApplicationId	O	[0..1]	
	ops:operationPhase	O	[0..1]	
Function	STRUCT			定义一个非标准功能的条目（与 ApplicationIds 有关）。包含 fdt:FunctionID
	label	M	[1..1]	
	fdt:name	M	[1..1]	
	help	M	[1..1]	
	hasGUI	O	[0..1]	
	printable	O	[0..1]	
	resizable	O	[0..1]	
	functionId	M	[1..1]	
	Icon	O	[0..1]	
	Status	O	[0..1]	
	fdt:FDTApplicationIds	O	[0..1]	

表 A.13（续）

数据类型	定义			描述
	基本的数据类型	用法	多重性	
Functions	STRUCT			定义功能条目的组
	label	M	[1..1]	
	fdt:name	M	[1..1]	
	help	M	[1..1]	
	moduleId	O	[0..1]	
	Status	O	[0..1]	
	collection of	O	[0..*]	
	Function		[0..*]	
	Document		[0..*]	
	StandardFunction		[0..*]	
	Functions		[0..*]	
	StandardFunctions		[0..*]	
GUIInformation	〈technology specific〉			关于如何启动功能的用户界面的信息
Icon	STRUCT			功能的图标
	path	M	[1..1]	
MimeType	STRUCT			DTM 提供的文档的 Mime-type。框架应用程序使用 Mime-type 来决定文档的合适的浏览器
	mime-type	O	[0..1]	
OpenWith	STRUCT			用于打开文档的程序的名称
	programName	O	[0..1]	
StandardFunction	STRUCT			定义一个标准功能的条目(包含 applicationIds)。该条目没有自己的标签。标签应由框架应用程序提供
	fdt:name	M	[1..1]	
	help	M	[1..1]	
	printableStandardFunction	O	[0..1]	
	resizableStandardFunction	O	[0..1]	
	functionId	M	[1..1]	
	Icon	O	[0..1]	
	Status	O	[0..1]	
	fdt:ApplicationId	M	[1..1]	

表 A.13（续）

数据类型	定　义			描　述
	基本的数据类型	用法	多重性	
StandardFunctions	STRUCT			定义标准功能项的组。该项没有自己的标签。框架应用程序应该提供这种标签。它不能包含标准的功能
	fdt:ApplicationId	M	[1..1]	
	fdt:name	M	[1..1]	
	help	M	[1..1]	
	moduleId	O	[0..1]	
	Status	O	[0..1]	
	collection of	O	[0..*]	
	Function		[0..*]	
	Functions		[0..*]	
Status	STRUCT			功能的状态
	toggle	M	[1..1]	
	checked	M	[1..1]	
	enabled	M	[1..1]	
	hidden	M	[1..1]	
	separator	M	[1..1]	

A.9　AuditTrail 数据类型

命名空间:auditTrail

本条定义的简单数据类型(见表 A.14)和结构化数据类型(见表 A.15)用作定义服务特定的数据类型的基础,或用作服务参数。

表 A.14　简单的 auditTrail 数据类型

数据类型	定义	描　述
path	URI	必须嵌入到文档的对象(如,位图或其他的图形化元素)的路径
title	STRING	文档的人可读的标题

表 A.15　结构化的 auditTrail 数据类型

数据类型	定　义			描　述
	基本的数据类型	用法	多重性	
AuditTrailDeviceStatusEvent	STRUCT			设备状态的描述
	fdt:statusFlag	M	[1..1]	
	fdt:StatusInformation	O	[0..1]	

表 A.15（续）

数据类型	定义			描述
	基本的数据类型	用法	多重性	
LogEntry	STRUCT			变量改变、执行的功能或设备状态事件的通知
	fdt:descriptor	O	[0..1]	
	choice of	M	[1..1]	
	AuditTrailFunctionEvent	S	[1..1]	
	AuditTrailVariableEvent	S	[1..1]	
	AuditTrailDeviceStatus-Event	S	[1..1]	
AuditTrailFunction-Event	STRUCT			执行的功能的描述
	fdt:display	M	[1..1]	
AuditTrailVariable	STRUCT			变量改变的描述
	fdt:display	M	[1..1]	
	fdt:Unit	O	[0..1]	
	fdt:Ranges	O	[0..1]	
	fdt:statusFlag	O	[0..1]	
	fdt:StatusInformation	O	[0..1]	
AuditTrailVari-ableEvent	STRUCT			变量改变的通知
	fdt:name	M	[1..1]	
	fdt:descriptor	O	[0..1]	
	ChangedFrom	M	[1..1]	
	ChangedTo	M	[1..1]	
ChangedFrom	STRUCT			审计追踪变量的最后的值
	AuditTrailVariable	M	[1..1]	
ChangedTo	STRUCT			审计追踪变量的新的值
	AuditTrailVariable	M	[1..1]	
TransactionInfo	STRUCT			用于为执行功能(例如组态或仿真)请求启动和停止审计追踪
	systemTag	M	[1..1]	

A.10 文档数据类型

命名空间:doc

本条定义的简单数据类型(如表 A.16)和结构化数据类型(见表 A.17)用作定义服务特定的数据类型的基础,或用作服务参数。

表 A.16 简单的文档数据类型

数据类型	定义	描　述
path	URI	必须嵌入到文档的对象(如,位图或其他的图形化元素)的路径
title	STRING	文档的人可读的标题

表 A.17 结构化的文档数据类型

数据类型	定　义			描　述
	基本的数据类型	用法	多重性	
Documentation	STRUCT			特定的 FDTFunctionCall 的 DTM 文档
	title	M	[1..1]	
	fdt:classificationId	O	[0..1]	
	fdt:manufacturerId	O	[0..1]	
	fdt:deviceTypeId	O	[0..1]	
	dtmi:deviceTypeInformation	O	[0..1]	
	fdt:descriptor	O	[0..1]	
	fdt:date	O	[0..1]	
	fdt:windowTitle	O	[0..1]	
	fdt:VersionInformation	M	[1..1]	
	fdt:ClassificationIds	O	[0..1]	
	DocumentVariables	M	[1..1]	
	choice	O	[0..1]	
	DTMStyleForComplete-Document	M	[1..1]	
	DTMSpecificXMLData	M	[1..1]	
DocumentVariable	STRUCT			人可读的变量描述,具有名称、值、范围等
	fdt:name	M	[1..1]	
	fdt:descriptor	O	[0..1]	
	fdt:display	M	[1..1]	
	fdt:Unit	O	[0..1]	
	fdt:Ranges	O	[0..1]	
	fdt:statusFlag	O	[0..1]	
	fdt:StatusInformation	O	[0..1]	
DocumentVariables	STRUCT			文档变量的集合
	fdt:name	M	[1..1]	
	fdt:descriptor	O	[0..1]	
	collection of	M	[1..1]	

表 A.17（续）

数据类型	定义			描述
	基本的数据类型	用法	多重性	
DocumentVariables	DocumentVariables		[0..*]	文档变量的集合
	DocumentVariable		[0..*]	
	GraphicReference		[0..*]	
DTMSpecificXML-Data	STRUCT			可选的附加信息，应该以私有的样式来描述
DTMStyleForCom-pleteDocument	STRUCT			如果 DTM 返回的文档不能以 FDT 标准的样式进行描述，则 DTM 必须提供可选的样式信息
GraphicReference	STRUCT			对必须嵌入到文档中的对象（例如位图或其他的图形化元素）的引用
	title	M	[1..1]	
	fdt:descriptor	O	[0..1]	
	path	M	[1..1]	

A.11 DeviceList 数据类型

命名空间：devList

本条定义的简单数据类型（见表 A.18）和结构化数据类型（见表 A.19）用作定义服务特定的数据类型的基础，或用作服务参数。

表 A.18 简单的 devList 数据类型

数据类型	定义	描述
errorDescription	STRING	dtmSpecificError 发生时的详细的错误信息
errorInfo	enumeration（ok | failedToSet | failedDuplicateAddress| cancelled |dtmSpecificError）	如果用作 DeviceList 元素的属性，当返回 DTMDeviceListSchema 时，使用该数据类型来指示错误的概要。当在 Device 元素中使用时，表示特定地址的错误信息。 枚举： ● ok：地址设置成功，用于 DeviceList 和 Device ● failedToSet：用在 Device 中，指示 NetworkManagementInfoWrite 失败 ● failedDuplicateAddress：用于指示地址已经可用，不用设置 ● cancelled：用于指示用户取消了设置 ● dtmSpecificError：指示出现了 DTM 特定的错误。这种情况下，使用错误描述文本来给出更详细的错误信息

表 A.18(续)

数据类型	定　义	描　述
showUserInterface	enumeration(openUserInterface | noUserInterface | setNextValidAddress)	指示通信通道是否应该打开某一用户界面,以便获取用户选择的某个协议特定的地址。 枚举: ● openUserInterface:应该打开用户界面,以请求用户的地址 ● noUserInterface:不应该打开用户界面 ● setNextValidAddress:通信通道必须在没有用户界面的情况下设置下一个合法的地址。这种情况下,通信通道不使用 busAddress 如果没有设置该属性,则设置为 noUserInterface

表 A.19　结构化的 devList 数据类型

数据类型	定　义			描　述
	基本的数据类型	用法	多重性	
BusAddress	STRUCT			包含单个的 busAddress
	fdt:busAddress	M	[1..1]	
BusAddressRange	STRUCT			总线地址的范围。该结构化的数据类型定义了起始地址和结束地址(例如,在 ScanRequest 中使用)
	BusAddress	M	[1..*]	
Device	STRUCT			包含对应 DTM 的设备标识信息和系统标签
	fdt:systemTag	M	[1..1]	
	errorInfo	O	[0..1]	
	errorDescription	O	[0..1]	
	BusAddressRange	M	[1..1]	
DeviceList	STRUCT			对应于设置的设备地址的 DTM 系统标签列表
	errorInfo	O	[0..1]	
	errorDescription	O	[0..1]	
	showUserInterface	O	[0..1]	
	Device	M	[1..*]	

A.12　网络管理数据类型

命名空间:net

本条定义的简单数据类型(见表 A.20)和结构化数据类型(见表 A.21)用作定义服务特定的数据类型的基础,或用作服务参数。

表 A.20 简单的网络管理数据类型

数据类型	定　义	描　述
busAddress	String	设备的协议特定的地址
configurationData	ARRAY OF USINT	按照现场总线规范，二进制流的协议特定的组态数据
moduleId	USINT	设备实例命名空间中模块的唯一标识符
moduleTypeId	USINT	设备类型命名空间中模块类型的唯一标识符
redundant	BOOL	规定设备或模块是否是冗余的
slot	USINT	设备实例命名空间中模块的槽的唯一标识符

表 A.21 结构化的网络管理数据类型

数据类型	定　义			描　述
	基本的数据类型	用法	多重性	
DeviceAddress	STRUCT			设备的协议特定的地址
	fdt:busAddress	M	[1..1]	
	configurationData	O	[0..1]	
UserDefinedBus	STRUCT			NetworkInfo 的协议特定的部分，定义在 IEC 62453-3xy 文档中
	〈protocol specific〉			
NetworkInfo	STRUCT			设备实例网络组态的描述
	fdt:protocolId	M	[1..1]	
	fdt:BusRedundancy	O	[0..1]	
	choice of	O	[0..*]	
	DeviceAddress	S	[1..1]	
	UserDefinedBus	S	[1..1]	
DtmDeviceInstance-Topology	STRUCT			DtmDeviceType 内部拓扑的描述
	fdt:readAccess	O	[0..1]	
	fdt:writeAccess	O	[0..1]	
	NetworkInfo	O	[0..1]	
	fdt:ChannelReferences	O	[0..1]	
	InternalChannel	M	[1..*]	
InternalChannel	STRUCT			内部通道是内部拓扑中内部模块的连接点
	fdt:readAccess	O	[0..1]	
	fdt:writeAccess	O	[0..1]	
	Module	O	[0..*]	
Module	STRUCT			设备硬件或软件模块的描述
	fdt:readAccess	O	[0..1]	
	fdt:writeAccess	O	[0..1]	

表 A.21（续）

数据类型	定　义			描　述
	基本的数据类型	用法	多重性	
Module	moduleId	M	[1..1]	设备硬件或软件模块的描述
	moduleTypeId	O	[0..1]	
	slot	O	[0..1]	
	redundant	O	[0..1]	
	configurationData	O	[0..1]	
	fdt:VersionInformation	M	[1..1]	
	fdt:ChannelReferences	O	[0..1]	

A.13 实例的数据类型

命名空间:param

本条定义的简单数据类型(见表 A.22)和结构化数据类型(见表 A.23)用作定义服务特定的数据类型的基础,或用作服务参数。

表 A.22 简单的实例数据类型

数据类型	定　义	描　述
itemErrorDescription	enumeration(dtmSpecific | noLock | notLongerValid | outOfResources | invalidValue)	描述一个错误的枚举: ● dtmSpecific:DTM 特定的错误 ● noLock:不能锁定实例数据集 ● notLongerValid:该项不再有效。这可能因为组态改变而发生 ● outOfResources:DTM 没有资源来执行请求。如果 DTM 不能对请求进行排队,则可能发生 ● invalidValue:被请求的值是无效的
itemId	STRING	项的唯一标识符
itemKind	enumeration(alarm | analogInput | analogOutput | computation | contained | correction | device | diagnostic | digitalInput | digitalOutput | discrete | discretInput | discrete Output | dynamic | frequency | frequencyInput | frequencyOutput | hart | input | local | localDisplay | operate | output | sensor Correction | service | tune | others)	项的上下文关系的标识符。它是某种关于值的类型的分类。 枚举,每个条目说明如下: ● alarm:包含报警界限 ● analogInput:模拟输入块的一部分 ● analogOutput:模拟输出块的一部分 ● computation:运算块的一部分 ● contained:表示设备的物理特性 ● correction:校正块的一部分 ● device:表示设备的物理特性 ● diagnostic:指示设备的状态 ● digitalInput:数字输入块的一部分 ● digitalOutput:数字输出块的一部分

表 A.22(续)

数据类型	定　义	描　述
		● discrete:离散块的一部分 ● discretInput:离散输入块的一部分 ● discreteOutput:离散输出块的一部分 ● dynamic:没有网络激励的设备更改 ● frequency:频率块的一部分 ● frequencyInput:频率输入块的一部分 ● frequencyOutput:频率输出块的一部分 ● hart:HART 块的一部分 ● input:输入块的一部分。输入块是一种特殊类型的运算块,完成单位转换、标度转换和阻尼功能。输入块的参数可由其他块的输出来决定 ● local:由应用程序在本地使用。本地项没有存储在设备中,但可以将它们发送到某一设备 ● localDisplay:本地显示块的一部分。本地显示块包含与设备本地接口相关的项(键盘、显示器等) ● operate:用来控制块的操作 ● output:输出块的一部分。输出的值可以被其他块的输入访问 ● sensorCorrection:传感器校正块的一部分 ● service:当执行例行维护时使用 ● tune:用于调整块的算法 ● others:如果所有其他的条目都不匹配,则使用
itemType	enumeration(standard | |specific)	关于项是否遵循语义的信息,该语义是通过为特定协议定义的通用规则来定义的(standard),或是 DTM/供应商特定的语义(specific)
label	STRING	人可读的名称
limitBits	enumeration(none | low | high | constant)	项的限值状态 **注**:可在 OPC XML-DA 规范 1.0 版本中找到附加的信息
moduleName	STRING	该属性包含模块的名称
qualityBits	enumeration(bad | bad ConfigurationError | bad NotConnected | badDevice Failure| badSensorFailure | badLastKnownValue | badCommFailure | badOut OfService | badWaiting ForInitialData | uncertain | uncertainLastUsableValue| uncertainSensorNotAccurate| uncertainEUExceeded| uncertainSubNormal| good | goodLocalOverride)	项的质量状态 **注**:可在 OPC XML-DA 规范 1.0 版本中找到附加的信息

表 A.23 结构化的实例数据类型

数据类型	定义			描述
	基本的数据类型	用法	多重性	
DtmItem	STRUCT			包含参数值或过程值和其他可选的信息，例如时间戳
	fdt:id	M	[1..1]	
	TimeStamp	M	[1..1]	
	Quality	M	[1..1]	
	choice of	M	[1..1]	
	fdt:Variant	S	[1..1]	
	ItemError	S	[1..1]	
DtmItemInfo	STRUCT			参数或过程值的描述，可以通过访问 DTM 实例数据的服务来获取。该信息包含描述性的属性（如名称）和如何访问该项的信息。项的信息和项本身的关系是通过 ItemId 来实现的
	fdt:id	M	[1..1]	
	fdt:SemanticInformation	M	[1..*]	DTM 应该为 DTM 实例支持的所有现场总线协议提供〈SemanticInformation〉元素
	fdt:name	M	[1..1]	
	fdt:dataType	M	[1..1]	
	itemType	M	[1..1]	
	fdt:descriptor	O	[0..1]	
	moduleName	O	[0..1]	
	fdt:readAccess	O	[0..1]	
	fdt:writeAccess	O	[0..1]	
	label	O	[0..1]	
	ItemKind	M	[1..*]	
	UnitDescription	O	[0..1]	
	choice of	M	[1..1]	
	RangeDescriptions	S	[0..1]	
	ValueDescription	S	[0..1]	
DtmItemInfoGroup	STRUCT			DTM 项信息的列表
	fdt:name	M	[1..1]	
	fdt:semanticId	M	[1..1]	
	label	O	[0..1]	
	DtmItemInfo	O	[0..*]	
	DtmItemInfoGroup	O	[0..*]	

表 A.23(续)

数据类型	定义			描述
	基本的数据类型	用法	多重性	
DtmItemInfoList	STRUCT			DTM 项信息的列表、项信息组的列表
	DtmItemInfo	O	[0..*]	
	DtmItemInfoGroup	O	[0..*]	
DtmItemList	STRUCT			DTM 项的列表
	DtmItem	M	[1..*]	
DtmItemSelection	STRUCT			为了执行服务(或类似的)选择的项
	fdt:id	M	[1..1]	
DtmItemSelectionList	STRUCT			选择的项的列表
	DtmItemSelection	M	[1..*]	
ItemError	STRUCT			通信错误或其他错误
	choice of	O	[0..1]	
	ItemErrorDescription	S	[1..1]	
	fdt:CommunicationError	S	[1..1]	
ItemErrorDescription	STRUCT			非通信错误的描述
	itemErrorDescription	M	[1..1]	
	fdt:descriptor	O	[0..1]	
ItemKind	STRUCT			项上下文关系的标识
	itemKind	M	[1..1]	
ItemReference	STRUCT			在 XML 文档中对其他项的引用
	fdt:idref	O	[0..1]	
LowerRangeDescription	STRUCT			下限的描述
	choice of	O	[0..1]	
	ItemReference	S	[1..1]	
	fdt:StringData	S	[1..1]	
	fdt:NumberData	S	[1..1]	
	fdt:TimeData	S	[1..1]	
PossibleEnumerations	STRUCT			项可能的枚举值
	fdt:EnumeratorEntries	M	[1..1]	
Quality	STRUCT			项的质量的描述。 对于写请求: 框架应用程序可以定义质量。设备/参数支持质量定义的情况下,值和质量应该由 DTM 传给设备,否则 DTM 应该只处理 good 质量的值
	qualityBits	M	[1..1]	
	limitBits	O	[0..1]	

表 A.23（续）

数据类型	定义			描述
	基本的数据类型	用法	多重性	
RangeDescription	STRUCT			范围的描述
	LowerRangeDescription	M	[1..1]	
	UpperRangeDescription	M	[1..1]	
	fdt:LowerRawValue	O	[0..1]	
	fdt:UpperRawValue	O	[0..1]	
RangeDescriptions	STRUCT			项的范围的描述
	RangeDescription	M	[1..*]	
TimeStamp	STRUCT			项的时间戳的描述
	fdt:time	M	[1..1]	
UnitDescription	STRUCT			项的单位的描述
	choice of	O	[0..1]	
	ItemReference	S	[1..1]	
	fdt:EnumeratorEntry	S	[1..1]	
UpperRangeDescription	STRUCT			上限的描述
	choice of	O	[0..1]	
	ItemReference	S	[1..1]	
	fdt:StringData	S	[1..1]	
	fdt:NumberData	S	[1..1]	
	fdt:TimeData	S	[1..1]	
ValueDescription	STRUCT			项的值的描述
	PossibleEnumerations	M	[1..1]	

A.14 DeviceStatus 的数据类型

命名空间:status

本条定义的简单数据类型(见表 A.24)和结构化数据类型(见表 A.25)用作定义服务特定的数据类型的基础,或用作服务参数。

表 A.24 简单的设备状态数据类型

数据类型	定义	描述
deviceInitiatedCommunication	BOOL	设备当前正在使用设备发起的通信

表 A.25 结构化的设备状态数据类型

数据类型	定　　义			描　　述
	基本的数据类型	用法	多重性	
DtmDeviceStatus	STRUCT			设备当前状态的描述
	fdt:statusFlag	M	[1..1]	
	deviceInitiatedCommunication	O	[0..1]	
	fdt:StatusInformation	O	[0..1]	

A.15 OnlineCompare 数据类型

命名空间:onlineComp

本条定义的简单数据类型(见表 A.26)和结构化数据类型(见表 A.27)用作定义服务特定的数据类型的基础,或用作服务参数。

表 A.26 简单的在线比较数据类型

数据类型	定　　义	描　　述
statusFlag	enumeration(equal |notEqual |noComparableData)	描述数据是否相等

表 A.27 结构化的在线比较数据类型

数据类型	定　　义			描　　述
	基本的数据类型	用法	多重性	
DTMOnlineCompare	STRUCT			包含比较结果或通信错误
	statusFlag	M	[1..1]	
	fdt:StatusInformation	O	[0..1]	

A.16 UserInterface 数据类型

命名空间:ui

本条定义的简单数据类型(见表 A.28)和结构化数据类型(见表 A.29)用作定义服务特定的数据类型的基础,或用作服务参数。

表 A.28 简单的用户界面数据类型

数据类型	定　　义	描　　述
helpContext	INT	帮助的内容(例如,帮助文件中的引用编号)
helpFile	STRING	帮助文件的定义
messageButtons	enumeration(buttonsAbortRetryIgnore |buttonsOk |buttonsOkCancel |buttonsRetryCancel |buttonsYesNo |buttonsYesNoCancel)	应该出现在消息框中的按钮类型的定义

表 A.28(续)

数据类型	定　义	描　述
messageDefault	enumeration(buttonAbort | buttonRetry | buttonIgnore |buttonOk | buttonCancel |buttonYes | buttonNo)	默认按钮的定义
messageType	enumeration(messageExclamation |messageInformation |messageQuestion |messageStop)	消息的类型,例如感叹、信息等
resultMessage	enumeration(nobutton | buttonAbort | buttonRetry | buttonIgnore | buttonOk |buttonCancel | buttonYes | buttonNo)	用户交互结果的定义
resultStatus	enumeration(notSupported| denied | systemResponse |ok)	
runAsModal	BOOL	用户界面为模态对话框
title	STRING	

表 A.29　结构化的用户界面数据类型

数据类型	定　义			描　述
	基本的数据类型	用法	多重性	
TextLine	STRUCT			消息中单行文本的定义
	fdt:string	M	[1..1]	
UserMessage	STRUCT			整个消息的定义
	runAsModal	O	[0..1]	
	messageType	M	[1..1]	
	messageButtons	M	[1..1]	
	messageDefault	M	[1..1]	
	title	M	[1..1]	
	helpFile	O	[0..1]	
	helpContext	O	[0..1]	
	collection of	M	[1..1]	
	TextLine		[0..*]	
	fdt:DtmVariable		[0..*]	
	resultMessage	O	[0..1]	
	resultStatus	O	[0..1]	

A.17　现场总线特定的数据类型

表 A.30 给出了协议特定的数据类型。这些数据类型应该定义在描述 FDT 中整合协议行规的 IEC 62453-3xy 文档中。

该命名空间定义的抽象数据类型应该使用 IEC 62453-3xy 文档中的特定数据类型进行替换。

命名空间:fieldbus

表 A.30 现场总线数据类型

数据类型	描 述
ChannelData	通道的协议特定的具体信息(见 7.6.1.2)
ConnectRequest	Connect 服务中提供的协议特定的具体信息(见 7.6.1.2)
ConnectResponse	Connect 服务中提供的协议特定的具体信息(见 7.6.1.2)
DeviceTypeIdentification	可以转换为 devIdent:DeviceTypeIdentification 的协议特定的标识信息
DeviceTypeIdentifications	DeviceTypeIdentification 元素的集合
DisconnectRequest	Disconnect 服务中提供的协议特定的具体信息(见 7.6.1.3)
DisconnectResponse	Disconnect 服务中提供的协议特定的具体信息(见 7.6.1.3)
ScanIdentification	可以转换为 devIdent:ScanIdentification 的协议特定的标识信息
ScanIdentifications	ScanIdentification 元素的集合
SequenceDefine	SequenceBegin 服务中提供的协议特定的信息(见 7.6.1.7)。SequenceDefine 数据类型典型地包含多个 TransactionRequest,也可能包含关于序列执行的附加协议的具体信息
TransactionRequest	Transaction 服务中提供的协议特定信息(见 7.6.1.6)
TransactionResponse	Transaction 服务中提供的协议特定信息(见 7.6.1.6)

参 考 文 献

[1] IEC TR 62453-41 Field Device Tool(FDT) interface specification—Part 41:Object model integration profile—Common object model

[2] IEC TR 62453-424 Field device tool(FDT) interface specification—Part 42:Object model integration profile—Common Language Infrastructure

[3] ISO/IEC 19501:2005 Information technology—Open Distributed Processing—Unified

[4] Modeling Language(UML) Version 1.4.2

[5] OPC XML-DA,Specification Version 1.0

[6] VDI/VDE 2187 Uniform user interface for digital field instruments

ICS 25.040
N 10

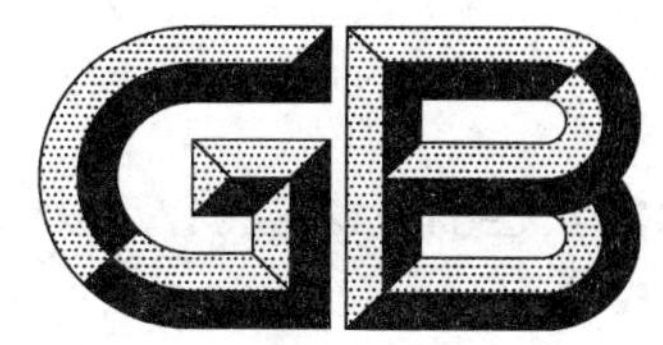

中华人民共和国国家标准

GB/T 29618.42—2017/IEC/TR 62453-42：2016

现场设备工具(FDT)接口规范 第42部分:对象模型行规集成 通用语言基础结构

**Field device tool (FDT) interface specification—
Part 42: Object model integration profile—
Common language infrastructure**

(IEC/TR 62453-42:2016,IDT)

2017-07-31 发布　　2018-02-01 实施

中华人民共和国国家质量监督检验检疫总局
中国国家标准化管理委员会　发布

前　言

GB/T 29618《现场设备工具(FDT)接口规范》暂分为以下几个部分:

——第1部分:概述和导则;

——第2部分:概念和详细描述;

——第301部分:通信行规集成　FF现场总线规范;

——第302部分:通信行规集成　通用工业协议;

——第306部分:通信行规集成　INTERBUS现场总线规范;

——第309部分:通信行规集成　可寻址远程传感器高速通道;

——第315部分:通信行规集成　MODBUS现场总线规范;

——第41部分:对象模型行规集成　通用对象模型;

——第42部分:对象模型行规集成　通用语言基础结构;

——第515部分:通用对象模型的通信实现　MODBUS现场总线规范;

——第51-10部分:通用对象模型的通信实现　FF现场总线规范;

——第51-20部分:通用对象模型的通信实现　通用工业协议;

——第51-60部分:通用对象模型的通信实现　INTERBUS现场总线规范;

——第51-90部分:通用对象模型的通信实现　IEC 61784 CPF 9;

——第51-150部分:通用对象模型的通信实现　IEC 61784 CPF 15;

——第52-10部分:通用语言基础结构的通信实现　FF现场总线规范;

——第52-20部分:通用语言基础结构的通信实现　通用工业协议;

——第52-31部分:通用语言基础结构的通信实现　IEC 61784 CP3/1和CP3/2;

——第52-32部分:通用语言基础结构的通信实现　IEC 61784 CP3/4,CP3/5和CP3/6;

——第52-90部分:通用语言基础结构的通信实现　IEC 61784 CPF 9;

——第52-150部分:通用语言基础结构的通信实现　IEC 61784 CPF 15;

——第61部分:通用对象模型的设备类型管理器样式指南;

——第62部分:现场设备工具(FDT)样式指南。

本部分为GB/T 29618的第42部分。

本部分按照GB/T 1.1—2009给出的规则起草。

本部分使用翻译法等同采用IEC/TR 62453-42:2016《现场设备工具(FDT)接口规范　第42部分:对象模型行规集成　通用语言基础结构》。

与本部分中规范性引用的国际文件有一致性对应关系的我国文件如下:

——GB/T 29618.1—2013　现场设备工具(FDT)接口规范　第1部分:概述和导则(IEC 62453-1:2009,IDT);

——GB/T 29618.2—2013　现场设备工具(FDT)接口规范　第2部分:概念和详细描述(IEC 62453-2:2009,IDT)。

本部分由中国机械工业联合会提出。

本部分由全国工业过程测量控制和自动化标准化技术委员会归口。

本部分起草单位:西南大学、机械工业仪器仪表综合技术经济研究所、罗克韦尔自动化(中国)有限公司、赫优讯(上海)自动化系统贸易有限公司、上海自动化仪表有限公司、施耐德电气(中国)有限公司、苏州美名软件有限公司、重庆川仪自动化股份有限公司、浙江大学智能系统与控制研究所。

本部分主要起草人:刘枫、吕静、张渝、王春喜、汪烁、华镕、李京、张庆军、王勇、杜佳琳、吕亚军、田英明、冯冬芹、彭晓东、王德吉。

引　言

本部分文档是FDT(现场设备工具)组件开发商的接口规范,该FDT组件用于在客户端/服务器结构中进行功能控制和数据访问。本规范是一个分析和设计过程的结果,用于制定标准的接口以便多个厂商实现无缝交互操作的服务器和客户机的开发。

随着现场总线集成到控制系统中,还有一些其他的任务需要执行。除了现场总线和设备特定的工具,有必要将这些工具集成到更高级别的系统范围的规划或工程工具中。特别是,当使用广泛异构的控制系统时,明确定义易于所有控制系统使用的工程接口是非常重要的。

设备特定的软件组件,称为DTM(设备类型管理器),由现场设备制造商随其设备一起提供。DTM通过本规范中定义的FDT接口被集成到工程工具中。通常,集成方法对所有现场总线是开放的,因此满足将不同种类的设备集成到异构的控制系统中的要求。

图1给出了GB/T 29618.42在GB/T 29618系列标准结构中的位置。

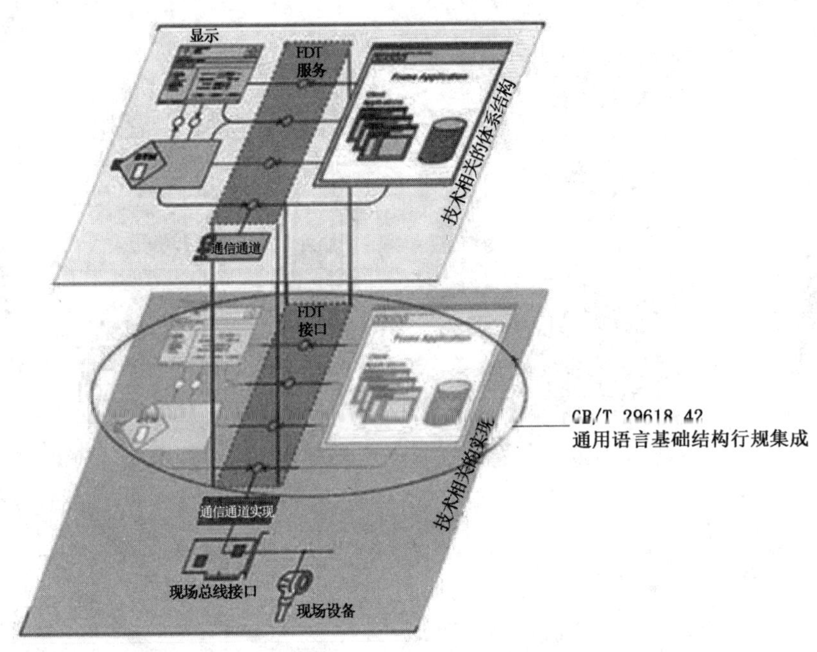

图1　GB/T 29618.42和GB/T 29618系列标准的关系

本部分结构如下:

- 第3章说明了使用的术语、定义和约定;
- 第4章介绍了GB/T 29618.42的一般概念;
- 第5章介绍了用于实现GB/T 29618.42的技术概念和FDT概念如何映射到.NET框架;
- 第6章提供FDT对象,及其接口和行为的概述;
- 第7章介绍了GB/T 29618.42数据类型概述;
- 第8章介绍了运行时FDT对象接口;
- 第9章阐述了DTM的安装和部署相关的规则;
- 第10章阐述了FDT生命周期的概念是如何实现的;
- 第11章展示了框架应用程序架构的例子。

现场设备工具(FDT)接口规范 第42部分:对象模型行规集成 通用语言基础结构

1 范围

GB/T 29618 的本部分定义了基于微软.NET 技术的通用 FDT 原理的实现,其中包含了通过.NET 接口实现的对象行为和对象交互。

本部分特指 FDT2.0 版本。

2 规范性引用文件

下列文件对于本文件的应用是必不可少的。凡是注日期的引用文件,仅注日期的版本适用于本文件。凡是不注日期的引用文件,其最新版本(包括所有的修改单)适用于本文件。

IEC 62453-1 现场设备工具(FDT)接口规范 第1部分:概述和导则[Field deivce tool(FDT)interface specification—Part 1:Overview and guidance]

IEC 62453-2 现场设备工具(FDT)接口规范 第2部分:概念和详细描述[Field deivce tool (FDT)interface specification—Part 2:Concepts and detailed description]

3 术语和定义、缩略语、约定

3.1 术语和定义

IEC 62453-1、IEC 62453-2、MSDN 界定的以及下列术语和定义适用于本文件。

3.1.1

活动 action

执行一个功能,这个功能可能包含不同 FDT 对象的接口方法的多个调用。

3.1.2

异步方法 asynchronous methods

触发执行异步操作的方法。

注:参见 5.6.7。

3.1.3

异步操作 asynchronous operation

当 FDT 对象(客户端)执行操作时不等待结果出现,但是在操作完成时通知客户端结果。

3.1.4

批量数据 bulk data

除 DTM 实例数据外,存储的设备节点特定的持久数据。

注:批量数据的例子:累计历史数据,用于趋势分析。

3.1.5

批量操作 bulk operation

在一组设备节点中执行一个或多个任务的操作。

注:批量操作的例子:一组设备中的上传下载、参数调整或者报告生成。

3.1.6

子 DTM　child DTM

FDT 项目中的 DTM(设备类型管理器)实例,通过与父 DTM 的关系进行区分。

注:任何使用 FDT 通信的 DTM 都可以被分类为子 DTM(即设备 DTM、网关 DTM、模块 DTM 和 BTM)。

3.1.7

克隆 DTM 实例　clone DTM instance

在 FDT 拓扑中基于一个现存设备节点,创建一个新设备节点的过程[包括复制 DTM 实例(参见 3.12)和重置设备节点中的特定 DTM 数据]。

注:设备的标识属性会改变。

3.1.8

通信通道　communication channel

表示对现场总线分段或其他通信方法进行访问的组件。

3.1.9

兼容性　compatibility

保证一个组件(软件或硬件)能与其他组件进行互操作的组件特征。

保证同一组件(软件或硬件)的不同版本能进行替换的组件特征。

3.1.10

兼容性属性　compatibility attributes

用于寻找可兼容的组件的属性,用于在组件替换后,替换组件或验证兼容性。兼容性属性用于检查组件是否与其他组件兼容。

注:兼容性属性用于定义兼容性定义中含义 b)相关的兼容性。

3.1.11

复制 DTM 实例　copy DTM instance

在 FDT 拓扑中基于一个现存设备节点,创建一个新的设备节点的过程(包括下载原始 DTM 数据集来初始化新的 DTM 实例)。

注:设备的标识属性不会改变。

3.1.12

在 FDT 拓扑中复制设备节点　copy device node in FDT topology

(见 3.1.11 复制 DTM 实例)。

3.1.13

数据处理　data transaction

与 DTM 数据(持久或设备数据)相关的处理。

3.1.14

委托　delegate

用于封装方法的一种引用类型。

3.1.15

设备配置　device configuration

设备特定特性或基本行为相关的数据改变的过程。

注:这种特性可能是远程 I/O 的结构,或者测量过程的类型,比如绝对压力或差压。

3.1.16

设备数据　device data

设备内置的配置数据。

3.1.17

设备参数化　device parameterization

为了调整应用特定的行为，改变设备特定数据的过程。

3.1.18

设备节点　device node

拓扑结构中，一个节点代表一个设备。

注：一个设备节点指定一个 DTM 设备类型，用在线或离线的方法进行实例化操作设备。见图 14。

3.1.19

设备类型检查　device type check

当一个 DTM 和一个连接的物理设备在线连接时，检查设备类型的过程。

注：当 DTM 不支持连接的物理设备类型时，DTM 应拒绝连接。该检查应基于 DeviceIdentInfo（见 6.3.2.3）中同样的信息。见 6.3.2.3。

3.1.20

DD 解释器 DTM　DD-Interpreter DTM

运行时解释设备描述的 DTM。

3.1.21

设备类型管理器（DTM）　Device Type Manager

包含设备特定应用软件的软件组件，包含 DTM 业务逻辑、DTM 用户界面和相关对象（如通信通道）。

注：早期的 FDT 规范文档用术语"DTM"表示对象 DTM 业务逻辑，以及由 DTM 业务逻辑（BL）、DTM 用户界面（UI）和通道组成的整个组件。

3.1.22

DTM 业务逻辑（DTM BL）　DTM Business Logic

DTM 的一部分，包括访问存储和通信，以及管理 DTM 实例数据的所有功能。

3.1.23

DTM 标识符　DTM Identifier

用于辨识 DTM（DTM BL 类）的标识符。

注：为了唯一识别 DTM BL 类，要使用 DtmInfo.Id 属性。

3.1.24

DTM 实例模式　DTM instance modal

防止用户与 DTM 实例其他窗口进行交互（见模式窗口）。

3.1.25

DTM 用户界面（DTM UI）　DTM User Interface

DTM 用于对用户显示的部分。

3.1.26

DTM 类型　DTM type

DTM 设备类型、DTM 模块类型或 DTM 块类型中的任何一个。所有的 DTM 类型在 DtmInfo 类中都提供标识信息。

注：DTM 类型由 TypeInfo 类描述。

3.1.27

DTM 设备类型　DTM device type

DTM 软件的元素，支持一个或多个设备类型。

注：DTM 设备类型在 DeviceTypeInfo 类中描述。

3.1.28

DTM 模块类型　DTM module type

DTM 软件的元素，支持一个或多个设备模块类型。

注：DTM 设备模块类型在 ModuleTypeInfo 类中描述。

3.1.29

DTM 块类型　DTM block type

DTM 软件的元素，支持一个或多个块类型。

注：DTM 块类型在 BlockTypeInfo 类中描述。

3.1.30

FDT 对象　FDT object

现场设备工具(FDT)定义的对象(如，框架应用程序、DTM 业务逻辑、DTM 用户界面、通信通道)。

3.1.31

FDT 协议附录　FDT protocol annex

FDT 通信协议的支持文档。

注：这样文档的例子有“PROFIBUS 协议附录”“HART 协议附录”。在 GB/T 29618 的通信行规集成部分中定义对这些通信协议的支持。

3.1.32

FDT 应用行规附录　FDT application profile annex

支持 FDT 应用程序类型的定义文档。

注：这样文档的例子有“PLC 工具接口”(定义用于 FDT1.2)。其他这样的文档会在后续的 FDT2 中定义。

3.1.33

现场总线消息　fieldbus message

协议特定报文中的数据。

3.1.34

框架应用程序模式　frame application modal

防止用户与其他框架应用程序窗口进行交互(见模式窗口)。

3.1.35

硬件平台　hardware platform

执行 FDT 软件程序的硬件。

注：不同的硬件平台可能基于不同的架构和显示形式，如 PC 和其他设备。

3.1.36

标识属性　identification attributes

描述组件身份的属性。这些属性通常显示给用户，或用于验证和确保组件之间的兼容性。

3.1.37

不兼容　incompatibility

一个组件不能互操作或一个组件不能代替另一个组件的情况。

3.1.38

实例数据　instance data

DTM 实例中的配置数据。

3.1.39

DTM 实例生命周期　lifetime of DTM instance

执行一个 DTM BL 的时间跨度(从状态“创建”到状态“释放”)。

3.1.40

链接 link

DTM 和物理设备的逻辑关系(非通信连接)。

3.1.41

模式窗口 modal window

防止用户与进程所有窗口进行交互。

3.1.42

在线数据 online data

设备内置的且能通过与设备通信进行访问的配置数据。

注:在线数据可能只是设备数据的一个子集(即,并不是所有的设备数据都能够通过与设备通信进行访问)。

3.1.43

操作 operation

可能包含一个或多个方法在 FDT 对象之间调用的规程。

3.1.44

父 DTM Parent DTM

FDT 项目中的 DTM 实例,通过与子 DTM 的关系进行区分。

注:任何提供 FDT 通信的 DTM 都可以被分类为父 DTM(如通信 DTM、网关 DTM 和复杂设备 DTM)。

3.1.45

模式 pattern

针对软件设计中通用问题的标准解决方案。

3.1.46

平台 platform

硬件平台、目标平台和目标 CLR 的组合,它定义了 FDT 软件的执行环境。

3.1.47

项目 project

表示一组设备的相关信息总和的通用术语。

注:项目的定义专门用于框架应用程序。

3.1.48

代理对象 proxy object

一个对象,行使代表另一个对象的功能。

注 1:代理模式是一种经常使用的软件设计模式。

注 2:GB/T 29618.42 将代理模式用于 DTM BL 和 DTM UI、DTM BL 之间、以及 DTM BL 和通信通道之间的交互,从而在框架应用程序中支持多个.NET Framework 版本,并提供对于 FDT1.2.x 的向后兼容。

3.1.49

再分配 reassign

修改赋给设备节点的 TypeInfo,将一个 TypeInfo.Id 修改为,不同 DTM 中的相同的 TypeInfo.Id。把 TypeInfo.Id 改变成在同一 DTM 或另外 DTM 中的另一个 TypeInfo.Id。

3.1.50

重新分配 reassignment

给一个已分配了 DtmType 的设备节点,分配一个不同 DtmType 的过程。

注:之前分配的 DtmType 可能已经存在数据集。在重新分配时,应考虑该数据集。

3.1.51

替换安装 replacing installation

安装一个新的 DTM 版本来替换当前已安装的 DTM 版本。

注：框架应用程序被告知该安装，但是 DtmDeviceTypes 不需要再分配。DTM 更新（见定义“更新”）和 DTM 升级（见定义“升级”）也会替换之前安装的 DTM 版本。

3.1.52

修订 revision

非 FDT 组件的修改的标识，如设备固件或设备硬件。

注 1：并不是所有的由 FDT 和/或设备类型支持的现场总线规范，都能提供一个版本标识来得出兼容性声明。

注 2：相对于一个版本，修订需要额外的现场总线或设备类型特定的知识，来导出可兼容或可互换的预测。

3.1.53

语义信息 semanticInfo

在特定语境中提供一个语言引用的标识。

注 1：由 SemanticId 提供该引用，并由与 SemanticId 一起的 ApplicationDomain 提供内容。

注 2：一个信息项可能具有多个语义，如：一个参数可能在现场总线行规中描述，也有可能在设备行规（如驱动）中描述，这就是为什么一个信息项可以具有多个语义信息。

3.1.54

设定值 set point

自动控制系统中希望达到的目标值。

注：例如一个锅炉控制系统可能有一个温度设定值，该值就是控制系统所希望达到的温度。

3.1.55

兄弟 DTM sibling DTMs

在一个 FDT 项目中的 DTM 实例，这些实例按照相同通信通道的关系进行分类。

3.1.56

代理进程 surrogate process

代表客户端进程托管对象的进程。

注：代理进程可能具有客户端进程之外的其他能力，如它可以用于装载一个不同的.NET 框架。

3.1.57

同步操作 synchronous operation

当被要求操作的对象在等待结果时，执行的操作。

3.1.58

目标 CLR target CLR

公共语言运行时，用于定义 FDT 软件的执行环境。

注：一个目标 CLR 的例子是 CLR 4.0。

3.1.59

目标平台 target platform

机器和操作系统支持的原始数据大小，在这个目标平台上执行 FDT 软件。

注：GB/T 29618.42 定义了支持 32 位和 64 位的目标平台。

3.1.60

转换器 transformer

用于 FDT1.2.x XML 文档和 GB/T 29618.42 数据类型之间进行转换的组件。

注：FDT 组织为 FDT 协议附录规范中规定的每个通信协议提供转换器。

3.1.61

更新　update

用包含错误更正的修订(最新)版本(更新版本)替换组件的过程。

3.1.62

更新版本　update revision

包含错误更正和少量增强的组件次版本。

注：和升级版本相比，更新版本不包含主要功能的增强或新的特性增加。更新版本应对同一组件的较早版本保持向后兼容。

3.1.63

升级　upgrade

用包含功能增强和/或有新特性的后续版本(升级版本)替换组件的过程。

3.1.64

升级版本　upgrade revision

与组件的之前版本相比，升级版本是指包含功能增强和/或有新特性(升级版本)的组件版本。

注：升级版本应对同一组件的较早版本保持向后兼容。

3.1.65

版本　version

对之前的软件产品实例进行修改或更正得到的软件产品的实例(见[33])。

注1：版本的格式：Major.Minor[.build[.revision]]，更多信息参见网址：http://msdn.microsoft.com/en-us/library/hdxyt63s。

注2：在FDT2中，版本用于识别FDT软件组件和相应的兼容属性。

3.2　缩略语

IEC 62453-1、IEC 62453-2界定的以及下列缩略语适用于本文件。

API：应用程序编程接口(Application Programming Interface)

BTM：块类型管理器(Block Type Manager)

CLR：公共语言运行时(Common Language Runtime)

CLS：公共语言规范(Common Language Specification)

CSS：层叠样式表(Cascading Style Sheet)

DCS：分布式控制系统(Distributed Control System)

DD：设备描述(device description)

DLL：动态链接库(Dynamic Link Library)

DOM：文档对象模型(Document Object Model)

DTM：设备类型管理器(Device Type Manager)

FA：框架应用程序(Frame Application)

FDT：现场设备工具(Field Device Tool)

GAC：全局程序集缓存(Global Assembly Cache)

GUI：图形用户界面(Graphical User Interface)

GUID：全局唯一标识符(Globally Unique Identifier)

HART：可寻址远程传感器高速通道(Highway Addressable Remote Transducer)

IID：接口ID(Interface ID)

IO：输入/输出(Input/Output)

LCID：本地ID(Local ID)

MSDN:微软开发者网络(Microsoft Developer Network)

PLC:可编程逻辑控制器(Programmable Logic Controller)

WPF:视窗呈现基础(Windows Presentation Foundation)

XDR:XML 数据简化(XML data reduced)

XSL:可扩展样式表语言(eXtensible Stylesheet Language)

XSLT:XSL 转换(XSL Transformations)

3.3 约定

本部分中使用的 UML 符号的约定见附录 H。

本部分规定了对软件的要求。在说明要求时,用下列词汇:

用词	含义
"应""必须"或"强制"	表示不允许例外
"宜"或"推荐"	表示强烈推荐。在特殊例外的情况下,可以与描述的行为不同
"有条件的"	根据定义的条件,应提供的功能和行为
"可能"或"可选的"	可提供的功能或行为

更多的约定如下:

约定	含义
注:	指示文本(小号字体),不表达要求,但给出附加信息
〈方法名〉	尖括号用于指示对异步方法的引用 **注:** 如果查询附录 B 中的定义:这样的方法用成对的 BeginMethodName()/EndMethodName()方式实现

本部分提供的代码示例用于对描述的概念进行阐述。这些代码不能直接使用。FDT 软件的开发者应该考虑在什么地方应用开发代码并设计相应的软件。对于协议特定实现的规范,参考 FDT 协议附录文档。

4 实现概念

4.1 技术导向

.NET 框架是微软的软件框架,包含一个大的库并支持几种编程语言。为.NET 框架编写的程序需要在公共语言运行时(CLR)的软件环境中执行。类库和 CLR 共同构成了.NET 框架。CLR 是由 ISO/IEC 23271:2012 和 ISO/IEC 23270:2006 定义的微软特定实现。

本部分定义的 FDT 客户端/服务器结构的实现是基于.NET 框架。

GB/T 29618 的本部分规定了.NET 接口(接口是什么),而非实现(没有"怎样"实现)。它规定了接口应向使用它们的客户端应用程序提供什么样的行为。FDT 规范既不规定 DTM 的实现,也不规定框架应用程序的实现。

本部分包含了体系结构,以及更适用于这些体系结构的接口描述。与所有的 COM 实现相似,FDT 的体系结构是客户端/服务器模型,其中 DTM 是框架应用程序所管理的服务器组件。

4.2 抽象 FDT 对象模型实现

图 2 提供了一个概述,用于描述 FDT 对象(在 IEC 62453-2 中定义)在本部分中实现的,以及怎么

实现的它们之间的关系。FDT 对象作为.NET 对象实现。

本部分定义了一个简化的对象模型的实现。在这种实现中,通信通道(Communication Channel)是唯一的通道。过程通道(Process Channel)映射到 ProcessDataInfo 对象。通信通道可以不没有用户界面。“Project”和“Host Channel” 对象作为框架应用程序的特定实现,本部分对其未作定义。

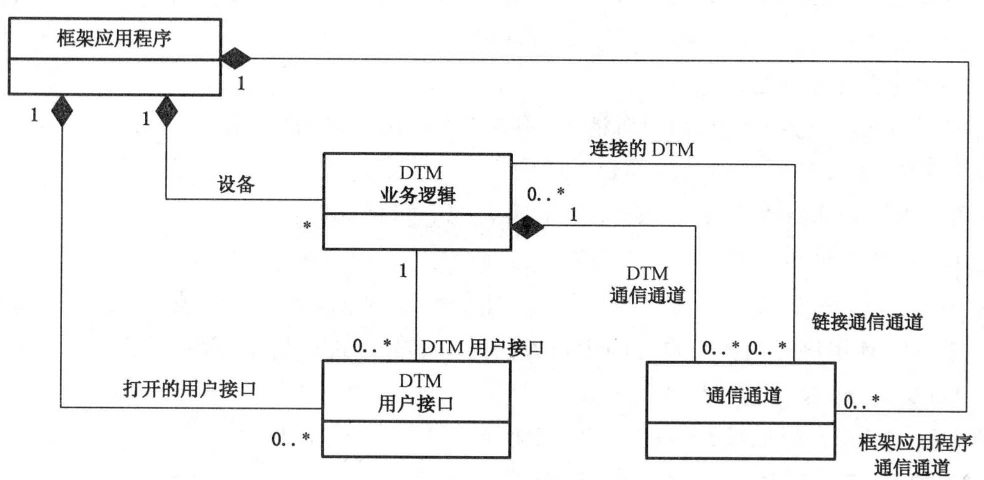

图 2 对象模型

如果框架应用程序是一个分布式软件系统,那么框架应用程序应负责组织这些对象的实例化(基于提供商特定的实现)。

4.3 FDT 框架应用程序(FA)

4.3.1 概述

框架应用程序是 DTM 的运行时环境,并提供使能 DTM 业务逻辑和 DTM 用户界面,以便与其环境进行交互。此外,框架应用程序提供标准消息接口,来管理 DTM 业务逻辑和 DTM 用户界面间的交互(见图 3)。

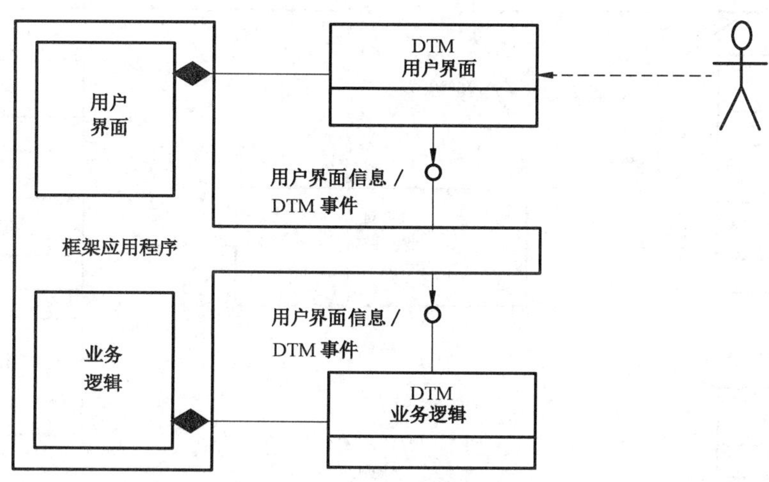

图 3 框架应用程序

消息接口用来传送 DTM 特定消息和事件。消息的内容和格式是私有的,框架应用程序无法解读。

框架应用程序用户界面代表了所有与用户界面相关的功能。框架应用程序业务逻辑表示了所有与业务逻辑相关的功能。以上两者在本部分未做规定,但都是框架应用程序实现的特定部分(如,功能部分或结构部分)。这两个部分可以被包含在一个单独或多个分开的应用程序中,如服务器与客户端应用程序中。

框架应用程序可以没有,也可以有一个或多个框架应用程序用户界面。

框架应用程序业务逻辑部分负责执行 DTM 业务逻辑。它提供服务使 DTM 业务逻辑能够:

——在框架应用程序持久存储器中的持久数据(见 4.14.1);

——与相关的设备进行通信;

——请求更多的用户界面(如,用户对话框、附加 DTM 用户界面)显示;

——浏览 FDT 拓扑结构并与其他 DTM 交互;

——通知框架应用程序相关事件(如错误/追溯消息、进度等);

——与 DTM 用户界面交互。

框架应用程序用户界面部分使用户可以使用 DTM 服务,如 DTM 支持的功能和用户界面(见 4.5)。它把 DTM 用户界面作为自身的用户界面的一部分来进行管理,并提供服务以便:

——与 DTM 业务逻辑交互(见 4.4);

——请求更多的用户界面(如用户对话框、附加 DTM 用户界面)显示;

——浏览 FDT 拓扑结构并与其他 DTM 交互;

——通知框架应用程序相关事件(如错误/追溯消息、进度等)。

4.4 DTM 业务逻辑

4.4.1 概述

框架应用程序和 DTM 业务逻辑通过已定义的界面(见附录 B)进行交互。图 4 给出了 DTM 业务逻辑接口实现的接口定义的信息对象。

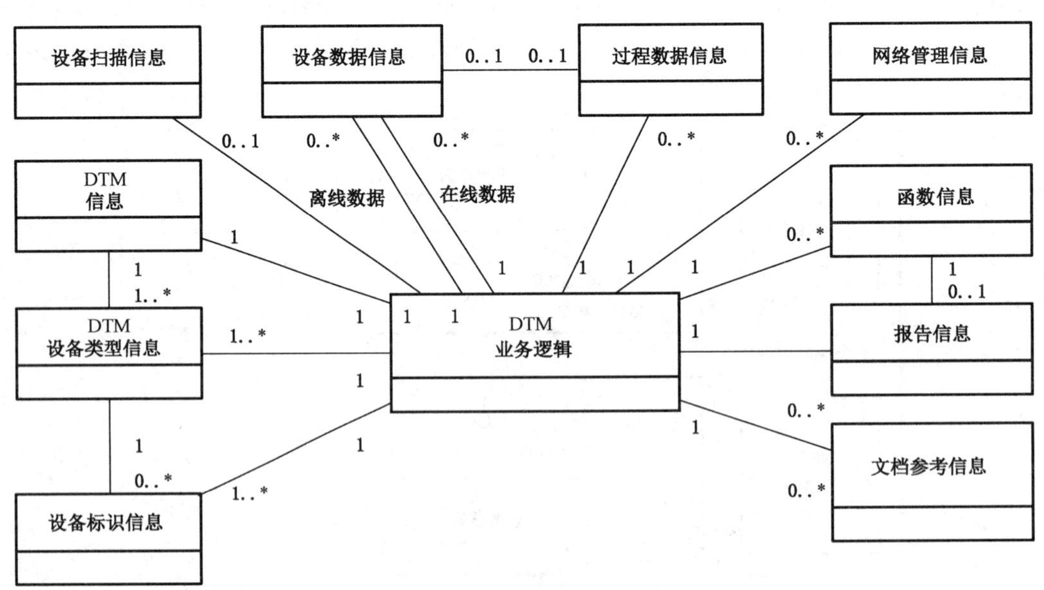

注:由于这部分描述了 FDT 的通用概念,DTM 实际实现可能会有不同(如,如果一个网络协议使用了网络管理,那么必须提供网络管理信息)。

图 4 DTM 业务逻辑

4.4.2 DTM、DTM 设备类型和设备标识信息的实现

为了提升库的创建和 DTM 选择的性能，应由一个单独的类（所谓的 DtmInfoBuilder 类）提供 GetTypeInformation 服务。DtmInfoBuilder 是和 DTM 一起安装的，它实现同样的接口来提供 DTM 定义的信息（见附录 B 中的 IDtmInformation）。DtmInfoBuilder 的主要优点在于可以不用实例化 DTM 就使用。

注：通过使用 DtmInfoBuilder，依据各种情况来采用可用的 TypeInfos 成为可能（例如，根据已安装的 DD 文件，DD-解释器 DTM 可以提供 TypeInfos）。

图 5 给出了 DTM 提供的用来支持这些框架应用程序功能的信息数据类型，以及这些信息数据类型如何用于描述所支持的设备（见 7.4 和 7.5）。

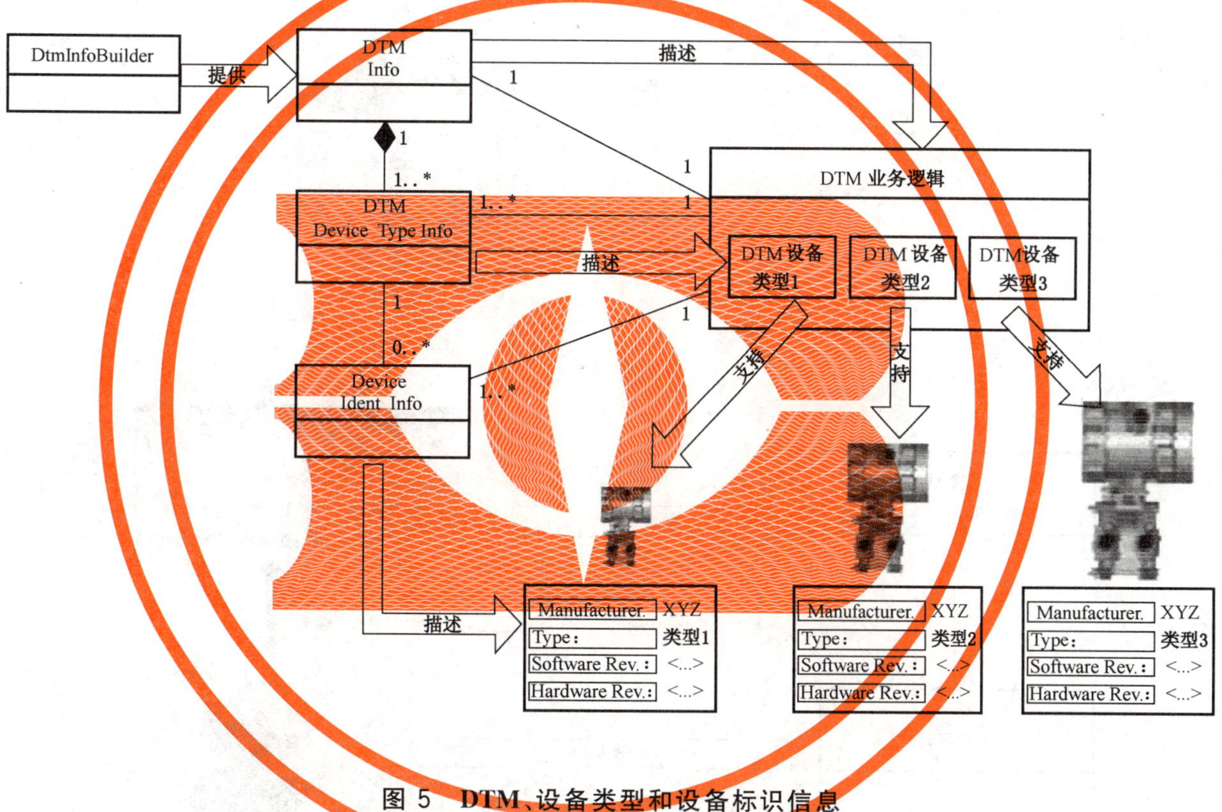

图 5 DTM、设备类型和设备标识信息

注：由于这部分描述了 FDT 的通用概念，DTM 实际实现可能会有不同（如，因为扫描方法对识别设备很重要，所以设备 DTM 应提供设备识别信息）。

在 DTM 中特定物理设备类型的表示称为 DTM 设备类型。一个 DTM 可能提供一个或多个 DTM 设备类型。DTM 设备类型的具体设计和实现不包含在 FDT 范围内。

能被 DTM 设备类型处理的物理设备类型的信息，由 IDtmInformation：GetDeviceIdentInfo（见附录 B 中的 IDtmInformation 定义）返回。这些信息包括：如制造商、类型、硬件和设备的嵌入式软件版本。DTM 甚至可能返回一些特定设备标识元素的正则表达式，来表示与表达式相匹配的所有设备的 DTM 设备类型（如，‘＊’字符用于硬件版本时，可能表示 DTM 设备类型能支持的所有硬件版本）。

由服务 IDtmInformation：GetDeviceIdentInfo 返回的信息是现场总线特定的，它定义在 FDT2 中描述协议行规集成的文档中。然而，FDT 定义方法将这些信息转换成一个协议独立的格式，使得框架应用程序无须协议特定的知识也能使用它。

4.4.3 DTM 设备参数访问的实现

DTM 支持读写设备参数的接口，这些设备参数存储在 DTM 实例数据中（离线数据）和所连接的设备中（在线数据）。这种数据由 DataInfo 表示（详见 4.12.1）。

DTM 必须提供一个已定义的公共可获取的设备参数集（详见 4.12）。使用不依赖于特定总线的结构提供参数，以使得在没有现场总线协议知识的情况下也可以使用。

4.4.4 过程数据信息

设备提供的过程数据（如，输入输出信号）被集成到控制系统的功能规划中。将设备集成到控制系统中的与过程数据相关的信息，如数据类型、信号方向、工程单位和量程，由 DTM 业务逻辑为每个 DTM 设备类型提供（见图 6），但也可能取决于设备实例的配置。

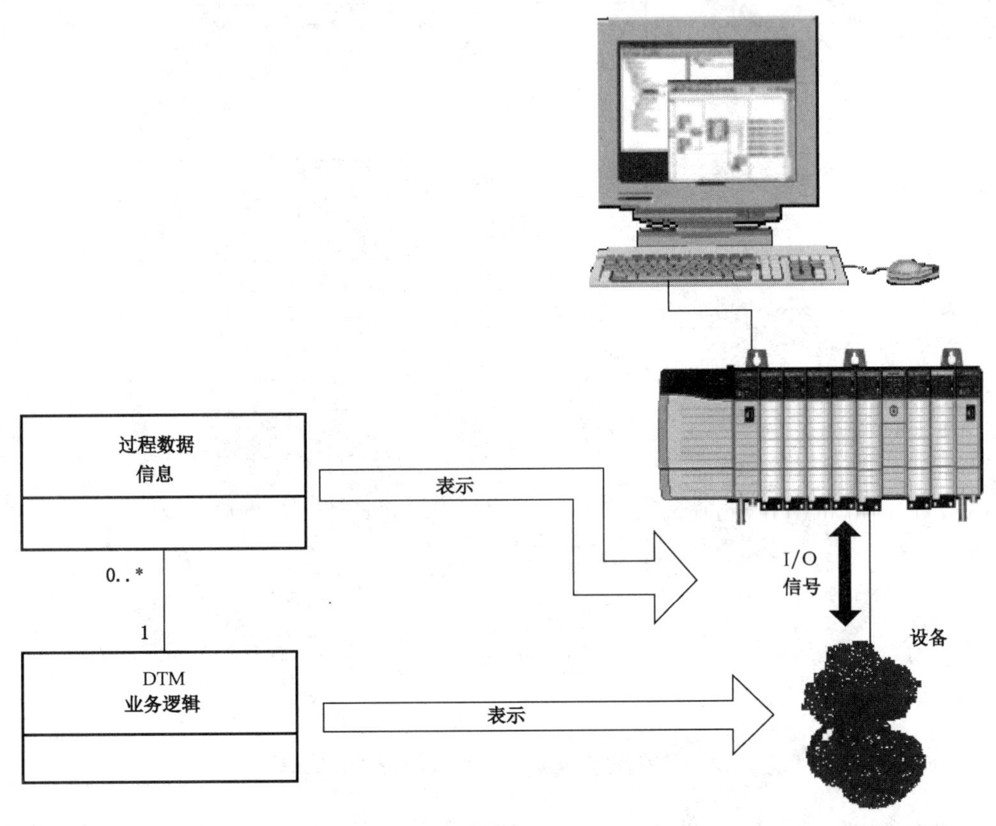

图 6 过程数据信息

设备提供的过程值，包括数值和类型，都可能取决于 DTM 配置，所以可用的过程数据信息对象的数量也可能取决于设备配置。框架应用程序能够通知 DTM，应禁止进一步的配置修改，因为过程数据已经被集成到控制系统的功能规划中。这种情况下，DTM 应不允许会影响可用过程值定义的任何修改。

过程信息是协议特定的。每个 FDT 协议附录都定义了一个派生类，该类定义了应该包括哪些信息。然而，在基本类过程数据信息中的属性以协议无关的格式，提供公共信息（如输入输出信号名称、标签等），从而使没有协议特定知识的框架应用程序能将过程变量集成到系统中（详见 7.11.1）。

如果过程数据值和设备数据信息同样可用，那么过程数据信息元素会引用相应元素（见 7.11.1 中的 IOSignalRefs）。

过程数据信息元素可能和通信通道有关。这是一个远程IO的网关DTM的典型案例(见图98)。该关系在过程数据信息元素中表示(见7.11.1中的IOSignalRef)。

注:过程数据信息替换FDT1.2.x中定义的过程通道。

4.4.5 诊断数据信息

DTM提供检索相关设备状态的服务。这种状态根据参考文献[7]以一个协议无关的方式进行编码。

4.4.6 网络管理信息

DTM支持用于读写网络管理信息的接口,这些信息能用于如地址管理和总线主站配置(见8.11.1)。

网络管理信息是协议特定的。它可能包含设备总线地址、标签和额外的总线特定组态设置。每个FDT协议附录定义一个派生类,用于定义协议特定的记录。然而,基本类网络管理信息以协议无关的格式,提供公用信息(如总线地址、标签),从而使没有协议特定知识的框架应用程序能使用这些信息(详见7.13)。

4.4.7 功能信息

每一个DTM可以提供如下功能:

——DTM用户界面;

——没有DTM用户界面的DTM功能(命令功能CommandFunctions)和;

——对外部文档的引用。

功能信息对象提供的功能信息有名称、状态(使能/禁用)等(详见7.14)。

功能应提供可打印的信息。框架应用程序可以调用DTM的文档接口(见参考文献[4]中7.2.7.1),来检索可打印的信息。此接口返回相应的可打印信息的报告信息对象。该报告信息对象可能表明与该功能的关系。

4.4.8 报告信息

如果一个DTM提供实例数据和/或在线数据,那么DTM应实现设备类型特定的报告,该报告为文档化和归档目的提供数据。DTM BL可以实现不同类型的报告,每个报告覆盖设备实例的不同子集或设备的在线数据。

该报告的信息提供了一个DTM支持的报告类型列表(见7.19)。该列表可分组。在一个DTM实例的生命周期中,这个列表是静态的,在当前的应用程序上下文中没有依赖关系。

4.4.9 文档引用信息

DTM可以提供对外部文档的引用,它由框架应用程序显示。这些引用作为类型信息的一部分(作为静态信息)或功能信息的一部分(可动态变化)来提供。该框架应用程序可以提供一个自身的文件阅读器,或依赖于支持该文档类型的外部软件的安装。建议DTM使用常用的文件格式(推荐格式是PDF、CHM和HTML)。否则,DTM应提供必要的阅读器。

4.5 DTM功能的实现

4.5.1 DTM用户界面

DTM用户界面(DTM UI)可以是集成到框架应用程序的用户界面图形化控件,也可以是与DTM一起提供的,处理与外部程序交互的代理对象。

DTM UI 可以是无模式也可以是模式。模式 DTM UI 只在 DTM 实例中才使用模式状态。DTM 实例应期望模式 DTM UI 块只在自己的 UI(DTM 实例模式)中是活动的,其他 UI(框架应用程序或其他 DTM)仍然可能触发动作。模式 DTM UI 应尽可能少使用。

框架应用程序也可以为模式的 DTM UI 实现框架应用程序的模式行为。

DTM UI 的内容与布局是设备特定的,但应遵循 DTM 样式指南[6]。

注 1:DTM 可以为不同的平台提供 DTM UI(如,不同的显示格式,如 PC、移动设备等)。DTM UI 支持哪个平台由 DTM 返回的对应 UI 功能信息元素描述(见 7.14)。FDT 规范将定义应支持哪些平台。

注 2:本部分的目的是允许关于 UI 技术和平台支持的后续扩展。

4.5.2 功能访问控制

框架应用程序能够限制由 DTM 提供的功能的调用,禁用 DTM UI 的某些动作(按钮)(如"应用"),并限制 DTM 转换到某些状态[例如,通过不调用方法 EnableCommunication()来限制转换到"在线"状态]。

框架应用程序可以得到 DTM 里 IFunction.FunctionInfo 属性提供的功能列表。DTM 应提供在 DTM 所有模式中所有可用功能。当功能不适用于当前的操作模式时,FunctionItem.Enabled 属性将指示出来。DTM 应总是列出一个设备节点的同样的功能集(即使 DTM 实例被终止并重新加载)。列出功能的数量和类型不应改变,但功能的可用性和可见性状态可以改变。框架应用程序应通过将 Hidden 属性设置为 TRUE 来隐藏这些功能。

DTM 应使用 IFunction.FunctionsChanged 事件来指示 Enable 状态的改变。

当调用 DTM UI 时,DTM 应禁止切换 DTM 用户界面的上下文。

例如:

如果框架应用程序调用诊断功能,那么 DTM 要将诊断信息呈现在用户界面中。在没有框架允许的情况下,不允许用户调用 DTM UI 中用于诊断功能的配置界面。只有当框架应用程序允许时,用户才可以调用框架应用程序提供的配置界面。

如果框架应用程序调用 MainOperation 函数,那么 DTM 将在用户界面中呈现所有可用的功能。用户可以从 DTM 用户界面调用配置界面,以及诊断功能或任何其他集成功能。

4.5.3 无模式 DTM UI 中标准 UI 元素的处理

无模式 DTM UI 应委托框架应用程序来显示和处理其标准的对话框元素。标准对话框元素是标准化的语义动作(应用/关闭/在线帮助)(见[6]中的动作区)和 DTM UI 特定状态信息(数据源、总结参数修改状态、UI 操作模式、服务模式激活)(见[6]状态栏)。

为了保证不同 DTM 提供商的用户界面外观的一致性,DTM UI 可以委托框架应用程序显示和处理额外的 DTM 应用特定行为。

然而 DTM UI 允许在自己的 UI 区域内实现非标准对话框的动作(见[6]中应用区)。

标准对话框的动作及其各自的语义集是固定的。然而,这些动作的可用性可以在任何时间改变,这取决于 DTM UI 的内部状态。应用程序特定动作(包括自身可用性)集是不固定的。DTM UI 可以在任何时间添加、移出、重命名、使能或禁用应用程序特定的动作,这取决于其自身的要求。每当有标准动作的可用性,或其自定义动作的可用性设定有变更时,DTM UI 必须通知框架应用程序(见附录 B 中的 IStandardActions. StandardActionItemSetChanged 和 IApplicationSpecificActions. ApplicationSpecificActionItemSetChanged)。

框架应用程序可以使用专用的 UI 元素,如按钮控件,提标准的对话框动作提供直接访问,以及在与其他框架应用程序的 UI 元素的用户交互的内容中间接调用它们。框架应用程序应总是使用专用的

UI 元素来显示 DTM UI 提供的所有自定义动作。这些应与 DTM UI 有明确的关联,如在 DTM 样式指南中描述[6]。

4.5.4 命令功能

在 DTM BL 和图形用户界面的内容中,命令功能都用来执行动作(命令)。在 DTM BL 的内容中命令功能不应有 GUI,但在 UI 命令功能可以显示一个 GUI(见 6.4)。

命令功能可能有参数。由 DTM BL 提供的参数的信息,可能包含参数默认值。当执行命令功能时,传递实际参数值。

4.6 用户管理

4.6.1 概述

FDT 没有定义用于用户管理的标准系统。用户管理是产品特定定义的一部分,可能被不同的框架应用程序用不同的方法实现。尽管如此,也有必要定义关于访问权限、访问规则以及来自不同提供商的组件如何沟通访问权限相关信息的一种通用处理规程。

4.6.2 多用户访问

一些框架应用程序提供多用户能力。这样的系统提供多个用户的同时访问,也可以分布在多台计算机上。本部分将分布式环境作为一个框架应用程序。该框架应用程序和 DTM 都应提供多用户访问,并确保数据的一致性。

如果,在一个框架应用程序中,多个用户访问同一设备或同一设备数据集,那么框架应用程序应为每个用户启动一个独立的 DTM 实例。所有这些 DTM 实例都应该有相同的 DTM 类型,都应该实例化同样的 DTM 设备类型和同样的物理设备。每个 DTM 实例管理一个独立的实例数据集。这些实例数据集通过持久数据集进行同步(见 4.11.5)。

注:多用户场景的体系结构示例见 11.4。

4.6.3 用户等级

4.6.3.1 引言

DTM 可以集成到不同的框架应用程序中,这些程序可能有不同的要求来限制设备和持久数据的可见性和可访问性,如对于工厂安全的原因或为用户显示定制的图形。限制等级随着系统所支持的用户类型的变化而不同。对于用户,请求数据访问限制的例子如下:

——一个指定为观察工厂的用户,不应访问校准设备特定参数,也不应看到相关的 DTM 功能;

——一个设备的调试专家应能够访问功能和校准数据;

——一个指定为操作工厂的用户,应能改变(写)设定值,并提供合适的功能,而一个指定为观察工厂的用户,不允许执行这样的改变。

4.6.3.2 访问控制概念

FDT 使用基于角色的访问控制的概念。用相同的 FDT 特定用户等级,框架应用程序初始化 DTM 业务逻辑和相关的 UI。[见附录 B 中的 IDtm.Init()和 IDtmUIFunction.〈Init()〉定义]。该用户等级在业务逻辑和 UI 实例的生存周期内是不变的。

对访问控制而言,FDT 系统中的每个执行者(actor)在 DTM 界面的用户三个访问等级中,可选其中之一(见表 1):

表 1 FDT 用户等级

用户等级名称	描述
观察员	该用户等级表示执行者只能观察当前的过程
专家	该用户等级表示执行者需要执行特定的用例,如操作用例(操作专家)或设备维护用例(维护专家)。该用户等级允许框架应用程序配置访问和权限
工程师	该用户等级表示执行者可以做工厂规划、设备配置/参数化和工厂维护

用户等级允许逐步扩展权限。观察者通常有一个最小的权限设置,专家有一个中等的权限设置(由框架应用程序配置),工程师具有完全的权限设置。

专家用户等级可以被看作是一个 IEC 62453-2 中定义的“操作人员”和“维护人员”的超集。由于框架应用程序可以配置专家的访问权限,它可能适用于精细的权限,从而适应不同的应用场景。

注:用于 FDT 规范设计的基本用户等级和用例的解释见附录 A。一个框架应用程序可能只支持这些用例的一个子集或附录中没有定义的附加用例。

根据框架应用程序设定的角色,DTM 业务逻辑和用户界面将控制对设备和持久性数据(见附录 B 中的接口定义 IInstanceData 和 IDeviceData)的访问,并调整其用户界面的外观。如果需要与特定的用户等级无关的数据访问权,这包括隐藏某些数据或将其显示为只读,也会部分禁用 DTM 的特定功能(见附录 B 中的定义 IFunction.FunctionInfo)。

实现“观察员”用户级的安全和只读用法,对于 DTM 而言是强制性的。实现“工程师”用户等级的无限制用法,对于 DTM 而言也是强制的。实现“专家”用户等级的可配置定制用法,对于 DTM 而言是可选的。如果“专家”等级不是由 DTM 实现,而是由框架应用程序设置,那么 DTM 应使用“观察员”用户等级的行为。

表 2 给出了期望可用于单个用户等级的界面和功能的概述。应定义数据访问权限以允许这些用例的执行。

对单个用户进行角色分配是框架应用程序特定的。框架应用程序可以实现一个自身的用户管理子系统,或者使用固定的用户等级。

表 2 DTM 的角色相关的访问权限和用户界面

<table>
<tr><th rowspan="2">用例</th><th rowspan="2">子例</th><th colspan="3">用户等级</th></tr>
<tr><th>工程师( )</th><th>专家( )</th><th>观察员( )</th></tr>
<tr><td rowspan="3">系统规划</td><td>网络管理</td><td rowspan="10">如果 DTM 实现这些用例,它应提供所有相关的命令和用户界面</td><td rowspan="10">如果 DTM 实现这些用例,并且支持用户角色“专家”,那么它应允许框架应用程对披露数据、命令和用户界面的访问</td><td>—*)</td></tr>
<tr><td>主机配置</td><td>—</td></tr>
<tr><td>通道分配</td><td>—</td></tr>
<tr><td rowspan="2">系统生成</td><td>网络管理</td><td>O {r}</td></tr>
<tr><td>DTM 匹配</td><td>O {r}</td></tr>
<tr><td>设备配置</td><td>—</td><td>—</td></tr>
<tr><td>仿真(Force)</td><td>—</td><td>—</td></tr>
<tr><td rowspan="2">离线操作</td><td>离线参数化</td><td>—</td></tr>
<tr><td>持久数据比较</td><td>—</td></tr>
</table>

表 2（续）

用例	子例	用户等级		
		工程师（ ）	专家（ ）	观察员（ ）
在线操作	在线功能(复位+需要在线设备连接的其他功能)	如果DTM实现这些用例,它应提供所有相关的命令和用户界面	如果DTM实现这些用例,并且支持用户角色“专家”,那么它应允许框架应用对披露数据、命令和用户界面的访问	—
	在线参数化			—
	校准			—
	设备 持久数据比较			—
	调整设定值			O {r}
	上传			—
	下载			—
批量操作	上传			—
	下载			—
在线视图	网络扫描			O {r}
	在线状态			M {r}
	在线趋势			M {r}
	设备标识			M {r}
	在线视图参数设置			O {r}
报告生成				M {r}
设备特定操作	在DTM/设备特定OEM服务登录后,设备提供商特定的DTM功能			—
M 强制(如果DTM实现该用例,它应提供特定用户等级的所有相关的命令和用户界面)。 O 可选(DTM可以提供特定用户等级的相关命令和用户界面)。 r 用户等级应能够对用例相关的所有数据进行读访问。 w 用户等级应能够对用例相关的所有数据进行写访问。 — 用例在该用户等级下不被支持(DTM不应提供任何相关命令/用户界面)。 *) DTM应允许所有用户等级使用方法SetAddressInof()设置DTM中的设备地址。				

4.6.3.3 框架应用程序配置访问控制

DTM的提供商为所有场景提供正确的访问控制设置是非常困难的,甚至是不可能的。可以访问的数据,可以使用的功能,这些用户都可以改变;这取决于DTM使用的地点或工厂的运行阶段。以下是一些示例:

当设备连接在工厂或在仪表车间时,即使对于相同DTM控制的相同设备,相同的用户也可能有不同的权限。在仪表车间,用户可能有校准仪表的所有设备和相应的授权。当仪表以后被连接到实际运行的控制系统后,只允许少量调整或不调整;

工厂建设期间同样的用户可能有充分的控制权限;而当工厂稳定运行时,对设备的更改将严格限制;

同一组用户对应于不同的仪器可能有不同的权限——有些维修人员对变送器维修比较擅长,另一些维修人员对阀门维修比较擅长;

在小型应用里，一个人可能会负责整个应用程序，他可以不受限制地访问所有设备的维修规程。但是在大型应用里，通常是根据技术人员的个人经验来控制访问。

针对不同的情况，可以提供“专家”用户等级。当DTM支持“专家”用户等级时，可访问的数据和可调用的功能由框架应用程序限制，这取决于工厂规则，以及运行阶段的个别用户或团队经验和其他因素。

框架应用程序能够使用专家用户等级，来创建单个用户或一组用户访问DTM数据和功能的其他等级。例如，当访问控制配置为操作专家时，框架应用程序可以使能对设定值、整定参数和诊断功能的访问。另一个例子中，当在仪表车间环境中调用设备DTM时，框架应用程序可以使能对校准参数、校准功能和在线参数视图的访问。

注：请注意，在FDT1.x规范中定义的“操作员”用户等级，在本部分中不再支持。在本部分中，术语“操作员”用来描述工厂操作专家。

4.7 FDT与系统拓扑结构的实现

4.7.1 概述

本部分有两种不同的拓扑：逻辑拓扑和物理拓扑。

逻辑拓扑是按DTM层级创建的。子DTM通过父DTM的通信通道连接到父DTM。一个父DTM可能有多个子DTM。由父DTM来管理这个关系，这意味着一个父DTM知道它所有的子DTM。

一个子DTM可能被指定给多个父DTM(例如，访问一个设备可能有不同的网络路径)。如果子DTM被指定给父DTM，不需通知，但需要通过FA使用ITopology.GetParentNodes()方法给出父DTM列表。

子DTM一次只能用一个通信路径来访问相应的设备。提供该通信路径的父DTM会被框架应用程序标记为“原始父亲”。

这意味着，逻辑拓扑描述了设备之间抽象层面的逻辑关系，支持管理DTM和设备之间的通信。

物理拓扑结构是通过定义DTM之间的物理连接建立。应定义DTM端口间的连接。这意味着，物理拓扑描述了实际的硬件安装。这些连接由框架应用程序管理。可以使用这些连接来代表所有网络结构的类型。

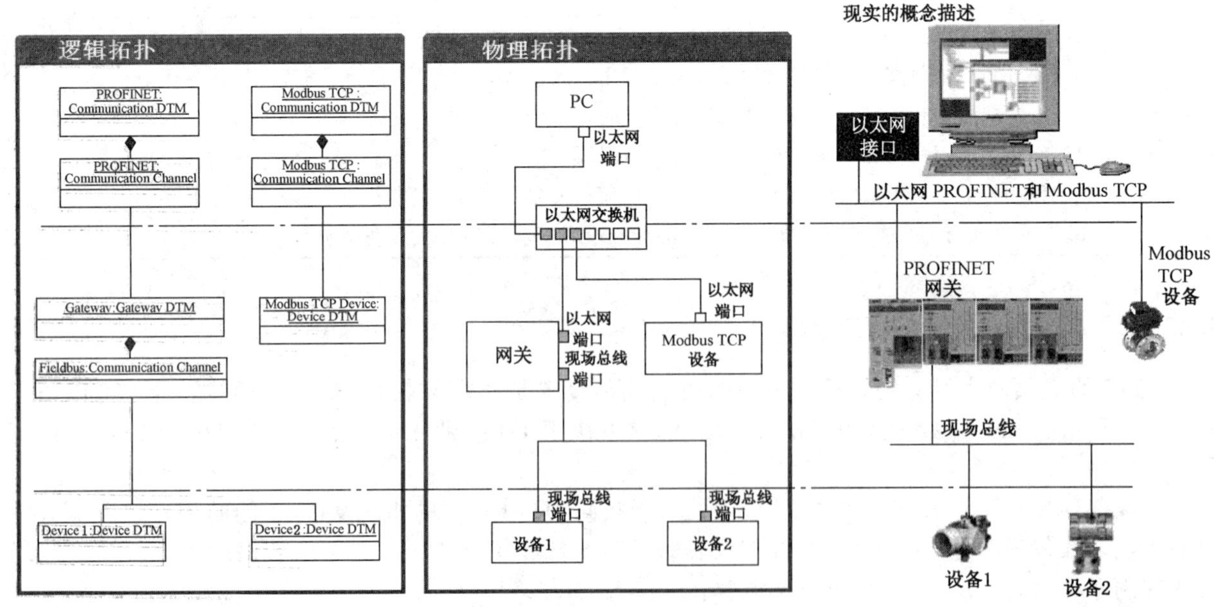

图7 逻辑拓扑和物理拓扑

4.7.2 拓扑管理

4.7.2.1 逻辑拓扑

框架应用程序负责管理逻辑拓扑——支持逻辑拓扑是强制的。这意味着,框架应用程序应组织工厂中的设备访问的数据路由。一些框架应用程序可能需要用户的交互;其他的可能支持自动操作,如拓扑导入或现场总线扫描。根据逻辑拓扑,DTM 之间的所有连接的总和称为 FDT 拓扑,在 IEC 62453-2 中有进一步描述。

DTM 揭示了所有需要的信息(见 4.4.2),这使能框架应用程序(用户)为设备选择相应的 DTM,例如名称、提供商、支持的设备类型版本和相应的标识属性。

如图 8 所示,通信通道用于链接通信 DTM 和设备 DTM 之间的元素。该通信通道提供对现场总线的访问。

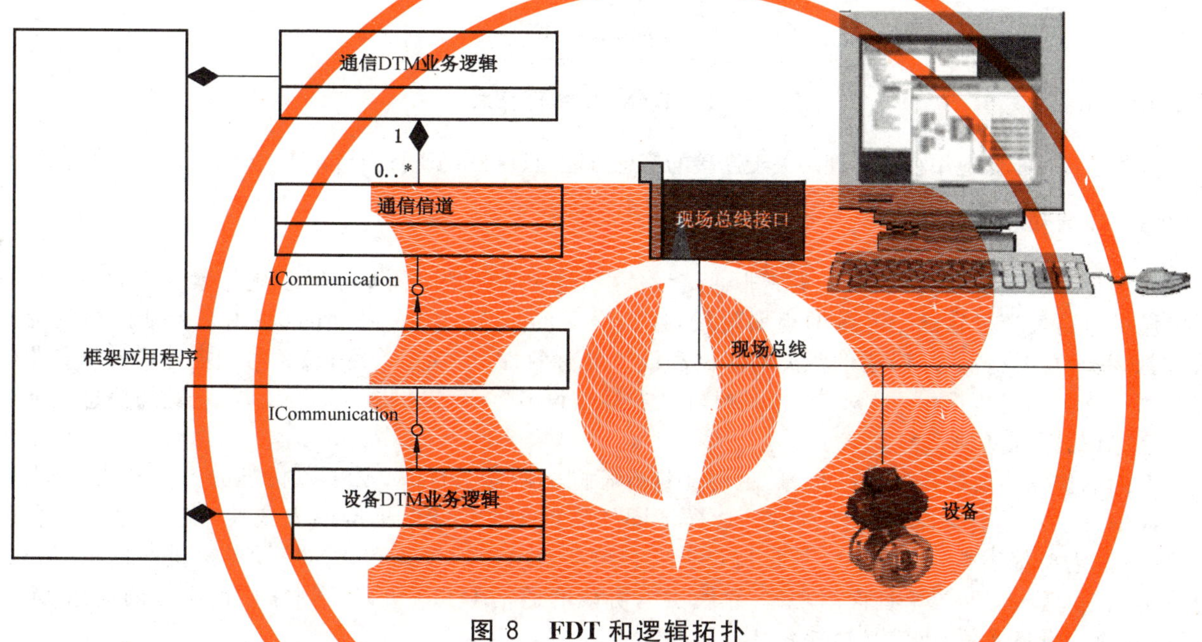

图 8 FDT 和逻辑拓扑

通信通道和 DTM 之间的链接由框架应用程序创建。然而,一个 DTM 最终是否被链接取决于通信通道。在创建链接之前,框架应用程序需要调用 ISubTopology.〈ValidateAddChild()〉方法(见附录 B 中的定义)。该通信通道至少应检查要求连接的 DTM 的网络协议是否适合它们自己所支持的协议。反之,链接被拒绝。此外,该通信通道可能执行进一步的检查,例如链接 DTM 的数量是否超过限值。

无论该通信通道(或相应的 DTM)还是链接的 DTM,都不需要为了访问相应的物理设备而管理拓扑信息。框架应用程序支持通过方法 ITopology.GetParentNodes()、ITopology.GetSiblingNodes()和 ITopology.GetChildNodes()(见附录 B 定义)来请求拓扑信息。

DTM 和设备的识别规则见 4.10。

对于某些通信协议,链接到网络的设备顺序会影响网络本身的配置。当插入相应的 DTM 到逻辑拓扑[ITopology.BeginAddChild()]时定义该顺序,该顺序后续可通过 ITopology.BeginRepositionChild()进行更改。当在 ITopology.GetChildNodes()和 ITopology.GetSiblingNodes()中返回 DTM 集合时,框架应用程序应总是保持该顺序。

如果框架应用程序提供通道视图,那么它应以相应的顺序显示所有子 DTM。在该视图中,该框架应用程序应允许用户在已存在的兄弟 DTM 之间的一个特定的位置插入一个新的 DTM,或改变一个现存 DTM 在其兄弟 DTM 间的位置。

4.7.2.2 物理拓扑

高级的拓扑管理要求额外规划设备间电缆连接或无线连接。这种能力由物理拓扑结构提供。

框架应用程序负责物理拓扑的管理。对于框架应用程序，支持物理拓扑结构是可选的。提供决定是否能物理连接的所有信息，对于 DTM 而言是必备的。物理拓扑结构可能不依赖于逻辑拓扑，应分开处理，如图 9 所示。

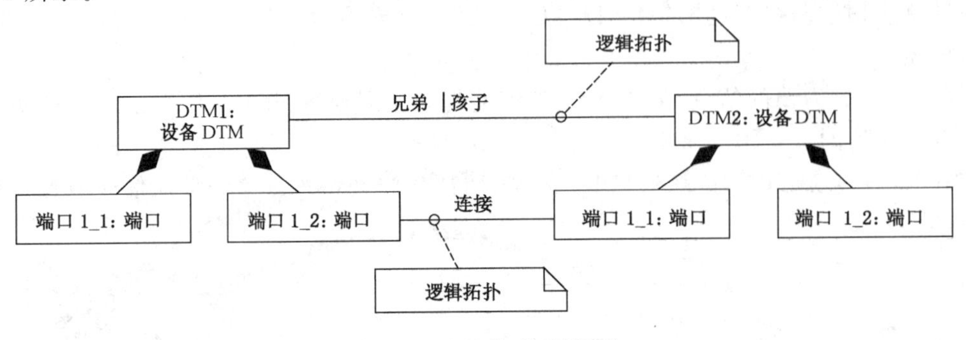

图 9 DTM 和物理拓扑

这些连接由框架应用程序管理。关于连接的信息可能通过接口 IPhysicalTopology 访问。详见附录 B。

4.7.2.3 通信和非通信设备

自动化系统集成通信设备，也集成非通信设备(如电源和其他的网络基础设施元素)，因此不能通过通信设备进行配置。在通信系统的规划阶段，这些设备的信息可能是必须的，可用来验证网络的完整性，例如关于总线电源过载、通信距离的限制和设计的有效性(例如正确终止)。为了把这样的设备集成到 FDT 系统中，可以提供 DTM 来表示这样的"非通信设备"。DTM 提供关于设备/装置的信息给能够使用这些信息的通信 DTM。

不同的协议需要提供特定的信息，也可能具有不同的限制。DTM 必须以标准的方法和格式(在网络管理信息中)为"被动设备"提供信息，这样不同的通信 DTM 能以标准的方式使用它。通信设备的 DTM 可能需要提供类似的信息。协议特定扩展必须定义由通信设备和非通信设备提供的信息以及如何使用此信息。例如，为平衡网络功率，总线供电协议的通信 DTM 可以使用非通信设备的信息(定义电源)和通信设备的信息(定义功耗)。

4.7.3 框架应用程序之间的数据交换

不同的框架应用程序之间的交互不在 FDT 范围内，但 FDT 规范定义了可以用于此目的的数据类型(见附录 B 中 TopologyImportExport 的定义)。框架应用程序可以使用这些数据类型来导出 FDT 拓扑信息到 XML 文件，该文件可以导入到另外的框架应用程序中。

4.8 模块实现

不同的现场总线协议使用不同的设备模型。FDT 支持描述设备结构的以下不同方法：

——单独 DTM，在 NetworkDataInfo、ProcessDataInfo、ProcessImageInfo、DataInfo 和 CommunicationChannelInfo 中带有拓扑描述；

——模块 DTM；

——BTM。

4.9 FDT 通信的实现

4.9.1 通信请求处理

为了优化通信，通信通道的接口允许在一个〈CommunicationRequest〉调用中传递多个事务请求

(作为一个列表)。

预期该通信通道会按照列表中提供的顺序处理事务请求。该事务请求的结果可以作为进度回调的一部分(部分结果)而连续的被传回通信通道的客户端,并且根据扩展 AsyncResult 模式(见 5.6.7.2),完整的结果应在〈CommunicationRequest〉结束时传回。

通信请求和通信响应之间的关系可以通过在〈CommunicationRequest〉调用中传递给客户端的 IAsyncResult 句柄来管理。这些特定事务请求的事务响应将由特定的 IAsyncResult 句柄接收。每个事务可由一个 ID 来标识,相同的 ID 由事务响应提供。

〈CommunicationRequest〉的取消会停止事务请求的执行。已经执行事务的结果会传回到客户端。对于每个尚未执行的事务请求,应向客户端提供一个 CommunicationError“Cancelled”。

4.9.2 通信错误的处理

因为可能通过调用〈CommunicationRequest〉来传递多事务请求,多事务响应会提供〈CommunicationRequest〉的结果。这套事务响应可能既包含好的通信结果(如,通信数据),也包含不好的通信结果(CommunicationError)。

4.9.3 连接丢失的处理

发送终止通知后,通信通道应不发送任何进一步的通信响应给通信客户端。应丢弃除了 FDTConnectionAbortedException 之外的所有待定请求。在收到终止通知后,通信客户端应忽略任何接收到的通信响应。

4.9.4 点对点通信

框架应用程序管理 DTM 业务逻辑和通信通道之间的交互。该框架应用程序传递通信接口(见附录 B 中的接口 ICommunication)到 DTM,提供了在每种情况下 DTM 业务逻辑和设备之间点对点的连接。

在框架应用程序的控制下,使 DTM 与其设备进行通信。该框架应用程序必须通过调用 IDtm.EnableCommunication()(见附录 B 中的定义)来提供用于 DTM 的通信接口,从而允许通信访问。

为了访问设备,DTM 使用的接口如图 10 所示:

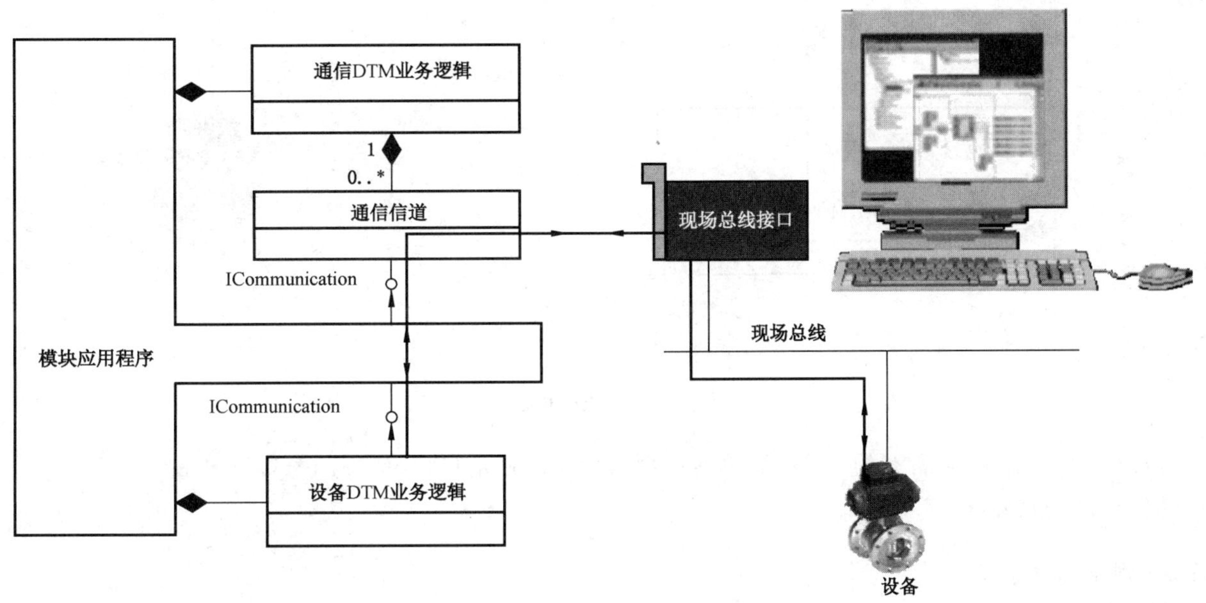

图 10 点对点通信

框架应用程序启动相应的通信 DTM，并转发通信请求到通信通道，之后通信通道与硬件进行通信。

DTM 必须调用通信通道方法 ICommunication.〈Connect()〉(见附录 B 中的定义)来建立与设备的通信连接。这个连接建立后，DTM 可以调用 ICommunication.〈CommunicationRequest()〉(见附录 B 的定义)与设备进行通信。通常期望 DTM 测试是否已连接到目标设备，见 8.6.2。

4.9.5 嵌套通信

在嵌套通信场景中，框架应用程序管理设备 DTM 业务逻辑与网关通信通道之间，以及网关 DTM 业务逻辑与总线通信通道之间的交互。(见图 11)。

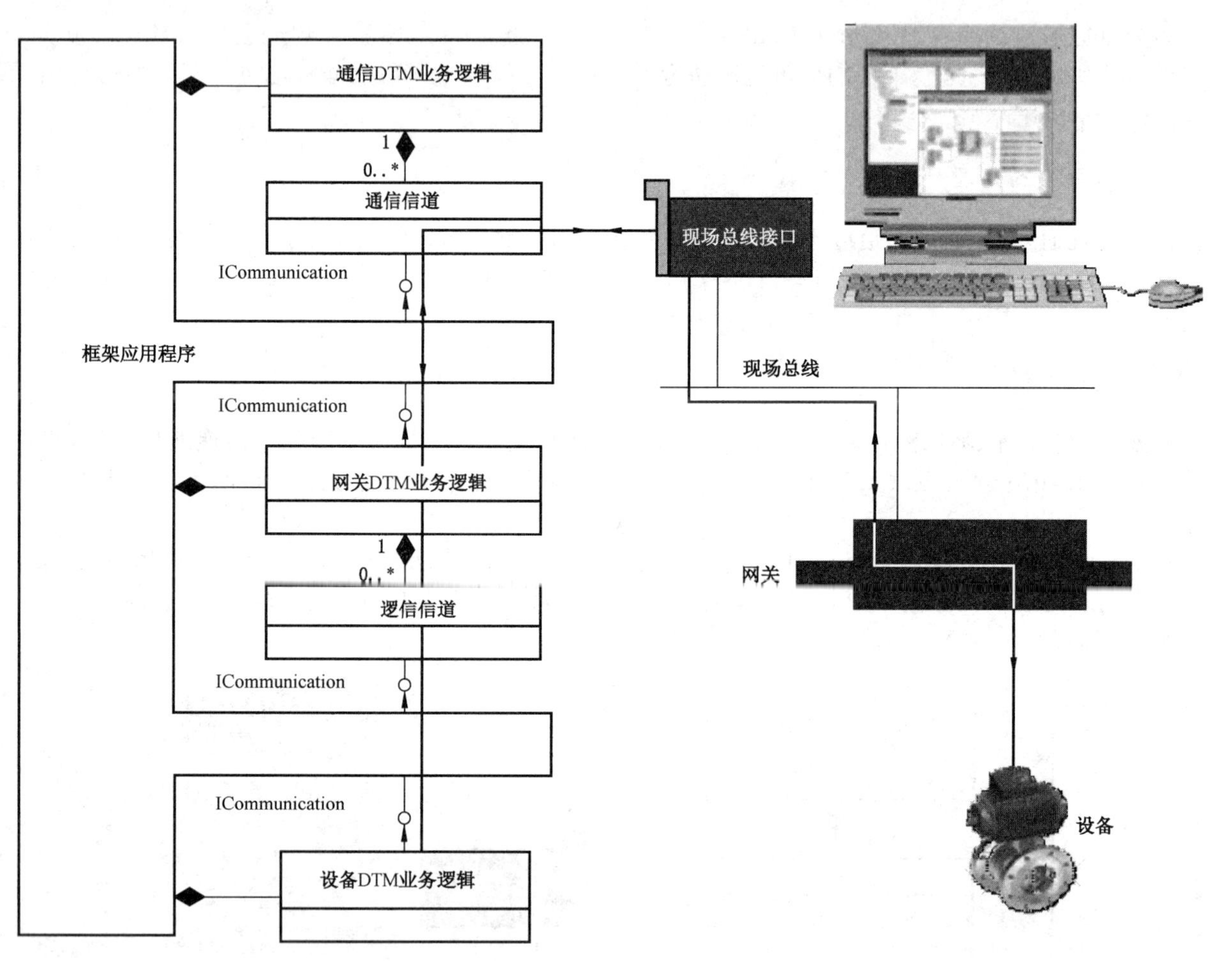

图 11 嵌套通信

像点对点通信一样，所有的 DTM 简单地使用与设备的通信接口，而不用考虑嵌套通信。

嵌套通信相关的时序见 8.7。

4.9.6 网络的动态变化

许多现场总线提供在运行时，暂时断开设备，或在不同组的设备间进行切换的机制(如，机器人的工具变化、运输车辆的入坞/出坞)。这样的机制，导致通信网络的变化(称为“动态配置”)——设备可能会断开连接。框架应用程序(和网络配置工具作为框架的应用的一部分)能够管理DTM中的当前设备状态(见附录B中NetworkDataInfo.DeviceMayBeDisconnected和NetworkDataInfo.DeviceIsDisconnected)。

4.10 标识

4.10.1 DTM实例标识

4.10.1.1 系统标签

FDT框架应用程序应指定每个DTM实例的唯一标识符。这种唯一的标识符被称为"系统标签"。DTM将该系统标签用于:

——在FDT拓扑中导航;

——在FDT拓扑中管理子DTM(例如地址设置);

——在该框架应用程序的事件接口中确定一个DTM的实例。

系统标签定义为GUID。

4.10.1.2 系统标签的分配

以下规则适用于系统标签的分配和使用。

——框架应用程序不应改变DTM实例在完整生命周期内的系统标签的值。这意味着相同的system_tag_value用于识别所有接口的DTM实例(例如IChildDtmEvents、ITopology和ISubTopology)。

——当一个工程是持续的,框架应用程序应保存DTM的系统标签,这样在加载时,它们会和以前的system_tag_value相同。

——框架应用程序应只对与相同设备节点(见图14)相关的DTM实例使用相同的system_tag_value。这意味着它不允许与其他DTM实例的system_tag_value重复。

——DTM不应保留其系统标签的值。

由于系统标签唯一标识一个DTM实例,则DTM存储系统标签作为其他的DTM的引用是可能的。例如,如果父DTM需要追踪它的子DTM及其数据(例如地址设置或接口组态),那么父DTM可以缓存子DTM发布的信息。父DTM可以使用系统标签作为储存缓冲信息的关键字。

注:如果多个用户工作在同一设备节点,每个用户都有自己的DTM的实例,但所有的DTM实例使用相同的系统标签。

4.10.2 硬件标识

DTM支持用方法IHardwareInformation.〈HardwareScan()〉来从连接的设备上读取在线设备信息。

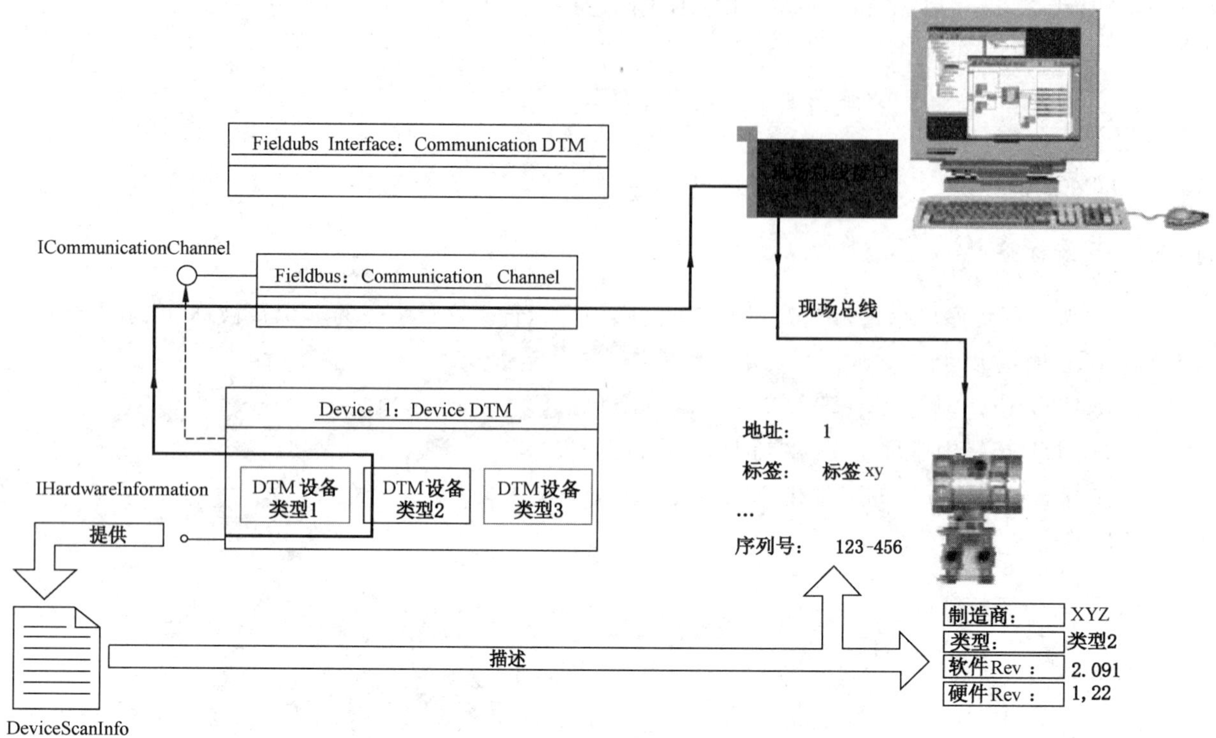

图 12 连接设备的识别

方法 IHardwareInformation.〈HardwareScan()〉返回设备类型的相关信息，该信息是现场总线特定的，像由 IDtmInformation.GetDeviceIdentInfo()返回的信息(见附录 B 中的定义)。特定协议数据类型实现独立协议格式的转换。见 7.5 中的示例。

4.11 DTM 数据持久性和同步的实现

4.11.1 持久性概述

框架应用程序负责数据的持久存储(数据持久性)。这包括拓扑信息以及由 DTM 本身管理的数据(例如设备参数)。本部分只定义 DTM 使用的用于数据持久性的接口(见图 13)。持久储存系统的实现是框架应用程序特定的，存储数据的格式是每个 DTM 特定的。这两个都不在 FDT 规范范围之内。

框架应用程序存储接口，提供 DTM 业务逻辑方法来访问框架应用程序存储实现中的数据集(称为 DTMDataSet)，例如在数据库或持久性文件中。

该框架应用程序必须保证多用户、多客户端数据访问的数据一致性，并向 DTM 业务逻辑提供相应的方法和事件。

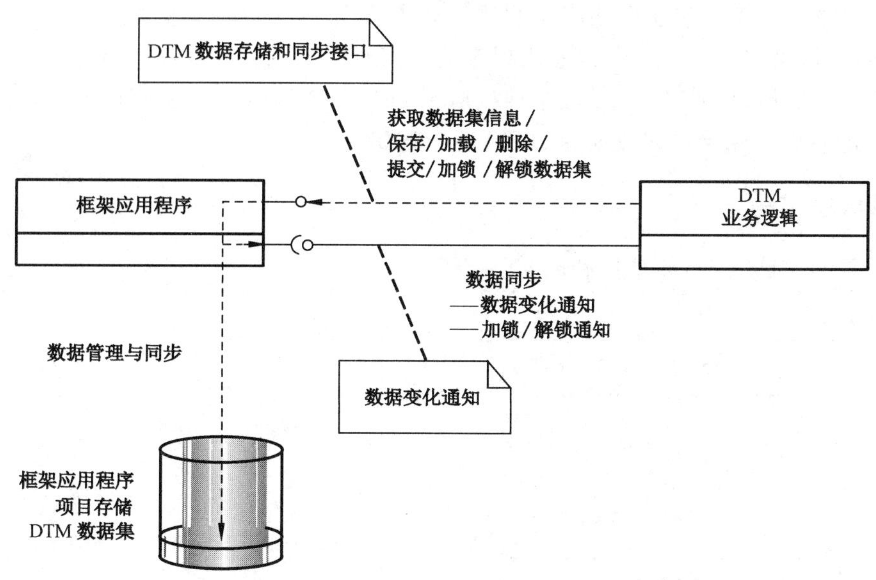

图 13 FDT 存储和同步机制

4.11.2 DTMDataSet 的关系

框架应用程序为每个物理设备管理一个 DTMDataSet 和相关的 DTM 实例，如图 14 所示。

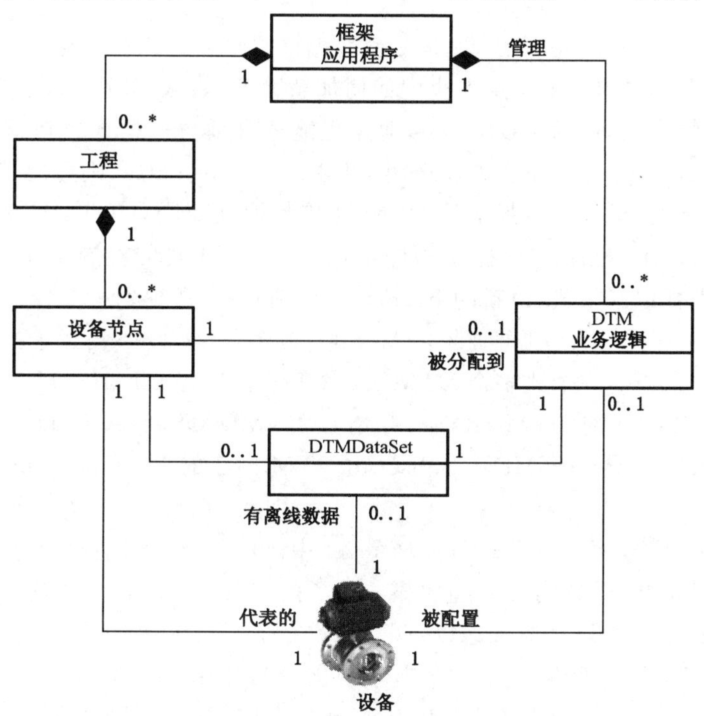

图 14 DTMDataSet、DTM 实例和设备之间的关系

注：对于多用户的情况下，DTM 业务逻辑都有一个上限(见 11.4)。

项目是框架应用程序内部模型的一部分。这是一个抽象的，逻辑的对象，在这里用来描述设备实例的管理。FDT 不定义任何项目对象的接口，因为它是一个纯框架应用程序的内部对象，可能有不同的特定实现。

设备节点也是框架应用程序内部模型的一部分。这是一个抽象的，逻辑的对象，在这里用来表示框架应用程序的一个物理设备。它在框架应用程序中控制设备实例的周期和数据。FDT 不定义任何设备节点对象的接口，因为它是一个纯框架应用程序的内部对象，可能有不同的特定实现。

框架应用程序典型地(提供商特定的)保存相应 DTM 的 DTMInfo、TypeInfo 信息(见 7.4)和 DT-MDataSet，以便能够启动原始保存数据的 DTM 业务逻辑。

4.11.3 DTMDataSet 结构

图 15 给出了 DTMDataSet 的结构和内容。

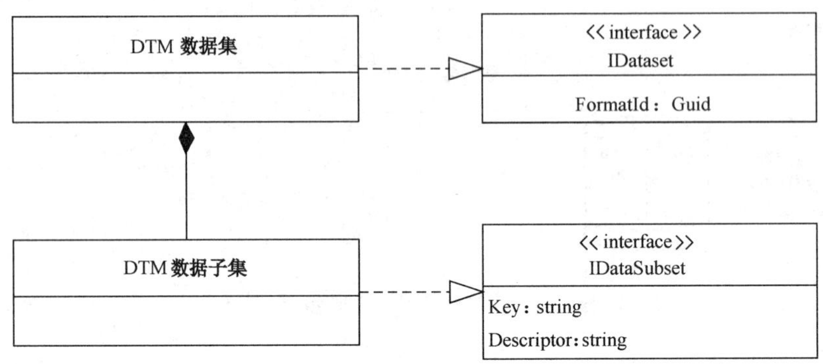

图 15　DTMDataSet 结构

DTMDataSet 有一个 FormatId 属性，这是一个数据格式唯一标识符。这个 ID 由设备(DTM)提供商提供。DTM 业务逻辑可以用这个信息来决定如何加载数据，如从旧版本中迁移数据。

DTM 总是以特定的格式写 DTMDataSet，但是也能读其他数据格式。在这种情况下，DTM 可以声明支持多种 FormatId。如果不同的 DTM 声明支持同一个 FormatId，则可能支持以下场景：

DTM 提供商可以提供场景，从旧版本的 DTM 迁移数据到新版本 DTM。新 DTM 版本声明同时支持旧的和新的 FormatId。框架应用程序检测旧的 FormatId 并创建新的 DTM。新的 DTM 加载 DTMDataSet，迁移数据并以新格式(由新的 FormatId 识别)保存数据。

注：这个场景可为一个或不同 DTM 提供商的 DTM 所用。但是支持这种场景的必要定义不在本规范的范围内。

一个 DTMDataSet 可以有一个或多个 DTMDataSubset。这些 DTMDataSubset 包含 DTM 的持久数据。DTM 业务逻辑可以探测 DTMDataSet 并增加 DTMDataSubset 到 DTMDataSet，或从 DTM-DataSet 移除 DTMDataSubset。DTMDataSubset 由 DTM 创建的 ID 标识，DTM 能用这些 ID 来读写数据。

这些数据被存储在 DTM 特定的 DTMDataSubset 中。DTM 应该把数据分组到一个 DTMDataSubset，如果它属于一个功能单元，并需要一起加载。为了提高系统性能，DTM 应该随时避免加载不必要数据，尤其是在 DTM 的启动阶段。应考虑以下分组：

- 在 DTM 实例完整的周期内，所需要的基本数据(例如网络管理信息)；
- 如果对应的 DTM 用户界面打开(如对话页)或框架应用程序请求数据[如 DeviceDataInfo 对象(见 7.9)]时，需要设备参数组的信息；
- 如果框架应用程序请求 ProcessDataInfo 对象，需要过程数据信息；
- 等。

DTMDataSubset 数据格式是 DTM 特定的。任何可串行化的数据类型都可能用到。不允许框架应用程序更改数据。

4.11.4 持久 DTM 数据的类型

两个相关的 DTM 数据类型是：

- 实例相关数据(称为“实例数据”)。实例相关数据属于 DTM 本身。对一个数据存储的 DTM 而言是特定的,但是 DTM 必须保证通过装载这些数据可以反应存储的设备实例。
- 批量数据,DTM 特定数据,如历史数据。DTM 可以以实例相关数据同样的方式,在 DTM-DataSet 中作为单独的 DTMDataSubset 保存批量数据。

实例相关数据和批量数据可被存储在独立的存储器中,以允许框架应用程序为管理目标区别实例相关 DTMDataSubset 和批量 DTMDataSubset。

4.11.5 数据同步

如果多用户访问同一个设备,系统应该为相同的物理设备启动相同 DTM 类型的多个 DTM 实例(见 4.6.2)。不同的 DTM 实例访问同一个 DTMDataSet。这是一个分布式系统中多用户访问同一个框架应用程序的例子(见 11.4)。

注:在任何情况下,框架应用程序都不能为不同的用户访问同一个 DTM BL 实例,开启多个 DTM 用户界面。

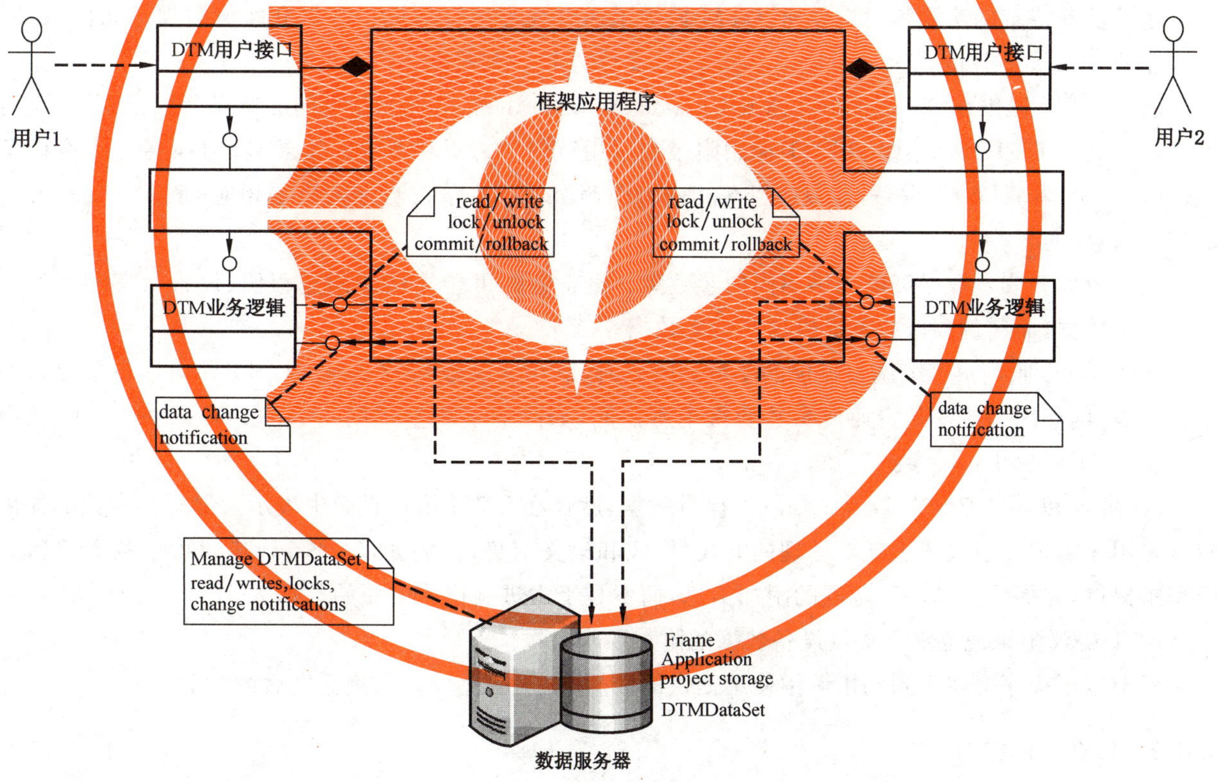

图 16 数据同步

为了支持这样的场景,框架应用程序应该支持允许实现数据集锁定和改变通知概念的接口。(见图 16)

FDT2 在 DTMDataSet(设备)级上使用悲观式锁定的概念。这个概念的工作方式如下:

- 在可能会改变数据的操作(如打开一个参数设置的用户界面)之前,DTM 应尽量锁定 DTM-DataSet。
  - 如果锁定成功,则允许数据更改;

   - 如果锁定不成功，如因为另一个 DTM 实例已经锁定了数据，则不允许数据更改(如打开的用户界面的输入栏应失效)。
- 没有锁定的 DTM 只能从 DTMDataSet 读取最后提交的数据。
- 锁定了的 DTM 能读写 DTMDataSubset 中的数据。
- DTMDataSet 中的更改只对有锁的 DTM 可见，直到 DTM 提交了这些改动以及框架应用程序传送 TransactionCommitted 到其他 DTM。
- 如果 DTM 解锁 DTMDataSet，未提交的更改将自动丢弃。
- 框架应用程序通知所有的 DTM 实例使用同样的 DTMDataSet，如果：
   - DTMDataSubset 中的数据已经被改变，并且这些改动被提交(DTM 应该重复读取和展示数据)；
   - DTMDataSet 被锁定或解锁(DTM 应改变 UI 的状态，如输入栏是可用的/不可用的)。

4.12 访问设备数据和输入输出信息的实现

4.12.1 提供设备数据和输入输出信息

除了设备特定的功能和用户界面，DTM 提供了通过编程接口对设备数据和实例数据的访问(见附录 B 中对 IInstanceData，IDeviceData，DataInfo，读写请求和读写反应的定义)。

建议 DTM 提供在 DTM 用户界面或 IInstanceData 和 IDeviceData 能访问的所有参数。DTM 应至少显示定义在 FDT 协议附录和 FDT 应用附录的适用行规中的所有参数。如果 DTM 支持一个有设备描述(如 EDD 和 EDS)的设备，参数应以在相应 DD(例如 EDD：参数名称应该是相应的 EDD 变量的标识符)中相同的名称和标签显示。

设备数据和实例数据可能提供不同的参数集。设备数据可能提供如同过程值、设备状态和操作时间的动态数据，而实例数据应不提供这些动态数据。

DTM 应按照用户等级调整提供的参数列表(如限制访问参数)。在运行时，DTM 应该更新提供的参数列表，例如因为改变配置而使参数变得不可访问(如改变了测量规则)。只在 DTM 处于 OEM 服务模式时，不应提供这种参数。

DTM 应以同一组织在 DataGroup 中提供数据，就像在 DTM 用户界面中表示的那样。参数的提供应该采用无需现场总线知识就能处理的方式(格式和语义信息)。例如，一个参数应以可读的数字数据类型来提供，并提供如单位和范围的附加信息，而不是十六进制格式的原始数据。

FDT 协议附录规范定义提供设备数据的附加要求。

框架应用程序会在不同的用例中使用提供的数据，如用于比较。示例见之后的章节。

4.12.2 数据访问控制

该框架应用程序可以使用 IDeviceCustomConfiguration/IInstanceCustomConfiguration 接口来读取 DTM 显示的所有数据和所有数组的描述，独立于设备的当前设置和操作模式。该框架应用程序可以使用这些信息提供数据的列表，对用户显示名称、标签、描述符、读/写状态信息和语义信息，让管理员为每个用户或用户组创建用户访问权限。框架应用程序使用〈EnableParameters〉方法访问个自的数据。该方法具有所有可改变参数的 ID 列表。

每个数据项由 AccessibleData 类的一个对象代表。这个类定义了数据访问控制的相关属性(见表 3)。

表 3 与数据访问控制相关的属性描述

可访问数据属性	描述
IsReadable	指定该值是否能从设备或 DTM 实例中读取。该值可以根据设备/DTM 的内部业务逻辑改变
IsWritable	指定该值是否能被写入设备或 DTM 实例。该值可以根据设备/DTM 的内部业务逻辑改变
IsChangeEnabled	该属性只在 DTM 在专家用户等级安装时可用。它指定 FA 是否为当前用户使能数据的改变。该属性控制用户通过 DTM-UI 或框架应用程序调用的方法直接更改的内容。 TRUE:允许 FA 使用 IDATA 或用户通过 DTM 用户界面更改参数。 FALSE:限制参数访问,并且不能由 FA 使用 IDATA 或不能由 DTM 用户界面修改该值。 框架应用程序必须验证 IsChangeEnabled 和 IsWritable 的值同时设备为 TURE,才能确定 DTM 中参数的可写

"IsChangeEnabled"属性值由 DTM 提供并只可以由框架应用程序设置,不能由 DTM 更改。IsChangeEnabled 属性应由 DTM 为专家用户等级的用户默认设置为 FALSE。当用户等级为观察者或工程师时,IsChangeEnabled 属性的值应被 DTM 和框架应用程序忽略。

框架应用程序可以通过设置"IsChangeEnabled"标记为 TRUE,来使能数据项的改变。要求把标记"IsChangeEnabled"设置为 TRUE,才允许修改 DTM/设备的数据项。该设备/DTM 可能受到额外的限制,如数据或数据组只能维持在只读的状态,数据项的值可能受限于其他数据项的值,在设备中该数据项是只读的等。

当一个数据项的"IsChangeEnabled"属性为 FALSE 时,这个数据项不能被框架应用程序或用户通过 DTM 的 UI 而更改。在 DTM 用户界面中,不希望"IsChangeEnabled"属性改变参数的可见性。但如果"IsChangeEnabled"被设置为 FALSE,DTM 应显示该值为只读。

当在 DTM BL 中设置参数值时,可能应用额外的内部逻辑并更改相关参数值,即使那些相关参数的"IsChangeEnabled"标志被设置为 FALSE。用户能看见被更改的参数值,但是不能更改它们的值,因为"IsChangeEnabled"被设置为 FALSE。类似的,如果在设备中设置参数值,该设备可能改变相关参数的多个参数值,即使这些参数不能被直接更改。这意味着"IsChangeEnabled"标志只能被用户或 FA 用于控制数据项的更改,而不能被 DTM 和设备本身更改。

当 FA 想要为数据组设置"IsChangeEnabled"为 TRUE,它必须将这个代表组内的每个数据的"IsChangeEnabled"标志设置为 TRUE。如果 DTM 用户界面显示了参数组,推荐以这种方式创建用户界面,即允许控制组中的参数哪些是可改变的,哪些是不可改变的。如果该 DTM 不能单独控制参数组的访问,只要参数组里有一个参数是可变的,那么整个用户界面都可以改变组里的所有参数。

请注意,IData 根据真实状态或设备模式提供参数列表。然而,DTM 必须通过〈GetAllDataInfo()〉方法提供与状态或设备模式或角色无关的所有参数。框架应用程序通过调用〈EnableParameters()〉方法来为 DTM 提供可变参数的列表。DTM 应将通过该方法设置"IsChangeEnabled"的值应用到独立数据组和数据项中。这些设置应该被应用到所有参数中,而于设备模式无关。

在 DTM 中调用任何功能或任何其他方法之前,〈EnableParameters()〉方法(如为数据项和设备数据项)在运行状态下应只调用一次。一旦设置,DTM 应在 DTM 实例生命周期内保持"IsChangeEnabled"标志的值不变,并应该拒绝任何其他对〈EnableParameters()〉的请求。

DTM 不应该在其实例数据集中保存"IsChangeEnabled"标志的值。在专家用户等级下,只要创建和初始化新的 DTM 实例,就应该将标志初始化为默认状态("IsChangeEnabled" = FALSE)。每当在专家用户等级下,初始化新的 DTM 实例时,框架应用程序都应该调用〈EnableParameters()〉。

可能存在不能作为参数提供的设备数据和实例数据，因此在专家用户等级下，不能用 ICustom-Configuration 接口来更改“IsChangeEnabled”属性。默认地，期望 DTM 创建的数据是不可更改的，且框架应用程序不能使其可更改。

4.12.3 路由 IO 信息

如果设备(如网关设备)传送源自连接设备的 IO 信号，则这个由对应的网关 DTM 业务逻辑返回的 ProcessDataInfo(见 7.11.1)的 IO 信号信息项应有如下关系(见图 17)。

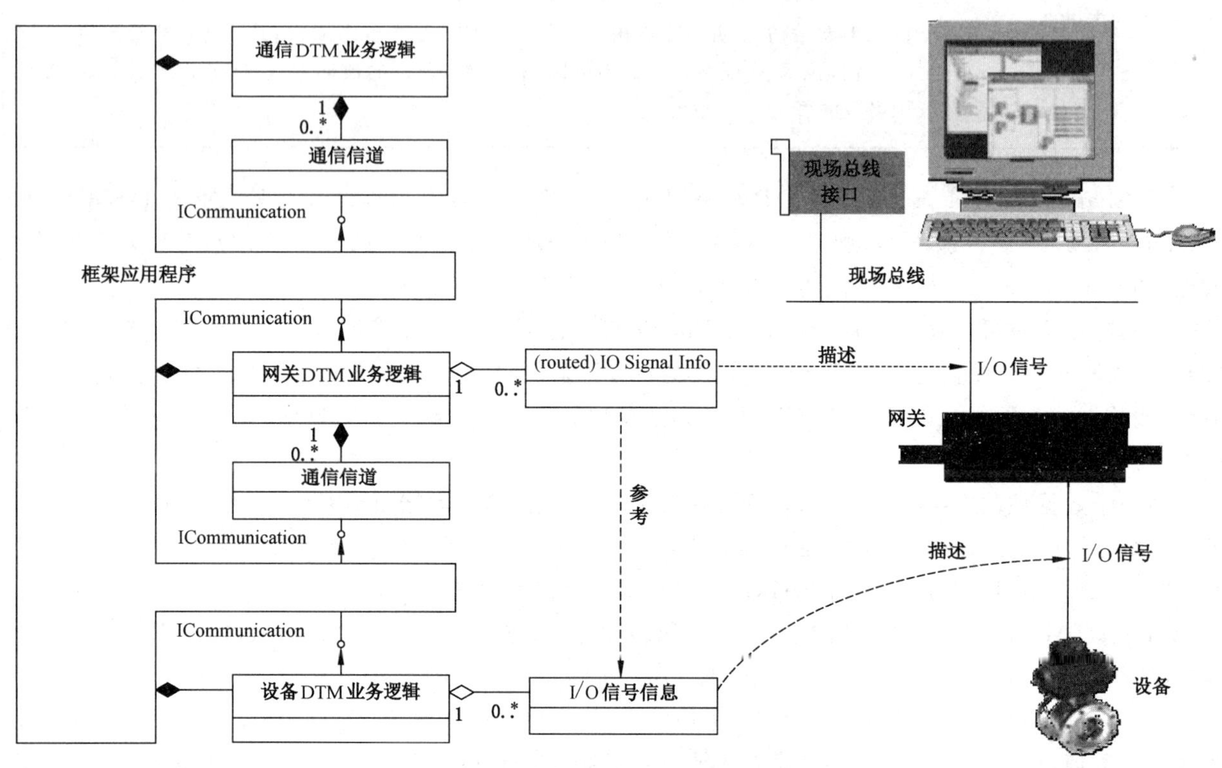

图 17 路由 IO 信息

网关 DTM 的 IO 信号信息项，应该通过设备 DTM 的 SystemTag 和 IO 信号信息的 ID，引用设备 DTM 的 IO 信号信息项。

4.12.4 DTM 和设备数据的比较

FDT 支持 DTM 和设备数据的比较，例如：

- 持久数据和设备中的数据的比较；
- 历史数据和当前数据的比较；
- 来自不同设备的数据的比较。

为了支持这些场景，FDT 定义了两种可供选择的比较概念：

1) DTM 通过相应的接口发布所有的数据。在这种情况下，框架应用程序负责执行比较(见 5.13.1)。

2) DTM 提供用于比较的接口。在这种情况下，框架应用程序应调用该接口来比较。(见 5.13.2)。

4.12.5 支持多角色设备

4.12.5.1 概述

靠近由网关 DTM 描述的主/从网关,从/从网关是确实存在的。由于这类设备不打开一个新的类型的通信,它们被模型化为设备 DTM 或模块 DTM,可能成为多个逻辑拓扑结构的组成部分。两种从设备角色都可以支持相同的或不同的总线协议。

此外,一些总线协议允许多主机之间共享设备和/或模块。这些共享设备也是多重拓扑的一部分。

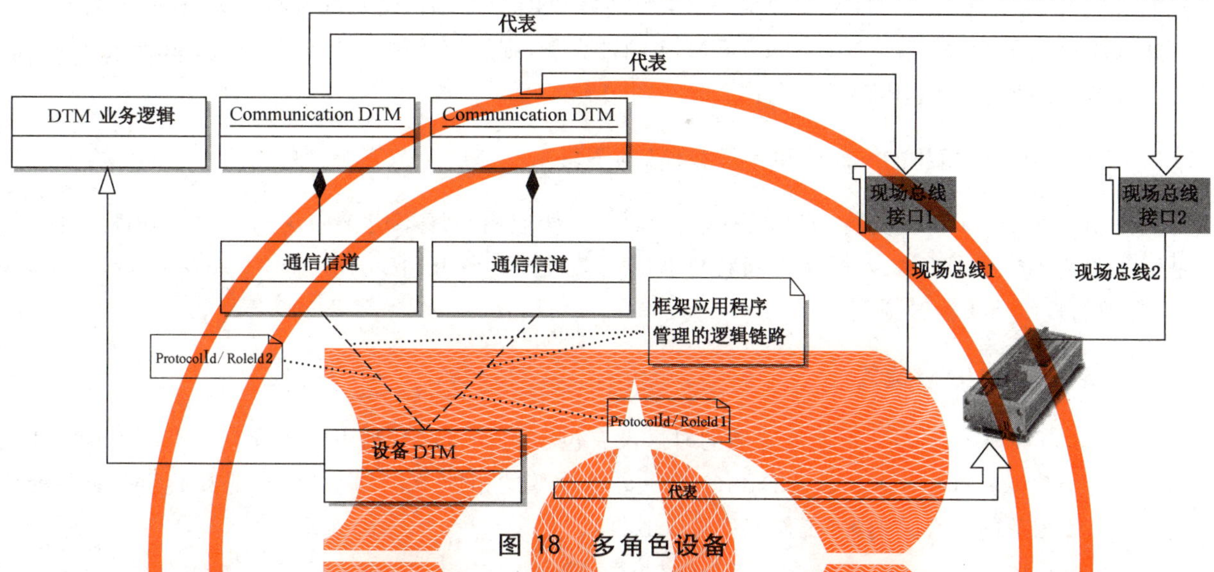

图 18 多角色设备

假定在不同的拓扑结构中有不同的角色,例如,相同的设备可以在一个拓扑中作为从设备也可能在其他拓扑中作为主设备。在一个拓扑中,只有与某个特定协议或各自角色相关的数据,对于对框架应用程序才是有意义的。

框架应用程序负责处理一个 DTM 在多重拓扑中的实例化和释放。

4.12.5.2 多角色相关数据的访问

框架应用程序和 DTM 对多角色设备的支持是可选的。如果都支持多角色设备,而不是直接访问 DTM 接口,角色的相关数据可以通过 IDtmRoleAccess 和 IDtmProxyRoleAccess 接口的方法(见附录 B 中的定义)访问。只有被 IDtmRoleAccess 或 IDtmProxyRoleAccess 接口访问时,由 DTM 负责提供角色相关的数据。

如果 DTM 访问提供角色相关数据的兄弟 DTM,DTM 的访问应该通过角色访问接口支持。

4.13 DTM 实例克隆

4.13.1 概述

框架应用程序可以提供复制部分 FDT 拓扑的功能(即多 DTM),例如"复制和粘贴"。

如果复制了部分 FDT 拓扑,则所有克隆的 DTM 的 SystemTag 都将被框架应用程序改变。否则系统标签不再具有唯一性。

为了创建一个克隆 DTM 实例,框架应用程序应该按如下步骤操作:

- 复制 DTMDataset 到一个新的设备节点;
- 用同样的 DTM(唯一类标识)创建一个新的 DTM 实例。

根据用例，框架应用程序应该要求用户在DTM中设置正确的现场总线地址。在下载数据集之前，设置一个正确的标签并调整DTM离线参数，例如：

- 设备位置特定参数，如安装相关的设置；
- 设备实例特定参数，如设备校准，线性化。

DTM应该复位在线缓存参数(即设备序列号、运行时间等)，当isCloned被设置为TRUE并调用LoadData()时，应考虑移去批量数据子集。框架应用程序应对所有涉及克隆操作的DTM应用isCloned参数。

如果父DTM存储其子DTM的系统标签，当父DTM被克隆后，这些标签将是无效的。

如果缓存了子DTM系统标签的父DTM实例被克隆，则它应该根据传给IDtm.LoadData()的已改变的拓扑节点的列表，重建内部数据结构。

4.13.2 复制父DTM拓扑的一部分和其子DTM的子集

只是用一些子DTM来克隆DTM是不支持的。框架应用程序不应该向用户提供该功能。这个约束是为了避免不一致性。如果框架应用程序提供该功能，则在ISubTopology.〈ValidateRemoveChild()〉里实现的规则将不能被应用。

4.13.3 不包含子的DTM克隆

如果一个DTM有子DTM，但是克隆的时候没有包含其子DTM，则用于管理其子DTM的内部数据结构很可能失效。如果IDtm.LoadData()有一个已改变的拓扑节点的空列表，则父DTM需要释放与其子DTM相关的所有数据集(工作流程见8.18.1)。

4.13.4 延迟克隆

如果框架应用程序运行克隆延迟(“复制”DTM，改变拓扑，然后粘贴DTM)，则父DTM负责保证用来管理其子DTM的内部数据结构的一致性。通过ISubTopology.〈ValidateAddChild()〉和ISubTopology.〈ChildAdded()〉追踪拓扑来完成(工作流程见8.8.2)。

4.14 生命周期概念

通常，自动化系统在流程工业有10年～15年或更长的生命周期。随着时间的推移，会替换系统中的硬件和软件组件，这可能需要FDT相关组件的更新或升级。

FDT2的生命周期概念取决于工厂生命周期中可能会改变的组件的识别和版本管理。

这个概念定义识别软件和硬件组件的规则，和保证组件从一个到另一个版本的向后兼容性的规则。

一般的生命周期指南是在[23]中描述。生命周期概念的实现见第10章。

4.15 审计跟踪

4.15.1 概述

审计跟踪是在给定时间周期内，记录谁访问了自动化系统以及实施了哪些操作。FDT定义了DTM使用的框架应用程序服务来记录对相关设备执行的操作。

框架应用程序可以用该信息来：

- 记录操作员进入和操作的信息，日期和时间；
- 生成这些记录，例如，用于检查和评审；
- 评估系统。

这些特性对于框架应用程序是必须的，例如用于符合 FDA[22]的指南。

4.15.2 审计跟踪事件

DTM 应该向框架应用程序发送一个审计跟踪通知，来记录设备中的任何改变。DTM 应仅在变化，而不是在内部状态转换(例如，用户界面的实例化不应该触发审计跟踪事件)时，发送通知。

定义以下通知：

- 功能通知：通知框架应用程序一个功能被调用(例如，执行设备自检测功能或下载)。

  一个功能通知应该指明一个功能的开始和结束。一个关于功能结束的通知应该包含功能被成功执行，取消或执行失败的信息。DTM 同样应该为框架应用程序触发的操作引发通知，例如下载参数。

  功能相关的通知有：

——“Function_name”启动

——“Function_name”成功完成

——“Function_name”完成出错“error_reason”

——“Function_name”被用户取消

- 参数更改通知：通知框架应用程序参数被更改了。包含这个参数的旧值和新值。

  DTM 应该将属于一个逻辑操作(更改设置)的通知编组为单个通知。这意味着，例如为作为下载的一部分的完整参数集，提供单个通知。

  参数更改相关的通知：

——参数“Parameter_name”从“old_value”更改到“new_value”。

如果 DTM 支持不同的文化和语言(见 5.8)，则审计跟踪通知也应本地化。

如果框架应用程序请求用户进一步提供评论，如对执行动作的原因的文档化。那么当 DTM 在一个操作启动时，框架应用程序可以请求该评论。例如：

- 上传/下载；
- 启动 DTM 功能，或；
- 启动 DTM 用户界面。

框架应用程序不应在 DTM 动作执行期间，由于请求评论，干扰 DTM 和用户的交互。如果要求评论，应该在 DTM 动作开始之前或结束之后，要求用户提供。

DTM 不需要为可变参数列表中的改变，提供任何审计跟踪信息。框架应用程序可能为可变参数列表中的修改提供通知，而不用调用 DTM。

5 技术概念

5.1 概述

FDT 对象应该在微软.NET 框架[8]上创建并在 CLR 中执行(见 5.2)。

规定在 GB/T 29618.2[3][4]中的该服务被建模为 .NET 接口，传送.NET 数据类型参数(见第 7 章)。

这些接口和数据类型用于 FDT 对象的交互和数据交换。此外，.NET 异常类(见 5.6.9.4)为在接口方法调用中返回的错误信息定义。

FDT 的 .NET 接口、参数数据类型和异常类被定义为三种不同的 .NET 程序集(FDT 核心程序集)。图 19 给出了该程序集和它们之间的相关性。

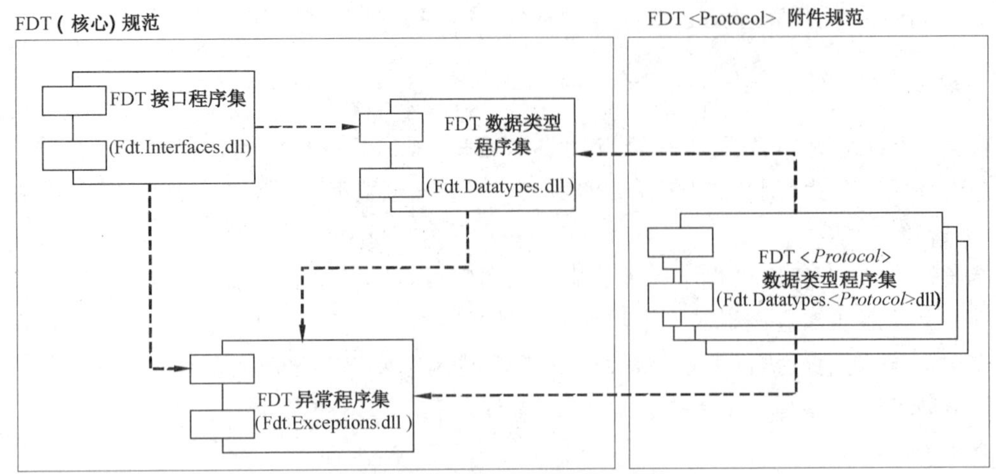

图 19 FDT 的 .NET 程序集

该程序集与本部分一起提供，并应用于框架应用程序和 DTM 的开发。

有些接口方法必须交换协议特定信息。这些方法与在 FDT 数据类型程序集（例如，通信接口，见附录 B 中定义的 ICommunication 接口）中的抽象基础类一起工作。定义了用于交换的协议特定数据的协议特定类派生于这些基类。这些类被定义在独立的 .NET 程序集中，和对应的 FDT 协议附录规范一起提供；或在使用了提供商特定协议时，由 DTM 提供商提供。

所有 FDT 程序集（FDT 核心程序集和 FDT 协议程序集）被强制命名（见 5.16.2），并额外地使用 FDT 组织拥有的认证码进行签署，安装到 Windows GAC 中（见 9.3 和 9.4），并在不同的 FDT 对象中共享。

DTM 业务逻辑、通信通道和用户界面应该由各自的.NET 程序集（见图 20）中的类和控件实现，由 DTM 设备来安装和注册（见 9.5）。

注：为了提高加载 GUI 的性能，建议在不同的程序集中提供不同的用户界面。

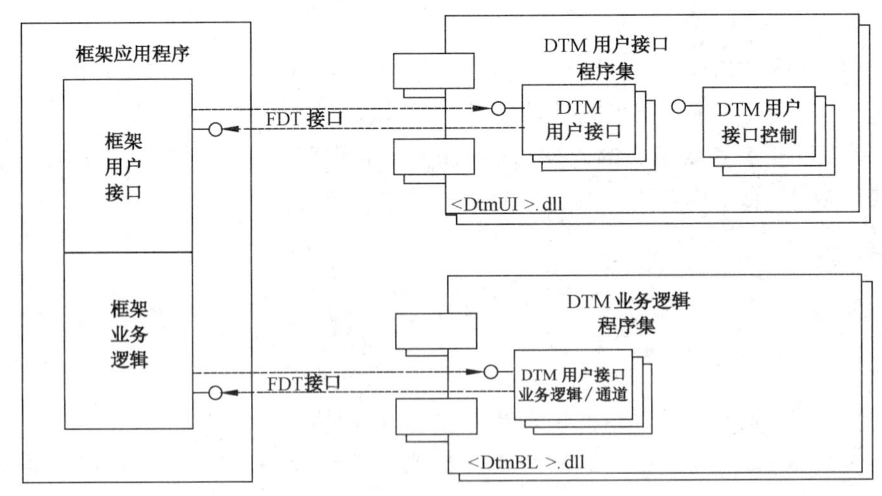

图 20 FDT 对象实现

DTM 特定程序集应使用提供商特定的密钥签名。

DTM 业务逻辑和通信通道应该简化 .NET 类实现定义在 FDT 接口程序集（Fdt.Interfaces.dll）中的接口。

DTM 用户界面的实现取决于类型（见 5.10）。可以被嵌入到框架应用程序用户界面中的用户界面控件,应作为成对的两个对象来实现,即 DTM UI 类(.NET 类)和 DTM UI 控件(.NET WinForms 控件或 WPF 控件)。不能被嵌入的用户界面,应该被作为 DTM UI 类(.NET 类)实现,它处理实际的 DTM UI(即外部应用)和 FA 之间的交互。

DTM 业务逻辑和用户界面类库/控件应该是“可创建的”:

- 被标记为公用(不是抽象的);
- 提供一个不带参数的公共的默认构造函数。

框架应用程序的实现不在 FDT 范围内。FDT 只定义提供给 DTM 业务逻辑和用户界面用于回调的接口。

5.2 .NET CLR 的版本的支持

5.2.1 概述

为了特定的.NET 框架版本编译的软件组件的执行,发布特定的.NET CLR 版本。例如,.NET CLR 版本 4 用于执行.NET 框架 4 编译的软件组件。

不同的 .NET CLR 版本并不是全部兼容的。意味着用特定.NET 框架版本编译的组件,在不同的 CLR 版本上可能不能正确的执行。例如一个.NET 框架 3.5 的软件组件可能不能在.NET CLR 4.0 上正确执行。

FDT 组织定义的.NET CLR 的版本应该要被 FDT 软件支持。

这个 FDT 标准的版本支持 CLR 版本的情况见表 4。

表 4 支持的 CLR 版本

支持的 CLR 版本
CLR 4.0

在未来,FDT 组织可能会定义支持额外的 CLR 版本。这就是为什么本文档描述了多 CLR 版本的支持。

在支持其他版本的标准 FDT .NET 程序集(见 5.1)发布之前,不允许使用这些 CLR 版本。为了强制执行这个规则,如果在不支持的 CLR 版本中运行时,标准数据类型的类将抛出异常。

5.2.2 FDT.NET 程序集的规则

为了支持与 FDT 1.2.x(见[31])的互操作性,FDT .NET 程序集和 FDT 协议程序集为 CLR2 进行编译。它们在 CLR2 和 CLR4 中都可以工作。为支持 32 位和 64 位的目标平台,将它们编译成适合“任何”平台。

5.2.3 DTM 规则

一个 DTM 应该支持至少一种表 4 中列出的 CLR 版本。支持的版本应该显示在 DTM 清单里(见 7.6.2)。支持在这里意味着 DTM 提供商保证在这个 CLR 里的 DTM 的功能正确(如经过实验检验)。

5.2.4 框架应用程序规则

框架应用程序应该支持表 4 中列出的所有 CLR 版本。这也意味着框架应用程序负责安装支持的 CLR 运行时版本。在 DTM BL 或 DTM UI 启动之前,框架应用程序应检查 DTM 支持的 CLR 版本。如果框架应用程序支持使用相同的 CLR 版本,则 DTM BL 和 DTM UI 能够直接在框架应用程序的主进程中加载和执行。否则框架应用程序应在加载了对应 CLR 版的单独的进程中执行 DTM。

框架应用程序应该支持扩展概念，以便支持更多的 CLR 版本，如支持框架应用程序开发完成后所发布的版本。这个概念的解释见 5.2.5。

为了支持向后兼容，框架应用程序可能需要支持 CLR2。

5.2.5 FDT CLR 扩展概念

本条描述了支持框架应用程序的 CLR 扩展概念

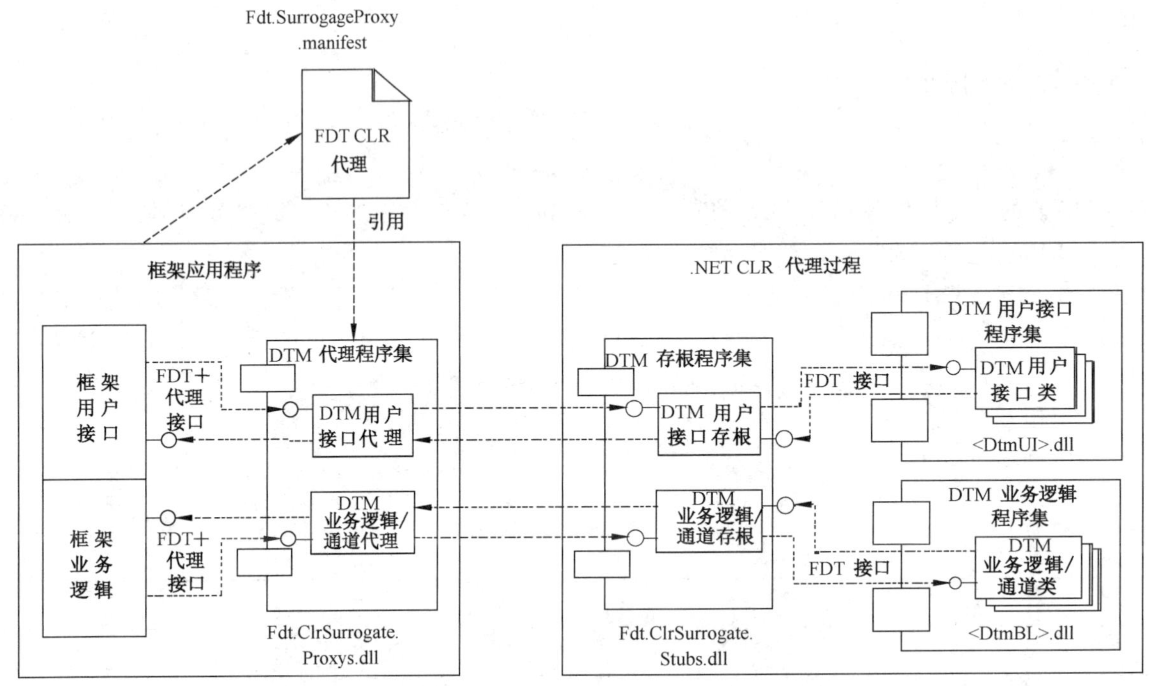

图 21 FDT CLR 扩展概念

如果框架应用程序检测到 DTM 业务逻辑或 DTM 用户界面唯一支持的 CLR 版本，在框架应用程序的主进程中无法却支持，则这个框架应用程序利用代理类，来支持这个由框架应用程序自身使用的 CLR 版本(见图 21)。

框架应用程序加载这个代理.NET 程序集，创建一个代理类的实例，并委托该代理执行 DTM 业务逻辑或 DTM 用户界面。这个代理开启所要求的 CLR 的进程(代理进程)，并在这个进程中执行 DTM 业务逻辑或 DTM 用户界面。这个代理类提供标准的 FDT 接口。框架应用程序可以在代理进程中，用这些接口来与 DTM 业务逻辑或 DTM 用户界面交互。

5.3 支持 32 位和 64 位的目标平台

DTM 应该支持 32 位和 64 位的操作系统。这意味着它们可以被“任何”目标平台编译。

如果不能同时支持这两种平台，那么 DTM 应至少支持其中一种目标平台。例如，如果独立动态链接库不支持 64 位的平台，则可能只支持 32 位的。

不管是支持 32 位、64 位或都支持，DTM 应该在对应的安装清单(见 9.6.2)中表明这个信息。

64 位框架应用程序应该支持 32 位的 DTM(例如 DTM 没有 64 位变量)。这种情况能够实现，如：使用一个代理过程。

5.4 对象的激活和停用

5.4.1 概述

框架应用程序需要动态地找到和加载 DTM 特定的.NET 程序集到内存,并通过调用对应的 FDT 接口,来执行包含 DTM 业务逻辑和用户界面的类。最终,创建的对象需要从内存被卸载并毁掉。

本章描述对象激活和停用的方法,以及框架应用程序和 DTM 遵循的相应规则。

5.4.2 程序集加载和对象创建

DTM 特定的.NET 程序集被 DTM 安装。同时,通过在 FDT 定义的目录下安装“DTM 清单”文件来注册 DTM。这个清单文件应该包括的信息有:哪里去找到.NET 组件,包含哪种 DTM 类和/或 UI 控件(见 7.6.1 和 7.6.2)。

框架应用程序应通过使用 LoadFrom 机制,使用清单信息来加载和执行 DTM 类和 UI 控件。为此目的,.NET 框架提供如下的类或方法:

- Assembly.LoadFrom()和.CreateInstance()(命名空间 System.Reflection);
- AppDomain.CreateInstanceFrom()(命名空间 System)。

图 22 给出了由程序集类提供的方法的使用示例:

```
public object CreateFdtObject(string filePath, string fullClassName)
{
    Assembly assembly = Assembly.LoadFrom(filePath);
    return assembly.CreateInstance(fullClassName);
}
```

图 22 例子:Assembly.LoadFrom()

注:方法 System.Reflection.Assembly.LoadFrom()按如下执行:

a) LoadFrom()加载有文件路径寻址的程序集,以及下同样的目录下的引用程序集。

b) 如果使用 LoadFrom()加载程序集,之后“加载上下文”中的程序集试图通过显示的名称加载同样的程序集,那么该加载会失败。

c) 如果有同样标识的程序集已经被加载(即被其他 DTM),则 LoadFrom 返回加载的程序集,即使指定了不同的文件路径。

d) 如果程序集被 LoadFrom()加载,且这个探索路径包含一个同样标识的程序集(如,在 Global Assembly Cache 中,应用程序路径),则这个程序被加载,即使指定了不同的文件路径。

e) 对于指定的路径,LoadFrom()需要 FileIOPermissionAccess. Read 和 FileIOPermissionAccess. PathDiscovery 或 WebPermission 的许可。

f) 对于指定的路径,如果一个本地程序集映像图像(由 ngen.exe 生成)存在,则它不会被使用。这个程序集不能作为域无关的加载(程序集不能在 ApplicationDomain 中共享,每个程序集加载自身的副本)。

因为以上行为,FDT 定义了如下规则:

- 程序集依赖性的规则(见 5.4.3)。

只有 LoadFrom 应该被用于 FDT 环境中。其他.NET 的使用程序集下载/对象创建方法是不被允许的。

关于共享的程序集的规则(见 5.4.4):

DTM 程序集应该被安装到一个可浏览和可读的路径;

DTM 程序集不应该用 ngen.exe(或类似工具)来预编译。

程序集加载和执行的安全方面在5.16中描述。

创建之后的步骤取决于对象类型：

- DTM BL的步骤见6.3.2；
- DTM UI的步骤见5.10。

5.4.3 组件相关性

5.4.3.1 引言

DTM特定的.NET程序集可能依赖于其他的.NET程序集，例如一个设备提供商特定库或一个第三方库，如图23所示。

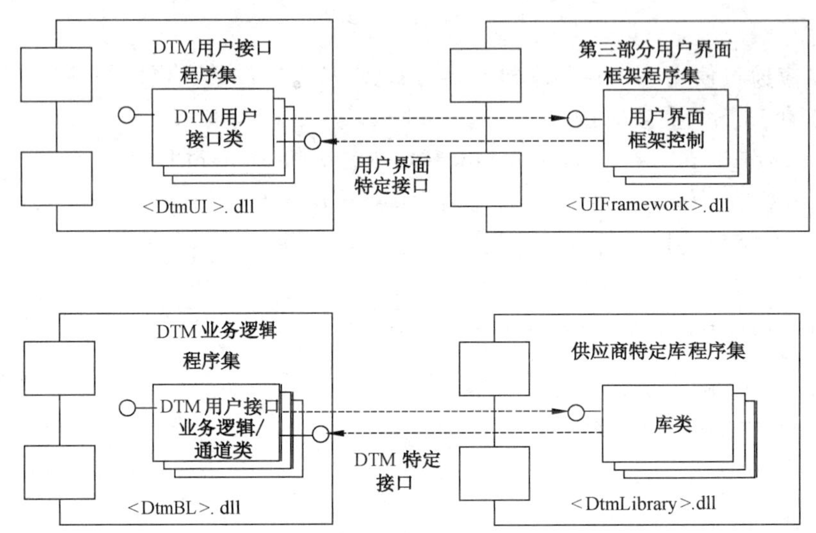

图23 例子：程序集相关性

这些包含在程序集中的类和控件的相关性和相互作用是DTM特定的，但是这些DTM必须遵循某些规则来正确执行功能，并与其他DTM一起避免在框架应用程序中的问题。

5.4.3.2 相关程序集的加载

框架应用程序加载包含DTM主要类/控件的.NET程序集，通过调用.NET框架的LoadFrom()方法来实现(见5.4.2)。

引用的程序集存储在同一目录或GAC中，与此.NET程序集一起自动加载。

引用的程序集存储在其他位置(如子目录)，必须由DTM特定地加载。DTM应该也用.NET框架提供的LoadFrom()方法加载这样的程序集。不允许使用其他.NET框架方法来加载(见5.4.2)。

5.4.4 共享的程序集

应特别注意共享的程序集。在这种情况下的共享，是指带有相同标识的程序集被计算机上的其他软件使用[见5.4.2中的LoadFrom()行为描述3和4]。这适用于含DTM UI和DTM BL的程序集，以及所有其他用到的程序集。

注：强命名程序集的标识由程序集的简单名称、版本、文化和公钥组成。

注：这里描述的行为适用于所有独立于程序集位置的共享程序集。

使用共享程序集应遵循以下规则：

- 任何共享程序集的不兼容更改都应该产生一个新的标识符(例如,不同的版本号);
- 共享程序集不应该假定从一个特定安装路径加载(例如,依赖于一些存储在同一目录或子目录中的文件);
- 如果程序集被加载到相同的应用程序域,共享程序集中的静态变量也将被共享。因此,在这样的情况下,静态变量应该没有附加作用。强烈建议不要在共享程序集中使用静态变量。

如果 DTM 提供商不能确保以上这些规则,则该程序集不能被用作共享程序集。这意味着,程序集要么获取 DTM 的特定标识,要么完全不用。

5.4.5 对象的停用和卸载

5.4.5.1 引言

销毁 DTM 业务逻辑、用户界面必须与相应.NET 程序集的卸载分开考虑。

5.4.5.2 销毁对象

销毁一个对象的步骤取决于这个对象的类型。在 6.3.2 中定义了 DTM 业务逻辑的过程。在 8.5.6 和后面的内容中定义了 DTM 用户界面的过程。

对于所有提供接口 IDisposable,方法 IDisposable.Dispose()的对象类型应在实例中被框架应用程序调用。这个调用应该被用于释放所有用到的资源(如,关闭打开的文件,停止正在运行的线程),并释放对其他对象的引用(设置为 null)。这个实例没有被销毁。这种销毁有时由.NET 垃圾回收器随后处理。

5.4.5.3 程序集卸载

一个单独装载到 ApplicationDomain 的一个进程的.NET 程序集是不可卸载的,除非这个 ApplicationDomain 被销毁了。这意味着如果框架应用程序加载一个 DTM 特定程序集到默认 ApplicationDomain,那么这些程序集和所有相关的程序集是不可卸载的,除非该应用关闭。

开发的 DTM 程序集应与.NET 框架的行为保持一致。为了减少内存消耗,建议:

- 减少静态变量的使用,因为它们增加程序集的内存消耗。
- 把不常用(或很少用)的 DTM 功能移到单独的程序集中。这些程序集只有对应的代码被执行时才加载(自动或手动)(见 5.4.2)。
- 尽可能地使用共享程序集(见 5.4.4)

为了具有卸载它们的能力,框架应用程序应该考虑在单独的 ApplicationDomain 执行.NET 程序集。

5.5 数据类型

5.5.1 概述

.NET 数据类(数据类型)用于不同 FDT 对象之间的数据交换。这些类的实例在 FDT 接口方法、属性和事件中,被当作参数传递。

这些数据类型在.NET 程序集 Fdt.Datatypes.dll 中定义。该 dll 文件与规范文件一起提供。该程序集应用于 FDT 对象的开发。

这些数据类型设计在被称为"Data Contract"的类中。这些类使用在.NET 框架 System.Runtime.Serialization 命名空间中定义的属性。该实际数据由图 24 中对应的[DataMember]属性组提供。

```
using System.Runtime.Serialization;
using Fdt;
/// <summary>
/// Description of SomeDatatype
/// </summary>
[DataContract]
public class SomeDatatype : FdtDatatype<SomeDatatype>
{
        /// <summary>
        /// Description of data provided by the property
        /// </summary>
        [DataMember(IsRequired = true)]
        public string DataProperty1 { get; set; }
        /// <summary>
        /// [Optional] Description of data provided by the property
        /// </summary>
        [DataMember(IsRequired = false)]
        public FdtList<SomeSubDatatype> DataProperty2 { get; set; }
}
```

图 24 例子:数据类型定义

这些属性控制实例的序列化/反序列化(见 5.5.2),并定义哪些属性是必需的和可选的(见 5.5.4)。

所有的数据类都直接或间接地派生于 FdtDatatype 基类(见 7.1)。该基类提供验证(见 5.5.5)或克隆实例(见 5.5.6)的方法。

5.5.2 序列化/反序列化

通过.NET 框架的 System.Runtime.Serialization 命名空间提供的 DataContractSerializer 类,数据类支持不同格式的数据的序列化/反序列化(例如二进制格式和 XML)[9]。如可能在 WCF 接口(Windows Communication 2318 Foundation)用框架应用程序来传送数据类,或者在一个网络中远程交互,但是这种情况超出本规范的范围。

5.5.3 XML 支持

FDT 定义符合 W3C 的 XML Schema,该 Schema 定义 XML 序列化/反序列化的格式。这个 Schema 的名称在[DataContract]属性中定义,指定了对应的数据类(见图 24)。这可能如被框架应用程序用来交换在其他非 Windows 操作系统的设备相关的数据,但是这超出了 FDT 范围。

注:FDT 对象间的交互是基于 .NET 数据类型的(见 5.5.1),而不是基于 XML 的。

5.5.4 可选元素

[DataMember(IsRequired = true)]的属性分配是强制性的(参见图 24 的 DataProperty1)。这意味着如果实例是通过一个 FDT 接口传输的,他们不应被设置为空(或 string.Empty)。

[DataMember(IsRequired = false)]的属性分配是可选的(参见图 24 的 DataProperty2)。这意味着如果实例是通过一个 FDT 接口传输的,他们可能被设置为空。

为了更好地区分,可选属性被标记为带有一个"[Optional]……"的注解。此外,所有数据类为强制属性提供了构造函数,可以用来初始化一个带有所要求的数据的类实例。这个构造函数的使用是可选的。这个强制性也可以在之后设置,但是要在实例被传送到 FDT 接口之前。

5.5.5 验证

所有数据类提供 Verify()方法,这个方法可以检查为数据定义的规则。依赖于类,这可能是只能作为基础强制/可选规则或定义在数据类描述中的额外规则。

FDT 对象接受来自其他对象的数据时，可能需要用这种方法来检查数据是否有效。然而，这个方法的使用是可选的。接受对象可以用其他方法来处理无效数据(如，手动检查使用的属性是否为空)，或提供一个允许切换验证开关的特定模式。这可能是一个提高运行期间性能的很好选择，而不是提供一个故障排除的撤回策略。

5.5.6 克隆

所有数据类都提供 Clone()方法，这个方法创建一个深度复制被调用实例的新对象。这意味着，所有对象被复制，包括数据类本身提供的属性中的高级对象，以及子类中属性的所有较低等级对象。

如果一个 FDT 对象类的成员变量是通过 FDT 接口传递，作为参数或返回值，则数据类实例的克隆是强制性的。本规则适用于接口的方法、事件和属性。

因为以下两点原因，这是有必须的：

- 接收对象可能会改变接收到的数据实例的属性值。如果只传递了引用，这也可能影响内部数据。
- 这个接收对象应该保持一个到接收的数据实例的引用。在调用返回后，对实例原始数据的更多改动，有可能会导致不可预料的结果和线程问题。

如果传递的是引用(如，接口引用或 AsyncResult 对象)，不应使用克隆。

图 25 给出了两个克隆是必要的例子。

```
public class MyDtm
{
        private SomeDatatype _someData = new SomeDatatype(/* init with data */);
        public SomeDatatype DoSomething1()
        {
            return _someData.Clone();
        }
        public void DoSomething2()
        {
             MyOtherObject anotherObj = new MyOtherObject();
             anotherObj.DoSomethingWithMyData(_someData.Clone());
        }
}
```

图 25　例子：数据克隆

如果数据类实例在每次调用一个方法时被创建，并没有内部实例可以引用，则图 26 中所示的实例引用的传递是允许的。

```
public class MyDtm
{
    public SomeDatatype DoSomething1()
    {
        SomeDatatype someData = new SomeDatatype(/* init with data */);
        return someData;
    }
    public SomeDatatype DoSomething2()
    {
        SomeDatatype someData = new SomeDatatype(/* init with data */);
        AnotherObject anotherObj = new AnotherObject();
        anotherObj.DoSomethingWithMyData(someData);
        return someData;
    }
}
```

图 26　例子：没有数据克隆的方法

5.5.7 等于

Equals()方法比较对象的标识,它不能用于比较不同对象的内容。

为了比较不同对象的内容,开发者需要实现对比。

5.5.8 列表

通用类 FdtList〈 〉用于列出数据类实例(见 7.1)。像 FdtDatatype 一样,这个类提供方法来验证和克隆 FdtList〈 〉实例本身和所有包含的元素的内容。

如果一个 FdtList 通过 FDT 接口传递,则这个实例不能为空。如果对应的属性是可选的,则这个属性应该被设置为空。

5.5.9 可为空

可为空(Nullable)代表一个对象的基本类型是值类型,也可以指定"null"(像一个引用类型)。

5.5.10 枚举

枚举是一组由已命名的常量组成的特定类型。

5.5.11 协议特定数据类型

5.5.11.1 概述

协议特定数据类型应该被定义在.NET 程序集中,与相应的 FDT 协议附录规范一起提供,或由提供商特定协议的 DTM 提供商提供。

协议特定程序集应该包含派生于 FDT 数据类型程序集中对应基类的数据类型(参见图 27)。

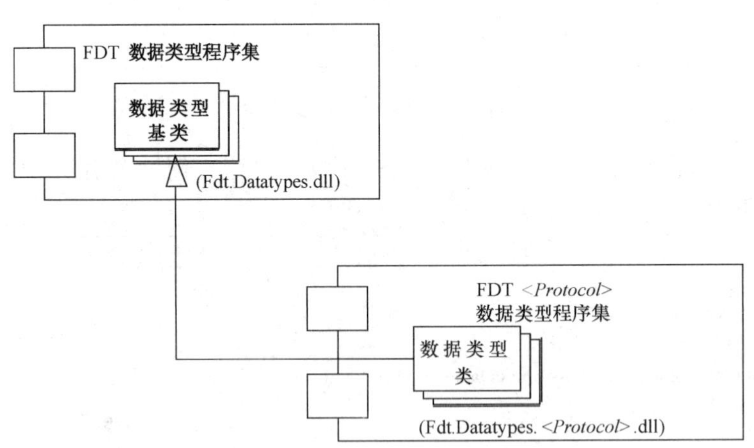

图 27 协议特定数据类型

一些 FDT 接口方法交换协议的特定信息。这些方法在与协议无关基类中定义。

协议特定的程序集应该支持 32 位平台以及 64 位平台。这意味着它们应使用"any"平台的进行构建。

5.5.11.2 DTM和框架应用程序交互

通常情况下，DTM从协议特定类创建实例，通过FDT接口传递给框架应用程序。该框架应用程序就可以使用基类的属性和方法。因此，该框架的应用程序能够不依赖协议处理任何DTM。7.5给出了通过协议无关数据和协议特定数据使用DeviceIdentInfo类的例子。

5.5.11.3 DTM和DTM交互

如果协议特定的数据类型用于DTM与DTM的交互，那么DTM通常通过相应的FDT接口创建协议特定类的实例。该DTM接收数据并从基类将引用传递回协议特定数据类型。7.7包含使用特定协议通信类的实例。

5.5.11.4 安装和注册

使用协议特定的DTM(见9.4)应安装和注册协议特定的.NET程序集。

协议特定.NET程序集安装在Windows全局程序集缓存中。为了与自身一起自动加载协议程序，DTM特定程序集可以使用静态引用(见5.4)。

在某些情况下，框架应用程序也需要加载协议特定程序集，并从包含的类中创建实例，如一个协议特定数据类型的反序列化。为了支持这样的情况，协议特定程序集应与相应的清单文件一起注册(见9.4.3)。该框架应用程序能够评估提供的信息，然后加载相应的特定程序(见图28)。

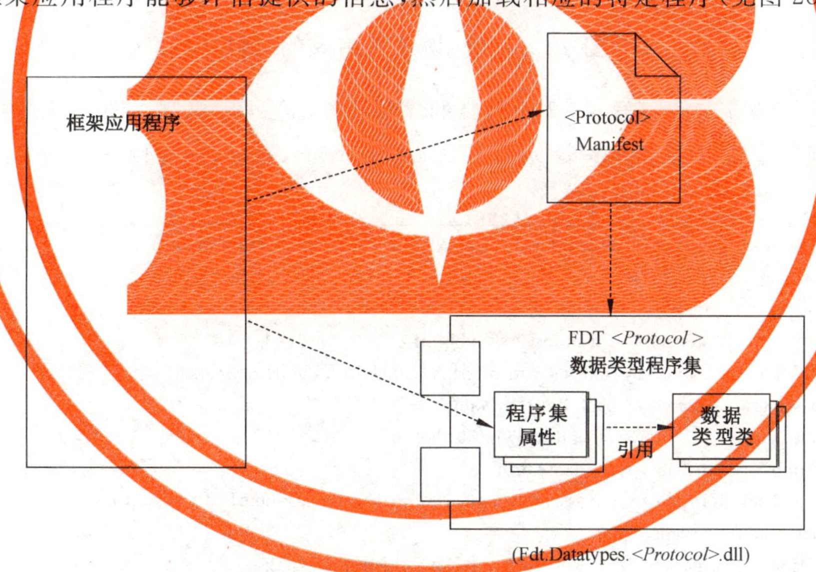

图28 协议清单和类型信息属性

此外，程序集应将分配给程序集的属性的类型信息公开。作为分配到程序集自身的属性。该框架应用程序能够使用该信息从协议特定类中创建实例。属性类在FDT数据类型组件中定义。协议特定的程序集应支持下列的属性(和相应的数据类型)：

- ProtocolInfo 属性(见7.3)；
- DeviceIdentInfoType 属性(见7.5)；
- CommunicationType 属性(见7.7)；
- IOSignalInfoType 属性(见7.11.1)；
- DeviceAddressType (见7.12)；
- NetworkDataType 属性(见7.13)。

图 29 中的例子显示分配给 HART 特定的数据类型组件的属性(Fdt.Datatypes.Hart.dll)。

```
[assembly: ProtocolInfoAttribute(ProtocolId = Hart.ProtocolId, ProtocolName = Hart.ProtocolName)]
                              [assembly: DeviceIdentInfoType(
                              DeviceIdentInfoType = typeof(DeviceIdentInfo<HartDeviceIdentInfo>),
                              ProtocolDeviceIdentInfoType = typeof(HartDeviceIdentInfo),
                              DeviceScanInfoType = typeof (DeviceScanInfo<HartDeviceScanInfo>),
                              ProtocolDeviceScanInfoType = typeof(HartDeviceScanInfo))
]
[assembly: CommunicationType(AbortMessageType = typeof(HartAbortMessage),
                              ConnectRequestType = typeof(HartConnectRequest),
                              ConnectResponseType = typeof(HartConnectResponse),
                              DisconnectRequestType = typeof(HartDisconnectRequest),
                              DisconnectResponseType = typeof(HartDisconnectResponse),
                              SubscribeRequestType = typeof(HartSubscribeRequest),
                              SubscribeResponseType = typeof(HartSubscribeResponse),
                              UnsubscribeRequestType = typeof(HartUnsubscribeRequest),
                              UnsubscribeResponseType = typeof(HartUnsubscribeResponse))
]
[assembly: IOSignalInfoType(IOSignalInfoType = typeof(IOSignalInfo<HartIOSignalInfo>),
                              ProtocolIOSignalInfoType = typeof(HartIOSignalInfo))
]
```

图 29 示例:协议程序集的属性

协议特定数据类型应支持像第 5.5.2 所定义的序列化/反序列化机制。图 30 中的例子显示了框架应用程序怎样加载一个协议特定程序集,并使用 DataContractSerializer 创建一个数据类型类的实例。

```
public DeviceIdentInfo DeserializeDeviceIdentInfo(ProtocolManifest manifest, Stream stream)
{
    string longName = manifest.AssemblyInfo.Name + ", " +
                      "Version=" + manifest.AssemblyInfo.Version + ", " +
                      "PublicKeyToken=" + manifest.AssemblyInfo.PublicKeyToken;
    Assembly assembly = Assembly.LoadFrom(longName);
    Type attributeType = typeof(DeviceIdentInfoTypeAttribute);
    DeviceIdentInfoTypeAttribute deviceIdentAttrib =
        (DeviceIdentInfoTypeAttribute)assembly.GetCustomAttributes(attributeType, false)[0];
    DataContractSerializer serializer =
        new DataContractSerializer(deviceIdentAttrib.DeviceIdentInfoType);
    return (DeviceIdentInfo)serializer.ReadObject(stream);
}
```

图 30 示例:在框架应用程序中协议特定程序集的处理

5.5.12 定制的数据类型

FDT 数据类型不建议定制化,因为它们用于不同厂商的软件合作。这就是为什么大多数的 FDT 数据类型是密封的(防止改变/继承)。

唯一能扩展的数据类型是协议特定数据类型和 UI 消息数据类型的基类。如果扩展这些数据类型,应遵循以下规则:

——对于所有新声明的类成员，使用[DataMember]属性。

——所有类成员必须有序列化的类型。(即不允许使用引用类型，例如实例接口)。

协议特定数据类型(如 5.5.11 中所描述的)也应密封。

5.6 通用对象

5.6.1 概述

所有 FDT 对象必须通过本规范定义的接口交互。这些接口根据 IEC 62453-2 规范规定的服务定义[4]。

这些接口定义了服务器对象的属性、方法和事件，这些可由客户端对象接收。为了让客户端对象接收这些事件，客户端对象必须为这些事件注册委托。除非明确定义，否则客户端对象对接口事件的注册是可选的。

5.6.2 FDT 对象解耦

本部分支持 FDT 对象的相互解耦。该框架应用程序是唯一与 DTM 业务逻辑直接交互的组件，用户界面和通信通道经过本部分接口为 IEC 62453-2 规范中的对象提供相应定义的服务[4]。

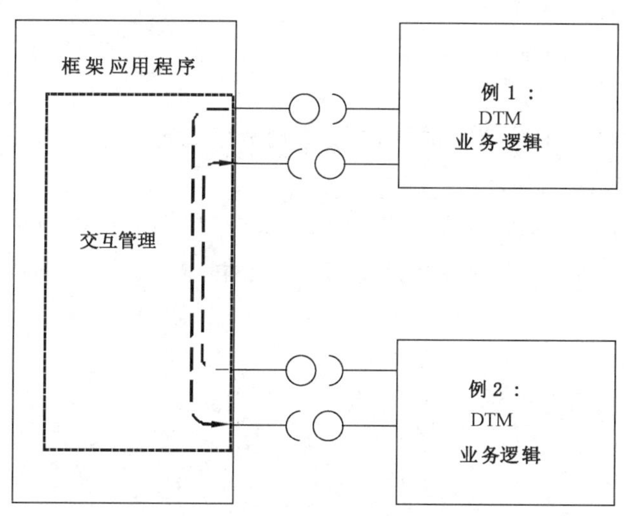

图 31　本部分的 FDT 对象解耦

所有组件间的交互通过框架应用程序或代理组件(参见图 31)完成。框架应用程序不应改变这些交互或插入交互请求。

这涉及以下目标：

- 互操作性

  框架应用程序对 FDT 对象的解耦应提高互操作性。

- 追溯

  框架应用程序能够观察到 FDT 对象之间的完整交互。因此，它可以实现全系统的追溯，对诊断和故障排除非常有用。

- 测试

  在组件测试环境中的每个组件应具有可测试性。该测试应支持追溯、重放记录序列或错误注入。在测试用例中，框架应用程序应允许改变交互。

- 线程/同步

框架应用程序负责 FDT 对象的分配过程。一个 FDT 对象不应期望在与其他相关 FDT 对象相同的线程、进程或主机中执行。框架应用程序能强制执行相关方法调用的规则,而规则在不同的 FDT 对象之间可能有差异(见 5.7)。

- 远程

  框架应用程序能对不同的进程或远程计算机传送消息(见 11.3)。

一个用 FDT 对象解耦的组件例子,是代理对象(如 DTM UI 代理或通道代理),用来与各自 FDT 对象的交互。

注:框架应用程序部分处理不同 FDT 对象之间的交互,——在图 31 中称为交互管理——可以从实际的框架应用程序实现中分离。它可以由共享组件实现,然后由不同的供应商使用。这将减少不同框架应用程序供应商的实现工作,并增加 DTM 的互操作性。

5.6.3 .NET 数据类型参数交换

接口方法的参数定义为.NET 数据类型。这些.NET 数据类型定义包括:

- 类型定义(如.NET 类/结构的定义)。
- 标准方法的定义:
  - 序列化到/从 XML;
  - 序列化到/从二进制流;
  - 验证。

XML 格式和二进制流格式是定义好的格式,在本部分中规定。XML 格式基于 W3C schema,可与 FDT1.2.x 向后兼容,并与外部应用的交互。

为了确保 FDT 组件的互操作性,本部分规定的.NET 接口和数据类型在基本程序集中的实现,由 FDT 组织提供。所有 FDT 组件应强制使用这个基本程序集。

5.6.4 交互模式

在本部分中使用以下互动模式:

——属性;

——同步方法;

——异步方法;

——事件。

这些模式和它们的使用将在后续的章节解释。

5.6.5 特性

特性用于同步执行对简单数据对象的获取或设置操作。一个 FDT 对象的其他接口也以特性形式提供。

5.6.6 同步方法

同步方法用于能够在调用线程中同步执行的简单操作。被调用对象不应阻塞调用线程,例如通过等待异步操作的结束或等待事件。

同步方法的例子有:

——信息请求[如,IDtmInformation.GetDeviceIdentInfo()];

——简单状态机操作[如,IDtm.Init()、IDtm.EnableCommunication()];

——框架应用程序调用不需要嵌套的调用[如,Topology.GetParentNodes()]。

5.6.7 异步方法

5.6.7.1 引言

异步方法典型用于执行可能需要较长时间完成的操作,如 I/ O 或数据库操作、通信请求。这样的异步操作在一个单独线程中运行。当应用启动一个异步操作,在执行异步操作时,应用能够连续执行。异步方法使用 IAsyncResult 模式实现。

5.6.7.2 IAsyncResult 模式

IAsyncResult 模式在[14]中定义,用于异步调用服务。

使用这种模式的异步操作是一组方法的实现:

——BeginOperationName()方法启动 OperationName 异步操作。该 BeginOperationName 方法应立即将控制权返回给调用线程。如果 BeginOperationName 方法抛出异常,该异常将在异步操作开始前抛出,而且不会调用 OperationNameCompleted()回调方法。

——EndOperationName()方法结束 OperationName 异步操作,并检索操作的结果。当 EndOperationName 被调用时,如果该操作未完成,EndOperationName 一直阻塞到操作完成。异步操作期间发生的异常是由 EndOperationName 方法抛出的。

——回调委托 OperationNameCompleted()(由客户端实现)仅提供给一个特定服务调用,该特定服务调用会触发一个能被接收的特定事件类型。

IAsyncResult 模式如何实现的更多信息见 F.2。

IAsyncResult 模式的优点之一是,客户端可选择使用阻塞或非阻塞方式服务。

如果用阻塞方式使用服务,客户端调用 Begin()方法,并立即调用 End()方法(见图 32)。客户端的调用线程会被阻塞,直到该服务执行完毕。

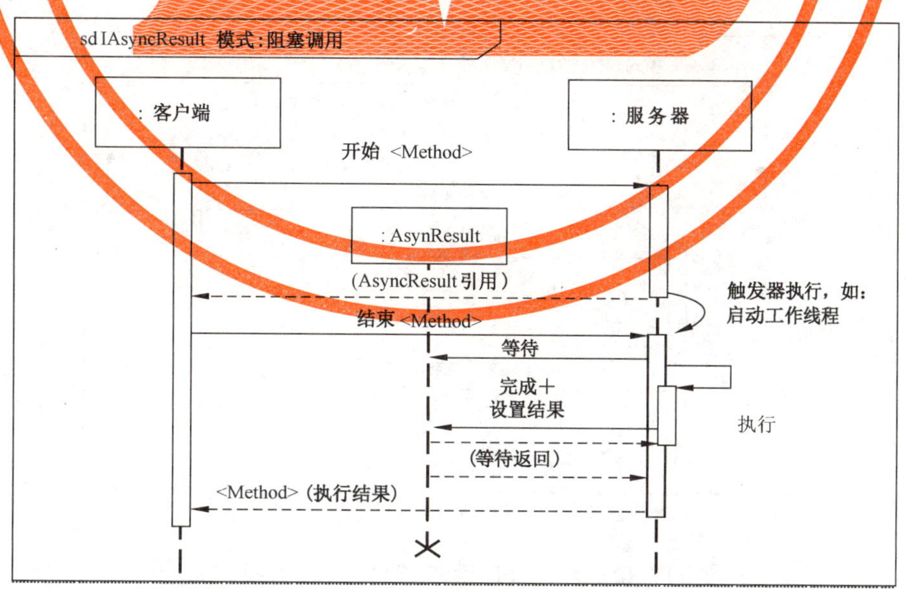

图 32 IAsyncResult 模式:阻塞调用

图 33 给出了如何用异步操作实现阻塞的例子。

```
void SyncUpload(IDtm dtm, ICommunicationChannelProxy channelProxy)
{
        // go online and stay connected (synchronous)
        dtm.EnableCommunication(channelProxy, ConnectMode.StayConnected);
        // perform upload from device (synchronous)
        try
        {
            IOnlineOperation onlineOperations = (dtm as IOnlineOperation);
            IAsyncResult result =
                    onlineOperations.BeginReadDataFromDevice(null, null, null);
            onlineOperations.EndReadDataFromDevice(result);
            MessageBox.Show("Upload finished");
        }
        catch (Exception e)
        {
            MessageBox.Show("Upload failed! " + e.Message);
        }
        // go offline (synchronous)
        IAsyncResult offline_result = dtm.BeginStopCommunication(null, null, null);
        dtm.EndStopCommunication(offline_result);
        dtm.DisableCommunication();
}
```

图 33 示例:异步接口阻塞式使用

为了简化表示基于 IAsyncResult 模式的交互,一种简化阻塞调用的表示在本部分使用。图 34 简单描述了阻塞调用的 IAsyncResult 模式:

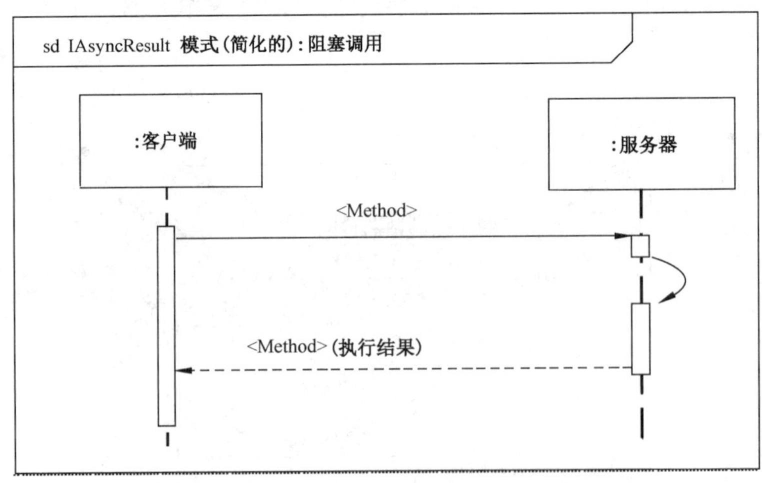

图 34 IAsyncResult 模式(简化的):阻塞调用

规则:如果客户端遵循阻塞执行模式,它不应提供回调。

如果使用非阻塞方式服务,客户端调用 BeginOperationName()方法并为 OperationNameCompleted()提供一个回调委托(见图 35)。该 EndOperationName()方法的调用是 OperationNameCompleted()回调处理的一部分。

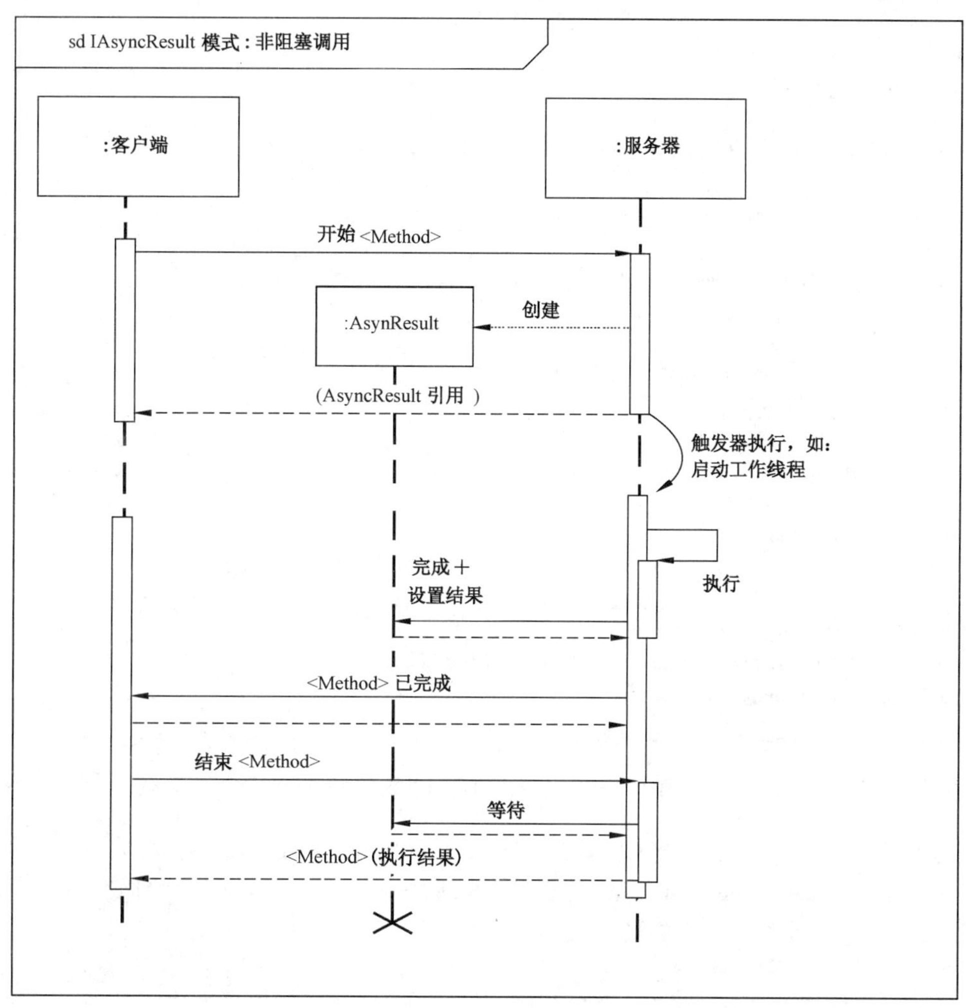

图 35 IAsyncResult 模式:非阻塞调用

规则:如果提供回调,客户端应遵循非阻塞执行模式。

```
void AsyncUpload(IDtm dtm, ICommunicationChannelProxy channelProxy)
{
        // go online and connect only if necessary
        dtm.EnableCommunication(channelProxy, ConnectMode.OnDemand);
        IOnlineOperation onlineParam = (dtm as IOnlineOperation);
        IAsyncResult result = onlineParam.BeginReadDataFromDevice(UploadProgress,
        UploadComplete, dtm);
}
void UploadProgress(ProgressInfo progressInfo)
{
        UpdateProgressBar(progressInfo.PercentComplete, progressInfo.Message);
}
void UploadComplete(IAsyncResult result)
{
        IOnlineOperation onlineParameter = result.AsyncState as IOnlineOperation;
        try
        {
        onlineParameter.EndReadDataFromDevice(result);
        SignalUploadFinishedToUI();
        }
        catch (Exception e)
        {
        SignalUploadErrorToUI();
        throw;
        }
        // go offline (not waiting for results..)
        _stop_result = dtm.BeginStopCommunication(StopCommunicationProgress,
        StopCommunicationComplete, dtm);
}
```

图 36 示例:异步接口的非阻塞使用

在上面的例子(图 36)中,为了避免阻塞服务器,UploadProgress()委托被解耦。

为了简化表示基于 IAsyncResult 模式的交互,本部分中使用非阻塞调用的简化表示。图 37 给出了非阻塞调用的 IAsyncResult 模式的简单描述:

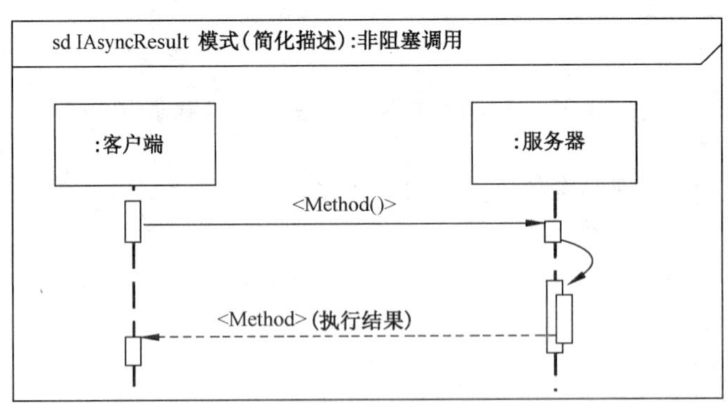

图 37 IAsyncResult 模式(简单描述):非阻塞调用

注:在整个文件中 IAsyncResult 模式的简化描述是用来说明如何使用 IAsyncResult 模式的方法。可以等价地使用阻塞和非阻塞调用模式。如果不是明确表示,在工作流中一种调用模式的使用不会禁止另一种调用模式的使用。

5.6.7.3 扩展的 IAsyncResult 模式(进度模式)

除 IAsyncResult 模式之外,扩展的 IAsyncResult 模式提供了在操作过程中取消异步操作,并接收进度通知和中间结果的可能性,这种模式用于可能具有很长执行时间的操作。

每个操作提供一组方法:

——BeginOperationName()方法启动操作;

——EndOperationName()方法检索操作结果。如果操作没有完成,该方法阻塞,直到操作完成。如果操作执行时发生错误,该方法将抛出一个带有错误信息的异常;

——CancelOperationName()方法停止运行,如果操作被取消,那么 EndOperationName()方法应总是抛出 FdtOperationCancelledException。

回调代表(由客户端实现)只提供一个特定的操作。可能代表是:OperationNameProgress(),OperationNameCompleted()。图 38 显示了如何使用 CancelOperationName()方法。

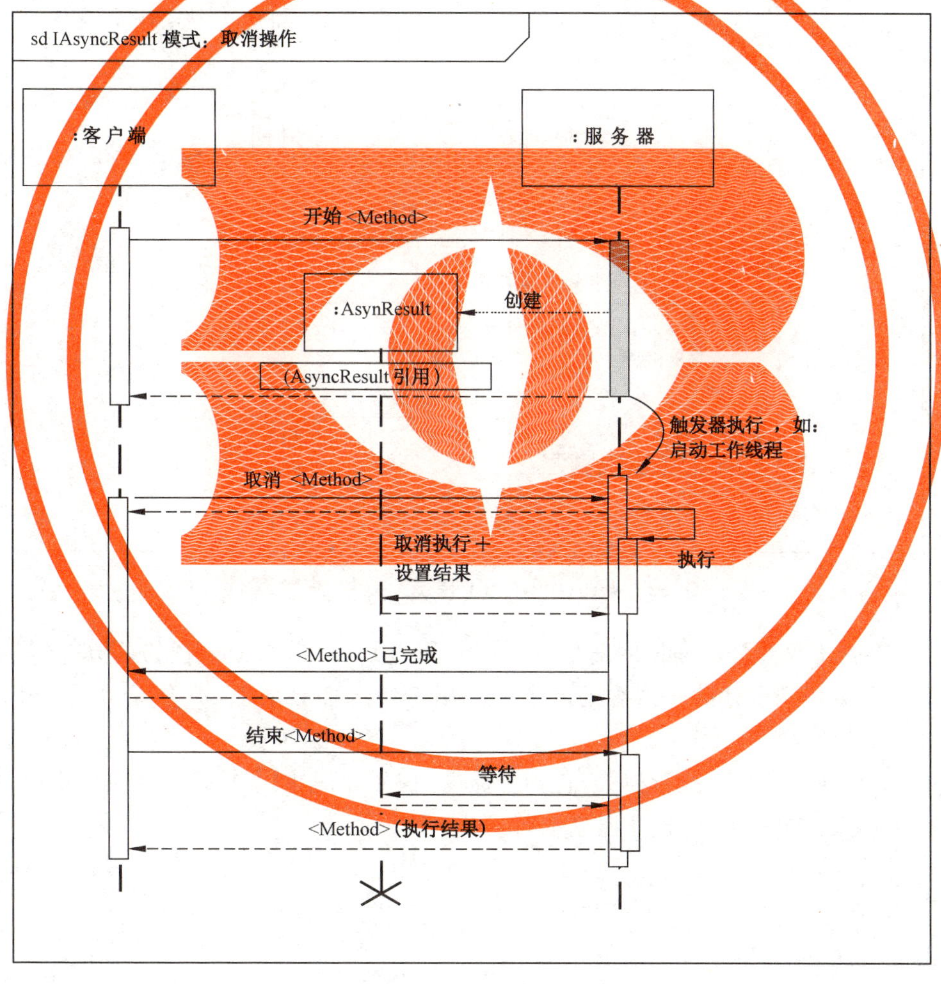

图 38 IAsyncResult 模式:取消操作

如果 Cancel()不能被执行,可能会导致一个 FdtCancelFailedException。也可能在 Cancel()被调用的同时操作已完成。这可能会导致调用者接收到一个正确结果。

Completed()回调不应在调用 Cancel()时使用(避免调用栈)。

如果 Cancel()被异步操作调用,End〈方法〉可能抛出一个相应的异常。参见文档中每个异步操作。

在成功调用 Cancel()后,有可能出现特殊情况,就是这个操作已成功完成。因此调用者应准备接收一个正确结果，而不是相应的异常。

图 39 显示了如何使用进度回调。

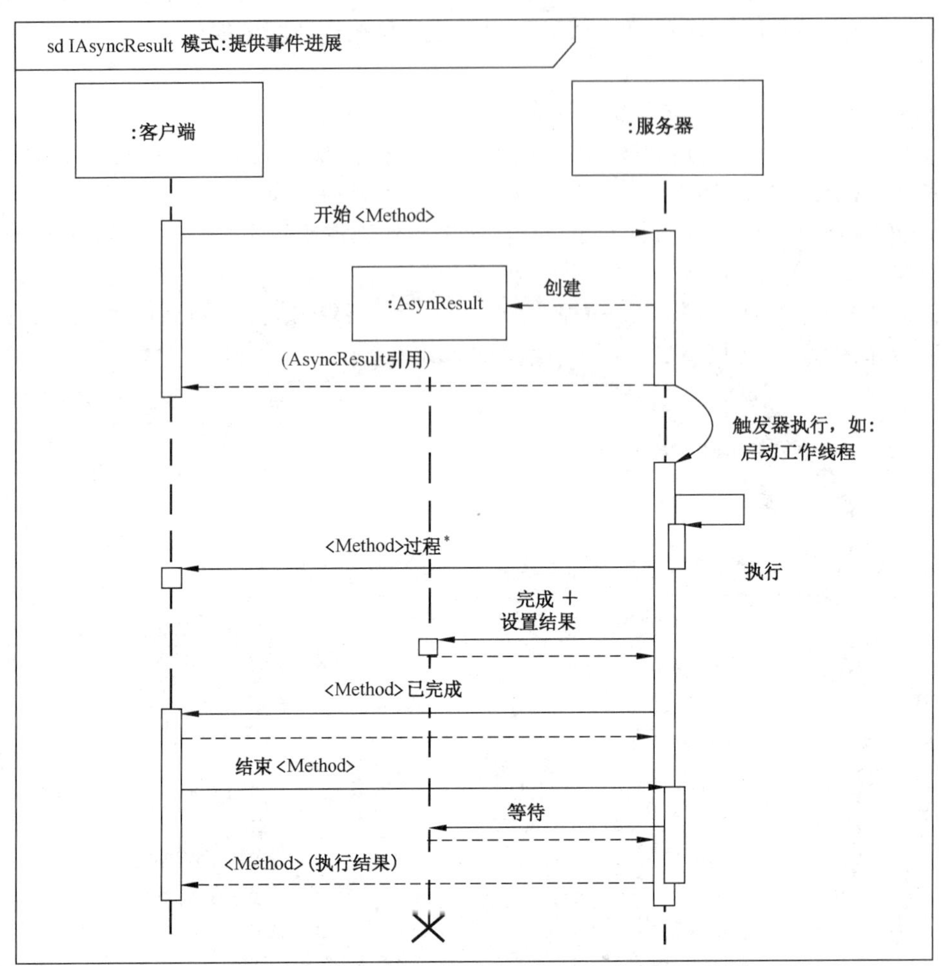

图 39　IAsyncResult 模式:提供进度事件

Progress()委托不仅允许传递进度信息，而且还可以用来传送服务执行的部分结果。部分结果的传送是专为每个服务特殊设计的。虽然进度委托是用来传送部分结果，那么 EndOperationName()方法将提供操作的完成结果。

规则:如果客户端遵循阻塞执行模式，它不应提供回调。而非阻塞执行模式应提供回调。

如果提供了回调，客户端应遵循非阻塞执行模式。

5.6.8　事件模式

事件是对象发送的消息，标志一个条件发生。

本规范使用事件模式，在基于委托的(见[21]).NET 框架中定义。

客户端为接收事件提供委托(没有触发)。客户端在服务器中注册接收特定事件。多个客户端可在一台服务器中注册接收同样的事件。

事件模式的一个优点是事件定义在相同的接口中，像可能触发这些事件的方法一样。这允许在被它们使用相同的上下文中定义事件方法。

5.6.9 异常处理

5.6.9.1 概述

异常是.NET 框架中报告错误的基本方式。(参见[10],第 7 章])。它们被用于两个严重错误(例如,通过无效的参数),以及逻辑错误(如连接中止)。一个异常提供了两种信息:

- 异常消息,向开发者解释出了什么错(及如何解决)。异常消息应是人们可读的文本(不仅是一个错误码),其描述出了什么错。
- 异常类型,异常处理程序使用异常类型来决定采取什么样的行动方案。

注:通常,不使用错误码,因为可以通过相应的异常消息和异常类型来代替。然而,有一个例外:通信错误。在与设备请求通信期间发生的通信错误,会在通信响应中报告。否则,如果服务器本身未能处理事务,将抛出一个相应的异常。

FDT 规范定义了,在调用 FDT 接口方法或访问特性时,如果特定的错误发生,应抛出的异常。这应作为客户端和服务器之间接口约定的一部分。

5.6.9.2 抛出异常

一旦执行失败,应抛出异常。每当一个接口方法或特性不能完成其设计的功能时,将发生执行失败。例如,如果〈ReadDataFromDevice()〉方法不能从设备中检索到数据,就认为是一个执行失败并应抛出一个异常。异常是 .NET 框架中报告错误的基本方式。不应使用错误码。

如果一个 FDT 方法调用其他 FDT 方法,它应能处理这些方法中定义的所有异常。当 FDT 方法因为调用的方法造成 FDT 异常而失败,那么该 FDT 方法应抛出为 FDT 方法定义的最合适的 FDT 异常,并将捕获到的任何异常作为内部异常。一个这样的例子是,因为无法锁定数据集,而使得通过 ProcessImage 接口不能对 DTM 设置 IO 信号信息。在这种情况下,应由 IProcessImage:SetIOSignalInfo()方法抛出一个 FdtOperationFailedException。这应包括内部异常,如 FdtNoWriteAccessException。

当它们出现在 FDT 方法中,DTM 特定异常应作为内部异常包含在 FDT 异常中。

不允许事件处理程序抛出异常。如果事件处理程序调用可能抛出异常的其他方法,事件处理程序的实现应捕获这些异常,以便保护异常的事件源。

5.6.9.3 处理异常

当处理异常时,应给最终用户提供丰富和有意义的消息。这些消息应能解释问题原因并描述如何避免这个问题。

注:由于异常消息是针对开发者的,用户消息应基于异常类型和捕获异常的内容。

注:如果只为重新抛出异常而捕获异常,不应提供用户消息。这里的目的是避免出现一个问题而发出多个用户消息。

5.6.9.4 FDT 异常类型

对于每个 FDT 方法,都定义了一组异常,他们可在该方法调用时出现。所有的 FDT 异常都由序列化类 FdtException 派生,而这个类由 System.Exception 派生。为了能跨应用域和进程边界正确工作,异常应被序列化。

以下是 FDT 异常列表:

FdtInvalidStateException

当不能设置特性或不能执行方法时,应抛出这个异常,因为 FDT 对象不在适当的状态[例如:在

DTM "initialized"状态时调用 IDtm:EnableCommunication()]。每个 FDT 接口成员的实现都要检查被调用的对象是否在适当的状态中,以便执行所请求的操作。如果情况不是这样,FdtInvalidStateException 应该被抛出。对于异步操作,这个异常应由 EndOperationName 方法抛出。

示例:在"initialized"状态中调用 IDtm:EnableCommunication()

FdtOperationFailedException

当操作不能成功执行或完成时,应抛出这个异常。对于所有异步操作,这个异常可能由 EndOperationName 方法抛出。如果有多个特定异常可用,使用最具体的异常。

注:在正常操作条件下不应发生 FdtOperationFailedException。

示例:IDtm:LoadData()调用一个有效数据集,但仍然失败了。在这种情况下,抛出 FdtOperationFailedException。然而,如果 IDtm:LoadData()调用一个无效数据集,抛出 FdtInvalidDatasetException。

FdtOperationCancelledException

如果一个异步操作由 CancelOperationName 取消并调用 EndOperationName 方法,应抛出这个异常。这在正常操作条件下发生。客户端应处理这个异常并终止它自己的操作。

FdtCancelFailedException

当 CancelOperationName 方法失败时,如因操作已完成或因其他原因不能取消,应抛出这个异常。

注意这可能在正常条件下发生,因为操作的异步执行。客户端应处理这个异常并完成调用操作。如果用户已经触发取消操作,应告知用户操作无法取消。

FdtConfigurationErrorException

因为错误配置而不能执行操作时,应抛出这个异常。

示例:DTM 执行连接请求,因为通信驱动程序配置不正确,父 DTM 不能执行这个请求。

FdtCommunicationErrorException

当出现通信错误时,应抛出这个异常。在通信请求中发生的通信错误在通信的响应中报告。

示例:设备 DTM 试图通过提供的通信通道代理,调用 ICommunication:BeginConnect()建立一个连接。这个通信通道(或设备)因为通信错误无法与设备建立连接,在 ICommunication:EndConnect()方法中抛出 FdtCommunicationErrorException。

注:没有定义协议特定通信错误异常。然而,如果需要,可以在协议附录中定义子类。

FdtConnectRefusedException

当在线操作因为连接请求被拒绝而不能执行时,应抛出这个异常。

示例:设备 DTM 调用 IDtm:EnableCommunication()。该设备 DTM 试图在其通信通道代理上,调用 ICommunication.BeginConnect()方法建立连接。通信信道(或设备)拒绝连接,并在方法 ICommunication.EndConnect()中抛出 FdtConnectRefusedException。

FdtConnectionAbortedException

当在线操作因为连接终止而不能执行时,应抛出这个异常。

示例:当下载到设备时,连接被通信通道终止。IOnlineOperation.EndWriteDataToDevice()抛出一个 FdtConnectionAbortedException。

FdtDeviceTypeNotSupportedException

当在线操作因为所连接设备的类型不被 DTM 支持而不能执行时,应抛出这个异常。

示例:由 IOnlineOperation.BeginWriteDataToDevice()启动下载操作。DTM 处于 notConnected 状态并连接设备。它检查设备类型并检测到一个不支持的设备类型。操作中止,并由 IOnlineOperation.EndWriteDataToDevice()抛出一个 FdtDeviceTypeNotSupportedException。

FdtInvalidUserPermissionsException

当操作因为不被当前用户许可而不能执行时,应抛出这个异常。

示例:用 ICommandFunction:BeginExecute()启动执行功能。作为观察员登录的用户没有访问权限执行此功能。

DTM 能中止该操作，ICommandFunction:EndExecute()抛出一个 FdtInvalidUserPermissionsException。

FdtInvalidValueException

当请求中的参数为无效值时，应抛出这个异常。

示例：客户端试图通过 IInstanceData/IDeviceData 写一个超出有效范围的值时。

FdtInvalidTypeIdException

当请求中给出的参数为无效类型 ID 时，应抛出这个异常。

示例：IDtm:InitData()调用类型 ID 不被 DTM 支持时，抛出 FdtInvalidTypeIdException。

FdtInvalidDataObjectException

当请求中的参数为无效数据对象时，应抛出这个异常。

示例：ITopology:BeginGetDtm()给出一个无效的 DtmSystemTag。

FdtInvalidReferenceException

当请求的参数是对另一个对象的无效引用时，应抛出这个异常。FdtInvalidReferenceException 应不在正常运操作条件下出现。

示例：在 EndOperationName 或 CancelOperationName 方法中，给出一个无效的 IAsyncResult 对象。

FdtInvalidCommunicationChannelException

当设置一个无效的通信通道时，应抛出这个异常。

示例：对一个不支持的通道设置了 parentCommunicationChannel 参数(如不支持的协议)。

FdtInvalidDatasetException

当请求中的参数为无效数据集时，应抛出这个异常。FdtinvalidDatasetException 不在正常运行条件下出现。

示例：调用 IDtm:LoadData()用的数据集不被 DTM 类型支持。

FdtNoReadAccessException

当读操作因数据对象不可读而不能执行时，应抛出这个异常。

示例：客户端试图读取一个仅为写的数据对象。EndRead()抛出一个 FdtnoReadAccessException。

FdtNoWriteAccessException

当写操作因数据对象不可写而不能执行时，应抛出这个异常。

注：写任何数据前，DTM 应用 IDataset:StartTransaction()对数据集初始化处理事务，如果失败，操作应中止并抛出 FdtLockDatasetException。

示例：客户端试图写一个只读数据对象。EndWrite()抛出一个 FdtNoWriteAccessException。

FdtLockDatasetException

当对数据集或设备执行处理而不能锁定数据集时，应抛出这个异常。

示例：调用 IOnlineOperation.BeginReadDataFromDevice()。因为数据集已被另一个实例锁定而不能使用。IOnlineOperation.EndReadDataFromDevice()抛出一个 FdtLockDatasetException。

FdtCommitTransactionFailedException

当提交事务失败时，应抛出这个异常。例如当数据库位于远程计算机且网络连接中断时可能发生。

注：FdtCommitTransactionFailedException 不应在正常操作条件下发生。

FdtCannotCloseUiException

如果用户界面无法关闭，该异常将被抛出。用户界面可能已更改了尚未提交的数据项，或需要将该设备的某些活动操作更改。在这种情况下，框架应用程序应通知用户，他需要在该用户界面结束前完成活动的操作。

5.6.9.5 标准异常类型

通常，FDT 异常应用在适用的地方(见相应的 FDT 接口定义)。以下的.NET 标准异常类型应用于无 FDT 异常适用的情况。

InvalidOperationException

当对象处于不恰当的状态时，应抛出这个异常。如果该对象是一个已定义的 FDT 对象，则使用 FdtInvalidStateException。

ArgumentException，ArgumentNullException，ArgumentOutOfRangeException

如果将非法的参数传给接口成员，则应抛出 ArgumentException 或它的一个子类型。在适用的情况下，应使用最具体的派生异常类型。ParamName 特性表示引起抛出异常的参数名称。注意该特性可通过一个构造函数重载来设置。特性设置器的内含参数值使用“value”来设值。

5.6.9.6 其他标准异常

FDT 对象不应抛出以下异常。应执行参数检查以避免抛出这些异常：

- NullReferenceException；
- IndexOutOfRangeException；
- AccessViolationException。

FDT 对象不应显式抛出以下异常：

- StackOverflowException
- OutOfMemoryException
- InteropException
- ComException
- SEHException
- ExecutionEngineException

5.7 线程

5.7.1 引言

5.7.1.1 概述

.NET 运行时支持多线程，解决了一些处理能力和响应性能问题，但这样做又引入了新问题，如竞争和死锁。为了避免这样的问题，在 FDT2 中定义了一些所有 FDT 组件都应遵守规则。

注：在 COM 上下文中使用的某些线程术语(如单元模型)，不适用于.NET。

关于多线程和并发的附加信息见[30]。

5.7.1.2 竞争

竞争是因线程间的不当同步而发生的一种故障。取决于两个或多个线程谁第一个到达特定代码块，所以程序(或一段特定代码)的结果无法预测。当不同的线程同时访问公共内存时，计算结果可能正确也可能错误。

有四种条件可能会导致竞争：

- 有多个线程访问的存储位置。通常，是全局/静态变量的位置，或通过全局/静态变量可访问到的堆内存位置。
- 这些共享存储位置拥有某个特性(不变量)，以便程序正确执行。通常，为了正确地更新，该特性需要在更新前保持为真。
- 在实际更新的某些部分，该特性不保持。
- 当不变量被破坏时，另一个线程访问该内存，会导致不正确的行为。

5.7.1.3 锁定

锁定是防止竞争最常用的方法，其目的是防止其他线程访问已被破坏的不变量相关的共享内存。这就消除了上述的第四个条件，从而使竞争不发生。

最常见的锁定类型称为监视(有时相同的基本功能被称为临界区、互斥、或二进制信号量)。监视提供了进入和退出的方法。一旦一个线程调用 Enter，其他线程调用 Enter 的所有尝试，会导致其他线程阻塞(等待)，直到该线程调用 Exit。调用 Enter 的线程是锁定的拥有者，如果不是锁定的拥有者的线程调用 Exit，会认为是一个编程错误。锁定提供了一种机制，在任何给定时间内确保只有一个线程可以执行代码特定区域。

5.7.1.4 死锁

死锁是两个或多个并发操作都在等待对方完成的一种情况。在这种情况下，都不能继续执行。

以下四个条件可能会导致死锁：

a) 互斥。只有有限数量的线程可以并发地使用一个资源。

b) 保持并等待。持有资源的线程可以请求访问其他资源，并等待直到得到它们。

c) 禁止抢占。持有资源的线程仅自愿地释放资源。

d) 循环式等待。有一组{T1，……，TN}线程，其中 T1 等待 T2 持有的资源，T2 等待 T3 持有的资源，…，TN 等待 T1 持有的资源。

因为多线程能并发访问一个 FDT 对象，有必要用互斥来同步访问内部数据对象或用户界面对象(见条件 1)。条件 2 很难避免，因为执行操作经常要求多个资源。锁定资源也不能从当前拥有者抢走，所以条件 3 也无法避免。FDT 中最常见和可执行的条件是条件 4，循环式等待。

5.7.2 线程规则

5.7.2.1 实现规则

为了允许多线程和使用锁定来避免竞争，应使用下面的规则：

- 软件应准备接收任何线程的调用。每个 FDT 对象应能够接收任何线程的调用。需要在专门线程中执行的操作(例如，用户界面线程)应在这个线程内同步。
- 软件应保护内部数据防止并行访问。使静态数据和实例数据线程安全。确保所有线程共享的以及可读写的数据被锁定保护。
- 每个锁定应分配到内存的一个特定区域(不是代码区)。这个分配应在开发者文档中有据可查。
- 每个锁定应在分配的内存区域中互斥。没有进入同一个锁定，就不能对该内存进行写操作。在保护这些数据结构的锁未被锁定的任何时候，数据结构的不变量必须保持。
- 如果两个数据结构是相关的，在使用之前，它们应进行锁定。

实现时也应该考虑以下建议：

——由锁定保护的内存区域(如数据结构)不应重叠。如果重叠区域具有不同锁定，互斥可能无法得到保证。如果需要进入两个或多个锁定，用一个锁定来保护重叠区域会更合适。

——锁定的数量尽量少。复杂性会随系统中锁定数量的增加而快速增长。所以最好是由较少的锁来保护较大的内存区域。并且，当锁定的竞争成为性能瓶颈时，才把它们分开。通常，锁定的粒度越小，保持的锁定越多，保持的时间越长，死锁的风险就越高。

——检查读操作是否需要锁定。不仅在写入内存时需要进入锁定，在读取共享内存时也需要进行锁定。通常，当代码需要一个程序不变量时，与该不变量相关的任何内存需要读写锁定。

5.7.2.2 避免死锁

对于在5.7.1.4中解释的原因,定义以下规则来避免死锁(列表接续以前部分):

- 当持有任何锁定时,FDT对象不允许调用任何FDT接口方法或等待FDT调用、回调或事件。这避免了在多个FDT对象之间循环等待。

注:当需要调用其他FDT对象来执行复杂的操作时,可考虑实现一个状态机。并行请求可能被拒绝或排队,直到正在运行操作完成。

例外:允许在锁定代码区域中调用ITrace方法和异步BeginXXX方法。交互管理将确保这些调用能够用安全的方式进行解耦和处理。

- 每个FDT对象应避免在一个FDT对象内发生循环等待。多个线程同时访问对象,可能执行不同的任务,并需要锁定多个资源。避免循环等待的方法,通常是用特定顺序获取锁定或给锁定分级。在每个锁定都分配了级别时,可使用这种策略。一个线程只能获得与已持有等级相同或更低等级的锁。

5.7.2.3 FDT对象交互规则

所有的FDT对象应遵循下列规则(列表续前部分):

- 不要在用户界面线程调用FDT接口。

  一个进程的用户界面线程应仅专用于接收用户输入和执行绘图任务。FDT对象不应使用用户界面线程调用FDT的接口方法、执行回调或事件。

- 不要阻塞用户界面线程。

  用户界面应该始终保持响应。用户界面线程在不同的FDT对象(用户界面)之间共享,用于用户输入和绘图操作。如果一个对象为了处理某个过程,阻塞了这个线程,这会影响对其他对象的响应。

- 不要阻塞BeginMethodName方法调用。

  BeginMethodName方法只能启动一个异步操作,因此不应阻塞调用者。

- 不要阻塞同步方法的调用。

  不应阻塞调用FDT同步方法的线程。不允许在同步方法中调用任何的EndMethodName或等待事件,因为这将阻塞调用线程。

- 异步处理事件和回调

  在事件处理程序或回调方法中禁止FDT操作。应创建一个异步处理的工作项。不应阻塞调用线程。

5.8 本地化支持

5.8.1 概述

为了开发支持不同语言和文化的软件,有两个主要步骤。

——全球化是设计软件的第一个步骤,能够在不同文化和语言下运行。此步骤是通过将文化或语言无关的可执行代码与文化或语言相关部分分开来实现的。例如语言相关的部分,如用户界面、日历、数字、字符串处理和比较算法。作为本部分的技术基础,.NET框架通过一系列封装在System.Globalization命名空间下.NET框架中的类支持这一过程。

——本地化是第二个步骤,为特定文化和语言定制软件。这主要是通过翻译用户界面来实现。对于基于.NET框架的应用,生成仅包含与文化、语言无关的可执行代码和资源的主要程序集。每个增加的文化、地区或语言都在单独的附属程序集中提供。

.NET 框架提供了基础设施来访问分层的组织资源。首先,框架类尝试访问属于特定国家或地区的资源。如果这个访问失败,该框架类尝试访问属于指定语言的资源。如果访问还是失败,该框架类尝试访问文化无关或语言无关的资源。

推荐使用.NET 框架提供的基础设施。市场上已有多种翻译工具和知道如何处理基于 XML 以及二进制资源文件的翻译机构。

5.8.2 访问本地资源和文化相关的函数

.NET 框架提供了两种访问本地资源和文化相关函数的不同方法

首选方法是使用自动文化处理。在应用程序中的每个线程都提供关于当前使用语言和文化的信息。它可以从类 System.Threading.Thread 中,读取 CurrentCulture 和 CurrentUICulture 特性而得到。所有用户界面相关的函数依赖 CurrentUICulture 特性,而其他文化相关的函数使用 CurrentCulture 特性。这两个特性的值被初始化为系统设置"控制面板——区域设置"中定义的默认值。该特性的值可以通过写特性的值来覆盖。

第二种访问本地资源和文化相关的功能方法仅在极少的情况下出现。所有的文化相关的功能提供了一种显式指定文化的重载变量。

5.8.3 文化处理

如上所述,.NET 框架分别为每个线程处理文化设置,并从系统设置中导出了初值。框架应用程序负责为向外函数调用的所有线程同步文化设置。

定义所使用的语言的两个特性:Thread.CurrentUICulture 和 Thread.CurrentCulture。

框架应用程序在 DTM 开始前,通过设置 Thread.CurrentUICulture 特性来指明当前使用的语言。在初始化过程中,DTM 的业务逻辑和用户界面应读取这个特性,以便显示 DTM 用户界面或向用户提供任何其他输出(例如,标签和描述符)。如果 DTM 的实现依赖于包含在.NET 框架类库中的资源管理类,不需附加的实现。否则,需要明确地处理语言相关的资源。框架应用程序在切换 UI 文化时不应触发任何来自 DTM 的通知(如 DataInfoChanged)。

如果 DTM 使用带有输出函数调用的附加线程,或在附加线程发起事件,它负责按照原始线程的设置,来同步新创建线程的语言设置。

为了反映操作系统的文化设置,任何 FDT 组件不应改变 Thread.CurrentCulture 特性。

所描述的机制产生以下行为:文本、图片和类似的用户界面的元素将根据框架应用程序中用户选择的语言显示(在 Thread.CurrentUICulture 中)。而输入方向、排序、比较、数字格式是由操作系统的文化设置来决定(在 Thread.CurrentCulture 中)。

5.8.4 切换用户界面语言

框架应用程序可提供切换用户界面语言的机制。框架应用程序决定是在运行时实现切换还是需要框架应用程序重启。只要有 DTM 或 DTM 组件被实例化,该框架应用程序就不应切换用户界面语言。为了切换语言,框架应用程序可能需要关闭并重启 DTM 对象。这些 DTM 启动时使用新的语言设置。

在框架应用程序中,用户选择的语言对特定的 DTM 可能不适用。该 DTM 的业务逻辑和 DTM 的用户界面应以与所选语言无关的方式运行。如果 DTM 不支持所选择的语言,应切回到公共使用的语言,即英语。

DTM 用户界面可提供一个菜单,用户可为此用户界面覆盖语言设置。DTM 业务逻辑和 DTM 用户界面不应更改 Thread.CurrentUICulture 和 Thread.CurrentCulture 特性,因为这会影响共享此线程的其他 FDT 组件行为。直到再次更换语言设置或关闭用户界面,该语言会一直有效。

5.9 DTM 的用户界面实现

5.9.1 概述

DTM 业务逻辑是由 DTM 用户界面操作的。一个 DTM 业务逻辑可能存在不同类型的用户界面。FDT 支持下列 DTM 用户界面类型：

- DTM WPF 控件[11]可以嵌入框架应用程序的用户界面。这些控件应从标准的.NET WPF UserControl 类中(System.Windows.Controls 命名空间)派生。
- DTM WinForms 控件可以嵌入框架应用程序的用户界面。这些控件应从标准的 WinForms UserControl 类中(System.Windows.Forms 命名空间)派生。
- DTM 应用程序是外部 DTM 特定的用户界面(例如可执行应用程序),不能嵌入框架应用程序。在框架应用程序中的这些外部应用程序由简单的 .NET 类(命名为"DTM UI 应用程序",见图 65)表现,管理外部用户界面和框架应用程序间的交互。
- DTM UI CommandFunctions 与 CommandFunctions 相似,可在 DTM 业务逻辑中执行(见 7.14),但用户界面 CommandFunctions 允许打开私有用户界面(例如对话框等)。这些函数由包含执行代码的简单.NET 类来表现。

所有四种 DTM 用户界面类型实现相同的接口(见 6.4)。

5.9.2 调整大小

DTM WPF 和 WinForms 控件应能实现调整大小。这意味着控件负责支持内部图形元素的重新排列。此外,控件应指定其最小尺寸。

框架应用程序可用最小尺寸作为显示控件的初始尺寸。如果框架应用程序显示的控件的主窗口小于控件的最小尺寸,那么框架应用程序必须提供滚动条。

当框架应用程序的用户把主窗口调整为小于控件最小的尺寸时,那么框架应用程序必须为 DTM UI 控件显示滚动条(见图 40)。

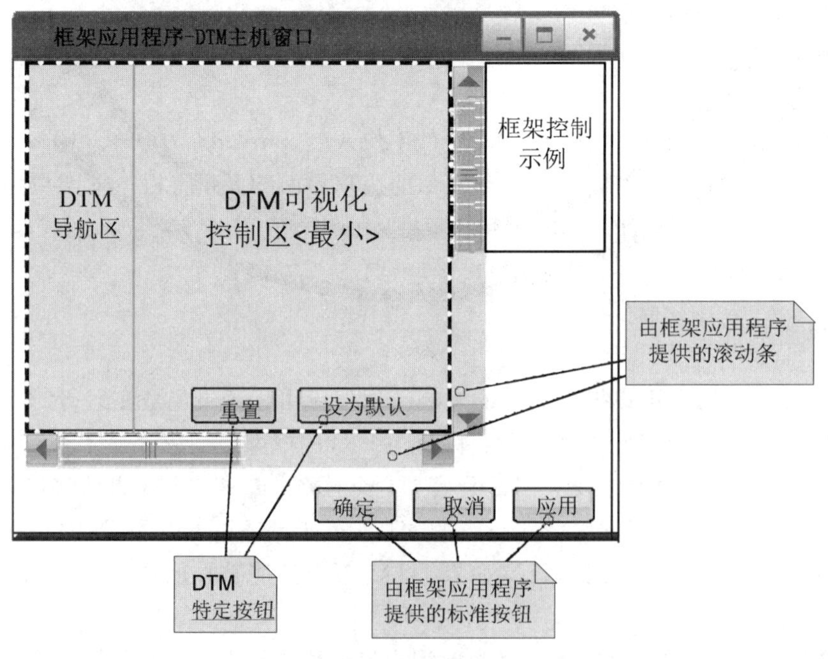

图 40 提供滚动条的框架应用程序的主窗口

独立于框架应用显示的滚动条，如果适用，控件本身可显示其他的滚动条。例如，如果应用域需要的空间比可用的空间更大(见图 41)，需要这种处理。

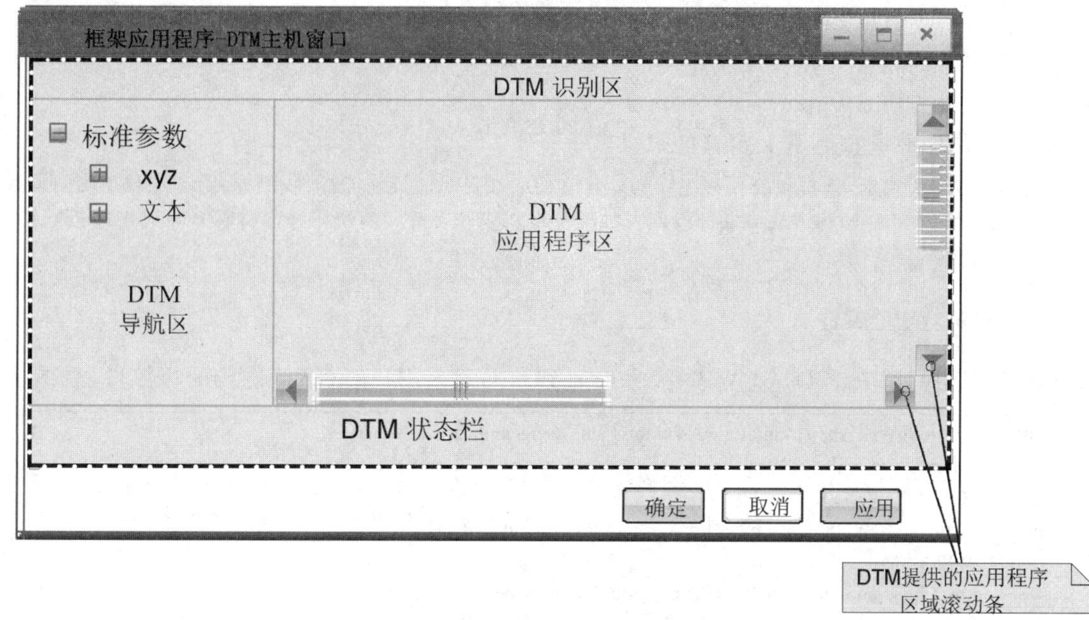

图 41　使用内部滚动条的控件

5.9.3　私有对话框

私有对话框是以下类型的图形用户界面：

- 消息框(即，标准消息框)；
- 文件或打印机选择对话框(即，操作系统提供的)；
- (默认)浏览器；
- (默认)邮件客户端；
- 帮助文件视图；
- 手册查看器；
- 启动画面；
- 外部单机应用；
- 任何其他 Windows 窗口。

任何 DTM UI(控件，应用程序和 UI 命令功能)允许显示私有对话框，但应优先使用框架应用程序支持的服务。如果框架应用程序需要确保私有 DTM UI 不要覆盖关键框架应用程序 UI，则需要特定框架应用程序(如，不要在这样的电脑上运行 DTM UI，在第二个屏幕显示等)的实现。

DTM 业务逻辑不允许打开私有对话框或用户界面。DTM 业务逻辑应总是使用框架应用程序用户界面服务(见 IFrame.Ui 特性)。这条规则是必要的，因为 DTM 业务逻辑的执行可能无人值守(例如批处理)。

5.10　DTM 的用户界面托管

5.10.1　概述

框架应用程序可以动态加载 DTM 用户界面。

不同的 DTM 用户界面类型的激活和初始化是相似的(见 5.4)。8.5 中的序列图详细描述了这些操作。

DTM WPF 控件和 DTM WinForms 控件额外地需要嵌入进框架应用程序用户界面元素。这个框架应用程序应执行以下的通用顺序：

- 加载程序集和创建控件；
- 检查控件类型(UiControlFunctionInfo.Type)；
- 在父用户界面元素中托管该控件；
- 初始化控件[〈Init()〉]；
- 使控件可见，并调整到其父窗口的尺寸。

注：在这些控件可见之前，该框架应用程序应初始化它们。在显示前要使能控件，例如，为了加载正确的设备图片。提供控件的DTM初始化方法应立即返回。如果控件需要较长时间的执行操作(例如，与设备通讯)，那么应使用异步操作。

5.10.2 托管DTM WPF控件

WPF框架应用程序应把DTM WPF控件嵌入到布局元素中，如网格控件或面板控件(见图42)。

```
void HostWPFControlInWPFApp(string dtmUiAssemblyPath, string controlClassName)
{
    // Load DTM User Interface assembly
    Assembly dtmUiAssembly = Assembly.LoadFrom(dtmUiAssemblyPath);
    // Create WPF control
    Type controlType = dtmUiAssembly.GetType(controlClassName);
    UIElement wpfControl = Activator.CreateInstance(controlType) as UIElement;
    // Host WPF control in layout element (e.g. Panel, Grid)
    Panel parent = this.clientArea;
    parent.Children.Add(wpfControl);
    // Initalize
    (wpfControl as IDtmUiFunction).Init(/* parameters */);
    // Make visible
    parent.Visibility = Visibility.Visible;
}
```

图42 示例：在WPF框架应用程序中托管DTM WPF控件

WinForms框架应用程序应把DTM WPF控件嵌入到ElementHost控件(System.Windows.Forms.Integration命名空间)中(见图43)。

```
void HostWPFControlInWinFormApp (string dtmUiAssemblyPath, string controlClassName)
{
    // Load DTM User Interface assembly
    Assembly dtmUiAssembly = Assembly.LoadFrom(dtmUiAssemblyPath);
    // Create WPF control
    Type controlType = dtmUiAssembly.GetType(controlClassName);
    UIElement wpfControl = Activator.CreateInstance(controlType);
    // Host WPF control in ElementHost
    ElementHost host = new ElementHost();
    host.Dock = DockStyle.Fill;
    host.Child = wpfControl;
    parent.Controls.Add(host);
    // Initalize
    (wpfControl as IDtmUiFunction).Init(/* parameters */);
    // Make visible
    parent.Visible = true;
}
```

图43 示例：在WinForms框架应用程序中托管DTM WPF控件

5.10.3 托管 DTM WinForms 控件

WinForms 框架应用程序应把 DTM WinForms 控件嵌入到布局元素中，如窗体或面板(见图 44)。

```
void HostWinFormControlInWinFormApp(string dtmUiAssemblyPath, string controlClassName)
{
        // Load DTM User Interface assembly
        Assembly dtmUiAssembly = Assembly.LoadFrom(dtmUiAssemblyPath);
        // Create WinForm control
        Type controlType = dtmUiAssembly.GetType(controlClassName);
        Control winFormControl = Activator.CreateInstance(controlType) as Control;
        // Host WinForm control in a WinForm layout element
        Control parent = this;
        winFormControl.Dock = DockStyle.Fill;
        parent.Controls.Add(winFormControl);
        // Initalize
        (winFormControl as IDtmUiFunction).Init(/* parameters */);
        // Make visible
        parent.Visible = true;
}
```

图 44　示例：在 WinForms 框架应用程序中托管 DTM WinForms 控件

WPF 框架应用程序应把 DTM WinForms 控件嵌入到 WindowsFormsHost 中(见图 45)。

```
void HostWinFormControlInWPFApp(string dtmUiAssemblyPath, string controlClassName)
{
        // Load DTM User Interface assembly
        Assembly dtmUiAssembly = Assembly.LoadFrom(dtmUiAssemblyPath);
        // Create WinForm control
        Type controlType = dtmUiAssembly.GetType(controlClassName);
        System.Windows.Forms.Control winFormControl = Activator.CreateInstance(controlType) as System.Windows.Forms.Control;
        // Host WinForm control in a WPF layout element (grids, panel)
        System.Windows.Controls.Panel parent = this.clientArea;
        WindowsFormsHost host = new WindowsFormsHost();
        host.Child = winFormControl;
        parent.Children.Add(host);
        // Initalize
        (winFormControl as IDtmUiFunction).Init(/* parameters */);
        // Make visible
        parent.Visibility = Visibility.Visible;
}
```

图 45　示例：在 WPF 框架应用程序中托管 DTM WinForms 控件

5.11 静态功能的实现

静态功能作为 .NET 函数实现。每个功能应在一个单独的程序集中实现。

DTM 用方法 IStaticFunctionInformation.GetStaticFunctions 提供了可用的静态功能的信息(见附录 B 中 StaticFunctionInfo)。由 DTM 提供的信息描述了支持的用例和函数参数。

由于静态功能可以处理所有 .NET 数据类型，包括 FDT 特定数据类型，因而一个静态功能可能会处理来自设备的 CommunicationResponses。在这种情况下，输入参数的描述包含 CommunicationRequest，这个 CommunicationRequest 需要用来检索来自设备的相应 CommunicationResponse。

StaticFunction 和相关的通信请求不允许改变设备的状态。

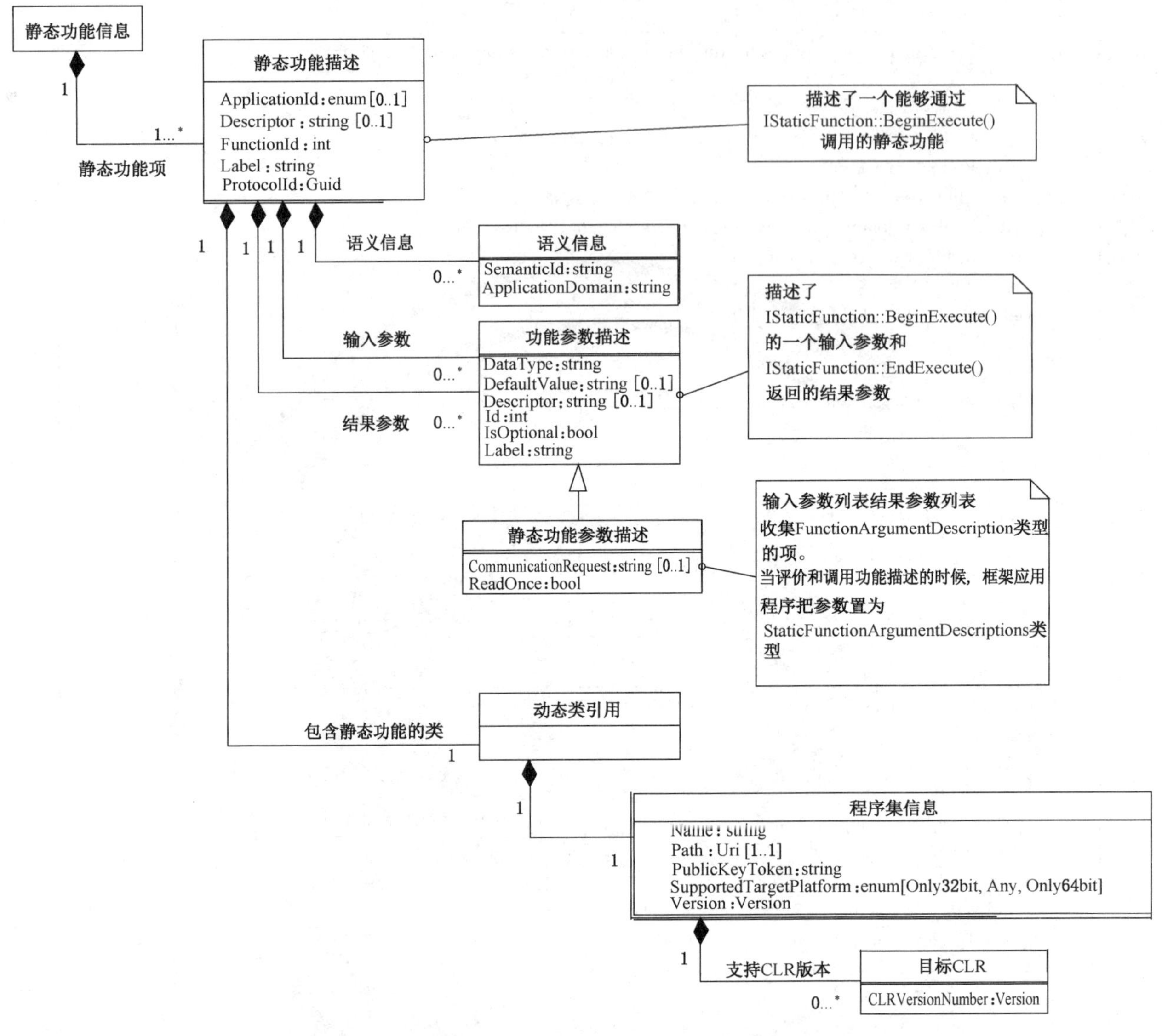

图 46 **StaticFunctionDescription 与静态功能的关系**

图 46 给出了一个静态功能和可以被调用的实际函数之间的关系。该 StaticFunctionDescription 描述一个 StaticFunction，以及它的输入参数和结果参数。每个参数的 StaticFunction 有一个对应的说明。

一个静态函数参数的输入和结果可以是任何数据类型。参数的值设置为字符串。这个字符串包含该数据类型的序列化的值。

可以定义 StaticFunction 使用通信响应(TransactionResponse)作为输入参数。在这种情况下，StaticFunctionArgumentDescription 对应的 CommRequest 属性，包含了通信请求(TransactionRequest)，该通信请求用于获取通信响应。

为了优化通信访问 DTM，可以用标志位 ReadOnce。如果 ReadOnce 设置为“TURE”，则 FA 只可以发起 CommunicationRequest 一次(如启动时观察)。执行静态功能时，产生的 CommunicationResponse 可被多次使用。如果 ReadOnce 设置为“FALSE”，则 FA 每次执行静态函数时，都应该检索 CommunicationResponse。

5.12 持久性

5.12.1 概述

在调用 InitData()或 LoadData()时，DTM 接收一个引用到 IDataset 接口，这个接口由框架应用程序提供。

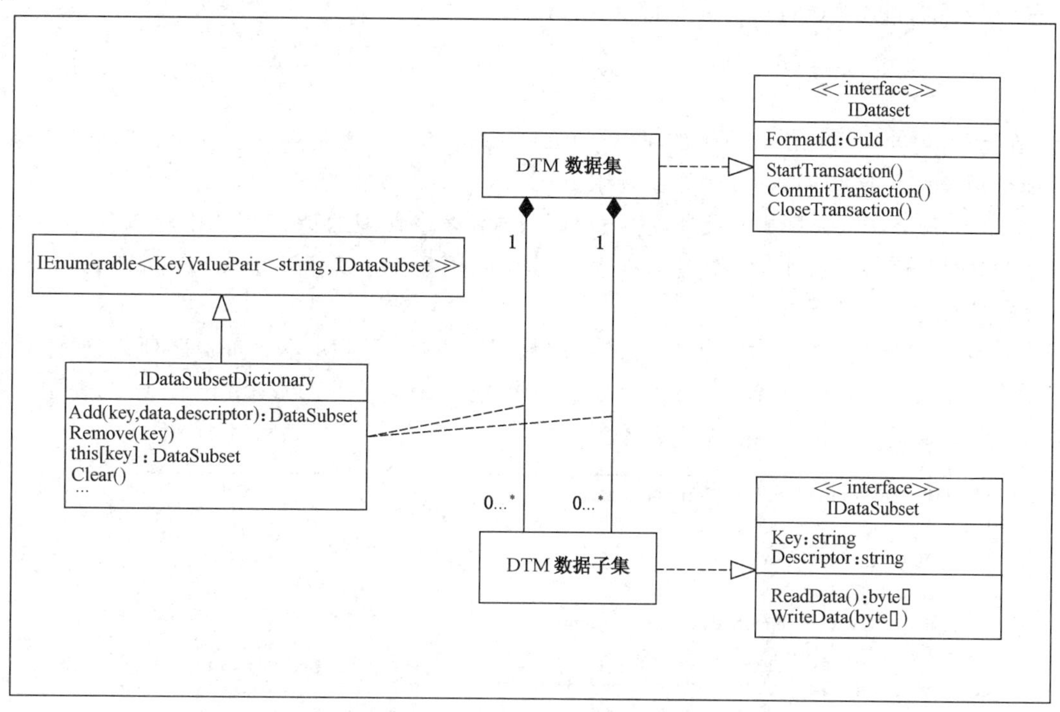

图 47 **DTMDataset 结构**

该 DtmDataset 包含两个关于实际数据持久性(见图 47)的 DtmDataSubset 词典：InstanceData 字典和 BulkData 字典。每个字典包含 DtmDataSubsets。该 DtmDataSubsets 应当用于持久化数据分组。DtmDataSubsets 的数量和内容的是 DTM 特定的。为了改善系统性能，DTM 应将需要被加载和存储的数据分到一个 DTMDataSubset 组。此外，DTM 应尽可能地避免不必要的数据加载，尤其是当 DTM 业务逻辑启动的时候。

该 InstanceData 词典将用于与所代表的设备实例直接相关的数据，例如设备参数，网络信息等。DTM 必须保证它能够通过加载该数据来代表这个设备。以下 DtmDataSubsets 应考虑：

——在一 DTM 实例的整个生命周期中，需要的基本数据(例如代表设备类型信息，设备标识符、设备地址和其他身份信息)。

——如果相应的 DTM 用户界面是打开的(如一个对话框页)，或者如果框架应用程序请求数据(例如 DeviceDataInfo，则需要设备参数信息(见 7.9)。

——如果框架应用程序请求 ProcessDataInfo，则需要 IO 信号信息(见 4.4.4)。

BulkData 字典应被用于进一步的设备实例的具体数据，例如大体趋势或历史数据，这是在特殊的情况下才需要的。框架应用程序可以实现一种针对大数据的特定存储机制，这可能是对大数据量的优化处理，但也可能比实例数据存储的实现慢。

除了这些数据的分离与分组规则外，DTM 也应当遵循定义的数据查询规则(见 5.12.4)，来支持最大的系统性能。

5.12.2 数据格式

在 DtmDataSubsets 中的数据保持的格式是 DTM 特定的，但 DTM 也应存储在 IDataset.FormatId

特性中用到的格式信息。这个 FormatId 是一个由 DTM 提供商创建的独特标识符，它必须符合在 IDtm.ActiveType 特性中用到的 FormatId。

DTM 应该采用 FormatId 信息来决定如何加载数据，比如用一个老版本的 DTM 去加载一个用不同格式存储的数据。

一个 DTM 也可能在其 TypeInfo 揭示进一步支持的 FormatIds。这个信息可以由框架应用程序用来迁移存储在不同 DTM 中的数据（见 8.17）。

5.12.3 添加/读/写/删除数据

默认情况下，包含在 DtmDataSet 的两个 DtmDataSubset 字典是空的。DTM 本身负责添加所需的 DtmDataSubsets 到这些词典中，例如在调用 InitData()时的初次启动（见 8.2.1）。

该 DtmDataSubset 字典同样也提供了从由框架应用程序管理的持久存储中移出数据的方法。然而，在删除 DTM 实例的情况下，框架应用程序本身在调用 IDtm.BeginRelease(deleteInstance=true)返回后，负责从存储中移出数据。

该 IDataSubset 接口提供了读取和写入二进制数据的方法。DTM 本身负责序列化/反序列数据。

图 48 给出了例子，说明 DTM 如何使用二进制数据初始化 DTMDataSubset，该二进制数据使用.NET 框架的 BinaryFormatter 类进行序列化。

```
public void InitData(Guid dtmDeviceTypeId, IDataset dataset)
{
        // initialize class members
        _dataset = dataset;
        _activeDtmDeviceType = _supportedTypes.Find((item) =>
        item.Id == dtmDeviceTypeId);
        _deviceAddress = new DeviceAddress<HartDeviceAddress>(1,
                                        new HartDeviceAddress(0, "SHORTTAG", "Long Tag ....",
                                            HartDeviceAddress.AddressingModeSelection.ShortAddress,
                                            new HartLongAddress()));
        // start transaction (needed for adding of DataSubsets)
        _dataset.StartTransaction();
        // create binary formatter needed for serialization of data
        MemoryStream stream = new MemoryStream();
        BinaryFormatter binaryFormatter = new BinaryFormatter();
        // serialize ActiveType(Id) and DeviceAddress
        binaryFormatter.Serialize(stream, _activeDtmDeviceType.Id);
        binaryFormatter.Serialize(stream,
                                              _deviceAddress.ProtocolSpecificDeviceAddress.ShortAddress);
        stream.Close();
        // create data subset for "basic" DTM data and initialize with default data
        _dataset.InstanceData.Add("basicData", stream.GetBuffer());
        // store used format and close transaction with auto commit = true
        _dataset.FormatId = _activeDtmDeviceType.DatasetFormats.Used;
        _dataset.CloseTransaction(true);
}
```

图 48 示例：用 DTM 数据初始化 DtmDataSubset

当把 DtmDataSubset 加进字典时，DTM 必须提供一个 DtmDataSubset 的唯一键值。DTM 可以用键值来访问 DtmDataSubset，例如读取和写入二进制数据。

图 49 给出了一个例子，说明 DTM 如何实现写入二进制数据到 DtmDataSubset 中，该二进制数据使用.NET 框架 BinaryFormatter 类进行序列化。

```
protected void SaveBasicData()
{
    // start transaction (needed for writing of DataSubset data)
    _dataset.StartTransaction();
    // create binary formatter needed for serialization of data
    MemoryStream stream = new MemoryStream();
    BinaryFormatter binaryFormatter = new BinaryFormatter();
    // serialize ActiveType(Id) and DeviceAddress
    binaryFormatter.Serialize(stream, _activeDtmDeviceType.Id);
    binaryFormatter.Serialize(stream,
                            deviceAddress.ProtocolSpecificDeviceAddress.ShortAddress);
    stream.Close();
    // create datasubset for "basic" DTM data and initalize with default data
    _dataset.InstanceData["basicData"].WriteData(stream.GetBuffer());
    // close transaction with auto commit = true
    _dataset.CloseTransaction(true);
}
```

图 49　示例:在 **DTMDataSubset** 中写入 **DTM** 数据

图 50 给出了一个例子,说明 DTM 如何从 DtmDataSubset 中读取数据,该数据使用.NET 框架 BinaryFormatter 类进行反序列化。

```
public void LoadData(IDataset dataset)
{
    _dataset = dataset;
    // read persisted "basic" data
    byte[] data = _dataset.InstanceData["basicData"].ReadData();
    // create binary formatter which is insensitive regarding assembly version
    // in which serialized classes have been defined
    MemoryStream stream = new MemoryStream(data);
    BinaryFormatter binaryFormatter = new BinaryFormatter();
    binaryFormatter.AssemblyFormat = FormatterAssemblyStyle.Simple;
    // deserialize ActiveType and DeviceAddress data
    Guid dtmDeviceTypeId = (Guid)binaryFormatter.Deserialize(stream);
    _activeDtmDeviceType = _supportedTypes.Find((item) =>
        item.Id == dtmDeviceTypeId);
    // deserialize DeviceAddress data
    int shortAddress = (int)binaryFormatter.Deserialize(stream);
    _deviceAddress = new DeviceAddress<HartDeviceAddress>(1,
        new HartDeviceAddress(shortAddress, "SHORTTAG", "Long Tag ....",
                HartDeviceAddress.AddressingModeSelection.ShortAddress,
                new HartLongAddress()));
    stream.Close();
}
```

图 50　示例:从 **DTMDataSubset** 读取 **DTM** 数据

DTM 提供商应考虑一个"older"版本 DTM 创建数据的加载。即使数据格式不改变,也应考虑数据反序列化成新版本的类。为此目的,在图 50 中的示例中将程序集中的 BinaryFormatter 设置为不敏感模式。

5.12.4　查找数据

DtmDataSubset 字典提供了以下方法来寻找一个特定的 DtmDataSubset:

——用键值

——用描述符

可选的 DTMDataSubset.Descriptor 特性可以被 DTM 用来实现高级的搜索算法。

描述符特性的内容是 DTM 特定的。一个 DTM 可以使用该特性来提供有关 DtmDataSubset 内容的更多信息。图 51 给出了一个例子，一个 DTM 如何保存趋势数据及其额外的描述符信息到 BulkData 字典中。

```
protected void SaveTrend(SomeTrendData someTrendData, DateTime createdAt)
{
    // start transaction (needed for adding of DTMDataSubset)
    _dataset.StartTransaction();
    // create binary formatter and serialize TrendData
    MemoryStream stream = new MemoryStream();
    BinaryFormatter binaryFormatter = new BinaryFormatter();
    binaryFormatter.Serialize(stream, someTrendData);
    stream.Close();
    // create trend data datasubset with Descriptor containing current date / time
    byte[] data = stream.GetBuffer();
    _dataset.BulkData.Add(Guid.NewGuid().ToString(), data,
                          "TrendData - " + createdAt.ToString("yyyy:MM:dd hh:mm:ss"));
    // close transaction with auto commit = true
    _dataset.CloseTransaction(true);
}
```

图 51　示例：用描述符创建一个 **BulkData.DtmDataSubset**

描述符特性应该被 DTM 用来搜索特定的 DtmDataSubsets，而不用读取二进制数据。如果 DTM 真的需要，也可以使用框架应用程序从持久化存储中读取二进制数据。这样搜索算法是快速和具有较低内存占用的。

图 52 给出了一个例子，说明了 DTM 如何利用.NET LINQ 查询来搜索带有特定描述符的 DtmDataSubsets。

```
protected List<SomeTrendData> GetTrendsOfDay(DateTime date)
{
    // (LINQ) query for all DTMDataSubsets containing trend data for a specific day
    IEnumerable<IDataSubset> dataSubsets = from item in _dataset.BulkData
                    where item.Value.Descriptor.Contains("TrendData - " +
                          date.ToString("yyyy:MM:dd"))
                    select item.Value;
    // deserialize found trend data and return list to caller
    List<SomeTrendData> trends = new List<SomeTrendData>();
    BinaryFormatter binaryFormatter = new BinaryFormatter();
    binaryFormatter.AssemblyFormat = FormatterAssemblyStyle.Simple;
    foreach (IDataSubset dataSubset in dataSubsets)
    {
        MemoryStream stream = new MemoryStream(dataSubset.ReadData());
        trends.Add(binaryFormatter.Deserialize(stream) as SomeTrendData);
    }
    return trends;
}
```

图 52　示例：搜索有特定描述符的 **DtmDataSubsets**

5.13 DTM 和设备数据的比较

5.13.1 使用 IDeviceData/IInstanceData 比较数据集

如果一个 DTM 不提供 IComparison 接口,那么它应该在 IDeviceData / IInstanceData 接口(至少)中公布用所有相关数据以便进行比较。

一些公布的数据可能与比较无关,例如动态数据或过程数据。因此,框架应用程序应提供手段(如用户界面),来选择相关的数据进行比较。

框架应用程序将通过 IDeviceData 和/或 IInstanceData 接口读取数据并比较具有相同标识符的数据项的值。如果一个具有相同标识符的数据项丢失,那么这应被评估为不相等。

5.13.2 使用 IComparison 比较数据集

不公布所有数据的 DTM 应实现接口 IComparison。如果一个 DTM 实现了这个接口,那么框架应用程序应使用此接口进行比较。

IComparison 接口提供以下几个方法来比较:

- 当前持久化数据集和在设备中的数据(在线比较);
- 当前持久数据集和另一个持久数据集(离线比较)。

注意,一个 DTM 只能比较其支持的格式的数据集(格式 ID 等于当前格式 ID 或支持的格式 ID)。比较只应包含 DTM 数据集。相关的 FDT 对象(例如子 DTM 或父 DTM)不包括在 IComparison 提供的比较中。

如果需要比较多个 DTM,框架应用程序应负责调用各自 DTM 的比较方法。例如,一个复合设备 DTM,可能需要将其连接的模块 DTM 一起进行比较。

5.14 追踪

排除故障或调试跟踪信息(记录)是必不可少的。如果所有的组件有一个放置共同跟踪信息的地方,那么有利于多个组件之间的交互。这使得它更容易检测和解决涉及几个组件的问题。

一个 FDT 框架应用程序应执行一个专门的 ITrace 接口(见 6.2),DTM 用该接口来发送追踪的消息。

一条追踪消息可以是人可读的描述,或是对象的一组数据。一组对象数据是有用的,如果一个 DTM 开发者想跟踪一个完整的异常对象,而不仅仅是一个描述。如果一个 DTM 发送一条带有一组对象的追踪消息,那么它也应该提供一个人可读的额外消息。

一条跟踪消息包括一个严重程度评估(例如冗长,警告或错误)和分类。为了限制由 DTM 发送的追踪信息的数量,一个 FDT 框架应用程序可以使用 IDtm 和 IDtmUifunction 设置最小的跟踪级别。

信息是如何收集,存储和显示给用户的,是框架应用程序特定的。它不在本规范的范围。

一条跟踪消息不应直接向用户显示。它是专门用来调试及排除故障的。如果一个消息专门显示给用户,应使用 IFrameUi 接口的消息框方法中的一个。

跟踪消息应当使用英文。它不包含时间戳,因为如有必要时,时间戳在由框架应用程序提供的。

5.15 报告生成

5.15.1 引言

因为在一个 FDT 系统中的数据管理是共同责任,所以一份综合报告的生成,需要由系统中的不同组件递送的报告片段汇编而成。然而拓扑信息是由框架应用程序管理,所有设备特定信息是由一个项目中组成的 DTM 递送的。生成一个报告,一个框架应用程序使用 DTM 提供的 IReporting 接口,来请求每个 DTM 设备的特定配置信息和参数化数据的报告片段。

5.15.2 报告类型

复杂设备可能有大量的配置和参数信息。框架应用程序应只能够访问生成的上下文特定的报告数据的子集,例如只含有网络管理的相关数据,离线或在线数据,IO 信号信息,批量的数据等信息的报告。

一个 DTM 应提供不同类型的报告,每个覆盖其设备数据的一个不同子集。如果这个报表对应一个 DTM 的函数(函数的 ID 或应用程序 ID),那么它应当在报告类型中被引用。一个 DTM 可以为特定目的提供额外的报告类型,而不用引用特定函数。DTM 通过其关于可用报告类型的 ReportInfo 属性的方法来通知框架应用程序。在整个 DTM 业务逻辑实例的生命周期中,可用报告的列表不能改变。

框架应用程序可以只使用带有相关的应用程序 ID 的报告类型来生成一个系统特定方面的标准化报告,从所有 DTM 搜集所有报告类型的数据,以便创建一个完整的报告,或者基于 ReportInfo 特性提供用户界面,让最终用户决定将哪些数据包括到报告中。

5.15.3 DTM 报告数据格式

DTM 交付的报告应严格遵循[24]中规定的 XHTML 文档(严格 XTHML 1.0)(见图 53)。

注:由于 XHTML 1.0 是基于 HTML 4 的,符合 XML1.0 标准,这种类型标记的文档可以被任何符合 XML 兼容工具或库进行处理。这包括 XSL 转换成分页的输出格式,如 XSL-FO,可以进行后续处理,例如 ISO 19005 1 (PDF/A1)或富文本格式(RTF)。框架应用程序的最终报告格式不在本规范范围内。

该报告应不包含任何脚本或样式(CSS)元素或框架。它应是自包含的,即它应包含 XHTML 文档的所有强制的部分,所以任何 XHTML 兼容的渲染引擎可以显示,而无需进一步修改。

- XML Prolog 带有字符编码的声明。默认的字符编码为 UTF-8。

注:与来自 XHTML 的规范不同,这个元素是强制声明的,用于简化标准 XML 工具和库的后续处理过程。

- 文档类型声明(DOCTYPE)根据 XHTML 1.0 严格标准。
- root〈html〉元素带有 XHTML 1.0 命名空间声明和内容语言声明。内容语言应当与 DTM BL 和 UI 采用的语言相同,xml.lang 和 lang-attributes 应该具有相同的值。
- 〈head〉部分有包括字符编码的内容类型声明。这个编码应该与 XML Prolog 定义的编码相同;序言中的声明优先。这个声明是为了兼容性早期的 XHTML 的渲染引擎。
- 〈body〉部分带有设备特定数据显示。像其他的 XHTML 文档一样,报告可以引用外部资源,例如图像。

```
<?xml version="1.0" encoding="UTF-8"?>
<!DOCTYPE html PUBLIC
   "-//W3C//DTD XHTML 1.0 Strict//EN"
   "http://www.w3.org/TR/xhtml1/DTD/xhtml1-strict.dtd">
<html xmlns="http://www.w3.org/1999/xhtml" xml:lang="en" lang="en">
   <head>
      <meta http-equiv="content-type" content="text/html; charset=utf-8" />
      <title>Title of report fragment</title>
   </head>
   <body>
      ... (Device specific data presentation here)
   </body>
</html>
```

图 53 DTM 特定的构架

5.15.4 报告数据交换

DTM 和框架应用程序通过可以被 DTM BL 访问的文件系统中的文件夹来交换报告数据。当一个框架应用程序在 DTM BL 的 IReporting 接口调用〈GenerateReport()〉,来请求一个设备的报告数据,它指定目标文件夹的 Base-URI 路径。DTM BL 应将带有一个任意文件名的报告的结果储存在目标文件夹中,并返回文件名给框架应用程序作为异步调用的结果。

如果报表需要引用外部资源,例如图像,DTM 应同样在指定的 Base-URI 下存储它们。DTM 可以在 Base-URI 下自由地创建子文件夹,来组织外部资源。报告应始终使用相对引用来链接外部资源。DTM 应将 Base-URI 视为临时的标识符——它的有效期只到 DTM 返回〈 GenerateReport()〉调用完成,并可能在随后的〈GenerateReport()〉调用中被修改。

框架应用程序必须采取适当措施,防止报告的 URI 和相应的不同 DTM 的外部资源之间的命名冲突;如将不同的基 URI 用于单独实例的报告。此外,当它们不再使用的时候,它们要负责处理报告和外部资源。框架应用程序的一个典型实现为,包含在报告中的每个 DTM 创建一个单独的子文件作为 Base-URI。

5.16 安全性

5.16.1 概述

从框架应用程序的角度来看,框架应用程序所托管的 DTM BL 或 DTM UI 是第三方提供的外部组件。因此系统公布了可能未知的代码。该系统应保证自未知代码的线程安全。

5.16.2 程序集的强命名

程序集的强命名允许检查程序集是否在发布后被篡改。

DTM 安装部分的所有程序集应具有强命名。

5.16.3 来源的标识

Microsoft Authenticode[25]是用于签名可执行代码的一种数字签名格式,它允许用公钥加密方法来检查程序集的来源。Authenticode 应用于对 DTM 的来源和真实性进行验证。

DTM 提供商应获得从认证机构(CA)获得一个代码签名证书,该证书是 Windows 默认可信的。这样的 CA 指的是“Windows 根认证计划成员”。在 Windows 更新时受信任的根证书更新会自动安装,或者可从 Microsoft 网站下载(见[26])。

以下的 DTM 二进制代码应使用代码签名:

- DTM BL 程序集;
- DTM UI 程序集;
- 在独立程序集中实现的 DtmInfoBuilder;
- StaticFunction 程序集(如果可用);
- 安装程序。

图 54 给出了框架应用程序如何使用 .NET 框架 System.Security.Cryptography.X509Certificates 命名空间来验证 DTM 程序集的来源。

```
// Create an X.509 certificate from the signed DTM assembly
X509Certificate x509Certificate = X509Certificate.CreateFromSignedFile(
                                                            @"C:\...\AuthenticodeSignedDemo.dll");
// Create a new X506Certificate2 instance by passing the previously created
// X506Certificate instance
X509Certificate2 x509Certificate2 = new X509Certificate2(x509Certificate);
// Check if the chain of the created X.509 certificate (represented by the
// x509Certificate2 instance) is valid
bool isX509ChainValid = x509Certificate2.Verify();
```

图 54　示例：Authenticode 检查

5.16.4　代码访问安全性

.NET 框架提供了"代码访问安全(CAS)"的安全机制[27]。这种机制允许限制访问程序集的权限(例如,文件系统,注册表和网络)。

这可能会限制 DTM 的基本能力,框架应用程序不允许限制代码访问权限。这意味着应不使用代码访问安全性。

5.16.5　FDT 一致性认证的验证

FDT 组织定义了 DTM 取得 FDT 一致性认证的程序。

FDT 支持框架应用程序验证 DTM 的一致性认证的方法。需要认证的 DTM 应安装一个一致性记录文件,它是由授权的 FDT 认证实验室产生,并使用公钥加密方法进行签名。

一致性记录文件用只有 FDT 组织和授权认证实验室的私钥,以数字方式进行签名。框架应用程序可以使用 FDT 组织相应的公钥,来检查一致性记录文件的签名。

认证记录文件应采用《W3C XML Signature Syntax and Processing》[28]的建议。

DTM 认证记录中的 DTM 提供商名称,应与在 DTM 部署包中 DTM BL 和 UI 程序集的 Authenticode 签名所用的名称完全相同。

图 55 给出了一致性记录文件的示例。该记录是"ConformityRecord"数据类型的 XML 序列化实例。

```xml
<?xml version="1.0" encoding="utf-8"?>
<ConformityRecord xmlns:i="http://www.w3.org/2001/XMLSchema-instance" xmlns="http://schemas.datacontract.org/2004/07/Fdt.Deployment">
  <TestedDtmName>Name of DTM</TestedDtmName>
  <TestedDtmVersion xmlns:d2p1="http://schemas.datacontract.org/2004/07/System">
      <d2p1:_Build>0</d2p1:_Build>
      <d2p1:_Major>1</d2p1:_Major>
      <d2p1:_Minor>0</d2p1:_Minor>
      <d2p1:_Revision>1</d2p1:_Revision>
  </TestedDtmVersion>
  <TestedDtmId>6d0ffd65-0936-420e-9e40-42d039fd8a98</TestedDtmId>
  <TestedTypeId>00000000-0000-0000-0000-000000000000</TestedTypeId>
  <DateOfTest>2010-04-29T00:00:00</DateOfTest>
  <TestedOSVersion>
      <OSVersionNumber xmlns:d3p1="http://schemas.datacontract.org/2004/07/System">
        <d3p1:_Build>6002</d3p1:_Build>
        <d3p1:_Major>6</d3p1:_Major>
        <d3p1:_Minor>0</d3p1:_Minor>
        <d3p1:_Revision>131072</d3p1:_Revision>
      </OSVersionNumber>
      <ServicePack>Service Pack 2</ServicePack>
  </TestedOSVersion>
  <VendorName>Vendor Ltd.</VendorName>
  <TestLabName>AccreditedLabName</TestLabName>
  <Signature xmlns="http://www.w3.org/2000/09/xmldsig#">
      <SignedInfo>
        <CanonicalizationMethod Algorithm="http://www.w3.org/TR/2001/REC-xml-c14n-20010315" />
        <SignatureMethod Algorithm="http://www.w3.org/2000/09/xmldsig#rsa-sha1" />
        <Reference URI="">
            <Transforms>
              <Transform Algorithm="http://www.w3.org/2000/09/xmldsig#enveloped-signature" />
            </Transforms>
            <DigestMethod Algorithm="http://www.w3.org/2000/09/xmldsig#sha1" />
            <DigestValue>JfVQR8C//MuCpxyqItJCVNBIeM8=</DigestValue>
        </Reference>
      </SignedInfo>
<SignatureValue>IwCJLPq6r3zLc12Auk3ast8KrXXICLWmxHjWSYE61lLpqQQPGFwgQP2aGhL38jNir9OwnKep1NX5gIZGLPMGwSGsPq3g
iczAf6QN3aK0eJ28TDLXxXDKvz6f5HDSXT7iCjWwGwYi9JtkJxwKRmi1hOpURXxdNlNGkeaykl2ELTM=</SignatureValue>
  </Signature>
</ConformityRecord>
```

图 55　示例:一致性记录文件

图 56 给出了框架的应用程序如何检查认证记录文件的示例。

```
public static Boolean VerifyXmlFile(String fileName, X509Certificate2 certificate)
{
    // Create a new XML document.
    XmlDocument xmlDocument = new XmlDocument();
    // Load the passed XML file into the document.
    xmlDocument.Load(fileName);
    // Find the "Signature" node and create a new
    // XmlNodeList object.
    XmlNodeList nodeList = xmlDocument.GetElementsByTagName("Signature");
    if (nodeList == null || nodeList.Count != 1)
    {
        return false;
    }
    // Create a new SignedXml object and pass it
    // the XML document class.
    SignedXml signedXml = new SignedXml(xmlDocument);
    // Load the signature node.
    signedXml.LoadXml((XmlElement)nodeList[0]);
    // Check the signature and return the result.
    return signedXml.CheckSignature(certificate, false);
}
```

图 56 示例:检查一致性记录文件

6 FDT 对象与接口

6.1 概述

FDT 接口规范主要包括以下 FDT 对象:

- DTM 的业务逻辑
- 表示对象
  - WPF 控件
  - WinForms 控件
  - 独立应用程序
  - UI 命令功能
- 通信通道
- 框架应用程序

在本条中详细地描述了这些对象及其接口的行为。实现 DTM 或框架应用程序的组成部分(如存储或通信对象)的开发商应该实现本条中定义的功能。

本条也引用并定义了 FDT 具体接口的预期行为,由 FDT 兼容对象实现。

为了描述 FDT 不同的对象接口的可用性,使用如下缩写形式:

M:强制性,应提供接口

C:有条件的,应根据条件提供接口

O:可选的,根据产品的需要提供接口

一 :不允许,不应提供接口

6.2 框架应用程序

以下的类关系图(图 57)所给出的接口应由框架应用程序实现。

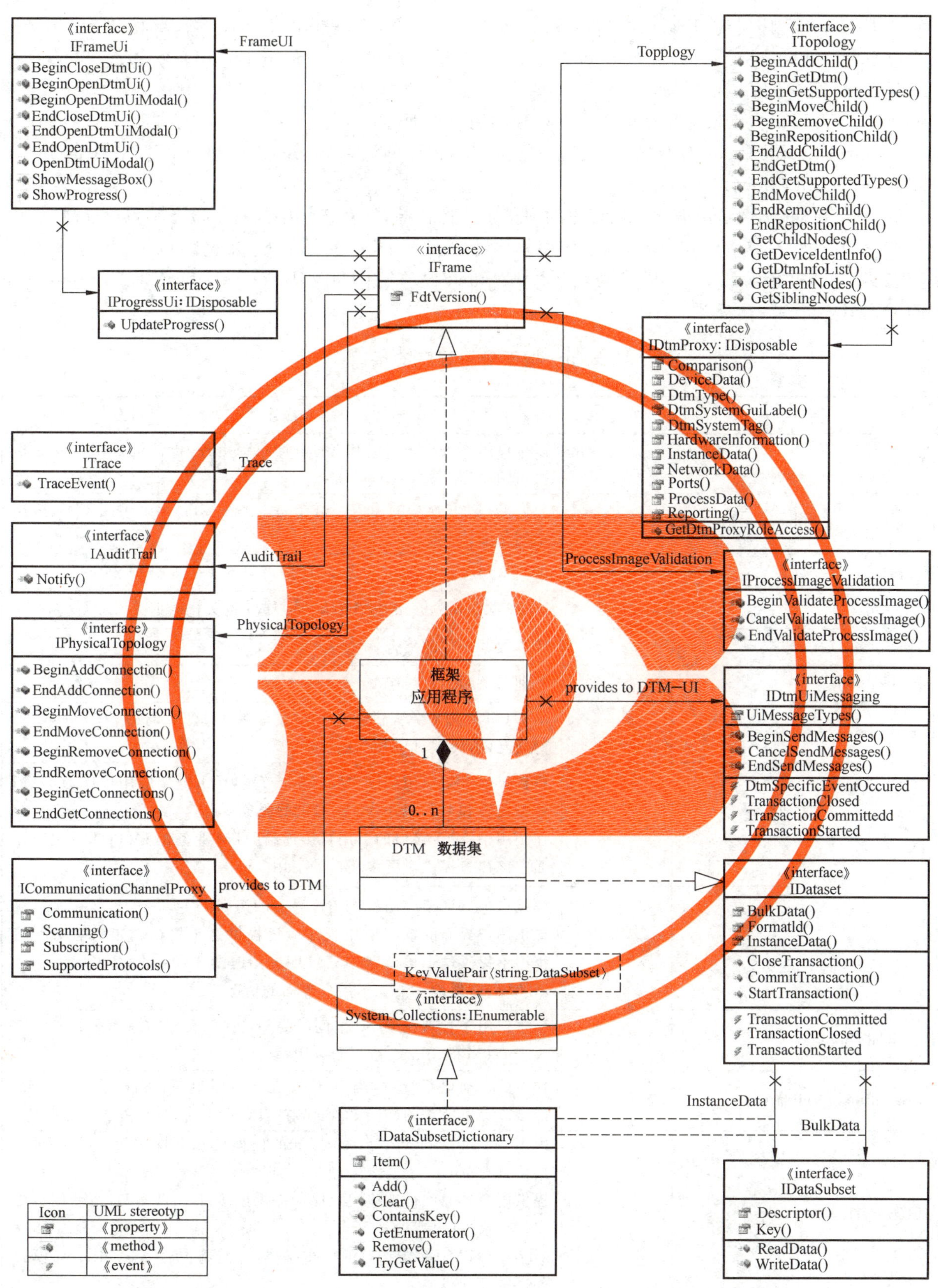

图 57 框架应用程序的接口

该框架应用程序实现 IFrame 接口,它可以传递到 DTM 业务逻辑和 DTM 用户界面。IFrame 接口具有以下特性:Topology,Trace 和 AuditTrail,并提供相应的 IFrameUi 接口 ITopology,ITrace 和 IAuditTrail(见表 5)。

IFrameUi 可以由框架应用程序中一个单独的用户界面实现。

ICommunicationChannelProxy 被实现为框架应用程序的一部分,并且被提供给 DTM 中的 IDtm.EnableCommunication()。

DTMDataSet 实例是由框架应用程序的内部永久性存储,针对拓扑中的每个设备节点(DTM 实例)提供的。相应的 IDataSet 接口是由框架应用程序特定实例(显示为图中的 DTMDataSet 类)为每个设备节点实现的,并传递到 DTM 业务逻辑。IDataSubset 接口由 DTM InstanceData 或 DTM BulkData 中的 DTMDataSubsets 实现。

表 5 框架应用程序的接口

接口	可行性	描述
IAuditTrail	M	该接口用来接收来自 DTM 的审计跟踪事件,以便记录设备改变和执行的动作
ICommunicationChannelProxy	M	允许 DTM 和连接的通信通道交互的代理接口,该通道由 FDT 拓扑中的父 DTM 提供
IDataset	M	该接口用于读和存储数据集中的 DTM 实例特定数据
IDataSubset	M	该 DTMDataSubsets 包含实际的 DTM 持久化数据
IDataSubsetDictionary	M	代表数据子集的集合
IDisposable		处理对象的.NET 接口
IDtmProxy	M	由 DTM 代理对象提供。这些对象能够使 DTM 与另一个 DTM 实例交互(由代理对象表示)
IFrame	M	该接口是框架应用程序主要接口。它包括由框架应用程序为 DTM 业务逻辑和 DTM 用户界面提供的服务。 在调用中,对该接口的引用将传递给 DTM 业务逻辑和 DTM 用户界面。该接口提供对更多接口的引用
IFrameUi	O	该接口提供框架应用程序用户界面的访问。 提供用户界面的框架应用程序应该提供这个接口。如果框架应用程序不提供这个接口,则 DTM 明确知道没有可用的 GUI。 DTM 应能适应不能显示用户界面的情况
IPhysicalTopology	O	该接口用来管理在 DTM 之间的物理连接。管理物理连接的能力取决于 DTM 的 IPorts 接口的可用性
IProcessImageValidation	O	在一些自动化系统中,当 PLC 正在运行时,要求可改变过程图像。该接口提供所需的方法来验证,在 PLC 运行时,是否能够进行改变
IProgressUi	O	由 IFrameUi.ShowProgress 打开的框架应用程序进度用户界面的接口。 提供用户界面的框架应用程序应提供该接口。DTM UI 可使用该接口来显示进度信息。 对于在 DTM BL 中执行的异步操作,应使用扩展 AsyncResult 模式的进度处理机制
ITopology	M	该接口提供对 FDT 的拓扑结构的访问。DTM 能够请求和释放对其他 DTM 实例的引用,以及创建和移除的子 DTM
ITrace	M	该接口应由 DTM 用于向框架应用程序通知跟踪的消息

6.3 DTM 业务逻辑

6.3.1 DTM BL 接口

以下的类图(图 58 和图 59)给出了由 DTM 业务逻辑类实现的接口。IDtm 由 DTM 业务逻辑实现,且通过相应的特性可以访问其他所有接口。

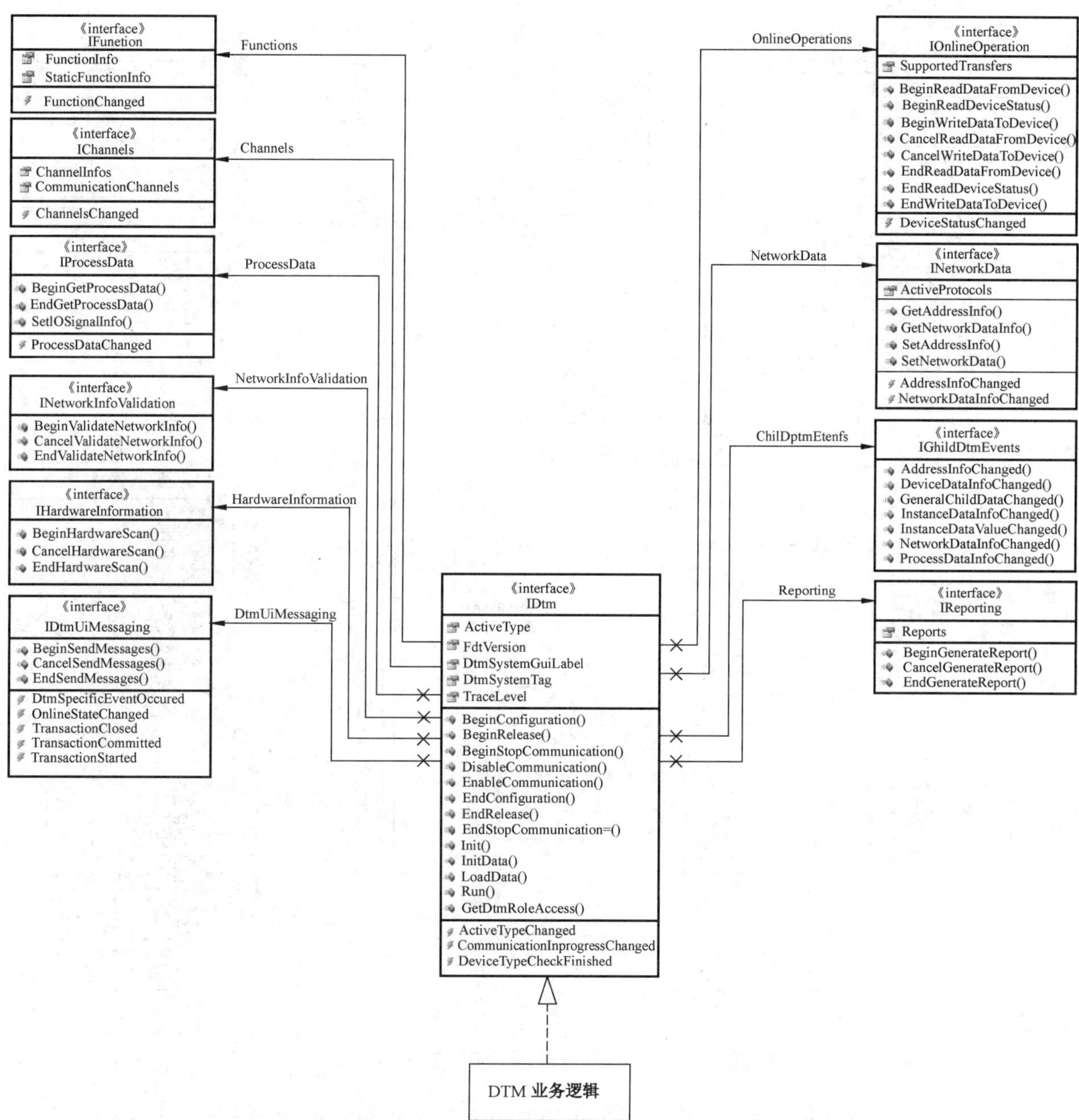

图 58 DTM 业务逻辑接口(第 1 部分)

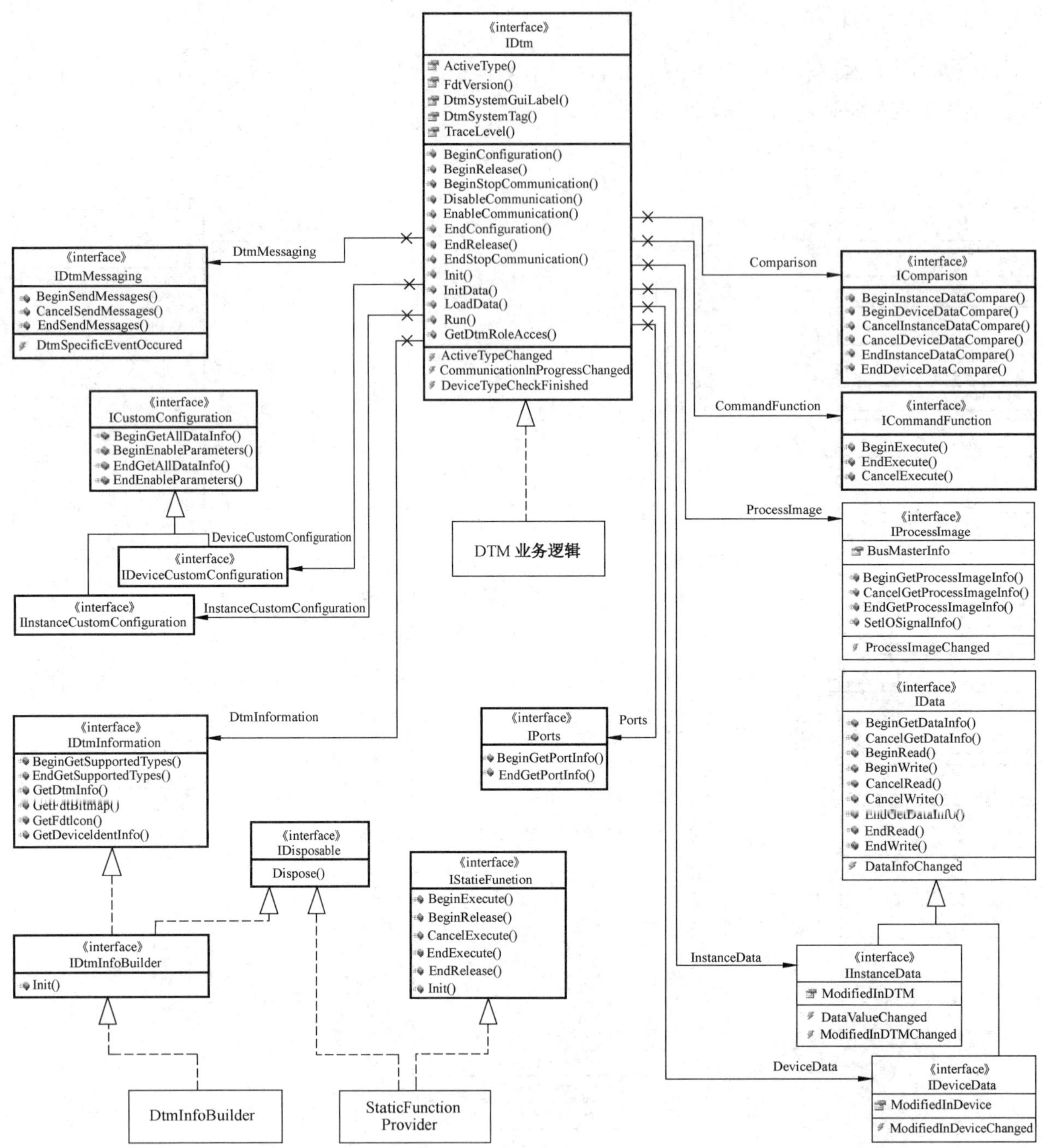

图 59 DTM 业务逻辑接口(第 2 部分)

DtmInfoBuilder 实例的状态机没有被定义,DtmInfoBuilder 对象用 new()创建,用 Dispose()销毁。表 6 提供了 DTM 接口的概述。表 7 定义了在何种情况下应实现的接口。

表 6　DTM 业务逻辑接口

接口	描述
IChannels	该接口用于访问 DTM 的通信通道对象
IChildDtmEvents	该接口用于框架应用程序通知 DTM 在 FDT 拓扑中的子 DTM 发生了事件
ICommandFunction	该接口用于执行命令功能
IComparison	该接口允许框架应用程序请求 DTM 将一个数据集与另一个数据集或者物理设备中的数据进行比较
IDeviceData	该接口提供对设备具体参数的在线访问
IDtm	这是 DTM 的主要接口，它定义了控制 DTM 状态机和通用特性的方法
IDtmInformation	该接口提供了 DTM 自身的和所支持设备类型的通用信息
IDtmMessaging	该接口用于两个 DTM(复合 DTM 和模块 DTM)的业务逻辑的交互
IDtmUiMessaging	该接口用于业务逻辑和 DTM 用户界面的交互
IFunction	该接口可通过 DTM 来访问函数、用户界面和文档
IHardwareInformation	该接口可用于框架应用程序向 DTM 请求硬件信息
IInstanceData	该接口可用于访问 DTM 的实例数据参数
INetworkData	该接口可向提供网络管理的相关信息
INetworkInfoValidation	在一些自动化系统中，当 PLC 运行时必须用它来申请改变网络信息(可以改变过程图像的信息)。该接口提供了所需的方法，用于验证在 PLC 运行时，是否会能够进行改变
IOnlineOperation	该接口允许框架应用程序向 DTM 请求与设备在线交换数据
IPorts	该接口可以向 DTM 请求端口列表
IProcessData	为了把设备集成到控制系统中，该接口提供了现场设备的相关过程数据信息，如数据类型、信号方向、工程单位、量程等
IProcessImage	该接口可以访问现场总线主站提供的过程图像的描述
IReporting	该接口可用于报告 DTM 的当前实例或设备的数据集(支持在线数据)，比如打印或文件。 **注**：框架应用程序可以利用 IInstanceData/IDeviceData 接口来生成报告
IStaticFunction	该接口可用于独立执行 DTM 中的静态功能
IDeviceCustomConfiguration IInstanceCustomConfiguration	这些是可选的接口。仅有允许为专家级用户定制参数访问的 DTM，才需要实现这些接口。在 DTM 中调用任何函数之前，只有当 DTM 在运行状态的时候才支持这些接口。在其他所有状态中，DTM 应当限制对这些接口的访问

表 7 不同类型 DTM 的接口可用性

接口	条件	设备DTM	通信DTM	网关DTM	复合设备DTM	模块DTM	BTM
IChannels	该接口应由提供通信访问到其他 DTMs 的所有 DTMs 提供	O*)	M	M	M	O*)	—
ICommandFunction		O	O	O	O	O	O
IComparison	如果不是所有的 DTM 参数或设备参数都能通过 IInstanceData 或 IDeviceData 访问到，该接口应被提供	C	C	C	C	C	C
IDeviceData	该接口应被提供，以用于有在线数据的所有设备	C	C	C	C	C	C
IDtm		M	M	M	M	M	M
IDtmInformation		M	M	M	M	M	M
IDtmMessaging	当要求两个有相同供应商的 DTM 紧密耦合时，该接口可能被实现	O	O	O	O	O	O
IDtmUiMessaging	该接口应被提供，以用于有用户界面的 DTMs	C	C	C	C	C	C
IFunction		M	M	M	M	M	M
IHardwareInformation		M	M	M	M	M	M
IInstanceData		M	M	M	M	M	M
INetworkData		M	M	M	M	M	M
INetworkInfoValidation	该接口只能由代表一个现场总线主机的 DTMs 和用于有特定要求的自动化系统来实现。		O	O			
IOnlineOperation	该接口应被提供，以用于有在线数据的所有设备，且该接口应在调试时被下载	C	O	O	C	C	C
IPorts	该协议的具体规范附录规定这一接口的规则	M	M	M	M	M	—
IProcessData	该协议的具体规范附录规定这一接口的规则。如果该协议支持处理数据及相应设备支持处理数据，则 DTM 应该提供该接口	C	C	C	C	—	—

表 7（续）

接口	条件	设备 DTM	通信 DTM	网关 DTM	复合设备 DTM	模块 DTM	BTM
IProcessImage	该接口应由通信或网关 DTMs 提供，提供一个主设备处理图像的布局	—	C	C	—	—	—
IReporting	该接口应被提供来支持高级报告能力	M	M	M	M	M	M
IDeviceCustomConfiguration IInstanceCustomConfiguration		O	O	O	O	O	O
[a])可选择 DeviceDTM 和 ModuleDTM，例如，因为可能的 BTM 的支持。							

对于一个已设置标志 TypeInfo.CommunicationSupport 用于评估'PassiveDevice'的 DTM，所有相关的通讯接口（如 Ichannels，IDeviceData，IHardwareInformation，IonlineOperation，IprocessImage）都不被支持。

6.3.2 DTM BL 相关的状态机

6.3.2.1 概述

以下状态机描述了关于其接口的 DTM 的行为。状态主要描述一个框架应用程序如何在不同阶段中指示 DTM，以及在 DTM 实例的生命周期的特殊阶段使用何种接口方式。状态机是基于 IEC 62453-2—2009 中定义的通用状态机。这种扩展是为了适应基于.NET 实现的特定需求。这里提供的状态机意在说明各类 DTM 的通用规范，而非实现设计（例如，为了实现"{进入状态}"触发一个实现可能会定义额外的状态）。

接口方法的信息可以用于特定状态，见 6.6。

6.3.2.2 DTM 状态机

图 60 中的 DTM 状态机显示了由框架应用程序控制（框架应用程序有完全的控制）的状态和转换。该图采用以下标记：

- Method()：指作为状态转换的触发器，这种转换仅发生在相应方法返回的时候；
- [条件表达式]：指对于使用的转换必须鉴定为真的（防护）条件；
- 〈方法_名称〉：表示异步操作。

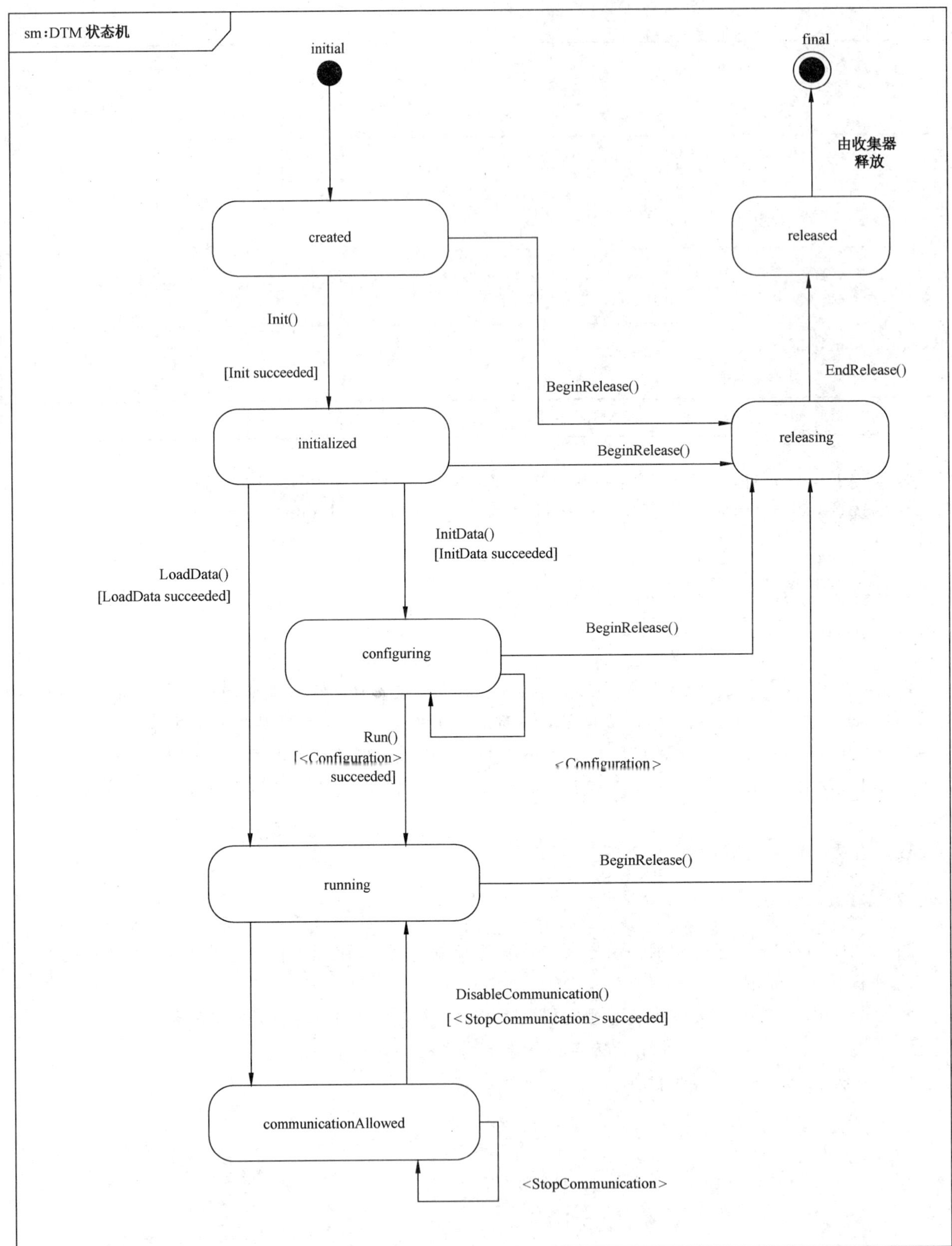

图 60 **DTM BL 的状态机**

表 8 描述了状态转换的条件和行为。

表 8　DTM BL 状态机的定义

序号	起始状态	终止状态	触发	条件
1	initial	created	new()	new()成功
2	created	initialized	Init()	Init()成功
3	created	releasing	BeginRelease()	BeginRelease()成功
4	initialized	running	LoadData()	LoadData()成功
5	initialized	configuring	InitData()	InitData()成功
6	initialized	releasing	BeginRelease()	BeginRelease()成功
7	configuring	configuring	BeginConfiguration()/ EndConfiguration()	〈Configuration〉成功
8	configuring	running	Run()	〈Configuration〉成功及Run()成功
9	configuring	releasing	BeginRelease()	BeginRelease()成功
10	running	communicationAllowed	EnableCommunication()	参考父CommunicationChannel是有效的，且EnableCommunication()成功
11	running	releasing	BeginRelease()	所有用户接口都被关闭，所有操作都完成
12	communicationAllowed	communicationAllowed	BeginStopCommunication()/ EndStopCommunication()	〈StopCommunication〉成功
13	communicationAllowed	running	DisableCommunication()	〈StopCommunication〉成功，及DisableCommunication()成功
14	releasing	released	EndRelease() ＊)	
	released	final	由.NET GarbageCollecto去除	
＊) 这个转变被采取，即使该方法失败。				

6.3.2.3　在线状态机

图61状态机显示了状态“CommunicationAllowed”的内部状态。DTM根据该状态机控制内部状态。DTM不公开子状态，但突发事件会通知框架应用程序有关于内部状态的转换(OnlineStateChanged事件)。为了准备退出“CommunicationAllowed”状态，框架应用程序执行异步操作〈StopCommunication()〉。从“CommunicationAllowed”状态的实际退出由DisableCommunication()触发(见表8)。

状态机是用来定义相关接口的状态和方法的可用性，见6.6。

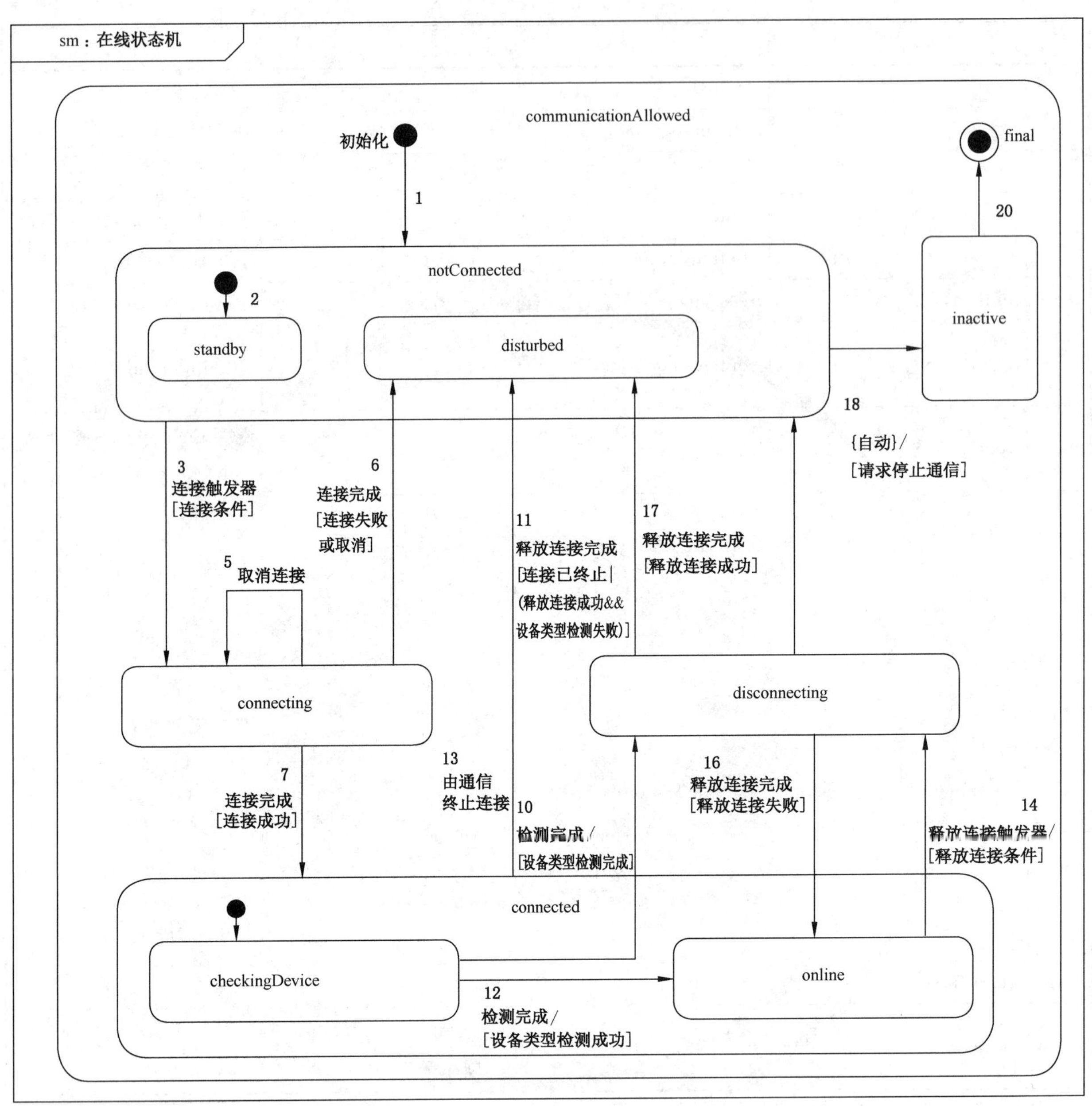

图 61　DTM 在线状态机

除了附加对图 61 的符号解释，表 9 同时指出触发器是自动触发的。{automatic}触发器是一个自动触发器，转换到开始状态(自动转换)后自动激活。

一旦达到某种状态，就会触发{进入状态}。

这些触发器与具体的转换是不相关的，但是每当转换进入到状态，就会每次被触发。这就是为什么表中显示的触发器没有编号，只有开始状态。

表 9 在线状态机的定义

序号	起始状态	终止状态	触发	情境	动作
1	communicationAllowed	notConnected	{自动}		
2	notConnected	standby (notConnectedStandby)	{自动}		唤起 OnlineStateChanged(notConnectedStandby)
3	notConnected	connecting	连接触发 有以下几种可能的触发： 对于 Child DTMs： ——立即连接，因为在 EnableCommunication( )里要求“StayConnected” ——在线功能启动(如，Download 或 Online-GUI) ——失去连接后重新连接 对于 CommDTM： ——立即连接，因为在 EnableCommunication( )里请求“StayConnected” ——在线功能启动(如，Scan，Download 或 Online-GUI) ——Child DTM 已请求 connection+)	〈StopCommunication〉已经不被调用	
4	connecting++)		{输入状态}		唤起 OnlineStateChanged (connecting) 初始化连接： 对于 Child DTMs： 在父信道调用〈Connect()〉 对于 Comm DTMs+)： 用驱动程序 API 来连接
5	connecting	connecting	取消连接		CancelConnect()+)
6	connecting	disturbed (notConnectedDisturbed)	连接完成	连接失败或取消成功	唤起 OnlineStateChanged(NotConnectedDisturbed)
7	connecting	connected	连接完成	连接成功	

表 9（续）

序号	起始状态	终止状态	触发	情境	动作
8	connected	checkingDevice（connectedCheckingDevice）	{自动}		唤起 OnlineStateChanged(ConnectedCheckingDevice)
9	checkingDevice		{输入状态}		如果设备未被检查，执行设备类型检查。[a]）
10	checkingDevice	disconnecting	设备类型检查完成	设备类型检查失败	唤起 OnlineStateChanged(Disconnecting) 唤起 DeviceTypeCheckFinished(UnsupportedDevice)
11	disconnecting	Disturbed（notConnectedDisturbed）	断开连接完成	由通信或（断开连接成功且设备类型检查失败）终止连接	
12	checkingDevice(connectedCheckingDevice)	online (connectedOnline)	设备类型检查完成	设备类型检查成功	唤起 OnlineStateChanged(ConnectedOnline)，唤起 DeviceTypeCheckFinished(SupportedDevice)
13	connected	notConnected	由通信终止连接。从父 Communication Channel+）接收终止通知		对于 Child DTMs：处理待定事务或激活在线功能。[a]）
14	connected	disconnecting	断开连接触发 有以下几种可能的触发： ——所有在线功能完成（及 DTM 处于 ConnectionMode“On-Demand”） ——调用〈StopCommunication〉被接收 ——Child DTM 调用〈Disconnect〉		

表 9 (续)

序号	起始状态	终止状态	触发	情境	动作
15	disconnecting		{输入状态}		唤起 OnlineStateChanged (Disconnecting) 终止连接: 对于 Child DTMs: 在父信道调用〈Disconnect()〉 对于 Comm DTMs+): 用驱动程序 API 来取消连接
16	disconnecting	online (connectedOnline)	取消连接完成	取消连接失败	唤起 OnlineStateChanged(ConnectedOnline)
17	disconnecting	notConnected	取消连接完成	取消连接成功	
18	notConnected	inactive	{自动}	〈StopCommunication 已〉被请求	
19	inactive		{输入状态}		唤起 OnlineStateChanged(Inactive)
20	inactive	final	{自动}		〈StopCommunication〉完成回调

注:

*) 设备类型检查意味着,该 DTM 检查其是否被连接到正确的设备类型。当第一次进入"checkingDevice"状态时,应至少执行一次设备类型检查。在该设备类型检查被执行后,框架应用程序接收一个 DeviceTypeCheckFinished 事件。对于一些设备,一个设备类型检查可能不可行。在这种情况下,该 DTM 应伴着'NotChecked'值,唤起 DeviceTypeCheckFinished 事件。

**) 异步操作应总是通过调用'Completed'回调方法来完成。如果一个连接被终止,每个被终止的事务应在其'End'方法中唤起一个 FdtConnectionAbortedException。

+) Communication DTMs 不调用〈Connect〉或〈Disconnect〉,就如它们没有一个父 Communication Channel 一样。相反地,Communication DTMs 在驱动程序 API 上工作。同样的,该终止通知对于 Communication DTMs 是无效的,但是一个 Communication DTM 可以从该驱动接收到一个类似的通知。

++) 当在'connecting'状态时调用〈StopCommunication〉,则该连接设置被完成,且〈StopCommunication〉在接下来的状态中被执行。

6.3.3 实例数据状态机

6.3.3.1 概述

为了支持框架应用程序与相应设备 DTM 数据集同步,DTM BL 应该把实际的实例数据状态公开给框架应用程序。以下两个特性反映了数据(实例数据和在线数据)修改时可能的状态(见图 62)。

- DTM 修改:IInstanceData.ModifiedInDtm (见图 63 中状态机)反映了实例数据的变化;

- 设备修改:IDeviceData.ModifiedInDevice (见图 64 中状态机)反映了在线数据的变化。

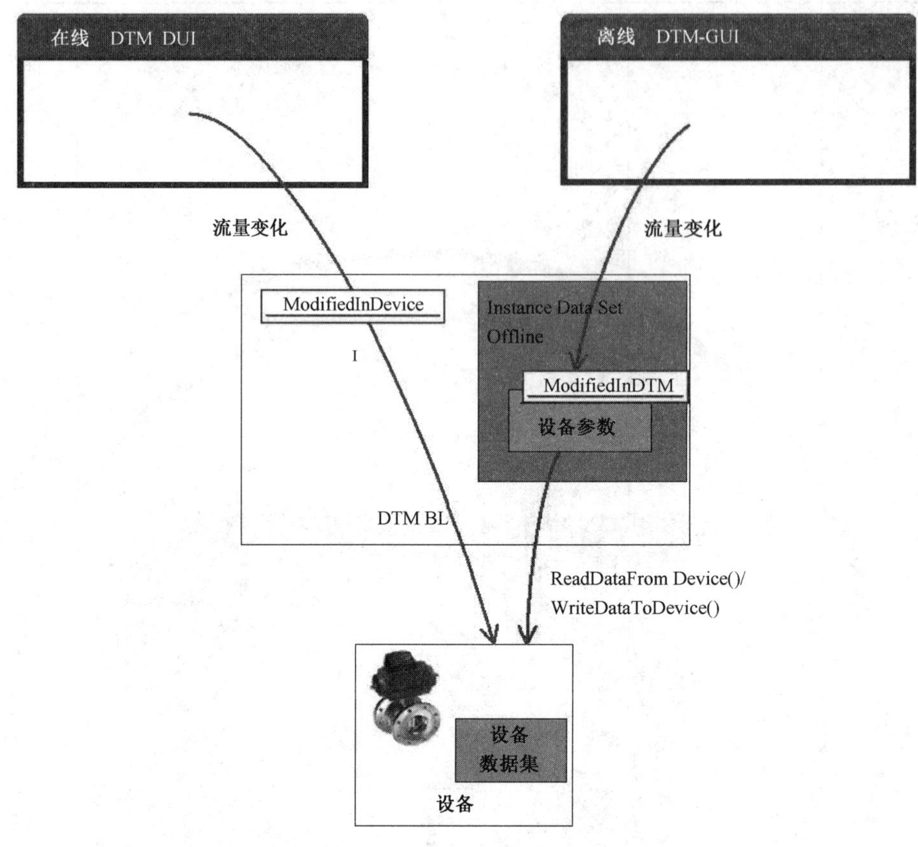

图 62 通过 DTM 的数据修改

注:对设备数据和实例数据的概念描述请见 4.12.1。

如果 DTM 支持〈ReadDataFromDevice()〉和〈WriteDataToDevice()〉方法,那么框架应用程序可以用这两种方法实现设备数据集与实例数据集的同步。DTM 在 IOnlineOperation.SupportedTransfers 特性中表明对应的设备是否支持这些方法。

6.3.3.2 DTM 修改

框架应用程序可利用 ModifiedInDtm 特性来检测哪些 DTM 有离线数据更改,并且没有与对应设备同步。

"default"状态表示数据集的初始状态(InitData()之后)。

对设备参数的离线修改会导致状态不是"default"(设备参数是指与设备同步的离线数据集)。

〈ReadDataFromDevice()〉或〈WriteDataToDevice()〉将状态改为"dataLoaded"。

状态在 IInstanceData 特性的 ModifiedInDtm 中显示,并且是只读(见图 63)。DTM 包括永久性实例数据集的状态,并根据 LoadData()设置相应的状态。当状态改变,DTM 触发 IInstanceData.ModifiedInDtmChanged()事件。

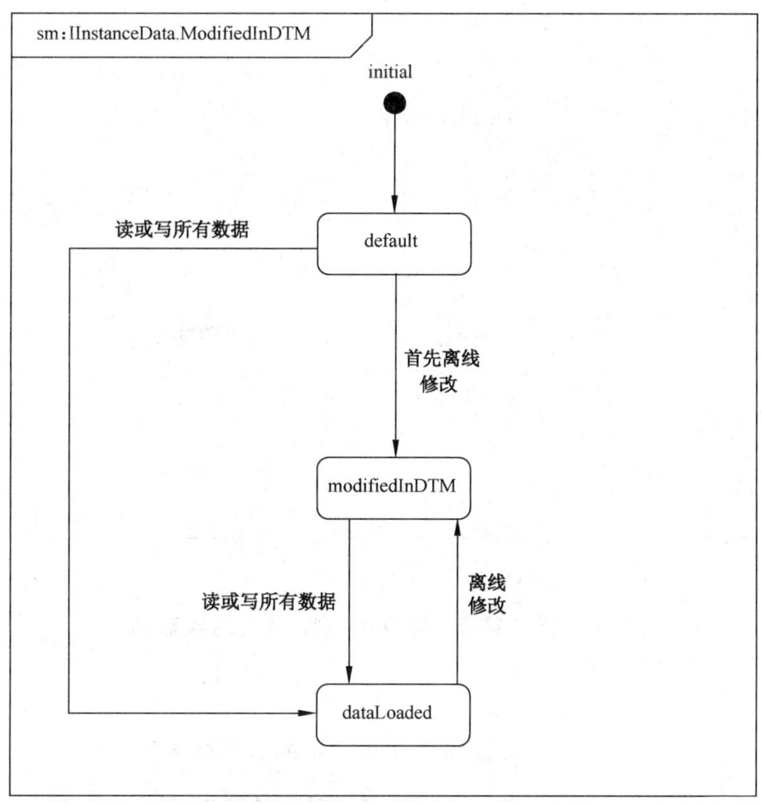

图 63 **DTM 修改:实例数据的状态机**

表 10 中可见不同状态的含义。

表 10 实例数据集状态的描述

状态	含义
default	此状态在 InitData()中生成新的实例数据集之后设置。此状态仅在新建的数据集包含足够的信息用来建立适当的通信时有效
modifiedInDTM	离线实例数据集修改并且与设备不同步
dataLoaded	离线实例数据集与设备已同步。自同步一来,实例数据集没有进一步变化

6.3.3.3 设备修改

框架应用程序利用 ModifiedlnDtm 特性来检测哪些 DTM 修改了设备中的数据,且未与 DTM 数据集同步。由 DTM 执行或识别的对设备的任何改变都将导致状态变为“modifiedOnline”。

注:这种状态表示用来配置设备的数据的所有变化。不反映动态值(如操作时间)的改变。

状态在 IDeviceData 特性的 ModifiedInDevice 中显示,并且是只读状态(见图 64)。该状态包括在永久性实例数据集中,当状态发生了改变时,IDeviceData.ModifiedInDeviceChanged()事件发生。

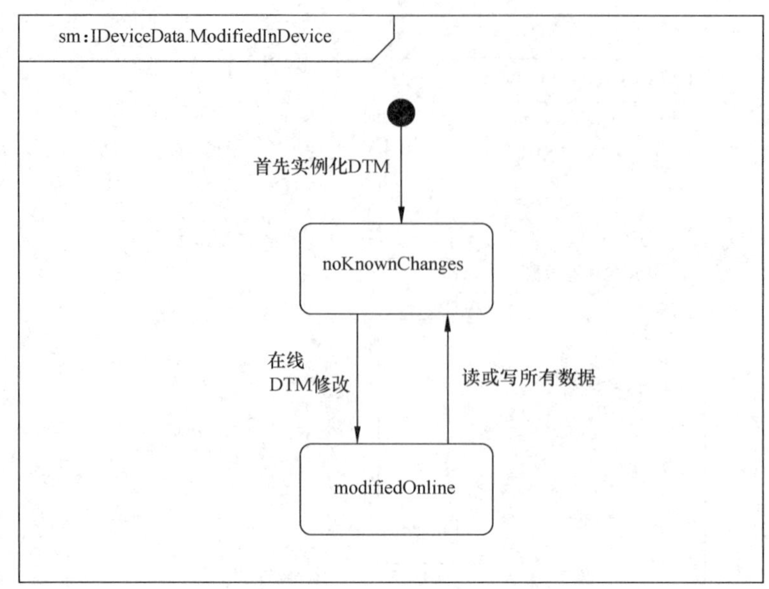

图 64 设备修改:与设备数据相关的状态机

表 11 中显示不同状态的含义。

表 11 有关在线修改数据集的状态的描述

状态	含义
noKnownChanges	关于设备中的数据集的状态是未知的,因为在 DTM 未连接设备,或 DTM 在某个时间点未与设备同步。该数据集已上载[〈ReadDataFromDevice( )〉或下载(〈WriteDataToDevice()〉]。DTM 没有对相关设备执行进一步变化,但设备也可能由其他源触发而引起变化
modifiedOnline	在设备中发生改变的,而不是实例数据集中变化的参数(如:见在线参数化用例,IDeviceData 接口定义)。 一旦由 DTM 改变了设备中的数据,modifiedOnline 状态只能设置一次。 如果成功上传或下载完整的数据集,状态应设置为"noKnownChanges"

设备中的数据可能被 FDT 之外的工具直接更改。这种情况下,建议不要将状态设置为'modifiedOnline'。

如果启动一个应用程序,需要改变 ModifiedInDevice 的状态(特性是实例数据的一部分,当数据集被锁定时不能被改动),则数据集应被锁定[StartTransaction()]。

对于一些特殊操作,同步设备配置和实例数据集是有用的。因此,强烈建议 DTM 询问用户是否需要同步数据。对于用户界面功能来说很有必要,比如在线参数调整和离线参数调整。

IdeviceData 方法不应修改实例数据集,但应设置 ModifiedInDevice 中的状态。

6.4 DTM 用户界面

下面的类图(图 65)显示由不同 DTM UI 类和控件来实现的界面。

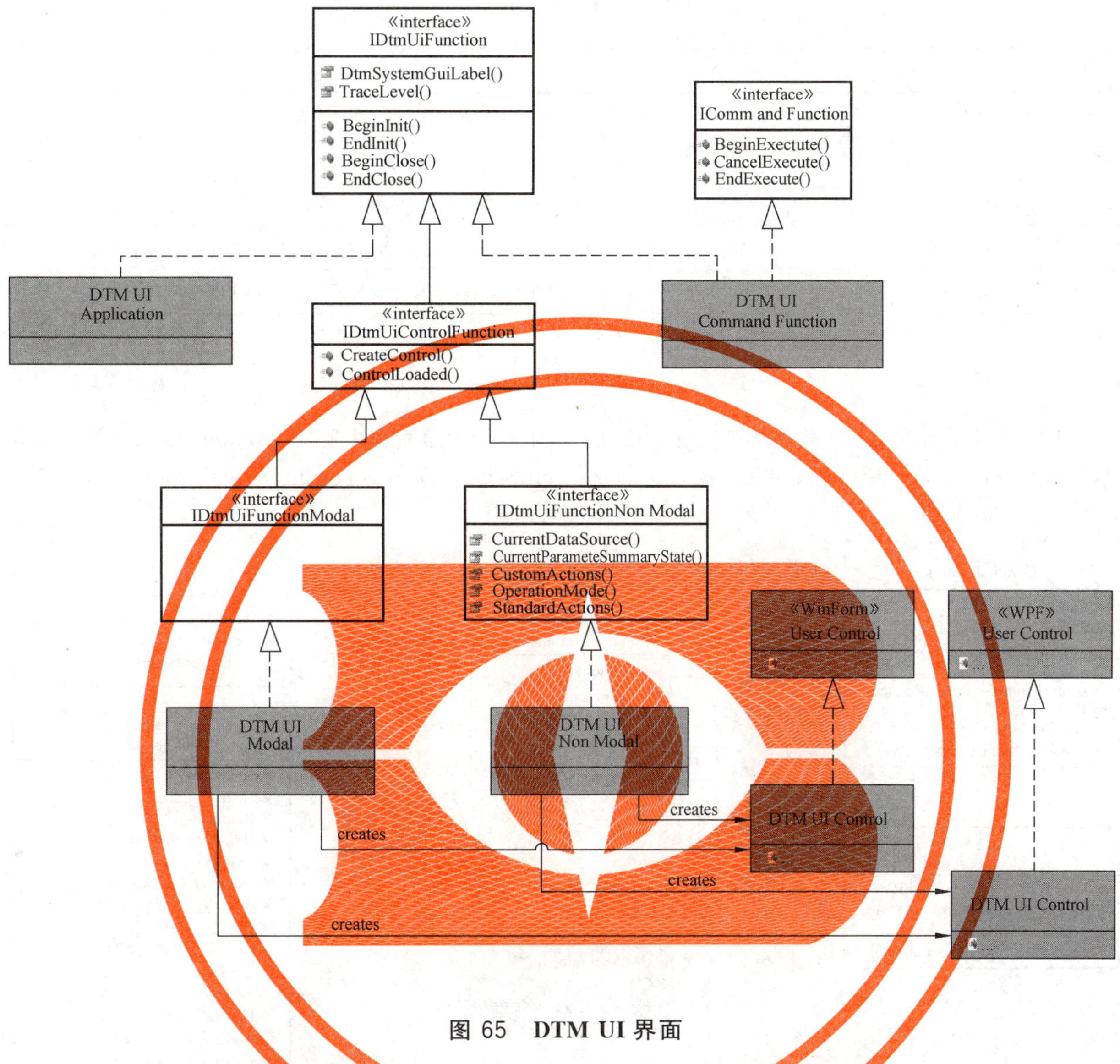

图 65　DTM UI 界面

FDT 支持以下 DTM UI 类型：

- WPF 控件可以嵌入到框架应用程序的用户界面。这些控件应派生自标准 WPF 用户控件类(System.Windows 命名空间)。
- WinForms 控件可以嵌入到框架应用程序的用户界面中。这些控件应派生自标准 WinForms 用户控件类(System.Windows.Forms 命名空间)。
- 有一类应用是外部 DTM 特定用户界面，且不能嵌入到框架应用程序中(如：可执行程序)。这些由简单类(称为 DTM UI 应用程序)来表示。框架应用程序利用该类，通过 IDtmUiFunction 接口去控制外部用户界面。
- UiCommandFunctions 与在 DBL 中执行的命令功能类似。但是 Ui CommandFunctions 允许打开自己的用户界面(如：对话框，私有对话等)。这些函数由包含可执行代码的简单类来表示。

不同的 DTM UI 类型可通过 API 接口访问(表 12)。

表 12 DTM UI 接口

接口	可用性	描述
ICommandFunction	O	该接口用于执行命令的函数(由 DTM BL 实现相同的接口)
IDisposable	M	可处置对象的.NET 接口
IDtmUiFunction	M	这是一个 DTM UI 函数的主要接口
IDtmUiFunctionModal	O	这个接口是由所执行的模态的 DTM 的 UI 实现
IDtmUiFunctionNonModal	O	这个接口是由所执行非模态 DTM 的用户接口来实现

6.5 通信通道

图 66 类图显示应由一个通信通道实现的接口。一个通信通道实现主要的 ICommunicationChannel 接口,和 ICommunication 接口,ISubscription,IScanning,andISubTopology,通过 ICommunicationChannel 相应的特性进行访问。

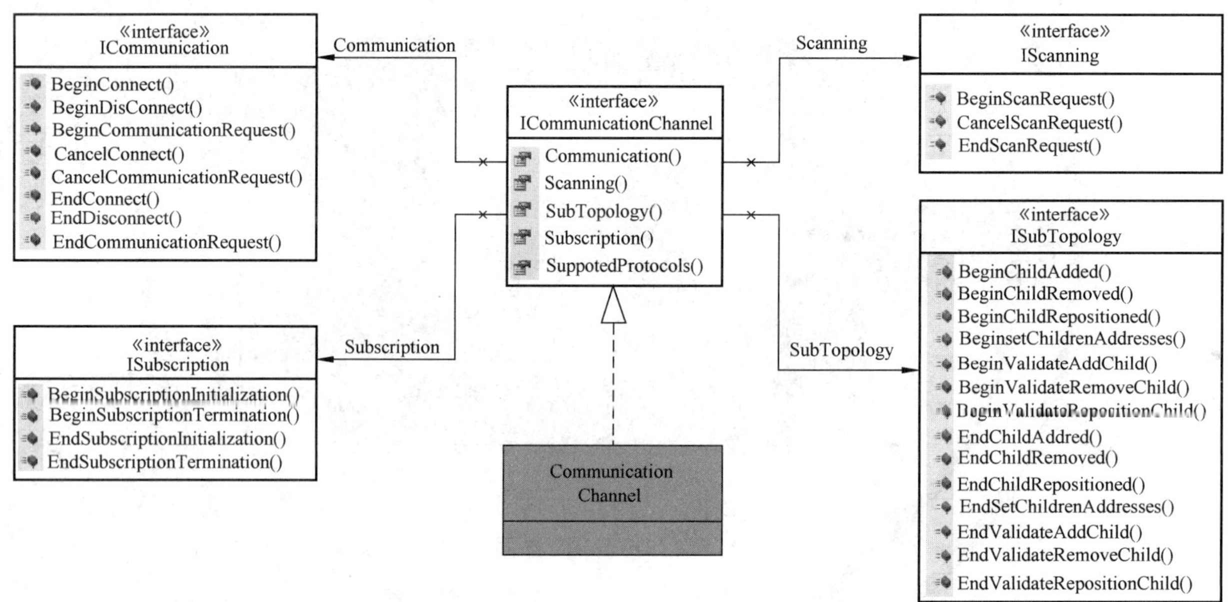

图 66 通信通道接口

表 13 提供了对一个通信通道接口的概述。

表 13 通信通道接口

接口	可用性	描述
ICommunicationChannel	M	这是一个通信信道的主接口。它提供了访问其他所有通道接口和通道的相关信息(如支持的协议)
ICommunication	M	这个接口是一个信道的通信的入口点
IScanning	C	此接口用于请求子拓扑结构的通信信道的扫描。 该接口应提供支持扫描的通信协议。相应协议的附录应定义该接口是否强制

表 13（续）

接口	可用性	描述
ISubscription	C	此接口扩展了通信通道的入口点，且带有设备初始数据的传输功能。 这个接口应提供允许设备初始数据传输的通信协议。相应的协议附录应定义该接口是否强制
ISubTopology	M	该接口提供方法用于子拓扑管理的通信信道

6.6 接口方法的可用性

一旦框架应用程序提供对接口的访问，框架应用程序接口总是可以被 FDT 对象调用。

DTM 相关对象的接口方法的可用性可能依赖于 DTM 实例的状态。

表 14 定义了 DTM BL 的接口，在所示相应状态时，框架应用程序可以调用。

表 14 不同状态中 DTM BL 方法的可用性

接口/方法		已创建	已初始化	正在配置	正在运行	允许通信	正在释放	已释放
IChannels+)				X	X	X		
ICommandFunction					X	X		
IComparison:〈InstanceDataCompare〉					X	X		
IComparison:〈DeviceDataCompare〉						X		
IDeviceData								
	〈GetDataInfo()〉				X	X		
	(all other methods)					X		
IDtm+)								
	Init()	X						
	BeginRelease()	X	X	X	X			
	LoadData()		X					
	InitData()		X					
	BeginConfiguration()/ EndConfiguration()			X				
	Run()			X				
	DtmSystemGuiLabel,DtmSystemTag,FdtVersion,		X	X	X	X	X	
	TraceLevel							
	All other methods / interface properties				X	X	X	
IDtmInformation+)		X	X	X	X	X		
IDtmMessaging					X	X		
IDtmUiMessaging					X	X		
IFunction					X	X		
IHardwareInformation						X		
IInstanceData					X	X		

表 14（续）

接口/方法	已创建	已初始化	正在配置	正在运行	允许通信	正在释放	已释放
INetworkData				X	X		
INetworkInfoValidation				X	X		
IOnlineOperation					X		
IPorts				X	X		
IProcessData				X	X		
IProcessImage				X	X		
IReporting				X	X		
IDeviceCustomConfiguration IInstanceCustomConfiguration				X			
在 DTM 处于'running'状态之前，框架应用程序不应对事件进行订阅。							

一旦通信通道提供对接口的访问，通信通道接口总是可以被其他 DTM 对象调用。

一旦 DTM UI 提供对接口的访问，DTM UI 接口总是可以被其他 DTM 对象调用。

7 FDT 数据类型

7.1 概述

数据类型在附录 B 中定义。本部分介绍了顶级数据类型及其用法。本节(图和表)并没有提供完整的数据类型的定义，完整的数据类型定义见附录 B。

7.2 数据类型——基础

FDT 定义了两个基本数据类型：FdtDatatype 和 FdtList〈〉。图 67 举例说明如何使用 FdtDatatype 和 FdtList〈〉。

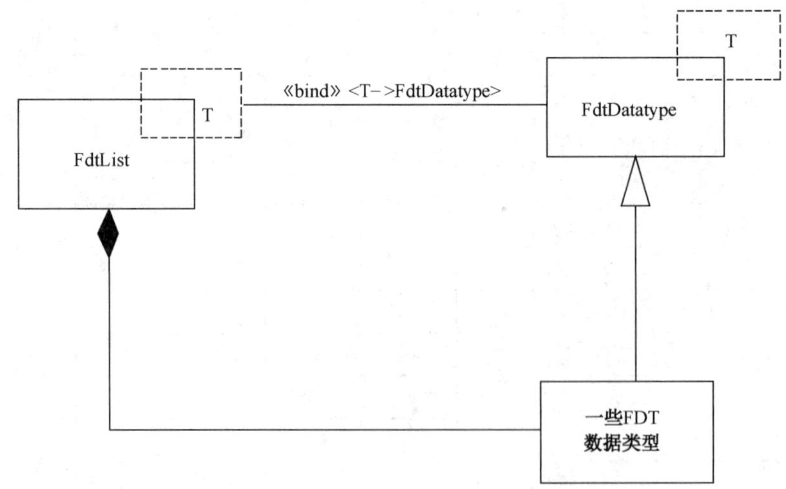

图 67　FdtDatatype 和 FdtList

表 15 描述了基本的数据类型。

表 15 FDT 基本数据类型

数据类型	描述
FdtDatatype	所有 FDT 数据类型类的基类。 该类提供 Verify()和 Clone()方法的基本实现。该类型参数 T 始终设置成派生类，并用于控制这些方法： ● Verify()检查所有特性是否有效(例如强制特性有一个值等)。 ● Clone()创建一个新的对象，它是实例的深拷贝。复制所有的对象，包括顶级对象以及所有低级的对象
FdtList〈〉	FdtDatatypes 的泛型列表。类型参数 T 定义列表中的元素，FdtList〈〉从 System.Collections.Generic.List 派生类型。并提供了列表的所有功能。Verify()方法强制执行清单不得为空的规则。如果存在空表，各成员应返回“null”。 像 FdtDatatype 一样，FdtList〈〉也提供了 Verify()和 Clone()方法

7.3 通用数据类型

通用 FDT 数据类型在其他各种形式的 FDT 数据类型中使用。

表 16 列出并描述了通用 FDT 数据类型。

表 16 FDT 通用数据类型

数据类型名称	描述
BusCategory	一个公共类是通用唯一标识符的现场总线协议(或点对点通信协议)。一个特性指示是否总线类是“supported”或“required”
ChannelReference	通信通道的唯一标识符由 DTM 提供
InvokeId	打开的用户界面的唯一标识符
PhysicalLayer	现场总线的物理层的唯一标识符(例如 PROFIBUS PA)
PortReference	由 DTM 提供端口的唯一标识符
ProgressInfo	有关操作的进度信息
ProgressInfo〈T〉	关于操作过程的中间结果和信息
ProtocolInfoAttribute	此属性类公开协议相关的程序集的通用信息
SemanticInfo	该类提供数据对象的语义信息。预定义的 SemanticId 的范围见附录 J
UserInfo	用户级的描述，包括权限、当前会话等信息

7.4 数据类型——DtmInfo/TypeInfo

图 68 的类图描述了 DtmInfo、TypeInfo 和相关类的关系。

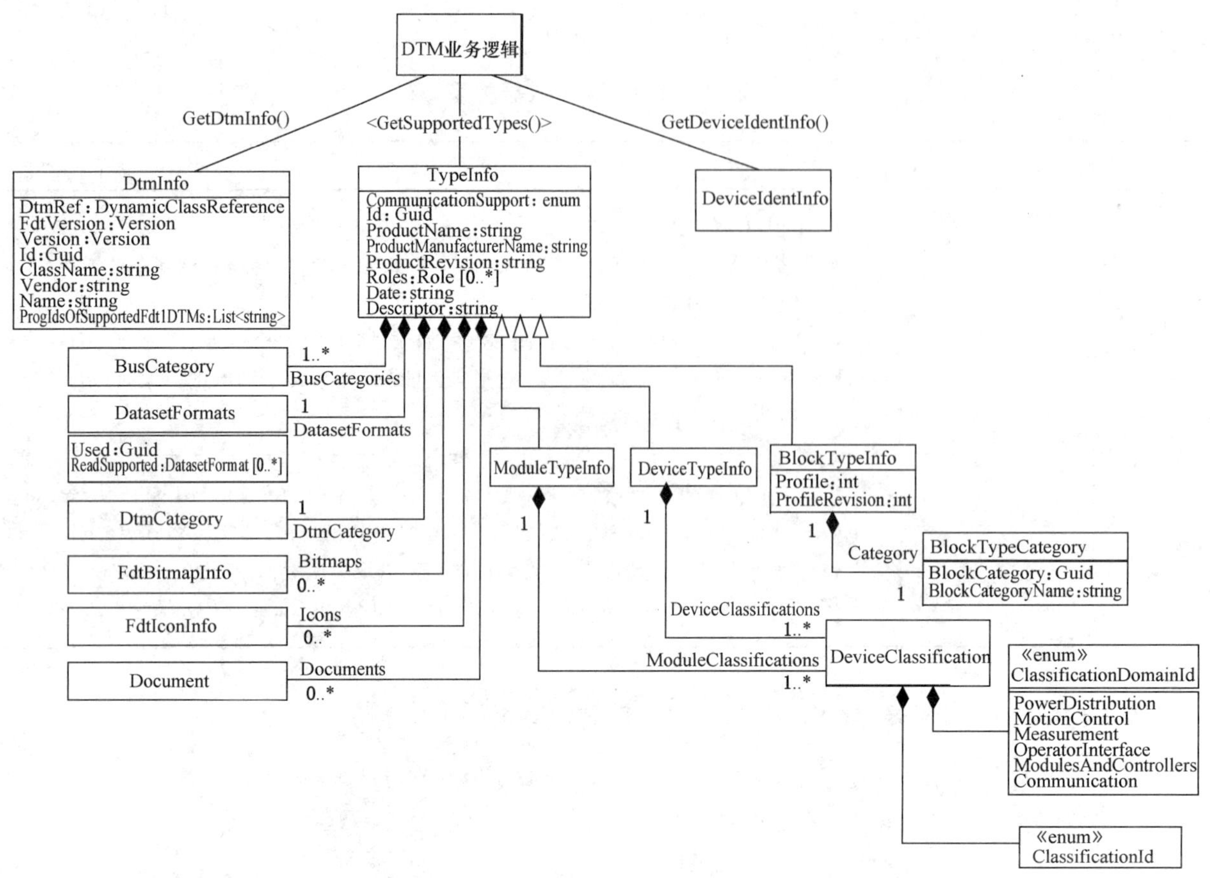

用于：

IDtmInformation.GetDtmInfo()

IDtmInformation.BeginGetSupportedTypes() / IDtmInformation.EndGetSupportedTypes()

IDtmInformation.GetDeviceIdentInfo()

IDtm.ActiveType

图 68 DtmInfo/TypeInfo 数据类型

表 17 描述了与 DtmInfo 相关的数据类型。

表 17 DtmInfo 数据类型描述

数据类型	描述
BlockTypeCategory	块类标识符是块类(如模拟量输入、数字输出)的通用唯一标识符
BlockTypeInfo	在 DTM 中的一个特定块类型的表示被称为 DTM 的块类型。一个 DTM 可含有一个或多个 DTM 的块类型。具体设计和执行的 DTM 的块类型不在 FDT 的范围内。这个类仅提供软件的,如名称、版本、提供商、支持协议等信息
BusCategory	一个总线类是一种现场总线协议(或点对点通信)的唯一标识符,见 7.8
ClassificationId	根据其主测量值划分的的唯一标识符(IEC 62390 附录 G)
ClassificationDomainId	设备分类域组(IEC 62390 附录 G)
DatasetFormats	DTM 使用和支持的持久化数据的数据集格式标识符

表 17（续）

数据类型	描述
DeviceClassification	根据 IEC 62390 附件 G 的设备分类
DeviceIdentInfo	这个类是用于描述由类型所支持的物理设备类型。它包含一个物理设备类型或设备类型组的识别元素
DeviceTypeInfo	在 DTM 中的特定物理设备类型的表达方式，称为 DTM 设备类型。一个 DTM 可以包含一个或多个 DTM 设备类型。具体 DTM 的设备类型的设计和实现不在 FDT 的范围内。这个类仅提供了软件的，如名称、版本、提供商、支持协议等信息
Document	关于硬盘中或 Web 上的文档信息。这可以是任何设备手册，帮助文件，备件清单等，它与 DTM 一起安装，或能在 Web 上获取。 一个文档也可以为 DeviceType(如 EDS)提供协议特定信息。在这种情况下，该文档应归类为“Technical Document”，并标有相应的协议特定 SemanticId
DtmInfo	DtmInfo 包含 DTM 的，例如名称、版本标识符、软件供应商、兼容的 FDT 版本的通用信息
FdtBitmapInfo	以 BMP 格式的表示的设备、模块或块的位图[高分辨率，24 位彩色和 8 位的透明度信息(Alpha 通道)]
FdtIconInfo	有关设备、模块或块的图标信息
ModuleTypeInfo	在 DTM 中的特殊物理模块类型的表示，称为 DTM 模块类型。一个 DTM 可以包含一个或多个 DTM 模块类型。DTM 的模块类型的具体设计和实现不在 FDT 的范围内。这个类提供了 DTM 模块类型的，如名称、版本、供应商、支持协议等信息
TypeInfo	用于设备类型，块类型或模块类型定义的抽象基类。一个 DTM 应包含一个或多个 TypeInfo 对象

7.5 数据类型——DeviceIdentInfo

图 69 的类图描述了 DeviceIdentInfo 类的关系。对于给定的 TypeIdent 和 BusCategory，可以从 IDtmInformation.GetDeviceIdentInfo()中请求 DeviceIdentInfo。

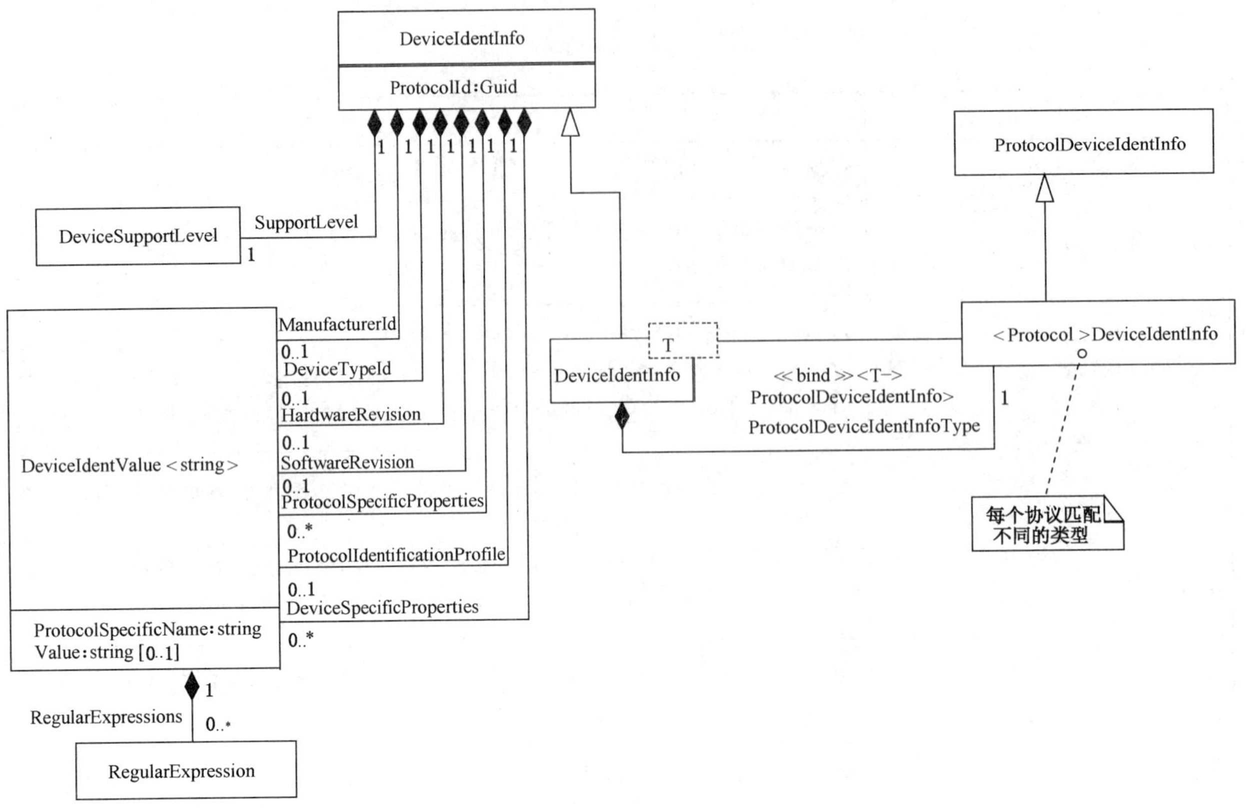

用于：
IDtmInformation.GetDeviceIdentInfo()

图 69 **DeviceIdentInfo 数据类型**

表 18 描述了与 DeviceIdentInfo 相关的数据类型

表 18 **DeviceIdentInfo 数据类型描述**

数据类型	描述
DeviceIdentInfo	这个类用于描述由 DTM 设备类型支持的物理设备类型。它包含一个物理设备类型或设备类型组的识别元素。 **注**：这个类提供了一个与协议无关的访问信息，因此，如果不需要处理特定的协议，通常由框架应用使用
DeviceIdentInfo〈T〉	派生类 DeviceIdentInfo〈T〉提供了协议特定的访问，用于获得哪种类型更安全的信息。应尽可能使用这个类。 泛型类型参数 T 定义了协议特定类型的类，这个类定义了协议特定标识的特性。这些协议特定特性映射到以下的特性： ● ManufacturerId ● DeviceTypeId ● SoftwareRevision ● HardwareRevision ● ProtocolIdentificationProfile ● ProtocolSpecificProperties 这些特性在基类 DeviceIdentInfo 中定义

表 18（续）

数据类型	描述
DeviceIdentValue〈T〉	表示物理设备类型或组的单个识别元素。例如:设备类型 ID、制造商 ID 等
DeviceSupportLevel	枚举定义了物理设备 DTM 设备类型的支持等级
ProtocolDeviceIdentInfo	协议特定设备标识特性的抽象基类。 协议特定的类从这个类派生,定义了设备识别特性。然而,这些协议特定特性,可以用协议无关的方式,从 DeviceIdentInfo 类中获得相应的特性
ProtocolId	为现场总线协议(或点对点通信)通用唯一标识符
ProtocolIdentificationProfile	定义了用于设备标识的协议特定标识的行规(如 PROFIBUS:I&M、PA、DP)。如果协议不支持多种标识行规,那么这个特性应为空
RegularExpression	正则表达式,定义了由 DTM 设备类型支持的物理设备类型

被用于：

在图 70 中的类图显示了以 HART 协议为例的协议相关的数据类型 DeviceIdentInfo〈T〉。

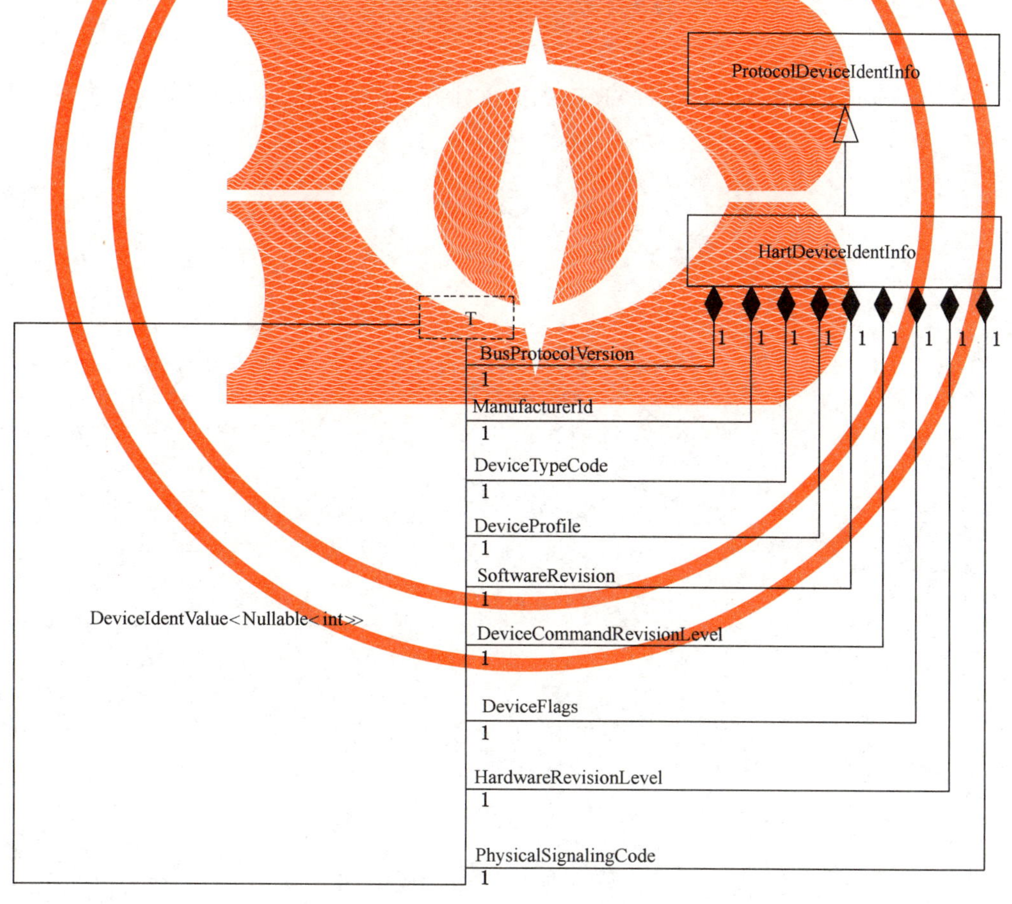

图 70　DeviceIdentInfo-针对 HART 举例

表 19 描述了与 DeviceIdentInfo 相关的 HART 数据类型。

表 19 DeviceIdentInfo-针对 HART 举例

数据类型	描述
DeviceIdentValue〈T〉	表示为一个物理设备类型或组中的设备类型的识别元素。例如:设备类型ID,制造商 ID 等。 泛型参数 T 定义了标识值(例如,整数,浮点,字符串等)的类型,对应于协议中定义的格式。 该标识元素可以是一个特定的值或正则表达式(例如,定义了支持的标识值的范围)
HartDeviceIdentInfo	HART 特定设备识别信息
ProtocolDeviceIdentInfo	协议特定设备标识特性的抽象基类。 协议的具体类从这个类派生,定义特定的设备识别性能。然而,这些协议特定特性可以通过协议无关的方式访问,通过 DeviceIdentInfo 类中获得相应特性

图 71 中的例子演示了设备 DTM(HART)如何创建并返回一个 DeviceIdentInfo 实例:

```
public DeviceIdentInfo GetDeviceIdentInfo()
{       // Create the HART specific identification properties first
        // Manufacturer code of the device vendor is 17
        HartDeviceIdentInfo hartSpecificInfo = new HartDeviceIdentInfo();
        hartSpecificInfo.ManufacturerId = new DeviceIdentValue<int?>(17);
        // The ID of the supported device is 123
        var identVal = new DeviceIdentValue<int?>();
        hartSpecificInfo.DeviceTypeCode = new DeviceIdentValue<int?>(123);
        // Device is a HART 5 Device
        hartSpecificInfo.BusProtocolVersion = new DeviceIdentValue<int?>(5);
        // This DTM is able to handle the software versions 1,2 and 3 of the device
        identVal = new DeviceIdentValue<int?>();
        identVal.RegularExpressions = new FdtList<RegularExpression>(
                                                new RegularExpression("1|2|3"));
        hartSpecificInfo.SoftwareRevision = identVal;
        // This DTM is able to handle only the command revision level 5 of the device
        hartSpecificInfo.DeviceCommandRevisionLevel = new DeviceIdentValue<int?>(5);
        // This DTM is able to handle all hardware versions of this device
        identVal = new DeviceIdentValue<int?>();
        identVal.RegularExpressions = new FdtList<RegularExpression>(
                                                new RegularExpression(".*"));
        hartSpecificInfo.HardwareRevisionLevel = identVal;
        // Physical Signaling Code is not relevant for identification
        identVal = new DeviceIdentValue<int?>();
        identVal.RegularExpressions = new FdtList<RegularExpression>(
                                                new RegularExpression(".*"));
        hartSpecificInfo.PhysicalSignalingCode = identVal;
        // Device Flags are not relevant for identification
        identVal = new DeviceIdentValue<int?>();
        identVal.RegularExpressions = new FdtList<RegularExpression>(
                                                new RegularExpression(".*"));
        hartSpecificInfo.DeviceFlags = identVal;
        // Device ident information (protocol neutral)
        DeviceIdentInfo<HartDeviceIdentInfo> deviceIdentInfo =
                                    new DeviceIdentInfo<HartDeviceIdentInfo>();
        // This DTM is designed to support a specific device
        deviceIdentInfo.SupportLevel = DeviceSupportLevel.SpecificSupport;
        // Set the protocol specific info
        deviceIdentInfo.ProtocolSpecificIdentInfo = hartSpecificInfo;
        return deviceIdentInfo;     }
```

图 71 举例:DeviceIdentInfo 的创建

图 72 中的例子演示了一个框架应用程序如何请求并利用图 71 中生成的 DeviceIdentInfo 实例。图 71 中显示协议相关的特性,将自动映射到图 72 中用到的与协议无关的特性。

```
public void ShowDeviceIdentInfo(IDtmInformation dtm, DeviceTypeInfo deviceTypeInfo)
{
    FdtList<DeviceIdentInfo> deviceIdentInfo = dtm.GetDeviceIdentInfo(deviceTypeInfo.Id,
                                              deviceTypeInfo.BusCategories[0]);
    // Standard FDT2 ident properties
    MessageBox.Show("Manufacturer ID = " + deviceIdentInfo[0].ManufacturerId.Value + "\n" +
                    "Device Type ID = " + deviceIdentInfo[0].DeviceTypeId.Value + "\n" +
                    "Software Rev. = " + deviceIdentInfo[0].SoftwareRevision.Value + "\n" +
                    "Hardware Rev. = " + deviceIdentInfo[0].HardwareRevision.Value + "\n");
    // Ident properties only defined in the protocol
    // (for HART: DeviceCommandRevisionLevel and Device Flag)
    foreach (DeviceIdentValue<string> identValue
            in deviceIdentInfo[0].ProtocolSpecificProperties)
    {
        MessageBox.Show(identValue.ProtocolSpecificName + " = " + identValue.Value);
    }
}
```

图 72　举例:使用 **DeviceIdentInfo**

图 73 中的例子演示了 HART 特定数据类型如何公开(Fdt.Datatypes.Hart.dll)来自 DeviceIdentInfoTypeAttribute 的类型信息。

```
[assembly: DeviceIdentInfoType
(
DeviceIdentInfoType = typeof(DeviceIdentInfo<HartDeviceIdentInfo>),
ProtocolDeviceIdentInfoType = typeof(HartDeviceIdentInfo),
        DeviceScanInfoType = typeof(DeviceScanInfo<HartDeviceScanInfo>),
        ProtocolDeviceScanInfoType = typeof(HartDeviceScanInfo)
)
]
```

图 73　举例:**DeviceIdentInfoTypeAttribute**

7.6　安装和部署的数据类型

7.6.1　数据类型-SetupManifest

SetupManifest 描述了 DTM 的建立。用于安装和部署(见 9.6)。图 74 显示了与 SetupManifest 类有关联的类图。

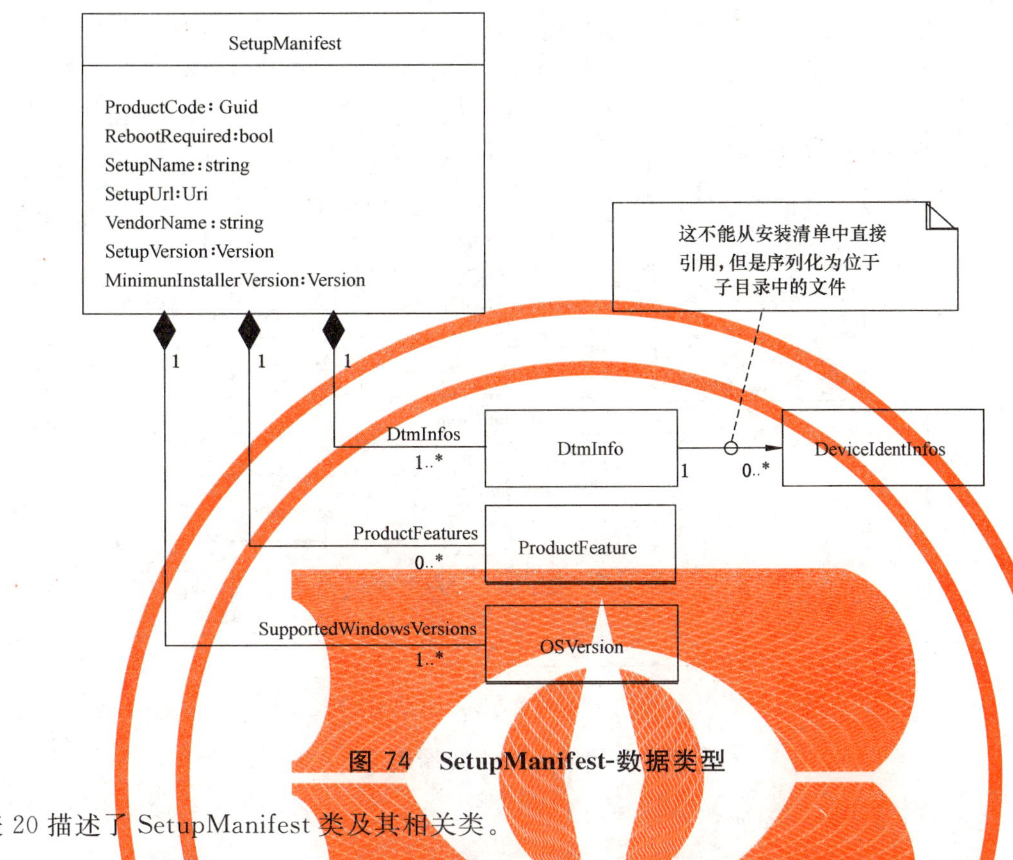

图 74 SetupManifest-数据类型

表 20 描述了 SetupManifest 类及其相关类。

表 20 SetupManifest 数据类型描述

数据类型	描述
DtmDeviceIdentManifest	DtmDeviceIdentManifest 描述设备标识所需的另外的物理设备参数
DtmInfo	DtmInfo 包含有关 DTM 的，诸如名称、版本标识符、所述软件供应商、DTM 兼容的 FDT 的版本通用信息
OSVersion	这个类表示操作系统的版本
ProductFeature	此类表示用于安装的产品特征
SetupManifest	描述了 DTM，及 DTM 的设置，包括产品标识，供应商，版本的设置清单

7.6.2 数据类型-DtmManifest

DtmManifest 描述了 DTM 的组件(见 9.5.3)。图 75 显示了与 DtmManifest 的相关类的类图。

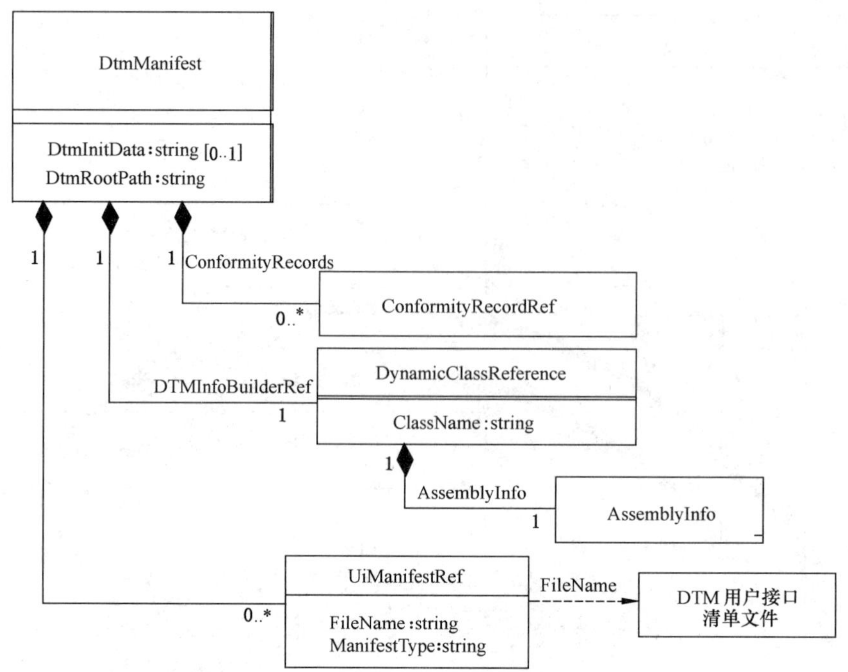

图 75 **DtmManifest-数据类型**

表 21 描述了 DtmManifest 数据类型及其相关类。

表 21 **DtmManifest 数据类型描述**

数据类型	描述
AssemblyInfo	有关.NET 程序集的信息
ConformityRecordRef	引用一个合格的记录文件
DtmManifest	一个 DTM 清单描述了 DTM 和包括 DTM 本身的程序集。为了使框架应用程序找到这个 DTM,此清单用来注册一个已安装的 DTM
DynamicClassReference	关于类的信息,如 DtmInfoBuilder 或 DTM
DTM User Interface manifest file	DTM 的用户界面的清单文件,为了使框架应用程序找到这个 DTM,DTM UI 清单文件用来在系统中注册一个 DTM UI 。该文件包含一个 DtmUiManifest(参见 7.6.3)

7.6.3 数据类型-DtmUiManifest

清单描述了 DTM 程序集和包含的 DTM UI 的函数。为了使框架应用程序可以找到并执行他们,清单文件注册已经安装的 DTM UI 函数。图 76 显示了与 DtmUiManifest 相关类的类图。

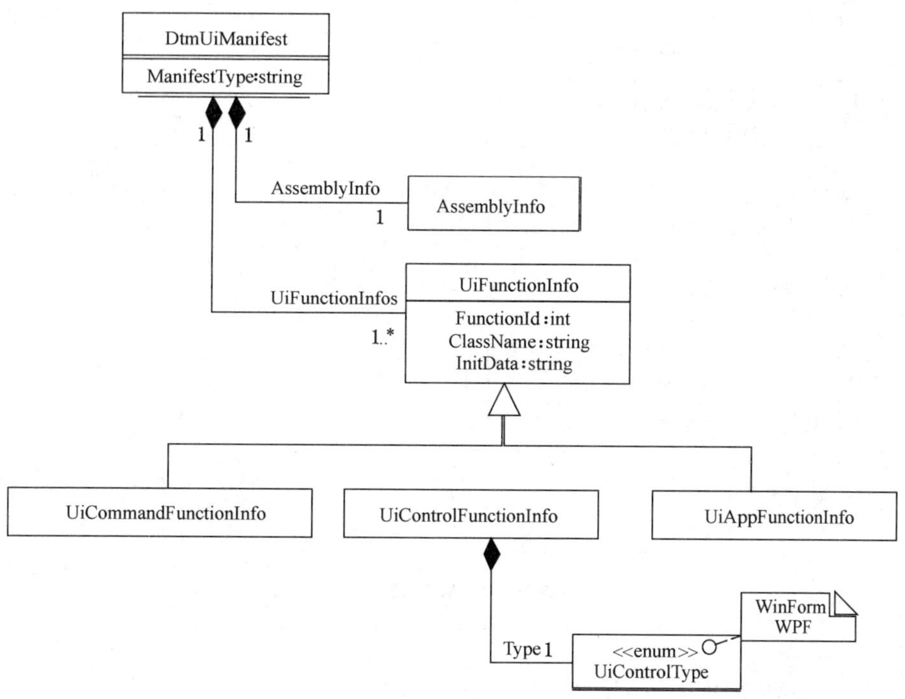

图 76 DtmUiManifest-数据类型

表 22 描述了 DtmUiManifest 类及其相关类。

表 22 DtmUiManifest 数据类型描述

数据类型	描述
DtmUiManifest	此清单描述了 DTM UI 函数。为了使框架应用程序找到并执行他们，该清单用来注册一个已安装的 DTM UI 函数
AssemblyInfo	有关.NET 程序集的信息
UiFunctionInfo	描述 DTM UI 的抽象基类。 框架应用程序将使用该信息来为特定函数查找 UI 函数
UiCommandFunctionInfo	由 DTM UI 类提供的有关命令函数的信息
UiControlFunctionInfo	可以嵌入到框架应用程序 UI 的 WinForms 控件或 WPF 控件的信息
UiAppFunctionInfo	由 DTM 的 UI 类启动的应用的有关信息
UiControlType	枚举可能的用户界面控件类型(WinForms，WPF 等)

7.7 数据类型-通信

通信数据类型用于对 DTM 及其父通信通道进行数据交换，为了：

——建立与设备的连接；

——与设备进行数据交换；

——释放连接；

——订阅由设备发起的、DTM 及其父通信通道之间的数据传输；

——请求扫描总线拓扑；

——请求设置子 DTM 地址。

图 77 显示了用于建立与设备连接的数据类型的类图。

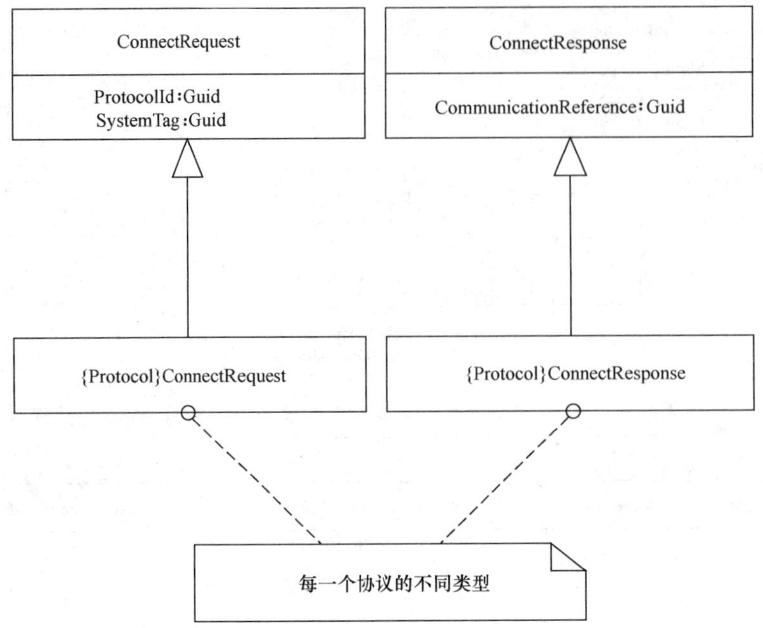

用于：

ConnectRequest：ICommunication.BeginConnect()

ConnectResponse is returned in ICommunication.EndConnect()

图 77　通信数据类型-连接

图 78 显示了用于与设备进行数据交换的数据类型的类图。

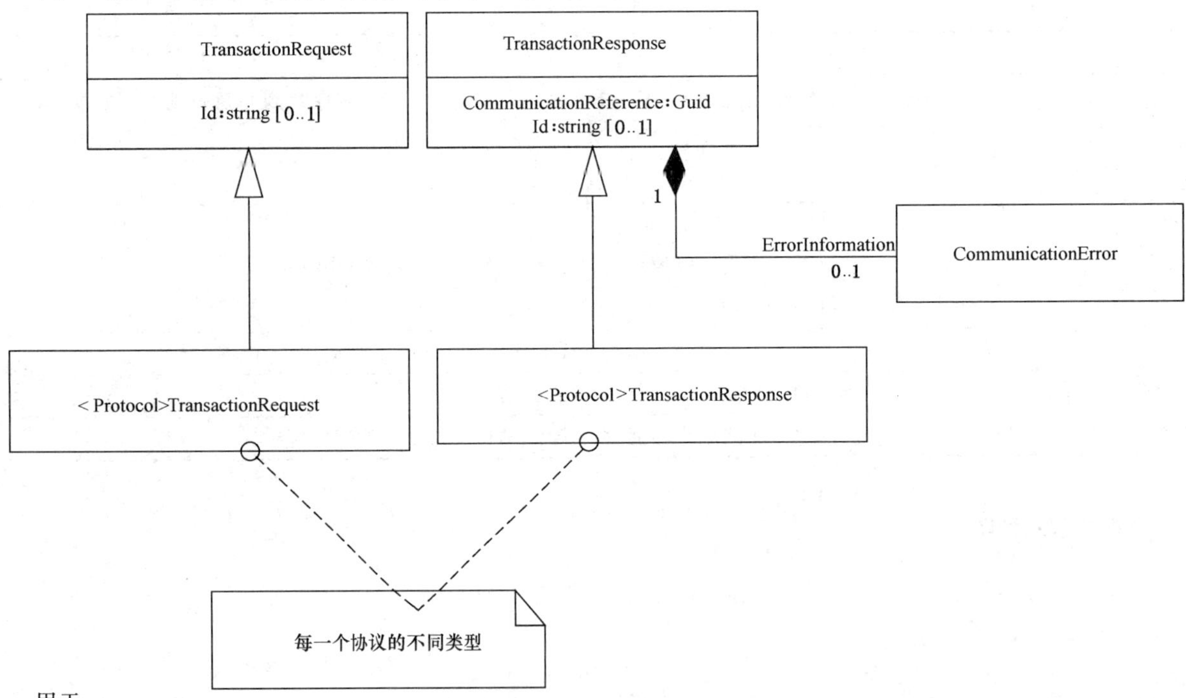

用于：

TransactionRequest：ICommunication.BeginCommunicationRequest()

TransactionResponse is returned in ICommunication.EndCommunicationRequest()

图 78　通信数据类型-事务

图 79 显示用于释放设备连接的数据类型的类图。

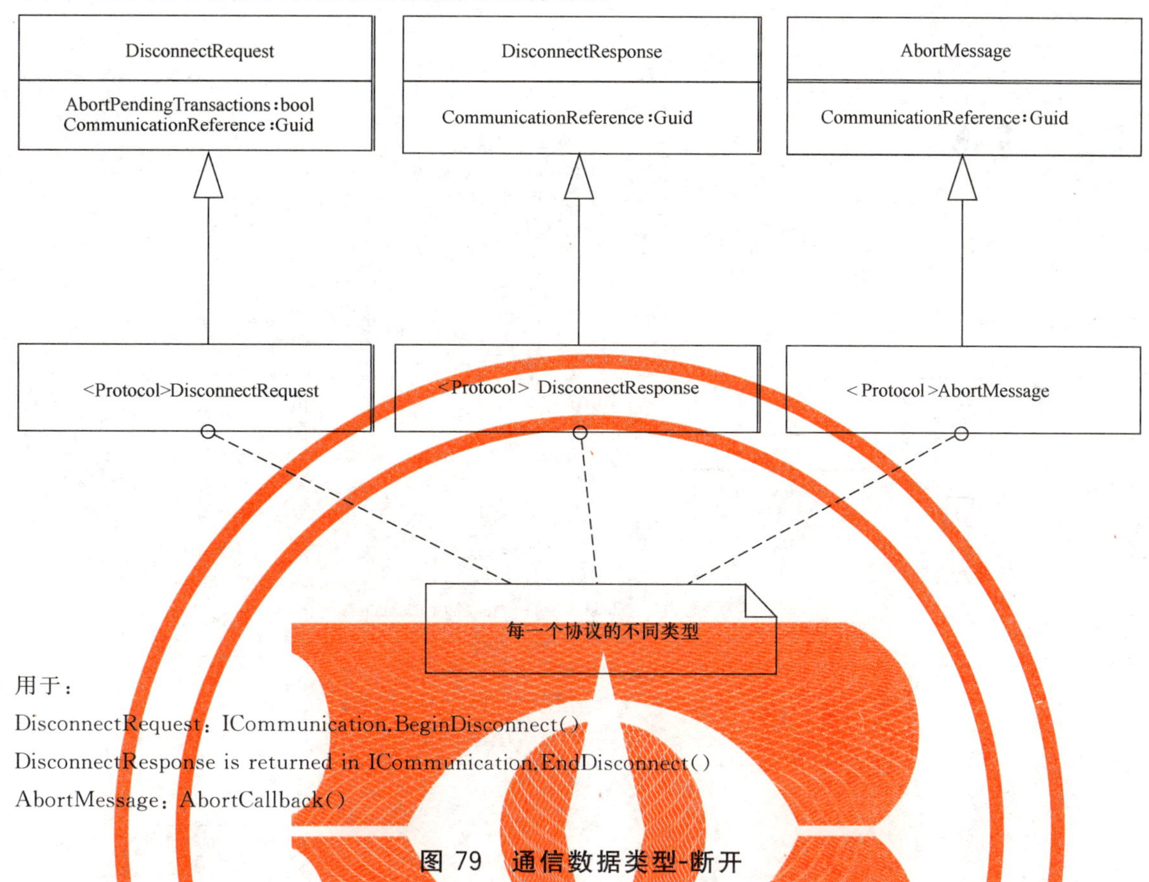

用于：

DisconnectRequest：ICommunication.BeginDisconnect()

DisconnectResponse is returned in ICommunication.EndDisconnect()

AbortMessage：AbortCallback()

图 79　通信数据类型-断开

图 80 显示了一个数据类型的类关系图，该数据类型用于设备发起的数据传输进行的订阅和退订。

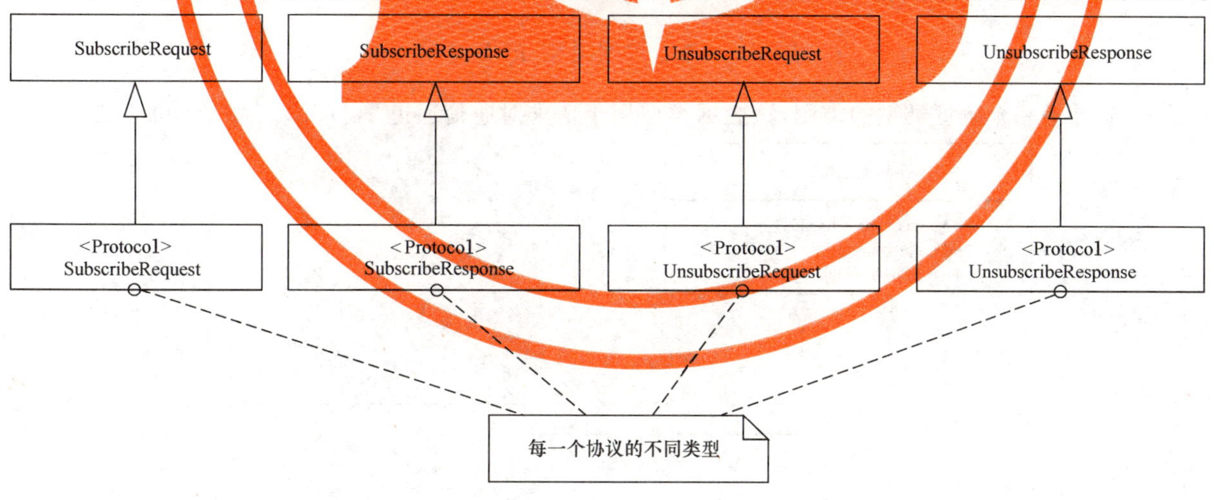

用于：

SubscribeRequest：ISubscription.BeginSubscriptionInitialization()

SubscribeResponse is returned in ISubscription.EndSubscriptionInitialization()

UnsubscribeRequest：ISubscription.BeginSubscriptionTermination()

UnsubscribeResponse is returned in ISubscription.EndSubscriptionTermination()

图 80　通信数据类型-订阅

图 81 显示了一个数据类型的类关系图,该数据类型用于请求对通信通道子拓扑的扫描。

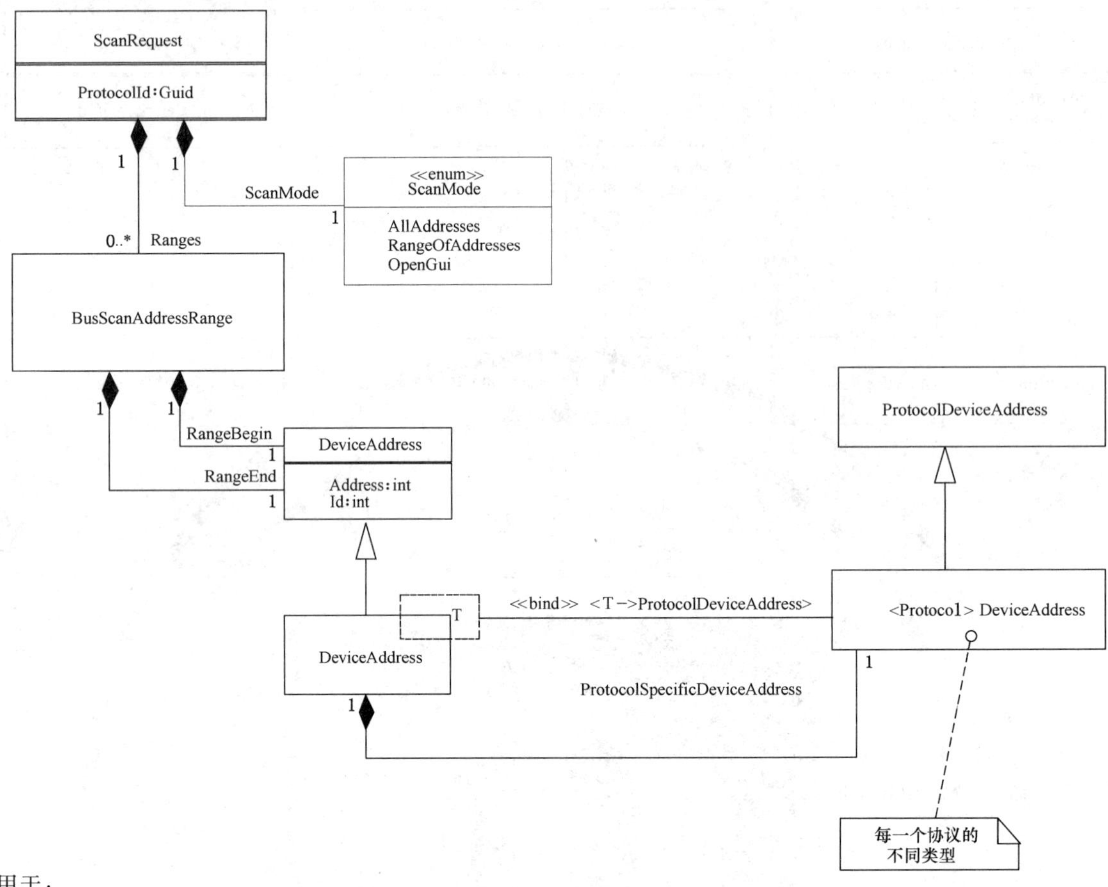

用于:

ScanRequest:IScanning.BeginScanRequest()

图 81 通信数据类型-扫描

图 82 显示了一个数据类型的类图,该数据类型用于请求对通信通道子 DTM 设备地址的设定。

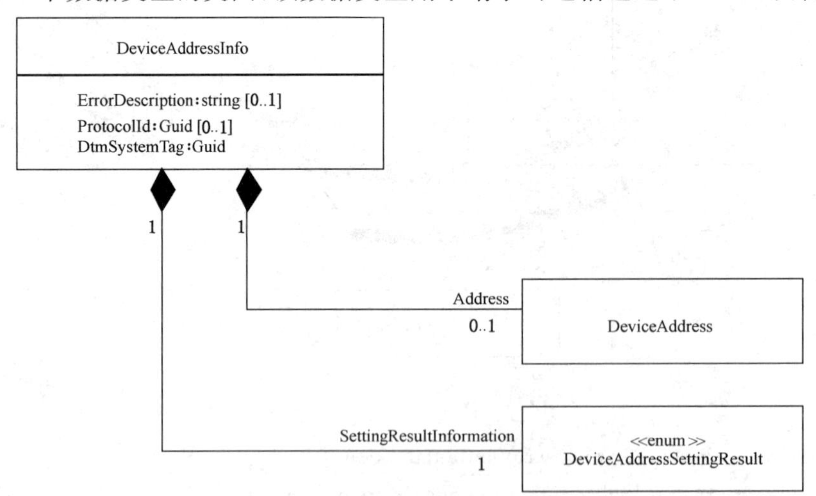

用于:

DeviceAddressInfo:ISubTopology.BeginSetChildrenAddresses()

DeviceAddressInfo Is returned from ISubTopology.EndSetChildrenAddresses()

图 82 通信数据类型-地址设定

表 23 描述了通信数据类型。

表 23 通信数据类型描述

数据类型	描述
ConnectRequest	关于建立通信链接所需信息的现场总线协议无关的基类
ConnectResponse	关于已链接的通信响应信息的现场总线协议无关的基类
TransactionRequest	事务请求的信息的现场总线协议无关的基类
TransactionResponse	事务结果的现场总线协议无关的基类
DisconnectRequest	断开链接信息的现场总线协议无关的基类
DisconnectResponse	断开链接操作结果的现场总线协议无关的基类
AbortMessage	特定通信链路中断的信息
SubscribeRequest	设备发起的数据传输初始化信息的现场总线协议无关的基类
SubscribeResponse	通讯数据订阅信息的现场总线协议无关的基类
UnsubscribeRequest	设备发起的数据订阅终止的现场总线协议无关的基类
UnsubscribeResponse	设备发起的数据订阅终止相应的现场总线协议无关的基类
ScanRequest	请求对通信信道子拓扑扫描的信息
BusScanAddressRange	请求扫描地址范围的信息
DeviceAddressInfo	用于请求通信信道设置子 DTM 地址的信息
DeviceAddress	网络或现场总线中设备的地址

下面的例子演示设备 DTM(HART)如何连接设备。

```
bool Connect(Guid mySystemTag, ICommunication commChannel,
                    HartDeviceAddress myAddress, ref Guid communicationReference)
{
        //Create ConnectRequest
        //The required SystemTag is set by the Frame Application
        //during creation of the DTM instance
        //The Address will be set by the Communication Channel
        var request = new HartConnectRequest(mySystemTag, myAddress);
        HartConnectResponse response;
        try
        {
            //Request connection from Communication Channel
            var asyncResult =
                commChannel.BeginConnect(request, abortCallback, null, null, null);
            //Wait for finalization of the connect request
            response = commChannel.EndConnect(asyncResult) as HartConnectResponse;
        }
        catch(Exception ex)
        {
            MessageBox.Show("Connection failed\n" + "Details: " + ex.Message);
            return false;
        }
        if (response != null)
        {
            //verify response
            try
        {
        response.Verify();
        }
        catch(Exception ex)
        {
            MessageBox.Show("Connection failed\n" + "Details: " + ex.Message);
            return false;
        }
            //Connection established
            //the response contains the complete address information
            //and the communication reference of the connection
            communicationReference = response.CommunicationReference;
            MessageBox.Show("Successfully connected with device\n" +
                    "Short Address: " + response.Address.ShortAddress + "\n" +
                    "Short TAG: " + response.Address.ShortTag + "\n" +
                    "Long TAG: " + response.Address.LongTag + "\n");
            return true;
        }
        return false;
}
```

图 83　举例：HART 的通信-连接

图 84 演示了 HART 特定数据类型程序集如何公开(Fdt.Datatypes.Hart.dll)来自 CommunicationType 属性的类型信息。

```
[assembly: CommunicationType(
        AbortMessageType = typeof(HartAbortMessage),
        ConnectRequestType = typeof(HartConnectRequest),
        ConnectResponseType = typeof(HartConnectResponse),
        DisconnectRequestType = typeof(HartDisconnectRequest),
        DisconnectResponseType = typeof(HartDisconnectResponse),
        …
        SubscribeRequestType = typeof(HartSubscribeRequest),
        SubscribeResponseType = typeof(HartSubscribeResponse),
        UnsubscribeRequestType = typeof(HartUnsubscribeRequest),
        UnsubscribeResponseType = typeof(HartUnsubscribeResponse))
]
```

图 84 举例:通信-针对 HART 的 CommunicationType

注:请注意,上面的例子演示了如何从本文定义的数据类型派生出协议特定的数据类型,以及这样一个协议特定的数据类型的使用方法。对于协议特定数据类型的定义,请参考相关规范文件。

7.8 数据类型-BusCategory

图 85 类图描述了 BusCategory 类之间的关系。

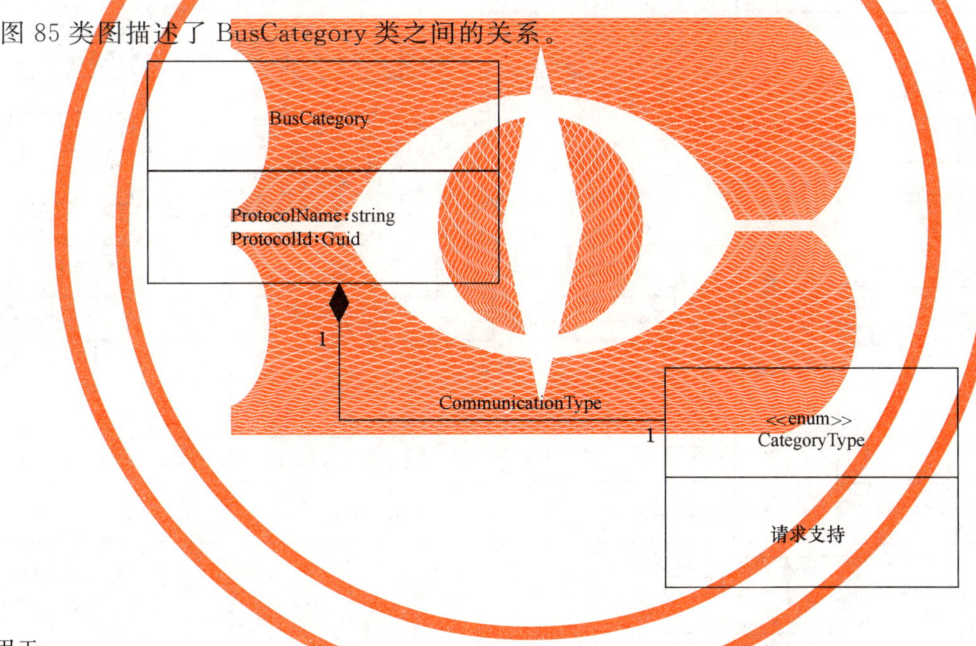

用于:
TypeInfo

图 85 BusCategory 数据类型

表 24 描述了 BusCategory 数据类型及其元素。

表 24 BusCategory 数据类型描述

数据类型	描述
BusCategory	总线类别是现场总线协议(或点对点通信)的唯一标识符
CategoryType	定义是否支持或需要 BusCategory

7.9 数据类型-设备/实例数据

7.9.1 概述

设备/实例数据类描述了设备参数或过程值,这些设备参数或过程值可以通过设备/实例数据读入,或者被写入到设备/实例数据中。图 86 中的类图显示类和关系。

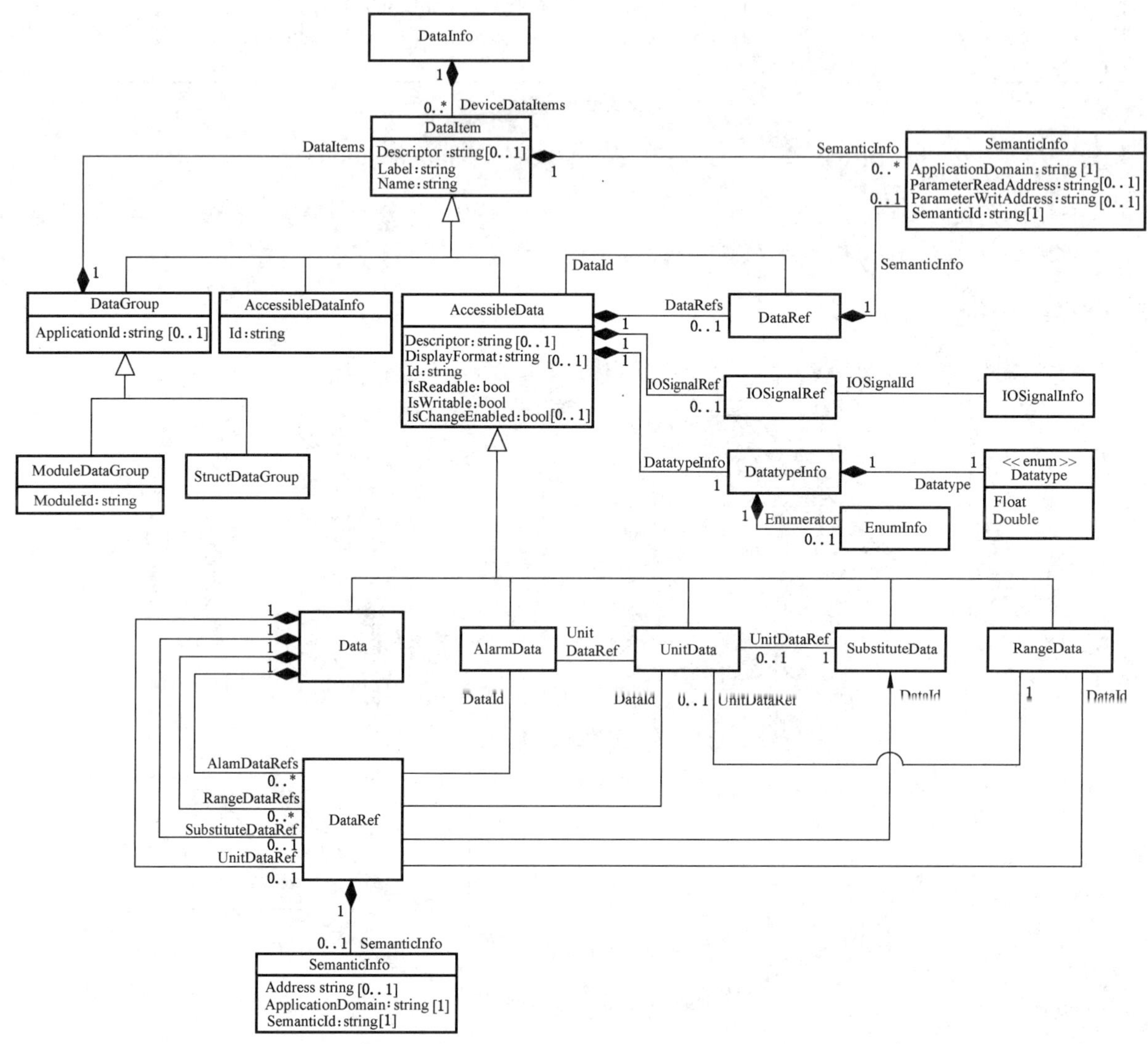

图 86 设备/实例数据-数据类型

表 25 描述了与设备/实例数据相关的类。

表 25 设备数据的数据类型描述

数据类型	描述
AccessibleData	数据的抽象基类，是可读或可写的。 DTM 需要为所有 AccessibleData 用数值提供一个 DisplayFormat
AlarmData	一个警告参数的表示形式。一个警告应总是数值型(Float、Double、Int、Long、Uint、ULong)或枚举类型[用 Verify()方法检查]
Data	描述了一个可读或可写的设备参数或过程值。该信息包括描述属性，如名字以及如何访问该项
DataGroup	可用的设备特定参数和过程值的组信息
DataInfo	包含可用设备特定参数和过程值的内容信息
DataItem	设备和实例数据信息类的抽象基类
DataRef	由 Id 识别的 DataInfo 中一个项的引用，也包含了引用的类型(语义)信息
Datatype	可能的数据类型列表
DatatypeInfo	有关数据类型的信息(见 DataValue)
IOSignalInfo	单个设备 IO 信号的信息
IOSignalRef	由标示符识别的 IO 信号的引用
ModuleDataGroup	可用模块特定参数和过程值的组信息
RangeData	表示参数的范围。这些范围总是使用数值型(Float、Double、Int、Long、Uint、ULong)或 DateTime 型[用 Verify()方法检查] RangeData 应提供对一个 UnitData 的引用。如果没有提供引用，那就采用该 RangData 中 Data 的单位
SemanticInfo	这个类提供了数据对象的语义信息
StructDataGroup	表示一种包含特定参数和/或过程值的数据结构
SUbstituteData	描述了一个备用值。例如在通信中被干扰时 SubstituteData 应提供对一个 UnitData 的引用。如果没有提供引用，那就采用该 SubstituteData 中 Data 的单位
UnitData	参数单位的表示形式。Unit 应该总是枚举类型[用 Verify()方法检查]

图 87 显示 DataInfo 如何公开有关一个 HART 设备数据的信息。

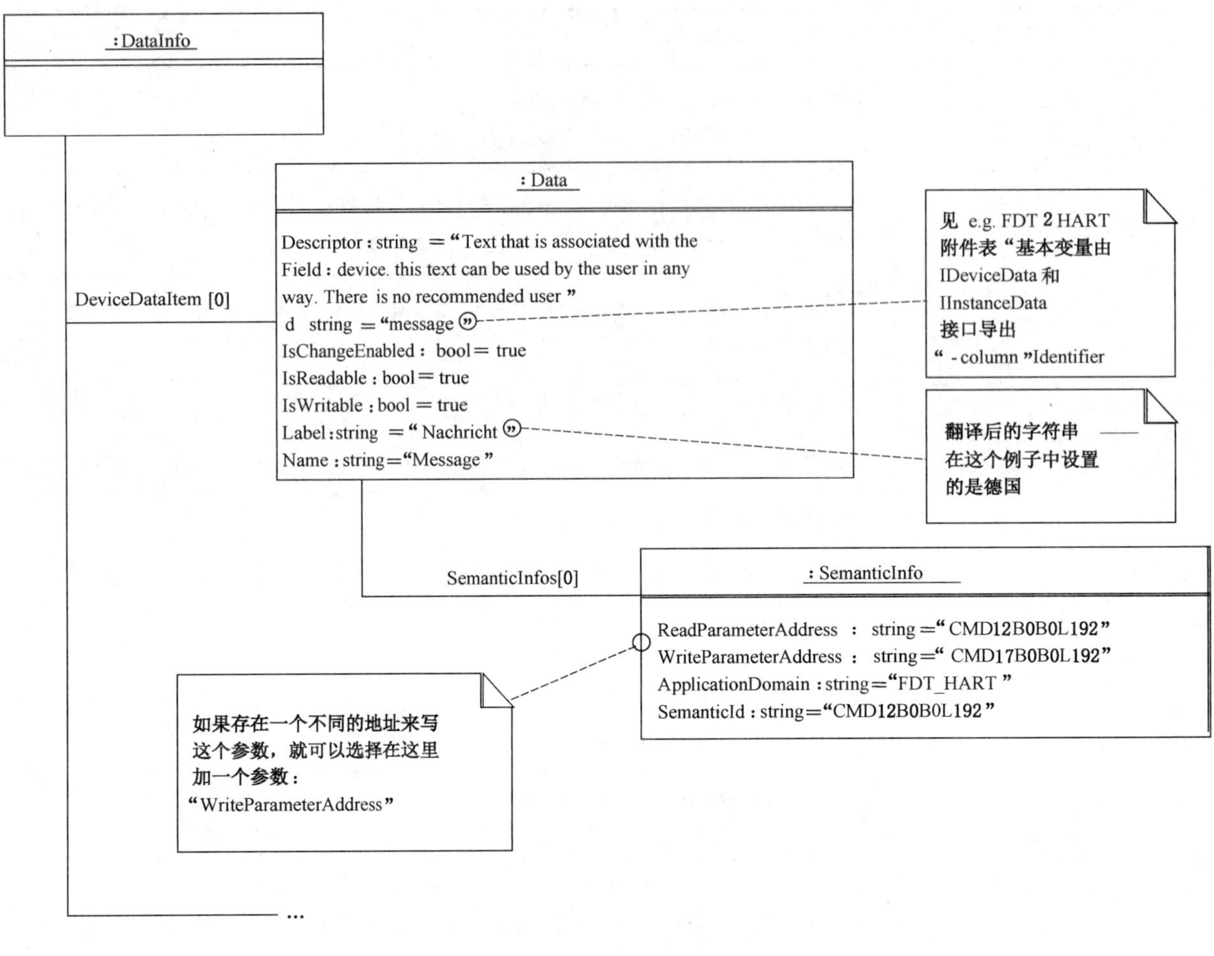

图 87 举例：提供关于一个 HART 设备数据的信息

图 88 显示 DataInfo 如何公开有关一个 PROFIBUS 设备数据的信息。

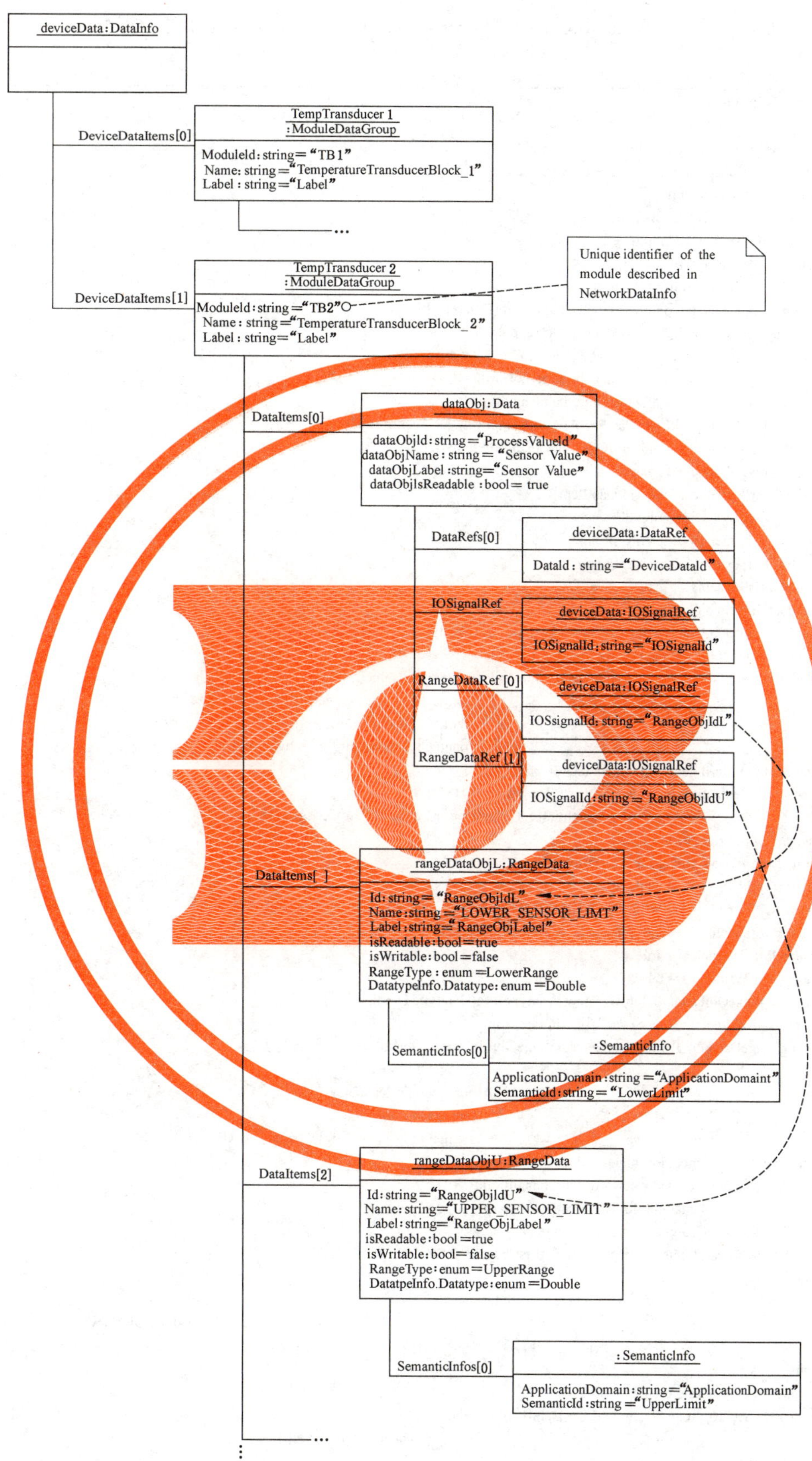

图 88 举例:提供有关一个 PROFIBUS 设备模块数据的信息

图 89 显示如何用一个 Data-object 和一个包含 RangeData-items 上下限的 ModuleDataGroup 创建 DataInfo。

```
public DataInfo GetDataInfo()
{
    DataInfo deviceData = new DataInfo();
    // Create a Data object (inherits from AccessibleData and DataItem)
    string dataObjId = "DataObjID";
    string dataObjName = "DataObjName";
    string dataObjLabel = "DataObjLabel";
    bool dataObjIsReadable = true;
    bool dataObjIsWritable = false;
    DatatypeInfo dataObjDatatypeInfo = new DatatypeInfo(Datatype.Long);
    Data dataObj = new Data(dataObjId, dataObjName, dataObjLabel,
                            dataObjIsReadable, dataObjIsWritable,
                            dataObjDatatypeInfo);
    // Define refences to other DataItems (Optional members)
    dataObj.DataRefs = new FdtList<DataRef>() { new DataRef("DeviceDataID") };
    dataObj.IOSignalRef = new Fdt.Dtm.IO.IOSignalRef("IOSignalID");
    // Create a (Lower)RangeData object
    // (inherits from AccessibleData and DataItem)
    string rangeObjIdL = "RangeObjIdL";
    string rangeObjNameL = "LOWER_SENSOR_LIMIT";
    string rangeObjLabelL = "RangeObjLabel1";
    bool rangeObjIsReadableL = true;
    bool rangeObjIsWritableL = false;
    DatatypeInfo rangeObjDatatypeInfoL = new DatatypeInfo(Datatype.Double);
    RangeType rangeTypeL = RangeType.LowerRange;
    RangeData rangeDataObjL = new RangeData(rangeObjIdL, rangeObjNameL,
                                            rangeObjLabelL, rangeObjIsReadableL,
                                            rangeObjIsWritableL,
                                            rangeObjDatatypeInfoL, rangeTypeL);
    // Define SematicInfo-object for rangeDataObj
    rangeDataObjL.SemanticInfos = new FdtList<SemanticInfo>(
                            new SemanticInfo("ApplicationDomain", "LowerLimit"));
    // Create an (Upper)RangeData object
    // (inherits from AccessibleData and DataItem)
    string rangeObjIdU = "RangeObjIdU";
    string rangeObjNameU = "UPPER_SENSOR_LIMIT";
    string rangeObjLabelU = "RangeObjLabel2";
    bool rangeObjIsReadableU = true;
    bool rangeObjIsWritableU = false;
    DatatypeInfo rangeObjDatatypeInfoU = new DatatypeInfo(Datatype.Double);
    RangeType rangeTypeU = RangeType.UpperRange;
    RangeData rangeDataObjU = new RangeData(rangeObjIdU, rangeObjNameU,
                                            rangeObjLabelU,
                                            rangeObjIsReadableU,
                                            rangeObjIsWritableU,
                                            rangeObjDatatypeInfoU, rangeTypeU);
    // Define SematicInfo-object for rangeDataObj
    rangeDataObjU.SemanticInfos = new FdtList<SemanticInfo>(
                new SemanticInfo("ApplicationDomain", "UpperLimit"));
    //Create a ModuleDataGroup with the two RangeData-items.
    FdtList<DataItem> dataItemsInGroup = new FdtList<DataItem>() {rangeDataObjL,
    rangeDataObjU};
    ModuleDataGroup rangeDataGroupObj = new ModuleDataGroup("TB1",
                                                    "TemperatureTransducerBlock_1",
                                                    "Label",
    dataItemsInGroup);
    // Put DataItem objects into the list
    deviceData.DeviceDataItems = new FdtList<DataItem>() { dataObj,
                                                rangeDataGroupObj };
    return deviceData;
}
```

图 89 举例:提供有关数据的信息

如果数据是结构数据，那么 StructDataGroup 可用于显示数据的结构(参见 xx，pdf 中未指出)。

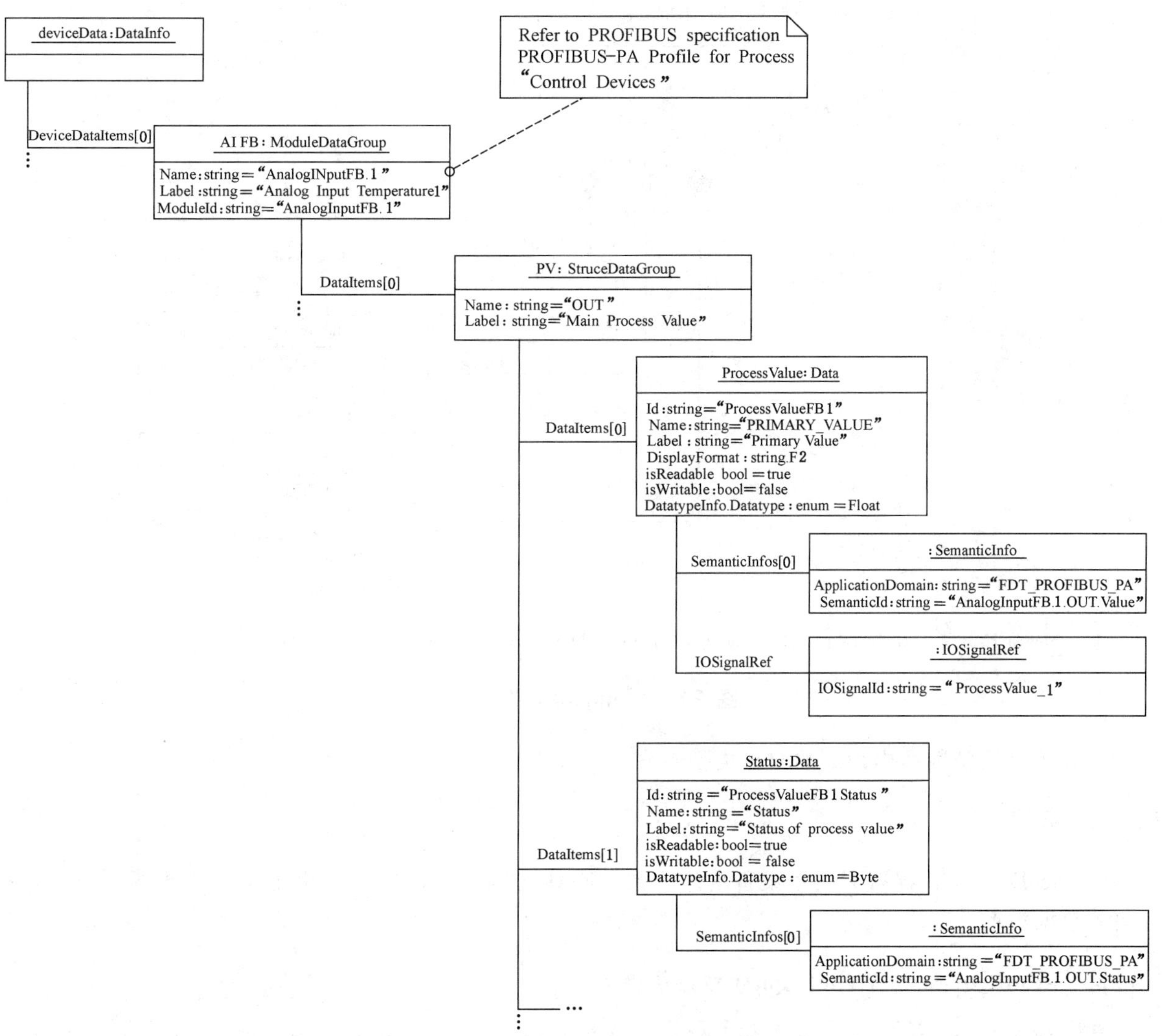

图 90 举例:提供有关结构数据的信息

如果在 DataInfo 中描述的数据作为枚举提供(DataValue = EnumValue)，则 EnumInfo 类是用来提供对数值范围的描述，参见图 91。

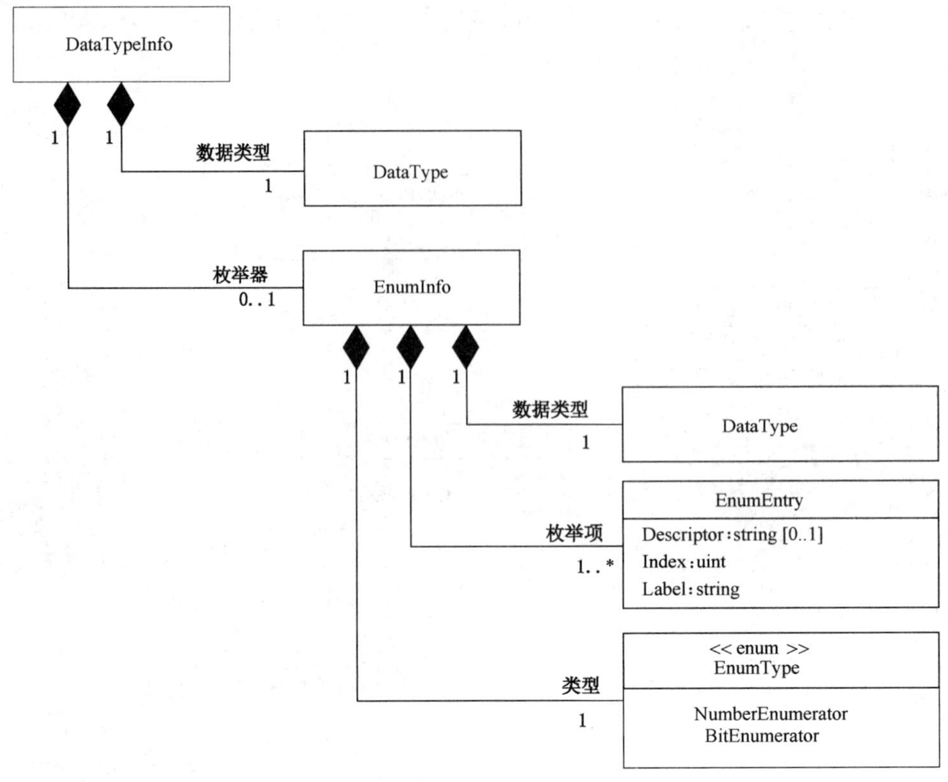

用于：

IDeviceData.EndGetDataInfo() / IInstanceData.EndGetDataInfo()

图 91 **EnumInfo-数据类型**

7.9.2 在读写设备数据中用到的数据类型

7.9.2.1 概述

IDeviceData 接口提供对一个设备具体参数的在线访问。下面的章节中定义了用于读写设备数据方法的数据类型。

7.9.2.2 ReadRequest 和 WriteRequest 数据类型

ReadRequest 和 WriteRequest 数据类型(见图 92 和表 26)用于定义特定参数，这些参数要么可读，要么可写。

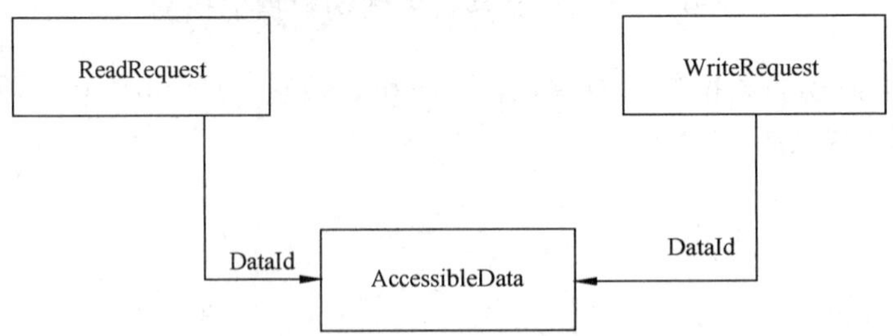

用于：

ReadRequest：IDeviceData.BeginRead() / IInstanceData.BeginRead()

WriteRequest：IDeviceData.BeginWrite() / IInstanceData.BeginWrite()

图 92 读、写请求-数据类型

表 26 读、写数据类型描述

数据类型	描述
AccessibleData	可读或可写的设备数据的抽象基类(见图 86)
ReadRequest	通过 Id 寻址的 DataInfo 中的单一入口的读请求
WriteRequest	通过 Id 寻址的 DataInfo 中的单一入口的写请求

7.9.2.3 ResponseInfo 数据类型

ResponseInfo 数据类型(见图 93 和表 27)用于返回 ReadRequest 或 WriteRequest 请求的读写数据。

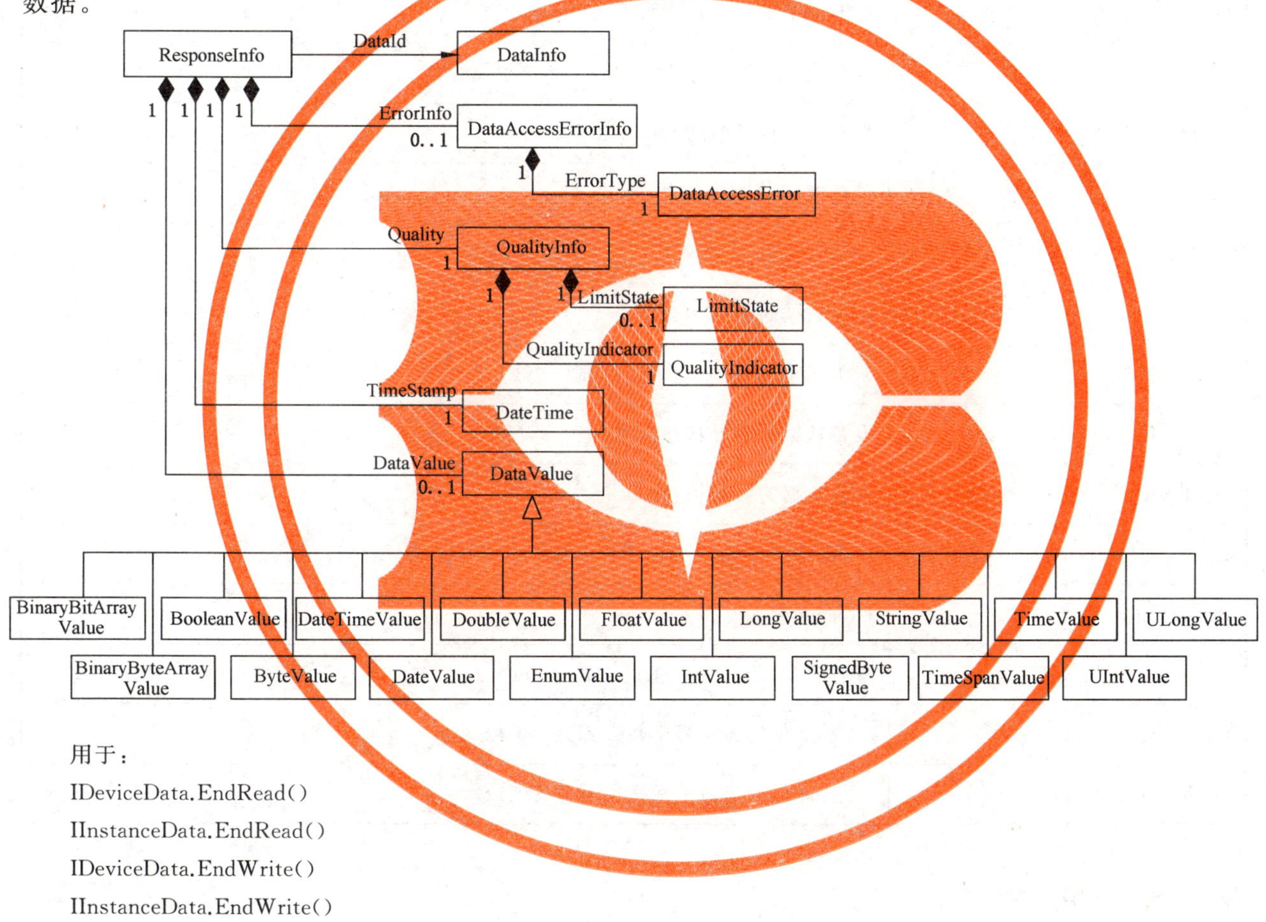

图 93 ResponseInfo-数据类型

表 27 读、写数据类型描述

数据类型	描述
BinaryBitArrayValue	比特值的紧凑型数组
BinaryByteArrayValue	字节值的紧凑型数组
ByteValue	一个 8 位的无符号整数

表 27（续）

数据类型	描述
DataAccessError	出现的错误类型的信息
DataAccessErrorInfo	出现的数据访问出错的信息
DataInfo	可用数据的信息，例如参数和过程值
DataValue	由 DTM 提供的数据值的抽象基类
DateTime	.NET 系统命名空间：表示一个时间点，通常表示为一个日期和时间
DateTimeValue	带有一个 DateTime 值的 DataValue
DoubleValue	双精度(64 位)浮点数
EnumValue	带有一个枚举值的 DataValue
FloatValue	单精度(32 位)浮点数
IntValue	32 位有符号整数
LimitState	设备数据的限制状态
LongState	64 位有符号整数
QualityIndicator	设备数据的质量状态
QualityInfo	设备数据的质量描述
ResponseInfo	由 Id 寻址的 DataInfo 中单一入口的读响应或写响应
StringValue	Unicode 字符串的
TimeSpanValue	带有一个 TimeSpan 值的 DataValue
UintValue	一个 32 位的无符号整数。不兼容 CLS
UlongValue	一个 64 位的无符号整数。不兼容 CLS

7.10 导出和导入数据类型

7.10.1 数据类型-TopologyImportExport

TopologyImportExport 类能被用于在不同框架应用程序间的数据交换。导出包含 FDT 拓扑结构信息，以及其所包含(FDT1.2.x/FDT2.x)的 DTM 和数据集的信息。

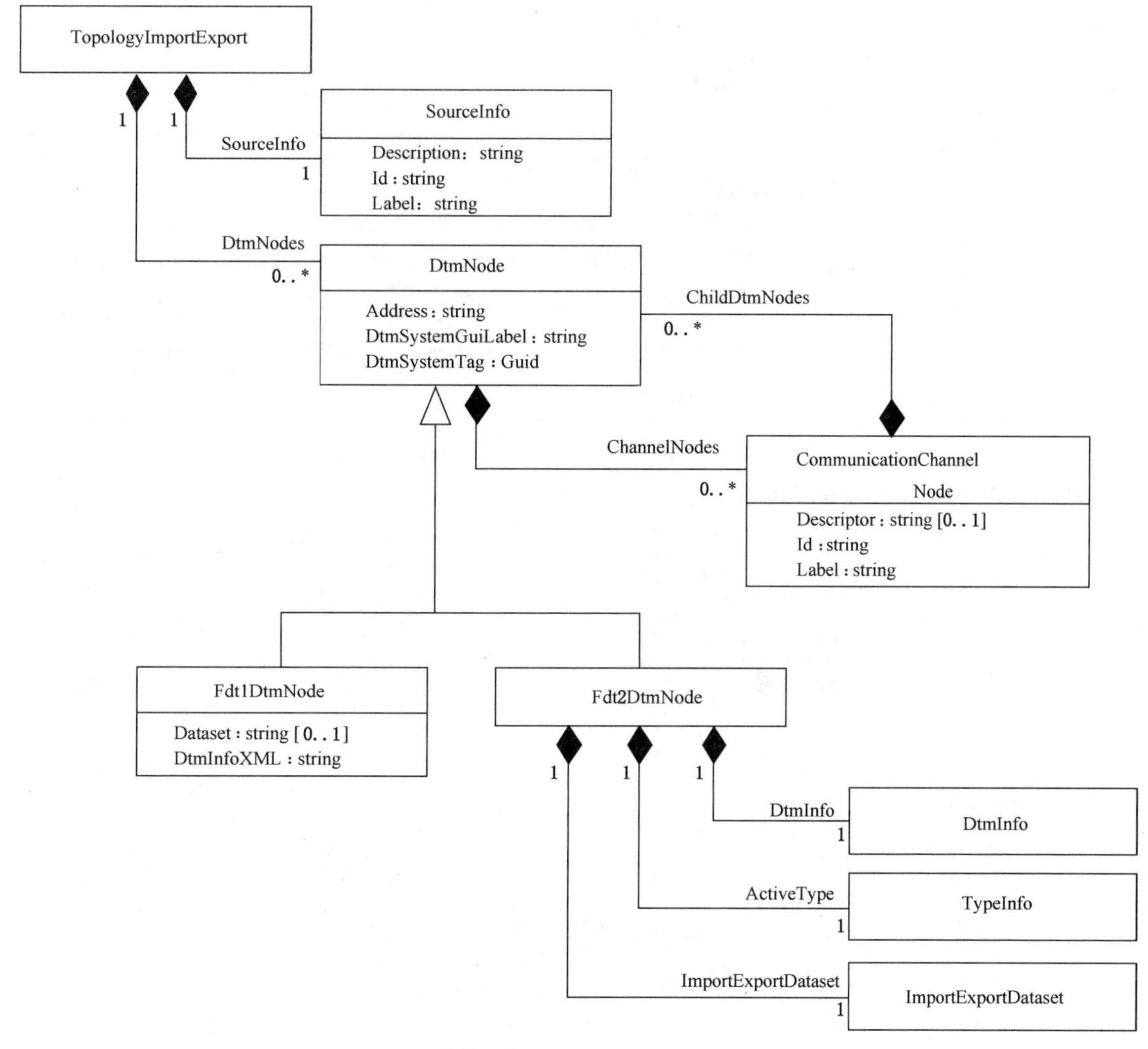

用于：
〈框架应用程序的产品特定功能〉

图 94　**TopologyImportExport-数据类型**

表 28 描述 TopologyImportExport 类及其相关类。

表 28　**TopologyImportExport 数据类型描述**

数据类型	描述
CommunicationChannelNode	代表在 FDT 拓扑结构中被链接到下一级子 DTM 节点的 CommunicationChannel
DtmInfo	DtmInfo 包含有关 DTM 的，诸如名称、版本标识符、所述软件供应商、DTM 兼容的 FDT 的版本通用信息
DtmNode	FDT 拓扑结构中一个 DTM 节点的抽象类
Fdt1DtmNode	此类表示在一个拓扑结构导出中的 FDT1.2.x DTM
Fdt2DtmNode	此类表示在一个拓扑结构导出中的 FDT2.x DTM
ImportExportDataset	数据集包含导出的 DTM 数据子集

表 28（续）

数据类型	描述
SourceInfo	一个拓扑结构导出的原信息，包括唯一标识符、标签和已经导出数据的框架应用程序的描述
TopolpgyImportExport	这个类可以用于不同框架应用程序之间的数据交换。它包括 FDT 的拓扑结构信息以及包含(FDT1.2.x/2.x)的 DTM 和它们的数据集的信息
TypeInfo	用于定义设备类型、块类型或模块类型的抽象基类。一个 DTM 应该包括一个或多个 TypeInfo 对象

7.10.2 数据类型-ImportExportDataset

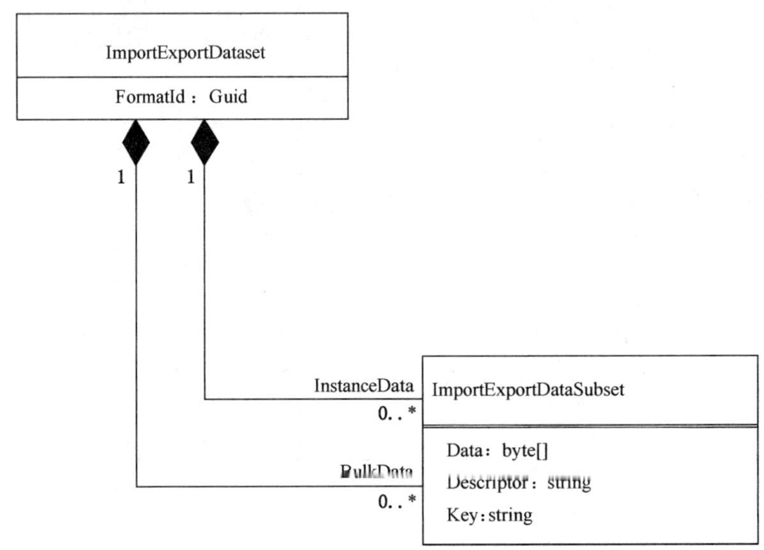

用于：
DataContractSerializer.WriteObject()

图 95 ImportExportDataset-数据类型

表 29 描述 ImportExportDataset 类及其相关类。

表 29 ImportExportDataset 数据类型描述

数据类型	描述
ImportExportDataset	包含导出 DTM 数据子集的数据集
ImportExportDataSubset	该 DTMDataSubsets 包含导出的二进制 DTM 数据

7.11 过程数据的数据类型描述

7.11.1 数据类型-ProcessDataInfo

针对控制系统中的设备集成，ProcessDataInfo 类提供 IO 过程数据相关的信息。图 96 显示与 ProcessDataInfo 类相关的类图。

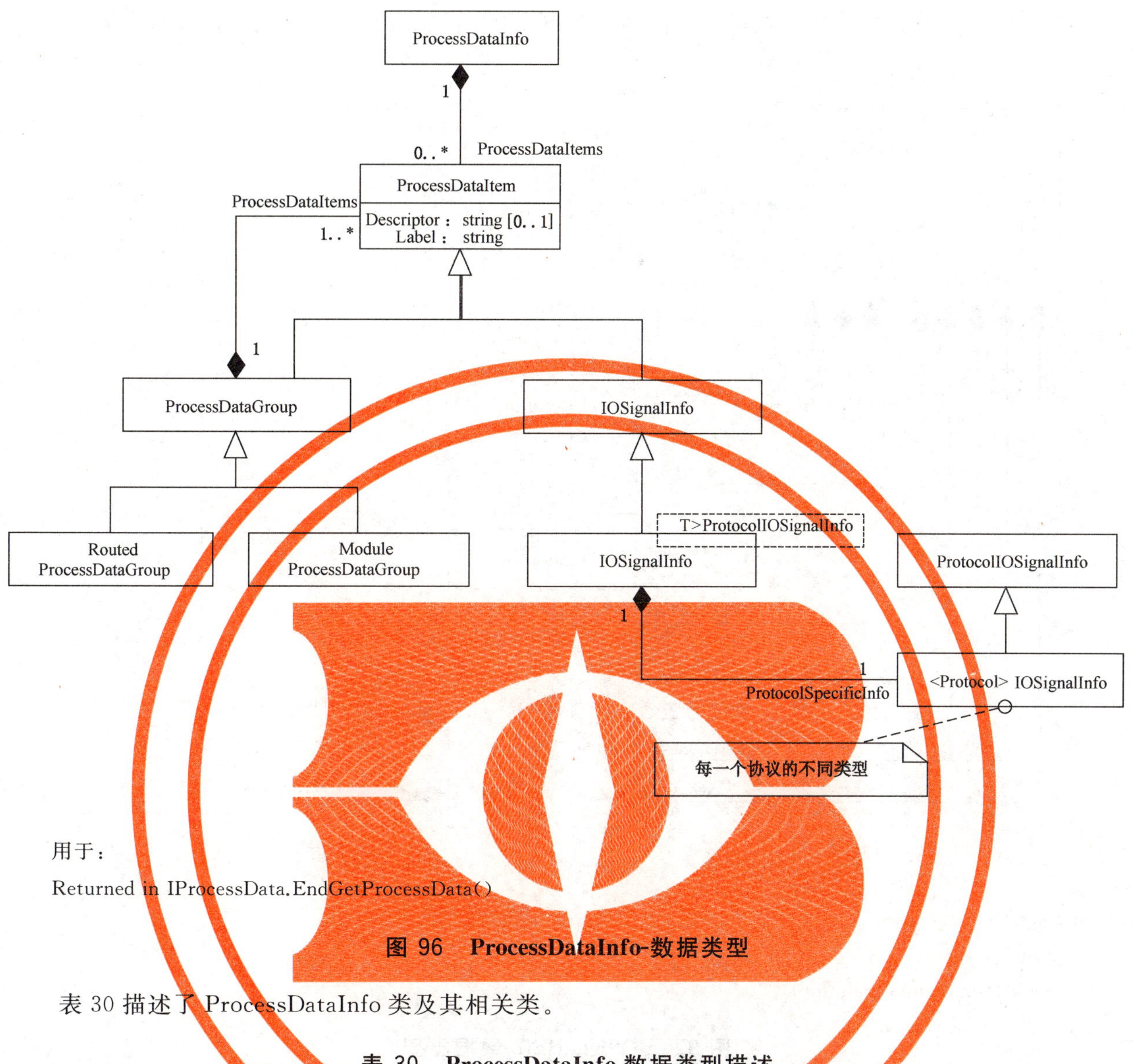

用于：

Returned in IProcessData.EndGetProcessData()

图 96 **ProcessDataInfo-数据类型**

表 30 描述了 ProcessDataInfo 类及其相关类。

表 30 **ProcessDataInfo 数据类型描述**

数据类型	描述
ProcessDataInfo	将与设备相关的信息数据集成到控制系统中，这些信息包括数据类型、信号流向、工程单位和范围等
ProcessDataItem	用于过程数据信息的抽象基类
ProcessDataGroup	ProcessData 组
RoutedProcessDataGroup	与路由 IO 信号相关的信息，这些信号最初由子设备提供（对应 FDT 拓扑结构中的子 DTM）
ModuleProcessDataGroup	有关由 DTM 模块提供的 IO 信号的信息
IOSignalInfo	有关单一设备 IO 信号的信息
IOSignalInfo〈T〉	有关单一设备 IO 信号的信息，其中 T 是协议特定 ProtocolIOSignalInfo
ProtocolIOSignalInfo	协议特定 IO 信号类的抽象基类
〈Protocol〉IOSignalInfo	协议特定 IO 信号类

图 97 提供关于 IOSignalInfo 的更多细节,它不仅用于 ProcessDataInfo,也用于 ProcessImage 信息。

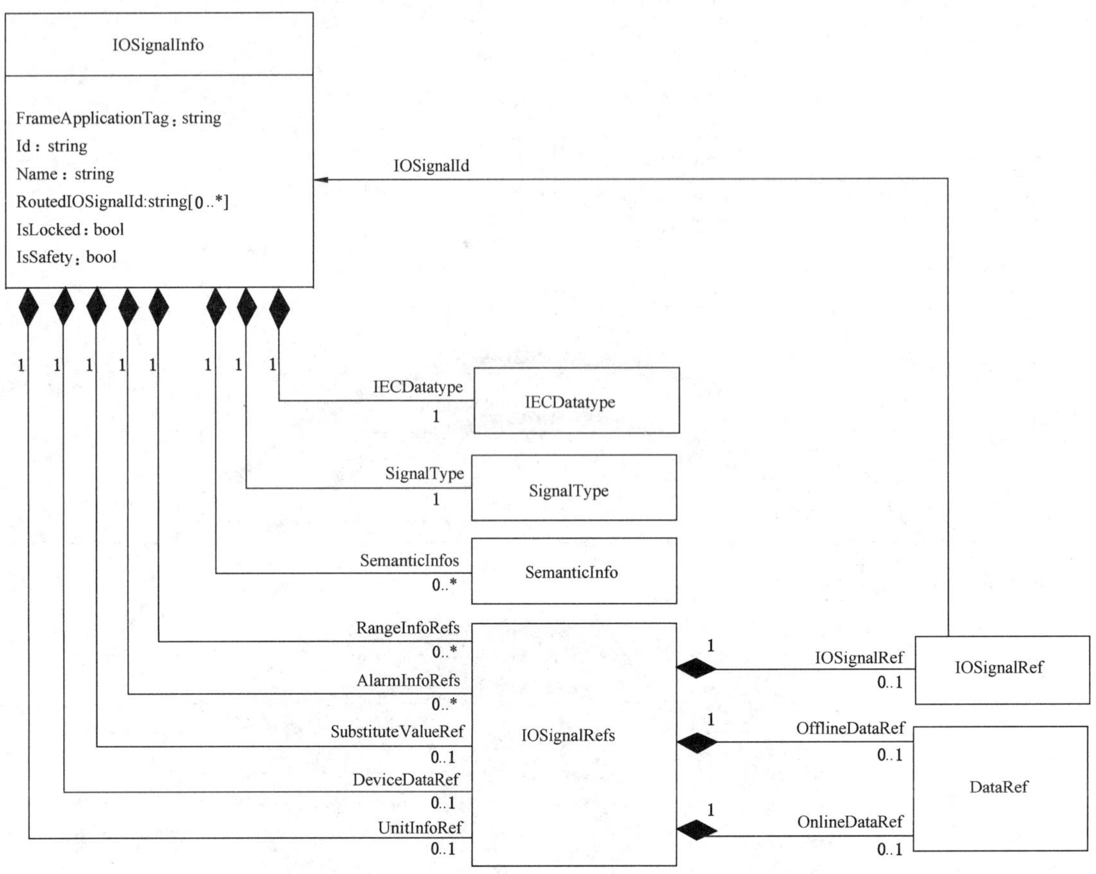

用于:

ProcessDataInfo class

ProcessImageSection class

IProcessData.SetIOSignalInfo()

图 97 IOSignalInfo-数据类型

表 31 IOSignalInfo 数据类型描述

数据类型	描述
DataRef	由 Id 识别的 DataInfo 中一个项的引用,也包括关于引用类型(语义)的信息
IECDatatype	IO 信号的 IEC 数据类型(由协议特定 IO 信号类自动设置)
IOSignalInfo	单一设备 IO 信号的信息
IOSignalInfo〈T〉	有关单一设备 IO 信号的信息,其中 T 是协议特定 ProtocolIOSignalInfo
IOSignalRef	由标示符识别的一个 IO 信号的引用
IOSignalRefs	对于另一个 IOSignalInfo 和/或 DeviceDataInfo 的引用。引用的意思取决于该类被使用时的语境
SemanticInfo	该类提供一个数据对象的语义信息
SIgnalType	IO 信号的类型

下面的图 98 举例显示了一个描述由一个 HART 设备提供模拟输入的 ProcessDataInfo 的例子。

请注意,这个例子显示了由本部分定义的数据类型的预期使用,与 HART 相关的数据类型的定义可能与这个例子不同。

注:请注意,这些示例演示了一个协议特定的数据类型如何派生于文件中定义的数据类型,以及如何使用该协议特定的数据类型。对于协议特定的数据类型的定义,请参阅相应的规范文档。

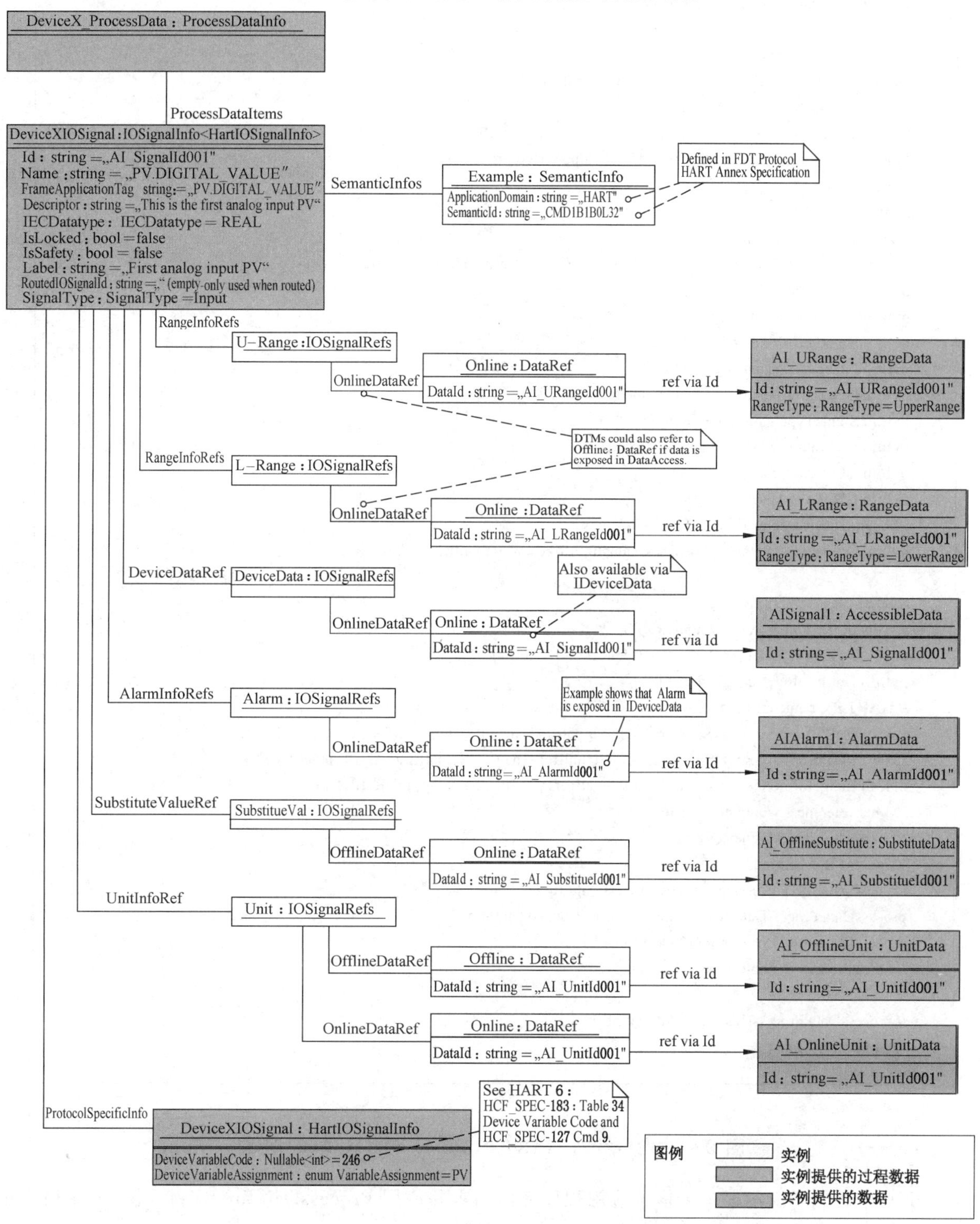

图 98 举例:针对 HART(UML)的 ProcessDataInfo

图 99 中的例子演示了一个(HART)设备 DTM 是如何创建并返回 ProcessDataInfo 实例的。

```
protected ProcessDataInfo GetProcessData()
{
    // HART PV information
    HartIOSignalInfo hartPVInfo = new HartIOSignalInfo();
    //This value is the Primary Variable
    hartPVInfo.ProcessVariableAssignment = HartIOSignalInfo.VariableAssignment.PV;
    //Specify the index that is needed to read the value via command #9
    //or command #33
    hartPVInfo.Index = 0;
    // HART PV information
    IOSignalInfo<HartIOSignalInfo> pvInfo = new IOSignalInfo<HartIOSignalInfo>();
    pvInfo.ProtocolSpecificInfo = hartPVInfo;
    pvInfo.Id = "AI_SignalId001";
    pvInfo.Name = "PV.DIGITAL_VALUE";
    pvInfo.Label = "First analog input PV";
    pvInfo.Descriptor = "This is the first analog input PV";
    pvInfo.SignalType = SignalType.Input;
    pvInfo.IECDatatype = IECDatatype.REAL;
    pvInfo.IsLocked = false;
    pvInfo.IsSafety = false;
    //Sematic info as defined in HART FDT Annex
    pvInfo.SemanticInfos = new FdtList<SemanticInfo>(new SemanticInfo("HART",
                                                                       "CMD1B1B0L32"));
    // HART PV unit information
    var dataRefPvUnit = new IOSignalRefs();
    dataRefPvUnit.OfflineDataRef = new DataRef("AI_UnitId001");
    pvInfo.UnitInfoRef = dataRefPvUnit;
    // HART PV range information
    var ioURefPvUnit = new IOSignalRefs {IOSignalRef = new IOSignalRef("AI_URangeId001")};
    var ioLRefPvUnit = new IOSignalRefs {IOSignalRef = new IOSignalRef("AI_LRangeId001")};
    pvInfo.RangeInfoRefs = new FdtList<IOSignalRefs>(){ioLRefPvUnit, ioURefPvUnit};
    // other references would come here..
    // pvInfo.SubstituteValueRef = ...
    // Process Data Info
    ProcessDataInfo processData = new ProcessDataInfo();
    processData.ProcessDataItems = new FdtList<ProcessDataItem>();
    processData.ProcessDataItems.Add(pvInfo);
    // other Process Variables may follow here ....
    // ...
    // processData.ProcessDataItems.Add(svInfo);
    return processData ;
}
```

图 99　举例:针对 HART 的 ProcessDataInfo 的创建

图 100 中的例子演示了一个框架应用程序如何请求并使用 ProcessDataInfo 实例。图 99 中所示的协议特定特性自动映射到图 100 中的与协议无关的特性。

```
public void ReadIoSignalInfos(IDtm dtm, Guid protocolId)
{
    IAsyncResult asyncResult =
        (dtm as IProcessData).BeginGetProcessData(protocolId, null, null);
    ProcessDataInfo processData =
        (dtm as IProcessData).EndGetProcessData(asyncResult);
    ShowIoSignalInfos(processData.ProcessDataItems);
}
public void ShowIoSignalInfos(FdtList<ProcessDataItem> processDatas)
{
    foreach (ProcessDataItem data in processDatas)
    {
        if (data is IOSignalInfo)
        {
            IOSignalInfo ioSignalInfo = (IOSignalInfo)data;
            MessageBox.Show("ID = " + ioSignalInfo.Id +
                            "Name = " + ioSignalInfo.Name +
                            "Label = " + ioSignalInfo.Label +
                            "SignalType = " + ioSignalInfo.SignalType);
        }
        else
        {
            ShowIoSignalInfos((data as ProcessDataGroup).ProcessDataItems);
        }
    }
}
```

图 100 举例:使用针对 HART 的 ProcessData

图 101 的例子演示了 HART 特定的数据类型集(Fdt.Datatypes.Hart.dll)如何公开 IOSignalInfo-Type 属性的类型信息。

```
[assembly: IOSignalInfoType(
    IOSignalInfoType = typeof(IOSignalInfo<HartIOSignalInfo>),
    ProtocolIOSignalInfoType = typeof(HartIOSignalInfo))
]
```

图 101 举例:OSignalInfoType 属性

注:请注意,上述例子演示了一个协议特定的数据类型如何派生于文件中定义的数据类型,以及如何使用该协议特定数据类型。对于协议特定的数据类型的定义,请参阅相应的规范文档。

7.11.2 数据类型-过程映像

ProcessImageInfo 类提供了有关总线主站设备过程映像的信息,这些信息由 DTM 显示。图 102 显示了 ProcessImageInfo 相关类的类图。

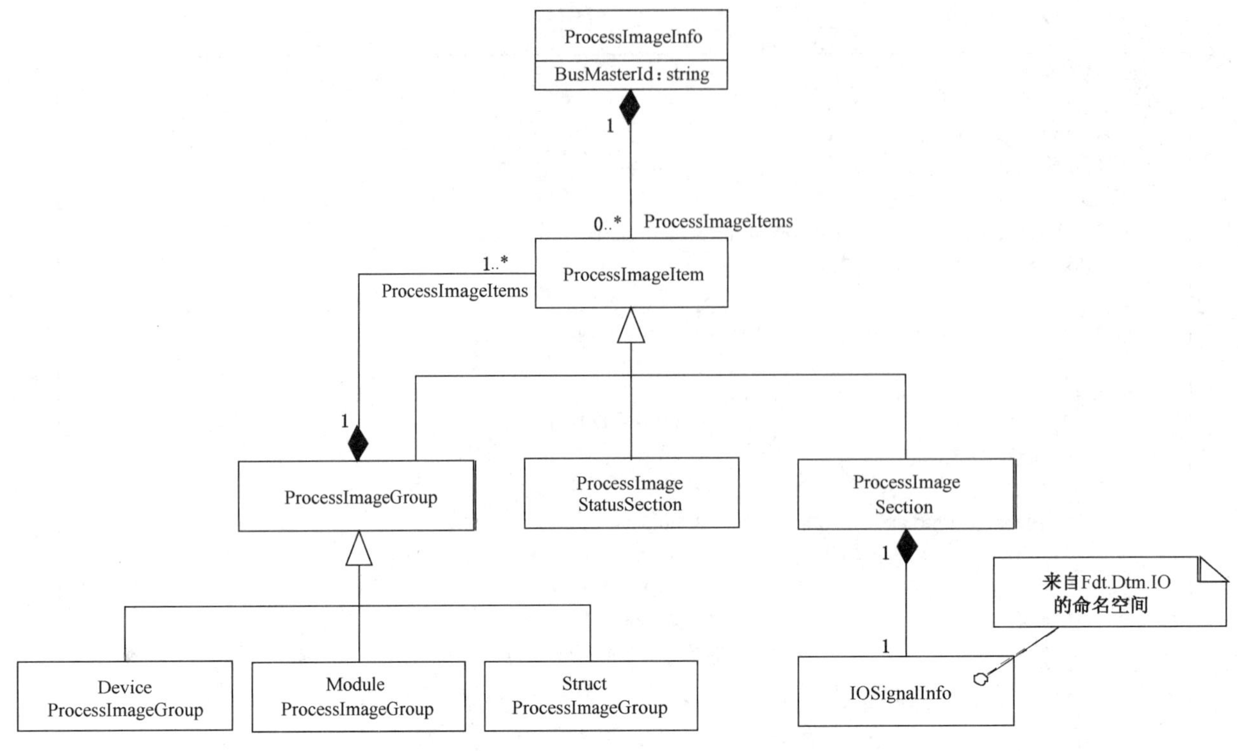

用于:

Returned in IProcessImage.EndGetProcessImageInfo()

图 102 ProcessImage-数据类型

表 32 描述过程 ProcessImage 类。

表 32 ProcessImage 数据类型描述

数据类型	描述
DeviceProcessImageGroup	将连接到现场总线的一个特定设备的过程映像项进行分组
IOSignalInfo	有关单一 IO 信号的信息。 **注:** 该类也用于 IProcessData 接口
ModuleProcessImageGroup	将连接到现场总线的一个特定设备模块的过程映像项进行分组
ProcessImageInfo	有关现场总线主站映像的信息,例如,该主站映像使工程工具能把设备 IO 信号映射到 PLC 的 IEC 程序的变量
ProcessImageItem	过程映像信息的抽象基类
ProcessImageGroup	过程映像信息进行分组
ProcessImageSection	代表被映射的 IO 信号中的单一过程映像段
StructProcessImageGroup	将一个结构 IO 信号的过程映像项分组

7.12 数据类型-地址信息

AddressInfo 类提供关于由 DTM 表示的设备地址的信息。图 103 显示了一个 AddressInfo 相关类的类图。

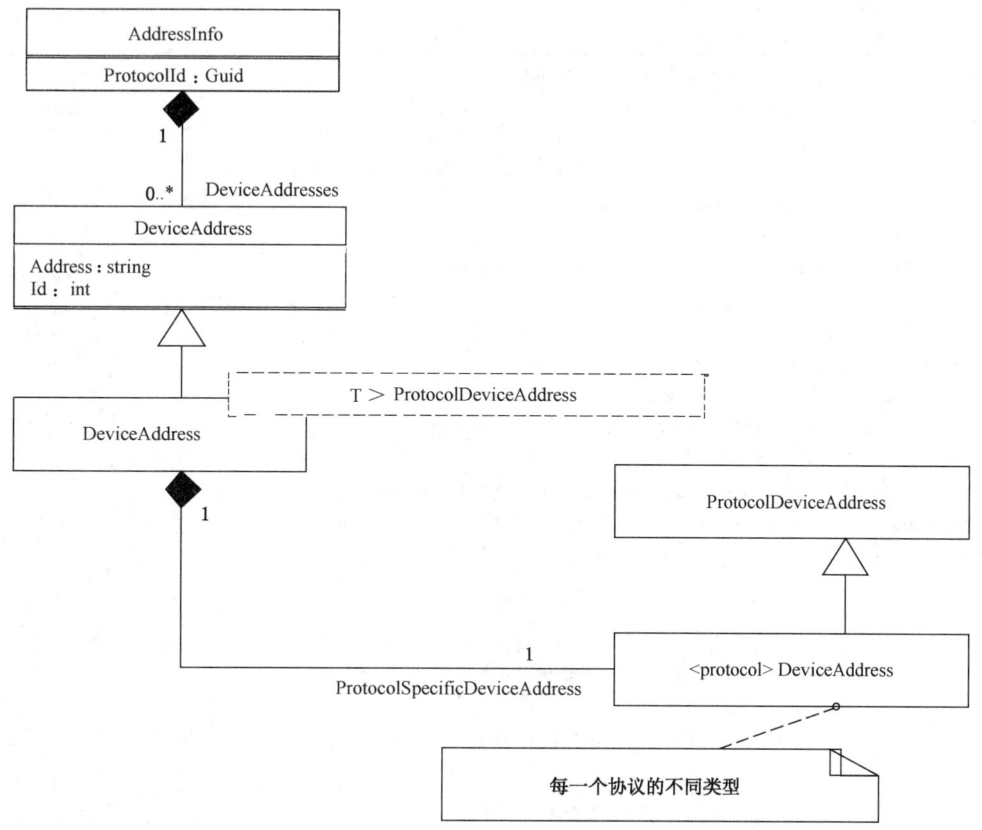

用于：

AddressInfo is returned by INetworkData.GetAddressInfo()

Single DeviceAddresses can be set by INetworkData.SetAddressInfo()

图 103　AddressInfo-数据类型

表 33 描述 AddressInfo 类及其相关类。

表 33　AddressInfo 数据类型描述

数据类型	描述
AddressInfo	由 DTM 表示的设备地址的信息
DeviceAddress	现场总线或网络中的设备的地址。DeviceAddressId 用于指示与相应 NetworkData(具有相同 Id 值)的关系
DeviceAddress〈T〉	网络或现场总线中的设备的地址。 **注**：T 表示协议特定类，该类定义了协议特定地址特性
ProtocolDeviceAddress	协议特定设备地址的抽象基类

图 104 中的示例演示了一个(HART)设备 DTM 如何创建并返回一个 AddressInfo 实例。

```
public AddressInfo CreateAddressInfoForHart(int shortAddress,
                                                        string shortTag,
                                                        string longTag,
                        HartDeviceAddress.AddressingModeSelection addressingMode,
                        HartLongAddress longAddress)
{
      var hartDeviceAddress = new HartDeviceAddress(shortAddress, shortTag,
                                                              longTag, addressingMode,
                                                              longAddress);
      DeviceAddress<HartDeviceAddress> deviceAddress =
      new DeviceAddress<HartDeviceAddress>();
      deviceAddress.ProtocolSpecificDeviceAddress = hartDeviceAddress;
      deviceAddress.Id = 1;
      AddressInfo addressInfo = new AddressInfo(Fdt.Hart.HartFskInfo.ProtocolId);
      addressInfo.DeviceAddresses = new FdtList<DeviceAddress>(deviceAddress);
      return addressInfo;
}
```

图 104 举例:AddressInfo 的创建

图 105 中的示例演示了一个框架应用程序如何请求并使用图 104 中创建的 AddressInfo 实例。

```
public void ShowDeviceAddress(IDtm dtm, Guid protocolId)
{
    INetworkData networkData = dtm as INetworkData;
    if(networkData == null)
    {
        //this shall never happen because INetworkData is mandatory
        MessageBox.Show("Failure: DTM does not provide INetworkData");
        return;
    }
    AddressInfo addressInfo = networkData.GetAddressInfo(protocolId);
    if (addressInfo == null)
    {
        //this shall never happen because return value of
        //GetAddressInfo() shall never be null
        MessageBox.Show("Failure: DTM does not provide AddressInfo");
        return;
    }
    //Verify result
    try
    {
        addressInfo.Verify();
    }
    catch (Exception ex)
    {
        MessageBox.Show("Failure in verification of AddressInfo:" + ex.Message);
        return;
    }
    if (addressInfo.DeviceAddresses == null)
    {
        //This may happen if the protocol doesn't define an addressing mechanism
        MessageBox.Show("Device provides no address information.");
    }
    else
    {
        foreach (DeviceAddress deviceAddress in addressInfo.DeviceAddresses)
        {
            //verify DeviceAddress
            try
            {
                deviceAddress.Verify();
            }
            catch (Exception ex)
            {
                MessageBox.Show("Failure in verification of DeviceAddress:"
                    + ex.Message);
                return;
            }
            MessageBox.Show("Device Address = " + deviceAddress.Address);
        }
    }
}
```

图 105　举例:使用 **AddressInfo**

图 106 的例子演示了 HART 特定的数据类型应用集(Fdt.Datatypes.Hart.dll)如何公开 DeviceAddressInfo 属性的类型信息。

```
[assembly: DeviceAddressType(
                DeviceAddressType = typeof(DeviceAddress<HartDeviceAddress>),
                ProtocolDeviceAddressType = typeof(HartDeviceAddress))
]
```

图 106 举例:设备地址类型属性

注:请注意,该示例演示了一个协议特定的数据类型如何派生于文件中定义的数据类型,以及如何使用该协议特定数据类型。对于协议特定的数据类型的定义,请参阅相应的规范文档。

7.13 数据类型-NetworkDataInfo

该 NetworkDataInfo 类提供了网络管理信息,例如该信息能用于总线主站配置。图 107 显示了一个 NetworkDataInfo 相关类的类图。

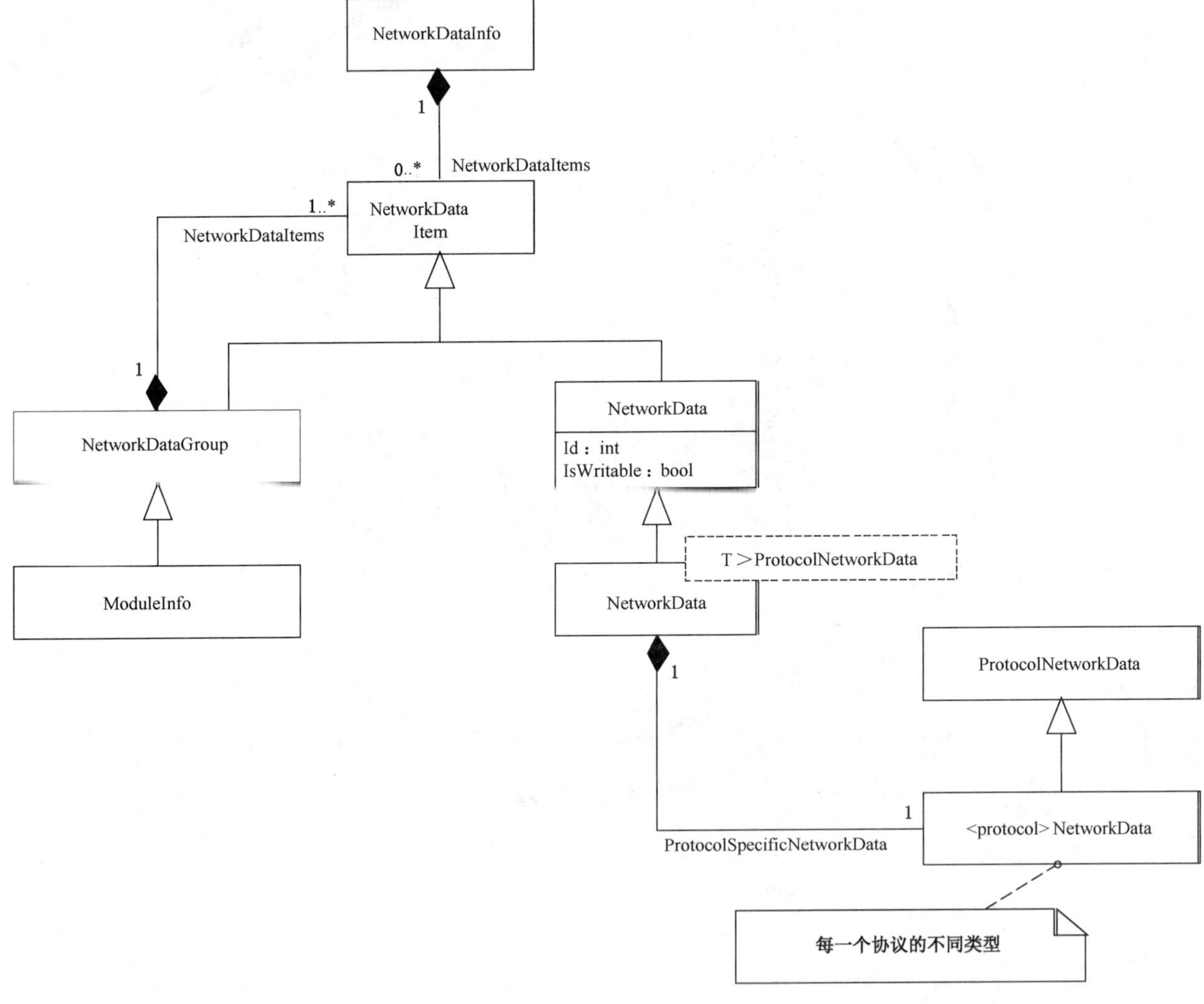

用于:

NetworkDataInfo is returned by INetworkData.GetNetworkDataInfo()

Single NetworkData items can be set by INetworkData.SetNetworkData()

图 107 NetworkDataInfo-数据类型

表 34 描述 NetworkDataInfo 类及其相关类。

表 34　NetworkDataInfo 数据类型描述

数据类型	描述
ModuleInfo	描述了设备的一个硬件或软件模块。它提供通用信息,例如名字、版本、供应商,可能也包括提供下一级协议特定信息的 NetworkDataItems
NetworkData	单一协议独立网络数据项的基类。NetworkData.Id 用于指示与相应 DeviceAddress(具有相同 Id 值)的关系
NetworkData〈T〉	代表单一协议特定网络数据项。 **注**:T 表示一个协议特定类,该类定义了协议特定网络数据特性
NetworkDataGroup	由 DTM 提供的网络数据项组
NetworkDataInfo	有关设备网络特定的信息内容
NetworkDataItem	网络数据类的抽象基类
ProtocolNetworkData	协议特定网络数据信息类的抽象基类

图 108 中的示例演示了一个(PROFIBUS)设备 DTM 如何创建并返回一个 NetworkDataInfo 实例。

```
public NetworkDataInfo GetNetworkDataInfo(Guid protocolId)
{
    // verify protocolId
    // ...
    // create network data for Profibus DP/V1 and set properties
    ProfibusNetworkData networkData = new ProfibusNetworkData();
    networkData.PrmDataIdentNumber = 0x1234;
    networkData.PrmDataMinTsdr = 11;
    networkData.PrmDataFreezeMode = false;
    networkData.CfgData = new byte[3];
    networkData.CfgData[0] = 0x30;
    networkData.CfgData[1] = 0x42;
    networkData.CfgData[2] = 0x27;
    // ...
    // ... (properties are device specific)
    // ...
    var nwdi = new NetworkDataInfo(protocolId, false);
    nwdi.NetworkDataItems = new Fdt.FdtList<NetworkDataItem>(
                    new NetworkData<ProfibusNetworkData>(1,networkData));
    return nwdi;
}
```

图 108　举例:NetworkDataInfo 的创建

图 109 中的示例演示了一个通信 DTM(代表一个总线主站设备)如何请求并使用一个在图 108 中创建的 NetworkDataInfo 实例。

```
public void CheckNetworkData(INetworkData networkData, Guid protocolId)
{
    var dtmNetworkData = networkData.GetNetworkDataInfo(protocolId);
    if (dtmNetworkData != null)
    {
        // network data available
        // Verify the data (if invalid data, the method exits with an exception)
        dtmNetworkData.Verify();
        foreach (NetworkDataItem item in dtmNetworkData.NetworkDataItems)
        {
            if ((item is NetworkData<ProfibusNetworkData>))
            {
                var pbDataItem = item as NetworkData<ProfibusNetworkData>;
                ProfibusNetworkData pbData = pbDataItem.ProtocolSpecificNetworkData;
                // use the network data to check master configuration
                // ...
            }
        }
    }
}
```

图 109　举例:使用 NetworkDataInfo 的例子

图 110 的示例演示了 PROFIBUS 特定的数据类型应用集(Fdt.Datatypes.Hart.dll)如何公开 NetworkDataType 的 NetworkDataTypeAttribute 类型信息。

```
[assembly: NetworkDataType(
        NetworkDataType = typeof(NetworkData<ProfibusNetworkData>),
        ProtocolNetworkDataType = typeof(ProfibusNetworkData))
]
```

图 110　举例:NetworkDataTypeAttribute 的示例

注:请注意,该示例演示了一个协议特定的数据类型如何派生于这个文件中定义的数据类型,以及如何使用该协议特定数据类型。对于协议特定的数据类型的定义,请参阅相应的规范文档。

7.14　数据类型-DTM 功能

图 111 描述了在 FunctionInfo 场景中类之间的关系。

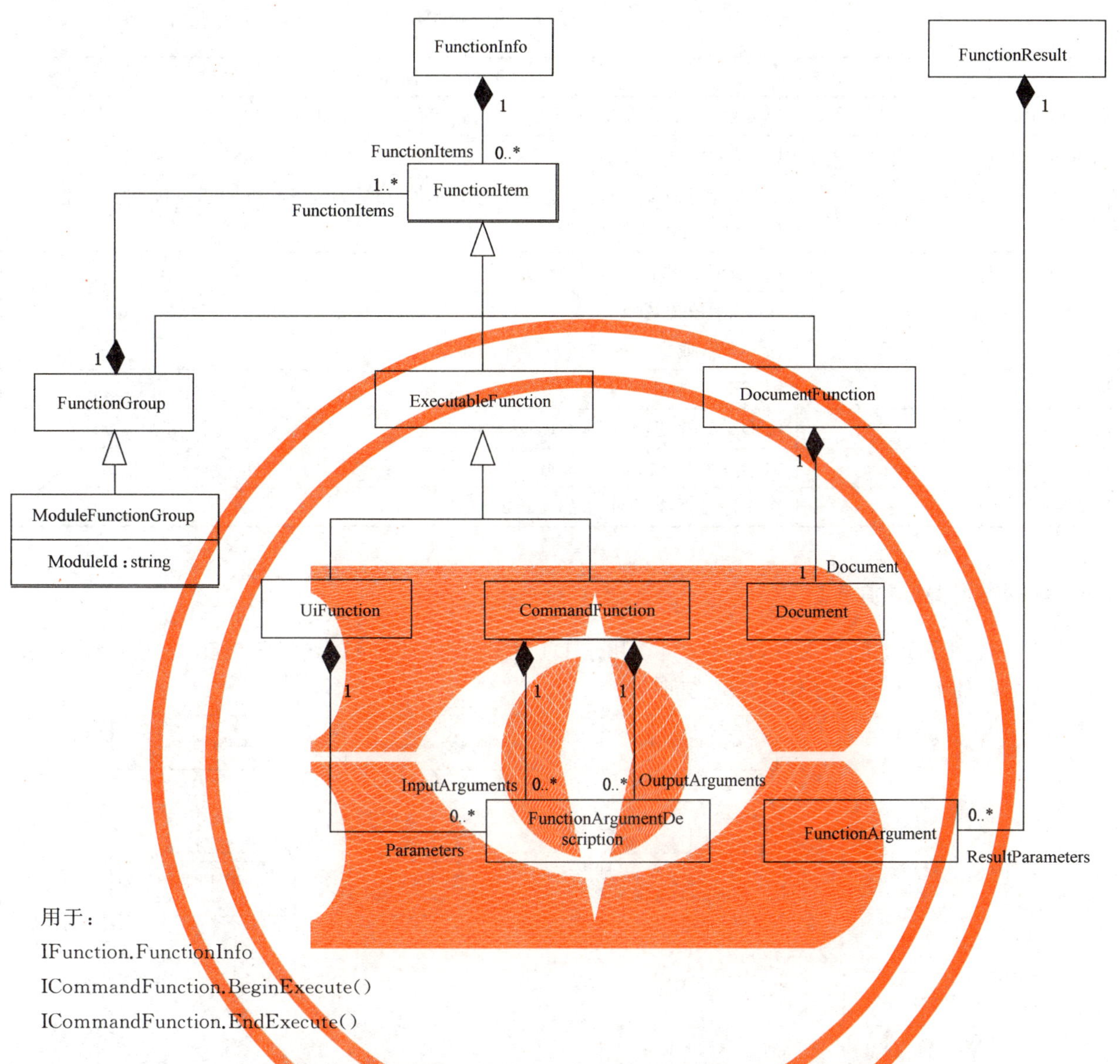

图 111 DTM 功能-数据类型

一个 DTM 公开 FunctionInfo 所提供的所有功能，它可以包含一个或多个功能。每个功能可以提供一个或多个文件，一个可执行的功能或一个功能组。功能组包含一个或多个功能。ModuleFunctionGroup 是一个特殊的 FunctionGroup。可执行功能的两种类型的区别在于：一个功能要求打开一个用户界面，而另一个在后台运行的功能不需要一个用户界面。UiFunctions 提供一个或多个 FunctionArguments，其描述了功能特定信息。对于一个有用户界面的功能列表，请参阅 5.9.1。CommandFunctions 定义 InputParameters 以及 ResultParameters。

DMT 在关于一个框架应用程序如何表示一个 DTM 的可用功能的问题上不应该做任何假设。对于不同的用例和不同平台，存在将该信息呈现给用户的可替换的方法。这就是为什么 DTM 不应该提供对菜单或其他显示功能列表的 GUI 元素的用户定制（如菜单加速器）。

表 35 描述了在 Fdt.Dtm.Functions 命名空间中的数据类型。

表 35 DTM 功能数据类型描述

数据类型	描述
FunctionInfo	返回由一个 DTM 提供的功能、用户界面和文件的信息
FunctionItem	DTM 功能描述类的抽象基类
ExecutableFunction	DTM 功能的抽象基类,这些功能通过调用在 DTM BL 上的相应接口或创建一个UI 对象而"可执行"
DocumentFunction	由 DTM 提供的一个文档(文件)的描述
FunctionGroup	DTM 函数描述组
FunctionResult	命令函数或一个模态用户界面的结果
UiFunction	图形 DTM UI 的描述
CommandFunction	由 DTM BL 提供的非 GUI 功能的描述
FunctionArgument	关于一个 CommandFunction 或 UiFunction 的参数的信息
Document	在文件磁盘或 Web 中的文档的信息

7.15 数据类型-DTM 消息

图 112 描述了类之间的关系,这些类可以用于 DTM BL 与 DTM UI 之间的交互,以及两种有关联的 DTM 之间的 DTM BL 的不同实例之间的交互。

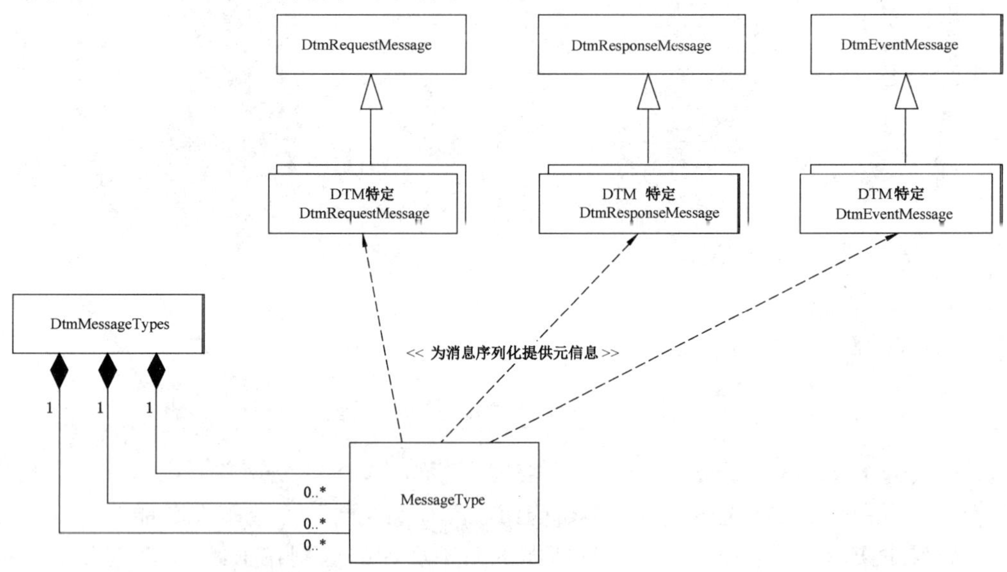

用于:

IDtmUiMessaging.BeginSendMessages()

IDtmUiMessaging.EndSendMessages()

Event IDtmUiMessaging.DtmSpecificEventOccured()

IDtmUiMessaging.UiMessageTypes

And

IDtmMessaging.BeginSendMessages()

IDtmMessaging.EndSendMessages()

IDtmMessaging.PrivateMessageTypes

图 112 DTM 消息-数据类型

表 36 描述了与 DTM 消息有关的数据类型。

表 36 DTM 消息数据类型的描述

数据类型	描述
DtmRequestMessage	该抽象类可以作为 DTM UI 和 DTM BL 之间以及 DTM 之间交互(专有 DTM 到 DTM 的交互)的基础。该类封装了一个消息,该消息是一个 DTM UI 或一个 DTM BL 从 DTM 业务逻辑中请求的信息。 DTM 应从 DtmRequestMessage 中派生自己的类,并使用这些类进行交互
DtmResponseMessage	该抽象类可以作为 DTM UI 和 DTM BL 之间以及 DTM 之间(专有 DTM 到 DTM 的交互)交互的基础。该类封装了一个消息,该消息是一个 DTM BL 对之前请求的响应。 DTM 应从 DtmResponseMessage 中派生自己的类,并使用这些类进行交互
DtmEventMessage	该抽象类可以作为 DTM BL 和 DTM UI 之间交互的基础。 DTM 应从 DtmEventMessage 中派生自己的类,并使用这些类进行交互

7.16 DTM UI 对话框操作代理的数据类型

ActionItem 类(见图 113)被 DTM 用于公开它们的标准对话框操作和设置的状态,以及应用特定操作的状态。

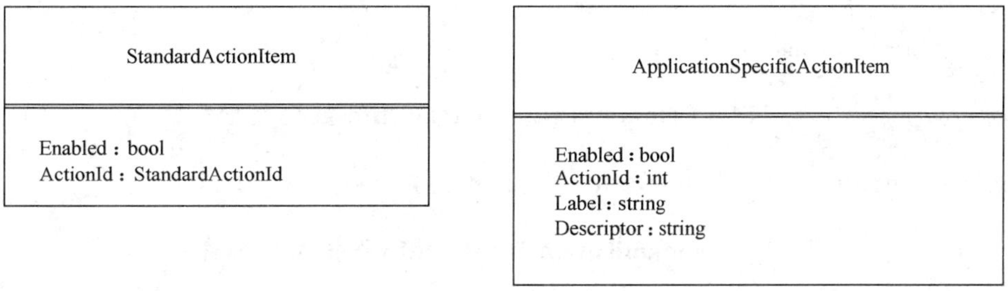

StandardActionItem
Enabled : bool
ActionId : StandardActionId

ApplicationSpecificActionItem
Enabled : bool
ActionId : int
Label : string
Descriptor : string

用于:
ApplicationSpecificActionSet delegate
Event IStandardActions.StandardActionItemSetChanged()
Event IApplicationSpecificActions.ApplicationSpecificActionItemSetChanged()

图 113 ActionItem-数据类型

表 37 描述了与 ActionItem 相关的数据类型。

表 37 ActionItem 数据类型描述

数据类型	描述
StandardActionItem	代表带有一个预定义语义的标准 DTM UI 对话框操作
ApplicationSpecificActionItem	代表未带有一个预定义语义(应用程序特定)的 DTM UI 对话框操作

7.17 数据类型-CommunicationChannelInfo

CommunicationChannelInfo 类提供了 DTM(见图 114)模块和通信通道的信息。

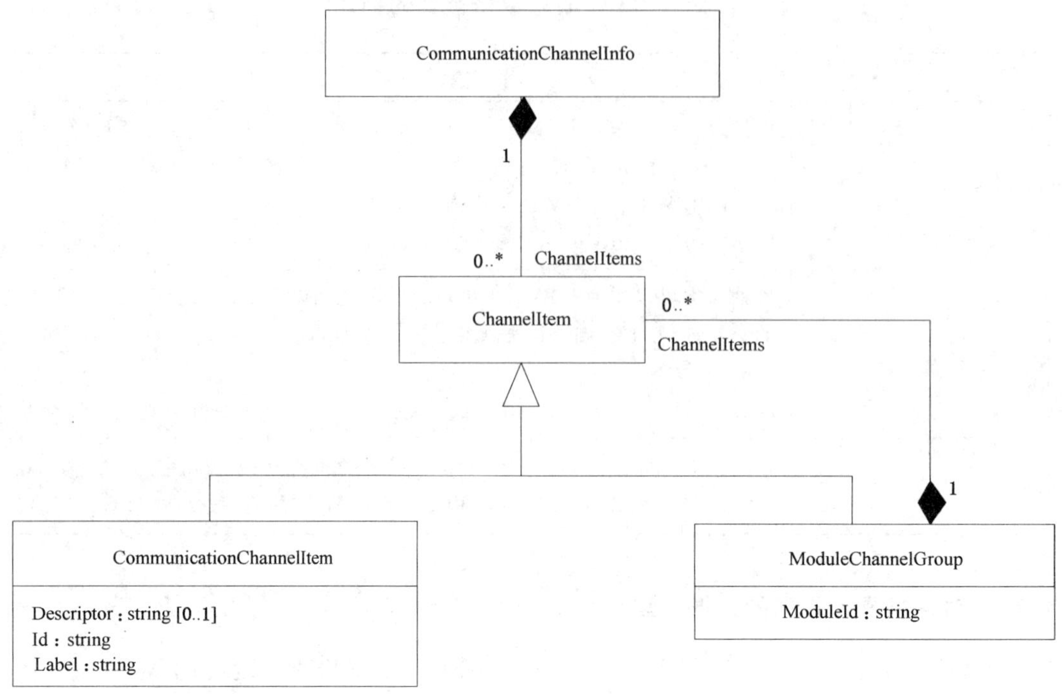

用于：
IChannels.CommunicationChannelInfos

图 114 CommunicationChannelInfo-数据类型

表 38 描述了 CommunicationChannelInfo 类及其相关类。

表 38 CommunicationChannelInfo 数据类型描述

数据类型	描述
CommunicationChannelInfo	DTM 支持的通信通道(和模块)的信息
ChannelItem	模块和通信通道信息的抽象基类
ModuleChannelGroup	通信通道组或 DTM 内在模块的信息

图 115 中的示例演示了两个模块的 DTM 怎样提供通道信息：

```
//Member variables for channel info and channel objects
CommunicationChannelInfo _myChannelInfo;
Dictionary<string,ICommunication> _myCommChannels;
private void buildChannelInfos()
{
    //create first module info
    ModuleChannelGroup module1 = new ModuleChannelGroup("Module1");
    module1.ChannelItems = new FdtList<ChannelItem>();
    CommunicationChannelItem channelModule1 =
        new CommunicationChannelItem("Module1.Chn1", "Channel of Module1");
    module1.ChannelItems.Add(channelModule1);
    //create second module info
    ModuleChannelGroup module2 = new ModuleChannelGroup("Module2");
    module2.ChannelItems = new FdtList<ChannelItem>();
    CommunicationChannelItem channelModule2 =
        new CommunicationChannelItem("Module2.Chn1", "Channel of Module2");
    module2.ChannelItems.Add(channelModule2);
    //create info list
    _myChannelInfo = new CommunicationChannelInfo();
    _myChannelInfo.ChannelItems = new FdtList<ChannelItem>();
    _myChannelInfo.ChannelItems.Add(module1);
    _myChannelInfo.ChannelItems.Add(module2);
    //create Communication Channel objects and add them to dictionary
    _myCommChannels = new Dictionary<string, ICommunication>();
    MyCommChannelType channel1 = new MyCommChannelType();
    _myCommChannels.Add(channelModule1.Id, channel1);
    MyCommChannelType channel2 = new MyCommChannelType();
    _myCommChannels.Add(channelModule2.Id, channel2);
}
//Implementation of IChannels Members
public CommunicationChannelInfo ChannelInfos
{
    get { return _myChannelInfo; }
}
public IEnumerable<KeyValuePair<string, ICommunication>> CommunicationChannels
{
    get { return _myCommChannels; }
}
```

图 115 举例:通道信息

7.18 数据类型-硬件识别和扫描

7.18.1 概述

框架应用程序使用 IHardwareInformation 接口来检测特定的通信硬件是否可用,或从现场设备获取信息。EndHardwareScan()方法返回一个 DeviceScanInfo 列表。如果用该方法来检测通信硬件,则可能提供多个 DeviceScanInfo 条目。如果用该方法来请求某一现场设备的信息,将只返回单个入口。

7.18.2 数据类型-DeviceScanInfo

接口 IScanning 的方法用于扫描通信信道的子拓扑结构。扫描的结果返回到 DeviceScanInfo,并包含检测到的设备的协议特定识别信息(见图 116)。

注:DeviceScanInfo 特性包含了协议无关的识别信息,这些信息采用名称-值对的方式以字符串格式保存。这样就

允许框架应用程序能够在即使不知道协议的具体类型的情况下，也以可读的方式显示扫描设备的基本识别信息。

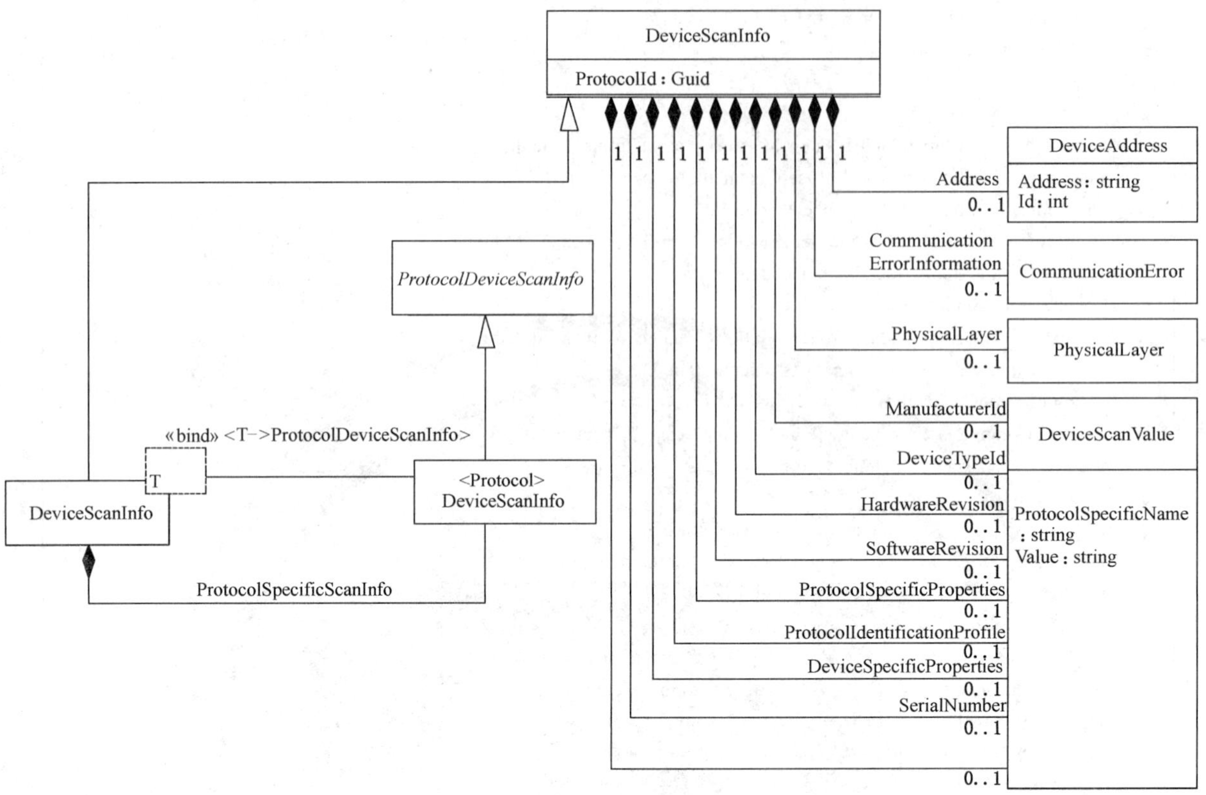

用于：

IHardwareInformation.EndHardwareScan()

IScanning.EndScanRequest()

图 116 DeviceScanInfo-数据类型

表 39 描述了 DeviceScanInfo 的相关数据类型。

表 39 DeviceScanInfo 数据类型描述

数据类型	描述
DeviceAddress	协议特定设备地址的抽象基类。 注：扫描结果 DeviceAddress.Id 值应设置为 0
CommunicationError	用于描述发生在嵌套通信期间出现的与现场总线协议无关的错误
DeviceScanInfo	用于描述来自单一扫描物理设备的信息
DeviceScanValue	代表某扫描装置的识别元素，例如：设备类型 Id，制造商 Id 等
〈Protocol〉DeviceScanInfo	DeviceScanInfo 的特定协议的占位符。例：HARTDeviceScanInfo
DeviceScanInfo〈T〉	用于描述被扫描物理设备的信息
ProtocolDeviceScanInfo	协议特定的扫描特性的抽象基类

7.18.3 例：针对 HART 的硬件识别和扫描

图 117 显示出了 HartDeviceScanInfo 数据类型特性的示例。

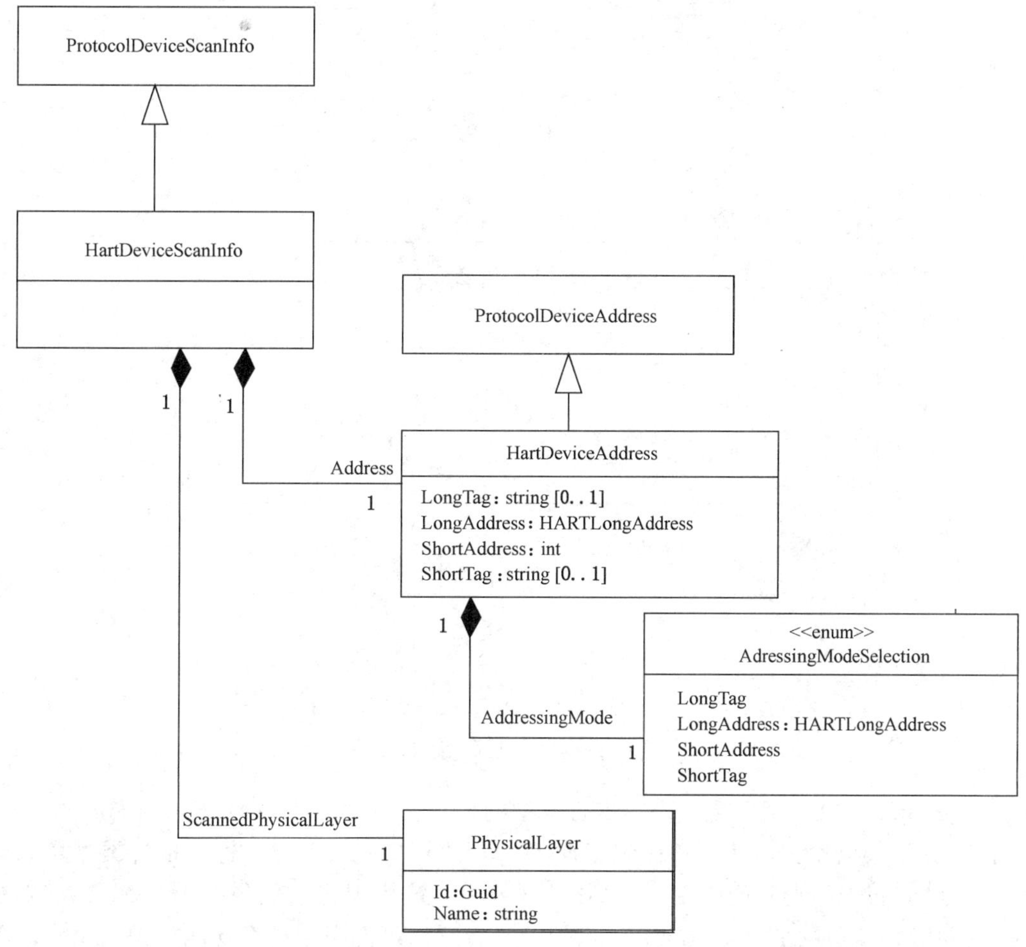

用于：

IHardwareInformation.EndHardwareScan()

IScanning.EndScanRequest()

图 117 举例：**HARTDeviceScanInfo-数据类型**

表 40 描述了与 HARTDeviceScanInfo 相关的类。

表 40 举例：**DeviceScanInfo 数据类型描述**

数据类型	描述
ProtocolDeviceScanInfo	协议特定扫描特性的抽象基类
HARTDeviceScanInfo	提供 ScanRequest()返回的协议特定信息
ProtocolDeviceAddress	协议特定设备地址的抽象基类
HartDeviceAddress	HART 特定设备地址

7.19 数据类型-DTM 报告类型

DTM 使用该 ReportInfo 类公开它实现的报告类型的信息。图 118 显示了所涉及的类和它们的关系。

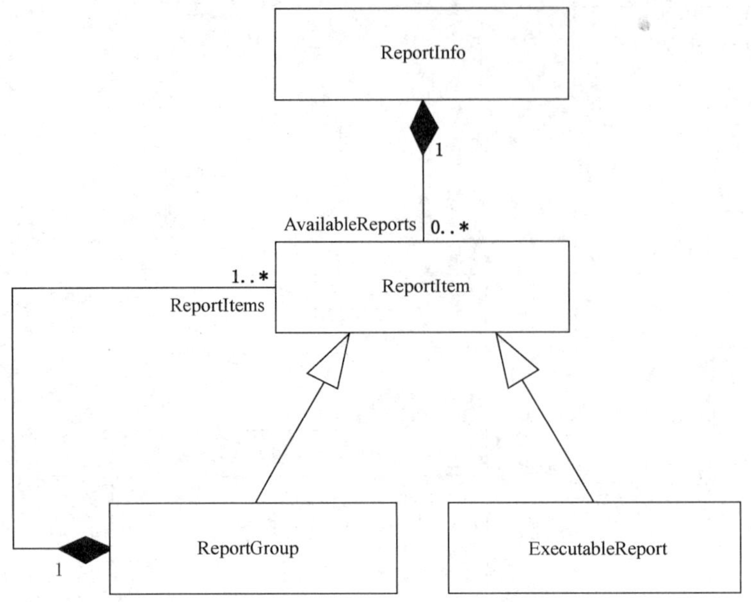

用于：
IReporting.Reports

图 118 DTM 报告-数据类型

一个 ReportInfo 对象包括一个或多个报告类型的描述。每种报告类型(ExecutableReport)都有一个唯一的标识符，框架应用程序使用该标识符向 DTM 请求一份特定的报告。报告类型可以任意组合(ReportGroups)。报告类型可能引用一个 ApplicationId，该标识将它们与一个 FDT 标准功能关联起来(见附录 A 和附录 B 中的 ApplicationID 定义)。或者它们可能引用一个功能标识(FunctionId)，该标识将报表类型与 DTM 的特定功能链接起来。

表 41 总结了在 Fdt.Dtm.Reporting 命名空间的数据类型。

表 41 Reporting 数据类型描述

数据类型	描述
ExecutableReport	DTM 提供的特定报告信息
ReportGroup	DTM 报告描述组
ReportInfo	提供 DTM 提供的报告的信息
ReportItem	报告描述类型的抽象基类

7.20 一体化 DTM 中设备模块的相关信息

一体化 DTM 提供了设备及其所有模块的信息。有关模块的信息分散在不同的数据类型当中。图 119 显示了一个涉及相关数据的例子。

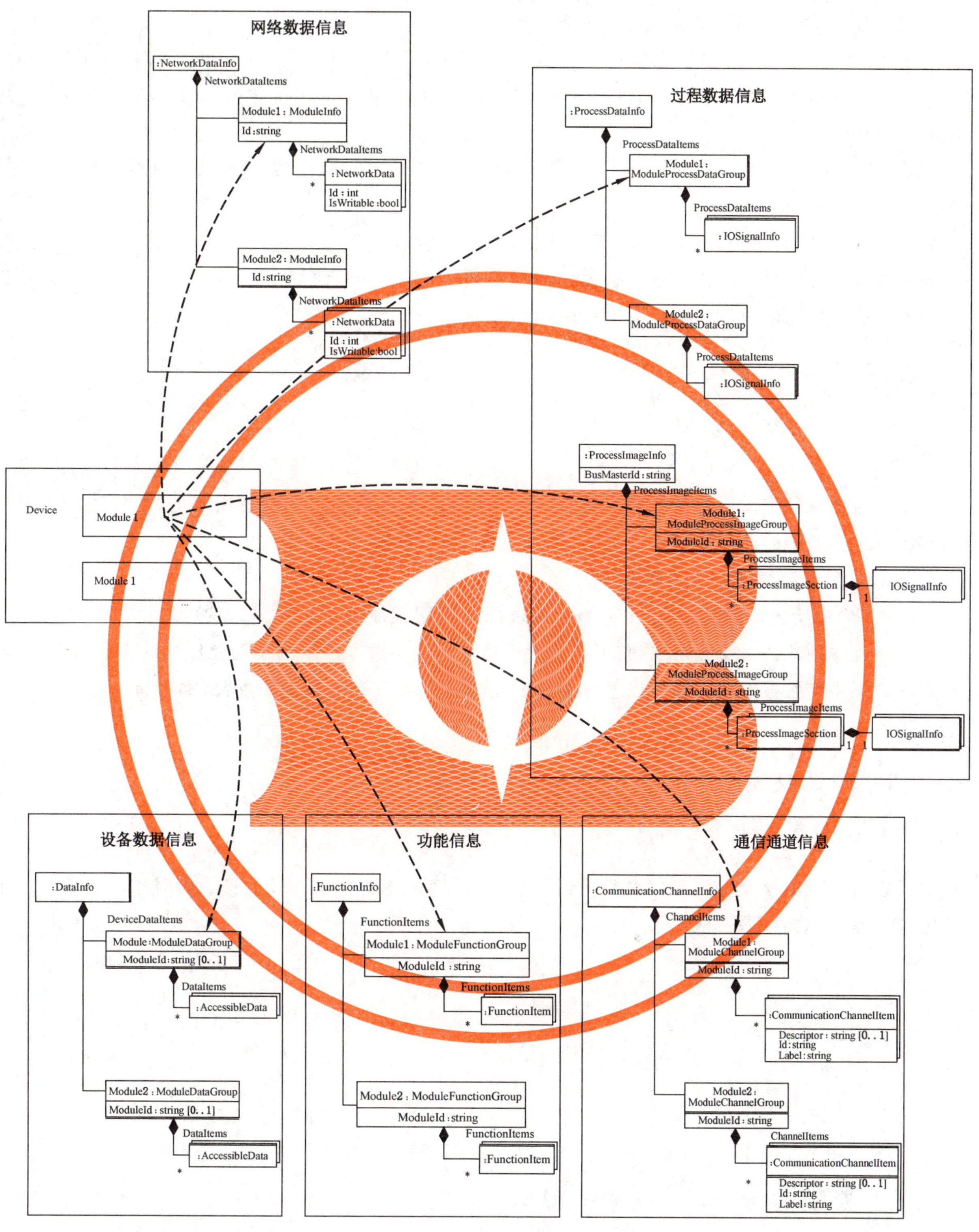

图 119　设备模块的相关信息

在一体化 DTM 内部,一个设备的模块是通过唯一的 ModuleId 进行标识的。

注:在一体化 DTM 用于 PROFIBUS PA 设备的示例中,一个模块可以代表一个功能块或转换器块。而在用于模块化设备的示例中,一个模块可以代表一个硬件模块。

为了表明该信息描述了相同的模块,在不同的数据类型(ModuleInfo ,ModuleProcessDataGroup ,ModuleProcessImageGroup,ModuleDataGroup,ModuleFunctionGroup 和 ModuleChannelGroup)中用相同的 moduleId。

对于一体化 DTM,接口 IInstanceData 和 IDeviceData 当中的数据也要求根据模块进行分组(见图 88)。

通过 ModuleFunctionGroup,可以专门为模块提供功能。

如果该设备是一种模块化设备并且模块能提供通信,那么可以使用 ModuleChannelGroup 为各自的模块提供关联的通信通道(CommunicationChannels)。

8 工作流

8.1 概述

本章中所提供的工作流旨在解释预期的行为。具体实现的行为可能会有所不同,但应遵循这里介绍的和接口定义当中的通用规则。

附录 H.5 负责解释序列图的规则。

如 5.6.2 当中所述,所有组件的交互都是通过框架应用程序或代理组件传递的。由于该消息通路不会改变相互作用或插入交互请求,它不会改变消息调用的一般顺序。为了简化序列的表示,代理对象在本章序列图中经常被省略。如果代理对象对于理解消息调用的序列非常重要,那么将在序列图中显示它们。

8.2 实例化、加载和释放

8.2.1 查找 DTM BL 对象

为了执行 DTM,框架应用程序需要找到程序集文件当中相应的 DTM 业务逻辑对象。本节介绍了寻找 DTM BL 对象的序列(见图 120)。

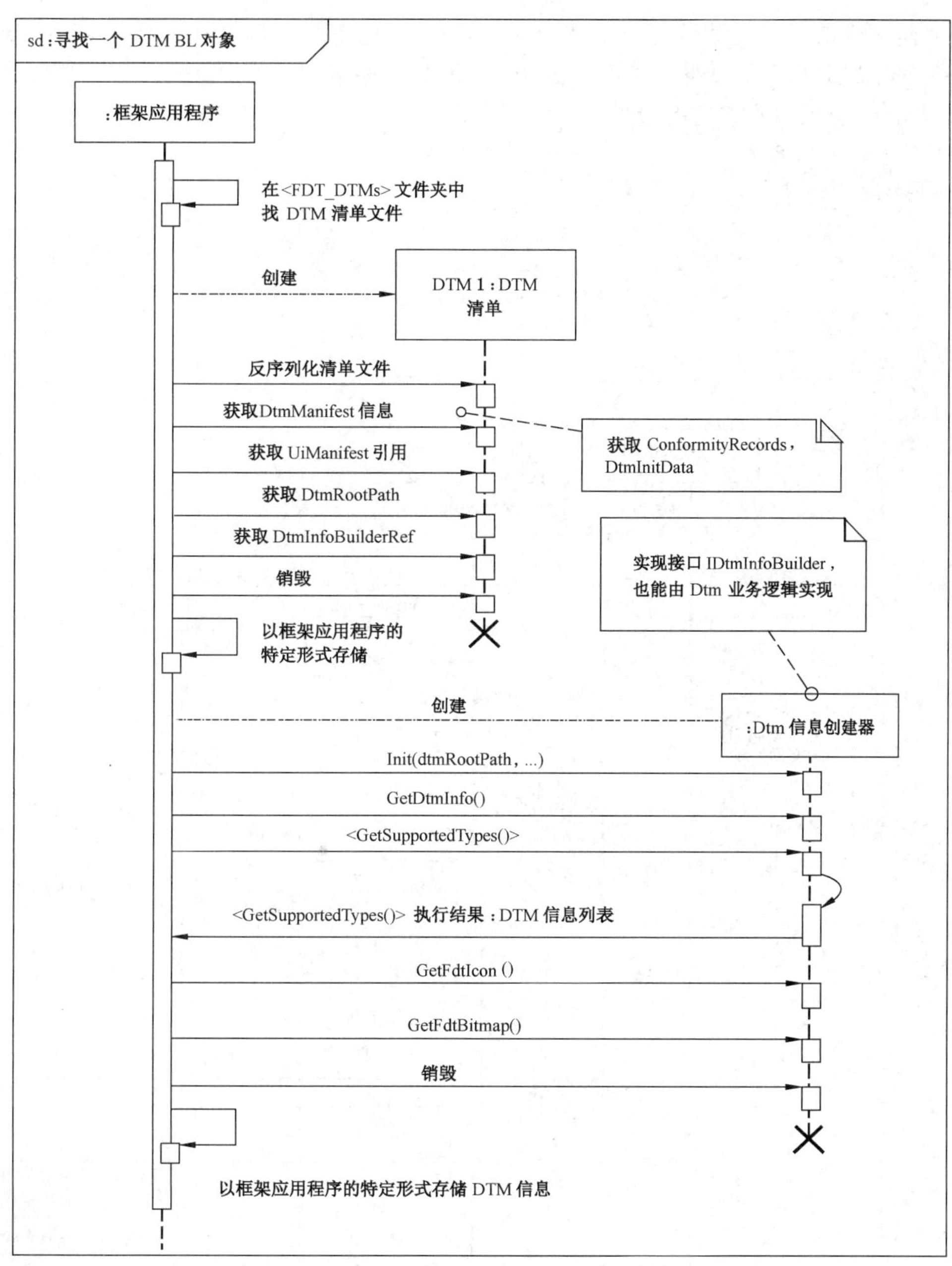

用到的方法:
IDtmInfoBuilder.Init()
IDtmInfoBuilder.GetDtmInfo()
IDtmInfoBuilder.BeginGetSupportedTypes() / IDtmInfoBuilder.EndGetSupportedTypes()
IDtmInfoBuilder.GetFdtIcon()
IDtmInfoBuilder.GetFdtBitmap()

图 120 寻找 DTM BL 对象

框架应用程序通常将 DTM 业务逻辑对象的信息保存在一个目录当中。关于更新设备目录的详细序列请参考 10.4.3。

8.2.2 实例化新的 DTM BL

框架应用程序使用完整的程序集类名称实例化一个新的 DTM 业务逻辑。对于一个选定的 DTM 设备类型(DtmDeviceType),其对应的类名称可以在 DTM 清单文件(DtmManifest)当中查询到。

框架应用程序应该创建一个新的 DTMDataset 对象，并把 IDataSet 的引用作为 IDtm.InitData()中的参数传给新创建的 DTM 业务逻辑实例。在 InitData()方法调用当中，DTM 业务逻辑实例在 DTM 数据集(DTMDataset)当中添加新的数据子集(DTMDataSubsets)，并将它的实例数据写入 DTMDataSubsets(见图 121)。

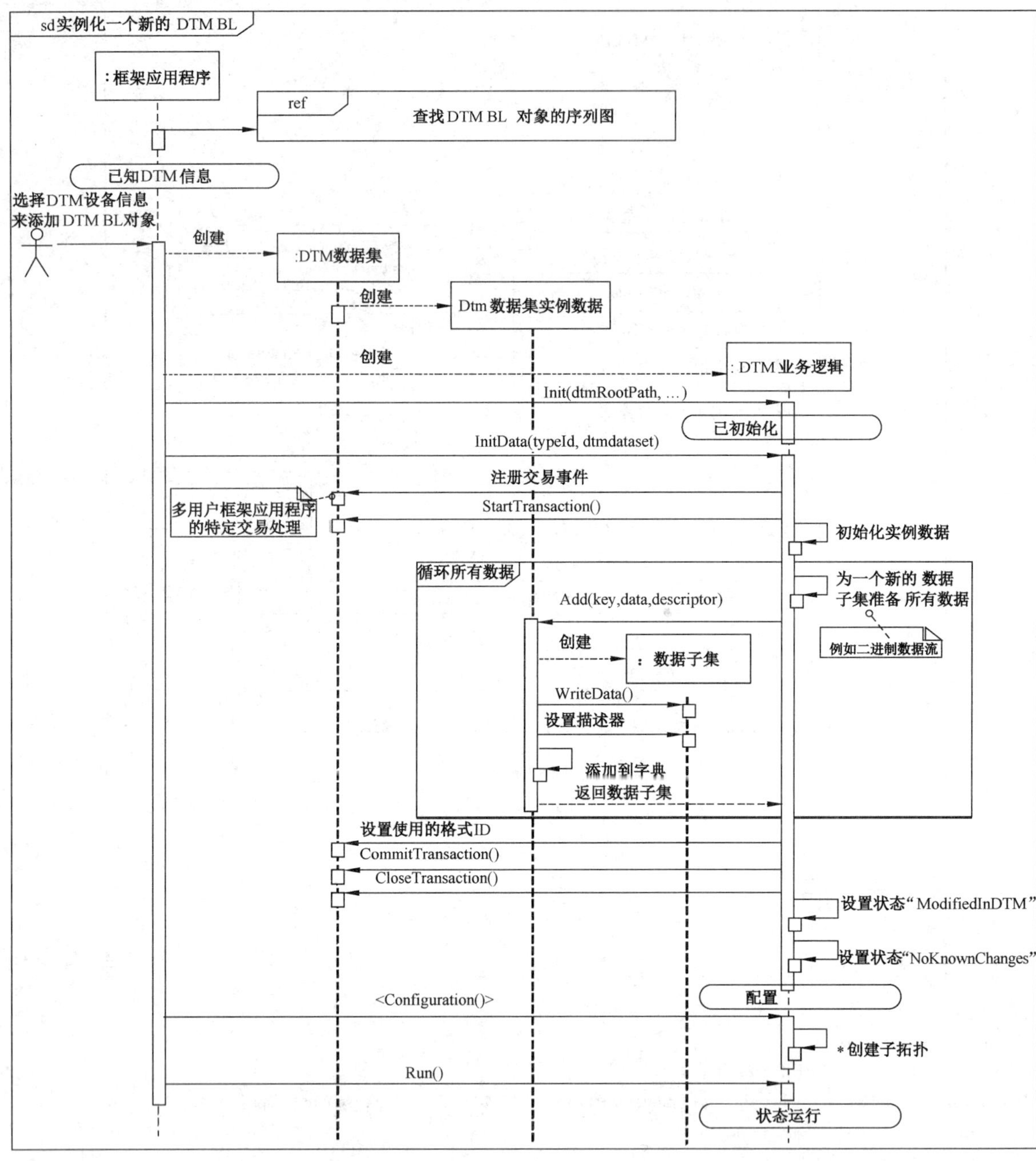

用到的方法：

IDtm.Init()

IDtm.InitData()

IDataset.StartTransaction()

IDataset.CommitTransaction()

IDataset.CloseTransaction()

图 121 实例化一个新 DTM BL

8.2.3 配置访问权限

框架应用程序可以为单个用户或用户组提供一个单独的功能以配置访问权限，这些权限将应用于DTM。一般而言，只有负责工厂安全的系统管理员才可以使用配置访问权限的功能。

为了配置访问权限，管理员必须拥有工程师级别的访问权限对 DTM 进行实例化，然后通过使用ICustomConfiguration ::〈GetAllDataInfo()〉获得 DTM 提供的所有数据的列表。管理员将获得来自于 IFunction.FunctionInfo 特性的所有功能列表。管理员将使用一个由框架应用程序提供的专门的用户界面来定义许可权限，这些权限用于更改数据和调用功能。

该信息由框架应用程序保存，且当该类型的 DTM 被实例化时使用这些信息。

用户能够以专家用户级的权限调用 DTM(见 8.2.5)，并验证权限设置是否正确。管理员可以回到由框架应用程序提供的专门用户界面，纠正权限，保存该数据以及其他框架程序数据，并再次调用 DTM。

图 122 显示了当自定义角色被调用时，用户权限的配置。

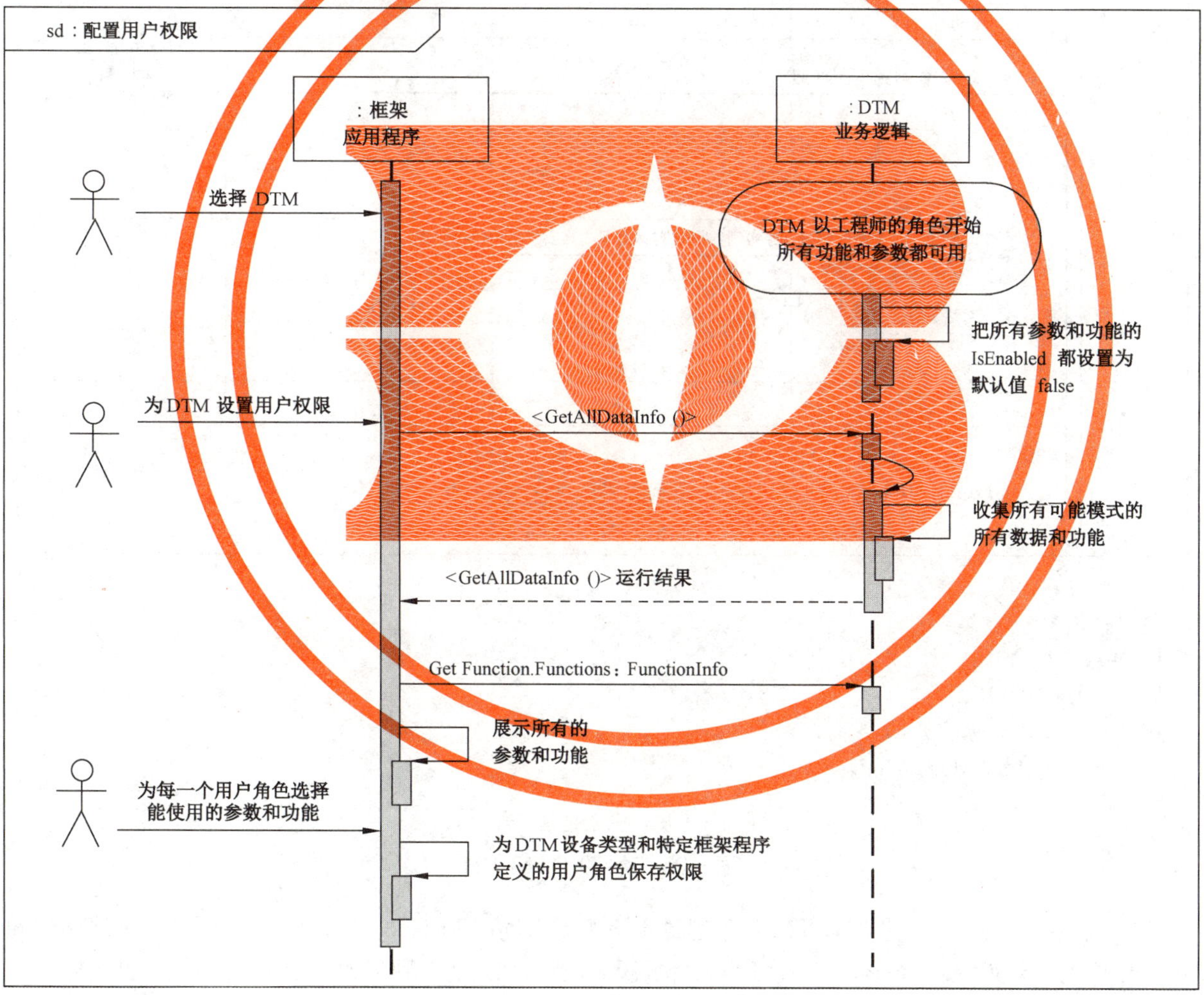

用到的方法：

ICustomConfiguration::BeginGetAllDataInfo()

ICustomConfiguration::EndGetAllDataInfo()

图 122 用户权限的配置

8.2.4 加载 DTM BL

为现有 DTMDataset 创建 DTM 业务逻辑实例后，框架应用程序应该调用 Init()和 LoadData()，传递代表类型(设备，模块，块)的标识符和相应 DTMDataset 的接口。DTM 检查 DTMDataset 的FormatId，并从 DTMDataset 中读取 InstanceData 来初始化它的设备数据(见图 123)。

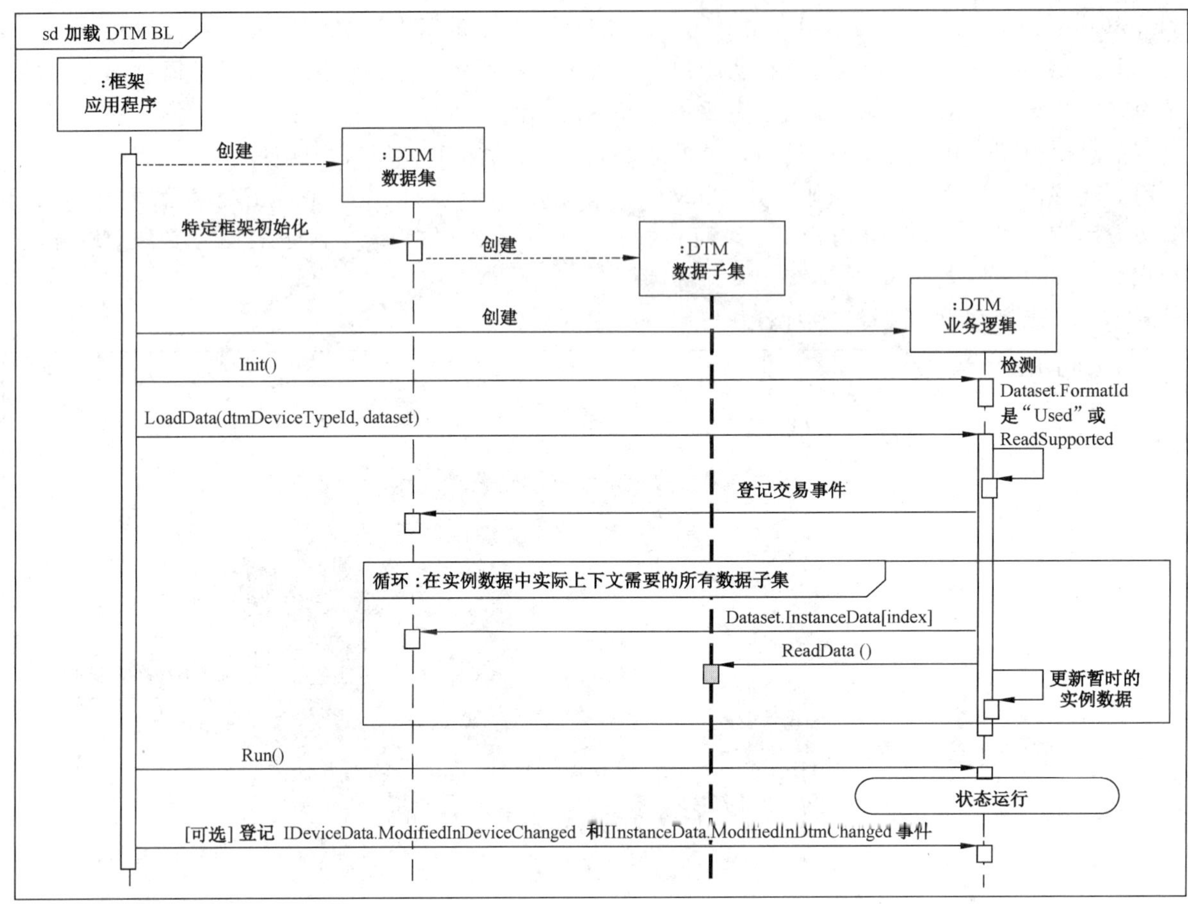

用到的方法：

IDtm.Init()

IDtm.LoadData()

IDataSubset.ReadData()

Event IDeviceData.ModifiedInDeviceChanged()

Event IInstanceData.ModifiedInDtmChanged()

图 123 加载 DTM BL

当业务功能环境需要数据时，DTM 业务逻辑应该按需求读取 InstanceData 数据集当中的 DTMDataSubsets。当不再需要使用瞬态数据时，DTM 应该释放瞬态数据，如果需要则从数据集中重新加载(见 8.3.1)。

8.2.5 以专家用户级的权限加载 DTM

当以专家用户级的权限加载 DTM 时，框架应用程序应使用 ICustomConfiguration::〈EnableParameters()〉设置访问权限。

如果框架应用程序不调用 ICustomConfiguration 方法来授予权限，用户将受到访问限制，就好像 DTM 是由观察者调用(见图 124)。

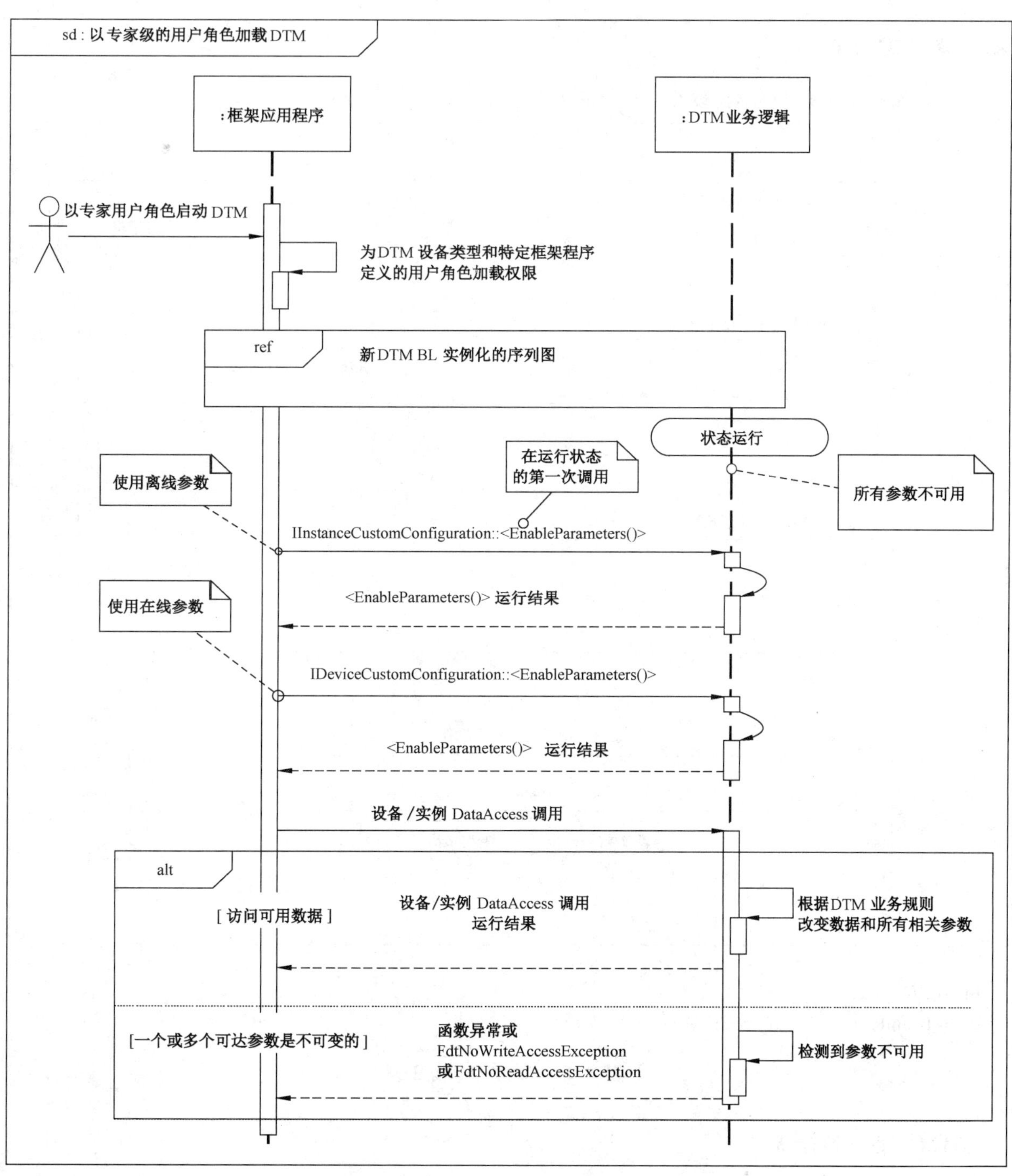

用到的方法：

IInstanceCustomConfiguration.BeginEnableParameters() /

IInstanceCustomConfiguration.EndEnableParameters()

IDeviceCustomConfiguration.BeginEnableParameters() /

IDeviceCustomConfiguration.EndEnableParameters()

图 124　加载专家用户级的 DTM

8.2.6 释放 DTM BL

为了释放一个 DTM BL,需要终止所有正在进行的活动(见图 125)。

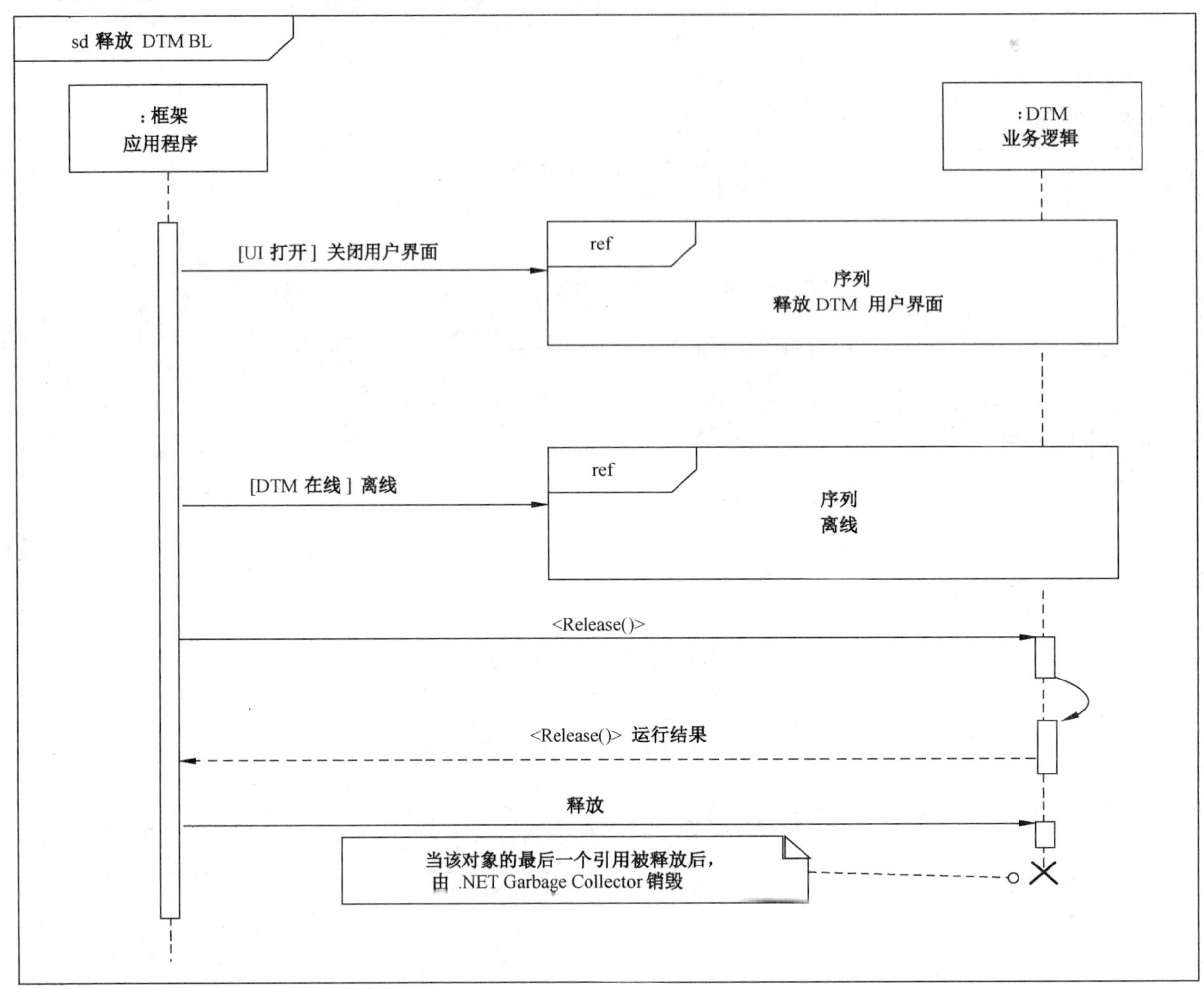

用到的方法:

IDtm.BeginRelease() / IDtm.EndRelease()

图 125 释放 DTM BL

8.3 DTM 的永久性存储

8.3.1 保存 DTM 实例数据

DTM 实例根据数据事务(DataTransaction)中的需求保存其实例数据。仅当一个 DTM 的所有数据事务都不活跃时,框架应用程序可以释放该 DTM。如果框架应用程序执行一个操作,且该操作要求所有数据都是已经提交的(即保存项目文件),那么应当检查是否存在打开的数据事务。如果有打开的事务,那么框架应用程序应该通知用户,并且列出这些已打开事务和可能未提交数据的 DTM 名单(见图 126)。

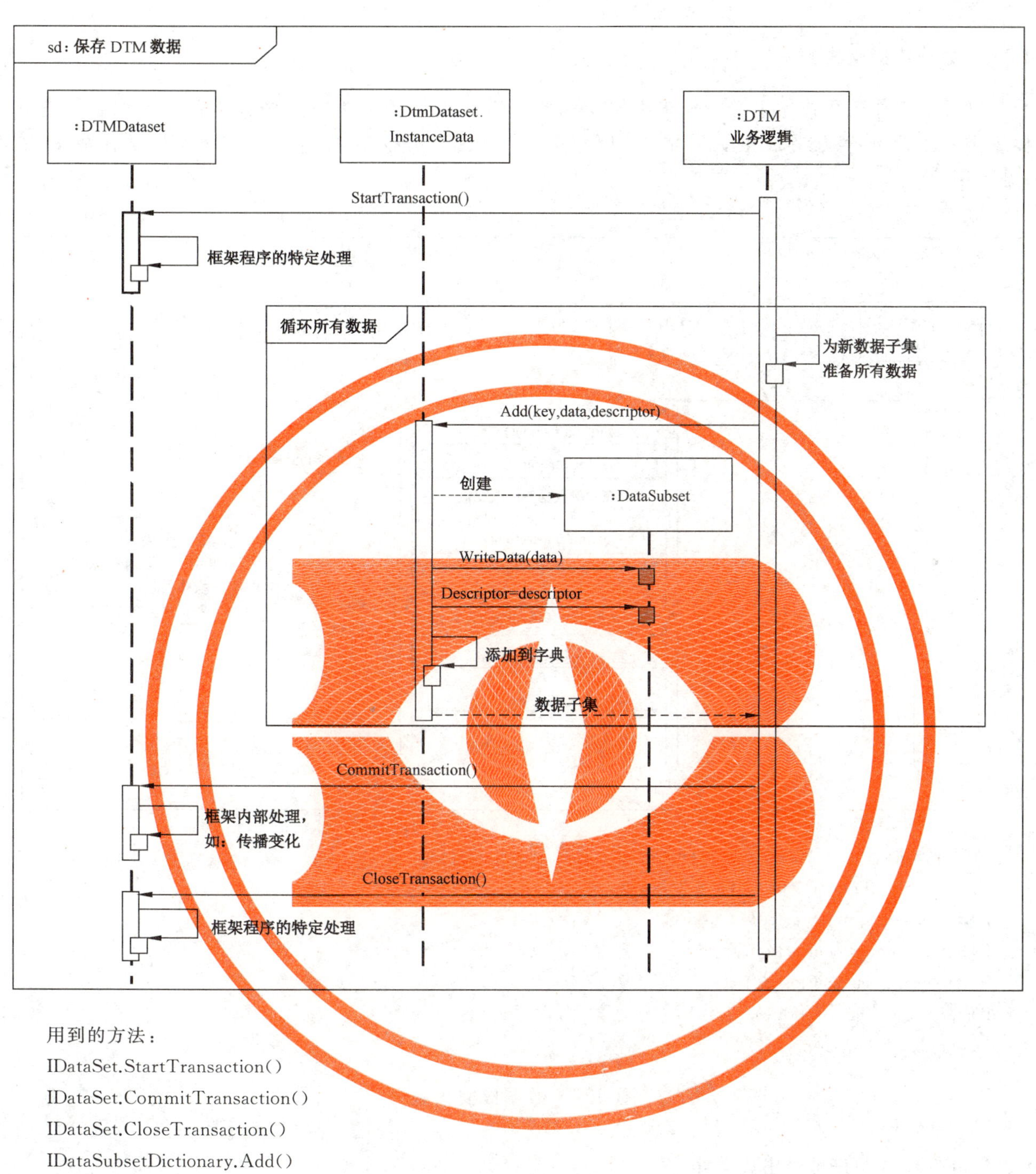

用到的方法：

IDataSet.StartTransaction()

IDataSet.CommitTransaction()

IDataSet.CloseTransaction()

IDataSubsetDictionary.Add()

图 126 保存 DTM 数据

8.3.2 DTM 实例的复制与版本

框架应用程序可以将保存的数据集从一个设备节点复制到不同的设备节点。复制的数据集用 LoadData()加载到相应的设备节点的实例中。

框架应用程序负责处理其特定的版本号，并为设备管理不同的实例数据集(例如：现场总线地址和设备标签)。

8.3.3 数据集提交失败

以下的工作流程描述了在数据集中提交更改失败时期望的行为。这种异常通常是由框架应用程序中一个严重问题造成的。框架应用程序应该通知用户无法保存最新变化，并且释放 DTM（见图 127）。

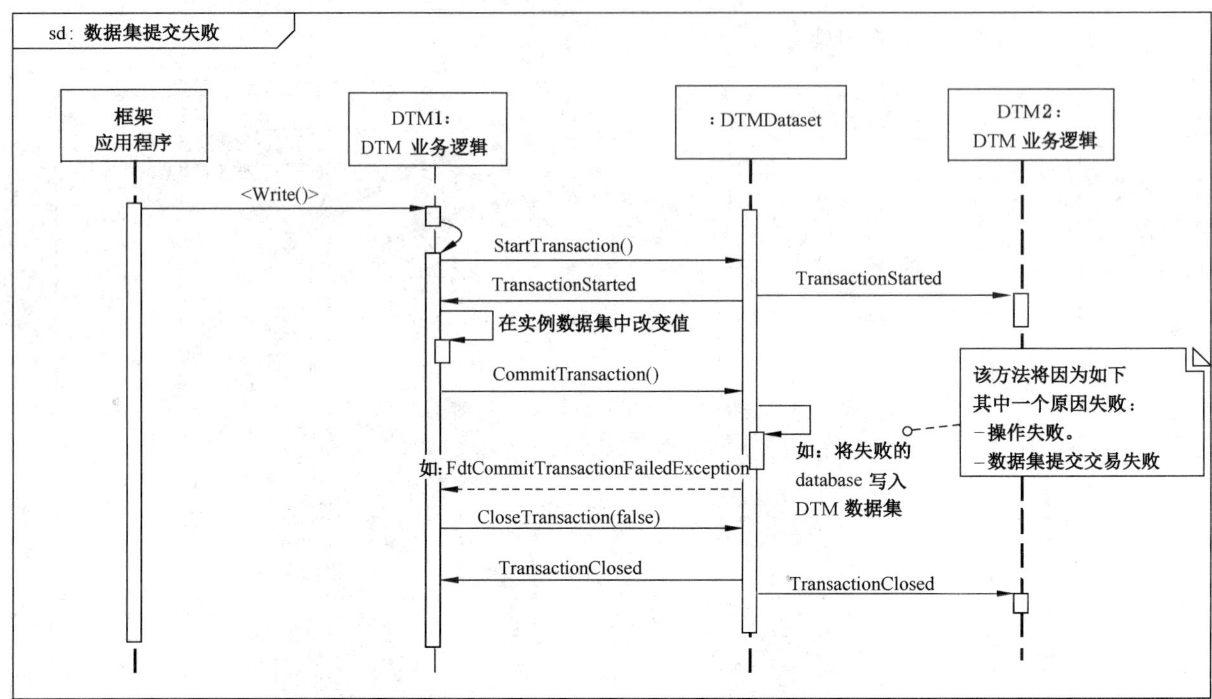

用到的方法：

IDataSet.StartTransaction()

IDataSet.TransactionStarted()

IDataSet.CommitTransaction()

IDataSet.TransactionClosed()

IDataSet.CloseTransaction()

IDataSubsetDictionary.Add()

图 127 数据提交失败

8.3.4 把 DTM 数据集导出成文件

图 128 显示了将 DTM 实例数据导出到文件中时数据类型的使用。

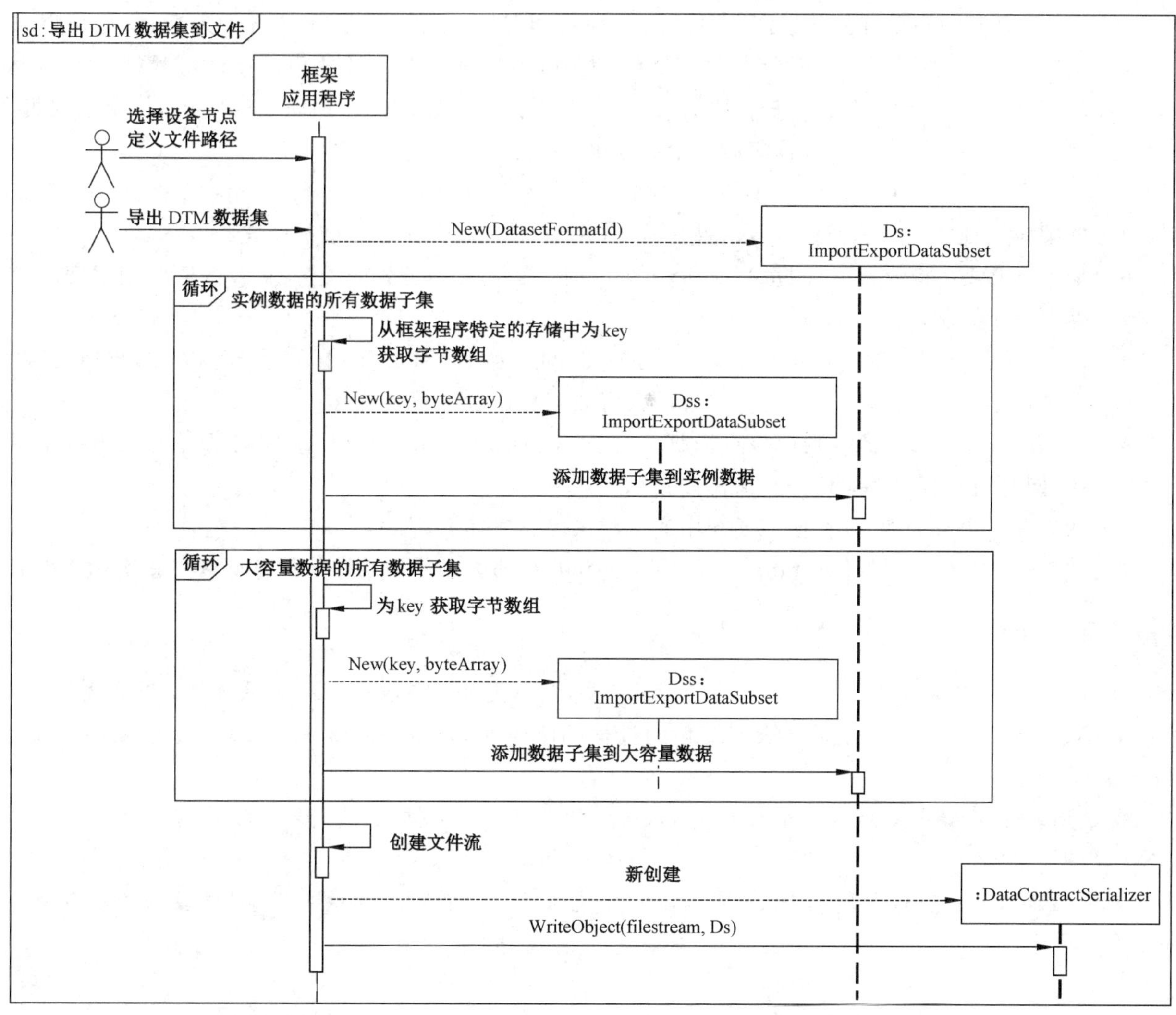

用到的方法：

图 128　导出 DTM 数据集到文件

8.4　多用户环境下的锁定和数据事务

8.4.1　概述

多用户环境下，多个 DTM 实例访问同一数据集是常见的。为了同步多个用户在不同计算机启动的 DTM，FDT 提供了一种锁定机制。这种事件机制的目的就是只有一个 DTM 可以对实例数据集和设备的数据进行读/写访问。其他的 DTM 都只能进行读操作。

基于这个原因，DTM 应该仅在需要并且仅进行数据修改时用 StartTransaction ()锁定数据集。当提交数据后，并且数据不会被进一步修改时，DTM 应该立刻用 CloseTransaction ()解锁其数据集，使得在多用户环境中的其他 DTM 实例可以并行访问数据。

- 如果某项活动可能会更改实例数据(例如:上传，IInstanceData.〈Write()〉)或设备上的数据(例如 OnlineParameterize)，那么 DTM 应在该活动开始前启动数据事务。DTM 应在活动结束后关闭数据事务。

  如果实例数据被更改，那么 DTM 应在关闭数据事务之前保存数据集。例如：

- 当 DTM UI 被打开时,如果需要写访问,则 DTM 应尝试启动数据事务。如果成功,则可以启用所有用户的输入框。如果启动数据事务失败,用户输入框将被禁用。在锁定数据集的情况下,关闭所有的 DTM GUI 控件之后,DTM 应该写入被修改的 DTMDataSubsets,提交数据集,并在框架应用程序保存数据集后关闭数据事务;
- 当一个 DTM 调用 StartTransaction 而第二个 DTM 已经有一个打开的 DataTransaction,那么框架应用程序应当返回一个负结果。(LockResult.IsLocked 特性将被设置为 false);
- 如果 DTM 在将数据写入 DTMDataSubsets 时,没有打开的数据事务,那么框架应用程序应该抛出一个异常;
- DTM 应当尽可能短地保持数据事务的打开时间。当 DTM 处于"正在运行"和" 运行通信"状态时,不允许在这些状态的整个时间段都将数据集设置为锁定状态;
- 如果数据集提交失败,则应该在数据未保存[CloseTransaction (false)]的情况下关闭数据事务,同时通知客户。建议停止操作 DTM;
- 如果关闭事务失败,那么应该通知用户。建议停止操作 DTM;
- 如果 DTM 接收到事件 TransactionCommitted(),那么必须强制性地从存储区更新实例数据。

8.4.2 变化的传播

在多用户环境中针对同一设备运行多个 DTM 实例时(见 4.6.2),一个 DTM 实例正在更改数据集,其他 DTM 实例接收通知,这个通知表明变化的过程(TransactionStarted,TransactionCommitted,TransactionClosed)。

接收到事件 TransactionCommitted 表明永久性数据集中的数据已经改变,DTM 应当从存储区更新实例数据。

图 129 显示了一个 DTM 实例中的数据集的变化(DTM1)是如何传播到其他 DTM 实例(DTM2)和父 DTM。

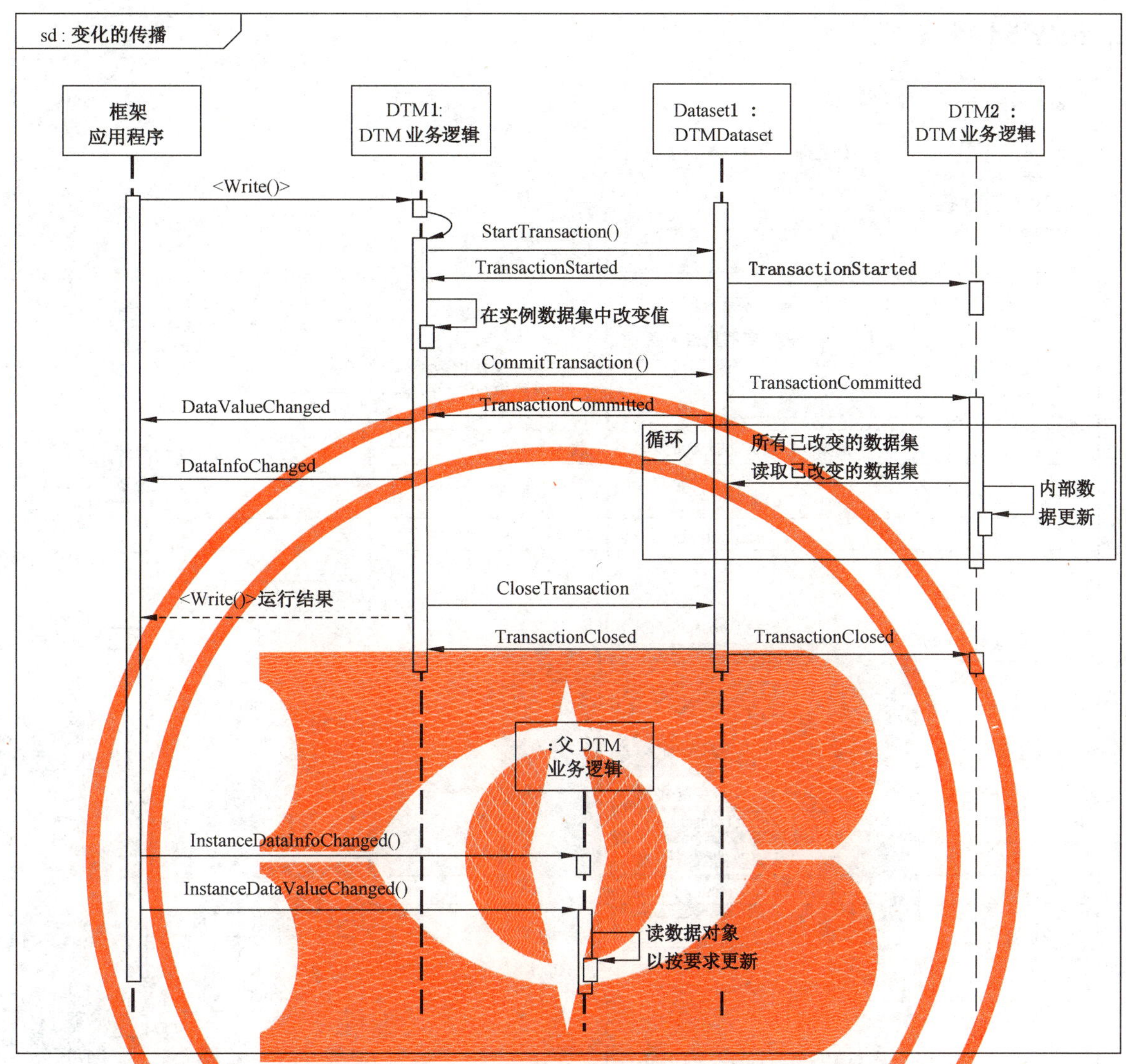

用到的方法：

IDataset.StartTransaction() / IDataset.CommitTransaction() / IDataset.CloseTransaction()

IDataset.TransactionStarted / IDataset.TransactionCommitted /IDataset.TransactionClosed

IInstanceData.BeginWrite() / IInstanceData.EndWrite()

Event IInstanceData.DataValueChanged()

Event IInstanceData.DataInfoChanged()

Event IChildDtmEvents.InstanceDataValueChanged()

Event IChildDtmEvents.InstanceDataInfoChanged()

图 129　变化的传播

由于数据集已经被一个不同的 DTM 实例(DTM1)改变，图 129 显示了 DTM 实例(DTM2)如何收到变化的通知、以及它如何更新实例数据。

注：为了简化，这里没有显示当“DTM1”在一个打开的事务修改数据时（参见图 130，显示了该场景），“DTM2”是如何读取已提交的数据。

8.4.3　在多用户环境中同步 DTM

DTM 的同步是一个强制性的特征，它能为用户在多用户环境中提供更好的处理方法(见图 130)。

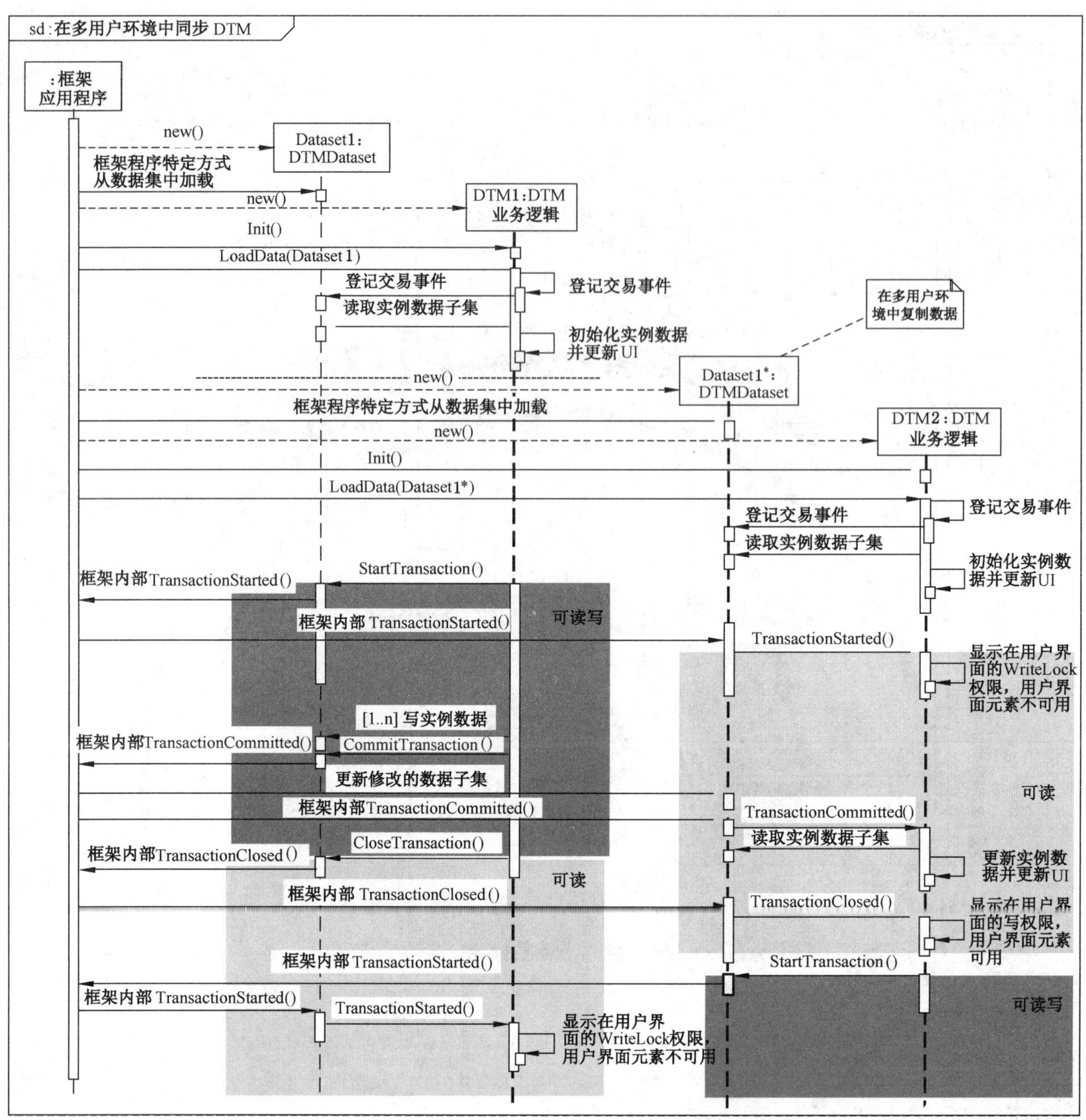

用到的方法：

IDtm.Init()

IDtm.LoadData()

IDataset.CloseTransaction()

IDataset.CommitTransaction()

IDataset.StartTransaction()

IDataset.TransactionClosed()

IDataset.TransactionCommitted()

IDataset.TransactionStarted()

图 130　在多用户环境中同步 DTM

图 130 描述一个实现的例子，为了在多用户环境中并发访问 DTM 实例，框架应用程序提供了最新提交的 DTMDataset(Dataset1 *)的一个副本。这些实例不能同时更改数据集[框架应用程序拒绝 StartTransaction()]，但可以从最新提交的数据集当中读取数据。框架应用程序如何同步 DtmDataset 的两个实例，不在 FDT 规范的范围内，而取决于框架应用程序的具体实现（显示为框架应用程序的内部方法）。

8.5 执行 DTM 功能

8.5.1 概述

本部分定义了不同类型的 DTM 用户界面：

- 可以嵌入到框架应用程序用户界面的 WinForms 控件或 WPF 控件；
- 可以由 DTM 用户界面类启动的应用程序；
- 由 DTM BL 或 DTM 的用户界面类提供的命令功能。

本节中的序列图显示这些用户界面类型的不同处理方法。

8.5.2 查找 DTM 用户界面对象

IFunction 接口的 FunctionInfo 特性提供了访问 DTM 用户界面的途径。如果一个 DTM 提供用户界面，FunctionInfo 特性包含了 UiFunction 对象的列表。UiFunction 对象代表了 DTM 的用户界面功能。实现该功能的对象的实际信息由一个清单文件提供(见 DtmManifest.UiManifestRefs 描述)。框架应用程序应使用 UiFunction.FunctionId 特性找到清单中的信息(见 UiFunction 描述)(见图 131)。

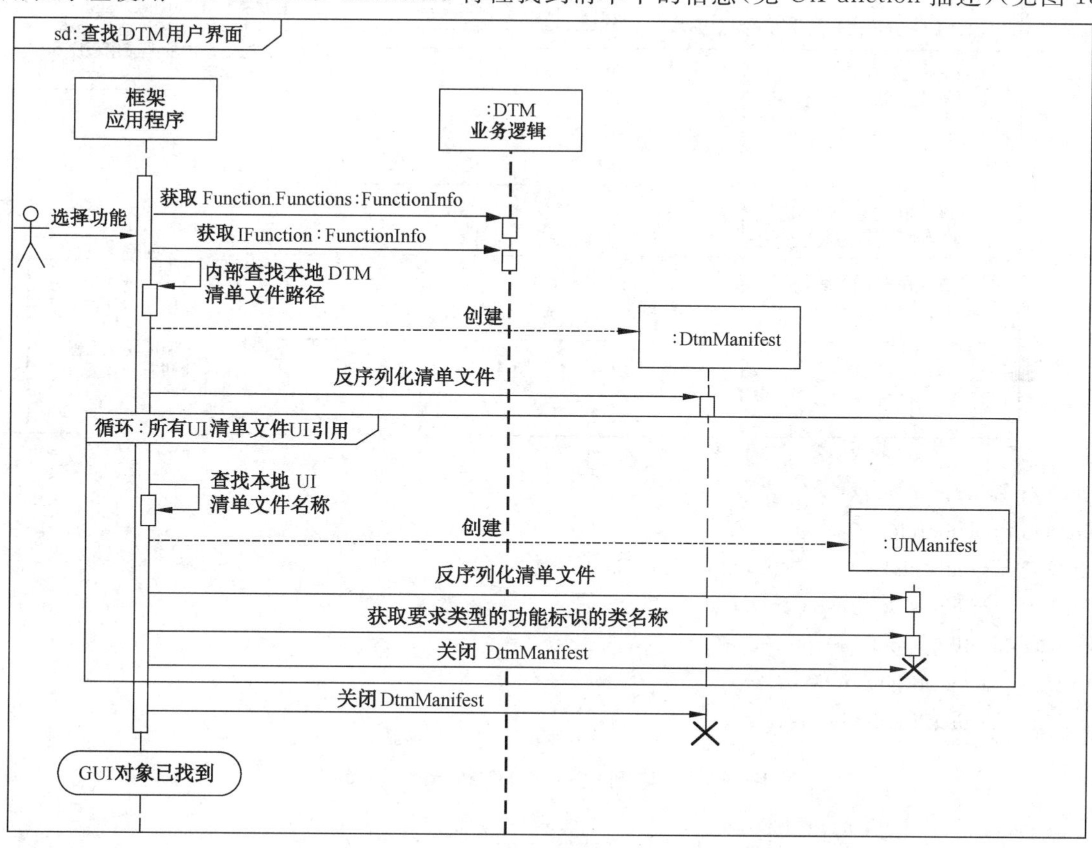

用到的方法：

IFunction.Functioninfo

图 131　寻找 DTM 用户界面

8.5.3 实例化集成的 DTM 图形用户界面

图 132 显示了如何根据用户选择的 DTM 功能打开相应的 DTM 用户界面。(例如:在 DTM 特定上下文菜单)(见图 132)。该序列也可能由不同的触发器启动(例如:通过一个框架应用程序功能)。

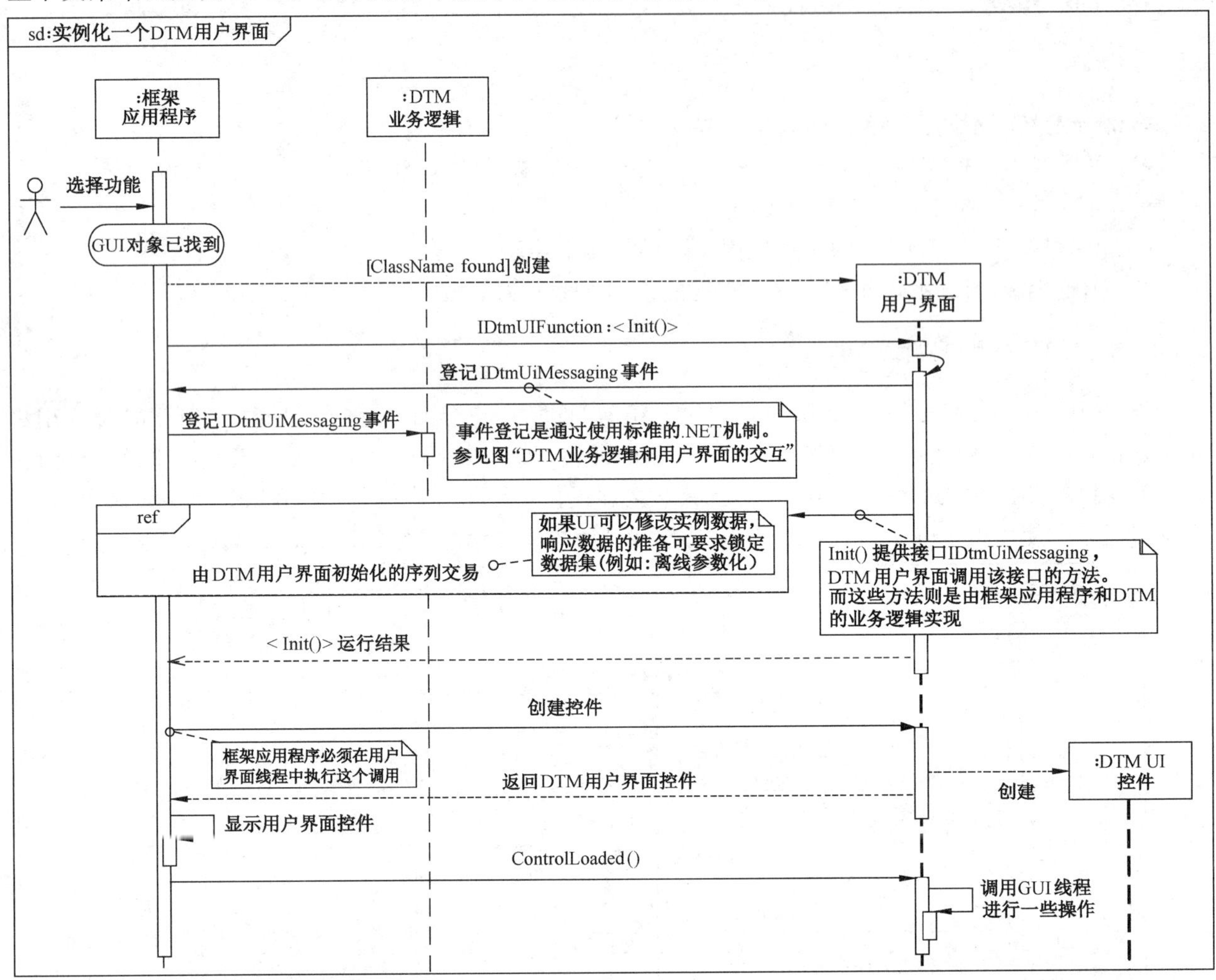

用到的方法:

IFunction.FunctionInfo

IDtmUiFunction.BeginInit() / IDtmUiFunction.EndInit()

IDtmUiControlFunction.CreateControl()

IDtmUiControlFunction.ControlLoaded()

IDtmUiMessaging.BeginSendMessages()

IDtmUiMessaging.EndSendMessages()

图 132 实例化一个 DTM 用户界面

8.5.4 由 DTM BL 触发的实例化 DTM UI

在此场景中,显示了 DTM 业务逻辑要求打开它的一个用户界面(见图 133)。

如果用户界面成功完成实例化和初始化,框架应用程序使用 EndOpenDtmUi 方法返回新用户界面的调用标识(InvokeId)。

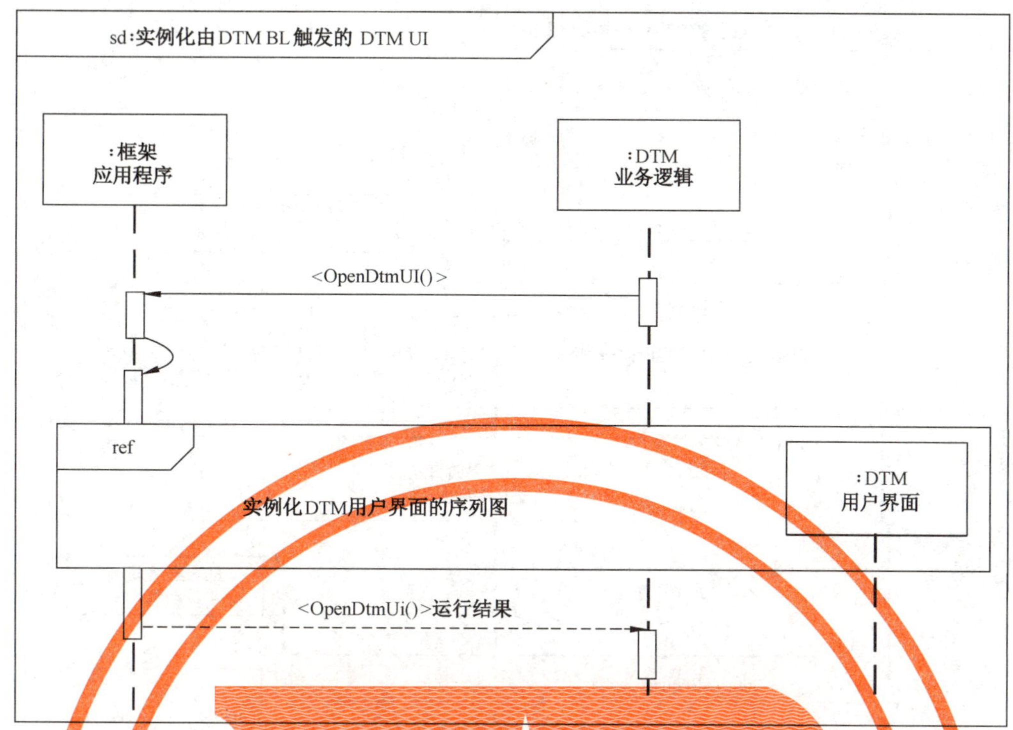

用到的方法:

IFrameUi.BeginOpenDtmUi()

IFrameUi.EndOpenDtmUi()

图 133 由 DTM BL 触发的实例化 DTM UI

8.5.5 由 DTM BL 触发的实例化模态 DTM UI

在此场景中,显示了 DTM 业务逻辑要求打开它的一个模态用户界面(见图 134)。

IFrameUi.OpenDtmUiModal()的行为总在模态方式。框架应用程序必须确保至少调用 DTM 的所有用户界面控件被禁用;用户不可能进一步输入(DTM 实例模态)。

如果需要被关闭,打开的用户界面应当调用委托 CloseMeRequestHandler()。然后,框架应用程序关闭 DTM 用户界面,并接收调用 IDtmUiFunctionModal.EndClose()方法返回的结果。

调用方法 IFrameUi.〈OpenDtmUiModal()〉时必须保证调用者被阻塞,直到用户界面被关闭。

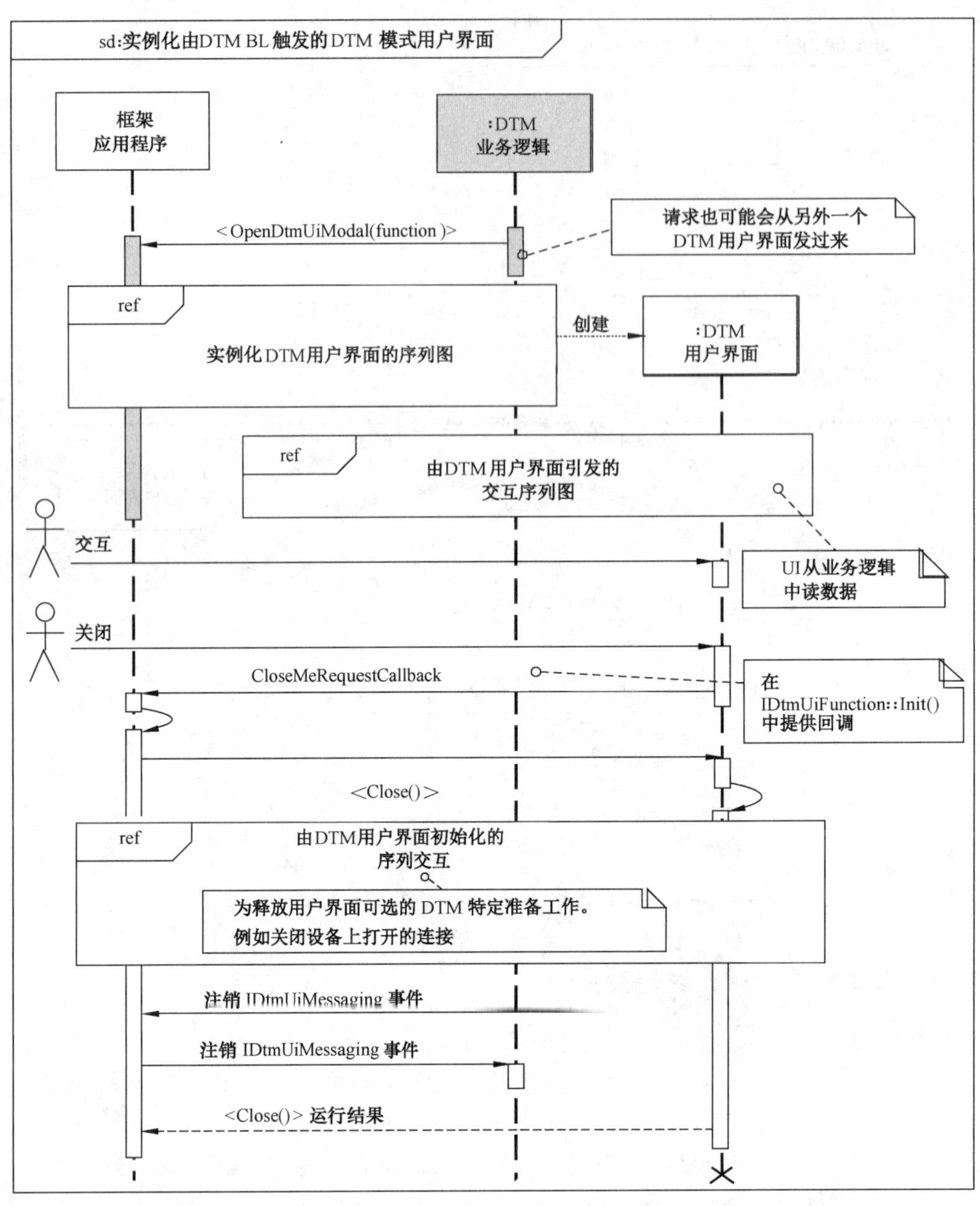

用到的方法:

IFrameUi.BeginOpenDtmUiModal() / IFrameUi.EndOpenDtmUiModal()

CloseMeRequestCallback()

IDtmUiFunction.BeginClose()

IDtmUiFunction.EndClose()

图 134 由 DTM BL 触发的实例化模态 DTM UI

8.5.6 释放 DTM 用户界面

此序列图显示了关闭一个 DTM 功能对应的用户界面的过程,该过程是框架应用程序请求的结果(例如:windows 系统菜单-关闭)。如果框架应用程序要释放 DTM 用户界面,它首先要向表示对象发送一个通知(见图 135)。接到 IDtmUiFunction.BeginClose()请求后,用户界面应当释放对其他组件的引用,并调用 DTM 特定的释放方法。

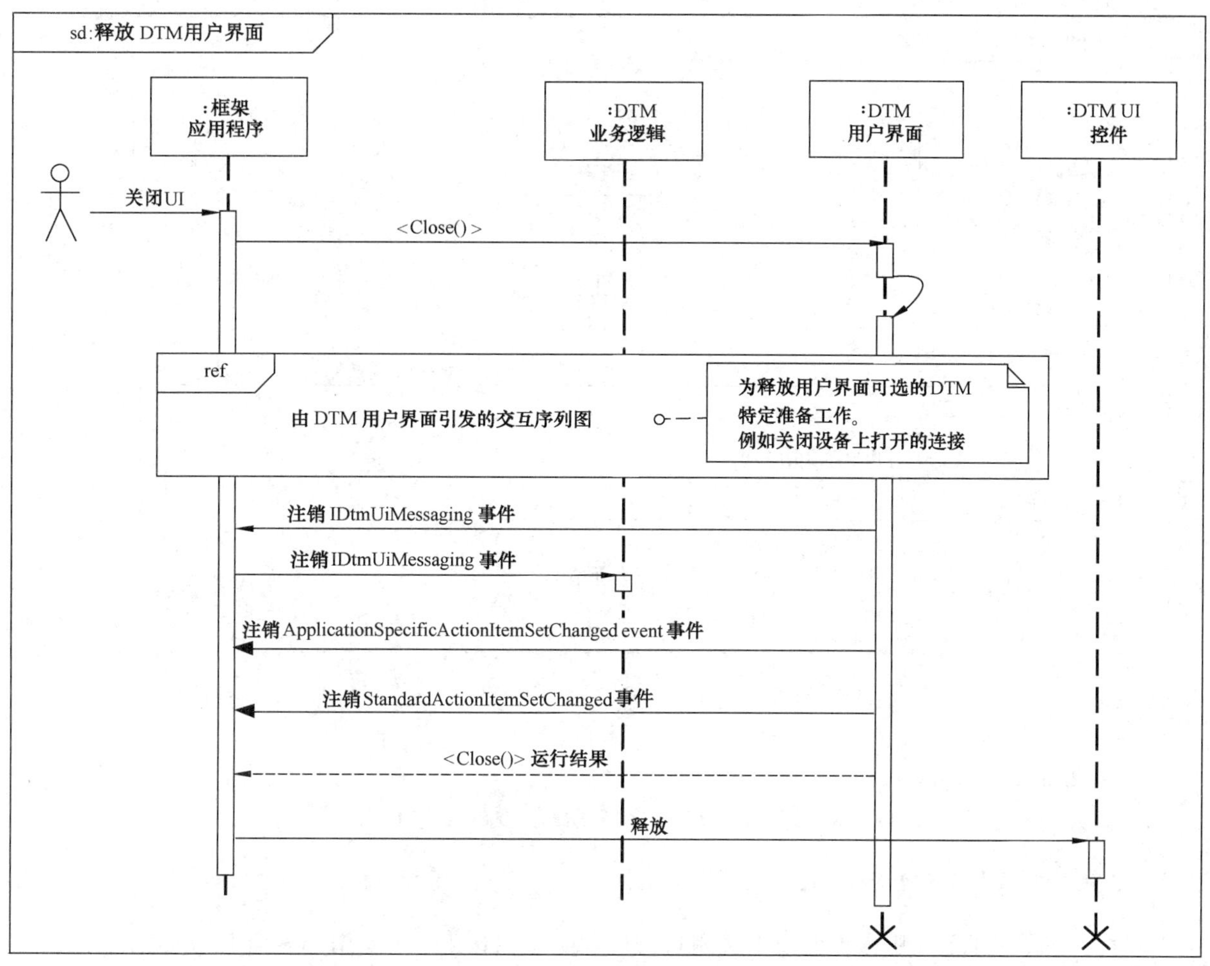

用到的方法：

IDtmUiFunction.BeginClose()

IDtmUiFunction.EndClose()

IDtmUiMessaging.BeginSendMessages()

IDtmUiMessaging.EndSendMessages()

图 135 释放 DTM 用户界面

8.5.7 释放由 DTM BL 触发的 DTM UI

此序列图显示了关闭一个 DTM 功能对应的用户界面的过程，该过程是相应 DTM BL 请求的结果（图 136）。

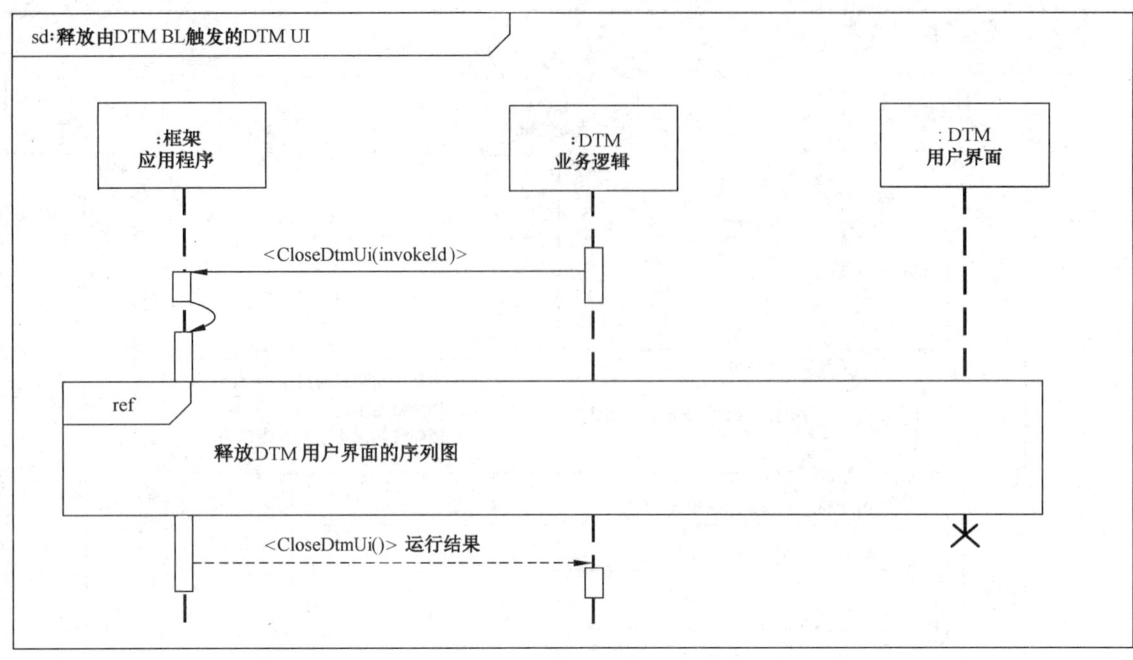

用到的方法：
IFrameUI.BeginCloseDtmUi()
IFrameUI.EndCloseDtmUi()

图 136 释放由 DTM BL 触发的 DTM UI

8.5.8 自触发的释放 DTM UI

在这种场景下，DTM 用户界面请求关闭自己(例如：用户按下 DTM 用户界面上的“关闭”按钮后)。如果需要关闭用户界面，它应调用由 IDtmUiFunction.〈Init()〉方法提供的委托 CloseMeRequest Handler()(见图 137)。然后框架应用程序关闭 DTM 用户界面。

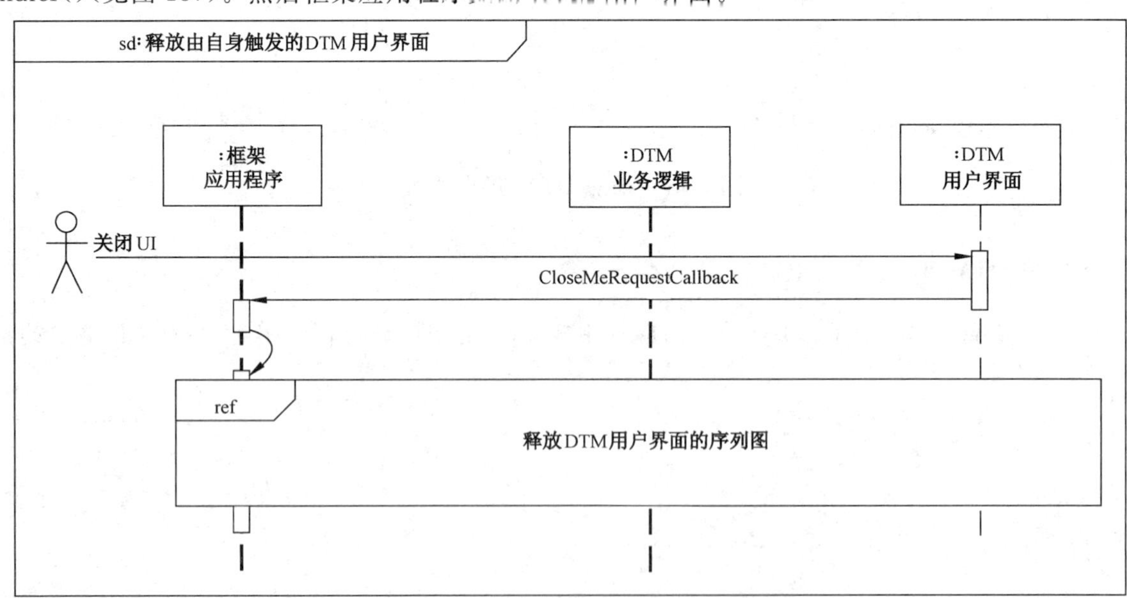

用到的方法：
CloseMeRequestCallback()

图 137 自触发的释放 DTM UI

8.5.9 由标准操作触发的释放非模态 DTM UI

对于支持 IDtmUiFunctionNonModal 接口的非模态 DTM UI，关闭的触发总是来自于框架应用程序。图 138 给出了关闭这种 DTM 用户界面的序列。

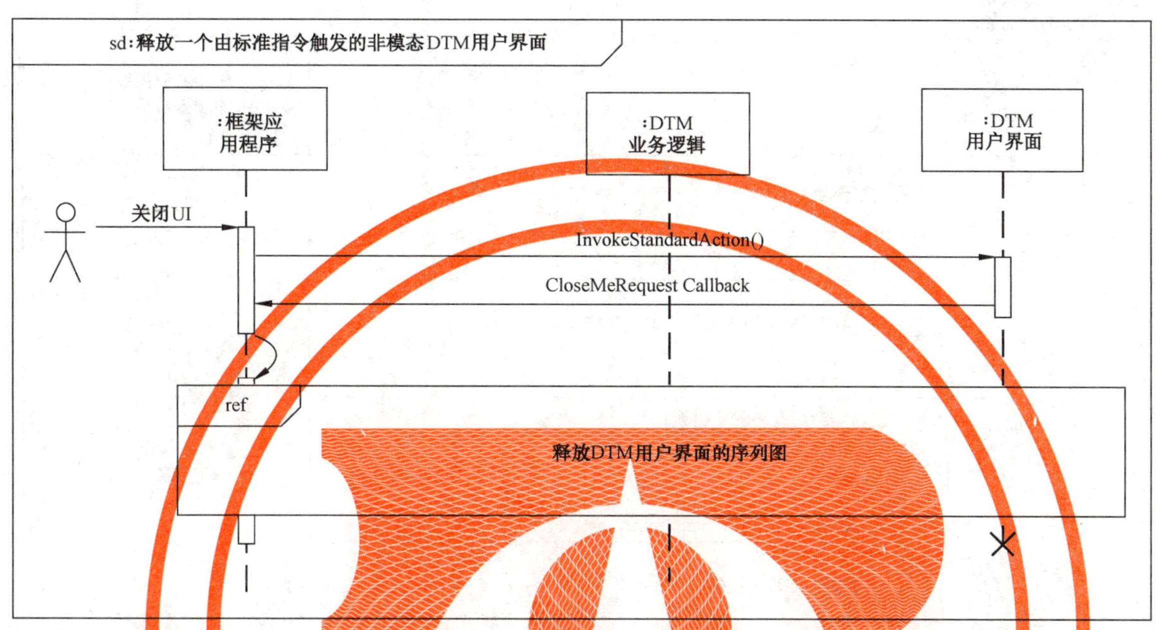

用到的方法：
CloseMeRequestCallback()

图 138 由标准操作触发的释放非模态 DTM UI

8.5.10 长的 DTM 操作的进度指示

如图 139 给出了框架应用程序如何在用户界面中，通知用户长的 DTM 操作的进度。

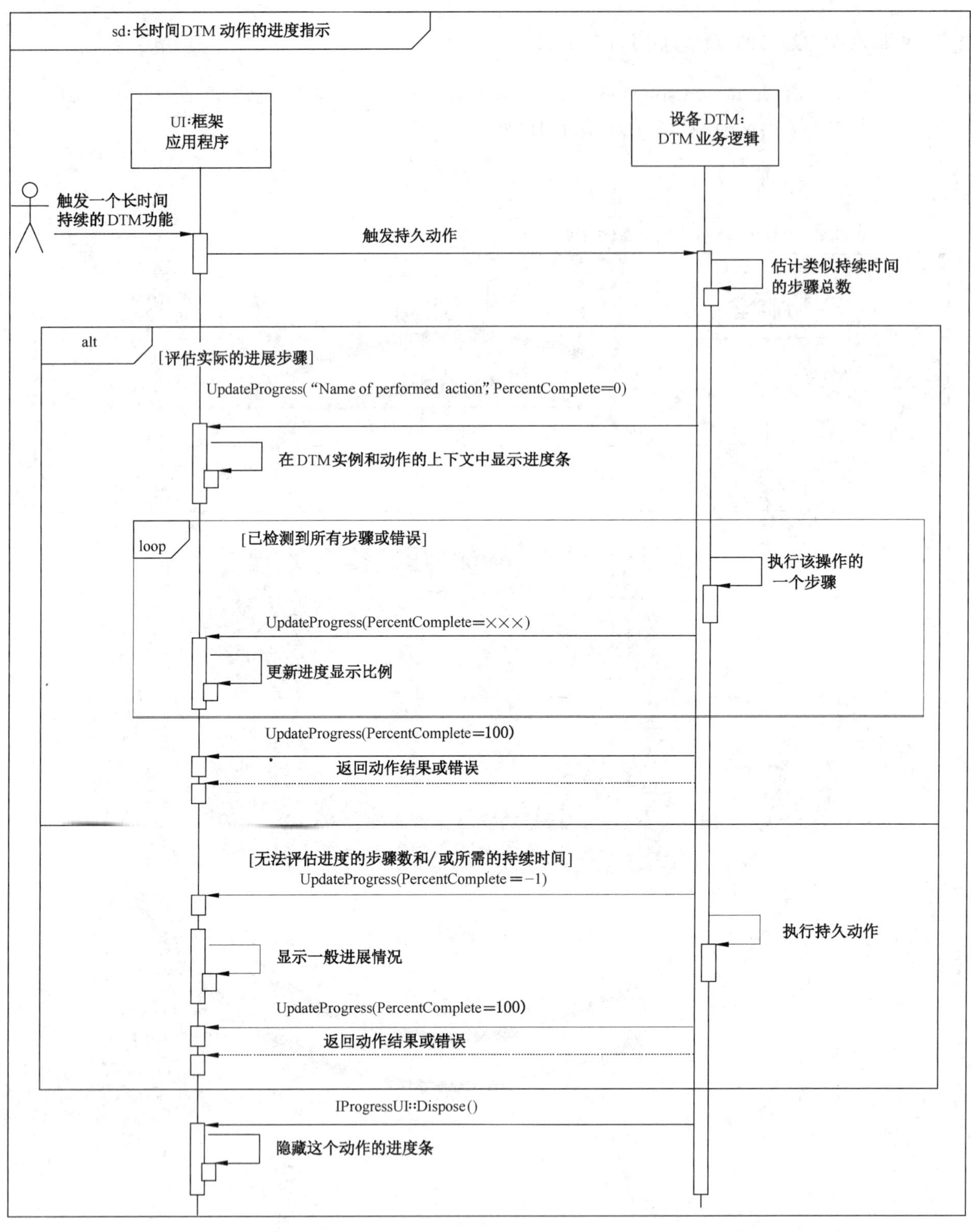

用到的方法：

IProgressUI.UpdateProgress()

IProgressUI.Dispose()

图 139 长的DTM操作的进度指示

对于没有定义为“进度模式”的长时间动作，DTM 应只使用 UpdateProgress()(见 5.6.7.3)。

框架的应用应准备处理几个 updateprogress()调用不同 DTM 的实例和并行的不同动作。

8.5.11 启动应用程序

通常情况下，框架应用程序使用相同的机制来启动应用程序，打开嵌入的 DTM GUI。为了启动应用程序，DTM 必须提供 DTM UI 应用程序对象，该对象用于启动应用程序并与应用程序进行交互。

图 140 中的序列图给出了框架应用程序如何启动应用程序，以及该应用程序如何与 DTM 进行交互。

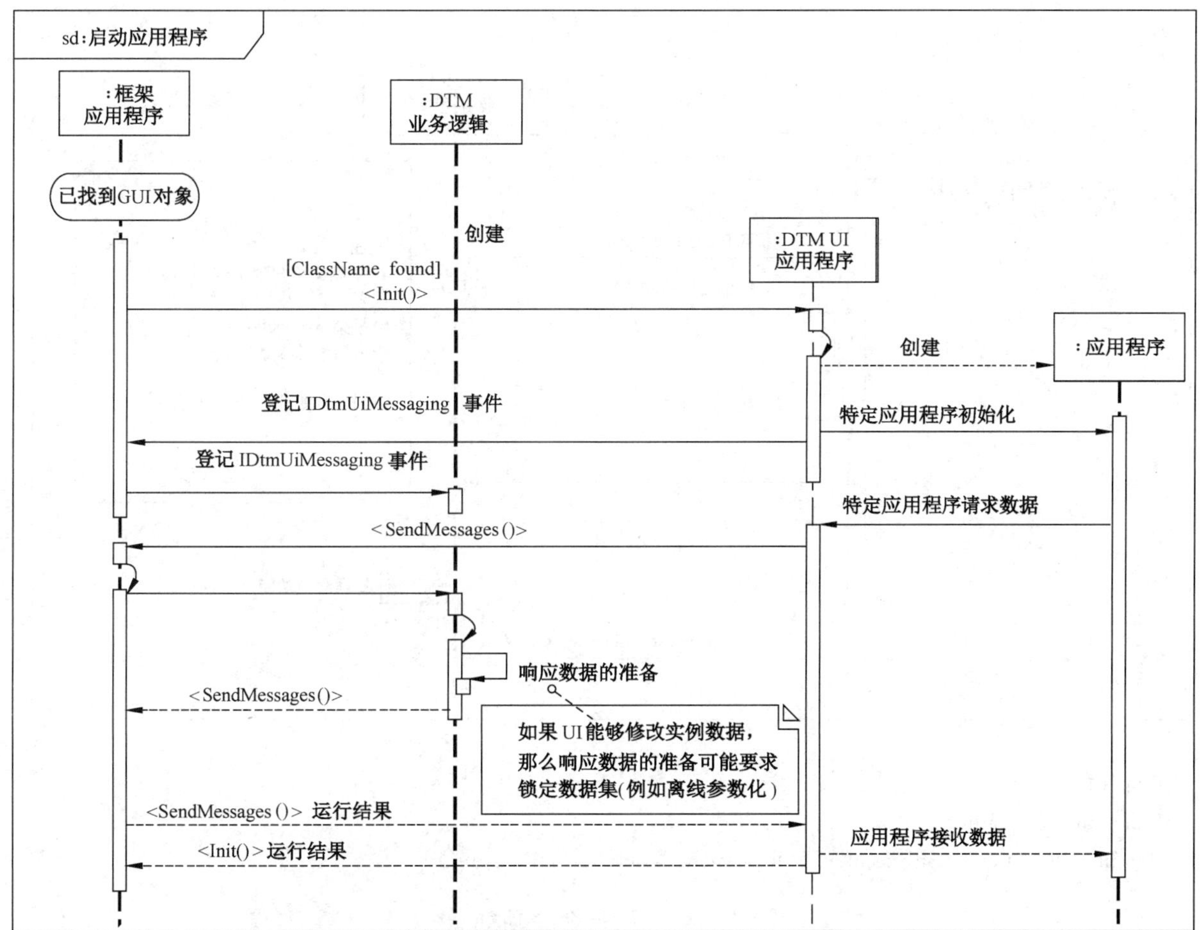

用到的方法：

IFunction.FunctionInfo

IDtmUiFunction.BeginInit() / IDtmUiFunction.EndInit()

IDtmUiMessaging.BeginSendMessages()

IDtmUiMessaging.EndSendMessages()

图 140 启动应用程序

DTM UI 应用程序对象作为适配器连接到外部应用程序，并实现了 FDT 接口，使得框架应用程序可以与应用程序交互。DTM UI 应用程序对象和应用程序之间的交互不在 FDT 规范的范围，可以用私有的接口来实现。

8.5.12 终止应用程序

可以像终止嵌入式 DTM UI 一样，终止应用程序。见 8.5.6，8.5.7 和 8.5.8。

8.5.13 执行命令功能

DTM BL 命令功能的执行是通过 ICommandFunction 接口启动的，由 BeginExecute()和 EndExecute()触发(见图 141)。

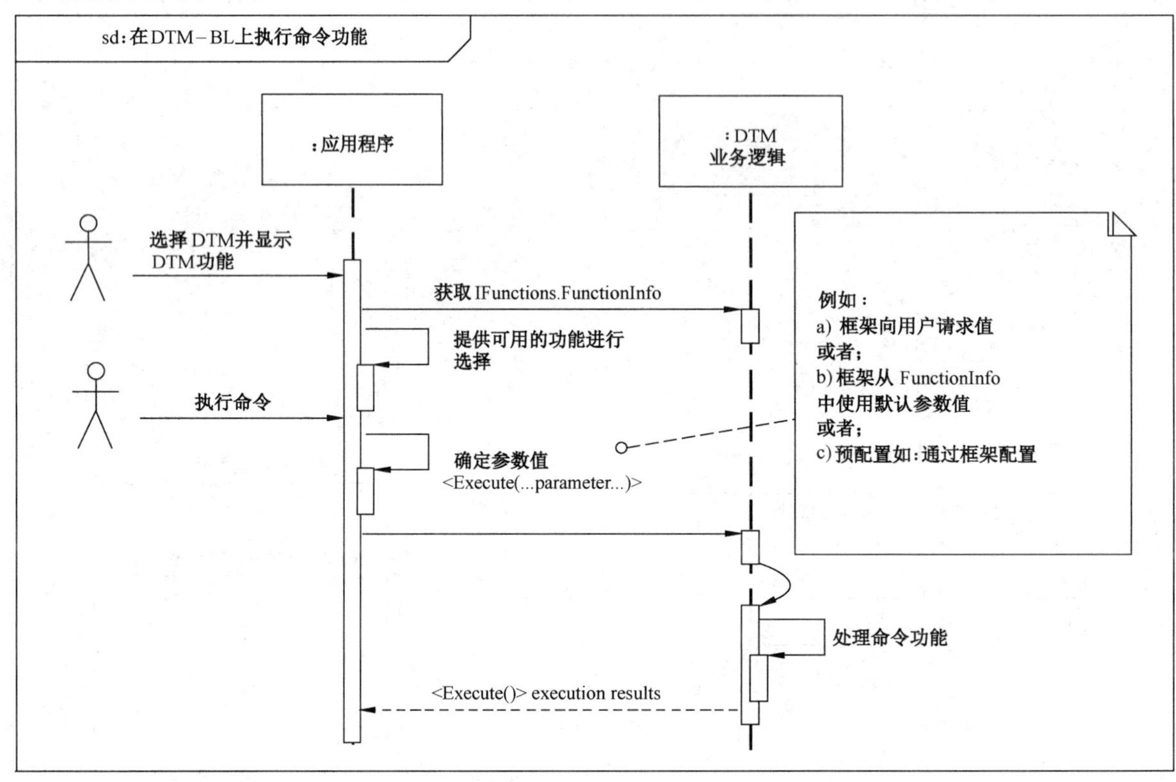

用到的方法：
IFunction.FunctionInfo
ICommandFunction.BeginExecute() / ICommandFunction.EndExecute()

图 141 执行命令功能

8.5.14 执行带有用户界面的命令功能

一些命令功能可能需要打开用户界面，因此需要知道 DTM 用户界面打开的位置。首先，初始化 UiCommandFunction，然后执行已经触发的命令功能。下面的工作流描述了框架应用程序如何开始执行命令并传递具体的命令参数(见图 142)。

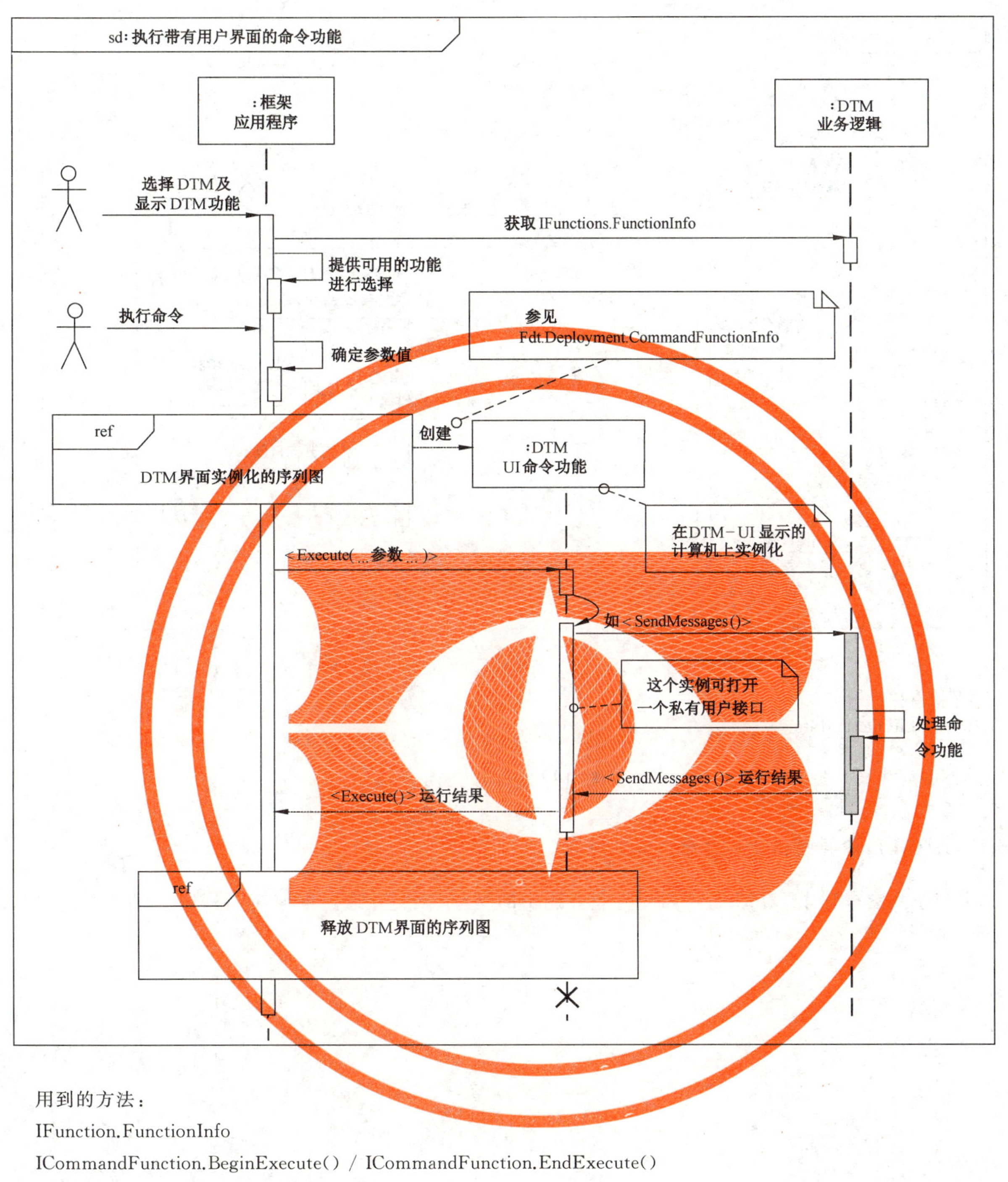

用到的方法：

IFunction.FunctionInfo

ICommandFunction.BeginExecute() / ICommandFunction.EndExecute()

IDtmUiMessaging.BeginSendMessages()

IDtmUiMessaging.EndSendMessages()

图 142　执行带有用户界面的命令功能

8.5.15　打开文档

为了打开DTM提供的文档，框架应用程序为MIME类型文档打开默认的应用程序，例如通过调用ProcessStartInfo()方法(由操作系统提供)(见图143)。

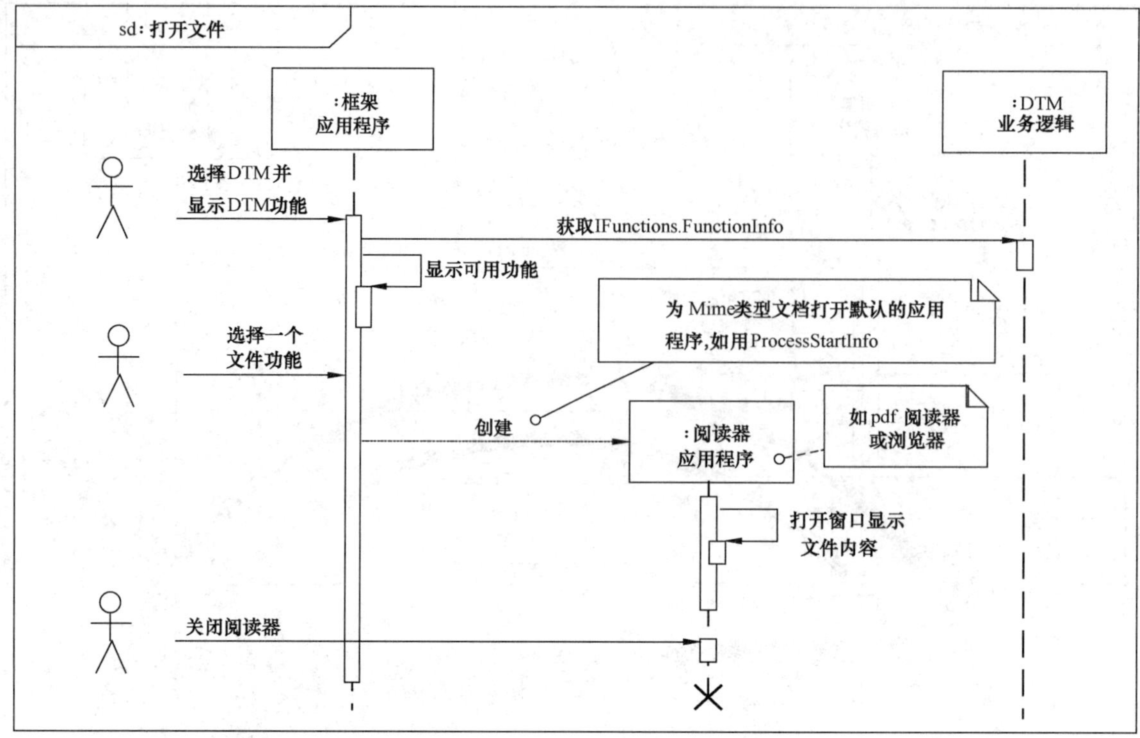

用到的方法：
IFunction.FunctionInfo

图 143 打开文档

8.5.16 DTM 用户界面和业务逻辑之间的交互

这个序列图概述了 DTM 用户界面与业务逻辑的交互，该交互通过框架应用程序提供的消息接口。(见图 144)。

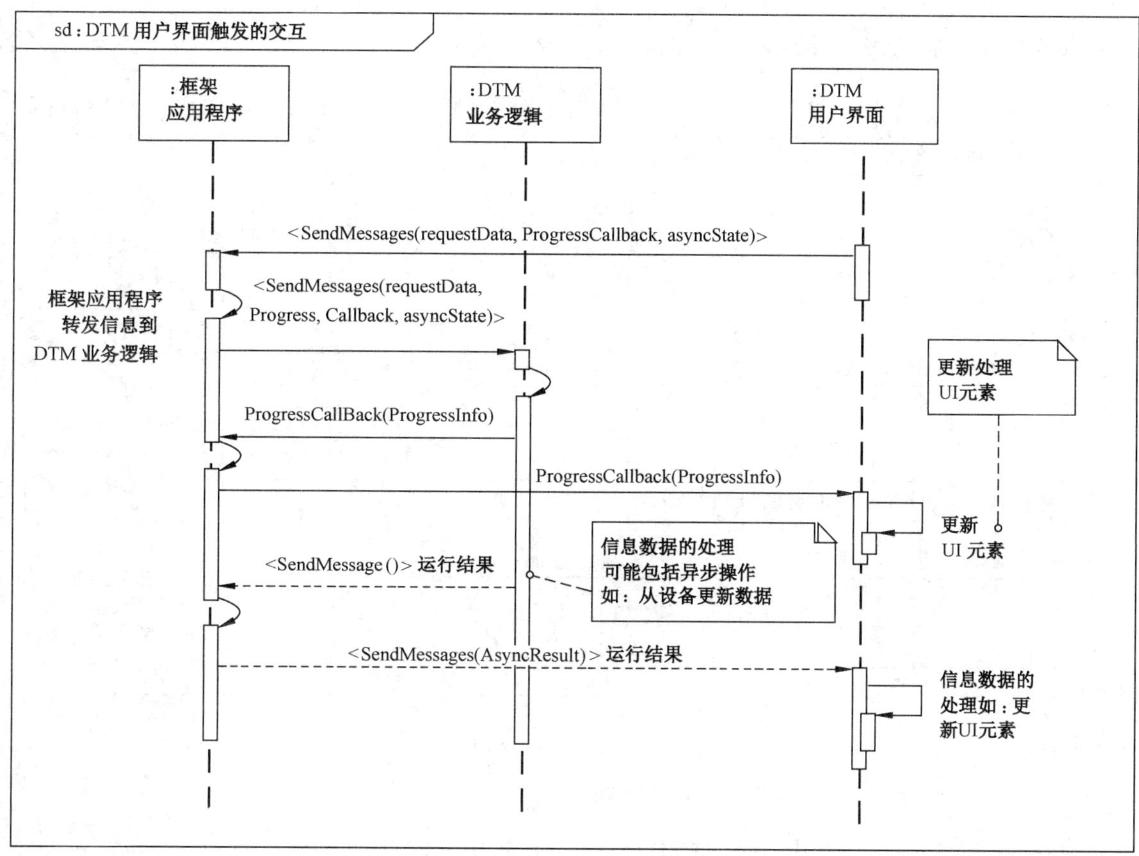

用到的方法：

IDtmUiMessaging.BeginSendMessages()

IDtmUiMessaging.EndSendMessages()

ProgressCallback()

图 144 DTM 用户界面触发的交互

注：回调函数 ProgressCallback 和回调函数 SendMessageCompleted 是作为 BeginSendMessage 的参数提供的。

在该场景中，通过发送派生自 DtmRequestMessage 抽象类的 DTM 特定请求信息，DTM 用户界面从 DTM 业务逻辑请求数据(例如从设备中读取测量值)。

IDtmUiMessaging 接口由 DTM 业务逻辑和框架应用程序实现。对框架应用程序实现接口的引用应调用 IdtmUiFunction.〈(Init)〉传递到 DTM 用户界面。框架应用程序应转发 DTM 用户界面和 DTM 业务逻辑之间的消息。

DTM 业务逻辑评估收到的请求，并创建派生自 DtmResponseMessage 抽象类的相应的响应消息。响应消息包含所请求的数据，通过调用过程(Process)和回调方法将数据送回。

在以下描述中有更详细的信息：

——IDtmUiMessaging

——DtmRequestMessage

——DtmResponseMessage

8.5.17 DTM 业务逻辑和用户界面之间的交互

以下序列图概括了将来自 DTM 业务逻辑的事件发送给所有它打开的 DTM 用户界面(见图 145)。

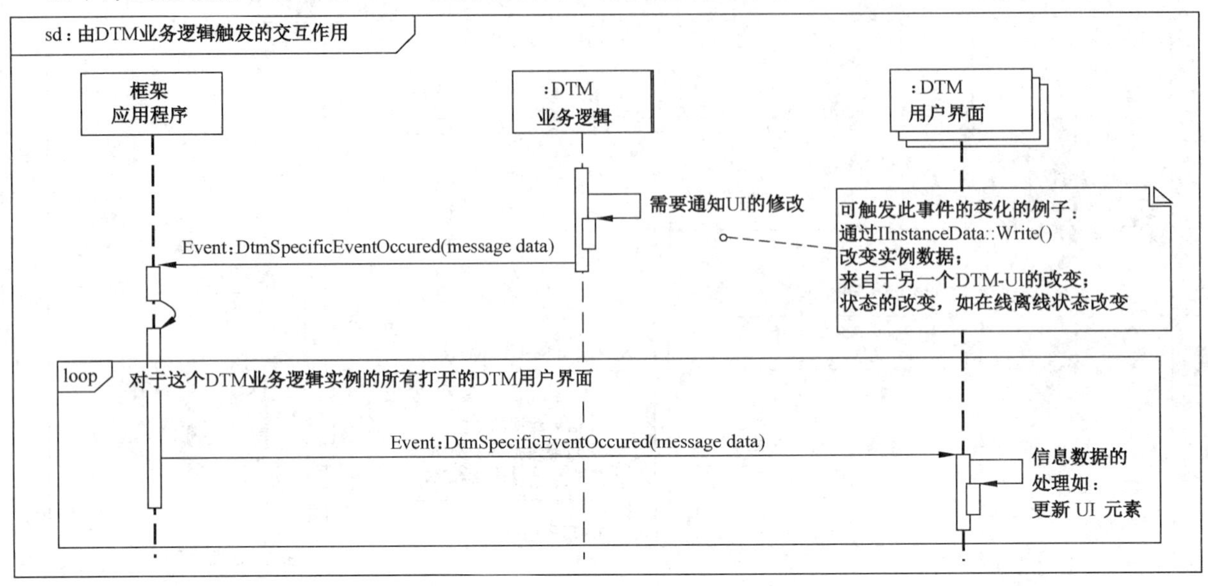

用到的方法:

Event IDtmUiMessaging.DtmSpecificEventOccured()

图 145 由 DTM 业务逻辑触发的交互

在该场景中,DTM 业务逻辑发送数据到 DTM 的用户界面(例如:在设备断开连接的情况下)。

为了接收事件,DTM 用户界面在初始化期间应注册 IDtmUiMessaging 事件。

框架应用程序应将事件从 DTM 业务逻辑转发到为该实例打开的所有 DTM 用户界面。

IDtmUiMessaging 接口中定义了如下标准事件:

——DtmSpecificEventOccured

——TransactionStarted

——TransactionCommitted

——TransactionClosed

DtmSpecificEventOccured 事件可用于 DTM 的特定通知。DTM 业务逻辑创建相应的派生于 DtmEventMessage 抽象类的事件消息,并将它传递到事件句柄。

在以下描述中可以获得更详细的信息:

——IDtmUiMessaging

——DtmEventMessage

8.5.18 可以取消的 DTM 用户界面和业务逻辑之间的交互

以下序列图概括了根据用户请求,取消待处理的用户界面消息(见图 146)。

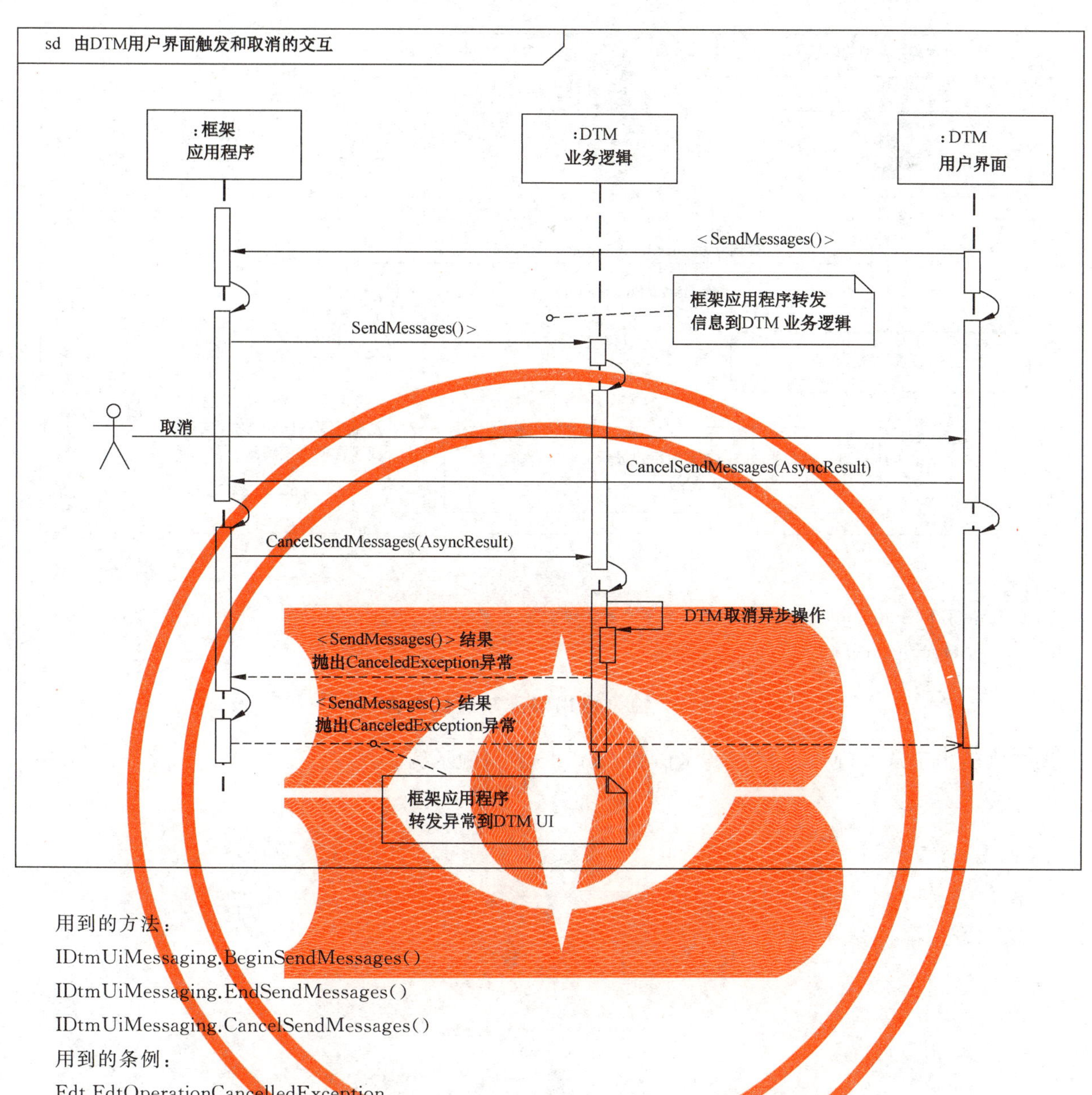

图 146 DTM 用户界面触发和取消的交互

在该场景下，DTM 用户界面请求执行来自 DTM 业务逻辑的异步操作。在执行过程中，DTM 用户界面发送取消请求。框架应用程序应将 CancelSendMessages()请求传送给 DTM 业务逻辑。DTM 用户界面应停止执行，并在 EndSendMessages()方法当中抛出异常。

8.5.19 检索可用静态功能的信息

为了使用特定设备的静态功能，框架应用程序需要从相应的 DTM 实例中，检索可用的静态功能的信息(见图 147)。

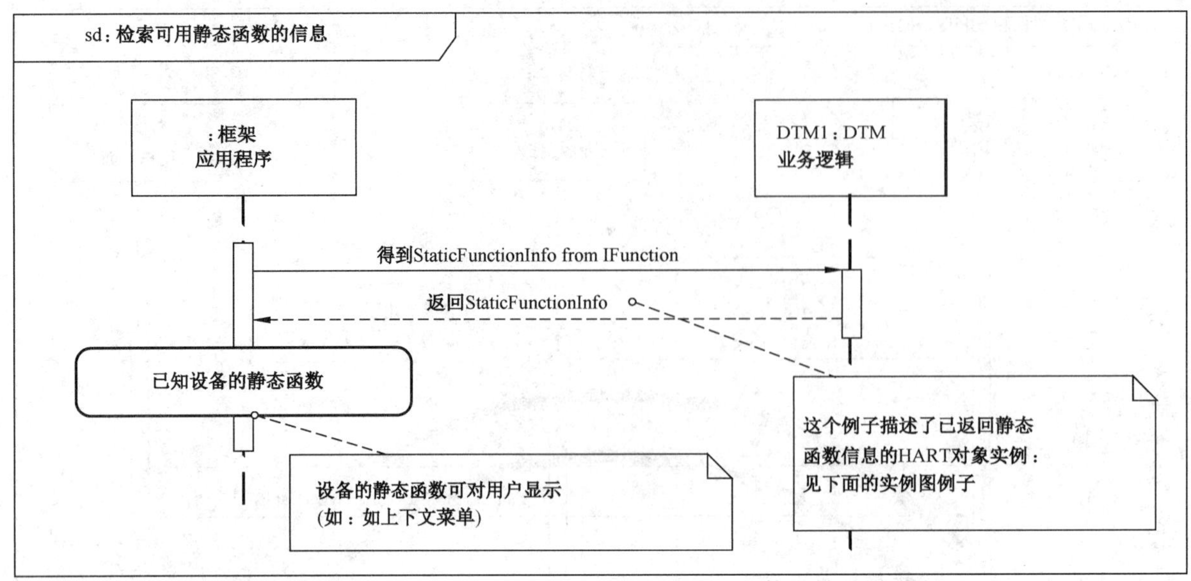

用到的方法：

Event IFunction.StaticFunctionsChanged()

IFunction.StaticFunctions()

图 147　检索可用静态功能的信息

图 148 给出了从 DTM 检索的 StaticFunctionInfo 数据的示例。

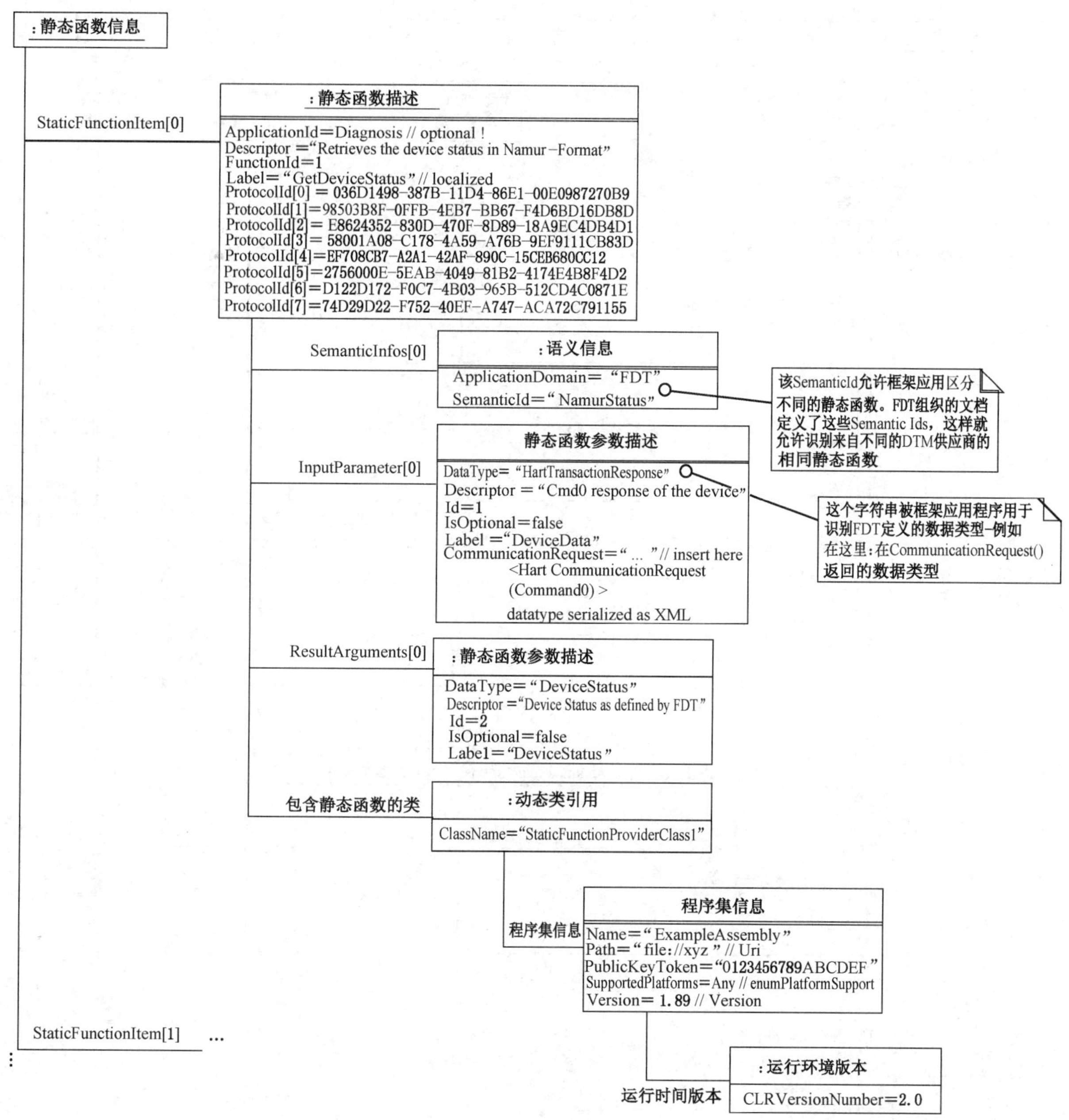

图 148 示例:可用的静态功能的信息

8.5.20 执行静态功能

在检索了可用的静态功能的信息之后，框架应用程序可以(例如:在菜单中)为用户提供执行静态功能的触发器，或使用内部触发器执行静态功能(见图 149)。

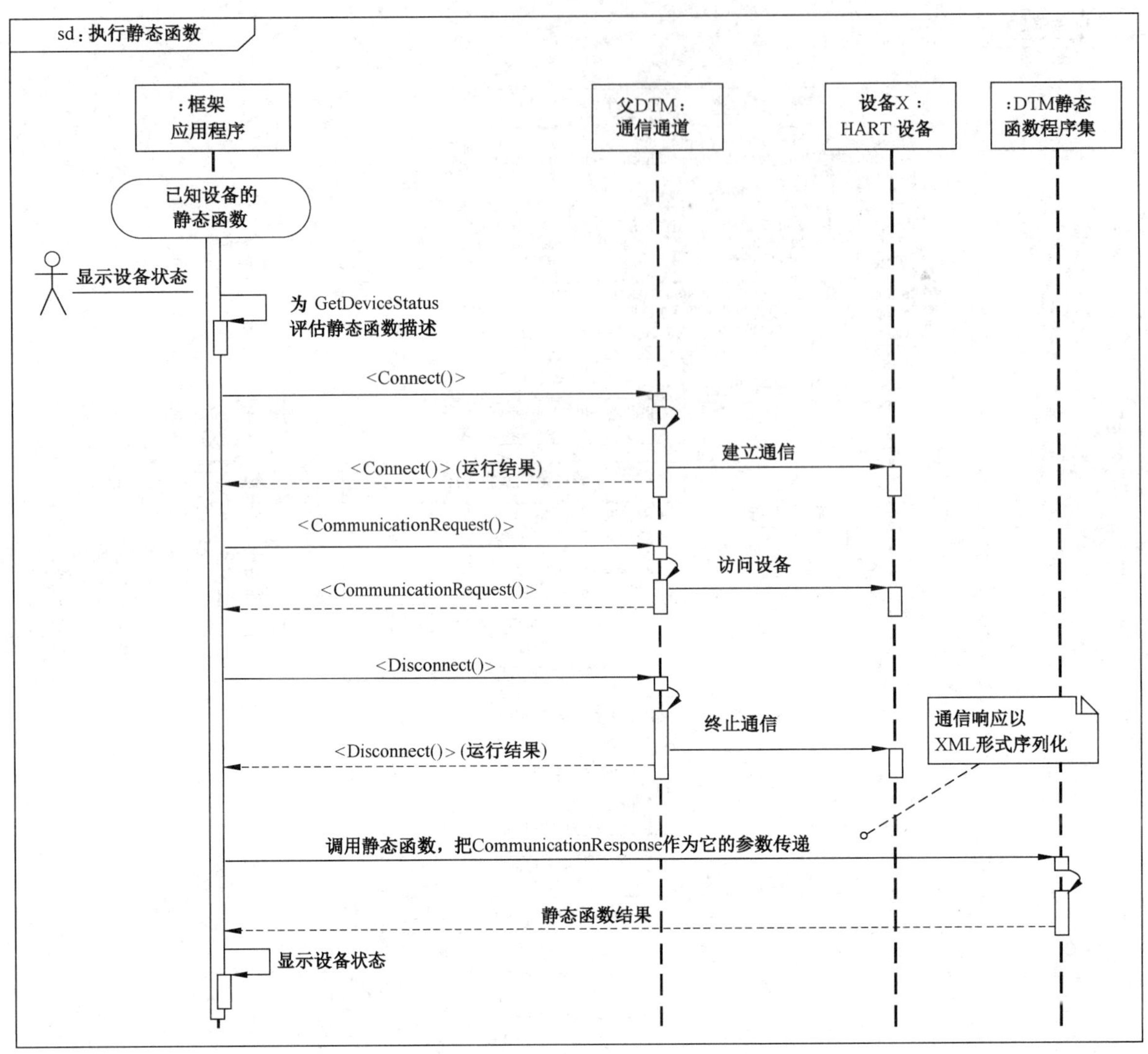

用到的方法：

ICommunication.BeginConnect()

ICommunication.EndConnect()

ICommunication.BeginCommunicationRequest()

ICommunication.EndCommunicationRequest()

ICommunication.BeginDisconnect()

ICommunication.EndDisconnect()

IStaticFunction.BeginExecute()

IStaticFunction.EndExecute()

图 149 执行静态功能

8.5.21 执行带有多个参数的静态功能

如果静态功能使用多个输入参数，这称为 CommunicationResponses，那么框架应用程序应按顺序检索 CommunicationResponses。该顺序和用来对 InputArgumentDescriptions 进行列表的顺序是相同的(见图 150)。

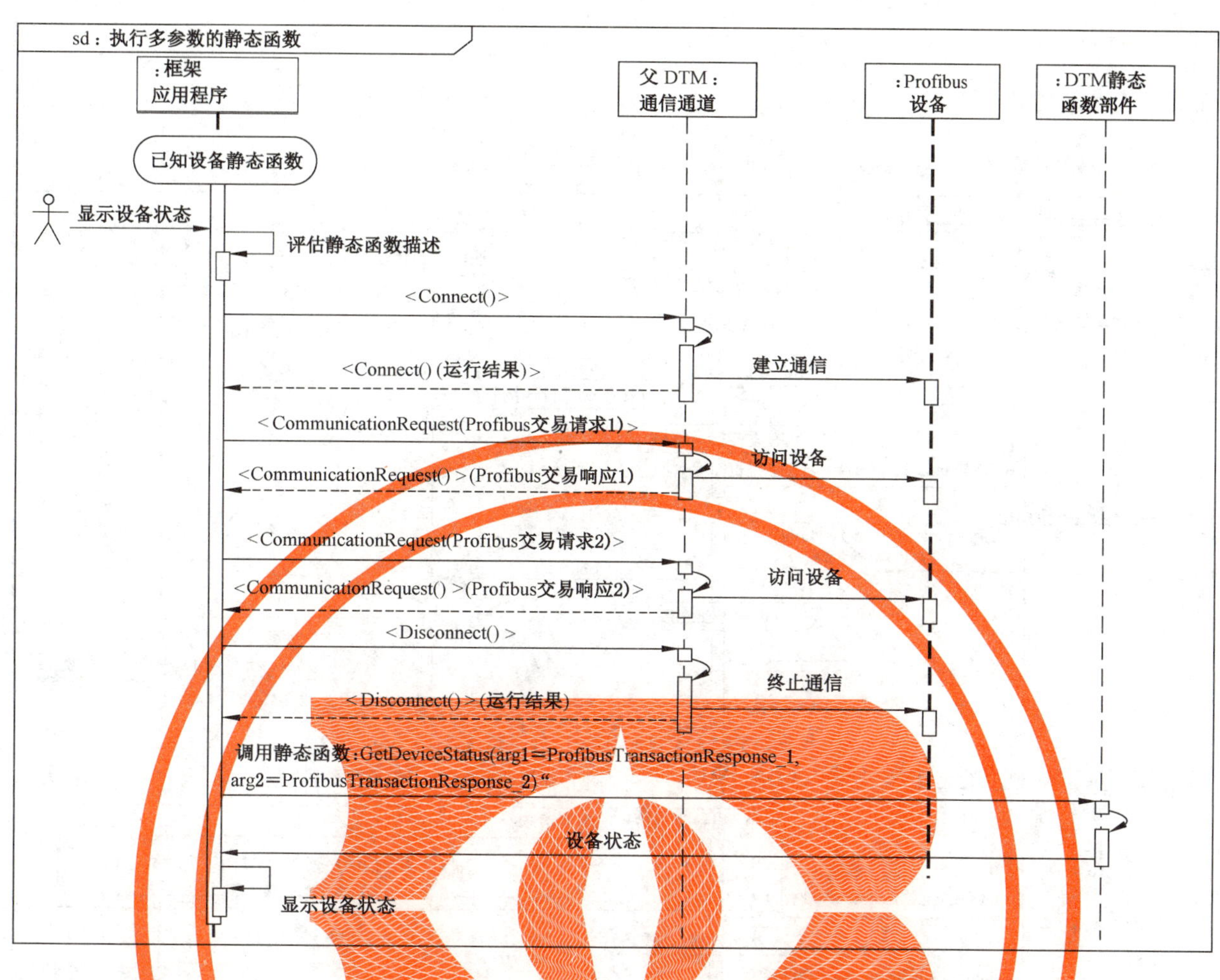

用到的方法：

IСommunication.BeginConnect()

ICommunication.EndConnect()

ICommunication.BeginCommunicationRequest()

ICommunication.EndCommunicationRequest()

ICommunication.BeginDisconnect()

ICommunication.EndDisconnect()

IStaticFunction.BeginExecute()

IStaticFunction.EndExecute()

图 150 执行带有多个参数的静态功能

8.6 DTM 通信

8.6.1 概述

DTM 的每个通信连接被建立成"点对点"连接。本节描述了现场通信相关的工作流。通信通道实现 ICommunicationChannel 接口。可以通过 ICommunicationChannel 的 Communication 特性访问 ICommunication 接口，并为现场总线连接和通信请求提供服务。

为了确保只有框架应用程序可以修改通信通道的子拓扑结构，DTM 不能直接访问父通道的 ICommunicationChannel 接口。相反的，框架应用程序为通道提供实现了 ICommunicationChannelProxy 接口的代理。该代理提供除子拓扑管理接口之外的，所有通信通道接口的访问。该代理将所有的方法调用重定向到通信通道。

8.6.2 建立通信连接

以下序列图描述了连接到现场设备时,DTM 的调用顺序(见图 151)。

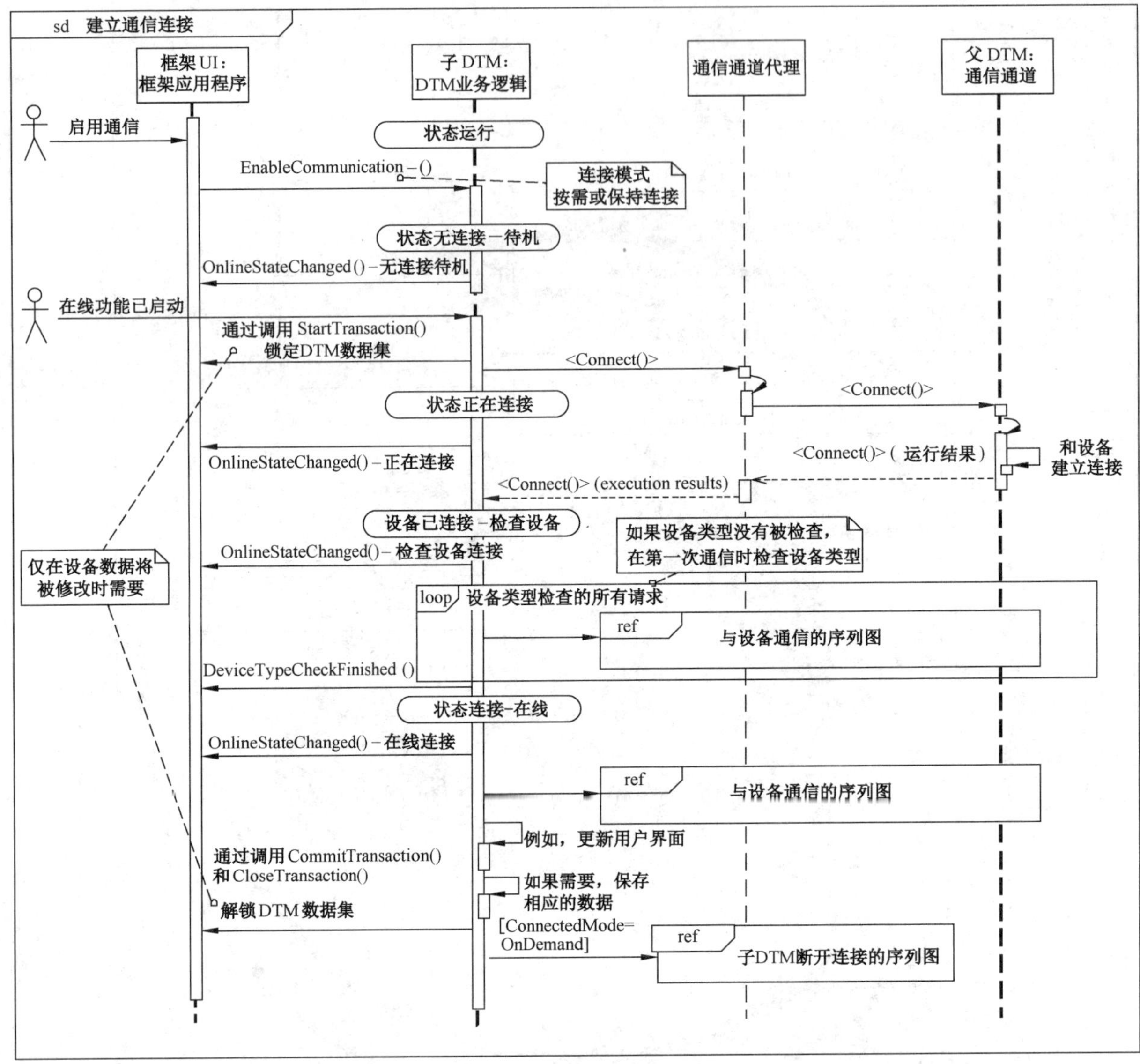

用到的方法:

IDtm.EnableCommunication()

ICommunication.BeginConnect()

ICommunication.EndConnect()

Event IDtm.OnlineStateChanged()

图 151 建立通信连接

注:影响设备数据或实例数据的在线功能需要请求锁定 DtmDataset。为了支持多用户的应用程序框架,应避免长时的锁定。因此,由 DTM 的决定来平衡在线操作的粒度和长时锁定的缺点。

8.6.3 取消建立通信连接

以下工作流描述了如何取消正在进行的连接请求(见图 152)。

如果连接操作不能被取消，调用 CancelConnect()方法将抛出异常。

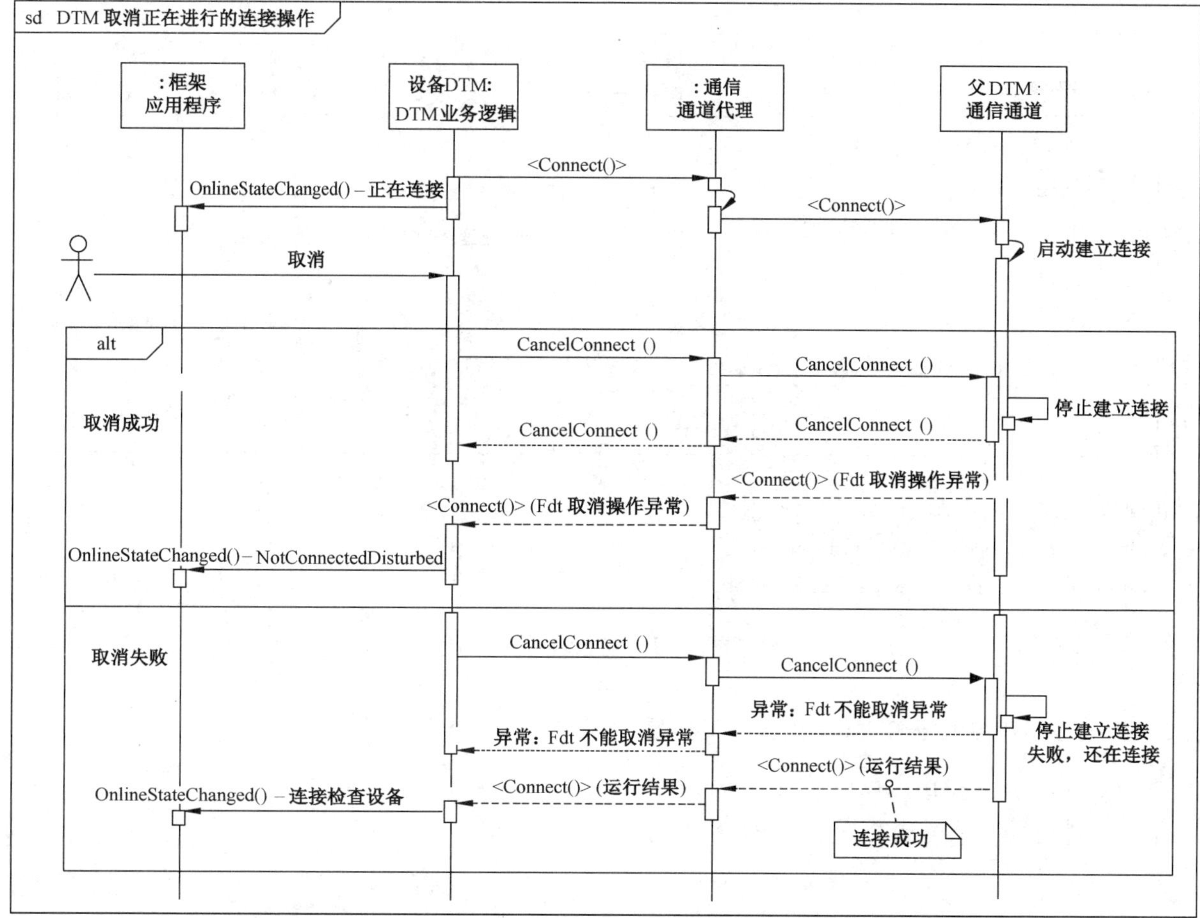

用到的方法：

IDtm.EnableCommunication()

ICommunication.BeginConnect()

ICommunication.CancelConnect()

ICommunication.EndConnect()

Event IDtm.OnlineStateChanged()

图 152 DTM 取消正在进行的连接操作

8.6.4 与设备通信

以下的序列图解释了使用通信通道，设备 DTM 与设备进行的通信(见图 153)。

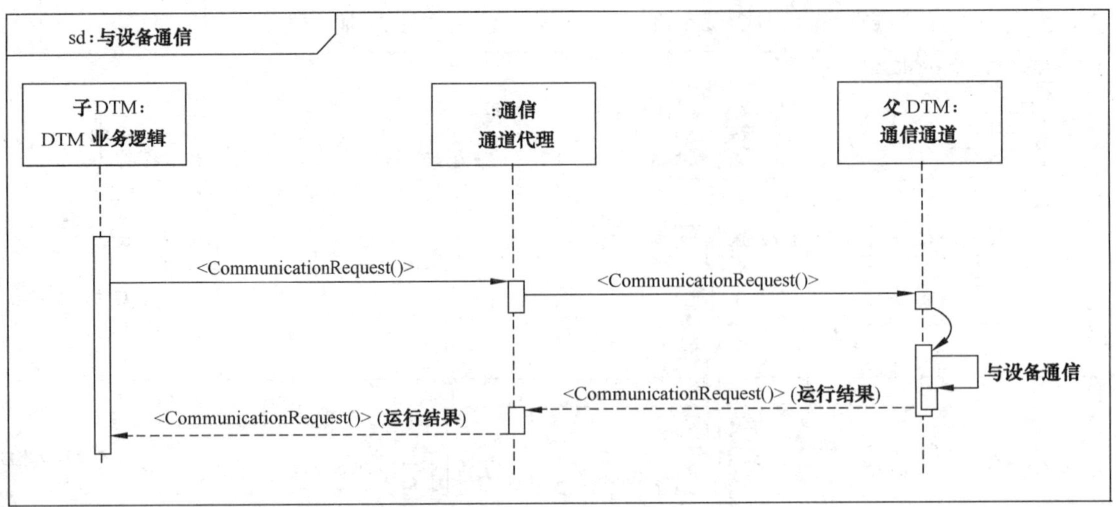

用到的方法:

ICommunication.BeginCommunicationRequest()

ICommunication.EndCommunicationRequest()

图 153 与设备通信

8.6.5 框架应用程序或子 DTM 与设备断开连接

图 154 给出了当应用程序框架将 DTM 设置为离线时的消息流。

由子 DTM 决定是完成还是待处理的通信请求。

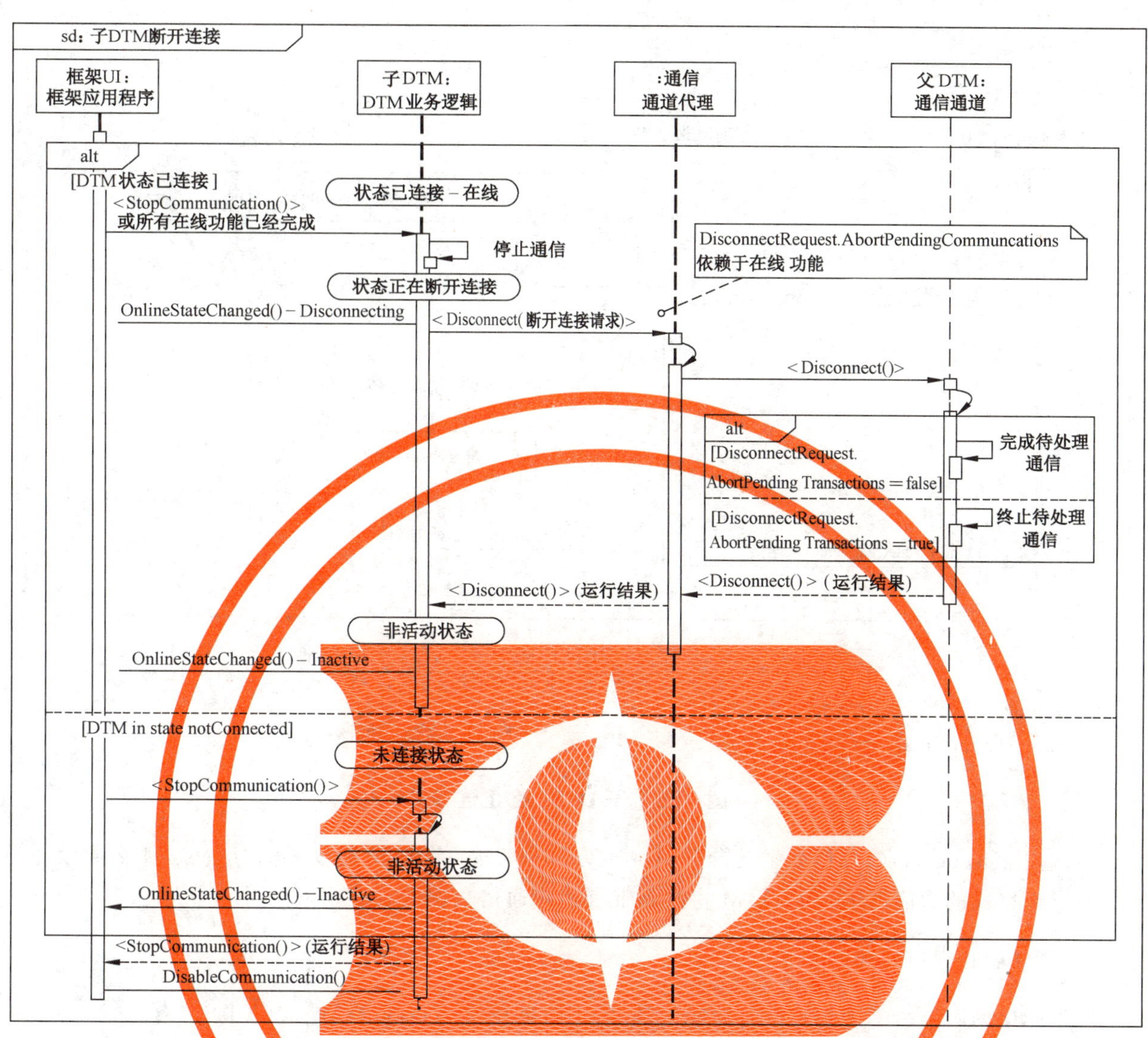

用到的方法：

IDtm.BeginStopCommunication()

IDtm.EndStopCommunication()

Event IDtm.OnlineStateChanged()

ICommunication.BeginDisconnect()

ICommunication.EndDisconnect()

IDtm.DisableCommunication()

图 154 子 DTM 的断开

8.6.6 终止通信连接

以下的序列图给出了通信连接如何被子 DTM 终止(见图 155)。

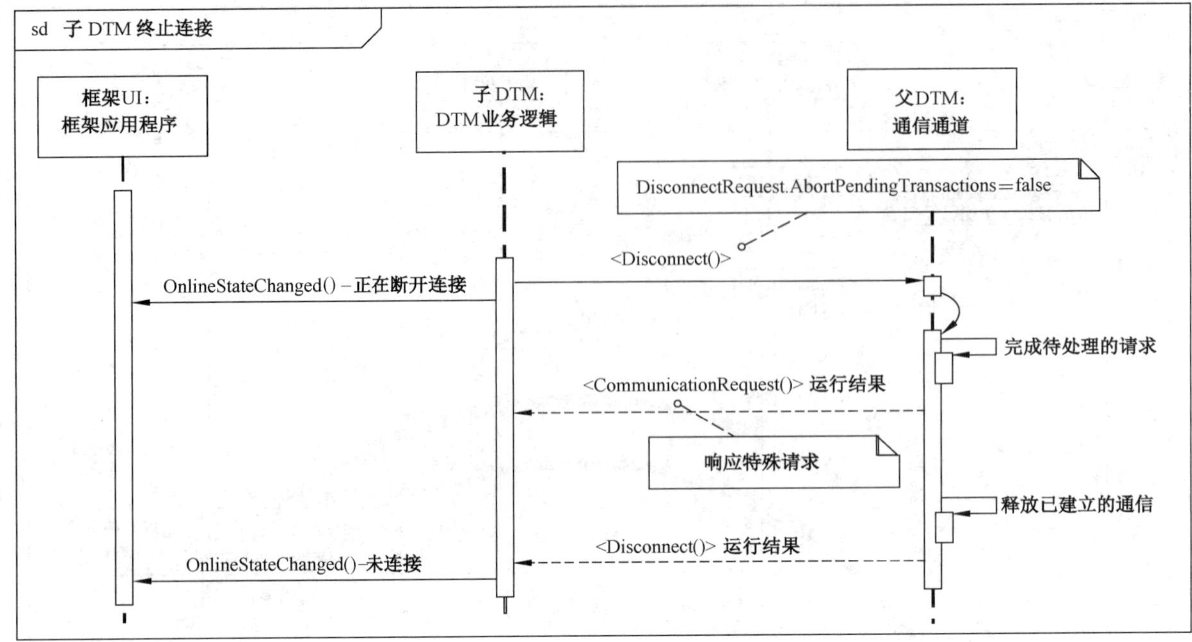

用到的方法：

ICommunication.BeginDisconnect()

ICommunication.EndDisconnect()

图 155　子 DTM 终止连接

在调用〈Disconnect()〉时，如果其参数 AbortPendingTransactions 被设置为“false”，那么通信通道执行所有未完成的通信请求。子 DTM 将收到带有相应通信数据的响应。

8.6.7　DTM 中止通信连接

以下的序列图描述了中断到设备的通信链接，不再期望进一步的通信响应(见图 156)。

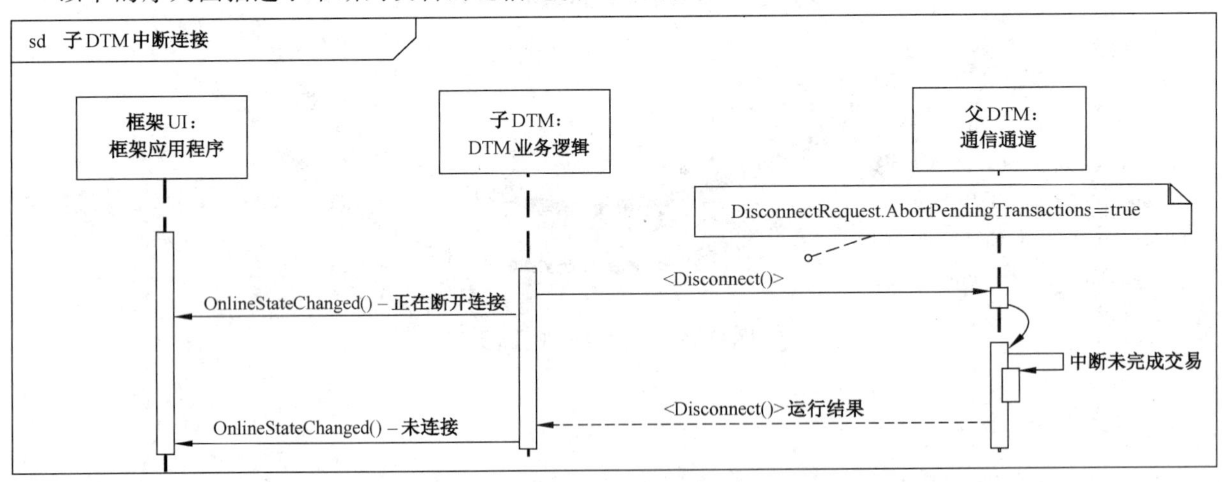

用到的方法：

ICommunication.BeginDisconnect()

ICommunication.EndDisconnect()

图 156　17 Event OnlineStateChanged()子 DTM 中断连接

当〈Disconnect()〉使用设为“true”的 AbortPendingTransactions 参数时，通信通道取消所有未完成

的通信请求。子 DTM 将收到通信请求未被执行的响应信息。

8.6.8 通信通道中止通信连接

以下序列图描述了通信通道如何中止正在活动的设备的通信连接(见图 157)。

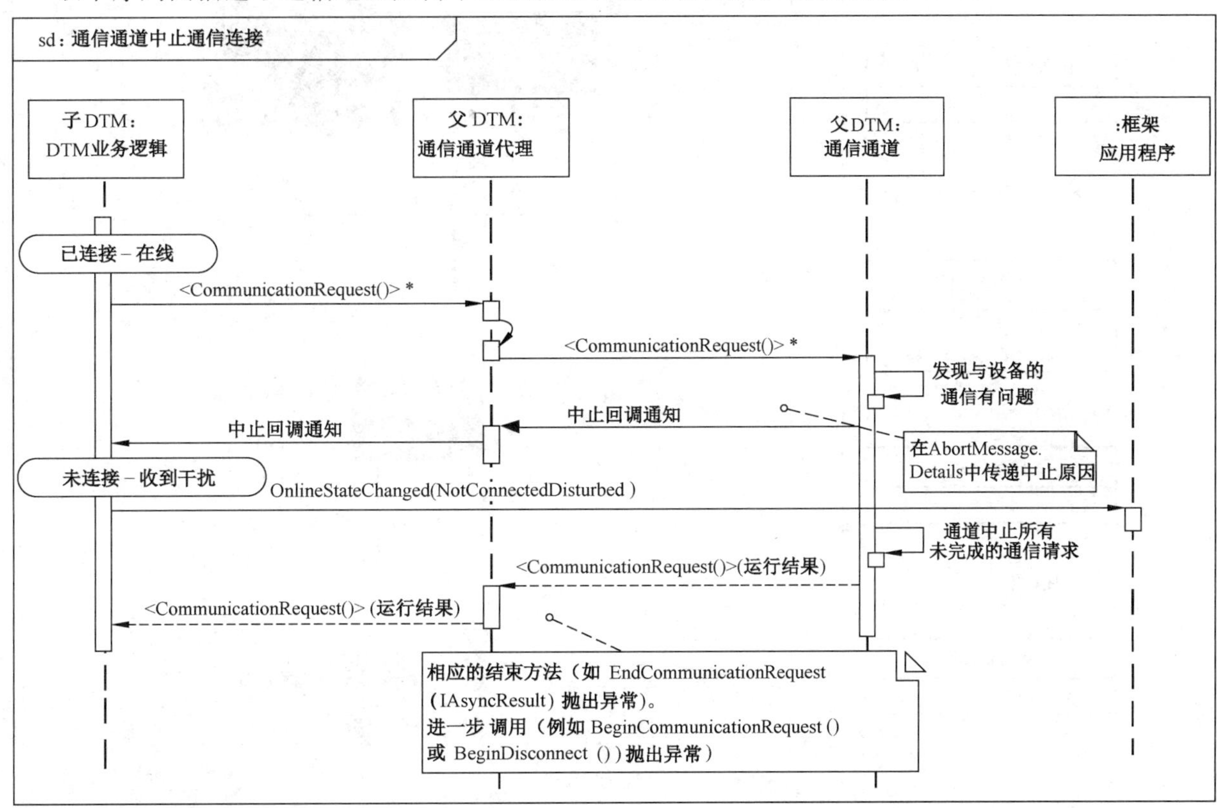

用到的方法:

ICommunication.BeginCommunicationRequest()

ICommunication.EndCommunicationRequest()

用到的事件:

AbortCallBack delegate

Event OnlineStateChanged()

图 157 通信通道中止连接

8.7 嵌套通信

8.7.1 概述

本节描述了与设备相关的通信,这些设备都具有网关功能,如远程 I/O。嵌套通信用来在子系统上建立到设备的连接。

图 158 中的示例给出了设备 DTM 如何与现场设备进行通信,该设备连接到网关 DTM 的通信通道,该网关 DTM 进而又连接到通信 DTM 的通信通道。因为该 DTM 设备代表 HART 现场设备,它是基于 HART 协议的通信。网关 DTM 代表 PROFIBUS/HART 网关(如远程 IO),这就是为什么网关 DTM 与基于 PROFIBUS 协议的网关通信。通信 DTM 代表现场总线接口,DTM 访问现场总线接口的驱动程序(该示例也用于 8.7 的其他小节)。

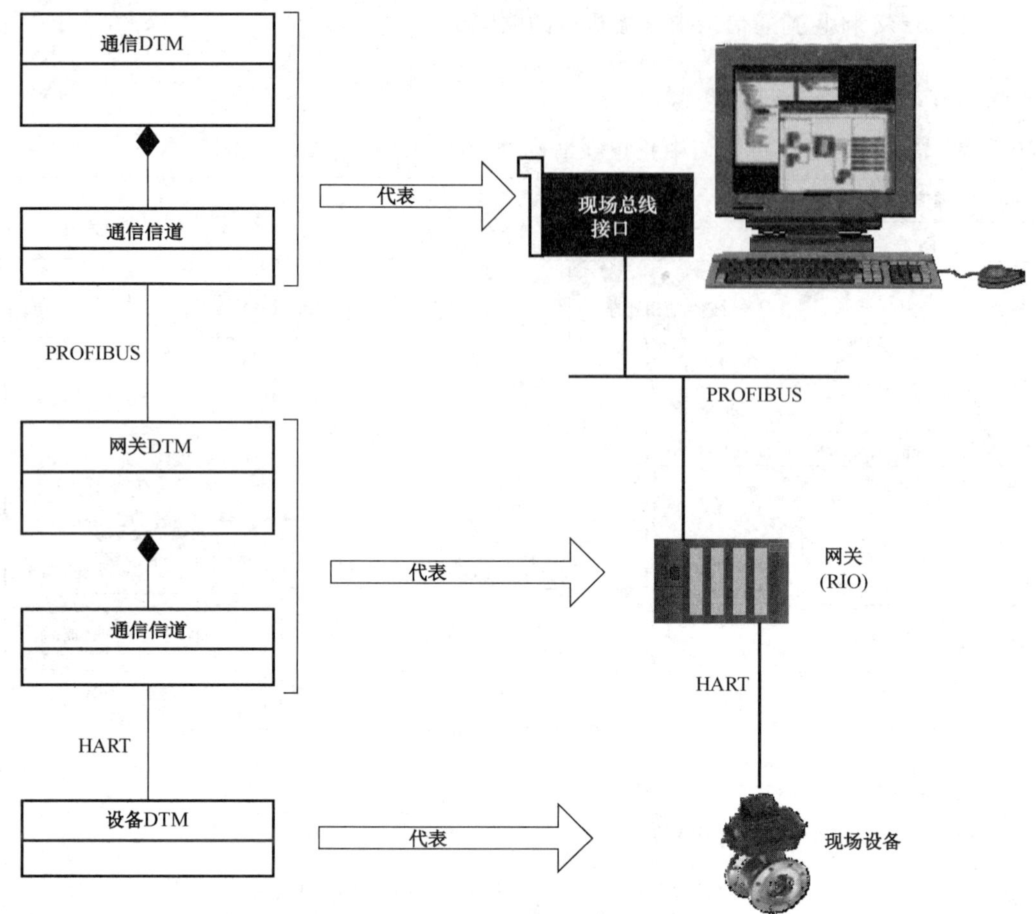

图 158 举例:嵌套通信行为

网关 DTM (例如:用于远程 IO)必须提供其他 DTM 使用的一个或多个通信通道。

要达到的要求是,DTM 应不需知道任何的通信层次结构。然而,框架应用程序知道子系统的结构,也可以通过网关 DTM 获得该结构。

地址管理功能总是由框架应用程序或由父 DTM 提供。因此每个 DTM 允许,根据通信协议,设置如"tag"和"BusInformation"的网络参数(参见:INetworkData,NetworkDataInfo,AddressInfo)。

8.7.2 嵌套连接的通信请求

图 159 的序列图给出了,图 158 中的 HART 设备 DTM 如何与现场设备通信的示例。网关 DTM 的内部通信,以及 PROFIBUS 通信通道的通信,对设备 DTM 是透明的。

HART 子 DTM 调用通信通道的 BeginCommunicationRequest(),将参数写入到设备。HART 请求在远程 IO 通道中被包装在 PROFIBUS 通信报文中,并发送到 PROFIBUS 父通信 DTM。

相应的响应由 PROFIBUS 父通信 DTM 提供。提取 HART 响应后,远程 IO 网关 DTM 通过通信通道发送响应给 HART 设备 DTM。

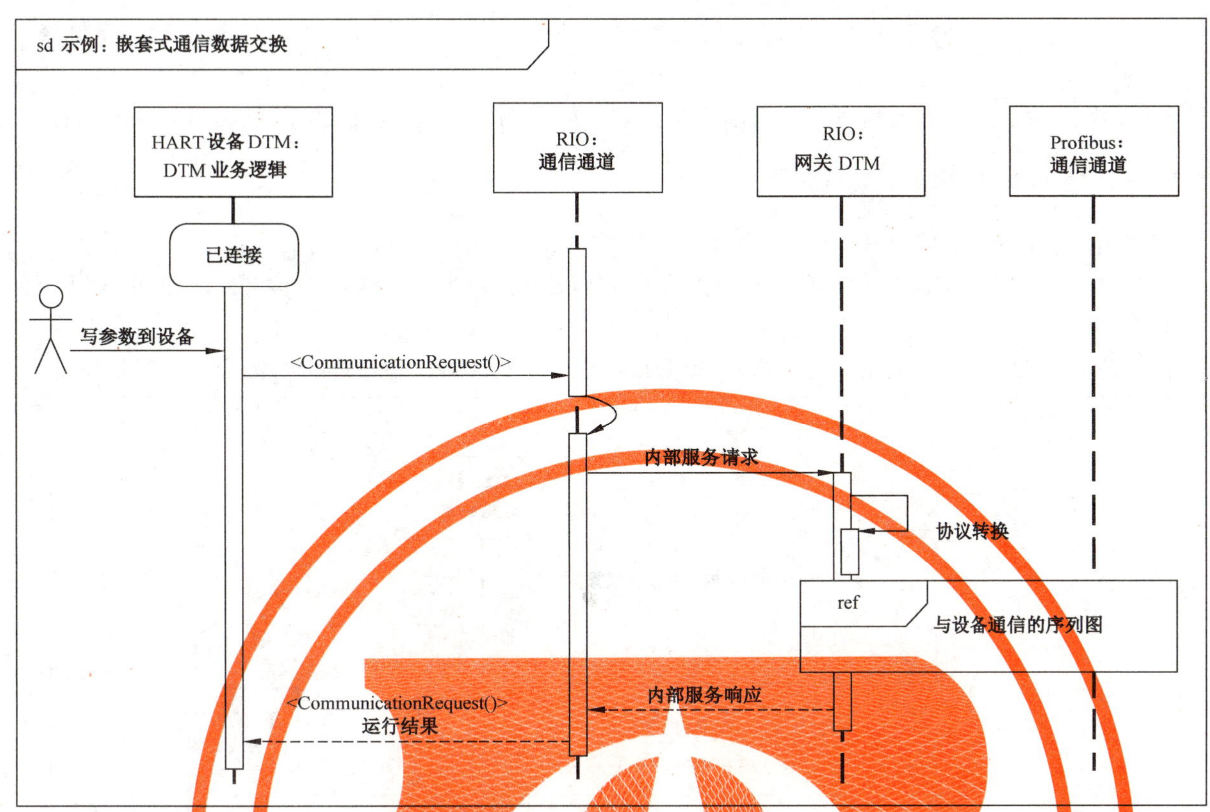

用到的方法：

ICommunication.BeginCommunicationRequest()

ICommunication.EndCommunicationRequest()

图 159 示例：嵌套通信数据交换

8.7.3 嵌套连接的传播错误

在嵌套通信层次中，可能有多种通信错误来源。对于图 158 的示例来说，可能的来源有：

- 现场设备对通信请求的响应带有错误(例如断线)；
- 网关设备(RIO)有通信问题(如现场设备不通信)并响应有错误；
- 网关设备(RIO)有内部问题(如模块故障)并响应有错误；
- 现场总线接口有通信问题(如网关设备不通信)并响应有错误；
- 现场总线接口有内部问题(如没有配置)并响应有错误；

如果在通信请求的执行期间发生错误，该错误必须被传回给通信请求的发起者(见 4.9.1.2)。

为了支持解决这个问题，该 DTM 表示组件，应把错误地点通知用户，并在 CommunicationError 中告知错误的来源。这有助于避免使用户接收到多个错误报告(例如：如果网关设备检测到现场设备不响应，那么网关 DTM 将产生一个用户消息，设备 DTM 也将产生一个用户消息)。

如果中间组件接收到这样的通信错误，它应该依次产生通信错误，提供自己的附加信息，并应在产生的通信错误中，将接收到的通信错误封装为内部通信错误(类似异常/内部异常)。

如果通信请求发起者接收到这样的通信错误，它应使用包含内部通信错误的信息通知用户。

8.8 拓扑规划

8.8.1 概述

框架应用程序负责生成和管理拓扑。

要求就是,DTM应该不需知道关于通信层次结构的任何信息。然而框架应用程序却清楚知道整个拓扑的结构。

8.8.2中描述了框架应用程序是如何创建拓扑的。8.8.5中描述了网关DTM是如何创建子拓扑的。

8.8.2 在拓扑中添加DTM

如果将DTM新添加到拓扑中,需要验证DTM是否适合拓扑。

这种验证由通信通道执行,新子DTM添加到该通信通道。在验证期间,通信通道可以访问子DTM。

由于此时子DTM还不是拓扑的一部分,子DTM还没有父DTM,也不能访问父DTM(见图160)。

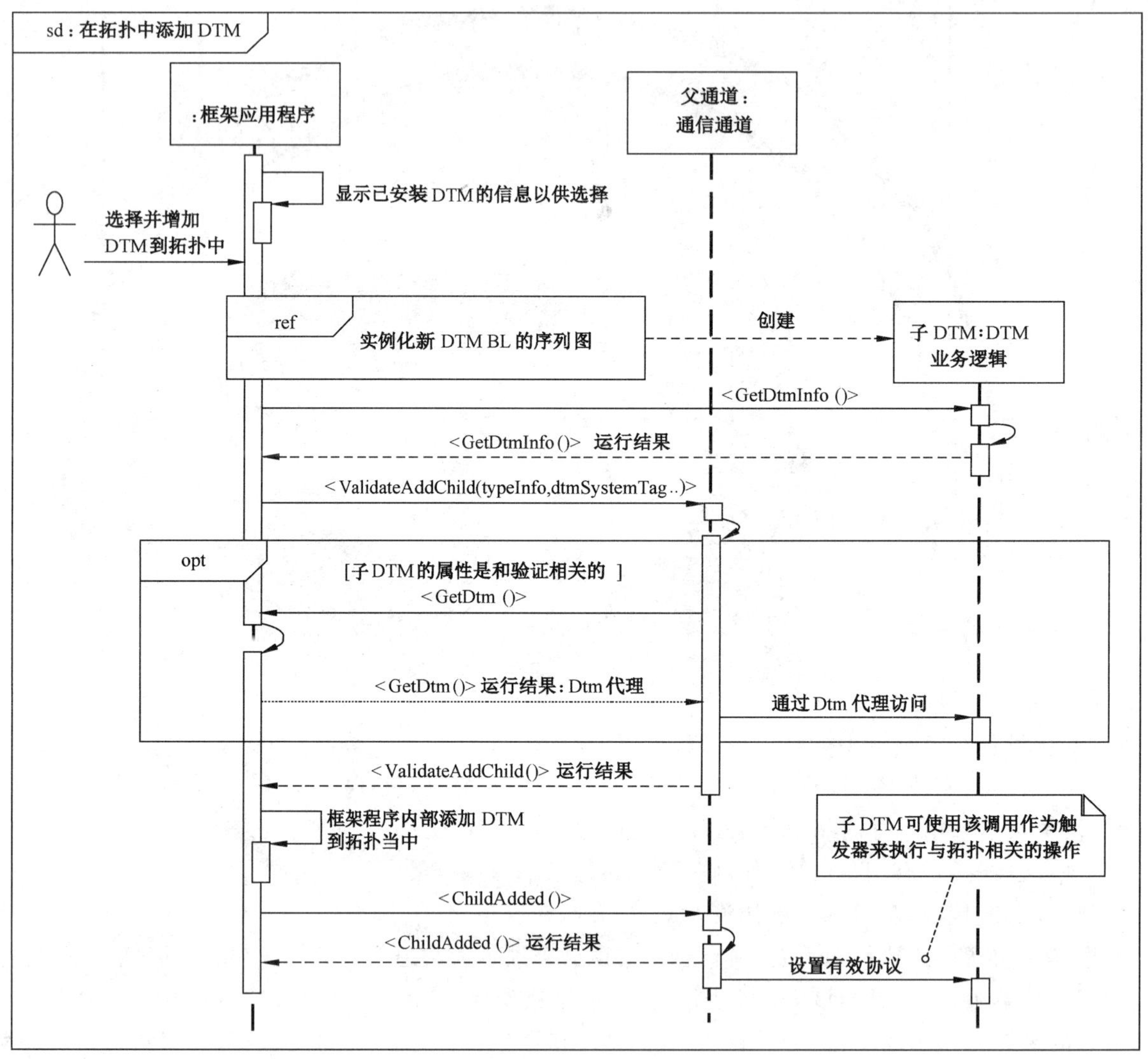

用到的方法:

IDtmInformation.BeginGetInfo()

IDtmInformation.EndGetInfo()

ISubTopology.BeginValidateAddChild() / ISubTopology.EndValidateAddChild()

ISubTopology.BeginChildAdded() / ISubTopology.EndChildAdded()

INetworkData.ActiveProtocols

图160 在拓扑中添加DTM

8.8.3 从拓扑中移除 DTM

图 161 给出了如何从拓扑中移除 DTM。在框架应用程序从拓扑结构中移除设备节点及其数据集之前,父 DTM 应对移除进行验证,释放子 DTM 的所有引用,并更新模块的内部列表。

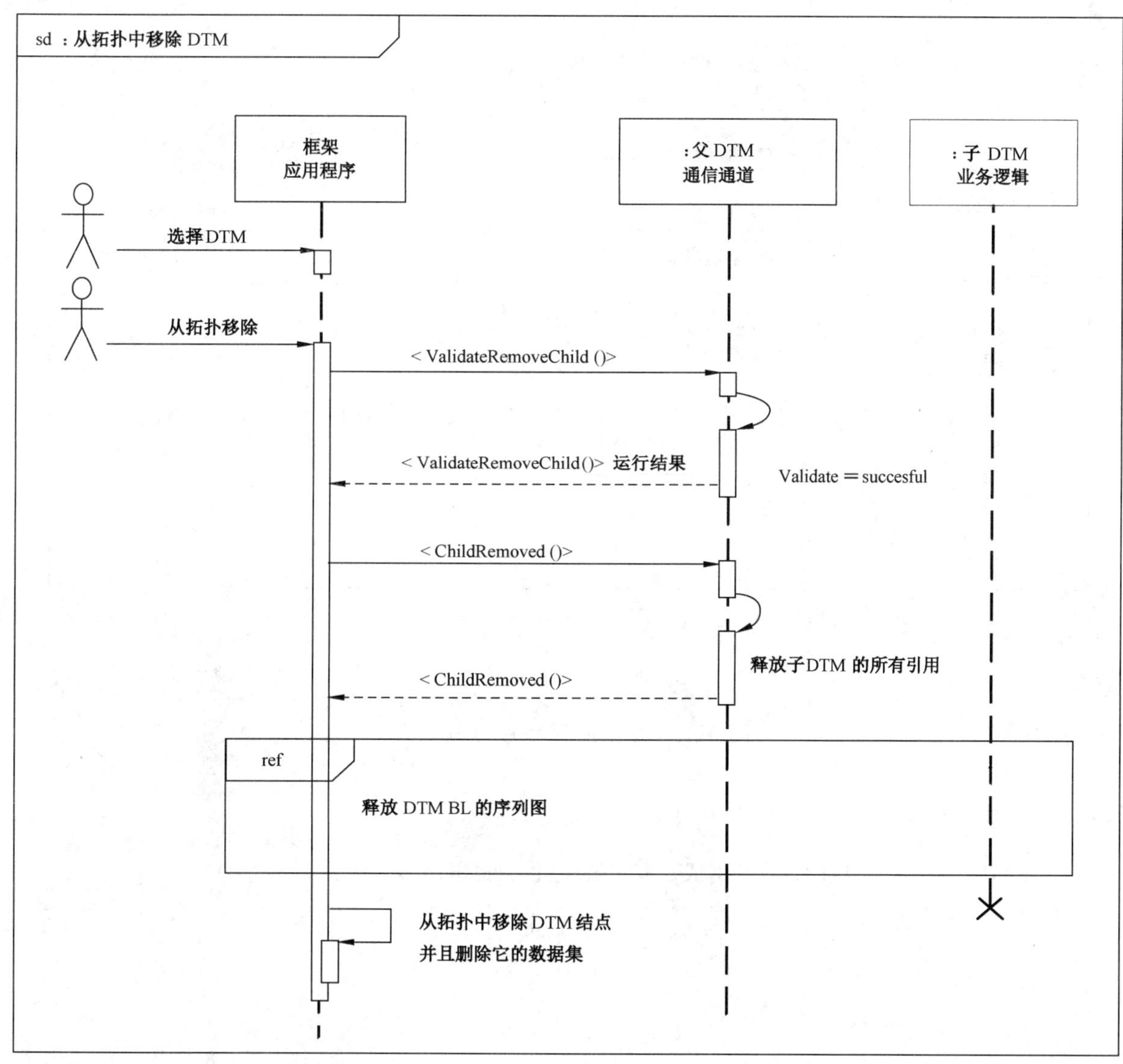

用到的方法:

ISubTopology.BeginValidateRemoveChild()

ISubTopology.EndValidateRemoveChild()

ISubTopology.BeginChildRemoved()

ISubTopology.EndChildRemoved()

图 161 从拓扑中移除 DTM

8.8.4 框架应用程序创建拓扑

以下的序列图给出了一个工作流示例,描述了框架应用程序如何首先在拓扑结构中添加一个网关 DTM(用于远程 IO),然后添加一个设备 DTM(用于 HART 设备)(见图 162)。

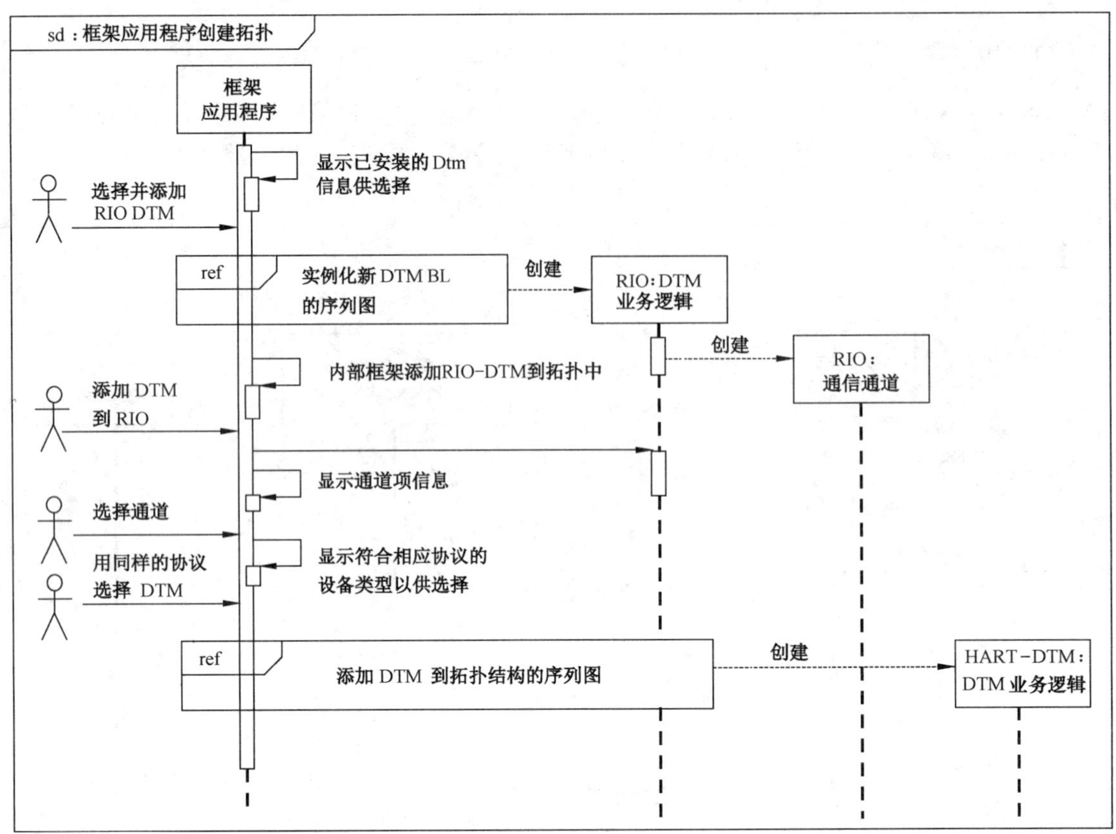

用到的方法：
IChannels.ChannelInfos

图 162　框架应用程序创建拓扑

8.8.5　DTM 生成子拓扑

这个序列图显示了由DTM触发生成子拓扑的过程(见图163)。

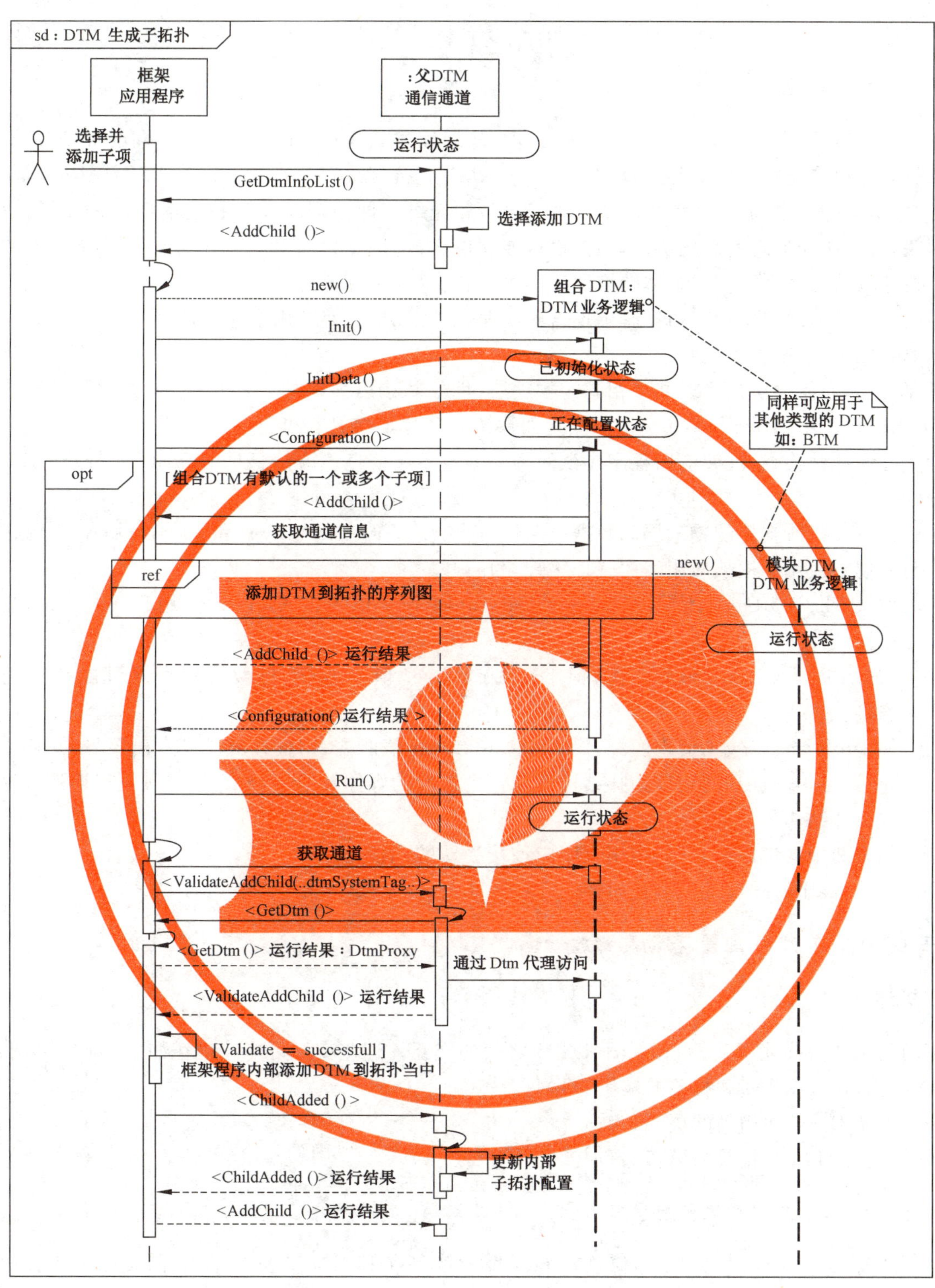

用到的方法：

ITopology.GetDtmInfoList()

ITopology.BeginAddChild() / ITopology.EndAddChild()

ISubTopology.BeginValidateAddChild() / ISubTopology.EndValidateAddChild()

ISubTopology.BeginChildAdded() / ISubTopology.EndChildAdded()

图 163 DTM 生成子拓扑

相同的序列可用于将模块 DTM 添加到一个复合设备 DTM,及用于添加 BTM 到设备 DTM。

8.8.6 物理层和数据链路层

GB/T 20540.2 定义了宽范围的很多种可能的物理媒体。这些媒体可应用于不同的现场总线协议。许多现场总线协议支持不同的物理媒体。例如 HART 支持有线(4 mA～20 mA)和无线连接,而 PROFIBUS 支持 RS485、曼彻斯特编码总线供电(MBP)和光纤。即使现场设备和通信部件(如现场总线接口或网关)支持相同的现场总线协议,通信也可能无法实现,因为设备和通信组件支持的是不同的物理媒体。在这种情况下必需使用媒体转换器或网关设备。

为了避免在离线规划物理拓扑时出现这种不兼容的情况,框架应用程序应该使用由 Port.PhysicalLayers 特性公开的物理层信息。

另一方面,不同的协议可以共享相同的物理层(例如基于以太网的协议)。如果物理层在协议之间共享,另外取决于由 GB/T 20540.2 的数据链路层决定物理连接是否可行。

为了方便这种检查,框架应用程序应该使用数据链路层信息。该信息是由 Port.DataLinkLayers 特性公开的。

为了比较设备所支持的物理层和数据链路层,需要使用 PhysicalLayer 和 DataLinkLayer 的特性。

下面的规则适用于框架应用程序管理物理拓扑:

——如果 PhysicalLayer 值不匹配并且 DataLinkLayer 值不匹配,框架应用程序应该拒绝新的连接。

——如果 PhysicalLayer 值相匹配,但 DataLinkLayer 值不匹配,框架应用程序可能会拒绝新的连接。

——如果 PhysicalLayer 值不匹配,但 DataLinkLayer 值匹配,则框架应用可发出警告,并接受新的连接,因为已规划的物理拓扑结构可能包含透明的媒体转换器,而它们不是框架应用程序中物理拓扑结构的一部分。

——如果两个层都匹配,框架应用程序应该接受新的连接。

针对 PhysicalLayer 值的示例见附件一。

8.9 子 DTM 的实例化、配置、移动和释放

8.9.1 概述

下面的工作流描述了父 DTM 和子 DTM 之间的交互。这些交互可能发生在如下 DTM 之间:

——复合设备 DTM 和相关的模块 DTM;

——设备 DTM 和相关的块 DTM;

——网关 DTM 和相关的设备 DTM。

8.9.2 子 DTM BL 的实例化和配置

图 164 给出了一个父 DTM 如何创建和配置它的子拓扑。为了配置子拓扑,父 DTM 必须实现 Configuration() 方法。当 DTM 处于"configuring"状态时,框架应用程序应该调用 Configuration() 方法。

注意:父 DTM 应该只给它自己的通道添加子 DTM。

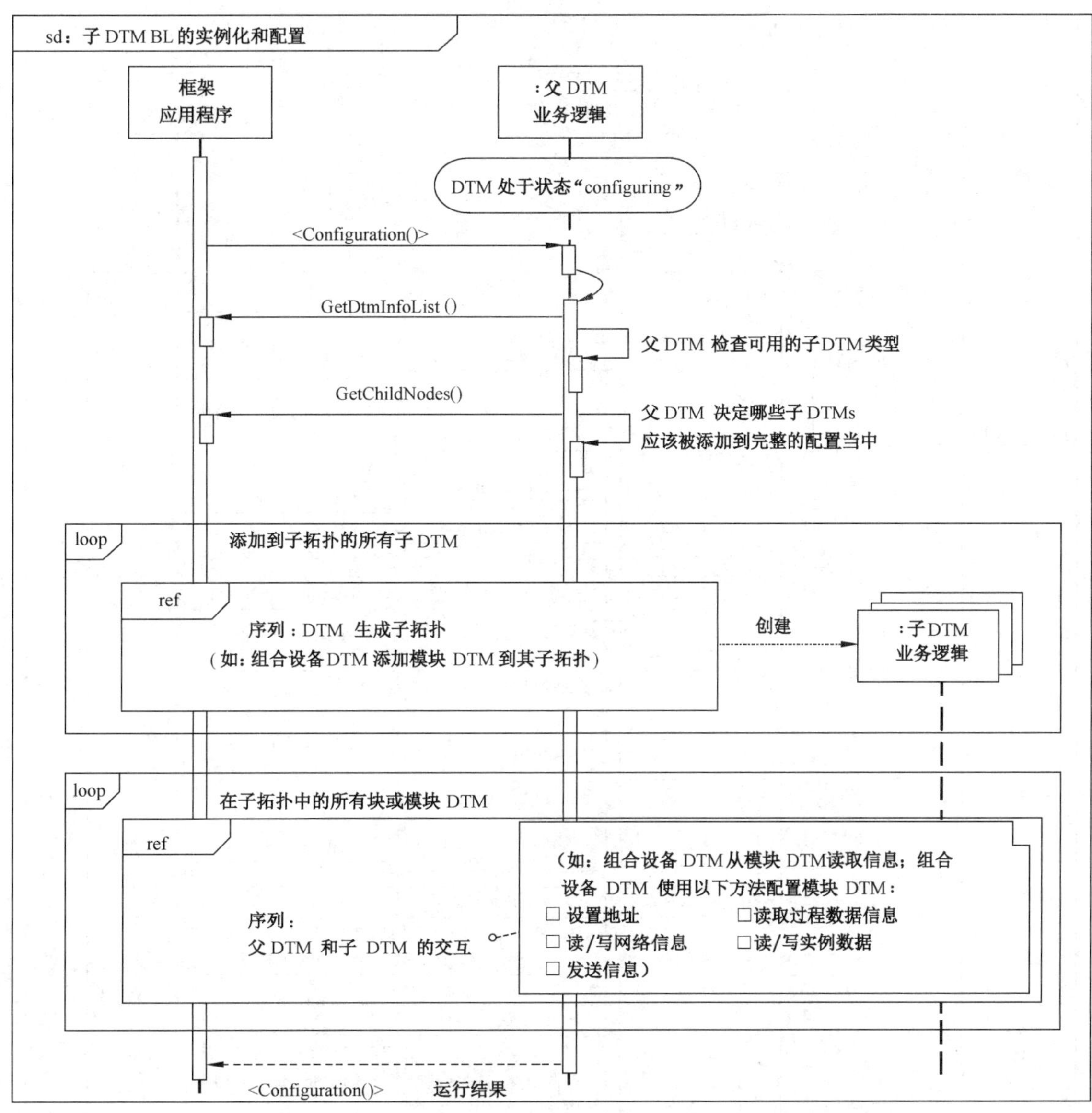

用到的方法：

IDtm.BeginConfiguration()

IDtm.EndConfiguration()

ITopology.GetDtmInfoList()

ITopology.GetChildNodes()

图 164 子 DTM BL 的实例化和配置

8.9.3 父 DTM 和子 DTM 之间的交互

图 165 给出了一个父 DTM 和它的子 DTM 如何交换数据。

注意：对于 DTM 之间的交互，应该只使用由 IDtmProxy 提供的接口。

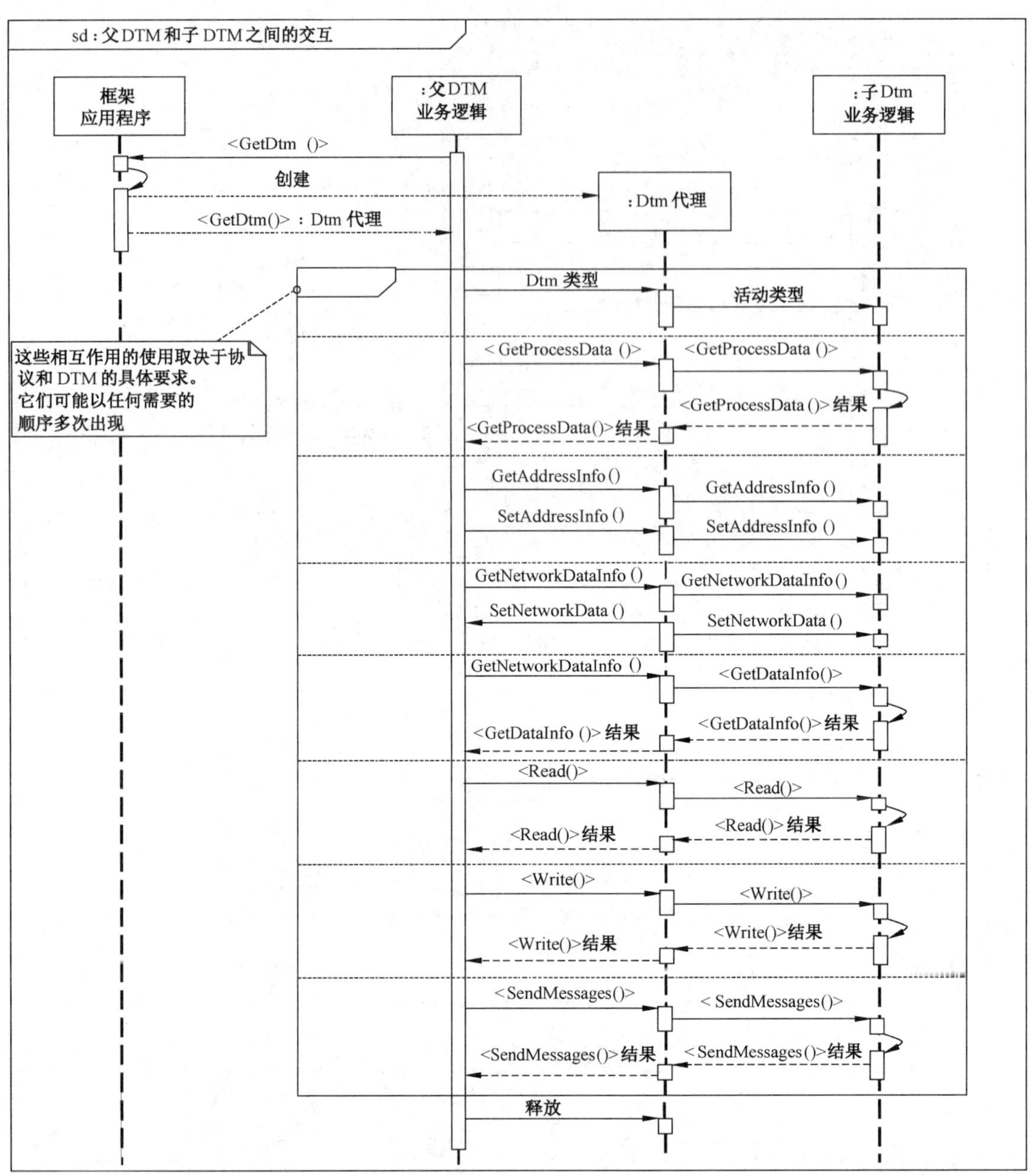

用到的方法：

ITopology.BeginGetDtm() / ITopology.EndGetDtm()

IDtmProxy.Dispose()

IDtmProxy.DtmType

IDtm.ActiveType

IProcessData.BeginGetProcessData() / IProcessData.EndGetProcessData()

INetworkData.GetAddressInfo() / INetworkData.SetAddressInfo()

INetworkData.GetNetworkDataInfo() / INetworkData.SetNetworkData()

IInstanceData.BeginGetDataInfo() / IInstanceData.EndGetDataInfo()

IInstanceData.BeginRead() / IInstanceData.EndRead()

IInstanceData.BeginWrite() / IInstanceData.EndWrite()

图 165 父 DTM 和子 DTM 之间的交互

8.9.4 父 DTM 和子 DTM 之间通过 IDtmMessaging 进行交互

这个序列图描述两个 DTM 之间通过 IDtmMessaging 接口进行交互的情况(见图 166)。

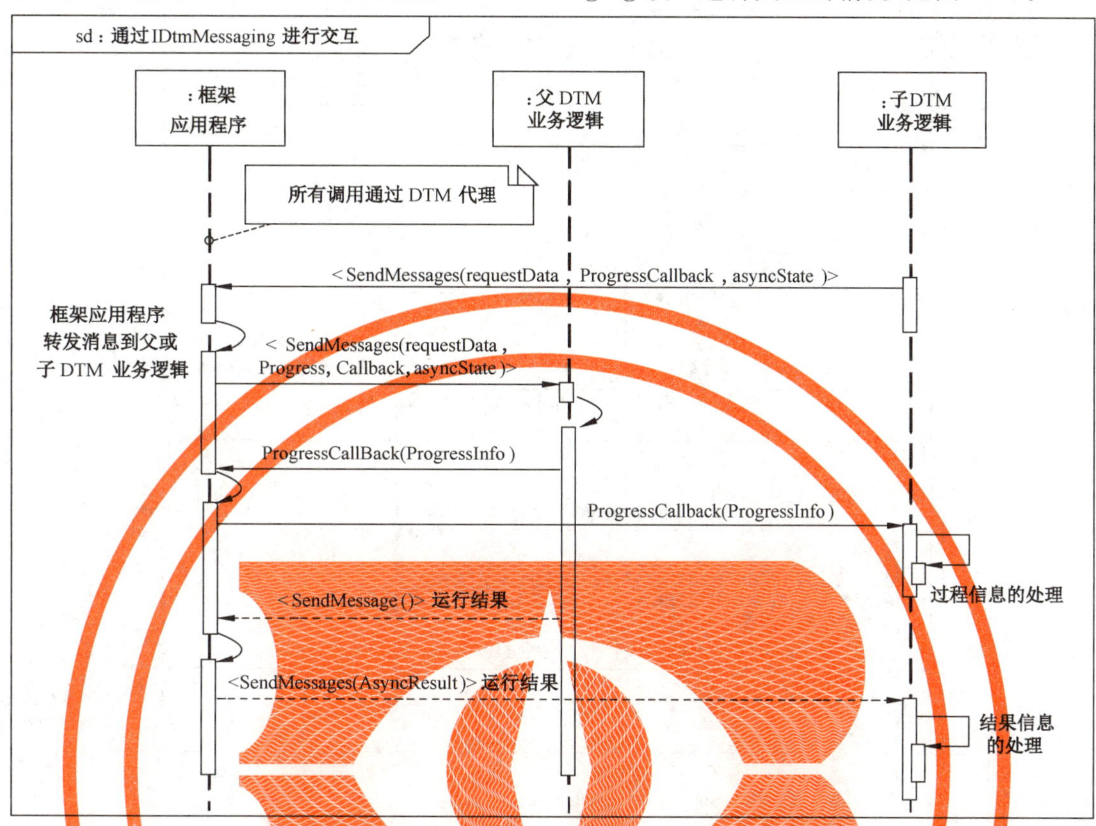

用到的方法：

IDtmMessaging.BeginSendMessages()

IDtmMessaging.EndSendMessages()

图 166 DTM 之间通过 IDtmMessaging 进行交互

在该场景下，子 DTM 的 DTM 业务逻辑给它的父 DTM 发送一个专有消息的列表。框架应用程序通过 IDtmProxy 提供对 IDtmMessaging 的访问，并且应该把这些消息转发给相应的 DTM。

在以下描述中可以找到更多详细信息：

——IDtmMessaging

——DtmRequestMessage

——DtmResponseMessage

8.9.5 父 DTM 移动一个子 DTM

图 167 给出了一个父 DTM 如何将它其中的一个子 DTM 从一个通道移动到另外一个通道。

注意：父 DTM 只能在自己的通道之间移动子 DTM。

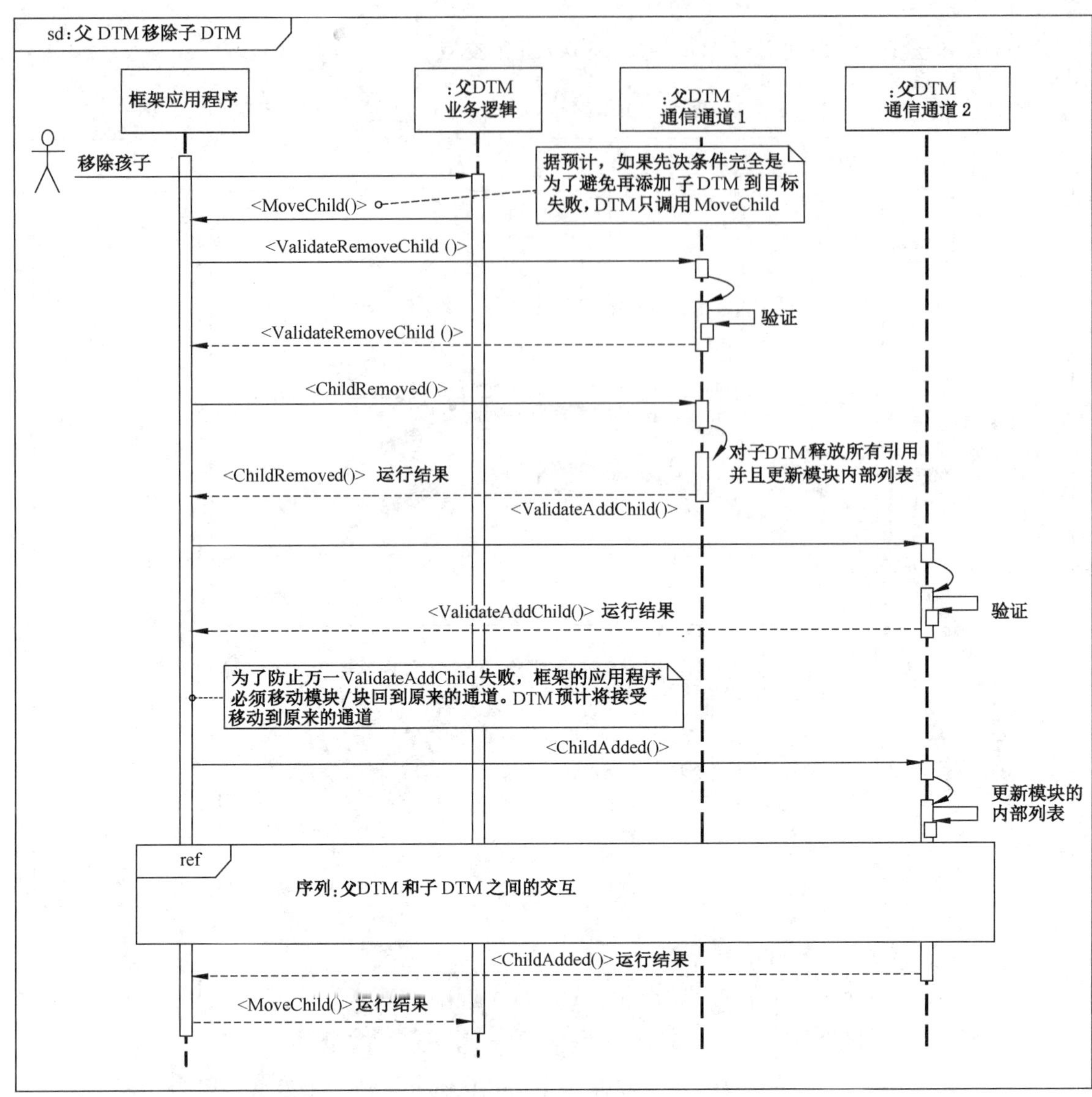

用到的方法：

ITopology.BeginMoveChild() / ITopology.EndMoveChild()

ISubTopology.BeginValidateAddChild() / ISubTopology.EndValidateAddChild()

ISubTopology.BeginChildAdded() / ISubTopology.EndChildAdded()

ISubTopology.BeginValidateRemoveChild() / ISubTopology.EndValidateRemoveChild()

ISubTopology.BeginChildRemoved() / ISubTopology.EndChildRemoved()

图 167　父 DTM 移动一个子 DTM

8.9.6　父 DTM 移除子 DTM

图 168 给出了一个父 DTM 如何移除它的子 DTM。

注意:父 DTM 只能移除自己的子 DTM。

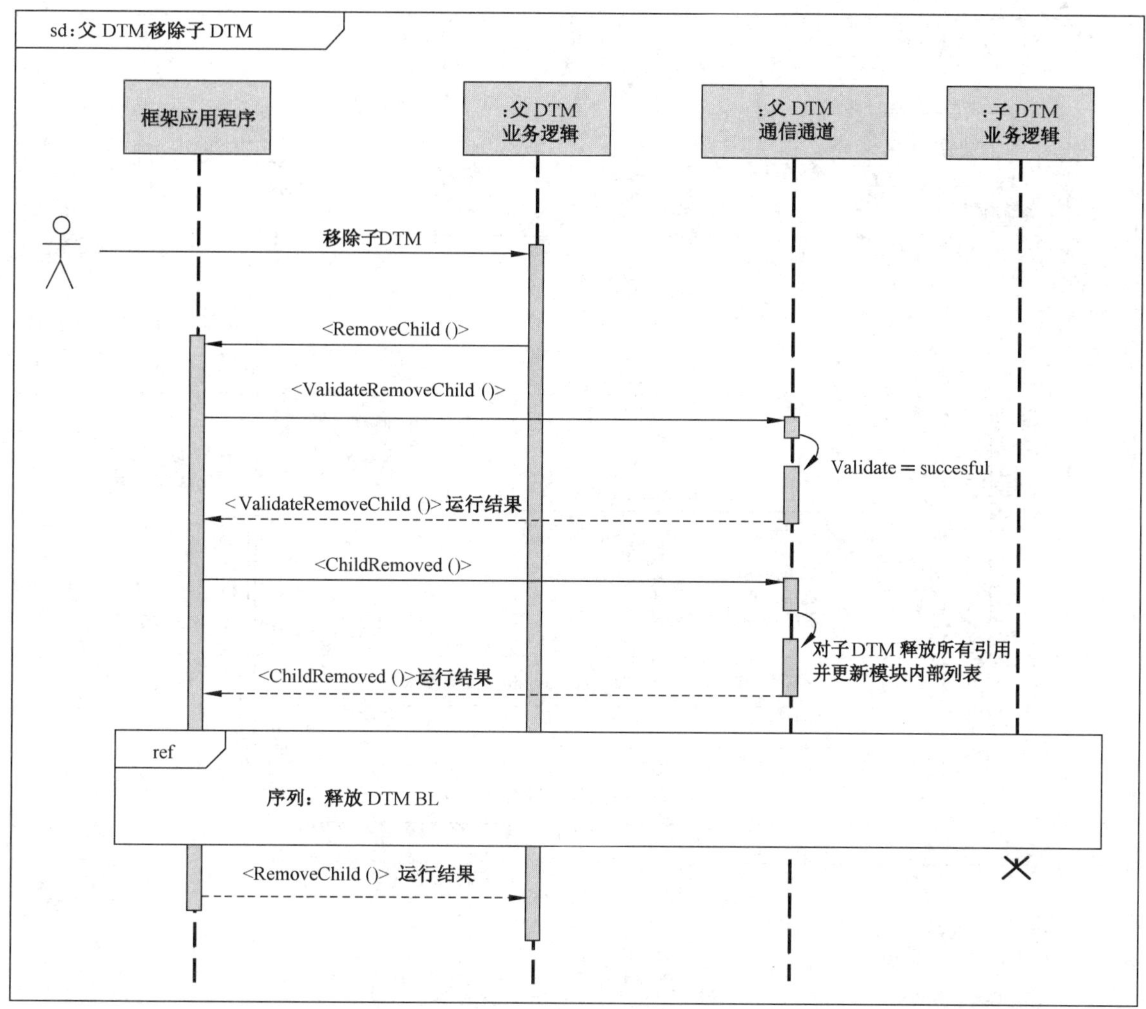

用到的方法：

ITopology.BeginRemoveChild() / ITopology.EndRemoveChild()

ISubTopology.BeginValidateRemoveChild() / ISubTopology.EndValidateRemoveChild()

ISubTopology.BeginChildRemoved() / ISubTopology.EndChildRemoved()

图 168 父 DTM 移除子 DTM

8.10 拓扑扫描

8.10.1 概述

通用机制的描述参见 IEC 62453-2:2009 中 6.2。

8.10.2 网络拓扑扫描

下面的工作流描述了框架应用程序如何从通信通道中请求连接的设备列表和它们协议特定的设备标识信息(见图 169)。

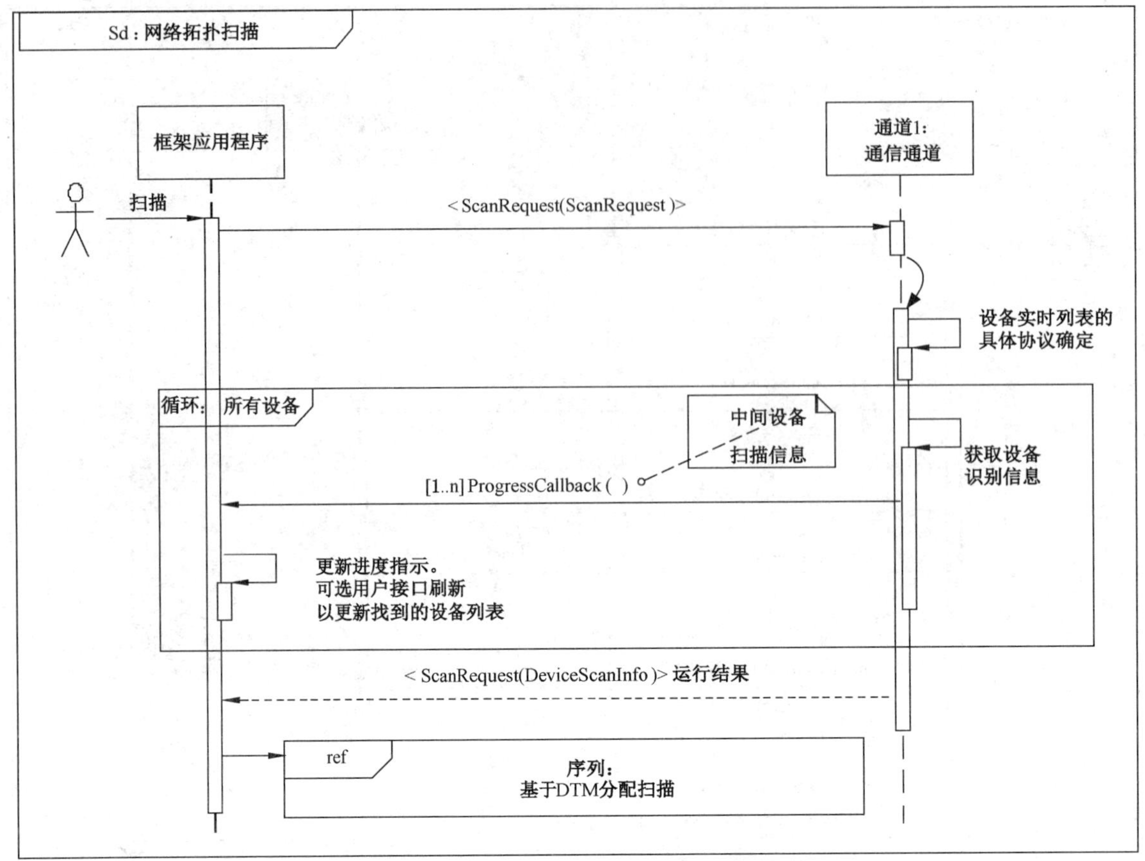

用到的方法：

IScanning.BeginScanRequest()

IScanning.EndScanRequest()

ProgressCallback

图 169 网络拓扑扫描

由 IScanning.EndScanRequest()接收的扫描最后结果中数据包含许多 DeviceScanInfo 对象，其中每一个对象包含在该总线上找到的单一设备的信息。如果设备的顺序与通信通道协议有关，则在最后结果列表中的对象顺序需要与总线上的设备顺序相一致。与最后结果相反，在中间结果中设备的顺序也许取决于扫描算法，并且可能与最终结果不同。

对于特定协议 DeviceScanInfo(T)如何被转换成单独协议 DeviceScanInfo 的信息，请参考数据类型定义(见附录 B)。

8.10.3 取消拓扑扫描

扫描一个子拓扑可能会耗费一定时间。FDT 方法是用来被异步调用的。如果框架应用程序异步地调用扫描方法，CancelScanRequest()将被用来取消在通信通道的扫描操作。下面的序列图给出了相关的事件流(见图 170)。

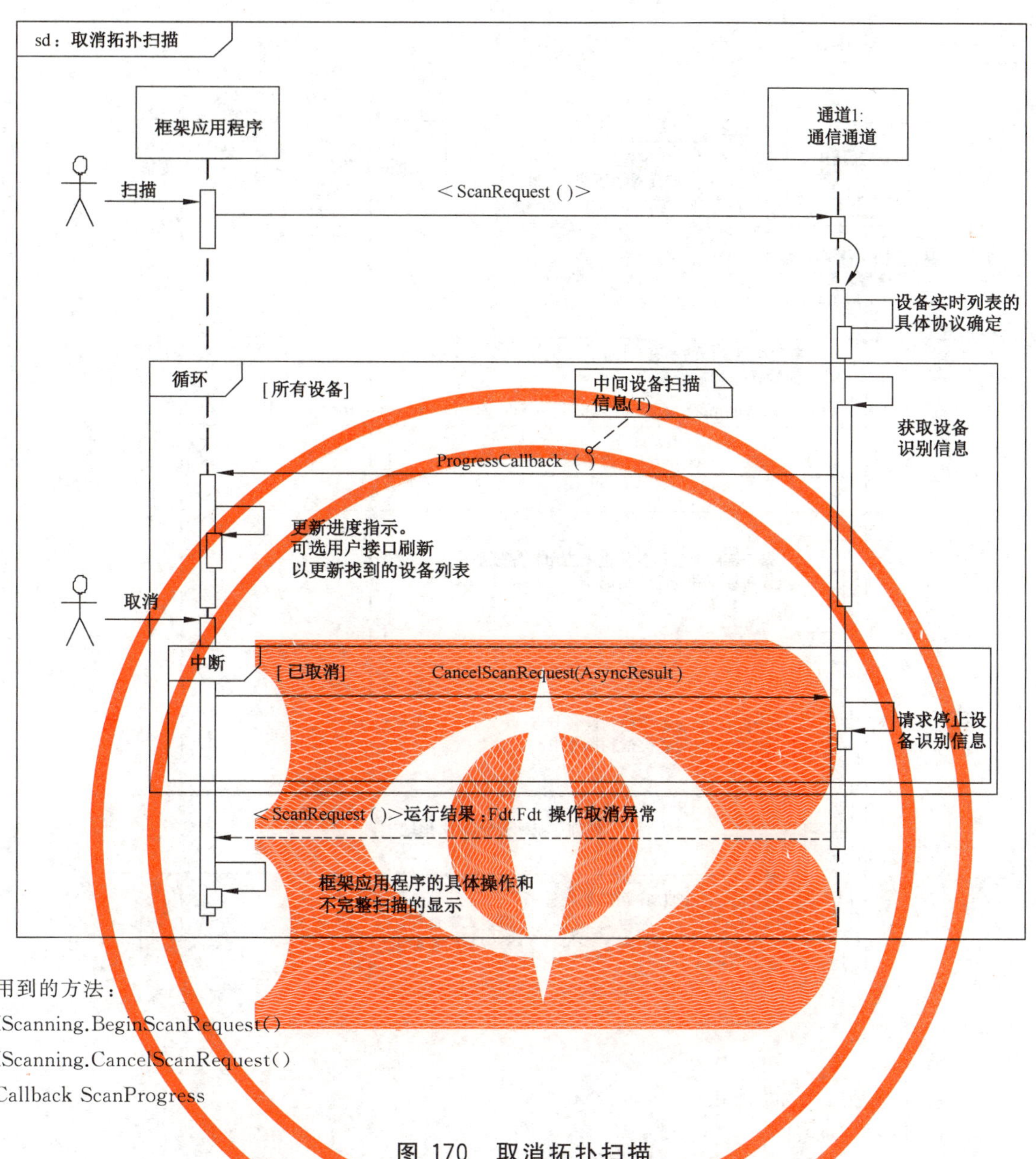

用到的方法：

IScanning.BeginScanRequest()

IScanning.CancelScanRequest()

Callback ScanProgress

图 170 取消拓扑扫描

8.10.4 基于 DTM 分配的扫描

框架应用程序可以使用扫描的活动列表去找合适的 DTMDeviceTypes 并相应地创建一个子拓扑。下面的序列图描述了相关的事件流(见图 171)。

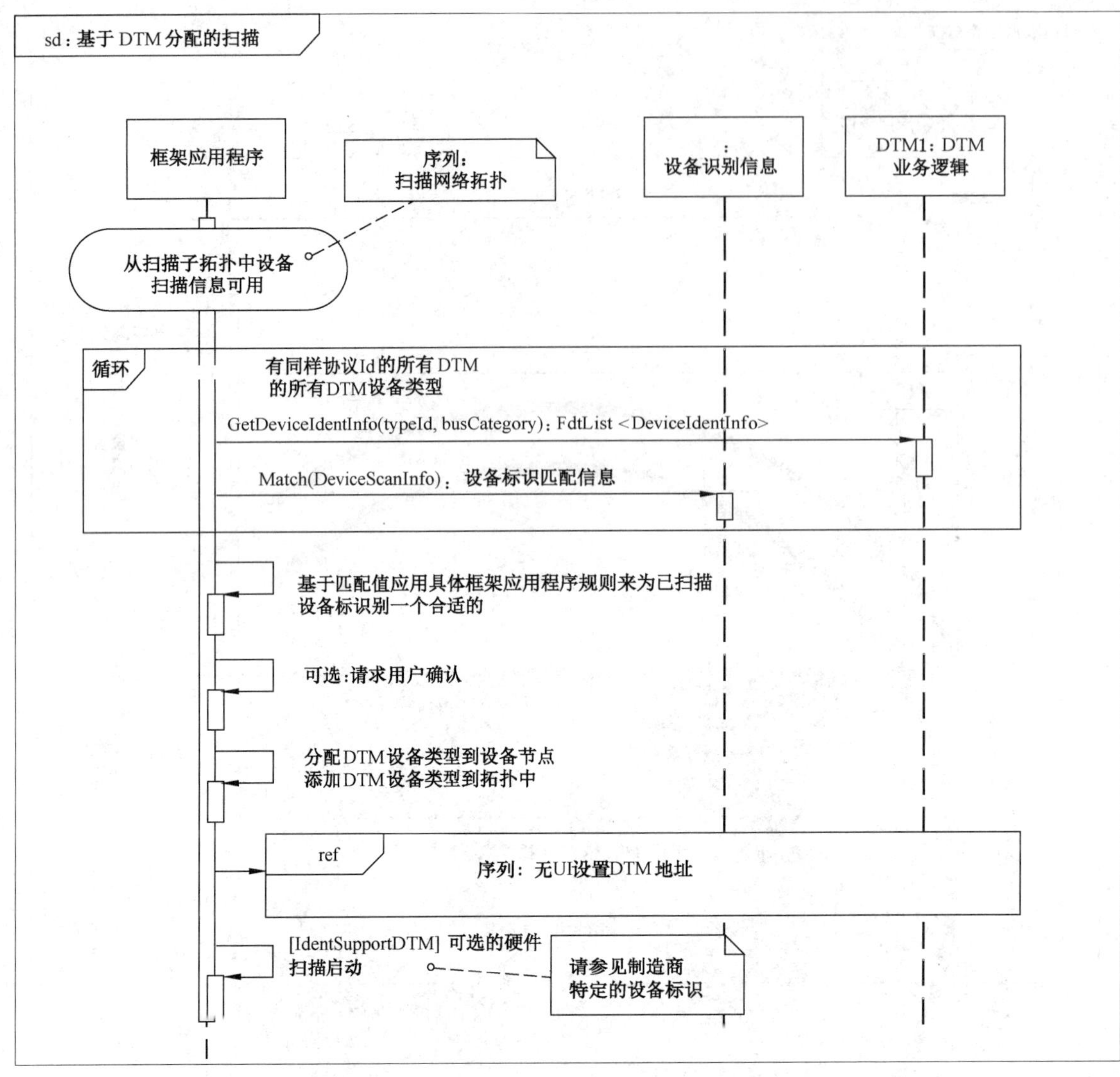

用到的方法：

IDtmInformation.GetDeviceIdentInfo()

DeviceIdentValue〈T〉.Match()

图 171 基于 DTM 分配的扫描

8.10.5 制造商特定设备标识

在这种应执行制造商特定操作的场景中，框架应用程序扫描一个存在的现场总线网络并且用实现有 IHardwareInformation 接口的 DTM 来标识设备(见图 172)。

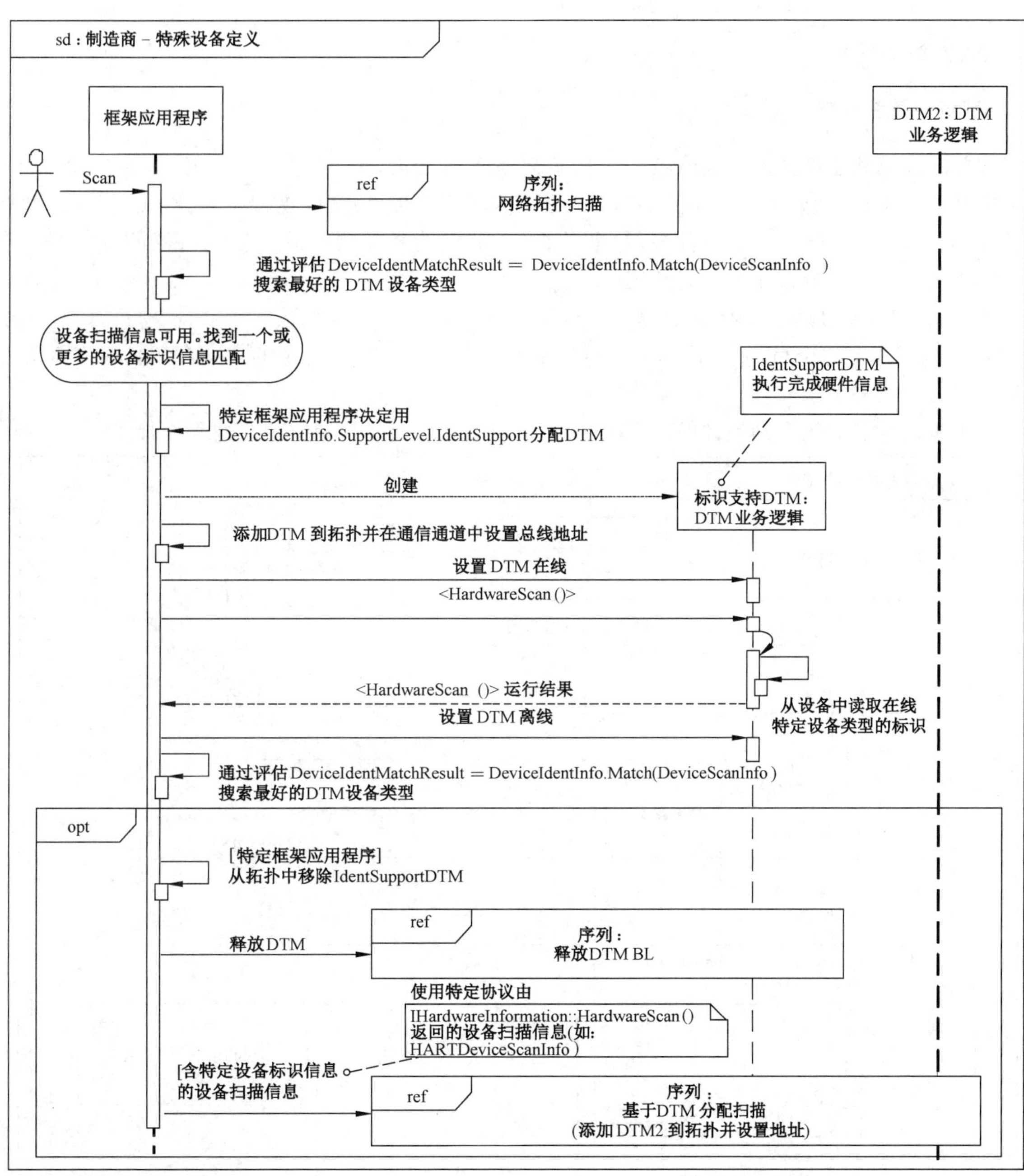

用到的方法：

IHardwareInformation.BeginHardwareScan()

IHardwareInformation.CancelHardwareScan()

IHardwareInformation.EndHardwareScan()

DeviceScanInfo

图 172 制造商特定设备标识

关于制造商特定设备标识的更多信息见 IEC 62453-2 的 6.2.4。

8.11 通信网络的配置

8.11.1 现场总线主站的配置

在配置现场总线主站或通信调度器的时候需要设备特定的总线参数。检索这些参数，需要 DTM 和一个主站配置工具(比如由主站通信 DTM 或框架应用程序提供)之间进行交互。总线特定的数据信息是由在 NetworkDataInfo 中的设备 DTM 提供的，并且包含根据现场总线特定协议的设备特定总线信息(见 FDT 协议附录规范中的协议特定定义)。

当 NetworkDataInfo 对于所有的从站 DTM 是可用时，主站配置工具就能够调试现场总线(见图 173)。为了达到这个目的，它使用来自每一个网络参与者的协议特定的主站配置信息并计算相应的主站设备的总线参数。

主站配置由代表总线主站硬件的 DTM(见图 173)或总线主站特定框架应用程序提供。

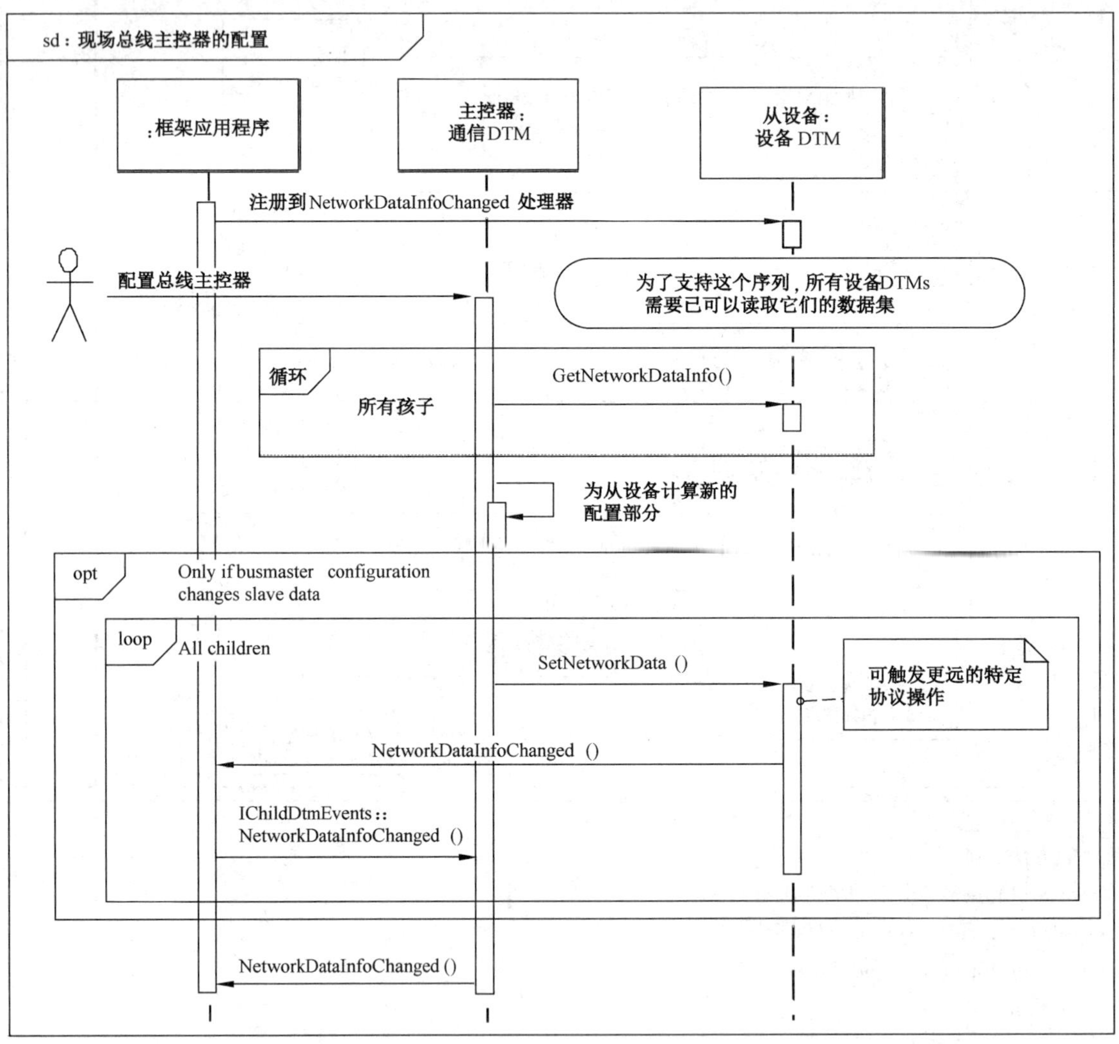

用到的方法：

INetworkData.GetNetworkDataInfo()

INetworkData.SetNetworkData()

Event IChildDtmEvents.NetworkDataInfoChanged()

图 173 现场总线主站的配置

向网络(主站设备和或现场设备)传输的网络信息是协议特定的或产品特定的。协议特定的规则描述请参考各自的协议附录。

8.11.2 被动设备的集成

本节给出了当被动设备作为网络配置一部分的集成信息时的序列(见图 174)。

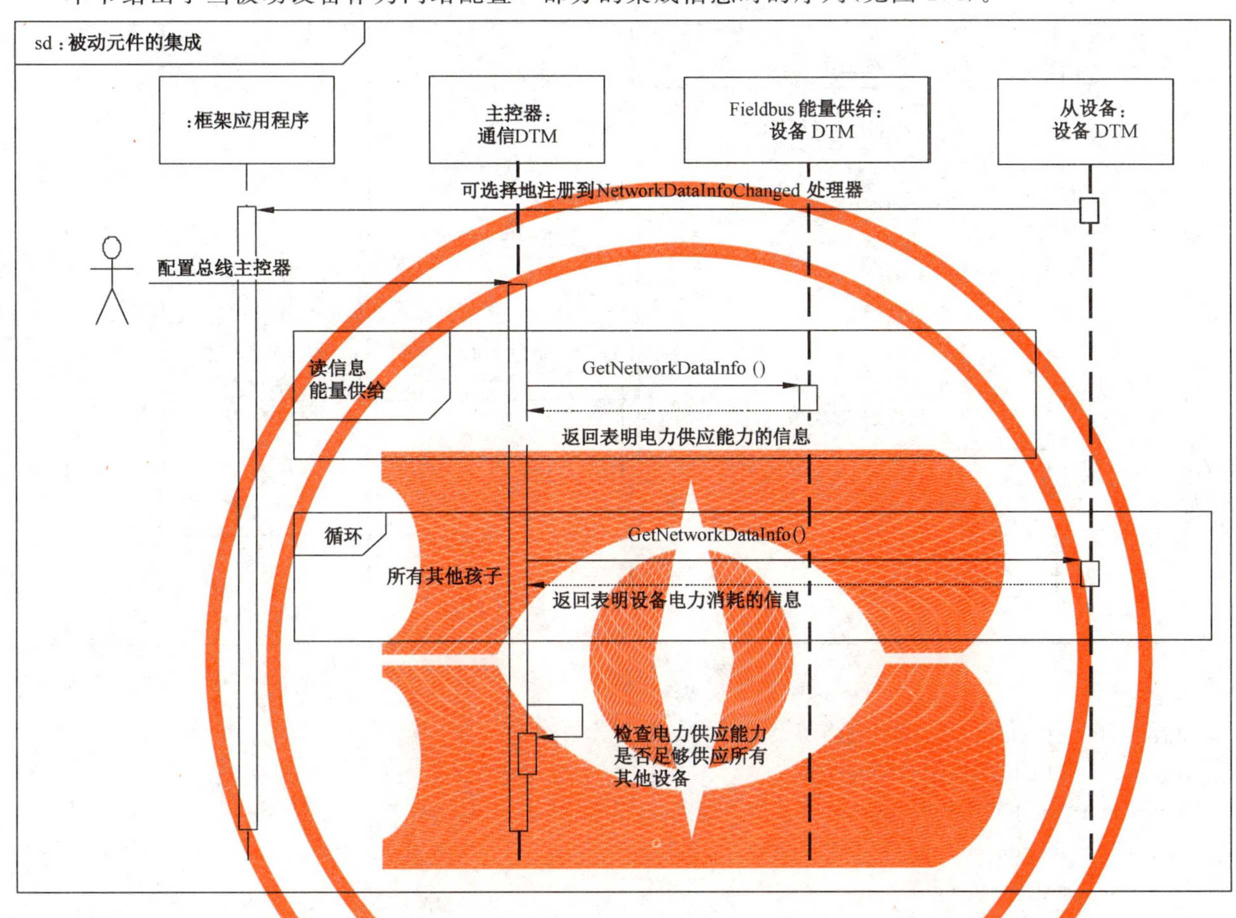

用到的方法:
INetworkData.GetNetworkDataInfo()

图 174 被动设备的集成

在由设备 DTM 中查询出关于现场总线能量供给和现场设备的 NetworkDataInfo 之后,才能够将现场设备能量消耗与现场总线能量供给进行比较。如果能量消耗超过所提供的能量,应通知用户。

8.12 使用 IO 信息

8.12.1 给过程数据分配符号名称

图 175 给出了一个关于 PLC 工具框架应用程序如何将由 IProcessData 定义的 IO 信号分配给一个用于 PLC 编程的变量的工作流例子。

注意:同样的机制也用于在 DCS 工具中分配变量。这个过程也可被称为"DCS 通道分配"。

框架应用程序首先从 DTM 那里获得可用的过程数据(IO 信号)列表。然后,它让用户将符号名称分配给每一个包含在过程数据列表中的 IO 信号。(见 GB/T 15969.3, 2.4.3.1 类型分配部分)

定义在 PLC 程序中的符号变量名称是存储在 IOSignalInfo 的"FrameApplicationTag"特性中的。如果一个 IO 信号被框架应用程序使用(在 PLC 或其他程序中),则 IOSignalInfo 的"IsLock"特性也会指示。使用 SetIOSignalInfo()方法设置 FrameApplicationTag 和 IsLock。

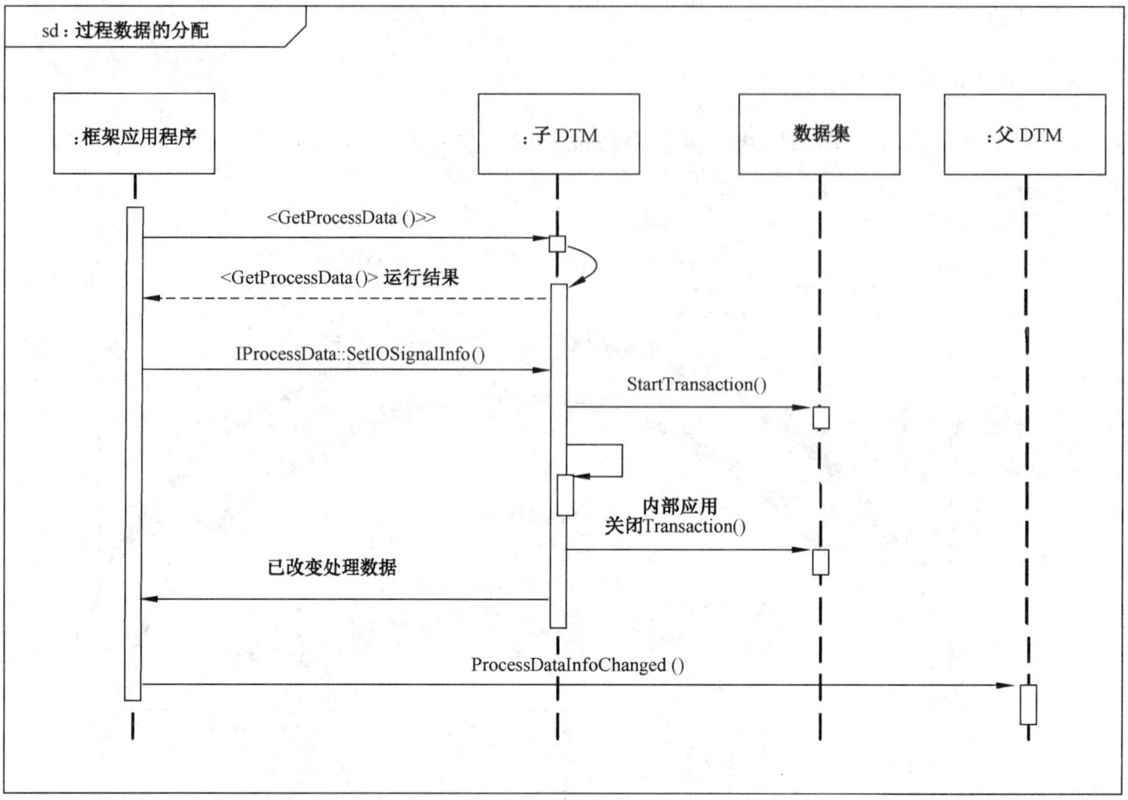

用到的方法：

IProcessData.BeginGetProcessData()

IProcessData.EndGetProcessData()

IProcessData.SetIOSignalInfo()

IDataset.StartTransaction()

IDataset.CloseTransaction()

Event IProcessData.ProcessDataChanged()

Event IChildDtmEvents.ProcessDataInfoChanged()

图 175　过程数据的分配

框架应用程序将直接通过 IProcessData 为 DTM 提供的 IO 信号仅仅设置 FrameApplicationTag。如果 DTM 为子 DTM 提供 IO 信号(见 4.4.4)，那么框架应用将在子 DTM 中，而不是在父 DTM 中设置相应的特性。

如果 IProcessImage 接口是由相应的父 DTM(8.12.4)提供的，那么这个接口或者能够被用来改变子 DTM 的 IOSignals 特性。

注：通过 IProcessData 接口将过程数据分配给 PLC 变量是协议特定的。通过 IProcessImage 接口能够进行协议无关的分配。

8.12.2　过程映像的创建

下面给出了由一个代表总线主站的 DTM 创建和发布的过程映像序列图(见图 176)。注意这个序列图显示了无修改确认。验证在 8.12.3 描述。

如果用户改变了 IO 配置，比如在 DTM 设备的 DTM 特定接口上，框架应用程序就会收到关于这个修改的通知。然后这个通知就会被转发到总线主站 DTM。因为这个通知里包括已修改的可访问数据的 ID，所以总线主站 DTM 能够检查这些修改。根据这些修改的类型，总线主站 DTM 可以获取设备 DTM 的过程数据并将缓存这个信息。

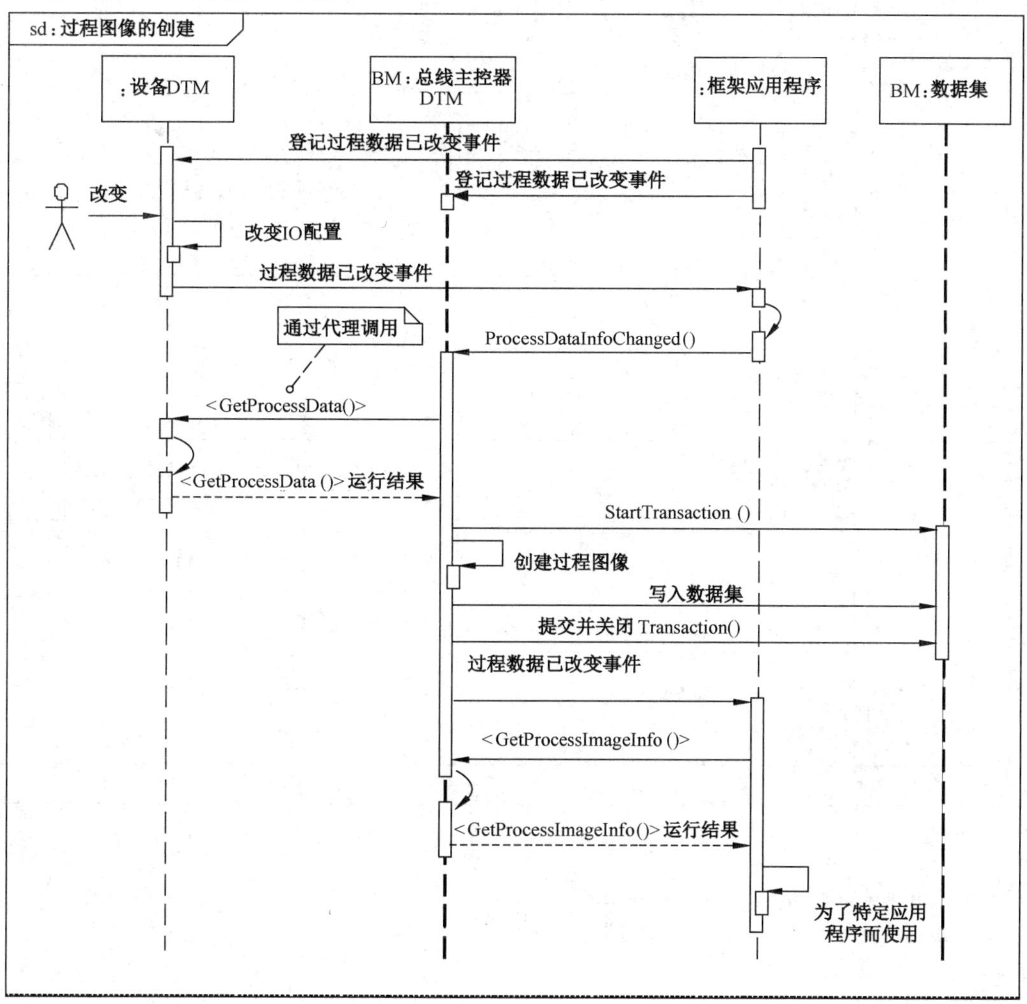

用到的方法：

IProcessData.BeginGetProcessData()

IProcessData.EndGetProcessData()

Event IProcessData.ProcessDataChanged()

IProcessImage.BeginGetProcessImageInfo()

IProcessImage.EndGetProcessImageInfo()

IProcessImage.EndGetProcessImageInfo()

Event IChildDtmEvents.ProcessDataInfoChanged()

IDataset.StartTransaction()

IDataset.CloseTransaction()

图 176　过程映像的创建

8.12.3　在 PLC 运行时进行过程映像修改的确认

图 177 显示了在 PLC 运行时 PLC 工具框架应用程序支持配置修改的情况下，修改可以被确认。

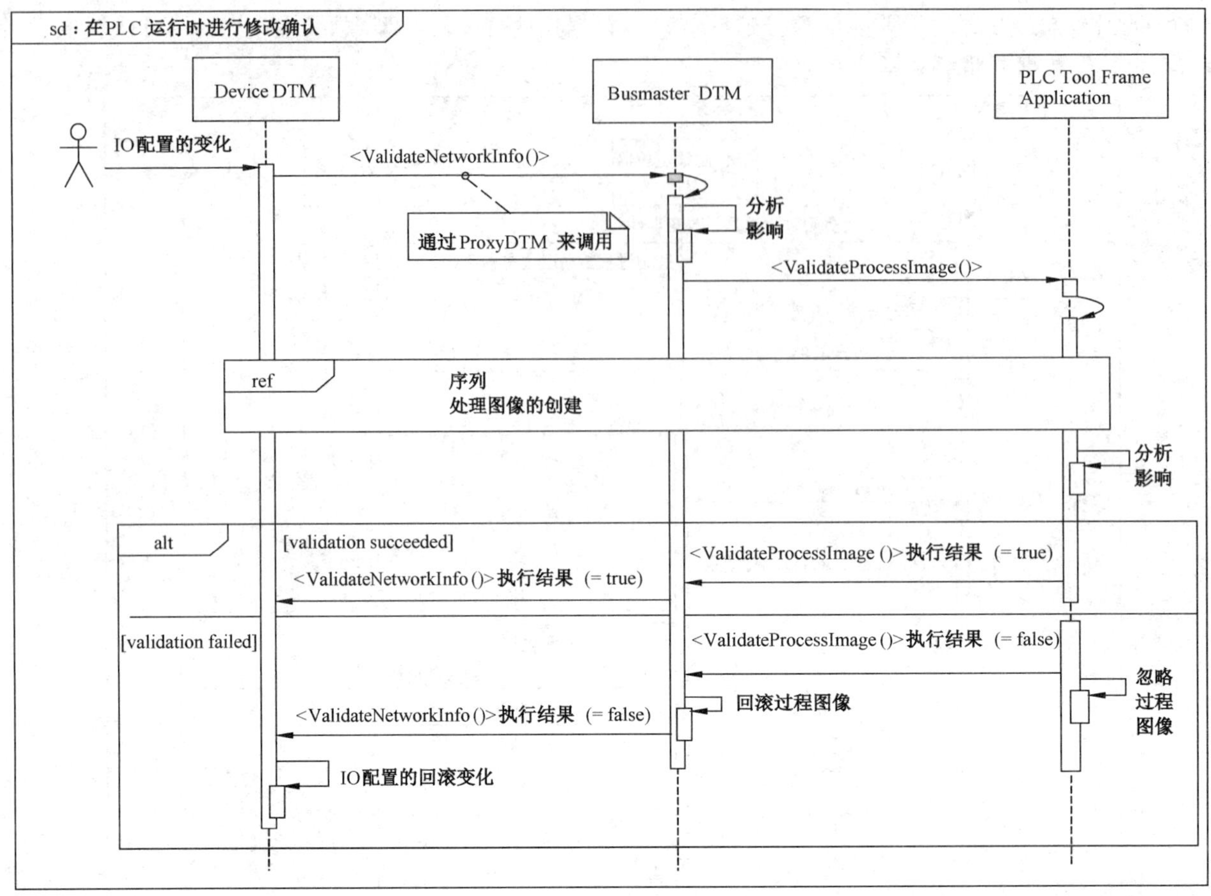

用到的方法：

INetworkInfoValidation.BeginValidateNetworkInfo()

INetworkInfoValidation.EndValidateNetworkInfo()

IProcessImageValidation.BeginValidateProcessImage()

IProcessImageValidation.EndValidateProcessImage()

图 177 在 PLC 运行时进行修改确认

8.12.4 通过过程映像接口修改变量名称

图 178 给出了 PLC 工具框架应用程序如何能够通过过程映像接口修改变量的名称。

通过调用子 DTM 的过程映像接口中的 SetIOSignalInfo，DTM 也会将这个调用转发给相应的子 DTM。

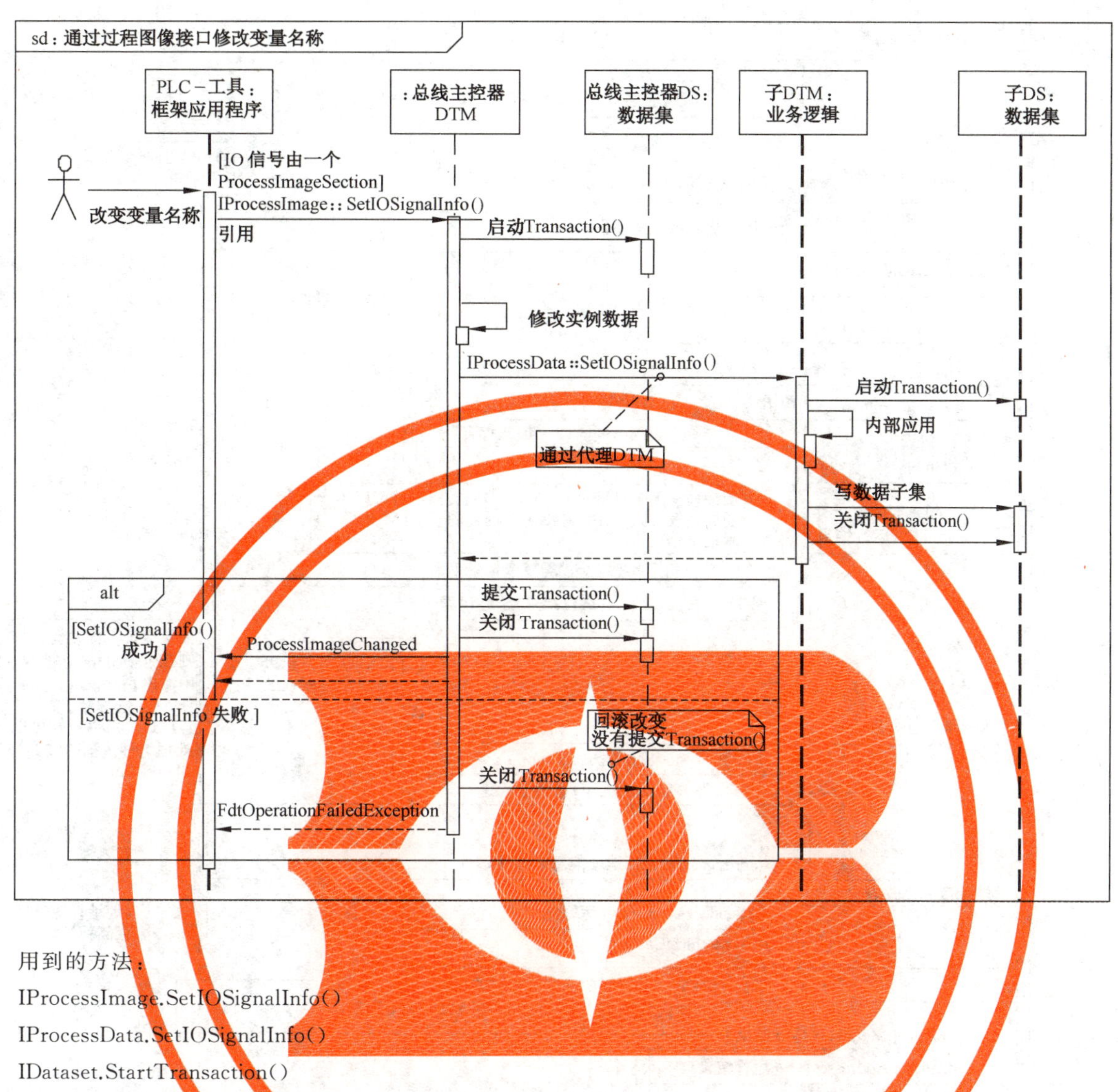

用到的方法:

IProcessImage.SetIOSignalInfo()

IProcessData.SetIOSignalInfo()

IDataset.StartTransaction()

IDataset.CommitTransaction()

IDataset.CloseTransaction()

图 178 通过过程映像接口修改变量名称

8.13 地址管理

8.13.1 通过用户界面设置 DTM 地址

在这种情况下,框架应用程序请求在父通信通道(如总线主站 DTM)设置子设备地址。例如,当一个新 DTM 被加入拓扑时,以下序列被启动(见图 179)。如果框架应用程序可以手动地修改 DTM 的地址,则也可以采用相似的序列。

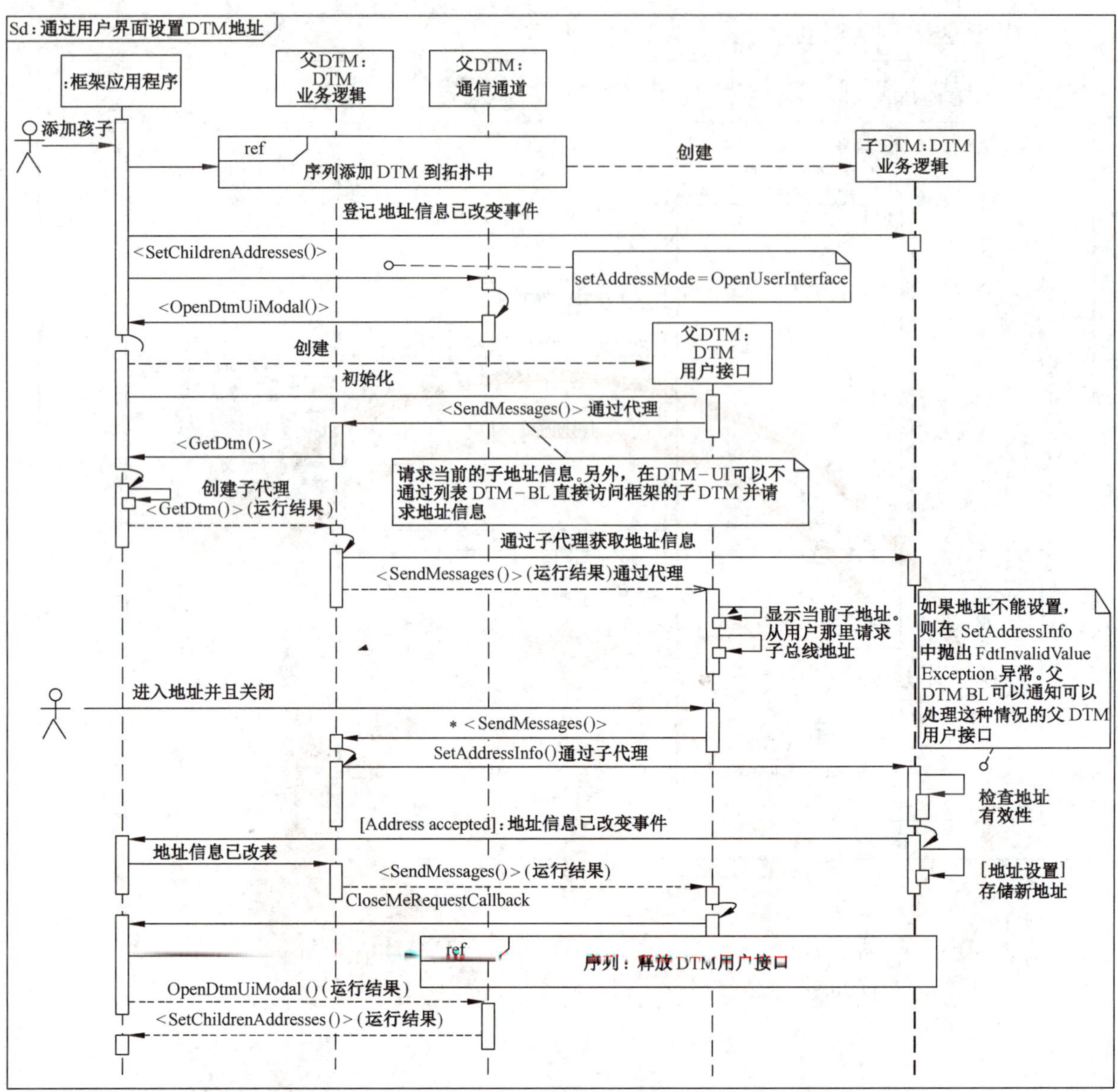

用到的方法：

ISubTopology.BeginSetChildrenAddresses() / ISubTopology.EndSetChildrenAddresses()

IFrameUi.BeginOpenDtmUiModal() / IFrameUi.EndOpenDtmUiModal()

IDtmUiFunction.BeginInit() / IDtmUiFunction.EndInit()

IDtmUiMessaging.BeginSendMessages() / IDtmUiMessaging.EndSendMessages

CloseMeRequestHandler

ITopology.BeginGetDtm() / ITopology.EndGetDtm()

INetworkData.GetAddressInfo() / INetworkData.SetAddressInfo()

Event INetworkData.AddressInfoChanged()

Event IChildDtmEvents.AddressInfoChanged()

图 179 通过用户界面设置 DTM 地址

8.13.2 不通过用户界面设置 DTM 地址

下面的例子给出了在扫描和 DTM 分配之后设置子 DTM 地址的序列。框架应用程序要求在通信通道中设置多个在子 DTM 中已知的设备地址(见图 180)。

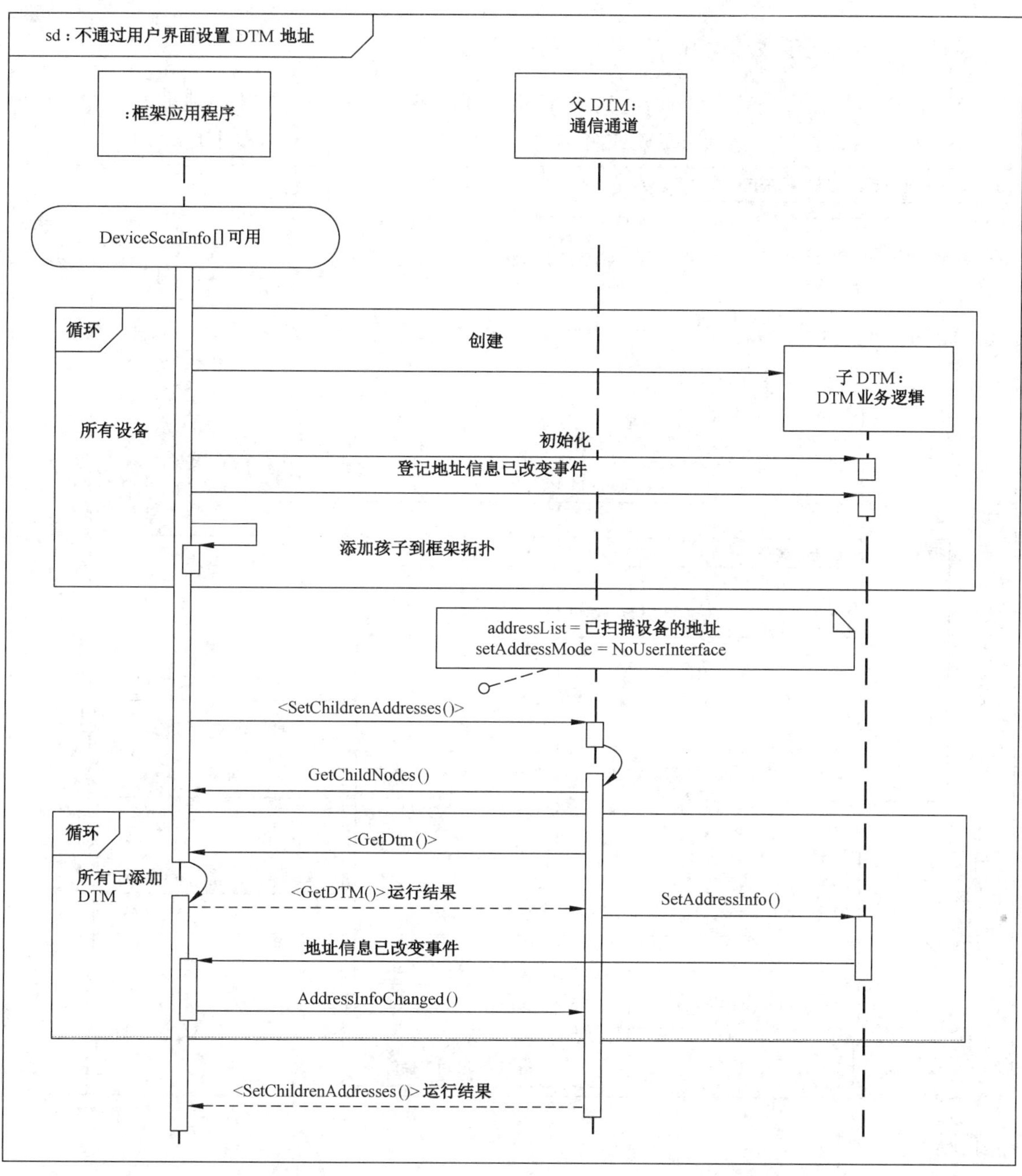

用到的方法：

ISubTopology.BeginSetChildrenAddresses() / ISubTopology.EndSetChildrenAddresses()

ITopology.GetChildNodes()

ITopology.BeginGetDtm() / ITopology.EndGetDtm()

INetworkData.SetAddressInfo()

Event INetworkData.AddressInfoChanged()

Event IChildDtmEvents.AddressInfoChanged()

图 180　不通过用户界面设置 DTM 地址

8.13.3 通过用户界面显示或修改所有子 DTM 的地址

在这种情况下,框架应用程序要求在父 DTM 中显示或修改所有子 DTM 的地址。例如,这个序列(见图 181)是用户在选择了与通信 DTM 或者网关 DTM 相应的菜单项的情况下启动的。

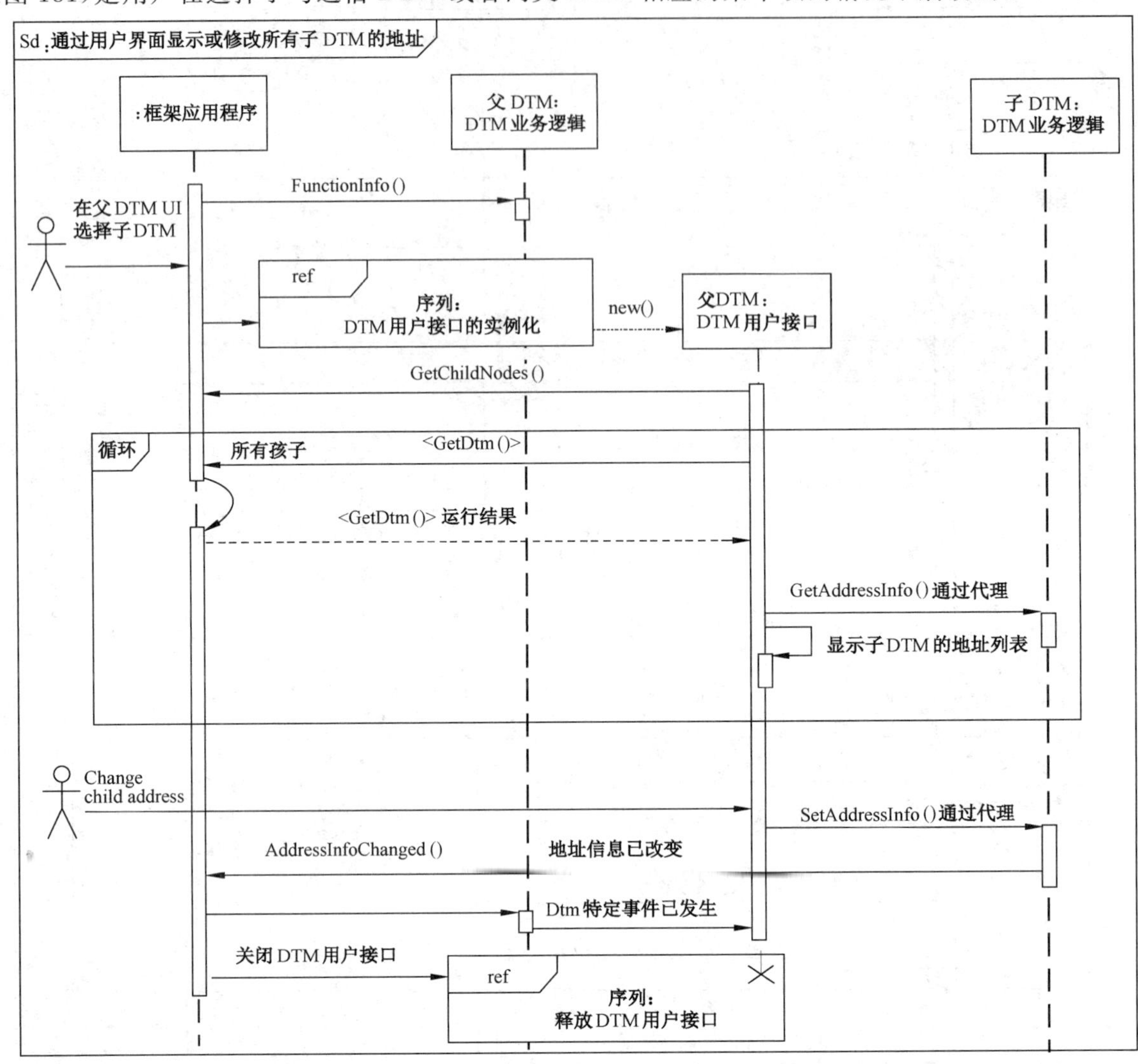

用到的方法:

IFunction.Functioninfo

ITopology.GetChildNodes()

ITopology.BeginGetDtm() / ITopology.EndGetDtm()

INetworkData.GetAddressInfo()

INetworkData.SetAddressInfo()

Event INetworkData.AddressInfoChanged()

Event IChildDtmEvents.AddressInfoChanged()

Event IDtmUiMessaging.DtmSpecificEventOccured()

图 181 通过用户界面显示或修改子 DTM 的地址

8.14 设备发起的数据传输

一些协议支持由设备发起的而不是由 DTM 发起的数据传输服务。通信通道通过提供 ISubscription

接口来支持它。设备发起的数据传输例子见图 182。

子 DTM 向父 DTM 的通信通道请求 ISubscription 实例以访问订阅服务。

这种服务的架构(过滤器,服务队列)是由 DTM 协议特定的初始化订阅服务的请求发起的。

设备发起的数据传输通过多次调用 DTM 的 SubscriptionCallback()来传递按照内容响应的特定通信协议。

这些服务的架构由 DTM 协议特定的终止订阅请求来终止。

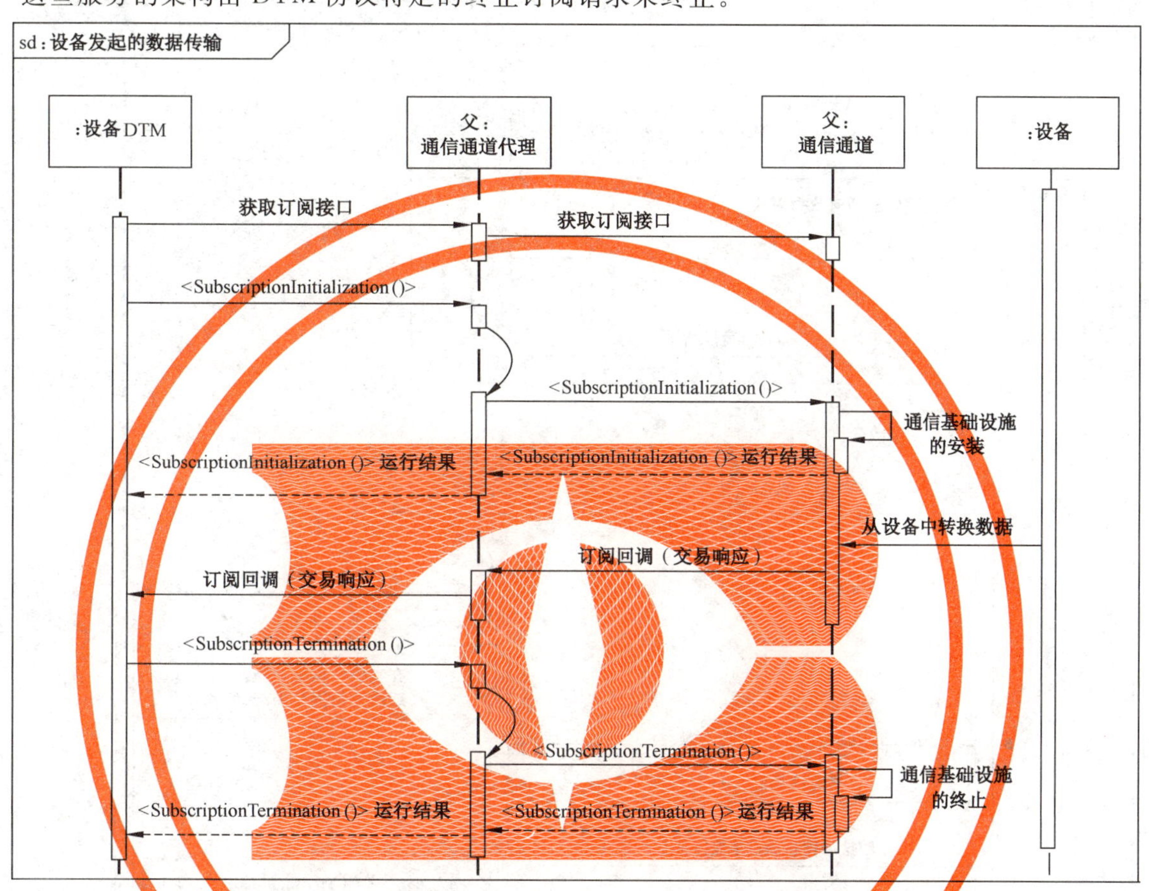

用到的方法:

ICommunicationChannelProxy.Subscription()

ICommunicationChannel.Subscription()

ISubscription.BeginSubscriptionInitialization() / ISubscription.EndSubscriptionInitialization()

Fdt.Communication.SubscriptionCallback()

ISubscription.BeginSubscriptionTermination() / ISubscription.EndSubscriptionTermination()

图 182 设备发起的数据传输

8.15 读数据和写数据

8.15.1 读/写实例数据

图 183 给出了如何利用 IInstanceData 接口将实例数据从实例数据集中读出或将其写入到实例数据集中。

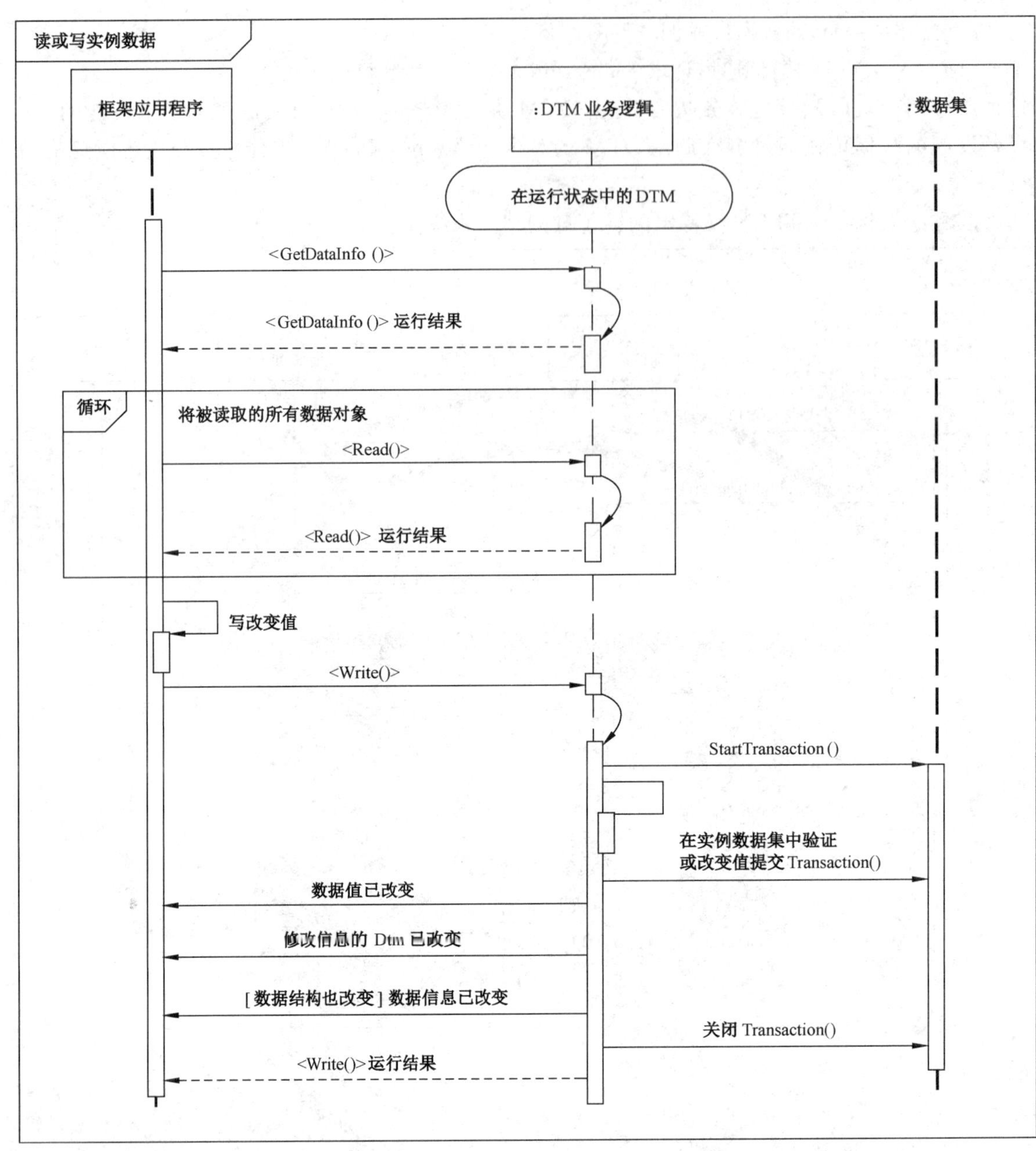

用到的方法：

IInstanceData.GetDataInfo()

IDataset.StartTransaction() / IDataset.CommitTransaction() / IDataset.CloseTransaction()

IDataset.TransactionStarted / IDataset.TransactionCommitted /IDataset.TransactionClosed

IInstanceData.BeginRead() / IInstanceData.EndRead()

IInstanceData.BeginWrite() / IInstanceData.EndWrite()

Event IInstanceData.DataValueChanged()

Event IInstanceData.DataInfoChanged()

图 183 读/写实例数据

8.15.2 读/写设备数据

图 184 给出了如何利用 IDeviceData 接口将设备数据从设备中读出或将其写入设备。

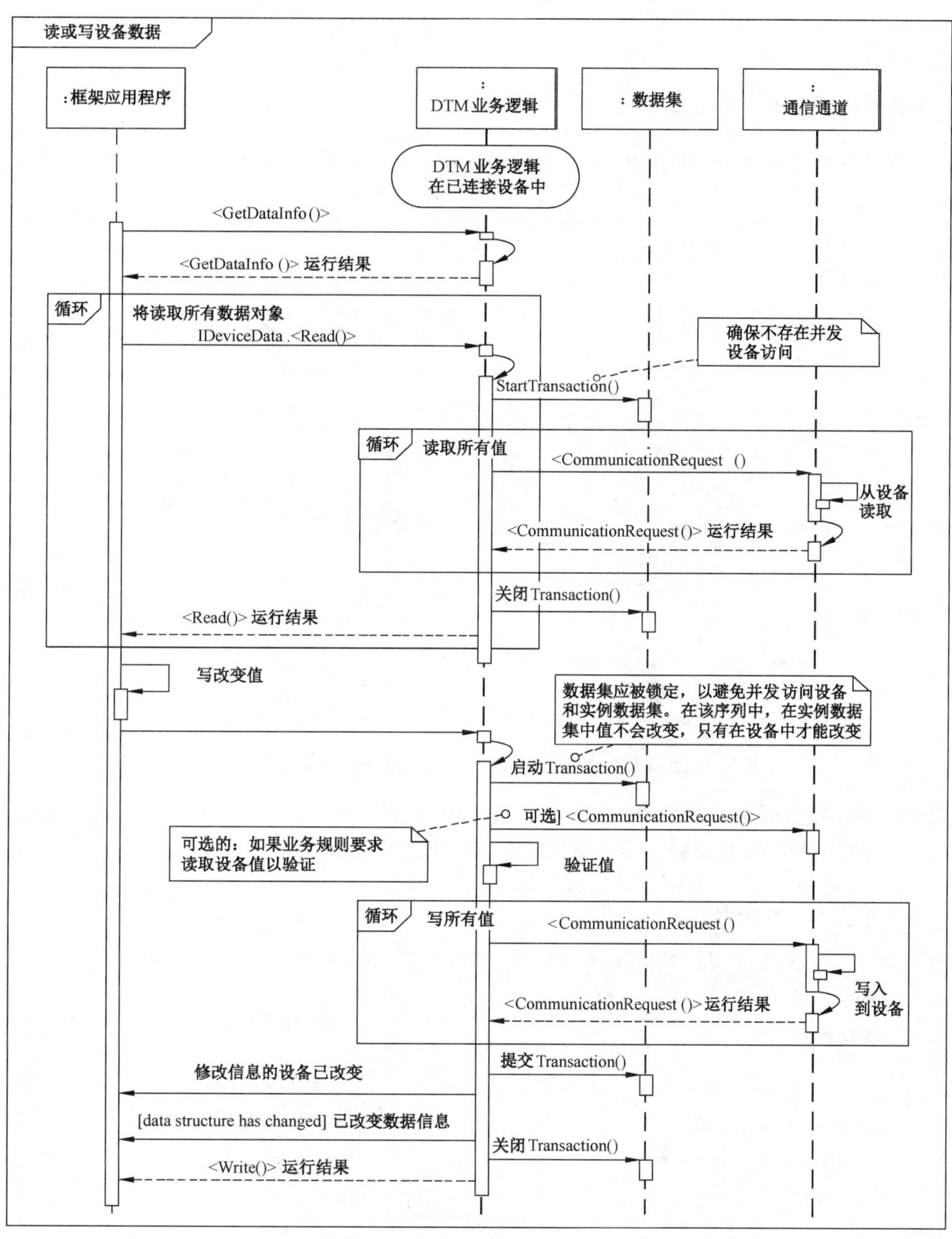

用到的方法：

IInstanceData.GetDataInfo()

IDataset.StartTransaction() / IDataset.CommitTransaction() / IDataset.CloseTransaction()

IDataset.TransactionStarted / IDataset.TransactionCommitted /IDataset.TransactionClosed

IDeviceData.BeginRead() / IDeviceData.EndRead()

IDeviceData.BeginWrite() / IDeviceData.EndWrite()

Event IDeviceData.ModifiedInDeviceChanged()

图 184 读/写设备数据

8.16 比较数据

8.16.1 比较设备数据集和实例数据集

为了比较 DTM 实例数据和相应的设备数据，需执行 DeviceDataCompare()(5.13.2 中定义)动作(见图 185)。

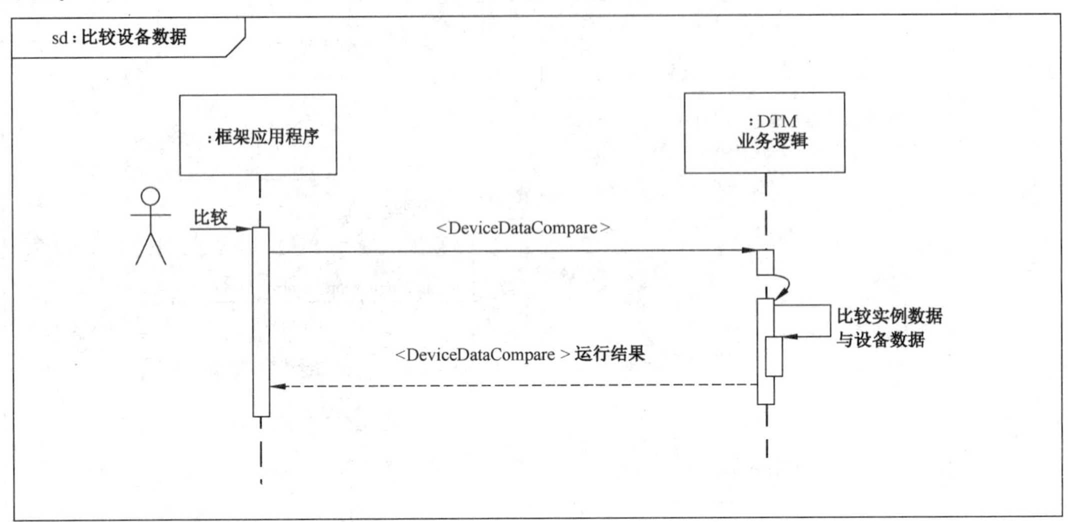

用到的方法：
IComparison.BeginDeviceDataCompare() / IComparison.EndDeviceDataCompare()

图 185 比较设备数据集和实例数据集

比较是在 DTM 数据集内的数据与能够从设备上传的数据之间进行的。这个比较应该包括所有的识别数据、配置数据和参数化数据。不应该比较动态数据和状态数据。

8.16.2 比较不同的实例数据集

为了比较一个 DTM 的实例数据和另一个不同 DTM 的实例数据，需执行 InstanceDataCompare()动作(见图 186)。

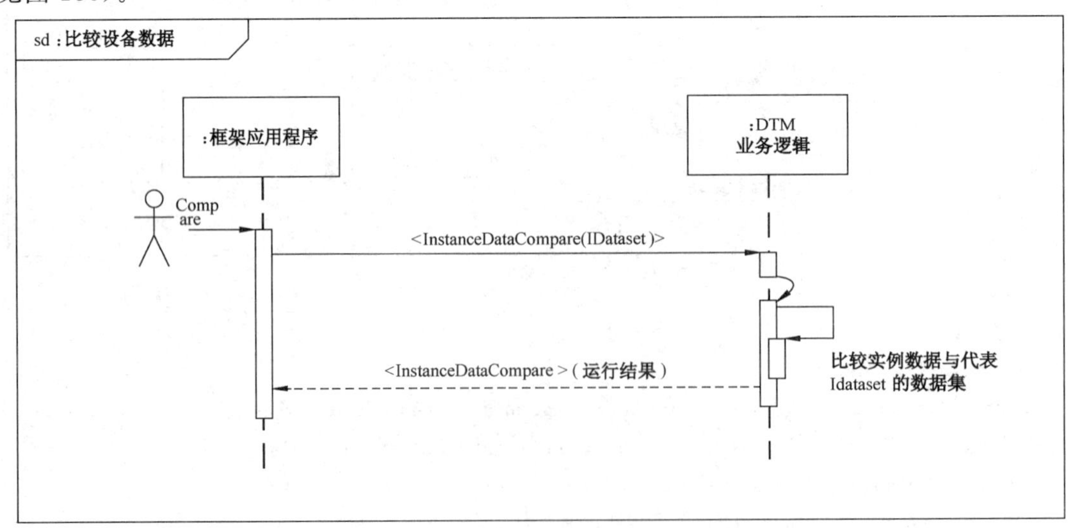

用到的方法：
IComparison.BeginInstanceDataCompare() / IComparison.EndInstanceDataCompare()

图 186 比较实例数据和持久化数据集

8.17 在一个设备节点重新分配一个不同的 DtmDeviceType

8.17.1 概述

在 FDT 框架应用程序项目的整个生命周期中，将设备节点的 DtmDeviceType 重新分配为不同的 DtmDeviceType 是有必要的(见图 189)。重新分配的原因可能是以下几种：

a) 工程师在 FDT 拓扑的离线计划过程中重新分配 DtmDeviceType。

b) 支持相同设备类型的可用 DTM 比当前已分配的 DTM 更好(例如，可以分配特定的 DTM 来替代通用的 DTM)。

注：DtmDeviceType 的 DTM 可能会被更新或升级。根据关于为 DTM 更新和升级的 DTM 更换安装的 FDT 规则，如果设备节点的设备没有被更改，不需要为它重新分配 DtmDeviceType(见第 10 章)。

c) 物理设备已经或将要被替换。这意味着，与 FDT 拓扑中的设备节点逻辑上连接的设备将会被替换。如果目前正在使用的 DtmDeviceType 不支持新设备类型或新设备的版本，这个替换就可能要求重新分配 DtmDeviceType。

注：设备固件的识别是相关的。对于 DtmDeviceType，设备替换和固件更新可能是不兼容的。

关于情况 1 和情况 2：不考虑来自于连接设备的扫描信息。通常，在这些情况下现存的数据集不能被迁移。

8.17.2 描述了这样的情景：DTM 检测到连接设备的设备类型能够被不同的 DtmDeviceType 更好地支持。

8.17.3 和 8.17.4 给出了使用情况 3(设备替换)的步骤的序列图。

无论何时重新分配 DtmDeviceType，下面的两个后置条件需要纳入考虑：

- 设备支持：

  新的 DtmDeviceType 应能够操作与设备节点相连接的设备(应提前参考关于设备支持评价的生命周期概念)。

- 数据集支持：

  依据新旧的 DtmDeviceType 的数据集格式支持，现存的数据集可以被迁移到新的 DtmDeviceType。数据集迁移并不是在所有情况下都可行。如果不能迁移，那么现存的数据集就不能被新的 DtmDeviceType 使用。框架应用程序负责将此告知用户，并给出如下建议：为了将设备数据与工程数据同步和存储在一起，应该执行新的 DtmDeviceType 上传。

注：通常，本章的所有描述不仅仅适用于 DtmDeviceType，而且适用于两个其他的 DtmType：DtmModuleType 和 DtmBlockType。

8.17.2 DTM 检测连接设备类型的变动

本条描述了这样的情景：DTM 检测到连接设备的设备类型能够被不同的 DtmDeviceType 更好地支持。

三种可能的情况在下面的序列图中呈现：

- 连接的设备类型能够被一个不同的 DTM 类型更好地支持。在这种情况下，DTM 内部激活另一个 DTM 类型，并使用 ActiveTypeChanged 将这个变动告知框架应用程序；
- 连接的设备类型不能被 DTM 支持；
- 连接的设备类型没有变动：DtmDeviceType 没有被更改。

情景 a)也许会在这个设备已经被一个兼容的设备类型替换之后，DTM 再一次连接到设备时发生。情景 a)也可能会发生在当 DTM 被使用通用 DtmDeviceType 分配到一个设备(例如在离线工程期间)，并且检测到可以使用不同的 DtmDeviceType 来为连接设备提供更好的支持的情况下。

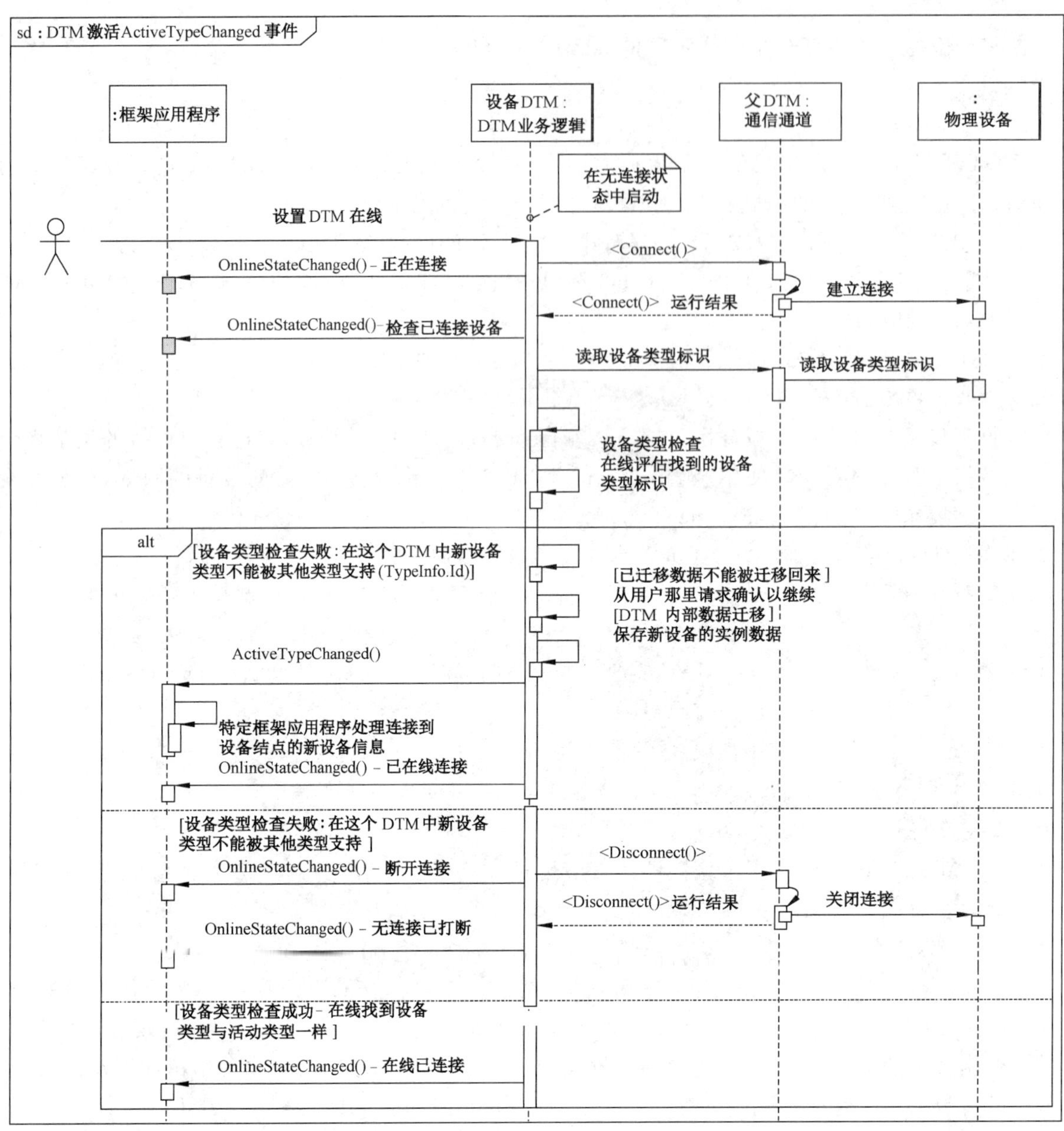

用到的方法：

Event IDtm.OnlineStateChanged()

ICommunication.BeginConnect() / ICommunication.EndConnect()

ICommunication.BeginCommunicationRequest()

ICommunication.EndCommunicationRequest()

ICommunication.BeginDisconnect() / ICommunication.EndDisconnect()

Event IDtm.ActiveTypeChanged()

图 187 DTM 触发 ActiveTypeChanged 事件

8.17.3 在不兼容的设备交换之后搜索匹配的 DtmDeviceType

在设备交换之后，框架应用程序应支持目前被分配给 FDT 拓扑中设备节点的 DtmDeviceType 的验证。除了已安装 DTM 支持的设备类型识别之外，FDT 还提供概念在 DTM 被安装之前浏览 DTM 的安装和包含的 DTM(见第 10 章)。这种方法可用来找出是否有可用的 DTM(未安装的 DTM)，该 DTM 包含支持被扫描设备的 DtmDeviceType。

图 188 给出了框架应用程序如何确定已安装的 DTM 和 DTM 配置中相匹配的 DtmDeviceType 列表。

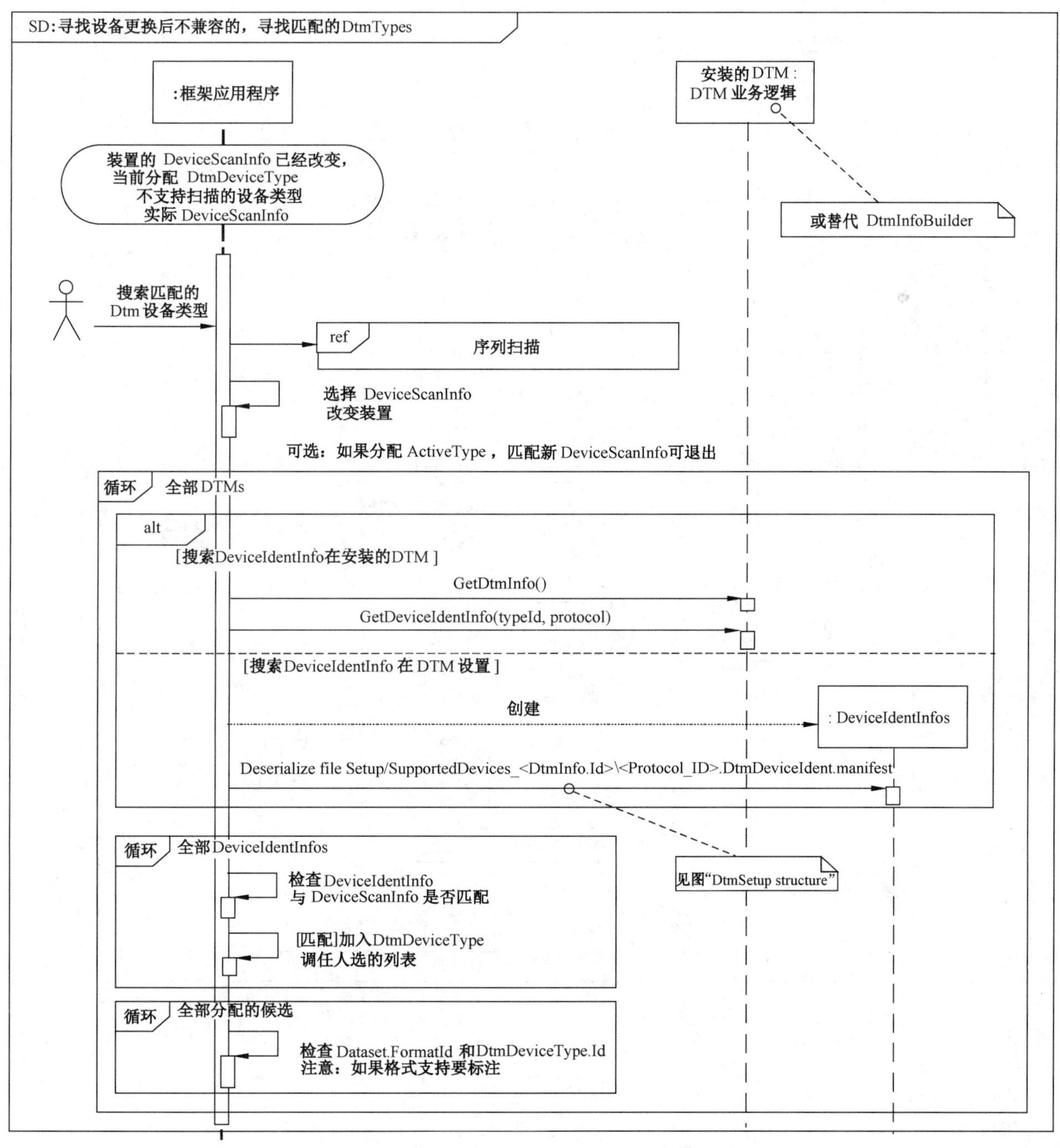

用到的方法：

IDtmInformation.GetDtmInfo()

IDtmInformation.GetDeviceIdentInfo()

图 188 在不兼容的设备更换后寻找匹配的 DtmDeviceTypes

8.17.4 在不兼容的设备更换后重新分配 DtmDeviceType

图 189 给出了框架应用程序在设备改变之后如何验证目前已分配的 DtmDeviceType 的有效性。这个序列图描述了如果发现一个更加匹配的或者更新的 DtmDeviceType，就会重新分配 DtmDeviceType。

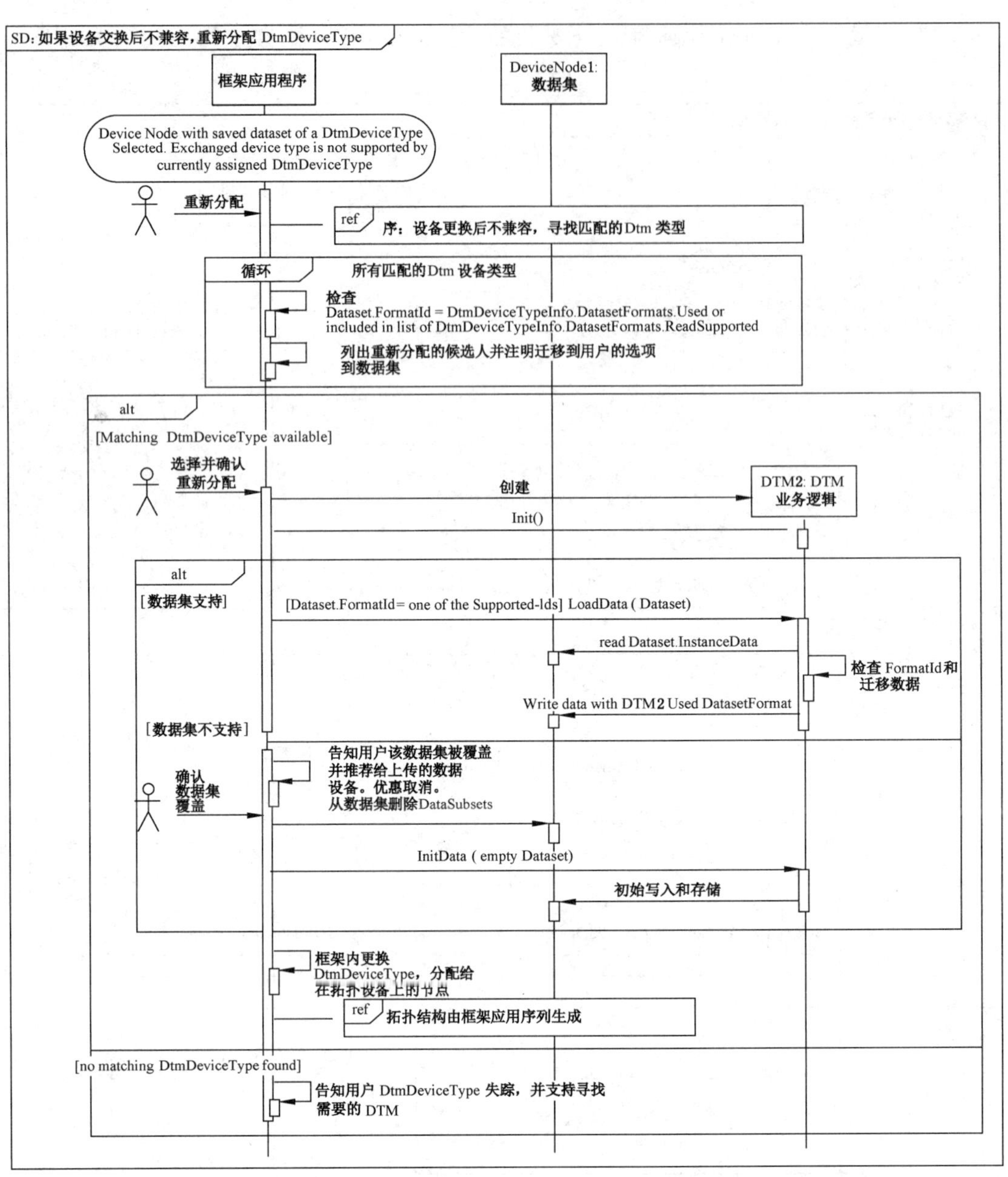

用到的方法：

IDtm.Init()

IDtm.InitData()

IDtm.LoadData()

IDataSubset.ReadData()

IDataSubset.WriteData()

IDtmInformation.GetDtmInfo()

IDtmInformation.GetDeviceIdentInfo()

图 189 在不兼容的设备更换后重新分配 DtmDeviceType

8.18 复制部分的 FDT 拓扑

8.18.1 克隆没有子 DTM 的单个 DTM

框架应用程序可提供复制和粘贴没有子 DTM 的 DTM 到相同或另一个父 DTM 的功能。图 190 给出了这个功能的工作流。

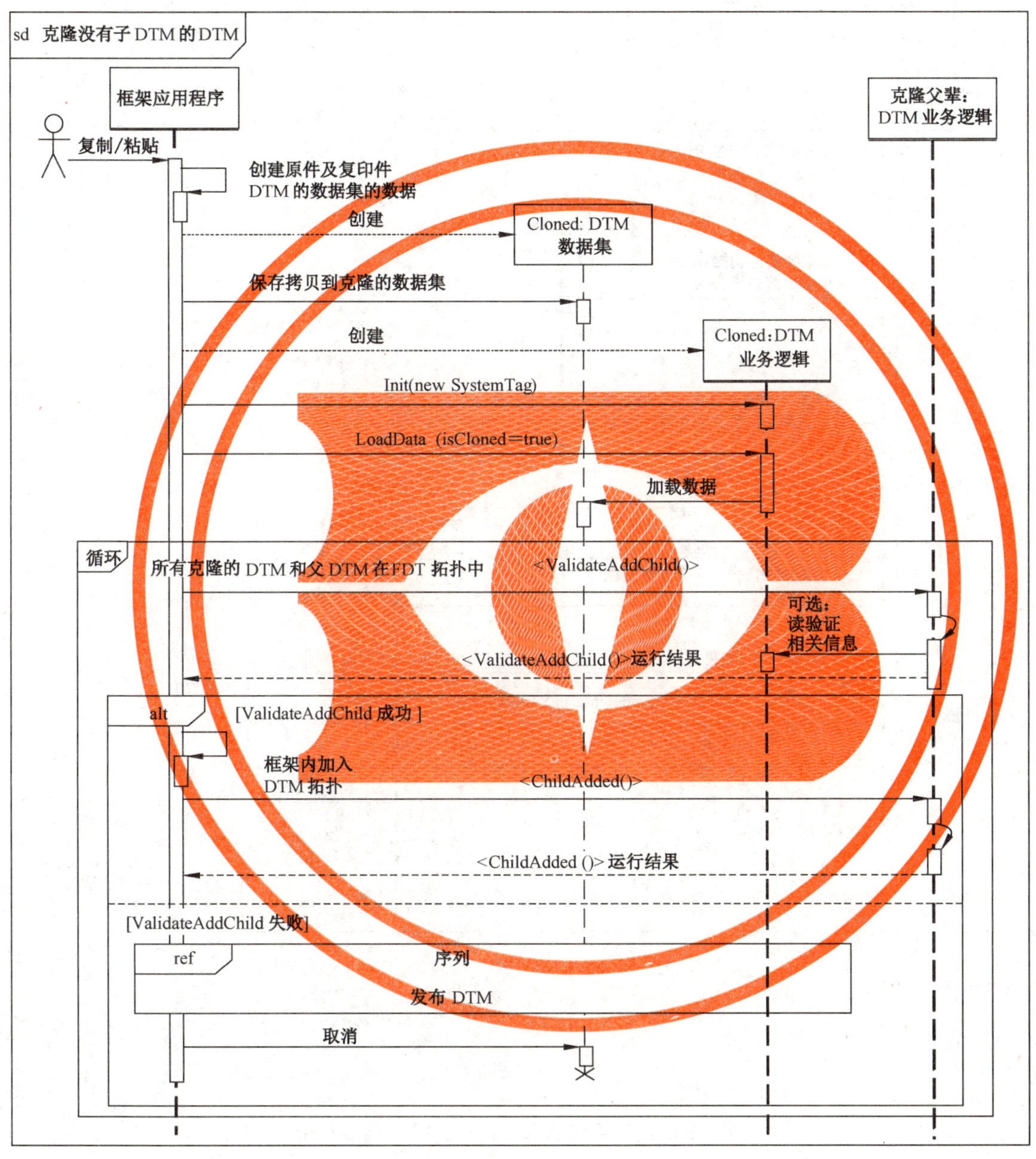

用到的方法：

IDtm.LoadData()

IDtm.Init()

ISubTopology.BeginValidateAddChild()

ISubTopology.EndValidateAddChild()

BeginChildAdded() / EndChildAdded()

图 190 克隆没有子 DTM 的 DTM

8.18.2 克隆包含所有子 DTM 的 DTM

框架应用程序可提供复制和粘贴带有所有子 DTM 的 DTM 到相同的或另一个父 DTM 的功能。图 191 给出了该功能的工作流。

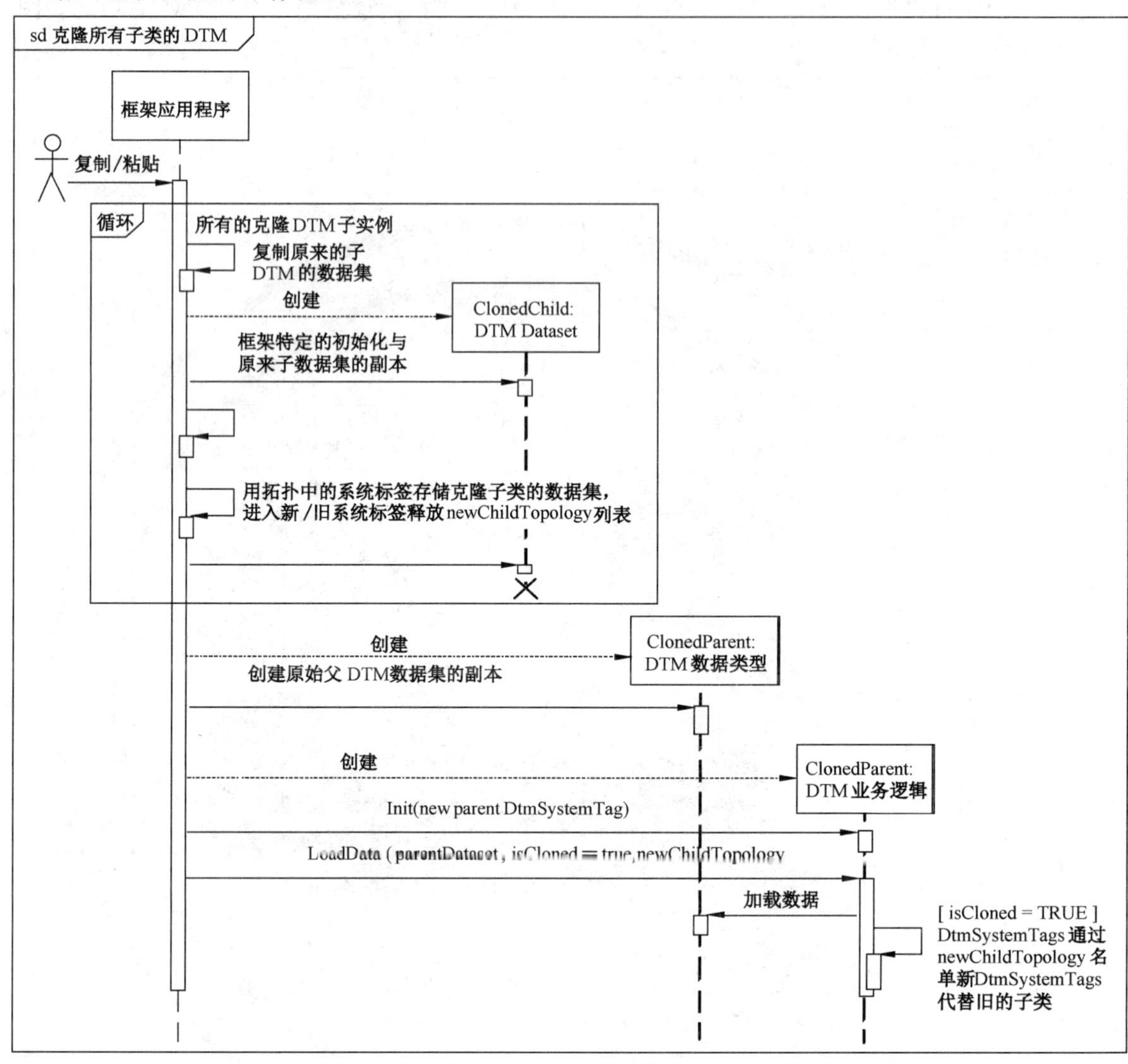

用到的方法：

IDtm.LoadData()

IDtm.Init()

图 191 克隆包含所有子 DTM 的 DTM

8.19 审计跟踪的序列

8.19.1 概述

本节给出了审计跟踪概念(在 4.15 中描述)是如何实现的。

8.19.2 在实例数据集中参数修改的审计跟踪

图 192 给出了在实例数据集中的修改是如何被跟踪的。

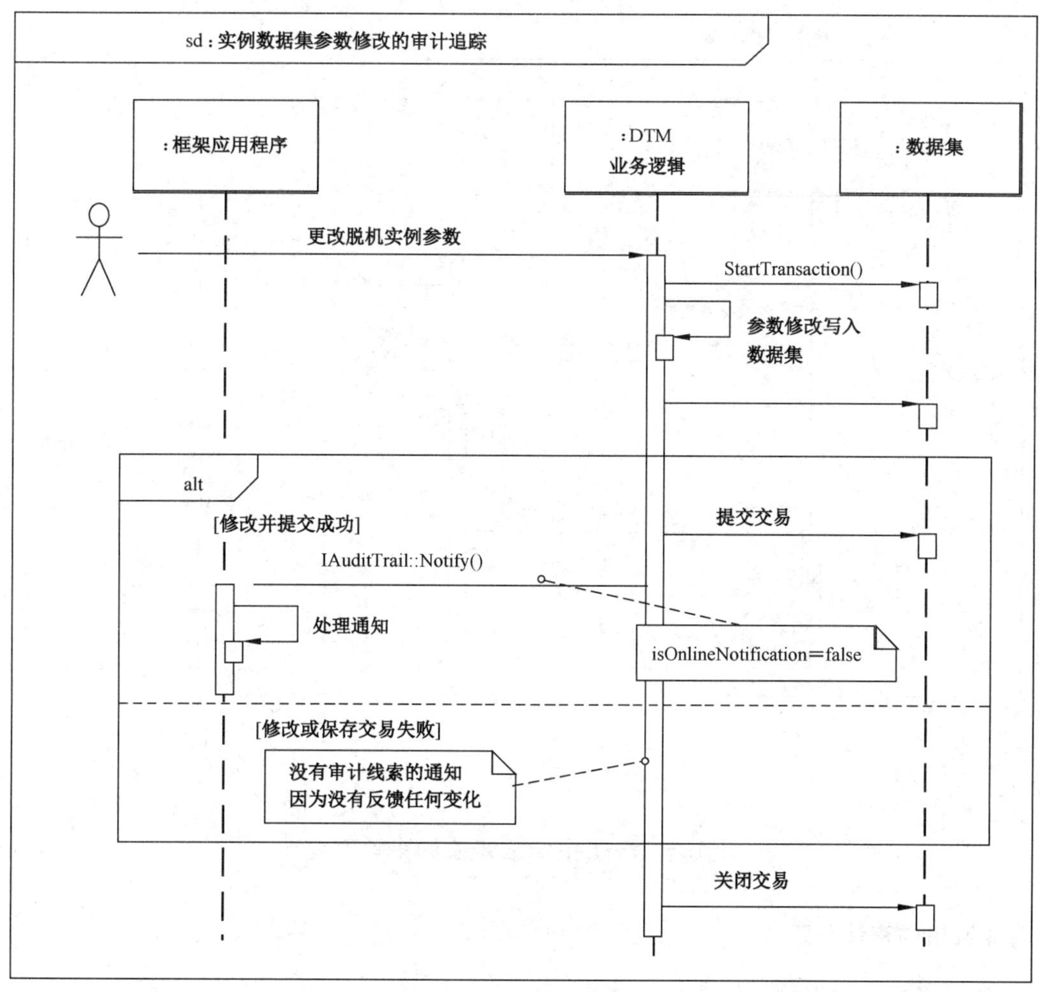

用到的方法：
IAuditTrail.Notify()

图 192 在实例数据集中参数修改的审计跟踪

8.19.3 在设备数据集中参数修改的审计跟踪

图 193 给出了在设备数据集中的修改是如何被跟踪的。

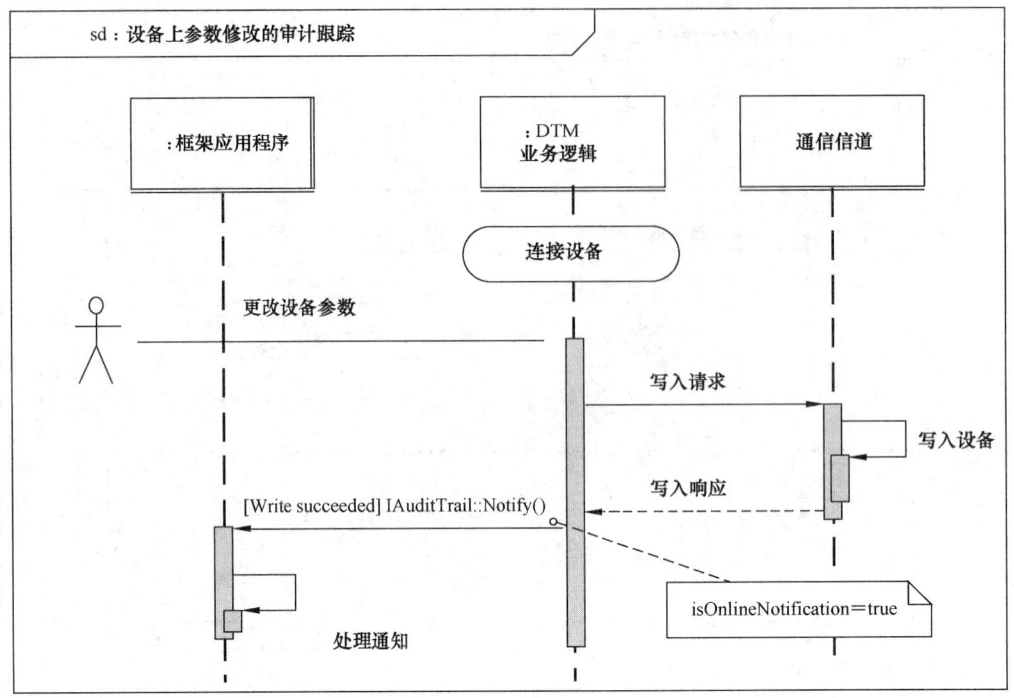

用到的方法：
IAuditTrail.Notify()

图 193　设备中参数修改的审计跟踪

8.19.4　功能调用的审计跟踪

图 194 给出了功能调用是如何被跟踪的。

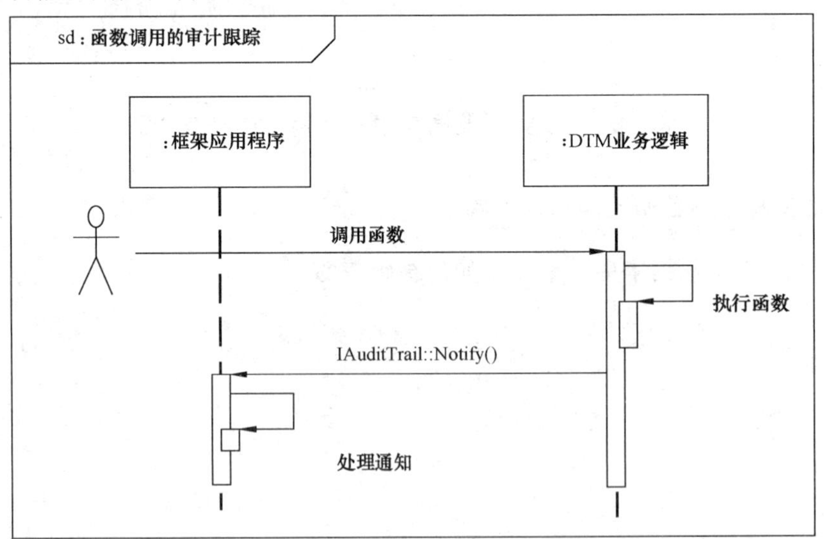

用到的方法：
IAuditTrail.Notify()

图 194　功能调用的审计跟踪

8.19.5 一般通知的审计跟踪

一般通知的审计跟踪只应在非功能通知或非参数更改通知中使用。在如设备状态信息更新的情景下，一般通知被 DTM 用于提供审计跟踪通知。

9 安装

9.1 概述

本章描述了 FDT 核心程序集、FDT 通信协议和 DTM 的安装，以及创建 DTM 安装的结构和规则。

9.2 公用规则

9.2.1 预定义的安装路径

本章定义了 FDT 核心程序集、FDT 协议程序集和 DTM 的安装和注册的公用安装路径(见表 42、图 195 和图 196)。

表 42 预定义的 FDT 安装路径

路径名称	值	描述
〈GAC〉	(特定的操作系统版本)	这是 Windows 全局程序集缓存
〈FDT_Registry〉	"〈CommonApplicationData〉\FDT\"	本部分中 DTM 和协议注册的根文件夹
〈FDT_DTMs〉	"〈FDT_Registry〉\DTMs"	该文件夹包含特定供应商的子文件夹，里面包含用于 DTM 注册的 DTM 清单文件。为了创建设备类别，框架应用程序检索该文件夹得到已安装的 DTM
〈FDT_Protocols〉	"〈FDT_Registry〉\Protocols"	该文件夹包括通信协议清单文件。框架应用程序检索该文件夹得到已安装的通信协议
〈FDT_GUIs〉	"〈FDT_DTMS〉\〈Vendor Name〉\〈DTM Name〉\User Interfaces"	该文件夹包含用户界面清单文件。框架应用程序检索该文件夹得到已安装的用户界面
〈FDT_X86〉	"〈CommonProgramFilesX86〉\FDT"	该文件夹包含 32 位/任何 CPU 的 FDT 组件
〈FDT〉	"〈CommonProgramFilesX64〉\FDT"	该文件夹包含 64 位的 FDT 组件
〈DTM_X86〉	"〈FDT_X86〉\DTMs\"	该文件夹包含所有 32 位/任何 CPU 的 DTM
〈DTM〉	"〈FDT〉\DTMs\"	该文件夹包含所有 64 位 CPU 的 DTM
〈DTMs〉	32 位/任何 CPU 的 DTM:"〈DTM_X86〉"	该文件夹名称被用作"〈DTM_X86〉"或"〈DTM〉"的简写。实际含义取决于 DTM 所支持的环境
	64 位的 DTM:"〈DTM〉"	

表 42（续）

<table>
<tr><th>路径名称</th><th>值</th><th>描述</th></tr>
<tr><td rowspan="2">〈DTM_root〉</td><td>32 位/任何 CPU 的 DTM：
“〈DTM_X86〉\〈Vendor Name〉\〈DTM Name〉”</td><td rowspan="2">该文件夹包含所有 DTM 的二进制(程序集)和数据文件。它包括主要的 DTM 程序集、DTMInfoBuilder 程序集、用户界面程序集、资源程序集和其他文件。
注：〈Vendor Name〉是 DTM 供应商的名称</td></tr>
<tr><td>64 位的 DTM：
“〈DTM〉\〈Vendor Name〉\〈DTM Name〉”</td></tr>
<tr><td colspan="3">注：
〈CommonApplicationData〉是由 System.Environment.GetFolderPath()方法返回的文件夹。该文件夹用于存储特殊的 ID CommonApplicationData。
〈CommonProgramFilesX86〉是由 System.Environment.GetFolderPath()方法返回的文件夹。该文件夹用于存储特殊的 ID CommonProgramFiles(32 位应用)或 CommonProgramFilesX86(64 位应用)。
〈CommonProgramFilesX64〉是由 System.Environment.GetFolderPath()方法返回的 64 位应用的文件夹。该文件夹用于存储特殊的 ID CommonProgramFiles。该文件夹只能通过 64 位的应用程序/在 64 位操作系统上来进行访问(见[32])。</td></tr>
</table>

注：这些文件能否在不同 DTM 之间共享是由特定产品决定的。这些文件的处理和版本管理超出了 FDT 的范围。一个可能的方法是可以根据供应商的特定需求将这些文件存储在文件夹“〈DTMs〉\〈Vendor Name〉\”下，并使用相对路径来引用这些文件。

FDT 核心程序集(接口、数据类型和异常)和通信协议程序集是安装在全局程序集缓存中的。共享的.NET 程序集也可以安装在全局程序集缓存中。当使用共享的.NET 程序集时，请参考 5.4.4。

所有 DTM 都注册在预定义的路径“...\〈CommonApplicationData〉\FDT\DTMs”中。

所有通信协议都注册在预定义的路径“ \〈CommonApplicationData〉\FDT\Protocols”中。

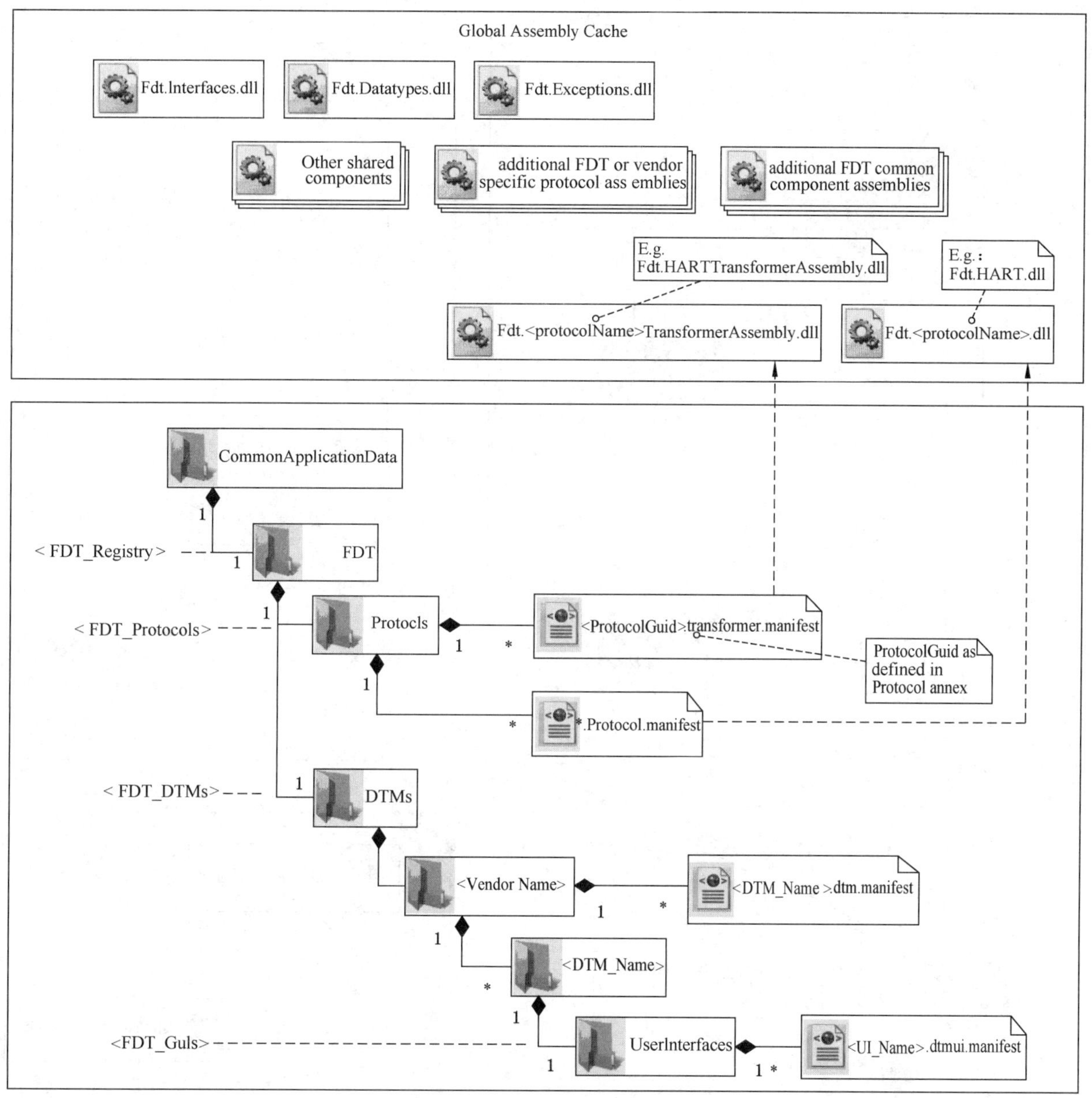

图 195　GAC 和 FDT_Registry

在 32 位操作系统中,所有的 DTM 都是安装在预定义的路径“〈CommonProgramFilesX86〉\FDT\DTMs”中。

在 64 位操作系统中,所有用于 64 位的 DTM 都是安装在预定义的路径“〈CommonProgramFilesX64〉\FDT\DTMs”中,并且所有用于 32 位或“任何”目标的 DTM 都是安装在预定义的路径“〈CommonProgramFilesX86〉\FDT\DTMs”中(见图 196)。

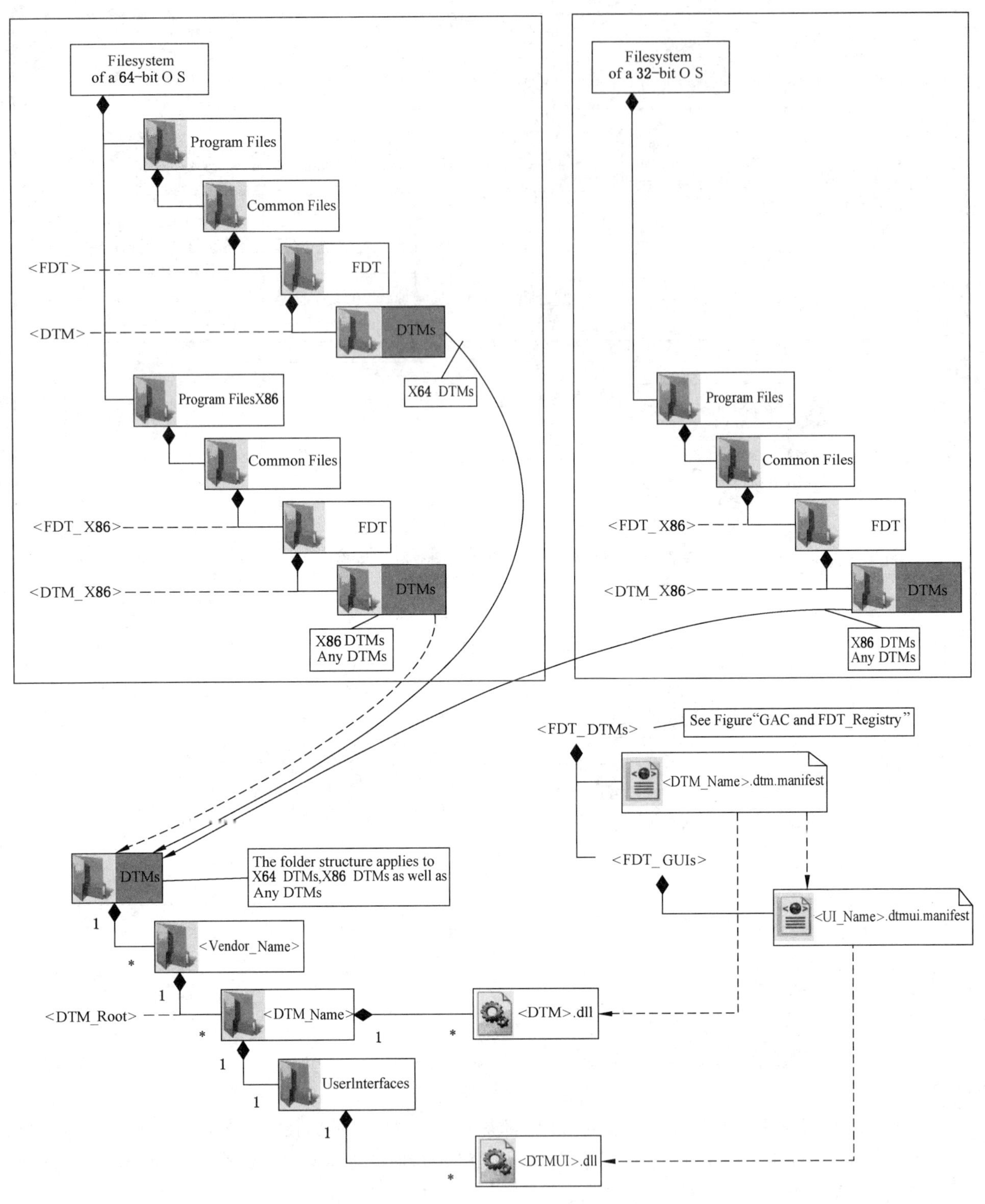

图 196 带 DTM 示例的安装路径

9.2.2 清单文件

为了在 FDT 系统中注册组件(除了 FDT 核心程序集),所有与 FDT 相关的组件应提供清单文件或提供预安装信息。清单文件是有确定格式的 XML 文件。该格式对应.NET 数据类型,是 FDT 核心规范的一部分。

9.2.3 清单文件中的路径

所有清单文件可能包含到程序集或资源文件的路径。

如果在任何清单文件中的某个参数代表了到程序集、图标、图片、文档或数据文件的路径，那么它应是该组件根路径的相对路径。

注：例如，如果提供了一个 PDF 文件用于安装在“〈DTMs〉\Vendor1\MyDtm1”下的 DTM，那么该文件的路径就是“〈DTMs〉\Vendor1\MyDtm1\Documentation\help.pdf”，对该文件的引用是“Documentation\help.pdf”。组件是 DTM BL，组件的根路径是“〈DTMs〉\Vendor1\MyDtm1”。

为了访问引用文件，框架应用程序应在相对路径的开始处增加组件的根路径。

9.2.4 公用命令行参数

通过使用标准的 Windows Installer 命令行，DTM 安装和它的组件应有统一的安装和卸载方式。这包括对预定义安装特性和安装命令行参数的支持。

下面的预定义安装特性应是可用的(见表 43)：

表 43 预定义安装特性

安装特性	值的范围	默认值	描述
FDT20_DTMBO	“真”“假”	真	对于被选择的设备类型，只安装 DTM 业务逻辑组件
FDT20_DTMUI	“真”“假”	真	对于被选择的设备类型，只安装 DTM 用户界面组件
FDT20_LICENSEKEY	字符串许可证密钥	—	如果产品应被许可，那么传输可选的安装许可证密钥

命令行参数应被支持，见表 44 的定义。

表 44 安装命令行参数

命令行参数	描述	示例
/q/i“{msi-file}”	安装设置在静默模式	msiexec.exe/q/i “ *.msi”
/q/i “{ ProductCode }” REMOVE = “ALL”	卸载设置在静默模式	msiexec.exe/q/i “{ProductCode}” REMOVE= “ALL”
ADDLOCAL=“{feature-list}”	安装设置为选定的特征(DTMs/DeviceTypes)	msiexec. exe/q/i “ *. msi” ADDLOCAL = “FEATURE1;FEATURE2”
REMOVE=“{feayure-list}”	卸载选定的特征(DTMs/DeviceTypes)	msiexec.exe/q/i “{ProductCode}” REMOVE= “FEATURE1;FEATURE2”
/lv“{log-file}”	带日志的安装	msiexec.exe/q/lv “..\log.txt”/i “ *.msi”
FDT20_DTMUI=“False”	仅安装 DTM 业务逻辑组件	msiexec.exe/q/i “ *.msi” FDT20_DTMUI= “False”
FDT20_DTMBO=“False”	仅安装 DTM 用户界面组件	msiexec.exe/q/i “ *.msi” FDT20_DTMBO= “False”
FDT20_LICENSEKEY=“ABC”	使用特定的许可证密钥安装 DTM	msiexec.exe/q/i “ *.msi” FDT20_LICENSEKEY =“ABC”

如果只安装一些被选择的DTM,那么框架应用程序应从安装清单文件(详见9.6.2)中为这些DTM读取设置安装组(特征)。如果该信息不可用,那么安装就不会支持这个功能。

注:关于命令行的长度和路径名称的长度,应遵循操作系统的一般限制。示例见[34]和[35]。

9.2.5 安装组件的数字签名

Windows Installer有一种嵌入式机制,用于在数字签名的基础上检查安装组件的正确性。Windows Installer对已签名的外部打包文件执行自动签名验证。如果一个打包文件在下载的过程中被损坏,那么在安装过程中将被Windows Installer检测出来。除此之外,Windows Installer数据库(MSI文件)也会被一个数字签名保护起来。Windows Installer安装的作者应遵循以下几条以保证安装的所有部分都被数字签名覆盖:

- 只应提供已签名的外部打包文件;
  (这意味着需要正确撰写MsiDigitalSignature表和MsiDigitalCertificate表)。
- 应使用存储或安装在包中的自定义操作;
- 安装包应该被签名。

注:来自于CryptoAPI工具的SignTool工具能够被用于给打包文件签名。如果使用启动加载器应用程序,那么它应该使用Crypto API工具来检查自身的MSI包签名。详见[18][19]。

由FDT组织提供的安装文件(如:核心程序集和协议特定文件)将会被相应地签名。

9.3 FDT核心程序集的安装

每个框架应用程序和每个使用标准FDT组织组合模块的DTM都应安装FDT核心程序集(见5.1)。FDT核心程序集应安装在全局程序集缓存中,否则将不会被注册。

9.4 通信协议的安装

9.4.1 概述

每个通信DTM/网关DTM都应安装所支持的通信协议。协议程序集(见5.5.11)应安装在全局程序集缓存中。

由FDT协议附录定义的协议是FDT组织作为组合模块提供的。支持的通信协议的组合模块应集成在通信DTM/网关DTM的安装中。供应商特定通信协议程序集与供应商特定通信DTM/网关DTM是一起安装的。

9.4.2 注册

通信协议由安装在〈FDT_Protocols〉路径下的协议清单文件进行注册。协议清单文件描述了带有自己ID和程序集引用的通信协议。

9.4.3 协议清单

协议清单用于在系统中给额外的通信协议程序集进行注册,以便框架应用程序和DTM能够查找到它。协议清单文件应被安装在〈Protocols〉路径下(见9.2.1)。文件的名称应由唯一的通信协议ID和后缀“.protocol.manifest”组成。

一个协议清单xml文件包括以下信息:

- AssemblyInfo:包含通信协议类和数据类型的协议程序集的信息;
- ProtocolId:协议的唯一标识符(如UUID);
- ProtocolName:人可读的协议名称。

图197给出了协议清单的示例。

```xml
<?xml version="1.0" encoding="utf-16"?>
<ProtocolManifest xmlns:i="http://www.w3.org/2001/XMLSchema-instance"
xmlns="http://schemas.datacontract.org/2004/07/Fdt.Deployment">
    <ProtocolId>b803f1b4-d992-44bc-a62d-08ec71b0b4cd</ProtocolId>
    <ProtocolName>XyzBus</ProtocolName>
    <AssemblyInfo>
        <Name>Fdt.XyzBus</Name>
        <Version xmlns:d3p1="http://schemas.datacontract.org/2004/07/System">
            <d3p1:_Build>0</d3p1:_Build><d3p1:_Major>1</d3p1:_Major>
            <d3p1:_Minor>0</d3p1:_Minor><d3p1:_Revision>0</d3p1:_Revision>
        </Version>
        <PublicKeyToken>1234567890123456</PublicKeyToken>
        <RuntimeVersions>
            <RuntimeVersion>
                <CLRVersionNumber xmlns:d5p1="http://schemas.datacontract.org/2004/07/System">
                    <d5p1:_Build>-1</d5p1:_Build><d5p1:_Major>2</d5p1:_Major>
                    <d5p1:_Minor>0</d5p1:_Minor><d5p1:_Revision>-1</d5p1:_Revision>
                </CLRVersionNumber>
            </RuntimeVersion>
            <RuntimeVersion>
                <CLRVersionNumber xmlns:d5p1="http://schemas.datacontract.org/2004/07/System">
                    <d5p1:_Build>-1</d5p1:_Build><d5p1:_Major>4</d5p1:_Major>
                    <d5p1:_Minor>0</d5p1:_Minor><d5p1:_Revision>-1</d5p1:_Revision>
                </CLRVersionNumber>
            </RuntimeVersion>
        </RuntimeVersions>
        <SupportedPlatforms>Any</SupportedPlatforms>
        <Path i:nil="true" />
    </AssemblyInfo>
</ProtocolManifest>
```

图 197 示例：协议清单

9.5 DTM 的安装

9.5.1 概述

在一个 DTM 安装之前，可以从相应的 DTM 安装清单中检索关于 DTM 的信息(见 9.6.2)。

安装后，相应的信息可以在 FDT 系统中检索。

所有的 DTM 应安装在预定义的〈DTMs〉路径中(见 9.2.1)。每个 DTM 供应商创建一个子文件夹〈Vendor Name〉。每个 DTM 被放在子文件夹〈DTM Name〉中。到这个文件夹的路径是〈DTM_root〉路径。用于单个 DTM 安装的所有 DTM 程序集和数据文件都应安装在该路径下。根据产品要求，〈DTM_root〉文件夹可能有一个空的子结构。应安装以下 DTM 组件：

- DTM 程序集(见图 195 中的 DTM 组件)：它实现主要的 DTM 业务逻辑。该程序集可以使用或引用一些其他从属的程序集。在文件名称上没有限制。
- DTM 用户界面程序集(见图 195 中的 DtmUI 组件)：它实现一个或更多的 DTM 用户界面。在文件名称上没有限制。
- DTM 信息构建程序集(见 4.4.2 中的 DtmInfoBuilder 概念)：它实现对获取动态 DTM 信息(如对于 DD 解释器 DTM)的支持。在文件名称上没有限制。DtmInfoBuilder 可以与主要的 DTM 业务逻辑程序集进行集成。

如果 DTM 使用第三方组件或者从不能安装在路径〈DTM_root〉下的其他产品(特别是 COM/ActiveX)中复用现存的组件,那么它们就可能被放置在这个文件夹之外。在这种情况下,应保证这类组件不会损坏其他正在运行的产品或安装(如:将共享的组件更新为新版本)。

注:在供应商的多个 DTM 中使用的组件可以安装在公共文件夹中(如:"〈DTMs〉\〈vendor name〉\Common")。

9.5.2 注册

框架应用程序应能检索已安装的 DTM 和支持的设备类型的信息。DTM 的注册是通过安装在预定义安装路径中的清单文件实现的(见 9.2.1)。

〈FDT_Registry〉文件夹及其子文件夹包含描述了已安装的 DTM 和它们的 DTM 用户界面的所有清单文件。下面是清单文件的定义:

—— *.dtm.manifest

这个 xml 文件描述了已安装的 DTM(见 9.5.3)。

—— *.dtmui.manifest

这个 xml 文件描述了已安装的 DTM 用户界面(见 9.5.4)。

框架应用程序采用三个步骤搜索关于已安装的 DTM 信息(见图 198)。

框架应用程序读取在〈DTMs〉路径下所有的 DTM 清单文件。

- 对于每一个 DTM,框架应用程序加载引用程序集,并启动 DtmInfoBuilder。更多关于设备类型、块类型、模块类型和支持协议等的信息可以从 DtmInfoBuilder 中检索到。
- 对于每一个 DTM,框架应用程序读取 DTM 用户界面清单文件(在.dtm.manifest 中引用),并存储用户接口程序集和功能信息(如:在设备目录中)。
- 在检索到 DTM 之后,就可能会执行 DTM 业务逻辑和相应的 DTM 用户界面。

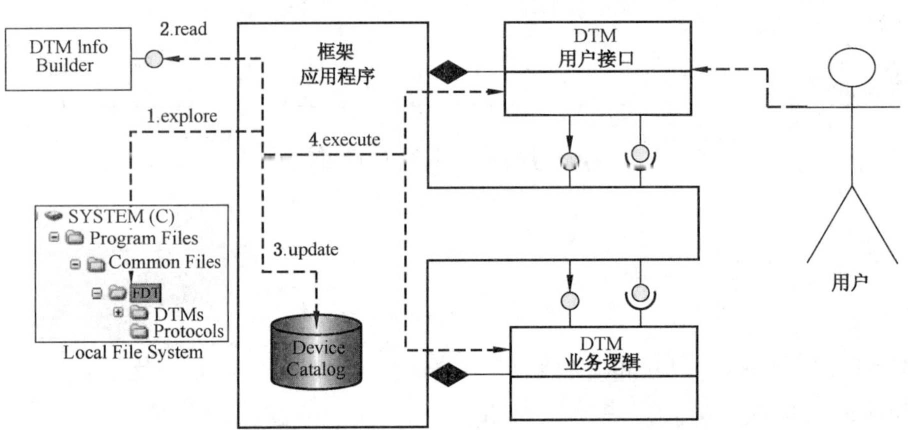

图 198 搜索已安装的 DTM

更详细的用于 DTM 注册的不同清单文件参见对 DTM 清单文件和 DTM 用户界面清单数据类型的描述。

通过比较 DTM 清单文件上的日期和最后检查日期,框架应用程序能够检查新的 DTM 是否已注册。

9.5.3 DTM 清单

DTM 清单文件是用于系统中 DTM 注册的,以便框架应用程序查找。因此,它包含主要 DTM 程序集和为 DTM 实现 DtmInfoBuilder 的类的引用。在 DTM 安装或更新期间,DTM 清单文件应该被 DTM 复制到〈FDT_DTMs〉路径下的供应商特定子文件夹中。文件名称由唯一的 DTM 名称和后缀

“.dtm.manifest”组成。DTM 供应商负责其 DTM 和供应商特定命名空间中 DTM 名称的唯一性。

一个 DTM 清单文件(DtmManifest)包括以下信息：

——DynamicClassReference：有关 DtmInfoBuilder 类的信息，应被用于获取由 DTM 支持的 TypeInfos 和相应的设备识别信息。

——DtmRootPath：DTM 的安装根路径(对于公共 FDT 安装路径的相对路径)。DTM 主要程序集和 DtmInfoBuilder 程序集(如果提供)应放置在这个路径下。

——DtmInitData：(可选)DTM 初始化信息。在调用 IDtm.Init 时，这个字符串被传送到 DTM。

——ConformityRecords：(可选)如果 DTM 已经认证，那么这个条目引用一个合格记录，它描述了有关 DTM 的 FDT 合格证明的细节。

注：关于 DTM 设备类型的信息没有包含在 DTM 清单文件中。

通过使用 DTM 清单文件的数据类型来生成 DTM 清单文件。关于 DTM 清单文件的详见 7.6.2 中对 DTMManifest 的数据类型的描述。

DTM 清单示例见图 199。

```
<?xml version="1.0" encoding="utf-16"?>
<DtmManifest xmlns:i="http://www.w3.org/2001/XMLSchema-instance" xmlns="http://schemas.datacontract.org/2004/07/Fdt.Deployment">
  <DtmRootPath>..\VendorX\DtmY\</DtmRootPath>
  <DtmInfoBuilderRef xmlns:d2p1="http://schemas.datacontract.org/2004/07/Fdt.Dtm">
    <d2p1:AssemblyInfo>
      <Name>Fdt.VendorX.DtmY</Name>
      <Version xmlns:d4p1="http://schemas.datacontract.org/2004/07/System">
        <d4p1:_Build>0</d4p1:_Build><d4p1:_Major>2</d4p1:_Major>
        <d4p1:_Minor>3</d4p1:_Minor><d4p1:_Revision>0</d4p1:_Revision>
      </Version>
      <PublicKeyToken>1234567890123456</PublicKeyToken>
      <RuntimeVersions>
        <RuntimeVersion>
          <CLRVersionNumber xmlns:d6p1="http://schemas.datacontract.org/2004/07/System">
            <d6p1:_Build>1</d6p1:_Build><d6p1:_Major>2</d6p1:_Major>
            <d6p1:_Minor>0</d6p1:_Minor><d6p1:_Revision>23456</d6p1:_Revision>
          </CLRVersionNumber>
        </RuntimeVersion>
      </RuntimeVersions>
      <SupportedPlatforms>Any</SupportedPlatforms>
      <Path>..%5CVendorX%5CDtmY%5C</Path>
    </d2p1:AssemblyInfo>
    <d2p1:ClassName>Fdt.VendorX.DtmY.DtmMainInfoBuilder</d2p1:ClassName>
  </DtmInfoBuilderRef>
  <DtmCategory>DeviceDTM</DtmCategory>
  <UiManifestRefs>
    <UiManifestRef>
      <ManifestType>DtmY.Ui.Type</ManifestType>
      <FileName>DtmY.Ui</FileName>
    </UiManifestRef>
  </UiManifestRefs>
  <ConformityRecords i:nil="true" />
  <DtmInitData>My Initialization Data</DtmInitData>
</DtmManifest>
```

图 199 示例：DtmManifest

9.5.4 DTM 用户界面清单

DTM 用户界面清单文件是用于给系统中 DTM 用户界面注册的，以便框架应用程序查找。在 DTM 安装或更新期间，这些文件应被 DTM 复制到〈FDT_GUIs〉路径下。文件的名称由 DTM 用户界面名称(对 DTM 唯一)和后缀“.dtmui.manifest”组成。每个 DTM 用户界面清单文件都应在 DTM 清单文件中引用和声明。DTM 用户界面清单包括以下信息：

——AssemblyInfo：关于 DTM 用户界面程序集的信息；

——UIFunctionInfos：由 AssemblyInfo 描述的包含在程序集中的 DTM 用户界面功能信息；

——关于用户界面类型的信息。

DTM 用户界面清单文件的语法见 7.6.3 中 DtmUiManifest 数据类型的描述。DTM 用户界面清单示例见图 200。

```
<?xml version="1.0" encoding="utf-16"?>
<DtmUiManifest xmlns:i="http://www.w3.org/2001/XMLSchema-instance" xmlns="http://schemas.datacontract.org/2004/07/Fdt.Deployment">
   <AssemblyInfo>
      <Name>Fdt.VendorX.DtmY.UI</Name>
      <Version xmlns:d3p1="http://schemas.datacontract.org/2004/07/System">
         <d3p1:_Build>0</d3p1:_Build>
         <d3p1:_Major>2</d3p1:_Major>
         <d3p1:_Minor>3</d3p1:_Minor>
         <d3p1:_Revision>0</d3p1:_Revision>
      </Version>
      <PublicKeyToken>1234567890123456</PublicKeyToken>
      <RuntimeVersions>
         <RuntimeVersion>
            <CLRVersionNumber xmlns:d5p1="http://schemas.datacontract.org/2004/07/System">
               <d5p1:_Build>1</d5p1:_Build>
               <d5p1:_Major>2</d5p1:_Major>
               <d5p1:_Minor>0</d5p1:_Minor>
               <d5p1:_Revision>23456</d5p1:_Revision>
            </CLRVersionNumber>
         </RuntimeVersion>
      </RuntimeVersions>
      <SupportedPlatforms>Any</SupportedPlatforms>
      <Path>..%5CVendorX%5CDtmY%5CUserInterfaces%5C</Path>
</AssemblyInfo>
<UiFunctionInfos>
      <UiFunctionInfo i:type="UiControlFunctionInfo">
         <FunctionId>1</FunctionId>
         <ClassName>Fdt.VendorX.DtmY.UI01</ClassName>
         <Type>WinForm</Type>
      </UiFunctionInfo>
      <UiFunctionInfo i:type="UiControlFunctionInfo">
         <FunctionId>2</FunctionId>
         <ClassName>Fdt.VendorX.DtmY.UI02</ClassName>
         <Type>WinForm</Type>
      </UiFunctionInfo>
   </UiFunctionInfos>
</DtmUiManifest>
```

图 200 **DtmUiManifest 的示例**

9.6 DTM 安装程序

9.6.1 结构

DTM 安装结构定义了 DTM 安装的内容和结构(见图 201)。每个 DTM 安装都包括以下强制和可选部分:

——MSI 文件(强制)。这是主要的 Windows Installer 数据库文件。它包含完整的安装逻辑和安装用户界面。这个文件通常位于安装根文件夹中,并用于启动安装。

——安装清单文件(强制)。这个文件描述了安装本身,并包含了已安装 DTM 的信息。这个文件通常位于安装根文件夹中。

——安装引导程序(可选)。这是一个简单的应用程序(如:setup.exe),能够在 MSI 文件启动之前执行一些附加动作(如:安装定位)。为了提供更好的集成,不建议使用引导程序。这个文件通常位于安装根文件夹中。

——打包文件(可选)。这些文件包含 DTM 的压缩的安装文件。它们通常位于 Files 子文件夹中。

——设备识别文件(可选)。这些文件描述了在安装过程中由 DTM 支持的设备类型的识别信息。这些特定协议文件通常位于 SupportedDevices_〈DtmInfo.Id〉文件夹中。这些文件可以被反序化以初始化 DtmDeviceIdentManifest 类。

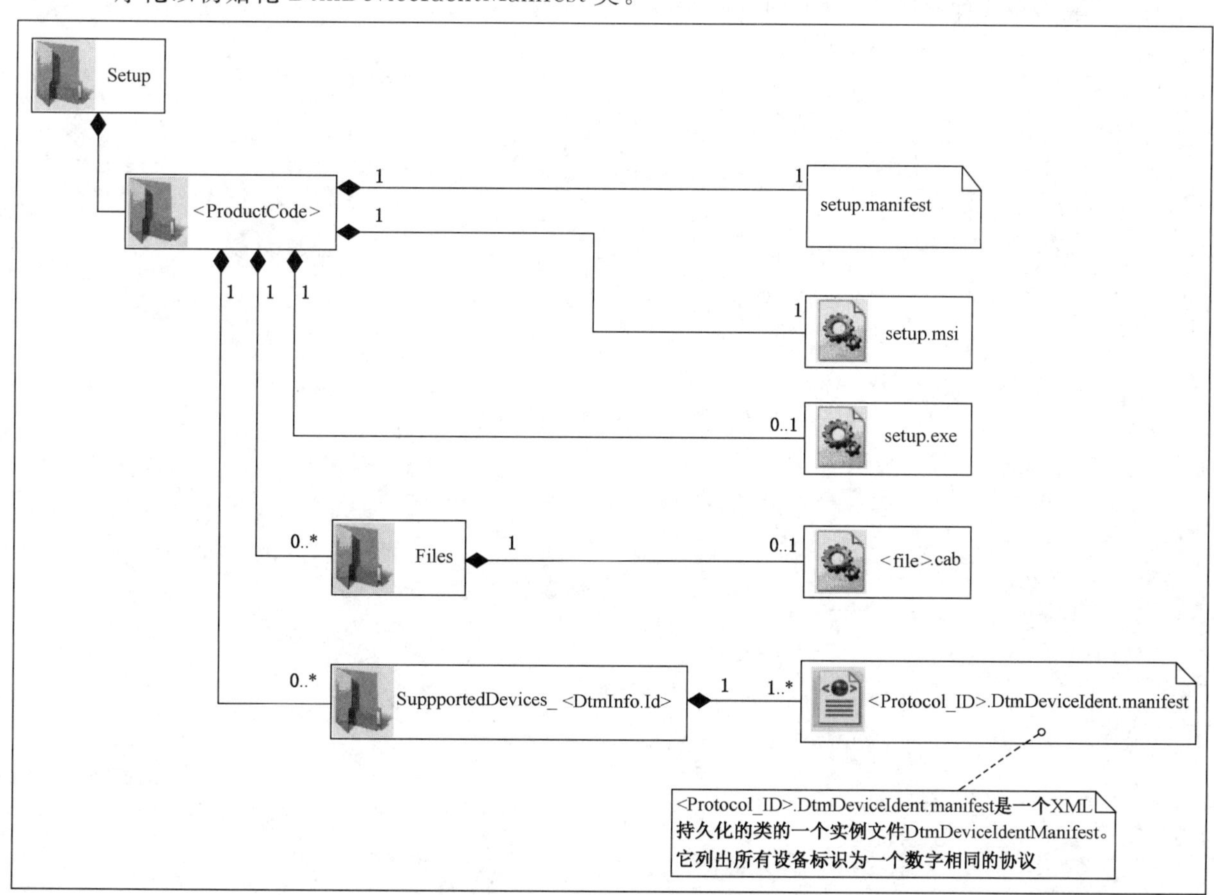

图 201 DTM 安装结构

9.6.2 DTM 安装清单

安装清单描述了 DTM 的安装,它应该与 DTM 安装一起提供。使用这个信息,框架应用程序能够检查是否要求 DTM 更新或能否自动安装 DTM。文件名称应由 SetupName 和后缀"setup.manifest"组成。

一个 DTM 安装清单 xml 文件包括以下信息：

——DtmInfos：关于包含在安装中的 DTM 的信息。

——ProductCode：产品的唯一标识符(Windows Installer ProductCode)。

——SetupName：DTM 产品安装的名称。

——SetupVersion：产品安装的版本。

——PublisherName：提供 DTM 的公司名称。

——ProductFeatures：能单独安装的安装特性列表。这能用于 DTM 设备类型或附加特性。

——SetupUrl：对安装 msi 文件的引用。

——SupportedWindowsVersions：包含在安装清单中的 DTM 被明确测试的操作系统版本列表(包括服务包级别)。

——VendorName：提供 DTM 的公司名称。

——MinimumInstallerVersion：Windows Installer(最低版本)要求的版本。如果要求的最低版本在系统中不存在，那么框架应用程序应使用 setup.exe(引导程序)而不是 msi 文件来启动安装。

关于安装清单文件的详见 7.6.1。DTM 安装清单示例见图 202。

```xml
<?xml version="1.0" encoding="utf-16"?>
<SetupManifest xmlns:i="http://www.w3.org/2001/XMLSchema-instance" xmlns="http://schemas.datacontract.org/2004/07/Fdt.Deployment">
    <VendorName>VendorX</VendorName>
    <SetupName>DtmY</SetupName>
    <ProductCode>6b6719d5-12c0-488f-897c-af440e6c5a36</ProductCode>
    <SetupVersion xmlns:d2p1="http://schemas.datacontract.org/2004/07/System">
        <d2p1:_Build>0</d2p1:_Build><d2p1:_Major>2</d2p1:_Major>
        <d2p1:_Minor>3</d2p1:_Minor><d2p1:_Revision>-1</d2p1:_Revision>
    </SetupVersion>
    <SetupUrl>../setup.msi</SetupUrl>
    <DtmInfos xmlns:d2p1="http://schemas.datacontract.org/2004/07/Fdt.Dtm">
        <d2p1:DtmInfo>
            <d2p1:DtmRef>
                <d2p1:AssemblyInfo>
                    <Name>Fdt.VendorX.DtmY</Name>
                    <Version xmlns:d6p1="http://schemas.datacontract.org/2004/07/System">
                        <d6p1:_Build>0</d6p1:_Build><d6p1:_Major>2</d6p1:_Major>
                        <d6p1:_Minor>3</d6p1:_Minor><d6p1:_Revision>0</d6p1:_Revision>
                    </Version>
                    <PublicKeyToken>1234567890123456</PublicKeyToken>
                    <RuntimeVersions>
                        <RuntimeVersion>
                            <CLRVersionNumber xmlns:d8p1="http://schemas.datacontract.org/2004/07/System">
                                <d8p1:_Build>1</d8p1:_Build><d8p1:_Major>2</d8p1:_Major>
                                <d8p1:_Minor>0</d8p1:_Minor><d8p1:_Revision>23456</d8p1:_Revision>
                            </CLRVersionNumber>
                        </RuntimeVersion>
                    </RuntimeVersions>
                    <SupportedPlatforms>Any</SupportedPlatforms>
                    <Path>..%5CVendorX%5CDtmY%5C</Path>
                </d2p1:AssemblyInfo>
                <d2p1:ClassName>Fdt.VendorX.DtmY.DtmMain</d2p1:ClassName>
            </d2p1:DtmRef>
            <d2p1:Name>DtmY</d2p1:Name>
            <d2p1:Vendor>VendorX</d2p1:Vendor>
            <d2p1:Id>69cde55a-5bf8-45a4-90a3-7bf20184d61f</d2p1:Id>
            <d2p1:Version xmlns:d4p1="http://schemas.datacontract.org/2004/07/System">
<d4p1:_Build>0</d4p1:_Build><d4p1:_Major>4</d4p1:_Major>
<d4p1:_Minor>2</d4p1:_Minor><d4p1:_Revision>-1</d4p1:_Revision>
            </d2p1:Version>
            <d2p1:FdtVersion xmlns:d4p1="http://schemas.datacontract.org/2004/07/System">
<d4p1:_Build>-1</d4p1:_Build><d4p1:_Major>2</d4p1:_Major>
<d4p1:_Minor>0</d4p1:_Minor><d4p1:_Revision>-1</d4p1:_Revision>
</d2p1:FdtVersion>
        </d2p1:DtmInfo>
    </DtmInfos>
    <MinimumInstallerVersion xmlns:d2p1="http://schemas.datacontract.org/2004/07/System">
        <d2p1:_Build>0</d2p1:_Build><d2p1:_Major>4</d2p1:_Major>
        <d2p1:_Minor>5</d2p1:_Minor><d2p1:_Revision>0</d2p1:_Revision>
    </MinimumInstallerVersion>
    <SupportedWindowsVersions>
        <OSVersion>
            <OSVersionNumber xmlns:d4p1="http://schemas.datacontract.org/2004/07/System">
<d4p1:_Build>2600</d4p1:_Build><d4p1:_Major>5</d4p1:_Major>
<d4p1:_Minor>1</d4p1:_Minor><d4p1:_Revision>196608</d4p1:_Revision>
            </OSVersionNumber>
            <ServicePack>Service Pack 3, v.5657</ServicePack>
        </OSVersion>
    </SupportedWindowsVersions>
    <ProductFeatures i:nil="true" />
</SetupManifest>
```

图 202 **DtmSetupManifest 的示例**

9.6.3 DTM 设备标识清单

设备标识清单文件描述了设备标识所要求的附加的物理设备参数。这些文件由相应的通信协议决定。每个文件都必须放置在特定的子文件夹下，这些子文件夹如同被使用的通信协议标识符一样，有相同的名称。设备标识清单文件只能在安装过程中使用。已安装的 DTM 不需要它们，因为 DtmInfoBuilder 交付了同样的信息。

文件名称由一个唯一的名称标识符和固定的后缀“.deviceident.manifest”组成。

一个设备类型清单 xml 文件包括以下信息：

——DeviceIdentInfo：此信息用于描述由 DTM 设备类型支持的物理设备类型。它包括一个物理设备类型或设备类型组的标识元素。

——ProductFeatureRefs：(可选)列在安装清单中的产品特性的引用列表。这些特性(如：设备类型)代表了需要的组件安装，以支持检测到的设备类型。

设备标识清单示例见图 203。

```
<?xml version="1.0" encoding="utf-16"?>
<DtmDeviceIdentManifest xmlns:i="http://www.w3.org/2001/XMLSchema-instance" xmlns="http://schemas.datacontract.org/2004/07/Fdt.Deployment">
  <BusCategory xmlns:d2p1="http://schemas.datacontract.org/2004/07/Fdt">
    <d2p1:CommunicationType>Required</d2p1:CommunicationType>
    <d2p1:PhysicalLayers>
      <d2p1:PhysicalLayer>
        <d2p1:Id>bab2091a-c0a7-4614-b9de-fcc2709dcf5d</d2p1:Id>
        <d2p1:Name>HART FSK Physical Layer</d2p1:Name>
      </d2p1:PhysicalLayer>
    </d2p1:PhysicalLayers>
    <d2p1:ProtocolId>036d1498-387b-11d4-86e1-00e0987270b9</d2p1:ProtocolId>
    <d2p1:ProtocolName>HART</d2p1:ProtocolName>
  </BusCategory>
  <DeviceIdentInfos xmlns:d2p1="http://schemas.datacontract.org/2004/07/Fdt.Dtm">
    <d2p1:DeviceIdentInfo i:type="d2p1:DeviceIdentInfo_HartDeviceIdentInfo">
      <d2p1:DeviceSpecificProperties i:nil="true" />
      <d2p1:SupportLevel>SpecificSupport</d2p1:SupportLevel>
      <d2p1:ProtocolSpecificIdentInfo xmlns:d4p1="http://schemas.datacontract.org/2004/07/Fdt.Dtm.Hart">
        <d4p1:BusProtocolVersion>
          <d2p1:ProtocolSpecificName i:nil="true" /> <d2p1:RegularExpressions i:nil="true" /><d2p1:Value>5</d2p1:Value>
        </d4p1:BusProtocolVersion>
        <d4p1:DeviceCommandRevisionLevel>
          <d2p1:ProtocolSpecificName i:nil="true" /> <d2p1:RegularExpressions i:nil="true" /> <d2p1:Value>4</d2p1:Value>
        </d4p1:DeviceCommandRevisionLevel>
        <d4p1:DeviceFlags>
          <d2p1:ProtocolSpecificName i:nil="true" /> <d2p1:RegularExpressions i:nil="true" /> <d2p1:Value>3</d2p1:Value>
        </d4p1:DeviceFlags>
        <d4p1:DeviceProfile>
          <d2p1:ProtocolSpecificName i:nil="true" /> <d2p1:RegularExpressions i:nil="true" /> <d2p1:Value>0</d2p1:Value>
        </d4p1:DeviceProfile>
        <d4p1:DeviceTypeCode>
          <d2p1:ProtocolSpecificName i:nil="true" /><d2p1:RegularExpressions i:nil="true" /> <d2p1:Value>123</d2p1:Value>
        </d4p1:DeviceTypeCode>
        <d4p1:HardwareRevisionLevel>
          <d2p1:ProtocolSpecificName i:nil="true" /> <d2p1:RegularExpressions i:nil="true" /><d2p1:Value>1</d2p1:Value>
        </d4p1:HardwareRevisionLevel>
        <d4p1:ManufacturerId>
          <d2p1:ProtocolSpecificName i:nil="true" /> <d2p1:RegularExpressions i:nil="true" /> <d2p1:Value>98</d2p1:Value>
        </d4p1:ManufacturerId>
        <d4p1:PhysicalSignalingCode>
          <d2p1:ProtocolSpecificName i:nil="true" /> <d2p1:RegularExpressions i:nil="true" /> <d2p1:Value>0</d2p1:Value>
        </d4p1:PhysicalSignalingCode>
        <d4p1:SoftwareRevision>
          <d2p1:ProtocolSpecificName i:nil="true" /> <d2p1:RegularExpressions i:nil="true" /> <d2p1:Value>3</d2p1:Value>
        </d4p1:SoftwareRevision>
      </d2p1:ProtocolSpecificIdentInfo>
    </d2p1:DeviceIdentInfo>
  </DeviceIdentInfos>
  <ProductFeatures i:nil="true" />
</DtmDeviceIdentManifest>
```

图 203　**DeviceIdentManifest** 的示例

9.6.4 安装程序的规则

为了可靠和标准化安装DTM,本节将描述安装DTM需要遵循的规则和建议。其目的是使框架应用程序能够检索到DTM安装的信息,并实现自动地安装、卸载、更新等操作。

这些规则(强制性)有:

- 用使用Windows Installer作为基本安装技术。每个DTM的安装清单中显示所要求的Windows Installer版本。要求Windows Installer的最低版本是4.5。这个版本将由每个目标系统的框架应用程序提供。
- 遵循所有Windows Installer规则。为了获得正确的Windows Installer安装,必须遵循所有的Windows Installer规则(见[15][16][17])。强烈建议安装不要要求重启系统。如果安装需要重启系统,那么安装文件和安装清单需注明这种情况。

注:特别是对于DCS,重启系统不是正常的操作。

- DTM安装应该提供独立的MSI包。Windows Installer安装文件格式是“.msi”。这个文件可以用于独立的安装以及其他安装的环境。外部用户接口(如:框架应用程序)可以集成输出(进度、运行操作、日志和错误消息)。除此之外,它自动支持全Windows Installer命令行语法。如果需要,可使用安装引导程序(如:setup.exe)。
- MSI包在静默模式下(当用户界面表未被处理)应该总是可执行的。如果使用自定义操作,MSI包能独立于用户安装界面进行安装。
- 总是给外部CAB文件和MSI文件赋予数字签名。这会激活在安装时进行一致性的自动检查。如果下载的文件损坏了,那么数字签名就会与存储在MSI文件中的签名不一致。
- DTM安装特性应该首尾一致。在安装组件树中代表DTM的每一个特性应与其他特性不同。这意味着,如果选择安装这个特性,该DTM将会完全安装和工作。这个特性的卸载就是完全移除DTM。所有相关组件、共享组件等都会被自动地安装或卸载。
- 所有DTM组件(程序集)应有清晰的名字。当在不同DTM之间或在同一DTM的不同版本之间使用一些共享组件时,这样能避免DLL版本冲突。
- 所有FDT组件需使用官方FDT组合模块进行安装。在安装中,不能直接使用FDT二进制文件(如:作为自动限制)。所有中心FDT设置(如注册项)只能由FDT组合模块进入。安装在全局程序集缓存中的FDT组件应标记为共享。
- 在操作系统对话框中的“添加/删除程序”中,每个安装包应唯一标识。这意味着,支持信息(版本号和建立的索引)应有效识别安装包的版本。在“添加/删除程序”中可见项的名字将以DTM提供商的名字开始。

推荐性规则是:

- 设备类型应作为安装特性,也可作为其他特性。所有安装特性需在安装清单中列出。安装特性的分类应定义。这也就允许识别与DTM安装一起提供的设备类型。框架应用程序可使用命令行选择(作为特性设置),用来安装BL或UI组件。
- DTM安装将使用Windows Installer 4.5的特性。Windows Installer引擎的新版本(>4.5)有许多先进的特性。但是另一方面,存在操作系统版本限制(如:要求是Windows Vista系统)。在这种情况下还需要额外的Windows Installer运行时分配,不方便最终用户,安装时间会更长(还需要提供Windows Installer运行时)。

9.7 DTM部署

为了使框架应用程序实现DTM自动部署,DTM安装需支持以下特性:

- 包含基本DTM信息(也用于DTM注册,见9.6.2)的DtmSetup清单文件应与安装一起提供;

- DTM 安装能够在没有用户界面的命令行中执行(静默安装);
- DTM 安装支持命令行参数定义以下内容:
  ——安装目录
  ——安装或卸载的 DTM 组件(业务逻辑,用户界面,或两者兼备)
  ——DTM 提供商特定的参数(如:许可)

如果 DTM 用户界面没有安装 DTM BL,那么应安装 DTM 清单(路径如 9.2.1 中定义)。正确地初始化 DTM UI 是必须的。

图 204 给出了在客户端/服务器系统中 DTM 的自动部署和事件安装流程。

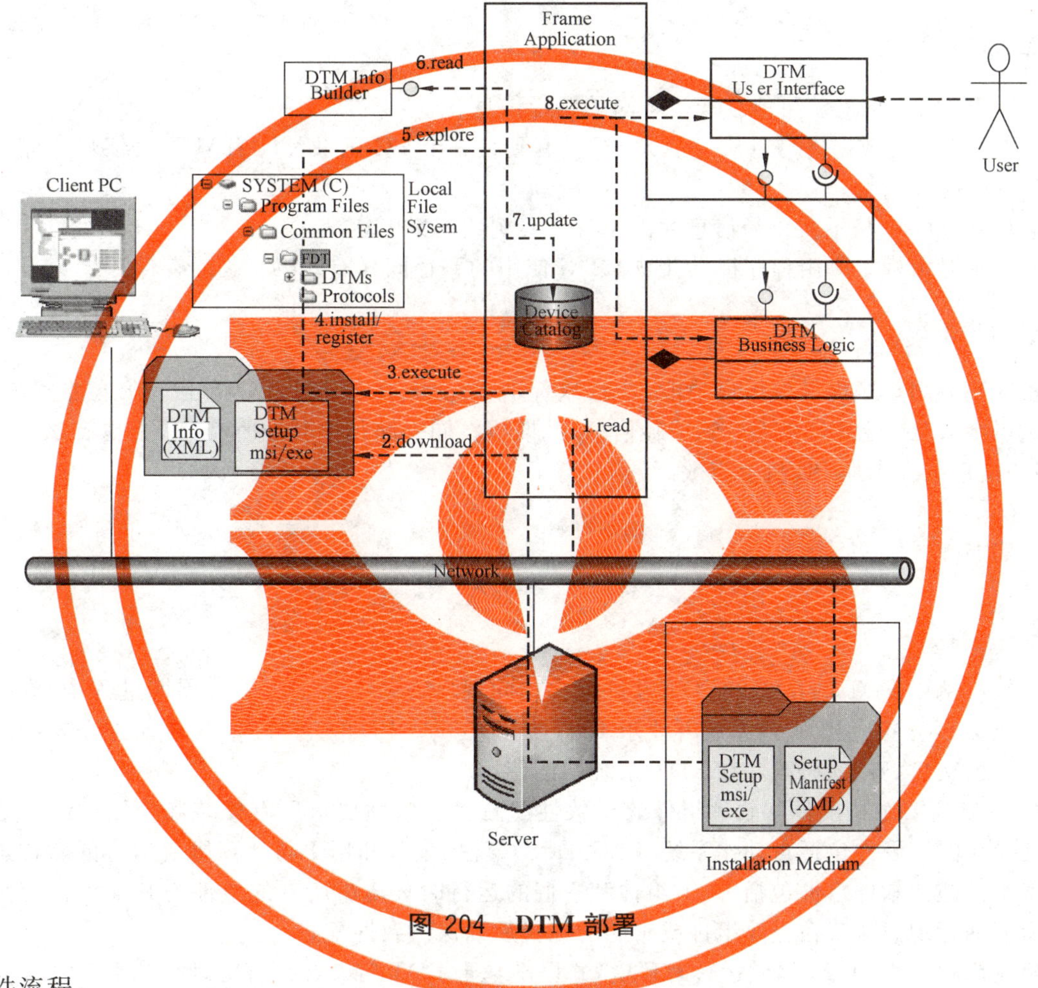

图 204 **DTM 部署**

事件流程:

- 框架应用程序连接到服务器(提供商特定的)并读取与 DTM 安装一起提供的 DTM 信息 XML。例如,框架应用程序可以使用这些信息来检测在客户端需要更新的安装(更新的规则见 10.4);
- 框架应用程序将 DTM 安装下载到客户端 PC 机上(提供商特定的);
- 框架应用程序执行 DTM 安装(由本部分定义的命令行参数);
- DTM 安装将所有需要的文件安装到客户端 PC 机上,并执行所有其他需要的安装操作(DTM 提供商特定的);
- 浏览已登记注册的 DTM,见 9.5.2;
- 更新设备目录;
- 按需执行 DTM BL 和 DTM UI。

9.8 路径和文件信息

9.8.1 DTM 提供的路径信息

DTM 为在本地文件系统上的文件提供路径的可能的地方：

- 文档(文档功能)；
- 特定协议文件(如:GSD 文件)。

通常,在 DTM 安装期间,这些文件将被复制到本地文件系统中。DTM 必须提供完整路径(包括驱动器)。

9.8.2 路径和持久性

在不同 PC 机上的安装可能会产生不同的路径信息。

因为 DTM 实例数据集可以从一个 PC 机复制到另一个 PC 机,所以 DTM 不会依赖存储在自己实例数据集中的路径信息。

一般规则:DTM 从不将路径信息存储在自己实例数据集中。

这个规则对由框架应用程序提供并被 DTM 使用的路径同样有效(如:临时存储)。

9.8.3 多用户系统

一些框架应用程序提供多用户功能,这意味着,系统分布在若干个 PC 机上。在这类系统中,框架应用程序不会只从一台 PC 机上检索路径信息,并期望在同一路径中其他所有 PC 上也有该文件。一般规则:路径信息只在本地 PC 机上有效。

10 生命周期概念

10.1 概述

工厂使用基于 FDT 的系统和 FDT 软件组件访问现场设备。在工厂生命周期过程中,设备或配置的变动可能会影响基于 FDT 的系统并要求 FDT 组件变动。FDT 组件的生命周期也需要纳入考虑之列,包括开发、交付、安装、修改和在 FDT 系统中的使用。

FDT 系统需要维持硬件和软件组件的一致性配置。一致性要求所有安装和使用的组件是彼此兼容的和互操作的。硬件包括自动化系统(PLC,DCS)、现场设备和用于与计算机上运行的软件进行通信的相关基础设施。软件组件包括 FDT 组件和它们的运行时环境。所有的组件与其他组件都是有关系的。生命周期管理意味着在更改组件或它们的配置后确保一致性配置。

框架应用程序为 DTM 提供运行时环境,并提供基于 FDT 定义标识符管理 DTM 变化的功能。

10.2 技术性概念

10.2.1 概述

本节描述本部分生命周期支持的一般技术性概念。技术性概念定义了标识软件和硬件组件的规则,还定义了保证组件从一个版本到另一个版本的向后兼容性的规则。

FDT 规范为框架应用程序、DTM、物理设备、数据集以及环境定义了两种类型的属性。

- 标识属性

  描述 FDT 相关组件的标识,它们包括区分新旧版本的版本属性；
- 兼容属性

  在安装之前、安装之后以及运行时允许组件的兼容性评估。

图 205 给出了 DTM 生命周期相关的标识信息以及相关对象的兼容性信息。

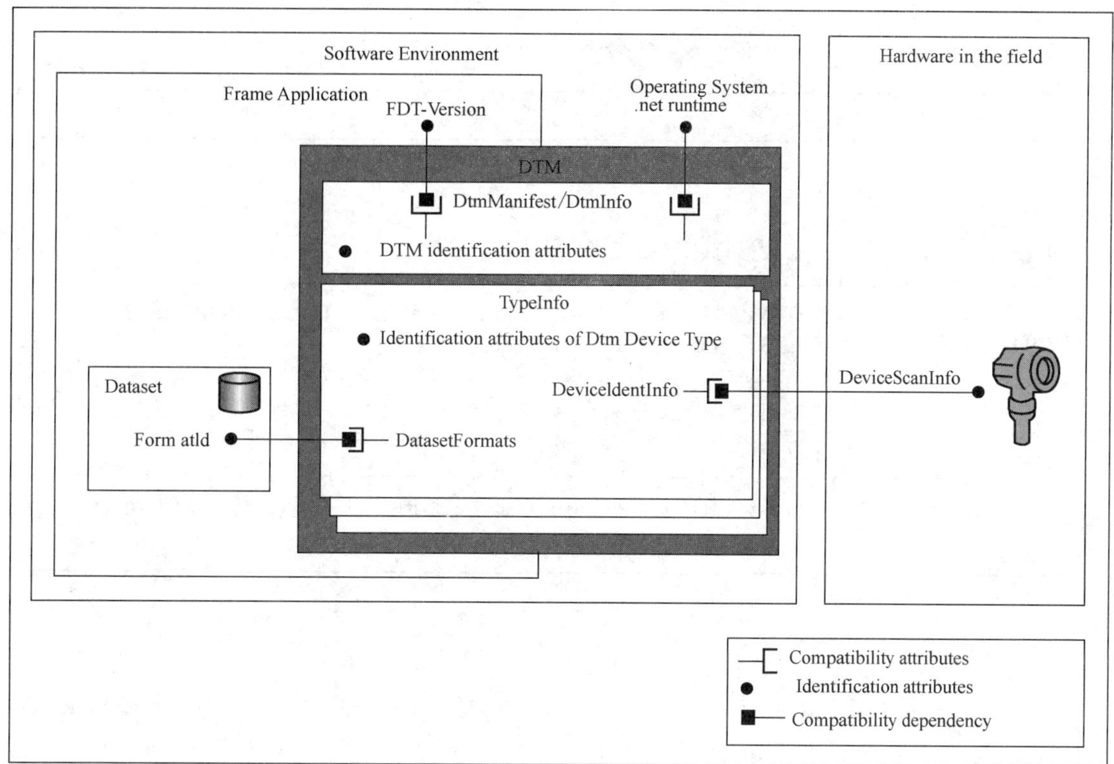

图 205 **DTM 标识概述**

注：本例给出了 DtmDeviceType，同样的概念也适用于 DtmModuleType 和 DtmBlockType。

下面将描述组件的标识信息，考虑用这些信息来管理 FDT 系统的配置。这类组件标识包括：安装前后的设备标识和 DTM 标识、保存的数据集、协议和环境。

10.2.2 **DtmManifest/DtmInfo**

在 DTMManifest 中提供 DTM 信息。DTM 清单的属性见表 45。

表 45 **DTM 标识**

标识属性	描述
DtmInfo.Name DtmInfo.Vendor	DTM 软件的人机可读信息，可用于与 DTM 提供商通信。在不同 DTM 版本中，Name 和 Vendor 可以不同
DtmInfo.Id	唯一的标识符，用于识别 DTM(如安装)。由 DTM 提供商定义这个 ID，且所有后续的 DTM 更新/升级版本的 ID 均是相同的。框架应用程序将该 ID 存储在设备节点的环境中，然后实例化这个 ID，例如：loadfrom() 应与 ID 引用的程序集名称一起被调用。 安装新的具有相同 ID 的 DTM 的版本，将替换当前安装的版本。安装新 ID 的 DTM 应与安装的其他 ID 的 DTM 并行存在。 相同 ID 的高版本 DTM 应具有： ● 至少支持所有老版本的 DTM 类型(ID 类型信息)； ● 不减少功能的范围； ● 不减少支持的操作系统和网络运行时

表 45（续）

标识属性	描述
DtmInfo.Version	DTM 的新版本应增加以下内容： 更新修订：次要内容修订； 修改修订：主要内容升级
DtmInfo.FdtVersion	DTM 兼容的 FDT 版本。根据定义在特定 FDT 规范版本中的兼容性规则，由框架应用程序来读取以确保互操作性
AssemblyInfo.RuntimeVersions	在组件被释放的.NET CLR 的运行时版本。框架应用程序使用此属性来识别，DTM 执行时的运行时版本
ProgIdsOfSupportedFdt1Dtms	［可选］通过 IPersistStream 储存数据的 FDT 1.2.x DTM 的 COM ProgID 列表可被加载

10.2.3 TypeInfo

TypeInfo 描述了 DTM 的 DtmType（DtmDeviceType 或 DtmModuleType 或 DtmBlockType）。

表 46 以人可读的形式描述了由 DtmType 支持的设备/模块/块类型（关于 TypeInfo datatype 的信息见 7.4）。

表 46　DtmType 用户可读的支持类型描述

识别属性	描述
ProductManufacturerName	支持产品（设备/块/模块）类型的人可读的制造商名称
SetupName	支持产品的人可读名称。产品名称是由产品制造商定义的，应能描述支持的设备类型。因此，该类型支持一系列产品（如：产品族），产品名称应允许最终用户识别产品的支持范围。相同范围的产品应由该 DtmType 的 DeviceIdentInfos 清单识别
SetupVersion	支持产品的人可读的版本字符串。恢复的字符串应覆盖支持 deviceidentinfos 的所有的软件版本（例如固件版本）和需要的硬件版本。SetupVersion 可包括星号，以显示版本号的范围。例如："V 1.3.*-2.*"

下面的属性用于标识包含在 DTM 中的 DtmType（如：DtmDeviceType）（见表 47）。

表 47　TypeInfo 标识

识别属性	描述
Id	DtmType 的唯一标识符。Id 在 DTM 中应是独一无二的

DTM 提供商定义 DTMType.Id，并保证将来 DTM 中的所有 DtmType 对于以前的版本都是向后兼容的。兼容性包括数据集、设备支持（DeviceIdentInfo）和功能范围。

在一个 DTM 中，有特定 Id 的 DTMType 只能在一个 DTM 中定义一次。同样的 Id 可以在不同的 DTM 中使用。这就表明框架应用程序中不同的 DTM 支持相同的产品。

10.2.4 数据集支持格式

数据集的 FormatId 定义了已保存数据的格式。表 48 列出了一个数据集的相关兼容性属性。

表 48 DtmType—数据集支持标识

兼容属性	解释
DatasetFormats.Used	可用的 FormatId 定义 DTM 保存数据的格式
DatasetFormats.ReadSupported	可支持的 FormatId 列出附加的格式,它可由 DTM 加载和迁移。如 DtmType 支持现有的数据集,框架应用程序可以检查此属性

如果一个持久化数据集的 IDataset.FormatId 属性的值是"Used",那么 DtmDeviceType 就可以加载这个数据集并保存同样的格式。

如果一个持久化数据集的 IDataset.FormatId 属性的值是"ReadSupported",那么 DtmDeviceType 就可能迁移这个数据集并以自己当前的使用格式保存数据。

DTM 更新修改版本和升级版本的规则是:如果数据集的格式变化了,DTM 提供商应定义一个值是"Used"的新 FormatId。ReadSupported FormatId 列表应包含 DTM 之前版本使用的所有格式。

DTM 提供商定义唯一的 Id。特别是,应为每一个 DtmType 定义不同的数据集 FormatId。DTM 提供商可在多个 DeviceType 中定义同样的 FormatId。在这种情况下,应保证在这些类型之间的数据集迁移。

10.2.5 DeviceIdentInfo

DTM 在由 DtmType 支持的物理类型的 DeviceIdentInfo 兼容性属性中公开。框架应用程序使用这些属性自动地检查已扫描的物理类型与哪种 DtmType 兼容。

框架应用程序以编程的方式比较 DeviceScanInfo 标识的以下兼容属性,以检查 DtmType 是否支持连接的设备:

- ProtocolId
- PhysicalLayer
- ManufacturerId
- DeviceTypeId
- HardwareRevision
- SoftwareRevision
- ProtocolIdentificationProfile
- DeviceSpecificProperties
- ProtocolSpecificProperties

注:不是 DeviceScanInfo 所有的属性都能用来标识支持设备类型。

10.2.6 数据集

表 49 给出了一个持久性的 DTM 数据集的识别属性。

表 49 数据集标识

识别属性	描述
IDataset.FormatId	框架应用程序可以通过 FormatId 属性识别保存的数据集格式

当保存数据集时，DTM 应将它的 DatasetFormats.Used 写入 IDataset.FormatId 中。

10.2.7 DeviceScanInfo

框架应用程序负责管理将一个正确的 DtmType（如：DtmDeviceType）分配给一个设备节点，该设备节点与设备逻辑相连。这个分配使用通信通道服务 ScanRequest 提供的连接设备的标识信息。ScanRequest 为每一个扫描设备返回数据类型 DeviceScanInfo（见表 50）。

表 50 DeviceScanInfo——扫描设备标识

识别属性	描述
ProtocolId	由框架应用程序使用，用于与 DTM 类型的 DeviceIdentInfo.BusCategory.ProtocolId 进行比较
PhysicalLayer	反映物理设备所连接到的物理媒体。由框架应用程序使用，用于与 DTM 类型的 DeviceIdentInfo.PhysicalLayers 进行比较
ManufacturerId DeviceTypeId HardwareRevision SoftwareRevision ProtocolSpecificProperties DeviceSpecificProperties ProtocolIdentificationProfile	由框架应用程序使用，用于与相应的 DTM 类型的 DeviceIdentInfo 属性进行比较
SerialNumber Address Tag	用于标识唯一的设备装置，总线通信地址和设备中的 TAG 集。设备序列号可以用于检测同一类型设备对设备的替换
注：CommunicationErrorInformation——不能用于识别，但可帮助检测通信中的错误。	

10.3 DTM 安装

DTM 安装应保证具有相同 Id 的 DTM 老版本不能覆盖已安装的版本。

安装应检查目标操作系统的版本是否是已测试的一种版本。否则，安装应告知用户，并请求确认继续。

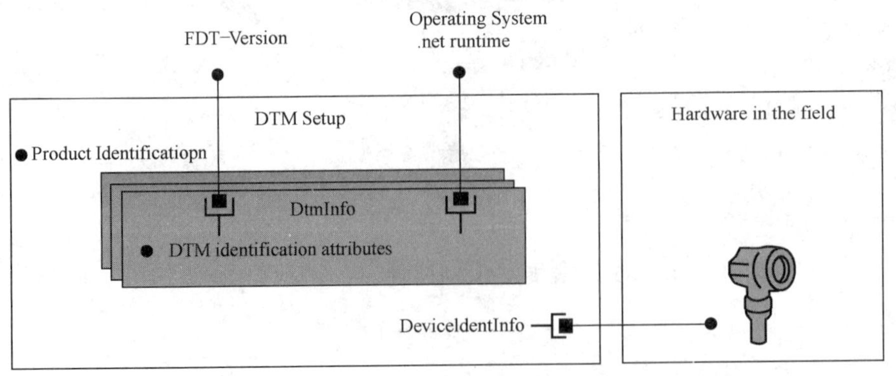

图 206 在 DTM 安装中的标识属性

DeploymentManifest 中的许多特性标识 DTM 安装(见图 206 和表 51),并允许识别所包含的 DTM(见 9.5.3)。

表 51 安装信息

识别属性	描述
SetupName/VendorName	DTM 软件安装程序的可读信息,可用于与 DTM 提供商通信
ProductCode/SetupVersion	用来识别 DTM 安装的唯一的标识符和版本。ProductCode 应按照安装程序规则定义(见第 9 章)
DtmInfo	来自 DtmInfo 的所有信息见表 45。这些信息可以用于引用 DTM 安装和安装的 DTM
DeviceIdentInfo	见表 45
SupportedWindowsVersions. FdtList〈OSVersion〉. OsVersionNumber. ServicePack.Version	在这个属性中 DTM 定义了操作系统版本列表,包括服务包,此服务包是经 DTM 提供商测试过的。DTM 在其他的(新)操作系统版本中也可能工作,但没有进行适当的测试
注:SetupManifest 的其他特性,如 MinimumInstallerVersion 和 SetupUrl,不用来支持识别。	

框架应用程序应将 SetupManifest 中的服务包和版本属性与操作系统 Environment.OSVersion 属性返回的 System.OperatingSystem 值进行比较。

除此之外,DTM 安装应检查操作系统是否兼容,否则可能会拒绝安装(例:参见[29])。

10.4 生命周期场景

10.4.1 概述

生命周期场景包括硬件或软件的变动。本节描述了 FDT 系统改变带来的影响,说明了保证变动后系统一致性的不同情况和操作要求(见表 52)。

表 52 DTM 变动—综述

DTM 变动原因	条件	操作
现场增加设备	未安装 DTM	联系设备提供商,要求和预订 DTM,继续以下操作
		搜索 DTM 安装程序,如果匹配,安装 DTM; 找到 DtmDeviceType,继续以下操作
	安装 DTM	离线:用户选择匹配的 DtmDeviceType 并将其添加到拓扑结构中。见图 205 中的兼容性属性
		在线:扫描。见 10.2.5 和 10.2.7

表 52(续)

<table>
<tr><th>DTM 变动原因</th><th>条件</th><th>操作</th></tr>
<tr><td rowspan="5">更换物理装置
(DeviceIdentInfo—DeviceScanInfo relation)</td><td>相同的或兼容性设备</td><td>相同的 DtmDeviceType,可使用匹配的版本。
下载现有离线数据集或上传设备数据集</td></tr>
<tr><td rowspan="2">相同的设备类型,但由于版本不同、设备不兼容</td><td>安装 DTM 的更新/升级版本;
更新的 DtmType 扩大了支持的范围,不重新分配就能支持设备。
下载现有离线数据集或上传设备数据集</td></tr>
<tr><td>基于 DeviceScanInfo 和 DeviceIdentInfo 的比较重新分配到一个匹配的 DtmDeviceType(见 8.17);
找到匹配版本的 DtmDeviceType,并再分配设备节点的 DtmDeviceType;考虑离线数据集迁移</td></tr>
<tr><td rowspan="2">不同的设备类型</td><td>搜索安装 DtmDeviceType 的 DTM,支持与 DeviceIdentInfo 相应的 DeviceScanInfo;
重新分配设备节点的 DtmDeviceType,考虑离线数据迁移</td></tr>
<tr><td>搜索 DTM 安装程序,包括所需的与 DeviceScanInfo 相关 DeviceIdentInfo,安装并继续上述操作</td></tr>
<tr><td rowspan="4">DTM 安装 bug 或者丢失特性</td><td>没有可用的 DTM 安装</td><td>联系设备提供商要求和订购 DTM,供以下步骤使用</td></tr>
<tr><td rowspan="3">DTM 有可用的更新/升级的安装程序,但尚未安装</td><td>搜索可用的 DTM 安装程序,以便 DTM 清单和新的 DTM 的版本中具有相同标识符(ID dtminfo)的 DTM 的安装使用</td></tr>
<tr><td>安装已找到的 DTM,它取代以前安装的 DTM 标识符</td></tr>
<tr><td>当 DTM 在下一次实例化时,安装的 DTM 更新和升级会影响这个 DTM 所有支持的 DtmDeviceType 的使用。该框架应用程序通过旧数据集连接到 DTM。新的 DTM 版本负责支持旧版本所有数据集的格式(参见图 205)</td></tr>
<tr><td rowspan="3">为设备节点分配不同的 DTM。如:用通用 DTM 或 DTM 供应商已发布的新的 DTM 产品替代通用类 DTM</td><td rowspan="3">不同的 DTM(在 DTM 清单中不同的 DtmInfo.Id)安装程序都有效支持相同的 DtmType DeviceIdentInfo</td><td>在 DTM 安装程序中搜索 DeviceIdentInfo,它支持物理设备的识别,如 DeviceScanInfo</td></tr>
<tr><td>安装已找到的 DTM 程序,它不会用不同的 DTM 标识符取代原有的 DTM</td></tr>
<tr><td>框架应用程序应对新的 DTM 提供再分配,并通知用户有关设备节点数据集迁移的可能性(见图 205)
注:如果新的 DTM 是由不同的 DTM 提供商制造的,可能不能用</td></tr>
</table>

10.4.2 在 DTM 安装中搜索设备类型

如果(比如在扫描期间)框架应用程序识别到还没有安装 DTM 的设备类型,框架应用程序可能使用设备标识信息找到支持此特定设备类型的 DTM 安装。

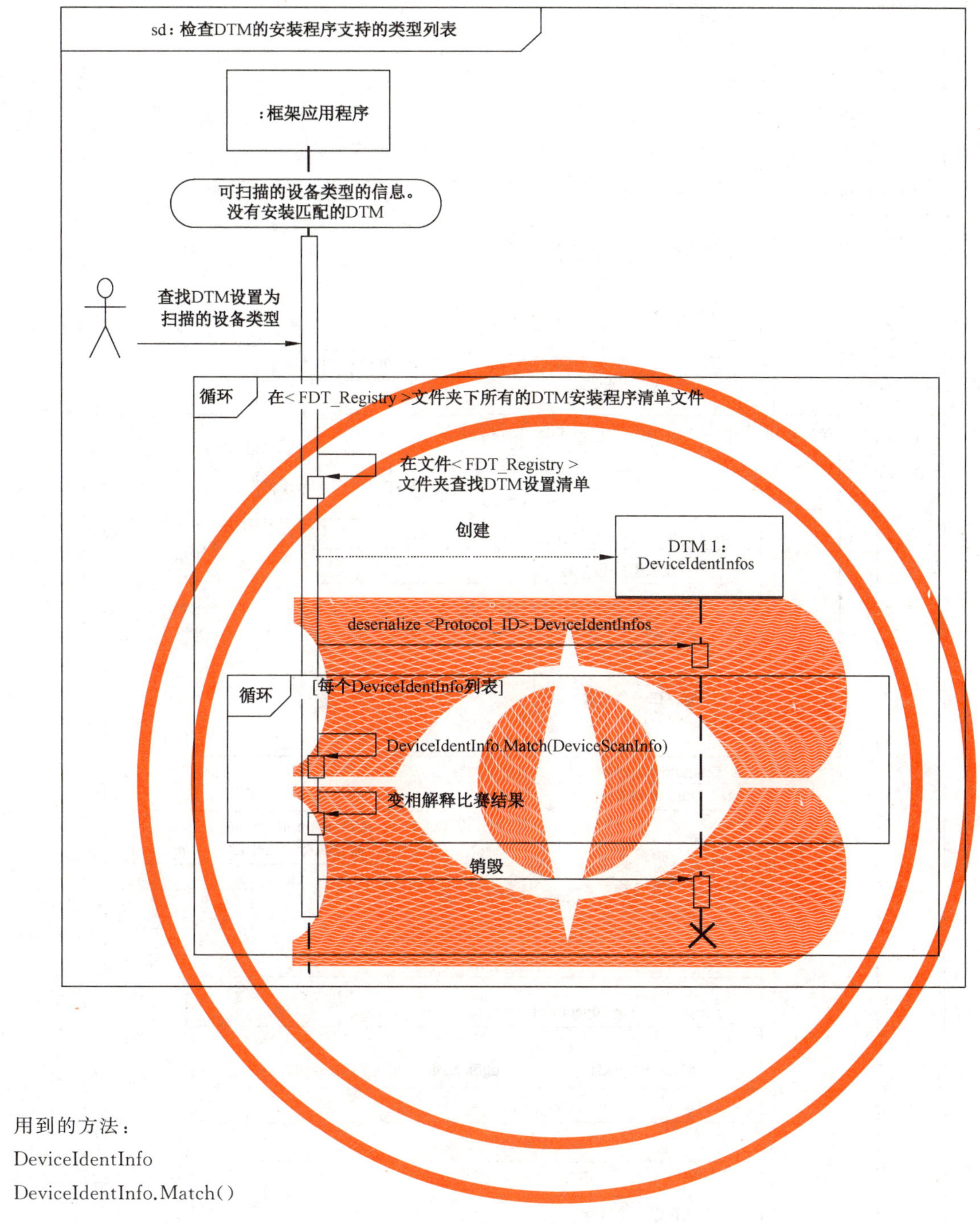

用到的方法：

DeviceIdentInfo

DeviceIdentInfo.Match()

图 207　为支持类型列表检查 DTM 安装

10.4.3　搜索已安装的 DTM

通常地，框架应用程序维持已安装 DTM 列表和它们的支持类型列表。图 208 中的工作流程描述了从已安装的 DTM 中如何检索 DTM 信息。

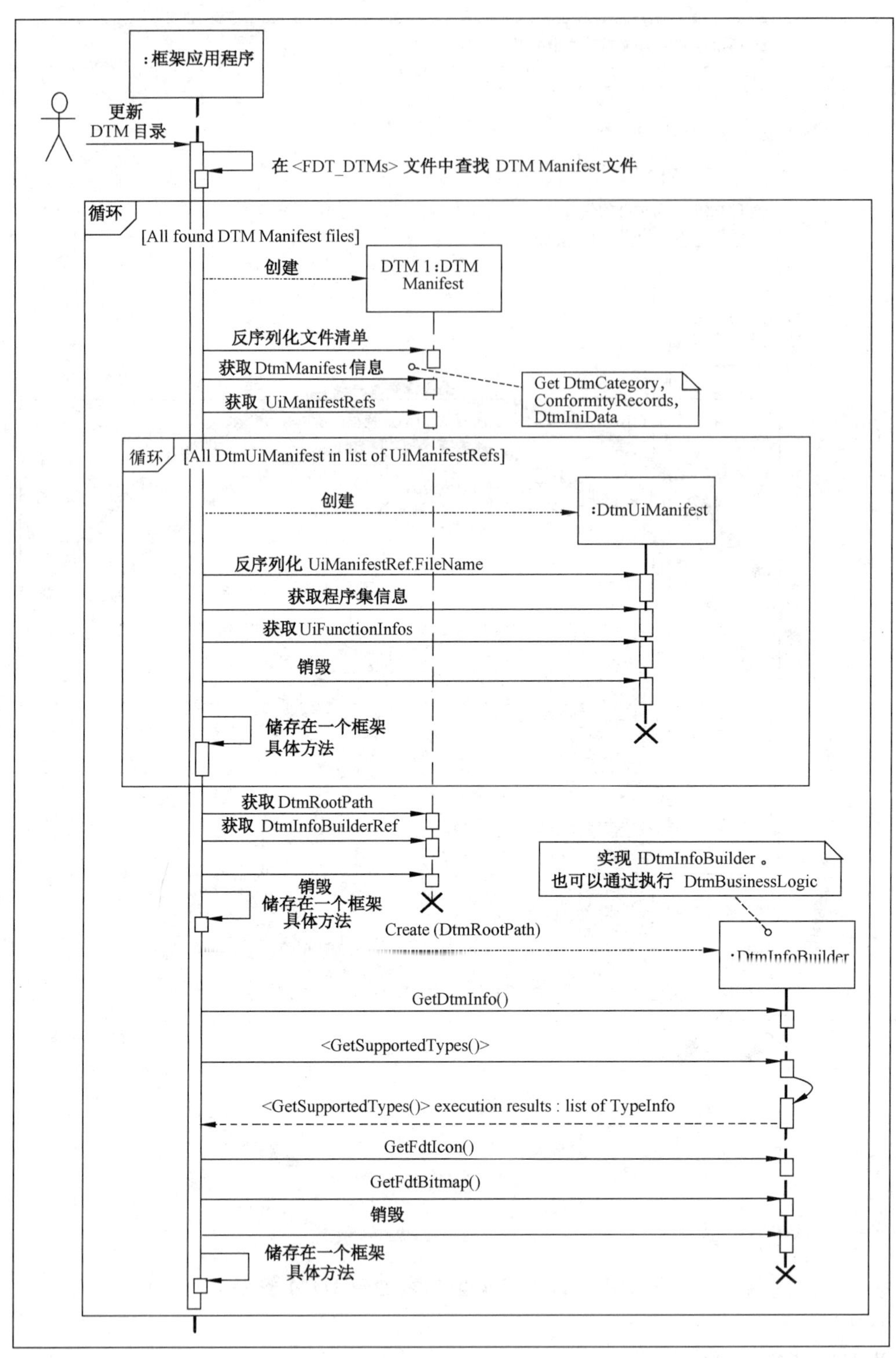

用到的方法：

GetDtmInfo()

BeginGetSupportedTypes()/EndGetSupportedTypes()

GetFdtIcon()

GetFdtBitmap()

图 208 扫描已安装的 DTM

10.4.4 重新分配 DTM 的数据迁移

图 209 给出了一个与重新分配 DtmDeviceType 的数据集迁移相关的序列。

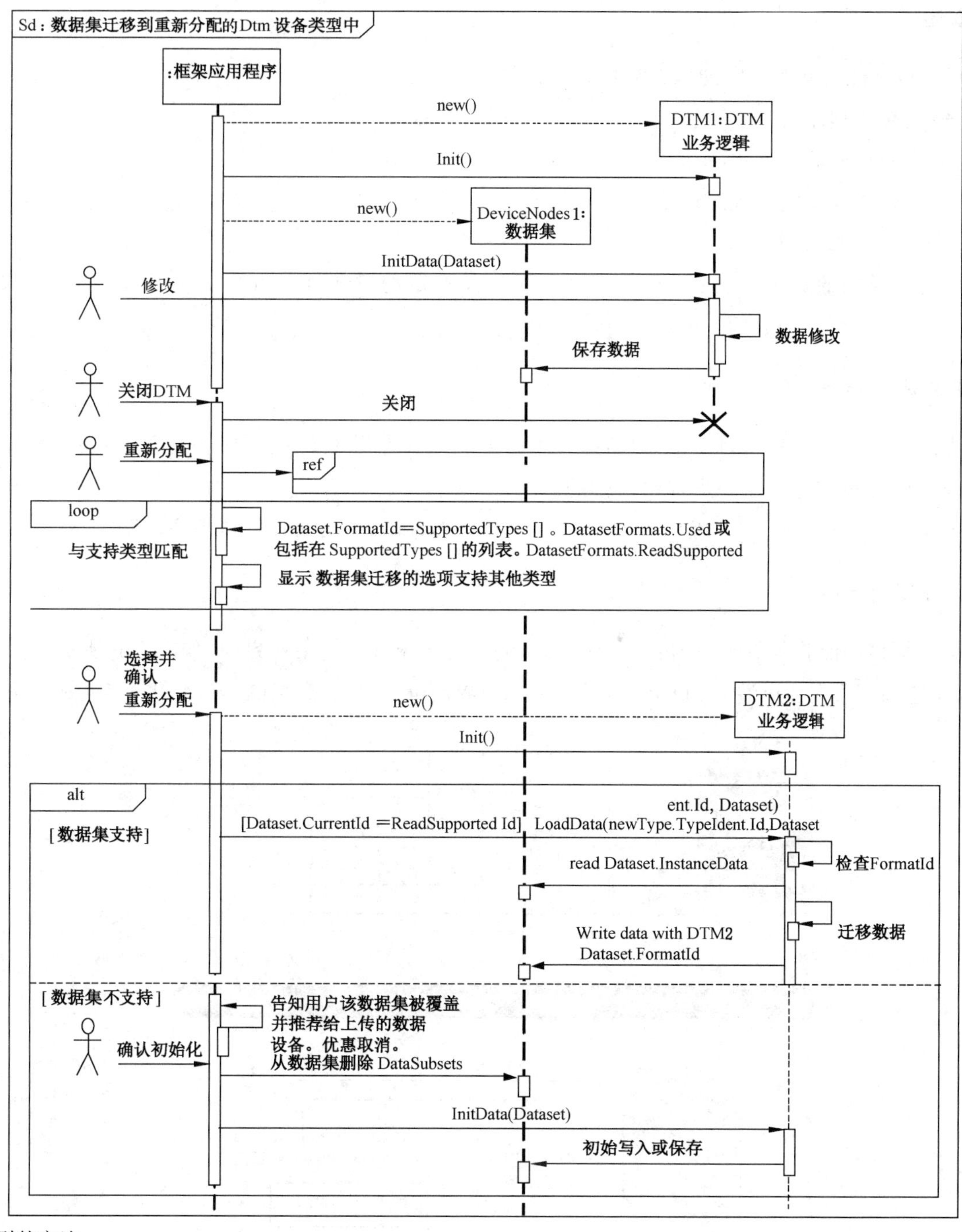

用到的方法：

IDtm.Init()

IDtm.InitData()

IDtm.LoadData()

TypeInfo.DatasetFormats

IDataset.FormatId

图 209 数据集迁移到重新分配的 DtmDeviceType

11 框架应用程序结构

11.1 概述

FDT2 的目标是支持不同的框架应用程序结构。例如：

- 独立应用程序；
- 远程用户界面；
- 分布式多用户应用程序；
- OPC UA 服务器。

因为这些结构的实现通常是为框架应用程序产品特定的，DTM 的开发者需注意可能发生的一些情况。

11.2 独立应用程序

因为配置工具一次只支持一个用户，所以最普遍的结构是独立应用程序。在独立应用程序中图像用户界面和业务逻辑是在同一进程中执行的。

注：因为本部分支持多个 CLR 版本，所以即使对于独立系统，也有必要考虑在不同进程中运行 DTM。

11.3 远程用户界面

框架应用程序能够在不同 PC 机上运行 DTM 业务逻辑和 DTM 用户界面，如图 210 所示。在这种情况下，框架应用程序在客户端 PC 机上启动 DTM 用户界面(这对所有类型的 DTM 用户界面都适用)。

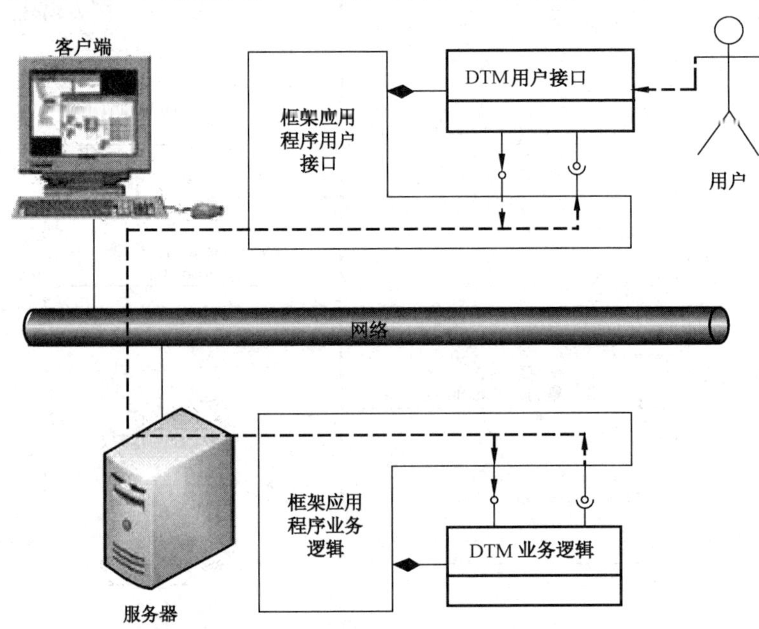

图 210 客户端/服务器应用程序

DTM 业务逻辑和 DTM 用户界面之间的交互管理是通过具体的框架应用程序完成的。DTM 业务逻辑和 DTM 用户界面不知道它们是在不同的计算机上执行。

注：如果拥有远程用户界面的框架应用程序支持多用户场景，那么它将不会为访问同一个 DTM BL 实例的不同用户启动多个 DTM 用户界面。相反，框架应用程序将为每一个用户启动一个不同的 DTM BL 实例。

11.4 分布式多用户应用程序

框架应用程序可以在包括多工作站和多服务器的分布式环境中实现。这种环境将支持同时工作的多用户(不同的角色)(见图 211)。

如果多个用户访问同一个现场设备,框架应用程序将启动同一种 DTM 类型和同一个物理设备的多个 DTM 实例。不同的 DTM 实例访问同一个持久性 DTMDataSet。

注:在任何情况下,框架应用程序都不能为访问同一 DTM BL 实例的不同用户启动多个 DTM 用户界面。

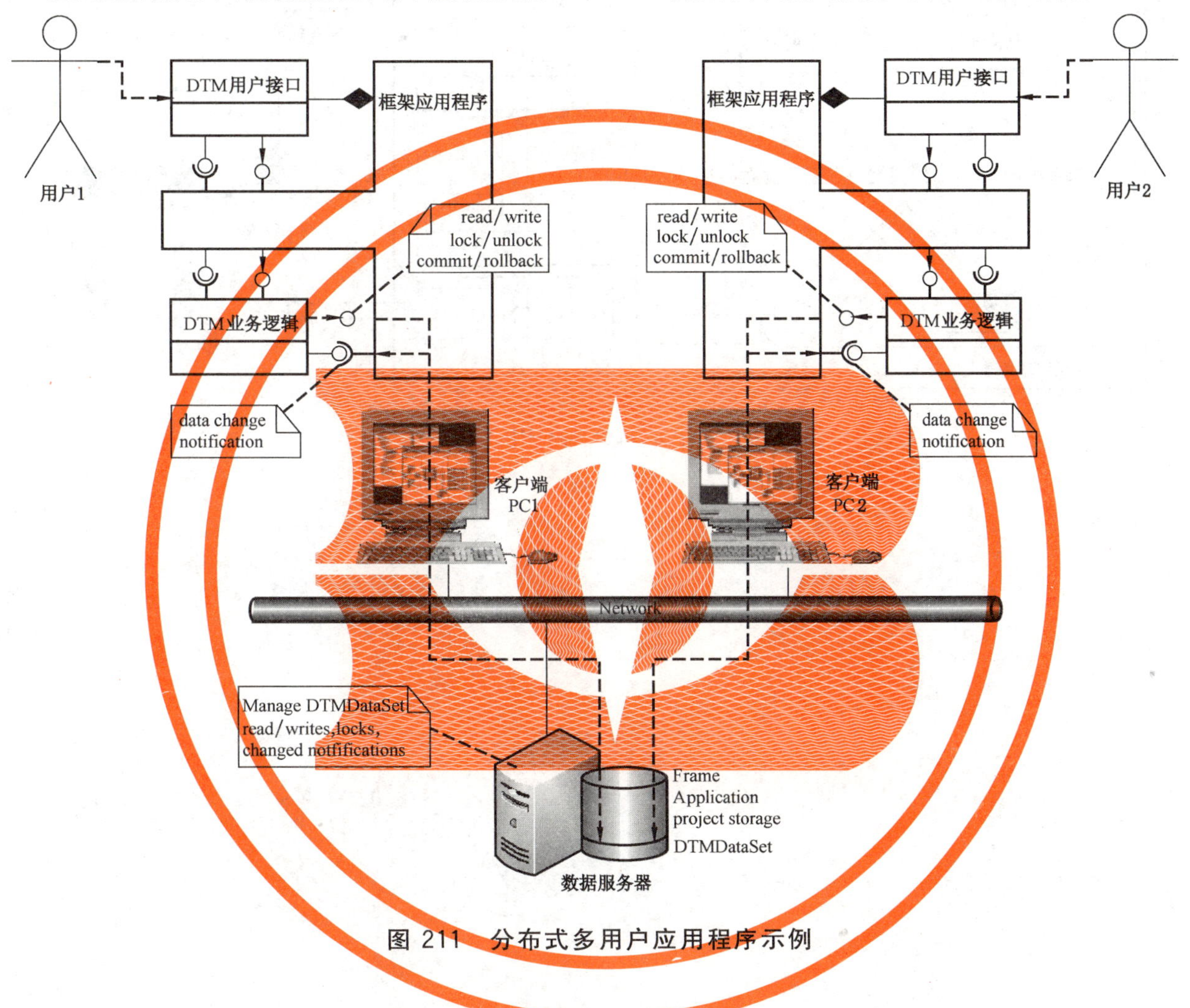

图 211 分布式多用户应用程序示例

11.5 OPC UA

根据在 FDT OPC UA 映射文件中的定义,框架应用程序可提供对 OPC UA 的支持,见[12][13]。图 212 给出了一个基于本部分的 OPC UA 服务器的示例。

OPC UA 服务器包括框架应用程序,执行代表物理设备的 DTM。由这些 DTM 提供的信息用于创建 OPC UA 信息模型。特别地,DTM Device Type (见 7.4)、Device Data (见 7.9)和 Process Data Info (见 7.11.1) 都用于这个目的。

信息模型代表了在 OPC UA 服务器中的 DTM 信息和功能。这些信息和功能被建模为分层次的有序的节点。格式和内容由 FDT/OPC UA 信息模型规范定义。

OPC UA 服务器通过相应的 OPC UA 服务公开信息模型的节点。在信息模型中,客户端应用程序使用这些服务读数据和写数据。根据用来创建访问信息模型节点的 DTM 信息的不同,框架应用程序触发的行为可能不同。

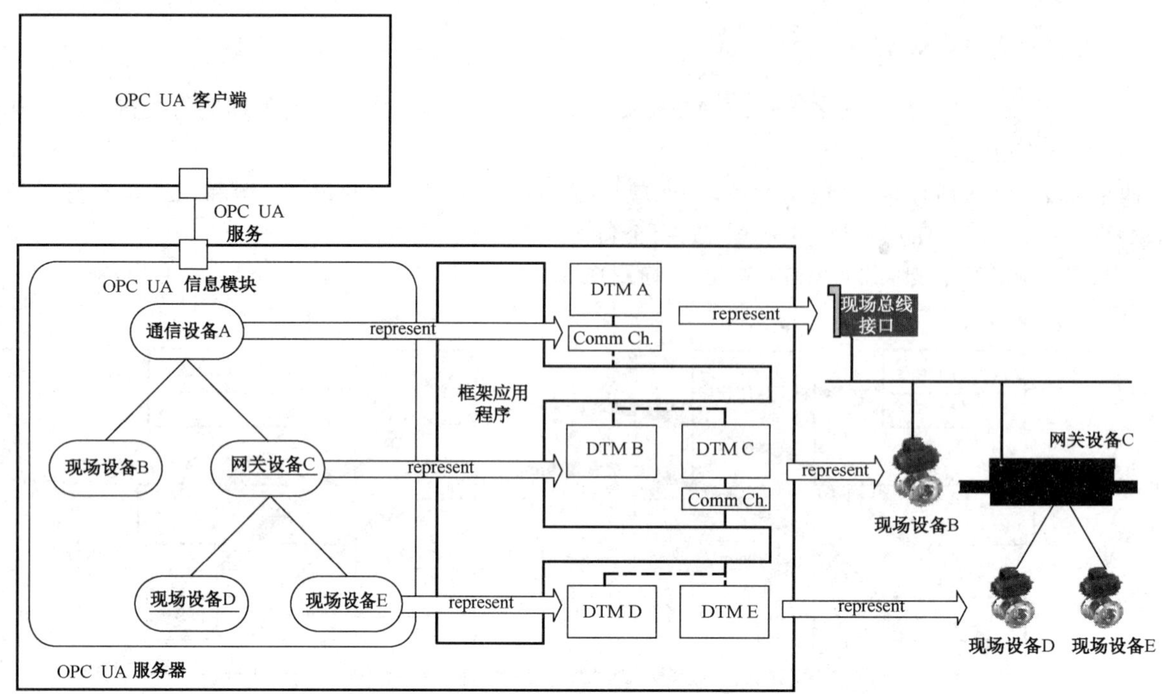

图 212 基于本部分的 OPC UA 服务器

附　录　A
（规范性附录）
FDT2 用例模型

A.1　用例模型综述

本章描述了在设计 FDT 规范时需要考虑的用例。框架应用程序可能只支持这些用例的子集。框架应用程序也可能支持本章没有定义的一些其他用例。

图 A.1 给出了在 FDT2 中需要考虑的主要用例，以及它们与定义在 FDT2 中的用户等级的关系。

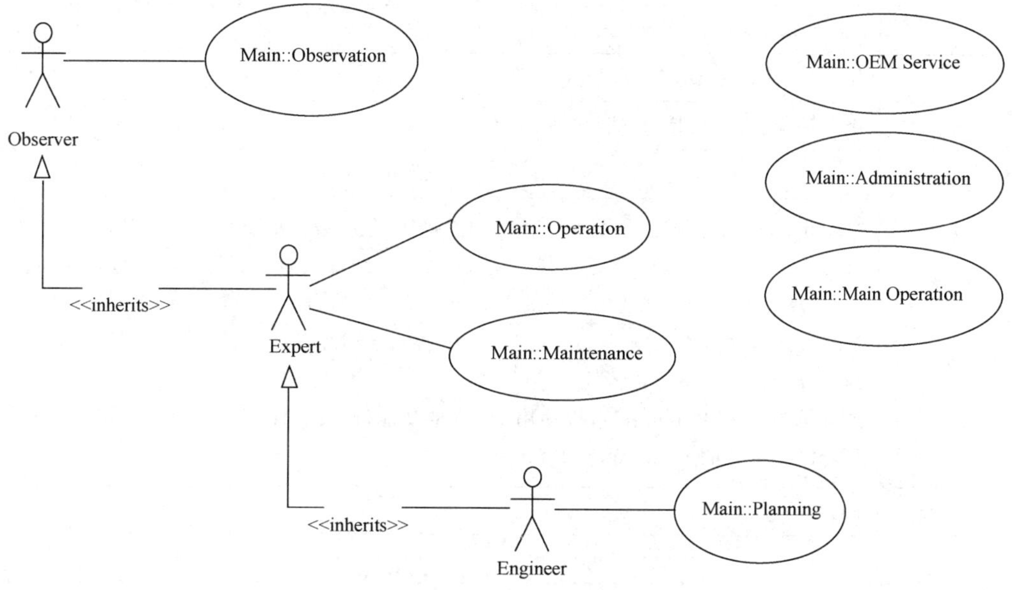

图 A.1　主要用例图

以下章节将更详细地规定这些用例，包括文本描述和一些可选的必要场景。

A.2　参与者

以上显示的用例图中的参与者类型是按层次结构进行组织的。

"Expert"参与者通常会继承"Observer"参与者的权限。"Engineer"参与者继承"Expert"参与者的用例。传递给更高层次参与者的用例可能会以一种扩展的方式来实现它们的目的。表 A.1 简要描述了各参与者的角色。

表 A.1　参与者

参与者名称	Observer
简介	参与者代表可以观察当前过程的人员
继承	无
用户等级	UserInfo.UserLevel = Observer

表 A.1（续）

参与者名称	Observer
访问验证	作为“Observer”参与者的访问可能不需要密码
用例	在线视图、生成报表、资产管理
参与者名称	Expert
简介	参与者是代表观察和管理当前的操作（即操作专家）或执行维修（即维护专家）的人员。 因为“Expert”参与者可以在不同的应用程序中有具有不同的权限集，附录 A 显示的权限是目前的权限超集。每个框架应用程序根据更具体的用户级别来确定“Expert”的权限集
继承	Observer
用户等级	UserInfo.UserLevel = Expert
访问验证	作为“Expert”的访问通常需要密码
用例	用户登录、审计跟踪、归档、操作、维护
参与者名称	Engineer
简介	“Engineer”将有可能执行所有必要的维护操作，包括设备的更换、教学、标定、调整等。 “Engineer”可以下载已验证的参数集，在线或离线修改参数的子集，执行设备特定的在线操作，处理完成时可能会上传完整的参数集。 框架应用程序具有控制“Engineer”的能力，像工厂工程师、专业人员（见 VDI/VDE 2187）或任何充分授权的人一样执行操作。 这就是为什么“Engineer”可以使用 DTM 的功能，而没有任何的限制。只有 OEM 特定的操作可能需要额外的 DTM 特定的登录
继承	Expert
用户等级	UserInfo.UserLevel = Engineer
访问验证	作为“Engineer”参与者的访问通常需要密码
用例	DTM 实例处理，仿真[a]、在线操作[a]、维修[a]、离线操作[a]、批量操作[a]、用户登录[a]、在线视图[a]、审计跟踪[a]、归档[a]、生成报表[a]、资产管理[a] （[a] 继承的用例）

A.3 用例

用例概述

以下章节将以表格形式描述用例图中的所有用例。为减少信息，没有显示用例中包含的与相关主用例相同的所有属性。

观察用例

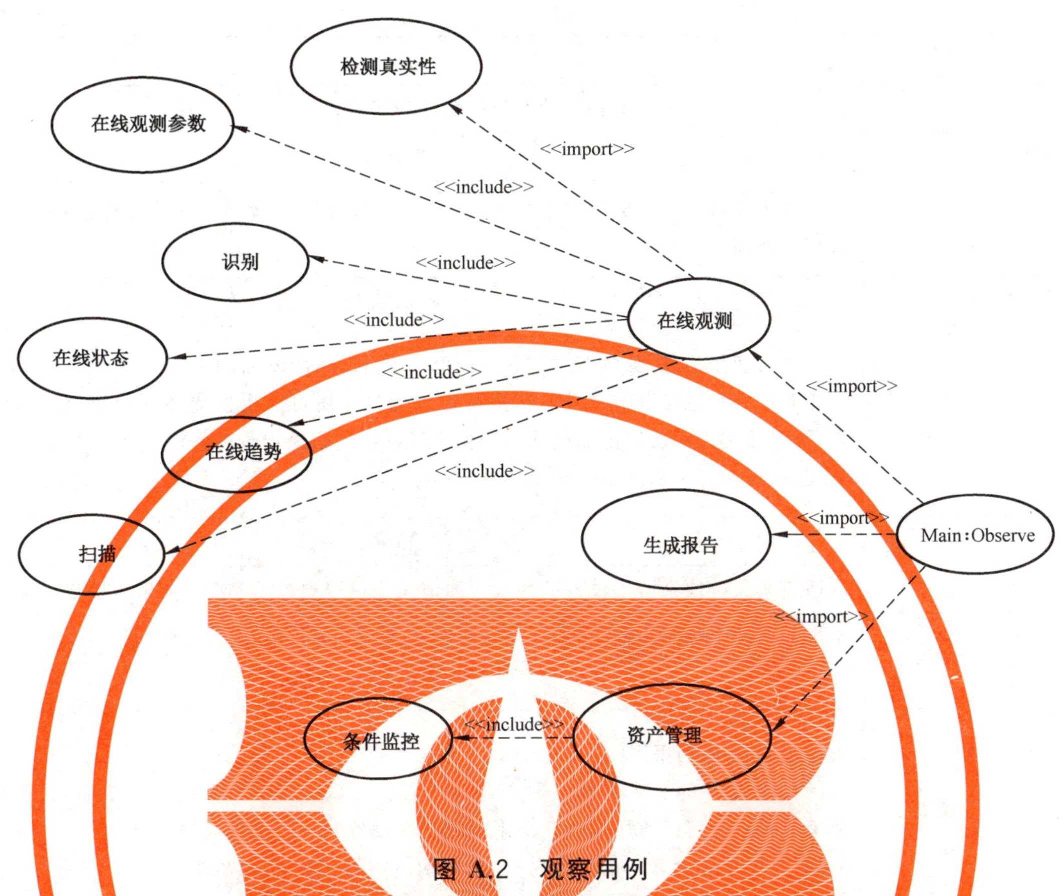

图 A.2 观察用例

"Observer"只能执行观察用例(见图 A.2 和表 A.2)。"Observer"具有最低访问级别。

表 A.2 观察用例

用例		在线视图
简介		这个用例为查看设备参数和状态提供了一套完整的操作
GUI		GUI 是 DTM 的一部分。框架应用程序可以为设备组提供在线视图
设备连接		需要建立一个或多个设备的连接
用户等级	Observer	可访问
	Expert	
	Engineer	
UserFlags		不变化
包括的用例		参数集在线视图
简介		使参与者从设备加载参数,用于查看和文档化(打印) (DTM applicationId:Observe)
包括的用例		在线状态
简介		此用例用于观察和分析当前设备的状态。 (DTM applicationId:Diagnosis)

表 A.2（续）

<table>
<tr><td colspan="2">包括的用例</td><td>在线趋势</td></tr>
<tr><td colspan="2">简介</td><td>此用例用于生成和观看在线动态值的变化趋势</td></tr>
<tr><td colspan="2">包括的用例</td><td>合理性检查</td></tr>
<tr><td colspan="2">简介</td><td>每次设备参数或配置数据发生更改时，自动进行合理性检查。一旦合理性检查失败，则数据不能写入设备</td></tr>
<tr><td colspan="2">包括的用例</td><td>识别</td></tr>
<tr><td colspan="2">简介</td><td>显示设备实例信息，如地址、TAG、Fieldbus-Rev.、DD-Rev.、固件等的标识。该信息是协议相关的。它也可以包含设备类型特定的信息。还可以提供更多的信息，包括：参考文档、为设备实例添加评论的区域。参见协议特定的附录规范中的设备标识章节。
(DTM applicationId:Identify)</td></tr>
<tr><td colspan="2">包括的用例</td><td>扫描</td></tr>
<tr><td colspan="2">简介</td><td>从通道对象中检索可用设备的列表。通道对象可以通过 DTM 或框架应用程序提供</td></tr>
<tr><td colspan="2">设备连接</td><td>至少需要一个临时连接。（通道应能够在线访问。）</td></tr>
<tr><td colspan="2">用例</td><td>生成报告</td></tr>
<tr><td colspan="2">简介</td><td>可以从 GUI 启动用例的打印功能。
除了打印 GUI 的实际视图，一些框架应用程序可以实现可配置的文件机制，让参与者能够生成报告。可以通过结合几个用例或几个设备的打印来生成报告。
例如，可以生成含有一个设备的“在线视图”“审计跟踪”和“在线操作”等的报告，或者可以生成包含 HART 多路复用器及其客户的配置的报告</td></tr>
<tr><td colspan="2">GUI</td><td>框架应用程序</td></tr>
<tr><td colspan="2">设备连接</td><td>取决于报告的类型</td></tr>
<tr><td colspan="2">用户等级、用户标记</td><td>打印的信息可能取决于用户等级和用户标记</td></tr>
<tr><td colspan="2">用例</td><td>资产管理</td></tr>
<tr><td colspan="2">简介</td><td>框架应用程序提供了资产管理机制</td></tr>
<tr><td colspan="2">GUI</td><td>支持资产管理功能的组件必须提供能胜任的 GUI
(DTM applicationId:AssetManagement)</td></tr>
<tr><td colspan="2">设备连接</td><td>不需要</td></tr>
<tr><td rowspan="3">用户等级</td><td>Observer</td><td rowspan="3">仅用于查看的访问</td></tr>
<tr><td>Expert</td></tr>
<tr><td>Engineer</td></tr>
</table>

操作用例

操作用例可供“Expert”参与者使用（见图 A.3）。

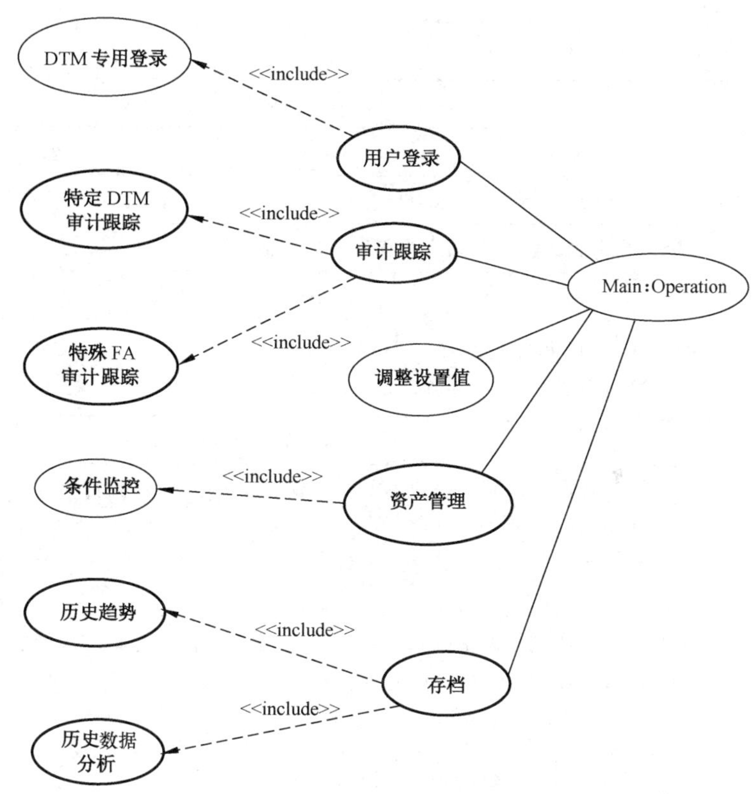

图 A.3 操作用例

表 A.3 提供了操作用例的描述。

表 A.3 操作用例

<table>
<tr><td colspan="2">用例</td><td>用户登录</td></tr>
<tr><td colspan="2">简介</td><td>特定的参与者登录到框架应用程序中。如果验证失败,此参与者只能作为“Observer”</td></tr>
<tr><td colspan="2">GUI</td><td>框架应用程序的一部分</td></tr>
<tr><td colspan="2">设备连接</td><td>不建立</td></tr>
<tr><td rowspan="3">用户等级</td><td>Observer</td><td>取决于框架应用程序</td></tr>
<tr><td>Expert</td><td rowspan="2">可访问</td></tr>
<tr><td>Engineer</td></tr>
<tr><td colspan="2">用例</td><td>DTM 特定的登录</td></tr>
<tr><td colspan="2">简介</td><td>访问特定信息,如生产厂家代码,更改日志等</td></tr>
<tr><td colspan="2">GUI</td><td>DTM 的一部分</td></tr>
<tr><td colspan="2">设备连接</td><td>通常需要一个已建立的连接</td></tr>
<tr><td colspan="2">用例</td><td>审计跟踪</td></tr>
<tr><td colspan="2">简介</td><td>使参与者能够查看和删除审计跟踪数据的用例</td></tr>
<tr><td colspan="2">GUI</td><td>支持审计跟踪的组件必须提供能胜任的 GUI</td></tr>
<tr><td colspan="2">设备连接</td><td>没必要连接</td></tr>
</table>

表 A.3（续）

用例		审计跟踪
用户等级	Observer	不能访问
	Expert	仅查看访问
	Engineer	查看、导出和删除。框架应用程序可以限制访问
包括的用例		DTM 特定的审计跟踪
简介		每一个 DTM 可能提供对自身的审计跟踪。 (DTM applicationId:AuditTrail)
包括的用例		FA 特定的审计跟踪
简介		框架应用程序可以使用内部数据和通过审计跟踪服务从 DTM 导出的 DTM 属性，实现系统的全局审计跟踪
用例		调整设定值
简介		使参与者能够调整设备(例如，定位器，控制器)的设定值。这可能涉及设备的模式变化[例如，模块模式(mode_blk)的变化或改变设备模式]。 (DTM applicationId:AdjustSetValue)
GUI		支持调整设定值的组件必须提供能胜任的 GUI
设备连接		应有一个已经建立的连接。(调整设定值可能影响设备的数据)
用户等级	Observer	仅可访问查看
	Expert	查看、导出和写入。框架应用程序可以限制访问
	Engineer	查看、导出和写入。框架应用程序可以限制访问
用例		归档
简介		“Archive”用例描述了为查看和数据分析对框架应用程序的访问
GUI		支持归档功能的组件必须提供能胜任的 GUI
设备连接		没有必要
用户等级	Observer	不能访问
	Expert	仅可访问查看
	Engineer	查看、导出和删除。框架应用程序可以限制访问
包括的用例		历史趋势
简介		归档操作可能支持历史数据(例如趋势)的可视化
包括的用例		历史数据分析
简介		一些框架应用程序和 DTM 可能支持扩展操作以分析历史数据

维护用例

维护用例可供参与者“Expert”使用(见图 A.4)。这些用例关注于设备的维护。

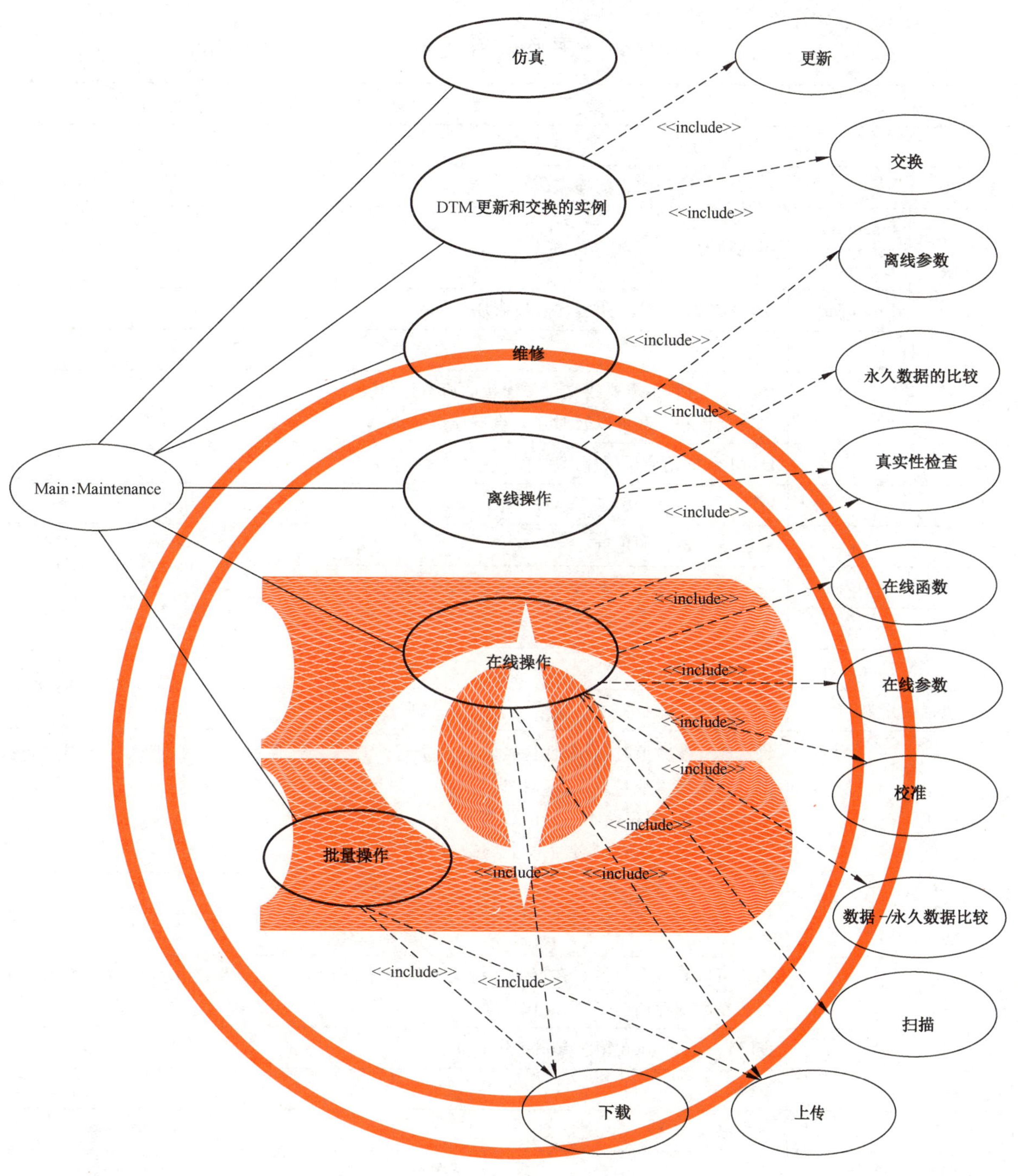

图 A.4 维护用例

表 A.4 描述了维护用例。

表 A.4 维护用例

用例	仿真
简述	此用例仿真设备的行为。 因此,参与者可以临时改变设备中的参数,如迫使设备设定一个固定的电流模拟输出
GUI	DTM (application ID:Force)

表 A.4（续）

用例		仿真
打印		DTM 特定的
设备连接		应有一个已经建立的连接
用户等级	Observer	不能访问
	Expert	
	Engineer	可以访问。框架应用程序可以限制访问
用例		离线操作
简述		此用例包括：不需要建立设备连接的所有操作。 只有上传和下载可以暂时建立设备连接
GUI		DTM 和框架应用程序
打印		DTM
设备连接		取决于所包含的用例
用户等级	Observer	不能访问
	Expert	
	Engineer	可以访问
包括的用例		合理性检查
简述		每次改变参数值时，合理性检查将自动执行。只要合理性检查失败，那么该数据将无法保存到数据库或写入设备。根据规则或应用环境可有两个选项： 显示警告后，可存储不一致的数据； 出于安全原因，显示警告后禁止写数据
用户		对高级别的参与者的合理性检查可能会更宽容
包括的用例		离线参数化
简述		用户可以修改参数值。在存储为持久数据后更改只会影响框架应用程序数据库中的数据。在数据存储前，数据应作为瞬态数据
GUI		DTM (application Id：OfflineParameterize)
打印		DTM
设备连接		没有必要连接
包括的用例		持久性数据的比较
简述		允许用户将离线参数集与其他实例的参数集、设备默认或项目默认的参数集进行比较。 该数据集可以是可编辑的，而且数据可以从一个数据集转移到另一个数据集
GUI		DTM (application Id：OfflineCompare)
打印		可由 DTM 支持
设备连接		没有必要
用例		设备维修
简述		此用例代表将进行修理或更换设备的操作 例如：当设备重新安装时，框架应用程序支持设备临时参数的删除，然后自动进行参数化下载

表 A.4（续）

<table>
<tr><td colspan="2">用例</td><td>设备维修</td></tr>
<tr><td rowspan="3">用户等级</td><td>Observer</td><td rowspan="2">不能访问</td></tr>
<tr><td>Expert</td></tr>
<tr><td>Engineer</td><td>可以访问</td></tr>
<tr><td colspan="2">用例</td><td>DTM 实例升级和替换</td></tr>
<tr><td colspan="2">简述</td><td>此用例代表要进行 DTM 升级或替换的操作。当新 DTM 与以前的 DTM 不同时，使用升级或替换。
新 DTM 的数据格式可以兼容（升级）或不兼容（替换）以前的 DTM 数据格式</td></tr>
<tr><td rowspan="3">用户等级</td><td>Observer</td><td rowspan="2">不能访问</td></tr>
<tr><td>Expert</td></tr>
<tr><td>Engineer</td><td>可以访问</td></tr>
<tr><td colspan="2">包括的用例</td><td>更换</td></tr>
<tr><td colspan="2">简述</td><td>在和数据集格式不兼容时，此用例代表要进行的更换 DTM 操作</td></tr>
<tr><td colspan="2">包括的用例</td><td>升级</td></tr>
<tr><td colspan="2">简述</td><td>在数据集格式兼容时，此用例代表要进行的升级 DTM 操作</td></tr>
<tr><td colspan="2">用例</td><td>在线操作</td></tr>
<tr><td colspan="2">简述</td><td>此用例包括直接对设备执行的所有操作</td></tr>
<tr><td colspan="2">GUI</td><td>DTM 特定的</td></tr>
<tr><td colspan="2">打印</td><td>DTM 特定的</td></tr>
<tr><td colspan="2">设备连接</td><td>连接或断开</td></tr>
<tr><td rowspan="3">用户等级</td><td>Observer</td><td rowspan="2">不能访问</td></tr>
<tr><td>Expert</td></tr>
<tr><td>Engineer</td><td>可以访问</td></tr>
<tr><td colspan="2">包括的用例</td><td>在线功能</td></tr>
<tr><td colspan="2">简述</td><td>此用例提供所有的规程，包括直接与设备通信。该用例可能包括简单规程，如复位，但也可能包括几个步骤较复杂的规程，如示教</td></tr>
<tr><td colspan="2">包括的用例</td><td>在线参数化</td></tr>
<tr><td colspan="2">简述</td><td>在此用例开始时，从设备中读取所有的参数，并在 GUI（图形界面）向用户显示。在该 GUI 中，用户可以改变参数，这取决于用户等级。如果改变的参数是已验证状态，该设备将被立即更新。
(DTM applicationId：OnlineParameterize)</td></tr>
<tr><td colspan="2">包括的用例</td><td>设备/持久性数据的比较</td></tr>
<tr><td colspan="2">简述</td><td>该用例为用户提供持久性数据与设备数据比较的可能性。
在这两个数据源之间，用户可以编辑和复制数据。
(DTM applicationId：OnlineCompare)</td></tr>
</table>

表 A.4（续）

<table>
<tr><td colspan="2">包括的用例</td><td>校准</td></tr>
<tr><td colspan="2">简述</td><td>该用例调用校准规程来对如压力变送器输入或输出电流进行调整。
(DTM applicationId:Calibration)</td></tr>
<tr><td colspan="2">包括的用例</td><td>合理性检查</td></tr>
<tr><td colspan="2">简述</td><td>每当设备参数和配置数据发生变化时，将自动进行合理性检查。只要合理性检查失败，数据就不能写入设备</td></tr>
<tr><td colspan="2">UserLevel,UserFlag</td><td>对高级别的参与者，合理性检查可能会更宽容</td></tr>
<tr><td colspan="2">包括的用例</td><td>上传</td></tr>
<tr><td colspan="2">简述</td><td>从设备读取全部参数集到 DTM 的实例数据中。之后，该数据可以存储在框架应用程序的数据库中。
当实例或设备中的数据变化时，DTM 可能需要做上传来同步该数据。
参数的上传列表不改变，它仍然是由供应商指定。在上传或下载期间，DTM 忽略“IsChangeEnabled”标志，并不改变它</td></tr>
<tr><td colspan="2">GUI</td><td>如果框架应用程序支持一组设备的上传和下载，该框架应用程序可能提供 GUI，以更好控制上传过程</td></tr>
<tr><td colspan="2">打印</td><td>不支持</td></tr>
<tr><td colspan="2">设备连接</td><td>需要临时连接</td></tr>
<tr><td colspan="2">包括的用例</td><td>下载</td></tr>
<tr><td colspan="2">简述</td><td>将 DTM 的实例数据全部参数集写入设备</td></tr>
<tr><td colspan="2">GUI</td><td>如果框架应用程序支持一组设备的上传和下载，框架应用程序可能提供 GUI，以更好控制下载过程。
当实例或设备中的数据变化时，该 DTM 可能需要做下载来同步数据。
参数的下载列表不改变，它仍然由供应商指定。在上传或下载期间，DTM 忽略“IsChangeEnabled”标志并不改变它</td></tr>
<tr><td colspan="2">打印</td><td>不支持</td></tr>
<tr><td colspan="2">设备连接</td><td>需要临时连接</td></tr>
<tr><td colspan="2">用例</td><td>批量操作</td></tr>
<tr><td colspan="2">简述</td><td>此用例表示在某操作（例如上传和下载，参数调整或报告生成）中处理一组设备的可能性</td></tr>
<tr><td colspan="2">GUI</td><td>框架应用程序</td></tr>
<tr><td colspan="2">打印</td><td>不支持</td></tr>
<tr><td colspan="2">设备连接</td><td>需要连接</td></tr>
<tr><td rowspan="3">用户等级</td><td>Observer</td><td rowspan="2">不能访问</td></tr>
<tr><td>Expert</td></tr>
<tr><td>Engineer</td><td>可以访问</td></tr>
<tr><td colspan="2">包括的用例</td><td>上传</td></tr>
<tr><td colspan="2">简述</td><td>从一组设备读取全部参数到框架应用程序数据库中</td></tr>
<tr><td colspan="2">包括的用例</td><td>下载</td></tr>
<tr><td colspan="2">简述</td><td>将框架应用程序数据库中的全部参数写入一组设备</td></tr>
</table>

规划用例

参与者“Engineer”(见图 A.5)可以使用规划用例。这些用例着重于系统拓扑的规划和管理。

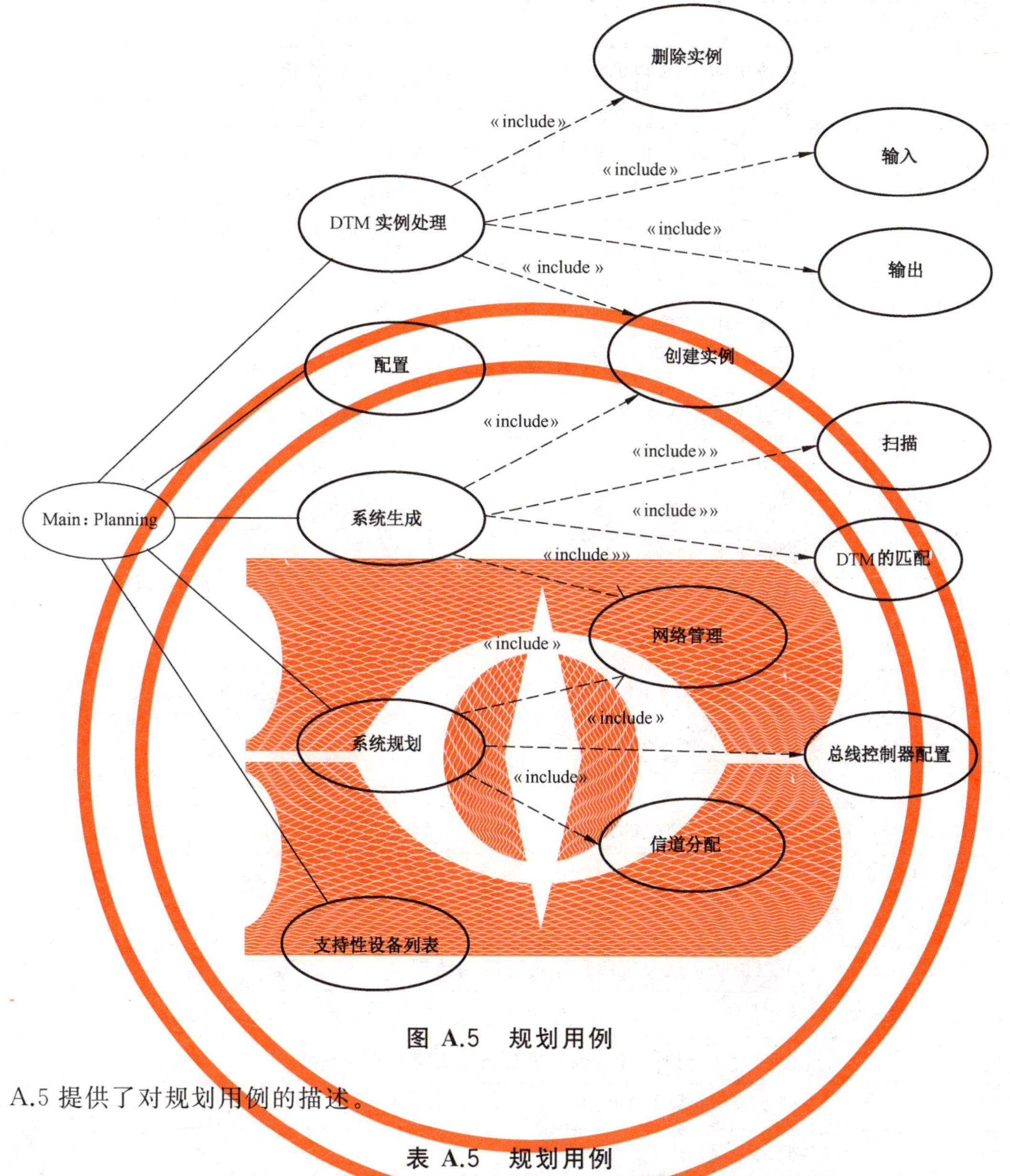

图 A.5 规划用例

表 A.5 提供了对规划用例的描述。

表 A.5 规划用例

用例		DTM 实例处理
简述		在该用例中,“Engineer”可以处理(例如,实例化、导入、导出、删除)框架应用程序中的设备实例
GUI		框架应用程序和 DTM
打印		不支持
设备连接		不需要连接
用户等级	Observer	不能访问
	Expert	
	Engineer	可以访问。框架应用程序可能限制访问

表 A.5（续）

<table>
<tr><td colspan="2">包含的用例</td><td>创建实例</td></tr>
<tr><td colspan="2">简述</td><td>在该用例中，可以创建新的设备实例并放置在工程中。
在新设备实例创建之后，应实例化该设备的参数集。这个动作由 DTM 执行</td></tr>
<tr><td colspan="2">GUI</td><td>框架应用程序和 DTM(如果它支持设备的默认选择)</td></tr>
<tr><td colspan="2">包含的用例</td><td>导入</td></tr>
<tr><td colspan="2">简述</td><td>可从数据库(例如，临时数据库)导入数据，也可以通过从已实例化并已验证的设备复制参数集，来实例化参数集</td></tr>
<tr><td colspan="2">GUI</td><td>框架应用程序</td></tr>
<tr><td colspan="2">包含的用例</td><td>导出</td></tr>
<tr><td colspan="2">简述</td><td>可以导出设备实例数据，以便把数据从一个设备实例复制到另一个</td></tr>
<tr><td colspan="2">GUI</td><td>框架应用程序</td></tr>
<tr><td colspan="2">包含的用例</td><td>删除实例</td></tr>
<tr><td colspan="2">简述</td><td>设备实例的删除</td></tr>
<tr><td colspan="2">GUI</td><td>框架应用程序</td></tr>
<tr><td colspan="2">用例</td><td>设备配置</td></tr>
<tr><td colspan="2">简述</td><td>在该用例中，允许“Engineer”参与者对复杂设备进行配置(可能包括模块的配置)</td></tr>
<tr><td colspan="2">GUI</td><td>DTM (DTM applicationId:Configuration)</td></tr>
<tr><td colspan="2">打印</td><td>可以支持</td></tr>
<tr><td colspan="2">设备连接</td><td>不应具有已建立的连接</td></tr>
<tr><td rowspan="3">用户等级</td><td>Observer</td><td rowspan="2">不能访问</td></tr>
<tr><td>Expert</td></tr>
<tr><td>Engineer</td><td>可以访问。框架应用程序可能限制访问</td></tr>
<tr><td colspan="2">用例</td><td>系统生成</td></tr>
<tr><td colspan="2">简述</td><td>该用例基于扫描结果执行所有拓扑创建的必要活动</td></tr>
<tr><td colspan="2">GUI</td><td>框架应用程序和 DTM</td></tr>
<tr><td colspan="2">打印</td><td>框架应用程序和 DTM</td></tr>
<tr><td colspan="2">设备连接</td><td>不需要</td></tr>
<tr><td rowspan="3">用户等级</td><td>Observer</td><td rowspan="2">不能访问</td></tr>
<tr><td>Expert</td></tr>
<tr><td>Engineer</td><td>可以访问。框架应用程序可能限制访问</td></tr>
<tr><td colspan="2">包含的用例</td><td>扫描</td></tr>
<tr><td colspan="2">简述</td><td>使用通道对象的扫描服务检索出可用设备的列表。该通道对象可由 DTM 或框架应用程序提供</td></tr>
<tr><td colspan="2">GUI</td><td>框架应用程序可提供用于代表设备列表的 GUI</td></tr>
<tr><td colspan="2">打印</td><td>不支持</td></tr>
<tr><td colspan="2">设备连接</td><td>需要临时的连接(该通道应能够在线访问)</td></tr>
</table>

表 A.5（续）

包含的用例		网络管理
简述		用于网络管理的用例，包括不同 FDT 对象（例如，通信 DTM 和设备 DTM）之间的活动。 相关的活动有地址设置或设备标识信息的设置等。 通信 DTM 可以提供管理网络的功能。（通信 DTM applicationId:NetworkManagement）
包含的用例		DTM 匹配
简述		该用例用于找到与扫描用例检索信息最匹配的 DTM
包含的用例		创建实例
简述		在该用例中，可以创建新的设备实例并放入项目中。 在新设备实例创建之后，要实例化该设备参数集。由 DTM 执行该操作
GUI		框架应用程序和 DTM（如果它支持设备的默认选择）
用例		系统规划
简述		该用例执行所有拓扑信息编辑的必要操作
GUI		框架应用程序和 DTM
打印		框架应用程序和 DTM
设备连接		无需连接
用户等级	Observer	不能访问
	Expert	
	Engineer	可以访问。框架应用程序可能限制访问
包含的用例		网络管理
简述		用例用于网络管理目的，例如，作为通信 DTM 的功能，地址设置。 （DTM applicationId:NetworkManagement）
包含的用例		总线主站配置
简述		用例用于配置总线主站 DTM
包含的用例		通道分配
简述		用例用于编辑 FDT 通道的分配。 该用例包括把设备 I/O 值分配到 DCS 或 SPS 程序中的变量，和更改 DTM（框架标签，标记为已用）中的 IO-SignalInformation
用例		支持的设备列表
简述		在该用例中，可以查看和编辑项目中所有支持设备的列表。 “Engineer”参与者能从列表中选择设备，创建新的设备实例
GUI		框架应用程序
打印		不支持
设备连接		不连接
用户等	Observer	不能访问
	Expert	
	Engineer	可以访问。框架应用程序可能限制访问

主要操作

这个用例是相应用户级别可用的所有用例的组合。它允许 DTM 提供集成所有功能的简洁的用户界面。这个用例的 DTM applicationId 是:MainOperation。

该 DTM 提供的所有集成功能也像前面的独立功能,可被框架应用程序为单独用例调用。

OEM 服务

"OEM Service"用例可提供对设备功能的扩展访问。OEM Service 用例的实现和功能是 DTM 特定的。

管理

拥有额外管理权限的用户可以使用用例。该管理用例的实现和相关功能是框架应用程序特定的。一般的期望是,这些功能可能包括 DTM 的安装和卸载以及设备目录的管理。

附 录 B
（规范性附录）
FDT 界面定义和数据类型

本部分的界面和数据类型定义，参见下列以不同文件格式提供的单独文档中的“FDT2 Interfaces and Data Types”。

可用的文档格式有：

——PDF：FDT2 Interfaces and Data Types.pdf

——MS Help 1：FDT2 Interfaces and Data Types.chm

——MS Help 3：FDT2 Interfaces and Data Types.mshc

所有这些文件提供相同的内容。

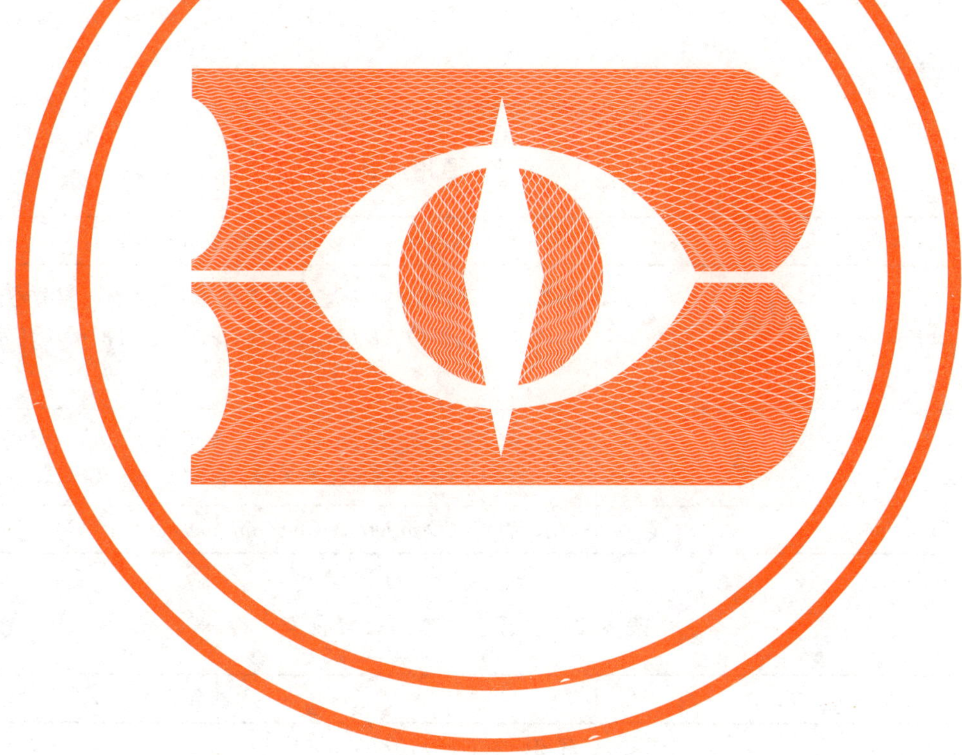

附 录 C
（规范性附录）
服务到接口方法的映射

C.1 概述

本附录描述了 IEC 62453-2:2009 的服务到接口、方法和 XML 信息的映射。

定义的服务实现是可选的还是强制的，在 IEC 62453-2:2009 中并没有定义。在下面的部分将对此作出定义。

IEC 62453-2:2009 没有定义服务实现为同步还是异步调用。如果服务执行可能需要较长时间，这个实现规范（本部分）使用异步模型。这部分为这种服务定义了单独的请求、回调和取消接口/方法。同步服务通过单一接口/方法实现。

C.2 DTM 服务

表 C.1 通用服务

IEC 62453-2 服务	本部分的接口/方法
PrivateDialogEnabled	*无效* *DTM 业务逻辑是不被允许用来打开私有对话框或用户界面的。DTM 业务逻辑应总是用框架应用程序用户界面服务（见 IFrame.Ui 特性）.见 5.9.3*
SetLanguage	*请求/响应：所有用户界面相关功能依赖了 CurrentUICulture 特性，反之，其他文化相关功能使用 CurrentCulture 特性。详见 5.8*
SetSystemGuiLabel	*请求/响应：IDtm.DtmSystemGuiLabel*

表 C.2 关于安装的 DTM 服务

IEC 62453-2	本部分
未定义	*系统中的 DTM 注册见 9.5*
未定义	*检查新的 DTM 安装或更新：见 9.5.2*

表 C.3 关于 DTM 信息的 DTM 服务

IEC 62453-2 服务	本部分的接口/方法
GetTypeInformation	*请求/响应：IDtmInformation.GetDtmInfo* *请求：IDtmInformation.BeginGetSupportedTypes* *响应：IDtmInformation.EndGetSupportedTypes*
GetIdentificationInformation	*请求/响应：IDtmInformation.GetDeviceIdentInfo*

表 C.3（续）

IEC 62453-2 服务	本部分的接口/方法
HardwareInformation	*请求*:*IHardwareInformation.BeginHardwareScan* *响应*:*IHardwareInformation.EndHardwareScan* *取消*:*IHardwareInformation.CancelHardwareScan*
GetActiveTypeInfo	*特性*:*IDtm.ActiveType*

表 C.4　关于 DTM 状态机的 DTM 服务

IEC 62453-2 服务	本部分的接口/方法
Initialize	*请求/响应*:*IDtm.Init IDtm.InitData* *IDtm.BeginConfiguration* *IDtm.EndConfiguration* *IDtm.Run IDtm.LoadData* *见 6.3.2.2*
SetLinked CommunicationChannel	*请求/响应*:*IDtm.EnableCommunication*
EnableCommunication	*请求/响应*:*IDtm.EnableCommunication*
ReleaseLinked CommunicationChannel	*请求/响应*:*IDtm.DisableCommunication*
ClearInstanceData	*请求*:*IDtm.BeginRelease* *响应*:*IDtm.EndRelease*
Terminate	*请求*:*IDtm.BeginRelease* *响应*:*IDtm.EndRelease*

表 C.5　关于功能的 DTM 服务

IEC 62453-2 服务	本部分的接口/方法
GetFunctions	*特性*:*IFunction.FunctionInfo*
InvokeFunction	*请求*:*ICommandFunction.BeginExecute* *响应*:*ICommandFunction.EndExecute*
GetGuiInformation	*特性*:*IFunction.FunctionInfo DtmUiManifest*
OpenPresentation	*请求*:*IDtmUiFunction.BeginInit* *响应*:*IDtmUiFunction.EndInit*
ClosePresentation	*请求*:*IDtmUiFunction.BeginClose* *响应*:*IDtmUiFunctionEndClose*

表 C.6　关于文档的 DTM 服务

IEC 62453-2 服务	本部分的接口/方法
GetDocumentation	*请求*:*IReporting.BeginGenerateReport* *响应*:*IReporting.EndGenerateReport* *取消*:*IReporting.CancelGenerateReport*

表 C.7 访问实例数据的 DTM 服务

IEC 62453-2 服务	本部分的接口/方法
InstanceDataInformation	*请求:IInstanceData.BeginGetDataInfo* *响应:IInstanceData.EndGetDataInfo* *事件 IInstanceData.DataInfoChanged* *IInstanceData.DataValueChanged* *IInstanceData.ModifiedInDtmChanged*
InstanceDataRead	*请求:IInstanceData.BeginRead* *响应:IInstanceData.EndRead*
InstanceDataWrite	*请求:IInstanceData.BeginWrite* *响应:IInstanceData.EndWrite*
未定义	*请求:IInstanceCustomConfiguration.BeginGetAllDataInfo* *响应:IInstanceCustomConfiguration.EndGetAllDataInfo*
未定义	*请求:IInstanceCustomConfiguration.BeginEnableParameters* *响应:IInstanceCustomConfiguration.EndEnableParameters*

表 C.8 访问诊断的 DTM 服务

IEC 62453-2 服务	本部分的接口/方法
Verify	*请求/响应:无效-DTM 应确保数据集始终是有效的*
CompareDataVaueSet	*请求:IComparison.BeginInstanceDataCompare* *响应:IComparison.EndInstanceDataCompare* *取消:IComparison.CancelInstanceDataCompare*

表 C.9 访问设备数据的 DTM 服务

IEC 62453-2 服务	本部分的接口/方法
DeviceDataInformation	*请求:IDeviceData.BeginGetDataInfo* *响应:IDeviceData.EndGetDataInfo* *取消:IDeviceData.CancelGetDataInfo* *事件 IDeviceData.DataInfoChanged* *IDeviceData.ModifiedInDeviceChanged*
DeviceDataRead	*请求:IDeviceData.BeginRead* *响应:IDeviceData.EndRead* *取消:IDeviceData.CancelRead*
DeviceDataWrite	*请求:IDeviceData.BeginWrite* *响应:IDeviceData.EndWrite* *取消:IDeviceData.CancelWrite*
未定义	*请求:IDeviceCustomConfiguration.BeginGetAllDataInfo* *响应:IDeviceCustomConfiguration.EndGetAllDataInfo*
未定义	*请求:IDeviceCustomConfiguration.BeginEnableParameters* *响应:IDeviceCustomConfiguration.EndEnableParameters*

表 C.10 关于网络管理信息的 DTM 服务

IEC 62453-2 服务	本部分的接口/方法
NetworkManagementInfo Read	请求/响应:INetworkData.GetAddressInfo INetworkData.GetNetworkDataInfo
NetworkManagementInfo Write	请求/响应:INetworkData.SetAddressInfo INetworkData.SetNetworkData

表 C.11 关于在线操作的 DTM 服务

IEC 62453-2 服务	本部分的接口/方法
DeviceStatus	请求:IOnlineOperation.BeginReadDeviceStatus 响应:IOnlineOperation.EndReadDeviceStatus
CompareValueDataSetWith DeviceDataSet	请求:IComparison.BeginDeviceDataCompare 响应:IComparison.EndDeviceDataCompare 取消:IComparison.CancelDeviceDataCompare
WriteDataToDevice	请求:IOnlineOperation.BeginWriteDataToDevice 响应:IOnlineOperation.EndWriteDataToDevice 取消:IOnlineOperation.CancelWriteDataToDevice
ReadDataFromDevice	请求:IOnlineOperation.BeginReadDataFromDevice 响应:IOnlineOperation.EndReadDataFromDevice 取消:IOnlineOperation.CancelReadDataFromDevice

表 C.12 关于 FDT 通道对象的 DTM 服务

IEC 62453-2 服务	本部分的接口/方法
GetChannels	特性:IChannels.CommunicationChannelInfos

表 C.13 关于导入和导出的 DTM 服务

IEC 62453-2 服务	本部分的接口/方法
Export	请求/响应:无效-框架应用程序负责提供服务来导出 DTM 数据集
Import	请求/响应:无效-框架应用程序负责提供服务来导入 DTM 数据集

表 C.14 关于数据同步的 DTM 服务

IEC 62453-2 服务	本部分的接口/方法
OnLockInstanceData	事件:IDataset.TransactionStarted
OnUnlockInstanceData	事件:IDataset.TransactionClosed
OnInstanceDataChanged	事件:IDataset.TransactionCommitted
OnChildInstanceData Changed	事件:IChildDtmEvents.InstanceDataInfoChanged IChildDtmEvents.InstanceDataValueChanged

C.3 表示对象的服务

框架应用程序、表示对象和 DTM 之间的交互和状态控制是技术相关的。GB/T 29618 系列把它留在了特定技术部分(IEC/TR 62453-4z)定义必要的服务。为了 DTM 用户界面的状态控制(如:.NET WinForms 控件或 WPF 控件),本文档定义了下面的接口/方法。

表 C.15 DTM 用户界面状态控制

IEC 62453-2 服务	本部分的接口/方法
未定义	*请求/响应:IDtmUiFunction.Init*
未定义	*请求:IDtmUiFunction.BeginClose* *响应:IDtmUiFunction.EndClose*

C.4 通用通道服务

表 C.16 通用通道服务

IEC 62453-2 服务	本部分的接口/方法
ReadChannelInformation	*特性:IChannels.CommunicationChannelInfos* *IChannels.CommunicationChannels* *事件:IChannels.ChannelsChanged*
WriteChannelInformation	*请求/响应:无效*

C.5 过程通道服务

表 C.17 关于 IO 信息的通道服务

IEC 62453-2 服务	本部分的接口/方法
ReadChannelData	*请求:IProcessData.BeginGetProcessData* *响应:IProcessData.EndGetProcessData* *请求:IProcessImage.BeginGetProcessImageInfo* *响应:IProcessImage.EndGetProcessImageInfo* *取消:IProcessImage.CancelGetProcessImageInfo* *特性:IProcessImage.BusMasterInfo* *事件:IProcessData.ProcessDataChanged* *IProcessImage.ProcessImageChanged*
WriteChannelData	*请求/响应:IProcessData.SetIOSignalInfo* *IProcessImage.SetIOSignalInfo*

C.6 通信通道服务

表 C.18 关于通信的通道服务

IEC 62453-2 服务	本部分的接口/方法
GetSupportedProtocols	*特性:ICommunicationChannel.SupportedProtocols*
Connect	*请求:ICommunication.BeginConnect* *响应:ICommunication.EndConnect* *取消:ICommunication.CancelConnect*
Disconnect	*请求:ICommunication.BeginDisconnect* *响应:ICommunication.EndDisconnect*
AbortRequest	*请求:ICommunication.BeginDisconnect* *响应:ICommunication.EndDisconnect*
AbortIndication	*回调:abort callback passed in BeginConnect*
Transaction	*请求:ICommunication.BeginCommunicationRequest* *响应:ICommunication.EndCommunicationRequest* *取消:ICommunication.CancelCommunicationRequest*
SequenceDefine	*请求/响应:无效*
SequenceStart	*请求/响应:无效*

表 C.19 关于子拓扑管理的通道服务

IEC 62453-2 服务	本部分的接口/方法
ValidateAddChild	*请求:ISubTopology.BeginValidateAddChild* *响应:ISubTopology.EndValidateAddChild*
ChildAdded	*请求:ISubTopology.BeginChildAdded* *响应:ISubTopology.EndChildAdded*
ValidateRemoveChild	*请求:ISubTopology.BeginValidateRemoveChild* *响应:ISubTopology.EndValidateRemoveChild*
ChildRemoved	*请求:ISubTopology.BeginChildRemoved* *响应:ISubTopology.EndChildRemoved*
SetChildrenAddresses	*请求:ISubTopology.BeginSetChildrenAddresses* *响应:ISubTopology.EndSetChildrenAddresses*

表 C.20 关于功能的通道服务

IEC 62453-2 服务	本部分的接口/方法
GetFunctions	*没有映射定义*
GetGuiInformation	*没有映射定义*

表 C.21 关于扫描的通道服务

IEC 62453-2 服务	本部分的接口/方法
Scan	*请求:IScanning.BeginScanRequest* *响应:IScanning.EndScanRequest* *取消:IScanning.CancelScanRequest*

C.7 框架应用程序服务

表 C.22 关于通用事件的 FA 服务

IEC 62453-2 服务	本部分的接口/方法
OnErrorMessage	*请求/响应:ITrace.TraceEvent IFrameUi.ShowMessageBox* 注:ITrace 应被用于报告错误。IFrameUi 可以在消息框中显示用户消息
OnProgress	*请求/响应:IFrameUi.ShowProgress* *IProgressUi.UpdateProgress* 注:具体的进度信息由多个异步操作提供
OnOnlineStatusChanged	*事件:IDtm.OnlineStateChanged*
OnFunctionChanged	*事件:IFunction.FunctionsChanged*

表 C.23 关于拓扑管理的 FA 服务

IEC 62453-2 服务	本部分的接口/方法
GetDtmInfoList	*请求/响应:ITopology.GetDtmInfoList*
CreateChild	*请求:ITopology.BeginAddChild* *响应:ITopology.EndAddChild*
DeleteChild	*请求:ITopology.BeginRemoveChild* *响应:ITopology.EndRemoveChild*
MoveChild	*请求:ITopology.BeginMoveChild* *响应:ITopology.EndMoveChild*
GetChildNodes	*请求/响应:ITopology.GetChildNodes*
GetParentNodes	*请求/响应:ITopology.GetParentNodes*
未定义	*请求/响应:ITopology.GetSiblingNodes*
GetDtm	*请求:ITopology.BeginGetDtm* *响应:ITopology.EndGetDtm*
ReleaseDtm	*请求/响应:IDtmProxy.Dispose*

表 C.24 关于冗余的 FA 服务

IEC 62453-2 服务	本部分的接口/方法
OnAddedRedundantChild	*没有映射定义*
OnRemovedRedundantChild	*没有映射定义*

表 C.25 关于 DTM 数据存储的 FA 服务

IEC 62453-2 服务	本部分的接口/方法
LoadInstanceData	*请求/响应:IDataSubset.ReadData*
SaveInstanceData	*请求/响应:IDatSubset.WriteData*
GetPrivateDtmStorageInfo	*请求/响应:IDataset.BulkData* 注:没有私有存储路径。实例特定私有数据应被存储在数据集的 BulkData 部分

表 C.26 关于 DTM 数据同步的 FA 服务

IEC 62453-2 服务	本部分的接口/方法
LockInstanceData	*请求/响应:IDataset.StartTransaction*
UnlockInstanceData	*请求/响应:IDataset.CloseTransaction*
InstanceDataChanged	*请求/响应:IDataset.CommitTransaction*

表 C.27 关于表示的 FA 服务

IEC 62453-2 服务	本部分的接口/方法
OpenPresentationRequest	*请求:IFrameUi.BeginOpenDtmUi* *响应:IFrameUi.EndOpenDtmUi*
ClosePresentationRequest	*请求:BeginCloseDtmUi* *响应:EndCloseDtmUi*
UserDialog	*请求:IFrameUi.BeginOpenDtmUiModal* *响应:IFrameUi.EndOpenDtmUiModal*

表 C.28 关于审计跟踪的 FA 服务

IEC 62453-2 服务	本部分的接口/方法
RecordAuditTrailEvent	*请求/响应:IAuditTrail.Notify*

附 录 D
（规范性附录）
FDT 版本互操作性指南

D.1 综述

FDT 是基于组件的标准，经常升级为新的改良版本。相反，典型的控制系统环境能运行 10 年～15 年。如果必须更换控制系统内的硬件或软件组件，可能会出现不同 FDT 版本的混合组件。

这可能引起基于不同版本组件的互操作问题。本附录进一步讨论这个问题，并提供解决方案。

D.2 概述

本附录主要处理有关 FDT 版本互操作的两个最终用户需求。

永久性：用户要求 FDT 组件（框架应用程序和 DTM）的新版本应能够加载旧版本项目数据；

组件互操作：用户要求不同 FDT 版本的组件应能正确地互操作。更新 FDT 版本的 DTM 应能运行在旧框架应用程序中，反之亦然。即使设备 DTM 和通信 DTM 的 FDT 版本不同，也要求能够进行通信。

对将来 FDT 升级的限定条件是确保不同 FDT 版本的最大兼容性。这将导致最初为不同 FDT 版本设计的 FDT 组件具有最大的互操作性。

FDT 在两个不同层次上关注版本的互操作性。

- 规范层次：FDT 规范致力于使不同规范发布保持完全兼容（如，新发布版本的机制与旧版本的兼容）。正确设计的 FDT 组件不需额外的实现就能达到兼容性；
- 实现层次：FDT 提供测试工具来检查 FDT 组件的 FDT 一致性。尽管在此提到，但它并不属于本标准的范围。

FDT 版本由主、次、发布和构建号组成。例如，1.2.0.3 中 1 为主号，2 为次号，0 为发布号，3 为构建号。兼容性的定义对于不同主版本号稍有不同，如下：

- 具有相同主版本号的 FDT 组件之间的兼容性由规范来确定。
- 具有不同 FDT 次号、发布号和构建号的 FDT 组件之间的兼容性可以通过额外代码路径获得。FDT 将提供所需的信息和机制来支持这个层次上的完全兼容性。如果有新功能，根据其重要性，添加到 FDT 规范中，增加次号或发布号。如果在规范或类型库中必须进行缺陷修复，则增加构建号。

D.3 组件的互操作性

表 D.1 给出了框架应用程序和 DTM 组件的互操作。

表 D.1 不同版本组件之间的互操作性

行/列		1	2	3	4
		Frame Application, FDT version 1.2	Frame Application, FDT version 1.X	Frame Application, FDT version 2.0	Frame Application, FDT version 2.x
1	DTM, FDT version 1.2	√	√	√+)	√+)
2	DTM, FDT version 1.2.1	√	√	√+)	√+)
3	DTM, FDT version 2.0	O	O	√	√
4	DTM, FDT version 2.x	O	O	√	√

注：
O——可选的；
√——确定的；
+）对于本部分，框架应用程序提供向后兼容性是强制性的（见附录 E）。

不管次版本如何，FDT 规范确保相同主版本的 DTM 和框架应用程序能够互操作，如，FDT 1.2 版与 FDT 1.2.1 版本兼容。在这种情况下，可能不提供更高 FDT 版本中定义的其他功能。

如果主版本号改变，该情形是不同的：

具有较高主版本的 DTM（与框架应用程序相比）可能不能运行于版本较低的框架应用程序中。在这种情况下，互操作是可选的。为了运行在旧框架应用程序中，DTM 需要按照框架应用程序提供的 FDT 版本运行。

具有较高主版本的框架应用程序（与 DTM 相比）可拒绝与较低主版本的 DTM 一起工作。如果没有其他定义，这种情况下的互操作是可选的。为了与旧 DTM 一起工作，框架应用程序需要提供两种接口集（见“设计规则”部分）。在这种情形下，对于 DTM（旧版本号，旧 XML 模式）框架应用程序要像老版本一样运行。

FDT2 提供了一种概念，允许 FDT2 框架应用程序集成 1.2.x DTM（见附录 E）。

为了确保框架应用程序只探测已安装 DTM 的兼容性，对于每个 FDT 主版本，将在相应的 FDT 规范中定义单独的分类标识。这确保了框架应用程序能探测特定 FDT 主版本的已安装的 DTM。

因为在 FDT2.0 中从 COM 到.NET 的技术变动，FDT1.2.x-DTM 和本部分 DTM 的识别在概念上是不同的（协议特定转换的安装和注册见 E.5）。

附 录 E
（规范性附录）
FDT1.2.x/本部分的向后兼容

E.1 综述

FDT已经被很多公司采用。在现场总线中应用广泛。大量投资用于创建基于标准FDT1.2.x(见：[1][2][5])的DTM。对这些DTM的支持需要在本部分中持续很长一段时间。因为不是所有供应商都会把他们的DTM迁移到本部分中。

因此，本部分的框架应用程序应该具有集成FDT1.2.x DTM的能力。为了提供对FDT1.2.x DTM(见E.2和E.3)的向后兼容性，本部分的框架应用程序应使用本附录描述的方法之一。

在本部分中定义的接口是基于Microsoft.NET Framework(见5.1)的，因此，它们与基于Microsoft COM/ActiveX技术的FDT1.2.x接口是不兼容的。

从技术角度看，向后兼容意味着本部分的框架应用程序需要支持FDT1.2.x COM和ActiveX接口，以便允许同时使用FDT1.2.x的和本部分的DTM。

E.2 平行FDT拓扑

一个可能的方法是支持FDT1.2.xDTM和本部分DTM的平行拓扑。

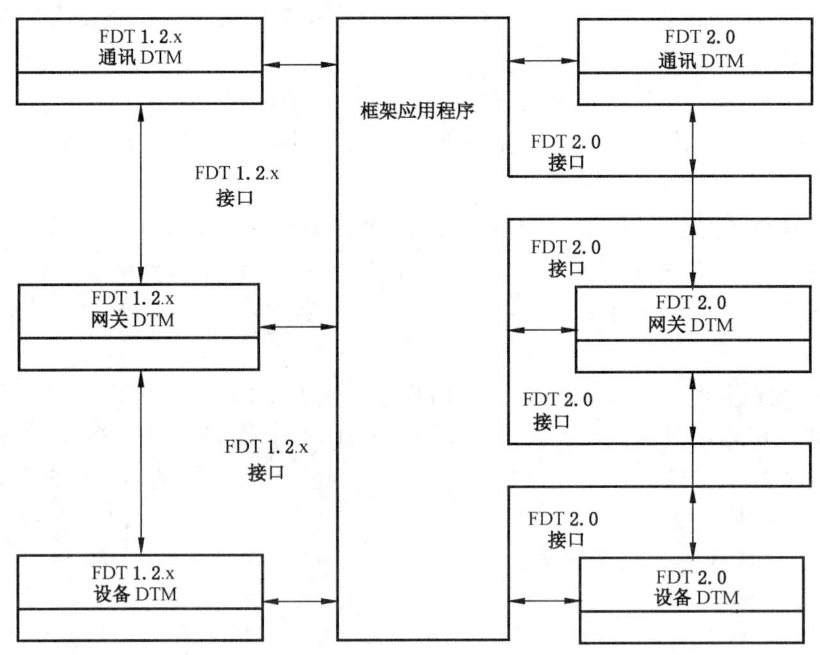

图E.1 示例：向后兼容FDT1.2.x的本部分框架应用程序

图E.1给出了一个框架应用程序的示例，其DTM分别在FDT1.2.x拓扑(左)中和本部分拓扑(右)中。显示了完整DTM的简化图。图中的每一DTM代表了DTM组件的集合。

使用这种方案，FDT1.2.x DTM和本部分DTM之间可能没有直接的交互。**注意**，在FDT1.2.x拓扑中的 DTM 可能会通过 FDT1.2.x(或私有的)接口直接进行交互。这种概念与本部分拓扑中的 DTM 是不同的。本部分拓扑中的 DTM 只通过框架应用程序进行交互(见 5.6)。

FDT1.2 DTM 可使用 COM 技术,也可使用.NET 技术来实现。基于.NET 技术实现 DTM 见[31]。

E.3 混合 FDT 拓扑

一些 DTM 提供商可能会把现存的 FDT1.2.x DTM 迁移到本部分中,也可能会提供全新的 DTM。然而,其他提供商可能会在很长一段时间内仍然提供 FDT1.2.x DTM。因此,本部分框架应用程序需要支持混合 FDT1.2.x/本部分拓扑,例如,包含 FDT1.2.x 设备 DTM、本部分通信 DTM 和本部分网关 DTM 的 FDT 拓扑(见图 E.2)。

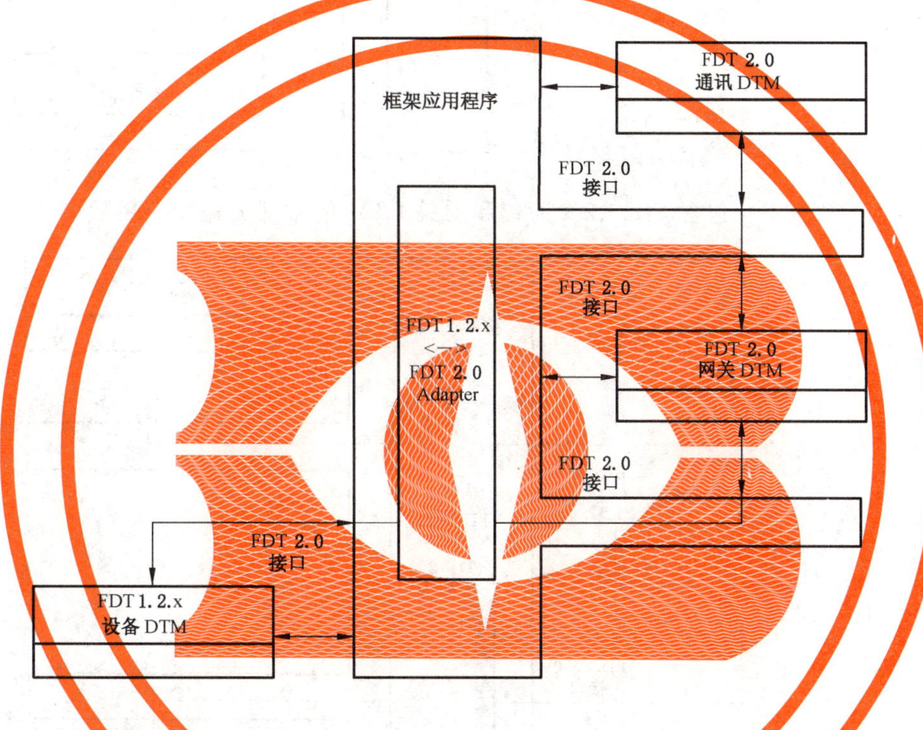

图 E.2 包含 FDT1.2.x 设备 DTM 的本部分框架应用程序

只要这些 DTM 只与框架应用程序进行交互,就不需要特殊措施。如果 FDT1.2.x DTM 和本部分 DTM 之间要进行交互,就需要转换 FDT1.2.x 和本部分之间的调用。框架应用程序必须为这个任务提供适配器。这些适配器的实现是框架应用程序特定的。它将收到的 FDT1.2.x COM 接口调用转换为相应的本部分的.NET 接口调用,反之亦然。适配器还必须把 FDT1.2.x XML 参数转换为相应的本部分的数据类型实例,反之亦然。为此目的,FDT 组织在本规范和协议特定的附录规范中提供了转换器类(见 5.5.11)。

为了向后兼容,应支持 FDT1.2.x 和本部分 DTM 之间在 FDT 拓扑上的任何混合。如图 E.2,图 E.3 和图 E.4 所示。

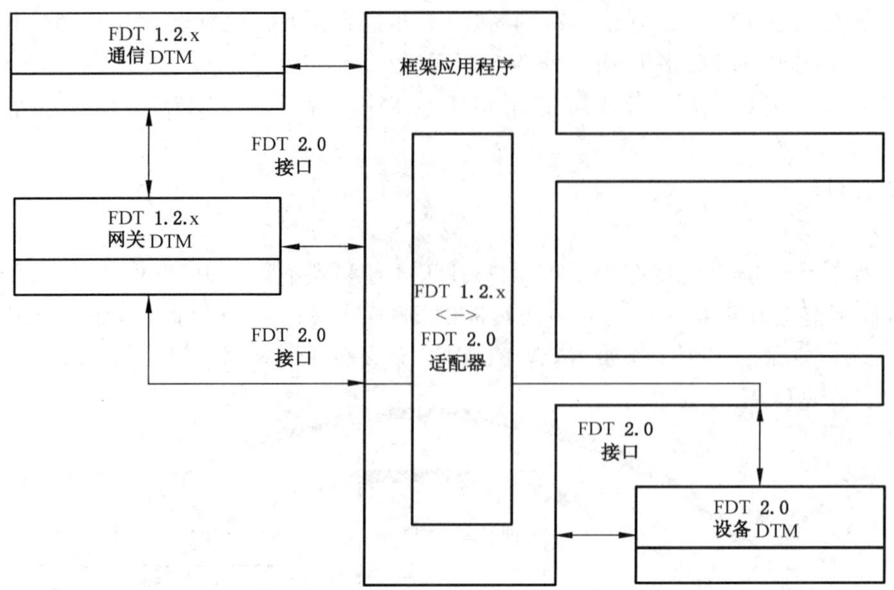

图 E.3 包含 FDT1.2.x 通信和网关 DTM 的本部分框架应用程序

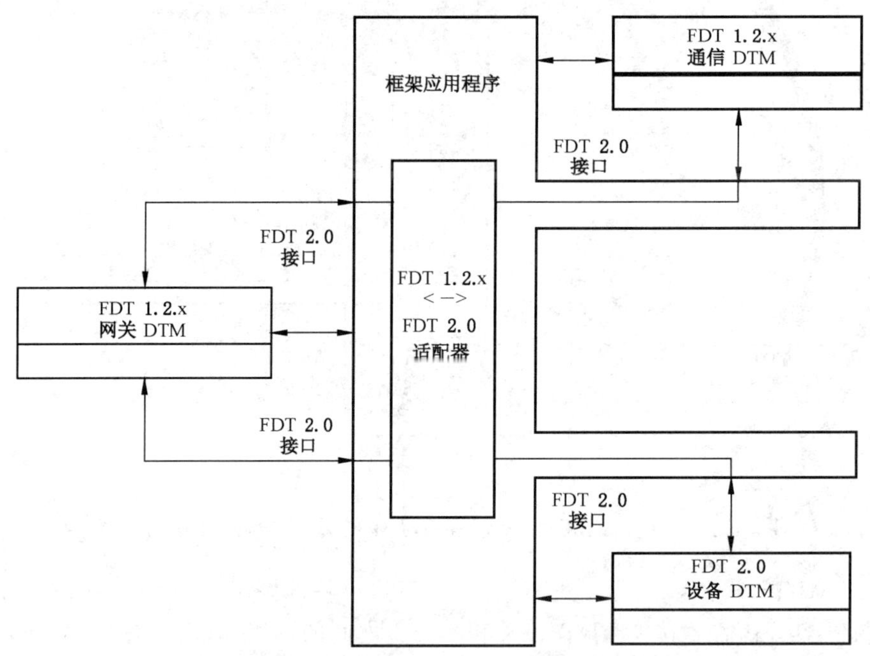

图 E.4 包含 FDT1.2.x 网关 DTM 的本部分框架应用程序

对于混合拓扑支持的唯一例外是,DTM 使用私有的交互机制,这不在 FDT 的范围之内。这种类型的 DTM 应该与 FDT1.2.x 在一起或者将其一同迁移到本部分中。

注:FDT1.2.x 允许 DTM 之间的私有接口,例如私有通信接口。这通常用于来自于同一提供商的复合 DTM 及其模块 DTM。本部分不支持 DTM 之间的私有接口,但是,支持在 ICommunication 接口上发送提供商特定消息的私有交互。框架应用程序不能提供这类 DTM 之间交互的适配器。

有三种支持 FDT1.2.x 和本部分 DTM 之间交互转换的情况:

- 在上面的 FDT 拓扑中,一个 DTM 和它关联的父通信通道之间的通信请求和响应;
- 在 FDT 拓扑中,DTM 为其子 DTM 执行地址/网络信息的读和写;
- 在 FDT 拓扑 DTM 中,为了配置现场总线主站,通过子 DTM 对 IO 信号信息的访问。

框架应用程序不需要支持所有可能的 DTM 交互。如:为了实现特定功能,父 DTM 可能会查询子

DTM 的功能(见 4.4.7)或它的 DTM 信息。因为在 FDT 中没有清晰地定义那些时序,所以在 FDT1.2/本部分的互操作场景中并不支持它们。

E.4 FDT1.2.x/本部分的适配器

在一个混合拓扑中,有必要处理 FDT1.2.x 和本部分 DTM 之间的交互。这些交互应由特定的 FDT1.2.x/本部分的适配器实现。FDT1.2.x 接口和 XML 参数不能被简单地映射到相应的本部分接口或.NET 数据类型,因此,适配器必须执行以下的任务:

- 参数和返回值的转换
  包括从本部分数据类型到 FDT1.2.x XML 文档之间的转换,反之亦然。这些操作由称之为转换器来完成,在 E.5 部分描述。
  如:FDT1.2.x 参数文档的设备标签被映射到本部分中的 SystemGuiLabel。
- 调用顺序的适应和控制
  调用顺序的控制包括调用的同步(如:工作线程的处理)和多源数据的选择或融合。如:一个 FDT1.2.x DTM 参数文档包含必须从不同本部分接口获得的数据。
- 线程的适应
  FDT1.2 (COM)和本部分的线程概念是不同的。框架应用程序应保证使用 FDT2 DTM 和框架应用程序之间的线程规则(见 5.7.2 部分)。
- 错误处理的适应
  当错误从本部分对象传递到 FDT1.2 对象时,需要捕捉本部分异常并转换为合适的 FDT1.2 返回值(一般是 False 或一个空串)。相反,当错误从 FDT1.2 传递到本部分时,应产生合适的异常。
  因为在 FDT1.2 中没有与 CancelConnect()等效的方法,如果一个 FDT2 子 DTM 为一个 FDT1.2 父 DTM 调用 CancelConnect(),在本部分中,框架应用程序特定适配器应抛出一个 FdtCancelFailedException 异常。
- 接口覆盖
  适配器至少需要覆盖下面 DTM 业务逻辑和通信通道对象之间的接口关系(见表 E.1)。

表 E.1 适配器接口映射

FDT1.2.x 接口	映射的本部分接口
Fdt100::IDtmParameter	Fdt.Dtm.IDtm Fdt.Dtm.IDtmInformation Fdt.Dtm.DataAccess.IInstanceData Fdt.Dtm.DataAccess.IDeviceData Fdt.Dtm.IO.IProcessData Fdt.Dtm.Channels.IChannels Fdt.Dtm.Network.INetworkData
Fdt100::IFdtChannel	Fdt.Dtm.IO.IProcessData Fdt.Dtm.Channels.IChannels
Fdt100::IDtmChannel	Fdt.Dtm.IO.IProcessData Fdt.Dtm.Channels.IChannels
Fdt100::IFdtCommunication Fdt100::IFdtCommunicationEvents Fdt100::IFdtCommunicationEvents2	Fdt.Communication.ICommunication

E.5 FDT1.2.x XML/本部分数据类型转换器

概述

FDT1.2.x XML/本部分数据类型转换器是 FDT 组织为每一 FDT 协议附录提供的.NET 程序集中实现.NET 类。

转换器是与本规范或特定协议附录规范一起提供的。并且,可以存在为供应商特定协议提供商特定转换器类。

转换器应用于 FDT1.2.x XML 文档与本部分数据类型之间的转换,反之亦然。

程序集 Fdt.Transformers.dll 包含用于协议无关数据类型转换的类。这个程序集与其他标准 FDT.NET 程序集一起安装在全局程序集缓存中(见 5.1)。协议或供应商特定的转换器类是在如同协议一样命名的程序集中实现,如:Fdt.Transformers.〈Protocol〉.dll。它们的安装和注册与特定协议数据类型类似(详见 5.4.1)。这使得框架应用程序能够动态地加载和使用它们,而无需拥有任何协议特定的逻辑。

不同的转换器类提供单独的属性集,包括本部分的数据类型和 FDT1.2.x 的 XML 文档。从 FDT1.2.x XML 到本部分数据类型的转换是通过设置 XML 文档属性以及读取所需本部分数据类型属性来实现的。为了从本部分数据类型中获取 FDT1.2.x XML,需首先设置相应的数据类型,然后查询 XML 文档的属性。

当访问转换器属性时,转换操作中的可恢复错误(如:模式违规)不都通过抛出 FdtXmlTransformationException 来报告。为了报告警告,转换器可连接到框架应用程序的 ITrace 服务。典型的警告是用安全的默认值替换丢失的可选值。

转换器处理下面的 FDT1.2.x 模式:

- DTMParameterSchema (协议特定的)
  抽象的转换器基类:Fdt.Transformers.DtmParameterSchemaTransformer。
  限制:如果定义在相应的协议附录中,则只支持 ExportedVariables。不支持在设备类型信息中的图标和图像。应用于处理总线信息和内部拓扑信息的更多协议特定的限制,在相应的 FDT 协议附录中描述。
- FDTxxxCommunicationSchema(特定协议,xxx 指协议名字)
  抽象的转换器基类:Fdt.Transformers.FdtCommunicationSchemaTransformer。
  限制:不支持通信序列。其他特定协议限制条件也许会在相应的 FDT 协议附录中描述。
- FDTBasicChannelParameterSchema(协议无关的),FDTxxxChannelParameterSchema(协议特定的,xxx 指协议名字)
  抽象的转换器基类:Fdt.Transformers.FdtChannelParameterSchemaTransformer。
  限制:协议特定的限制也可能在相应的 FDT 协议附录中描述。
- DTMProtocolsSchema(协议无关的)
  抽象的转换器基类:Fdt.Transformers.DtmProtocolsSchemaTransformer。
  限制条件:无。

本部分数据类型到 FDT1.2.x XDR 架构元素的详细映射描述在本部分协议附录中。这包括对转换限制条件和不能被映射元素或属性处理的定义。不可映射元素或属性的一般处理策略是忽略它们(它们是可选项的情况下)或者提供安全的默认值。

一些转换器操作暗含关联的创建,这种关联由不同类型的转换器实例或适配器代理对象进行分解。如:从 FDT 1.2 子 DTM 到 FDT 2.0 父 DTM 传递的图标定义,应该转换到反映图标路径的 GUID。为了降低任务的复杂性,不支持这种转换器。

E.5.1 协议特定转换器的安装与注册

在特定程序集(与数据类型程序集分开)中提供了协议特定的转换器。

安装和注册包含协议和供应商特定转换器类的程序集，与安装协议特定数据类型相似(见 5.1)。

在 Protocol 文件夹(详见 9.2.1)中，为每个协议存储了一个名为 *.transformer.manifest 的清单文件。这里通配符“*”表示相应协议的 FDT1.2.x GUID。

转换器清单文件包含关于转换器程序集的名字和位置信息。这个清单文件通过类 Fdt.Transformers.TransformerManifest 的 DataContract-Serialization 进行读或写。

这个类在 FDT 核心程序集中定义，核心程序集还包含抽象转换器的定义。

如果需要一个转换器，在检查清单文件之后可加载合适的程序集。转换器程序集配备特定属性 Fdt.Transformers.TransformerTypeAttribute。该属性定义了创建所需转换器对象的类型信息。

与协议无关的转换器程序集总是由框架应用程序安装。该程序集为所有支持的 FDT 转换器和机制作了抽象的(与协议无关)定义，以便寻找与创建转换器对象。

一旦安装了相应的协议程序集，就在系统中安装了协议相关的转换器。这是由相关的 DTM 安装完成的。

注：FDT1.2.x 没有覆盖的新协议不需要提供转换器对象。

E.5.2 使用转换器在 FDT2 和 FDT1.2 组件之间进行交互

下面的序列图[用到的方法：ICommunication.BeginCommunicationRequest()/ICommunication.EndCommunicationRequest()，图 E.5]显示了如何使用转换器实现 FDT2 和 FDT1.x 版本的 FDT 组件之间的交互。

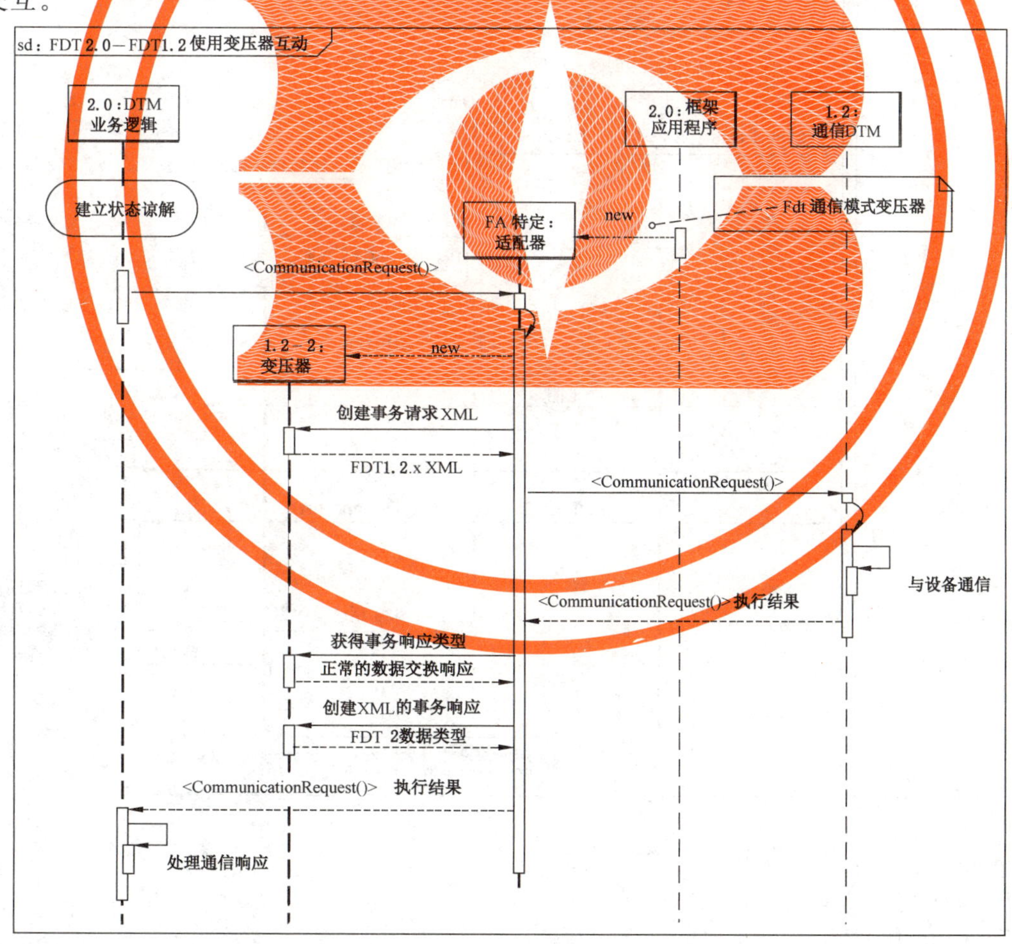

用到的方法：

ICommunication.BeginCommunicationRequest()/ICommunication.EndCommunicationRequest()

图 E.5 本部分—FDT1.2 使用转换器进行交互

E.6 向后兼容相关的序列

E.6.1 从 FDT1.x DTM 到 FDT2.x DTM 的数据集迁移

强烈建议框架应用程序支持从1.2.x拓扑中的DTM实例到2.x DTM的DTM数据迁移。图E.6给出了这项功能的一个示例。

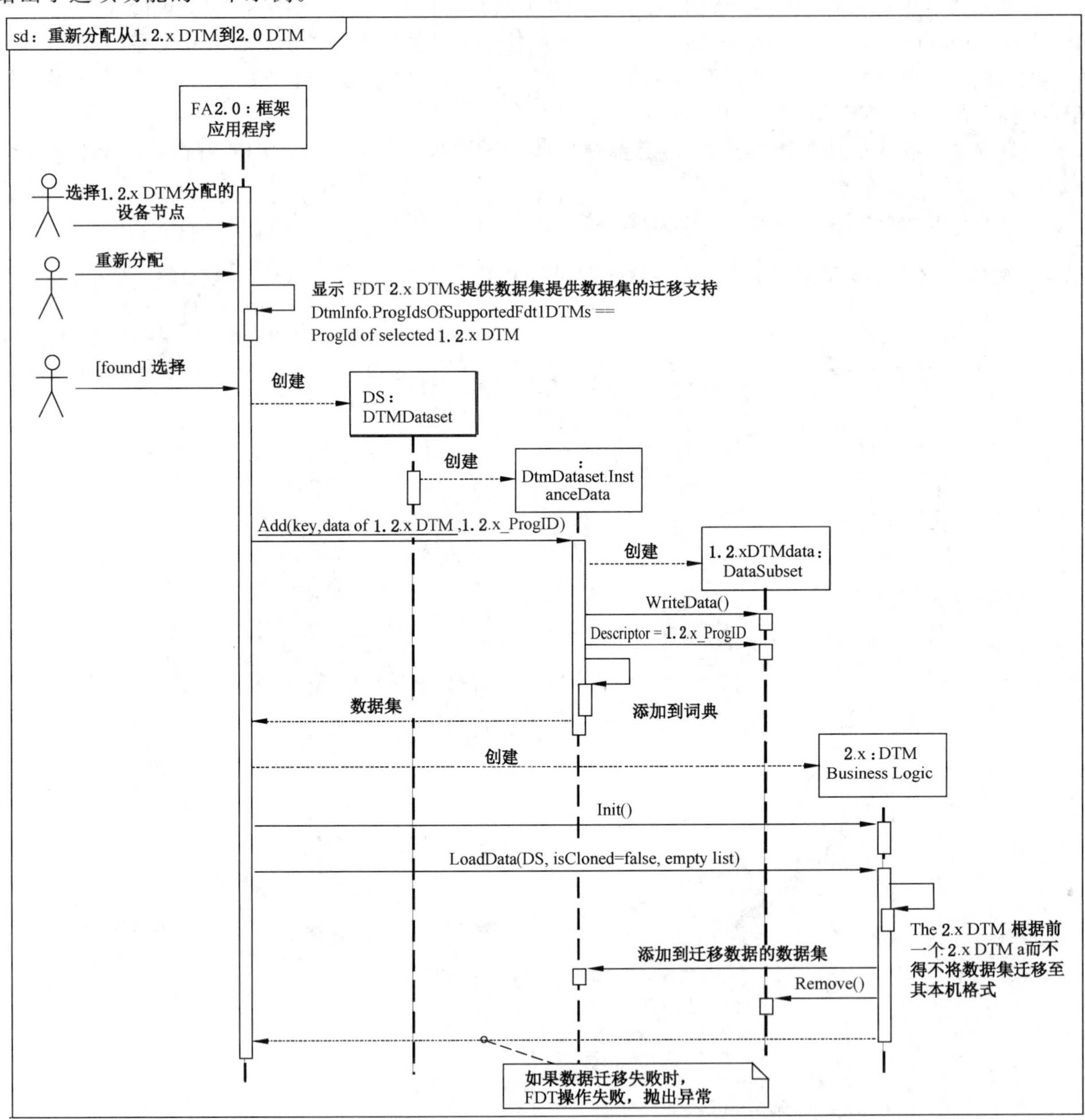

用到的方法：

IDtm.Init()

IDtm.InitData()

IDtm.LoadData()

TypeInfo.DatasetFormats.ProgIdsOfSupportedFdt1DTMs

图 E.6 从 FDT1.x DTM 到 FDT2.x DTM 的数据集迁移

如果DTM中数据迁移失败，框架应用程序应该通知用户另一个选择：向拓扑中增加FDT2.x DTM作为一个新的设备节点，并在新DTM实例中配置通信以及从设备中加载数据。如果上载成功，就可以从拓扑中移除FDT1.2.x DTM。

注：DTM DD解释器可能取决于被解释设备描述的可用性以迁移数据。在这种情况下，DTM应提供满足先决条件的信息(例外情况下)。如：安装驱动xxx以及重复进行迁移。

附 录 F
（资料性附录）
实 现 提 示

F.1 一般建议

开发者需要注意同步的问题，最好知道哪些部分需要同步。

F.2 IAsyncResult 模式

在实现 IAsyncResult 模式时，需遵循以下规则：

BeginOperationName

BeginOperationName 方法开始 OperationName 异步操作，并返回一个实现 IAsyncResult 接口的对象。IAsyncResult 对象存储关于异步操作的信息。

BeginOperationName 方法接受通过值或引用传递的所有参数。任何输出参数都不是 BeginOperationName 方法签名的一部分。BeginOperationName 方法签名也括两个额外的参数。第一个参数定义了一个 AsyncCallback 委托，这个委托引用了一个当异步操作结束时调用的方法。如果调用者不想在异步操作结束时调用这个方法，可以将其指定为 null（在 Visual Basic 中为 Nothing）。第二个额外参数是一个用户定义的对象。可以使用这个对象将特定应用程序的状态信息传递给异步操作结束时调用的方法。如果 BeginOperationName 方法接收额外特定操作的参数，如一个存储从文件中读出的字节的字节数组，那么 AsyncCallback 和应用程序状态对象就是 BeginOperationName 方法签名中最后的参数。

BeginOperationName 立即将控制返回给调用线程。如果 BeginOperationName 方法抛出异常，那么异常将会在异步操作开始之前抛出。如果 BeginOperationName 方法抛出异常，就不会调用回调函数。

EndOperationName

EndOperationName 方法结束异步操作 OperationName 并返回操作结果。EndOperationName 方法的返回值是异步操作特定的。例如，CloseTransaction（IAsyncResult）方法返回一个带有请求事务的结果的数组 TransactionResponse[]。EndOperationName 方法接收任何在方法同步版本的签名中的输出或引用参数。除此之外，EndOperationName 方法还包括一个 IAsyncResult 参数。调用者将把相应调用返回的实例传递给 BeginOperationName。

当调用 EndOperationName 方法时，如果 IAsyncResult 对象代表的异步操作还没有完成，那么 EndOperationName 将阻塞这个调用进程，直到异步操作完成。在异步操作过程中发生的异常会从 EndOperationName 方法中抛出。相同 IAsyncResult 多次调用 EndOperationName 方法的作用没有定义。同样，以不是由相关 Begin 方法返回的 IAsyncResult 调用 EndOperationName 方法也没有作定义。

对于未定义的情况，方法应抛出 InvalidOperationException 异常。

这种设计模式的实现者应通过设置 IsCompleted（）为真通知异步操作完成，调用异步回调方法（如果已指定）并通知 AsyncWaitHandle（）。

Asynchronous Completed callback

在 BeginOperationName 方法调用中可提供异步回调函数委托 Completed（）（由客户端实现）。当操作完成时，被调用的对象应该通过设置 IsCompleted（）为'true'通知调用者、调用异步回调函数（如果不是特定的)和给 AsyncWaitHandle()签名以完成异步操作。

F.3 线程的最佳实践

考虑以下指南[20]:

——不要使用 ThreadAbort()终止其他线程。在其他线程上调用 Abort 与在那个线程中抛出异常类似,将不会知道线程在它的进程中已经执行到了哪个点。

——不要使用 ThreadSuspend()和 ThreadResume()同步多个线程的活动。应使用 Mutex,ManualResetEvent,AutoResetEvent 和 Monitor。

——不要从你的主程序控制工作线程执行(比如通过事件)。相反,设计程序时应该使工作线程等待,直到工作可用时才运行它,并且当完成时通知程序的其他部分。如果工作线程没有阻塞,考虑使用线程池线程。在工作线程阻塞的情况下,MonitorPulseAll(对象)很有用。

——不要使用类型作为锁对象。也就是说,在 C# 中避免如 lock[typeof(X)]这样的代码或在 Visual Basic 中避免如 SyncLock[GetType(X)]这样的代码,或者避免与 Type 对象一起使用 MonitorEnter(对象)。对于一个给定的类型,每一个应用程序域只有一个 Type 实例。如果加锁的类型是公有的,只有代码而不是自己才能给它加锁,会导致死锁。其他问题见可靠性最佳实践。

——当给实例加锁时使用警告。例如:在 C# 中的 lock(this)或在 Visual Basic 中的 SyncLock(Me)。如果是在应用程序中的其他代码,外部类型给对象加锁,那么将发生死锁。

——保证已经进入监视器的线程总能够离开监视器,即使当线程还处于监视器中时发生了异常。C# 的加锁声明和 Visual Basic 的 SyncLock 声明自动提供这个行为,使用最终阻塞以保证调用 MonitorExit(对象)。如果不能保证调用 Exit,考虑改变使用 Mutex 的设计。当目前拥有互斥量的线程终止,自动释放互斥量。

——为请求不同资源的任务使用多个线程,并避免给单个资源分配多个线程。例如,任何包含 I/O 的任务会因拥有自己的线程而受益,因为 I/O 操作时线程会阻塞并因此允许其他线程运行。用户输入是另一类可以从一个专用线程中获利的资源。在一个单处理器计算机上,包含密集计算的任务与用户输入和包含 I/O 的任务共存,但是多个密集计算任务之间相互争用。

——考虑为简单的状态改变使用联锁类方法,而不是用加锁声明(Visual Basic 中的 SyncLock)。一般来说加锁声明是一个好的通用工具,但是联锁类为原子的更新提供了更好的性能。在内部,如果没有争用,它运行一个单锁前缀。

附 录 G
（资料性附录）
商 标 名 称

以下的商标名称在本文档中使用。

FDT®是 FDT 国际组织的注册商标。

HART®是 HART 通信基金会提供的产品的商品名。此信息是为了方便本文档的用户，并不构成 FDT 国际组织对产品命名的认可。等效产品也可以使用，如果它们可以被证明导致相同的结果。

ActiveX®是由微软公司(雷德蒙，美国)提供的产品的商品名。此信息是为了方便本文档的用户，并不构成 FDT 非营利国际组织对产品命名的认可。等效产品也可以使用，如果它们可以被证明导致相同的结果。

Microsoft®是微软公司(雷德蒙，USA)的注册商标名。此信息是为了方便本文档的用户，并不构成 FDT 非营利国际组织对产品命名的认可。等效产品也可以使用，如果它们可以被证明导致相同的结果。

微软 Windows®是微软公司(雷德蒙，USA)提供的一种产品的商品名。此信息是为了方便本文档的用户，并不构成 FDT 非营利国际组织对产品命名的认可。等效产品也可以使用，如果它们可以被证明导致相同的结果。

MSDN®是由微软公司(雷德蒙，美国)提供的产品的商品名。此信息是为了方便本文档的用户，并不构成 FDT 非营利国际组织对产品命名的认可。等效产品也可以使用，如果它们可以被证明导致相同的结果。

Visual Basic®是由微软公司(雷德蒙，美国)提供的产品的商品名。此信息是为了方便本文档的用户，并不构成 FDT 非营利国际组织对产品命名的认可。等效产品也可以使用，如果它们可以被证明导致相同的结果。

VC++®是由微软公司(雷德蒙，USA)提供的一种产品的商品名。此信息是为了方便本文档的用户，并不构成 FDT 非营利国际组织对产品命名的认可。等效产品也可以使用，如果它们可以被证明导致相同的结果。

.NET®是由微软公司(雷德蒙，USA)提供的一种产品的商品名。此信息是为了方便本文档的用户，并不构成 FDT 非营利国际组织对产品命名的认可。等效产品也可以使用，如果它们可以被证明导致相同的结果。

微软的 Authenticode®是微软公司(雷德蒙，美国)提供的产品商标。此信息是为了方便本文档的用户，并不构成 FDT 非营利国际组织对产品命名的认可。等效产品也可以使用，如果它们可以被证明导致相同的结果。

附 录 H
（资料性附录）
UML 符号

H.1 概述

注释包含人们阅读 UML 图（或模型）的信息。注释提供额外的上下文来帮助解释图中看不出来的细节。（见图 H.1）

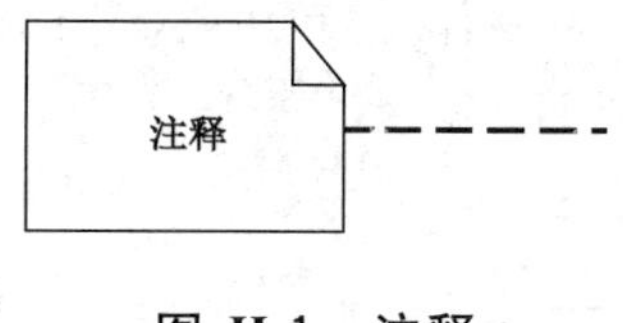

图 H.1 注释

H.2 类图

类图是 UML 规范的方法之一。在本规范的类图中使用的 UML 元素解释如下。

类

是一组共享相同的属性、操作、方法、关系和语义的对象的描述（见图 H.2）。

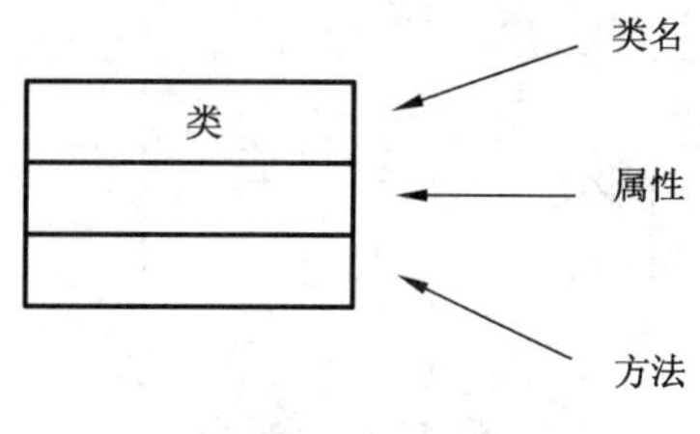

图 H.2 类

抽象类

是不能直接实例化，只能用于特定目的的一类。如果一个类没有实例，那么它是抽象的。一个抽象类，仅用于其他类继承。抽象类用斜体的类名表示。

关联

是指定实例之间的连接的两个或多个分类器之间的语义关系。（见图 H.3）。

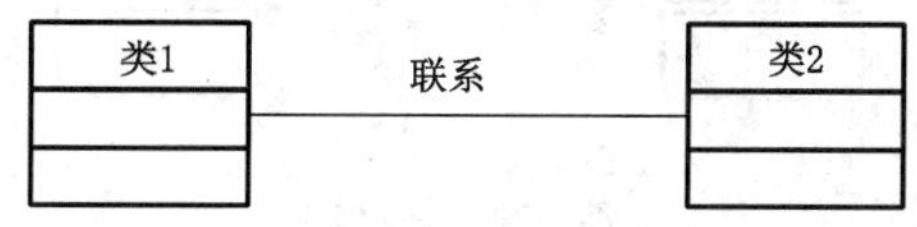

图 H.3 关联

关联一端的箭头表示该关联仅可在一个方向上可导航。不可导航的端以关联端一个小的 x 表示。（见图 H.4）

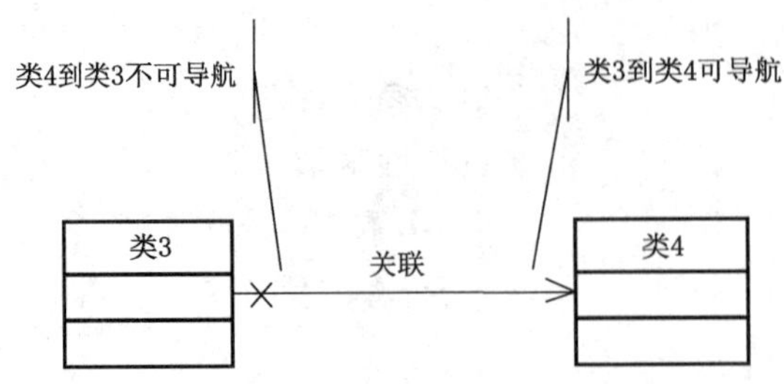

图 H.4 可导航关联

组合

是对称关联的一种形式，它指定组合(整体)类和从属(多个部分)类之间的整体与部分的关系，在组合中，删除整体也就删除了部分。(见图 H.5)

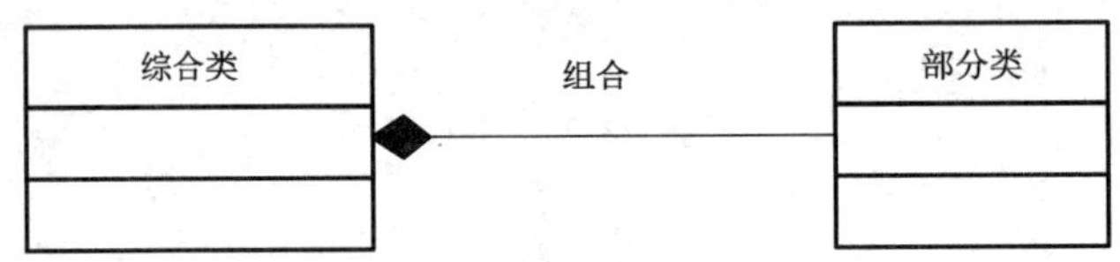

图 H.5 组合

聚合

是不对称关联的一种形式，它指定聚合(整体)类和从属(部分)类之间的整体与部分的关系。(见图 H.6)

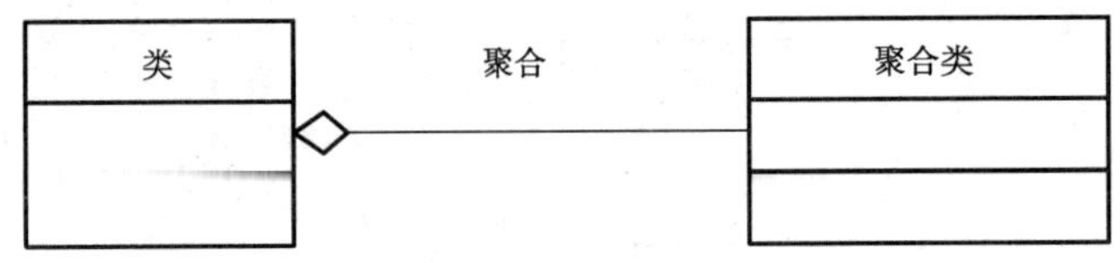

图 H.6 聚合

依赖

是关联的一种形式，它指定两个类之间的依赖关系。箭头可以被用来指示一个不对称的依赖性。(见图 H.7)

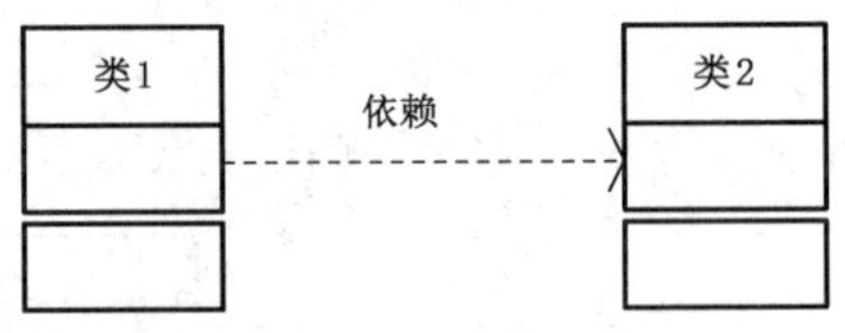

图 H.7 依赖

关联类

为关联提供额外的信息，例如，在关联上的属性或在关联上的操作。关联类可以用来解释如何管理一个关联(见图 H.8)

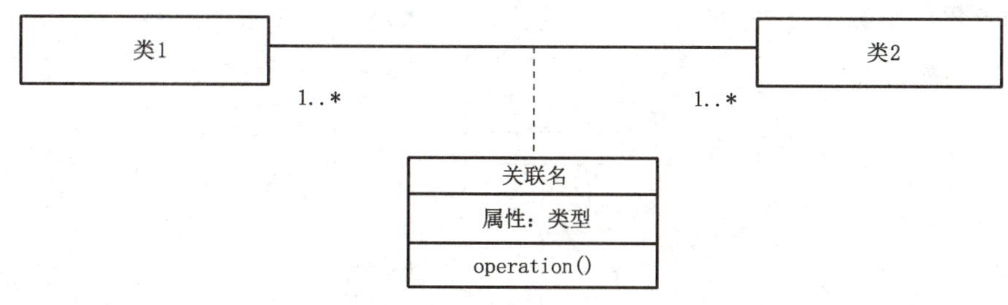

图 H.8 关联类

泛化

是一个更通用的元素和一个更具体的元素之间的分类关系。这个更具体的元素是与所述的第一个元素完全一致并且还增加了额外信息的元素。它用于类、包、用例和其他元素。该结构也被用来描述继承。(见图 H.9)

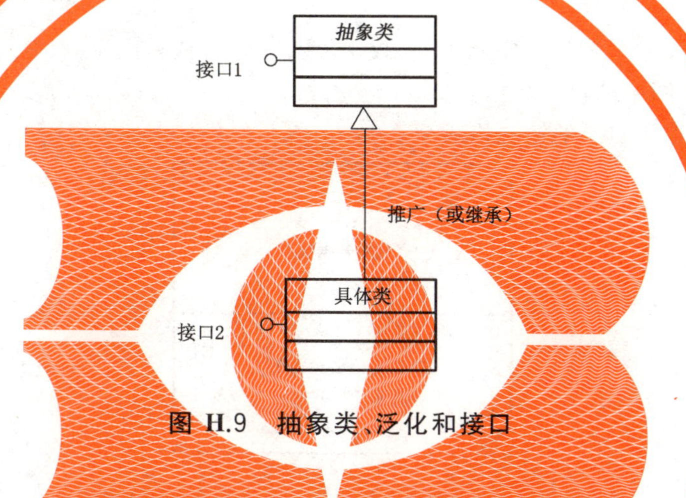

图 H.9 抽象类、泛化和接口

接口

是用来方便打包和再利用的方法(方法签名)和常量集合的一种机制。接口可以是只包含方法签名的一个抽象类,也可以包含常量。方法没有底层实现。从本质上讲,接口是一种实现标准封装的方法和常量的承诺。一个接口可以由一个抽象类继承,也可以由一个可以实现一个接口的具体类继承。在图 H.9 中,具体类实现了接口 1(继承与抽象类)以及接口 2。图 H.10 显示了与接口相关的附加符号。有两种不同的符号来表示一个类实现一个接口(类 1 实现接口 2),并且有一种符号表示一个类正在访问一个接口(类 2 访问接口 3 的方法)。

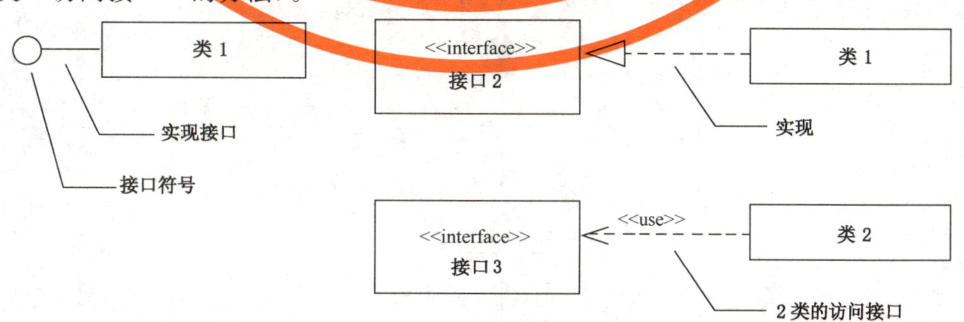

图 H.10 接口相关的符号

多重性

多重性规范显示为一个包含逗号分隔的整数间隔序列的文本字符串(见图 H.11),其中的间隔代表一个(可能是无限的)整数范围,格式为:下界..上界。其中下界和上界是整数值的文字,指定闭合(包含)范围下界到上界的整数。此外,星号(＊)可用于上界,表示一个无限的上限。

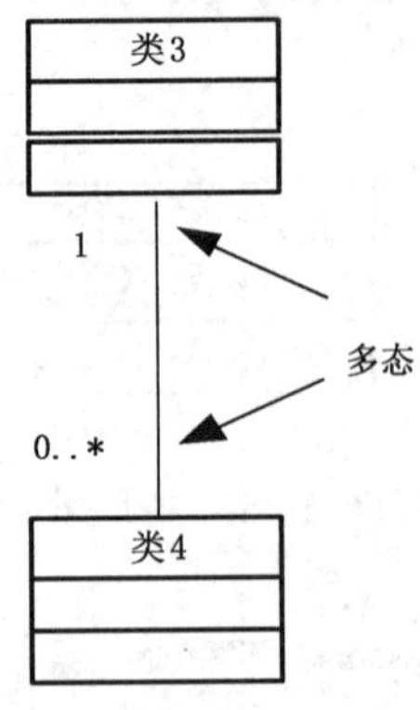

图 H.11 多重性

枚举类

一种类,作为枚举文字的容器。举例来说,枚举'颜色'包含枚举文字'红''绿'和'蓝'。本部分使用枚举类来表示在 UML 图中的枚举数据类型。

枚举文字如下图(图 H.12)的第二格所示。

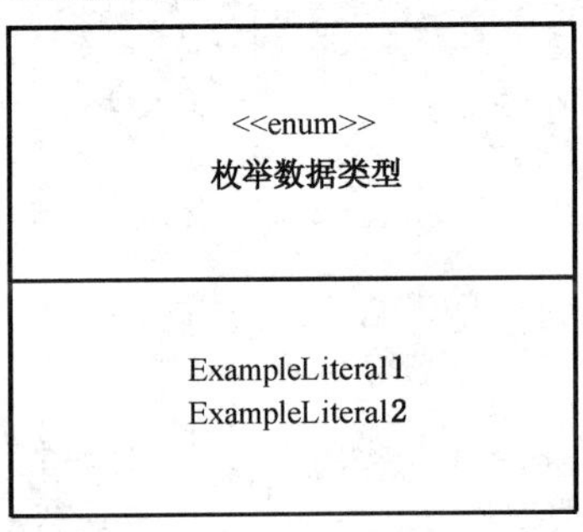

图 H.12 枚举数据类型

H.3 状态图

状态图是表示状态机的图。在状态机图中,状态和各种其他类型的顶点(伪状态)由适当的状态和伪状态符号呈现,而转换通常是由它们相互连接的有向弧呈现(参见图 H.13)。

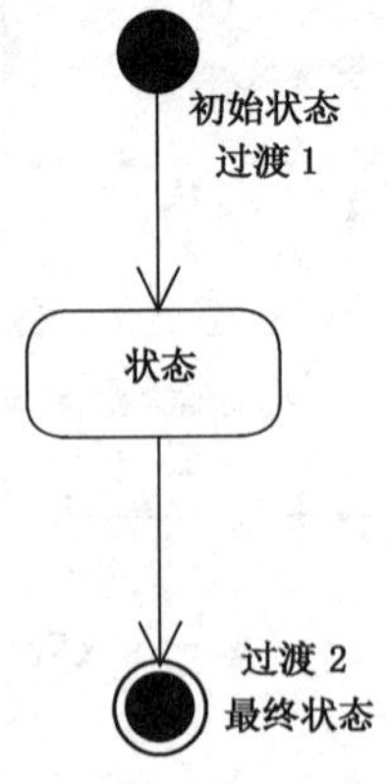

图 H.13 UML 状态图的元素

状态显示为带圆角的矩形。可选,它可能有一个名称选项卡。

初始状态(伪状态)显示为一个小的固体实心圆。

最终状态显示为一个包围小实心填充圆(靶心)的圆。

组合(超)状态显示为带圆角的矩形,内含两个小椭圆形(见图 H.14)。这种状态是由一组通过转换连接的子状态组成。作为一种替代语法,超级状态显示为包含代表子状态矩形的圆角矩形。

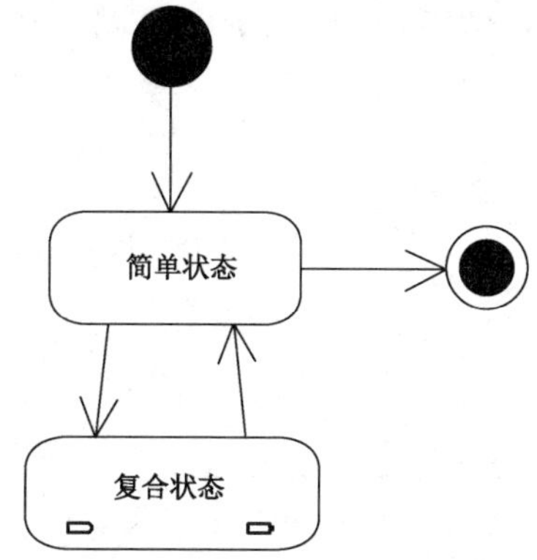

图 H.14 UML 状态图的例子

H.4 用例图

用例图是用于指定一个系统要求的用法的类图(参见图 H.15)。它包含参与者、用例和它们的关系。下面的图显示了在本规范中的 UML 语法。

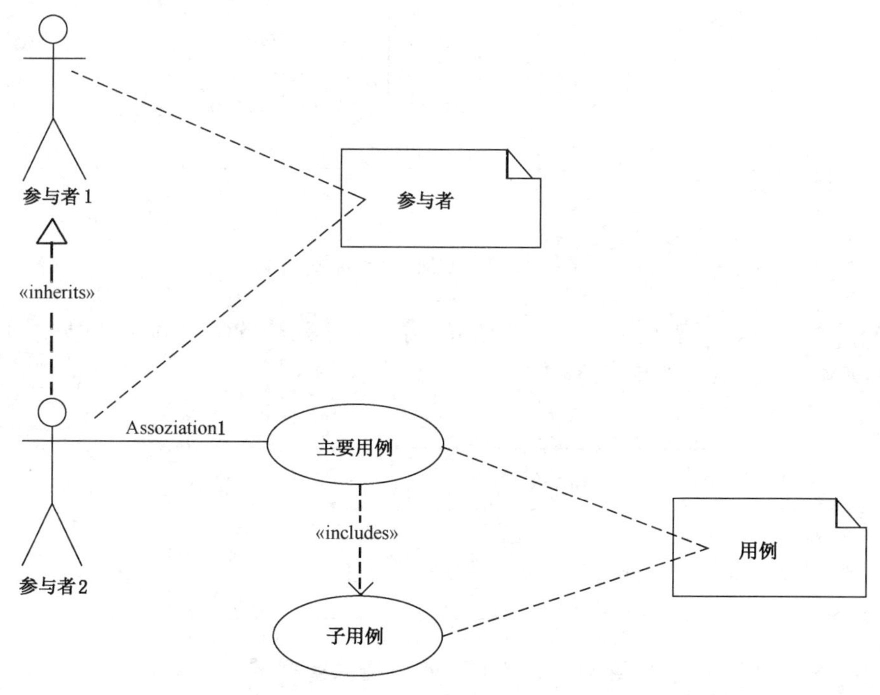

图 H.15 UML 的用例语法

参与者如图中画的人。它可以表示一个人或一个与被指定的系统交互的其他外部系统。

用例通过描述参与者与系统之间的交互来捕获功能要求。如果一个复杂的用例是由多个简单的用例组成的,使用 include 关系来显示。

继承关系在图中用虚线连接到其父(即,更通用的元素)的三角形。在本文档中,使用参与者之间的继承来描述一个参与者继承权限来执行另一个参与者的某些用例。

H.5 序列图

侧重描绘在生命线上对象之间消息序列的交互的图(见图 H.16)。

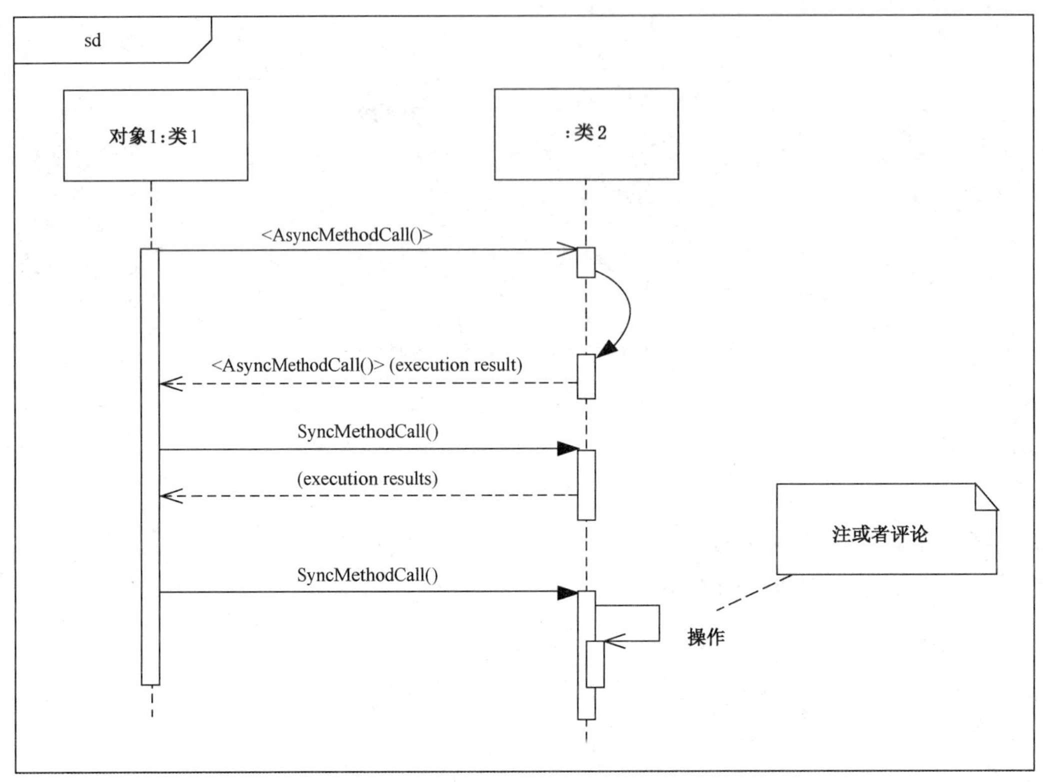

图 H.16 UML 序列图

序列图在一个框架中。框架是一个图形的边界,给出了序列图的类型和名称(见图 H.17)。

注:该图名称可能在其他图表中引用,见图 H.17。

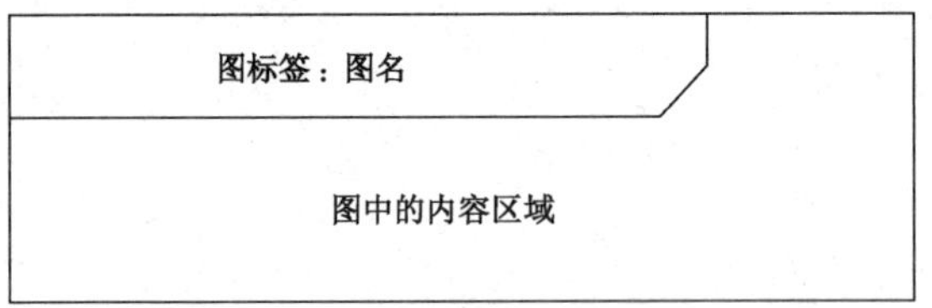

图 H.17 UML 序列图的空框架

对象实例是由垂直线(生命线)代表的,如图 H.18 所示。对象和类的引用在头部中表示。在生命线上的矩形表示对象的激活。只有在当不同实例的区别与理解这个图有关时,对象(图 H.18 中的"Object1")的实例名称才会显示。

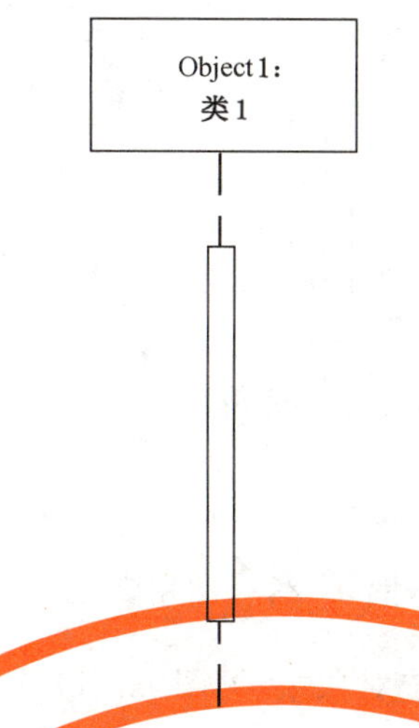

图 H.18 带生命线与的对象及其激活

方法调用由一个箭头表示(见图 H.19)。本规范中,一个线状的箭头是用来表示一个非阻塞的调用方法,该方法的名称显示在尖括号中,例如〈method()〉。一个实心箭头是用来描述一个阻塞方法调用的一般发生。该方法的名称显示为“method()”。一般不显示方法参数。如果一个方法参数是与序列相关的,将与它的名称(在例子中“argument1”)一起显示。如果接口与理解这个图有关(例如,识别正确的方法),它可被显示在方法名称之前,例如“interface1.method()”。

如果没有(由 FDT)定义方法,该消息表明一个活动被触发。这样的消息被标记为无括号主题,例如“触发活动”或只是“活动”。

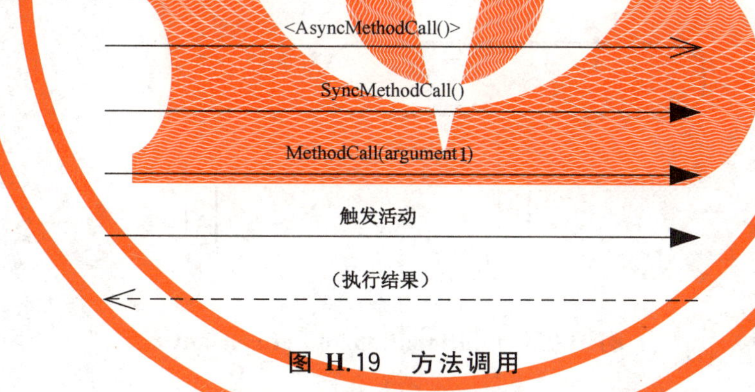

图 H.19 方法调用

消息的序列是由从图的顶部开始的消息的顺序定义的。

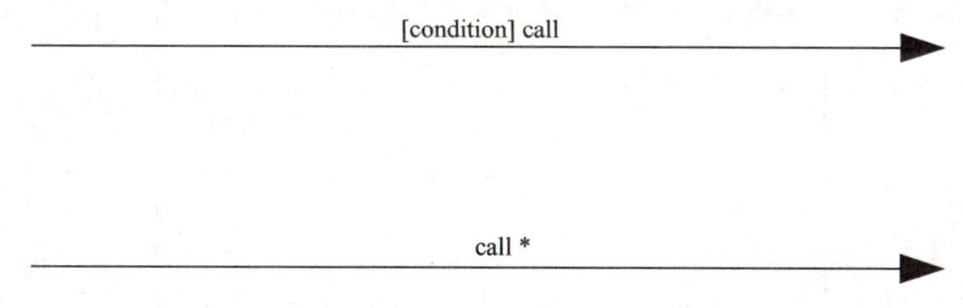

图 H.20 Guarded 调用和多个调用的模型

图 H.20 给出了如何为仅在一定条件下被调用的调用建模。多次调用通过附加‘*’来建模。

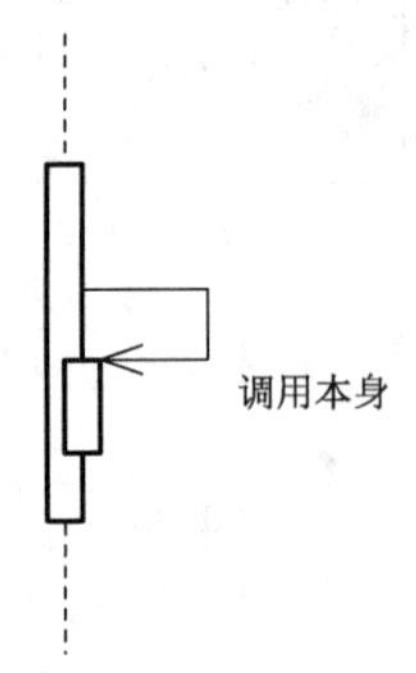

图 H.21 调用自己

对自己的调用表示该处理发生在系统对象中(见图 H.21)。

序列图可以由状态或在一个椭圆形(见图 H.22)中所示的约束加以注明。这个符号可以用来显示两个概念:continuation 和 StateInvariant。

'continuation'是在一个序列的开始显示的。为了执行这个序列,它必须显示一个有效的状态或约束。这个概念是用来根据一个状态或条件显示不同的可能行为。

'StateInvariant'显示了一个状态或一个为了序列有效必须满足的约束。

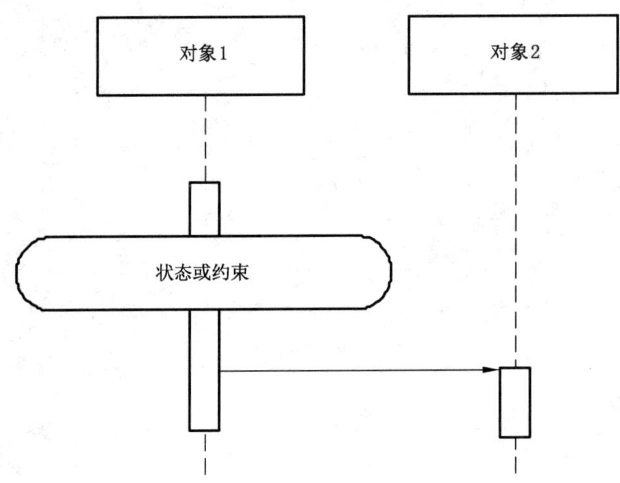

图 H.22 Continuation/StateInvariant

有可能会在序列图中描述另一个执行序列。

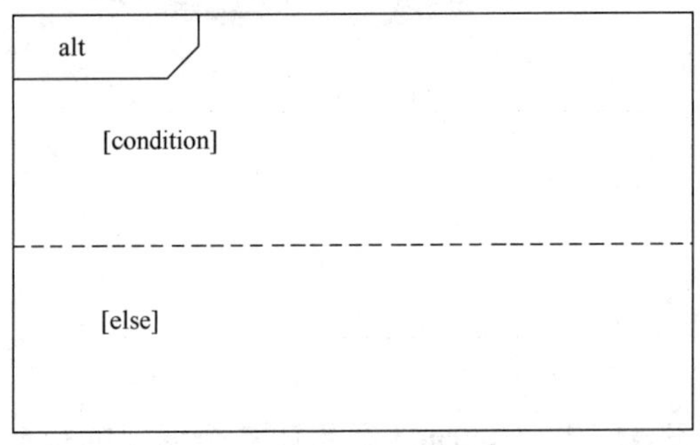

图 H.23 另一种片段

另一种片段用于两个或更多的消息序列(见图 H.23)之间的相互排斥的选择。

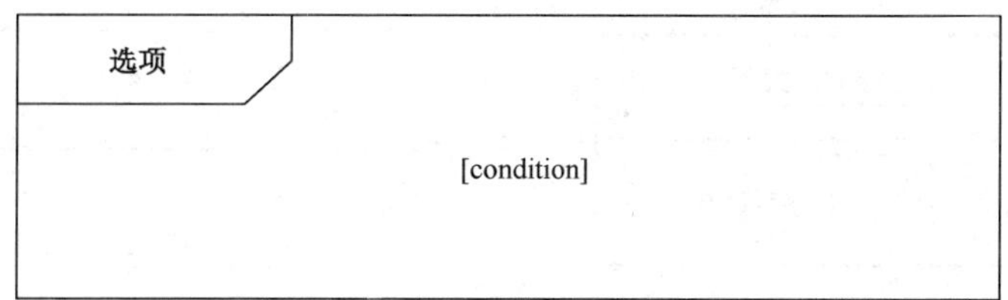

图 H.24 选项片段

选项用来模拟一个简单的"if then"语句(见图 H.24)。

重复序列使用循环的组合片段来建模,如图 H.25 所示。

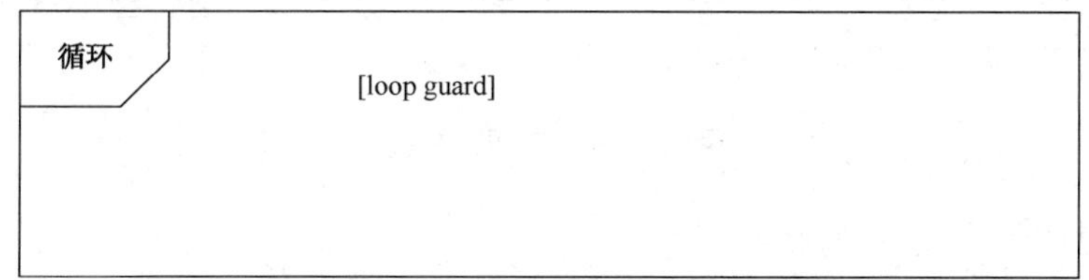

图 H.25 循环组合片段

为了显示停止执行循环的条件,使用了 break 符号(见图 H.26)。

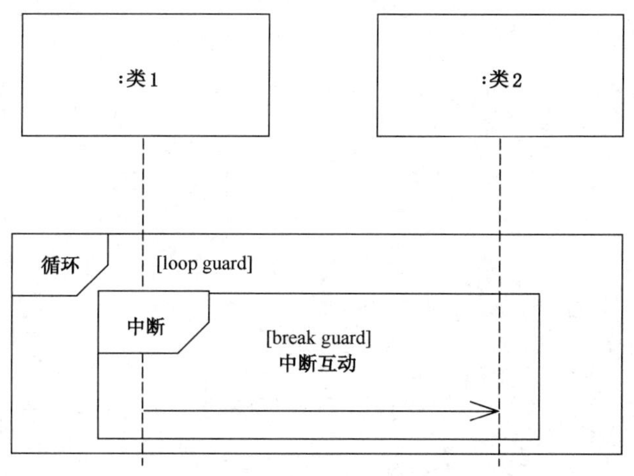

图 H.26 Break 符号

交互引用用来表示对其他序列图的引用(见图 H.27),用以简化序列图,并允许重用成组的连贯的序列图。

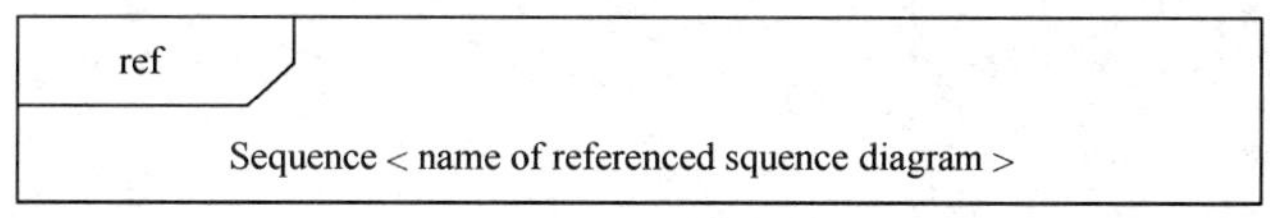

图 H.27 序列引用

H.6 对象图

对象图为类实例、联系和属性建模提供了一种可能。它提供了系统运行时的快照。

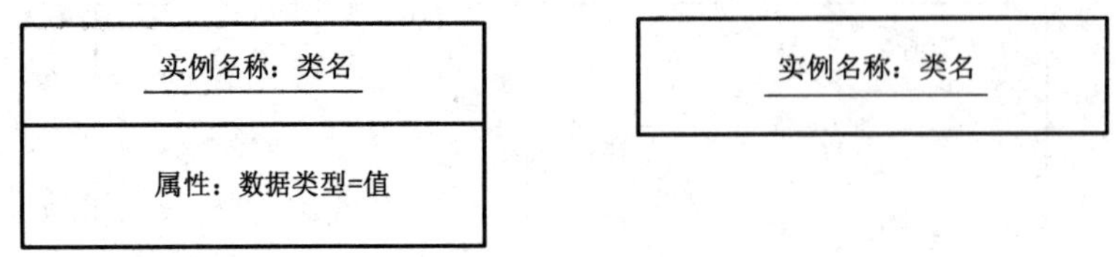

图 H.28 对象

图 H.28 给出了对象实例建模的两种方式。

图 H.29 对象关联

图 H.29 给出了两个实例之间的联系。

附 录 I
（资料性附录）
物理层示例

I.1 概述

本附录为物理层元素的定义值提供了示例。建议为不同的现场总线使用同样的值，但是在本部分中不可能提供完整的定义。提供列表的目的只是为了示意。对于每一个现场总线协议，在相应的协议文档中定义了有效值的范围。当为新的现场总线开发协议支持时，需考虑现存的 FDT2 协议规范。

I.2 INTERBUS

D0D08238-B89C-11D9-AE7F-0000CB534BBC	LB ST
D0D08239-B89C-11D9-AE7F-0000CB534BBC	LB 2-wire
D0D0823A-B89C-11D9-AE7F-0000CB534BBC	LB Fiber Optics
D0D0823B-B89C-11D9-AE7F-0000CB534BBC	LB Inline
D0D0823C-B89C-11D9-AE7F-0000CB534BBC	LB Loop2
D0D0823D-B89C-11D9-AE7F-0000CB534BBC	LB Fieldline Modular
D0D0823E-B89C-11D9-AE7F-0000CB534BBC	LB Installations-Loop
D0D0823F-B89C-11D9-AE7F-0000CB534BBC	RB 2-wire
D0D08240-B89C-11D9-AE7F-0000CB534BBC	RB Fiber Optics
D0D08241-B89C-11D9-AE7F-0000CB534BBC	RB Fiber Optics HCS
D0D08242-B89C-11D9-AE7F-0000CB534BBC	RB Installation

I.3 PROFIBUS

036D1590-387B-11D4-86E1-00E0987270B9	IEC61158-2 (PROFIBUS PA)
036D1591-387B-11D4-86E1-00E0987270B9	RS485
036D1592-387B-11D4-86E1-00E0987270B9	Fiber

I.4 PROFINET

307DD808-C010-11DB-90E7-0002B3ECDCBE	10BASET	10 Mbit TwistedPair
307DD809-C010-11DB-90E7-0002B3ECDCBE	10BASETXHD	10 Mbit TwistedPair Half duplex
307DD80A-C010-11DB-90E7-0002B3ECDCBE	10BASETXFD	10 Mbit TwistedPair Full duplex
307DD80B-C010-11DB-90E7-0002B3ECDCBE	10BASEFLHD	10 Mbit Fiber-optic inter-repeater link Half duplex

表（续）

307DD80C-C010-11DB-90E7-0002B3ECDCBE	10BASEFLFD	10 Mbit Fiber-optic inter-repeater link Full duplex
307DD80D-C010-11DB-90E7-0002B3ECDCBE	10BASEFXHD	10 Mbit X fiber over PMT,Half duplex
307DD80E-C010-11DB-90E7-0002B3ECDCBE	10BASEFXFD	10 Mbit X fiber over PMT,Full duplex
307DD80F-C010-11DB-90E7-0002B3ECDCBE	100BASETXHD	100 Mbit TwistedPair Half duplex
307DD810-C010-11DB-90E7-0002B3ECDCBE	100BASETXFD	100 Mbit TwistedPair Full duplex
307DD811-C010-11DB-90E7-0002B3ECDCBE	100BASEFXHD	100 Mbit X fiber over PMT,Half duplex
307DD812-C010-11DB-90E7-0002B3ECDCBE	100BASEFXFD	100 Mbit X fiber over PMT,Full duplex
307DD813-C010-11DB-90E7-0002B3ECDCBE	100BASELX10	100 Mbit Fiber-optic based on 2 single-mode fibers up to 10 km
307DD814-C010-11DB-90E7-0002B3ECDCBE	100BASEPX10	100 Mbit Fiber-optic based on PONs up to 10 km
307DD815-C010-11DB-90E7-0002B3ECDCBE	1000BASEXHD	PCS/PMA,unknown PMD,half duplex mode
307DD816-C010-11DB-90E7-0002B3ECDCBE	1000BASEXFD	PCS/PMA,unknown PMD,full duplex mode
307DD817-C010-11DB-90E7-0002B3ECDCBE	1000BASELXHD	Fiber over long-wavelength laser,half duplex mode
307DD818-C010-11DB-90E7-0002B3ECDCBE	1000BASELXFD	Fiber over long-wavelength laser,full duplex mode
307DD819-C010-11DB-90E7-0002B3ECDCBE	1000BASESXHD	Fiber over short-wavelength laser,half duplex mode
307DD81A-C010-11DB-90E7-0002B3ECDCBE	1000BASESXFD	Fiber over short-wavelength laser,full duplex mode
307DD81B-C010-11DB-90E7-0002B3ECDCBE	1000BASETHD	Four-pair Category 5 UTP,half duplex mode
307DD81C-C010-11DB-90E7-0002B3ECDCBE	1000BASETFD	Four-pair Category 5 UTP,half duplex mode
307DD81D-C010-11DB-90E7-0002B3ECDCBE	10GigBASEFX	10 Gbit X fiber over PMT

附　录　J
（资料性附录）
预定义的 SemanticId

J.1　概述

本附录提供 SemanticId 预定义值以及如何使用它们的综述。所有这些值的应用域是“FDT”。

注意:应用域“FDT”是预留给由 FDT 组织定义的 SemanticId 的。由其他定义的 SemanticId 需使用其他应用领域值。

J.2　数据

下面定义的 SemanticId 用于数据(如:IDeviceData 和 IInstanceData)

SemanticId	描述
slaveAddress (来源于 FDT1.2.1)	该数据包含设备的 slaveAddress
busAddress (来源于 FDT1.2.1)	该数据包含设备的 busAddress
busMasterConfigurationPart (来源于 FDT1.2.1)	该数据包含设备的 busMasterConfiguration
productManufacturer	该数据包含设备的产品制造商名称

J.3　图像

下面定义的 SemanticId 用于图像(如:FdtBitmap 和 FdtIcon)

SemanticId	描述
conceptualImage	标记有这样的 SemanticInfo 的位图或图标包含一个概念上的图像(如,图画)
photoRealisticImage	标记有这样的 SemanticInfo 的位图或图标包含一个概念上的摄影

J.4　文档

下面定义的 SemanticId 用于文档(如:IDtmInformation)

SemanticId	描述
eClass	文档(如,投标规范)包含 eClass 格式的文档
ETIM	文档(如,投标规范)包含 ETIM 格式的文档
BMEcat	该文档(如,投标规范)包含 BMEcat 格式的文档
PROlist	文档(如,投标规范)包含 PROlist 格式的文档
DescriptionFile	文档(如,“技术性文档”)包含协议特定设备描述文件
UserManual	文档(如,“帮助”文档)包含设备指南

参 考 文 献

[1] FDT V 1.2-May 2003—Addendum,PROFIBUS International

[2] FDT Specification V 1.2.1,FDT Group AISBL

[3] IEC 62453-1 Field Device Tool (FDT) interface specification—Part 1:Overview and Guidance

[4] IEC 62453-2 Field Device Tool (FDT) interface specification—Part 2:Concepts and 6908 Detailed Description

[5] IEC 62353-41 Field Device Tool (FDT) interface specification—Part 41:COM Implementation

[6] IEC 62453-61 Field Device Tool (FDT) interface specification—Part 61:DTM Styleguide

[7] NE107,Self-monitoring and diagnosis of field devices;Version:01.03.2005;Namur

[8] Microsoft.NET Framework 3.5,http://msdn.microsoft.com/en-us/library/w0x726c2.aspx

[9] Types Supported by the Data Contract Serializer, MSDN Library,.NET Framework 4, http://msdn.microsoft.com/en-us/library/ms731923.aspx (2010-06-30)

[10] Framework Design Guidelines:Conventions,Idioms,and Patterns for Reuseable.NET Libraries (Microsoft.Net Development);Krzysztof Cwalina,Brad Abrams,Addison-Wesley Longman

[11] Microsoft Windows Presentation Foundation, http://msdn. microsoft. com/en/library/ms754130.aspx

[12] OPC UA Specification,http://www.opcfoundation.org/UA/

[13] FDT-OPC UA Mapping (Draft),FDT Group AISBL,document in preparation

[14] Calling Asynchronous Methods Using IAsyncResult,MSDN Library,VS 9.0 Documentation,http://msdn.microsoft.com/en-us/library/ms228975.aspx (2009-09-07)

[15] Organizing applications into components,MSDN Library,VS 8.5 Documentation,http://msdn.mic-rosoft.com/en-us/library/aa370561(VS.85).aspx (2010-03-16)

[16] Using Windows Installer,MSDN Library,VS 8.5 Documentation,http://msdn.microsoft.com/en-us/library/aa372463(VS.85).aspx (2010-03-16)

[17] Windows Installer,MSDN Library,VS 8.5 Documentation,http://msdn.microsoft.com/en-us/library/cc185688(VS.85).aspx (2010-03-16)

[18] SignTool,MSDN Library,VS 8.5 Documentation,http://msdn.microsoft.com/en-us/library/aa387764(VS.85).aspx (2010-03-16)

[19] Digital Signatures and Windows Installer,MSDN Library,VS 8.5 Documentation,http://msdn.micr-osoft.com/en-us/library/aa368289(VS.85).aspx (2010-03-16)

[20] Managed Threading Best Practices,MSDN Library,.NET Framework 4,http://msdn.microsoft.com/en-us/library/1c9txz50(VS.100).aspx (2010-03-17)

[21] Events and Delegates,MSDN Library,.NET Framework 3.5,http://msdn.microsoft.com/en-us/library/17sde2xt.aspx (2010-03-18)

[22] 21 CFR Part 11 RIN 0910-AA29 Electronic Records;Electronic Signatures Part II,Final Rule,62 CFR 13430,Mar.20,1997

[23] FDT Lifecycle guidelines (Draft),FDT Group AISBL,document in preparation

[24] "XHTML™ 1.0 The Extensible HyperText Markup Language (Second Edition),http://www.w3.org/TR/2002/REC-xhtml1-20020801/"

[25] Authenticode, MSDN Library, Web Development, http://msdn.microsoft.com/en-us/library/ms537359%28VS.85%29.aspx (2010-06-25)

[26] Windows root certificate program members, Microsoft support, http://support.microsoft.com/kb/931125 (2010-06-25)

[27] Code Access Security, MSDN Library, .NET Framework Developer's Guide, http://msdn.micr-osoft.com/en-us/library/930b76w0%28VS.71%29.aspx (2010-06-25)

[28] XML Signature Syntax and Processing (Second Edition), W3C Recommendation 10 June 2008, http://www.w3.org/TR/xmldsig-core/(2010-06-25)

[29] Designed for Windows XP Application Specification (version 2.3), Microsoft, http://www.microsoft.com/downloads/details.aspx? FamilyID=209e3d65-f0be-4eef-8602-73bb9bc29d54&displaylang=en (2010-05-18)

[30] What Every Dev Must Know About Multithreaded Apps, Vance Morrison, MSDN Magazine, August 2005, http://msdn.microsoft.com/en-us/magazine/cc163744.aspx(2011-02-08)

[31] FDT Development with.NET (Technical specification), version 1.2, FDT Group, 2011

[32] KNOWNFOLDERID, MSDN library, Microsoft, http://msdn.microsoft.com/en-us/library/bb762584%28VS.85%29.aspx (2011-02-15)

[33] IEC Glossary, International Elektrotechnical Commission, http://std.iec.ch/terms/terms.nsf/0/91A8B67C36ED9B16C125716900304B61? OpenD ocument;(2011-02-17)

[34] Command prompt (Cmd.exe) command-line string limitation, http://support.microsoft.com/kb/830473/EN-US;(2011-03-16)

[35] File System Functionality Comparison, http://msdn.microsoft.com/en-us/library/ee681827(v=vs.85);(2011-03-16)

ICS 25.040
N 10

中华人民共和国国家标准

GB/T 29618.61—2017/IEC/TR 62453-61:2009

现场设备工具(FDT)接口规范 第61部分:通用对象模型的设备类型管理器样式指南

**Field device tool (FDT) interface specification—
Part 61: Device type manager (DTM) styleguide for common object model**

(IEC/TR 62453-61:2009,IDT)

2017-07-12 发布 2018-02-01 实施

中华人民共和国国家质量监督检验检疫总局
中国国家标准化管理委员会 发布

前　言

GB/T 29618《现场设备工具(FDT)接口规范》暂分为以下几个部分:

——第1部分:概述和导则;

——第2部分:概念和详细描述;

——第301部分:通信行规集成　FF现场总线规范;

——第302部分:通信行规集成　通用工业协议;

——第303-1部分:通信行规集成　PROFIBUS现场总线规范;

——第303-2部分:通信行规集成　PROFINET输入输出接口规范;

——第306部分:通信行规集成　INTERBUS现场总线规范;

——第309部分:通信行规集成　HART现场总线规范;

——第315部分:通信行规集成　MODBUS现场总线规范;

——第41部分:对象模型行规集成　通用对象模型;

——第501部分:通用对象模型的通信实现　FF现场总线规范;

——第502部分:通用对象模型的通信实现　通用工业协议;

——第503-1部分:通用对象模型的通信实现　PROFIBUS现场总线规范;

——第503-2部分:通用对象模型的通信实现　PROFINET输入输出接口规范;

——第506部分:通用对象模型的通信实现　INTERBUS现场总线规范;

——第509部分:通用对象模型的通信实现　HART现场总线规范;

——第515部分:通用对象模型的通信实现　MODBUS现场总线规范;

——第61部分:通用对象模型的设备类型管理器样式指南。

本部分为GB/T 29618的第61部分。

本部分按照GB/T 1.1—2009给出的规则起草。

本部分使用翻译法等同采用IEC/TR 62453-61:2009《现场设备工具(FDT)接口规范　第61部分:通用对象模型的设备类型管理器样式指南》。

根据GB/T 1.1—2009,本部分对IEC/TR 62453-61:2009做了下列编辑性修改:

——更正了原文中附录B第2章中的节标号错误。

本部分由中国机械工业联合会提出。

本部分由全国工业过程测量控制和自动化标准化技术委员会(SAC/TC 124)负责归口。

本部分起草单位:西南大学、机械工业仪器仪表综合技术经济研究所、重庆川仪自动化仪表股份有限公司、上海自动化仪表股份有限公司、中国四联仪器仪表集团、苏州美名软件有限公司、赫优讯(上海)自动化系统贸易有限公司、福建顺昌虹润精密仪器有限公司。

本部分主要起草人:杨阳、王春喜、汪烁、田英明、张庆军、刘进、吕亚军、李京、陈志扬、李涛、吕静。

引　　言

本部分是有关DTM用户接口设计规范,该规范针对在客户端/服务器架构中进行功能控制和数据访问的FDT组件开发者的。本部分旨在开发标准接口来促进不同制造商开发的组件之间无缝互操作。

DTM(设备类型管理器,Device Type Manager)是某种特定设备的软件组件,由设备制造商将DTM软件和设备一起提供给用户。通过本部分中定义的FDT接口将DTM集成到工程工具下。该集成方法对所有的现场总线是开放的,因而满足在异构控制系统中集成不同的设备。

为了保证全工厂控制和自动化技术的一致性管理,在自动化整个生命周期中,把现场总线、设备和子系统进行大范围的、无缝化的、全面的集成工作是很必要的。因此该集成需要设备相应的组件有统一的外观。

GB/T 29618.61在GB/T 29618中的结构如图1所示。

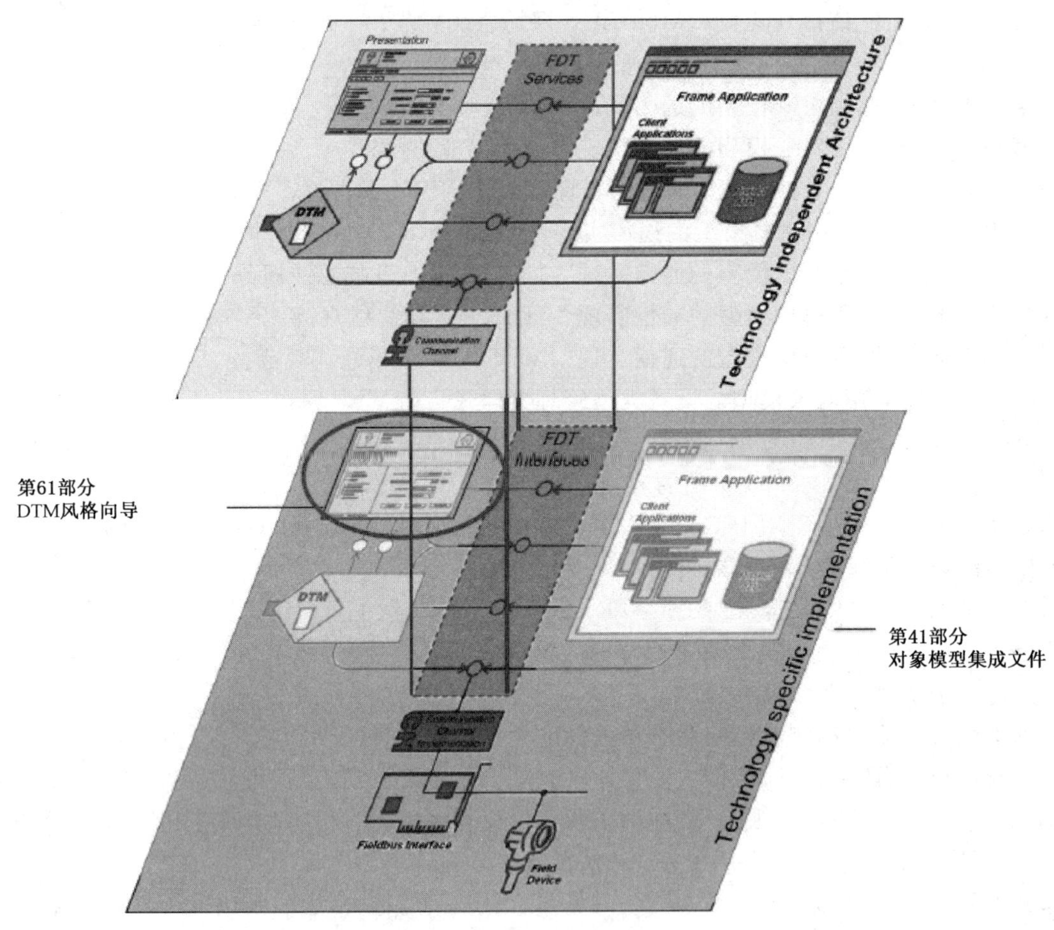

图1　GB/T 29618系列中的第61部分

现场设备工具(FDT)接口规范 第61部分:通用对象模型的设备类型管理器样式指南

1 范围

本部分提出了设备DTM的用户接口和它功能实现的一些准则和规范。这些准则和规范是FDT规范的一部分,它在系统中通过DTM设备向用户提供一个清晰、一致的用户界面。

2 规范性引用文件

下列文件对于本文件的应用是必不可少的。凡是注日期的引用文件,仅注日期的版本适用于本文件。凡是不注日期的引用文件,其最新版本(包括所有的修改单)适用于本文件。

GB/T 29618.1—2013 现场设备工具(FDT)接口规范 第1部分:概述和导则(IEC 62453-1:2009,IDT)

GB/T 29618.2—2013 现场设备工具(FDT)接口规范 第2部分:概念和详细描述(IEC 62453-2:2009,IDT)

GB/T 29618.41—2013 现场设备工具(FDT)接口规范 第41部分:对象模型整合规范-通用对象模型(IEC 62453-41:2009,IDT)

ISO/IEC 19501:2005 信息技术 开放式分布处理 统一建模语言1.4.2版本[Information technology—Open Distributed Processing—Unified Modeling Language (UML) Version 1.4.2]

3 术语和定义、符号和缩略语

3.1 术语和定义

GB/T 29618.1—2013、GB/T 29618.2—2013、GB/T 29618.41—2013以及ISO/IEC 19501:2005界定的术语和定义适用于本文件。

3.1.1

屏幕阅读器 scream reader

一种为用户提供额外输出的软件程序(例如文本输出到声音,盲人用点字法)。

3.1.2

树状导航 navigation tree

一种图形用户界面元素,通过树形结构显示导航信息。

3.2 符号和缩略语

GB/T 29618.1—2013、GB/T 29618.2—2013和GB/T 29618.41—2013界定的以及下列缩略语适用于本文件。

GUI Graphical User Interface 图形用户界面

SUI Standard User Interface (a GUI layout defined in this document) 标准用户界面

AUI　Advanced User Interface (a GUI layout defined in this document) 高级用户界面

CUI　Composition User Interface (a GUI layout defined in this document) 复合用户界面

MSAA　Microsoft Active Accessibility 微软活动性辅助

OEM　Original Equipment Manufacturer 原始设备制造商

3.3　约定

3.3.1

数据类型名和数据类型引用　data type names and references to data types

数据类型的名字和引用的约定在 GB/T 29618.2—2013 中的 A.1 给出。

3.3.2

要求词汇　vocabulary for requirements

在说明需求时下面词汇会用到。

"必须"和"强制"的使用 即不允许有例外的情况。

"应该"和"推荐"的使用 强烈推荐，但允许在特殊例外的情况下使用。

"可以"和"选择"的使用 DTM 的功能和行为依赖于具体的任务和 DTM 的类型。

3.3.3

特殊格式　specific formatting

下面的格式用来描述特定的内容。

大写字母　键盘上的按键名，例如，SHIFT，CTRL 或者 ALT。

[按钮文字]　带指定文字的按钮。

〈元素名〉　与 GB/T 29618.41—2013 中类型定义相符合的 XML 元素的名字。

3.3.4

状态机图　state machines diagrams

本文档中的状态机图的语法在 GB/T 29618.1—2013 和 ISO/IEC 19501:2005 中定义。

4　DTM 用户界面设计原则

DTM 的图形用户界面的设计是基于以下用户界面设计的一般原则[4][5]。这些都是很好的工程实践建议。更多的用户界面设计的基础，请参阅相应可用的文献。

1)　系统状态的可视性

该系统应在一个用户可接受的时间内，通过适当的反馈保持通知用户当前系统状态。

2)　系统和现实世界之间匹配

该系统应使用用户熟悉的词，短语和概念，而不是面向系统的术语，语言。按照现实世界的惯例，在这些信息显示更自然和符合逻辑顺序。

3)　用户控制和使用自由

因为用户经常错误地选择系统的某一功能，因此需要一个类似标有"退出"的指示用户离开不需要的状态，而不必需要扩展对话框，并且这一操作支持撤销和重做。

4)　一致性和标准

用户不用去揣测不同的提示、状态或操作是否代表同一个事情，并且应该遵循平台一致性。

5)　错误预防

设计细致的过程中提前预防错误发生，而不是事后显示错误信息。

6)　识别代替记忆

让用户界面中的所有的对象、操作和选项保持可见。用户不用去记忆从前一个对话框到后一个对话框的信息。系统的使用说明应该是可见的或在任何被需要用到时候很容易被检索到。

7） 兼顾灵活性和效率

系统应可以同时满足有经验用户和没有经验的用户的使用需求。那些不被新用户所见的特殊操作可以加快与专业用户之间的交互。

8） 美感及简化设计

对话不应该包含哪些是无关紧要或很少需要的信息。对话中信息的每个额外单元与有关单元进行对比，减少了相对可见性。

9） 帮助用户识别、诊断错误并从错误中恢复

错误消息应以简单的语言表达（非代码似的提示），要能精确地指出问题，并建设性地提出解决方案。

10） 帮助和文档

虽然系统在没有文档的情况下也能够正常运行，但帮助和文档对用户来说非常重要。并且这样的信息应该要求很容易进行搜索，要以用户的任务为中心，列出执行的具体步骤，且这些文档和帮助不应该太大。

5 FDT 用户的获益

当采用这类 DTM 风格向导时，可使用户能够更有效、更安全地进行运作系统。用户可以用统一的方式对来自不同制造商的设备数据进行参数设置和管理。因此，无论是哪个制造商的产品或哪种设备类型，用户都会有一个清晰明确的使用方式。开发 DTM 的细节和要求列出如下。

向导和规则被定义为：

- 统一的用户向导

使用统一的用户界面向导，并使得这个界面向导独立于某类工具，且不用关注设备的差异或 DTM 制造商的差异以及所使用通信协议的差异。

- 统一的 DTM 行为

这些包括：永久储存、多用户环境下的行为、错误处理。

- 明确的 DTM 标识符已经所对应的设备
- 确保用户界面能够反映出不断更新的状态和参数配置，并且所变化的配置需要标记出来
- 无论是图形界面的输入或是离线配置变化，只要引起设备变化，都要及时通知用户
- 配置数据的核对，对输入的字符或数字的范围的检查以及数据有效性的检查（比如输入的值不能低于最低有效值等）
- 统一的安装卸载方式

以下是标准用户界面（如图 2 所示）和高级用户界面（如图 3 所示）的截图。

My Device Picture
My device name and type
My description
DTM specific line (this line is optionally)
My Company-Logo
Parameter 1
18
kg/s
Parameter 2
17,8
bar
Parameter 3
0,00076
sec
Parameter 4
-0,3
C°
Selection
select one...
Selection
select one...
OK
Cancel
Apply
Disconnected
Data set

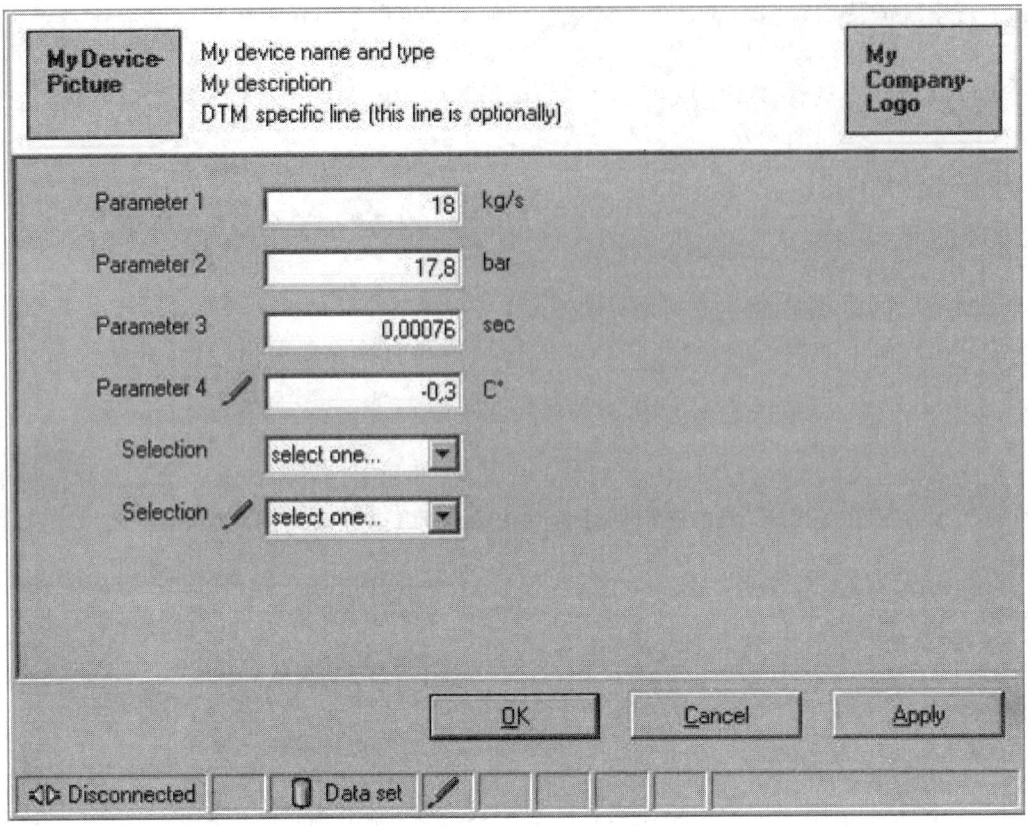

图 2　标准用户界面

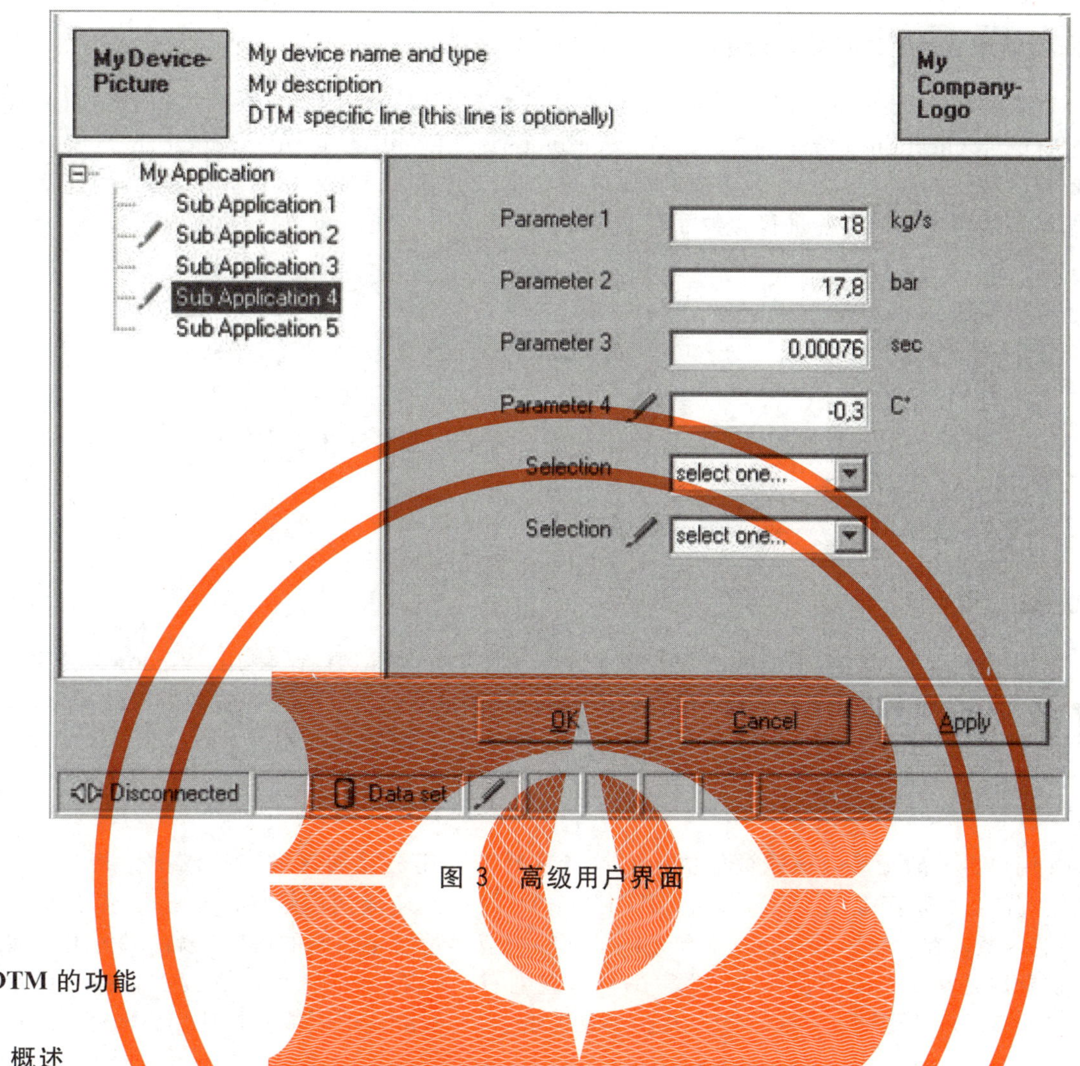

图 3 高级用户界面

6 DTM 的功能

6.1 概述

根据 GB/T 29618.41—2013 的规定,DTM 通过调用 IDtm:GetFunctions()函数返回的 XML 文档中,可以获取一系列关于显示当前状态的可用函数集。框架应用程序将会以统一的方式,在用户界面里呈现这些功能。因此,DTM 的功能和框架应用程序所呈现的功能不应有区别。

一般来说,框架应用程序负责识别 DTM 实例并开始执行当前 DTM 实例的功能。这种功能,可以通过 DTM 提供的特定的用户界面进行处理。在此情况下,框架应用程序启动这种用户界面,把它看作为一种集成的应用程序。然后在此应用程序的窗口标题栏中显示标识信息。

请参阅 GB/T 29618.2—2013,查看预定义的 applicationIds 列表(表 A.2),GB/T 29618.2—2013 第 5 章提供了有关预定义的 applicationIds 的实例的信息。

6.2 "主操作"功能

每个 DTM 都有一个"主操作界面"。所有的用户界面都集成到这个"主操作界面"里。当这个"主操作界面"启动时,将会显示一个用户界面元素以标示这个设备。

使用 fdt:StandardFunction 并且分配给它 fdt:applicationId 为 'fdtMainOperation',可使得在框架应用程序中呈现"主操作界面"。如果"主操作界面"不能分配到 applicationId,那将需要在整个过程中提供 fdt:Function 函数。

6.3 在线参数配置和离线参数配置功能

DTM 需要提供 fdt:StandardFunction 函数来进行参数配置,从而允许改变设备的参数(在线配置和离线配置的 applicationId 分别为“fdtOnlineParameterize”和“fdtOfflineParameterize”)。如果 DTM 提供配置或参数化的用户界面,那就表明既可以在线配置,也可以离线配置这些参数,这就意味在没用链接现场设备的情况下同样能进行参数配置。

7 DTM 用户界面

7.1 目标

DTM 应用程序的用户界面的设计应该简单易用。使用户能够专注于主要任务。而不会被新颖的界面元素或功能而分散精力。

7.2 一般行为

7.2.1 概述

DTM 用户界面应该基于 Microsoft Windows 的风格向导,推荐使用 Windows 公共控件。Windows 公用控件的操作行为已经被 Microsoft 所定义,因而不允许改变这些公共控件的操作,例如按钮,组合框,编辑控件,键盘快捷键等。

7.2.2 图形用户界面导航

DTM 用户界面的元素应该能被如鼠标和键盘选择。在用户界面区域选择或操作某个界面对象时,应该支持键盘的快捷方式。TAB 键和 SHIFT-TAB 组合键应能使用于应用程序区域,操作区域和可选的导航区域。在应用区域各目标对象之间的切换也应尽量使用相同的快捷方式。在应用区域元素的 TAB 键顺序是从左上角到右下角。语言书写从左到右。如果按下的 TAB 键是当前区域的最后一个元素,当前显示应改变到另一个区域。在树型视图的航行中,应当尽可能支持使用方向键。

7.2.3 图形用户界面调整大小

DTM 的用户界面应该被设计为大小可调整。在这种情况下,DTM 应负责重新安排内部控件的位置重排。因为框架应用程序负责图形界面大小的调整,所以在初始的界面最小的情况下,DTM 不应包含滚动条。

7.2.4 信息显示

以文字、符号或图形的方式完成对任何可视化用户界面的信息显示。

使用唯一的字体集合以增强文本的可读性(推荐使用系统自带的字体)。字体大小和字体样式,应尽可能的不变化。本指南中给出的图标样式,应该按规定表达对应的含义使用(见 7.4.3.7.2,7.4.3.8 和 7.5.3.2)。除了给定的图标之外,定义的其他图标应简明清晰且符合现有的规范(如操作系统的通用图标)。涉及工具的图标必须有信息提示。

颜色可作为辅助信息。颜色总类应尽量少。闪烁的信息不应用来作为进一步的属性显示。一般情况下,DTM 风格应该和操作系统(如 Windows)的定义的样式一致。当前使用的配色方案应当在 DTM 的联机文档中进行说明。在风格指南中所有的定义和描述都遵循从“左到右”的语言规范。

7.3 MSAA

MSAA[6]是一种技术,其目的是为了提高针对微软 Windows 上运行的应用程序的访问性集成。MSAA 针对应用程序和辅助技术之间的信息交换提供了一致的机制。MSAA 为应用程序和辅助技术之间的信息交换提供一致的机制。例如,MSAA 允许应用程序向屏幕阅读器暴露所有目标的类型、名称、位置、以及当前状态,并通知屏幕阅读器任何导致用户界面的变化 Windows 事件。

作为一个辅助作用,使用 MSAA 并完成基于组件的自动化测试是可能的。因此,DTM 应该支持 MSAA。

应用微软通用控件设计的用户界面通常得到活动辅助的全面支持,而不需要其他额外的开发工作。然而,在 DTM 特定用户界面控件的使用中,需要引起特别的关注。DTM 开发者应该经常核实这些控件是否符合 MSAA 的要求。

虽然在许多情况下,不需要附加的开发工作来支持活动辅助,然而用户界面的设计始终要遵循下列五个原则:

- 支持常见系统大小、颜色、字体、输入设置。提供一致用户界面。
- 确保高对比度选项的兼容性。
- 提供所有功能的键盘访问。这使得用户不需诸如鼠标的设备才能访问应用程序。
- 提供键盘焦点位置的通知(例如界面控件接收键盘输入)。同时还允许使用放大镜和解说辅助功能。
- 不单独使用声音表达信息。当用户界面通过声音传达的信息时,应提供更多的表达方式。

7.4 样式

7.4.1 综述

DTM 用户界面的三个方面的内容规定如下:

- 标准布局,在一个框架应用程序中呈现一个显示对象。并在框架应用程序中没有向导提示或者很少的向导提示。
- 高级布局,在一个框架应用程序中呈现一个显示对象。在框架应用程序中有高级向导。
- 复合布局,在多个框架应用程序中呈现一个显示对象。在框架应用程序中有高级向导,且该导航具有在不同的框架应用程序之间切换的功能。

7.4.2 用户界面的布局

一般来说,DTM 的用户界面被分为以下几个部分:

- 标示区:包含相关的设备的信息。
- 应用区:包含所有功能选择的必备图形用户界面元素。
- 操作区:完成用户操作所需的按钮。
- 状态栏:所有关于 DTM 和设备的状态信息。

以上部分将在后面进行详细介绍。

7.4.2.1 标准用户界面

DTM 标准用户界面如图 4 所示。

识别区域
菜单栏(可选)
工具栏(可选)
应用区域
操作区域
状态栏

图 4 DTM 的标准用户界面

识别区域、应用区域、操作区域、状态栏为强制所有,菜单栏和工具栏可根据情况选择。

7.4.2.2 高级用户界面

根据设备的复杂性和所需的功能,DTM 用户界面可能需要附加提供用户向导(见图 5)。

这样的图形用户界面应符合高级用户界面的布局,并提供导航区域。

向导区域对目标功能所涉及的所有参数有一个总的概况。换句话说,向导区域反应了 DTM 数据结构。它以导航树的形式进行表示。

<table>
<tr><td colspan="2">识别区域</td></tr>
<tr><td colspan="2">菜单栏(可选)</td></tr>
<tr><td colspan="2">工具栏(可选)</td></tr>
<tr><td>向导区域</td><td>应用区域</td></tr>
<tr><td colspan="2">操作栏</td></tr>
<tr><td colspan="2">状态栏</td></tr>
</table>

图 5 高级用户界面区域

标志区、应用区、导航区、操作区、状态栏为强制所有,菜单栏和工具栏可根据情况选择。

7.4.2.3 复合用户界面

复合用户界面提供访问多个应用程序和 DTM 功能的接口。该用户界面使用“fdtMainOperation”作为应用程序的 ID。

混合用户界面的元素和高级用户界面的元素相同。

与高级用户界面不同的是,导航树中显示了 DTM 的所有综合应用,例如参数,诊断或设备的状态与相关参数组合在一起。最左边的导航树节点应代表不同的 DTM 的应用。每个分枝节点反映每个应用程序的数据结构。

7.4.3 DTM 用户界面区域

7.4.3.1 综述

在一般情况下,用户必须意识到,参数的修改应用到 DTM 的数据集还是设备。此外,图形用户界面的行为取决于图形用户界面支持阻塞模式(见 7.5.2.2)还是直接模式(见 7.5.2.3)。

7.4.3.2 标识区域

此区域包含受 DTM 控制的有关设备的信息(见表 1)

表 1 识别区域内容

高度	宽度	内容	使用要求
最大三行	可变	设备图片(左边)	推荐
		设备开发商的公司标志(右边,可选取主页链接)	推荐
		在图片与标志之间	
		第一行:设备:FDT 名称属性:DTM 版本信息	强制
		第二行:说明:描述依据【2】	推荐
		第三行:设备的具体信息(也可以从设备上取得)	可选

7.4.3.3 菜单栏(可选)

菜单栏只在特殊的情况下使用。

菜单栏应该只包含与应用区域直接有关的菜单信息。但复合用户界面的菜单中，涉及一个以上的特定应用的情况也允许出现。点击菜单项目，对应与在程序应用区域打开相关应用。

7.4.3.4 工具栏(可选)

工具栏只在特殊的情况下使用。

工具栏应该只包含与应用区域直接有关的元素。

工具栏应该包含“帮助”工具按钮。

7.4.3.5 导航区(根据实际情况)

向导区域仅在高级用户界面和复合用户界面中使用。

向导区域含有一个导航树形结构。通过该树形结构，可以查看所有的参数设置。树形结构中的所有参数应该进行适当的分组。

树形结构的每一个节点，对应相应的应用程序区域的一组参数。向导区域可能被隐藏或调整大小，因而它可以包含滚动条。在复合用户用户界面中，由于向导区域用于选择不同的应用。因此可以按以下两种方法来组织：

a) 在导航树为最左边节点显示不同的应用(见 7.4.2.3)。

b) 导航区域可以有几个标签卡。每个标签卡用于提供相同参数的不同视图。标签卡应按照用户的需求进行组织。最左端的节点应该与不同的应用程序相关。

7.4.3.6 应用程序领域

应用领域的内容取决于所选的应用。应用对参数的处理，详情参看 7.5。

7.4.3.7 操作区域

该区域的内容取决于以下两部分所描述的应用程序类型。

7.4.3.7.1 无参数变化的应用

此类操作区域仅有一个【关闭】按键。选中该按键，DTM 用户界面关闭。

7.4.3.7.2 参数变化的应用

此类操作区域含有如下顺序的按键：

【确定】【取消】【应用】

按钮的文本内容应根据标准 Windows 应用程序规定的文本。【确定】和【应用】应用与以下表格描述的状态栏中显示的数据源(见表 2)。

表 2 操作区域的内容

按键	数据来源	行为
【确定】		用户界面中数据的更改，将存储到实例。用户界面将会关闭。(例如：离线参数配置)

表 2（续）

按键	数据来源	行为
【确定】		用户界面中数据的更改，将应用到设备。应该设定〈modifiedInDevice〉(DtmParameterSchema)的属性。用户界面将会关闭。(例如：在线参数配置)
【确定】		应用包含不同的数据来源的数值。通过适当的图标为应用程序的每一个数值分配一个数据源(见表 5)，根据这个图标，改变值将应用于实例数据集或传送到设备上。用户界面将会关闭。(例如：在线对比)
【取消】	所有情况	一般情况，更改将不会被应用。用户界面将会关闭。参看 7.2
【应用】		用户界面中数据的更改，将存储到实例，但用户界面不关闭
【应用】		用户界面中数据的更改，将存储到实例，但用户界面不关闭
【应用】		用户界面中数据的更改，将存储到实例，但用户界面不关闭

在复合用户界面之中，根据选中的应用，可能有必要更改操作区域的内容。例如，当从参数改变了的应用切换到没有参数改变的应用，DTM 的行为按照 9.1 来定义。

7.4.3.8 状态栏

状态栏包含 DTM 和设备的全局状态信息。状态栏的元素按以下表格(表 3)来显示。如果用户不要求同步性(【否】)，则不需要从设备中加载数据。

表 3 状态栏的内容

高度	宽度	状态(只读)	图标	使用要求
文本行数	可变	DTM 连接状态	参看表 4 可能的连接状态	强制
		正在通信		强制
		数据来源	参看表 5 可能的数据来源	强制
		数据集实例状态	参看表 6 可能的实例数据的状态(图标与文本)	强制
		数据改变直接作用于设备，而不改变实例	(“修改有效”和“设备”的图标组合)	强制
		直连模式		强制
		设备诊断状态	参看表 7 可能的设备诊断状态	推荐
		用户登录或用户角色	显示登录者的用户名	推荐
		进度条		推荐

表 4 可能的链接状态

图标	意义	DTM 状态	使用要求
	连接中	正在上线	推荐
	已连接	在线	强制
	断开中	正在离线	推荐

表 4（续）

图标	意义	DTM 状态	使用要求
	已断开	离线	强制
	断开出错	OnAbort( )之后的数据集	强制
空白	未知	正在上线或正在离线	强制
注："断开出错"表明了通讯问题(例如当正在加载参数时通讯线路断开)			

表 5 可能的数据源状态

图标	数据来源	行为
	实例数据	显示的值是从数据集实例加载。数据的更改只影响实例
	实例数据被锁	显示的值是从实例加载。实例数据被上锁，不能更改
	设备	显示的值是从设备加载。数据的更改只影响设备
	设备上锁	显示的值是从设备加载。设备数据被上锁，不能更改
或 或	实例或设备	应用程序包含不同数据来源的值，(例如在线参数比较，比较数据集实例的参数和设备的参数)每个应用被唯一地用一个图标指定一个数据源
空白	—/—	初始化数据集

表 6 可能的实例数据状态

图标	实例数据状态
空白	所有数据已加载
	有效的数据
	无效的数据
空白	数据初始化
注："修改参数值会导致实例数据集状态变为有效状态或无效状态"，参见 7.5.3.2 及 GB/T 29618.2—2013	

表 7 可能的设备诊断状态

图标	设备诊断的状态	说明
	失败	现场设备或外围设备出现故障导致输出信号无效
	功能检测	由于设备持续地工作，输出信号临时无效
	设备不合格	设备不合格，设备输出超出它的范围或者内部诊断表明设备出现偏差需要更换
	需要维护	设备输出虽然输出信号有效，但由于磨损或其他原因，设备将出现问题
	输出信号有效	
	诊断停用	

7.5 参数处理

7.5.1 应用区域内的表示展现

如果需要在应用区域内显示大量参数,应将这些参数安排在 Tab 标签分组内。一个 Tab 标签控件在同一行不应超过 5 个标签卡。

分组参数应显示在一个标题栏。

7.5.2 更改参数值

7.5.2.1 参数间的关系

一个参数值的变化可能会影响其他参数值。受影响的参数应与变化了的参数值相对应。例如改变一个单位参数可以改变其他单位参数,并且相应的参数值应根据新的单位进行转换。所有调整的参数应标记显示为已更改。

7.5.2.2 块模式

在块模式下,用户可以编辑/更改多个参数值。所有已修改过的参数值应通过操作区域的按钮(即【应用】或【确定】)得到应用。通过使用操作区域的按钮(即【应用】或【确定】)来应用所有已修改过的参数值。

7.5.2.3 直接模式

在直接模式下,一次只能应用一个参数。此更改直接作用于实例数据集或设备。如果 DTM 支持直接模式,它应在状态栏显示相应的图标(参见表 3)。

此功能是可选的。应该只有在以下情况下应被实现

- DTM 不支持设备的所有业务规则;
- 支持特殊的功能(如点动模式)。

必须告知用户如何存储一个变化的值或放弃更改。用户必须被告知如何存储一个变化的值或放弃更改。这些应在应用区域内描述。总之,块模式是被强烈推荐的。

7.5.2.4 连续检查和一次性检查

应当进行输入的有效性检查,例如基于词法(如,接受某些特定字符)、句法(如,允许数量有限的字符)和语义(如,给定值应小于上限值)的检查。

在连续检查情况下,当编辑参数值时,每次改变参数值后都要进行有效性、合理性评估。例如,在输入每个新的字符之后。图 6 介绍描述了连续检查。

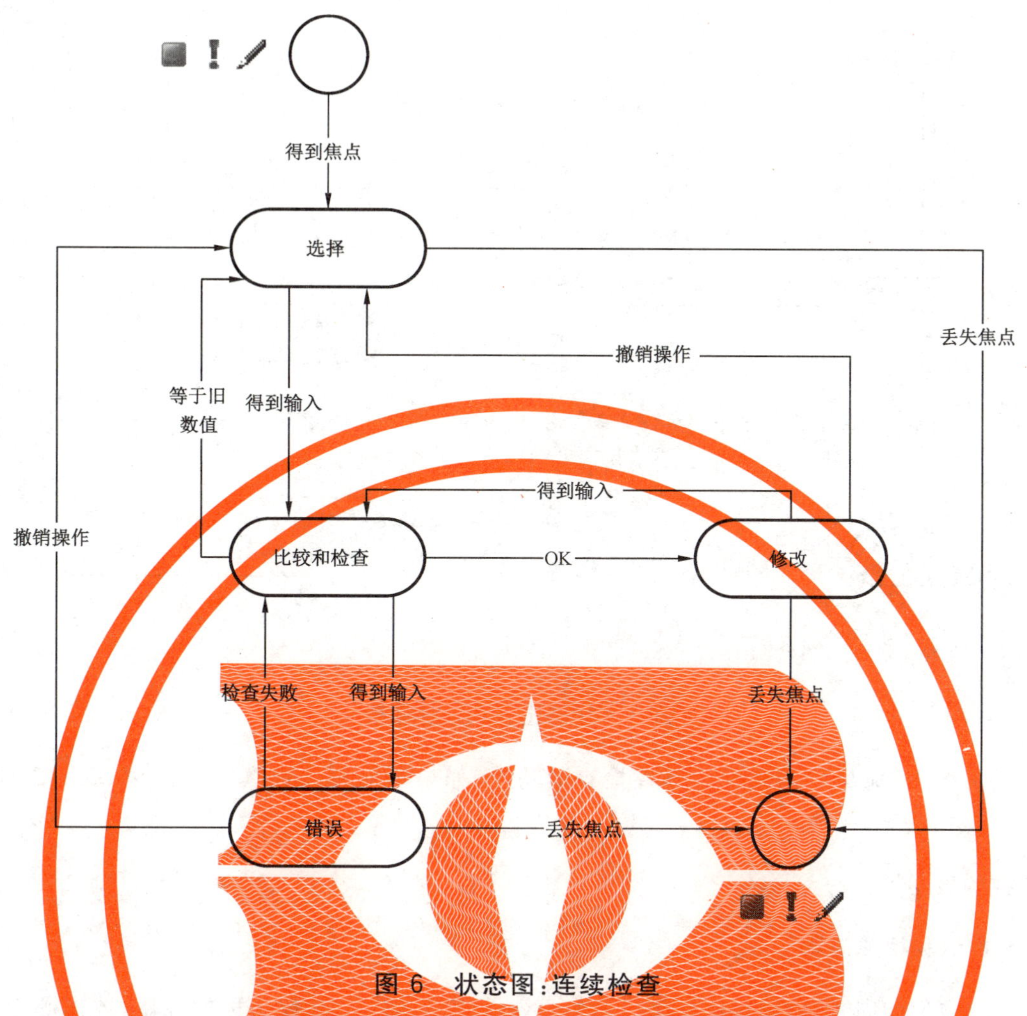

图 6 状态图:连续检查

“失去焦点”:输入元素失去焦点。例如,可以通过使用鼠标或 TAB 键来选择用户界面中的其他控件。

“撤销变更”:控件也能支持撤销功能。

图标定义见表 8。

在一次性检查的情况下,当参数值编辑完成时,要对新值的合理性进行评估。这包括词法、句法和语义检查。

图 7 描述了一个一次性检查流程。

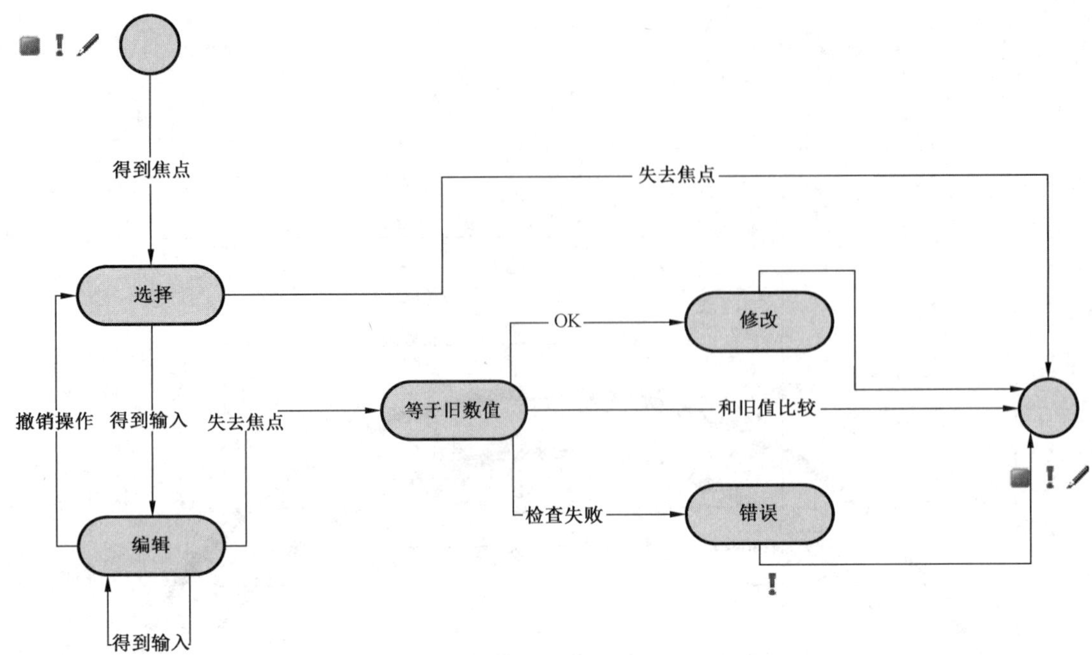

图 7 状态图:一次性检查

在一般情况下,应尽可能实现连续性检查的功能,如果不能提供连续检查,应实现一次性检查的功能。

7.5.3 参数的表述

7.5.3.1 参数值和相关信息

在显示参数值的同时,应能显示状态提示信息。该信息是由含参数名称的标签,数据源图标、状态图标、输入框以及标识单位的标签组成。

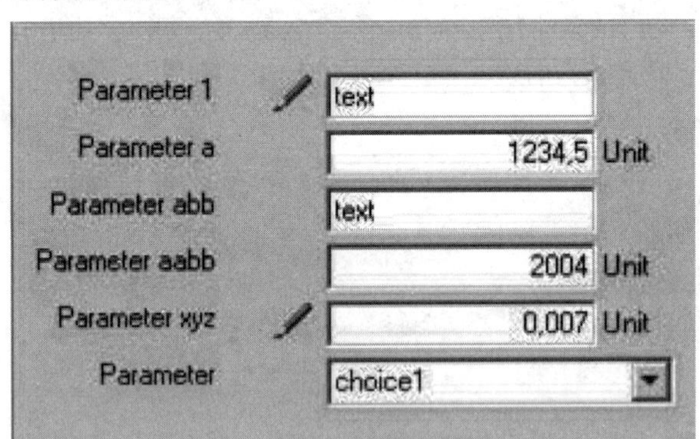

图 8 参数值和相关信息

- 当以列的形式排列时,参数的名称标签应右对齐。
- 输入框的内容应左对齐。
- 状态图标应在输入框的前面。
- 如果应用程序显示来自不同数据源的值,数据源图标在输入框的前面显示(在输入框和状态图标之间)。
- 单位标签应左对齐。

- 输入框内部，文本参数值左对齐显示，数值参数值右对齐显示。

当参数组中的参数值彼此互相制约时(如一组单选按钮)，这组参数应显示当前状态信息，且状态图标应该在参数组标签的右边。

应为每一个参数或者至少为一组参数提供一个简短的帮助项(例如使用提示)。完整的帮助(例如，通过 F1 键或超链接)也应该提供。

7.5.3.2 参数值修改

每个参数应根据数据源标记出它是否已被修改、没被修改或不可修改。此信息独立于实例数据集本身的状态而显示。也就是说，通过点击“应用”按钮，修改后的参数值不能再被标记为更改状态，因为在数据源中已储存了最新的更改值。

表 8 描述了可能的状态。

表 8 参数可能的状态

状态	前景色	背景色	状态标志图标	文本(使用提示)	可用性
可更改	———	〈窗口〉 (通常为白色)	(无)	(无)	强制
不可更改	———	〈三维对象〉 (通常为灰色)	(无)	(无)	强制
未被更改的 参数值等于数据源值(数据库或现场设备)	〈缺省〉	———	(无)	(无)	强制
更改的值 参数值应用于数据源	〈缺省〉	〈窗口〉 (通常为白色)		修改	强制
无效的值	〈缺省〉	〈窗口〉 (通常为白色)	!	不安全的值	强制
动态参数，依据轮询返回结果更新参数值	〈缺省〉	〈三维对象〉 (通常为灰色)		(无)	可选
不可靠的值。参数是不可靠的，因为错过了给定的更新时间或不是从可靠设备加载的参数	〈缺省〉	〈三维对象〉 (通常为灰色)	?	不安全的值	推荐

不可靠的数据或错误的数据应如表 9 中显示。

表 9 不可靠或错误的数据显示

数据状态	显示
非数字	-/- 或 NaN
正无穷	>>>
负无穷	<<<
无效值	! 234,56

7.5.3.3 向导区域节点状态显示

在向导区域的树形控件内,应对已更改的参数和无效参数进行标识。应在树形控件节点上显示更改或无效参数定义图标。当点击左边树形控件中无效或已更改的节点时,应用程序区域应该显示对应的界面。因此,每个树形节点应包含“未改变”、“无效值”和“被更改”三种状态。

8 DTM 功能的表述

一个 DTM 可以通过框架应用程序中的菜单来提供很多功能。还有一些功能是 DTM 通过导航树结构、工具条或者其他一些菜单来提供的。表 10 给出了一个 DTM 可能提供的功能清单。不是所有的功能都必须被提供,其中的每一个功能都是可选的。如果一个功能被 DTM 所提供,那么它一定被定义遵循表格中的结构性定义。如果 DTM 所提供的某个功能没有遵循以下表格的定义,则此功能必须以用户观点整合。

函数功能定义:(通过 IDTM:GetFunctions()函数返回):

- 所有通过 Idtm::GetFunctions 函数返回的功能独立于用户界面。换句话说,与特定的用户接口上下文相关的功能块不能通过 Idtm::GetFunctions 函数提供。如撤销,粘贴。
- 如果一个函数实现了一个在 FDT 规范说明书中详细定义的行为,则与之相关的 fdt:StandardFunction 将被调用。这意味着:
- 一个函数对应一个 fdt:applicationId,如果一个 DTM 为 fdt:applicationId 只提供一个函数,则这个函数必须定义在函数集文档中(通过 IDtm:GetFunctions 返回),并作为 fdt:StandardFunction 的函数入口。如果一个 DTM 为一个 fdt:applicationId 提供了多个函数,那么这些函数都应该被定义在 fdt.StandardFunction 当中,并作为功能文档的入口(通过 Idtm:GetFunctions()返回)。
- 如果一个 DTM 提供的函数没有指定 fdt:applicationId,那么这个函数应该被定义为 fdt:Function 的入口函数(不是使用 fdt:StandardFunctions 作为入口函数)。

根据 7.4.3.4 所提到的规则,这些功能还可以在工具栏和按钮中被调用,工具栏中使用的图标定义见表 10。

表 10 功能表述

DTM 功能			工具栏中的图标	功能 ID	注释
第一级	第二级	第三级			
设备数据	输入				DTM 具体数据的输入
	输出				DTM 具体数据的输出
	页面设置				DTM 打印功能的页面设置
	预览				DTM 具体打印格式的预览
	打印				DTM 的具体打印功能

表 10（续）

DTM 功能			工具栏中的图标	功能 ID	注释
第一级	第二级	第三级			
操作	撤销				用户界面的编辑功能
	重置				用户界面的编辑功能
	剪切				用户界面的编辑功能
	复制				用户界面的编辑功能
	粘贴				用户界面的编辑功能
	查找				用户界面的编辑功能
	替换				用户界面的编辑功能
视图	识别信息				可用/不可用的识别区域
	导航				可用/不可用的导航区域
	工具栏				可用/不可用的工具栏
	显示全部				显示所有的区域
	高级参数显示				根据用户角色而使能应用程序区域中相关功能
设备	主要操作			fdtMainOperation	见 GB/T 29618.2—2013
	在线参数化			fdtOnlineParameterize	直接在设备中改变配置，另见 GB/T 29618.2—2013
	参数化			fdtOfflineParameterize	改变设备实例数据参数，另见 GB/T 29618.2—2013
	从设备加载数据				从设备传输参数
	回写设备参数				传输参数到设备
	识别			fdtIdentify	见 GB/T 29618.2—2013
	操作	观察		fdtObserve	显示实际设备信息，详见 GB/T 29618.2—2013
		趋势			具体参数的走势
		调整数据		fdtAdjustSetValue	见 GB/T 29618.2—2013
		跟踪检查		fdtAuditTrail	见 GB/T 29618.2—2013
	诊断			fdtDiagnosis	见 GB/T 29618.2—2013
	模拟			fdtForce	见 GB/T 29618.2—2013
	校准			fdtCalibration	见 GB/T 29618.2—2013
	设置			fdtConfiguration	更改设备配置，另见 GB/T 29618.2—2013 例如：更换模块数目
	在线比较			fdtOnlineCompare	见 GB/T 29618.2—2013
	离线比较			fdtOfflineCompare	见 GB/T 29618.2—2013

表 10（续）

DTM 功能			工具栏中的图标	功能 ID	注释
第一级	第二级	第三级			
附加功能	OEM 登录				启动 OEM 登录服务
	设备重置				弹出一个重启对话框
	固件升级				弹出固件升级对话框
	属性选项				设置属性，例如：用户界面的颜色
帮助	设备帮助				处理设备的帮助
	DTM 帮助				处理 DTM 的帮助
	关于				有关 DTM 帮助对话框

9 DTM 行为

9.1 修改变量参数值之后关闭用户 修改参数值的用户界面关闭

当某个参数值在界面被修改后，且此用户界面即将被关闭时，DTM 应当询问用户是否应用被修改的变量值。（如："是否应用更改？"）

- 如果选择"否"，被改变的参数值将不会被应用，同时用户界面将被关闭。
- 如果选择"是"，则依据【确定】或【应用】按钮的含义执行相应的操作。
- 如果选择"取消"，用户界面将不会被关闭。

以下操作应该被实现：

- 在操作区域设置【取消】或者【关闭】按钮。
- 如果框架应用程序准备执行关闭用户界面时（例如执行 IDtmActiveXControl.PrepareToRelease()函数），当用户点击"取消"时此函数应当返回 FALSE，在其他的情况下返回 TURE。

9.2 数据集

9.2.1 多用户界面的参数

当修改同时显示在同一个 DTM 实例下（同一个 DTM 业务对象）的多个用户界面中的数据时，该 DTM 应当保证数据显示的一致性。当在实例数据集中变量值修改结束时，应保证所有显示保持一致。

9.2.2 锁定机制

9.2.2.1 综述

如果数据集不能被锁定（例如 IFdtContainer：LockDataSet()返回 FALSE），或者被另一个 DTM 锁定（例如通过 IFdtEvent：OnLockDataSet()函数），相应图标应在状态栏显示。

通过禁用应用程序区域输入控件或禁用修改功能来阻止数据集被修改，例如禁用操作区域的按钮和菜单项。

DTM 应该实现一个用于同步 DTMs 的锁定（见 GB/T 29618.2—2013）。

9.2.2.2 同步 DTMs

当收到有关更改的参数的事件(IFdtEvent:OnParameterChanged())时,DTM 应当将新的参数值放入数据集中。在所有用户界面中全部的输入控件都应予以更新以显示新的参数值。

当收到有关数据集的解锁(IFdtEvent:OnUnlockDataSet())的事件时,DTM 应根据在状态栏中锁定的数据集来改变状态(见表 5)。如果用户的访问权限允许参数修改,DTM 应询问用户是否拥有写入权限。已实施的行为不得阻断 IFdtEvent:OnUnlockDataSet()方法。当用户要求有写入权限时,DTM 必须锁定数据集。只有在 DTM 可以锁定数据集时,DTM 才能使输入控件可用。

9.2.2.3 非同步 DTMs

当收到有关数据集的解锁(IFdtEvent:OnUnlockDataSet())的事件时,DTM 不应使输入控制可用且不得通过一个对话框,告知用户该数据集是解锁。DTM 应根据在状态栏中锁定的数据集改变状态(见表 5)。

9.3 在线参数化/数据来源:设备

如果 DTM 的用户界面提供在线访问设备(如 applicationId fdtOnlineParameterization)的功能,所有显示的参数应从设备中被载入,并且所有修改后的参数将在不对固定的数据集产生影响的情况下被保存到设备中。这些应在状态栏中通过设置适当的数据源图标来指示。只有在实例数据集被 DTM 锁定时才应提供设备的在线访问。

在用户要求关闭 DTM 的用户界面之后, DTM 应询问用户实例数据集和当前设备的配置是否应通过执行上传操作(对话框应当提供【是】,【否】和【取消】按钮)。这个动作可能会覆盖现有数据集内的实例(状态不等于'allDataLoaded',参见 GB/T 29618.2—2013 中 8.7.2)。如果是这样的情况,DTM 应在上述消息中包含该信息。

如果用户确认该数据必须是同步的,则 DTM 应当上传所有的参数到实例数据集。如果 DTM 可以保证设备数据和实例数据集的一致性,则根据设备的具体业务规则 DTM 只允许上传修改后的数据参数。

如果用户不要求同步性(【否】),则不需要从设备中加载数据。

如果用户选择【取消】,则不作任何响应执行。DTM 的用户界面将不会关闭。

一般来说,实例数据集的状态的设置应当符合 GB/T 29618.2—2013 中 8.7.2 的规定。

如果上传因任何原因被中止,之前的数据集和它的状态不应变化(即与之前上传请求有相同的值和状态)。

如果数据集不是由一个上传同步,DTM 应当设置标志'modifiedInDevice'。

虽然从设备加载参数值(在同步同步化过程中)时, DTM 的用户接口界面应提供的取消操作可能性。在用户按下一个按钮之后 DTM 可能不可以立即取消上传,但它应尽快取消。如果取消操作无法立即进行用户应被告知。

9.4 离线参数化/数据来源:数据集

当 DTM 的 ApplicationId 为 fdtOfflineParameterize,且用户关闭 DTM 的用户界面,同时 DTM 建立一个设备的连接(意思是 DTM 至少处于一个"通讯设置"状态),DTM 应询问用户是否同步实例数据集和当前设备配置(对话框应当提供【是】,【否】和【取消】按钮)。

如果用户要求同步性,则 DTM 应下载完整的参数集到设备,如果 DTM 可以保证设备数据和实例数据集的一致性,根据设备的具体业务规则 DTM 只允许下载修改后的数据参数。

如果用户不要求同步性(【否】键),则不需要下载数据到设备中。

如果用户选择【取消】，则不作任何响应。DTM 的用户界面将不会关闭。

一般来说，实例数据集的状态的设置，应当符合 GB/T 29618.2—2013 中 8.7.2 的规定。

如果下载因任何原因被中止，之前的数据集和它的状态应保持不变。

9.5 错误处理

如果出现错误，根据设备的功能提供默认的安全向导。例如，如果提供给用户一个复位的提示，默认响应该选择“否”。

修改无效的数据集中的参数不得上传到设备上。

9.6 通信

当框架应用程序被调用以用来设置通信接口(IDtm：SetCommunication())的接口指针时，DTM 不得将内部状态改为‘在线’。只有在 DTM 的某个功能需要访问该设备时，DTM 才将状态改变为‘在线’。

在第一次在线连接到设备被建立后，DTM 应检查它是否能够以适当的方式处理此设备(例如，通过通信协议特定的数据来检查设备类型)。此行为可能导致两种错误情况：

- DTM 无法建立连接；
- 设备无法被 DTM 处理。

在上述两种错误情况下，用户应以与功能无关的方式被告知：

- 在不含用户界面的功能中，应给予一条错误消息(通过 IDtmEvents：OnErrorMessage())；
- 在含用户界面的功能中，除了给予一个错误信息之外，所有的用户界面控件应被禁用。

如果设备无法被 DTM 处理，DTM 应当进入“通信设置”状态。

在“在线”状态 DTM 应该尽快到进入“通信设置”状态以支持资源的释放。由于不存在使 DTM 进入“通讯设置”状态的通用触发器，当无需在线功能时 DTM 应尽快离开在线状态。

在与 FDT 相关的通信错误〈fdt：communicationError〉情况中，设备 DTM 不应重复请求。在通信 DTM 生成 FDT 的相关通讯错误〈fdt：communicationError〉之前，应独立于总线协议尽量重复请求。

9.7 访问权限

9.7.1 FDT 角色和参数分类

为了访问参数或参数组，DTM 应当映射 FDT 角色和用户标志。

依据 FDT 角色及相关用户标志决定参数值是否能被修改。如果用户是不被允许修改参数，该参数应显示为只读。

表 11 描述了用户角色和参数分类之间的关系。

表 11 用户角色和参数分类之间的关系

角色	操作相关的参数(如：测量值、设定值、诊断)	维护相关的参数(如：测量范围、衰减)	固定参数(如：传感器标识数据、校准)	通信参数(如：ROFIBUS 相关参数、地址、……)
观察者	(只读)	(只读)	(只读)	(只读)
操作者	读写	(只读)	(只读)	(只读)
维护者	读写	读写	(只读)	(只读)

表 11（续）

角色	操作相关的参数（如：测量值、设定值、诊断）	维护相关的参数（如：测量范围、衰减）	固定参数（如：传感器标识数据、校准）	通信参数（如：ROFIBUS 相关参数、地址、……）
规划工程师（设备专家）	读写	读写	读(写)	读写
用户标识				
管理员（IT-专家）	取决于用户角色	取决于用户角色	取决于用户角色	读写
OEM 服务	读写	读写	读写	读写
(读)、(写)：该类中的所有参数不必都提供给该用户角色				

除了 FDT 角色，附加的 DTM 用户特权可被 DTMs 控制，例如安全装置，并应显示在 DTM 的状态栏。

特定的角色和应用之间的关系描述在 GB/T 29618.2—2013。

9.7.2 OEM 登录

为了安全起见，应为 OEM 服务登录设置超时。在每次用户交互(如设置参数值的变化)完成后，超时计时就开始。在超时后，DTM 可以提供特定的登录对话框。

即使在 OEM 登录时，在 DTM 应允许被用户或框架应用程序的要求而关闭(参考 GB/T 29618.2—2013 4.10)。更改的参数将被丢弃。

9.8 本地化

如果 DTM 不支持 IDtm：SetLanguage()方法内请求的语言，则应使用英语作为默认语言。

9.9 文档

一个 DTM 的应通过文件的接口公开所有配置相关参数(至少 fdtConfiguration 和 fdtOfflineParameterize 的所有参数)。这意味着所有相关参数应以〈DocumentVariables〉的形式被公开配置。

9.10 安装和卸载

安装前的 DTM，安装程序应检查是否符合安装的最低系统要求。也就是最低的操作系统和磁盘空间的要求。进一步检查就属于 DTM 的特定要求。

DTM 的安装应当通过一个向导，按照表 12 的几个步骤来指导用户安装。它应尽可能在任何步骤都可以取消安装过程。一般情况下，安装程序应该不需要重启。如果必须要重新启动，应当由用户来控制何时执行重新启动。

表 12 安装和卸载

步骤	含义	可用性
1	用户语言的选择(至少包含英文)	强制
2	检查使用者是否有 Microsoft Windows 管理员权限	强制

表 12（续）

步骤	含义	可用性
3	显示安装的所有 DTMs 的名称和版本。如果多于一个的 DTM 被安装，应当提供手段来选择 DTMs 安装	强制
4	执行许可程序，接受许可协议	可选
5	选择是否为所有用户要安装或只对当前用户	可选
6	选择安装类型（基础/专业）	可选
7	选择安装目录	强制
8	显示所有将要执行的动作	强制
9	执行安装，如果有错误则需显示错误	强制

缺省的安装目录应为：

〈drive〉:\〈program files〉\〈company name〉\…\〈DTM related name〉

对操作系统的位置不同，〈program files〉可能会有所不同。

安装目录或子目录应包含所有 DTM 相关的数据，例如 ActiveX 控件，GSD 文件，XML 文件，授权文件和文档。

DTM 的特定注册表项应包含在以下路径中：

HKEY_LOCAL_MACHINE\SOFTWARE\〈company name〉\…

用户的特定注册表项应包含在以下路径中：

HKEY_CURRENT_USER\SOFTWARE\〈company name〉\…

通用库应该被放置在“通用文件”目录下。如果公司创建了专用库，则可能需要创建一个单独的公司通用目录。

更新程序应被相同的安装向导所支持。新发布的 DTM 应容易安装，而无需手动卸载老版本。

卸载功能应被提供。它删除除通用的库或数据之外的 DTM 部件（参见 FDT 技术规范）。

一个 DTM 或 DTMs 集能够在操作系统内“添加或删除程序”对话框中识别出来。这意味着支持信息（版本号/构建索引）应可确定的 DTM 版本。

显示在“添加或删除程序’的可见的入口应先从公司的名称开始。

参 考 文 献

[1] NAMUR Worksheet Status Signals of Field Instruments,NE107,Version 6.7.2005

[2] PROFIBUS Technology Glossary http://www.profibus.org

[3] 'Official Guidelines for User Interface for Developers and Designers' Microsoft MSDN http://msdn.microsoft.com/library/default.asp? url=/library/en-us/dnwue/html/welcome.asp,2005-02-03

[4] Molich,R.,and Nielsen,J.(1990). Improving a human-computer dialogue,Communications of the ACM 33,3 (March),338-348

[5] Nielsen,J.(1994b). Heuristic evaluation.In Nielsen,J.,and Mack,R.L.(Eds.),Usability Inspection Methods,John Wiley & Sons,New York,NY

[6] Microsoft Active Accessibility,Version 2.0 http://msdn2.microsoft.com/en-us/library/ms697707.aspx,2008-02-24

ICS 25.040
N 10

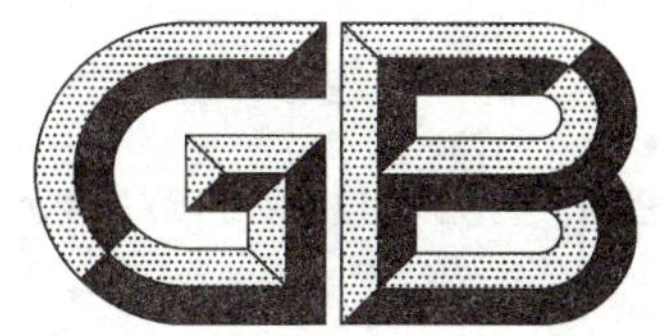

中华人民共和国国家标准

GB/T 29618.62—2017/IEC/TR 62453-62:2017

现场设备工具(FDT)接口规范 第62部分:现场设备工具(FDT)样式指南

Field device tool (FDT) interface specification—Part 62:Field device tool (FDT) styleguide

(IEC/TR 62453-62:2017,Field device tool (FDT) interface specification—Part 62:Field device tool (FDT) styleguide for common language infrastructure,IDT)

2017-12-29 发布　　2018-07-01 实施

中华人民共和国国家质量监督检验检疫总局
中国国家标准化管理委员会　发布

前　言

GB/T 29618《现场设备工具(FDT)接口规范》暂分为以下几个部分：

——第1部分：概述和导则；

——第2部分：概念和详细描述；

——第301部分：通信行规集成　FF现场总线规范；

——第302部分：通信行规集成　通用工业协议；

——第306部分：通信行规集成　INTERBUS现场总线规范；

——第309部分：通信行规集成　可寻址远程传感器高速通道；

——第315部分：通信行规集成　MODBUS现场总线规范；

——第41部分：对象模型行规集成　通用对象模型；

——第42部分：对象模型行规集成　通用语言基础结构；

——第515部分：通用对象模型的通信实现　MODBUS现场总线规范

——第51-10部分：通用对象模型的通信实现　FF现场总线规范；

——第51-20部分：通用对象模型的通信实现　通用工业协议；

——第51-60部分：通用对象模型的通信实现　INTERBUS现场总线规范；

——第51-90部分：通用对象模型的通信实现　IEC 61784 CPF 9；

——第51-150部分：通用对象模型的通信实现　IEC 61784 CPF 15；

——第52-10部分：通用语言基础结构的通信实现　FF现场总线规范；

——第52-20部分：通用语言基础结构的通信实现　通用工业协议；

——第52-31部分：通用语言基础结构的通信实现　IEC 61784 CP3/1和CP3/2；

——第52-32部分：通用语言基础结构的通信实现　IEC 61784 CP3/4、CP3/5和CP3/6；

——第52-90部分：通用语言基础结构的通信实现　IEC 61784 CPF 9；

——第52-150部分：通用语言基础结构的通信实现　IEC 61784 CPF 15；

——第61部分：通用对象模型的设备类型管理器样式指南；

——第62部分：现场设备工具(FDT)样式指南。

本部分为GB/T 29618的第62部分。

本部分按照GB/T 1.1—2009给出的规则起草。

本部分使用翻译法等同采用IEC/TR 62453-62:2017《现场设备工具(FDT)接口规范　第62部分：基于通用语言架构的现场设备工具(FDT)样式指南》。

与本部分中规范性引用的国际文件有一致性对应关系的我国文件如下：

——GB/T 29618.1—2017　现场设备工具(FDT)接口规范　第1部分：概述和导则(IEC 62453-1:2016,IDT)；

——GB/T 29618.2—2017　现场设备工具(FDT)接口规范　第2部分：概念和详细描述(IEC 62453-2:2016,IDT)；

——GB/T 29618.42—2017　现场设备工具(FDT)接口规范　对象模型行规集成　通用语言基础结构(IEC/TR 62453-42:2016,IDT)。

本部分由中国机械工业联合会提出。

本部分由全国工业过程测量和控制标准化技术委员会(SAC/TC 124)归口。

本部分起草单位：西南大学、机械工业仪器仪表综合技术经济研究所、罗克韦尔自动化(中国)有限公司、上海自动化仪表有限公司、浙江大学智能系统与控制研究所、赫优讯(上海)自动化系统贸易有限公司、施耐德电气(中国)有限公司、重庆川仪自动化股份有限公司、苏州美名软件有限公司。

本部分主要起草人:周雪莲、陈映萍、黄巧莉、王春喜、汪烁、华镕、张庆军、冯冬芹、李京、王勇、田英明、吕亚军、杜佳琳、王德吉。

引　言

本部分是有关DTM用户界面的设计规范，该规范针对在客户端/服务器架构中进行功能控制和数据访问的FDT(Field Device Tool)组件开发者。该部分是为了开发标准接口，分析和设计过程的结果，这些接口用于促进多个制造商开发的组件之间的无缝互操作。为了帮助多个供应商能够开发出能互相无缝集成的模块，本部分分析、设计并开发了标准接口。

DTM(设备类型管理器，Device Type Manger)是某种特定设备的软件组件，由设备制造商将DTM软件和设备一起提供给用户。通过该规范中定义的FDT接口将DTM集成到工程工具中。通常，该集成方法对所有的现场总线是开放的，因此满足在异构控制系统中集成不同类型的设备的要求。

为了保证全工厂控制和自动化技术的一致性管理，在自动化整个生命周期中，把现场总线、设备和子系统进行大范围的、无缝化的、全面的集成工作是很必要的。该集成同样需要设备特定组件有统一的外观和风格。

本部分在GB/T 29618中的结构如图1所示。

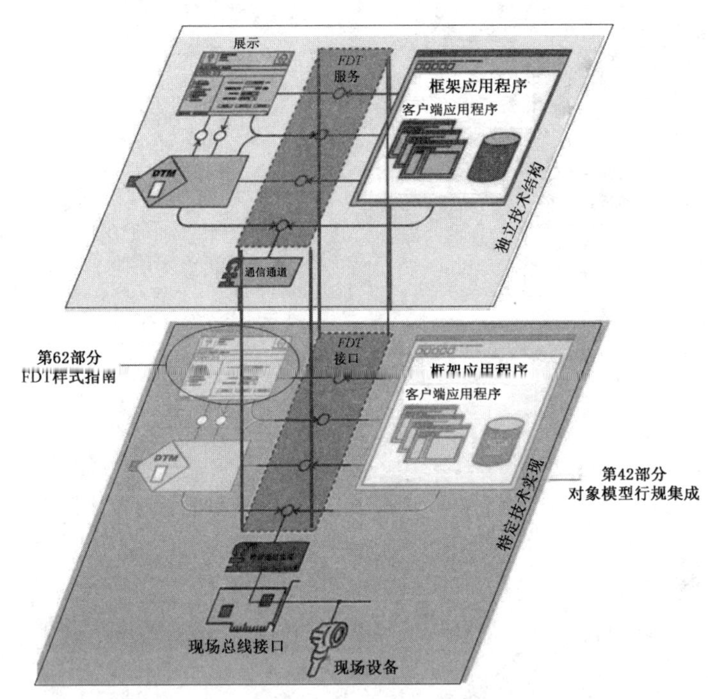

图1　本部分在GB/T 29618中的结构

现场设备工具(FDT)接口规范 第62部分:现场设备工具(FDT)样式指南

1 范围

GB/T 29618 的本部分解释了基于 CLI(通用语言架构)实现 DTM 以及与用户界面和行为相关的框架应用程序部分的指南和准则。这些指南和准则是 FDT 规范(GB/T 29618.42)的一部分,确保为所有用户在系统的 DTM 之间提供清晰、一致的用户界面功能和特征。

本部分既不包含 FDT 规范本身,也没有修改它。

2 规范性引用文件

下列文件对于本文件的应用是必不可少的。凡是注日期的引用文件,仅注日期的版本适用于本文件。凡是不注日期的引用文件,其最新版本(包括所有的修改单)适用于本文件。

IEC 62453-1 现场设备工具(FDT)接口规范 第1部分:概述和导则[Field deivce tool(FDT) interface specification—Part 1:Overview and guidance]

IEC 62453-2 现场设备工具(FDT)接口规范 第2部分:概念和详细描述[Field deivce tool (FDT) interface specification—Part 2:Concepts and detailed description]

IEC/TR 62453-42 现场设备工具(FDT)接口规范 第42部分:对象模型行规集成 通用语言基础结构[Field deivce tool(FDT) interface specification—Part 42:Object model integration profile—Common Language Infrastructure]

3 术语和定义、符号和缩略语、约定

3.1 术语和定义

IEC 62453-1、IEC 62453-2 和参考文献[7]界定的以及下列术语和定义适用于本文件。

3.1.1

应用程序 application

DTM 用户界面应用程序和 DTM 用户界面功能。

3.2 符号和缩略语

IEC 62453-1、IEC 62453-2 和 IEC/TR 62453-42 界定的以及下列符号和缩略语适用于本文件。

NAMUR:过程工业自动化技术用户协会(User Association of Automation Technology in Process Industries)

UI:用户界面(User Interface)

WPF:视窗表示基础(微软用户界面库)[Windows Presentation Foundation(Microsoft user interface library)]

3.3 约定

3.3.1 数据类型名和数据类型引用

数据类型的名字和引用的约定在参考文献[7]中给出。

3.3.2 要求的用词

在说明要求时,用下列词汇:

用词	含义
“应”或“强制”	表示不允许例外
“宜”或“推荐”	表示强烈推荐。在特殊例外的情况下,可以与描述的行为不同
“有条件的”	根据定义的条件,应提供的功能和行为
“可能”或“可选的”	可提供的功能或行为

3.3.3 特定格式

下面的格式用来描述特定的内容。

大写字母	键盘上的按键名,例如,SHIFT,CTRL 或者 ALT。
[按钮文字]	带指定文字的按钮。
ClassName::PropertyName InterfaceName::MethodName	在 FDT2.0 技术规范中定义的特性或方法的名称。

4 设计 DTM 用户界面的基础

DTM 用户界面的设计有 10 个通用原则参考文献[3]参考文献[4]。它们之所以被称为“启发式”原则,是因为它们具有比具体的可用性准则更多的经验法则性质。这些启发式原则应该给 DTM 开发者提供一些关于如何实现 DTM 的一般提示。更多的用户界面设计的基础,请参阅相应可用的文献(如参考文献[5]参考文献[6])。10 个通用原则如下:

系统状态的可视化

该系统应在一个用户可接受的时间内,通过适当的反馈,保持用户了解当前系统的状态(根据具体任务如,1 s)。

系统和现实世界之间匹配

该系统应使用用户熟悉的词、短语和概念,而不是面向系统的术语、语言。按现实世界惯例,这些信息显示更自然和符合逻辑顺序。

用户控制和使用自由

因为用户经常错误地选择系统的某一功能,因此需要一个清晰标注的“紧急出口”以离开不需要的状态,而不必通过扩展对话框来退出,并且这一操作支持撤销和重做。

一致性和标准

用户不用去揣测不同的提示、状态或操作是否代表同一个事情,应该遵循平台的惯例。

错误预防

一个细致的设计应该提前预防错误发生,而不是事后显示错误信息。

识别而非回忆

让用户界面中的所有的对象、操作和选项保持可见。用户不用去记住从前一次对话到后一次对话的信息。系统的使用说明应该是可见的,或在需要时容易获取。

使用的灵活性和效率

对初级用户不可见的加速器经常可以加快与专业用户之间的交互,因此,系统可以同时满足有经验用户和没有经验用户的使用需求。允许用户对频繁操作进行定制。

美感及简化设计

对话不应包含不相关的或很少需要的信息。在对话中附加信息会与主要信息产生竞争，降低主要信息的可视性。

帮助用户识别、诊断错误并恢复

错误消息应以简单的语言表达(非代码似的提示)，要能精确地指出问题，并建设性地提出解决方案。

帮助和文档

虽然系统在没有帮助和文档的情况下也能够正常运行，但帮助和文档对用户来说非常重要。并且这样的信息应该要求很容易进行搜索，要以用户的任务为中心，列出执行的具体步骤，且这些文档和帮助不应该太大。

5 FDT 用户的收益

采用符合样式指南的 DTM，能使用户更有效、更安全地进行操作。用户可以用统一的方式，对来自不同制造商的设备数据进行参数化和管理。因此，无论是哪个制造商的产品或哪种设备类型，会呈现给用户一个结构清晰的概念。DTM 开发的细节和要求在后续章节中给出。

指南和规则被定义为：

——统一的用户向导：无论是哪种设备类型或哪个 DTM 制造商的产品或采用的是哪种通信协议，DTM 用户界面都以同样的方式在工程系统和独立工具中使用和显示。

——统一的 DTM 行为。

——DTM 和指定设备的明确标识。

——确保用户连续地更新状态并配置参数，标出配置的所有变化。

——无论用户界面的输入是直接影响设备还是离线的配置，都要及时通知用户。

——正确配置词汇(如，接收某些特定字符)、语法(如，字符的数量限制)和语义(如，给定值应小于上限值)的基础是执行合理性检查。

6 DTM 用户界面

6.1 目标

DTM 应用程序用户界面的设计应该简单易用、通俗易懂，使用户能够专注于其主要任务，而不会因为新颖的界面元素或功能而分散注意力。

6.2 外观

6.2.1 概述

一般来说，DTM 的用户界面分为以下几个区域：

——标识区域：包含 DTM 操作设备的信息。

——应用区域：包含所选功能的所有必备的 UI 元素。

在以下部分描述这些区域。

除此之外，框架应用程序还显示和控制以下的两个 DTM 相关区域。

——操作区域，应包含启动用户选择的按钮。

——状态区域，包含 DTM 状态信息。

FDT 图标库的图标应该用于所有 FDT 工具以及在本文档中描述的状态。

6.2.2 DTM 用户界面分类

6.2.2.1 概述

DTM 用户界面的三个类别如下：

——标准布局：在一个应用程序中呈现一个显示对象，并且在应用程序中没有向导提示或者只有很少的向导提示。

——高级布局：在一个应用程序中呈现一个显示对象，并且在应用程序中有高级向导。

——向导布局：用显示对象指导用户的输入。

6.2.2.2 标准用户界面

DTM 标准用户界面需要的区域如图 2 所示。

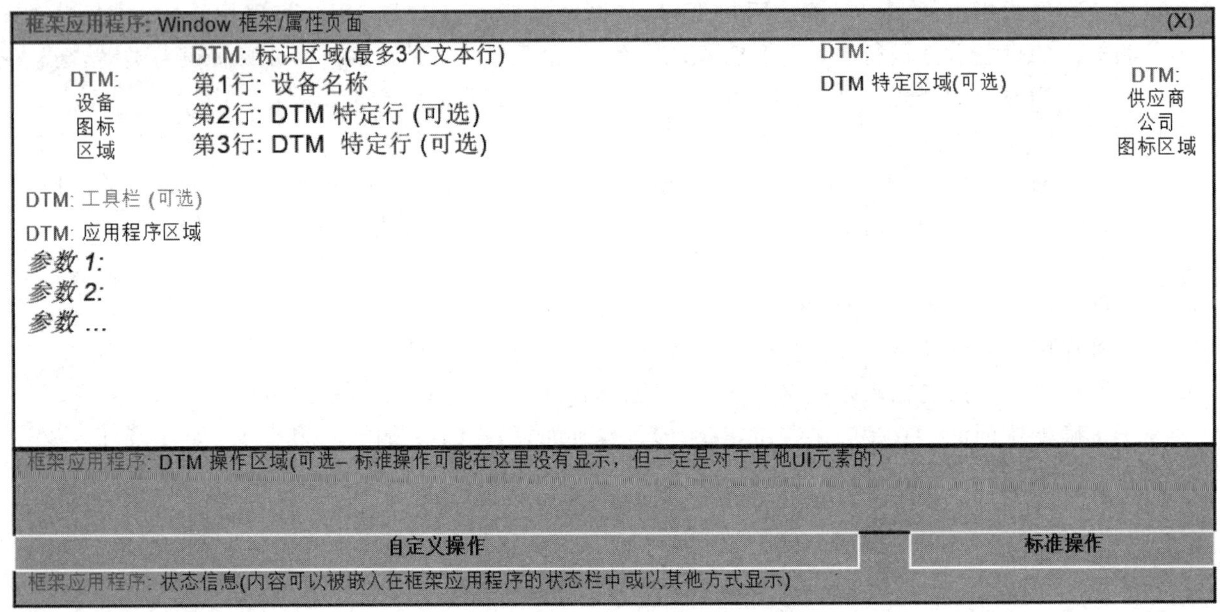

图 2 标准用户界面区域

除了强制性元素(标识区域、应用区域)之外，用户界面还可包含一个工具条。

所有用红色 DTM 标签标记的区域都是由 DTM 自己控制和显示的。用红色 FA 标签标记的区域与某些 DTM 有关但是由框架应用程序根据其规则控制和显示的。为了显示正确的按钮和状态信息，DTM 提供由框架应用程序使用的界面和实际值。

关于自定义操作和标准操作将在 6.2.3.6 中描述。

6.2.2.3 高级用户界面

根据设备的复杂性和所需的功能，DTM 用户界面可能需要附加提供用户导航。

导航区域提供了对应用程序和/或与当前应用程序相关的参数子集的访问。对导航区域的详细描述见 6.2.3.4。

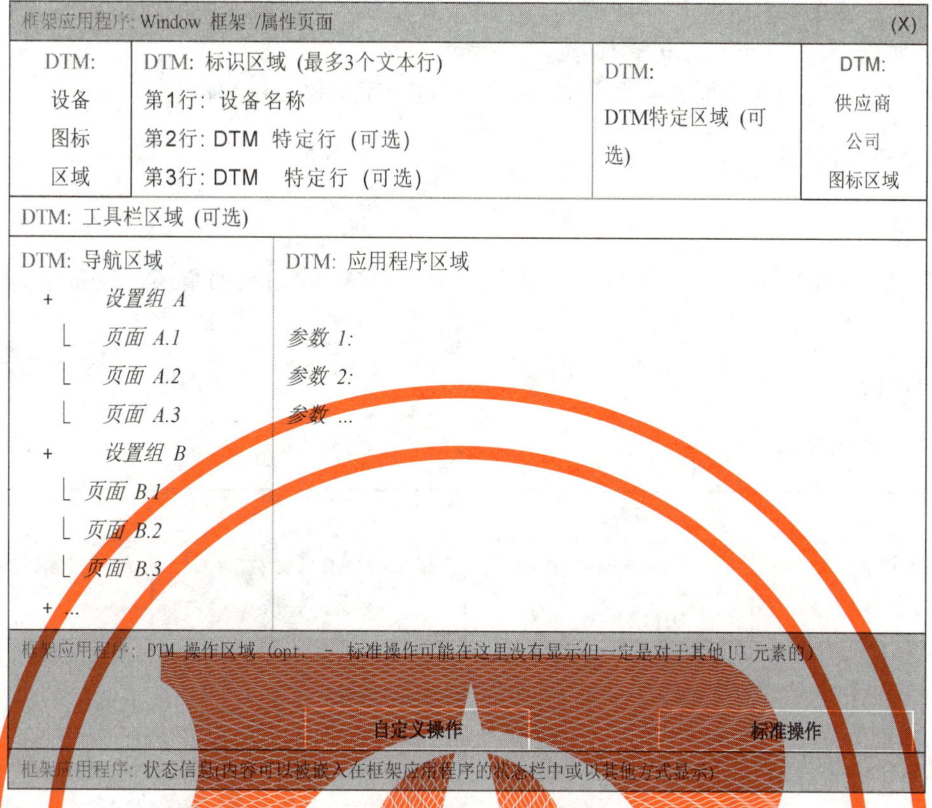

图 3 高级用户界面区域

除了强制性元素(标识区域、导航区域、应用区域)之外,用户界面还可包含一个工具条。

如标准用户界面所描述,所有区域都由 DTM 和框架应用程序控制和显示。

6.2.2.4 用户向导界面

用户向导界面通过一系列动作一步一步指导用户进行操作。用户向导界面应实现为 DTM 模态对话框。

用户向导界面应包含以下结构,如图 4 所示:

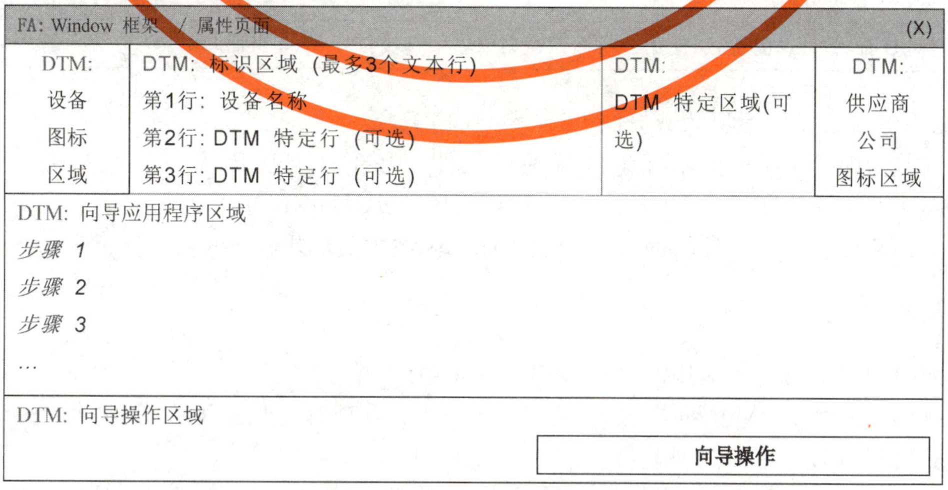

FA: Window 框架 / 属性页面 (X)

DTM:
设备
图标
区域

DTM: 标识区域 (最多3个文本行)
第1行: 设备名称
第2行: DTM 特定行 (可选)
第3行: DTM 特定行 (可选)

DTM:
DTM 特定区域(可选)

DTM:
供应商
公司
图标区域

DTM: 向导应用程序区域
步骤 1
步骤 2
步骤 3
…

DTM: 向导操作区域
向导操作

图 4 用户向导界面区域

向导应用程序区的设计完全用于满足DTM供应商的需求。建议在向导应用程序区域的顶部或左边提供一个序列流(如,“Step *i* of *n*-文件选择”)

向导应用程序区是向导页面的容器。向导操作区包含用于控制序列的所有按钮见6.2.3.6。

6.2.3 DTM用户界面区域

6.2.3.1 概述

在一般情况下,用户应意识到,参数的修改应该应用于DTM的数据集还是设备中。此外,用户界面的行为取决于用户界面是支持块模式(见7.2.2)还是直接模式(见7.2.3)。

6.2.3.2 标识区域

标识区域的结构如图5所示:

<table>
<tr><td rowspan="3">设备图片</td><td>设备名称</td><td rowspan="3">DTM特定区域(可选)</td><td rowspan="3">公司标识</td></tr>
<tr><td>DTM特定行(可选)</td></tr>
<tr><td>DTM特定行(可选)</td></tr>
</table>

图5 标识区域的结构

此区域包含受DTM处理的有关设备的信息(见表1)。

表1 标识区域的内容

内容(只读)	可用性
第一列:设备图片	必须的
第二列	
第一行:Property ProductName of DeviceTypeInfo	必须的
第二行:DTM特定行(也能够从设备中获取)	可选的
第二行:DTM特定行(也能够从设备中获取)	可选的
第三列:显示DTM特定信息	可选的
第四列:公司标识(右侧,可选的链接:使用公司标识在浏览器中直接打开Web页面)	必须的

DTM能为隐藏或显示标识区域提供可能(参阅表2)。

此外,框架应用程序可以控制标识区域的可见性。基于框架应用程序的控制优先级高于基于DTM的控制(参见参考文献[7]、6.4 DTM用户界面、IDTMUIfunction)。

只有在应用程序区域中可编辑的参数才能在标识区域中被编辑。

6.2.3.3 工具条(可选)

工具条应该只包含与当前应用程序直接相关的元素。

表2中列出了一个DTM中可能的工具条项。不是所有项都应由DTM提供,每一个项都是可选的。一个工具可以具有一个下拉列表项。

如果DTM提供的特定功能不能映射到表中的元素,则该功能可以使用定制项。此定制项应该从用户的角度进行逻辑地整合。

表 2　工具条

工具条图标	注释
	使能/禁用标识区，仅在框架应用程序允许显示这个区域时才使能
	使能/禁用导航区
[a]	在用户界面内，撤销编辑功能
[a]	在用户界面内，重做编辑功能
[a]	在用户界面内，剪切功能
[a]	在用户界面内，拷贝功能
[a]	在用户界面内，粘贴功能
[a]	在用户界面内，查找功能
	从设备中加载应用相关部分参数集
	把应用相关部分参数集写入到设备
	特定参数的趋势显示
	启动复位设备的对话框
	从数据集中加载应用相关部分参数集
	把应用相关部分参数集写入到数据集
[a]	DTM 打印　预览[b]
[a]	DTM 打印[b]
[a]	特性，例如用户界面的可视化显示
[a]	设备处理的帮助
[a]	DTM 处理的帮助

[a] 应使用标准的微软视窗图标。

[b] 对框架应用程序提供的文档功能没有影响(见 IEC 62453-2)。

如果可用，在工具条上的工具应以一种特定的顺序放置。在表中的工具"启用/禁用区域"应左对齐，"帮助"工具应右对齐。"从设备加载"工具不应在"存储到设备"工具中。工具可以用分隔符进行分组。

6.2.3.4　导航区域

导航区域在高级用户界面中使用。

导航区域含有一个导航控件，如，导航树。导航控件的每一个元素代表应用程序参数集(包括单个参数)的一个子集或者代表一个应用程序。

代表参数子集的元素应该被分到适当的参数组。当选择一个元素时，其相应的参数组应在应用程序区域中显示。

为了访问所有的项，导航区域可以包含滚动条。该 DTM 可以提供调整大小、隐藏或显示导航区域的功能。

6.2.3.5 应用程序区域

应用程序区域的内容取决于所选的应用程序。应用程序何时对参数进行处理，详细情况见第 7 章。

应用程序区域可包含滚动条，并且能够调整大小。

6.2.3.6 操作区域

6.2.3.6.1 概述

对操作区域的显示是由框架应用程序负责的。操作区域的表示方式取决于框架应用程序的实现。

操作区域可分为两部分：

——标准操作；

——DTM 应用程序特定按钮。

6.2.3.6.2 框架应用程序标准操作

操作区域这部分的内容是由下表中描述的 DTM 用户界面方法提供的信息。框架应用程序被告知 DTM 用户界面模式。

DTM 用户界面使用块模式(IDtmUIFunctionNonModal 特性 UiOperationMode＝BlockMode)：

表 3 用户界面使用块模式的方法

操作	数据源	条件	描述
〈Apply〉		DTM 能够支持〈Apply action〉	在用户界面中改变的值将只应用于实例数据集。仍然打开用户界面，可以拒绝操作
		DTM 能够支持〈Apply action〉	所有改变的设备值将只被传输到设备中，仍然打开用户界面。如果数据无效，将拒绝操作。 根据 8.2.1 如果用户界面包含数据集值，那么这些值将只会被传输到实例数据集中
		DTM 能够支持〈Apply action〉	在用户界面中改变的值将应用于实例数据集和设备。仍然打开用户界面，如果数据无效，将拒绝操作
〈Close〉	所有	参数已改变	框架应用程序将询问用户已改变的参数应该应用还是丢弃；关闭用户界面
		参数未改变	关闭用户界面
〈Help〉	所有	无条件	打开 DTM 处理的帮助处理

如果框架应用程序显示[OK]按钮，将执行〈Apply〉和〈Close〉操作。如果显示[Cancel]按钮，则只执行〈Close〉操作。

DTM 用户界面使用直接模式或者不可改变的值(IDtmUIFunctionNonModal 特性 UiOperation-Mode = DirectMode)：

表 4 用户界面使用直接模式的方法

操作	数据源	条件	描述
〈Close〉	所有	无条件	关闭用户界面
〈Help〉	所有	无条件	打开 DTM 处理的帮助处理

6.2.3.6.3 自定义操作

自定义操作可以通过应用程序特定按钮来表示。应用程序特定的按钮提供合适的工具，用于执行特定 DTM 的当前应用。应用程序特定按钮应放在 DTM 用户界面的下面。应用程序特定按钮区域的内容取决于 DTM 用户界面 IApplicationSpecificActions 接口的信息。该接口允许按钮标签的启用、禁用、可见性和本地化。

按钮文本应适应于配置语言。不允许为自定义操作定义快捷键。

6.2.3.6.4 向导操作

用户向导界面的标准操作在下表中描述。

表 5 向导操作

应用程序	支持方法	描述
用户向导界面	以下集合的按钮：[Back]，[Next]，[Finish]，[Cancel]，[Restart]，[Help]	根据特定向导序列，按钮子集应该以一般顺序使用

6.2.3.7 状态区域

状态区域包含 DTM 和设备的全局状态信息。状态区域由框架应用程序显示和控制。

状态区域的元素在表 6 中列出。某些元素和整个 DTM 相关，某些元素只与一个单独的用户接口相关。

表 6 状态栏的内容

以字段编号的内容(只读)	相关	图标/文本
1. DTM 连接状态	DTM	见表 7
2. 过程通信	DTM	只在通信中显示； 推荐 和 交替
3. 数据源	用户接口	见表 8。(图标和文本)
4. 实例数据集状态	DTM	见表 8。(图标)
5. 当前应用程序使用的所有参数的概括状态，如果设置了所有参数的状态，将显示概括状态	用户接口	?，!， 根据定义在表 10 中的图标和提示信息

表 6（续）

以字段编号的内容(只读)	相关	图标/文本
6. 可选:设备诊断状态.根据 NAMUR(含有提示信息的图标)	DTM	见表 11 可能的设备诊断状态(见参考文献[1])
7. 服务模式	DTM	标准文本:服务模式 DTM 可以提供更详细的解释,例如由框架应用程序显示的提示信息

字段号为 1 的可能的 DTM 连接状态(不考虑应用程序)在下表中定义。DTM 状态列和 DTM 在线状态列在参考文献[7]中“DTM 状态机”这一章中描述。

表 7 可能的连接状态

图标和文本(见 0 的 T1 部分)	提示信息	DTM 状态	DTM 的在线状态
连接已断开	DTM 没有连接到设备	正在运行,已创建,已初始化,正在配置,正在释放,已释放	
连接已断开	DTM 没有连接到设备	CommunicationAllowed	Inactive
支持	DTM 准备好连接	CommunicationAllowed	NotConnectedStandyBy
连接中	DTM 正在与设备进行连接	CommunicationAllowed	Connecting
检测中	DTM 正在检测已连接设备	CommunicationAllowed	ConnectedCheckingDevice
已连接	DTM 已连接到设备	CommunicationAllowed	ConnectedOnline
正在断开连接	DTM 正在停止与设备的连接	CommunicationAllowed	*Disconnecting*
干扰	DTM 无连接:发现错误设备类型或连接中止	CommunicationAllowed	NotConnectedDisturbed

字段号为 3 的可能的数据源和目标状态在表 8 中定义:

表 8 可能的数据源和目标状态

图标和文本(见 0 的 T1 部分)	行为	数据源
数据集	显示的值来自于初始数据集或只从实例数据集中加载。已改变的值只会影响实例数据集	InstanceDataSet
已锁定数据集	显示的值只从实例数据集中加载。数据集由多用户环境中的另一个 DTM 实例锁定	InstanceDataSetLocked
设备	此图标由包含在线信息(数据或命令)的所有应用程序显示	Device

表 8（续）

图标和文本 （见 0 的 T1 部分）	行为	数据源
已锁定设备	此图标由包含在线信息（数据或命令）的所有应用程序显示。设备被写保护，如，因为它是由本地用户界面使用或因为安全原因	DeviceLocked
设备和数据集	应用程序将所有参数值存储到两个数据源中	Both
已锁定设备和数据集	数据集由多用户环境中的另一个 DTM 实例锁定，或者设备被写保护，如，因为它是由本地用户界面使用或因为安全原因	BothLocked

框架应用程序能从 DTM UI 的 IDtmUiFunctionNonModal 接口中获取当前的数据源。

字段号为 4 的可能的图标与 IInstanceData 状态和 IDeviceData 状态相关（见参考文献[7]中的 6.3.1）。

表 9 可能的实例数据集状态

		IInstanceData.ModifiedInDTM		
IDeviceData. ModifiedInDevice	State	Default	ModifiedInDTM	DataLoaded
	ModifiedOnline	≠	≠	≠
	NoKnownChanges	≠	≠	=

工具提示 P14 应在 ≠ 的情况下使用，工具提示 P15 应在 = 的情况下使用。

只有当一个设备的数据集完全被加载到 DTM 中后，才会显示 = 图标，反之亦然。见 8.5。

在没有设备数据集（如，CommDTM）可用的情况下，不会显示任何图标。

字段号为 5 的可能的图标与 IDtmUiFunctionNonModal 的 CurrentParameterSummaryState 特性相关。

表 10 可能的修改状态

图标	状态	描述
?,	不确定	一个或多个参数值不安全
	已修改	一个或多个参数值已被修改
!	无效	一个或多个参数值显示为无效
〈empty〉	NoIndication	所有变量值都是默认的或者从设备或数据库中读取

框架应用程序能够通过 DTM 的 IOnlineOperations 接口读取诊断状态。

字段号为 6 的可能的设备诊断状态见表 11：

表 11 可能的设备诊断状态(见参考文献[1])

图标	设备诊断状态	解释
	故障	现场设备或其外设失效引起的输出信号失效。 例如:变送器中的传感器不正常,物位传感器雷达没有回声,光度计的灯存在缺陷,气体分析仪没有采样到任何气流
	检查功能	因为设备正在进行工作,输出信号暂时无效(例如,冻结) 例如:从数字现场仪表读出参数,物位变送器的储槽补偿,气体分析仪的标定,pH 测量仪表的电极清洗
	超出规定范围	因为设备的内部问题或过程特性,设备运行超出其规定的量程,内部诊断指示与测量值或设定值有偏差。 例如:流量测量中的泡沫形成
	需要维护	输出信号是合法的,但是即将磨损,或功能即将受到运行条件的限制。 例如:物位变送器雷达的弱回波,光度计灯的强度降低,分析仪的可耗试剂减少
	诊断有效	设备状态已检测。没有报告错误
	诊断状态未知	未读取设备状态
空	不支持	不支持的诊断状态(没有实现 IOnlineOperations)

6.3 一般行为

6.3.1 概述

DTM 用户界面应该基于 Microsoft Windows 的样式指南(见参考文献[2])。推荐使用 Windows 公共控件。Windows 公共控件应以 Microsoft 所定义的方式工作。

这意味着,不允许改变公共控件如按钮、组合框、编辑框控件等的行为。例如,不允许改变公共快捷键如 Ctrl+C 和 Ctrl+V 的行为。

6.3.2 WPF 用户界面

框架应用程序负责管理样式和模板。

DTM 不应改变公共控件。这意味着不允许修改公共控件的 ControlTemplate。以便确保所有 DTM 的外观与框架应用程序的外观是相同的。

如果 DTM 要创建自己的控件,它应使用 SystemColors,SystemFonts 和 SystemParameters。这些系统资源的关键字应添加到动态资源绑定中。

例如:

```
<Object property="{DynamicResource {x:Static SystemColors.ControlBrushKey}}"/>
```

如果框架应用程序要改变它的外观,它应使用 SystemColors,SystemFonts 和 SystemParameters。

例如:

```
<SolidColorBrush x:Key="{x:Static SystemColors.ControlBrushKey}" Color="LightBlue"/>
```

6.3.3 UI 导航

DTM 用户界面的元素应能通过定点设备(如,鼠标)进行选择,也应该可以通过键盘进行选择。应支持在 UI 区域和对象之间进行导航的快捷键。

TAB 键和 SHIFT+TAB 组合键用于在应用程序区域和可选导航区域之间进行导航。也应支持在应用程序区域中各对象之间的导航,并使用相同的快捷键。

如果在当前区域的最后一个元素上按下 TAB 键,应将焦点从导航区域切换到应用程序区域,反之亦然。

通常,应用程序区域中各元素的 TAB 键逻辑顺序应该从左上角到右下角。

在树形视图中的导航应可以使用方向键。

6.3.4 UI 大小调整

DTM 用户界面应可调整大小。在这种情况下,DTM 应负责内部控件的位置重排和必要时在导航区域和应用程序区域插入滚动条。

6.3.5 信息显示

在图形用户界面中,任何信息的显示都是以文字、符号或图形的方式完成的。

应只使用一种字体(推荐使用系统字体),以增强文本的可读性。应尽可能减小字体大小和字体样式的变化。

本样式指南中定义的图标应只能按定义的含义使用(见 6.2.3.7 和 7.3.2)。定义之外的其他图标的使用应清晰和无歧义,并且适应已有规范(如操作系统的通用图标)。所有使用的图标都强制提供工具提示。

颜色应只能作为辅助信息。应使用小的颜色集。闪烁信息不应该用于属性的进一步显示。

本规范中所有的定义和描述都遵循从“左到右”的语言规范。中东地区的语言,如希伯来语和阿拉伯语,主要是从右到左写。因此,中东地区的用户界面需要合适的布局。

对于耗时长的操作,应在应用程序区域和导航区域内将鼠标指针切换为如沙漏的样子。此外,应同时使用 IFrameUI.ShowProgress。

6.3.6 模态用户界面的使用

DTM 和框架应用程序应不使用模态用户界面来显示进度信息。

7 参数处理

7.1 应用区域内的表示

如果需要在应用程序区域内显示大量参数,应将这些参数分组。分组参数应用一个标题栏显示。

7.2 更改参数值

7.2.1 参数之间的关系

一个参数值的变化可能会影响其他参数值。受影响的参数应与变化了的参数值相对应。

例如,改变一个参数的单位可以改变其他参数的单位,并且相应的参数值应根据新的单位进行转换。在转换后,所有调整的参数应标记显示为已更改。

7.2.2 块模式

7.2.2.1 概述

在块模式下,用户可以编辑/更改一个或多个参数值。所有已修改过的参数值应通过操作区域的按钮(即[Apply])得到应用。因此,在影响实例数据集和/或设备数据之前,可能修改不止一个参数值。

7.2.2.2 面向应用的块模式

用户可以在应用或放弃更改之前编辑一个完整应用程序的所有参数值。

7.2.2.3 面向页面的块模式

页是属于导航区域的某一个项目的应用程序区域中的内容。

在面向页面编辑的高级用户界面中,用户可以在选择导航区域中的另一个项目之前应用或放弃当前应用程序区域的更改。

当用户选择导航区域中的另一个项,而目前的应用程序区域包含了更改,则必须在显示新页面之前询问用户是否要应用这些更改。也应提供可能选择取消并返回到当前页面的功能。

7.2.3 直接模式

在直接模式下,一次只能应用单一参数。此更改直接作用于实例数据集或设备。

此特征是可选的。应该只有在以下情况下才被实现:

——DTM 不支持设备的所有业务规则;

——支持特殊的功能(如,点动模式)。

如果需要其他操作来应用该值(如,按回车键),必须告知用户如何存储一个变化的值或放弃更改。这将在应用程序区域内描述(例如工具提示或文本框)。

在一个应用程序运行期间,从块模式向直接模式转换或从直接模式向块模式转换是被明确禁止的。

7.2.4 连续检查和一次性检查

应当进行基于词法(如,只接受某些特定字符)、语法(如,允许数量有限的字符)和语义(如,给定值应小于上限值)的合理性性检查。

在连续检查情况下,当编辑参数值时,每次改变参数值后都要进行有效性、合理性评估。例如,在输入每个新字符之后。图 6 描述了连续检查。

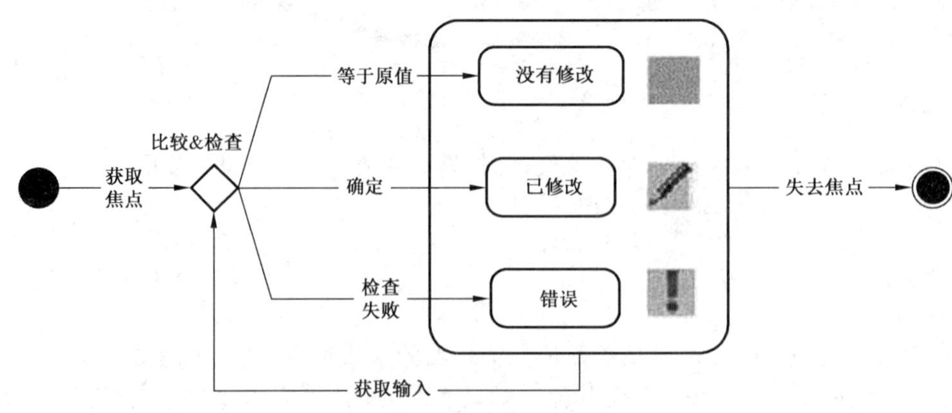

图 6 状态图:连续检查

"失去焦点":输入元素失去键盘焦点,例如选择了用户界面的其他控件。鼠标指针或TAB键可以用来做这种选择。

图标定义见表13。

在一次性检查的情况下,当参数值编辑完成时,要对新值的合理性进行评估。这包括词法、语法和语义检查。

图7描述了一次性检查。

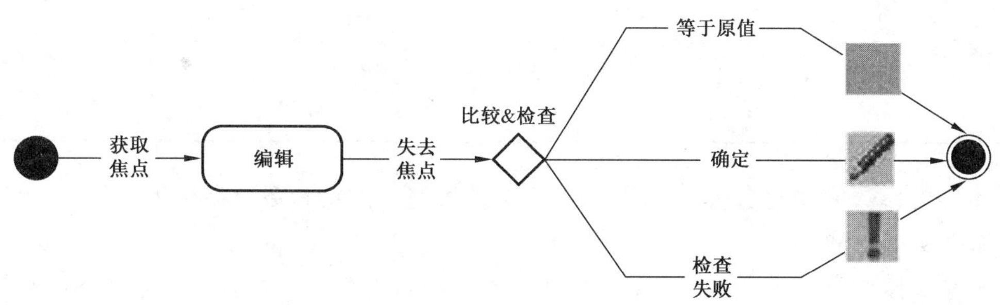

图7　状态图:一次性检查

在一般情况下,应尽可能实现连续性检查的功能,如果不能提供连续检查,应实现一次性检查的功能。

7.3　参数的表示

7.3.1　参数值和相关信息

在显示参数值的同时,应显示上下文信息和状态信息。内容由含参数名称的标签、状态图标、输入元素以及单位的标签组成(如果单位可用)。

如图8所示:

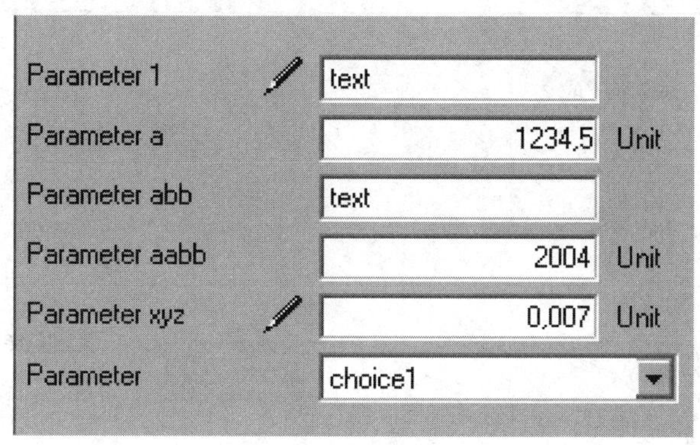

图8　参数值和相关信息

——参数名称的标签应该左对齐;

——状态图标应在输入元素的前面;

——不规范的数据如表12所示;

——单位标签应该左对齐。

表 12 不规范数据的显示

数据状态	显示
不是数值	-/- or NaN
正无穷	>>>
负无穷	<<<

当参数组中的参数值彼此互相制约时(如一组单选按钮),这组参数应显示当前状态信息,且状态图标应该在参数组标签的右边。

应为每一个参数或者至少为一组参数提供一个简短的帮助项(一句话解释,如使用提示)。此外,应该能访问此参数或参数组的完整帮助(例如,通过 F1 键或超链接)。

7.3.2 参数值修改

在应用程序区域中显示的参数值可以通过用户输入或从设备、数据库读取的数据来改变。每个参数的显示应根据微软的样式指南如参考文献[2]确定其是否可通过用户输入修改。

在参数值的更改之后或更改过程中,状态图标通知用户关于更改的形式,如果需要,也通知用户数据来源。此外,显示在状态条(见表 6)中的汇总状态同时显示参数的所有变化。

根据表 13 中定义的优先级使用图标来显示参数值的状态:

表 13 参数值状态的优先级

状态	优先级	状态图标	工具提示文本 (见 0)	可用性
非安全值 参数不安全因为在给定时间内未更新或参数尚未从设备加载	1	?	非安全值	推荐
无效值 (如,不合理)	2	!	无效值	强制
已改变值 参数值已改变(不相等)到数据源	3		已修改	强制
未改变 参数值等于数据源值(数据库或现场设备)				
如果用户可改变的来源于数据集的参数值显示在一个在线应用程序中,这些值将被唯一的数据集图标标记	4		数据集	强制
动态参数,其值按轮询频率进行更新	5		周期刷新	可选
未改变	6	(无)	(无)	强制

除了强制性文本以外，还应在工具提示中包括工具提示。

在导航区域的导航控件中，应能识别已改变的和/或无效的参数。

8 DTM的应用

8.1 概述

根据参考文献[7]，DTM公开由IFunctions::FunctionInfo特性返回的当前状态相关的可用功能完整集。框架应用程序负责在其所有用户界面中以同样的方式显示这些功能。在基于DTM的功能和基于FDT框架应用程序的功能之间不应该有间断。

通常，框架应用程序负责识别DTM实例，并启用由DTM实例执行的当前功能。这样的功能可以通过由DTM提供的特定用户界面进行处理。在这种情况下，框架应用程序将启动DTM用户界面作为集成的应用。然后，框架应用程序在该应用程序的标题中显示标识信息。

对于预定义的ApplicationId枚举列表见参考文献[7]。与预定义的ApplicationId相关的用例信息见参考文献[7]中的附录A.3。

允许更改设备参数的DTM应提供参数化功能UiFunctions(ApplicationIds OfflineParameterize和OnlineParameterize)。

8.2 应用程序分类

8.2.1 在线应用程序/数据源:设备

需要在线访问设备的DTM用户界面(如ApplicationId OnlineParametrization、Observe和Diagnosis)称为在线应用程序。在状态栏中设置适当的数据源图标“设备”应指出这一点。只能在实例数据集被DTM锁定时，才能提供在线访问设备。如果无法保证锁定，那么所有的用户输入控件都会被禁用。

参数是从设备中加载的。来源于实例数据集的用户可变参数，应使用数据集图标进行标注。所有已改变的设备值应只能发送到该设备。所有已标记的数据集的值应只能发送到该实例数据集。

8.2.2 离线应用程序/数据源:数据集

只需要实例数据集中的数据的DTM用户界面(如ApplicationId OfflineParametrization和Configuration)称为离线应用程序。在状态条中设置适当的数据源图标“数据集”应指出这一点。如果参数可以改变，DTM应锁定实例数据集。如果无法保证锁定，所有的用户输入控件都被禁用。

所有已改变的数据集的值应只能发送到该实例数据集。

8.2.3 同步应用程序/数据源:数据集和设备

如果DTM可以将所有可改变的参数写入设备和实例数据集，则只允许DTM提供同步的应用程序行为。

注：在专家用户角色中，DTM可能有有限的写入权限。

——为了获得设备数据和实例数据集之间的一致性，定义了同步应用程序；

——所有已改变的参数应同时存储到设备和实例数据集中；

——实现同步应用程序的DTM应提供ApplicationID MainOperation功能；

——如果应用程序在DTM还没有连接到设备的时候启动(状态为“running”)，那么它应该像离线应用程序那样运行(如 ApplicationId OfflineParametrization,见 8.2.2)。数据源在这种情况下仅是“数据集”;

——当应用程序启动,并且 DTM 处于“communicationAllowed”状态或者状态从“running”变为“communicationAllowed”时,实例数据集和设备数据应自动进行比较(如 ApplicationId OnlineParametrization);

——如果数据集是不相等的,将询问用户这两个数据中的哪个数据应显示在用户界面中。如果用户决定采用设备数据,那么依赖于用户角色的实例数据集将被设备数据所覆盖。如果用户决定采用实例数据集,那么设备数据将被实例数据集中的值所覆盖。如果用户不能确定采用哪个数据集,那么该用户不用执行任何操作就能关闭用户界面;

——“数据集和设备”图标应该在状态条的第 3 个字段中显示。

8.3 用户角色相关的缺省应用程序

DTM 应根据当前用户的角色定义一个合适的 FunctionInfo::DefaultFunctionId。

框架应用程序定义该缺省应用程序如何启动(如,在项目结构中双击 DTM 条目)。

表 14 推荐的缺省应用程序

角色	离线	在线
Observer	OfflineParameterize 或 MainOperation(只读)	Diagnosis
Expert	OfflineParameterize 或 MainOperation	Diagnosis
Engineer	OfflineParameterize 或 MainOperation	OnlineParameterize 或 MainOperation

在状态“communicationAllowed”中启动缺省应用程序之后,建议提供设备状态的概览。

8.4 主操作

一个 DTM 可以有一个“主操作”功能。这是一个特殊的应用程序,它汇集了一个或多个 DTM 应用程序(如参数化、观察、诊断和仿真)。当打开主操作时,DTM 应显示一个定制的应用程序区域,以实现特定的 DTM 入口点。这可以是例如对所有内置应用程序的简单描述,第一个步骤的指南,或对设备总结性的诊断及如何操作的建议。

为了提供“主操作”,应使用 ApplicationId MainOperation 函数(见 IEC 62453-2)。这些应用程序的内容在主操作用户界面的应用程序区域中显示。

8.5 典型工作流

8.5.1 概述

下面的图显示了典型工作流的状态信息的用法。图的右边描述了用户操作,左边显示了 DTM 状态。

8.5.2 离线设备参数化

ApplicationID:OfflineParameterize 或 MainOperation。

在 DTM 初始化之后,从项目存储中读取设备数据或使用缺省数据,偶尔修改数据并将其再次存储到项目存储中。图 9 描述了离线设备参数化过程。

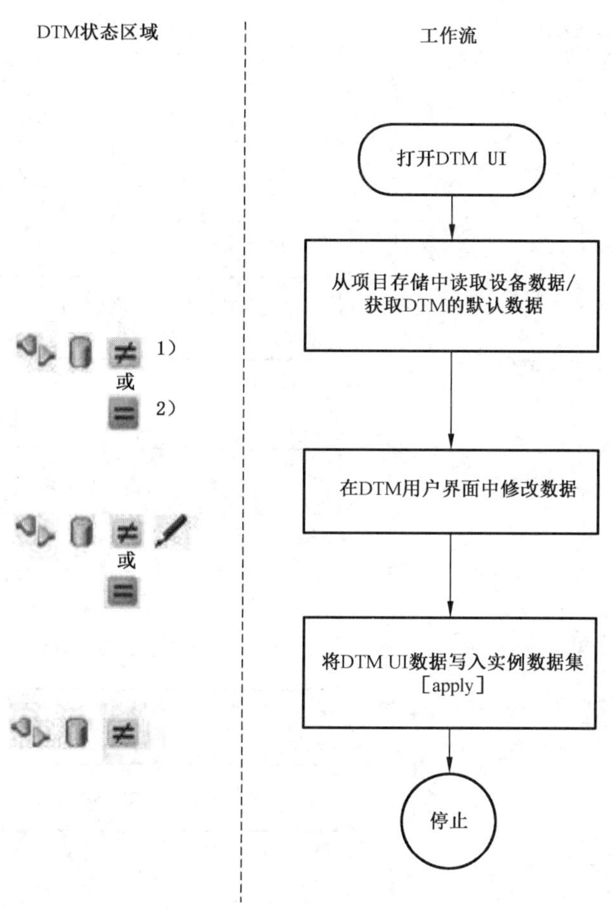

说明：
1) 缺省数据或以前修改；
2) 以前同步。

图 9 离线设备参数化

≠ 1) 使用缺省数据或以前修改的数据。

= 2) 在最后的项目存储之前，同步实例数据集和设备数据。

用户可以通过以下两种方式将更改的离线数据存储到设备中：

1) 使用框架应用程序功能将参数集存储到设备中；
2) 如果 DTM 允许在在线状态中使用离线参数化应用程序，那么图 10 描述的工作流呈现了这个操作过程。

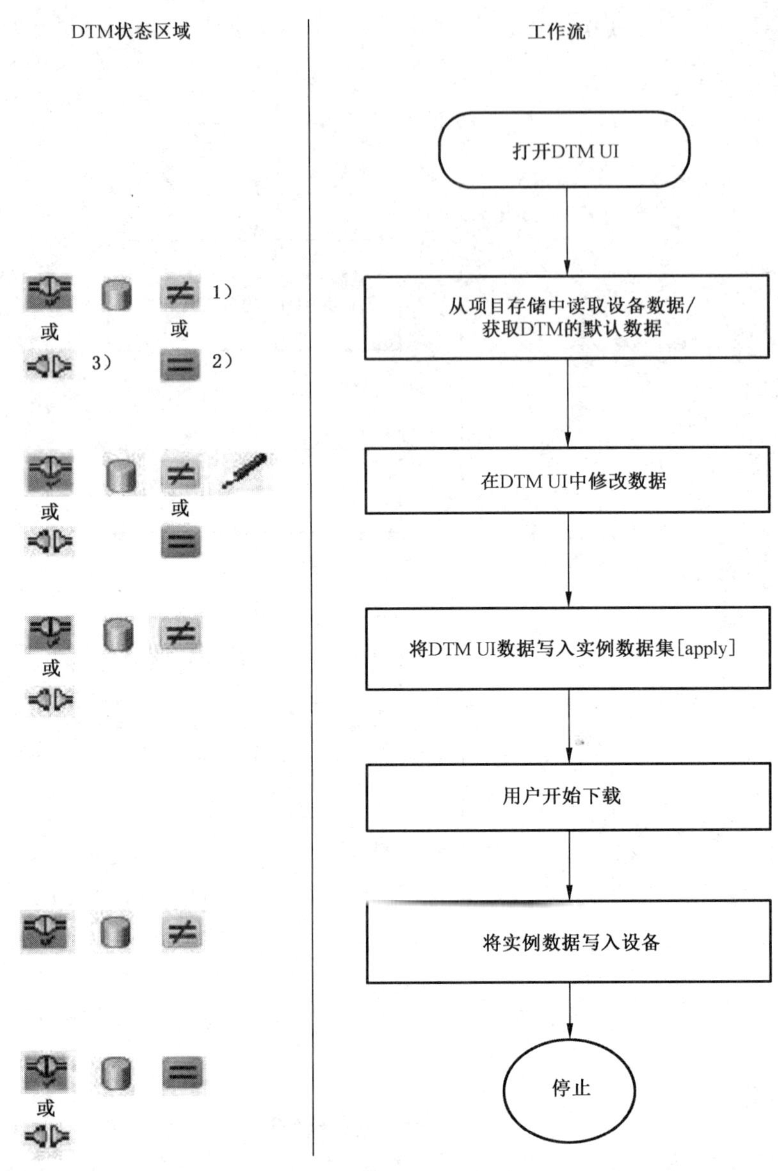

说明：

1) 默认数据或之前已修改的数据

2) 之前已同步的数据

3) 根据 onlineConnectMode 的设置

图 10 离线设备参数化和后续的下载

8.5.3 在线连接的设备参数化(同步)

ApplicationID：MainOperation

在同步和更新数据集和设备中的数据之后，再一次修改设备数据。

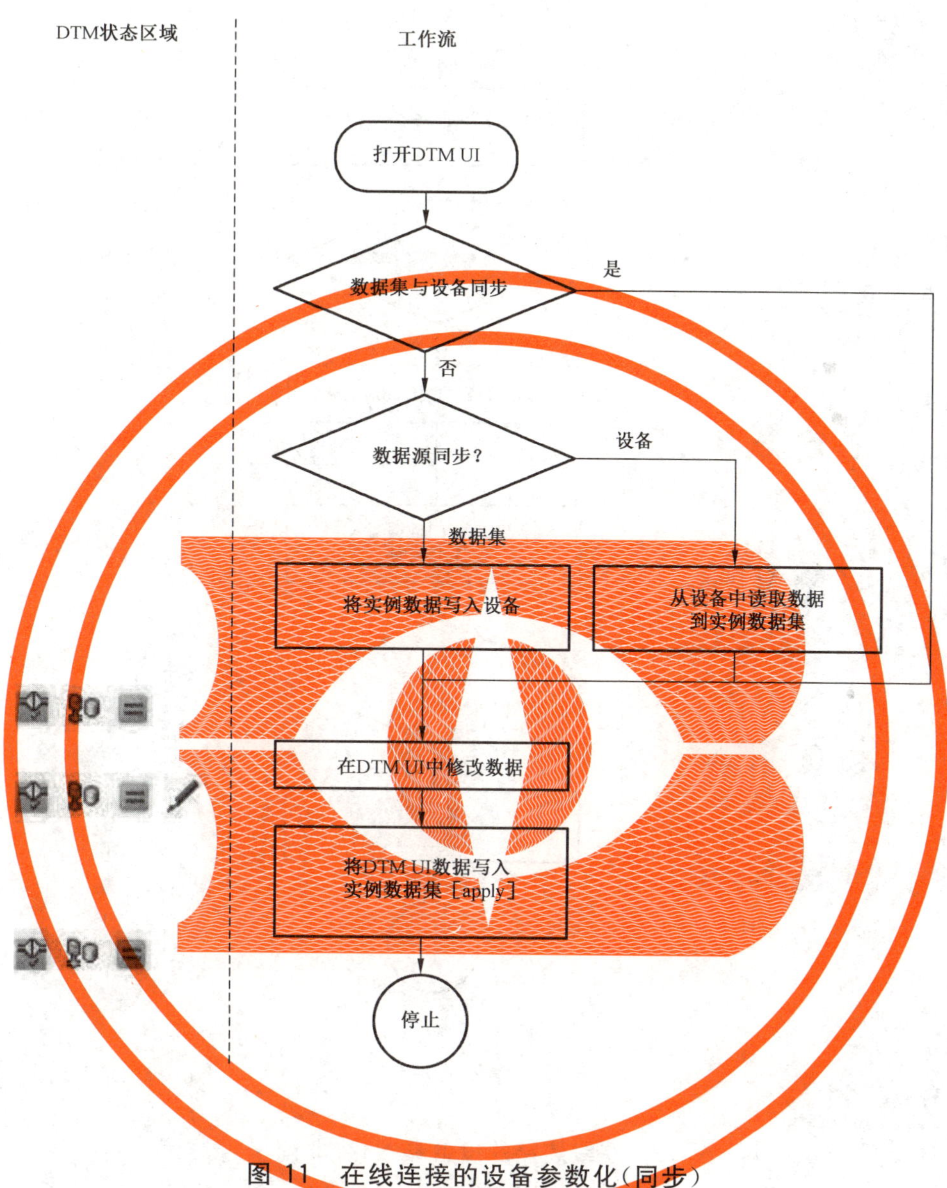

图 11 在线连接的设备参数化(同步)

8.5.4 在线连接的设备参数化(非同步)

ApplicationID:OnlineParameterize。

例如在离线参数化和连接 DTM 到设备之后打开用户界面。将 DTM 用户界面的数据写入设备,并根据用户的选择同步数据集和设备。

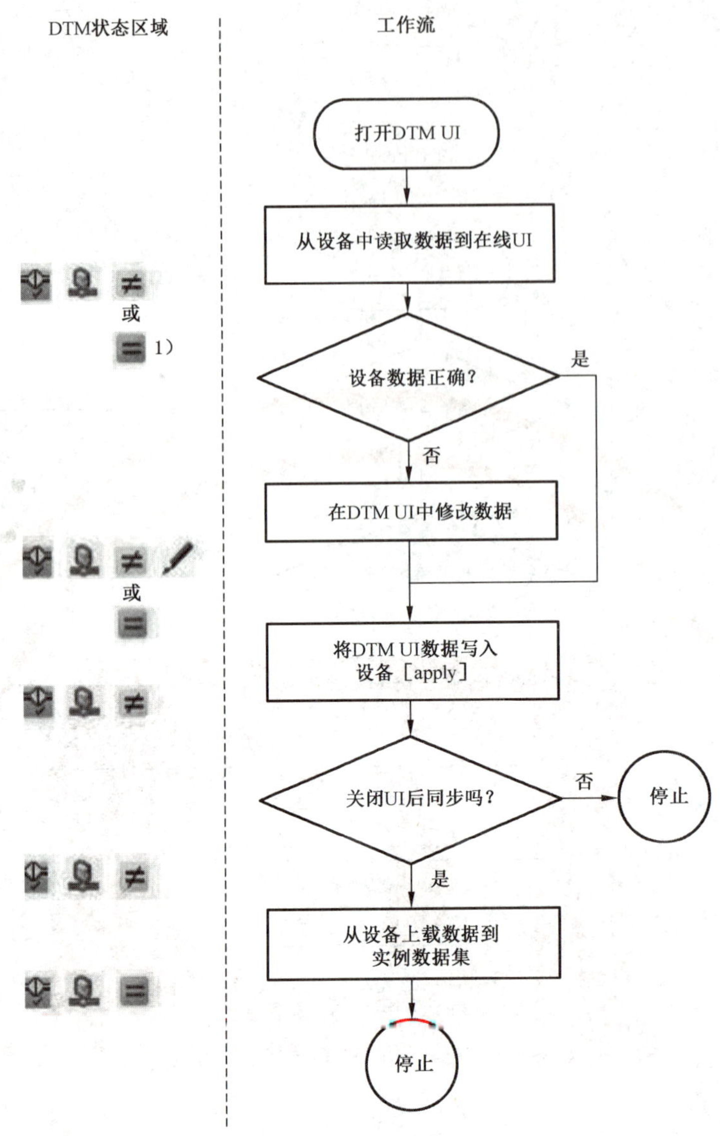

说明：

1) 在先前上载之后

图 12 在线连接的设备参数化(非同步)

9 DTM 行为

9.1 关闭用户界面

9.1.1 修改参数值的情况下关闭用户界面

当用户界面中的参数值被修改后，且接收到关闭用户界面的请求时，框架应用程序应当询问用户是否应该应用被修改的参数值。请见附录 B 中 P1 类的对话文本。

——如果选择“no”，将不会应用被修的参数值，同时将关闭用户界面。

——如果选择“yes”，则根据[Appl 改 y]按钮的操作，应用改变的参数。

——如果选择“cancel”(默认情况)，将只关闭对话框。

在以下条件下应实现该操作：

——操作区域中出现[close]按钮

——框架应用程序启动用户界面的关闭(IDtmUiFunction::BeginClose())。

9.1.2 关闭用户界面的同步

这一节只在DTM可以将所有可改变的参数写入设备和实例数据集中的前提下适用。提示:在专家用户角色中,DTM可能有有限的写入权限。

在用户请求关闭最后一个DTM用户界面之后,如果实例数据集和设备数据不同,并且DTM处于“communicationAllowed”状态,DTM至少应该根据用户的角色询问用户,实例数据集和当前设备的配置是否应该同步(对话框将提供[Yes]和[No]按钮)。

这个操作可以重写在实例数据集(在线应用程序)或设备数据(离线应用程序)中已经存在的参数。

在线应用程序的情况下,用户对话框将显示附录B中P4类定义的消息。

离线应用程序的情况下,用户对话框将显示附录B中P3类定义的消息。

如果用户确认应该同步数据,DTM会将所有参数上传/下载到实例数据集/设备中。如果DTM能够保证设备数据和实例数据集的一致性,则在考虑设备特定业务规则的情况下,只允许DTM上传/下载被修改的参数。

如果用户不进行同步确认([No]),数据不会同步。

9.2 数据集

9.2.1 多用户界面的参数

当修改同时显示在同一个DTM实例中(同一个DTM业务对象)的多个用户界面中的数据时,该DTM应当保证数据显示的一致性。当在实例数据集中参数值修改结束时,所有显示应一致。

9.2.2 锁定机制

9.2.2.1 概述

锁定机制的描述见参考文献[7]。

如果不能锁定数据集(IDataset::StartTransaction()失败),将阻止修改数据集并在状态条显示相应的图标。

在应用程序区域禁用所有输入控件阻止数据集修改,或禁用功能接受修改,例如禁用操作区域的按钮、直接模式或菜单项。

9.2.2.2 多用户环境下的DTM同步

当收到有关更改参数的(IDtmUiMessaging::TransactionCommitted)事件时,DTM应将新参数值放入数据集。为了显示新的参数值,所有打开的用户界面中的所有输入控件都应更新。

当收到有关数据集解锁(IDtmUiMessaging::TransactionClosed Event)的事件时,DTM应在状态条中改变锁定数据集的状态(见表8)。如果用户的访问权限允许修改参数,DTM应询问用户是否愿意得到写入权限。当用户要求得到写入权限时,DTM应锁定数据集。只有在DTM可以锁定数据集时,DTM才能使能控件[IDataset::StartTransaction()成功]。

9.3 错误处理

如果出现错误,根据设备功能默认操作应是面向安全的。例如,如果请求用户确认一个设备复位,默认的回答应该是“No”。

标记为无效的数据不应传送到设备,应通知用户。

每个 DTM 都应该将错误号、错误描述、设备类型和 TAG 名或 SystemGuiLabel 插入到要发送给框架应用程序的所有错误消息中。

9.4 本地化

词典(见附录 A 和附录 B)包含了与样式指南有关 DTM 使用的所有标准用语。该列表包含几种语言项。

9.5 全局报告信息

报告的生成在参考文献[7]的 5.14 中描述。

建议每个报告段以下面信息开始:标签名称、设备名称、设备描述、设备版本和设备供应商。

框架应用程序生成报告的页眉和页脚信息。报告的每一页都应包含报告生成的日期、页码和总页数(如,总页数 y 的第 x 页)。

附　录　A
（规范性附录）
标准术语词典

以下词典包括了与样式指南有关 DTM 会用到的术语。该列表包含了几种语言的条目。

English-US	French-FR	Spanish-ES	Italian-IT	German-DE
T1. 状态条				
Connection state	Etat de la connexion	Estado de la conexión	Stato di connessione	Verbindungsstatus
Connecting	Connecter	Conectando	Connessione	verbinden
Checking	Vérifier	Comprobando	Verifica	Typ prüfen
Connected	Connecté	Conectado	Connesso	verbunden
Disconnecting	Déconnecter	Desconectando	Disconnessione	trennen
Disconnected	Déconnecté	Desconectado	Disconnesso	getrennt
Stand by	Stand by	Stand by	Stand by	bereit
Disturbed	Perturbé	Interrumpido	Disturbato	gestört
Communication in progress	Communication en cours	Comunicación en curso	Comunicazione in corso	Datenübertragung läuft
Data set	Jeu de données	Conjunto de datos	Serie Dati	Datensatz
Data set locked	Jeu de données verrouillé	Conjunto de datos bloqueado	Serie Dati bloccata	Datensatz gesperrt
Device	Appareil	Dispositivo	Dispositivo	Gerät
Device locked	Appareil verrouillé	Dispositivo bloqueado	Dispositivo bloccato	Gerät gesperrt
Device and data set	Appareil et jeu de données	Dispositivo y registro de datos	Dispositivo e serie dati	Datensatz und Gerät
Device and data set locked	Appareil et jeu de données verrouillés	Dispositivo y registro de datos bloqueados	Dispositivo e serie dati bloccati	Datensatz und Gerät gesperrt
T2. 设备诊断状态（见参考文献[1]）				
Failure	Echec	Error	Errore	Ausfall
Function check	Contrôle du fonctionnement	Función de control	Verifica funzionale	Funktionskontrolle
Out of specification	Hors spécification	Fuera de la especificación	Fuori specifica	Außerhalb der Spezifikation
Maintenance required	Maintenance requise	Mantenimiento requerido	Richiede manutenzione	Wartungsbedarf
Output signal valid	Signal de sortie valable	Señal de salida válida	Segnale di uscita valido	Ausgangssignal gültig
Diagnosis deactivated	Diagnostic désactivé	Diagnóstico desactivado	Diagnostica disattivata	Diagnose deaktiviert
T3. 参数状态				
Insecure value	Valeur non-sécurisée	Valor inseguro	Valore incerto	Unsicherer Wert

English-US	French-FR	Spanish-ES	Italian-IT	German-DE
Invalid modified	Modification non valide	Modificación no válida	Modifica non valida	Unzulässig geändert
Modified	Modifié	Modificado	Modificato	Geändert
Cyclic refresh	Mise à jour cyclique	Actualización cíclica	Aggiornamento ciclico	Zyklisches aktualisieren
T4. FDT 功能名称				
Main Operation	Opération principale	Operación principal	Operatività principale	Hauptfunktion
T5.FDT 角色				
Observer	Observateur	Observador	Osservatore	Beobachter
Engineer	Ingénieur	Ingeniero	Engineer	Ingenieur
T6. 按钮标签（操作区域）				
OK	OK	OK	OK	OK
Cancel	Annuler	Cancelar	Annulla	Abbrechen
Apply	Appliquer	Aceptar	Applica	Übernehmen
Discard	Abandonner	Rechazar	Elimina	Verwerfen
Close	Fermer	Cerrar	Chiudi	Schließen
Back	Retour	Retorno	Indietro	Zurück
Next	Suivant	Siguiente	Avanti	Weiter
Finish	Fin	Terminar	Fine	Fertig stellen
Restart	Réinitialiser	Reiniciar	Riavvia	Wiederholen

English-US	Japanese-JP	Russian-RU	Chinese-CN	Portugues-PT-BR
T1. 状态条				
Connection state	通信状態	Состояние подключения	连接状态	Estado da conexão
Connecting	接続処理中	Подключается	连接中	Conectando
Checking	機器確認中	Проверяется	检测中	Verificando
Connected	接続状態	Подключено	已连接	Conectado
Disconnecting	切断処理中	Отключается	断开中	Desconectando
Disconnected	未接続	Отключено	已断开	Desconectado
Stand by	接続待機中	В готовности	等待	Em espera
Disturbed	通信異常発生中	Нарушено	中断	Interrompido
Communication in progress	通信中	Выполняется передача данных	通信中	Comunicação em andamento
Data set	データセット	Набор данных	数据集	Conjunto de dados
Data set locked	データセット ロック中	Набор данных заблокирован	数据集已锁定	Base de dados bloqueada
Device	機器	Устройство	设备	Instrumento
Device locked	機器ロック中	Устройство заблокировано	设备已锁定	Instrumento bloqueado
Device and data set	機器とデータセット	Устройство и набор данных	设备和数据集	Instrumento e Conjunto de dados
Device and data set locked	機器とデータセット ロック中	Устройство и набор данных заблокированы	设备和数据集已锁定	Instrumento Base de dados Bloqueados
T2. 设备诊断状态（见参考文献[1]）				
Failure	故障	Отказ	故障	Falha
Function check	ファンクションチェック	Функциональный контроль	功能检查	Controle de funcionamento
Out of specification	動作条件逸脱	Вне спецификации	与规范不符	Fora da Especificação
Maintenance required	要点検	Требуется обслуживание	需维护	Requer-se Manutenção
Output signal valid	出力信号正常	Выходной сигнал действительный	输出信号正常	Sinal de saída válido
Diagnosis deactivated	診断機能停止	Диагностика деактивирована	诊断终止	Diagnóstico desativado
T3. 参数状态				
Insecure value	未確定値	Ненадежное значение	不确定值	Valor inseguro
Invalid modified	無効な変更	Недопустимое изменение	无效变更	Modificação não-válida
Modified	変更されたパラメー	Изменено	变更	Modificado

English-US	Japanese-JP	Russian-RU	Chinese-CN	Portugues-PT-BR
	タ			
Cyclic refresh	周期更新	Циклическое обновление	周期更新	Atualização Cíclica
T4. FDT 功能名称				
Main Operation	メインオペレーション	Основная функция	主操作	Operação Principal
T5. FDT 角色				
Observer	オブザーバ	Наблюдатель	观察家	Observador
Engineer	システムエンジニア	Инженер	工程师	Engenheiro
T6. 按钮标签（操作区域）				
OK	OK	OK	确认	OK
Cancel	キャンセル	Отмена	取消	Cancelar
Apply	適用	Применить	应用	Aplicar
Discard	破棄	Отменить	放弃	Descartar
Close	閉じる	Закрыть	关闭	Fechar
Back	戻る	Назад	上一步	Voltar
Next	次へ	Далее	下一步	Próximo
Finish	完了	Завершить	结束	Terminar
Restart	リスタート	Повторить	重启	Recomeçar

附 录 B
（规范性附录）
标准用语词典

以下词典包含了如用户对话框或工具提示这样的用语，与样式指南有关的 DTM 会使用这些用语。以下列表包含了几种语言的解释。

语言	标准用语
	P1. 等待变更
English-US	The Application contains changed values. Do you want to accept these changes?
French-FR	L'application contient des valeurs changées. Acceptez-vous les modifications ?
Spanish-ES	La aplicación contiene valores cambiados. ¿Desea aplicar estos cambios?
Italian -IT	Alcuni valori dell'applicazione sono stati modificati. Confermare le modifiche?
German-DE	Die Applikation enthält geänderte Werte. Wollen Sie diese Änderungen annehmen?
Russian-RU	Приложение содержит измененные значения. Принять эти изменения?
Japanese-JP	値が変更されています。変更を反映しますか?
Chinese-CN	界面存在已变更的数据。是否同意这些变更?
Portuguese-PT-BR	Os dados da aplicação foram alterados. Deseja permanecer com as modificações?
	P2. 解锁同步的 DTM
English-US	The application was unlocked. Do you want to claim write access?
French-FR	L'application a été déverrouillée. Voulez-vous avoir un accès en écriture?
Spanish-ES	La aplicación ha sido desbloqueada. ¿Desea reclamar el acceso de escritura?
Italian -IT	L'applicazione è stata sbloccata. E' richiesto un accesso in scrittura?
German-DE	Die Applikation wurde freigegeben. Wollen Sie die Schreibrechte haben?
Russian-RU	Приложение было разблокировано. Требуется доступ для записи?
Japanese-JP	データセットのロックが解除されました。書き込み権を取得しますか?
Chinese-CN	界面已解锁。是否请求写入访问权限?
Portuguese-PT-BR	A aplicação foi desbloqueada. Deseja requerer permissão de escrita?
	P3. 在离线参数关闭后的同步
English-US	The DTM data set was changed and differs from data of the device. Do you want to store the changed parameters to device?
French-FR	Le jeu de données a été modifié et se différencie des indications de l'appareil. Voulez-vous écrire les paramètres changés du jeu de données vers l'appareil ?
Spanish-ES	El conjunto de datos ha sido cambiado y difiere del dispositivo. ¿Desea escribir los parámetros cambiados del conjunto de datos al dispositivo?
Italian -IT	La serie dati del DTM è stata modificata ed è diversa dalla serie dati contenuta nel dispositivo. Inviare i nuovi parametri al dispositivo?
German-DE	Der DTM Datensatz wurde geändert und unterscheidet sich vom Gerät. Wollen Sie die geänderten Parameter ins Gerät schreiben?

语言	标准用语
Russian-RU	Набор данных DTM был изменен и отличается от данных в устройстве. Записать измененные параметры в устройство?
Japanese-JP	DTMの内部データが変更され機器データとの差異が発生しています。機器側に書き込みますか?
Chinese-CN	DTM的数据集已变更，并且与设备的数据不一致。是否把已变更的数据写入设备?
Portuguese-PT-BR	Os dados do DTM estão diferentes do instrumento.Você deseja atualizar os dados do instrumento?
P4. 在线参数关闭后的同步	
English-US	The data of the device was changed and differs from DTM data set. Do you want to synchronize DTM data set?
French-FR	Les données de l'appareil ont été modifiées et se différencient du jeu de données. Voulez-vous enregistrer les paramètres modifiés au jeu de données ?
Spanish-ES	Los datos del dispositivo han sido cambiados y difiere del conjunto de datos. ¿Desea guardar los parámetros cambiados al conjunto de datos?
Italian -IT	La serie dati del dispositivo è stata modificata ed è diversa dalla serie dati contenuta nel DTM. Sincronizzare il DTM con i dati del dispositivo?
German-DE	Die Gerätedaten wurden geändert und unterscheiden sich vom DTM Datensatz. Wollen Sie den DTM Datensatz abgleichen?
Russian-RU	Данные в устройстве были изменены и отличаются от набора данных DTM. Синхронизировать набор данных DTM?
Japanese-JP	機器データが変更されDTMの内部データとの差異が発生しています。機器データをDTMの内部データと同期させますか?
Chinese-CN	设备的数据已变更，并且与DTM的数据集不一致。是否同步DTM的数据集?
Portuguese-PT-BR	Os dados do instrumento estão diferentes da base de dados do DTM.Você deseja atualizar a base de dados do DTM?
P5. 通信错误，不能建立连接	
English-US	The DTM is unable to connect to device.
French-FR	Le DTM ne peut pas se connecter à l'appareil.
Spanish-ES	El DTM no es capaz de establecer una conexión con el dispositivo.
Italian -IT	Il DTM non riesce a collegarsi al dispositivo
German-DE	Der DTM kann keine Verbindung zum Gerät aufbauen.
Russian-RU	DTM не может установить связь с устройством.
Japanese-JP	機器と接続できません
Chinese-CN	DTM无法连接设备。
Portuguese-PT-BR	Não é possível conectar o DTM ao instrumento
P6. 通信错误，错误的设备类型	
English-US	The DTM is unable to handle the connected device.
French-FR	Le DTM ne peut pas traiter l'appareil connecté.
Spanish-ES	La DTM no es capaz de manejar el dispositivo conectado.
Italian -IT	Il DTM non può gestire il dispositivo collegato
German-DE	Der DTM kann das angeschlossene Gerät nicht bearbeiten.
Russian-RU	DTM не может работать с подключенным устройством.

语言	标准用语
Japanese-JP	この機器はサポートされていません
Chinese-CN	DTM 无法识别已连接的设备。
Portuguese-PT-BR	O DTM não consegue se comunicar com o intrumento conectado
P7. 工具提示连接状态：已断开	
English-US	DTM not connected with device
French-FR	Le DTM n'est pas connecté à l'appareil
Spanish-ES	DTM no conectado con el dispositivo
Italian -IT	DTM non connesso al dispositivo
German-DE	DTM nicht mit dem Gerät verbunden
Russian-RU	DTM не соединен с устройством
Japanese-JP	機器と接続されていません
Chinese-CN	DTM 未连接设备。
Portuguese-PT-BR	O DTM não está conectado ao instrumento
P8. 工具提示连接状态：等待	
English-US	DTM is ready for connection
French-FR	Le DTM est prêt pour une connexion
Spanish-ES	DTM listo para establecimiento de conexión
Italian -IT	DTM pronto per la connessione
German-DE	DTM bereit zum Verbindungsaufbau
Russian-RU	DTM готов к установлению связи
Japanese-JP	機器と接続可能です
Chinese-CN	DTM 准备连接
Portuguese-PT-BR	DTM pronto para conexão
P9. 工具提示连接状态：连接中	
English-US	DTM is going to connect to device
French-FR	Le DTM va se connecter à l'appareil
Spanish-ES	DTM estableciendo conexión con el dispositivo
Italian -IT	Connessione DTM-dispositivo in corso..
German-DE	DTM nimmt Verbindung zum Gerät auf
Russian-RU	DTM соединяется с устройством
Japanese-JP	機器と接続処理中です
Chinese-CN	DTM 正在连接设备。
Portuguese-PT-BR	O DTM vai se conectar ao instrumento
P10. 工具提示连接状态：已连接	
English-US	DTM is connected to device
French-FR	Le DTM est connecté à l'appareil

语言	标准用语
Spanish-ES	DTM conectado con el dispositivo
Italian -IT	DTM connesso al dispositivo
German-DE	DTM ist mit dem Gerät verbunden
Russian-RU	DTM соединен с устройством
Japanese-JP	機器と接続されています
Chinese-CN	DTM 已连接设备。
Portuguese-PT-BR	O DTM está conectado ao instrumento
P11. 工具提示连接状态：断开中	
English-US	DTM is going to stop connection with device
French-FR	Le DTM va stopper la connexion avec l'appareil
Spanish-ES	DTM terminando conexión con el dispositivo
Italian -IT	Sconnessione DTM-dispositivo in corso..
German-DE	DTM beendet die Verbindung mit dem Gerät
Russian-RU	DTM отключается от устройства
Japanese-JP	機器との切断処理中です
Chinese-CN	DTM 正在断开设备连接。
Portuguese-PT-BR	O DTM vai interromper a conexão com o instrumento
P12. 工具提示连接状态：中断	
English-US	DTM not connected: Wrong device type found or connection aborted
French-FR	DTM non connecté : appareil non approprié ou connexion interrompue
Spanish-ES	DTM no conectado: Tipo erróneo de dispositivo encontrado o conexión interrumpida
Italian -IT	DTM non connesso: rilevato Tipo Dispositivo errato o connessione interrotta
German-DE	DTM nicht verbunden: Falscher Gerätetyp gefunden oder Verbindung abgebrochen
Russian-RU	DTM не соединен: найден неверный тип устройства или нарушена связь
Japanese-JP	機器と接続されていません（サポート外の機器が接続されているか接続が中断されています）
Chinese-CN	DTM 未连接：发现错误设备类型或连接中断。
Portuguese-PT-BR	DTM não está conectado: Tipo de instrumento não reconhecido ou conexão interrompida.
P13. 工具提示数据源和数据目的地	
English-US	Data source/ data destination
French-FR	Source des données/destination des données
Spanish-ES	Origen de datos / Destino de datos
Italian -IT	Sorgente dati / Destinazione dati
German-DE	Datenquelle /Datenziel
Russian-RU	Источник данных/ Приемник данных
Japanese-JP	データ読出し元/データ書込み先
Chinese-CN	数据源/数据目的地

语言	标准用语
Portuguese-PT-BR	Origem de dados/ Destino de dados
P14. 工具提示 DTM 数据集的状态：不相等	
English-US	DTM data set not equal to data set of device
French-FR	Jeu de données DTM distinct des données de l'appareil
Spanish-ES	Registro de datos del DTM diferente del registro de datos del dispositivo
Italian -IT	Serie dati del DTM diversa dalla serie dati del dispositivo
German-DE	DTM Datensatz ungleich Gerätedatensatz
Russian-RU	Набор данных DTM не равен набору данных в устройстве
Japanese-JP	DTM の内部データと機器データとが異なっています
Chinese-CN	DTM 数据集与设备数据集不一致。
Portuguese-PT-BR	Base de dados do DTM é diferente da base de dados do instrumento
P15. 工具提示 DTM 数据集的状态：已同步	
English-US	DTM data set synchronized with data set of device
French-FR	Jeu de données DTM synchronisé avec les données de l'appareil
Spanish-ES	Registro de datos del DTM sincronizado con el registro de datos del dispositivo
Italian -IT	Serie dati del DTM coincidente con la serie dati del dispositivo
German-DE	DTM Datensatz synchron mit Gerätedatensatz
Russian-RU	Набор данных DTM синхронизирован с набором данных в устройстве
Japanese-JP	DTM の内部データと機器データとは同期されています
Chinese-CN	DTM 数据集已与设备数据集同步。
Portuguese-PT-BR	Base de dados do instrumento está sincronizada com a do instrumento

参 考 文 献

[1] NAMUR Worksheet Status Signals of Field Instruments,NE107,Version 12.6.2006

[2] Windows User Experience Interactions Guidelines(2010)

[3] Molich,R.,and Nielsen,J.(1990).Improving a human-computer dialogue,Communications of the ACM 33,3(March),338-348

[4] Nielsen,J.(1994b).Heuristic evaluation.In Nielsen,J.,and Mack,R.L.(Eds.),Usability Inspection Methods,John Wiley & Sons,New York,NY

[5] Nielsen J.(1993),Usability Engineering,Academic Press

[6] Johnson,J.(2000),GUI Bloopers,Academic Press

[7] FDT 2.0 Technical Specification v1.00,Order No.of FDT Group:0001-0008-000

ICS 25.040
N 10

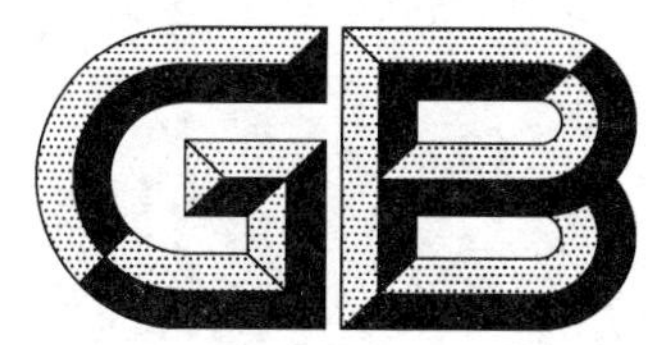

中华人民共和国国家标准

GB/T 29618.306—2017/IEC 62453-306:2009

现场设备工具(FDT)接口规范 第306部分:通信行规集成 INTERBUS现场总线规范

Field device tool(FDT) interface specification—Part 306:Communication profile integration—INTERBUS

[IEC 62453-306:2009,Field device tool(FDT) interface specification—Part 306:Communication profile integration—IEC 61784 CPF 6,IDT]

2017-07-31 发布　　　　2018-02-01 实施

中华人民共和国国家质量监督检验检疫总局
中国国家标准化管理委员会　发布

前　　言

GB/T 29618《现场设备工具(FDT)接口规范》暂分为以下几个部分:

——第1部分:概述和导则;

——第2部分:概念和详细描述;

——第301部分:通信行规集成　FF现场总线规范;

——第302部分:通信行规集成　通用工业协议;

——第306部分:通信行规集成　INTERBUS现场总线规范;

——第309部分:通信行规集成　可寻址远程传感器高速通道;

——第315部分:通信行规集成　MODBUS现场总线规范;

——第41部分:对象模型行规集成　通用对象模型;

——第42部分:对象模型行规集成　通用语言基础结构;

——第515部分:通用对象模型的通信实现　MODBUS现场总线规范

——第51-10部分:通用对象模型的通信实现　FF现场总线规范;

——第51-20部分:通用对象模型的通信实现　通用工业协议;

——第51-60部分:通用对象模型的通信实现　INTERBUS现场总线规范;

——第51-90部分:通用对象模型的通信实现　IEC 61784 CPF 9;

——第51-150部分:通用对象模型的通信实现　IEC 61784 CPF 15;

——第52-10部分:通用语言基础结构的通信实现　FF现场总线规范;

——第52-20部分:通用语言基础结构的通信实现　通用工业协议;

——第52-31部分:通用语言基础结构的通信实现　IEC 61784 CP3/1和CP3/2;

——第52-32部分:通用语言基础结构的通信实现　IEC 61784 CP3/4、CP3/5和CP3/6;

——第52-90部分:通用语言基础结构的通信实现　IEC 61784 CPF 9;

——第52-150部分:通用语言基础结构的通信实现　IEC 61784 CPF 15;

——第61部分:通用对象模型的设备类型管理器样式指南;

——第62部分:现场设备工具(FDT)样式指南。

本部分为GB/T 29618的第306部分。

本部分按照GB/T 1.1—2009给出的规则起草。

本部分使用翻译法等同采用IEC 62453-306:2009《现场设备工具(FDT)接口规范　第306部分:通信行规集成　INTERBUS现场总线规范》。

本部分由中国机械工业联合会提出。

本部分由全国工业过程测量控制和自动化标准化技术委员会(SAC/TC 124)归口。

本部分起草单位:郑州市市政工程勘测设计研究院、西南大学、赫优讯(上海)自动化系统贸易有限公司、重庆川仪自动化股份有限公司、上海自动化仪表有限公司、罗克韦尔自动化(中国)有限公司、施耐德电气(中国)有限公司、浙江大学智能系统与控制研究所、苏州美名软件有限公司、机械工业仪器仪表综合技术经济研究所。

本部分主要起草人:段京奎、申国朝、周雪莲、张渝、李京、王德吉、田英明、张庆军、华镕、王勇、杜佳琳、冯冬芹、吕亚军、王春喜、黄仁杰。

引　言

本部分是针对在客户端/服务器架构中进行功能控制和数据访问的FDT(Field Device Tool)组件开发者的接口规范。该部分是为了开发标准接口,分析和设计过程的结果,这些接口用于促进多个制造商开发的组件之间的无缝互操作。

将现场总线集成到控制系统的过程中,需要执行一些其他的任务。除了现场总线相关工具和设备相关工具之外,还需要将这些工具集成到更高层次的、系统范围的规划和工程工具中。特别地,为了在广泛的和异构的控制系统中使用,这些系统典型地存在于过程工业中,方便这些系统使用的工程接口的清晰定义是非常重要的。

DTM(设备类型管理器,Device Type Manger)是某种特定设备的软件组件,由设备制造商将DTM软件和设备一起提供给用户。通过该规范中定义的FDT接口将DTM集成到工程工具中。通常,该集成方法对所有的现场总线是开放的,因此满足在异构控制系统中集成不同类型的设备的要求。

本部分在GB/T 29618中的结构如图1所示。

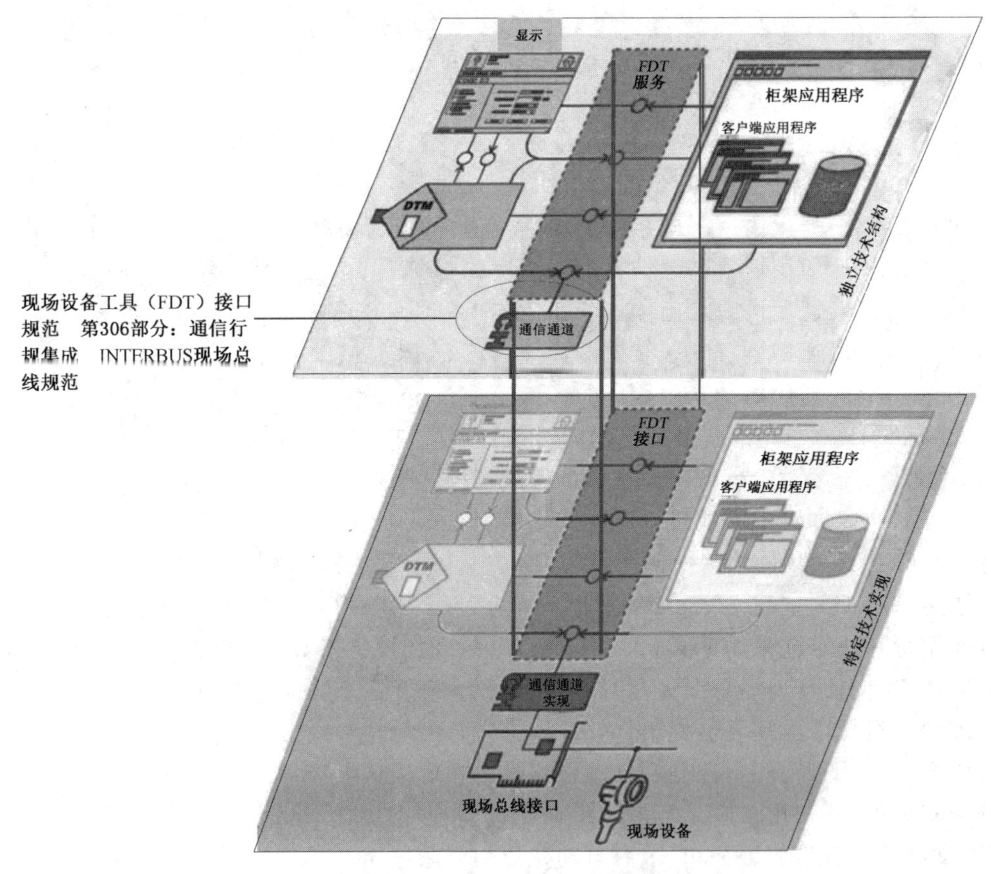

图1　GB/T 29618中的本部分

现场设备工具(FDT)接口规范 第306部分:通信行规集成 INTERBUS现场总线规范

1 范围

通信行规系列6(通常被称为INTERBUS)是在GB/T 16657.2类型8、IEC 61158-3-8、IEC 61158-4-8、IEC 61158-5-8和IEC 61158-6-8的基础上定义的通信行规。基本行规CP 6/1(INTERBUS)和CP 6/3(INTERBUS最小子集)在GB/T 18268.1中定义。

GB/T 29618的本部分提供了将INTERBUS技术集成到FDT标准(GB/T 29618.2)中的信息。

本部分规定了通信和其他服务。

本部分既不包含FDT规范,也不对FDT规范做修改。

2 规范性引用文件

下列文件对于本文件的应用是必不可少的。凡是注日期的引用文件,仅注日期的版本适用于本文件。凡是不注日期的引用文件,其最新版本(包括所有的修改单)适用于本文件。

GB/T 29618.1—2013 现场设备工具(FDT)接口规范 第1部分:概述和导则(IEC 62453-1:2009,IDT)

GB/T 29618.2—2013 现场设备工具(FDT)接口规范 第2部分:概念和详细描述(IEC 62453-2:2009,IDT)

IEC 61158-2 工业用通信网络 现场总线规范 第2部分:物理层规范和服务定义(Industrial communication networks—Fieldbus specifications—Part 2:Physical layer specification and service definition)

IEC 61158-3-8 工业用通信网络 现场总线规范 第3-8部分:数据链路层服务定义 类型8元素(Industrial communication networks—Fieldbus specifications—Part 3-8:Data-link layer service definition—Type 8 elements)

IEC 61158-4-8 工业用通信网络 现场总线规范 第4-8部分:数据链路层协议规范 类型8元素(Industrial communication networks—Fieldbus specifications—Part 4-8:Data-link layer protocol specification—Type 8 elements)

IEC 61158-5-8 工业用通信网络 现场总线规范 第5-8部分:应用层服务定义 类型8元素(Industrial communication networks—Fieldbus specifications—Part 5-8:Application layer service definition—Type 8 elements)

IEC 61158-6-8 工业用通信网络 现场总线网络 第6-8部分:应用层协议规范 类型8元素(Industrial communication networks—Fieldbus specifications—Part 6-8:Application layer protocol specification—Type 8 elements)

IEC 61784-1 工业用通信网络 行规 第1部分:现场总线行规(Industrial communication networks—Profiles—Part 1:Fieldbus profiles)

3 术语和定义、符号和缩略语、约定

3.1 术语和定义

GB/T 29618.1—2013 和 GB/T 29618.2—2013 界定的术语和定义适用于本文件。

3.2 符号和缩略语

GB/T 29618.1—2013 和 GB/T 29618.2—2013 界定的符号和缩略语以及下列缩略语适用于本文件。

PCP:外设通信协议(Peripherals Communication Protocol)

FDCML:现场设备配置标记语言(Field Device Configuration Markup Language)

PMS:外设信息规范(Peripherals Message Specification)

UML:统一建模语言(Unified Modeling Language)

3.3 约定

3.3.1 数据类型名和数据类型引用

关于数据类型的命名和引用的约定在 GB/T 29618.2—2013 的 A.1 中给出。

3.3.2 要求的用词

在说明要求时,用下列词汇:

用词	含义
"应"或"强制"	表示不允许例外
"宜"或"推荐"	表示强烈推荐。在特殊例外的情况下,可以与描述的行为不同
"有条件的"	根据定义的条件,应提供的功能和行为
"可能"或"可选的"	可提供的功能或行为

3.3.3 UML 的使用

本部分中的图使用的都是定义在 GB/T 29618.1—2013 附录 A 中的 UML 符号。

4 总线类型

IEC 61784 CPF 6 协议通过下列唯一标识符(见表 1)定义在结构化数据类型"fdt:BusCategory"的协议标识符元素中。

表 1 协议标识符

标识符值	协议标识符名称	描述
655D3F69-B757-4236-8E80-B0F78023B1DD	INTERBUS PCP	IEC 61784 CP6/1 支持
79079A7E-FF24-4709-ADB9-8AF16A4FFF82	INTERBUS	IEC 61784 CP6/3 支持

IEC 61784 CPF 6 物理层使用下列唯一标识符(见表 2)。

表 2 物理层标识符

物理层元素	描述
D0D08238-B89C-11D9-AE7F-0000CB534BBC	LB ST
D0D08239-B89C-11D9-AE7F-0000CB534BBC	LB 两线
D0D0823A-B89C-11D9-AE7F-0000CB534BBC	LB 光纤
D0D0823B-B89C-11D9-AE7F-0000CB534BBC	LB Inline
D0D0823C-B89C-11D9-AE7F-0000CB534BBC	LB Loop2
D0D0823D-B89C-11D9-AE7F-0000CB534BBC	LB Fieldline 模块
D0D0823E-B89C-11D9-AE7F-0000CB534BBC	LB Installations-Loop
D0D0823F-B89C-11D9-AE7F-0000CB534BBC	RB 两线
D0D08240-B89C-11D9-AE7F-0000CB534BBC	RB 光纤
D0D08241-B89C-11D9-AE7F-0000CB534BBC	RB HCS 光纤
D0D08242-B89C-11D9-AE7F-0000CB534BBC	RB 安装

5 访问实例和设备数据

5.1 DTM 提供的过程通道对象

所提供数据的最小集应该为：

- 模型化为 FDT 通道对象的过程值，包括其范围和比例。

5.2 访问实例和设备数据的 DTM 服务

InstanceItemList 和 DeviceItemList 服务应至少提供对 IEC 61784 CPF 6 基本行规中所有强制参数的访问。

6 协议特定行为

不适用。

7 一般数据类型的协议特定用法

表 3 中列出了 GB/T 29618.2—2013 中通过命名空间“fdt”定义的通用数据类型及其在 IEC 61784 CPF 6 设备中的使用描述。

表 3 一般数据类型的协议特定用法

属性	在 IEC 61784 CPF 6 中的用法描述
fdt:address	对于 DTM 中公开的参数，地址属性不是强制的。但如果使用地址属性，该字符串应符合 semanticId 规则。也就是说，“semanticId”属性始终与“address”属性保持一致

表 3（续）

属性	在 IEC 61784 CPF 6 中的用法描述
fdt:protocolld	见 3.3
fdt:physicalLayer	见第 5 章
fdt:deviceTypeld	根据 IEC 61784 CPF 6 规范，属性“fdt:DtmDeviceType/@deviceTypeId”应包括标识码(1 个字节)。标识码应是十进制格式
fdt:subDeviceType	在此输入制造商特定参数
fdt:vendor	“fdt:DtmDeviceType/VersionInformation/@ vendor”属性应包括在 PCP 服务“Identify Confirmation”中返回的制造商名称
fdt:name	“fdt:DtmDeviceType/VersionInformation/@ name”属性应包括在 PCP 服务“Identify Confirmation”中返回的设备名称
fdt:version	“fdt:DtmDeviceType/VersionInformation/@ version”属性应包括在 PCP 服务“Identify Confirmation”中返回的修订版
fdt:deviceTypeInformation	“deviceTypeInformation”不应用于提供 FDCML 文件信息。应使用“deviceTypeInformationPath”属性代替
fdt:deviceTypeInformationPath	该属性应包括到 FDCML 文件的完整路径，包括文件名
fdt:semanticId fdt:applicationDomain	针对循环的和非循环的总线访问类型，定义了 IEC 61784 CPF 6 的 semanticId。 **循环总线访问类型** ——“applicationDomain”是:FDT_INTERBUS; ——“semanticId”是:BitPositionXX.BitLengthYY，semanticId 遵循过程通道的过程访问信息，XX 和 YY 是不以“0”开头的十进制格式的数。 **非循环总线访问类型** ——“applicationDomain”是:FDT_INTERBUS_PCP; ——“semanticId”是:InvokeIDXX.IndexYY.sUBiNDEXzz，“semanticId”遵循过程通道和设备参数的 PCP 访问信息，XX、YY 和 ZZ 是不以“0”开头的十进制格式的数

8 协议特定通用数据类型

不适用。

9 网络管理数据类型

9.1 参数访问数据类型

本条特指的数据类型用于下列服务：

- NetworkManagementInfoRead 服务；
- NetworkManagementInfoWrite 服务。

该数据类型描述了 IEC 61784 CPF 6 设备的地址信息(见表 4 和表 5)。

表 4 简单参数访问数据类型

数据类型	定义	描述
systemNumber	USINT	符合 IEC 61784 CPF 6 规范的地址信息的系统编号
segmentNumber	USINT	符合 IEC 61784 CPF 6 规范的地址信息的分段号
positionNumber	USINT	符合 IEC 61784 CPF 6 规范的地址信息的位置编号

表 5 结构化参数访问数据类型

数据类型	定义			描述
	元素数据类型	用法	多重性	
Address	STRUCT			IEC 61784 CPF 6 设备的地址信息
	systemNumber	M	[1..1]	
	segmentNumber	M	[1..1]	
	positionNumber	M	[1..1]	

9.2 引导序列参数

通过离线参数化后,所有参数应该通过 IdtmParameter 接口输出。然后,通信 DTM 就可以收集数据,配置 IEC 61784 CPF 6 网络的周期通信,并生成一个引导序列,上述参数将在这里被写入物理设备。所有引导参数都应被包含在一个命名为"BOOT_PARAMS"的 DTM 变量列表中。该引导参数随后将写入设备中。

10 通信数据类型

本条描述的数据类型用于下列服务:

- 连接服务;
- 断开服务;
- 事务服务。

服务参数包括地址信息和通信数据(见表 6 和表 7)。

本条描述的数据类型为下列命名空间定义。

命名空间:fdtinterbus

表 6 简单数据类型的通信

数据类型	定义	描述
systemNumber	USINT	符合 IEC 61784 CPF 6 规范的地址信息的系统编号
segmentNumber	USINT	符合 IEC 61784 CPF 6 规范的地址信息的分段号
positionNumber	USINT	符合 IEC 61784 CPF 6 规范的地址信息的位置编号
errorCode	ARRAY OF USINT	包含了设备未成功执行的原因信息
index	UINT	符合 IEC 61784 CPF 6 规范的地址信息

表 6（续）

数据类型	定义	描述
subIndex	USINT	符合 IEC 61784 CPF 6 规范的地址信息
communicationReference	UUID	到设备的通信链接的强制标识符。该标识符由通信组件在连接过程中分配。该地址信息应在之后所有通信调用中使用。 **注**：这并非 PMS 的通信引用
invokeId	USINT	符合 IEC 61784 CPF 6 规范并行服务的作业号
reasonCode	USINT	连接中断的原因
abortDetail	ARRAY OF USINT	连接中断的附加信息
password	USINT	访问设备对象间通信关系的密码
accessGroup	USINT	制造商特定分配的控制器面板，用于一个组对授权的指定设备对象的访问
versionOD	UINT	对象目录的版本号
profile	UINT	对设备配置文件的识别
protection	USINT	访问设备对象时，指明是否已检查访问权限
manufacturerName	STRING	设备的制造商名称
deviceName	STRING	设备名称
revision	STRING	设备的修订版本号
sequenceTime	UDINT	整个序列的周期，以毫秒为单位
delayTime	UDINT	两个通信请求间的时延，以毫秒为单位
schemaVersion	INT	定义当前模式的版本
systemTag	STRING	DTM 的系统标签。强烈推荐在需求文档中提供本属性

表 7　结构化通信数据类型

数据类型	定义			描述
	元素数据类型	用法	多重性	
Abort	STRUCT			描述中断
	communicationReference	M	[1..1]	
	reasonCode	M	[1..1]	
	…abortDetail	M	[1..1]	
ConnectRequest	STRUCT			描述建立到 IEC 61784 CPF 6 PCP 设备的连接的通信请求
	fdt:nodeId	O	[0..1]	
	systemNumber	M	[1..1]	
	segmentNumber	M	[1..1]	

表 7（续）

数据类型	定义			描述
	元素数据类型	用法	多重性	
ConnectRequest	postionNumber	M	[1..1]	
	Password	M	[1..1]	
	accessGroup	M	[1..1]	
	fdt:systemTag	O	[0..1]	
ConnectResponse	STRUCT			描述对 ConnectRequest 的通信响应
	fdt:nodeId	O	[0..1]	
	systemNumber	M	[1..1]	
	segmentNumber	M	[1..1]	
	postionNumber	M	[1..1]	
	versionOD	M	[1..1]	
	Profile	M	[1..1]	
	Protection	M	[1..1]	
	communicationReference	M	[1..1]	
	errorCode	M	[1..1]	
ReadRequest	STRUCT			描述读取设备对象的通信请求
	fdt:nodeId	O	[0..1]	
	invokeId	M	[1..1]	
	Index	M	[1..1]	
	subIndex	M	[1..1]	
	communicationReference	M	[1..1]	
ReadResponse	STRUCT			描述对 ReadRequest 的通信响应
	fdt:nodeId	O	[0..1]	
	communicationReference	M	[1..1]	
	errorCode	M	[1..1]	
	fdt:CommunicationDate	M	[1..1]	
DisconnectRequest	STRUCT			描述释放到 IEC 61784 CPF 6 PCP 设备的连接的通信请求(Abort_Request)
	fdt:nodeId	O	[0..1]	
	reasonCode	M	[1..1]	
	abortDetail	M	[1..1]	
	communicationReference	M	[1..1]	
DisconnectResponse	STRUCT			描述对 DisconnectRequest 的相应响应
	fdt:nodeId	O	[0..1]	

表 7（续）

数据类型	定义			描述
	元素数据类型	用法	多重性	
DisconnectResponse	communicationReference	M	[1..1]	
	errorCode	M	[1..1]	
WriteRequest	STRUCT			描述写设备对象的通信请求
	fdt:nodeId	O	[0..1]	
	invokeId	M	[1..1]	
	Index	M	[1..1]	
	subIndex	M	[1..1]	
	communicationReference	M	[1..1]	
	fdt:CommunicationDate	M	[1..1]	
WriteResponse	STRUCT			描述对 WriteRequest 的通信响应
	fdt:nodeId	O	[0..1]	
	communicationReference	M	[1..1]	
	errorCode	M	[1..1]	
IdentifyRequest	STRUCT			描述识别设备的通信请求
	fdt:nodeId	O	[0..1]	
	invokeId	M	[1..1]	
	communicationReference	M	[1..1]	
IdentifyResponse	STRUCT			描述对 IdentifyRequest 的通信响应
	fdt:nodeId	O	[0..1]	
	communicationReference	M	[1..1]	
	manufacturerName	M	[1..1]	
	deviceName	M	[1..1]	
	revision	M	[1..1]	
	errorCode	M	[1..1]	
SequenceBegin	STRUCT			描述序列的开始
	sequenceTime	O	[0..1]	
	delayTime	M	[1..1]	
	communicationReference	M	[1..1]	
SequenceEnd	STRUCT			描述序列执行结束
	communicationReference	M	[1..1]	
SequenceStart	STRUCT			描述序列执行开始
	communicationReference	M	[1..1]	

11 信道参数的数据类型

是否提供任何通道由 DTM 决定。如果一个 DTM 允许框架应用程序、其他 DTM 或者一个控制器通过 IEC 61784 CPF 6 协议直接访问其过程变量，则其应该提供本条所描述的 FDT-Channel 对象。只有对属于 IEC 61784 CPF 6 过程变量的全部通道进行完整描述，才允许外部应用程序适当的访问。

对通道的描述，尤其是过程变量，允许框架应用程序以更有效的方式为设备提供支持。

该数据类型用于 GetChannelParameters 服务和 SetChannelParameters 的各服务项。

由 GetChannelParameters 服务返回的信息描述了如何通过 IEC 61784 CPF 6 协议访问一个 I/O 值(见表 8 和表 9)。

本条描述的数据类型为列命名空间定义。

命名空间：ibschannel

表 8　简单的信道参数的数据类型

数据类型	定义	描述
index	UINT	符合 IEC 61784 CPF 6 规范的通道地址信息，可通过 PCP 进行访问
subIndex	USINT	符合 IEC 61784 CPF 6 规范的通道地址信息，可通过 PCP 进行访问
invokeId	USINT	并行服务的作业号
bitLength	UDINT	附加数据类型信息，特别是针对现场总线特定的数据类型，例如 12 位整型数
bitPosition	UDINT	符合 IEC 61784 CPF 6 的可用通道的地址信息
frameApplicationTag	STRING	应用程序框架的特定标签，用于标识和导航。DTM 应该通过通道指定的用户接口显示该标签
gatewayBusCategory	UUID	支持的总线类型的唯一标识符，例如，IEC 61784 CPF 6 中 FDT 特定的 CATID
invalidBit	UDINT	符合 IEC 61784 CPF 6 的可访问通道的无效状态的比特位置
logic	enumeration (positive | negative)	附加数据类型信息：正/负
simulationBit	UDINT	符合 IEC 61784 CPF 6 的可访问通道的仿真状态的比特位置
protectedByChannelAssignment	BOOL	若通道由框架应用程序设置为只读则为 TRUE。如果一个通道任务存在，则通常设置为 TRUE
schemaVersion	INT	定义当前模式的版本
statusChannel	BOOL	只有通道用来表示状态信息时，才置为 TRUE
substituteValueBit	UDINT	符合 IEC 61784 CPF 6 的可访问替换通道的比特位置

表 9　结构化通道参数的数据类型

数据类型	定义			描述
	元素数据类型	用法	多重性	
ProcessAddress	STRUCT			符合 IEC 61784 CPF 6 的可访问通道的地址信息
	fdt:nodeId	O	[0..1]	
	bitPosition	M	[1..1]	
	bitLenght	M	[1..1]	
PcpAddress	STRUCT			符合 IEC 61784 CPF 6 PCP 的可访问通道的地址信息
	fdt:nodeId	O	[0..1]	
	invokeId	M	[1..1]	
	index	M	[1..1]	
	subIndex	M	[1..1]	
	bitPosition	O	[0..1]	
	bitLength	O	[0..1]	
StatusInformation	STRUCT			符合 IEC 61784 CPF 6 的可访问通道的附加状态信息的描述
	fdt:nodeId	O	[0..1]	
	logic	M	[1..1]	
	invalidBit	O	[0..1]	
	simulationBit	O	[0..1]	
	substituteBaluBit	O	[0..1]	
FDTChannel	STRUCT			对通道的描述
	fdt:nodeId	O	[0..1]	
	fdt:tag	M	[1..1]	
	fdt:id	M	[1..1]	
	fdt:descriptor	O	[0..1]	
	protectedByChannel-Assignment	M	[1..1]	
	fdt:dataType	M	[1..1]	
	fdt:signalType	M	[1..1]	
	frameApplicationTag	O	[0..1]	
	appId:applicationId	O	[0..1]	
	fdt:SemanticInformation	O	[0..1]	
	fdt:BitEnumeratorEntries	O	[0..1]	
	fdt:EnumeratorEntries	O	[0..1]	

表 9（续）

数据类型	定义			描述
	元素数据类型	用法	多重性	
FDTChannel	fdt:Unit	O	[0..1]	
	ProcessAddress	O	[0..1]	
	PcpAddress	O	[0..1]	
	StatusInformation	O	[0..1]	
	fdt:Alarms	O	[0..1]	
	fdt:Ranges	O	[0..1]	
	fdt:Deadband	O	[0..1]	
	fdt:SubstituteValue	O	[0..1]	
FDTChannelType	STRUCT			当通道具有网关功能时，对通道组件的描述
	fdt:nodeId	O	[0..1]	
	fdt:VersionInformation	M	[1..1]	
	gatewayBusCategory	O	[0..1]	
	statusChannel	O	[0..1]	

12 设备标识

存在 IEC 61784 CPF 6 规定的不同标识元素。

一次 IEC 61784 CPF 6 扫描可能检测到不同的设备类型：遵循基本规范的 IEC 61784 CPF 6 设备、IEC 61784 CPF 6 PCP 设备及简单 IEC 61784 CPF 6 设备。

IEC 61784 CPF 6 通信通道的规则：如果 IEC 61784 CPF 6 基本规范可用，则创建一个 IEC 61784 CPF 6 基本规范标识符；否则，检查 IEC 61784 CPF 6 PCP 或者创建一个简单 IEC 61784 CPF 6 设备标识。

12.1 STRING 数据类型的协议特定操作

IEC 61784 CPF 6 字符数组规则：

- 在基于现场总线协议规范中定义的字符范围的所有字符串中，从左剪除前导的空格。字符数组填充为 0x20(空)。
- 在 VisibleStrings 中，某个设备提供的不可见字符应由“?”替代。未被 7 位 ASCII/ANSI 字符集定义的 VisibleStrings 类型的字符，视作不可见字符。

12.2 设备类型标识数据类型

IEC 61784 CPF 6 的设备类型标识符数据类型提供了通用的数据类型，带有协议特定的语义（见表 10、表 11 和表 12），还提供不具有此类映射的数据类型（见表 13 和表 14）。

本条描述的数据类型为下列命名空间定义。

命名空间：ibsident

表 10 简单 IEC 61784 CPF 6 设备的标识数据类型

IEC 61784 CPF 6 属性	词法元素名称	物理设备中数据请求	协议特定名称	IEC 61784 CPF 6 数据格式	FDT 数据类型（显示格式）	规范引用
busProtocol	IdBusProtocol	针对所有非 IEC 61784 CPF 6 PCP 设备：“protocol_IBS”			enumeration ((protocol_IBS| protocol_IBS_PCP| protocol_IBS_BASE_PROFILE)	
systemNumber	IdAddress	嵌套 IEC 61784 CPF 6 系统中的逻辑地址信息	System Number	Unsigned8	STRING (systemNumber. segmentNumber. positionNumber)	
segmentNumber		IEC 61784 CPF 6 配置框架中的数据	Segment Number	Unsigned8		
positionNumber			Position Number	Unsigned8		
identCode	IdTypeId		Ident Code	Unsigned8	STRING (identCode/PDLength/PALength)	
PDLength			Process Data Length	Unsigned8		
PALength			Parameter Channel Length	Unsigned8		
manufacturer SpecificExtension		供应商能通过 DTM 使用的特定设备标识信息				

表 11 IEC 61784 CPF 6 PCP 设备的标识数据类型

IEC 61784 CPF 6 属性	词法元素名称	物理设备中数据请求	协议特定名称	IEC 61784 CPF 6 数据格式	FDT 数据类型（显示格式）	规范引用
systemNumber,segmentNumber,positionNumber and manufacturerSpecificExtension 定义在 IEC 61784 CPF 6 的表中						
busProtocol	IdBusProtocol	针对所有 IEC 61784 CPF 6 标准 PCP 设备为：“protocol_IBS_PCP”			enumeration (protocol_IBS| protocol_IBS_PCP| protocol_IBS_BASE_PROFILE)	

表 11（续）

IEC 61784 CPF 6 属性	词法元素名称	物理设备中数据请求	协议特定名称	IEC 61784 CPF 6 数据格式	FDT 数据类型（显示格式）	规范引用
deviceName	IdTypeld	Identify_Request	ProductName	Visible-String	STRING	
manufacturerName	IdManufacturer	Identify_Request	VendorName	Visible-String	STRING	
firmwareRevision	IdSoftwareVersion	Identify_Request	FirmwareVersion	Visible-String	STRING	
identCode		IEC 61784 CPF 6 配置框架中的数据	Ident Code	Unsigned8	USINT(dec)	
PDLength		IEC 61784 CPF 6 配置框架中的数据	Process Data Length	Unsigned8	USINT(dec)	
PALength		IEC 61784 CPF 6 配置框架中的数据	Parameter Channel Length	Unsigned8	USINT(dec)	

表 12　IEC 61784 CPF 6 基本规范设备的标识符数据类型

IEC 61784 CPF 6 属性	词法元素名称	物理设备中数据请求	协议特定名称	IEC 61784 CPF 6 数据格式	FDT 数据类型（显示格式）	规范引用
systemNumber，segmentNumber，positionNumber and manufacturerSpecificExtension 定义在 IEC 61784 CPF 6 的表中						
identCode，PDLength and PALength 定义在 IEC 61784 CPF 6 PCP 的表中						
busProtocol	IdBusProtocol	针对所有 IEC 61784 CPF 6 设备执行 IEC 61784 CPF 6 基本行规："protocol_IBS_BASE_PROFILE"			enumeration (protocol_IBS| protocol_IBS_PCP| protocol_IBS_BASE_PROFILE)	
deviceName	IdTypeld	索引号 0007	ProductName	58 Octets Visible String	STRING[58]	
manufacturerName	IdManufacturer	索引号 0001	VendorName	58 Octets Visible String	STRING[58]	
firmwareRevision	IdSoftware Version	索引号 000C，第二项记录 IEC 61784 CPF 6 "Version"	Firmware Version	48 Octets Visible String	STRING[48]	
hardwareRevision	IdHardware Revsion	索引号 000B，第二项记录"Version"	Hardware Version	48 Octets Visible String	STRING[48]	
orderId		索引号 000A	OrderNumber	58 Octets Visible String	STRING[58]	
vendorId		索引号 0002	VendorID	6 Octets Visible String	STRING[6]	

表 12（续）

IEC 61784 CPF 6 属性	词法元素名称	物理设备中数据请求	协议特定名称	IEC 61784 CPF 6 数据格式	FDT 数据类型（显示格式）	规范引用
deviceFamily		索引号 0004	DeviceFamily	58 Octets Visible String	STRING[58]	
pcpVersion		索引号 000d，第二项记录 IEC 61784 CPF 6 "Version"	PCPVersion	48 Octets Visible String	STRING[48]	
commProfile		索引号 000E	CommProfile	3 Octets Visible String	STRING[3]	

表 13 简单的标识数据类型与协议无关的语义

数据类型	定义	描述
schemaVersion	INT	标识当前模式版本
idDTMSupportLevel	enumeration (genericSupport|profileSupport|blockspecificProfileSupport|specificSupport|identSupport)	枚举： genericSupport profileSupport blockspecificProfileSupport specificSupport
match	STRING	由设备 DTM 用于定义正则表达式，该表达式应与被扫描的物理定义标识信息匹配
nomatch	STRING	由设备 DTM 用于定义正则表达式，该表达式与被扫描的物理定义标识信息不匹配。 由设备 DTM 用于指示标识信息可能不匹配

表 14 结构化数据类型与协议无关的语义

元素	定义			描述
	元素数据类型	用法	多重性	
RegExpr	STRUCT			包含正则表达式字符串——匹配或不匹配
	match	O	[0..1]	
	nomatch	O	[0..1]	

12.3 拓扑扫描数据类型

该数据类型用于响应 Scan 服务。

该数据类型描述扫描设备列表中的一条记录（见表 15 和表 16）。

本条描述的数据类型为下列命名空间定义。

命名空间:fdtinterbusdevice

表 15　简单设备类型标识数据类型

数据类型	定义	描述
systemNumber	USINT	符合 IEC 61784 CPF 6 规范的地址信息的系统编号
segmentNumber	USINT	符合 IEC 61784 CPF 6 规范的地址信息的段号
positionNumber	USINT	符合 IEC 61784 CPF 6 规范的地址信息的位置编号
identCode	USINT	符合 IEC 61784 CPF 6 规范的标识码
PALength	USINT	参数数据通道的长度
PDLength	USINT	过程数据通道的长度

表 16　结构化设备类型的标识数据类型

数据类型	定义			描述
	元素数据类型	用法	多重性	
InterbusDevice	STRUCT			对 IEC 61784 CPF 6 设备扫描相关响应的定义
	fdt.nodeId	O	[0..1]	
	schemaVersion	O	[0..1]	
	systemNumber	M	[1..1]	
	segmentNumber	M	[1..1]	
	positionNumber	M	[1..1]	
	identCode	M	[1..1]	
	PALength	M	[1..1]	
	PDLength	M	[1..1]	
	fdt:VersionInformation	M	[1..1]	

为了更简单地将 IEC 61784 CPF 6 设备 DTM 分配给扫描设备，应该使用匹配的设备信息数据。这意味着，PCP 服务“Identify_Confirmation”返回的数据应用于提供下列描述元素〈fdt:VersionInformation〉中的数据。

FDT 版本信息	Identify_Confirmation 服务
vendor	Manufacturer's_Name
name	Device_Name
version	Revision

12.4　扫描标识数据类型

本条定义用于提供协议特定扫描的数据类型(见表 17 和表 18)。

本条描述的数据类型为下列命名空间定义。

命名空间:ibsscan

表 17　简单扫描标识数据类型

数据类型	定义	描述
schemaVersion	INT	识别当前模式的版本
resultState	enumeration(provisional|final|error)	识别该结果是否是一个临时结果(provisional),或者是分解扫描结果的最终结果(final)
configuredState	enumeration(configuredAndPhysicallyAvailable||configuredAndNotPhysicallyAvailable|availableButNotConfigured|notApplicable)	如果扫描响应与检测到的已配置或未配置的物理设备相关,则应由通信主机通过该属性进行指示

表 18　结构化扫描标识数据类型

标签	定义			描述
	元素数据类型	用法	多重性	
IdAddress	STRUCT			包含由系统编号、段号和位置编号组成的 IEC 61784 CPF 6 地址信息。它具有"IdAdress"词法意义
	ibsident:systemNumber	M	[1..1]	
	ibsident:segmentNumber	M	[1..1]	
	ibsident:positionNumber	M	[1..1]	
IdBusProtocol	STRUCT			所有元素包含确切的一个属性,包括扫描物理设备的值。所有具有语义含义的元素都有一个"id"前缀,以便更好地识别
	ibsident:busProtocol	M	[1..1]	
IdManufacturer	STRUCT			
	ibsident:manufacturerName	M	[1..1]	
IdTypeID	STRUCT			
	ibsident:deviceName	M	[1..1]	
IdSoftwareRevision	STRUCT			
	ibsident:firmwareRevision	M	[1..1]	
IdHardwareRevision	STRUCT			
	ibsident:hardwareRevision	M	[1..1]	
TypeIDIBS	STRUCT			包含由 Ident Code、Process Data Length 和 Parameter Channel Length 组成的简单 IEC 61784 CPF 6 设备标识信息。对总线协议"protocol_IBS"而言,它具有"IdTypeID"语义含义
	ibsident:identCode	M	[1..1]	
	ibsident:PDLength	M	[1..1]	
	ibsident:PALength	M	[1..1]	

表 18（续）

标签	定义			描述
	元素数据类型	用法	多重性	
IdentCode	STRUCT			这些元素包含定义在 FDTInterbusIdentSchema.xml 中的相应属性。它们被转换为对框架应用程序不具有语义含义的名称数值对
	ibsident:identCode	M	[1..1]	
ProcessLength	STRUCT			
	ibsident:PDLength	M	[1..1]	
ParamLength	STRUCT			
	ibsident:PALength	M	[1..1]	
OrderId	STRUCT			
	ibsident:orderId	M	[1..1]	
VendorId	STRUCT			
	ibsident:vendorId	M	[1..1]	
DeviceFamily	STRUCT			
	ibsident:deviceFamily	M	[1..1]	
PCPVersion	STRUCT			
	ibsident:pcpVersion	M	[1..1]	
CommProfile	STRUCT			
	ibsident:commProfile	M	[1..1]	
ManufacturerSpecific-Extension	STRUCT			
	ibsident:manufacturerSpecificExtension	M	[1..1]	
ScanIdentification_IBS	STRUCT			这些元素包含了适合协议变量的全部元素
	configuredState	O	[0..1]	
	CommunicationError	O	[0..1]	
	IdAddress	M	[1..1]	
	IdBusProtocol	M	[1..1]	
	TypeIDIBS	M	[1..1]	
	ManufacturerSpecificExtension	O	[0..1]	
ScanIdentification_IBS_PCP	STRUCT			
	configuredState	O	[0..1]	
	fdt:CommunicationError	O	[0..1]	
	IdAddress	M	[1..1]	
	IdBusProtocol	M	[1..1]	
	IdManufacturer	M	[1..1]	
	IdTypeID	M	[1..1]	
	IdSoftwareRevision	M	[1..1]	

表 18（续）

标签	定义			描述
	元素数据类型	用法	多重性	
ScanIdentification_IBS_PCP	IdentCode	M	[1..1]	这些元素包含了适合协议变量的全部元素
	ProcessLength	M	[1..1]	
	ParamLength	M	[1..1]	
	ManufacturerSpecificExtension	O	[0..1]	
ScanIdentification_IBS _ BASE _ PROFILE	STRUCT			
	configuredState	O	[0..1]	
	fdt:CommunicationError	O	[0..1]	
	IdAddress	M	[1..1]	
	IdBusProtocol	M	[1..1]	
	IdManufacturer	M	[1..1]	
	IdTypeID	M	[1..1]	
	IdSoftwareRevision	M	[1..1]	
	IdHardwareRevision	M	[1..1]	
	IdentCode	M	[1..1]	
	ProcessLength	M	[1..1]	
	ParamLength	M	[1..1]	
	OrderId	M	[1..1]	
	VendorId	M	[1..1]	
	DeviceFamily	M	[1..1]	
	PCPVersion	M	[1..1]	
	CommProfile	M	[1..1]	
	ManufacturerSpecificExtension	O	[0..1]	
ScanIdentifications	STRUCT			ScanIdentification 元素的集合
	fdt:protocolId	M	[1..1]	
	resultState	M	[1..1]	
	choice of	M	[1..*]	
	ScanIdentification_IBS	S	[0..*]	
	ScanIdentification_IBS_PCP	S	[0..*]	
	ScanIdentification_IBS_BASE_PROFILE	S	[0..*]	

12.5 设备类型标识数据类型

该模式提供的属性和元素用于为设备类型提供协议特定信息(见表 19 和表 20)。

本条描述的数据类型为下列命名空间定义。

命名空间:ibsdevtype

表 19 简单设备类型标识的数据类型

数据类型	定义	描述
schemaVersion	INT	识别当前模式的版本

表 20 结构化设备类型标识符的数据类型

标签	定义			描述
	元素数据类型	用法	多重性	
IdBusProtocol	STRUCT			所有元素包含确切的一个属性,包括扫描物理设备的值。所有具有语义含义的元素都有一个"id"前缀,以便更好地识别
	ibsident:busProtocol	O	[0..1]	
	ibsident:RegExpr	O	[0..1]	
IdManufacturer	STRUCT			
	ibsident:manufacturerName	O	[0..1]	
	ibsident:RegExpr	O	[0..1]	
IdTypeID	STRUCT			
	ibsident:deviceName	O	[0..1]	
	ibsident:RegExpr	O	[0..1]	
IdSoftwareRevision	STRUCT			
	ibsident:firmwareRevision	O	[0..1]	
	ibsident:RegExpr	O	[0..1]	
IdHardwareRevision	STRUCT			
	ibsident:hardwareRevision	O	[0..1]	
	ibsident:RegExpr	O	[0..1]	
TypeIDIBS	STRUCT			包含由 Ident Code、Process Data Length 和 Parameter Channel Length 构成的简单 IEC 61784 CPF 6 设备标识信息。对总线协议"protocol_IBS"而言,它具有"IdTypeID"语义含义
	ibsident:identCode	O	[0..1]	
	ibsident:PDLength	O	[0..1]	
	ibsident:PALength	O	[0..1]	
	ibsident:RegExpr	O	[0..1]	
IdentCode	STRUCT			这些元素包含了定义在 FDTInterbusIdentSchema.xml 中的相应属性。它们被转换为对框架应用程序不具有语义含义的名称数值对
	ibsident:identCode	O	[0..1]	
	ibsident:RegExpr	O	[0..1]	

表 20（续）

标签	定义			描述
	元素数据类型	用法	多重性	
ProcessLength	STRUCT			这些元素包含了定义在 FDTInterbusIdentSchema.xml 中的相应属性。它们被转换为对框架应用程序不具有语义含义的名称数值对
	ibsident:PDLength	O	[0..1]	
	ibsident:RegExpr	O	[0..1]	
ParamLength	STRUCT			
	ibsident:PALength	O	[0..1]	
	ibsident:RegExpr	O	[0..1]	
OrderId	STRUCT			
	ibsident:orderId	O	[0..1]	
	ibsident:RegExpr	O	[0..1]	
VendorId	STRUCT			
	ibsident:vendorId	O	[0..1]	
	ibsident:RegExpr	O	[0..1]	
DeviceFamily	STRUCT			
	ibsident:deviceFamily	O	[0..1]	
	ibsident:RegExpr	O	[0..1]	
PCPVersion	STRUCT			
	ibsident:pcpVersion	O	[0..1]	
	ibsident:RegExpr	O	[0..1]	
CommProfile	STRUCT			
	ibsident:commProfile	O	[0..1]	
	ibsident:RegExpr	O	[0..1]	
ManufacturerSpecific-Extension	STRUCT			
	ibsident:manufacturer-SpecificExtension	M	[1..1]	
DeviceIdentification_IBS	STRUCT			这些元素包含了适合协议变量的全部元素
	ibsident:idDTMSupportLevel	M	[1..1]	
	IdBusProtocol	M	[1..1]	
	TypeIDIBS	M	[1..1]	
	ManufacturerSpecificExtension	O	[0..1]	
DeviceIdentification_IBS_PCP	STRUCT			
	ibsident:idDTMSupportLevel	M	[1..1]	
	IdBusProtocol	M	[1..1]	
	IdManufacturer	M	[1..1]	
	IdTypeID	M	[1..1]	

表 20(续)

标签	定义			描述
	元素数据类型	用法	多重性	
DeviceIdentification_IBS_PCP	IdSoftwareRevision	M	[1..1]	这些元素包含了适合协议变量的全部元素
	IdentCode	M	[1..1]	
	ProcessLength	M	[1..1]	
	ParamLength	M	[1..1]	
	ManufacturerSpecificExtension	O	[0..1]	
DeviceIdentification_IBS_BASE_PROFILE	STRUCT			
	ibsident:idDTMSupportLevel	M	[1..1]	
	IdBusProtocol	M	[1..1]	
	IdManufacturer	M	[1..1]	
	IdTypeID	M	[1..1]	
	IdSoftwareRevision	M	[1..1]	
	IdHardwareRevision	M	[1..1]	
	IdentCode	M	[1..1]	
	ProcessLength	M	[1..1]	
	ParamLength	M	[1..1]	
	OrderId	M	[1..1]	
	VendorId	M	[1..1]	
	DeviceFamily	M	[1..1]	
	PCPVersion	M	[1..1]	
	CommProfile	M	[1..1]	
	ManufacturerSpecificExtension	O	[0..1]	
DeviceIdentifications				DeviceIdentification 元素的集合
	fdt:protocolId	M	[1..1]	
	选择之	M	[1..*]	
	DeviceIdentification_IBS	S	[0..*]	
	DeviceIdentification_IBS_PCP	S	[0..*]	
	DeviceIdentification_IBS_BASE_PROFILE	S	[0..*]	

参 考 文 献

[1] IEC 61158(all parts) Industrial communication networks—Fieldbus specifications.

ICS 25.040
N 10

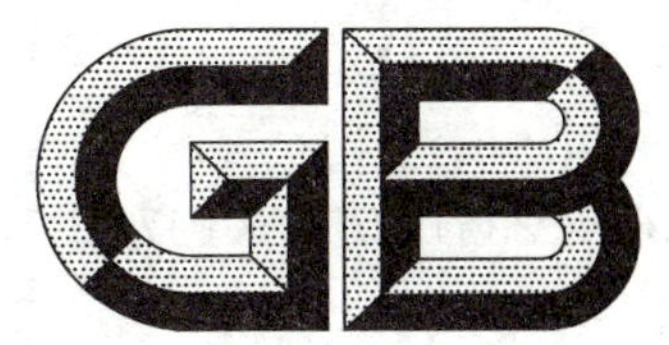

中华人民共和国国家标准

GB/T 29618.515—2017/IEC/TR 62453-515:2009

现场设备工具(FDT)接口规范 第515部分:通用对象模型的通信实现 MODBUS现场总线规范

**Field device tool (FDT) interface specification—
Part 515: Communication implementation for common object model—
MODBUS fieldbus specification**

(IEC/TR 62453-515:2009, Field device tool (FDT) interface specification—
Part 515: Communication implementation for common object model—
IEC 61784 CPF 15, IDT)

2017-07-31 发布　　　　2018-02-01 实施

中华人民共和国国家质量监督检验检疫总局
中国国家标准化管理委员会　发布

前　言

GB/T 29618《现场设备工具(FDT)接口规范》分为以下几个部分:

——第1部分:概述和导则;

——第2部分:概念和详细描述;

——第301部分:通信行规集成　FF现场总线规范;

——第302部分:通信行规集成　CIP;

——第303-1部分:通信行规集成　PROFIBUS现场总线规范;

——第303-2部分:通信行规集成　PROFINET输入输出接口规范;

——第306部分:通信行规集成　INTERBUS现场总线规范;

——第309部分:通信行规集成　HART现场总线规范;

——第315部分:通信行规集成　MODBUS现场总线规范;

——第41部分:对象模型行规集成　通用对象模型;

——第501部分:通用对象模型的通信实现　FF现场总线规范;

——第502部分:通用对象模型的通信实现　CIP;

——第503-1部分:通用对象模型的通信实现　PROFIBUS现场总线规范;

——第503-2部分:通用对象模型的通信实现　PROFINET输入输出接口规范;

——第506部分:通用对象模型的通信实现　INTERBUS现场总线规范;

——第509部分:通用对象模型的通信实现　HART现场总线规范;

——第515部分:通用对象模型的通信实现　MODBUS现场总线规范;

——第61部分:通用对象模型的设备类型管理器样式指南。

本部分为GB/T 29618的第515部分。

本部分按照GB/T 1.1—2009给出的规则起草。

本部分使用翻译法等同采用IEC/TR 62453-515:2009《现场设备工具(FDT)接口规范　第515部分:通用对象模型的通信实现　MODBUS现场总线规范》。

与本部分中规范性引用的国际文件有一致性对应关系的我国文件如下:

——GB/T 15969.3—2005　可编程序控制器　第3部分:编程语言(IEC 61131-3:2002,IDT);

——GB/T 25105.3—2014　工业通信网络　现场总线规范　类型10:PROFINET IO规范　第3部分:PROFINET IO通信行规(IEC 61784-2:2010,MOD)。

本部分做了下列编辑性修改:

——为与现有标准系列一致,将标准名称修改为《现场设备工具(FDT)接口规范　第515部分:通用对象模型的通信实现　MODBUS现场总线规范》。

本部分由中国机械工业联合会提出。

本部分由全国工业过程测量控制和自动化标准化技术委员会(SAC/TC 124)归口。

本部分起草单位:福建顺昌虹润精密仪器有限公司、西南大学、机械工业仪器仪表综合技术经济研究所、罗克韦尔自动化(中国)有限公司、施耐德电气(中国)公司、苏州美名软件有限公司、上海自动化仪表股份有限公司、重庆川仪自动化仪表股份有限公司、浙江大学智能系统与控制研究所、赫优讯(上海)自动化系统贸易有限公司。

本部分主要起草人:林善平、陈志扬、刘枫、张渝、杨阳、王春喜、汪烁、华镕、王勇、杜佳琳、吕亚军、张庆军、田英明、冯冬芹、李京、周雪莲、吕静。

现场设备工具(FDT)接口规范 第515部分:通用对象模型的通信实现 MODBUS现场总线规范

1 范围

GB/T 29618的本部分提供了基于COM实现,将IEC 61784-2 CPF 15(Modbus TCP)标准和Modbus串行链路集成到FDT系统的信息。本部分与GB/T 29618.41一起使用。

注:本部分仅规定了Modbus参数到FDT数据类型的映射。FDT数据类型定义中,协议规定参数相关的允许值和数组限制等约束条件,请参阅IEC 61158-5-15和GB/T MODBUS Application Protocol Specification。

本部分规定了通信及其他服务。

本部分既不包含FDT规范,也不是对FDT规范的修改。

2 规范性引用文件

下列文件对于本文件的应用是必不可少的。凡是注日期的引用文件,仅注日期的版本适用于本文件。凡是不注日期的引用文件,其最新版本(包括所有的修改单)适用于本文件。

GB/T 29618.1—2013 现场设备工具(FDT)接口规范 第1部分:概述和导则(IEC 62453-1:2009,IDT)

GB/T 29618.2—2013 现场设备工具(FDT)接口规范 第2部分:概念和详细描述(IEC 62453-2:2009,IDT)

GB/T 29618.41—2013 现场设备工具(FDT)接口规范 第41部分:对象模型行规集成-通用对象模型(IEC 62453-41:2009,IDT)

GB/T 29618.315—2013 现场设备工具(FDT)接口规范 第315部分:通信行规集成 MODBUS现场总线规范(IEC 62453-315:2009,IDT)

IEC 61131-3 可编程序控制器 第3部分:编程语言(Programmable controllers—Part 3:Programming languages)

IEC 61784-2 工业通信网络 第2部分:基于ISO/IEC 8802-3标准的用于实时网络的附加现场总线规范(Industrial communication networks—Profiles—Part 2:Additional fieldbus profiles for real-time networks based on ISO/IEC 8802-3)

3 术语、定义、符号、缩略语和约定

3.1 术语和定义

GB/T 29618.1—2013和GB/T 29618.2—2013中界定的术语和定义适用于本文件。

3.2 符号和缩略语

在GB/T 29618.1—2013和GB/T 29618.2—2013中界定的符号和缩略语适用于本文件。

3.3 约定

3.3.1 数据类型的命名与引用

GB/T 29618.2—2013 的 A.1 解释了各数据类型的命名和引用的约定。

3.3.2 "要求"相关表述的约定

规定相关"要求"时,需要用到下列词汇:

使用"应该"或"必须",表示不允许有例外;

使用"应当"或"建议",表示强烈建议采纳。但,在极特殊情形下,允许有例外;

使用"可以"或"可选",表示某功能或情形允许出现,视具体情况而定。

4 总线类别

使用 busCategory 中的属性(协议标识符)识别 IEC 61784 CPF 15 协议类型,该协议标识符在 GB/T 29618.315—2013 中定义。

5 访问实例和设备数据

使用方法:

- IDtmParameter::GetParameters()
- IDtmParameter::SetParameters()

这些方法至少提供对 GB/T 29618.315—2013 中定义的所有参数的访问。

6 通用数据类型的协议特定用法

表 1 给出了 IEC 61784 CPF 15 设备如何使用通用数据类型。

表 1 通用数据类型的协议特定用法

属性	用法描述
fdt:address	FDTDatatype 的这些属性在 GB/T 29618.315—2013 中定义
fdt:protocolId	
fdt:deviceTypeId	
fdt:deviceTypeInformation	
fdt:deviceTypeInformationPath	
fdt:manufacturerId	
fdt:semanticId fdt:applicationDomain	
fdt:tag	

7 协议特定公共数据类型

本章规定了在其他数据类型定义中使用的协议特定公共数据类型。

8 网络管理数据类型

8.1 概述

本章规定的数据类型在如下方法中使用：

——IDtmParameter:GetParameters;

——IDtmParameter:SetParameters。

8.2 Modbus 设备地址——FDTModbusAddressSchema

Modbus 设备的地址可在<BusInformation/UserdefinedBus>元素中查询。

```
<?xml version="1.0"?>
<Schema name="FDTModbusAddressSchema" xmlns="urn:schemas-microsoft-com:xml-data"
xmlns:dt="urn:schemas-microsoft-com:datatypes" xmlns:fdt="x-schema:FDTDataTypesSchema.
xml">

<!-- Address schema for Modbus protocol V1.0 -->
<!-- This additional schema describes the different methods of addressing for Modbus TCP and
Modbus Serial Line Devices -->

    <AttributeType name = "schemaVersion" dt:type = "number" default = "1.0"/>

  <!--Definition of attributes for Modbus addressing-->

    <!-- Slave address for Modbus Serial Line -->
    <AttributeType name="slaveAddress" dt:type="ui1"/>
    <!-- IP address for Modbus TCP -->
    <AttributeType name="tcpAddress" dt:type="string"/>
  <!-- TCP Port for Modbus TCP (default 502) -->
    <AttributeType name="tcpPort" dt:type="ui2" default = "502"/>

    <ElementType name="ModbusTCP" content="mixed" model="closed">
       <attribute type="fdt:nodeId" required="no"/>
       <attribute type="tcpAddress" required="yes"/>
     <attribute type="tcpPort" required="no"/>
      <attribute type="slaveAddress" required="no"/>
    </ElementType>
    <ElementType name="ModbusSerial" content="mixed" model="closed">
       <attribute type="fdt:nodeId" required="no"/>
       <attribute type="slaveAddress" required="yes"/>
    </ElementType>
 </Schema>
```

9 通信数据类型——FDTModbusCommunicationSchema

本章规定的数据类型在 IfdtCommunication 的方法中使用。

```
〈? xml version = "1.0" encoding = "UTF-8"?〉

〈! --FDT communication schema for Modbus protocol V1.0--〉
〈! --This schema describes all Modbus services which are defined in the Modbus Application Protocol Specification V1.1a from 4 June 2004 --〉
〈! --Due to the ongoing standardisation process in the CIA Group to specify the encapsulation of the CanOpen protocol in Modbus --〉
〈! --it was abstained to describe the Modbus service 0x2B/0x0D  --〉

〈Schema name = "FDTModbusCommunicationSchema"
  xmlns = "urn:schemas-microsoft-com:xml-data"
   xmlns:dt = "urn:schemas-microsoft-com:datatypes"
  xmlns:fdt = "x-schema:FDTDataTypesSchema.xml"
  xmlns:mb = "x-schema:FDTModbusAddressSchema.xml"〉

  〈AttributeType name = "schemaVersion" dt:type = "number" default = "1.0"/〉
  〈AttributeType name = "communicationReference" dt:type = "uuid"/〉


  〈! --Modbus protocol parameters--〉

  〈! --ModbusException response--〉
  〈AttributeType name = "ModbusService" dt:type = "enumeration" dt:values = "ReadCoils ReadDiscreteInputs ReadHoldingRegisters ReadInputRegisters WriteSingleCoil WriteSingleRegister ReadExceptionStatus Diagnostics GetCommEventCounter GetCommEventLog WriteMultipleCoils WriteMultipleRegisters ReportSlaveID ReadFileRecord WriteFileRecord MaskWriteRegister ReadWriteRegisters ReadFifoQueue EncapsulatedInterfaceTransport ReadDeviceIdentification PrivateModbus"/〉
  〈AttributeType name = "ModbusExceptionCode" dt:type = "bin.hex" dt:minLength = "1"/〉

  〈! --Read/Write Data attributes--〉
   〈AttributeType name = "outputAddress" dt:type = "ui2"/〉
   〈AttributeType name = "startAddress" dt:type = "ui2"/〉
   〈AttributeType name = "quantity" dt:type = "ui2"/〉
   〈AttributeType name = "multipleCoi lValues" dt:type = "string" dt:minLength = "1" dt:maxLength = "2000"/〉
   〈AttributeType name = "discreteInputsStatus" dt:type = "string" dt:minLength = "1" dt:maxLength = "2000"/〉
   〈AttributeType name = "registerValues" dt:type = "bin.hex" dt:minLength = "2" dt:max-
```

Length = "250"/〉

〈AttributeType name = "singleCoilValue" dt:type = "boolean"/〉

〈AttributeType name = "singleRegister" dt:type = "bin.hex" dt:maxLength = "2" dt:minLength = "2"/〉

〈! -- Diagnostic services attributes--〉

〈AttributeType name = "exceptionStatus" dt:type = "bin.hex" dt:maxLength = "1" dt:minLength = "1"/〉

〈AttributeType name = "commStatus" dt:type = "bin.hex" dt:maxLength = "2" dt:minLength = "2"/〉

〈AttributeType name = "diagnosticsSubFct" dt:type = "bin.hex" dt:maxLength = "2" dt:minLength = "2"/〉

〈AttributeType name = "diagnosticsData" dt:type = "bin.hex" dt:maxLength = "250" dt:minLength = "2"/〉

〈AttributeType name = "data" dt:type = "bin.hex"/〉

〈AttributeType name = "eventCount" dt:type = "bin.hex" dt:maxLength = "2" dt:minLength = "2"/〉

〈AttributeType name = "messageCount" dt:type = "bin.hex" dt:maxLength = "2" dt:minLength = "2"/〉

〈AttributeType name = "events" dt:type = "bin.hex"/〉

〈! -- Read/Write File Record attributes--〉

〈AttributeType name = "referenceType" dt:type = "bin.hex" dt:maxLength = "1" dt:minLength = "1"/〉

〈AttributeType name = "fileNumber" dt:type = "bin.hex" dt:maxLength = "2" dt:minLength = "2"/〉

〈AttributeType name = "recordNumber" dt:type = "bin.hex" dt:maxLength = "2" dt:minLength = "2"/〉

〈AttributeType name = "recordData" dt:type = "bin.hex" dt:minLength = "2"/〉

〈! -- Mask Write Register attributes--〉

〈AttributeType name = "referenceAddress" dt:type = "ui2"/〉

〈AttributeType name = "andMask" dt:type = "bin.hex" dt:maxLength = "2" dt:minLength = "2"/〉

〈AttributeType name = "orMask" dt:type = "bin.hex" dt:maxLength = "2" dt:minLength = "2"/〉

〈! -- Read/Write Registers attributes--〉

〈AttributeType name = "readStartAddress" dt:type = "ui2"/〉

〈AttributeType name = "readRegisterValues" dt:type = "bin.hex" dt:minLength = "2" dt:maxLength = "250"/〉

〈AttributeType name = "readQuantity" dt:type = "ui2"/〉

〈AttributeType name = "writeStartAddress" dt:type = "ui2"/〉

〈AttributeType name = "writeRegisterValues" dt:type = "bin.hex" dt:minLength = "2" dt:maxLength = "242"/〉

〈! -- Read FIFO Queue attributes --〉

〈AttributeType name = "fifoPointerAddress" dt:type = "ui2"/〉

```
<AttributeType name = "fifoRegisterValues" dt:type = "bin.hex" dt:minLength = "2" dt:maxLength = "62"/>
<!-- Encapsulated Interface Transport attributes -->
<AttributeType name = "meiType" dt:type = "bin.hex" dt:maxLength = "1" dt:minLength = "1"/>
<AttributeType name = "meiData" dt:type = "bin.hex" dt:minLength = "1" dt:maxLength = "251"/>
<!-- Device identification attributes-->
<AttributeType name = "readDeviceIdCode" dt:type = "ui1"/>
<AttributeType name = "objectId" dt:type = "bin.hex" dt:minLength = "1" dt:maxLength = " 1"/>
<AttributeType name = "conformityLevel" dt:type = "bin.hex" dt:maxLength = "1" dt:minLength = "1"/>
<AttributeType name = "moreFollows" dt:type = "boolean"/>
<AttributeType name = "nextObjectId" dt:type = "bin.hex" dt:minLength = "1" dt:maxLength = " 1"/>
<AttributeType name = "numberOfObjects" dt:type = "ui1"/>
<AttributeType name = "objectValue" dt:type = "bin.hex" dt:minLength = "1" dt:maxLength = "244"/>
<!-- Private Request attributes-->
<AttributeType name = "privateRequest" dt:type = "bin.hex"/>
<AttributeType name = "privateResponse" dt:type = "bin.hex"/>


<ElementType name = "ConnectRequest" content = "eltOnly"  model = "closed">
<attribute type = "fdt:systemTag" required = "yes"/>
    <group order = "one" maxOccurs = "1" minOccurs = "1">
        <element type = "mb:ModbusSerial"/>
        <element type = "mb:ModbusTCP"/>
    </group>
</ElementType>

<ElementType name = "ConnectResponse" content = "empty" model = "closed">
    <attribute type = "communicationReference" required = "yes"/>
</ElementType>

<ElementType name = "DisconnectRequest" content = "empty" model = "closed">
    <attribute type = "communicationReference" required = "yes"/>
</ElementType>

<ElementType name = "DisconnectResponse" content = "empty" model = "closed">
    <attribute type = "communicationReference" required = "yes"/>
</ElementType>
```

```
〈ElementType name = "Abort" content = "empty" model = "closed"〉
   〈attribute type = "communicationReference" required = "no"/〉
〈/ElementType〉

〈! --Modbus Exception response--〉

〈ElementType name = "ModbusExceptionRsp" content = "empty" model = "closed"〉
   〈attribute type = "communicationReference" required = "yes"/〉
   〈! --Applied Modbus service, which failed--〉
   〈attribute type = "ModbusService" required = "yes"/〉
   〈! -- Modbus Exception code--〉
   〈attribute type = "ModbusExceptionCode" required = "yes"/〉
〈/ElementType〉


〈! --Definition of Modbus services--〉


〈! -- 0x01 Read Coils --〉

〈ElementType name = "ReadCoilsReq" content = "empty" model = "closed"〉
   〈attribute type = "communicationReference" required = "yes"/〉
   〈! -- Starting address: 0x0000 to 0xFFFF (2 bytes) --〉
   〈attribute type = "startAddress" required = "yes"/〉
   〈! --Quantity of coils: 0x0001 to 0x07D0 (2 bytes) --〉
   〈attribute type = "quantity" required = "yes"/〉
〈/ElementType〉
〈ElementType name = "ReadCoilsRsp" content = "empty" model = "closed"〉
   〈attribute type = "communicationReference" required = "yes"/〉
   〈! -- Coil status: ASCII string with each coil state coded in one character ("1" = = TRUE;
"0" = = FALSE) --〉
   〈attribute type = "multipleCoilValues" required = "yes"/〉
〈/ElementType〉


〈! -- 0x02 Read Discrete Inputs --〉

〈ElementType name = "ReadDiscreteInputsReq" content = "empty" model = "closed"〉
   〈attribute type = "communicationReference" required = "yes"/〉
   〈! -- Starting address: 0x0000 to 0xFFFF (2 bytes) --〉
   〈attribute type = "startAddress" required = "yes"/〉
   〈! -- Quantity of Inputs: 0x0001 to 0x07D0 (2 bytes)  --〉
```

```
    <attribute type = "quantity" required = "yes"/>
  </ElementType>

  <ElementType name = "ReadDiscreteInputsRsp" content = "empty" model = "closed">
    <attribute type = "communicationReference" required = "yes"/>
    <! -- Input status: ASCII string with each discrete input state coded in one character
("1" = = TRUE; "0" = = FALSE) -->
    <attribute type = "discreteInputsStatus" required = "yes"/>
  </ElementType>
  <! -- 0x03 Read Holding Registers -->

  <ElementType name = "ReadHoldingRegistersReq" content = "empty" model = "closed">
    <attribute type = "communicationReference" required = "yes"/>
    <! -- Starting address: 0x0000 to 0xFFFF (2 bytes) -->
    <attribute type = "startAddress" required = "yes"/>
    <! -- Quantity of registers: 0x0001 to 0x007D (2 bytes) -->
    <attribute type = "quantity" required = "yes"/>
  </ElementType>

  <ElementType name = "ReadHoldingRegistersRsp" content = "empty" model = "closed">
    <attribute type = "communicationReference" required = "yes"/>
    <! -- Register value: read holding register values -->
    <attribute type = "registerValues" required = "yes"/>
  </ElementType>


  <! -- 0x04 Read Input Registers -->

  <ElementType name = "ReadInputRegistersReq" content = "empty" model = "closed">
    <attribute type = "communicationReference" required = "yes"/>
    <! -- Starting address: 0x0000 to 0xFFFF (2 bytes)-->
    <attribute type = "startAddress" required = "yes"/>
    <! -- Quantity of Input registers: 0x0001 to 0x007D (2 bytes) -->
    <attribute type = "quantity" required = "yes"/>
  </ElementType>

  <ElementType name = "ReadInputRegistersRsp" content = "empty" model = "closed">
    <attribute type = "communicationReference" required = "yes"/>
    <! -- Input registers: read input register values -->
    <attribute type = "registerValues" required = "yes"/>
  </ElementType>
```

```
<! -- 0x05 Write Single Coil -->

<ElementType name = "WriteSingleCoilReq" content = "empty" model = "closed">
  <attribute type = "communicationReference" required = "yes"/>
  <! -- Output address: 0x0000 to 0xFFFF (2 bytes) -->
  <attribute type = "outputAddress" required = "yes"/>
  <! -- Output value: boolean (1 = "true", 0 = = "false") -->
  <attribute type = "singleCoilValue" required = "yes"/>
</ElementType>

<ElementType name = "WriteSingleCoilRsp" content = "empty" model = "closed">
  <attribute type = "communicationReference" required = "yes"/>
</ElementType>


<! -- 0x06 Write Single Register -->

<ElementType name = "WriteSingleRegisterReq" content = "empty" model = "closed">
  <attribute type = "communicationReference" required = "yes"/>
  <! -- Register address: 0x0000 to 0xFFFF (2 bytes)  -->
  <attribute type = "outputAddress" required = "yes"/>
  <! -- Register value: 0x0000 to 0xFFFF (2 bytes) -->
  <attribute type = "singleRegister" required = "yes"/>
</ElementType>

<ElementType name = "WriteSingleRegisterRsp" content = "empty" model = "closed">
  <attribute type = "communicationReference" required = "yes"/>
</ElementType>


<! -- 0x07 Read Exception Status (serial line only!!) -->

<ElementType name = "ReadExceptionStatusReq" content = "empty" model = "closed">
  <attribute type = "communicationReference" required = "yes"/>
</ElementType>

<ElementType name = "ReadExceptionStatusRsp" content = "empty" model = "closed">
  <attribute type = "communicationReference" required = "yes"/>
  <! -- Output data: 0x00 to 0xFF (1 byte) -->
  <attribute type = "exceptionStatus" required = "yes"/>
</ElementType>
```

```
〈! -- 0x08 Diagnostics (serial line only!!) --〉

〈ElementType name = "DiagnosticsReq" content = "empty" model = "closed"〉
  〈attribute type = "communicationReference" required = "yes"/〉
  〈! -- Sub-function --〉
  〈attribute type = "diagnosticsSubFct" required = "yes"/〉
  〈! -- Data: Nx2 bytes --〉
  〈attribute type = "diagnosticsData" required = "yes"/〉
〈/ElementType〉

〈ElementType name = "DiagnosticsRsp" content = "empty" model = "closed"〉
  〈attribute type = "communicationReference" required = "yes"/〉
  〈! -- Sub-function --〉
  〈attribute type = "diagnosticsSubFct" required = "yes"/〉
  〈! -- Data: Nx2 bytes --〉
  〈attribute type = "diagnosticsData" required = "no"/〉
〈/ElementType〉


〈! -- 0x0B Get Comm Event Counter (serial line only!!) --〉

〈ElementType name = "GetCommEventCounterReq" content = "empty" model = "closed"〉
  〈attribute type = "communicationReference" required = "yes"/〉
〈/ElementType〉

〈ElementType name = "GetCommEventCounterRsp" content = "empty" model = "closed"〉
  〈attribute type = "communicationReference" required = "yes"/〉
  〈! -- Status: 0x0000 to 0xFFFF (2 bytes) --〉
  〈attribute type = "commStatus" required = "yes"/〉
  〈! -- Event count: 0x0000 to 0xFFFF (2 bytes) --〉
  〈attribute type = "eventCount" required = "yes"/〉
〈/ElementType〉


〈! -- 0x0C Get Comm Event Log (serial line only!!) --〉

〈ElementType name = "GetCommEventLogReq" content = "empty" model = "closed"〉
  〈attribute type = "communicationReference" required = "yes"/〉
〈/ElementType〉

〈ElementType name = "GetCommEventLogRsp" content = "empty" model = "closed"〉
  〈attribute type = "communicationReference" required = "yes"/〉
  〈! -- Status: 0x0000 to 0xFFFF (2 bytes) --〉
```

```
  〈attribute type = "commStatus" required = "yes"/〉
  〈! -- Event count: 0x0000 to 0xFFFF (2 bytes) --〉
  〈attribute type = "eventCount" required = "yes"/〉
  〈! -- Message count: 0x0000 to 0xFFFF (2 bytes) --〉
  〈attribute type = "messageCount" required = "yes"/〉
  〈! -- Events: (N-6) x 1 byte (2 bytes) --〉
  〈attribute type = "events" required = "no"/〉
〈/ElementType〉


〈! -- 0x0F Write Multiple Coils --〉

〈ElementType name = "WriteMultipleCoilsReq" content = "empty" model = "closed"〉
  〈attribute type = "communicationReference" required = "yes"/〉
  〈! -- Starting address: 0x0000 to 0xFFFF (2 bytes) --〉
  〈attribute type = "outputAddress" required = "yes"/〉
  〈! -- Outputs value: ASCII string with each coil state coded in one character ("1" = =
TRUE; "0" = = FALSE) --〉
  〈attribute type = "multipleCoilValues" required = "yes"/〉
〈/ElementType〉

〈ElementType name = "WriteMultipleCoilsRsp" content = "empty" model = "closed"〉
  〈attribute type = "communicationReference" required = "yes"/〉
〈/ElementType〉


〈! -- 0x10 Write Multiple Registers --〉

〈ElementType name = "WriteMultipleRegistersReq" content = "empty" model = "closed"〉
  〈attribute type = "communicationReference" required = "yes"/〉
  〈! -- Starting address: 0x0000 to 0xFFFF (2 bytes) --〉
  〈attribute type = "outputAddress" required = "yes"/〉
  〈! --Register value: register values to write --〉
  〈attribute type = "registerValues" required = "yes"/〉
〈/ElementType〉

〈ElementType name = "WriteMultipleRegistersRsp" content = "empty" model = "closed"〉
  〈attribute type = "communicationReference" required = "yes"/〉
〈/ElementType〉


〈! -- 0x11 Report Slave ID (serial line only!!) --〉
```

```
〈ElementType name = "ReportSlaveIDReq" content = "empty" model = "closed"〉
    〈attribute type = "communicationReference" required = "yes"/〉
〈/ElementType〉

〈ElementType name = "ReportSlaveIDRsp" content = "empty" model = "closed"〉
    〈attribute type = "communicationReference" required = "yes"/〉
    〈! -- data: This attribute contains the Slave ID, the Run Indicator Status and --〉
   〈! -- the additional device specific data --〉
   〈! -- in the same format and order as defined in the Modbus specification --〉
    〈attribute type = "data" required = "yes"/〉
〈/ElementType〉

〈! -- 0x14/0x06 Read File Record --〉

〈! -- Definition of sub-request structure  --〉

〈ElementType name = "ReadFileSubRequest" content = "empty" model = "closed"〉
    〈! -- Sub-request x. reference type: must be 0x06  (1 byte) --〉
    〈attribute type = "referenceType" default = "06" required = "yes"/〉
    〈! -- Sub-request x. File Number: 0x0000 to 0xFFFF (2 bytes) --〉
    〈attribute type = "fileNumber" required = "yes"/〉
    〈! -- Sub-request x. Record Number: 0x0000 to 0x270F (2 bytes) --〉
    〈attribute type = "recordNumber" required = "yes"/〉
     〈! -- Sub-request x. Register Length: N = 2 bytes (number of registers = record
length) --〉
    〈attribute type = "quantity" required = "yes"/〉
〈/ElementType〉

〈! -- Definition of main request structure  --〉

〈ElementType name = "ReadFileRecordReq" content = "eltOnly"  model = "closed"〉
    〈attribute type = "communicationReference" required = "yes"/〉
    〈! -- Sub-request: see ReadFileSubRequest --〉
    〈element type = "ReadFileSubRequest" minOccurs = "1" maxOccurs = " * " /〉
〈/ElementType〉

〈! -- Definition of sub-response structure  --〉

〈ElementType name = "ReadFileSubResponse" content = "empty" model = "closed"〉
    〈! -- Sub-request x. Record Data: Nx2 bytes --〉
    〈attribute type = "recordData" required = "yes"/〉
〈/ElementType〉
```

```
<! -- Definition of main response structure  -->

<ElementType name = "ReadFileRecordRsp" content = "eltOnly" model = "closed">
   <attribute type = "communicationReference" required = "yes"/>
   <! -- Sub-request: see ReadFileSubResponse -->
   <element type = "ReadFileSubResponse" minOccurs = "1" maxOccurs = " * " />
</ElementType>

<! -- 0x15/0x06 Write File Record -->

<! -- Definition of sub-request structure  -->

<ElementType name = "WriteFileSubRequest" content = "empty" model = "closed">
   <! -- Sub-request x. Reference Type: must be 0x06  (1 byte) -->
   <attribute type = "referenceType" default = "06" required = "yes"/>
   <! -- Sub-request x. File Number: 0x0000 to 0xFFFF (2 bytes) -->
   <attribute type = "fileNumber" required = "yes"/>
   <! -- Sub-request x. Record Number: 0x0000 to 0x270F (2 bytes) -->
   <attribute type = "recordNumber" required = "yes"/>
   <! -- Sub-request x. Record Data: Nx2 bytes -->
   <attribute type = "recordData" required = "yes"/>
</ElementType>

<! -- Definition of main request structure  -->

<ElementType name = "WriteFileRecordReq" content = "eltOnly"  model = "closed">
   <attribute type = "communicationReference" required = "yes"/>
   <! -- Sub-request: see WriteFileSubRequest -->
   <element type = "WriteFileSubRequest" minOccurs = "1" maxOccurs = " * "/>
</ElementType>

<! -- Definition of main response structure  -->

<ElementType name = "WriteFileRecordRsp" content = "empty" model = "closed">
   <attribute type = "communicationReference" required = "yes"/>
</ElementType>

<! -- 0x16 Mask Write Register -->

<ElementType name = "MaskWriteRegisterReq" content = "empty" model = "closed">
   <attribute type = "communicationReference" required = "yes"/>
   <! -- Reference address: 0x0000 to 0xFFFF (2 bytes)  -->
   <attribute type = "referenceAddress" required = "yes"/>
```

```
    〈! -- AND_Mask: 0x0000 to 0xFFFF (2 bytes) --〉
    〈attribute type = "andMask" required = "yes"/〉
    〈! -- OR_Mask: 0x0000 to 0xFFFF (2 bytes) --〉
    〈attribute type = "orMask" required = "yes"/〉
〈/ElementType〉

〈ElementType name = "MaskWriteRegisterRsp" content = "empty" model = "closed"〉
    〈attribute type = "communicationReference" required = "yes"/〉
〈/ElementType〉

〈! -- 0x17 Read/Write Registers --〉

〈ElementType name = "ReadWriteRegistersReq" content = "empty" model = "closed"〉
    〈attribute type = "communicationReference" required = "yes"/〉
    〈! -- Read starting address: 0x0000 to 0xFFFF (2 bytes) --〉
    〈attribute type = "readStartAddress" required = "yes"/〉
    〈! -- Quantity to read: 0x0001 to 0x007D (2 bytes) --〉
    〈attribute type = "readQuantity" required = "yes"/〉
    〈! -- Write starting address: 0x0000 to 0xFFFF (2 bytes) --〉
    〈attribute type = "writeStartAddress" required = "yes"/〉
    〈! -- Write register values: register values to write --〉
    〈attribute type = "writeRegisterValues" required = "yes"/〉
〈/ElementType〉

〈ElementType name = "ReadWriteRegistersRsp" content = "empty" model = "closed"〉
    〈attribute type = "communicationReference" required = "yes"/〉
    〈! -- Read register values: read register values --〉
    〈attribute type = "readRegisterValues" required = "yes"/〉
〈/ElementType〉

〈! -- 0x17 Read Fifo Queue --〉

〈ElementType name = "ReadFifoQueueReq" content = "empty" model = "closed"〉
    〈attribute type = "communicationReference" required = "yes"/〉
    〈! -- FIFO pointer address: 0x0000 to 0xFFFF (2 bytes) --〉
    〈attribute type = "fifoPointerAddress" required = "yes"/〉
〈/ElementType〉

〈ElementType name = "ReadFifoQueueRsp" content = "empty" model = "closed"〉
    〈attribute type = "communicationReference" required = "yes"/〉
    〈! -- FIFO register values --〉
    〈attribute type = "fifoRegisterValues" required = "yes"/〉
〈/ElementType〉
```

```
〈! -- 0x2B Encapsulated Interface Transport --〉

〈ElementType name = "EncapsulatedInterfaceTransportReq" content = "empty" model = "closed"〉
    〈attribute type = "communicationReference" required = "yes"/〉
    〈! -- MEI type: (1 byte) --〉
    〈attribute type = "meiType" required = "yes"/〉
    〈! -- MEI type specific data: n bytes --〉
    〈attribute type = "meiData" required = "yes"/〉
〈/ElementType〉

〈ElementType name = "EncapsulatedInterfaceTransportRsp" content = "empty" model = "closed"〉
    〈attribute type = "communicationReference" required = "yes"/〉
    〈! -- MEI type: (1 byte) --〉
    〈attribute type = "meiType" required = "yes"/〉
    〈! -- MEI type specific data: n bytes --〉
    〈attribute type = "meiData" required = "yes"/〉
〈/ElementType〉

〈! -- 0x2B/0x0E Read Device Identification --〉

〈! -- Definition of identification object structure --〉

〈ElementType name = "IdentificationObject" content = "empty" model = "closed"〉
    〈! -- Object ID: (1 byte) --〉
    〈attribute type = "objectId" required = "yes"/〉
    〈! -- Object Value --〉
    〈attribute type = "objectValue" required = "yes"/〉
〈/ElementType〉

〈! -- Definition of main request structure  --〉

〈ElementType name = "ReadDeviceIdentificationReq" content = "empty" model = "closed"〉
    〈attribute type = "communicationReference" required = "yes"/〉
    〈! -- Read device ID code: 01 / 02/ 03 / 04 (1 byte) --〉
    〈attribute type = "readDeviceIdCode" required = "yes"/〉
    〈! -- Object ID: first object to read  (1 byte) --〉
    〈attribute type = "objectId" required = "yes"/〉
〈/ElementType〉

〈! -- Definition of main response structure  --〉
```

```
    〈ElementType name = "ReadDeviceIdentificationRsp" content = "eltOnly" model =
"closed"〉
        〈attribute type = "communicationReference" required = "yes"/〉
        〈! -- Read device ID code: 01 / 02/ 03 / 04 (1 byte) --〉
        〈attribute type = "readDeviceIdCode" required = "yes"/〉
        〈! -- Conformity level: (1 byte) --〉
        〈attribute type = "conformityLevel" required = "yes"/〉
        〈! -- More follows: boolean (1 = "true", 0 = = "false") --〉
        〈attribute type = "moreFollows" required = "yes"/〉
        〈! -- Next object ID: (1 byte)--〉
        〈attribute type = "nextObjectId" required = "yes"/〉
        〈! -- Number of objects: number of identification objects returned in the response (1
byte)--〉
        〈attribute type = "numberOfObjects" required = "yes"/〉
        〈! -- Identification object: see IdentificationObject --〉
        〈element type = "IdentificationObject" minOccurs = "1" maxOccurs = "*"/〉
    〈/ElementType〉

    〈! -- Private Modbus Request --〉

    〈ElementType name = "PrivateModbusReq" content = "empty" model = "closed"〉
        〈attribute type = "communicationReference" required = "yes"/〉
        〈! -- Private Modbus request coded as hexadecimal byte-array --〉
        〈attribute type = "privateRequest" required = "yes"/〉
    〈/ElementType〉

    〈ElementType name = "PrivateModbusRsp" content = "empty" model = "closed"〉
        〈attribute type = "communicationReference" required = "yes"/〉
        〈! -- Private Modbus response coded as hexadecimal byte-array --〉
        〈attribute type = "privateResponse" required = "yes"/〉
    〈/ElementType〉


〈! -- Unconfirmed Private Modbus Request --〉

    〈ElementType name = "UnconfirmedPrivateModbusReq" content = "empty" model = "closed"〉
         〈attribute type = "communicationReference" required = "yes"/〉
         〈! -- Private Modbus request coded as hexadecimal byte-array --〉
         〈attribute type = "privateRequest" required = "yes"/〉
    〈/ElementType〉

    〈ElementType name = "UnconfirmedPrivateModbusRsp" content = "empty" model = "closed"〉
```

```
    <attribute type = "communicationReference" required = "yes"/>
</ElementType>

<! -- Main FDT element -->

<ElementType name = "FDT" content = "eltOnly" order = "one" model = "closed">
    <attribute type = "schemaVersion"/>
    <attribute type = "fdt:nodeId"/>
    <group order = "one" maxOccurs = "1" minOccurs = "1">
        <element type = "ConnectRequest" />
        <element type = "ConnectResponse" />
        <element type = "DisconnectRequest" />
        <element type = "DisconnectResponse" />
      <element type = "Abort" />
        <element type = "ModbusExceptionRsp"/>
        <element type = "ReadCoilsReq"/>
        <element type = "ReadCoilsRsp"/>
        <element type = "ReadDiscreteInputsReq"/>
        <element type = "ReadDiscreteInputsRsp"/>
        <element type = "ReadHoldingRegistersReq"/>
        <element type = "ReadHoldingRegistersRsp"/>
        <element type = "ReadInputRegistersReq"/>
        <element type = "ReadInputRegistersRsp"/>
        <element type = "WriteSingleCoilReq"/>
        <element type = "WriteSingleCoilRsp"/>
        <element type = "WriteSingleRegisterReq"/>
        <element type = "WriteSingleRegisterRsp"/>
        <element type = "ReadExceptionStatusReq"/>
        <element type = "ReadExceptionStatusRsp"/>
        <element type = "DiagnosticsReq"/>
        <element type = "DiagnosticsRsp"/>
        <element type = "GetCommEventCounterReq"/>
        <element type = "GetCommEventCounterRsp"/>
        <element type = "GetCommEventLogReq"/>
        <element type = "GetCommEventLogRsp"/>
        <element type = "WriteMultipleCoilsReq"/>
        <element type = "WriteMultipleCoilsRsp"/>
        <element type = "WriteMultipleRegistersReq"/>
        <element type = "WriteMultipleRegistersRsp"/>
        <element type = "ReportSlaveIDReq"/>
        <element type = "ReportSlaveIDRsp"/>
        <element type = "ReadFileRecordReq"/>
        <element type = "ReadFileRecordRsp"/>
```

```
        <element type = "WriteFileRecordReq"/>
        <element type = "WriteFileRecordRsp"/>
        <element type = "MaskWriteRegisterReq"/>
        <element type = "MaskWriteRegisterRsp"/>
        <element type = "ReadWriteRegistersReq"/>
        <element type = "ReadWriteRegistersRsp"/>
        <element type = "ReadFifoQueueReq"/>
        <element type = "ReadFifoQueueRsp"/>
        <element type = "EncapsulatedInterfaceTransportReq"/>
        <element type = "EncapsulatedInterfaceTransportRsp"/>
        <element type = "ReadDeviceIdentificationReq"/>
        <element type = "ReadDeviceIdentificationRsp"/>
        <element type = "PrivateModbusReq"/>
        <element type = "PrivateModbusRsp"/>
        <element type = "UnconfirmedPrivateModbusReq"/>
        <element type = "UnconfirmedPrivateModbusRsp"/>
        <element type = "fdt:CommunicationError"/>
      </group>
    </ElementType>

</Schema>
```

10 通道参数数据类型——FDTModbusChannelParameterSchema

本章规定的数据类型在如下方法中使用：

——IFdtChannel::GetChannelParameters()

——IFdtChannel::SetChannelParameters()

```
<? xml version = "1.0" encoding = "UTF-8"?>

<Schema name = "FDTModbusChannelParameterSchema"
  xmlns = "urn:schemas-microsoft-com:xml-data"
  xmlns:dt = "urn:schemas-microsoft-com:datatypes"
  xmlns:fdt = "x-schema:FDTDataTypesSchema.xml"
  xmlns:appId = "x-schema:FDTApplicationIdSchema.xml">

  <! --FDT channel parameter schema V1.0 for Modbus protocol -->

  <! --Definition of Attributes-->

  <AttributeType name = "schemaVersion" dt:type = "number" default = "1.0"/>
  <AttributeType name = "address" dt:type = "ui2"/>
  <AttributeType name = "ModbusDataTypes"  dt:type = "enumeration" dt:values = "coil dis-
creteInput  holdingRegister inputRegister"/>
```

```
〈AttributeType name = "quantity" dt:type = "ui2"/〉
〈AttributeType name = "protectedByChannelAssignment" dt:type = "boolean"/〉
〈AttributeType name = "frameApplicationTag" dt:type = "string"/〉
〈AttributeType name = "scaleValue" dt:type = "string"/〉
〈AttributeType name = "statusChannel" dt:type = "boolean"/〉
〈AttributeType name = "gatewayBusCategory" dt:type = "uuid"/〉

〈! --All elements of the enumeration represent data types specified in IEC 61131-3 --〉
〈AttributeType name = "iecDataType"  dt:type = "enumeration" dt:values = "BOOL SINT INT DINT LINT USINT UINT UDINT ULINT REAL LREAL TIME DATE TimeOfDay DateAndTime STRING BYTE WORD DWORD LWORD WSTRING"/〉

〈! --Definition of Elements--〉

〈! --Definition of Modbus access data element--〉

〈ElementType name = "ModbusAccessData" content = "empty" model = "closed"〉
    〈attribute type = "fdt:nodeId"/〉
    〈! -- Starting address of the discrete input/coil/register --〉
    〈attribute type = "address" required = "yes"/〉
    〈! -- Type of data to be accessed --〉
    〈attribute type = "ModbusDataTypes" required = "yes"/〉
    〈! -- Number of discrete inputs/coils/registers to be accessed --〉
    〈attribute type = "quantity" required = "yes"/〉
    〈! -- Access right for reading the Modbus data --〉
    〈attribute type = "fdt:readAccess" required = "no"/〉
    〈! -- Access right forwriting the Modbus data --〉
    〈attribute type = "fdt:writeAccess" required = "no"/〉
〈/ElementType〉

〈! --Definition of UnitScaling element--〉
〈ElementType name = "UnitScaling" content = "empty" model = "closed"〉
    〈attribute type = "scaleValue" required = "yes"/〉
〈/ElementType〉

〈ElementType name = "FDTChannel" content = "eltOnly" order = "seq" model = "closed"〉

    〈attribute type = "fdt:nodeId"/〉
    〈! -- Unique identifier for a device, module or channel --〉
    〈attribute type = "fdt:tag" required = "yes"/〉
    〈! -- Unique identifier for an element within the device namespace --〉
    〈attribute type = "fdt:id" required = "yes"/〉
    〈! -- Human readable description within the context of a element --〉
```

```
〈attribute type = "fdt:descriptor"/〉
〈! -- TRUE if the channels is set to read only by the Frame Application --〉
〈attribute type = "protectedByChannelAssignment" required = "yes"/〉
〈! -- Standard FDT data type --〉
〈attribute type = "fdt:dataType" required = "yes"/〉
〈! -- Standard IEC 61131-3 data types --〉
〈attribute type = "iecDataType" required = "no"/〉
〈! -- Specifies a signal as input or output --〉
〈attribute type = "fdt:signalType" required = "yes"/〉
〈! -- Frame Application specific tag used for identification and navigation. --〉
〈! -- The DTM should display this tag at channel specific user interfaces --〉
〈attribute type = "frameApplicationTag"/〉
〈! -- The appearance and the functionality of a DTM user interface is controlled by the --〉
〈! -- entry of the element applicationId, functionId, and operationPhase --〉
〈attribute type = "appId:applicationId"/〉
〈! -- TODO SemanticIDs need to be defined --〉
〈element type = "fdt:SemanticInformation" minOccurs = "0" maxOccurs = " * "/〉
〈! -- Collection of EnumerationEntry --〉
〈element type = "fdt:BitEnumeratorEntries" minOccurs = "0" maxOccurs = "1"/〉
〈! -- Enumeration element --〉
〈element type = "fdt:EnumeratorEntries" minOccurs = "0" maxOccurs = "1"/〉
〈! -- Current unit and the collection of possible units of a process variable --〉
〈element type = "fdt:Unit" minOccurs = "0" maxOccurs = "1"/〉
〈! -- scale value for the grapical representation of the process value --〉
〈element type = "UnitScaling" minOccurs = "0" maxOccurs = "1"/〉
〈! -- Address information needed to directly access the process data in the target device via Modbus --〉
〈element type = "ModbusAccessData" minOccurs = "0" maxOccurs = "1"/〉
〈! -- Collection of alarms specified in FDT --〉
〈element type = "fdt:Alarms" minOccurs = "0" maxOccurs = "1"/〉
〈! -- Collection of ranges specified in FDT, which describe the valid range of a process value --〉
〈element type = "fdt:Ranges" minOccurs = "0" maxOccurs = "1"/〉
〈! -- Deadband is the amount of value changes that triggers for example new trend values.--〉
〈element type = "fdt:Deadband" minOccurs = "0" maxOccurs = "1"/〉
〈! -- Describes a substitute value which is used in combination of the behavior of disturbed channel values --〉
〈element type = "fdt:SubstituteValue" minOccurs = "0" maxOccurs = "1"/〉
〈! -- should be used if the data type is structured --〉
〈element type = "fdt:StructuredElements" minOccurs = "0" maxOccurs = "1"/〉
〈/ElementType〉
```

```
〈ElementType name = "FDTChannelType" content = "eltOnly" order = "seq" model = "closed"〉
    〈attribute type = "fdt:nodeId"/〉
    〈element type = "fdt:VersionInformation"/〉
    〈! -- Unique identifier for a supported bus type like Profibus or HART according to the FDT specific CATID --〉
    〈attribute type = "gatewayBusCategory" required = "no"/〉
    〈! -- TRUE if the channel is for status information only --〉
    〈attribute type = "statusChannel" required = "no"/〉
〈/ElementType〉

〈ElementType name = "FDT" content = "eltOnly" order = "seq" model = "closed"〉
    〈attribute type = "schemaVersion"/〉
    〈attribute type = "fdt:nodeId"/〉
    〈element type = "FDTChannelType" minOccurs = "1" maxOccurs = "1"/〉
    〈element type = "FDTChannel" minOccurs = "1" maxOccurs = "1"/〉
〈/ElementType〉
〈/Schema〉
```

11 设备标识

11.1 设备类型标识数据类型——FDTModbusIdentSchema

```
〈? xml version = "1.0" encoding = "UTF-8"?〉

〈Schema name = "FDTModbusIdentSchema"
  xmlns = "urn:schemas-microsoft-com:xml-data"
  xmlns:dt = "urn:schemas-microsoft-com:datatypes"〉

  〈! -- FDT ModbusIdent schema V1.0 for Modbus protocol --〉
  〈! -- The  FDT ModbusIdent schema contains the definition of the attributes for the optional Modbus identification objects (Regular Category)  --〉
  〈! -- The Modbus identification objects can be read with the standard Modbus service ReadDeviceIdentification --〉

  〈! --Definition of general Fdt attributes--〉

  〈AttributeType name = "schemaVersion" dt:type = "number" default = "1.0"/〉
  〈AttributeType name = "protocolName" dt:type = "string" default = "protocol_Modbus"/〉
  〈AttributeType name = "idDTMSupportLevel" dt:type = "enumeration" dt:values = "genericSupport profileSupport blockspecificProfileSupport specificSupport identSupport"/〉

  〈! -- The Modbus identification objects are divided into two categories: --〉
```

〈! -- - Basic category: --〉
〈! -- Mandatory Modbus identification objects to required (mandatory) FDT identification elements --〉

〈AttributeType name = "vendorName" dt:type = "string"/〉
〈AttributeType name = "productCode" dt:type = "string"/〉
〈AttributeType name = "majorMinorRevision" dt:type = "string"/〉

〈! -- - Regular category: --〉
〈! -- Optional Modbus identification objects to the optional FDT identification element IdValue--〉
〈! -- Each Modbus identification object of the regular category is described with the following attributes --〉
〈! -- name: Name of the Modbus identification object --〉
〈AttributeType name = "name" dt: type = "enumeration" dt: values = "ProductName ModelName VendorURL
UserApplicationName"/〉
〈! -- protocolSpecificName: Protocol specific name of the Modbus identification object (equals name) --〉
〈AttributeType name = "protocolSpecificName" dt:type = "enumeration" dt:values = "ProductName ModelName
VendorURL UserApplicationName"/〉
〈! -- value: Content of the Modbus identification object --〉
〈AttributeType name = "value" dt:type = "string"/〉

〈! -- Regular Expression attributes--〉
〈AttributeType name = "match" dt:type = "string"/〉
〈AttributeType name = "nomatch" dt:type = "string"/〉

〈! -- Regular Expression element--〉
〈ElementType name = "RegExpr" content = "empty" model = "closed"〉
〈attribute type = "match"/〉
〈attribute type = "nomatch"/〉
〈/ElementType〉
〈/Schema〉

11.2 拓扑结构扫描数据类型——DTMModbusDeviceSchema

该类型在 IDtmEvents::OnScanResponse()中使用。

〈? xml version = "1.0" encoding = "UTF-8"?〉

```
〈Schema name = "DTMModbusDeviceSchema"
   xmlns = "urn:schemas-microsoft-com:xml-data"
   xmlns:fdt = "x-schema:FDTDataTypesSchema.xml"
   xmlns:dt = "urn:schemas-microsoft-com:datatypes"
   xmlns:mb = "x-schema:FDTModbusAddressSchema.xml"〉

   〈! --FDT V1.2 device schema for Modbus protocol V1.0 --〉
   〈! -- The  FDT DTMModbusDevice schema defines the mapping of the Modbus identification objects --〉
   〈! -- to standard FDT identification elements for FDT V1.2 --〉
   〈! -- The Modbus identification objects can be read with the standard Modbus service ReadDeviceIdentification --〉

   〈! --Definition of general Fdt attributes--〉
   〈AttributeType name = "schemaVersion" dt:type = "number" default = "1.0"/〉

   〈! -- Definition of general FDT elements which contain the information about the applied protocol --〉
   〈! -- and the version of the protocol --〉
   〈AttributeType name = "protocolName" dt:type = "string" default = "protocol_Modbus"/〉

   〈! -- The mapping of Modbus identification objects to FDT identification elements is divided into two categories: --〉

   〈! -- - Basic category: --〉
   〈! --   Mapping of mandatory Modbus identification objects to required (mandatory) FDT identification elements --〉

   〈! --Modbus identification object VendorName --〉
   〈AttributeType name = "vendorName" dt:type = "string"/〉
   〈! --Modbus identification object ProductCode  --〉
   〈AttributeType name = "productCode" dt:type = "string"/〉
   〈! --Modbus identification object MajorMinorRevision  --〉
   〈AttributeType name = "majorMinorRevision" dt:type = "string"/〉

   〈! -- - Regular category: --〉
   〈! --   Mapping of optional Modbus identification objects to the optional FDT identification element IdValue--〉
   〈AttributeType name = "name" dt:type = "enumeration" dt:values = "ProductName ModelName VendorURL
UserApplicationName"/〉
   〈AttributeType name = "protocolSpecificName" dt:type = "enumeration" dt:values = "ProductName ModelName
```

```
VendorURL UserApplicationName"/〉
  〈AttributeType name = "value" dt:type = "string"/〉

  〈! -- Basic category: --〉
  〈! -- Mapping of Modbus identification elements required by the FDT DTMDeviceTypeIdent schema--〉
  〈! -- These elements represent all mandatory objects for Modbus device identification (basic
category) --〉

  〈! --Modbus identification object VendorName is mapped to FDT element IdManufacturer --〉
  〈ElementType name = "IdManufacturer" content = "empty"  model = "closed"〉
     〈attribute type = "vendorName" required = "yes"/〉
  〈/ElementType〉

  〈! --Modbus identification object ProductCode is mapped to FDT element IdTypeID --〉
  〈ElementType name = "IdTypeID" content = "empty"  model = "closed"〉
     〈attribute type = "productCode" required = "yes"/〉
  〈/ElementType〉

  〈! --Modbus identification object MajorMinorRevision is mapped to FDT element IdSoftwareRe-
vision --〉
  〈ElementType name = "IdSoftwareRevision" content = "empty"  model = "closed"〉
     〈attribute type = "majorMinorRevision" required = "yes"/〉
  〈/ElementType〉



  〈! --Definition Modbus identification element not mandatory by the FDT DTMDeviceTypeIdent
schema--〉
  〈! --This element represent all  objects for Modbus device identification (regular
category) --〉


  〈ElementType name = "IdValue" content = "empty" model = "closed"〉
    〈attribute type = "name" required = "yes"/〉
     〈attribute type = "value" required = "yes"/〉
     〈attribute type = "protocolSpecificName" required = "yes"/〉
  〈/ElementType〉

  〈ElementType name = "IdValues" content = "eltOnly" model = "closed"〉
     〈element type = "IdValue" minOccurs = "0" maxOccurs = " * "/〉
  〈/ElementType〉

  〈ElementType name = "ModbusDevice" content = "eltOnly" model = "closed"〉
```

```
      〈attribute type = "fdt:nodeId" required = "no"/〉
      〈attribute type = "schemaVersion" required = "no"/〉
      〈attribute type = "protocolName" required = "yes"/〉
      〈! -- Address information for Modbus TCP and Modbus Serial Line Devices  --〉
      〈group order  =  "one" maxOccurs = "1" minOccurs = "1"〉
        〈element type  =  "mb:ModbusSerial"/〉
        〈element type  =  "mb:ModbusTCP"/〉
      〈/group〉
      〈element type  =  "IdManufacturer" minOccurs = "1" maxOccurs = "1"/〉
      〈element type  =  "IdTypeID" minOccurs = "1" maxOccurs = "1"/〉
      〈element type  =  "IdSoftwareRevision" minOccurs = "1" maxOccurs = "1"/〉
      〈element type  =  "IdValues" minOccurs  =  "0" maxOccurs  =  "1"/〉
  〈/ElementType〉

〈/Schema〉
```

11.3 扫描识别数据类型——FDTModbusScanIdentSchema

本模板定义了对 Modbus 网络扫描响应提供的 XML 文档。

```
〈? xml version  =  "1.0" encoding  =  "UTF-8"?〉

〈Schema name = "DTMModbusDeviceSchema"
   xmlns = "urn:schemas-microsoft-com:xml-data"
   xmlns:fdt = "x-schema:FDTDataTypesSchema.xml"
   xmlns:dt = "urn:schemas-microsoft-com:datatypes"
   xmlns:mb  =  "x-schema:FDTModbusAddressSchema.xml"〉

   〈! --FDT V1.2 device schema for Modbus protocol V1.0 --〉
   〈! -- The  FDT DTMModbusDevice schema defines the mapping of the Modbus identification ob-
jects --〉
   〈! -- to standard FDT identification elements for FDT V1.2 --〉
   〈! -- The Modbus identification objects can be read with the standard Modbus service ReadDe-
viceIdentification --〉

   〈! --Definition of general Fdt attributes--〉
   〈AttributeType name  =  "schemaVersion" dt:type  =  "number" default  =  "1.0"/〉

   〈! -- Definition of general FDT elements which contain the information about the applied pro-
tocol --〉
   〈! -- and the version of the protocol --〉
   〈AttributeType name  =  "protocolName" dt:type  =  "string" default  =  "protocol_Modbus"/〉

   〈! -- The mapping of Modbus identification objects to FDT identification elements is divided
into two categories: --〉
```

〈! -- - Basic category: --〉
〈! -- Mapping of mandatory Modbus identification objects to required (mandatory) FDT identification elements --〉

〈! --Modbus identification object VendorName --〉
〈AttributeType name = "vendorName" dt:type = "string"/〉
〈! --Modbus identification object ProductCode --〉
〈AttributeType name = "productCode" dt:type = "string"/〉
〈! --Modbus identification object MajorMinorRevision --〉
〈AttributeType name = "majorMinorRevision" dt:type = "string"/〉

〈! -- - Regular category: --〉
〈! -- Mapping of optional Modbus identification objects to the optional FDT identification element IdValue--〉
〈AttributeType name = "name" dt:type = "enumeration" dt:values = "ProductName ModelName VendorURL UserApplicationName"/〉
〈AttributeType name = "protocolSpecificName" dt:type = "enumeration" dt:values = "ProductName ModelName
VendorURL UserApplicationName"/〉
〈AttributeType name = "value" dt:type = "string"/〉

〈! -- Basic category: --〉
〈! -- Mapping of Modbus identification elements required by the FDT DTMDeviceTypeIdent schema--〉
〈! -- These elements represent all mandatory objects for Modbus device identification (basic category) --〉

〈! --Modbus identification object VendorName is mapped to FDT element IdManufacturer --〉
〈ElementType name = "IdManufacturer" content = "empty" model = "closed"〉
〈attribute type = "vendorName" required = "yes"/〉
〈/ElementType〉

〈! --Modbus identification object ProductCode is mapped to FDT element IdTypeID --〉
〈ElementType name = "IdTypeID" content = "empty" model = "closed"〉
〈attribute type = "productCode" required = "yes"/〉
〈/ElementType〉

〈! --Modbus identification object MajorMinorRevision is mapped to FDT element IdSoftwareRevision --〉
〈ElementType name = "IdSoftwareRevision" content = "empty" model = "closed"〉
〈attribute type = "majorMinorRevision" required = "yes"/〉
〈/ElementType〉

```
  〈! --Definition Modbus identification element not mandatory by the FDT DTMDeviceTypeIdent
schema--〉
   〈! --This element represent all objects for Modbus device identification (regular
category) --〉


  〈ElementType name = "IdValue" content = "empty" model = "closed"〉
    〈attribute type = "name" required = "yes"/〉
      〈attribute type = "value" required = "yes"/〉
      〈attribute type = "protocolSpecificName" required = "yes"/〉
  〈/ElementType〉

  〈ElementType name = "IdValues" content = "eltOnly" model = "closed"〉
     〈element type = "IdValue" minOccurs = "0" maxOccurs = "*"/〉
  〈/ElementType〉

  〈ElementType name = "ModbusDevice" content = "eltOnly" model = "closed"〉
     〈attribute type = "fdt:nodeId" required = "no"/〉
     〈attribute type = "schemaVersion" required = "no"/〉
     〈attribute type = "protocolName" required = "yes"/〉
     〈! -- Address information for Modbus TCP and Modbus Serial Line Devices --〉
     〈group order = "one" maxOccurs = "1" minOccurs = "1"〉
       〈element type = "mb:ModbusSerial"/〉
       〈element type = "mb:ModbusTCP"/〉
     〈/group〉
     〈element type = "IdManufacturer" minOccurs = "1" maxOccurs = "1"/〉
     〈element type = "IdTypeID" minOccurs = "1" maxOccurs = "1"/〉
     〈element type = "IdSoftwareRevision" minOccurs = "1" maxOccurs = "1"/〉
     〈element type = "IdValues" minOccurs = "0" maxOccurs = "1"/〉
  〈/ElementType〉

〈/Schema〉
```

11.4 设备类型标识数据类型——FDTModbusDeviceTypeIdentSchema

本条定义了用于设备类型协议特定信息的数据类型。

```
〈? xml version = "1.0" encoding = "UTF-8"?〉

〈Schema name = "FDTModbusDeviceTypeIdentSchema"
   xmlns = "urn:schemas-microsoft-com:xml-data"
   xmlns:dt = "urn:schemas-microsoft-com:datatypes"
```

xmlns:Modbusident = "x-schema:FDTModbusIdentSchema.xml"

xmlns:fdt = "x-schema:FDTDataTypesSchema.xml"〉

〈! -- FDT DeviceTypeIdent schema V1.0 for Modbus protocol --〉

〈! -- The FDT DeviceTypeIdent schema defines the mapping of the Modbus identification objects --〉

〈! -- to standard FDT identification elements --〉

〈! -- The Modbus identification objects can be read with the standard Modbus service ReadDeviceIdentification --〉

〈! -- The mapping of Modbus identification objects to FDT identification elements is divided into two categories: --〉

〈! -- - Basic category: --〉

〈! -- Mapping of mandatory Modbus identification objects to required (mandatory) FDT identification elements --〉

〈! -- - Regular category: --〉

〈! -- Mapping of optional Modbus identification objects to the optional FDT identification element IdValue--〉

〈! -- Definition of general FDT attributes--〉

〈AttributeType name = "schemaVersion" dt:type = "number" default = "1.0"/〉

〈! -- Definition of general FDT elements which contain the information about the applied protocol --〉

〈! -- and the version of the protocol --〉

〈ElementType name = "IdBusProtocol" content = "empty" model = "closed"〉

〈attribute type = "Modbusident:protocolName" required = "yes"/〉

〈/ElementType〉

〈! -- Basic category: --〉

〈! -- Mapping of Modbus identification elements required by the FDT DTMDeviceTypeIdent schema--〉

〈! -- These elements represent all mandatory objects for Modbus device identification (basic category) --〉

〈! --Modbus identification object VendorName is mapped to FDT element IdManufacturer --〉

〈ElementType name = "IdManufacturer" content = "eltOnly" model = "closed"〉

〈attribute type = "Modbusident:vendorName" required = "yes"/〉

〈element type = "Modbusident:RegExpr" minOccurs = "0" maxOccurs = "*"/〉

```
〈/ElementType〉

〈! --Modbus identification object ProductCode is mapped to FDT element IdTypeID --〉
〈ElementType name = "IdTypeID" content = "eltOnly"  model = "closed"〉
    〈attribute type = "Modbusident:productCode" required = "yes"/〉
    〈element type = "Modbusident:RegExpr" minOccurs = "0" maxOccurs = " * "/〉
〈/ElementType〉
〈! --Modbus identification object MajorMinorRevision is mapped to FDT element IdSoftwareRe-
vision --〉
〈ElementType name = "IdSoftwareRevision" content = "eltOnly"  model = "closed"〉
    〈attribute type = "Modbusident:majorMinorRevision" required = "yes"/〉
    〈element type = "Modbusident:RegExpr" minOccurs = "0" maxOccurs = " * "/〉
〈/ElementType〉


〈! -- Regular category: --〉
〈! -- Mapping of Modbus identification elements not required by the FDT DTMDeviceTypeIdent
schema--〉
〈! -- The information provided by each optional Modbus identification object (regular cate-
gory) is mapped  --〉
〈! -- to the standard FDT identification element IdValues, which may occur several times --〉

〈! -- The following optional Modbus identification objects are supported: --〉

〈! -- VendorUrl              Attribute name/Protocol specific name:"vendorUrl"              --〉
〈! -- ProductName            Attribute name/Protocol specific name:"productName"            --〉
〈! -- ModelName              Attribute name/Protocol specific name:"modelName"              --〉
〈! -- UserApplicationName    Attribute name/Protocol specific name:"userApplicationName"    --〉

〈ElementType name = "IdValue" content = "eltOnly" model = "closed"〉
    〈attribute type = "Modbusident:name" required = "yes"/〉
    〈attribute type = "Modbusident:value" required = "no"/〉
    〈attribute type = "Modbusident:protocolSpecificName" required = "yes"/〉
    〈element type = "Modbusident:RegExpr" minOccurs = "0" maxOccurs = " * "/〉
〈/ElementType〉

〈ElementType name = "IdValues" content = "eltOnly" model = "closed"〉
    〈element type = "IdValue" minOccurs = "0" maxOccurs = " * "/〉
〈/ElementType〉
```

```
<! --FDT DeviceIdentification element -->

<ElementType name = "DeviceIdentification" content = "eltOnly" model = "closed">
    <attribute type = "Modbusident:idDTMSupportLevel" required = "yes"/>
    <element type = "IdBusProtocol" minOccurs = "1" maxOccurs = "1"/>
    <element type = "IdManufacturer" minOccurs = "1" maxOccurs = "1"/>
    <element type = "IdTypeID" minOccurs = "1" maxOccurs = "1"/>
    <element type = "IdSoftwareRevision" minOccurs = "1" maxOccurs = "1"/>
    <element type = "IdValues" minOccurs = "0" maxOccurs = "1"/>
</ElementType>

<ElementType name = "DeviceIdentifications" content = "eltOnly" model = "closed">
    <element type = "DeviceIdentification" minOccurs = "1" maxOccurs = "*"/>
</ElementType>

<ElementType name = "FDT" content = "eltOnly" model = "closed">
    <element type = "DeviceIdentifications"/>
</ElementType>

</Schema>
```

11.5 XSLT 转换

```
<? xml version = "1.0" encoding = "UTF-8"?>
<! --FDT XSL transformation for Modbus protocol V1.0-->
<! --This XSL transformation defines the transformation of an XML document with Modbus specific
parameters to a protocol independent -->
<! --XML document as it is required in FDT for the device identification and the scan -->

<xsl:transform xmlns:xsl = "http://www.w3.org/1999/XSL/Transform" version = "1.0"
xmlns:str = "http://xsltsl.org/string"
xmlns:ident = "x-schema:DTMIdentSchema.xml" xmlns:fdt = "x-schema:FDTDataTypesSchema.xml"
xmlns:scanident = "x-schema:DTMScanIdentSchema.xml" xmlns:devident = "x-
schema:DTMDeviceTypeIdentSchema.xml" xmlns:Modbusdevice = "x-
schema:FDTModbusDeviceTypeIdentSchema.xml" xmlns:Modbusident = "x-schema:FDTModbusI-
dentSchema.xml"
xmlns:Modbusscan = "x-schema:FDTModbusScanIdentSchema.xml" xmlns:mb = "x-
schema:FDTModbusAddressSchema.xml" exclude-result-prefixes = "str Modbusdevice Modbusident
Modbusscan mb">
    <! -- Definition of transformation output format -->
    <xsl:output method = "xml" indent = "no" encoding = "UTF-8"/>
    <xsl:variable name = "FileVersion" select = "1.0"/>
    <! -- select root element FDT -->
```

```
〈xsl:template match = "/"〉

        〈! -- check if the XML document which shall be transfomed contains the information --〉
        〈! -- of a device identification or of a bus scan --〉
        〈xsl:apply-templates select = "//Modbusscan:ScanIdentifications"/〉
        〈xsl:apply-templates select = "//Modbusdevice:DeviceIdentifications"/〉

〈/xsl:template〉
〈! -- the XML document contains the information for a device identification --〉
〈xsl:template match = "Modbusdevice:DeviceIdentifications"〉

    〈xsl:element name = "devident:FDT"〉
      〈xsl:element name = "devident:DeviceIdentifications"〉
        〈xsl:apply-templates select = "Modbusdevice:DeviceIdentification"/〉
      〈/xsl:element〉
    〈/xsl:element〉
 〈/xsl:template〉

 〈! -- the XML document contains the information of a bus scan --〉
 〈xsl:template match = "Modbusscan:ScanIdentifications"〉
   〈xsl:element name = "scanident:FDT"〉
     〈xsl:element name = "scanident:ScanIdentifications"〉
       〈xsl:attribute                    name = "fdt:busCategory"〉〈xsl:value-of select = "./@fdt:busCategory"/〉〈/xsl:attribute〉
       〈xsl:attribute name = "resultState"〉〈xsl:value-of select = "./@resultState"/〉〈/xsl:attribute〉
       〈xsl:apply-templates select = "Modbusscan:ScanIdentification"/〉
     〈/xsl:element〉
   〈/xsl:element〉
 〈/xsl:template〉


 〈! -- ****************************************** transformation of the bus scan information ************************************************* --〉
 〈xsl:template match = "Modbusscan:ScanIdentification"〉
    〈xsl:element name = "scanident:ScanIdentification"〉
       〈xsl:apply-templates select = "./fdt:CommunicationError"/〉

      〈! -- used bus protocol --〉
    〈xsl:element name = "scanident:IdBusProtocol"〉
       〈xsl:attribute name = "ident:protocolSpecificName"〉〈xsl:text〉Modbus〈/xsl:text〉〈/xsl:attribute〉
       〈xsl:attribute name = "ident:value"〉〈xsl:value-of
```

```
select = "Modbusscan:IdBusProtocol/@Modbusident:protocolName"/></xsl:attribute>
        </xsl:element>

        <! -- bus protocol version -->
            <xsl:element name = "scanident:IdBusProtocolVersion">
              <xsl:attribute                name = "ident:protocolSpecificName"><xsl:text>not
applicable</xsl:text></xsl:attribute>
        </xsl:element>

        <! -- Modbus specific addressing depending on the physical layer -->
        <! -- Check if ModbusSerial element exists -->
        <xsl:apply-templates select = ".//mb:ModbusSerial"/>

          <! -- Check if ModbusTCP element exists -->
        <xsl:apply-templates select = ".//mb:ModbusTCP"/>
        <! -- device specific information received with ReadDeviceIdentification service -->
         <! -- mandatory identification objects specified in the Modbus application protocol
specification (basic category) -->

            <! -- Vendor Name -->
            <xsl:element name = "scanident:IdManufacturer">
               <xsl:attribute             name = "ident:protocolSpecificName"><xsl:text>Vendor
Name</xsl:text></xsl:attribute>
               <xsl:attribute name = "ident:value"><xsl:value-of
select = "Modbusscan:IdManufacturer/@Modbusident:vendorName"/></xsl:attribute>
        </xsl:element>

        <! -- Product Code -->
     <xsl:element name = "scanident:IdTypeID">
         <xsl:attribute                  name = "ident:protocolSpecificName"><xsl:text>Product
Code</xsl:text></xsl:attribute>
           <xsl:attribute name = "ident:value"><xsl:value-of
select = "Modbusscan:IdTypeID/@Modbusident:productCode"/></xsl:attribute>
      </xsl:element>

        <! -- MajorMinor Revision -->
        <xsl:element name = "scanident:IdSoftwareRevision">
            <xsl:attribute
name = "ident:protocolSpecificName"><xsl:text>MajorMinorRevision</xsl:text></xsl:attribute>
            <xsl:attribute name = "ident:value"><xsl:value-of
select = "modbusscan:IdSoftwareRevision/@modbusident:majorMinorRevision"/></xsl:attribute>
           </xsl:element>
```

```
    <!-- not applicable elements -->
      <xsl:element name="scanident:IdHardwareRevision">
        <xsl:attribute name="ident:protocolSpecificName"><xsl:text>not applicable</xsl:text></xsl:attribute>
    </xsl:element>

      <xsl:element name="scanident:IdDeviceTag">
        <xsl:attribute name="ident:protocolSpecificName"><xsl:text>not applicable</xsl:text></xsl:attribute>
      </xsl:element>

      <xsl:element name="scanident:IdSerialNumber">
        <xsl:attribute name="ident:protocolSpecificName"><xsl:text>not applicable</xsl:text></xsl:attribute>
      </xsl:element>

      <!-- optional identification objects specified in the Modbus application protocol specification (regular category) -->
      <xsl:element name="scanident:IdValues">
        <xsl:apply-templates select="./Modbusscan:IdValues"/>
      </xsl:element>
    </xsl:element>
  </xsl:template>

  <!-- template for fdt:CommunicationError element -->
  <xsl:template match="fdt:CommunicationError">
   <xsl:copy-of select="."/>
  </xsl:template>

  <!-- get address for Modbus Serial Line -->
  <xsl:template match="mb:ModbusSerial">
    <xsl:element name="scanident:IdAddress">
      <xsl:attribute name="ident:protocolSpecificName"><xsl:text>ModbusSerial</xsl:text></xsl:attribute>
      <xsl:attribute name="ident:value"><xsl:value-of select="@slaveAddress"/></xsl:attribute>
    </xsl:element>
  </xsl:template>

  <!-- get address for ModbusTCP -->
  <xsl:template match="mb:ModbusTCP">
     <xsl:element name="scanident:IdAddress">
       <xsl:attribute name="ident:protocolSpecificName"><xsl:text>ModbusTCP</xsl:text>
```

```
〈/xsl:attribute〉
        〈xsl:attribute name = "ident:value"〉〈xsl:value-of select = "@tcpAddress"/〉〈/xsl:
attribute〉
      〈/xsl:element〉
   〈/xsl:template〉

   〈! --check if optional identification objects are  provided (regular category) --〉
   〈xsl:template match = "Modbusscan:IdValues"〉
       〈xsl:apply-templates select = "./Modbusscan:IdValue"/〉
   〈/xsl:template〉

   〈! -- transformation of  optional identification objects (regular category) --〉
   〈xsl:template match = "Modbusscan:IdValue"〉
     〈xsl:element name = "scanident:IdValue"〉
         〈xsl:call-template name = "genScanName"〉
            〈xsl:with-param name = "name" select = "@Modbusident:name"/〉
         〈/xsl:call-template〉
         〈xsl:call-template name = "genScanMatch"〉
            〈xsl:with-param name = "value" select = "@Modbusident:value"/〉
         〈/xsl:call-template〉
         〈xsl:call-template name = "genScanProtocolSpecificName"〉
        〈xsl:with-param name = "protocolSpecificName" select = "@Modbusident:protocolSpe-
cificName"/〉
     〈/xsl:call-template〉
   〈/xsl:element〉
  〈/xsl:template〉

  〈xsl:template name = "genScanName"〉
      〈xsl:param name = "name"/〉
      〈xsl:if test = "$name"〉
          〈xsl:attribute name = "ident:name"〉〈xsl:value-of select = "$name"/〉〈/xsl:attrib-
ute〉
      〈/xsl:if〉
  〈/xsl:template〉

  〈xsl:template name = "genScanMatch"〉
     〈xsl:param name  =  "value"/〉
     〈xsl:if test  =  "$value"〉
         〈xsl:attribute name  =  "ident:value"〉
     〈xsl:value-of select  =  "$value"/〉
    〈/xsl:attribute〉
   〈/xsl:if〉
  〈/xsl:template〉
```

```
〈xsl:template name = "genScanProtocolSpecificName"〉
    〈xsl:param name = "protocolSpecificName"/〉
    〈xsl:if test = " $ protocolSpecificName"〉
        〈xsl:attribute name = "ident:protocolSpecificName"〉〈xsl:value-of
select = " $ protocolSpecificName"/〉〈/xsl:attribute〉
    〈/xsl:if〉
〈/xsl:template〉


〈! -- ****************************************** transformation of the device identifica-
tion information ************************************************** --〉
〈xsl:template match = "Modbusdevice:DeviceIdentification"〉
〈xsl:element name = "devident:DeviceIdentification"〉
    〈xsl:attribute name = "ident:idDTMSupportLevel"〉〈xsl:value-of
select = "@modbusident:idDTMSupportLevel"/〉〈/xsl:attribute〉

    〈! -- used bus protocol --〉
        〈xsl:element name = "devident:IdBusProtocol"〉
            〈xsl:attribute name = "ident:protocolSpecificName"〉〈xsl:text〉Modbus〈/xsl:text〉
〈/xsl:attribute〉
            〈xsl:attribute name = "ident:value"〉〈xsl:value-of
select = "Modbusdevice:IdBusProtocol/@Modbusident:protocolName"/〉〈/xsl:attribute〉
        〈/xsl:element〉

        〈! -- bus protocol version --〉
        〈xsl:element name = "devident:IdBusProtocolVersion"〉
        〈xsl:attribute                name = "ident:protocolSpecificName"〉〈xsl:text〉not
applicable〈/xsl:text〉〈/xsl:attribute〉
        〈/xsl:element〉

        〈! -- device specific information received with ReadDeviceIdentification service --〉
            〈! -- mandatory identification objects specified in the Modbus application proto-
col specification (basic category) --〉

        〈xsl:apply-templates select = "Modbusdevice:IdManufacturer"/〉
        〈xsl:apply-templates select = "Modbusdevice:IdTypeID"/〉
        〈xsl:apply-templates select = "Modbusdevice:IdSoftwareRevision"/〉

        〈! -- not applicable element --〉
            〈xsl:element name = "devident:IdHardwareRevision"〉
                〈xsl:attribute          name = "ident:protocolSpecificName"〉〈xsl:text〉not
applicable〈/xsl:text〉〈/xsl:attribute〉
```

```
            </xsl:element>

        <!-- optional identification objects specified in the Modbus application protocol
specification (regular category) -->
            <xsl:element name="devident:IdValues">
                <xsl:apply-templates select="./Modbusdevice:IdValues"/>
            </xsl:element>
        </xsl:element>
    </xsl:template>
    <!-- Vendor Name -->
    <xsl:template match="Modbusdevice:IdManufacturer">
        <xsl:element name="devident:IdManufacturer">
        <xsl:attribute                  name="ident:protocolSpecificName"><xsl:text>Vendor
Name</xsl:text></xsl:attribute>
          <xsl:attribute                                   name="ident:value"><xsl:value-of
select="@modbusident:vendorName"/></xsl:attribute>
          <xsl:call-template name="genMatch">
              <xsl:with-param select="Modbusdevice:IdManufacturer" name="value" />
          </xsl:call-template>
        </xsl:element>
    </xsl:template>

    <!-- Product Code -->
    <xsl:template match="Modbusdevice:IdTypeID">
        <xsl:element name="devident:IdTypeID">
        <xsl:attribute                  name="ident:protocolSpecificName"><xsl:text>Product
Code</xsl:text></xsl:attribute>
        <xsl:attribute                                     name="ident:value"><xsl:value-of
select="@modbusident:productCode"/></xsl:attribute>
        <xsl:call-template name="genMatch" >
            <xsl:with-param select="Modbusdevice:IdTypeID" name="value" />
        </xsl:call-template>
            </xsl:element>
    </xsl:template>

    <!-- MajorMinor Revision -->
    <xsl:template match="Modbusdevice:IdSoftwareRevision">
        <xsl:element name="devident:IdSoftwareRevision">
            <xsl:attribute
name="ident:protocolSpecificName"><xsl:text>MajorMinorRevision</xsl:text></xsl:attribute>
            <xsl:attribute name="ident:value"><xsl:value-of
select="@modbusident:majorMinorRevision"/></xsl:attribute>
            <xsl:call-template name="genMatch">
```

```
            〈xsl:with-param select = "Modbusdevice:IdSoftwareRevision" name = "value" /〉
        〈/xsl:call-template〉
        〈/xsl:element〉
    〈/xsl:template〉


    〈! --check if optional identification objects are provided (regular category) --〉
    〈xsl:template match = "Modbusdevice:IdValues"〉
        〈xsl:apply-templates select = "./Modbusdevice:IdValue"/〉
    〈/xsl:template〉

    〈! -- transformation of optional identification objects (regular category) --〉
    〈xsl:template match = "Modbusdevice:IdValue"〉
        〈xsl:element name = "devident:IdValue"〉
           〈xsl:call-template name = "genName"〉
        〈xsl:with-param name = "name" select = "@modbusident:name"/〉
    〈/xsl:call-template〉
    〈xsl:if test = "@modbusident:value"〉
        〈xsl:attribute name = "ident:value"〉〈xsl:value-of select = "@modbusident:value"/〉
〈/xsl:attribute〉
    〈/xsl:if〉
    〈xsl:call-template name = "genProtocolSpecificName"〉
        〈xsl:with-param name = "protocolSpecificName" select = "@modbusident:protocolSpe-
cificName"/〉
    〈/xsl:call-template〉
    〈xsl:call-template name = "genMatch"〉
        〈xsl:with-param select = "Modbusdevice:IdValue" name = "value" /〉
    〈/xsl:call-template〉
  〈/xsl:element〉
 〈/xsl:template〉

 〈xsl:template name = "genName"〉
     〈xsl:param name = "name"/〉
     〈xsl:if test = "$name"〉
         〈xsl:attribute name = "ident:name"〉〈xsl:value-of select = "$name"/〉〈/xsl:attribute〉
     〈/xsl:if〉
 〈/xsl:template〉

 〈xsl:template name = "genProtocolSpecificName"〉
     〈xsl:param name = "protocolSpecificName"/〉
     〈xsl:if test = "$protocolSpecificName"〉
         〈xsl:attribute name = "ident:protocolSpecificName"〉〈xsl:value-of
select = "$protocolSpecificName"/〉〈/xsl:attribute〉
```

```
        〈/xsl：if〉
    〈/xsl：template〉

    〈xsl：template name = "genMatch"〉
    〈xsl：param name = "value"/〉
      〈xsl：apply-templates select = "Modbusident：RegExpr"/〉
    〈/xsl：template〉

    〈xsl：template match = "Modbusident：RegExpr"〉
        〈! -- copy pattern info --〉
        〈xsl：call-template name = "genPattern"〉
            〈xsl：with-param name = "match" select = "@match"/〉
            〈xsl：with-param name = "nomatch" select = "@nomatch"/〉
        〈/xsl：call-template〉
    〈/xsl：template〉

    〈! -- generation of the pattern for the regular expressions --〉
    〈! -- These regular expressions can be used by a DTM in order to define a range of supported
physical device types --〉
    〈xsl：template name = "genPattern"〉
        〈xsl：param name = "match"/〉
        〈xsl：param name = "nomatch"/〉
        〈xsl：choose〉
            〈xsl：when test = " $match"〉
                〈xsl：element name = "ident：RegExpr"〉
                    〈xsl：attribute name = "match"〉〈xsl：value-of select = " $match"/〉〈/xsl：
attribute〉
                    〈xsl：if test = " $nomatch"〉
                        〈xsl：attribute name = "nomatch"〉〈xsl：value-of select = " $nomatch"/〉
〈/xsl：attribute〉
                    〈/xsl：if〉
                〈/xsl：element〉
            〈/xsl：when〉
            〈xsl：when test = " $nomatch"〉
                〈xsl：element name = "ident：RegExpr"〉
                    〈xsl：attribute name = "nomatch"〉〈xsl：value-of select = " $nomatch"/〉〈/
xsl：attribute〉
                    〈xsl：if test = " $match"〉
                        〈xsl：attribute name = "match"〉〈xsl：value-of select = " $match"/〉〈/
xsl：attribute〉
                    〈/xsl：if〉
                〈/xsl：element〉
            〈/xsl：when〉
```